# SCHMELZPUNKT-TABELLEN ORGANISCHER VERBINDUNGEN

# SCHMELZPUNKT TABELLEN ORGANISCHER VERBINDUNGEN

VON

DR. WALTHER UTERMARK

DIPLOM-CHEMIKER

1951

AKADEMIE-VERLAG · BERLIN

Erschienen im Akademie-Verlag GmbH., Berlin NW 7, Schiffbauerdamm 19
Lizenz-Nr. 156 · 5788/49—8001/49
Gedruckt bei Buchdruckerei Richard Hahn (H. Otto), Leipzig O 5 (M 134)
Gebunden in der Buchbinderei H. Sperling, Leipzig
Bestell- und Verlagsnummer 5031/1

# VORWORT

Der Mangel an einer neuzeitlichen und übersichtlichen Zusammenstellung der wichtigsten organischen Verbindungen mit steigenden Schmelzpunkten, insbesondere der pharmazeutischen Präparate, veranlaßte mich, die aus der praktischen Arbeit im analytischen Laboratorium von mir gesammelten Aufzeichnungen zusammenzustellen und weiteren Fachkreisen zugänglich zu machen.

Das vorliegende Tabellenbuch ist in erster Linie daher für den Analytiker bestimmt und soll seine Arbeit zur Identifizierung organischer Präparate und zur Feststellung von Reaktionsprodukten und ihrer Reinheitsgrade erleichtern.

Die erste Grundlage zu den Tabellen gab mir der Chemiker-Kalender 1930, dessen aufgezeichnete Werte ich mit dem *Beilstein*-Handbuch der organischen Chemie, 4. Auflage, verglich und ergänzte. Weiterhin benutzte ich das Verzeichnis von Trivialnamen der organischen Verbindungen (Verlag Chemie), die Werke von *Bauer*, Analytische Chemie der Alkaloide (Verlag Gebr. Bornträger), *Kestner*, Chemie der Eiweißkörper (Verlag Friedr. Vieweg u. Sohn), *H. Meyer*, Nachweis und Bestimmung organischer Verbindungen (Verlag Jul. Springer), *H. Meyer*, Analyse und Konstitutionsermittlung organischer Verbindungen (Verlag Jul. Springer), *Waser*, Synthese der organischen Arzneimittel (Verlag Ferd. Enke), *Karrer*, Lehrbuch der organischen Chemie (Verlag Georg Thieme), *Weygand*, Organisch-chemische Experimentierkunst (Verlag Joh. Ambrosius Barth), *Hückel*, Theoretische Grundlagen der organischen Chemie (Akademische Verlags-Gesellschaft Leipzig), die Register des Chemischen Zentralblattes und die entsprechende Originalliteratur zur Vervollständigung der Tabellen.

Neben den allgemein üblichen Angaben der physikalischen Konstanten und der Beilsteinzitate wurden in der letzten Spalte, soweit es möglich war, Erkennungsreaktionen angeführt. Ich habe mich bemüht, die Auswahl der organischen Verbindungen den Anforderungen des analytischen Laboratoriums anzupassen; es mußten jedoch auch seltener vorkommende Verbindungen aufgenommen werden, um ein geschlossen wirkendes Werk zu erstellen. Es wird aber immer wieder einmal der Schmelzpunkt einer Substanz zu bestimmen sein, der vielleicht in den vorliegenden Tabellen und Register nicht zu finden ist. In Hinsicht auf das Fehlen wichtiger Verbindungen werde ich für Anregungen stets dankbar sein.

Herr Dr. *W. Schicke* von der Registerabteilung des Chemischen Zentralblattes übernahm auf Anregung von Herrn Prof. Dr. *M. Pflücke* die Durcharbeitung des Manuskripts sowie die Zusammenstellung der Register, wofür ihm ganz besonderer Dank gebührt. Mein Dank gilt auch dem Akademie-Verlag GmbH. für seine verständnisvolle Unterstützung und sein liebenswürdiges Entgegenkommen.

Berlin, im Oktober 1950

*W. Utermark*

# VORBEMERKUNG

Zur Kontrolle für das Vorliegen einer einheitlichen Substanz dienen die physikalischen Konstanten und darüber hinaus die chemischen Reaktionen. Erfahrungsgemäß zeigt fast jede organische Verbindung, falls sie nicht besonders zersetzlich ist, in kristallinischer Form einen bestimmten Schmelzpunkt. Als Schmelzpunkt ist jene Temperatur anzusprechen, bei der die Substanz nach der Meniskusbildung vollkommen klar und durchsichtig erscheint. Bei vollkommen reinen Stoffen liegt das Schmelzpunktintervall innerhalb eines oder höchstens zweier Grade. Zur Vermeidung einer Überhitzung des gut leitenden Quecksilbergefäßes gegenüber dem schlecht leitenden Substanzröhrchen ist es notwendig, das Erwärmen etwa $10^0$ unterhalb des zu erwartenden Schmelzpunktes so langsam vorzunehmen, daß die Temperatur innerhalb einer Minute nur um $1^0$ steigt. Sehr wichtig ist es auch, die Substanz vor Ausführung der Schmelzpunktsbestimmung fein gepulvert 24 Stunden lang in einem evakuierten Exsikkator stehen zu lassen oder, wenn angängig, bei höherer Temperatur zu trocknen, um Spuren der vom Umkristallisieren anhaftenden Lösungsmittel bzw. auch der aus der Atmosphäre „angezogenen" Feuchtigkeit zu entfernen. Es genügen z. B. bereits einige Prozente Feuchtigkeit, um den Schmelzpunkt der wasserfreien Oxalsäure um 80—$90^0$ herabzudrücken. Aber auch geringe, hartnäckig anhaftende Verunreinigungen, die chemisch gar nicht nachweisbar sind, können oftmals den Schmelzpunkt wesentlich beeinflussen. Ob die betreffende Verunreinigung den Schmelzpunkt herabdrückt oder erhöht, hängt von ihrem Charakter ab. Im allgemeinen pflegt sie ihn herabzudrücken. Wenn aber die Verunreinigung mit der Substanz isomorph ist und einen höheren Schmelzpunkt besitzt als diese, kann auch die Mischung höher schmelzen.

Bei der Heizbank nach *Kofler*, die im wesentlichen aus einem langen, schmalen Metallkörper besteht, auf dem durch einseitige Heizung ein annähernd linearer Temperaturabfall von 265 bis $50^0$ erzeugt wird, kann man innerhalb einer Minute Schmelzpunkte und Mischschmelzpunkte bestimmen. Auch bei vielen zersetzlichen Substanzen lassen sich die Schmelzpunkte bestimmen, da die Heizbank innerhalb weniger Sekunden auf die Schmelztemperatur gebracht werden kann. Bei diesem Gerät kann man bei Hydraten das Entweichen des Kristallwassers, das Schmelzen des Hydrates und der wasserfreien Substanz besser verfolgen als bei Verwendung von Kapillarröhrchen. Das Verfahren ist unter anderem auch zur schnellen Kontrolle von Arzneigemischen geeignet, indem man das zu prüfende Präparat und ein entsprechend der Vorschrift hergestelltes Gemisch nebeneinander auf die Heizbank aufträgt und dabei vergleicht, ob die Schmelzgrenzen der beiden Proben übereinstimmen.

# HÄUFIG VORKOMMENDE ELEMENT- UND RADIKAL-BEZEICHNUNGEN

| | |
|---|---|
| Acetalyl | $—CH_2 \cdot CH(O \cdot C_2H_5)_2$ |
| Acetonyl | $—CH_2 \cdot CO \cdot CH_3$ |
| Acetyl | $—CO \cdot CH_3$ |
| Acetylenyl | $—C \vdots CH$ |
| Acridyl | $—C_{13}H_8N$ |
| Äthoxalyl | $—CO \cdot CO \cdot O \cdot C_2H_5$ |
| Äthoxy | $—O \cdot C_2H_5$ |
| Äthyl | $—CH_2 \cdot CH_3$ |
| Äthylen | $—CH_2 \cdot CH_2—$ |
| Äthyliden | $>CH \cdot CH_3$ |
| Alanyl | $—CO \cdot C_2H_4(NH_2)$ |
| Allyl | $—CH_2 \cdot CH:CH_2$ |
| Allyliden | $>CH \cdot CH:CH_2$ |
| Amino | $—NH_2$ |
| Aminoformyl | $—CO \cdot NH_2$ |
| Amyl | $—C_5H_{11}$ |
| Anilino | $—NH \cdot C_6H_5$ |
| Anisal | $>CH^1 \cdot C_6H_4(O \cdot CH_3)^4$ |
| Anisidino | $—NH \cdot C_6H_4 \cdot O \cdot CH_3$ |
| Anisoyl | $—CO^1 \cdot C_6H_4(O \cdot CH_3)^4$ |
| Anisyl | $—CH_2^1 \cdot C_6H_4(O \cdot CH_3)^4$ |
| Anisyliden | $>CH^1 \cdot C_6H_4(O \cdot CH_3)^4$ |
| Anthracyl, Anthryl | 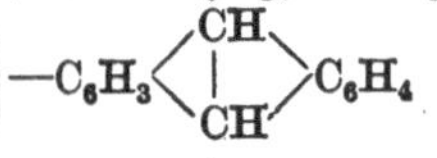 |
| Anthranyl | 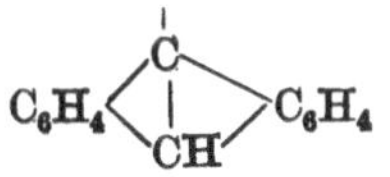 |
| Arseno | $—As:As—$ |
| Arsino | $—AsH_2$ |
| Azido | $—N_3$ |
| Azimino | $—NH \cdot N:N—$ (cyclisch gebunden) |
| Azo | $—N:N—$ |
| Azoxy | $—N_2(O)—$ |
| Benzal | $>CH \cdot C_6H_5$ |
| Benzenyl | $\geqslant C \cdot C_6H_5$ |
| Benzhydryl | $—CH(C_6H_5)_2$ |
| Benzoyl | $—CO \cdot C_6H_5$ |
| Benzoylen | $—CO \cdot C_6H_4—$ |
| Benzyl | $—CH_2 \cdot C_6H_5$ |
| Benzylen | $—CH_2 \cdot C_6H_4—$ |
| Benzyliden | $>CH \cdot C_6H_5$ |
| Bornyl | $—C_{10}H_{17}$ |
| Brom | $—Br$ |
| α-Butenyl | $—CH:CH \cdot CH_2 \cdot CH_3$ |
| n-Butyl | $—CH_2 \cdot CH_2 \cdot CH_2 \cdot CH_3$ |
| sek.-Butyl | $—CH(CH_3) \cdot CH_2 \cdot CH_3$ |
| tert.-Butyl | $—C(CH_3)_3$ |
| n-Butyryl | $—CO \cdot (CH_2)_2 \cdot CH_3$ |
| Caproyl | $—CO \cdot C_5H_{11}$ |
| Capryl | $—C_8H_{17}$ |
| Capryloyl | $—CO \cdot C_7H_{15}$ |
| Carbäthoxy | $—CO \cdot O \cdot C_2H_5$ |
| Carbaminyl | $—CO \cdot NH_2$ |
| Carbomethoxy | $—CO \cdot O \cdot CH_3$ |
| Carbonyl | $>CO$ |
| Carboxyl | $—COOH$ |
| Carboxyloxy | $—O \cdot COOH$ |
| Carvacryl | $—C_6H_3<^{(CH_3)^2}_{[CH(CH_3)_2]^5}$ |
| Carvyl | $—C_{10}H_{15}$ |
| Ceryl | $—C_{26}H_{53}$ |
| Cetyl | $—C_{16}H_{33}$ |
| Chinolyl | $—C_9H_6N$ |
| Chlor | $—Cl$ |
| Cinnamal | $>CH \cdot CH:CH \cdot C_6H_5$ |
| Cinnamenyl | $—CH:CH \cdot C_6H_5$ |
| Cinnamoyl | $—CO \cdot CH:CH \cdot C_6H_5$ |
| Cinnamyl | $—CH_2 \cdot CH:CH \cdot C_6H_5$ |
| Cinnamyliden | $>CH \cdot CH:CH \cdot C_6H_5$ |
| Cuminyl | $—CH_2^1 \cdot C_6H_4[CH(CH_3)_2]^4$ |
| Cyan | $—C \vdots N$ |
| Cyanur | $\equiv(CN)_3$ |
| Cyclobutyl | $—CH<^{CH_2}_{CH_2}>CH_2$ |
| Cycloheptyl | $—CH<^{CH_2 \cdot CH_2 \cdot CH_2}_{CH_2 \cdot CH_2 \cdot CH_2}$ |
| Cyclohexyl | $—CH<^{CH_2 \cdot CH_2}_{CH_2 \cdot CH_2}>CH_2$ |
| Cyclohexyliden | $>C—CH_2 \cdot CH_2$, $CH_2 \cdot CH_2 \cdot CH_2$ (ringförmig verbunden) |

| | |
|---|---|
| Cyclopentyl . . | 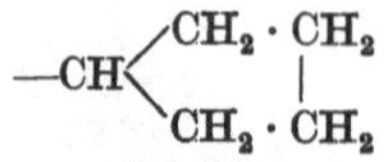 |
| Cyclopropyl . . | 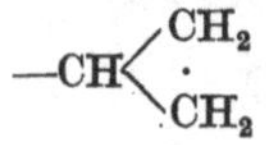 |
| **D**ecyl . . . . | $—C_{10}H_{21}$ |
| Desyl . . . . | $—CH(C_6H_5) \cdot CO \cdot C_6H_5$ |
| Diazo . . . . |  |
| Diazoamino . . | $—NH \cdot N:N—$ (acyclisch gebunden) |
| Diphenylyl . . | $—C_6H_4 \cdot C_6H_5$ |
| Dodecyl . . . | $—C_{12}H_{25}$ |
| Duryl . . . . | $—C_6H(CH_3)_4^{2\cdot3\cdot5\cdot6}$ und $—CH_2 \cdot C_6H_2(CH_3)_3$ |
| **E**ikosyl . . . . | $—C_{20}H_{41}$ |
| **F**enchyl . . . | $—C_{10}H_{17}$ |
| Fluor . . . . | $—F$ |
| Formyl . . . . | $—CHO$ |
| Furfural . . . | $>CH \cdot C_4H_3O$ |
| Furfuroyl . . . | $—CO \cdot C_4H_3O$ |
| Furfuryl . . . | $—CH_2 \cdot C_4H_3O$ |
| Furfuryliden . | $>CH \cdot C_4H_3O$ |
| Furyl . . . . | $—C_4H_3O$ |
| **G**alloyl . . . . | $—CO \cdot C_6H_2(OH)_3^{3\cdot4\cdot5}$ |
| Glycyl . . . . | $—CO \cdot CH_2 \cdot NH_2$ |
| Glykoloyl . . . (Glykolyl) | $—CO \cdot CH_2 \cdot OH$ |
| Glyoxyl . . . | $—CO \cdot CHO$ |
| Guanidino . . | $—NH \cdot C(:NH) \cdot NH_2$ |
| Guanyl . . . . | $—C(:NH) \cdot NH_2$ |
| **H**eptyl . . . . | $—C_7H_{15}$ |
| Hexamethylen . | $—CH_2 \cdot (CH_2)_4 \cdot CH_2—$ |
| Hexyl . . . . | $—C_6H_{13}$ |
| Hippuryl . . . | $—CO \cdot CH_2 \cdot NH \cdot CO \cdot C_6H_5$ |
| Hydrazino . . | $—NH \cdot NH_2$ |
| Hydrazo . . . | $—NH \cdot NH—$ |
| Hydrindonyl . | $—C_9H_7O$ |
| Hydrindyl . . | $—C_9H_9$ |
| Hydroxy . . . | $—OH$ |
| Hydroxylamino | $—NH \cdot OH$ |
| Hydroxymercuri | $—Hg \cdot OH$ |
| **I**mino . . . . | $>NH$ |
| Indolyl . . . . | $—C_8H_6N$ |
| Indonyl . . . | $—C_9H_5O$ |
| Isoamyl . . . | $—CH_2 \cdot CH_2 \cdot CH(CH_3)_2$ |
| Isobutyl . . . | $—CH_2 \cdot CH(CH_3)_2$ |
| Isobutylen . . | $—C(CH_3)_2 \cdot CH_2—$ |
| Isobutyliden . | $>CH \cdot CH(CH_3)_2$ |
| Isobutyryl . . | $—CO \cdot CH(CH_3)_2$ |
| Isoduryl . . . | $—C_6H(CH_3)_4^{2\cdot3\cdot4\cdot6}$ und $—CH_2 \cdot C_6H_2(CH_3)_3$ |
| Isopropenyl . . | $—C(:CH_2) \cdot CH_3$ |
| Isopropyl . . . | $—CH(CH_3)_2$ |
| Isopropyliden . | $>C(CH_3)_2$ |
| **J**od . . . . . | $—J$ |
| Jodo . . . . . | $—JO_2$ |
| Jodoso . . . . | $—JO$ |
| **K**eto . . . . . | $>O$ (in doppelter Bindung an ein C-Atom) |
| Kresoxy . . . | $—O \cdot C_6H_4 \cdot CH_3$ |
| **L**actyl . . . . | $—CO \cdot C_2H_4(OH)$ |
| Leucyl . . . . | $—CO \cdot C_5H_{10}(NH_2)$ |
| Lutidyl . . . . | $—CH_2 \cdot (CH_3)C_5H_3N$ |
| **M**alonyl . . . | $—CO \cdot CH_2 \cdot CO—$ |
| Menaphthyl . . | $—CH_2 \cdot C_{10}H_7$ |
| Menthyl . . . | $—C_{10}H_{19}$ |
| Mercapto . . . | $—SH$ |
| Mercuri . . . | $>Hg$ |
| Mesityl . . . . | $—C_6H_2(CH_3)_3^{2\cdot4\cdot6}$ und $—CH_2 \cdot C_6H_3(CH_3)_2^{3\cdot5}$ |
| Methoxy . . . | $—OCH_3$ |
| Methyl . . . . | $—CH_3$ |
| Methylen . . . | $>CH_2$ |
| Methylol . . . | $—CH_2 \cdot OH$ |
| Myricyl . . . | $—C_{30}H_{61}$ |
| **N**aphthoyl . . | $—CO \cdot C_{10}H_7$ |
| Naphthyl . . . | $—C_{10}H_7$ |
| Nitramino . . | $—NH \cdot NO_2$ |
| Nitro . . . . | $—NO_2$ |
| Nitroso . . . . | $—NO$ |
| Nonyl . . . . | $—C_9H_{19}$ |
| **O**ctyl . . . . | $—C_8H_{17}$ |
| Oenanthoyl . . | $—CO \cdot C_6H_{13}$ |
| Oenanthyl . . | $—C_7H_{15}$ |
| Oxalyl . . . . | $—CO \cdot CO—$ |
| Oxido . . . . | $>O$ (in Bindung an zwei C-Atome) |
| Oximino . . . | $>N \cdot OH$ |
| Oxo . . . . . | $>O$ (in doppelter Bindung an ein C-Atom) |
| Oxy . . . . . | $—OH$ |
| Ozonido . . . | $—O_3$ |

| | |
|---|---|
| Palmitoyl (Palmityl) | $-CO\cdot[CH_2]_{14}\cdot CH_3$ |
| Pentamethylen | $-CH_2\cdot[CH_2]_3\cdot CH_2-$ |
| Pentyl | $-C_5H_{11}$ |
| Phenacal | $>CH\cdot CO\cdot C_6H_5$ |
| Phenacetyl | $-CO\cdot CH_2\cdot C_6H_5$ |
| Phenacyl | $-CH_2\cdot CO\cdot C_6H_5$ |
| Phenacyliden | $>CH\cdot CO\cdot C_6H_5$ |
| Phenäthyl | $-C_2H_4\cdot C_6H_5$ |
| Phenanthryl | $-C_{14}H_9$ |
| Phenetidino | $-NH\cdot C_6H_4\cdot O\cdot C_2H_5$ |
| Phenoxy | $-OC_6H_5$ |
| Phenyl | $-C_6H_5$ |
| Phenylen | $-C_6H_4-$ |
| Phosphino | $-PH_2$ |
| Phthalal | $\begin{matrix}>CH^1\\>CH^2\end{matrix}>C_6H_4$ |
| Phthaliden | $>C<\begin{matrix}C_6H_4\\ \mid\\ O-CO\end{matrix}$ |
| Phthalimido | $-N<\begin{matrix}CO\\CO\end{matrix}>C_6H_4$ |
| Phthalyl | $-CO^1\cdot C_6H_4\cdot CO^2-$ |
| Picolyl | $-CH_2\cdot C_5H_4N$ |
| Pikryl | $-C_6H_2(NO_2)_3^{2\cdot4\cdot6}$ |
| Pinyl | $-C_{10}H_{15}$ |
| Piperidino | $-N<\begin{matrix}CH_2\cdot CH_2\\CH_2\cdot CH_2\end{matrix}>CH_2$ |
| Piperidyl | $-C_5H_9>NH$ |
| Piperonyliden | $>CH^1\cdot C_6H_3\begin{matrix}-O^3\\-O^4\end{matrix}>CH_2$ |
| Propargyl | $-CH_2\cdot C\vdots CH$ |
| α-Propenyl | $-CH:CH\cdot CH_3$ |
| α-Propenyliden | $>C:CH\cdot CH_3$ |
| Propionyl | $-CO\cdot CH_2\cdot CH_3$ |
| Propyl | $-CH_2\cdot CH_2\cdot CH_3$ |
| Propylen | $-CH(CH_3)\cdot CH_2-$ |
| Propyliden | $>CH\cdot C_2H_5$ |
| Pseudocumyl | $-C_6H_2(CH_3)_3^{2\cdot4\cdot5}$ und $-CH_2\cdot C_6H_3(CH_3)_2$ |
| Pyridyl | $-C_5H_4N$ |
| Pyrimidyl | $-C_4H_3N_2$ |
| Pyromucyl | $-CO\cdot C_4H_3O$ |
| Pyrroyl | $-CO\cdot C_4H_3>NH$ |
| Pyrryl | $-C_4H_3>NH$ |
| Pyrrylen | $-C_4H_2>NH$ |
| Pyruvyl | $-CO\cdot CO\cdot CH_3$ |
| Rhodan | $-S\cdot C\vdots N$ |
| Salicoyl | $-CO^1\cdot C_6H_4(OH)^2$ |
| Salicyliden | $>CH^1\cdot C_6H_4(OH)^2$ |
| Semicarbazino | $-NH\cdot NH\cdot CO\cdot NH_2$ |
| Stearoyl (Stearyl) | $-CO\cdot[CH_2]_{16}\cdot CH_3$ |
| Stibino | $-SbH_2$ |
| Styryl | $-CH:CH\cdot C_6H_5$ |
| Suberyl | $-CH<\begin{matrix}CH_2\cdot CH_2\cdot CH_2\\CH_2\cdot CH_2\cdot CH_2\end{matrix}$ |
| Succinimido | $-N<\begin{matrix}CO-CH_2\\CO-CH_2\end{matrix}$ |
| Succinyl | $-CO\cdot[CH_2]_2\cdot CO-$ |
| Sulfhydryl | $-SH$ |
| Sulfo | $-SO_3H$ |
| Tanacetyl | $-C_{10}H_{17}$ |
| Tetramethylen | $-CH_2\cdot CH_2\cdot CH_2\cdot CH_2-$ |
| Tetrazolyl | $-CHN_4$ |
| Thenoyl | $-CO\cdot C_4H_3S$ |
| Thenyl | $-CH_2\cdot C_4H_3S$ |
| Thenyliden | $>CH\cdot C_4H_3S$ |
| Thiazolyl | $-C_3H_2NS$ |
| Thiazyl | $-C_3H_2NS$ |
| Thienyl | $-C_4H_3S$ |
| Thio(n) | S |
| Thiocarbonyl | $>CS$ |
| Thiol | $-SH$ |
| Thioureido | $-NH-CS-NH_2$ |
| Thujyl | $-C_{10}H_{17}$ |
| Thymyl | $-C_6H_3<\begin{matrix}(CH_3)^3\\ [CH(CH_3)_2]^6\end{matrix}$ |
| Tolacyl | $-CH_2\cdot CO\cdot C_6H_4\cdot CH_3$ |
| Toluidino | $-NH\cdot C_6H_4\cdot CH_3$ |
| Toluyl | $-CO\cdot C_6H_4\cdot CH_3$ |
| Toluylen | $-C_6H_3(CH_3)-$ |
| Tolyl | $-C_6H_4\cdot CH_3$ |
| Triazo | $-N_3$ |
| Triazolyl | $-C_2H_2N_3$ |
| Trimethylen | $-CH_2\cdot CH_2\cdot CH_2-$ |
| Triphenylmethyl | $-C(C_6H_5)_3$ |
| Undecyl | $-C_{11}H_{23}$ |
| Ureido | $-NH\cdot CO\cdot NH_2$ |
| Valeryl | $-CO\cdot C_4H_9$ |
| Valyl | $-CO\cdot C_4H_8(NH_2)$ |
| Vallyliden | $>CH^1\cdot C_6H_3(O\cdot CH_3)^3(OH)^4$ |
| Vinyl | $-CH:CH_2$ |
| Vinylen | $-CH:CH-$ |
| Vinyliden | $>C:CH_2$ |
| Xanthyl | $-CH<\begin{matrix}C_6H_4\\C_6H_4\end{matrix}>O$ |
| Xenyl | $-C_6H_4\cdot C_6H_5$ |
| Xylyl | $-C_6H_3(CH_3)_2$ und $-CH_2\cdot C_6H_4\cdot CH_3$ |
| Xylylen | $-C_6H_2(CH_3)_2-$ und $-CH_2\cdot C_6H_4\cdot CH_2-$ |

# ABKÜRZUNGEN

| | |
|---|---|
| A | Alkohol |
| $[\alpha]^{20}_{D}$ | spez. Drehung bei 20° C |
| abs. | absolut |
| Ae | Äther |
| alkohol. | alkoholisch |
| allg. | allgemein |
| asym. | asymmetrisch |
| At.Gew. | Atomgewicht |
| Blätt. | Blättchen |
| Best. | Bestimmung |
| BZ. | Beilstein-Zitat |
| Bldg. | Bildung |
| Bzl. | Benzol |
| Bzn. | Benzin |
| bzw. | beziehungsweise |
| ca. | zirka |
| Chlf. | Chloroform |
| D | Dichte |
| $D^{20}_{4}$ | spezifisches Gewicht bei 20° bezogen auf Wasser von 4° |
| $^{n}D^{20}$ | Brechungsexponent bei 20° |
| $^{R}D^{20}$ | Mol-Refraktion bei 20° |
| DE. | Dielektrizitätskonstante |
| Deriv. | Derivate |
| Dest. | Destillation |
| Darst. | Darstellung |
| Eig. | Eigenschaft |
| Einfl. | Einfluß |
| Einw. | Einwirkung |
| Eg. | Eisessig |
| Ep. | Erstarrungspunkt |
| expl. | explosiv |
| $^{n}F^{20}$ | Dispersion bei 20° |
| Fl. | Flüssigkeit |
| fl. | flüssig |
| ***Fp*** | Schmelzpunkt |
| fluoresz. | fluoreszierend |
| gelbl. | gelblich |
| gesätt. | gesättigt |
| Ggw. | Gegenwart |
| g.Z. | geringe Zersetzung |
| h. | heiß |
| $H_2SO_4$ | konz. $H_2SO_4$ |
| Herst. | Herstellung |
| JZ. | Jodzahl |
| k. | kalt |
| Koeff. | Koeffizient |
| konz. | konzentriert |
| Korr. | Korrektion |
| Kp. | Siedepunkt |
| Krist. | Kristalle |

| | |
|---|---|
| l. / lösl. | löslich |
| ll. | leicht löslich |
| Lg. | Ligroin |
| Lsg. | Lösung |
| Lsgg. | Lösungen |
| Lsgm. | Lösungsmittel |
| Mol.Gew. | Molekulargewicht |
| Nachw. | Nachweis |
| n. | normal |
| Nd. | Niederschlag |
| od. | oder |
| opt.akt. | optisch-aktiv |
| Oxyd. | Oxydation |
| PAe | Petroläther |
| polym. | polymerisiert sich |
| Prod. | Produkt |
| Py. | Pyridin |
| Red. | Reduktion |
| red. | reduziert |
| Rk. | Reaktion |
| riech. | riechend |
| sd. | siedend |
| spez. | spezifisch |
| sll. | sehr leicht löslich |
| swl. | sehr wenig löslich |
| Stde. | Stunde |
| subl. | sublimiert |
| Subst. | Substanz |
| SZ. | Säurezahl |
| u. | und |
| unl. | unlöslich |
| v. | von |
| Vak. | Hochvakuum |
| Verb. | Verbindung |
| verd. | verdünnt |
| vgl. | vergleiche |
| Vork. | Vorkommen |
| VZ. | Verseifungszahl |
| W | Wasser |
| W-Bad | Wasserbad |
| wl. | wenig löslich |
| Wrk. | Wirkung |
| wss. | wässerig |
| z.B. | zum Beispiel |
| Zers. | Zersetzung |
| Z. / zers. | zersetzt sich |
| zll. | ziemlich leicht löslich |
| zwl. | ziemlich wenig löslich |
| ∞ | in jed. Verhältnis mischbar |

# SCHMELZPUNKT-TABELLEN

| Lfd. Nr. | *Fp* | Name | Summenformel | Strukturformel | Mol.-Gewicht |
|---|---|---|---|---|---|
| 1 | 2 | 3 | 4 | 5 | 6 |
| 1 | <—190 | α-Butylen | $C_4H_8$ | $C_2H_5 \cdot CH : CH_2$ | 56,10 |
| 2 | —189,9 | Propan | $C_3H_8$ | $CH_3 \cdot CH_2 \cdot CH_3$ | 44,09 |
| 3 | —185,2 | Propylen | $C_3H_6$ | $CH_3 \cdot CH : CH_2$ | 42,08 |
| 4 | —184,0 | Methan | $CH_4$ | $CH_4$ | 16,04 |
| 5 | —172,0 | Äthan | $C_2H_6$ | $CH_3 \cdot CH_3$ | 30,07 |
| 6 | —169,5 | Äthylen | $C_2H_4$ | $CH_2 : CH_2$ | 28,05 |
| 7 | —161,5 | Bortrimethyl | $C_3H_9B$ | $(CH_3)_3B$ | 55,92 |
| 8 | —159,7 | Vinylchlorid | $C_2H_3Cl$ | $CH_2 : CHCl$ | 62,50 |
| 9 | —158,6 | Isopentan | $C_5H_{12}$ | $C_2H_5 \cdot CH(CH_3)_2$ | 72,14 |
| 10 | —156,5 | Methylmonosilan | $CH_6Si$ | $CH_3 \cdot SiH_3$ | 46,12 |
| 11 | —151,0 | Keten | $C_2H_2O$ | $CH_2 : CO$ | 42,04 |
| 12 | —149,9 | Dimethylmonosilan | $C_2H_8Si$ | $(CH_3)_2SiH_2$ | 60,14 |
| 13 | —147,0 | Penten-(2) | $C_5H_{10}$ | $CH_3 \cdot CH_2 \cdot CH : CH \cdot CH_3$ | 70,13 |
| 14 | —146,0 | Propadien | $C_3H_4$ | $CH_2 : C : CH_2$ | 40,06 |
| 15 | —145,0 | Diazomethan | $CH_2N_2$ | $CH_2 : N \vdots N$ | 42,04 |
| 16 | —145,0 | Isobutan | $C_4H_{10}$ | $(CH_3)_2CH \cdot CH_3$ | 58,12 |
| 17 | —144,0 | Äthylmercaptan | $C_2H_6S$ | $C_2H_5SH$ | 62,13 |
| 18 | —140,8 | Diallyl | $C_6H_{10}$ | $CH_2 : CH \cdot (CH_2)_2 \cdot CH : CH_2$ | 82,14 |
| 19 | —138,7 | Äthylchlorid | $C_2H_5Cl$ | $C_2H_5Cl$ | 64,52 |
| 20 | —138,5 | Dimethyläther (Methyläther) | $C_2H_6O$ | $CH_3 \cdot O \cdot CH_3$ | 46,07 |

| Aggregatzustand Farbe | Spez. Gewicht | Siedepunkt °C | Beilstein Zitat | Physikalische Konstanten und Eigenschaften | Löslichkeit | Reaktionen |
|---|---|---|---|---|---|---|
| 7 | 8 | 9 | 10 | 11 | 12 | 13 |
| Gas | $0{,}6298^{10°}$ | – 6,1 | I 203 | | | |
| Gas | 2,0196 g/l | – 44,5 | I 103 | | | |
| Gas | 0,647 | – 47,0 | I 196 | | | |
| Gas | 0,7168 g/l | –164,0 | I 56 | brennt mit schwach leuchtender Flamme; riecht lauchartig | | durch Ozon wird Methan in 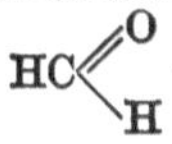 verwandelt |
| Gas | 1,3562 g/l | – 88,5 | I 80 | geruchlos | | |
| Gas | 1,2604 g/l | –103,9 | I 180 | riecht ätherisch erstickend | | Durchleiten durch konz. Lsg. von $HgJ_2 \cdot 2KJ$ + NaOH → gelbe Trübung → gelber Nd. |
| Gas | 2,536 | – 20,0 | IV 641 | stechender Geruch; selbstentzündlich | | |
| Gas | 0,9692 | – 13,9 | I 186 | | | + alkohol. $NH_3$ bei 150° → Äthylendiamin |
| Fl. | 0,6206 | 27,95 | I 134 | | unl. in W<br>l. in A, Ae | |
| Gas | 0,62 | –57 | E IV 579 | zers. beim Erwärmen | unl. in W | |
| Gas | | –56 | I 724 | riecht unerträglich | | + W → Essigsäure<br>+ A → Essigester |
| Gas | 0,68 | –20 | E IV 579 | | | |
| Fl. | 0,6535 | 36,4 | I 210 | $^nD^{20}$ 1,37576; $^RD$ 24,82 cm; $^nF$ 79,7 | unl. in W<br>∞ A, Ae | |
| Gas | | –32 | I 248 | | | |
| Gas | | –24 | XXIII 25 | explodiert beim Erhitzen; sehr giftig; Methylierungsmittel | | |
| Gas | 2,6726 g/l | –10,2 | I 124 | | | |
| Fl. | 0,8454 | 33,4 (724mm) | I 340 | $^nD^{10}$ 1,43055; $^RD$ 17,99 cm; $^nF$ 101,9; riecht durchdringend, lauchartig; (f. Schlafmittel Sulfonal) | wl. in W<br>l. in A, Ae<br>ll. in Alkalien | + $HNO_2$ ($KNO_2$) oder $C_2H_5NO_2$ → rosarot, E 1:7500<br>+ verd. alkohol $FeCl_3$-Lsg. → blau (unbeständig)<br>Hg-Merkaptid *Fp* 76—77° (aus A) |
| Fl. | 0,6872 | 59,6 | I 253 | $^nD^{20}$ 1,40102; $^RD$ 28,99 cm; $^nF$ 98,1; riecht rettigartig; polymerisiert beim Erhitzen | unl. in W | |
| Fl. | 0,9171 | 13,1 | I 82 | ebullioskop. Konst. 1,95; riecht ätherisch; schmeckt brennend süß | swl. in W<br>∞ A, Ae | |
| Gas | 2,1096 | –23,7 | I 281 | | | +HCl → $CH_3Cl$ |

| Lfd. Nr. | *Fp* | Name | Summenformel | Strukturformel | Mol.-Gewicht |
|---|---|---|---|---|---|
| 1 | 2 | 3 | 4 | 5 | 6 |
| 21 | **—138,2** | Kohlenoxysulfid | COS | O=C=S | 60,07 |
| 22 | **—137,8** | Vinylbromid | $C_2H_3Br$ | $CH_2:CHBr$ | 106,96 |
| 23 | **—137,4** | β-Chlorpropylen | $C_3H_5Cl$ | $CH_3 \cdot CCl:CH_2$ | 76,53 |
| 24 | **—136,4** | Allylchlorid | $C_3H_5Cl$ | $CH_2:CH \cdot CH_2Cl$ | 76,53 |
| 25 | **—135,0** | Butan | $C_4H_{10}$ | $CH_3 \cdot CH_2 \cdot CH_2 \cdot CH_3$ | 58,12 |
| 26 | **—134,9** | 2,3-Dimethylbutan | $C_6H_{14}$ | $(CH_3)_2CH \cdot CH(CH_3)_2$ | 86,17 |
| 27 | **—134,8** | Trimethyläthylen (β-Methyl-β-butylen) | $C_5H_{10}$ | $(CH_3)_2C:CH \cdot CH_3$ | 70,13 |
| 28 | **—131,8** | sek. Butylchlorid | $C_4H_9Cl$ | $C_2H_5 \cdot CHCl \cdot CH_3$ | 92,57 |
| 29 | **—131,2** | Isobutylchlorid | $C_4H_9Cl$ | $(CH_3)_2CH \cdot CH_2Cl$ | 92,57 |
| 30 | **—130,8** | Pentan | $C_5H_{12}$ | $CH_3 \cdot (CH_2)_3 \cdot CH_3$ | 72,14 |
| 31 | **—130,0** | Äthylacetylen | $C_4H_6$ | $C_2H_5 \cdot C\vdots C \cdot H$ | 54,09 |
| 32 | **—129,0** | Allylalkohol | $C_3H_6O$ | $CH_2:CH \cdot CH_2 \cdot OH$ | 58,08 |
| 33 | **—127,0** | β-Butylen | $C_4H_8$ | $CH_3 \cdot CH:CH \cdot CH_3$ | 56,10 |
| 34 | **—127,0** | Cyclopropan | $C_3H_6$ | $H_2C$—$H_2C$ $>CH_2$ (Ring) | 42,08 |
| 35 | **—126,4** | Methylcyclohexan | $C_7H_{14}$ | $H_2C<{CH_2 \cdot CH_2 \atop CH_2 \cdot CH_2}>CH \cdot CH_3$ | 98,18 |
| 36 | **—126,0** | n-Propylalkohol | $C_3H_8O$ | $C_2H_5 \cdot CH_2 \cdot OH$ | 60,09 |
| 37 | **—124,8** | β-Brompropylen | $C_3H_5Br$ | $CH_3 \cdot CBr:CH_2$ | 120,99 |
| 38 | **—124,0** | Trimethylamin | $C_3H_9N$ | $(CH_3)_3N$ | 59,11 |
| 39 | **—123,1** | Butylchlorid | $C_4H_9Cl$ | $C_2H_5 \cdot CH_2 \cdot CH_2 \cdot Cl$ | 92,57 |

| Aggregatzustand Farbe | Spez. Gewicht | Siedepunkt °C | Beilstein-Zitat | Physikalische Konstanten und Eigenschaften | Löslichkeit | Reaktionen |
|---|---|---|---|---|---|---|
| 7 | 8 | 9 | 10 | 11 | 12 | 13 |
| Gas | 2,721 g/l | –50,2 | III 131 | geruchlos; stark narkotisch | | $+ H_2O \rightarrow$ allmählich $\rightarrow CO_2 + H_2S$ |
| Fl. | 1,5167 | 15,8 | I 188 | polymerisiert im Sonnenlicht | | |
| Fl. | 0,918 | 22,7 | I 198 | | | |
| Fl. | 0,938 | 44,6 | I 198 | $^{n}D^{20}$ 1,40950; $^{R}D$ 20,44 cm; $^{n}F$ 99,3 | | |
| Gas | 2,7031 g/l | 0,6 | I 118 | | | |
| Fl. | 0,6795 | 58,1 | I 151 | $^{n}F$ 62,5 | | |
| Fl. | 0,668 | 37,2 | I 211 | | | |
| Fl. | 0,8732 | 68,3 | I 119 | $^{n}D^{20}$ 1,40147; $^{R}D$ 25,46 cm; $^{n}F$ 71,2; riecht ätherisch | | |
| Fl. | 0,8829 | 68,9 | I 124 | $^{n}D^{15}$ 1,40096; $^{R}D$ 25,73 cm; $^{n}F$ 72,5 | | |
| Fl. | 0,6337 | 36,2 | I 130 | $^{n}D^{20}$ 1,35800; $^{R}D$ 25,28 cm; $^{n}F$ 61,9 | unl. in W<br>∞ A, Ae | |
| Fl. | 0,6680 | 18,0 | I 248 | | | |
| Fl. | 0,8703 | 97,1 | I 436 | $^{n}D^{15}$ 1,41152; $^{R}D$ 16,95 cm; $^{n}F$ 96,6; heftig reizender Geruch | ∞ W | Phenylurethan *Fp* 70°<br>α-Naphthylurethan *Fp* 109°, Tafeln |
| Gas | 0,6315 | 1. +1,0<br>2. +2,5 | I 204 | 2 stereoisomere Formen | l. in A<br>unl. in $H_2SO_4$ | Nitrosit Fp 134° |
| Gas | 0,720 | –34,5 (750mm) | V 15 | | unl. in W | bei Rotglut $\rightarrow$ Propylen |
| Fl. | 0,7718 | 100,3 | V 29 | $^{n}D$ 1,42531; $^{R}D$ 32,47 cm; $^{n}F$ 75,0; riecht benzinartig | unl. in W<br>l. in A, Ae | |
| Fl. | 0,8044 | 97,2 | I 350 | $^{n}D^{20}$ 1,38543; $^{R}D$ 17,52 cm; $^{n}F$ 66,3; ebullioskop. Konst. 1,73; sehr hygroskopisch, giftig | ∞ W, A, Ae | 1 ml Alkohol + 2–8 Tropfen Beckmannsche Mischung schnell violett $\rightarrow$ weinrot |
| Fl. | 1,3965 | 48,4 | I 200 | $^{n}D^{20}$ 1,45193; $^{R}D$ 23,09 cm; $^{n}F$ 119,8 | | |
| Gas | 0,662 | 3,5 | IV 43 | riecht fischartig; brennbar (noch mit W 1:1) | ll. in W, A | Chloroplatinat *Fp* 242 bis 243°; orangerot, Oktaeder; Pikrat *Fp* 216° hellgelbe Prismen, Dinitro-α-naphthoat *Fp* 185°, zitronengelbe Prismen |
| Fl. | 0,8972 | 78,0 | I 118 | $^{n}D^{20}$ 1,40147; $^{R}D$ 25,46 cm; $^{n}F$ 71,2 | | |

| Lfd. Nr. | *Fp* | Name | Summenformel | Strukturformel | Mol.-Gewicht |
|---|---|---|---|---|---|
| 1 | 2 | 3 | 4 | 5 | 6 |
| 40 | –123,0 | Acetaldehyd | $C_2H_4O$ | $CH_3 \cdot CHO$ | 44,50 |
| 41 | –122,8 | Propylchlorid | $C_3H_7Cl$ | $C_2H_5 \cdot CH_2Cl$ | 78,54 |
| 42 | –122,0 | Dipropyläther | $C_6H_{14}O$ | $C_3H_7 \cdot O \cdot C_3H_7$ | 102,17 |
| 43 | –121,0 | Methylmercaptan | $CH_4S$ | $CH_3 \cdot SH$ | 48,10 |
| 44 | –120,0 | Isopren | $C_5H_8$ | $CH_2 : CH \cdot C(CH_3) : CH_2$ | 68,11 |
| 45 | –119,4 | Allylbromid ($\gamma$-Brompropylen) | $C_3H_5Br$ | $CH_2 : CH \cdot CH_2Br$ | 120,99 |
| 46 | –119,0 | Äthylbromid | $C_2H_5Br$ | $C_2H_5Br$ | 108,98 |
| 47 | –118,1 | Isobutylbromid | $C_4H_9Br$ | $(CH_3)_2CH \cdot CH_2 \cdot Br$ | 137,03 |
| 48 | –118,0 | Phosgen | $COCl_2$ | 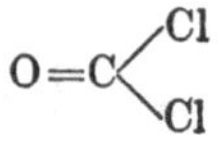 | 98,92 |
| 49 | –117,2 | Gärungsamylalkohol | $C_5H_{12}O$ | $C_5H_{11} \cdot OH$ | 88,14 |
| 50 | –117,0 | Isopropylchlorid | $C_3H_7Cl$ | $CH_3 \cdot CHCl \cdot CH_3$ | 78,54 |

| Aggregat-zustand Farbe | Spez. Gewicht | Siede-punkt °C | Beilstein-Zitat | Physikalische Konstanten und Eigenschaften | Löslichkeit | Reaktionen |
|---|---|---|---|---|---|---|
| 7 | 8 | 9 | 10 | 11 | 12 | 13 |
| Fl. | 0,7883 | 20,2 | I 594 | $^nD^{20}$ 1,33157; $^RD$ 11,57 cm; $^nF$ 61,3; Dampf giftig; polymerisiert zu Metaldehyd und Paraldehyd | ∞ W, A, Ae | + Fuchsinschweflige Säure → rot; verd. Lsg. + Piperidin oder Piperazin → blau (1:20000), + $NH^3$ gelb; Semicarbazon *Fp* 163°, Nadeln |
| Fl. | 0,8918 | 46,4 | I 104 | $^nD^{20}$ 1,38856; $^RD$ 20,84 cm; $^nF$ 68,5 | | |
| Fl. | 0,7360 | 90,6 | I 354 | $^nD^{14,5}$ 1,38318; $^RD$ 31,66 cm; $^nF$ 66,1 | | |
| Fl. | 0,8961 | 5,8 (752mm) | I 288 | riecht nach faulem Kohl | l. in A, Ae | + W → krist. Hydrat |
| Fl. | $0,6849^{16°}$ | 34,08 | I 252 | $^nD^{18.3}$ 1,44207; $^RD$ 25,22 cm; $^nF$ 148,0; polymerisiert beim Erhitzen zu Isopren-Kautschuk | | |
| Fl. | 1,398 | 70,0 | I 201 | $^nD^{20}$ 1,46545; $^RD$ 23,95 cm; $^nF$ 132,0 | | |
| Fl. | 1,4586 | 38,4 | I 88 | $^nD^{20}$ 1,42386; $^RD$ 19,11 cm; $^nF$ 93,3; ebullioskop. Konst. 2,53; riecht ätherisch; wirkt anästhesierend | | |
| Fl. | 1,2720 | 91,4 | I 126 | | | bei 210° — teilweise tert. Butylbromid |
| Gas | $1,376^{20°}$ | 8,2 (756,4 mm) | III 13 | Litergewicht d. Dampfes 4,4 g; Dampfdruck 20° 1173,4 mm Hg; Flüchtigkeit 20° 7800000 mg/m³; Oberflächenspannung 0° 34,6 dyn/cm; Ausdehnungskoeffizient 10° 0,001561; spez. Wärme 0,243 cal; ebullioskop. Konst. 2,9; Verdampfungswärme 60 cal; riecht erstickend; greift Atmungsorgane an | wl. in W ll. in Benzol und Toluol | + h. W. → HCl + $CO_2$ therm. Zers. → CO + Cl + Anilinwasser (3 : 100) → Diphenylharnstoff |
| Fl. | $0,812^{12°}$ | 131,6 | I 393 | Gemisch von Alkoholen | 2,67 W ∞ A, Ae | |
| Fl. | $0,8588^{20°}$ | 36,5 | I 105 | | 0,31 W 20° ∞ A, Ae | |

| Lfd. Nr. | *Fp* | Name | Summenformel | Strukturformel | Mol.-Gewicht |
|---|---|---|---|---|---|
| 1 | 2 | 3 | 4 | 5 | 6 |
| 51 | **-116,3** | **Diäthyläther** | $C_4H_{10}O$ | $C_2H_5 \cdot O \cdot C_2H_5$ | **74,12** |
| 52 | **—114,8** | **Triäthylamin** | $C_6H_{15}N$ | $(C_2H_5)_3N$ | **101,19** |
| 53 | **-114,15** | **Äthylalkohol** | $C_2H_6O$ | $C_2H_5 \cdot OH$ | **46,07** |
| 54 | **—113,0** | *α*-**Brompropylen** | $C_3H_5Br$ | $CH_3 \cdot CH : CHBr$ | **120,99** |
| 55 | **—112,6** | **Butyronitril** | $C_4H_7N$ | $C_2H_5 \cdot CH_2 \cdot CN$ | **69,10** |
| 56 | **—112,4** | **Butylbromid** | $C_4H_9Br$ | $C_2H_5 \cdot CH_2 \cdot CH_2Br$ | **137,03** |
| 57 | **—112,0** | **Schwefelkohlenstoff** | $CS_2$ | $S{=}C{=}S$ | **76,13** |
| 58 | **—112,0** | **Zinntetraäthyl** | $C_8H_{20}Sn$ | $(C_2H_5)_4Sn$ | **234,94** |
| 59 | **—111,9** | **sek. Butylbromid** | $C_4H_9Br$ | $C_2H_5 \cdot CHBr \cdot CH_3$ | **137,03** |
| 60 | **—111,9** | **Isoamylbromid** | $C_5H_{11}Br$ | $(CH_3)_2CH \cdot CH_2 \cdot CH_2Br$ | **151,05** |
| 61 | **—111,3** | **Äthylenoxyd** | $C_2H_4O$ | $H_2C$——$CH_2$ \\ O / | **44,05** |
| 62 | **—111,3** | **Kohlensuboxyd** | $C_3O_2$ | $O:C:C:C:O$ | **68,03** |

| Aggregat-zustand Farbe | Spez. Gewicht | Siede-punkt °C | Beilstein-Zitat | Physikalische Konstanten und Eigenschaften | Löslichkeit | Reaktionen |
|---|---|---|---|---|---|---|
| 7 | 8 | 9 | 10 | 11 | 12 | 13 |
| Fl. | 0,71925 $^{15°}$ | 34,6 | I 314 | $^{n}D^{20}$ 1,3526; $^{n}F$ 61,0 cm; ebullioskop. Konst. 1,83; kryoskop. Konst. 1,79; riecht angenehm; leicht entzündlich; Dampf wirkt betäubend | 7,5 W 16°<br>∞ A, Chlf. | Beim Kochen mit 3,5-Dinitrobenzoylchlorid und $ZnCl_2$ → Dinitrobenzoat *Fp* 92—93° |
| Fl. | 0,7277$^{20°}$ | 89,4 | IV 99 | $^{n}D^{20}$ 1,40032; $^{R}D$ 33,74 cm; $^{n}F$ 80,9 cm; ammoniakalisch riechendes Öl | ∞ W < 18,7°<br>l. in A, Ae | Chlorhydrat *Fp* 253—254°, hexagonale Krist.; Dinitro-α-naphthoat *Fp* 93°, hellgelbe Nadeln |
| Fl. | 0,7892$^{20°}$ | 78,3 | I 292 | $^{n}D^{20}$ 1,36232; $^{R}D$ 12,78 cm; $^{n}F$ 61,1; ebullioskop. Konst. 1,04; Oberflächenspannung 20° 22,03 dyn/cm; brennt mit blaßblau nichtleuchtender Flamme | ∞ W, Chlf. | Auf 40—50° erwärmen, + 6 Tropfen 10%iges KOH und Jodjodkalium bis Braunfärbung, mit KOH entfärben, abkühlen → Jodoform E 1:2000; Subst. + Benzoylchlorid, umschütteln + NaOH bis stechender Geruch des Chlorids verschwunden ist und Lsg nach Benzoesäureäthylester riecht |
| Fl. | 1,433$^{16°}$ | 57,8 | I 200 | $^{R}D$ 23,09; $^{n}F$ 119,8 cm; $^{n}D^{20}$ 1,45193 | | |
| Fl. | 0,794$^{20°}$ | 117,4 | II 275 | | wl. in W<br>l. in A | |
| Fl. | 1,2829$^{15°}$ | 100,3 | I 119 | $^{n}D^{20}$ 1,43983; $^{R}D$ 28,46 cm; $^{n}F$ 89,4 | 0,061 W 30° | |
| Fl. | 1,2634$^{20°}$ | 46,25 | III 197 | $^{n}D^{20}$ 1,6204; ebullioskop. Konst. 2,29; riecht ätherisch; giftig; leicht entzündlich | 0,18 W 16°<br>∞ A, Ae | zur sd. Lsg. von $Pb(NO_3)_2$ in 2n KOH 1 ml Subst. → schwarzer Nd. (E 60 γ) + 30% alkohol. KOH erhitzen + 1 Tropfen 1%ige $CuSO_4$-Lsg. + $CH_3COOH$ ansäuern → gelber Nd. von Kupferxanthogenat |
| Fl. | 1,1988$^{20°}$ | 78,0 (13 mm) | IV 632 | leicht entzündlich | unl. in W<br>l. in Ae | |
| Fl. | 1,251$^{25°}$ | 91,3 | I 119 | riecht angenehm | | |
| Fl. | 1,236$^{0°}$ | 120,3 | I 136 | $^{n}D^{20}$ 1,44118; $^{R}D$ 33,12 cm; $^{n}F$ 82,7 | 0,02 W 16°<br>l. in A, Ae | |
| Gas | 0,8896$^{6°}$ | 10,7 | XVII 4 | $^{n}D^{20}$ 1,3597; $^{n}F$ 58,0 | ∞ in W, A, Ae | bei 400° → Acetaldehyd |
| Gas | 1,114$^{0°}$ | +7 | I 805 | giftig | l. in $CS_2$ | + W → Malonsäure |

| Lfd. Nr. | *Fp* | Name | Summenformel | Strukturformel | Mol.-Gewicht |
|---|---|---|---|---|---|
| 1 | 2 | 3 | 4 | 5 | 6 |
| 63 | —110,9 | Äthyljodid | $C_2H_5J$ | $C_2H_5J$ | 155,98 |
| 64 | —110,8 | 3-Fluortoluol | $C_7H_7F$ | $F \cdot C_6H_4 \cdot CH_3$ | 110,12 |
| 65 | —109,9 | Propylbromid | $C_3H_7Br$ | $C_2H_5 \cdot CH_2Br$ | 123,00 |
| 66 | —108,0 | Isobutylalkohol | $C_4H_{10}O$ | $(CH_3)_2CH \cdot CH_2OH$ | 74,12 |
| 67 | —105,0 | tert. Amylamin | $C_5H_{13}N$ | $C_2H_5 \cdot C(CH_3)_2 \cdot NH_2$ | 87,16 |
| 68 | —105,0 | Methylal | $C_3H_8O_2$ | $CH_3O \cdot CH_2 \cdot OCH_3$ | 76,09 |
| 69 | —104,7 | Methylacetylen | $C_3H_4$ | $CH_3 \cdot C \vdots CH$ | 40,06 |
| 70 | —104,1 | sek. Butyljodid | $C_4H_9J$ | $C_2H_5 \cdot CH(J) \cdot CH_3$ | 184,03 |
| 71 | —104,0 | dl-sek.-Butylamin | $C_4H_{11}N$ | $C_2H_5 \cdot CH(NH_2) \cdot CH_3$ | 74,12 |
| 72 | —103,7 | Cyclohexen | $C_6H_{10}$ | 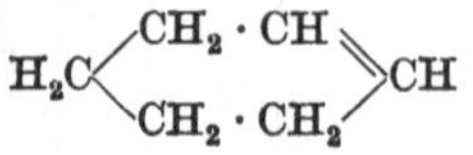 | 82,14 |
| 73 | —103,5 | Chlordimethyläther | $C_2H_5OCl$ | $CH_2Cl \cdot O \cdot CH_3$ | 80,52 |
| 74 | —103,0 | n-Butyljodid | $C_4H_9J$ | $C_2H_5 \cdot CH_2 \cdot CH_2J$ | 184,03 |
| 75 | —102,1 | Diäthylsulfid | $C_4H_{10}S$ | $(C_2H_5)_2S$ | 90,18 |
| 76 | —102,0 | Äthylnitrat | $C_2H_5O_3N$ | $C_2H_5 \cdot O \cdot NO_2$ | 91,07 |
| 77 | —101,6 | Propylbenzol | $C_9H_{12}$ | $C_2H_5 \cdot CH_2 \cdot C_6H_5$ | 120,18 |
| 78 | —101,4 | Propyljodid | $C_3H_7J$ | $C_2H_5 \cdot CH_2J$ | 170,00 |
| 79 | —101,2 | Isopropylamin | $C_3H_9N$ | $CH_3 \cdot CH(NH_2) \cdot CH_3$ | 59,11 |
| 80 | —100,0 | Allylsenföl | $C_4H_5NS$ | $CH_2 : CH \cdot CH_2 \cdot N : C : S$ | 99,15 |

| Aggregatzustand Farbe | Spez.-Gewicht | Siedepunkt °C | Beilstein-Zitat | Physikalische Konstanten und Eigenschaften | Löslichkeit | Reaktionen |
|---|---|---|---|---|---|---|
| 7 | 8 | 9 | 10 | 11 | 12 | 13 |
| Fl. | $1{,}933^{20°}$ | 72,3 | I 96 | $^{n}D^{20}$ 1,51307; $^{R}D$ 24,29 cm; $^{n}F$ 162,8; ebullioskop. Konst. 5,01 | 0,40 W 20°<br>l. in A, Ae | |
| Fl. | $0{,}9972^{13°}$ | 116 | V 290 | $^{n}D^{20}$ 1,46524; $^{R}D$ 30,73 cm; $^{n}F$ 136,0 | unl. in W | |
| Fl. | $1{,}3539^{20°}$ | 70,8 | I 108 | $^{n}D^{20}$ 1,43411; $^{R}D$ 23,70 cm; $^{n}F$ 91,3 | 0,25 W 20°<br>l. ∞ A, Ae | + alkohol. KOH → Propylen und Äthylpropyläther |
| Fl. | $0{,}8050^{16°}$ | 108,15 | I 373 | $^{n}D^{17,5}$ 1,3968; $^{R}D$ 22,16 cm; $^{n}F$ 68,0 | 10 W 15°<br>∞ A, Ae | Phenylurethan *Fp* 80°<br>+ 0,5% Piperonal-Lsg. und vorsichtig mit konz. $H_2SO_4$ kurze Zeit auf W-Bad erwärmen + 30%ige Essigsäure → rosa—rot |
| Fl. | $0{,}748^{15°}$ | 76,9 | IV 179 | | ∞ W, A | |
| Fl. | $0{,}8665^{15°}$ | 42,3 | I 574 | $^{n}D^{20}$ 1,35344; $^{R}D$ 19,19 cm; $^{n}F$ 58,0 | 30 W<br>∞ A, Ae | |
| Gas | $0{,}7128_{-55°}$ | —27 | I 246 | riecht unangenehm | l. in W.<br>ll. in A | |
| Fl. | $1{,}595^{20°}$ | 117-118 | I 123 | | | |
| Fl. | $0{,}8109^{15°}$ | 99,5 | I 371 | $^{n}D^{16,7}$ 1,39501; $^{R}D$ 24,10 cm | 12,5 W 20°<br>∞ A, Ae | |
| Fl. | $0{,}8102^{20°}$ | 83,3 | V 63 | $^{n}D^{22,1}$ 1,44507; $^{R}D$ 27,72 cm; $^{n}F$ 94,9 | unl. in W<br>l. in A, Ae | |
| Fl. | $1{,}0703^{20°}$ | 59 | I 580 | $^{n}D^{20}$ 1,39737 $^{R}D$ 18,13 cm; $^{n}F$ 73,4 | | + W → Formaldehyd |
| Fl. | 1,614 | 130,5 | I 123 | $^{n}D^{20}$ 1,50006; $^{R}D$ 33,48 cm; $^{n}F$ 140,4 | | |
| Fl. | $0{,}8364^{21°}$ | 92,0 | I 344 | $^{n}D^{20,5}$ 1,44253; $^{R}D$ 29,55 cm; $^{n}F$ 99,0 | swl. in W<br>l. in A, Ae | |
| Fl. | $1{,}105^{22°}$ | 87,7 | I 329 | $^{n}D^{21,5}$ 1,38484; $^{R}D$ 19,30 cm; | 3,09 W 55°<br>l. in A, Ae | |
| Fl. | $0{,}8617^{20°}$ | 159 | V 390 | $^{n}D^{12,8}$ 1,49549; $^{R}D$ 40,38 cm; $^{n}F$ 145,4 | swl. in W<br>l. in A | |
| Fl. | $1{,}7472^{16°}$ | 102,2 | I 113 | $^{n}D^{20}$ 1,50508; $^{R}D$ 28,94 cm; $^{n}F$ 148,4 | 0,107 W 20°<br>∞ A, Ae | zers. bei 175° → Propan |
| Fl. | $0{,}694^{15°}$ | 33,0 | IV 152 | $^{n}D^{15,4}$ 1,37698; $^{R}D$ 19,59 cm | ∞ W, A, Ae | |
| Öl | $1{,}0057^{24°}$ | 150,7 | IV 214 | $^{n}D^{20}$ 1,52660; $^{R}D$ 30,07 cm; $^{n}F$ 173,2; riecht stechend; reizt zu Tränen; wirkt blasenziehend; giftig | 0,2 W<br>∞ A, Ae | Thiosinamin. Subst. mit gleichen Mengen abs. A und 30%igem $NH_3$ unter Schütteln anwärmen. Eindampfen. Prismen *Fp* 74°; riecht lauchartig |

| Lfd. Nr. | *Fp* | Name | Summenformel | Strukturformel | Mol.-Gewicht |
|---|---|---|---|---|---|
| 1 | 2 | 3 | 4 | 5 | 6 |
| 81 | **—99,8** | Ameisensäuremethylester | $C_2H_4O_2$ | $HCO \cdot OCH_3$ | 60,05 |
| 82 | **—99,3** | Isovaleriansäureäthylester | $C_7H_{14}O_2$ | $(CH_3)_2CH \cdot CH_2 \cdot CO \cdot OC_2H_5$ | 130,18 |
| 83 | **—99,0** | n-Amylchlorid | $C_5H_{11}Cl$ | $CH_3 \cdot (CH_2)_3 \cdot CH_2Cl$ | 106,59 |
| 84 | **—98,9** | Essigsäureisobutylester | $C_6H_{12}O_2$ | $CH_3 \cdot CO \cdot OCH_2 \cdot CH(CH_3)_2$ | 116,15 |
| 85 | **—98,2** | 2,2-Dimethylbutan | $C_6H_{14}$ | $CH_3 \cdot C(CH_3)_2 \cdot CH_2 \cdot CH_3$ | 86,17 |
| 86 | **—98,1** | Essigsäuremethylester (Methylacetat) | $C_3H_6O_2$ | $CH_3 \cdot CO \cdot OCH_3$ | 74,08 |
| 87 | **—97,2** | Allyljodid | $C_3H_5J$ | $CH_2 : CH \cdot CH_2J$ | 167,99 |
| 88 | **—97,1** | Butyraldehyd | $C_4H_8O$ | $C_2H_5 \cdot CH_2 \cdot CHO$ | 72,10 |
| 89 | **—97,1** | Methylalkohol | $CH_4O$ | $CH_3 \cdot OH$ | 32,04 |
| 90 | **—96,9** | Cumol | $C_9H_{12}$ | $C_6H_5 \cdot CH(CH_3)_2$ | 120,18 |
| 91 | **—96,7** | Äthylidenchlorid | $C_2H_4Cl_2$ | $CH_3 \cdot CHCl_2$ | 98,97 |
| 92 | **—96,7** | Methylenchlorid | $CH_2Cl_2$ | $Cl \cdot CH_2 \cdot Cl$ | 84,94 |

| Aggregat-zustand Farbe | Spez. Gewicht | Siede-punkt °C | Beilstein-Zitat | Physikalische Konstanten und Eigenschaften | Löslichkeit | Reaktionen |
|---|---|---|---|---|---|---|
| 7 | 8 | 9 | 10 | 11 | 12 | 13 |
| Fl. | 1,0032$^{0°}$ | 31,8 | II 18 | $^{n}D^{10}$ 1,3444; ebullioskop. Konst. 1,505; Oberflächenspannung 20° 24,62 dyn/cm | | |
| Fl. | 0,8657$^{20°}$ | 134,7 | II 312 | $^{n}D^{18,4}$ 1,39738; $^{R}D$ 36,15 cm; $^{n}F$ 69,1 | | |
| Fl. | 0,8716$^{30°}$ | 108,3 | I 130 | $^{n}D^{20}$ 1,41192; $^{R}D$ 30,20 cm; $^{n}F$ 72,6 | unl. in W<br>l. in A, Ae | |
| Fl. | 0,8711$^{20°}$ | 118 | II 131 | $^{n}D^{18,8}$ 1,39066; $^{R}D$ 31,59 cm; $^{n}F$ 67,8 | 0,67 W 20°<br>∞ A, Ae | |
| Fl. | 0,6486$^{20°}$ | 49,6 | I 150 | $^{n}F$ 64,9 | unl. in W<br>l. in A, Ae | |
| Fl. | 0,9244$^{20°}$ | 56,9 | II 124 | $^{n}D^{20}$ 1,36099; $^{R}D$ 17,65 cm; $^{n}F$ 62,5; ebullioskop. Konst. 2,06; ätherisch riechend | | |
| Fl. | 1,848$^{12°}$ | 102 | I 202 | $^{n}D^{20}$ 1,49548; $^{R}D$ 38,28 cm; $^{n}F$ 131,1 | l. in A | |
| Fl. | 0,817$^{20°}$ | 74,7 | I 662 | | 3,7 W<br>∞ A, Ae | p-Nitrophenylhydrazon *Fp* 91—92°, gelbe Nadeln Semicarbazon *Fp* 106° |
| Fl. | 0,7923$^{20°}$ | 64,7 | I 273 | $^{n}D^{18}$ 1,329; $^{R}D$ 8,23 cm; $^{n}F$ 53,9; Oberflächenspannung 15° 22,99 dyn/cm; ebullioskop. Konst. 0,84; giftig, geruchlos | ∞ W, A, Ae | 0,1 ml Subst. + 5 ml $KMnO_4$-Lsg. (1%ig) + 0,2 ml $H_2SO_4$ nach 2 bis 3 Min. 1 ml 8%ige Oxalsäure-Lsg. + 5 ml Fuchsinschweflige Säure-Lsg. → violett (nach kurzer Zeit) |
| Fl. | 0,862$^{20°}$ | 152,5 | V 393 | | unl. in W<br>l. in A, Ae | |
| Fl. | 1,174$^{20°}$ | 57,3 | I 83 | $^{n}D^{20}$ 1,41655; $^{R}D$ 21,01 cm; $^{n}F$ 80,3; ebullioskop. Konst. 3,20 | 0,55 W 20°<br>ll. in A, Ae | |
| Fl. | 1,336$^{20°}$ | 41,6 | I 60 | $^{n}D^{15}$ 1,42721; $^{R}D$ 16,55 cm; $^{n}F$ 83,1; Oberflächenspannung 15° 28,83 dyn/cm; Verdampfungswärme 0° 78 cal; erstarrt unter *Fp* zu rhombischen Prismen | 2 W 20°<br>∞ A, Ae | 2 g Subst. mit 2 g KOH und 18 g A 1/4 Stunde kochen (Rückfluß). Nach Ansäuern kann Formaldehyd und $Cl_2$ nachgewiesen werden |

| Lfd. Nr. | *Fp* | Name | Summenformel | Strukturformel | Mol.-Gewicht |
|---|---|---|---|---|---|
| 1 | 2 | 3 | 4 | 5 | 6 |
| 93 | **—96,6** | d-Limonen | $C_{10}H_{16}$ | 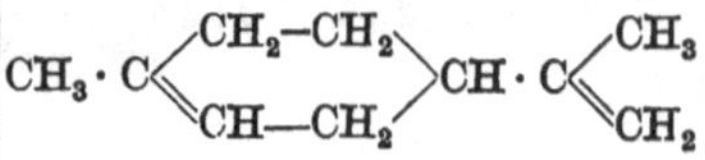 | 136,22 |
| 94 | **—96,5** | Acetylbromid | $C_2H_3OBr$ | $CH_3 \cdot COBr$ | 122,96 |
| 95 | **—96,0** | Dimethylamin | $C_2H_7N$ | $(CH_3)_2NH$ | 45,08 |
| 96 | **—96,0** | Valeronitril | $C_5H_9N$ | $CH_3 \cdot (CH_2)_3 \cdot CN$ | 83,13 |
| 97 | **—95,8** | Ameisensäureisobutylester | $C_5H_{10}O_2$ | $H \cdot CO \cdot OCH_2 \cdot CH(CH_3)_2$ | 102,13 |
| 98 | **—95,2** | Dibutyläther | $C_8H_{18}O$ | $(C_2H_5 \cdot CH_2 \cdot CH_2)_2O$ | 130,22 |
| 99 | **—95,0** | Aceton | $C_3H_6O$ | $CH_3 \cdot CO \cdot CH_3$ | 58,08 |
| 100 | **—95,0** | n-Amylbromid | $C_5H_{11}Br$ | $CH_3 \cdot (CH_2)_3 \cdot CH_2Br$ | 151,05 |
| 101 | **—95,0** | Toluol | $C_7H_8$ | $C_6H_5 \cdot CH_3$ | 92,13 |
| 102 | **—94,3** | Hexan | $C_6H_{14}$ | $CH_3 \cdot (CH_2)_4 \cdot CH_3$ | 86,17 |
| 103 | **—93,9** | Äthylbenzol | $C_8H_{10}$ | $C_6H_5 \cdot C_2H_5$ | 106,16 |

| Aggregat-zustand Farbe | Spez. Gewicht | Siede-punkt °C | Beilstein-Zitat | Physikalische Konstanten und Eigenschaften | Löslichkeit | Reaktionen |
|---|---|---|---|---|---|---|
| 7 | 8 | 9 | 10 | 11 | 12 | 13 |
| Fl. | $0{,}842^{20°}$ | 177,6 bis 178 | V 133 | | unl. in W<br>l. in A, Ae | Tetrabromid *Fp* 104—105°, Tafeln<br>α-Nitrosochlorid *Fp* 103 bis 104°, monokline Krist.<br>Carvoxim *Fp* 72°, Platten (durch Kochen des Nitrosochlorids mit alkohol. Lauge) |
| Fl. | $1{,}663^{15°}$ | 76,7 | II 174 | an der Luft stark rauchend | | + W → zers. |
| Fl. | $0{,}6865_{=5,8°}$ | 7 | IV 39 | riecht stark ammoniakalisch, brennbar | ll. in W<br>l. in A | + o-Phthalaldehyd in verd. essigs. Lsg. rötlicher Nd. → tief-rote Färbung<br>α-Naphthylurethan *Fp* 158 bis 159°<br>Dinitro-α-naphthoat *Fp* 180°, braune Prismen |
| Fl. | $0{,}9566^{15°}$ | 140,8 | II 301 | | | |
| Fl. | $0{,}8832^{20°}$ | 97,7 | II 18 | $^{n}D^{19,9}$ 1,38584;<br>$^{R}D$ 27,18 cm;<br>$^{n}F$ 67,7 | 1,01 W 20°<br>l. in A, Ae | |
| Fl. | $0{,}769^{20°}$ | 140,9 | I 369 | | ∞ A, Ae | |
| Fl. | $0{,}796^{15°}$ | 56,3 | I 635 | $^{n}D^{19,4}$ 1,35886;<br>$^{R}D$ 16,15 cm;<br>$^{n}F$ 69,4; Oberflächenspannung 20° 23,7 dyn/cm; ebullioskop. Konst. 1,48 | ∞ W, A, Ae | Rk. mit Nitroprussidnatr. 0,5 ml Subst. + 1 ml ammoniakal. $(NH_4)_2SO_4$-Lsg. + 1—2 Tropfen 20%iges Nitroprussidnatrium in längstens ½ Stunde Permanganatfärbung. Dibenzalaceton *Fp* 112° gelbe Krist. (Kochen der Lsg mit Benzaldehyd und Lauge) |
| Fl. | $1{,}1218^{20°}$ | 128 | I 131 | $^{n}D^{30}$ 1,44435;<br>$^{R}D$ 32,97 cm;<br>$^{n}F$ 89,2 | unl. in W<br>l. in A, Ae | |
| Fl. | $0{,}8716^{15°}$ | 110,8 | V 280 | $^{n}D^{14,7}$ 1,4992;<br>$^{R}D$ 31,06 cm;<br>$^{n}F$ 160; Oberflächenspannung 20° 27,4 dyn/cm | 0,057 W 30°<br>∞ A, Ae, Bzl. | + rauchende $HNO_3$ eintropfen ohne Kühlung, läßt Rk. nach + $KNO_3$. Dann unter Kühlung gleiches Volumen $H_2SO_4$. Nach Beendigung der Rk. ½ Stunde kochen, auf Eis gießen, Ausscheidung aus $CS_2$ umkristallisieren. Monokline, prismatische Nadeln. *Fp* 70 bis 71°. Alkohol. Lsg. + KOH → blau |
| Fl. | $0{,}6603^{20°}$ | 69,0 | I 142 | $^{n}D^{20}$ 1,37536;<br>$^{R}D$ 29,90 cm;<br>$^{n}F$ 65,1 | 0,01 W 15°<br>l. in A, Ae | |
| Fl. | $0{,}8669^{20°}$ | 136,15 | V 351 | $^{n}D^{15}$ 1,49857;<br>$^{R}D$ 35,72 cm;<br>$^{n}F$ 154,2 | swl. in W<br>∞ A, Ae | Oxydation mit $MnO_2$ und $H_2SO_4$ zu Benzaldehyd und Acetophenon<br>2,4,6-Trinitroäthylbenzol *Fp* 37° Nadeln (+ KOH → rot) |

| Lfd. Nr. | *Fp* | Name | Summenformel | Strukturformel | Mol.-Gewicht |
|---|---|---|---|---|---|
| 1 | 2 | 3 | 4 | 5 | 6 |
| 104 | **—93,5** | Isobutyljodid | $C_4H_9J$ | $(CH_3)_2CH \cdot CH_2J$ | 184,03 |
| 105 | **—93,5** | Tripropylamin | $C_9H_{21}N$ | $(C_2H_5 \cdot CH_2)_3N$ | 143,26 |
| 106 | **—93,3** | Buttersäureäthylester | $C_6H_{12}O_2$ | $C_2H_5 \cdot CH_2 \cdot CO \cdot OC_2H_5$ | 116,15 |
| 107 | **—93,3** | Cyclopentan | $C_5H_{10}$ | 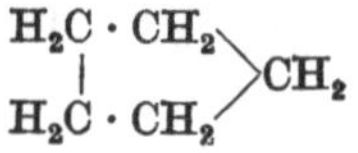 | 70,13 |
| 108 | **—93,1** | Isopropyljodid | $C_3H_7J$ | $CH_3 \cdot CHJ \cdot CH_3$ | 170,00 |
| 109 | **—93,0** | Methylbromid | $CH_3Br$ | $CH_3Br$ | 94,95 |
| 110 | **—93,0** | Methylchlorid | $CH_3Cl$ | $CH_3Cl$ | 50,49 |
| 111 | **—92,9** | Ameisensäurepropylester | $C_4H_8O_2$ | $HCO \cdot OCH_2 \cdot C_2H_5$ | 88,10 |
| 112 | **—92,9** | Bortriäthyl | $C_6H_{15}B$ | $(C_2H_5)_3B$ | 98,00 |
| 113 | **—92,5** | Essigsäurepropylester | $C_5H_{10}O_2$ | $CH_3 \cdot CO \cdot OCH_2 \cdot C_2H_5$ | 102,13 |
| 114 | **—92,5** | Methylamin | $CH_5N$ | $CH_3 \cdot NH_2$ | 31,06 |
| 115 | **—92,0** | Formaldehyd | $CH_2O$ | 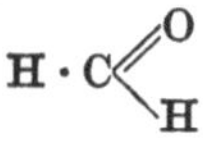 | 30,03 |
| 116 | **—91,9** | Propionitril | $C_3H_5N$ | $C_2H_5 \cdot CN$ | 55,08 |
| 117 | **—91,9** | Methylisopropylketon | $C_5H_{10}O$ | $CH_3 \cdot CO \cdot CH(CH_3)_2$ | 86,13 |
| 118 | **—91,5** | Valeraldehyd | $C_5H_{10}O$ | $CH_3 \cdot (CH_2)_3 \cdot CHO$ | 86,13 |

| Aggregatzustand Farbe | Spez. Gewicht | Siedepunkt °C | Beilstein-Zitat | Physikalische Konstanten und Eigenschaften | Löslichkeit | Reaktionen |
|---|---|---|---|---|---|---|
| 7 | 8 | 9 | 10 | 11 | 12 | 13 |
| Fl. | $1{,}605^{20°}$ | 120,4 | I 128 | | unl. in W<br>∞ A, Ae | |
| Fl. | $0{,}757^{20°}$ | 156 | IV 139 | $^{n}D^{19,4}$ 1,41756;<br>$^{R}D$ 47,61 cm | swl. in W<br>l. in A | Hydrobromid *Fp* 180° |
| Fl. | $0{,}879^{20°}$ | 120 | II 270 | $^{n}D^{20}$ 1,405 | wl. in W<br>l. in A, Ae | |
| Fl. | $0{,}7543^{20°}$ | 49,5 | V 19 | $^{n}D^{20}$ 1,40609;<br>$^{R}D$ 22,93 cm;<br>$^{n}F$ 73,3 | unl. in W<br>∞ A, Ae, | |
| Fl. | $1{,}7109^{15°}$ | 89,5 | I 114 | $^{n}D^{20}$ 1,49969;<br>$^{R}D$ 29,34 cm;<br>$^{n}F$ 156,1 | 0,14 W 20°<br>∞ A, Ae | bei 250° → Propan |
| Gas | $1{,}732^{0°}$ | 4,6 | I 66 | im fl. Zustand zers.; wirkt narkotisch | ∞ A, Ae, Chlf. | |
| Gas | 2,3073 g/l | −23,7 | I 59 | brennt mit grüngesäumter Flamme; Lokalanästhesie | 400 ml W<br>3500 ml A<br>l. in Ae, Chlf. | + $KNO_3$ → Methylnitrit und dieses mit α-Naphthylaminacetat und Sulfanilsäure nachweisen<br>3-Nitromethylphthalimid *Fp* 112-113, Nadeln |
| Fl. | $0{,}9058^{20°}$ | 81,2 | II 21 | | 2,18 W 22° | |
| Fl. | $0{,}6931^{23°}$ | 95,0 | IV 641 | scharf riechend; selbstentzündlich | swl. in W | |
| Fl. | $0{,}8908^{18°}$ | 101,6 | II 129 | $^{n}D^{20}$ 1,38438;<br>$^{R}D$ 26,98 cm;<br>$^{n}F$ 66,8 | 1,47 W 16°<br>∞ A, Ae | |
| Gas | 1,3425 g/l | −7,55 | IV 32 | stark ammoniakalisch riechend; brennbar | 97200 ml W | + o-Phthalaldehyd u. Essigsäure in verd. Lsg. schwach gelber Nd. → grünlichbraune Färbung<br>+ Neßlers Reagens unl. Nd. (im Überschuß), Unterschied von Di- und Triamin |
| Gas | $0{,}815^{-20°}$ | −21 | I 558 | wss. Lsg. riecht stechend; polymerisiert zu Paraformaldehyd | ll. in W<br>l. in A | + 0,1 ml konz. HCl + 0,2 ml Fuchsinschweflige Säure + wss. Pikrinsäure, mit Ae ausschütteln → Fuchsin in Ae (E 1 : 500000) |
| Fl. | $0{,}8021^{0°}$ | 97,1 | II 245 | $^{n}D^{14,6}$ 1,36888;<br>$^{R}D$ 15,78 cm;<br>ebullioskop. Konst. 1,87 | 11,9 W 40°<br>29 W 100°<br>l. in A, Ae | |
| Fl. | $0{,}803^{20°}$ | 93,5 | I 682 | $^{n}D^{16}$ 1,38788;<br>$^{R}D$ 25,24 cm;<br>$^{n}F$ 69,9; Geruch erinnert an Petersilie | | Semicarbazon *Fp* 114°<br>p-Nitrophenylhydrazon *Fp* 108—109°, orangegelbe Nadeln |
| Fl. | $0{,}819^{11°}$ | 103,7 | I 676 | $^{n}D^{20}$ 1,38824;<br>$^{R}D$ 25,46 cm;<br>$^{n}F$ 72,2 | wl. in W | Oxim *Fp* 52°<br>+ Nitroprussidnatrium + Alkali → rot<br>Dimethonderiv. *Fp* 104,5° |

| Lfd. Nr. | *Fp* | Name | Summenformel | Strukturformel | Mol.-Gewicht |
|---|---|---|---|---|---|
| 1 | 2 | 3 | 4 | 5 | 6 |
| 119 | **—91,3** | Diisobutyl | $C_8H_{18}$ | $(CH_3)_2CH \cdot (CH_2)_2 \cdot CH(CH_3)_2$ | **114,22** |
| 120 | **—90,0** | Heptan | $C_7H_{16}$ | $CH_3 \cdot (CH_2)_5 \cdot CH_3$ | **100,19** |
| 121 | **—89,5** | Isopropylalkohol | $C_3H_8O$ | $CH_3 \cdot CH(OH) \cdot CH_3$ | **60,09** |
| 122 | **—89,0** | Butyrylchlorid | $C_4H_7OCl$ | $C_2H_5 \cdot CH_2 \cdot COCl$ | **106,55** |
| 123 | **—89,0** | Isopropylbromid | $C_3H_7Br$ | $CH_3 \cdot CHBr \cdot CH_3$ | **123,00** |
| 124 | **—88,2** | Isobuttersäureäthylester | $C_6H_{12}O_2$ | $(CH_3)_2CH \cdot CO \cdot OC_2H_5$ | **116,15** |
| 125 | **—88,0** | Acrolein | $C_3H_4O$ | $CH_2 : CH \cdot CHO$ | **56,06** |
| 126 | **—86,4** | Methyläthylketon | $C_4H_8O$ | $CH_3 \cdot CO \cdot C_2H_5$ | **72,10** |
| 127 | **—85,6** | n-Amyljodid | $C_5H_{11}J$ | $CH_3 \cdot (CH_2)_3 \cdot CH_2J$ | **198,06** |
| 128 | **—85,5** | Äthylrhodanid | $C_3H_5NS$ | $C_2H_5 \cdot S \cdot CN$ | **87,14** |

| Aggregat-zustand Farbe | Spez. Gewicht | Siede-punkt °C | Beilstein-Zitat | Physikalische Konstanten und Eigenschaften | Löslichkeit. | Reaktionen |
|---|---|---|---|---|---|---|
| 7 | 8 | 9 | 10 | 11 | 12 | 13 |
| Fl. | $0{,}7000^{12°}$ | 109 | I 162 | $^{n}D^{15}$ 1,39481; $^{R}D$ 39,20 cm; $^{n}F$ 71,8; riecht angenehm süßlich | unl. in W | |
| Fl. | $0{,}6838^{20°}$ | 98,4 | I 154 | $^{n}D^{20}$ 1,38777; $^{R}D$ 34,51 cm; $^{n}F$ 66,7; ebullioskop. Konst. 4,25 | 0,005 W 15°<br>ll. in A<br>∞ Ae | |
| Fl. | $0{,}7876^{16°}$ | 82,0 | I 360 | | ∞ W, A, Ae | mit 0,5%iger Piperonal-Lsg. und vorsichtig mit konz. $H_2SO_4$ kurze Zeit auf dem W-Bad erwärmen, + 30%ige Essigsäure → rosa bis rote Färbung<br>p-Nitrobenzoesäureester *Fp* 110°<br>p-Nitrophenylurethan *Fp* 116° |
| Fl. | $1{,}028^{20°}$ | 100-101 | II 274 | $^{n}D^{20}$ 1,42508; $^{R}D$ 24,07 cm; $^{n}F$ 93,5 | l. in Ae | + W → zers. |
| Fl. | $1{,}3222^{25°}$ | 59,4 | I 108 | | 0,32 W 20°<br>∞ A, Ae | |
| Fl. | $0{,}8710^{20°}$ | 110,1 | II 291 | $^{n}D^{17,8}$ 1,39114; $^{R}D$ 31,61 cm; $^{n}F$ 69,2 | l. in A, Ae | |
| Fl. | $0{,}8389^{20°}$ | 52-52,5 | I 725 | $^{n}D^{20}$ 1,39975; $^{R}D$ 16,14 cm; $^{n}F$ 127,0; $n\frac{20}{\alpha}$ 1,39620; $n\frac{20}{\gamma}$ 1,41691; Dampfdichte 1,94; Litergewicht d. Dampfes 2,3 g; Flüchtigkeit 20° 407000 mg/m³; unbeständig; giftig; greift Schleimhäute an; stechender Geruch; Tränenreiz | 26,7 W 20°<br>ll. in A, Ae | Lsg. von Acrolein + Nitritreagens (0,5 ml 3,6%ige $KNO_2$-Lsg. in 1000 ml HCl (1,19) + 2—3 ml Eiweißlösung → grün bis grünblaue Färbung, Empfindlichkeit 1 : 1000000<br>+ Thiophen und konz. $H_2SO_4$ → karmoisinrot; Dimethonderiv. *Fp* 192°, Prismen |
| Fl. | $0{,}8255^{6°}$ | 79,6 | I 666 | $^{n}D^{15,9}$ 1,38071; $^{R}D$ 20,67 cm; $^{n}F$ 71,0; Oberflächenspannung 75° 17,8 dyn/cm; ätherisch riechend | 29,2 W 20°<br>18 W 79° | p-Nitrophenylhydrazon *Fp* 124—125° |
| Fl. | $1{,}5018^{20°}$ | 157,0 | I 133 | | unl. in W<br>l. in A, Ae | |
| Fl. | $0{,}9964^{25°}$ | 144,4 | III 175 | riecht lauchartig | unl. in W<br>∞ A, Ae | |

| Lfd. Nr. | *Fp* | Name | Summenformel | Strukturformel | Mol.-Gewicht |
|---|---|---|---|---|---|
| 1 | 2 | 3 | 4 | 5 | 6 |
| 129 | —85,5 | Isobutylamin | $C_4H_{11}N$ | $(CH_3)_2CH \cdot CH_2 \cdot NH_2$ | 73,13 |
| 130 | —85,0 | Cyclopentadien | $C_5H_6$ | 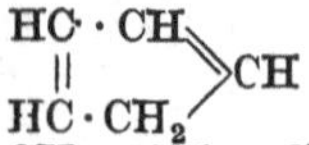 | 66,10 |
| 131 | —84,9 | Hexylbromid | $C_6H_{13}Br$ | $CH_3 \cdot (CH_2)_4 \cdot CH_2Br$ | 165,08 |
| 132 | —84,7 | Isobuttersäuremethylester | $C_5H_{10}O_2$ | $(CH_3)_2CH \cdot CO \cdot OCH_3$ | 102,13 |
| 133 | —83,5 | Methylisobutylketon | $C_6H_{12}O$ | $(CH_3)_2CH \cdot CH_2 \cdot CO \cdot CH_3$ | 100,15 |
| 134 | —83,5 | Methylpropylketon | $C_5H_{10}O$ | $C_2H_5 \cdot CH_2 \cdot CO \cdot CH_3$ | 86,13 |
| 134 a | —83,2 | Dimethylsulfid | $C_2H_6S$ | $(CH_3)_2S$ | 62,13 |
| 135 | —83,0 | Essigsäureäthylester | $C_4H_8O_2$ | $CH_3 \cdot CO \cdot OC_2H_5$ | 88,10 |
| 136 | —83,0 | Propylamin | $C_3H_9N$ | $C_2H_5 \cdot CH_2 \cdot NH_2$ | 59,11 |
| 137 | —81,8 | Acetylen | $C_2H_2$ | $CH \vdots CH$ | 26,04 |
| 138 | —81,0 | Propionaldehyd | $C_3H_6O$ | $C_2H_5 \cdot CHO$ | 58,08 |
| 139 | —80,6 | Äthylamin | $C_2H_7N$ | $C_2H_5 \cdot NH_2$ | 45,08 |
| 140 | —80,6 | Chlorameisensäureäthylester | $C_3H_5O_2Cl$ | $Cl \cdot CO \cdot OC_2H_5$ | 108,53 |

| Aggregat-zustand Farbe | Spez. Gewicht | Siede-punkt °C | Beilstein-Zitat | Physikalische Konstanten und Eigenschaften | Löslichkeit | Reaktionen |
|---|---|---|---|---|---|---|
| 7 | 8 | 9 | 10 | 11 | 12 | 13 |
| Fl. | $0{,}736^{17°}$ | 68 | IV 163 | $^{n}D^{17}$ 1,39878;<br>$^{R}D$ 24,02 cm | ∞ W, A, Ae | Hydrochlorid *Fp* 160°<br>+ Vanillin (1% in konz. HCl) + gleiches Volumen $H_2SO_4$ → grün (bei 100° tiefblau) |
| Fl. | $0{,}8047^{19°}$ | 41,0 | V 112 | | unl. in W<br>∞ A, Ae, Bzl. | |
| Fl. | $1{,}1725^{20°}$ | 155,5<br>(744mm) | I 144 | $^{n}D^{20}$ 1,44778;<br>$^{R}D$ 37,53 cm;<br>$^{n}F$ 88,2 | unl. in W<br>l. in A, Ae | |
| Fl. | $0{,}8906^{20°}$ | 92,3 | II 290 | | l. in A, Ae | |
| Fl. | $0{,}8032^{17°}$ | 116,9 | I 691 | $^{n}D^{17,4}$ 1,39694<br>$^{R}D$ 30,01 cm;<br>$^{n}F$ 73,5 | unl. in W<br>∞ A, Ae | Semicarbazon *Fp* 132° |
| Fl. | $0{,}8124^{15°}$ | 102 | I 676 | $^{n}D^{20,2}$ 1,39946;<br>$^{R}D$ 25,20 cm;<br>$^{n}F$ 70,7; ebullioskop. Konst. 3,14 | swl. in W<br>∞ A, Ae | p-Nitrophenylhydrazon *Fp* 117°<br>Semicarbazon *Fp* 110° |
| Öl | $0{,}8458^{21°}$ | 38,0 | I 288 | riecht ätherisch und nach Meerrettich | | |
| Fl. | $0{,}9010^{20°}$ | 77,1 | II 215 | $^{n}D^{16,6}$ 1,39006;<br>$^{R}D$ 19,43 cm;<br>$^{n}F$ 73,9; Oberflächenspannung 15°<br>24,36 dyn/cm;<br>ebullioskop. Konst. 2,83 | 8,53 W 20°<br>∞ A, Ae | |
| Fl. | $0{,}719^{20°}$ | 47,8 | IV 136 | brennbar | ∞ W | Hydrochlorid *Fp* 157-158° |
| Gas | $0{,}613^{-80°}$ | −83,8 | I 228 | brennt mit stark rußender Flamme; riecht schwach ätherisch; süßlicher Geschmack; | 100 ml W 18°<br>600 ml A 18°<br>2500 ml Aceton | 1 g $Cu(NO_3)_2$ in 50-ml-Kolben mit wenig W lösen + 4 ml $NH_3$ (20 bis 21%) + 3 g Hydroxylaminchlorhydrat auf 50 ml auffüllen — entfärbt. Reagens mit Subst. in Stöpselzylinder schütteln → roter Nd. E $1{,}7 \cdot 10^{-6}$ Subst. in 4 l Gasgemisch |
| Fl. | $0{,}807^{20°}$ | +49 | I 629 | riecht erstickend | 20 W 20°<br>∞ A, Ae | p-Nitrophenylhydrazon *Fp* 129°, gelbe Nadeln;<br>+ 10 ml 1%iges Nitroprussidnatrium + 0,5 g Piperazin → blau |
| Fl. | $0{,}6892^{15°}$ | 16,6 | IV 87 | Oberflächenspannung 24,6 dyn/cm; stark ammoniakalisch; schmeckt brennend; brennbar | ∞ W, A, Ae | o-Phthalaldehyd in verd. essigs. Lsg. gelber Nd. → rote → grüne Färbg.<br>α-Naphthylurethan *Fp* 199 bis 200° |
| Fl. | $1{,}1352^{20°}$ | 93,0 | III 10 | $^{n}D^{20}$ 1,35975;<br>$^{R}D$ 17,82 cm;<br>$^{n}F$ 62,5; riecht erstickend | | + h. W zers. |

| Lfd. Nr. | *Fp* | Name | Summenformel | Strukturformel | Mol.-Gewicht |
|---|---|---|---|---|---|
| 1 | 2 | 3 | 4 | 5 | 6 |
| 141 | **—80,5** | Ameisensäureäthylester | $C_3H_6O_2$ | $H \cdot CO \cdot OC_2H_5$ | 74,08 |
| 142 | **—80,5** | cis-α,β-Dichloräthylen | $C_2H_2Cl_2$ | $CHCl : CHCl$ | 96,95 |
| 143 | **<-80,0** | Cyclobutan | $C_4H_8$ | 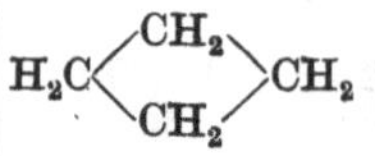 | 56,10 |
| 144 | **—80,0** | Isobutyraldoxim | $C_4H_9ON$ | $(CH_3)_2CH \cdot CH : N \cdot OH$ | 87,12 |
| 145 | **—80,0** | dl-Methyläthylessigsäure | $C_5H_{10}O_2$ | $C_2H_5 \cdot CH(CH_3) \cdot COOH$ | 102,13 |
| 146 | **<-80,0** | β-Nitroäthylalkohol | $C_2H_5O_3N$ | $O_2N \cdot CH_2 \cdot CH_2 \cdot OH$ | 91,07 |
| 147 | **—79,9** | n-Butylalkohol | $C_4H_{10}O$ | $C_2H_5 \cdot CH_2 \cdot CH_2 \cdot OH$ | 74,12 |
| 148 | **—79,4** | Capronitril | $C_6H_{11}N$ | $CH_3 \cdot (CH_2)_4 \cdot CN$ | 97,15 |
| 149 | **—78,5** | n-Amylalkohol | $C_5H_{12}O$ | $CH_3 \cdot (CH_2)_3 \cdot CH_2 \cdot OH$ | 88,14 |
| 150 | **—76,5** | α-Brompropylen | $C_3H_5Br$ | $CH_3 \cdot CH : CHBr$ | 120,99 |
| 151 | **—75,0** | Buttersäureanhydrid | $C_8H_{14}O_3$ | $(C_2H_5 \cdot CH_2 \cdot CO)_2O$ | 158,19 |
| 152 | **—74,0** | Crotonaldehyd | $C_4H_6O$ | $CH_3 \cdot CH : CH \cdot CHO$ | 70,09 |
| 153 | **—73,9** | Propionsäureäthylester | $C_5H_{10}O_2$ | $C_2H_5 \cdot CO \cdot OC_2H_5$ | 102,13 |

| Aggregat-zustand Farbe | Spez. Gewicht | Siede-punkt °C | Beilstein-Zitat | Physikalische Konstanten und Eigenschaften | Löslichkeit | Reaktionen |
|---|---|---|---|---|---|---|
| 7 | 8 | 8 | 10 | 11 | 12 | 13 |
| Fl. | $0,9229^{10°}$ | 54,1 | II 19 | $^{n}D^{20}$ 1,3598; Oberflächenspannung 15° 24,37 dyn/cm; ebullioskop. Konst. 2,18; Dampdruck 27° 222 mm | 11 W 18° l. in A | |
| Fl. | $1,2913^{25°}$ | 60,3 | E I 78 | ebullioskop. Konst. 3,44; wirkt narkot. | | + alkohol. KOH → Chloracetylen |
| Gas | $0,703^{0°}$ | 11—12 | V 17 | | unl. in W sll. in A, Aceton | |
| Öl | $0,8943^{20°}$ | 139 | I 674 | riecht angenehm | l. in W | |
| Fl. | $0,941^{21°}$ | 177 | II 304 | richt schwächer, aber ähnlich Isovaleriansäure | | Amid *Fp* 112° Silbersalz, fadenförmige, glänzende Nadeln Brucinsalz *Fp* 95°, monokline Prismen |
| Fl. | $1,270^{15°}$ | 194 | I 339 | stechender Geruch und Geschmack | ll. in W, A, Ae | |
| Fl. | $0,8098^{20°}$ | 117 | I 367 | $^{n}D^{20}$ 1,39931; $^{R}D$ 22,14 cm; $^{n}F$ 67,3; Oberflächenspannung 17,5° 24,42 dyn/cm | l. in W 7,4 W 15° ∞ A, Ae | Phenylurethan *Fp* 61°, Lamellen α-Naphthylurethan *Fp* 71 bis 72°, Tafeln p-Diphenylylurethan *Fp* 109° 3, 5-Dinitrobenzoesäureester *Fp* 62,5°, Nadeln |
| Fl. | $0,8090^{20°}$ | 163,9 | II 324 | $^{n}D^{14,3}$ 1,40851; $^{R}D$ 29,72 cm | unl. in W ll. in A, Ae | |
| Fl. | $0,8866^{15°}$ | 138,0 | I 383 | $^{n}D^{15}$ 1,41173; $^{R}D$ 26,74 cm; $^{n}F$ 71,9; Oberflächenspannung 15° 26,03 dyn/cm; ebullioskop. Konst. 2,58 | swl. in W | p-Nitrophenylurethan *Fp* 86° p-Diphenylylurethan *Fp* 99° 3, 5-Dinitrobenzoesäureester *Fp* 46,4° p-Joddiphenylylurethan, *Fp*. 165,3—165,5°, nadelförmige Prismen |
| Fl. | $1,4169^{16°}$ | 63,3 | I 200 | $^{n}D^{20}$ 1,45193; $^{R}D$ 23,09 cm; $^{n}F$ 119,8 | | |
| Fl. | $0,978^{16°}$ | 198,2 | II 274 | | | |
| Fl. | $0,8477^{21°}$ | 102,2 | I 728 | $^{n}D^{17,3}$ 1,43838; $^{R}D$ 21,50 cm; $^{n}F$ 149,3; mit Dampf flüchtig, riecht zuerst obstartig, dann stechend | ll. in W ∞ A, Ae | Oxim *Fp* 119—120°, Prismen Aldazin *Fp* 96°, schwefelgelbe Nadeln oder Prismen |
| Fl. | $0,8907^{20°}$ | 99,1 | II 240 | $^{n}D^{20}$ 1,3847; $^{R}D$ 26,88 cm; $^{n}F$ 65,2; Oberflächenspannung 15° 24,83 dyn/cm | 1,7 W 20° ∞ A, Ae | |

| Lfd. Nr. | *Fp* | Name | Summenformel | Strukturformel | Mol.-Gewicht |
|---|---|---|---|---|---|
| 1 | 2 | 3 | 4 | 5 | 6 |
| 154 | **—73,5** | p-Cymol | $C_{10}H_{14}$ | $CH_3 \cdot C_6H_4 \cdot CH(CH_3)_2$ | 134,21 |
| 155 | **—73,0** | Acetanhydrid (Essigsäure-anhydrid) | $C_4H_6O_3$ | $(CH_3 \cdot CO)_2O$ | 102,09 |
| 156 | **—73,0** | Trichloräthylen | $C_2HCl_3$ | $CHCl : CCl_2$ | 131,40 |
| 157 | **—72,7** | tert.-Amylchlorid | $C_5H_{11}Cl$ | $C_2H_5 \cdot CCl(CH_3)_2$ | 106,59 |
| 158 | **—70,2** | Isobutylenbromid | $C_4H_8Br_2$ | $(CH_3)_2CBr \cdot CH_2Br$ | 215,93 |
| 159 | **—70,0** | Diisobutylamin | $C_8H_{19}N$ | $[(CH_3)_2CH \cdot CH_2]_2NH$ | 129,24 |
| 160 | **—70 bis —69** | 2-Chlorthiophen | $C_4H_3ClS$ | 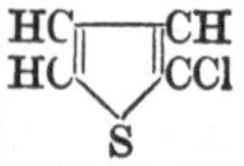 | 118,68 |
| 161 | **—69,9** | α-Picolin | $C_6H_7N$ | $C_5H_4N \cdot CH_3$ | 93,12 |
| 162 | **—69,2** | Chlorpikrin | $CO_2NCl_3$ | $CCl_3 \cdot NO_2$ | 164,38 |
| 163 | **—68,6 bis —68,4** | 2-Methyl-5-äthylthiophen | $C_7H_{10}S$ | 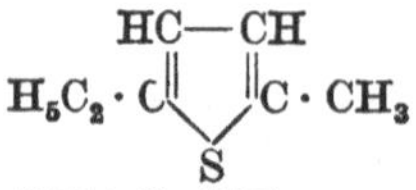 | 126,21 |
| 164 | **—67,5** | tert.-Butylamin | $C_4H_{11}N$ | $(CH_3)_3C \cdot NH_2$ | 73,13 |
| 165 | **—67,5** | Capronsäureäthylester | $C_8H_{16}O_2$ | $CH_3 \cdot (CH_2)_4 \cdot CO \cdot OC_2H_5$ | 144,20 |
| 166 | **—67,5** | β-Chloräthylalkohol | $C_2H_5OCl$ | $CH_2Cl \cdot CH_2OH$ | 80,52 |
| 167 | **—67,1** | Methylheptenon | $C_8H_{14}O$ | $(CH_3)_2C : CH \cdot CH_2 \cdot CH_2 \cdot CO \cdot CH_3$ | 126,19 |

| Aggregatzustand Farbe | Spez. Gewicht | Siedepunkt °C | Beilstein-Zitat | Physikalische Konstanten und Eigenschaften | Löslichkeit | Reaktionen |
|---|---|---|---|---|---|---|
| 7 | 8 | 9 | 10 | 11 | 12 | 13 |
| Fl. | $0{,}8586^{20°}$ | 176,7 | V 420 | $^{n}D^{13,7}$ 1,4926; $^{R}D$ 45,18 cm; $^{n}F$ 140,0; ebullioskop. Konst. 5,34; riecht möhrenähnlich, eigentüml. herb | unl. in W<br>l. in A, Ae | |
| Fl. | $1{,}082^{20°}$ | 139,4<br>44,6 (15 mm) | II 166 | $^{n}D^{20}$ 1,39038; $^{R}D$ 27,38 cm; $^{n}F$ 69,3; ebulliosk. Konst. 3,53; scharf riechend | ∞ A, Ae | + W zersetzend<br>p-Acetaminobenzoesäure *Fp* 253—254°, Nadeln |
| Fl. | $1{,}4660^{18°}$ | 87,2 | I 187 | $^{n}D^{20}$ 1,481; ebullioskop. Konst. 4,43; Dampfdruck 20° 50 mm; mit Dampf flüchtig wirkt narkotisch | ∞ A, Ae | |
| Fl. | $0{,}871^{20°}$ | 85,7 | I 134 | $^{n}D^{13,5}$ 1,4082; $^{R}D$ 30,25 cm; $^{n}F$ 84,0 | | |
| Fl. | 1,7675 | 149,0 | I 127 | | | |
| Fl. | $0{,}745^{20°}$ | 139 | IV 166 | $^{n}D^{19,6}$ 1,40934; $^{R}D$ 42,91 cm | swl. in W<br>l. in A, Ae | |
| Fl. | — | 127-128 | XVII 32 | $^{n}D^{19}$ 1,55058 | | |
| Fl. | $0{,}950^{15°}$ | 128 | XX 234 | | ll. in W<br>∞ A, Ae | |
| ölige Fl. | $1{,}6579^{20°}$ | 111,9 (49° 40 mm) | I 76 | $^{n}D^{22,8}$ 1,46075 Dampfdruck 20° 18,31 mm Hg; Dampfdichte 5,69; Flüchtigkeit 20° 184000; riecht stechend; greift Augen und Schleimhäute an; Geruch pyridinähnlich | 0,17 W 20°<br>l. in A, Ae, Bzl., $CS_2$ | Pikrat *Fp* 169—171°, Nadeln<br>Golddoppelsalz *Fp* 186 bis 187°, Prismen<br>Platindoppelsalz *Fp* 221 bis 222°, Prismen |
| Fl. | $0{,}9663^{20°}_{0°}$ | 159,8 bis 160 | — | | | |
| Fl. | $0{,}698^{15°}$ | 45,2 | IV 173 | $^{n}D^{18}$ 1,37940; $^{R}D$ 24,23 cm; $^{n}F$ 70,0 | ∞ W, A | Nitrit *Fp* 126—127° |
| Fl. | $0{,}8733^{19°}$ | 166,8 | II 323 | | swl. in W<br>l. in A, Ae | |
| Fl. | $1{,}2019^{20°}$ | 128,6 | I 337 | | ∞ W<br>l. in A, Ae | |
| Fl. | $0{,}860^{20°}$ | 173,2 | I 741 | flüchtig mit Dampf, riecht nach Amylacetat | unl. in W<br>l. in A, Ae | p-Nitrophenylhydrazon *Fp* 104°<br>Semicarbazon *Fp* 136—138°<br>2,4-Dinitrophenylhydrazon *Fp* 81°, rotorange Krist. |

| Lfd. Nr. | *Fp* | Name | Summenformel | Strukturformel | Mol.-Gewicht |
|---|---|---|---|---|---|
| 1 | 2 | 3 | 4 | 5 | 6 |
| 168 | **—66,5** | Formaldehyddiäthylacetal | $C_5H_{12}O_2$ | $CH_2(O \cdot C_2H_5)_2$ | **104,14** |
| 169 | **—66,1** | Methyljodid | $CH_3J$ | $CH_3J$ | **141,95** |
| 170 | **<—66,0** | Äthylisocyanid | $C_3H_5N$ | $C_2H_5 \cdot N \vdots C$ | **55,08** |
| 171 | **—65,9** | Isobutyraldehyd | $C_4H_8O$ | $(CH_3)_2CH \cdot CHO$ | **72,10** |
| 172 | **—65,0** | Äthylarsindichlorid | $C_2H_5Cl_2As$ | $C_2H_5 \cdot AsCl_2$ | **174,88** |
| 173 | **—65,0** | Diisopropenyl | $C_6H_{10}$ | $CH_2 : C(CH_3) \cdot C(CH_3) : CH_2$ | **82,14** |
| 174 | **—63,5** | Chloroform | $CHCl_3$ | $CHCl_3$ | **119,39** |
| 175 | **—63,0** | Dipropylamin | $C_6H_{15}N$ | $(C_2H_5 \cdot CH_2)_2NH$ | **101,19** |
| 176 | **—63,0** bis **—62,0** | 3-Chlorthiophen | $C_4H_3ClS$ |  | **118,68** |
| 177 | **—62,0** | Malonsäuredimethylester | $C_5H_8O_4$ | $CH_2(CO \cdot OCH_3)_2$ | **132,11** |
| 178 | **—61,0** | 5-Jod-3-thiotolen | $C_5H_5JS$ | 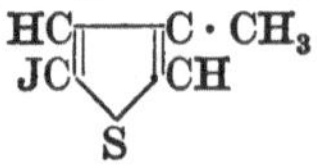 | **224,07** |
| 179 | **—60,0** | Dimethyl-o-toluidin | $C_9H_{13}N$ | $CH_3 \cdot C_6H_4 \cdot N(CH_3)_2$ | **135,20** |

| Aggregat-zustand Farbe | Spez. Gewicht | Siede-punkt °C | Beilstein-Zitat | Physikalische Konstanten und Eigenschaften | Löslichkeit | Reaktionen |
|---|---|---|---|---|---|---|
| 7 | 8 | 9 | 10 | 11 | 12 | 13 |
| Fl. | $1{,}8319^{20°}_{0°}$ | 87,9 | I 574 | | 7,3 W 18° ∞ A, Ae | |
| Fl. | $2{,}2790^{20°}$ | 42,4 | I 69 | $^{n}D^{20}$ 1,52973; $^{R}D$ 19,40 cm; $^{n}F$ 80,9; ebullioskop. Konst. 4,19 | 1,8 W 15° ∞ A, Ae | |
| Fl. | $0{,}7442^{25°}$ | 78,1 | IV 107 | Dampf verursacht unangenehmen Geschmack | wl. in W l. in A, Ae | |
| Fl. | $0{,}7938^{20°}$ | 61,0 | I 671 | riecht stechend | 8,8 W 20° ∞ A, Ae | an der Luft → Isobuttersäure p-Nitrophenylhydrazon *Fp* 132° |
| Fl. | $1{,}68^{20°}$ | 156 (Z) (44,0 11 mm) | — | Dampfdichte 6; Dampfdruck 21,5° 229 mm Hg; Flüchtigkeit 20° 20000 mg/m³; Oberflächenspannung 47,9 dyn/cm; riecht schwach obstartig; wird bei Aufbewahrung gelb | ll. in Bzl., Aceton, A, Ae, Kerosen, Cyclohexan wl. in W | |
| Fl. | $0{,}7304^{16°}$ | 67,3-67,8 | I 256 | | | |
| Fl. | $1{,}49845^{15}$ | 61,21 | I 61 | $^{n}D^{20}$ 1,44671; $^{R}D$ 21,40 cm; $^{n}F$ 89,1; Oberflächenspannung 20° 27,1 dyn/cm; ebullioskop. Konst. 3,802; kryoskop. Konst. 4,90; riecht ätherisch; schmeckt süßlich; nicht brennbar. Narkotikum | 0,82 W 20° ll. in A, Ae | 1 Tropfen $CHCl_3$ mit Anilin und alkoh. KOH erwärmen. Es bildet sich Phenylcarbylamingeruch. E 1 : 60000 + Resorcin in NaOH-Lsg. erhitzt → gelbrot |
| Fl. | $0{,}7384^{20°}$ | 109,2 | IV 138 | $^{n}D^{19,5}$ 1,40955; $^{R}D$ 33,53 cm; brennbar | l. in W, A | Hydrobromid *Fp* 271° |
| Fl. | — | 136-137 | XVII 32 | $^{n}D^{22}$ 1,55322 | | |
| Fl. | $1{,}1437^{25°}$ | 181 | II 572 | | l. in W, A | |
| Fl. | — | 86,5 bis 87,5 (bei 12 mm) | | | | |
| Fl. | $0{,}9286^{20°}$ | 185,0 | XII 785 | $^{n}D^{20}$ 1,52643; $^{R}D$ 44,69 cm | | Hydrochlorid *Fp* 156-157° |

| Lfd. Nr. | *Fp* | Name | Summenformel | Strukturformel | Mol.-Gewicht |
|---|---|---|---|---|---|
| 1 | 2 | 3 | 4 | 5 | 6 |
| 180 | —60,0 | Methylchlorsulfat | $CH_3O_3ClS$ | $CH_3 \cdot O \cdot SO_2Cl$ | 130,55 |
| 181 | —60,0 bis —59,0 | 2-Methyl-4-äthylthiophen | $C_7H_{10}S$ | 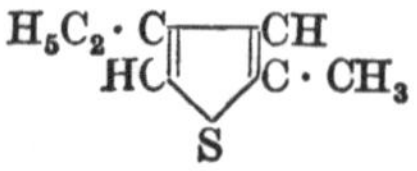  | 126,21 |
| 182 | —59,0 | Mesityloxyd | $C_6H_{10}O$ | $(CH_3)_2C : CH \cdot CO \cdot CH_3$ | 98,14 |
| 183 | —57,5 | Chloral | $C_2HOCl_3$ | $CCl_3 \cdot CHO$ | 147,40 |
| 184 | —57,4 | Pseudocumol (1,2,4-Trimethylbenzol) | $C_9H_{12}$ |   | 120,18 |
| 185 | —57,0 | Chlorameisensäure-trichlormethylester (Diphosgen) | $C_2O_2Cl_4$ | $Cl \cdot CO \cdot OCCl_3$ | 197,84 |
| 186 | —57,0 | N-Methylanilin | $C_7H_9N$ | $C_6H_5 \cdot NH \cdot CH_3$ | 107,15 |
| 187 | —56,9 | Methylbutylketon | $C_6H_{12}O$ | $CH_3 \cdot (CH_2)_3 \cdot CO \cdot CH_3$ | 100,15 |
| 188 | —56,5 | Octan | $C_8H_{18}$ | $CH_3 \cdot (CH_2)_6 \cdot CH_3$ | 114,22 |
| 189 | —55,3 | 1,2-Dibrompropan | $C_3H_6Br_2$ | $CH_3 \cdot CHBr \cdot CH_2Br$ | 201,91 |

| Aggregat-zustand Farbe | Spez. Gewicht | Siede-punkt °C | Beilstein-Zitat | Physikalische Konstanten und Eigenschaften | Löslichkeit | Reaktionen |
|---|---|---|---|---|---|---|
| 7 | 8 | 9 | 10 | 11 | 12 | 13 |
| Fl. | $1{,}492^{15°}$ | 134-135 (42° 15 bis 16mm) | | Dampfdichte 4,5; Dampfdruck 20° 5,607 mm Hg; Flüchtigkeit 20° 40000 mg/m³ | l. in Chlf., Ae, $CCl_4$ | |
| Fl. | $0{,}9742^{20°}_{4°}$ | 162-164 | | $^nD^{20}$ 1,5098 | | |
| Fl. | $0{,}8542^{21°}$ | 131,4 | I 736 | $^nD^{16,4}$ 1,4458; $^RD$ 30,46 cm; $^nF$ 135,6 | unl. in W ∞ A, Ae | Semicarbazon *Fp* 164° p-Nitrophenylhydrazon *Fp* 207° Oxim *Fp* 49°, Blättchen |
| Fl. | $1{,}512^{20°}$ | 98 | I 616 | $^nD^{20}$ 1,45572; $^RD$ 26,49 cm; $^nF$ 93,7; riecht süßlich und stechend | | + W → Hydrat + A → Alkoholat |
| Fl. | $0{,}8784^{20°}$ | 168,2 | V 400 | $^nD^{15,2}$ 1,50672; $^RD$ 40,62 cm; $^nF$ 158,2 | unl. in W l. in A, Ae | |
| Fl. | $1{,}6525^{14°}$ | 127 (49° 18 mm) | III 18 | $^nD^{20}$ 1,45664; Dampfdichte 6,9; Dampfdruck 20° 10,33 mm Hg; Flüchtigkeit 20° 54300 mg/m³; Oberflächenspannung 40,5 dyn/cm; Seßhaftigkeit 20° 0,4; Viskosität 0,75°; erstickender Geruch, sehr giftig | ll. in Bzl., Toluol | + Anilinwasser (3 : 100) → weiße Kristalle von Diphenylharnstoff |
| Fl. | $0{,}9868^{20°}$ | 193,8 | XII 135 | $^nD^{20}$ 1,57144; $^RD$ 35,60 cm; $^nF$ 249,2; mit Dampf flüchtig | l. in A, Ae, Bzl. | Erhitzen mit Mellitsäureanhydrid → gelbrot Platindoppelsalz *Fp* 199°, orange Krist. Pikrat *Fp* 134°, gelbes Krist.-Pulver Benzylsulfonamid *Fp* 101° |
| Fl. | $0{,}830^{0°}$ | 127,2 | I 689 | $^nD^{17,4}$ 1,39694; $^RD$ 30,01 cm; $^nF$ 73,5 | swl. in W ∞ A, Ae | Semicarbazon *Fp* 118° |
| Fl. | $0{,}7042^{18°}$ | 125,8 | I 159 | $^nD^{20}$ 1,39760; $^RD$ 39,19 cm; $^nF$ 69,8; Oberflächenspannung 20° 31,11 dyn/cm | 0,001 W 16° ∞ A, Ae | |
| Fl. | $1{,}9463^{17°}$ | 139,9 | I 109 | | swl. in W l. in A ll. in Ae | erhitzen → 1,3- oder 2,2-Dibrompropan |

| Lfd. Nr. | *Fp* | Name | Summenformel | Strukturformel | Mol.-Gewicht |
|---|---|---|---|---|---|
| 1 | 2 | 3 | 4 | 5 | 6 |
| 190 | **—55,0** | n-Amylamin | $C_5H_{13}N$ | $CH_3 \cdot (CH_2)_3 \cdot CH_2 \cdot NH_2$ | 87,16 |
| 191 | **—55,0** | akt. *α*-Pinen | $C_{10}H_{16}$ | 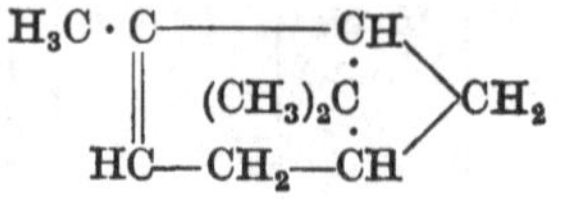 | 136,22 |
| 192 | **—54,0** | Bromaceton | $C_3H_5OBr$ | $CH_3 \cdot CO \cdot CH_2Br$ | 136,50 |
| 193 | **—53,9** | Nonan | $C_9H_{20}$ | $CH_3 \cdot (CH_2)_7 \cdot CH_3$ | 128,25 |
| 194 | **—53,6** | Methylrhodanid | $C_2H_3NS$ | $CH_3 \cdot S \cdot CN$ | 73,11 |
| 195 | **—53,5** | m-Xylol | $C_8H_{10}$ | $C_6H_4(CH_3)_2$ | 106,16 |
| 196 | **—53,0** | cis-*α*,*β*-Dibromäthylen | $C_2H_2Br_2$ | CHBr : CHBr | 185,87 |
| 197 | **—53,0** | Xanthogensäure | $C_3H_6OS_2$ | $C_2H_5 \cdot O \cdot CS \cdot SH$ | 122,20 |
| 198 | **—52,8** | Cyclopentanon | $C_5H_8O$ | 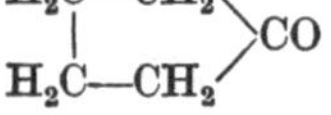 | 84,11 |
| 199 | **—52,7** | Mesitylen (1,3,5-Trimethylbenzol) | $C_9H_{12}$ | 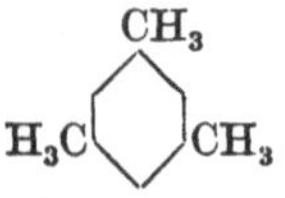 | 120,18 |
| 200 | **—52,6** | Methylenbromid | $CH_2Br_2$ | $CH_2Br_2$ | 173,86 |

| Aggregatzustand Farbe | Spez. Gewicht | Siedepunkt °C | Beilstein-Zitat | Physikalische Konstanten und Eigenschaften | Löslichkeit | Reaktionen |
|---|---|---|---|---|---|---|
| 7 | 8 | 9 | 10 | 11 | 12 | 13 |
| Fl. | $0{,}766^{19^\circ}$ | 103 | IV 175 | $^{n}D^{17,9}$ 1,40959; $^{R}D$ 28,70 cm; | l. in W, A | |
| Fl. | $0{,}862^{18^\circ}$ | 153,3 | V 144 | $^{n}D^{18,1}$ *da*- 1,46634, $^{n}D^{16,3}$ *la* 1,46803; $^{R}D$ *da*- 43,99 cm, *la*- 43,91 cm; $^{n}F$ *da*- 96,8, *la*- 99,2; leicht bewegliche Flüssigkeit von charakteristischem Geruch | ∞ A, Ae | geht bei 250—270° in Dipenten über Nitrosochlorid *Fp* 103° Nitrolbenzylamin *Fp* 122 bis 123°, rhomb. Säulen |
| Fl. | $1{,}6223^{16^\circ}$ | 138 (z) 35-38 (10 mm) | I 657 | Dampfdruck 4,75; Litergewicht d. Dampfes 5,69 g; Dampfdruck 20° 9 mm Hg; Flüchtigkeit 20° 75000 mg/m³; stechender Geruch; unerträglich: 10 mg/m³ | swl. in W. ll. in A, Aceton | + m-Dinitrobenzol in Ggw. von NaOH → dunkelrote Färbung, schnell in schwarz übergehend 0,5 ml sehr verd. Lsg. mit etwas $Na_2CO_3$ 1 Min. mäßig erwärmen + 1 klein. Kristall (0,01 g) KBr +2 ml konz. $H_2SO_4$ — schütteln + 1 Tropfen 5%ige wss. Natr.-salicylat.-Lsg. → auf $H_2SO_4$ violetter Ring |
| Fl. | $0{,}7177^{20^\circ}$ | 150,6 | I 165 | $^{n}D^{20}$ 1,40550; $^{R}D$ 43,84 cm; $^{n}F$ 69,2 | unl. in W ∞ A, Ae | |
| Fl. | $1{,}0765^{15^\circ}$ | 131 | III 175 | ebullioskop. Konst. 2,64; riecht lauchartig | swl. in W ∞ A, Ae | bei 180° → Methylsenföl |
| Fl. | $0{,}8642^{20^\circ}$ | 139 | V 370 | $^{n}D^{15,7}$ 1,4996; $^{R}D$ 35,90 cm; $^{n}F$ 158,0; Oberflächenspannung 15° 30,12 dyn/cm | swl. in W ll. in A, Ae | Tetrabrom-m-xylol *Fp* 247°, Nadeln m-Toluylsäure *Fp* 110,5°, prismat. Krist. Isophthalaldehydtetraacetat *Fp* 101°, Prismen |
| Fl. | $2{,}2846^{18^\circ}$ | 112,5 | E I 81 | $^{n}D^{20}$ 1,54367; $^{R}D$ 26,30 cm $^{n}F$ 164,9 | | + alkohol. KOH → Bromacetylen |
| Öl | $>1$ | 24 (zers.) | III 209 | | 0,24 W 0° | + A zers. bei 24° → $CS_2$ + A |
| Öl | $0{,}9416^{22^\circ}$ | 130,5 | VII 5 | | swl. in W l. in A, Ae | Oxim *Fp* 58,5° |
| Fl. | $0{,}864^{20^\circ}$ | 164,6 | V 406 | $^{n}D^{17,1}$ 1,49804; $^{R}D$ 40,72 cm; $^{n}F$ 153,3 | unl. in W l. in A, Ae | |
| Fl. | $2{,}4953^{20^\circ}$ | 96,5 | I 67 | $^{n}D^{15}$ 1,54463; $^{R}D$ 21,89 cm; $^{n}F$ 149,0 | 1,15 W 20° ∞ A, Ae | |

| Lfd. Nr. | *Fp* | Name | Summenformel | Strukturformel | Mol.-Gewicht |
|---|---|---|---|---|---|
| 1 | 2 | 3 | 4 | 5 | 6 |
| 201 | —52,5 | Diisoamyl | $C_{10}H_{22}$ | $[(CH_3)_2CH \cdot CH_2 \cdot CH_2\text{-}]_2$ | 142,27 |
| 202 | —52,5 | Pinakolin | $C_6H_{12}O$ | $(CH_3)_3C \cdot CO \cdot CH_3$ | 100,15 |
| 203 | —52,0 | Resorcindimethyläther | $C_8H_{10}O_2$ | $C_6H_4(OCH_3)_2$ | 138,16 |
| 204 | —51,6 | Hexylalkohol | $C_6H_{14}O$ | $CH_3 \cdot (CH_2)_4 \cdot CH_2 \cdot OH$ | 102,17 |
| 205 | —51,5 | Essigsäurebenzylester | $C_9H_{10}O_2$ | $CH_3 \cdot CO \cdot OCH_2 \cdot C_6H_5$ | 150,17 |
| 206 | —51,0 | cis-Dekalin | $C_{10}H_{18}$ | 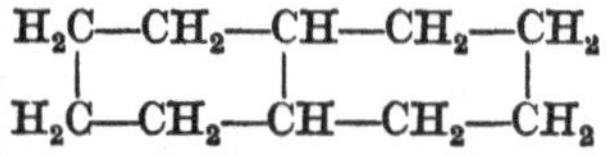 | 138,24 |
| 207 | —50,5 | Butylamin | $C_4H_{11}N$ | $C_2H_5 \cdot CH_2 \cdot CH_2 \cdot NH_2$ | 73,13 |
| 208 | <—50,0 | γ-Conicein | $C_8H_{15}N$ | 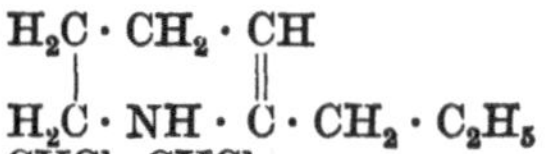 | 125,21 |
| 209 | —50,0 | trans-α,β-Dichloräthylen | $C_2H_2Cl_2$ | CHCl : CHCl | 96,95 |
| 210 | —50,0 | Diäthylamin | $C_4H_{11}N$ | $(C_2H_5)_2NH$ | 73,13 |
| 211 | —50,0 | β-Pinen | $C_{10}H_{16}$ | 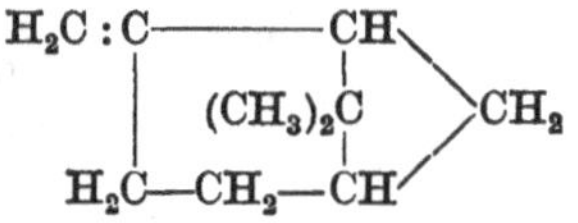 | 136,22 |
| 212 | —49,8 | Malonsäurediäthylester | $C_7H_{12}O_4$ | $CH_2(\cdot CO \cdot OC_2H_5)_2$ | 160,16 |
| 213 | —49,1 bis —48,9 | 2,3-Thioxen | $C_6H_8S$ | 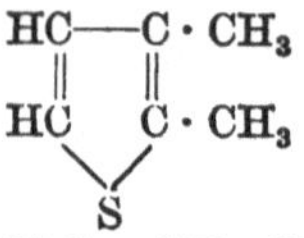 | 112,18 |
| 214 | —48,0 | Epichlorhydrin | $C_3H_5OCl$ | 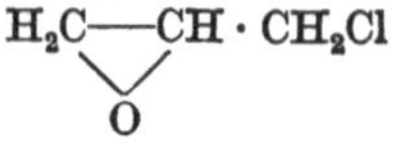 | 92,53 |

| Aggregatzustand Farbe | Spez. Gewicht | Siedepunkt °C | Beilstein-Zitat | Physikalische Konstanten und Eigenschaften | Löslichkeit | Reaktionen |
|---|---|---|---|---|---|---|
| 7 | 8 | 9 | 10 | 11 | 12 | 13 |
| Fl. | $0{,}7216^{22°}$ | 160,3 | I 169 | $^{n}D^{18,1}$ 1,40924; $^{R}D$ 48,33 cm; $^{n}F$ 72,0 | | |
| Fl. | $0{,}7999^{16°}$ | 106,5 | I 694 | riecht pfefferminzartig | 2,44 W 15°<br>∞ A, Ae | Oxim *Fp* 77—78° |
| Fl. | $1{,}0617^{15°}$ | 217,0 | VI 813 | mit Dampf flüchtig | wl. in W<br>ll. in A, Ae | l. in $H_2SO_4$ gelb |
| Fl. | $0{,}8204^{20°}$ | 155,8 | I 407 | | wl. in W<br>l. in A, Ae | Phenylurethan *Fp* 42°<br>α-Naphthylurethan *Fp* 59°<br>p-Nitrophenylurethan *Fp* 103° |
| Fl. | $1{,}057^{16°}$ | 214,9 | VI 435 | riecht nach Birnen | swl. in W<br>∞ A, Ae | |
| Fl. | $0{,}8953^{20°}$ | 193 | V 92 | $^{n}D^{18}$ 1,48035; $^{R}D$ 43,85 cm; $^{n}F$ 84,9; Oberflächenspannung 19,8° 31,48 dyn/cm; ebullioskop. Konst. 5,76 | unl. in W<br>l. in A, Ae | |
| Fl. | $0{,}742^{15°}$ | 77,8 | IV 156 | $^{n}D^{20}$ 1,401; $^{n}F$ 75,0; riecht ammoniakalisch | ∞ W | Hydrochlorid *Fp* 195° |
| Fl. | $0{,}8753^{15°}$ | 172,0 (752mm) | XX 144 | giftig | wl. in W<br>l. in A | Chloroaurat *Fp* 69—70° |
| Fl. | $1{,}2651^{15°}$ | 48,4 | E I 78 | Dampfdruck 23°C 293 mm; Verdampfungswärme 41 cal | | |
| Fl. | $0{,}7108^{18°}$ | 55,5 | IV 95 | $^{n}D^{17,6}$ 1,38730; $^{R}D$ 24,23 cm; $^{n}F$ 75,4; brennbar | ∞ W<br>l. in A | Chlorhydrat *Fp* 223,5°, Blätter<br>Bromaurat *Fp* 162°, kleine rote Nadeln<br>N-α-Naphthyl-N′, N′-diäthylharnstoff *Fp* 127 bis 128° |
| Fl. | $0{,}8708^{20°}$ | 165,2 | V 154 | | unl. in W<br>l. in A, Ae | Oxydation zu Nopinsäure mit Permanganat unter 40° in neutraler Lsg., *Fp* 126° |
| Fl. | $1{,}0550^{20°}$ | 198,9 | II 573 | $^{n}D^{20}$ 1,414; Oberflächenspannung 30° 30,56 dyn/cm; schwach aromatischer Geruch, bitterer Geschmack | l. in W, A | |
| Fl. | $1{,}0021^{20°}_{4°}$ | 140,2 bis 141,2 | E XVII 242 | $^{n}D^{20}$ 1,5073 | | |
| Fl. | $1{,}1801^{20°}$ | 117 | XVII 6 | | swl. in W<br>∞ A, Ae | |

| Lfd. Nr. | *Fp* | Name | Summenformel | Strukturformel | Mol.-Gewicht |
|---|---|---|---|---|---|
| 1 | 2 | 3 | 4 | 5 | 6 |
| 215 | **—48,0 bis —40,0** | Phenylacetylen | $C_8H_6$ | $C_6H_5 \cdot C \vdots CH$ | 102,13 |
| 216 | **—47,8** | 3-Chlortoluol | $C_7H_7Cl$ | $CH_3 \cdot C_6H_4 \cdot Cl$ | 125,58 |
| 217 | **—47,0** | Isobuttersäure | $C_4H_8O_2$ | $(CH_3)_2CH \cdot COOH$ | 88,10 |
| 218 | **—47,0** | 1,3-Methylcyclohexanol | $C_7H_{14}O$ | 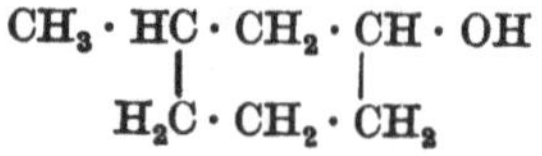 | 114,18 |
| 219 | **—45,9 bis —43,7** | 2-Jod-3-thiotolen | $C_5H_5JS$ | 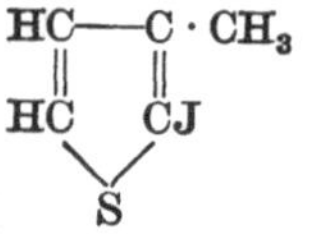 | 224,07 |
| 220 | —45,0 | Chlorbenzol | $C_6H_5Cl$ | $C_6H_5Cl$ | 112,56 |
| 221 | **—45,0** | *a,a*-Dichloraceton | $C_3H_4OCl_2$ | $CHCl_2 \cdot CO \cdot CH_3$ | 126,96 |
| 222 | **—45,0** | Dimethylarsinchlorid (Kakodylchlorid) | $C_2H_6ClAs$ | 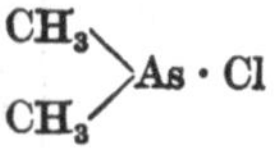 | 140,42 |
| 223 | **—45,0** | Methylisocyanid | $C_2H_3N$ | $CH_3 \cdot N : C$ | 41,05 |
| 224 | **—44,9** | Acetonitril | $C_2H_3N$ | $CH_3 \cdot CN$ | 41,05 |
| 225 | **—44,8** | Caprylsäureäthylester | $C_{10}H_{20}O_2$ | $CH_3 \cdot (CH_2)_6 \cdot CO \cdot OC_2H_5$ | 172,26 |
| 226 | **—44,0** | Acetessigester | $C_6H_{10}O_3$ | $CH_3 \cdot CO \cdot CH_2 \cdot CO \cdot OC_2H_5$ | 130,14 |
| 227 | **—43,9** | Cyclohexylchlorid | $C_6H_{11}Cl$ | 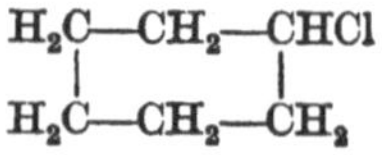 | 118,50 |

| Aggregat-zustand Farbe | Spez. Gewicht | Siede-punkt °C | Beilstein-Zitat | Physikalische Konstanten und Eigenschaften | Löslichkeit | Reaktionen |
|---|---|---|---|---|---|---|
| 7 | 8 | 9 | 10 | 11 | 12 | 13 |
| Fl. | $0{,}9295^{20^\circ}$ | 139-140 | V 511 | | l. in W | |
| Fl. | $1{,}0722^{20^\circ}$ | 161,6 | V 291 | | unl. in W<br>l. in A | |
| Fl. | $0{,}9682^{0^\circ}$ | 154,4 | II 288 | $^{n}D^{20}$ 1,39300; $^{R}D$ 22,15 cm; $^{n}F$ 69,9; riecht buttersäure-ähnlich, weniger unangenehm | 20 W 20°<br>∞ A, Ae | Silbersalz → tafelförmige Blättchen<br>+ Benzimidazol *Fp* 223 bis 225°, Kp.$_{15}$ 180°<br>p-Bromphenacylester *Fp* 76,8° |
| Sirup | $0{,}9158^{20^\circ}$ | 175-176 | VI 12 | $^{n}D^{20}$ 1,46165; $^{R}D$ 33,84 cm; $^{n}F$ 81,9 | 1,03 W<br>l. in A, Ae | |
| Fl. | | 84,5 bis 85,5 | | | | |
| Fl. | $1{,}1064^{20^\circ}$ | 132 | V 199 | $^{n}D^{20}$ 1,52479; $^{R}D$ 31,14 cm; $^{n}F$ 170,7; Oberflächenspanng. 18° 33,7 dyn/cm; riecht angenehm | 0,049 W. 30°<br>sll. in A, Ae, Chlf., Bzl. | |
| Fl. | $1{,}236^{21^\circ}$ | 120,0 | I 654 | | wl. in W<br>ll. in A, Ae | Semicarbazon *Fp* 163° |
| Fl. | $1{,}504^{12^\circ}_{4^\circ}$ | 106,5 bis 107 | IV 607 | scharfer Geruch | unl. in W, Ae<br>l. in A | |
| Fl. | $0{,}756^{4^\circ}$ | 59,6 | IV 56 | sehr giftig | ~ 10 W. 15°<br>l. in A, Ae | + Säuren → Methylamin + Ameisensäure |
| Fl. | $0{,}783^{20^\circ}$ | 81,6 | II 183 | $^{n}D^{16,5}$ 1,34596; $^{R}D$ 11,11 cm; $^{n}F$ 57,7; ebullioskop. Konst. 1,3; brennt mit leuchtender Flamme, die pfirsichblütenfarben gesäumt ist | ∞ W | |
| Fl. | $0{,}873^{16^\circ}$ | 207 bis 208 (750mm) | II 348 | | swl. in W<br>l. in A, Ae | |
| Fl. | $1{,}021^{25^\circ}$ | 180,0 (754mm) | III 632 | Oberflächenspannung 25° 32,0 dyn/cm; angenehmer Geruch | 12,5 W 16°<br>∞ A, Ae | + $FeCl_3$ violette Färbung<br>Semicarbazon *Fp* 129°<br>p-Nitrophenylhydrazon *Fp* 118°, hellgelbe Prismen |
| Fl. | $1{,}0000^{20^\circ}$ | 140-141 | V 21 | | l. in A, Ae | |

| Lfd. Nr. | *Fp* | Name | Summenformel | Strukturformel | Mol.-Gewicht |
|---|---|---|---|---|---|
| 1 | 2 | 3 | 4 | 5 | 6 |
| 228 | —43,6 | m-Toluidin | $C_7H_9N$ | $CH_3 \cdot C_6H_4 \cdot NH_2$ | 107,15 |
| 229 | —43,0 | Kohlensäurediäthylester | $C_5H_{10}O_3$ | 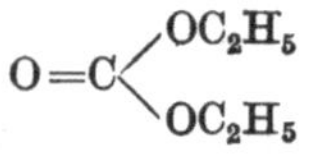 | 118,13 |
| 230 | —42,5 | 1,1,2,2-Tetrachloräthan | $C_2H_2Cl_4$ | $CHCl_2 \cdot CHCl_2$ | 167,86 |
| 231 | —42,0 | Butyrolacton | $C_4H_6O_2$ | 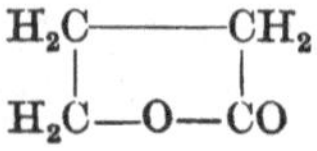 | 86,09 |
| 232 | —42,0 | Diäthylketon | $C_5H_{10}O$ | $C_2H_5 \cdot CO \cdot C_2H_5$ | 86,13 |
| 233 | —42,0 | 1,3-Dioxan | $C_4H_8O_2$ | 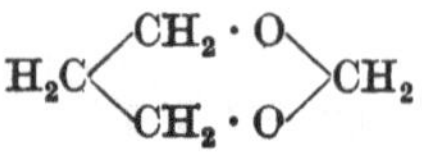 | 88,10 |
| 234 | —42,0 | Önanthaldehyd (Heptanal) | $C_7H_{14}O$ | $CH_3 \cdot (CH_2)_5 \cdot CHO$ | 114,18 |
| 235 | —42,0 | Pyridin | $C_5H_5N$ |  | 79,10 |
| 236 | —41,2 | Fluorbenzol | $C_6H_5F$ | $C_6H_5F$ | 96,10 |

| Aggregat-zustand Farbe | Spez. Gewicht | Siede-punkt °C | Beilstein-Zitat | Physikalische Konstanten und Eigenschaften | Löslichkeit | Reaktionen |
|---|---|---|---|---|---|---|
| 7. | 8 | 9 | 10 | 11 | 12 | 13 |
| Fl. | $0{,}9891^{20°}$ | 203,2 | XII 853 | $^{n}D^{22,4}$ 1,57106;<br>$^{R}D$ 35,33 cm | wl. in W<br>ll. in A, Ae | + Chromsäure → grün;<br>+ W → braun;<br>+ $NH_3$ → rot<br>Chlorhydrat *Fp* 228°, Blättchen, Kp. 249,8°<br>Acetylderivat *Fp.* 66°, Nadelbüschel<br>Benzoylderivat *Fp* 125°, monoklin-prismat. Krist. |
| Fl. | $0{,}974^{13°}$ | 126 | III 5 | $^{n}D^{20}$ 1,38523;<br>$^{R}D$ 28,37 cm;<br>$^{n}F$ 63,4; riecht ätherisch | unl. in W<br>l. in A | |
| Fl. | $1{,}002^{20°}$ | 146,2 | I 86 | $^{n}D^{26}$ 1,49;<br>$^{n}F$ 99,2;<br>Dampfdruck 20° 11 mm; riecht wie Chloroform; giftig | unl. in W<br>∞ A, Ae | |
| Fl. | $1{,}1286^{15°}_{0°}$ | 206,0 | XVII 234 | mit Dampf flüchtig | ∞ W<br>ll. in A, Ae | |
| Fl. | $0{,}8159^{19°}$ | 101,7 | I 679 | $^{n}D^{16,6}$ 1,39385;<br>$^{R}D$ 25,18 cm;<br>$^{n}F$ 70,9 | 4,6 W 20°<br>3,7 W 100°<br>∞ A, Ae | Semicarbazon *Fp* 139°<br>p-Nitrophenylhydrazon *Fp* 144°, orangegelbe Nadeln |
| Fl. | $1{,}0342^{20°}$ | 106 | XIX 2 | Oberflächenspannung 20° 35,42; riecht acetalähnlich | ∞ W, A, Ae | |
| Fl. | $0{,}8226^{15°}_{15°}$ | 155,0<br>58,0<br>(24,3 mm) | I 695 | | wl. in W<br>l. in A, Ae | Oxim *Fp* 57—58°<br>p-Nitrophenylhydrazon *Fp* 73°<br>2,4-Dinitrophenylhydrazon *Fp* 106°, blaßorange Nadeln |
| Fl. | $0{,}9772^{23°}$ | 115,5 | XX 189 | $^{n}D^{21}$ 1,50919<br>$^{R}D$ 24,07 cm;<br>$^{n}F$ 157,2; Oberflächenspannung 25° 34,9 dyn/cm; ebullioskop. Konst. 2,69; kryoskopische Konst. 4,97; hygroskopisch; mit Dampf flüchtig; eigentümlicher, scharfer Geschmack und Geruch | ∞ W, A, Ae | + etwas W + Spur Cyanbromidlsg. + einige Tropfen Anilin → rot<br>+ α-Dinitrochlorbenzol in alkohol. Lsg. + Lauge → rotviolett<br>Chloraurat *Fp* 304°, Prismen<br>Chloroplatinat *Fp* 240 bis 242°, orangegelbe Spieße<br>Quecksilbersalz *Fp.* 177 bis 178°, Nadeln<br>Phenacylpyridiniumchlorid *Fp* 113° |
| Fl. | $1{,}0236^{20°}$ | 85 | V 198 | $^{n}D^{20}$ 1,46673;<br>$^{R}D$ 26,00 cm;<br>$^{n}F$ 146,0 | 0,15 W. 30°<br>l. in A | |

| Lfd. Nr. | *Fp* | Name | Summenformel | Strukturformel | Mol. Gewicht |
|---|---|---|---|---|---|
| 1 | 2 | 3 | 4 | 5 | 6 |
| 237 | —41,0 bis 40,0 | 2-Jodthiophen | $C_4H_3JS$ | 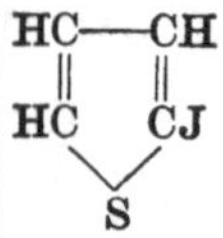 | 211,04 |
| 238 | —40,6 | Oxalsäurediäthylester | $C_6H_{10}O_4$ | $H_5C_2O \cdot OC \cdot CO \cdot OC_2H_5$ | 146,14 |
| 239 | —40,0 | cis-Dekahydrochinolin | $C_9H_{17}N$ | 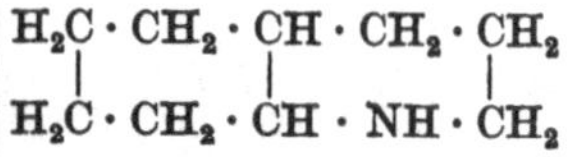 | 139,23 |
| 240 | <—40,0 | Kakodylsulfid | $C_4H_{12}SAs_2$ | $[(CH_3)_2As]_2S$ | 242,01 |
| 241 | —40,0 | Milchsäurenitril | $C_3H_5ON$ | $CH_3 \cdot CH(OH) \cdot CN$ | 71,08 |
| 242 | —40,0 | Thiophen | $C_4H_4S$ | 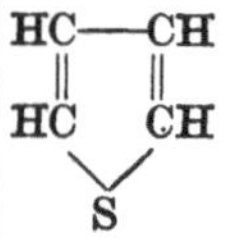 | 84,13 |
| 243 | —40,0 | Zinkdimethyl | $C_2H_6Zn$ | $(CH_3)_2Zn$ | 95,45 |
| 244 | —39,8 | 3-Bromtoluol | $C_7H_7Br$ | $CH_3 \cdot C_6H_4 \cdot Br$ | 171,04 |
| 245 | —39,0 | Benzylchlorid | $C_7H_7Cl$ | $C_6H_5 \cdot CH_2Cl$ | 126,58 |
| 246 | —39,0 | Vinylessigsäure | $C_4H_6O_2$ | $CH_2 : CH \cdot CH_2 \cdot COOH$ | 86,09 |
| 247 | —38,6 | sek.-n-Octylalkohol | $C_8H_{18}O$ | $CH_3 \cdot (CH_2)_5 \cdot CH(OH) \cdot CH_3$ | 130,22 |
| 248 | <—38,0 | Methyldiäthylcarbinol | $C_6H_{14}O$ | $(C_2H_5)_2C(OH)CH_3$ | 102,17 |
| 249 | —38,1 | N,N-Diäthylanilin | $C_{10}H_{15}N$ | $C_6H_5 \cdot N(C_2H_5)_2$ | 149,25 |

| Aggregat-zustand Farbe | Spez. Gewicht | Siede-punkt °C | Beilstein-Zitat | Physikalische Konstanten und Eigenschaften | Löslichkeit | Reaktionen |
|---|---|---|---|---|---|---|
| 7 | 8 | 8 | 10 | 11 | 12 | 13 |
| Fl. | | 73 (15 mm) | XVII 34 | | | |
| Öl | $1{,}0785^{20°}$ | 185 | II 535 | $^{n}D^{20}$ 1,41043; $^{R}D$ 33,57 cm; $^{n}F$ 74,0 | wl. in W<br>ll. in Ae<br>∞ A | |
| Fl. | $0{,}9191^{56°}$ | 205,0 (735mm) | XX 157 | | | |
| Öl | | 211 | IV 608 | riecht widerlich; mit Dampf flüchtig | swl. in W<br>l. in A, Ae | |
| Fl. | $0{,}988^{20°}$ | 183 | III 284 | $^{n}D^{18,4}$ 1,40582; $^{R}D$ 17,59 cm | ∞ W, A<br>l. in Ae | |
| Fl. | $1{,}0705^{15°}$ | 84 | XVII 29 | $^{n}D^{18,5}$ 1,52989, $^{n}D^{20}$ 1,52853; $^{R}D$ 24,35 cm; $^{n}F$ 172,8; Oberflächenspanng. 19° 36,0 dyn/cm, 87° 22,8 dyn/cm; schwacher, laugenartig. Geruch | unl. in W<br>l. in A, Bzl. | mit nitrithaltiger $H_2SO_4$ → zuerst grüne, dann blaue Färbung<br>+ $SbCl_5$ in $CCl_4$ → grün<br>+ Phenanthrenchinon → tiefgrüne Flocken |
| Fl. | $1{,}386^{10°}$ | 46 | IV 671 | riecht widerlich | l. in Ae | + $H_2O$ → Zers. |
| Fl. | $1{,}4099^{20°}$ | 183,7 | V 305 | $^{n}D^{20}$ 1,5546; $^{R}D$ 38,60 cm | unl. in W.<br>l. in A | |
| Fl. | $1{,}1002^{20°}$ | 179,4<br>64° (12mm) | V 292 | $^{n}D^{15,4}$ 1,5415; $^{R}D$ 35,72 cm; $^{n}F$ 175,0; Dampfdichte 4,4; Litergewicht d. Dampfes 5,26 g; riecht stark stechend; Dampf ist tränenreizend | unl. in k. W<br>∞ A, Ae | + sied. W → Benzylalkohol |
| Fl. | $1{,}013^{15°}$ | 163 | II 407 | | | + sied. $H_2SO_4$ oder + HBr → Crotonsäure<br>Amid *Fp* 72° |
| Fl. | $0{,}8199^{20°}$ | 179 | I 419 | $^{n}D^{15}$ 1,43230; $^{R}D$ 40,58 cm; $^{n}F$ 78,9 | 0,15 W 15° | |
| Fl. | $0{,}8237^{20°}$ | 122-123 | I 411 | | wl. in W<br>l. in A, Ae | |
| Öl | $0{,}9351^{20°}$ | 215,5<br>147,3 (100mm)<br>91,9 (10mm) | XII 164 | | wl. in W<br>l. in A, Chlf., Eg. | Platindoppelsalz gelbe Krist.<br>+ 1,3,5-Trinitrobenzol *Fp* 42—42,5, schwarze Prismen<br>Salz d. 2,4,6-Trinitroresorcins *Fp* 159°, gelbe Nadeln<br>Salz der 2,4,6-Trinitrobenzoesäure *Fp* 115 bis 116°, farblose Prismen |

| Lfd. Nr. | *Fp* | Name | Summenformel | Strukturformel | Mol.-Gewicht |
|---|---|---|---|---|---|
| 1 | 2 | 3 | 4 | 5 | 6 |
| 250 | **—37,6** | Isovaleriansäure | $C_5H_{10}O_2$ | $CH_3 \cdot CH(CH_3) \cdot CH_2 \cdot COOH$ | 102,13 |
| 251 | **—37,2** | Anisol | $C_7H_8O$ | $C_6H_5 \cdot O \cdot CH_3$ | 108,13 |
| 252 | **—37,2** | Dipropylcarbinol | $C_7H_{16}O$ | $C_3H_7 \cdot CH(OH) \cdot C_3H_7$ | 116,19 |
| 253 | **—36,5** | Furfurol | $C_5H_4O_2$ | 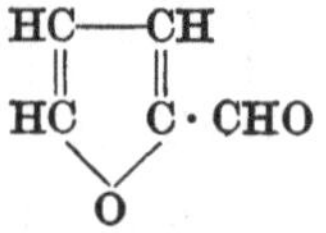 | 96,08 |
| 254 | **—36,2** | 1,3-Dibrompropan | $C_3H_6Br_2$ | $CH_2Br \cdot CH_2 \cdot CH_2Br$ | 201,91 |
| 255 | **—36,0** | trans-Dekalin | $C_{10}H_{18}$ | 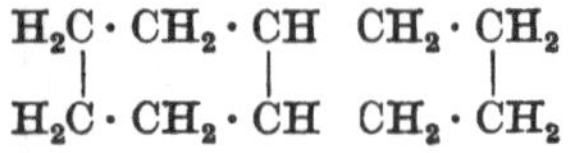 | 138,24 |
| 256 | **—35,5** | 1,1,2-Trichloräthan | $C_2H_3Cl_3$ | $CH_2Cl \cdot CHCl_2$ | 133,41 |
| 257 | **—35,3** | Äthylenchlorid | $C_2H_4Cl_2$ | $CH_2Cl \cdot CH_2Cl$ | 98,97 |
| 258 | **—35,0** | 1,5-Dibrompentan (Pentamethylenbromid) | $C_5H_{10}Br_2$ | $CH_2Br \cdot (CH_2)_3 \cdot CH_2Br$ | 229,96 |
| 259 | **—35,0** | Isocapronsäure (Isobutylessigsäure) | $C_6H_{12}O_2$ | $(CH_3)_2CH \cdot (CH_2)_2 \cdot COOH$ | 116,15 |
| 260 | **—35,0** | Methylheptylcarbinol | $C_9H_{20}O$ | $CH_3 \cdot (CH_2)_6 \cdot CH(OH) \cdot CH_3$ | 144,25 |
| 261 | **—34,6** | 2,2-Dichlorpropan | $C_3H_6Cl_2$ | $CH_3 \cdot CCl_2 \cdot CH_3$ | 112,99 |
| 262 | **—34,6** | Heptylalkohol | $C_7H_{16}O$ | $CH_3 \cdot (CH_2)_5 \cdot CH_2OH$ | 116,19 |
| 263 | **—34,5** | n-Valeriansäure | $C_5H_{10}O_2$ | $CH_3 \cdot (CH_2)_3 \cdot COOH$ | 102,13 |

| Aggregat-zustand Farbe | Spez. Gewicht | Siede-punkt °C | Beilstein-Zitat | Physikalische Konstanten und Eigenschaften | Löslichkeit | Reaktionen |
|---|---|---|---|---|---|---|
| 7 | 8 | 9 | 10 | 11 | 12 | 13 |
| Fl. | $0,9332^{17°}$ | 176,7 | II 309 | $^{n}D^{20}$ 1,40433;<br>$^{R}D$ 26,90 cm;<br>$^{n}F$ 71,1; riecht nach Baldrian und faulem Käse | 4,24 W 20°<br>∞ A, Ae | Silbersalz stark glänzende Dendriten<br>p-Bromphenacylester *Fp* 68°<br>p-Phenylphenacylester *Fp* 76° |
| Fl. | $1,0124^{0°}$ | 153,8 | VI 138 | $^{n}D^{21,8}$ 1,51503;<br>$^{R}D$ 33,00 cm;<br>$^{n}F$ 172,6 | unl. in W<br>l. in A, Ae | mit Vanillin und HCl → kirschrot<br>4′-Nitro-4-methoxybenzophenon *Fp* 120,5—121° |
| Fl. | $0,8183^{20°}$ | 156 | I 415 | riecht nach Pfefferminz | | |
| Öl | $1,1594^{20°}$ | 161,6 | XVII 272 | $^{n}D^{20}$ 1,52608;<br>$^{R}D$ 25,43 cm;<br>$^{n}F$ 270,4 | 8,3 W 20°<br>ll. in A, Ae | + Anilinacetat → rote Färbung |
| Fl. | $1,9874^{15°}$ | 167,0 | I 110 | | 0,168 W 30°<br>l. in A, Ae | |
| Fl. | $0,8734^{19°}$ | 185 | V 92 | $^{n}D^{18}$ 1,48035;<br>$^{R}D$ 43,85 cm;<br>$^{n}F$ 84,9 | unl. in W<br>l. in A, Ae | |
| Fl. | $1,441^{25°}$ | 113,5 | I 85 | $^{n}D^{22}$ 1,47192;<br>$^{R}D$ 25,83 cm;<br>$^{n}F$ 93,5 | l. in A | |
| Fl. | $1,2576^{17°}$ | 83,7 | I 84 | $^{n}D^{20}$ 1,44432;<br>$^{R}D$ 21,01 cm;<br>$^{n}F$ 83,5; Oberflächenspannung 29,9° 30,1 dyn/cm; ebullioskop. Konst. 3,12 | 0,865 W 25°<br>l. in A, Ae | |
| Fl. | $1,706^{18°}$ | 221 | I 131 | mit Dampf flüchtig; riecht aromatisch | unl. in W<br>l. in A, Ae | |
| Öl | | 199,2 bis 199,7 | II 327 | riecht angenehm | | Amid *Fp* 179°<br>p-Phenylphenacylester *Fp* 70°<br>Oxydation mit alkal. $KMnO_4$ → Isocaprolacton *Fp* 7—8° |
| Fl. | $0,8471^{20°}$ | 193-194 | I 423 | | l. in A, Ae | |
| Fl. | $1,0966^{15°}$ | 69,7 | I 105 | | l. in A | |
| Fl. | $0,8787^{25°}$ | 174,0 | I 414 | $^{n}D^{20}$ 1,425;<br>$^{n}F$ 74,0 | swl. in W<br>∞ A, Ae | Dinitrobenzoesäureester *Fp* 47—48,5°<br>Phenylurethan *Fp* 60°<br>α-Naphthylurethan *Fp* 62°, Nadeln |
| Fl. | $0,9397^{19°}$ | 187,0 | II 299 | $^{n}D^{15}$ 1,41049;<br>$^{R}D$ 26,83 cm;<br>$^{n}F$ 73,5; riecht ähnlich wie Buttersäure | 3,7 W 16°<br>∞ A, Ae | p-Chlorphenacylester *Fp* 97,8°<br>Silbersalz → glänzende, wollige Nadeln (dient zur quantitativen Bestimmung) |

| Lfd. Nr. | *Fp* | Name | Summenformel | Strukturformel | Mol. Gewicht |
|---|---|---|---|---|---|
| 1 | 2 | 3 | 4 | 5 | 6 |
| 264 | **—34,2** | Benzoesäureäthylester | $C_9H_{10}O_2$ | $C_6H_5 \cdot CO \cdot OC_2H_5$ | 150,17 |
| 265 | **—34,0** | 2-Chlortoluol | $C_7H_7Cl$ | $CH_3 \cdot C_6H_4 \cdot Cl$ | 126,58 |
| 266 | **—34,0** | Dibromdimethyläther | $C_2H_4OBr_2$ | $CH_2Br \cdot O \cdot CH_2Br$ | 203,87 |
| 267 | **—34,0** | Dipropylketon | $C_7H_{14}O$ | $C_3H_7 \cdot CO \cdot C_3H_7$ | 114,18 |
| 268 | **—33,6** | tert.-Butyljodid | $C_4H_9J$ | $(CH_3)_3C \cdot J$ | 184,03 |
| 269 | **—32,0** | Dimethylsulfat | $C_2H_6O_4S$ | $(CH_3O)_2SO_2$ | 126,12 |
| 270 | **—31,8** | Jodbenzol | $C_6H_5J$ | $C_6H_5J$ | 204,02 |
| 271 | **—31,0** | Glykoldiacetat | $C_6H_{10}O_4$ | $(CH_3 \cdot CO \cdot OCH_2—)_2$ | 146,14 |
| 272 | **—31,0** | γ-Valerolacton | $C_5H_8O_2$ | 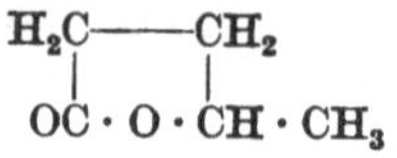 | 100,11 |
| 273 | **—31,0** | Tetralin (1,2,3,4-Tetra-hydronaphthalin) | $C_{10}H_{12}$ | 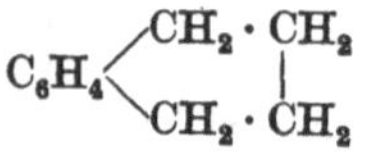 | 132,19 |
| 274 | **—30,6** | Brombenzol | $C_6H_5Br$ | $C_6H_5Br$ | 157,02 |
| 275 | **—30,2** | Phenetol | $C_8H_{10}O$ | $C_6H_5 \cdot O \cdot C_2H_5$ | 122,16 |

| Aggregat-zustand Farbe | Spez. Gewicht | Siede-punkt °C | Beilstein-Zitat | Physikalische Konstanten und Eigenschaften | Löslichkeit | Reaktionen |
|---|---|---|---|---|---|---|
| 7 | 8 | 9 | 10 | 11 | 12 | 13 |
| Fl. | $1{,}0509^{15°}$ | 212,9 | IX 110 | $^{n}D^{20}$ 1,50602; $^{R}D^{20}$ 42,58 cm; $^{n}F$ 161,1; Oberflächenspannung 25° 34,6 dyn/cm; Dämpfe sind hustenreizend | 0,1 W 60° l. in A, Ae | |
| Fl. | $1{,}0187^{20°}$ | 159,5 | V 290 | | unl. in W l. in A | |
| Fl. | $2{,}203^{20°}$ | 154-155 | I 582 | Dampfdichte 7,0; Flüchtigkeit 20° 21100 mg/m³; Viskosität 20° 1,1; Ausdehnungskoeffizient 0,0009 | unl. in W l. in Ae, Bzl., Aceton | |
| Fl. | $0{,}8205^{15°}$ | 144,1 | I 699 | mit Dampf flüchtig; riecht durchdringend; schmeckt brennend | swl. in W ∞ A, Ae | |
| Fl. | $1{,}571^{0°}$ | 98-99 | I 129 | | | + $H_2O$ → tert.-Butylalkohol + HJ |
| Öl | $1{,}3276^{20°}$ | 188,5 (z) 96° (15 mm) | I 283 | Dampfdichte 4,3; Dampfdruck 20° 1,3874; Flüchtigkeit 20° 3300 mg/m³; greift Schleimhäute an; giftig | l. in A, Ae Bzl., Chlf. 2,8 k. W | + $H_2O$ → zers. |
| Fl. | $1{,}8228^{25°}$ | 188,5 | V 215 | $^{n}D^{18,5}$ 1,62145; $^{R}D$ 39,12 cm; $^{n}F$ 252,6 | 0,034 W 30° ll. in A, Ae | |
| Fl. | $1{,}4959^{17°}$ | | II 142 | explodiert durch Schlag | | |
| Fl. | $1{,}057^{18°}$ | 207-208 | XVII 235 | | ∞ W | |
| Fl. | $0{,}9732^{18°}$ | 206-207 | V 491 | $^{n}D^{17,8}$ 1,48035; $^{R}D$ 84,9 cm; $^{n}F$ 43,85; Oberflächenspannung 19,3° 34,21 dyn/cm; ebullioskop. Konst. 5,58 | unl. in W ll. in A, Ae | |
| zerfließliche Nadeln Fl. | $1{,}5219^{0°}$ | 155,6 | V 206 | $^{n}D^{20}$ 1,55977; $^{R}D$ 33,93 cm; $^{n}F$ 192,3; Oberflächenspannung 20° 28,88 | 0,045 W 30° ll. in A sll. in Ae | p-Sulfochlorid *Fp* 75—76° p-Sulfamid *Fp* 165° |
| Fl. | $0{,}9666^{20°}$ | 172,0 | VI 140 | riecht aromatisch | unl. in W ll. in A, Ae | |

| Lfd. Nr. | *Fp* | Name | Summenformel | Strukturformel | Mol.-Gewicht |
|---|---|---|---|---|---|
| 1 | 2 | 3 | 4 | 5 | 6 |
| 276 | —30,0 | Decan | $C_{10}H_{22}$ | $CH_3 \cdot (CH_2)_8 \cdot CH_3$ | 142,27 |
| 277 | <—30,0 | Methylschwefelsäure | $CH_4O_4S$ | $CH_3 \cdot O \cdot SO_3H$ | 112,10 |
| 278 | —30,0 bis —25,0 | 2,4-Dibromthiophen | $C_4H_2Br_2S$ | 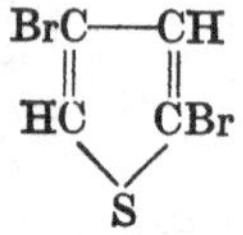 | 241,95 |
| 279 | —29,5 | Butyraldoxim | $C_4H_9ON$ | $C_2H_5 \cdot CH_2 \cdot CH:NOH$ | 87,12 |
| 280 | —29,2 | Nitromethan | $CH_3O_2N$ | $CH_3 \cdot NO_2$ | 61,04 |
| 281 | <—29,0 | Antimontriäthyl | $C_6H_{15}Sb$ | $(C_2H_5)_3Sb$ | 208,94 |
| 282 | —29,0 | Glutarsäuredinitril | $C_5H_6N_2$ | $NC \cdot (CH_2)_3 \cdot CN$ | 94,11 |
| 283 | —29,0 | Pentachloräthan | $C_2HCl_5$ | $CCl_3 \cdot CHCl_2$ | 202,31 |
| 284 | —28,5 | tert.-Butylchlorid | $C_4H_9Cl$ | $(CH_3)_3C \cdot Cl$ | 92,57 |
| 285 | —28,5 bis —25,4 | 5-Jod-2-thiotolen | $C_5H_5JS$ | 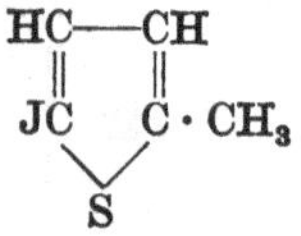 | 224,07 |
| 286 | —28,2 | β,β-Difluoräthylalkohol | $C_2H_4OF_2$ | $CHF_2 \cdot CH_2OH$ | 63,05 |
| 287 | —28,0 | Zinkdiäthyl | $C_4H_{10}Zn$ | $(C_2H_5)_2Zn$ | 123,50 |
| 288 | —27,9 | Dicyan | $C_2N_2$ | $NC \cdot CN$ | 52,04 |
| 289 | —27,5 | Bleitetramethyl | $C_4H_{12}Pb$ | $(CH_3)_4Pb$ | 267,34 |
| 290 | —27,0 | Cyclooctatetraen | $C_8H_8$ | 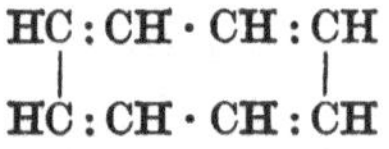 | 104,14 |
| 291 | —26,5 | β-Fluoräthylalkohol | $C_2H_5OF$ | $CH_2F \cdot CH_2OH$ | 64,06 |
| 292 | —26,5 | Undecan | $C_{11}H_{24}$ | $CH_3 \cdot (CH_2)_9 \cdot CH_3$ | 156,30 |

| Aggregat-zustand Farbe | Spez. Gewicht | Siede-punkt °C | Beilstein-Zitat | Physikalische Konstanten und Eigenschaften | Löslichkeit | Reaktionen |
|---|---|---|---|---|---|---|
| 7 | 8 | 9 | 10 | 11 | 12 | 13 |
| Fl. | $0{,}7304^{20°}$ | 173 | I 168 | $^{n}D^{20}$ 1,41203; $^{R}D$ 48,25 cm; $^{n}F$ 73,4 | unl. in W<br>l. in A, Ae | |
| Öl | | z | I 283 | | sll. in W<br>l. in A<br>∞ Ae | Erhitzen zers. → Dimethylsulfat + $H_2SO_4$ |
| Öl | $2{,}147^{23°}_{23°}$ | 210 | XVII 33 | $^{n}D^{22,8}$ 1,63039; mit Dampf flüchtig | unl. in W. | |
| Fl. | $0{,}923^{20°}$ | 152 (715mm) | I 663 | | 1,08 W<br>∞ A, Ae | |
| Öl | $1{,}1322^{20°}$ | 100,9 | I 74 | $^{n}D^{15}$ 1,38411; $^{R}D$ 12,49 cm; $^{n}F$ 91,9; ebullioskop. Konst. 1,95 | wl. in W<br>l. in A, Ae | + Alkali → Nitroacetaldoxim |
| Fl. | $1{,}324^{16°}$ | 158 (30 mm) | IV 618 | riecht nach Zwiebel; entzündet sich an der Luft | swl. in W<br>l. in A, Ae | |
| Fl. | $0{,}995^{15°}_{15°}$ | 281 | II 635 | Dampfdruck 20° 7 mm | l. in W, A<br>unl. in Ae | |
| Fl. | $1{,}693^{10°}$ | 161,9 | I 87 | $^{n}D^{15}$ 1,50542; $^{R}D$ 35,57 cm; $^{n}F$ 102,0; riecht wie Chloroform | unl. in W<br>l. in A, Ae | |
| Fl. | $0{,}8471^{15°}_{15°}$ | 51 | I 125 | $^{n}D^{15}$ 1,40096; $^{R}D$ 25,73 cm; $^{n}F$ 72,5 | | + sied. W. → tert. Butylalkohol |
| | | 93-95 (16mm) | | | | |
| Fl. | $1{,}3084^{17°}$ | 96 | I 336 | | ∞ W, A, Ae | |
| Fl. | $1{,}182^{18°}$ | 118 | IV 672 | riecht durchdringend; entzündet sich an der Luft | l. in Ae | + $H_2O$ zers. |
| Gas | | –21,2 | II 549 | giftig | 350 ml W 30°<br>2600 ml A 20°<br>500 ml Ae 20° | |
| Fl. | $1{,}9952^{20°}$ | 110 | IV 639 | giftig | unl. in W<br>l. in A, Ae | |
| gelbes Öl | $0{,}923^{20°}$ | 42 (17mm) | $E_1$ V 228 | riecht süßlich | | |
| Fl. | $1{,}1112^{18°}$ | 103,4 | $E_1$ I 170 | | ∞ W | |
| Fl. | $0{,}7411^{20°}$ | 194,5 | I 170 | $^{n}D^{20}$ 1,41730; $^{R}D$ 52,38 cm; $^{n}F$ 72,0 | unl. in W<br>∞ A, Ae | |

| Lfd. Nr. | *Fp* | Name | Summenformel | Strukturformel | Gewicht Mol.- |
|---|---|---|---|---|---|
| 1 | 2 | 3 | 4 | 5 | 6 |
| 293 | **—26,0** | Benzaldehyd | $C_7H_6O$ | $C_6H_5 \cdot CHO$ | 106,12 |
| 294 | **—26,0** | Chloressigsäureäthylester | $C_4H_7O_2Cl$ | $CH_2Cl \cdot CO \cdot OC_2H_5$ | 122,55 |
| 295 | **—26,0** | Cyclohexanon | $C_6H_{10}O$ | $H_2C\langle{}^{CH_2 \cdot CH_2}_{CH_2 \cdot CH_2}\rangle CO$ | 98,14 |
| 296 | **—26,0** | Dibenzylamin | $C_{14}H_{15}N$ | $(C_6H_5 \cdot CH_2)_2NH$ | 197,27 |
| 297 | **—26,0** | Tetrolaldehyd | $C_4H_4O$ | $CH_3 \cdot C \vdots C \cdot CHO$ | 68,07 |
| 298 | **—26,0** | 1,1,2-Tribromäthan | $C_2H_3Br_3$ | $CH_2Br \cdot CHBr_2$ | 266,79 |
| 299 | **—25,8** | 2-Bromtoluol | $C_7H_7Br$ | $CH_3 \cdot C_6H_4 \cdot Br$ | 171,04 |
| 300 | **—25,8** | Triisobutylamin | $C_{12}H_{27}N$ | $[(CH_3)_2CH \cdot CH_2]_3N$ | 185,34 |
| 301 | **<—25,0** | 4-Allylphenol | $C_9H_{10}O$ | $CH_2 : CH \cdot CH_2 \cdot C_6H_4 \cdot OH$ | 134,17 |
| 302 | **—25,8** | o-Xylol | $C_8H_{10}$ | $CH_3 \cdot C_6H_4 \cdot CH_3$ | 106,16 |
| 302a | **<—25,0** | m-Cymol | $C_{10}H_{14}$ | $CH_3 \cdot C_6H_4 \cdot CH(CH_3)_2$ | 134,21 |
| 303 | **—25,0** | Kakodyloxyd | $C_4H_{12}OAs_2$ | $[(CH_3)_2As]_2O$ | 225,95 |
| 304 | **—25,0** bis **—24,0** | 2-Chlor-5-jodthiophen | $C_4H_2ClJS$ | 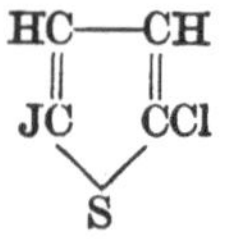 | 244,49 |
| 305 | **—24,6** | Benzylcyanid (α-Tolunitril) | $C_8H_7N$ | $C_6H_5 \cdot CH_2 \cdot CN$ | 117,14 |
| 306 | **—24,5** | Diäthylsulfat | $C_4H_{10}O_4S$ | $(C_2H_5O)_2SO_2$ | 154,18 |
| 307 | **—24,4** | m-Dichlorbenzol | $C_6H_4Cl_2$ | $C_6H_4Cl_2$ | 147,01 |
| 308 | **—24,4** | o-Toluidin (α-Form) | $C_7H_9N$ | $CH_3 \cdot C_6H_4 \cdot NH_2$ | 107,15 |
| 309 | **—24,0** | 1,2,3,5-Tetramethylbenzol (Isodurol) | $C_{10}H_{14}$ | $C_6H_2(CH_3)_4$ | 134,21 |

| Aggregat-zustand Farbe | Spez. Gewicht | Siede-punkt °C | Beilstein-Zitat | Physikalische Konstanten und Eigenschaften | Löslichkeit | Reaktionen |
|---|---|---|---|---|---|---|
| 7 | 8 | 9 | 10 | 11 | 12 | 13 |
| Fl. | $1,0498^{20°}$ | 178,1 | VII 174 | $^{n}D^{20}$ 1,54638; $^{R}D$ 32,0 cm; $^{n}F$ 232,1; Oberflächenspannung 15,4° 39,19 dyn/cm; mit Dampf flüchtig; riecht bittermandelartig; schmeckt brennend aromatisch | 0,3 W<br>∞ A, Ae | + Acenaphthen und konz. $H_2SO_4$ → rotviolett<br>p-Nitrophenylhydrazon *Fp* 192—193°, orangerote Nadeln<br>Semicarbazon *Fp* 221 bis 222°, Tafeln<br>α-Naphthylhydrazon *Fp* 144—145°, gelbe Nadeln oder Blättchen |
| Fl. | $1,159^{20°}$ | 143,6 | II 197 | $^{n}D^{20}$ 1,42271; $^{R}D$ 26,91 cm; $^{n}F$ 75,6 | l. in A | + $H_2O$ zers. |
| Öl | $0,9466^{20°}$ | 155 | VII 8 | $^{n}D^{25}$ 1,449; riecht nach Pfefferminz | l. in W, A, Ae | Oxim *Fp* 90° |
| Öl | $1,026^{21°}$ | 270 (250mm) | XII 1035 | | unl. in W<br>ll. in A, Ae | |
| Fl. | $0,9265^{17°}_{0°}$ | 107 | $E_1$ I 388 | riecht stechend | wl. in W<br>l. in A, Ae | Semicarbazon *Fp* 158° |
| Fl. | $2,5790^{20°}$ | 187-188 (721mm) | I 93 | $^{n}D^{20}$ 1,58902; $^{R}D$ 34,86 cm; $^{n}F$ 162,0 | l. in A | |
| Fl. | $1,4222^{20°}$ | 181 | V 304 | | unl. in W<br>l. in A | |
| Fl. | $0,771^{17°}$ | 184-186 | IV 166 | | unl. in W | |
| Fl. | $1,033^{18°}$ | 237 | VI 571 | | unl. in W<br>∞ A, Ae | + $FeCl_3$ → blau |
| Fl. | $0,8812^{20°}$ | 144 | V 362 | $^{n}D^{15,5}$ 1,50777; $^{R}D$ 35,77 cm; $^{n}F$ 159,2; riecht angenehm | swl. in W<br>ll. in A, Ae | 4-Sulfochlorid *Fp* 51—52°, prismat. Nadeln<br>3-Sulfamid *Fp* 167°, Nädelchen<br>Tetrabrom-o-xylol *Fp* 258°, weiche Nadeln |
| Fl. | $0,8619^{20°}$ | 175 | V 419 | riecht nach Möhren, herb | unl. in W<br>l. in A, Ae | |
| Fl. | $1,4943^{0°}$ | 150-151 | IV 608 | riecht widerlich; Dampf greift Augen an | wl. in W<br>ll. in A, Ae | |
| Fl. | | | | | | |
| Fl. | $1,016^{20°}$ | 233-234 | IX 441 | $^{n}D^{20,2}$ 1,52422; $^{R}D$ 35,22 cm | l. in A, Ae | |
| Öl | $1,1837^{19°}$ | 208 | I 327 | riecht nach Pfefferminz | unl. in W<br>l. in A, Ae, Bzl. | |
| Fl. | $1,2881^{20°}$ | 172 | V 202 | | swl. in W<br>l. in A | |
| Fl. | $0,9986^{20°}$ | 200,7 | XII 772 | | 1,50 W 25°<br>ll. in A, Ae | |
| Fl. | $0,896^{0°}$ | 195-197 | V 430 | $^{n}D^{16}$ 1,52031; $^{R}D$ 45,10 cm; $^{n}F$ 157,1 | unl. in W<br>l. in A, Ae | |

| Lfd. Nr. | *Fp* | Name | Summenformel | Strukturformel | Mol.-Gewicht |
|---|---|---|---|---|---|
| 1 | 2 | 3 | 4 | 5 | 6 |
| 310 | —23,8 | Glutarsäurediäthylester | $C_9H_{16}O_4$ | $CH_2(CH_2 \cdot CO \cdot OC_2H_5)_2$ | 188,21 |
| 311 | —23,2 | Acetylaceton | $C_5H_8O_2$ | $CH_3 \cdot CO \cdot CH_2 \cdot CO \cdot CH_3$ | 100,11 |
| 312 | —22,95 | Tetrachlorkohlenstoff | $CCl_4$ | $CCl_4$ | 153,84 |
| 313 | —22,4 | Tetrachloräthylen | $C_2Cl_4$ | $CCl_2 : CCl_2$ | 165,85 |
| 314 | —22,0 | 6-Methylchinolin | $C_{10}H_9N$ | $C_9H_6N \cdot CH_3$ | 143,18 |
| 315 | —22,0 | Diazoessigester | $C_4H_6O_2N_2$ | $N \vdots N : CH \cdot CO \cdot OC_2H_5$ | 114,10 |
| 316 | —22,0 | 1-Methylnaphthalin | $C_{11}H_{10}$ | $C_{10}H_7 \cdot CH_3$ | 142,19 |
| 317 | —21,5 | Diphenylsulfid | $C_{12}H_{10}S$ | $(C_6H_5)_2S$ | 186,26 |
| 318 | —21,0 | Cadmiumdiäthyl | $C_4H_{10}Cd$ | $(C_2H_5)_2Cd$ | 170,53 |
| 319 | <- 21,0 | Lävulinaldehyd | $C_5H_8O_2$ | $CH_3 \cdot CO \cdot CH_2 \cdot CH_2 \cdot CHO$ | 100,11 |
| 320 | < -21,0 | o-Phenetidin | $C_8H_{11}ON$ | $H_2N \cdot C_6H_4 \cdot O \cdot C_2H_5$ | 137,17 |
| 321 | —21,0 | Phenylsenföl | $C_7H_5NS$ | $C_6H_5 \cdot N : CS$ | 135,18 |
| 322 | —20,8 | Bernsteinsäurediäthylester | $C_8H_{14}O_4$ | $C_2H_5O \cdot OC \cdot (CH_2)_2 \cdot CO \cdot OC_2H_5$ | 174,19 |
| 323 | <-20,8 | Hydratropasäure | $C_9H_{10}O_2$ | $C_6H_5 \cdot CH(CH_3) \cdot COOH$ | 150,17 |
| 324 | <-20,0 | 4-Äthyltoluol | $C_9H_{12}$ | $CH_3 \cdot C_6H_4 \cdot C_2H_5$ | 120,18 |
| 325 | —20,0 | tert.-Butylbromid | $C_4H_9Br$ | $(CH_3)_3C \cdot Br$ | 137,03 |
| 326 | <-20,0 | 1,3-Dijodpropan | $C_3H_6J_2$ | $CH_2J \cdot CH_2 \cdot CH_2J$ | 295,92 |

| Aggregat-zustand Farbe | Spez. Gewicht | Siede-punkt °C | Beilstein-Zitat | Physikalische Konstanten und Eigenschaften | Löslichkeit | Reaktionen |
|---|---|---|---|---|---|---|
| 7 | 8 | 9 | 10 | 11 | 12 | 13 |
| Fl. | $1{,}0270^{15°}$ | 233,7 | II 633 | | swl. in W<br>ll. in A | |
| Fl. | $0{,}977^{19°}$ | 137,5 | I 777 | Oberflächenspannung 25,2 29,2 dyn/cm; riecht nach Aceton und Essigsäure | 12,5 W 20°<br>∞ A, Ae | + $FeCl_3$ → intensiv rot; o-Phenylendiamin in alkohol. essigsaurer Lsg. → violett<br>Kupferacetylaceton blaue Krist. |
| Fl. | $1{,}5985^{18°}$ | 76,75 | I 64 | $^nD^{20}$ 1,46072; $^RD$ 26,51 cm; $^nF$ 96,6; Oberflächenspannung 20° 25,68 dyn/cm; ebullioskop. Konst. 4,88; kryoskop. Konst. 29,8; Dampfdruck20° 17 mm; riecht ätherisch; nicht brennbar; wirkt anästhesierend | 0,077 W 25°<br>∞ A, Ae | mit CuCl wird Lsg. schmutzig dunkelrot, in 2—3 Minuten dunkelblau |
| Fl. | 1,6239 | 120,8 | I 187 | $^nD^{20}$ 1,50547; $^RD$ 30,33 cm; $^nF$ 136,9; ebullioskop. Konst. 5,5 | unl. in W | |
| Fl. | $1{,}0654^{20°}$ | 258,6 | XX 397 | $^nD^{25,4}$ 1,60909; $^RD$ 47,03 cm; $^nF$ 290,9 | wl. in W<br>∞ A, Ae | Pikrat *Fp* 229° |
| gelbes Öl | $1{,}085^{17°}$ | 45° (12 mm) | XXV 110 | stark riechend; mit Dampf flüchtig | wl. in W<br>l. in A, Ae | + sd. W → Glykolsäureäthylester + $N_2$; Rk. wird durch H-Ionen beschleunigt |
| Öl | $1{,}0005^{19°}$ | 240-243 | V 566 | mit Dampf flüchtig | unl. in W<br>ll. in A, Ae | |
| Fl. | $1{,}1185^{15°}_{15°}$ | 296 | VI 299 | | unl. in W<br>ll. in h. A<br>∞ Ae, $CS_2$ | |
| Fl. | $1{,}6531^{22°}$ | 64° (19 mm) | IV 677 | riecht unangenehm; raucht an der Luft | l. in A, Ae | + $H_2O$ → zers. |
| Fl. | $1{,}084^{21°}$ | 186-188 | I 774 | riecht stechend; ätzt die Haut | ∞ W, A, Ae | |
| Öl | | 229 | XIII 359 | | | Acetylderivat *Fp* 79° |
| Fl. | $1{,}128^{25°}$ | 218,5 | XII 453 | | l. in Chlf. | Erhitzen mit W → Thiocarbanilid + $CO_2$ + $H_2S$<br>+ sd. A → Thiocarbanilsäureester |
| Fl. | $1{,}0402^{20°}$ | 217,7 | II 609 | | | |
| Fl. | 1,1 | 264-265 | IX 524 | mit Dampf flüchtig | wl. in W | |
| Öl | $0{,}869^{14°}$ | 161-162 | V 397 | | unl. in W<br>l. in A, Ae | |
| Fl. | $1{,}1892^{22°}$ | 73,3 | I 127 | | | |
| Fl. | $2{,}563^{19°}$ | 227 (Z.) | I 115 | | | |

| Lfd. Nr. | *Fp* | Name | Summenformel | Strukturformel | Mol.-Gewicht |
|---|---|---|---|---|---|
| 1 | 2 | 3 | 4 | 5 | 6 |
| 327 | <-20,0 | N,N-Dimethyl-m-phenylendiamin | $C_8H_{12}N_2$ | $H_2N \cdot C_6H_4 \cdot N(CH_3)_2$ | 136,19 |
| 328 | <-20,0 | Glycinäthylester | $C_4H_9O_2N$ | $H_2N \cdot CH_2 \cdot CO \cdot OC_2H_5$ | 103,12 |
| 329 | <-20,0 | Thio-m-kresol | $C_7H_8S$ | $CH_3 \cdot C_6H_4 \cdot SH$ | 124,19 |
| 330 | —19,7 | Propionsäure | $C_3H_6O_2$ | $C_2H_5 \cdot COOH$ | 74,08 |
| 331 | —19,5 | Phenylcarbylaminchlorid (Phenyliminphosgen) | $C_7H_5NCl_2$ | $C_6H_5 \cdot N : CCl_2$ | 173,96 |
| 332 | —19,0 | 2-Äthylnaphthalin | $C_{12}H_{12}$ | $C_{10}H_7 \cdot C_2H_5$ | 156,21 |
| 333 | —19,0 | α-Oxyisobuttersäurenitril | $C_4H_7ON$ | $(CH_3)_2C(OH) \cdot CN$ | 85,10 |
| 333a | <-18,0 | Allylessigsäure | $C_5H_8O_2$ | $CH_2 : CH \cdot CH_2 \cdot CH_2 \cdot COOH$ | 100,11 |
| 334 | <-18,0 | 2-Äthylphenol | $C_8H_{10}O$ | $C_2H_5 \cdot C_6H_4 \cdot OH$ | 122,16 |
| 335 | <-18,0 | Anthranil | $C_7H_5ON$ | 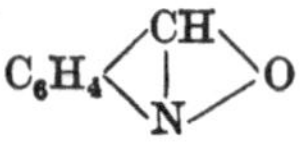 | 119,12 |
| 336 | —18,0 | 2, 4,5-Trichlor-3-thiotolen | $C_5H_3Cl_3S$ | 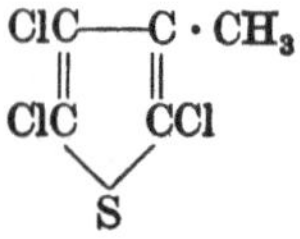 | 201,51 |
| 337 | —17,5 | o-Dichlorbenzol | $C_6H_4Cl_2$ | $Cl \cdot C_6H_4 \cdot Cl$ | 147,01 |
| 338 | —17,5 | 2,3-Dibromthiophen | $C_4H_2Br_2S$ | 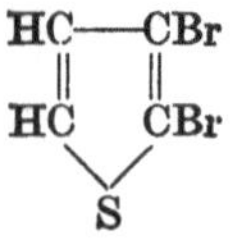 | 241,95 |
| 339 | —17,0 | Acetol (Oxyaceton) | $C_3H_6O_2$ | $CH_3 \cdot CO \cdot CH_2 \cdot OH$ | 74,08 |
| 340 | —17,0 | Benzalchlorid | $C_7H_6Cl_2$ | $C_6H_5 \cdot CHCl_2$ | 161,03 |

| Aggregatzustand Farbe | Spez. Gewicht | Siedepunkt °C | Beilstein-Zitat | Physikalische Konstanten und Eigenschaften | Löslichkeit | Reaktionen |
|---|---|---|---|---|---|---|
| 7 | 8 | 9 | 10 | 11 | 12 | 13 |
| Öl | $0,995^{25°}$ | 267 | XIII 40 | | | |
| Öl | $1,0275^{20°}$ | 148,0 (748mm) | IV 340 | | ∞ W, A, Ae | Hydrochlorid *Fp* 144° |
| Fl. | $1,0625^{0°}$ | 195,4 | VI 388 | mit Dampf flüchtig | unl. in W<br>l. in A | |
| Fl. | $0,9985^{15°}$ | 140,7 | II 234 | $^{n}D^{20}$ 1,3872; $^{R}D$ 17,47 cm; $^{n}F$ 67,4; Oberflächenspannung 15° 27,91 dyn/cm; ebullioskop. Konst. 3,51; riecht stechend | ∞ W, A, Ae | + o-Phthalaldehyd → grünlichblau<br>p-Nitrobenzylester *Fp* 31°<br>p-Chlorphenacylester *Fp* 98,2°<br>Bariumsalz, durch Verdunsten zur Kristallisation gebracht, → rhombische, oktaedrische Krist. |
| gelbliche ölige Fl. | $1,30^{15°}$ | 210<br>95° (15 mm) | $E_I$ XII 168 | Dampfdruck 20° 0,2210 mm Hg; Flüchtigkeit 20° 2100 mg/m³; Oberflächenspannung 52,2 dyn/cm; wenig flüchtig; Geruch nach Zwiebeln | unl. in W<br>l. in Chlf, $CCl_4$ | |
| Fl. | $1,008^{0°}$ | 251 | V 569 | | unl. in W | |
| Fl. | $0,932^{19°}$ | 82 (232mm) | III 316 | $^{n}D^{20}$ 1,41502; $^{R}D$ 22,13 cm; $^{n}F$ 77,6 | ll. in W, A, Ae | + Spuren Alkali → Aceton + HCN |
| Fl. | $0,9843^{48°}$ | 188 | II 425 | | wl. in W<br>ll. in A, Ae | Amid *Fp* 94° |
| Fl. | $1,037^{0°}$ | 207,5 | VI 470 | | swl. in W<br>ll. in A, Ae | |
| Öl | $1,183^{20°}$ | 210 (Z.) | XXVII 39 | mit Dampf flüchtig | wl. in W<br>ll. in A, Ae | |
| Fl. | | 115-116 (23mm) | | | | |
| Fl. | $1,3348^{20°}$ | 179 | V 201 | $^{n}D^{20}$ 1,549; $^{n}F$ 176,0 | swl. in W<br>l. in A | |
| Fl. | | 212-213 | XVII 33 | | | |
| Fl. | $1,082^{20°}_{20°}$ | 145-146 | I 821 | riecht angenehm; anfangs süßer, dann brennender Geschmack | | Phenylhydrazon *Fp* 103°, Säulen<br>Oxim *Fp* 71°, Prismen<br>mit o-Nitrobenzaldehyd u. Alkali in der Kälte → Indigo |
| Fl. | $1,2557^{14°}$ | 205,2 | V 297 | reizt zu Tränen | l. in A | + $H_2O$ → Benzaldehyd + HCl |

| Lfd. Nr. | *Fp* | Name | Summenformel | Strukturformel | Mol.-Gewicht |
|---|---|---|---|---|---|
| 1 | 2 | 3 | 4 | 5 | 6 |
| 341 | —17,0 | 1-Chlornaphthalin | $C_{10}H_7Cl$ | $C_{10}H_7Cl$ | 162,61 |
| 342 | <—17,0 | γ-Oxybuttersäure | $C_4H_8O_3$ | $HO \cdot CH_2 \cdot CH_2 \cdot CH_2 \cdot COOH$ | 109,10 |
| 343 | <—17,0 | Resorcinmonomethyläther | $C_7H_8O_2$ | $HO \cdot C_6H_4 \cdot O \cdot CH_3$ | 124,13 |
| 344 | <—17,0 | Thioessigsäure | $C_2H_4OS$ | $CH_3 \cdot CO \cdot SH$ oder $CH_3 \cdot CS \cdot OH$ | 76,11 |
| 345 | —17,0 bis —15,6 | 3-Jod-2-thiotolen | $C_5H_5JS$ | 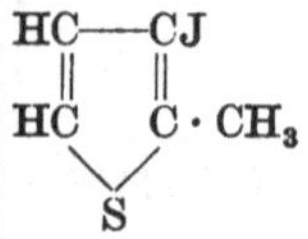 | 224,07 |
| 346 | —16,5 | Thioglykolsäure | $C_2H_4O_2S$ | $HS \cdot CH_2 \cdot COOH$ | 92,11 |
| 347 | —16,3 | o-Toluidin (β-Form) | $C_7H_9N$ | $CH_3 \cdot C_6H_4 \cdot NH_2$ | 107,15 |
| 348 | —16,3 | Octylalkohol | $C_8H_{18}O$ | $CH_3 \cdot (CH_2)_6 \cdot CH_2 \cdot OH$ | 130,22 |
| 349 | —16,0 | Carvacrylamin | $C_{10}H_{15}N$ | 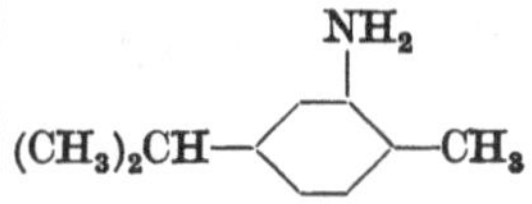 | 149,23 |
| 350 | —16,0 | Methylhexylketon | $C_8H_{16}O$ | $CH_3 \cdot (CH_2)_5 \cdot CO \cdot CH_3$ | 128,20 |
| 351 | —15,3 | Benzylalkohol | $C_7H_8O$ | $C_6H_5 \cdot CH_2OH$ | 108,13 |
| 352 | <—15,0 | Äthyl-β-naphthylamin | $C_{12}H_{13}N$ | $C_{10}H_7 \cdot NH \cdot C_2H_5$ | 171,23 |
| 353 | —15,0 | Chinolin | $C_9H_7N$ | 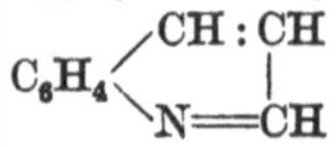 | 129,15 |

| Aggregat-zustand Farbe | Spez. Gewicht | Siede-punkt °C | Beilstein-Zitat | Physikalische Konstanten und Eigenschaften | Löslichkeit | Reaktionen |
|---|---|---|---|---|---|---|
| 7 | 8 | 9 | 10 | 11 | 12 | 13 |
| Fl. | $1{,}0938^{20°}$ | 259,3 | V 541 | $^{n}D^{20}$ 1,63321;<br>$^{R}D$ 49,85 cm;<br>$^{n}F$ 405,5 | unl. in W<br>l. in A, Ae | |
| Fl. | | Z. | III 311 | sehr leicht flüchtig | | Erhitzen zers. → Butyrolacton + W |
| Fl. | >1 | 243-244 | VI 813 | | l. in W<br>∞ in A, Ae<br>l. in NaOH | |
| Fl. | $1{,}074^{10°}$ | 93 | II 230 | riecht stechend nach Essigsäure und Schwefelwasserstoff | l. in W<br>ll. in A | |
| Fl. | | 83-86 (11 mm) | | angenehm riechend | ∞ A, Ae | |
| Fl. | $1{,}325^{20°}$ | 107-108 (16 mm) | III 244 | oxydiert leicht | l. in W, A, Ae | |
| Fl. | $0{,}9986^{20°}$ | 200,7 | XII 772 | $^{n}D^{20}$ 1,57276;<br>$^{R}D$ 35,33 cm;<br>$^{n}F$ 229,5 | 1,50 W 25°<br>ll. in A, Ae | 3 Tropfen Subst. + 2 ml 50% $H_2SO_4$, auf 60 bis 70° erwärmen<br>+ 3 Tropfen gesätt. $K_2Cr_2O_7$-Lsg. → blau<br>Chlorhydrat *Fp* 214,5 bis 215°, Kp. 242,2<br>Pikrat *Fp* 212—215° |
| Fl. | $0{,}827^{20°}$ | 196-197 | I 412 | $^{n}D^{15}$ 1,43230;<br>$^{R}D$ 40,58 cm;<br>$^{n}F$ 78,9 | swl. in W<br>∞ A, Ae | Phenylurethan *Fp* 74,2°<br>α-Naphthylurethan *Fp* 66°, spießige Nadeln |
| Öl | $0{,}994^{20°}$ | 240 | XII 1171 | | | Hydrochlorid *Fp* 207° |
| Fl. | $0{,}8179^{21°}$ | 172,9 | I 704 | $^{n}D^{20}$ 1,41613;<br>$^{R}D$ 39,22 cm;<br>$^{n}F$ 74,3; hygroskopisch; riecht wie Methylamin | l. in W<br>∞ A, Ae | Pikrat *Fp* 166°<br>Semicarbazon *Fp* 123°<br>*p*-Nitrophenylhydrazon *Fp* 92—93° |
| Fl. | $1{,}0427^{19°}$ | 205,2 | VI 428 | $^{n}D^{24,9}$ 1,62450;<br>$^{R}D$ 32,41 cm;<br>$^{n}F$ 172,3; wirkt lokalanästhesierend; riecht schwach aromatisch; Stehen an d. Luft → Bittermandelgeruch | 4 W 17°<br>66,7 50%igen A<br>∞ A, Ae | Phenylurethan *Fp* 78°<br>α-Naphthylurethan *Fp* 134,5°<br>Phthalsäureester *Fp* 106 bis 107°, Prismen |
| Fl. | | 315-316 | XII 1274 | | | Chlorhydrat *Fp* 238° |
| Fl. | $1{,}0929^{20°}$ | 238,0<br>133,3 (16 mm) | XX 339 | $^{n}D^{24,9}$ 1,62450;<br>$^{R}D$ 41,87 cm;<br>$^{n}F$ 309,2; ebullioskop. Konst. 5,33; charakteristisch riechend; mit Dampf flüchtig; hygroskopisch; schwache Base | wl. in k. W<br>ll. in h. W<br>∞ A, Ae, $CS_2$, Aceton | Pikrat *Fp* 203°, hellgelbe Nadeln<br>Chloroaurat *Fp* 235 bis 238°, gelbe Nadeln<br>Chloroplatinat *Fp* 225°, gelbe Nadeln<br>+ p-Toluolsulfonsäuremethylester *Fp* 125 bis 126° |

| Lfd. Nr. | *Fp* | Name | Summenformel | Strukturformel | Mol.-Gewicht |
|---|---|---|---|---|---|
| 1 | 2 | 3 | 4 | 5 | 6 |
| 354 | <–15,0 | Diäthylessigsäure | $C_6H_{12}O_2$ | $(C_2H_5)_2CH \cdot COOH$ | 116,15 |
| 355 | <–15,0 | 2,3-Dimethylanilin (o-Xylidin) | $C_8H_{11}N$ | $(CH_3)_2C_6H_3 \cdot NH_2$ | 121,17 |
| 356 | <–15,0 | Dinitromethan | $CH_2O_4N_2$ | $CH_2(NO_2)_2$ | 106,04 |
| 357 | <–15,0 | Geraniol | $C_{10}H_{18}O$ | $CH_2{:}C(CH_3) \cdot (CH_2)_3 \cdot C(CH_3){:}CH \cdot CH_2OH$ und $(CH_3)_2 \cdot C{:}CH \cdot CH_2 \cdot CH_2 \cdot C(CH_3){:}CH \cdot CH_2OH$ | 154,24 |
| 358 | <–15,0 | Mesidin | $C_9H_{13}N$ | 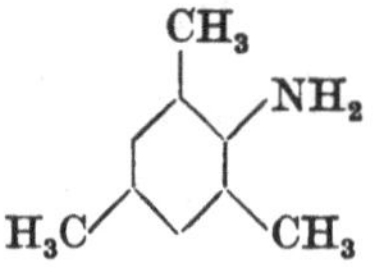 | 135,20 |
| 359 | <–15,0 | 1,2,3,4-Tetrahydroiso-chinolin | $C_9H_{11}N$ | 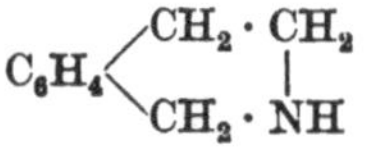 | 133,18 |
| 360 | –14,7 | 1,2,3-Trichlorpropan | $C_3H_5Cl_3$ | $CH_2Cl \cdot CHCl \cdot CH_2Cl$ | 147,44 |
| 360a | <–15,0 | 1,2,3-Trimethylbenzol (Hemellitol) | $C_9H_{12}$ | $C_6H_3(CH_3)_3$ | 120,18 |
| 361 | <–14,0 | 1-Äthylnaphthalin | $C_{12}H_{12}$ | $C_{10}H_7 \cdot C_2H_5$ | 156,21 |
| 362 | –14,0 | 2-Chloranilin | $C_6H_6NCl$ | $Cl \cdot C_6H_4 \cdot NH_2$ | 127,57 |
| 363 | –14,0 | Dimethylisopropylcarbinol | $C_6H_{14}O$ | $(CH_3)_2C(OH) \cdot CH(CH_3)_2$ | 102,17 |
| 364 | –13,8 | cis-α,β-Dijodäthylen | $C_2H_2J_2$ | $CHJ : CHJ$ | 279,88 |
| 365 | –13,4 | 3-Jodthiophen | $C_4H_3JS$ | 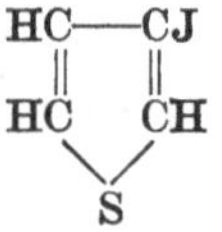 | 210,04 |
| 366 | –13,0 | Benzonitril | $C_7H_5N$ | $C_6H_5 \cdot CN$ | 103,12 |

| Aggregat-zustand Farbe | Spez. Gewicht | Siede-punkt °C | Beilstein-Zitat | Physikalische Konstanten und Eigenschaften | Löslichkeit | Reaktionen |
|---|---|---|---|---|---|---|
| 7 | 8 | 9 | 10 | 11 | 12 | 13 |
| Fl. | $0{,}9196^{18°}_{0°}$ | 194 | II 333 | schwacher, nicht unangenehmer Geruch | | Amid *Fp* 107° Silbersalz seideglänzende Nadeln p-Jodphenacylester *Fp* 54°, Blättchen Bishydrazid *Fp* 234°, glänzende Nädelchen |
| Fl. | $0{,}991^{15°}$ | 221-222 | XII 1101 | | swl. in W l. in A, Ae | Acetylderivat *Fp* 134° |
| Öl | | | I 77 | mit Bzl.-Dampf flüchtig | l. in W | |
| Fl. | $0{,}8825^{15°}$ | 229,7 | I 457 | riecht nach Rosen | unl. in W ∞ A, Ae | Acetat Kp. 242° Tetrabromid *Fp* 70—71° α-Naphthylurethan *Fp* 47 bis 48° |
| Fl. | 0,963 | 229 | XII 1160 | | l. in A | Acetylderivat *Fp* 216 bis 217° |
| Fl. | $1{,}064^{23°}$ | 232-233 | XX 275 | | wl. in W | Pikrat *Fp* 195° |
| Fl. | $1{,}417^{15°}$ | 156,9 | I 106 | | unl. in W l. in A, Ae | Erhitzen mit W auf 160° → Glycerin |
| Fl. | $0{,}895^{20°}$ | 175 | V 399 | | unl. in W l. in A, Ae | |
| Fl. | $1{,}018^{10°}$ | 257-259 | V 569 | | unl. in W | |
| Fl. | $1{,}2125^{20°}$ | 208,8 | XII 597 | $^{n}D^{20}$ 1,58951; $^{R}D$ 35,46 cm; $^{n}F$ 240,2; Oberflächenspannung 24,9° 44,7 dyn/cm | | |
| Fl. | $0{,}821^{20°}$ | 120-121 | I 413 | riecht campherartig | | |
| Fl. | $3{,}023^{11°}$ | 188 | I 194 | | | + alkohol. KOH → HJ-Abspaltung, viel schneller wie trans-Form |
| Fl. | | 68 (12 mm) | XVII 34 | | | |
| Fl. | $1{,}0051^{20°}$ | 191,3 | IX 275 | $^{n}D^{25,5}$ 1,52570; $^{R}D$ 31,56 cm; $^{n}F$ 190,7; ebullioskop. Konst. 3,87; riecht nach Bittermandelöl; giftig | l. in sd. W ∞ A, Ae | |

| Lfd. Nr. | *Fp* | Name | Summenformel | Strukturformel | Mol.-Gewicht |
|---|---|---|---|---|---|
| 1 | 2 | 3 | 4 | 5 | 6 |
| 367 | —13,0 | Cyanwasserstoffsäure | $CHN$ | H · C ⋮ N | 27,02 |
| 368 | —13,0 | 3,5-Dibrom-2-thiotolen | $C_5H_4Br_2S$ | 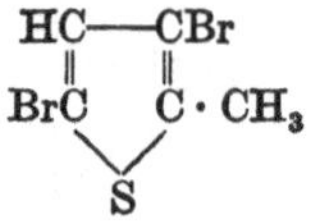 | 255,97 |
| 369 | —13,0 | Dimethyläthylessigsäure | $C_6H_{12}O_2$ | $CH_3 \cdot CH_2 \cdot C(CH_3)_2 \cdot COOH$ | 116,16 |
| 370 | —13,0 | Piperidin | $C_5H_{11}N$ | 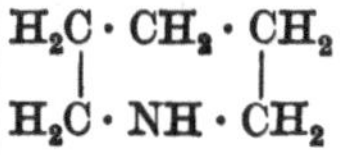 | 85,14 |
| 371 | —13,0 | o-Tolunitril | $C_8H_7N$ | $CH_3 \cdot C_6H_4 \cdot CN$ | 117,14 |
| 372 | —12,5 | Benzoesäuremethylester | $C_8H_8O_2$ | $C_6H_5 \cdot CO \cdot OCH_3$ | 136,14 |
| 373 | —12,0 | Cycloheptan | $C_7H_{14}$ | 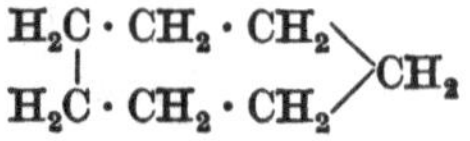 | 98,18 |
| 374 | —12,0 | Dodekan | $C_{12}H_{26}$ | $CH_3 \cdot (CH_2)_{10} \cdot CH_3$ | 170,32 |
| 375 | —12,0 | Oxalylchlorid | $C_2O_2Cl_2$ | ClOC · COCl | 126,93 |
| 376 | —11,2 | Glykol | $C_2H_6O_2$ | $HO \cdot CH_2 \cdot CH_2 \cdot OH$ | 62,07 |

| Aggregatzustand Farbe | Spez. Gewicht | Siedepunkt °C | Beilstein-Zitat | Physikalische Konstanten und Eigenschaften | Löslichkeit | Reaktionen |
|---|---|---|---|---|---|---|
| 7 | 8 | 9 | 10 | 11 | 12 | 13 |
| Fl. | $0{,}6969^{18°}$ | 26 | II 29 | $n_D^{19}$ 1,254; Litergew. des Dampfes 0° 1,21 g; Dampfdruck 18° 567 mm Hg; Flüchtigkeit 20° 87300000 mg/m³ schwache Säure; brennt mit violetter Flamme; riecht betäubend, in Verdünnung bittermandelartig; sehr giftig | ∞ W, A, Ae | alkal. Lsg. 5 Min. mit einigen Tropfen gelbem $(NH_4)_2S$ kochen, überschüssiges Sulfid mit 10% Cadmiumacetat entfernen, mit $HNO_3$ ansäuern + Ferrisulfat 0,1 mg je Liter noch Blutrotfärbung (Rhodanreaktion) |
| Fl. | | 227,5 bis 230 | | | | |
| Fl. | | 186 bis 187,5 | II 335 | | | Silbersalz Büschel seideartiger Nadeln p-Phenylphenacylester *Fp* 86,5° |
| Fl. | $0{,}8603^{21°}$ | 106,2 | XX 6 | $n_D^{18,7}$ 1,45350; $R_D$ 26,68 cm; $n_F$ 89,2; Oberflächenspannung 16,5° 29,89 dyn/cm; ebullioskop. Konst. 2,84; riecht charakteristisch, pfefferartig und zugleich ammoniakalisch; schmeckt stark kaustisch | ∞ W, A, Ae | Hydrochlorid *Fp* 145°; Kp 190°; d 1,32; ll. in W, A Pikrat *Fp* 151—152°, gelbe Nadeln Benzylsulfonamid *Fp* 131,5° |
| Fl. | $0{,}996^{20°}$ | 205,2 | IX 466 | $n_D^{23,1}$ 1,52720; $R_D$ 36,39 cm | l. in A, Ae | |
| Fl. | $1{,}0937^{15°}$ | 199,5 | IX 109 | $n_D^{20}$ 1,51800; $R_D$ 37,82 cm; $n_F$ 131,7 | unl. in W l. in A, Ae | + $FeCl_3$ (verd.) + Eg. + $H_2O_2$ → violett |
| Öl | $0{,}8099^{20°}$ | 118 | V 29 | | unl. in W ll. in A, Ae | |
| Fl. | $0{,}7511^{20°}$ | 214,5 | I 171 | $n_D^{20}$ 1,42188; $R_D$ 57,67 cm; $n_F$ 73,5 | unl. in W ∞ A, Ae | |
| Nadeln | $1{,}488^{13°}$ | 63,5 | II 542 | | l. in Ae | + $H_2O$ → $CO_2$, CO u. HCl + A → Oxalsäurediäthylester |
| Fl. | $1{,}1131^{20°}$ | 197,4 | I 465 | $R_D$ 20° 8 cm; $n_F^{19,2}$ 73,0; Oberflächenspannung 16,8° 46,38 dyn/cm; schmeckt süß | ∞ W, A 1,1 in Ae | Gibt Aldehydreaktion des Glycerins, nicht aber Acroleingeruch Dibenzoat *Fp* 73—74°, rhomb. Prismen |

| Lfd. Nr. | *Fp* | Name | Summenformel | Strukturformel | Mol.-Gewicht |
|---|---|---|---|---|---|
| 1 | 2 | 3 | 4 | 5 | 6 |
| 377 | —11,0 | Undecylalkohol | $C_{11}H_{24}O$ | $CH_3 \cdot (CH_2)_9 \cdot CH_2 \cdot OH$ | 172,30 |
| 378 | —10,4 | Eugenol | $C_{10}H_{12}O_2$ | $CH_2 : CH \cdot CH_2 \cdot C_6H_3 \langle {OH(4) \atop OCH_3(3)}$ | 164,19 |
| 379 | —10,2 | 3-Chloranilin | $C_6H_6NCl$ | $Cl \cdot C_6H_4 \cdot NH_2$ | 127,57 |
| 380 | —10,0 | 2,3-Dijodthiophen | $C_4H_2J_2S$ | 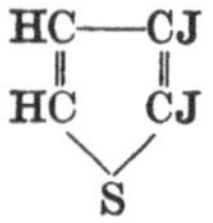 | 335,96 |
| 381 | <—10,0 | α-Naphtholmethyläther | $C_{11}H_{10}O$ | $C_{10}H_7 \cdot O \cdot CH_3$ | 158,19 |
| 382 | <—10,0 | Nicotin | $C_{10}H_{14}N_2$ | 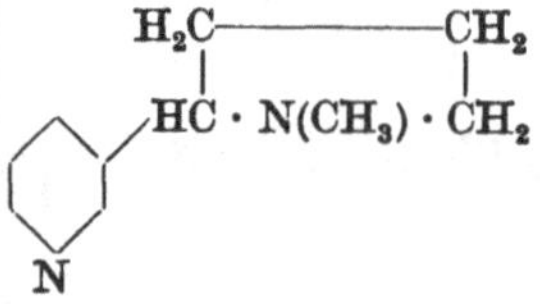 | 162,23 |
| 383 | —10,0 | Önanthsäure (Heptylsäure) | $C_7H_{14}O_2$ | $CH_3 \cdot (CH_2)_5 \cdot COOH$ | 130,18 |
| 384 | <—10,0 | Phenylacetaldehyd | $C_8H_8O$ | $C_6H_5 \cdot CH_2 \cdot CHO$ | 120,14 |
| 385 | —9,6 | 2-Nitrotoluol (α-Form) | $C_7H_7O_2N$ | $O_2N \cdot C_6H_4 \cdot CH_3$ | 137,13 |
| 386 | —9,0 | Acetonylaceton | $C_6H_{10}O_2$ | $CH_3 \cdot CO \cdot CH_2 \cdot CH_2 \cdot CO \cdot CH_3$ | 144,14 |
| 387 | —8,6 | Salicylsäuremethylester | $C_8H_8O_3$ | $HO \cdot C_6H_4 \cdot CO \cdot OCH_3$ | 152,14 |
| 388 | —8,4 | tert. Amylalkohol (Schlafmittel „Amylenhydrat“) | $C_5H_{12}O$ | $C_2H_5 \cdot C(CH_3)_2 \cdot OH$ | 88,14 |

| Aggregatzustand Farbe | Spez. Gewicht | Siedepunkt °C | Beilstein-Zitat | Physikalische Konstanten und Eigenschaften | Löslichkeit | Reaktionen |
|---|---|---|---|---|---|---|
| 7 | 8 | 9 | 10 | 11 | 12 | 13 |
| Fl. | $0{,}8334^{23°}$ | 146 (30 mm) | I 427 | | | Phenylurethan *Fp* 62°, Nadeln<br>p-Joddiphenylylurethan *Fp* 146,5, haarförmige Krist. oder lange Platten |
| gelbliches Öl | $1{,}0630^{18°}$ | 253,5 | VI 961 | riecht nach Nelken, brennender Geschmack | swl. in W<br>ll. in A, Ae | alkohol. Lsg. + $FeCl_3$ → blau<br>+ Natriumhypobromit → goldgelb → tiefbraun<br>Phenylurethan *Fp* 95° Nadeln |
| Fl. | $1{,}2156^{20°}$ | 230 (767mm) | XII 602 | $^{n}D^{20}$ 1,57305; $^{R}D$ 35,55 cm; $^{n}F$ 242,7; mit Dampf flüchtig | | |
| Fl. | | 138,5 (12 mm) | XVII 34 | | | |
| Öl | $1{,}0963^{14°}$ | 267 | VI 606 | mit Dampf flüchtig | unl. in W<br>ll. in A, Ae | |
| Fl. | $1{,}0093^{20°}$ | 246 (730mm) | XXIII 110 | $[a]D^{20}$ −160°; mit Dampf flüchtig | ∞ in W $<64°$ $>205°$<br>ll. in A, Ae | ätherische Lsg. von $J_2$ → rubinrote Krist.<br>Erhitzen mit Epichlorhydrin → rot |
| Fl. | $0{,}9216^{14°}$ | 222-224<br>121-122 (18 mm) | II 338 | riecht schwach talgartig | 0 24 W 15°<br>l. in A. Ae | Cd-Salz *Fp* 95—96°, Blättchen<br>Hg-Salz *Fp* 106,5°<br>Pb-Salz *Fp* 90,5—91,5°, Blättchen<br>p-Chlorphenacylester *Fp* 65°<br>p-Phenylphenacylester *Fp* 62° |
| Fl. | $1{,}025^{20°}$ | 193-194<br>88 (11 mm) | VII 292 | polymerisiert leicht; intensiver Hyazinthengeruch | swl. in W<br>l. in A, Ae | Oxim *Fp* 103°, Spieße<br>Semicarbazon *Fp* 156°, Prismen<br>Phenylhydrazon *Fp* 62 bis 63°, Prismen<br>Diphenylhydrazon *Fp* 101 bis 102°<br>2,4-Dinitrophenylhydrazon *Fp* 110°, goldgelbe Blättchen |
| Fl. | $1{,}1674^{16°}$ | 222,3 | V 318 | $^{n}D^{20,4}$ 1,54739; $^{R}D$ 37,41 cm | 0,065 W 30°<br>ll. in A, Ae | |
| Fl. | $0{,}973^{20°}$ | 194 (754mm) | I 788 | | ∞ W, A, Ae<br>unl. in KOH | Dioxim *Fp* 137° |
| Fl. | $1{,}1843^{20°}$ | 223,3 | X 70 | | 0,074 W 30°<br>l. in A, Ae | |
| Fl. | $0{,}8066^{25°}_{0°}$ | 102,3 | I 388 | $^{n}D^{13}$ 1,40890; $^{R}D$ 26,70 cm; $^{n}F$ 59,80; ebullioskop. Konst. 2,26 | 12,5 W<br>∞ A, Ae | Phenylurethan *Fp* 44—47° |

| Lfd. Nr. | *Fp* | Name | Summenformel | Strukturformel | Mol.-Gewicht |
|---|---|---|---|---|---|
| 1 | 2 | 3 | 4 | 5 | 6 |
| 389 | —8,2 | Methylheptylketon | $C_9H_{18}O$ | $CH_3 \cdot (CH_2)_6 \cdot CO \cdot CH_3$ | 142,23 |
| 390 | —8,0 | 1,2-Dihydronaphthalin | $C_{10}H_{10}$ | $C_6H_4\langle{}^{CH_2 \cdot CH_2}_{CH=CH}$ | 130,18 |
| 391 | —8,0 | Pyridazin | $C_4H_4N_2$ | 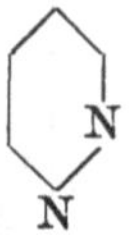 | 80,09 |
| 392 | —8,0 bis —7,0 | Linolsäure | $C_{18}H_{32}O_2$ | $CH_3 \cdot (CH_2)_4 \cdot CH : CH \cdot CH_2 \cdot CH : CH \cdot (CH_2)_7 \cdot COOH$ | 280,18 |
| 393 | —7,6 | Methyldiphenylamin | $C_{13}H_{13}N$ | $(C_6H_5)_2N \cdot CH_3$ | 183,24 |
| 394 | —7,5 | Zimtaldehyd | $C_9H_8O$ | $C_6H_5 \cdot CH : CH \cdot CHO$ | 132,15 |
| 395 | —6,9 | m-Dibrombenzol | $C_6H_4Br_2$ | $C_6H_4Br_2$ | 235,92 |
| 396 | —6,6 | *l*-Menthon | $C_{10}H_{18}O$ | $H_2C \cdot CH_2 \cdot CH \cdot CH(CH_3)_2$ / $CH_3 \cdot HC \cdot CH_2 \cdot CO$ | 154,24 |
| 397 | —6,5 bis —8,0 | 3,5-Dijod-2-thiotolen | $C_5H_4J_2S$ | 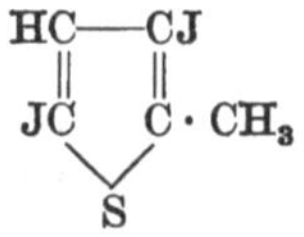 | 349,98 |
| 399 | —6,5 | trans-$\alpha,\beta$-Dibromäthylen | $C_2H_2Br_2$ | CHBr : CHBr | 185,87 |
| 400 | —6,2 | Anilin | $C_6H_7N$ | $C_6H_5 \cdot NH_2$ | 93,12 |
| 401 | —6,2 | Tridecan | $C_{13}H_{28}$ | $CH_3 \cdot (CH_2)_{11} \cdot CH_3$ | 184,35 |

| Aggregatzustand Farbe | Spez. Gewicht | Siedepunkt °C | Beilstein-Zitat | Physikalische Konstanten und Eigenschaften | Löslichkeit | Reaktionen |
|---|---|---|---|---|---|---|
| 7 | 8 | 9 | 10 | 11 | 12 | 13 |
| Fl. | $0{,}8261^{15°}$ | 195,3 | I 709 | $^{n}D^{15}$ 1,41817; $^{R}D$ 39,22 cm; $^{n}F$ 77,3 | unl. in W<br>l. in A, Ae | Semicarbazon *Fp* 119°<br>alkohol. Lsg. + $H_2SO_4$ + 5%ige Weinsäure → rosenrot |
| Fl. | $0{,}9974^{20°}$ | 89,0 (24mm) | $E_1$ V 249 | $^{n}D^{18,3}$ 1,58317; $^{R}D$ 43,59 cm; $^{n}F$ 245,1 | unl. in W<br>l. in A, Ae | |
| Fl. | $1{,}104^{23°}$ | 208 | XXIII 89 | | ll. in W<br>l. in A, Ae, Bzl. | Pikrat *Fp* 169° (Z.) |
| Fl. | $0{,}9026^{18°}_{4°}$ | 228° (14 mm) | II 496 | | | |
| Fl. | $1{,}048^{20°}$ | 293,4 | XII 80 | | unl. in W<br>l. in A, Ae | |
| gelbe Fl. | $1{,}0497^{20°}$ | 250-252 (Z.)<br>172 (90mm) | VII 348 | $^{n}D^{20}$ 1,61949; $^{R}D^{20}$ 44,18 cm; $^{n}F$ 426,8; charakteristischer Geruch des Zimtöles | unl. in W<br>l. in A, Ae | Phenylhydrazon *Fp* 169°, gelbe Nadeln<br>Semicarbazon *Fp* 215 bis 216°, Blättchen<br>p-Nitrophenylhydrazon *Fp* 194°, orangerote Krist.<br>Diphenylhydrazon *Fp* 135 bis 136°, gelbe Nadeln |
| Fl. | $1{,}9523^{20°}$ | 217 | V 211 | | l. in A, Ae | |
| Fl. | $0{,}896^{20°}_{20°}$ | 209,6 | VII 38 | schmeckt bitter; mit Dampf flüchtig; Pfefferminzgeruch | wl. in W<br>∞ A, Ae | 2,4-Dinitrophenylhydrazon *Fp* 145°, organgerote Krist.<br>Oxim *Fp* 60—61°<br>Semicarbazon *Fp* 189° |
| Fl. | | 103-105 (2 mm) | | | | |
| Fl. | $2{,}2667^{18°}$ | 108 | $E_1$ I 81 | | | |
| Öl | $1{,}0217^{20,7°}$ | 184,25<br>138,8 (200mm)<br>69,2 (10mm) | XII 59 | $^{n}D^{20}$ 1,58629; $^{R}D^{20}$ 30,58 cm; $^{n}F^{20}$ 248,6; Oberflächenspannung 19,5 43,4 dyn/cm; ebullioskop. Konst. 3,69; kryoskop. Konst. 5,87; schwacher, charakteristischer Geruch | 3,61 W 18°<br>∞ A, Ae, Bzl. $H_2SO_4$ | + Natriumkobaltnitrit, $Na_3[Co(NO_2)_6]$, → ziegelroter Nd.<br>Chlorhydrat *Fp* 198°<br>wss. Lsg. + Calcium- oder Natriumhypochlorit (Überschuß vermeiden) → purpurrot (E 1:26000)<br>α-Naphthalinsulfonat *Fp* 183°<br>p-Nitrobenzylanilin *Fp* 168°, tiefgelbe Krist.<br>+ $H_2SO_4$ + $K_2Cr_2O_7$ → blau |
| Fl. | 0,7571 | 234 | I 171 | | unl. in W<br>∞ A, Ae | |

| Lfd. Nr. | *Fp* | Name | Summenformel | Strukturformel | Mol.-Gewicht |
|---|---|---|---|---|---|
| 1 | 2 | 3 | 4 | 5 | 6 |
| 402 | —6,0 | 2,5-Dibromthiophen | $C_4H_2Br_2S$ | 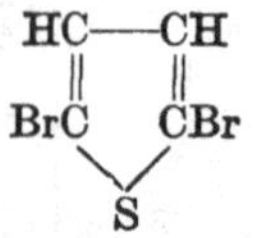 | 241,95 |
| 403 | —6,0 | Kakodyl | $C_4H_{12}As_2$ | $(CH_3)_2As \cdot As(CH_3)_2$ | 209,95 |
| 404 | —6,0 | 1-Methylimidazol | $C_4H_6N_2$ | 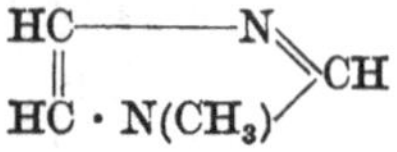 | 82,10 |
| 405 | —5,9 | Äthylsenföl | $C_3H_5NS$ | $C_2H_5 \cdot N:CS$ | 87,14 |
| 406 | —5,9 | Dibutylketon | $C_9H_{18}O$ | $(C_2H_5 \cdot CH_2 \cdot CH_2)_2CO$ | 142,23 |
| 407 | —5,0 | Benzotrichlorid | $C_7H_5Cl_3$ | $C_6H_5 \cdot CCl_3$ | 195,48 |
| 408 | —5,0 | Chlorcyan | CNCl | $Cl \cdot C \vdots N$ oder $C:N \cdot Cl$ | 61,47 |
| 409 | —5,0 | Nonylalkohol | $C_9H_{20}O$ | $CH_3 \cdot (CH_2)_7 \cdot CH_2OH$ | 144,25 |
| 410 | —5,0 | dl-α-Pipecolin | $C_6H_{13}N$ | 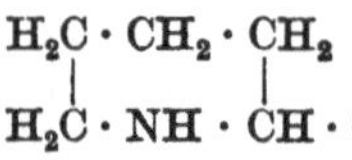 | 99,17 |
| 411 | —5,0 | Triolein | $C_{57}H_{104}O_6$ | $C_3H_5[O \cdot CO \cdot O \cdot (CH_2)_7 \cdot CH:CH \cdot (CH_2)_7 \cdot CH_3]_3$ | 885,38 |
| 412 | —4,7 | Buttersäure | $C_4H_8O_2$ | $C_2H_5 \cdot CH_2 \cdot COOH$ | 88,10 |
| 413 | —4,5 | Cadmiumdimethyl | $C_2H_6Cd$ | $(CH_3)_2Cd$ | 142,48 |
| 414 | —4,0 | dl-α-Brombuttersäure | $C_4H_7O_2Br$ | $C_2H_5 \cdot CH(Br) \cdot COOH$ | 167,01 |
| 415 | —4,0 | 1,2,3,4-Tetramethylbenzol (Prehnitol) | $C_{10}H_{14}$ | $C_6H_2(CH_3)_4$ | 134,21 |

| Aggregat-zustand Farbe | Spez. Gewicht | Siede-punkt °C | Beilstein-Zitat | Physikalische Konstanten und Eigenschaften | Löslichkeit | Reaktionen |
|---|---|---|---|---|---|---|
| 7 | 8 | 9 | 10 | 11 | 12 | 13 |
| Fl. | | 210,3 | XVII 33 | $n_D^{20,5}$ 1,62748 | | |
| Öl | >1,0 | ~170 | IV 615 | riecht widerlich; entzündet sich an der Luft | wl. in W | |
| Fl. | $1,036^{16°}$ | 198,0 | XXIII 46 | | ∞ W | Pikrat *Fp* 159° |
| Fl. | $1,0194^{0°}$ | 131-132 | IV 123 | riecht stechend | unl. in W<br>l. in A, Ae | |
| Fl. | $0,8270^{13°}$ | 181-182 | $E_1$ I 365 | | swl. in W<br>l. in A, Ae | Semicarbazon *Fp* 90° |
| Fl. | $1,38^{14°}$ | 213-214 | V 300 | | unl. in W<br>l. in A, Ae | erhitzen mit W → Benzoesäure |
| Gas | $1,222^{0°}$ | 12,6 | III 38 | Dampfdichte 2,11; Dampfdruck —20° 148.2 mm Hg, +20° 1001,8mm Hg; Flüchtigkeit 20° 2600000 mg/m³; Litergewicht d. Dampfes 2,56g; riecht stechend; reizt zu Tränen; sehr giftig | 2500 ml W 20°<br>10000 ml A 20°<br>5000 ml Ae 20° | + W → Cyanurchlorid |
| Fl. | $0,8279^{20°}$ | 213,5 | I 423 | riecht nach Citronellol | | Phenylurethan *Fp* 62—64°<br>p-Nitrophenylurethan *Fp* 104, glänzende Blättchen |
| Fl. | $0,844^{23°}$ | 119 | XX 95 | | l. in W<br>ll. in A, Ae | |
| Öl | $0,915^{15°}$ | 237 (18mm) | II 468 | | unl. in W<br>wl. in A<br>l. in Ae | |
| Fl. | $0,9599^{19°}$ | 163,5 | II 264 | $n_D^{20}$ 1,39789; $R_D$ 22,19 cm; $n_F^{20}$ 70,2; Oberflächenspannung 15° 27,32 dyn/cm; ebullioskop. Konst. 3,94; riecht ranzig u. nach Essigsäure | ∞ W oberhalb —3,8°<br>∞ A, Ae | Kupfersalz (2%) unl. in Bzl., l. in Ae, Chlf. und Essigester → blau<br>+ o-Phthalaldehyd in der Kälte grünlichblau<br>p-Nitrobenzylester *Fp* 35°<br>p-Chlorphenacylester *Fp* 55° |
| Fl. | $1,9852^{17°}$ | 105,5 | IV 677 | riecht dumpf; reizt zu Tränen | l. in A, Ae | + W zers. |
| Öl | $1,567^{20°}$ | 127-128 (25mm) | II 281 | | ~7 W<br>l. in A | |
| Fl. | $0,904^{16°}$ | 204 | V 430 | $n_D^{16}$ 1,52031; $R_D^{16}$ 45,10 cm; $n_F^{16}$ 157,1 | unl. in W<br>l. in A, Ae | |

| Lfd. Nr. | *Fp* | Name | Summenformel | Strukturformel | Mol.-Gewicht |
|---|---|---|---|---|---|
| 1 | 2 | 3 | 4 | 5 | 6 |
| 416 | —4,0 | β,β′,β″-Trichlortriäthylamin | $C_6H_{12}NCl_3$ | 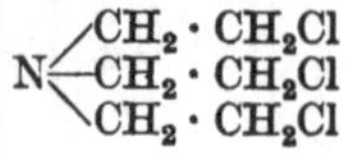 | 204,45 |
| 417 | —3,9 | Benzylbromid | $C_7H_7Br$ | $C_6H_5 \cdot CH_2Br$ | 171,04 |
| 418 | —3,9 | n-Capronsäure | $C_6H_{12}O_2$ | $CH_3 \cdot (CH_2)_4 \cdot COOH$ | 116,15 |
| 419 | —3,9 | 2-Nitrotoluol (β-Form) | $C_7H_7O_2N$ | $O_2N \cdot C_6H_4 \cdot CH_3$ | 137,13 |
| 420 | —3,5 | 2,3,5-Trichlorthiophen | $C_4HCl_3S$ | 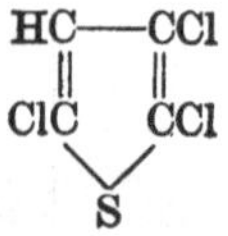 | 152,02 |
| 421 | —3,0 bis —2,0 | 2,4,5-Tribrom-3-thiotolen | $C_5H_3Br_3S$ | 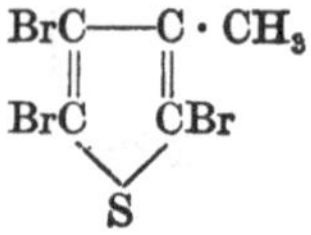 | 334,88 |
| 422 | —2,5 | d-Coniin (d-α-n-Propylpiperidin) | $C_8H_{17}N$ | 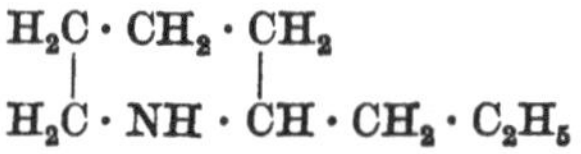 | 127,22 |
| 423 | —2,0 | Inden | $C_9H_8$ | 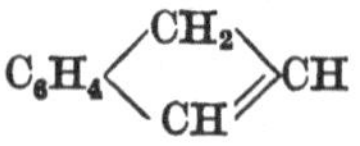 | 116,15 |
| 424 | —2,0 | 2-Methylchinolin (Chinaldin) | $C_{10}H_9N$ | $C_9H_6N \cdot CH_3$ | 143,18 |
| 425 | —2,0 | Tetramethyl-m-phenylendiamin | $C_{10}H_{16}N_2$ | $(CH_3)_2N \cdot C_6H_4 \cdot N(CH_3)_2$ | 164,24 |

| Aggregat-zustand Farbe | Spez. Gewicht | Siede-punkt °C | Beilstein-Zitat | Physikalische Konstanten und Eigenschaften | Löslichkeit | Reaktionen |
|---|---|---|---|---|---|---|
| 7 | 8 | 9 | 10 | 11 | 12 | 13 |
| Fl. | | 180 (Z.) 137-138 (15mm) | | Dampfdruck 20° 2,0 mm Hg; Flüchtigkeit 20° 2230 mg/m³ | unl. in W l. in Bzl., Chlf., $CCl_4$ | + 5%ige Phosphorwolframsäure → starke Trübung + Dragendorff-Reagens → rotgelber Nd. + Tetrachlorjodwasserstoffsäure → gelber Nd. |
| Fl. | $1{,}443^{17°}$ | 198-199 82,5 (10mm) | V 306 | Dampfdichte 5,8; Dampfdruck 20° 0,33 mm Hg; Flüchtigkeit 20° 2440 mg/m³; Litergewicht d. Dampfes 7,11 g; Dampf reizt zu Tränen | unl. in W ∞ A, Ae | |
| Öl | $0{,}9294^{20°}_{20°}$ | 205,0 | II 321 | $n_D^{20}$ 1,41382; $R_D^{20}$ 31,50 cm; $n_F^{20}$ 73,6; Oberflächenspannung 25,7° 27,0 dyn/cm; schwacher, unangenehmer Geruch | unl. in W | Bleisalz *Fp* 73—74° p-Phenylphenacylester *Fp* 65° p-Bromphenacylester *Fp* 72°, glänzende Blättchen |
| Fl. | $1{,}1674^{16°}$ | 222,3 | V 318 | $n_D^{20,4}$ 1,54739; $R_D^{20,4}$ 37,41 cm | 0,065 W 30° ll. in A, Ae | |
| Fl. | | 207,7 bis 209,7 | XVII 33 | $n_D^{19,3}$ 1,58375 | | |
| Fl. | | 131-135 (14mm) | | | | |
| Fl. | $0{,}8440^{20°}$ | 166 | XX 110 | $[\alpha]_D^{19}$ + 15,7°; $n_D^{29,9}$ 1 45119; $R_D^{29,9}$ 40,64cm; sehr giftig; mit Wasserdampf flüchtig; oxydiert an der Luft → braun | l. in W sll. in A, Ae, Bzl. | Pikrat *Fp* 75° Formalin · $H_2SO_4$ → tiefblau + Kaliumplatinsulfocyanid → roter, öliger Nd. (E 1:1000) |
| Fl. | $1{,}002^{15°}_{15°}$ | 182,2 | V 515 | kryoskop. Konst. 7,28; polymerisiert beim Aufbewahren und Erhitzen | unl. in W l. in A, Ae | Dibromid *Fp* 31,5—32,5°, Prismen Pikrat *Fp* 98°, goldgelbe Nadeln |
| Fl. | $1{,}0585^{20°}$ | 247,6 | XX 387 | $n_D^{25,4}$ 1,60909; $R_D^{25,4}$ 47,03; cm $n_F^{25,4}$ 29,09; riecht schwach nach Chinon | swl. in A l. in A, Ae | Pikrat *Fp* 191°, hellgelbe Krist. Chromat, lange gelbrote Nadeln Quecksilbersalz *Fp* 165,5°, Nadeln |
| Fl. | $0{,}9849^{16°}$ | 266,7 | XIII 40 | | | |

| Lfd. Nr. | *Fp* | Name | Summenformel | Strukturformel | Mol.-Gewicht |
|---|---|---|---|---|---|
| 1 | 2 | 3 | 4 | 5 | 6 |
| 426 | —1,0 | Benzoylchlorid | $C_7H_5OCl$ | $C_6H_5 \cdot COCl$ | 140,57 |
| 427 | —0,5 | Kohlensubsulfid | $C_3S_2$ | SC : C : CS | 100,15 |
| 428 | —0,5 | 2,3,4-Trichlorthiophen | $C_4HCl_3S$ | 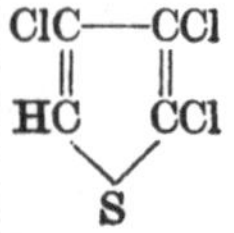 | 152,02 |
| 429 | —0,02 | Anisaldehyd (4-Methoxybenzaldehyd) | $C_8H_8O_2$ | $CH_3 \cdot O \cdot C_6H_4 \cdot CHO$ | 136 14 |
| 430 | 0,0 | Aluminiumtrimethyl | $C_3H_9Al$ | $(CH_3)_3Al$ | 72,07 |
| 431 | 0,0 | 1,1,2,2-Tetrabromäthan | $C_2H_2Br_4$ | $CHBr_2 \cdot CHBr_2$ | 345,70 |
| 432 | 0,1 | Peressigsäure | $C_2H_4O_3$ | $CH_3 \cdot CO \cdot O \cdot OH$ | 76,05 |
| 433 | 0,1 | Chlorvinylarsindichlorid | $C_2H_2Cl_3As$ | 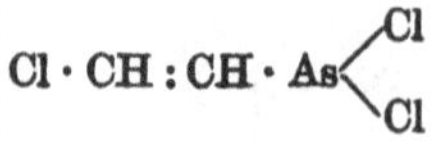 | 207,36 |
| 434 | 0,5 | Carvacrol | $C_{10}H_{14}O$ | 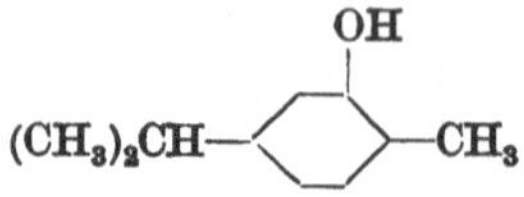 | 150,21 |
| 435 | 0,6 | Fumarsäurediäthylester | $C_8H_{12}O_4$ | $C_2H_5O \cdot OC \cdot CH : CH \cdot CO \cdot OC_2H_5$ | 172,17 |
| 436 | 1,3 | Cineol (Eucalyptol) | $C_{10}H_{18}O$ | 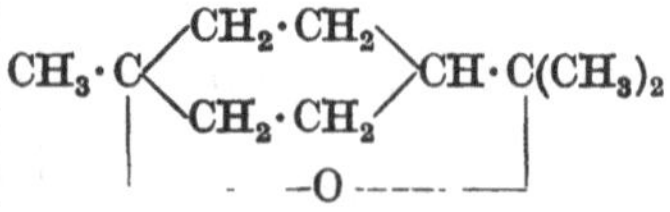 | 154,24 |
| 437 | 1,3 | Salicylsäureäthylester | $C_9H_{10}O_2$ | $HO \cdot C_6H_4 \cdot CO \cdot OC_2H_5$ | 166,17 |
| 438 | 1,6 | Salicylaldehyd (2-Oxybenzaldehyd) | $C_7H_6O_2$ | $HO \cdot C_6H_4 \cdot CHO$ | 122,12 |

| Aggregat-zustand Farbe | Spez. Gewicht | Siede-punkt °C | Beilstein-Zitat | Physikalische Konstanten und Eigenschaften | Löslichkeit | Reaktionen |
|---|---|---|---|---|---|---|
| 7 | 8 | 9 | 10 | 11 | 12 | 13 |
| Fl. | $1{,}2188^{15°}$ | 197 | IX 182 | $^{n}D^{20}$ 1,55369; $^{R}D^{20}$ 37,13 cm; $^{n}F^{20}$ 221,3; riecht stechend | l. in Ae | + W und + A → zers. |
| rote Fl. | $1{,}319^{15°}$ | | III 207 | greift Schleimhäute an; polymerisiert beim Aufbewahren | ll. in A, Ae | |
| Fl. | | 209,2 bis 210,2 | XVII 33 | $^{n}D^{19{,}1}$ 1,58588 | | |
| Fl. | $1{,}1301^{13°}$ | 247 | VIII 67 | schmeckt brennend, gewürzhaft; Geruch der Weißdornblüte | 0,2 k. W<br>∞ A, Ae | Phenylhydrazon *Fp* 120 bis 121°, Blättchen oder Nadeln<br>Semicarbazon *Fp* 203-204° |
| Fl. | | 130 | IV 643 | entzündet sich an der Luft | | |
| Fl. | $2{,}9673^{20°}$ | 123,7 (19 mm) | I 94 | $^{n}D^{20}$ 1,62772; $^{R}D^{20}$ 42,66 cm; $^{n}F^{20}$ 188,6 kryoskop. Konst. 21,7 | 0,065 W 30°<br>∞ A, Ae | |
| Fl. | | expl. bei 110 | II 169 | riecht stechend; greift Epidermis an | ll. in W, A, Ae<br>l. in $H_2SO_4$ | |
| Fl. | 1,8855 | 190<br>77-78 (12 mm) | | Dampfdichte 7,2; Dampfdruck 20° 0,3954 mm Hg; Flüchtigkeit 20° 2300 mg/m³; riecht nach Geranien | unl. in W und verd. S.<br>ll. in A, Bzl., Petroleum<br>in Alkalien lösl. unter Entwicklung von Acetylen | |
| Fl. | $0{,}976^{20°}$ | 237,7 | VI 527 | mit Dampf flüchtig; riecht in der Hitze stechend | swl. in W<br>ll. in A, Ae<br>l. in Alkalien | + $FeCl_3$ in alkohol. Lsg. → grün<br>+ NaOH in $CHCl_3$ beim Erwärmen → rot<br>Phenylurethan *Fp* 138°, Nadeln |
| Fl. | $1{,}0552^{17°}$ | 218,5 | II 742 | | l. in A | |
| Fl. | $0{,}9267^{20°}$ | 176-177 | XVII 24 | riecht campherartig | 0,22 W 15°<br>∞ A, Ae | mit $Br_2$ ziegelroter Nd., mit $J_2$ dunkelgrüne Nadeln |
| Fl. | $1{,}1372^{15°}_{15°}$ | 231,5 | X 73 | $^{n}D^{20}$ 1,523; riecht nach Gaultheriaöl färbt sich an der Luft gelb | l. in A, Ae | |
| Öl | $1{,}1690^{20°}_{20°}$ | 196,5 | VIII 31 | riecht würzig; mit Dampf flüchtig | 1,7 W 86°<br>∞ A, Ae<br>75,7 Bzl. 12° | Phenylurethan *Fp* 133°<br>Phenylhydrazon *Fp* 142 bis 143°, Prismen<br>+ $FeCl_3$ → intensiv violett |

| Lfd. Nr. | *Fp* | Name | Summenformel | Strukturformel | Mol.-Gewicht |
|---|---|---|---|---|---|
| 1 | 2 | 3 | 4 | 5 | 6 |
| 439 | 2,0 | N,N-Dimethylanilin | $C_8H_{11}N$ | $C_6H_5 \cdot N(CH_3)_2$ | 121,17 |
| 440 | 2,0 | 4-Nitro-m-xylol | $C_8H_9O_2N$ | $O_2N \cdot C_6H_3(CH_3)_2$ | 151,16 |
| 441 | 2,2 | Formamid | $CH_3ON$ | $HCO \cdot NH_2$ | 45,04 |
| 442 | 2,4 | p-Phenetidin | $C_8H_{11}ON$ | $H_2N \cdot C_6H_4 \cdot O \cdot C_2H_5$ | 137,17 |
| 443 | 3,6 | Dibenzyläther (Benzyläther) | $C_{14}H_{14}O$ | $(C_6H_5 \cdot CH_2)_2O$ | 198,25 |
| 444 | 4,0 | Methylenjodid | $CH_2J_2$ | $CH_2J_2$ | 267,87 |
| 445 | 4,5 | 3,4-Dibromthiophen | $C_4H_2Br_2S$ | 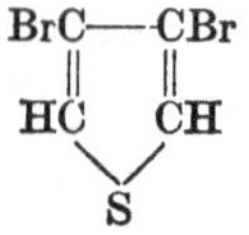 | 241,95 |
| 446 | 4,5 | 3,4-Dijodthiophen | $C_4H_2J_2S$ | 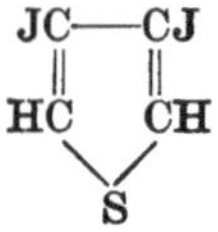 | 335,96 |
| 447 | 4,5 | 2,5-Dimethyl-3-acetothienon | $C_8H_{10}OS$ | 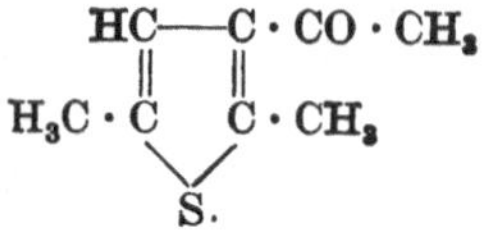 | 154,22 |
| 448 | 4,5 | α-Phenyl-α-γ-butadien | $C_{10}H_{10}$ | $C_6H_5 \cdot CH:CH \cdot CH:CH_2$ | 130,18 |
| 449 | 5,0 | Diäthylsulfoxyd | $C_4H_{10}OS$ | $(C_2H_5)_2SO$ | 104,18 |
| 450 | 5,0 | Pyron-(2) (Cumalin) | $C_5H_4O_2$ | 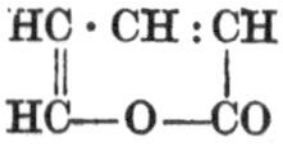 | 96,08 |
| 451 | 5,0 | Ricinolsäure | $C_{18}H_{34}O_3$ | $CH_3 \cdot (CH_2)_5 \cdot CH(OH) \cdot CH_2 \cdot CH$ ‖ $HOOC \cdot (CH_2)_7 \cdot CH$ | 298,45 |
| 452 | 5,2 | o-Anisidin | $C_7H_9ON$ | $CH_3 \cdot O \cdot C_6H_4 \cdot NH_2$ | 123,15 |
| 453 | 5,49 | Benzol | $C_6H_6$ |  | 78,11 |

| Aggregat-zustand Farbe | Spez. Gewicht | Siede-punkt °C | Beilstein-Zitat | Physikalische Konstanten und Eigenschaften | Löslichkeit | Reaktionen |
|---|---|---|---|---|---|---|
| 7 | 8 | 9 | 10 | 11 | 12 | 13 |
| Fl. | $0{,}9555^{20°}$ | 193 | XII 141 | $^{n}D^{21,3}$ 1,55914; $^{R}D^{21,3}$ 39,95cm; kryoskop. Konst. 5,8 | swl. in W<br>l. in Bzl. | + $Br_2$ + $NH_3$ → intensiv blaugrün<br>Kochen mit Mellitsäureanhydrid → blau<br>Pikrat *Fp* 142°, gelbe Krist. |
| Fl. | $1{,}135^{15°}$ | 244 | V 378 | | unl. in W<br>l. in A, Ae | |
| Fl. | $1{,}1284^{25°}$ | 105 (11 mm) | II 26 | hygroskopisch | ∞ W, A<br>swl. in Ae | |
| Fl. | 1,0613 | 254-255 | XIII 436 | | l. in A, Ae | |
| Fl. | $1{,}0428^{20°}$ | 296 | VI 434 | zers. an d. Luft unter Bildung von Benzaldehyd | | |
| Blättchen und Nadeln | $3{,}3254^{20°}$ | 181 (Z.) | I 71 | $^{n}D^{15}$ 1,74428; $^{R}D^{15}$ 32,54 cm; $^{n}F^{15}$ 375,8; kryoskop. Konst. 14,0 | 1,42 W 20°<br>l. in A, Ae | |
| | | 221 | XVII 33 | | | |
| | | 142-143 (12 mm) | XVII 35 | | | |
| | | 224 | | | | |
| | | 125-126 (28 mm) | | | | |
| Fl. | $0{,}9286^{20°}$ | 95 (20 mm) | V 517 | riecht stechend; polymerisiert an der Luft | unl. in W<br>l. in A, Ae | |
| Fl. | | 88—89 (15 mm) | I 346 | | ll. in W<br>l. in A, Ae | |
| Fl. | $1{,}2001^{20}$ | 206 (717 mm) | XVII 271 | riecht cumarinartig | ∞ W<br>l. in Alkali | |
| Öl | $0{,}954^{15°}$ | 227 (10 mm) | III 385 | | ∞ A, Ae | + $HNO_2$ → Ricinelaidinsäure<br>Ca-Salz *Fp* 80°, Schuppen<br>Amid *Fp* 66°, Warzen |
| Fl. | $1{,}0923^{20°}$ | 225 | XIII 358 | | l. in A | |
| Fl. | $0{,}8786^{20°}$ | 80,12 | V 179 | $^{n}D^{20}$ 1,50144; $^{R}D^{20}$ 26,14 cm; $^{n}F^{20}$ 166,4; Oberflächenspannung 20° 28,88 dyn/cm; ebullioskop. Konst. 2,64; kryoskop. Konst. 5,07 | 0,07 W 22°<br>0,185 W 30°<br>∞ A, Ae, Aceton, Toluol | Nitrieren in $CCl_4$ unter Kühlung mit Nitriersäure, Lsgm. vorsichtig abdampfen, neutralisieren, mit Ae ausschütteln + 2 ml Aceton, + 0,002 mg Dinitrobenzol gelöst in n/10-KOH → Violettfärbung |

| Lfd. Nr. | *Fp* | Name | Summenformel | Strukturformel | Mol.-Gewicht |
|---|---|---|---|---|---|
| 1 | 2 | 3 | 4 | 5 | 6 |
| 454 | **5,5** | Kreosol | $C_8H_{10}O_2$ | 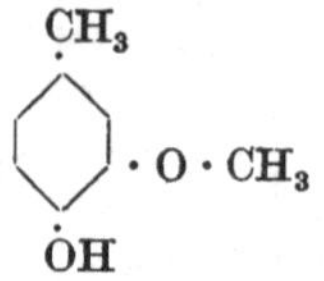 | 138,16 |
| 455 | **5,5** | Methyl-tert.-butylcarbinol | $C_6H_{14}O$ | $(CH_3)_3C \cdot CH(OH) \cdot CH_3$ | 102,17 |
| 456 | **5,5** | Tetradecan | $C_{14}H_{30}$ | $CH_3 \cdot (CH_2)_{12} \cdot CH_3$ | 198,37 |
| 457 | **5,6** | 2-Bromphenol | $C_6H_5OBr$ | $Br \cdot C_6H_4 \cdot OH$ | 173,02 |
| 458 | **5,7** | Nitrobenzol | $C_6H_5O_2N$ | $C_6H_5 \cdot NO_2$ | 123,11 |
| 459 | **5,75 bis 6,0** | Thiophthen (Thiopheno-2′,3′: 2,3-thiophen) | $C_6H_4S_2$ | 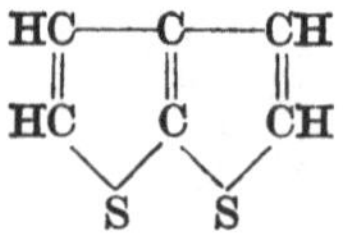 | 140,21 |
| 460 | **6,0** | 2,3-Dichlor-5-brom-thiophen | $C_4HCl_2BrS$ | 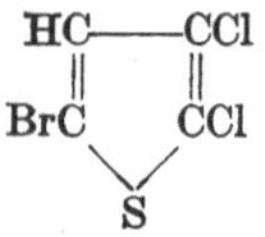 | 231,94 |
| 461 | **6,0** | m,m′-Ditolyl | $C_{14}H_{14}$ | $CH_3 \cdot C_6H_4 \cdot C_6H_4 \cdot CH_3$ | 182,25 |
| 462 | **6,0** | d-Fenchon | $C_{10}H_{16}O$ | 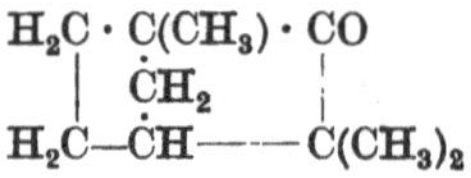 | 152,22 |
| 463 | **6,2** | 1-Bromnaphthalin | $C_{10}H_7Br$ | $C_{10}H_7Br$ | 207,07 |

| Aggregat-zustand Farbe | Spez. Gewicht | Siede-punkt °C | Beilstein-Zitat | Physikalische Konstanten und Eigenschaften | Löslichkeit | Reaktionen |
|---|---|---|---|---|---|---|
| 7 | 8 | 8 | 10 | 11 | 12 | 13 |
| Öl | $1{,}0919^{25°}$ | 221 | VI 878 | $^{n}D^{20}$ 1,547; $^{n}F^{20}$ 185,0 | swl. in W ∞ A, Ae, Bzl. | + Spur $FeCl_3$ → blau + mehr $FeCl_3$ → grün |
| Fl. | $0{,}8185^{20°}$ | 120 bis 120,6 | I 412 | riecht campherartig; schmeckt brennend | swl. in W l. in A, Ae | Phenylurethan *Fp* 79° |
| Fl. | $0{,}7645^{20°}$ | 252,5 | I 171 | | unl. in W ∞ A, Ae | |
| Öl | $1{,}5529^{80°}$ | 194-195 | VI 197 | Oberflächenspannung 18° 42,58 dyn/cm; riecht unangenehm | swl. in W l. in A, Ae | |
| Fl. | $1{,}2229^{0°}$ | 210,9 | V 233 | $^{n}D^{20}$ 1,55319; $^{R}D^{20}$ 32,74 cm; $^{n}F^{20}$ 252,4; ebullioskop. Konst. 5,27; kryoskop. Konst. 6,89; mit Dampf flüchtig; riecht bittermandelölartig; giftig | 0,19 W 20° 0,27 W 55° l. in A, Ae | durch Reduktion → Anilin + Hypochlorit-Lsg. → violett |
| | | 225 | $E_1$ XIX 612 | | | |
| | | 212-214 | | | | |
| Öl | $0{,}999^{16°}$ | 286,0 (716mm) | V 609 | | unl. in W l. in A, Ae, Bzl. | |
| Öl | $0{,}946^{20°}$ | 193,5 | VII 96 | $[\alpha]D$ + 62,8°; ebullioskop. Konst. 5,94; kryoskop. Konst. 6,8; campherähnlicher Geruch | unl. in W l. in A, Ae | Semicarbazon *Fp* 184°, Prismen Oxim *Fp* 165°, Nädelchen Azin *Fp* 106—107°, Nadeln |
| Öl | $1{,}4865^{20°}$ | 281 | V 547 | $^{n}D^{19,4}$ 1,65876; $^{R}D^{19,4}$ 51,32cm; $^{n}F^{19,4}$ 325,0; Oberflächenspannung 20,1° 44,53 dyn/cm; mit Dampf flüchtig | unl. in W l. in A, Ae, Bzl. | |

| Lfd. Nr. | *Fp* | Name | Summenformel | Strukturformel | Mol.-Gewicht |
|---|---|---|---|---|---|
| 1 | 2 | 3 | 4 | 5 | 6 |
| 464 | 6,4 | Cyclohexan (Hexahydrobenzol) | $C_6H_{12}$ | 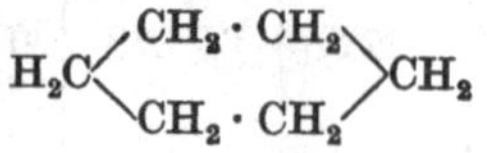 | 84,15 |
| 465 | 6,5 bis 8,0 | 3,5-Dijod-2-thiotolen | $C_5H_4J_2S$ | 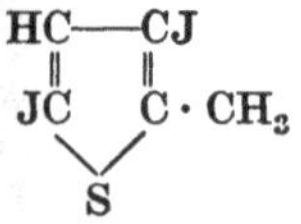 | 349,98 |
| 466 | 6,7 | o-Dibrombenzol | $C_6H_4Br_2$ | $C_6H_4Br_2$ | 235,92 |
| 467 | 6,7 | Isosafrol | $C_{10}H_{10}O_2$ | 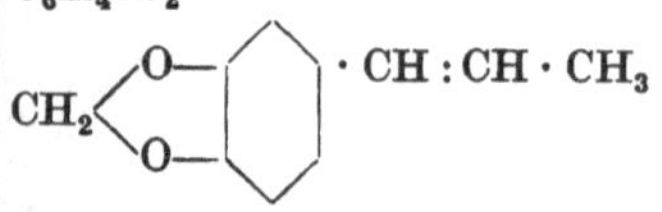 | 162,18 |
| 468 | 7,0 | ω-Bromstyrol | $C_8H_7Br$ | $C_6H_5 \cdot CH : CHBr$ | 183,05 |
| 469 | 7,0 | Decylalkohol | $C_{10}H_{22}O$ | $CH_3 \cdot (CH_2)_8 \cdot CH_2 \cdot OH$ | 158,27 |
| 470 | 7,5 | 4-Chlortoluol | $C_7H_7Cl$ | $Cl \cdot C_6H_4 \cdot CH_3$ | 126,58 |
| 471 | 7,5 | Citraconsäureanhydrid | $C_5H_4O_3$ | 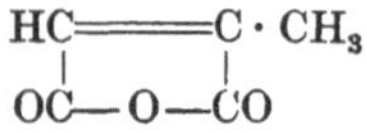 | 112,08 |
| 472 | 7,5 bis 8,0 | Vitamin A (Axerophthol) | $C_{20}H_{30}O$ | 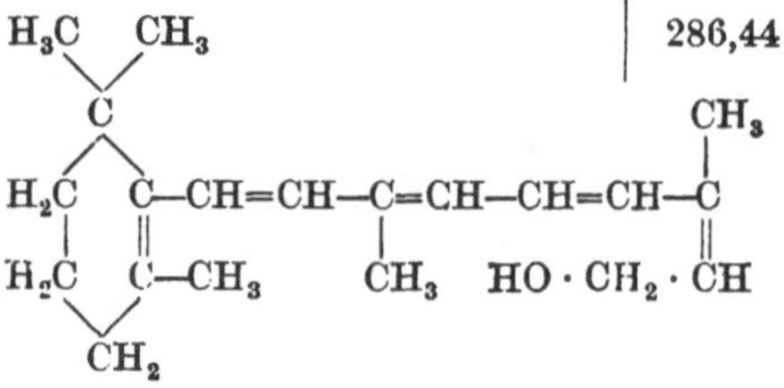 | 286,44 |
| 473 | 8,05 | Bromoform | $CHBr_3$ | $CHBr_3$ | 252,77 |

| Aggregat-zustand Farbe | Spez. Gewicht | Siede-punkt °C | Beilstein-Zitat | Physikalische Konstanten und Eigenschaften | Löslichkeit | Reaktionen |
|---|---|---|---|---|---|---|
| 7 | 8 | 9 | 10 | 11 | 12 | 13 |
| Fl. | $0{,}7791^{20°}$ | 80,8 | V 20 | $^{n}D^{20}$ 1,4254; $^{R}D^{20}$ 27,73 cm; $^{n}F^{20}$ 75,3; Oberflächenspannung 20° 26,54 dyn/cm; ebullioskop. Konst. 2,75; kryosk. Konst. 20,2; riecht nach Chloroform und Rosenöl | unl. in W ∞ A, Ae | |
| | | 103-105 (2 mm) | | | | |
| Fl. | $1{,}994^{11°}$ | 221 | V 210 | | l. in A, Ae | |
| Fl. | $1{,}117^{15°}$ | 242-243 | XIX 35 | | unl. in W l. in A, Ae, Bzl. | Pikrat *Fp* 68,5° Nitrit *Fp* 132° + alkohol. Alkali erwärmen → β-Nitroisosafrol *Fp* 98°, gelbe Krist. |
| Fl. | $1{,}4269^{16°}$ | 219 | V 477 | riecht nach Hyazinthen | unl. in W l. in A, Ae | |
| Öl | $0{,}8297^{20°}$ | 231 | I 425 | stark lichtbrechend | l. in A, Ae | α-Naphthylurethan *Fp* 71,4° p-Nitrophenylurethan *Fp* 117°, glänzende Blättchen Phenylurethan *Fp* 59,6°, kleine Nadeln |
| Fl. | $1{,}0697^{20°}$ | 162 | V 292 | mit Dampf flüchtig | unl. in W l. in A | |
| Fl. | $1{,}250^{15°}$ | 213-214 | XVII 440 | | l. in A | + W → Citraconsäure |
| blaßgelbe Nadeln | | | | optisch inaktiv; Absorption bei 328 mμ; hitze- und sauerstoffempfindlich | unl. in W l. in Fett, Öl | + $SbCl_3$ in Chlf. → blau |
| Tafeln | $2{,}8899^{20°}$ | 149,6 | I 68 | $^{n}D^{20}$ 1,5890; $^{R}D^{20}$ 30,22 cm; $^{n}F^{20}$ 176,0; Oberflächenspannung 20° 51,0 dyn/cm; kryosk. Konst. 14,4; riecht nach Chloroform; schmeckt süßlich, wirkt anästhesierend | 0,319 W 30° ll. in A, Ae | $CHBr_3$-Dampf im Wasserstoffstrom über Gemisch von festem KOH und Thymol, das gelinde erwärmt wird, leiten → violette Färbung |

| Lfd. Nr. | *Fp* | Name | Summenformel | Strukturformel | Mol.-Gewicht |
|---|---|---|---|---|---|
| 1 | 2 | 3 | 4 | 5 | 6 |
| 474 | 8,4 | Ameisensäure | $CH_2O_2$ | $H \cdot COOH$ | 46,03 |
| 475 | 8,5 | Äthylendiamin | $C_2H_8N_2$ | $H_2N \cdot CH_2 \cdot CH_2 \cdot NH_2$ | 60,10 |
| 476 | 8,5 | *α,α*-Diphenyläthylen | $C_{14}H_{12}$ | 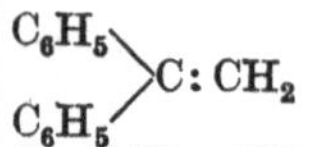 | 180,23 |
| 477 | 8,7 | 2-Chlorphenol | $C_6H_5OCl$ | $Cl \cdot C_6H_4 \cdot OH$ | 128,56 |
| 478 | 9 | 2-Acetothienon (2-Acetylthiophen) | $C_6H_6OS$ | 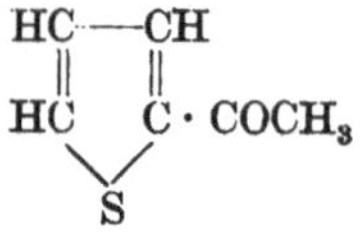 | 126,17 |
| 479 | 9 | 3,4-Dibrom-2-thiotolen | $C_5H_4Br_2S$ | 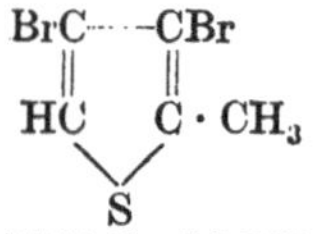 | 255,97 |
| 480 | 9 | Propiolsäure | $C_3H_2O_2$ | $HC \vdots C \cdot COOH$ | 70,05 |
| 481 | 9,4 | 2-Nitroanisol | $C_7H_7O_3N$ | $O_2N \cdot C_6H_4 \cdot O \cdot CH_3$ | 153,13 |
| 482 | 9,5 | 4-Methylchinolin (Lepidin) | $C_{10}H_9N$ | $C_9H_6N \cdot CH_3$ | 143,18 |
| 483 | 10 | Pentadecan | $C_{15}H_{32}$ | $CH_3 \cdot (CH_2)_{13} \cdot CH_3$ | 212,40 |
| 484 | 10 | o-Toluolsulfochlorid | $C_7H_7O_2ClS$ | $CH_3 \cdot C_6H_4 \cdot SO_2Cl$ | 190,64 |
| 485 | 10,01 | Äthylenbromid | $C_2H_4Br_2$ | $BrCH_2 \cdot CH_2Br$ | 187,88 |

| Aggregat-zustand Farbe | Spez. Gewicht | Siede-punkt °C | Beilstein-Zitat | Physikalische Konstanten und Eigenschaften | Löslichkeit | Reaktionen |
|---|---|---|---|---|---|---|
| 7 | 8 | 9 | 10 | 11 | 12 | 13 |
| Fl. | $1{,}2259^{18^\circ}$ | 100,8<br>50<br>(120mm) | II 8 | $^{n}D^{20,0}$ 1,37137;<br>$^{R}D^{20,0}$ 8,57 cm;<br>$^{n}F^{20}$ 71,6;<br>Oberflächenspannung $15^\circ$ 38,13 dyn/cm;<br>ebullioskop. Konst. 2,4;<br>kryoskop. Konst. 2,77;<br>riecht stechend;<br>ätzt die Haut | ∞ W<br>l. in A, Ae | + konz. $H_2SO_4$ → CO mit $PdCl_2$-Lsg. nachweisen.<br>Durch Reduktion in schwach saurer Lsg. mit Mg entsteht Formaldehyd<br>p-Nitrobenzylester *Fp* 31°<br>p-Chlorphenacylester *Fp* 128,0°, Platten<br>Cerosalz Pentagondodekaeder (E 13—14 $\gamma$) |
| Fl. | $0{,}902^{15^\circ}$ | 116,5 | IV 230 | $^{n}D^{26,1}$ 1,45400;<br>$^{R}D^{26,1}$ 18,24cm;<br>$^{n}F^{26,1}$ 95,2;<br>schwach ammoniakalisch riechend; ätzender Geschmack | ll. in W<br>l. in A<br>0,3 Ae | Dibenzoylderivat *Fp* 245°, Nadeln<br>Pikrat *Fp* 233—235°, Blättchen |
| Fl. | $1{,}0206^{22^\circ}$ | 277 | V 639 | | l. in A, Ae | Oxydation → Benzophenon |
| Fl. | $1{,}235^{25^\circ}$ | 175-176 | VI 183 | kryoskop. Konst. 7,72;<br>riecht jodoformartig | 2,8 W 20°<br>l. in A, Ae | |
| Fl. | $1{,}168^{20^\circ}_{4^\circ}$ | 213,9<br>(± 0,055 je mm) | XVII 287 | $^{n}D^{20}$ 1,5667;<br>$^{n}E^{20}$ 1,5727;<br>Viskosität (30°) 2,32 cP; Oberflächenspannung (30°) 44,5 dyn/cm | l. in Ae, $CS_2$<br>1,4 W 30° | Phenylhydrazon *Fp* 96° |
| | | 237<br>bis<br>237,5 | | | | |
| Fl. | $1{,}139^{15^\circ}_{15^\circ}$ | 144<br>(Z.) | II 477 | | l. in W, A, Ae | Amid *Fp* 61—62° |
| Fl. | $1{,}254^{20^\circ}$ | 265 | VI 217 | mit Dampf flüchtig | 0,169 W 30°<br>l. in A, Ae | |
| Öl | $1{,}0868^{20^\circ}$ | 246,2 | XX 395 | $^{n}D^{25,4}$ 1,60909;<br>$^{R}D^{25,4}$ 47,03cm;<br>$^{n}F^{25,4}$ 290,9;<br>hygroskopisch;<br>riecht stechend;<br>reizt zum Niesen | wl. in W<br>ll. in A, Ae | Pikrat *Fp* 207° |
| Fl. | $0{,}7689^{20^\circ}$ | 270,5 | I 172 | | unl. in W<br>∞ A, Ae | |
| Öl | $1{,}3443^{17^\circ}$ | 126<br>(10 mm) | XI 86 | | | |
| Fl. | $2{,}1804^{20^\circ}$ | 131,6 | I 90 | $^{n}D^{20}$ 1,51277;<br>$^{R}D^{20}$ 27,44cm;<br>$^{n}F^{20}$ 131,5;<br>ebullioskop. Konst. 6,43;<br>kryoskop. Konst. 12,5 | 0,431 W 30°<br>∞ A, Ae | |

| Lfd. Nr. | *Fp* | Name | Summenformel | Strukturformel | Mol.-Gewicht |
|---|---|---|---|---|---|
| 1 | 2 | 3 | 4 | 5 | 6 |
| 486 | **10,25** | Brompikrin | $CO_2NBr_3$ | $CBr_3 \cdot NO_2$ | 297,77 |
| 487 | **10,5** bis **12** | 2,5-Dijod-3-thiotolen | $C_5H_4J_2S$ | 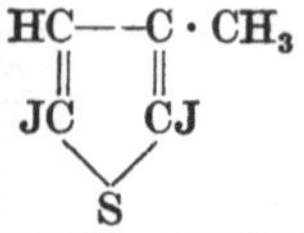 | 349,98 |
| 488 | **10,8** | Dichloressigsäure | $C_2H_2O_2Cl_2$ | $CHCl_2 \cdot COOH$ | 128,95 |
| 489 | **10,9** | m-Kresol | $C_7H_8O$ | $CH_3 \cdot C_6H_4 \cdot OH$ | 108,13 |
| 490 | **11** | 4-Bromanisol | $C_7H_7OBr$ | $Br \cdot C_6H_4 \cdot O \cdot CH_3$ | 187,04 |
| 491 | **11** | Butyrophenon | $C_{10}H_{12}O$ | $C_2H_5 \cdot CH_2 \cdot CO \cdot C_6H_5$ | 148,19 |
| 492 | **11** | 2-Chlorbenzaldehyd | $C_7H_5OCl$ | $Cl \cdot C_6H_4 \cdot CHO$ | 140,57 |
| 493 | **11,2** | Safrol | $C_{10}H_{10}O_2$ | 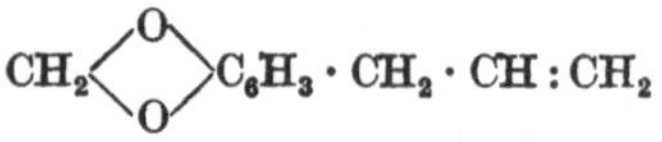 | 162,18 |
| 494 | **11,3** | 1,4-Dioxan | $C_4H_8O_2$ | 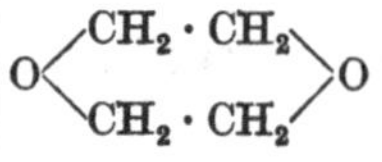 | 88,10 |
| 495 | **12** | Zimtsäureäthylester | $C_{11}H_{12}O_2$ | $C_6H_5 \cdot CH:CH \cdot CO \cdot OC_2H_5$ | 176,20 |
| 496 | **12,5** | Pelargonsäure | $C_9H_{18}O_2$ | $CH_3 \cdot (CH_2)_7 \cdot COOH$ | 158,23 |
| 497 | **12,6** | Paraldehyd | $C_6H_{12}O_3$ | 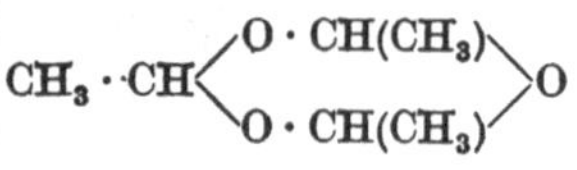 | 132,15 |
| 498 | **13** | Acrylsäure | $C_3H_4O_2$ | $CH_2:CH \cdot COOH$ | 72,06 |
| 499 | **13** | Anthranilsäureäthylester | $C_9H_{11}O_2N$ | $H_2N \cdot C_6H_4 \cdot CO \cdot OC_2H_5$ | 165,18 |
| 500 | **13** | Methylphenylnitrosamin | $C_7H_8ON_2$ | $C_6H_5 \cdot N(NO) \cdot CH_3$ | 136,15 |
| 501 | **13** | Tetranitromethan | $CO_8N_4$ | $C(NO_2)_4$ | 196,04 |

| Aggregat-zustand Farbe | Spez. Gewicht | Siede-punkt °C | Beilstein-Zitat | Physikalische Konstanten und Eigenschaften | Löslichkeit | Reaktionen |
|---|---|---|---|---|---|---|
| 7 | 8 | 9 | 10 | 11 | 12 | 13 |
| Prismen | $2,811^{12,5°}$ | 127<br>(118mm)<br>120-121<br>(2,5mm) | I 77 | flüchtig mit Dampf; scharfer Geruch | wl. in W<br>ll. in A, Ae, Bzl., Chlf., $CCl_4$ | |
| Fl. | $1,573^{15°}_{15°}$ | 194 | II 202 | | l. in W, A, Ae | |
| Fl. | $1,034^{20°}$ | 201,8 | VI 373 | | 2,42 W 25°<br>4,4 W 88°<br>∞ A, Ae | Kalischmelze → 3-Oxybenzoesäure<br>+ $FeCl_3$ → rotviolett<br>Acetat Kp. 212° |
| Fl. | $1,494^{9°}$ | 215 | VI 199 | | l. in W, A, Ae | |
| Fl. | $0,990^{18°}$ | 231<br>(727mm) | VII 313 | | unl. in W<br>l. in A, Ae | |
| Nadeln | $1,252^{20°}$ | 208<br>(748mm) | VII 233 | riecht stechend | swl. in W<br>ll. in A, Ae | Phenylhydrazon *Fp* 86° |
| Krist. | $1,106^{15°}$ | 234,5 | XIX 39 | | unl. in W<br>l. in A, Ae | Erhitzen mit alkohol. KOH → Isosafrol<br>+ konz. $H_2SO_4$ → intensiv rot<br>Pentabromid *Fp* 169 bis 170°, Nadeln |
| Fl. | $1,0329^{20°}$ | 100,8 | XIX 3 | $^{n}D^{20}$ 1,425; Oberflächenspannung 20° 35,42 dyn/cm; ebullioskop. Konst. 3,13; kryoskop. Konst. 4,7 | ∞ W, A, Ae | |
| Fl. | $1,049^{20°}$ | 271,0 | IX 81 | $^{n}D^{20}$ 1,55982; $^{R}D^{20}$ 54,27 cm; $^{n}F^{20}$ 282,7 | unl. in W<br>l. in A, Ae | |
| blättrige Krist. oder Öl | $0,9068^{18°}$ | 253-254 | II 352 | $^{n}D^{20}$ 1,43446; $^{R}D^{20}$ 45,51 cm; $^{n}F^{20}$ 78,7; flüchtig mit Wasserdampf | l. in W, A | Amid *Fp* 99°<br>Pb-Salz *Fp* 94—95°<br>Zn-Salz *Fp* 131—132°<br>Cd-Salz *Fp* 96°, Blättchen<br>p-Chlorphenacylester *Fp* 59° |
| Fl. | $0,9943^{20°}$ | 124 | XIX 385 | $^{n}D^{20}$ 1,41976; $^{R}D^{20}$ 32,55 cm; $^{n}F^{20}$ 81,2; kryoskop. Konst. 7,05 | 12 W 13°<br>6 W 100°<br>∞ A, Ae | depolymerisiert sich bei Dest. oder bei Ggw. von Katalysatoren teilweise zu Acetaldehyd |
| Fl. Prismen oder Tafeln | $1,062^{16°}$ | 140,8 bis 141 | II 397 | riecht stechend | ∞ W | polymerisiert bei Dest.; Hg-Salz Tafeln; Ag-Salz Prismen; Pb-Salz lange Nadeln<br>+ Hydroxamsäure *Fp* 115 bis 116°, Flocken<br>+ $FeCl_3$ → rot |
| Krist. | $1,177^{20°}$ | 266 | XIV 319 | | l. in A | |
| Hellgelbes Öl | $1,125^{25°}$ | 128<br>(19mm) | XII 579 | | l. in A, Ae | |
| Fl. | $1,650^{13°}$ | 126 | I 80 | | unl. in W<br>ll. in A, Ae | + alkohol. KOH → Nitroform und Äthylnitrat |

| Lfd. Nr. | *Fp* | Name | Summenformel | Strukturformel | Mol.-Gewicht |
|---|---|---|---|---|---|
| 1 | 2 | 3 | 4 | 5 | 6 |
| 502 | 13 | γ-[2-Thienyl]-buttersäure | $C_8H_{10}O_2S$ | 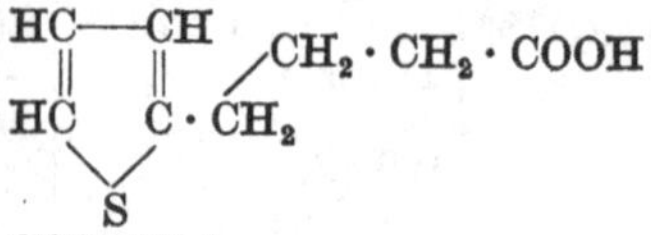 | 170,20 |
| 503 | 13,2 | p-Xylol | $C_8H_{10}$ | $C_6H_4(CH_3)_2$ | 106,16 |
| 504 | 13,3 | Nitroglycerin | $C_3H_5O_9N_3$ | $(O_2N \cdot O \cdot CH_2)_2CH \cdot O \cdot NO_2$ | 277,09 |
| 505 | 13,5 | β,β'-Dichlordiäthylsulfid | $C_4H_8Cl_2S$ | 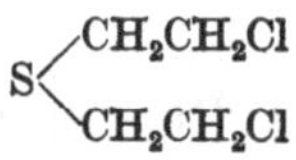 | 159,08 |
| 506 | 13,6 | Brenztraubensäure | $C_3H_4O_3$ | $CH_3 \cdot CO \cdot COOH$ | 88,06 |
| 507 | 14 | Benzhydrylchlorid | $C_{13}H_{11}Cl$ | $(C_6H_5)_2CHCl$ | 202,67 |
| 508 | 14 | Ölsäure | $C_{18}H_{34}O_2$ | $CH_3 \cdot (CH_2)_7 \cdot CH:CH \cdot (CH_2)_7 \cdot COOH$ | |
| 509 | 14,5 | Benzolsulfochlorid | $C_6H_5O_2ClS$ | $C_6H_5 \cdot SO_2Cl$ | 176,62 |
| 510 | 15,0 | Acetoin | $C_4H_8O_2$ | $CH_3 \cdot CH(OH) \cdot CO \cdot CH_3$ | 88,10 |
| 511 | 15,0 | 2,5-Dimethylpyrazin | $C_6H_8N_2$ | 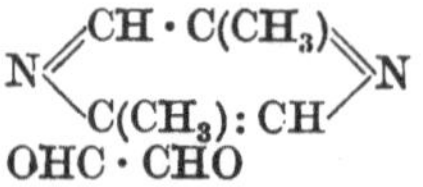 | 108,14 |
| 512 | 15 | Glyoxal | $C_2H_2O_2$ | $OHC \cdot CHO$ | 58,04 |

| Aggregat-zustand Farbe | Spez. Gewicht | Siede-punkt °C | Beilstein-Zitat | Physikalische Konstanten und Eigenschaften | Löslichkeit | Reaktionen |
|---|---|---|---|---|---|---|
| 7 | 8 | 9 | 10 | 11 | 12 | 13 |
| Tafeln | $0{,}8611^{20^\circ}$ | 138 | V 382 | $^{n}D^{16,2}$ 1,49734; $^{R}D^{16,2}$35,96cm; $^{n}F^{16,2}$ 157,7; kryoskop. Konst. 4,3 | swl. in W<br>ll. in A, Ae | Tetrabrom-p-xylol *Fp*253°, lange Nadeln<br>2,3,5-Trinitro-p-xylol *Fp* 137—138°, Nadeln<br>p-Xylol-2-sulfonsäure *Fp* 86°, Blätter |
| Öl | $1{,}6011^{15^\circ}_{15^\circ}$ | 160<br>(15mm) | I 516 | explodiert durch Stoß, Schlag oder Erhitzen; giftig | 0,18 W 20°<br>37,5 A 0°<br>54 A 20°<br>∞ Ae, Chlf.<br>wl. in $CS_2$ | |
| Öl | $1{,}2741^{20^\circ}$<br>$1{,}2790^{15^\circ}$ | 216<br>bis<br>217,5<br>105<br>(15mm) | I 349 | Dampfdichte5,5; Litergewicht d. Dampfes 7,09g; Dampfdruck20° 0,0650 mg/m³; Flüchtigkeit20° 625 mg/m³; Oberflächenspannung 58,1 dyn/cm; Viscosität 20° 2,6° E; $^{n}D^{15}$ 1,53125; mit Dampf flüchtig; senfartiger Geruch | 0,068 W 25°<br>l. in A, Ae, Aceton, Benzin, Petroleum | |
| Fl. | $1{,}2649^{2\text{-}\circ}_{25^\circ}$ | 165<br>(Z.) | III 608 | riecht nach Essigsäure | ∞ W, A, Ae | Phenylhydrazon *Fp* 192°, Nadeln<br>+ α-Naphthol-$H_2SO_4$ gelb, in der Wärme rotorange<br>+ β-Naphthol-$H_2SO_4$ rot, in der Wärme blau |
| Krist. | | 173<br>(19mm) | V 590 | | l. in A, Ae | |
| Nadeln | $0{,}900^{12^\circ}$ | 286<br>(100mm) | II 463 | Oberflächenspannung 20° 33,3 dyn/cm; geruchlos und geschmacklos | unl. in W<br>∞ A, Ae | Pb-Salz *Fp* 80°<br>Li-Salz, krist. Büschel<br>p-Aminoazoverbindung *Fp* 93—94°, hellgelbe Krist.<br>p-Phenylphenacylester *Fp* 61° |
| Krist. | $1{,}378^{23^\circ}$ | 119<br>(15mm) | XI 34 | | unl. in W<br>ll. in A | |
| Fl. | $1{,}002^{15^\circ}$ | 140-142 | I 827 | riecht angenehm | ∞ W<br>ll. in A<br>wl. in Ae | |
| Tafeln und Prismen | $0{,}9896^{18^\circ}$ | 155 | XXII 96 | mit Dampf flüchtig | ll. in W, A, Ae | Pikrat *Fp* 159° |
| gelbe Prismen | $1{,}14^{20^\circ}$ | 51<br>(776mm) | I 759 | Dampf ist grün, brennt mit violetter Farbe; polymerisiert leicht | l. in W<br>ll. in A, Ae | +$FeCl_3$ + Pepton-HCl blaßviolett<br>+ $H_2SO_4$ violettbraun |

| Lfd. Nr. | *Fp* | Name | Summenformel | Strukturformel | Mol.-Gewicht |
|---|---|---|---|---|---|
| 1 | 2 | 3 | 4 | 5 | 6 |
| 513 | 15 | Isocrotonsäure (β-Crotonsäure) | $C_4H_6O_2$ | $CH_3 \cdot CH : CH \cdot COOH$ | 86,09 |
| 514 | 15 | Methylnonylketon | $C_{11}H_{22}O$ | $CH_3 \cdot (CH_2)_8 \cdot CO \cdot CH_3$ | 170,28 |
| 515 | 15 | Nitroform | $CHO_6N_3$ | $CH(NO_2)_3$ | 151,04 |
| 516 | 15 | 3-Nitro-o-xylol | $C_8H_9O_2N$ | $O_2N \cdot C_6H_3(CH_3)_2$ | 151,16 |
| 517 | 15 | Phenylarsindijodid | $C_6H_5J_2As$ | $C_6H_5AsJ_2$ | 405,81 |
| 518 | 15 | Thio-o-kresol | $C_7H_8S$ | $CH_3 \cdot C_6H_4 \cdot SH$ | 124,19 |
| 519 | 15—16 | Phthalylchlorid | $C_8H_4O_2Cl_2$ | $C_6H_4(COCl)_2$ | 203,03 |
| 520 | 15,5 | 2,5-Dimethylanilin (p-Xylidin) | $C_8H_{11}N$ | $(CH_3)_2C_6H_3 \cdot NH_2$ | 121,17 |
| 521 | 16 | Benzalhydrazin | $C_7H_8N_2$ | $C_6H_5 \cdot CH : N \cdot NH_2$ | 120,15 |
| 522 | 16 | Calciumoxalat | $C_2O_4Ca$ | $CO \cdot O$ ╲<br>\| Ca<br>$CO \cdot O$ ╱ | 128,10 |
| 523 | 16 | Caprylsäure | $C_8H_{16}O_2$ | $CH_3 \cdot (CH_2)_6 \cdot COOH$ | 144,20 |
| 524 | 16 | Methacrylsäure | $C_4H_6O_2$ | $CH_2 : C(CH_3) \cdot COOH$ | 86,09 |
| 525 | 16 | 3-Nitrotoluol | $C_7H_7O_2N$ | $O_2N \cdot C_6H_4 \cdot CH_3$ | 137,13 |
| 526 | 16 | Tetramethylenglykol | $C_4H_{10}O_2$ | $HO \cdot CH_2 \cdot (CH_2)_2 \cdot CH_2 \cdot OH$ | 90,12 |
| 527 | 16—17 | Hämopyrrol | $C_8H_{13}N$ | $C_2H_5 \cdot C$——$C \cdot CH_3$<br>‖ ‖<br>$HC \cdot NH \cdot C \cdot CH_3$ | 123,19 |
| 528 | 16—17 | 3-Methylchinolin | $C_{10}H_9N$ | $C_9H_6N \cdot CH_3$ | 143,18 |
| 529 | 16—17 | 1,2,3-Tribrompropan | $C_3H_5Br_3$ | $CH_2Br \cdot CHBr \cdot CH_2Br$ | 174,44 |
| 530 | 16,68 | Essigsäure | $C_2H_4O_2$ | $CH_3 \cdot COOH$ | 60,05 |

| Aggregatzustand Farbe | Spez. Gewicht | Siedepunkt °C | Beilstein-Zitat | Physikalische Konstanten und Eigenschaften | Löslichkeit | Reaktionen |
|---|---|---|---|---|---|---|
| 7 | 8 | 9 | 10 | 11 | 12 | 13 |
| Nadeln (P.-Ae) | 1,031$^{15°}$ | 169 bis 169,3 | II 412 | | 40 W<br>l. in A | Amid *Fp* 102° |
| Fl. | 0,8295$^{17°}$ | 225 | I 713 | $^{n}D^{17,3}$ 1,43002;<br>$^{R}D^{17,3}$ 53,0 cm;<br>$^{n}F^{17,3}$ 77,4;<br>riecht apfelsinenartig | unl. in W<br>l. in A, Ae | Oxim *Fp* 46—47°<br>Semicarbazon *Fp* 122—124°<br>p-Nitrophenylhydrazon *Fp* 90—91°, gelbe Nadeln<br>Oxydation mit Hypobromit → n-Caprinsäure |
| Krist. | 1,5967$^{24°}$ | 45—47 (22 mm) | I 79 | | l. in W<br>l. in Alkali gelb | |
| Nadeln (A) | | 240 | V 367 | | unl. in W<br>l. in A | |
| zitronengelbe Nadeln | | 190 (12 mm) | | | l. in h. A oder Aceton | |
| Blätter | | 194,3 | VI 370 | mit Dampf flüchtig | unl. in W<br>l. in A | |
| Fl. | 1,409$^{20°}$ | 276,7 | IX 798 | | l. in Ae, Bzl. | + W → zers. |
| Öl | 0,9790$^{21°}$ | 218 | XII 1135 | $^{n}D^{21,3}$ 1,55914;<br>$^{R}D^{21,3}$ 39,95 cm;<br>Oberflächenspannung 26,0° 36,6 dyn/cm | l. in h. A | Acetylderivat *Fp* 139° |
| Blätter | | 140 (14 mm) | VII 225 | riecht nach Seifenlauge | l. in A, Ae | |
| Krist. | | | II 515 | | 0,0006 W 18°<br>0,0014 W 95° | |
| Blätter | 0,910$^{20°}$ | 237,5 | II 347 | $^{n}D^{21}$ 1,42677;<br>$^{R}D^{21}$ 40,71 cm;<br>$^{n}F^{21}$ 75,5;<br>riecht schweißähnlich;<br>Dampf reizt zum Husten | unl. in k. W<br>0,25 in sd. W<br>ll. in A, Ae, Bzl. | + o-Phthalaldehyd in der Kälte farblos, in der Hitze schmutzigblau<br>Pb-Salz *Fp* 83,5—84,5°, Blättchen<br>p-Chlorphenacylester *Fp* 63,0° |
| Prismen | 1,015$^{20°}$ | 163 | II 421 | | ll. in h. W<br>∞ A, Ae | |
| Krist. | 1,160$^{18°}$ | 230-231 | V 321 | | 0,050 W 30°<br>ll. in A, Ae | |
| Fl. | 1,020$^{20°}$ | 230 | I 478 | schmeckt brennend und bitter | ∞ W, A<br>wl. in Ae | |
| Krist. | 0,915$^{20°}$ | 198 (725 mm) | $E_1$ XX 46 | mit Dampf flüchtig | wl. in h. W<br>ll. in A, Ae | |
| Prismen | 1,0673$^{20°}$ | 259,6 | XX 394 | $^{n}D^{25,3}$ 1,60909;<br>$^{R}D^{25,4}$ 47,03 cm;<br>$^{n}F^{25,4}$ 290,9; mit Dampf flüchtig | swl. in W | Pikrat *Fp* 187° |
| Prismen | 2,436$^{23°}$ | 219-221 | I 112 | | unl. in W<br>l. in A | |
| Fl. | 1,0492$^{20°}$ | 118,1 | II 96 | $^{n}D^{20}$ 1,37182;<br>$^{R}D^{20}$ 12,99 cm;<br>$^{n}F^{20}$ 66,3; Oberflächenspanng. 20° 23,5 dyn/cm;<br>ebullioskop. Konst. 3,07;<br>kryoskop. Konst. 3 9; stechender Geruch | ∞ A, A, Ae | Jod-Lanthan-Rk. 1—3 ml der Lsg. + 1 ml 5%ige Lanthannitratlsg., + 1 ml n/50-Jodlsg. + einige Tropfen $NH_3$, langsam bis zum Sieden erwärmen → blau<br>Phenacylester *Fp* 40°<br>p-Nitrobenzylester *Fp* 78° |

| Lfd. Nr. | *Fp* | Name | Summenformel | Strukturformel | Mol.-Gewicht |
|---|---|---|---|---|---|
| 1 | 2 | 3 | 4 | 5 | 6 |
| 531 | 17 | 4-tert.-Butylanilin | $C_{10}H_{15}N$ | $(CH_3)_3C \cdot C_6H_4 \cdot NH_2$ | 149,23 |
| 532 | 17 | cis-β-Dekalol | $C_{10}H_{18}O$ | $H_2C \cdot CH_2 \cdot CH \cdot CH_2 \cdot CH \cdot OH$<br>$H_2C \cdot CH_2 \cdot CH \cdot CH_2 \cdot CH_2$ | 154,24 |
| 533 | 17 | Pentamethyläthylalkohol | $C_7H_{16}O$ | $(CH_3)_3C \cdot C(CH_3)_2 \cdot OH$ | 116,19 |
| 534 | 17 | Succinylchlorid | $C_4H_4O_2Cl_2$ | $ClOC \cdot CH_2 \cdot CH_2 \cdot COCl$ | 154,99 |
| 535 | 17 | 1,2,4-Trichlorbenzol | $C_6H_3Cl_3$ | $C_6H_3Cl_3$ | 181,45 |
| 536 | 17 | d-Weinsäurediäthylester | $C_8H_{14}O_6$ | $C_2H_5O \cdot OC \cdot [CH(OH)]_2 \cdot CO \cdot OC_2H_5$ | 206,19 |
| 537 | 17—18 | 3-Chlorbenzaldehyd | $C_7H_5OCl$ | $Cl \cdot C_6H_4 \cdot CHO$ | 140,57 |
| 538 | 17,7 | 4,5-Dijod-3-thiotolen | $C_5H_4J_2S$ | 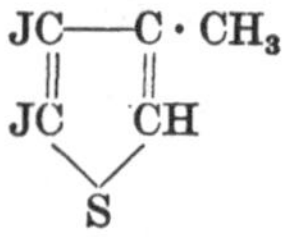 | 349,98 |
| 539 | 17,8 | o,o′-Ditolyl | $C_{14}H_{14}$ | $CH_3 \cdot C_6H_4 \cdot C_6H_4 \cdot CH_3$ | 182 25 |
| 540 | 17,8 | β,β,β-Trichloräthylalkohol | $C_2H_3OCl_3$ | $CCl_3 \cdot CH_2 \cdot OH$ | 149,41 |
| 541 | 18 | Acetonoxalester | $C_7H_{10}O_4$ | $CH_3 \cdot CO \cdot CH_2 \cdot CO \cdot CO \cdot OC_2H_5$ | 158,15 |
| 542 | 18 | 3-Bromanilin | $C_6H_6NBr$ | $Br \cdot C_6H_4 \cdot NH_2$ | 172,03 |
| 543 | 18 | (dl-)Milchsäure | $C_3H_6O_3$ | $CH_3 \cdot CH(OH) \cdot COOH$ | 90,08 |
| 544 | 18 | β,β′, β″-Trichlortrivinylarsin | $C_6H_6Cl_3As$ | $(Cl \cdot CH : CH)_3As$ | 259,33 |
| 545 | 18—19 | Cyclopropancarbonsäure | $C_4H_6O_2$ | 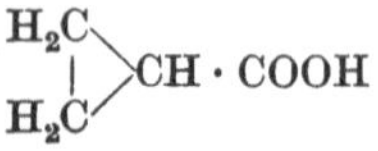 | 86,09 |
| 546 | 19 | N-Methylanthranilsäuremethylester | $C_9H_{11}O_2N$ | $CH_3 \cdot NH \cdot C_6H_4 \cdot CO \cdot OCH_3$ | 165,18 |
| 547 | 19,5 | Bernsteinsäuredimethylester | $C_6H_{10}O_4$ | $CH_3O \cdot OC \cdot (CH_2)_2 \cdot CO \cdot OCH_3$ | 146,14 |

| Aggregatzustand Farbe | Spez. Gewicht | Siedepunkt °C | Beilstein-Zitat | Physikalische Konstanten und Eigenschaften | Löslichkeit | Reaktionen |
|---|---|---|---|---|---|---|
| 7 | 8 | 9 | 10 | 11 | 12 | 13 |
| Öl | $0{,}937^{25°}$ | 238-240 | XII 1166 | riecht unangenehm | swl. in W<br>∞ A, Ae | |
| Fl. | | 243 (746mm) | | | | Phenylurethan *Fp* 102° |
| Fl. | | 131-132 | I 418 | riecht campherartig | ll. in A, Ae | |
| Fl. | $1{,}395^{15°}$ | 190-192 | II 613 | | l. in Ae, Bzl. | + $H_2O$ → Zers. |
| | $1{,}446^{26°}$ | 213 | V 204 | | | |
| Fl. | $1{,}204^{20°}$ | 280 | III 512 | $[\alpha]_D$ + 7,66° | l. in W, A | |
| Prismen | $1{,}250^{15°}$ | 213-214 | VII 234 | | wl. in W<br>ll. in A, Ae | Phenylhydrazon *Fp* 134 bis 135° |
| | | 98,5 (0,5 mm) | | | | |
| Krist. | | 258 (738mm) | V 608 | | unl. in W<br>ll. in A, Ae, Bzl. | |
| Tafeln | $1{,}550^{23°}$ | 151 (737mm) | I 338 | riecht ätherisch; hykroskopisch | wl. in W<br>∞ A, Ae<br>l. in KOH | |
| Krist. | $1{,}1251^{20°}$ | 213-215 | III 747 | $^{n}D^{18,2}$ 1,47228; $^{R}D^{18,2}$ 39.33cm; $^{n}F^{18,2}$ 195,5 | | + $FeCl_3$ → Rotfärbung |
| Krist. | $1{,}5808^{20,6}$ | 251 | XII 633 | $^{n}D^{20,4}$ 1,62604; $^{R}D^{20,4}$ 38,55cm; $^{n}F^{20,4}$ 265,0 | l. in A | Acetylderivat *Fp* 87,5° |
| Krist. | | 122 (12mm) | III 268 | $^{n}D^{20}$ 1,44145; $^{R}D^{20}$ 19,19 cm; $^{n}F^{20}$ 77,1; sehr hygroskopisch; mit Wasserdampf flüchtig | ll. in W, A<br>wl. in Ae | + $Fe(NO_3)_3$-Lsg. → zitronengelb; $J_2$ + NaOH erwärmt → $CHJ_3$; 1 mg Subst. + 5 mg α-Naphthol in 1 ml konz. $H_2SO_4$ gelinde erwärmt orangerote Lsg., beim Erhitzen → gelb und braungrüne Fluoreszenz<br>Amid *Fp* 124°<br>Phenylester *Fp* 96° |
| Fl. | $1{,}5727^{21,5}_{4°}$ | 260<br>145-146 (18mm) | | Dampfdichte 9; Litergew. des Dampfes 10,79 g; $^{n}D^{16,2}$ 1,5985; sehr starken anhaftenden Geruch nach Geranien | unl. in W, A<br>l. in Ae, Bzl. | |
| Krist. | $1{,}088^{20°}$ | 181 | IX 4 | | l. in $CS_2$ | |
| Krist. | $1{,}120^{15°}$ | 256 | XIV 324 | riecht nach Jasmin | unl. in W<br>l. in A, Ae | |
| Krist. | $1{,}1208^{20°}$ | 195 | II 609 | Kryoskop. Konst. 5,55 | | |

| Lfd. Nr. | *Fp* | Name | Summenformel | Strukturformel | Mol.-Gewicht |
|---|---|---|---|---|---|
| 1 | 2 | 3 | 4 | 5 | 6 |
| 548 | **19,6** | Phenylhydrazin | $C_6H_8N_2$ | $C_6H_5 \cdot NH \cdot NH_2$ | 108,14 |
| 549 | **19,7** | Acetophenon | $C_8H_8O$ | $CH_3 \cdot CO \cdot C_6H_5$ | 120,14 |
| 550 | **20** | Glycerin | $C_3H_8O_3$ | $HOCH_2 \cdot CH(OH) \cdot CH_2OH$ | 92,09 |
| 551 | **20** | Hexadecan | $C_{16}H_{34}$ | $CH_3 \cdot (CH_2)_{14} \cdot CH_3$ | 226,43 |
| 552 | **20** | 1,2.3,4-Tetrahydrochinolin | $C_9H_{11}N$ | $C_6H_4\langle\begin{matrix} CH_2 \cdot CH_2 \\ NH \cdot CH_2 \end{matrix}$ | 133,18 |
| 553 | **20** bis **22,5** | Pyrimidin | $C_4H_4N_2$ | 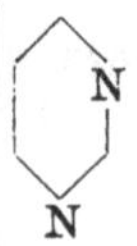 | 80,09 |
| 554 | **20,5** | Zimtsäurenitril | $C_9H_7N$ | $C_6H_5 \cdot CH : CH \cdot CN$ | 129,15 |
| 555 | **21** | Benzoesäurebenzylester | $C_{14}H_{12}O_2$ | $C_6H_5 \cdot CO \cdot OCH_2 \cdot C_6H_5$ | 212,23 |
| 556 | **21** | Propiophenon | $C_9H_{10}O$ | $C_2H_5 \cdot CO \cdot C_6H_5$ | 134,17 |
| 557 | **21** | o-Xylylbromid | $C_8H_9Br$ | $CH_3 \cdot C_6H_4 \cdot CH_2Br$ | 185,07 |
| 558 | **22** | dl-Mandelsäurenitril | $C_8H_7ON$ | $C_6H_5 \cdot CH(OH) \cdot CN$ | 133,14 |

| Aggregat-zustand Farbe | Spez. Gewicht | Siede-punkt °C | Beilstein-Zitat | Physikalische Konstanten und Eigenschaften | Löslichkeit | Reaktionen |
|---|---|---|---|---|---|---|
| 7 | 8 | 9 | 10 | 11 | 12 | 13 |
| Tafeln | $1{,}097^{23°}$ | 243,5 | XV 67 | $^{n}D^{20,3}$ 1,60813; $^{R}D^{20,3}$ 34,06cm; $^{n}F^{20,3}$ 255,5; kryoskop. Konst. 5,86; erzeugt auf der Haut Ekzeme; starkes Blutgift; riecht ungenehm | wl. in k. W ∞ A, Ae, Bzl., Chlf. swl. in konz. Alkali | + Formaldehyd erhitzen + Nitroprussidnatrium → blau Chlorhydrat *Fp* 243—246°, Blättchen 1-Phenyl-4-p-nitrophenyl-semicarbazid *Fp* 211 bis 213, gelbe Nadeln |
| Blättchen | $1{,}0238^{25°}$ | 201,5 | VII 271 | | | Diphenylhydrazon *Fp.* 97 bis 98°, Warzen β-Naphthylhydrazon *Fp* 150°, Nädelchen Semicarbazon *Fp* 198°, Tafeln |
| Fl. | $1{,}2604^{20°}$ | 290 | I 502 | Refraktion 20° 55—65; Oberflächenspannung 30° 64,7 dyn/cm; hygroskopisch; schmeckt süß | ∞ A, W unl. in Ae, Chlf. | + $HNO_3$ (+ $H_2SO_4$) → Nitroglycerin Acroleinbildung durch Erbitzen mit Kaliumbisulfat oder Borsäure α-Naphthylurethan *Fp* 279—280° |
| Blättchen | $0{,}771^{18°}$ | 270 | I 172 | $^{n}F^{20}$ 76,0 | unl. in W ∞ A, Ae | |
| Fl. | $1{,}0588^{20°}$ | 251 | XX 262 | $^{n}D^{23,4}$ 1,59331; $^{R}D^{23,4}$ 42,79cm; $^{n}F^{23,4}$ 301,8; starke Base | wl. in W ∞ A, Ae | |
| Krist. | | 124 | XXIII 89 | riecht durchdringend; narkotisch | ll. in W | Pikrat *Fp* 156° |
| Krist. | $1{,}035^{0°}$ | 255-256 | IX 589 | | unl. in W ll. in A | |
| Nadeln oder Blättchen | $1{,}122^{19°}$ | 323-324 | IX 121 | | | |
| Tafeln | $1{,}0133^{16°}$ | 218 | VII 300 | | l. in A, Ae | Oxim *Fp* 53° |
| Prismen | $1{,}381^{23°}$ | 223-224 | V 365 | Dampfdichte 6,4; Litergew. des Dampfes 8,49; Dampfdruck 20° 0,24 mm Hg; Flüchtigkeit 2400 mg/m³; Oberflächenspannung 48 bis 50 dyn/cm; riecht aromatisch; verdünnt fliederartig; reizt zu Tränen | unl. in W ∞ A, Ae, Bzl. | + $H_2SO_4$ → blutrot |
| Prismen (A) | $1{,}116^{20°}$ | 170 (Z.) | X 206 | | unl. in W l. in A, Ae | + $H_2SO_4$ → rot >170° → Benzaldehyd und HCN |

| Lfd. Nr. | *Fp* | Name | Summenformel | Strukturformel | Mol.-Gewicht |
|---|---|---|---|---|---|
| 1 | 2 | 3 | 4 | 5 | 6 |
| 559 | **22,5** | Heptadecan | $C_{17}H_{36}$ | $H_3C \cdot (CH_2)_{15} \cdot CH_3$ | 240,45 |
| 560 | **22,5** | 4-Propenylanisol | $C_{10}H_{12}O$ | $CH_3 \cdot CH : CH \cdot C_6H_4 \cdot O \cdot CH_3$ | 148,19 |
| 561 | **22,5** | Veratrol | $C_8H_{10}O_2$ | 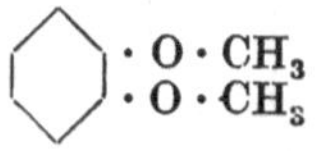 | 138,16 |
| 562 | **22,8** bis **23** | Anethol | $C_{10}H_{12}O$ | 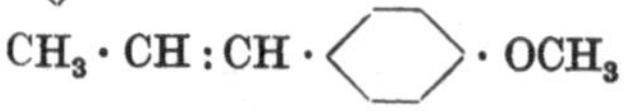 | 148,20 |
| 563 | **23** | 1,2,3-Triazol | $C_2H_3N_3$ | HC═CH / HN · N : N bzw. HC—CH / N · NH · N | 69,07 |
| 564 | **23,4** | o-Dijodbenzol | $C_6H_4J_2$ | $C_6H_4J_2$ | 329.93 |
| 565 | **23,4** | Tetramethylendiamin (Putrescin) | $C_4H_{12}N_2$ | $H_2N \cdot (CH_2)_4 \cdot NH_2$ | 88,15 |
| 566 | **23,9** | Cyclohexanol | $C_6H_{12}O$ | $H_2C<^{CH_2 \cdot CH_2}_{CH_2 \cdot CH_2}>CH \cdot OH$ | 100,15 |
| 567 | **24** | Benzyljodid (ω-Jodtoluol) | $C_7H_7J$ | $C_6H_5 \cdot CH_2 \cdot J$ | 218,04 |
| 568 | **24** | Dodecylalkohol | $C_{12}H_{26}O$ | $CH_3 \cdot (CH_2)_{10} \cdot CH_2 \cdot OH$ | 186,32 |
| 569 | 24 | Thiobenzoesäure | $C_7H_6OS$ | $C_6H_5 \cdot CO \cdot SH$ oder $C_6H_5 \cdot CS \cdot OH$ | 138,18 |
| 570 | **24—25** | β,β'-Dicyandiäthylsulfid | $C_6H_8N_2S$ | $S<^{CH_2 \cdot CH_2 \cdot CN}_{CH_2 \cdot CH_2 \cdot CN}$ | 140,14 |
| 571 | **24,5** | Anthranilsäuremethylester | $C_8H_9O_2N$ | $H_2N \cdot C_6H_4 \cdot CO \cdot OCH_3$ | 151,16 |

| Aggregat-zustand Farbe | Spez. Gewicht | Siede-punkt °C | Beilstein-zitat | Physikalische Konstanten und Eigenschaften | Löslichkeit | Reaktionen |
|---|---|---|---|---|---|---|
| 7 | 8 | 9 | 10 | 11 | 12 | 13 |
| Tafeln | $0,7766^{23°}$ | 303 | I 173 | $^{n}D^{23,7}$ 1,43583;<br>$^{R}D^{23,7}$ 80,98cm;<br>$^{n}F^{23,7}$ 76,2 | unl. in W<br>l. in A, Ae | |
| Blätter (A) | $0,9875^{25°}_{25°}$ | 235,3 | VI 566 | Anisgeschmack | swl. in W<br>∞ A, Ae, Bzl., Chlf. | |
| Krist. (PAe.) | $1,0811^{21°}$ | 207 | VI 771 | | wl. in W<br>l. in A, Ae | Pikrat *Fp* 56—57° |
| Blättchen (A) | | 233-234 | VI 566 | riecht nach Anis; schmeckt stark süß | ll. in A<br>l. in Ae<br>l. in $H_2SO_4$ | Dibromid *Fp* 67°, Nadeln<br>Monobromanetholdibromid *Fp* 112,5°, dicke, trikline Nadeln<br>+ $H_2SO_4$ → rot<br>+ W Entfärbung → Abscheidung von Anisoin *Fp* 140° |
| Krist. | $1,186^{25°}$ | 203 (739mm) | XXVI 11 | schmeckt widerlich süß | ll. i W, A, Ae | |
| Tafeln (Ligroin) | | 287 | V 225 | mit Dampf flüchtig | swl. in W<br>wl. in k. A | |
| Krist. | $0,877^{25°}$ | 158-160 | IV 264 | riecht nach Piperidin | ll. in W | Dichlorhydrat *Fp* 315° (Z.)<br>Au-Salz *Fp* 212—214°, grünlichgelbe Prismen<br>Pikrat *Fp* 260° (Z.), hellgelbe Prismen |
| Nadeln | $0,9369^{34°}$ | 160,5 | VI 5 | $^{n}D^{37}$ 1,46055;<br>Acetylzahl 561;<br>$^{n}D^{37}$ 29,28 cm;<br>$^{R}F$ 78,3;<br>Oberflächenspannung 45° 31,37 dyn/cm;<br>sehr hygroskopisch; riecht nach Campher und Fusel | 5,67 W 11°<br>l. in A, Ae | 3,5-Dinitrobenzoesäureester *Fp* 112—113°<br>p-Diphenylylurethan *Fp* 166°<br>Phenylurethan *Fp* 82°, Nadeln<br>α Naphthylurethan *Fp* 128 bis 129°<br>saurer Phthalsäureester *Fp* 99°, dicke Krist. |
| farblose Krist. | $1,733^{25°}$ | 226 (Z.)<br>93° (11mm) | V 314 | Dampfdichte 7,5;<br>Litergewicht d. Dampfes 9,07g;<br>Dampfdruck 20° 0,11 mm Hg;<br>Dampf reizt zu Tränen | unl. in W<br>l. in A, Ae, Bzl. | |
| Blättchen (A) | $0,8309^{24°}$ | 255-259 | I 428 | | wl. in W<br>l. in A, Ae | α-Naphthylurethan *Fp* 80°<br>p-Nitrophenylurethan *Fp* 117°, Blättchen |
| gelbes Öl | | Z. | IX 419 | mit Dampf flüchtig | unl. in W<br>sll. in A, Ae | + Alkohole → Benzoesäureester |
| Öl | | 182 (6 mm) | | | unl. in W<br>l. in Bzl., Azeton | |
| Krist. | $1,168^{18°}$ | 127 (11mm) | XIV 317 | riecht nach Orangeblüten; flüchtig mit Wasserdampf | wl. in W<br>ll. in A, Ae | Pikrat *Fp* 105—106°, gelbe Nadeln<br>Benzoylderivat *Fp* 100 bis 102°, Nadeln |

| Lfd. Nr. | *Fp* | Name | Summenformel | Strukturformel | Mol.-Gewicht |
|---|---|---|---|---|---|
| 1 | 2 | 3 | 4 | 5 | 6 |
| 572 | **24,5** | ι,κ-Undecylensäure | $C_{11}H_{20}O_2$ | $CH_2 : CH \cdot (CH_2)_8 \cdot COOH$ | 184,27 |
| 573 | **24,8** | Isochinolin | $C_9H_7N$ | $C_6H_4\langle$ CH : CH / \| / CH : N | 129,15 |
| 574 | **25** | Anisalkohol (p-Methoxy-benzylalkohol) | $C_8H_{10}O_2$ | $CH_3 \cdot O \cdot C_6H_4 \cdot CH_2 \cdot OH$ | 138,16 |
| 575 | **25** | 1,4-Dihydronaphthalin | $C_{10}H_{10}$ | $C_6H_4\langle$ $CH_2 \cdot CH$ / ‖ / $CH_2 \cdot CH$ | 130,18 |
| 576 | **25** | Methylarsindijodid | $CH_3J_2As$ | $CH_3 \cdot AsJ_2$ | 343,78 |
| 577 | **25** | Pyrrolidon-(2) | $C_4H_7ON$ | $H_2C$ — $CH_2$ / \| \| / $H_2C \cdot NH \cdot CO$ | 85,10 |
| 578 | **25,4** | α-Brombenzylcyanid | $C_8H_6NBr$ | $C_6H_5 \cdot CH(Br) \cdot CN$ | 195,98 |
| 579 | **25,5** | tert.-Butylalkohol (Trimethylcarbinol) | $C_4H_{10}O$ | $(CH_3)_3C \cdot OH$ | 74,12 |
| 580 | **25—26** | α-Brompropionsäure | $C_3H_5O_2Br$ | $CH_3 \cdot CH(Br) \cdot COOH$ | 152,99 |
| 581 | **25—26** | d-Milchsäure | $C_3H_6O_3$ | $CH_3 \cdot CH(OH) \cdot COOH$ | 90,08 |
| 582 | **26** | 2-Aminothiophenol | $C_6H_7NS$ | $H_2N \cdot C_6H_4 \cdot SH$ | 125,18 |
| 583 | **26** | Benzophenon (labil) | $C_{13}H_{10}O$ | $C_6H_5 \cdot CO \cdot C_6H_5$ | 182,21 |
| 584 | **26** | 2,4-Dimethylphenol (m-Xylenol) | $C_8H_{10}O$ | $(CH_3)_2C_6H_3 \cdot OH$ | 122,16 |
| 585 | **26** | Glycerin-α,α'-dinitrat | $C_3H_6O_7N_2$ | $HO \cdot CH(CH_2 \cdot O \cdot NO_2)_2$ | 182,09 |

| Aggregatzustand Farbe | Spez. Gewicht | Siedepunkt °C | Beilstein-Zitat | Physikalische Konstanten und Eigenschaften | Löslichkeit | Reaktionen |
|---|---|---|---|---|---|---|
| 7 | 8 | 9 | 10 | 11 | 12 | 13 |
| | | 275<br>198-200<br>(90mm) | II 458 | | | Bariumsalz, flache Nadeln oder Blättchen<br>Cu-Salz *Fp* 232—234°<br>Zn-Salz *Fp* 115—116°<br>Pb-Salz *Fp* 80° |
| Krist. | $1{,}0980^{20°}$ | 240,6 | XX 380 | hygroskopisch; riecht angenehm | swl. in W | Pikrat *Fp* 223°, hellgelbe Nadeln<br>saures Sulfat *Fp* 205 bis 206,5, Tafeln<br>Tetrajodid *Fp* 130°, dunkelblaue Krist. |
| Nadeln | $1{,}1076^{25°}_{25°}$ | 258,8 | VI 897 | | l. in A, Ae | |
| Blättchen | $0{,}993^{32°}$ | 94,5<br>(17mm) | V 518 | $n_D^{18,3}$ 1,58137;<br>$R_D^{18,3}$ 43,59cm;<br>$n_F^{18,3}$ 245,1 | unl. in W<br>l. in A, Ae | |
| gelbe Nadeln | | 122,7<br>(11mm) | | | swl. in W<br>ll. in A, Ae, Bzl., $CS_2$ | |
| Krist. (PAe) | $1{,}116^{25°}$ | 245 | XXI 236 | ebullioskop. Konst. 1,77;<br>kryoskop. Konst. 12,8 | ll. in W, A, Ae, Chlf., Bzl. | |
| weiße Krist. | $1{,}5160^{20°}$ | 242-247<br>132-134<br>(12mm) | | Dampfdichte 6,8;<br>Litergewicht d. Dampfes 8,75;<br>Dampfdruck 20° 0,0122 mm Hg;<br>Flüchtigkeit 20° 174 mg/m³; mit Dampf flüchtig | unl. in W<br>l. in A, Ae, Bzl $CS_2$, Chlf., $CCl_4$. Aceton, Essigsäure | |
| Tafeln und Prismen | $0{,}7887^{20°}$ | 82,55 | I 379 | $n_D^{20}$ 1,38779;<br>$R_D^{20}$ 22,22 cm;<br>$n_F^{20}$ 67,1 | ∞ W, A, Ae | α-Naphthylurethan, lange Tafeln, *Fp* 100—101°<br>3,5-Dinitrobenzoesäureester, rhomb. längliche Platten *Fp* 141,5 bis 142,5° |
| Prismen | $1{,}700^{20°}$ | 204<br>(Z.) | II 254 | | ll. in w. W | |
| Prismen | | Zers. | III 261 | $[\alpha]_D^{20}$ +3,3;<br>$n_D^{20}$ 1,44145;<br>$R_D^{20}$ 19,19 cm;<br>$n_F^{20}$ 77,1; zerfließlich | l. in W, A, Ae | |
| Nadeln | | 234 | XIII 397 | | | Oxydation → 2,2'-Diaminodiphenyldisulfid |
| monokline Krist. | $1{,}1108^{18°}$ | 306 | VII 410 | $n_D^{23,4}$ 1,60596;<br>$R_D^{23,4}$ 56,70cm;<br>$n_F^{23,4}$ 268,3;<br>kryoskop. Konst. 9,8 | unl. in W<br>16,95 A (97%) 18°<br>24,7 Ae 13° | |
| Nadeln | $1{,}036^{0°}$ | 211,5 | VI 486 | | swl. in W<br>∞ A, Ae | p-Diphenylylurethan *Fp* 184°<br>3,5-Dinitrobenzoat *Fp* 164,6°, Tafeln |
| Prismen | $1{,}47^{15°}$ | 146-148<br>(15mm) | I 515 | detoniert beim Erhitzen | ll. in W, A, Ae | |

| Lfd. Nr. | *Fp* | Name | Summenformel | Strukturformel | Mol.-Gewicht |
|---|---|---|---|---|---|
| 1 | 2 | 3 | 4 | 5 | 6 |
| 586 | **26** | 1-Methylcyclohexanol | $C_7H_{14}O$ | 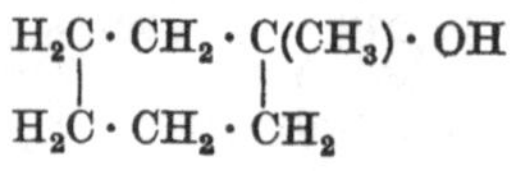 | 114,18 |
| 587 | **26** | p-Tolylsenföl | $C_8H_7NS$ | $CH_3 \cdot C_6H_4 \cdot N:C:S$ | 149,20 |
| 588 | **26,6** | Acetonphenylhydrazon | $C_9H_{12}N_2$ | $(CH_3)_2C:N \cdot NH \cdot C_6H_5$ | 148,20 |
| 589 | **27** | Dithioresorcin | $C_6H_6S_2$ | $HS \cdot C_6H_4 \cdot SH$ | 142,12 |
| 590 | **27** | 2,3-Dichlor-5-jodthiophen | $C_4HCl_2JS$ | 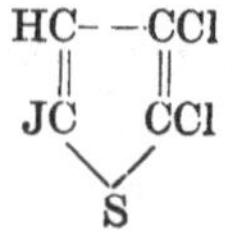 | 278,94 |
| 591 | **27** | Diphenyläther | $C_{12}H_{10}O$ | $C_6H_5 \cdot O \cdot C_6H_5$ | 170,20 |
| 592 | **27** | Diphenylmethan | $C_{13}H_{12}$ | 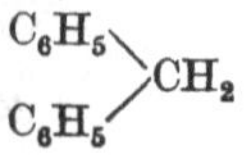 | 168,22 |
| 593 | **27** | Methylbenzylketon | $C_9H_{10}O$ | $C_6H_5 \cdot CH_2 \cdot CO \cdot CH_3$ | 134,17 |
| 594 | **27** | o-Nitrobenzalchlorid | $C_7H_5O_2NCl_2$ | $O_2N \cdot C_6H_4 \cdot CHCl_2$ | 206,03 |
| 595 | **27** | 3-Nitrobenzylalkohol | $C_7H_7O_3N$ | $O_2N \cdot C_6H_4 \cdot CH_2 \cdot OH$ | 153,13 |
| 596 | **27** | Octadecan | $C_{18}H_{38}$ | $CH_3 \cdot (CH_2)_{16} \cdot CH_3$ | 254,48 |
| 597 | **27—28** | 5-Methyl-2-acetothienon | $C_7H_8OS$ | 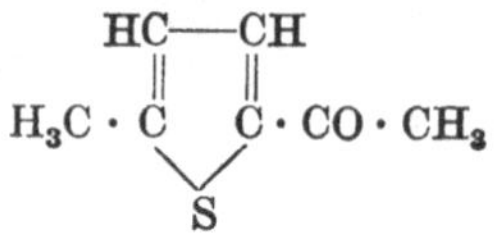 | 140,19 |
| 598 | **28** | 4-Bromtoluol | $C_7H_7Br$ | $Br \cdot C_6H_4 \cdot CH_3$ | 171,04 |
| 599 | **28** | 4-Chlor-1,2-dinitrobenzol (bei 28⁰ schm. Form) | $C_6H_3O_4N_2Cl$ | $Cl \cdot C_6H_3(NO_2)_2$ | 202,56 |
| 600 | **28** | 5-Chlorthiophen-2-sulfonsäurechlorid | $C_4H_2O_2Cl_2S_2$ | 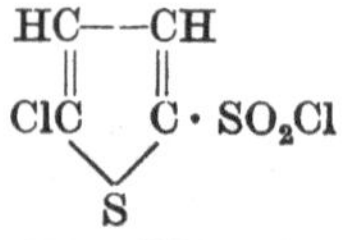 | 217,09 |
| 601 | **28** | Di-p-tolylmethan | $C_{15}H_{16}$ | $(CH_3 \cdot C_6H_4)_2CH_2$ | 196,27 |
| 602 | **28** | ω-Jodacetophenon | $C_8H_7OJ$ | $C_6H_5 \cdot CO \cdot CH_2J$ | 246,06 |
| 603 | **28** | 4-Methylacetophenon | $C_9H_{10}O$ | $CH_3 \cdot C_6H_4 \cdot CO \cdot CH_3$ | 134,17 |
| 604 | **28** | Phoron | $C_9H_{14}O$ | $[(CH_3)_2C:CH]_2CO$ | 138,20 |

| Aggregat-zustand Farbe | Spez. Gewicht | Siede-punkt °C | Beilstein-Zitat | Physikalische Konstanten und Eigenschaften | Löslichkeit | Reaktionen |
|---|---|---|---|---|---|---|
| 7 | 8 | 9 | 10 | 11 | 12 | 13 |
| Krist. | $0,9387^{12°}$ | 170 | VI 11 | $^{n}D^{20}$ 1,46357; $^{R}D^{20}$ 32,14 cm; $^{n}F^{20}$ 85,1; Acetylzahl 492; riecht nach Campher | unl. in W<br>l. in A, Ae | |
| Nadeln (Ae) | | 237 | XII 956 | | | |
| | | 163 (50 mm) | XV 129 | | 0,24 W 22° | |
| Krist. | | 243 | VI 834 | riecht durchdringend | | |
| Platten (A) | $1,151^{1°}$ | 259 | VI 146 | riecht nach Geranien | unl. in W<br>ll. in A<br>∞ Ae | |
| Nadeln | $1,0008^{26°}$ | 260-261 | V 588 | kryoskop.Konst. 6,72; riecht nach Orangen | unl. in W<br>ll. in A, Ae, Chlf. | |
| Krist. | $1,003^{20°}$ | 215 | VII 303 | | | Semicarbazon *Fp* 197° |
| Krist. (A) | | 143 (12 mm) | V 332 | | l. in A, Ae | |
| Krist. | $1,296^{18°}_{15°}$ | 175-180 (3 mm) | VI 449 | | wl. in W<br>ll. in Ae | |
| Krist. (A) | $0,7754^{30}$ | 317 | I 173 | | unl. in W<br>l. in A, Ae | |
| | | 232-233 | | | | |
| Krist. (A) | $1,3898^{20°}$ | 183,6 | V 305 | $^{n}D^{20}$ 1,5546; $^{R}D^{20}$ 38,60 cm | unl. in W<br>l. in A | |
| | | | V 262 | | unl. in W<br>l. in A<br>ll. in Ae | |
| Prismen (A) | $0,980^{20°}$ | 286 | V 615 | | unl. in W, A<br>ll. in Ae | |
| | | 170 (30 mm)<br>150 (15 mm) | I 660 | | | |
| Nadeln | $1,006^{18°}$ | 220 | VII 307 | riecht fenchelartig | ll. in A, Ae, Bzl. | |
| gelbgrüne Prismen | $0,885^{20°}$ | 79,8 (14 mm) | I 751 | | l. in A, Ae | |

| Lfd. Nr. | *Fp* | Name | Summenformel | Strukturformel | Mol.-Gewicht |
|---|---|---|---|---|---|
| 1 | 2 | 3 | 4 | 5 | 6 |
| 605 | **28,3** | Guajacol (Brenzcatechin-monomethyläther) | $C_7H_8O_2$ | $HO \cdot C_6H_4 \cdot O \cdot CH_3$ | 124,13 |
| 606 | **29** | p-Chlorbenzylchlorid | $C_7H_6Cl_2$ | $Cl \cdot C_6H_4 \cdot CH_2Cl$ | 161,03 |
| 607 | **29** | 2,3,5-Tribromthiophen | $C_4HBr_3S$ | 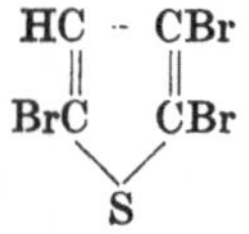 | 320,86 |
| 608 | **29—30** | Undecylsäure | $C_{11}H_{22}O_2$ | $CH_3 \cdot (CH_2)_9 \cdot COOH$ | 186,29 |
| 609 | **29,5** | p-Tolunitril | $C_8H_7N$ | $CH_3 \cdot C_6H_4 \cdot CN$ | 117,14 |
| 610 | **30** | Acetylperoxyd | $C_4H_6O_4$ | $[CH_3 \cdot CO \cdot O\text{-}]_2$ | 118,09 |
| 611 | **30** | 3-Aminodiphenyl | $C_{12}H_{11}N$ | $C_6H_5 \cdot C_6H_4 \cdot NH_2$ | 169,21 |
| 612 | **30** | Apiol (1,2-Methylendioxy-3,6-dimethoxy-4-allyl-benzol; Petersilien-campher) | $C_{12}H_{14}O_4$ | 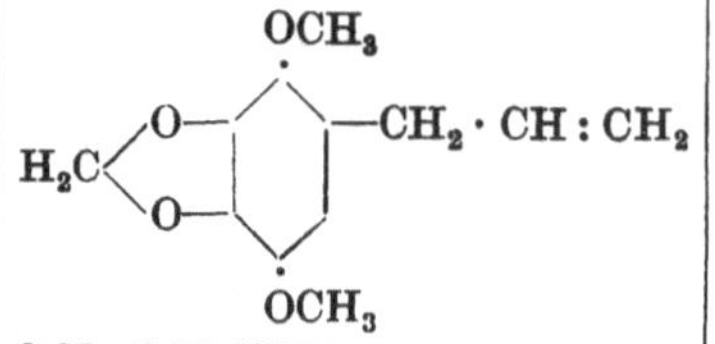 | 222,23 |
| 613 | **30** | 4-Nitro-o-xylol | $C_8H_9O_2N$ | $O_2N \cdot C_6H_3(CH_3)_2$ | 151,16 |
| 614 | **30—35** | 2-Thenalaceton | $C_8H_8OS$ | 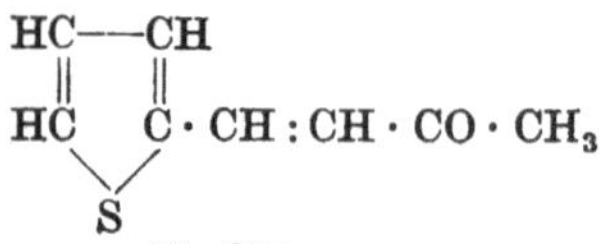 | 152,20 |
| 615 | **30,5** | Chinoxalin | $C_8H_6N_2$ | 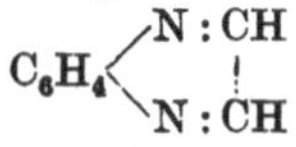 | 130,14 |
| 616 | **30,5** | n-Tridecylalkohol | $C_{13}H_{28}O$ | $CH_3 \cdot (CH_2)_{11} \cdot CH_2OH$ | 200,35 |
| 617 | **31,0** | Benzoxazol | $C_7H_5ON$ | 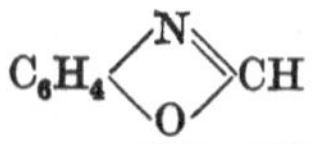 | 119,12 |
| 618 | **31** | Hexahydrobenzoesäure | $C_7H_{12}O_2$ | 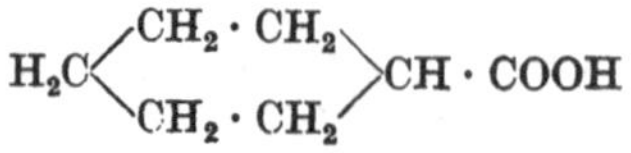 | 128,16 |

| Aggregatzustand Farbe | Spez.-Gewicht | Siedepunkt °C | Beilstein-Zitat | Physikalische Konstanten und Eigenschaften | Löslichkeit | Reaktionen |
|---|---|---|---|---|---|---|
| 7 | 8 | 9 | 10 | 11 | 12 | 13 |
| schwach rötliche oder gelbliche Prismen | $1{,}1287^{21^\circ}$ | 205 | VI 768 | riecht aromatisch, phenol- und rauchartig; Geschmack brennend; wirkt antiseptisch | 1,88 W 15° ll. in A, Ae l. in Lauge | + $Fe(NO_3)_3$ → grün → rotbraun + $AgNO_3$ bei Zimmertemp. sehr langsam, + 1 Tropfen $NH_3$ sofort reduziert + konz. $HNO_3$ → intensiv rot + Eisen-Schwefelsäure → braun → grün → langsam blau; beim Erwärmen blauviolett, nach Abkühlen wieder blau Tribromguajacol *Fp* 116°, Nadeln |
| Nadeln | | 213-214 | V 297 | | | |
| | | 259-260 | XVII 34 | sublimiert; Dampf reizt zu Tränen | unl. in W wl. in k. A l. in h. A ll. in Ae, Bzl. | |
| Schuppen | | 179 (28 mm) | II 358 | | | p-Chlorphenacylester *Fp* 60,2° p-Jodphenacylester *Fp* 81,8° |
| Nadeln (A) | $0{,}9805^{20^\circ}_{20^\circ}$ | 217,6 | IX 489 | | l. in A, Ae | |
| Krist. (A) | | | II 170 | | l. in h. W 4,02 A 25° wl. in Ae | |
| Nadeln | | 254 (135mm) | XII 1318 | mit Dampf flüchtig | ll. in A, Ae | Acetylderivat *Fp* 148° |
| weiße Nadeln | 1,015 | 294 | XIX 87 | nach Petersilie riechend; mit Dampf flüchtig | unl. in W ll. in A, Ae | 5 mg α-Naphthol + 1 ml konz. $H_2SO_4$ + 1 mg Substanz intensiv rot, gelindes Erwärmen intensiv grüne Fluoreszenz |
| Gelbe Prismen (A) | $1{,}139^{30^\circ}_{30^\circ}$ | 258 | V 368 | | unl. in W ∞ A >30° ll. in Ae | |
| Krist. | $1{,}133^{48^\circ}$ | 229,5 | XXIII 176 | kryoskop. Konst. 8,90 | ∞ W, A, Ae | Sulfat *Fp* 186° |
| | | 140 (16 mm) | I 428 | | | p-Joddiphenylylurethan *Fp* 144—144,5°, Scheiben oder Platten |
| Krist. | | 183 | XXVII 43 | mit Dampf flüchtig | unl. in W | Jodmethylat *Fp* 183 (Z.) |
| Tafeln od. Prismen | $1{,}0253^{34^\circ}$ | 232-233 | IX 7 | | 0,20 W 15° ll. in A, Ae | |

| Lfd. Nr. | *Fp* | Name | Summenformel | Strukturformel | Mol.-Gewicht |
|---|---|---|---|---|---|
| 1 | 2 | 3 | 4 | 5 | 6 |
| 619 | **31** | o-Kresol | $C_7H_8O$ | $CH_3 \cdot C_6H_4 \cdot OH$ | 108,13 |
| 620 | **31—34** | β,β'-Dibromdiäthylsulfid | $C_4H_8Br_2S$ | 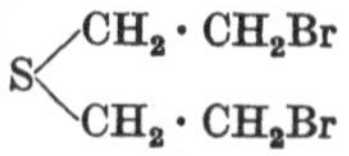 | 247,97 |
| 621 | **31,5** | Caprinsäure (Decansäure-1) | $C_{10}H_{20}O_2$ | $CH_3 \cdot (CH_2)_8 \cdot COOH$ | 172,26 |
| 622 | **31,5** | Diphenylarsincyanid | $C_{13}H_{10}NAs$ | 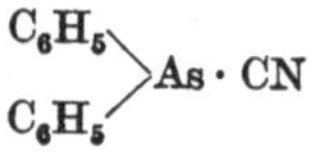 | 255,0 |
| 623 | **31,5** | 5-Oxymethylfurfurol | $C_6H_6O_3$ | 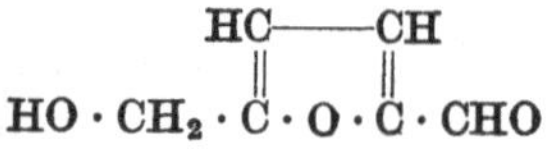 | 126,11 |
| 624 | **31,5 bis 32** | Thiophen-2-sulfonsäurechlorid | $C_4H_3O_2ClS_2$ | 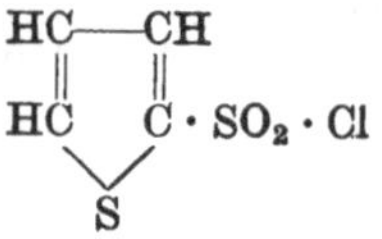 | 182,64 |
| 625 | **32** | Benzalmalonsäurediäthylester | $C_{14}H_{16}O_4$ | $C_6H_5 \cdot CH : C(CO \cdot OC_2H_5)_2$ | 248,26 |
| 626 | **32** | Benzazid | $C_7H_5ON_3$ | $C_6H_5 \cdot CO \cdot N_3$ | 147,13 |
| 627 | **32** | 2-Bromanilin | $C_6H_6NBr$ | $Br \cdot C_6H_4 \cdot NH_2$ | 172,03 |
| 628 | **32** | Malonsäuredinitril | $C_3H_2N_2$ | $NC \cdot CH_2 \cdot CN$ | 66,06 |
| 629 | **32** | 2-Nitro-p-kresol (OH = 1) | $C_7H_7O_3N$ | $CH_3 \cdot C_6H_3(NO_2) \cdot OH$ | 153,13 |
| 630 | **32** | Nonadecan | $C_{19}H_{40}$ | $CH_3 \cdot (CH_2)_{17} \cdot CH_3$ | 268,50 |
| 631 | **32** | α-Ketobuttersäure | $C_4H_6O_3$ | $C_2H_5 \cdot CO \cdot COOH$ | 102,09 |

| Aggregat-zustand Farbe | Spez. Gewicht | Siede-punkt °C | Beilstein-Zitat | Physikalische Konstanten und Eigenschaften | Löslichkeit | Reaktionen |
|---|---|---|---|---|---|---|
| 7 | 8 | 9 | 10 | 11 | 12 | 13 |
| Krist. | $1{,}0482^{20°}$ | 190,8 | VI 349 | $^{n}D^{20}$ 1,547;<br>$^{n}F^{20}$ 185,0;<br>kryoskop. Konst. 5,60;<br>angenehmer Karbolgeruch | 2,6 W 25°<br>∞ h. A, Ae | Kalischmelze → Salicylsäure<br>Acetat Kp. 208°<br>+ $FeCl_3$ → blaue Färbung → grün → schmutziggelb |
| weiße Krist. | $2{,}05_{15°}$ | 240<br>139-142 (17 mm) | | Dampfdruck 20° 0,0295 mm Hg;<br>Flüchtigkeit 20° 400 mg/m³ | unl. in W<br>ll. in A, Ae, Bzl. | |
| Nadeln | $0{,}8858^{40°}$ | 266,4 | II 355 | kryoskop. Konst. 4,7 | swl. in W<br>ll. in A, Ae | Amid *Fp* 108°<br>Anilid *Fp* 63°<br>Pb-Salz *Fp* 100°<br>p-Chlorphenacylester *Fp* 61,6° |
| weiße Blättchen | $1{,}3160^{52°}_{4°}$ | 377<br>195 (12 mm) | | Dampfdichte 8,8;<br>Oberflächenspannung 41 dyn/cm;<br>Dampfdruck 20° 0,00011 mm Hg;<br>Flüchtigkeit 20° 0,15 mg/m³;<br>$^{n}D^{52}$ 1,6153;<br>scharfer, zum Nießen reizender Geruch | unl. in W<br>wl. in A<br>ll. in Bzl., Ae, Chlf. und h. A | |
| Nadeln (Ae + PAe) | $1{,}2629^{36°}$ | 114 (1 mm) | XVIII 14 | riecht nach Kamillen | ll. in W, A, Ae | |
| Krist. | $1{,}105^{20°}$ | 308-312 | IX 892 | | unl. in W<br>ll. in A, Ae | |
| Tafeln (Aceton) | | Z. | IX 332 | | unl. in W<br>l. in A<br>ll. in Ae | |
| Krist. | | 229 | XII 631 | $^{n}D^{20,4}$ 1,62604;<br>$^{R}D^{20,4}$ 38,55 cm;<br>$^{n}F^{20,4}$ 265,0;<br>Ep. 28,7° | unl. in W<br>sll. in A | Acetylderivat *Fp* 99° |
| Krist. | $1{,}051^{32°}$ | 218-219 | II 589 | $^{n}D^{34,2}$ 1,41463;<br>$^{R}D^{34,2}$ 15,76 cm;<br>giftig | 13,3 W; 40 A; 20 Ae; 10 Chlf. | |
| gelbe Nadeln (verd. A) | $1{,}2399^{39°}$ | 125 (22 mm) | VI 412 | mit Dampf flüchtig | wl. in W<br>ll. in A, Ae, Bzl. | |
| Blättchen | $0{,}7720^{40°}$ | 330 | I 174 | | unl. in W<br>l. in A, Ae | |
| Tafeln | | 85 (21 mm) | III 629 | | l. in W, A<br>wl. in Ae | Oxim *Fp* 154° (Z.)<br>Phenylhydrazon *Fp* 151 bis 152° |

| Lfd Nr. | *Fp* | Name | Summenformel | Strukturformel | Mol.-Gewicht |
|---|---|---|---|---|---|
| 1 | 2 | 3 | 4 | 5 | 6 |
| 632 | **32** | Thionaphthen | $C_8H_6S$ | 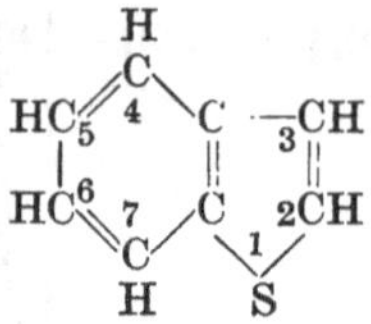 | 134,19 |
| 633 | **32—33** | 2,5-Dibromthiophen-3-sulfonsäurechlorid | $C_4HO_2ClBr_2S_2$ | 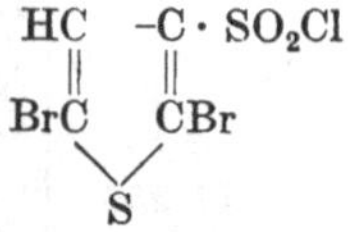 | 340,46 |
| 634 | **32—34** | Benzoylcyanid | $C_8H_5ON$ | $C_6H_5 \cdot CO \cdot CN$ | 131,13 |
| 635 | **32,5** | 3-Bromphenol | $C_6H_5OBr$ | $Br \cdot C_6H_4 \cdot OH$ | 173,02 |
| 636 | **32,5** | 2-Chlor-1-nitrobenzol | $C_6H_4O_2NCl$ | $Cl \cdot C_6H_4 \cdot NO_2$ | 157,56 |
| 637 | **32,5** | Dimethylarsincyanid | $C_3H_6NAs$ | 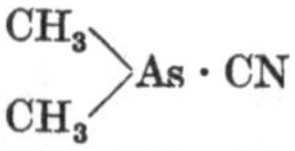 | 131,04 |
| 638 | **32,5** | Pyron-(4) | $C_5H_4O_2$ | 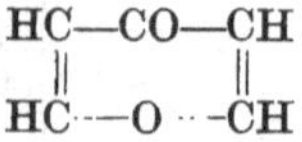 | 96,08 |
| 639 | **32,5** | Zibeton | $C_{17}H_{30}O$ | 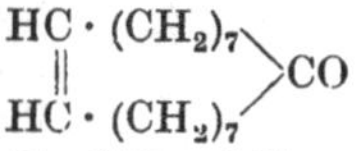 | 250,40 |
| 640 | **32,8** | 3-Chlorphenol | $C_6H_5OCl$ | $Cl \cdot C_6H_4 \cdot OH$ | 128,58 |
| 641 | **32,9** | Dicyclopentadien | $C_{10}H_{12}$ | 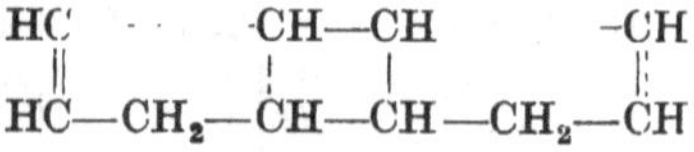 | 132,20 |
| 642 | **33** | β-Aminocrotonsäureäthylester | $C_6H_{11}O_2N$ | $CH_3 \cdot C(NH_2) : CH \cdot CO \cdot OC_2H_5$ oder $CH_3 \cdot C(:NH) \cdot CH_2 \cdot CO \cdot OC_2H_5$ | 129,15 |
| 643 | **33** | 2,4-Dichlor-1-nitrobenzol | $C_6H_3O_2NCl_2$ | $Cl_2C_6H_3 \cdot NO_2$ | 192,01 |
| 644 | **33** | Dimethyl-[2-thienyl-]carbinol | $C_7H_{10}OS$ | 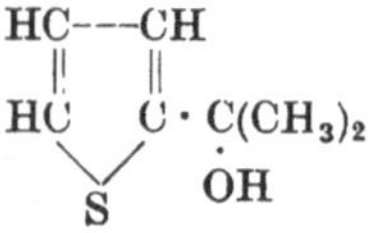 | 142,21 |
| 645 | **33** | 2,2′-Dithienyl | $C_8H_6S_2$ | 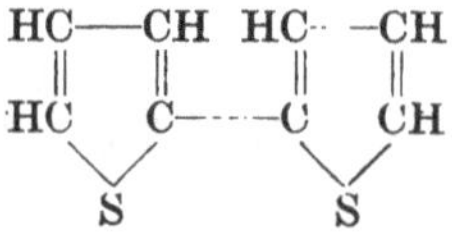 | 166,25 |
| 646 | **33** | Isoeugenol | $C_{10}H_{12}O_2$ | 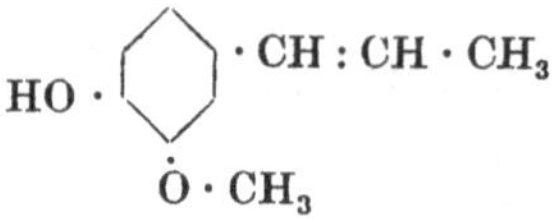 | 164,19 |

| Aggregatzustand Farbe | Spez. Gewicht | Siedepunkt °C | Beilstein-Zitat | Physikalische Konstanten und Eigenschaften | Löslichkeit | Reaktionen |
|---|---|---|---|---|---|---|
| 7 | 8 | 9 | 10 | 11 | 12 | 13 |
| Blättchen | 1,1486$^{36°}$ | 221-222 | XVII 59 | $n_D^{36,2}$ 1,633; riecht naphthalinartig; mit Dampf flüchtig | unl. in W<br>ll. in A, Ae | + $H_2O_2$ → Sulfon *Fp* 142 bis 143°<br>+ Kalk erhitzen 301—330° → o-Thiokresol + HCOOH<br>lösl. in $H_2SO_4$ → rot |
| Tafeln | | 206-208 | X 659 | | l. in Ae | |
| Blättchen | | 236 | VI 198 | | swl. in W<br>l. in A, Ae | |
| Nadeln | 1,305$^{80°}$ | 243 | V 241 | kryoskopKonst. 7,5 | unl. in W<br>l. in A | |
| weiße Prismen | 1,43 | 144 | IV 608 | sublimiert | unl. in W<br>ll. in A, Ae | |
| Krist. | | 215 | XVII 271 | | sll. in W, Ae<br>l. in A | lösl. in KOH → gelb |
| Krist. | | 342 (741mm) | $E_1$ VII 95 | mit Dampf flüchtig; riecht nach Moschus | unl. in W<br>l. in A | Oxim *Fp* 92° |
| Nadeln | 1,268$^{25°}$ | 214 | VI 185 | kryoskop.Konst. 8,30 | 2,6 W 20°<br>l. in A, Ae | |
| sternförmige Krist. | | 88 (55mm) | V 495 | | | Bisnitrosochlorid *Fp* 182°<br>Pseudonitrosit $C_{20}H_{24}O_6N_4$ *Fp* 147°, Blätter (in sd. Toluol → grün, abkühlen farblos) |
| Krist. (PAe) | 1,0144$^{36°}$ | 210 (Z.) | III 654 | | unl. in W<br>ll. in A, Ae, Bzl., Chlf. | |
| Nadeln (A) | 1,4390$^{80°}$ | 258,5 | V 245 | | unl. in W<br>ll. in h. A<br>∞ Ae | |
| | | 103-104 (25mm) | | | | |
| Blättchen (verd. A) | | 260 | XIX 32 | mit Dampf flüchtig; charakteristisch riechend | ll. in A, Ae | l. in konz. $H_2SO_4$ → gelb mit grünlicher Fluoreszenz |
| rechteckige Tafeln | 1,087$^{20°}$ | 140 (12mm)<br>270 (750mm) | VI 955 | riecht eugenolartig | wl. in W<br>ll. in A, Ae | Oxydation → Vanillin<br>alkohol. Lsg. + $FeCl_3$ → olivgrün<br>+ 1,3,5-Trinitrobenzol *Fp* 70°, hellrote Nadeln<br>Acetat *Fp* 79—80°, Nadeln<br>Diphenylylurethan *Fp* 112 bis 113°<br>Benzoat *Fp* 104° |

| Lfd. Nr. | *Fp* | Name | Summenformel | Strukturformel | Mol.-Gewicht |
|---|---|---|---|---|---|
| 1 | 2 | 3 | 4 | 5 | 6 |
| 647 | **33** | Zimtalkohol | $C_9H_{10}O$ | $C_6H_5 \cdot CH:CH \cdot CH_2 \cdot OH$ | **134,17** |
| 648 | **33,5** | Lävulinsäure | $C_5H_8O_3$ | $CH_3 \cdot CO \cdot CH_2 \cdot CH_2 \cdot COOH$ | 116,11 |
| 649 | **33,8** | p-Kresol | $C_7H_8O$ | $CH_3 \cdot C_6H_4 \cdot OH$ | 108,13 |
| 650 | **34** | Brenzschleimsäureäthylester | $C_7H_8O_3$ | 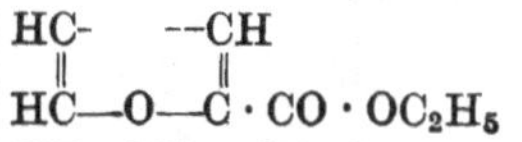 | 140,13 |
| 651 | **34** | Erucasäure | $C_{15}H_{28}O_2$ | $CH_3 \cdot (CH_2)_7 \cdot CH:CH \cdot (CH_2)_4 \cdot COOH$ | 338,55 |
| 652 | **34** | Pilocarpin | $C_{11}H_{16}O_2N_2$ | 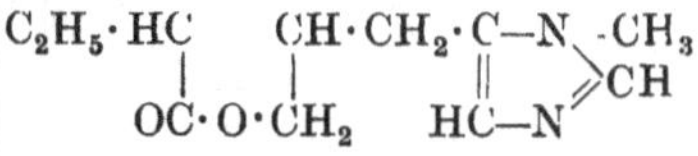 | 208,25 |
| 653 | **34,1** | 2-Methylnaphthalin | $C_{11}H_{10}$ | $C_{10}H_7 \cdot CH_3$ | **142,19** |
| 654 | **34,2** | m-Dijodbenzol | $C_6H_4J_2$ | $C_6H_4J_2$ | **329,93** |
| 655 | **34,2** | m-Xylylenchlorid | $C_8H_8Cl_2$ | $C_6H_4(CH_2Cl)_2$ | 175,06 |
| 656 | **34,5** | 4-Aminodiphenylmethan | $C_{13}H_{13}N$ | $C_6H_5 \cdot CH_2 \cdot C_6H_4 \cdot NH_2$ | 183,24 |
| 657 | **34,5** | N,N'-Dimethyl-o-phenylendiamin | $C_8H_{12}N_2$ | $C_6H_4(NH \cdot CH_3)_2$ | 136,19 |
| 658 | **34,5** | N,N-Diphenylhydrazin | $C_{12}H_{12}N_2$ | $(C_6H_5)_2N \cdot NH_2$ | 184,23 |
| 659 | **34,9** | Triacetonamin | $C_9H_{17}ON$ | 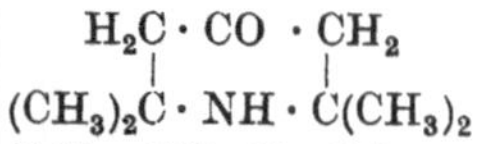 | 155,23 |
| 660 | **35** | α-Benzaldoxim | $C_7H_7ON$ | $C_6H_5 \cdot CH:N \cdot OH$ | 121,13 |
| 661 | **35** | Dibenzylketon | $C_{15}H_{14}O$ | 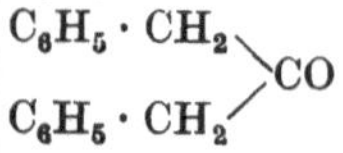 | 210,26 |
| 662 | **35** | 1,2-Dichlornaphthalin | $C_{10}H_6Cl_2$ | $C_{10}H_6Cl_2$ | 197,06 |
| 663 | **35** | 4-Jodtoluol | $C_7H_7J$ | $J \cdot C_6H_4 \cdot CH_3$ | 218,04 |
| 664 | **35** | Methylsenföl | $C_2H_3NS$ | $CH_3 \cdot N:CS$ | 73,11 |

| Aggregat-zustand Farbe | Spez. Gewicht | Siede-punkt °C | Beilstein-Zitat | Physikalische Konstanten und Eigenschaften | Löslichkeit | Reaktionen |
|---|---|---|---|---|---|---|
| 7 | 8 | 9 | 10 | 11 | 12 | 13 |
| Nadeln | 1,0440$^{20°}$ | 257,5 | VI 570 | $^{n}D^{33}$ 1,57580; $^{R}D^{33}$ 42,91 cm; $^{n}F^{33}$ 244,7 | l. in W<br>sll. in A, Ae | |
| Blättchen | 1,143$^{17°}$ | 245 (Z.) | III 671 | | ll. in W, A, Ae | Semicarbazon *Fp* 187° (Z.)<br>+ $Fe(NO_3)_3$ → schwach rötlichgelb<br>+ Paraform-$H_2SO_4$ → orange, und grüne Fluoreszenz |
| Prismen | 1,0347$^{20°}$ | 202,1 | VI 389 | kryoskop.Konst. 7,00; Geruch erinnert an Pferdeställe | 2,29 W 40°<br>∞ h. A, Ae | Kalischmelze → 4-Oxybenzoesäure<br>+ $FeCl_3$ → blaue Färbung<br>Acetat *Fp* 212,5°<br>Phenylurethan *Fp* 114° |
| Blättchen | 1,1174$^{21°}$ | 197 | XVIII 275 | | unl. in W | |
| Nadeln (A)<br>Tafeln (PAe) | 0,8602$^{55°}$ | 281 (30 mm) | II 472 | | unl. in W<br>sll. A, Ae | + $HNO_2$ → Brassidinsäure<br>Amid *Fp* 84°<br>p-Phenylphenacylester *Fp* 76° |
| Nadeln | | | XXVII 633 | [α]D +106°; pupillenverengend; schweißtreibend; starkes Gift | ll. in W, A<br>wl. in Ae | + Formaldehyd-$H_2SO_4$ angefeuchtet → gelb → gelbbraun → blutrot → braunrot<br>Pikrat *Fp* 145—147° |
| Tafeln | | 241-242 | V 567 | | unl. in W<br>l. in A | |
| Tafeln (A + Ae) | | 285 | V 225 | | | |
| Krist. | 1,302$^{20°}$ | 250-255 | V 373 | | unl. in W<br>ll. in A, Ae | |
| Krist. (Ligroin) | | 198 (15 mm) | XII 1323 | | ll. in A, Ae | Acetylderivat *Fp* 128 bis 129° |
| Prismen (Ligroin) | | 245-255 | XIII 15 | | | + $FeCl_3$ + HCl → rote Färbung |
| Tafeln (Ligroin) | 1,19$^{16°}$ | 220 (45 mm) | XV 122 | | swl. in W<br>ll. in A, Ae | lösl. in $H_2SO_4$ → blau |
| Nadeln (Ae) | | 205 | XXI 249 | | ll. in W, A, Ae | |
| Prismen | 1,111$^{20°}$ | 117 (14 mm) | VII 218 | | wl. in W<br>ll. in Ae, Bzl. | |
| Krist. (Ae) | | 330,6 | VII 445 | zers. am Licht | unl. in W<br>ll. in A, Ae | Semicarbazon *Fp* 145 bis 146°, Spieße<br>Oxim *Fp* 123° (+ konz. $H_2SO_4$ → grün)<br>Phenylhydrazon *Fp*. 128 bis 129°, Blättchen |
| Tafeln (A) | | 295 | V 542 | | l. in A, Ae | |
| Blättchen | | 211,5 | V 312 | | unl. in W<br>ll. in A, Ae, $CS_2$ | |
| Krist. | 1,0697$^{37°}$ | 119 | IV 77 | mit Dampf flüchtig; riecht stechend nach Meerrettich | unl. in W<br>l. in A, Ae | |

| Lfd. Nr. | *Fp* | Name | Summenformel | Strukturformel | Mol.-Gewicht |
|---|---|---|---|---|---|
| 1 | 2 | 3 | 4 | 5 | 6 |
| 665 | **35** | 3-Nitrobenzoylchlorid | $C_7H_4O_3NCl$ | $O_2N \cdot C_6H_4 \cdot COCl$ | 185,57 |
| 666 | **35** | α-Terpineol | $C_{10}H_{18}O$ | 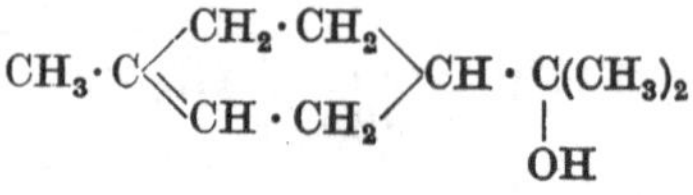 | 154,24 |
| 667 | **35** | Trimethylessigsäure | $C_5H_{10}O_2$ | $(CH_3)_3C \cdot COOH$ | 102,13 |
| 668 | **35** | p-Xylylbromid | $C_8H_9Br$ | $CH_3 \cdot C_6H_4 \cdot CH_2 \cdot Br$ | 185,07 |
| 669 | **35,5** | 2-Benzylnaphthalin | $C_{17}H_{14}$ | $C_{10}H_7 \cdot CH_2 \cdot C_6H_5$ | 218,28 |
| 670 | **35,5** | Methyl-p-phenylendiamin | $C_7H_{10}N_2$ | $H_2N \cdot C_6H_4 \cdot NH \cdot CH_3$ | 122,16 |
| 671 | **35,5** bis **37** | 4-Keto-4,5,6,7-tetrahydro-thionaphthen | $C_8H_8OS$ | 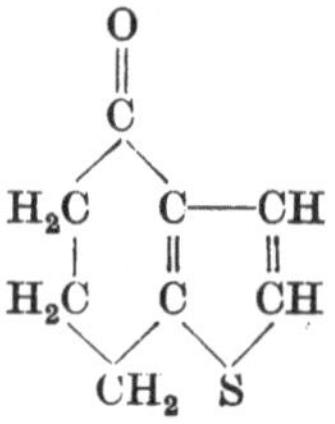 | 152,20 |
| 672 | **36** | Atophanallylester (Atochinol) | $C_{19}H_{15}O_2N$ | 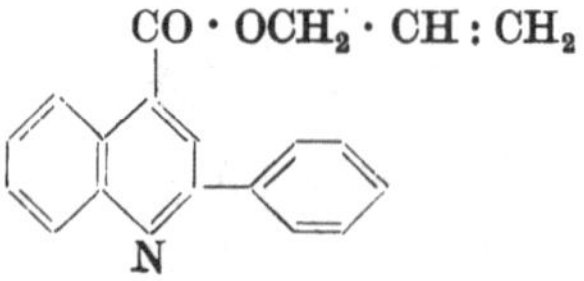 | 289,32 |
| 673 | **36** | Azoxybenzol | $C_{12}H_{10}ON_2$ | $C_6H_5 \cdot \underset{\ddot{O}}{N} : N \cdot C_6H_5$ | 198,21 |
| 674 | **36** | Benzylamin | $C_7H_9N$ | $C_6H_5 \cdot CH_2 \cdot NH_2$ | 107,15 |
| 675 | **36** | Brenzweinsäureanhydrid | $C_5H_6O_3$ | 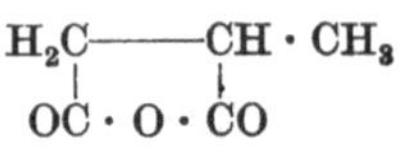 | 114,10 |
| 676 | **36** | 4-Chlor-1,2-dinitrobenzol (α-Form) | $C_6H_3O_4N_2Cl$ | $Cl \cdot C_6H_3(NO_2)_2$ | 202,56 |
| 677 | **36** | 3-Jod-1-nitrobenzol | $C_6H_4O_2NJ$ | $J \cdot C_6H_4 \cdot NO_2$ | 249,02 |
| 678 | **36** | Tetrachlorthiophen | $C_4Cl_4S$ | 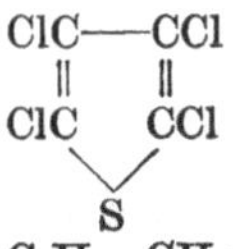 | 221,93 |
| 679 | **36** | Zimtsäurechlorid (Cinnamoylchlorid) | $C_9H_7OCl$ | $C_6H_5 \cdot CH : CH \cdot COCl$ | 166,60 |
| 680 | **36** | Zimtsäuremethylester | $C_{10}H_{10}O_2$ | $C_6H_5 \cdot CH : CH \cdot CO \cdot OCH_3$ | 162,18 |

| Aggregat-zustand Farbe | Spez. Gewicht | Siede-punkt °C | Beilstein-Zitat | Physikalische Konstanten und Eigenschaften | Löslichkeit | Reaktionen |
|---|---|---|---|---|---|---|
| 7 | 8 | 9 | 10 | 11 | 12 | 13 |
| Krist. | | 154-155 (15 mm) | IX 381 | | ll. in Ae | |
| Krist. | $0{,}928_{40°}^{40°}$ | 219 | VI 58 | | unl. in W<br>ll. in A, Ae, Essigsäure | Nitrosochlorid *Fp* 112 bis 114°, Nadeln<br>Phenylurethan *Fp* 113°, spießige Nadeln<br>α-Naphthylurethan *Fp* 151 bis 152° |
| Nadeln | $0{,}905^{20°}$ | 163,7 | II 319 | | 2,2 W 20° | Amid *Fp* 155—156° |
| Nadeln (A) | | 219 (740mm) | V 385 | | unl. in W<br>l. in A<br>sll. in h. Ae, Chlf. | |
| Prismen (A) | $1{,}176^{0°}$ | 350 | V 690 | | unl. in W<br>2,27 A 15°<br>ll. in sd. A, Bzl. | |
| Blättchen | | 257-259 | XIII 71 | | ll. in W, A, Ae | |
| gelbliche Krist. | | | | | unl. in W, Lauge und verd. Säure | + Jodlösung → braunes Perjodid<br>gelbe Lsg. in konz. $H_2SO_4$ gelinde erwärmt → orange, stark erwärmt → intensiv braun |
| gelbe Nadeln | $1{,}248_{20°}^{20°}$ | Z. | XVI 621 | | unl. in W<br>21 abs. A 16°<br>11,4 94% A 15°<br>ll. in Ae<br>43,5 Ligroin 15° | |
| Fl. | $0{,}9826^{19°}$ | 184,5 | XII 1013 | riecht charakteristisch | ∞ W, A, Ae | Acetylderivat *Fp* 60—61°<br>Benzoylderivat *Fp* 105—106° |
| Krist. (Chlf.) | $1{,}2378_{15°}^{15°}$ | 247,4 | XVII 414 | | wl. in W | |
| Säulen (Ae) | | | V 262 | | unl. in W<br>l. in A<br>ll. in Ae | |
| gelbe Krist. | $1{,}804^{155°}$ | ~280 | V 253 | | | |
| | | 224-225 | XVII 33 | $n_D^{36}$ 1,59216 | | |
| Krist. | $1{,}162^{45°}$ | 251-253 | IX 587 | | l. in $CCl_4$, PAe | |
| Krist. | $1{,}0415_{0°}^{26°}$ | 259,6 | IX 581 | $n_D^{20,4}$ 1,57661;<br>$R_D^{20,4}$ 49,34cm;<br>$n_F^{20,4}$ 310,9 | unl. in W<br>ll. in A, Ae | |

| Lfd. Nr. | *Fp* | Name | Summenformel | Strukturformel | Mol.-Gewicht |
|---|---|---|---|---|---|
| 1 | 2 | 3 | 4 | 5 | 6 |
| 681 | **36—38** | Pinakon | $C_6H_{14}O_2$ | $(CH_3)_2C(OH) \cdot C(OH)(CH_3)_2$ | 118,17 |
| 682 | **37** | Benzofulven | $C_{10}H_8$ | 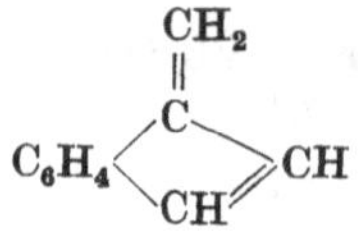 | 128,16 |
| 683 | **37** | „Dijodbrassidinsäure-äthylester" (Lipojodin) | $C_{24}H_{46}O_2J_2$ | $CH_3 \cdot (CH_2)_7 \cdot CH \cdot J$ / $C_2H_5O \cdot OC \cdot (CH_2)_{11} \cdot CH \cdot J$ | |
| 684 | **37** | α-Napthonitril | $C_{11}H_7N$ | $C_{10}H_7 \cdot CN$ | 153,17 |
| 685 | **37** | 2-Nitrodiphenyl | $C_{12}H_9O_2N$ | $C_6H_5 \cdot C_6H_4 \cdot NO_2$ | 199,20 |
| 686 | **37** | Piperonal (Heliotropin) | $C_8H_6O_3$ | 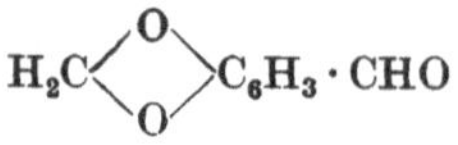 | 150,13 |
| 687 | **37** | Phenylarsindifluorid | $C_6H_5F_2As$ | $C_6H_5 \cdot AsF_2$ | 189,95 |
| 688 | **37,1** | 4-Chlor-1,2-dinitrobenzol (β-Form) | $C_6H_3O_4N_2Cl$ | $Cl \cdot C_6H_3(NO_2)_2$ | 202,56 |
| 689 | **37,5 bis 38,5** | 3,4-Dijod-2-thiotolen | $C_5H_4J_2S$ | 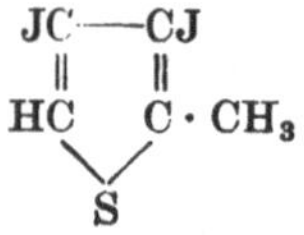 | 349,98 |
| 690 | **38** | dl-Camphenilon | $C_9H_{14}O$ | 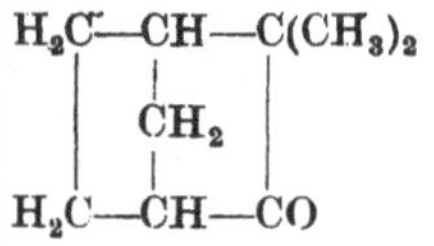 | 138,20 |
| 691 | **38** | 2-Chlorchinolin | $C_9H_6NCl$ | $C_9H_6N \cdot Cl$ | 163,60 |
| 692 | **38** | Eikosan | $C_{20}H_{42}$ | $CH_3 \cdot (CH_2)_{18} \cdot CH_3$ | 282,53 |
| 693 | **38** | 2-Methoxyacetophenon | $C_9H_{10}O_2$ | $CH_3 \cdot O \cdot C_6H_4 \cdot CO \cdot CH_3$ | 150,17 |
| 694 | **38** | 2-Methoxybenzaldehyd | $C_8H_8O_2$ | $CH_3 \cdot O \cdot C_6H_4 \cdot CHO$ | 136,14 |
| 695 | **38** | Methylnitramin | $CH_4O_2N_2$ | $CH_3 \cdot NH \cdot NO_2$ | 76,06 |
| 696 | **38** | n-Tetradecylalkohol | $C_{14}H_{30}O$ | $CH_3 \cdot (CH_2)_{12} \cdot CH_2OH$ | 214,38 |

| Aggregatzustand Farbe | Spez. Gewicht | Siedepunkt °C | Beilstein-Zitat | Physikalische Konstanten und Eigenschaften | Löslichkeit | Reaktionen |
|---|---|---|---|---|---|---|
| 7 | 8 | 9 | 10 | 11 | 12 | 13 |
| Nadeln (A, Ae, $CS_2$) | $0{,}967^{15°}$ | 174,4 | I 487 | Geruch nach Campher | wl. in k. W<br>ll. in h. W<br>A, Ae | destilliert mit verd. $H_2SO_4$ → Pinakolin<br>Hydrat *Fp* 46,5°, durchsichtige, quadratische Tafeln |
| grüngelbe Blättchen | | 95 (17 mm) | $E_1$ V 265 | riecht naphthalinartig; sehr flüchtig | | |
| weißes Pulver | | | | | unl. in W<br>l. in Alkalien, Säuren<br>alkohol. KOH verseift | + konz. $H_2SO_4$ → blaßviolettrot<br>+ $HNO_3 \cdot H_2SO_4$ → gelb |
| Nadeln (Ligroin) | $1{,}117^{15°}_{15°}$ | 299 | IX 649 | | ll. in A<br>l. in $CS_2$, Essigsäure | |
| Tafeln (A) | 1,44 | ~320 | V 582 | | unl. in W<br>ll. in A, Ae | |
| weiße Krist. (W) | | 263 | XIX 115 | riecht heliotropartig | 0,35 W 20°<br>0,66 W 78°<br>125 A 20°<br>~700 sd. A<br>∞ Ae | 0,5 mg Substanz + 5 mg α-Naphthol in 1 ml konz. $H_2SO_4$ → grüne Lsg. → rot mit grüner Fluoreszenz (wenn ungelöste Subst. → langsam violett)<br>Semicarbazon *Fp* 230 bis 233°, Blättchen |
| Krist. | | 213 | | | | |
| | | | V 262 | | unl. in W<br>l. in A<br>ll. in Ae | |
| Krist. | $0{,}971^{88°}$ | 192-194 | VII 71 | kryoskop. Konst. 64,0; mit Dampf flüchtig; riecht nach Campher | | Semicarbazon *Fp* 244° |
| Nadeln (verd. A) | $1{,}246^{25°}$ | 268 (744mm) | XX 359 | | swl. in W<br>ll. in A, Ae, Bzl. | |
| Krist. | $0{,}7779^{37°}$ | 205 (15mm) | I 174 | | unl. in W<br>l. in A, Ae | |
| Tafeln (Ae) | $1{,}082^{41°}$ | 260 | VIII 87 | | sll. in W, A, Ae | Oxim *Fp* 86—87° |
| Prismen | $1{,}1354^{15°}_{15°}$ | 243-244 | VIII 43 | | unl. in W<br>l. in A<br>ll. in Ae | |
| Nadeln (Ae) | $1{,}243^{49°}$ | Z. | IV 567 | | ll. in W, A<br>l. in Ae | |
| | | 170 (15mm) | I 428 | | | p-Joddiphenylylurethan *Fp* 142,2—143°, Scheiben oder Nadeln |

| Lfd. Nr. | *Fp* | Name | Summenformel | Strukturformel | Mol.-Gewicht |
|---|---|---|---|---|---|
| 1 | 2 | 3 | 4 | 5 | 6 |
| 697 | **38** | 5,6,7,8-Tetrahydronaphthylamin-(2) | $C_{10}H_{13}N$ | 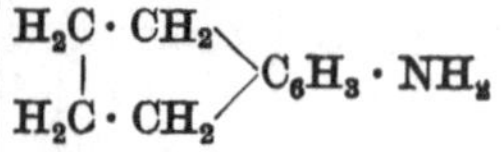 | **147,21** |
| 698 | **38** | p-Toluolsulfonsäure | $C_7H_8O_3S$ | $CH_3 \cdot C_6H_4 \cdot SO_3H$ | **172,19** |
| 699 | **38,5** | Cinnolin | $C_8H_6N_2$ | 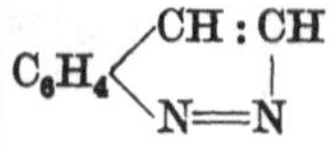 | **130,14** |
| 700 | **38,7 bis 38,9** | Diphenylarsinchlorid | $C_{12}H_{10}ClAs$ | 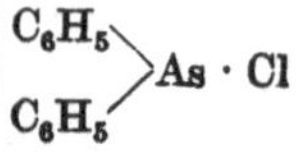 | **264,45** |
| 701 | **38,8** | 4-Chlor-1,2-dinitrobenzol ($\gamma$-Form) | $C_6H_3O_4N_2Cl$ | $Cl \cdot C_6H_3(NO_2)_2$ | **202,56** |
| 702 | **38,9** | 5-Chlor-2-nitrophenol | $C_6H_4O_3NCl$ | $O_2N \cdot C_6H_3(Cl) \cdot OH$ | **173,56** |
| 703 | **39** | 2,5-Dichlor-3-acetothienon | $C_6H_4OCl_2S$ | 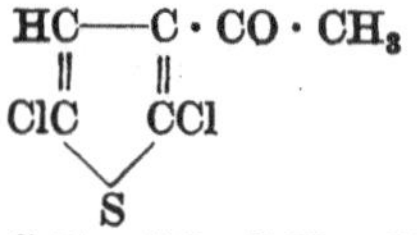 | **195,07** |
| 704 | **39** | 2-Oxybenzophenon | $C_{13}H_{10}O_2$ | $C_6H_5 \cdot CO \cdot C_6H_4 \cdot OH$ | **198,21** |
| 705 | **39** | Zimtsäurebenzylester | $C_{16}H_{14}O_2$ | $C_6H_5 \cdot CH : CH \cdot CO \cdot OCH_2 \cdot C_6H_5$ | **238,27** |
| 706 | **39—40** | 2-Aminobenzaldehyd | $C_7H_7ON$ | $H_2N \cdot C_6H_4 \cdot CHO$ | **121,13** |
| 707 | **39—40** | Furfurylidenaceton | $C_8H_8O_2$ |  | **136,14** |
| 708 | **31—40** | Piperidon-(2) | $C_5H_9ON$ | 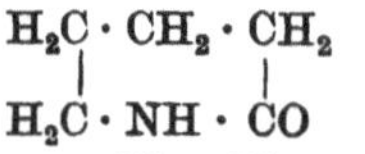 | **99,13** |
| 709 | **39,5 bis 41** | 2,7-Dimethyl-3-keto-3,4,5,6-tetrahydro-$\beta$-thionaphthen | $C_{10}H_{12}OS$ | 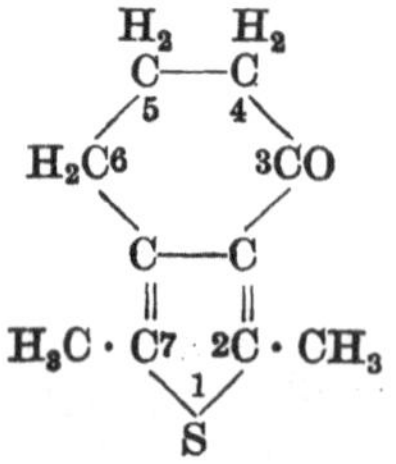 | **168,25** |

| Aggregatzustand Farbe | Spez. Gewicht | Siedepunkt °C | Beilstein-Zitat | Physikalische Konstanten und Eigenschaften | Löslichkeit | Reaktionen |
|---|---|---|---|---|---|---|
| 7 | 8 | 9 | 10 | 11 | 12 | 13 |
| Nadeln (Ligroin) | | 276 (173mm) | XII 1198 | | ll. in A, Ae | Acetylderivat *Fp* 107° |
| violette Krist. | | 146 (Hochvakuum) | XI 97 | | | |
| hellgelbe Krist. (Ligroin) | | | XXIII 173 | starke Base; riecht charakteristisch; schmeckt bitter; giftig | ll. in W, A, Ae | |
| Weiße Krist. | $1{,}4820_{4°}^{16°}$ | 333 (Z.) 193 (20mm) | XVI 845 | Dampfdichte 9,0; Dampfdruck 20° 0,005 mm Hg; Flüchtigkeit 20° 0,3 mg/m³; $n_D^{56}$ 1,6332; Oberflächenspannung 39,35 dyn/cm; reizt Nasen- u. Rachenschleimhäute | fast unl. in W (0,2 : 100) l. in A sll. in Bzl. | |
| Nadeln (Ae) | | | V 262 | | unl. i. W. l. in A ll. in Ae | |
| gelbe Prismen (W) | | subl. | VI 238 | | wl. in W ll. in A, Ae, Essigsäure | |
| Blättchen (verd. A) | | 250 (650mm) | VIII 155 | mit Dampf flüchtig; riecht nach faulenden Äpfeln | unl. in W ll. in A, Ae, Bzl. | Kalischmelze → Salicylsäure Oxim *Fp* 133—134° |
| Prismen | | 240-244 (25mm) | IX 584 | | unl. in W ll. in A, Ae | |
| Blättchen | | Z. | XIV 21 | mit Dampf flüchtig | wl. in W sll. in A, Ae, Bzl. | Oxim *Fp* 136° |
| Nadeln | | 135-137 (33mm) | XVII 306 | | ll. in A, Ae, Chlf. wl. in PAe | + $H_2SO_4$ → rot |
| Krist. | | 256 | XXI 238 | | ll. in W, A, Ae, verd. Säuren unl. in Alkali | |

| Lfd. Nr. | *Fp* | Name | Summenformel | Strukturformel | Mol.-Gewicht |
|---|---|---|---|---|---|
| 1 | 2 | 3 | 4 | 5 | 6 |
| 710 | 40 (subl.) | Äthylbordihydroxyd | $C_2H_7O_2B$ | $C_2H_5 \cdot B(OH)_2$ | 73,89 |
| 711 | 40 | 5-Chlor-2,2'-dithienyl | $C_8H_5ClS_2$ | 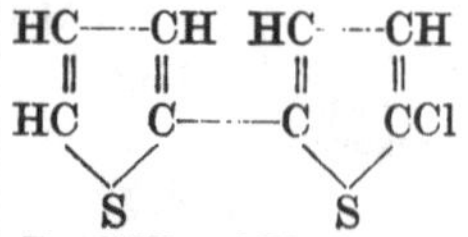 | 200,74 |
| 712 | 40 | 2,4-Dibromphenol | $C_6H_4OBr_2$ | $Br_2C_6H_3 \cdot OH$ | 251,92 |
| 713 | 40 | *l*-Ephedrin (l-Phenyl-1-oxy-2-methylamino-propan) | $C_{10}H_{15}ON$ | $C_6H_5 \cdot CH \cdot CH \cdot CH_3$<br>$OH \quad NH \cdot CH_3$ | 165,23 |
| 714 | 40 | 3-Jodphenol | $C_6H_5OJ$ | $J \cdot C_6H_4 \cdot OH$ | 220,02 |
| 715 | 40 | Pseudopelletierin | $C_9H_{15}ON$ | 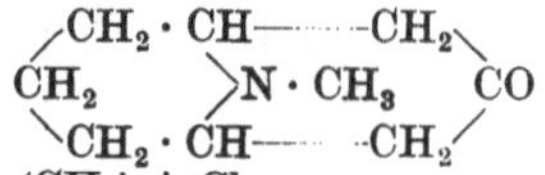 | 153,22 |
| 716 | 40—50 | Kakodyltrichlorid | $C_2H_6Cl_3As$ | $(CH_3)_2AsCl_3$ | 211,35 |
| 717 | 40,4 | 2-Jodphenol | $C_6H_5OJ$ | $J \cdot C_6H_4 \cdot OH$ | 220,02 |
| 718 | 40,5 | Diphenylarsinjodid | $C_{12}H_{10}JAs$ | $(C_6H_5)_2As \cdot J$ | 356,03 |
| 719 | 40,5 | 2-Nitrobenzaldehyd | $C_7H_5O_3N$ | $O_2N \cdot C_6H_4 \cdot CHO$ | 151,12 |
| 720 | 40,5 bis 41,5 | 2,5-Dijodthiophen | $C_4H_2J_2S$ | 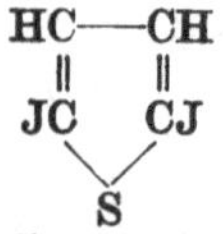 | 341,96 |
| 721 | 41 | *β*-Chlorpropionsäure | $C_3H_5O_2Cl$ | $CH_2Cl \cdot CH_2 \cdot COOH$ | 108,53 |
| 722 | 41 | *l*-*β*-Conicein | $C_8H_{15}N$ | 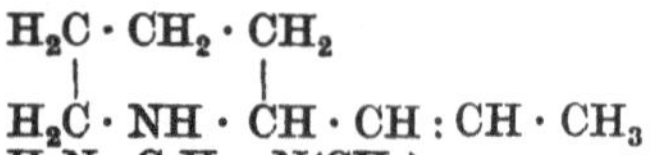 | 125,21 |
| 723 | 41 | N,N-Dimethyl-p-phenylendiamin | $C_8H_{12}N_2$ | $H_2N \cdot C_6H_4 \cdot N(CH_3)_2$ | 136,19 |
| 724 | 41 | Isophthalylchlorid | $C_8H_4O_2Cl_2$ | $C_6H_4(COCl)_2$ | 203,03 |
| 725 | 41 | Phenol | $C_6H_6O$ | $C_6H_5 \cdot OH$ | 94,11 |

| Aggregatzustand Farbe | Spez. Gewicht | Siedepunkt °C | Beilstein-Zitat | Physikalische Konstanten und Eigenschaften | Löslichkeit | Reaktionen |
|---|---|---|---|---|---|---|
| 7 | 8 | 9 | 10 | 11 | 12 | 13 |
| Krist. (Ae) | | | IV 642 | sehr flüchtig | ll. in W, A, Ae | |
| Nadeln (PAe) | | 177 (17 mm) | VI 202 | riecht widerlich anhaftend | 0,19 W 15° sll. in A, Ae | |
| Krist. (Ae) | | 255 | XIII 636 | | ll. in W A, Ae | Chloroplatinat *Fp* 186° |
| Nadeln (Ligroin) | | | VI 207 | mit Dampf flüchtig | ll. in A, Ae | |
| Prismen (W oder PAe) | | 246 | XXI 261 | | ll. in W, A, Ae, Chlf. swl. in PAe | + $K_2Cr_2O_7$ + $H_2SO_4$ → intensiv grün |
| Säulen (A) | | | IV 612 | raucht an der Luft | l. in Ae | + W, + A Zers. Erhitzen > 50° → Methylarsindichlorid und Methylchlorid |
| Tafeln (Ligroin) | $1{,}8757^{80°}$ | 186 (160 mm) | VI 207 | mit Dampf flüchtig | l. in h. W ll. in A, Ae | |
| gelbe hexagonale Krist. (A) | | 204-218 (18 mm) | | | unl. in W ll. i. Ae, Bzl., Chlf., $CCl_4$, Aceton | |
| hellgelbe Nadeln | | 153 (23 mm) | VII 243 | labile Form | 0,23 W 25° ll. in A, Ae | Phenylhydrazon *Fp* 154° |
| | | 139-140 (15 mm) | XVII 35 | | | |
| hygroskop. Blättchen | | 204 (Z.) | II 249 | | sll. in A, Ae | |
| Nadeln | $0{,}8520^{50°}$ | | XX 146 | $[\alpha]^{45}_{D}$ —50,5° | wl. in W ll. in A, Ae | |
| Nadeln (Bzl. + Ligroin) | $1{,}0414^{15°}_{15°}$ | 262,3 | XIII 73 | | ll. in W, A l. in Ae | |
| Krist. | | 276 | IX 834 | | l. in Ae, Bzl. | |
| Nadeln | $1{,}0545^{45°}$ | 181,4 90,2 (25 mm) | VI 110 | $n_D^{40,6}$ 1,54247; $R_D^{40,6}$ 27,95 cm; $n_F^{40,6}$ 189,0; Oberflächenspannung 55° 36,5 dyn/cm; ebullioskop. Konst. 3,60; kryoskop. Konst. 7,27; riecht charakteristisch; ätzt die Haut; giftig | 8,2 W 15° ∞ W >65,3° ∞ A, Ae | wss. Lsg. + $Fe(NO_3)_3$-Lsg. → blauviolett wss. Lsg + 2 Tropfen 0,3%ige $H_2O_2$-Lsg. → tiefgrün → braun + einige mg $NaHCO_3$ → intensiv blaurot + 1 Tropfen 2-n. $NH_3$ → kirschrot wss. Lsg. + Eisen-Schwefelsäure → blaßgrün Millons Reagens b. Kochen gelber Nd. + $HNO_3$ tiefrot Diphenylylurethan *Fp* 104 bis 105° α-Naphthylurethan *Fp* 132 bis 133° |

| Lfd. Nr. | *Fp* | Name | Summenformel | Strukturformel | Mol.-Gewicht |
|---|---|---|---|---|---|
| 1 | 2 | 3 | 4 | 5 | 6 |
| 726 | 41 | Thiocarbamidsäure-O-äthylester (Xanthogenamid) | $C_3H_7ONS$ | $H_2N \cdot CS \cdot O \cdot C_2H_5$ | 105,15 |
| 727 | 41—42 | 2-Brom-1-nitrobenzol | $C_6H_4O_2NBr$ | $Br \cdot C_6H_4 \cdot NO_2$ | 202,02 |
| 728 | 41—43 | Benzopersäure | $C_7H_6O_3$ | $C_6H_5 \cdot CO \cdot O \cdot OH$ | 138,12 |
| 728 a | 42 | Benzalaceton | $C_{10}H_{10}O$ | $CH_3 \cdot CO \cdot CH:CH \cdot C_6H_5$ | 146,18 |
| 729 | 42 | Benzoesäureanhydrid | $C_{14}H_{10}O_3$ | $(C_6H_5 \cdot CO)_2O$ | 226,22 |
| 730 | 42 | Hydrindon-1 (Indanon-1) | $C_9H_8O$ | $C_6H_4<\binom{CH_2}{CO}>CH_2$ | 132,15 |
| 731 | 42 | *β*-Methylhydroxylamin | $CH_5ON$ | $CH_3 \cdot NH \cdot OH$ | 47,06 |
| 732 | 42—43 | 2-Phenylthiophen | $C_{10}H_8S$ | HC—CH, ‖ ‖, HC C · $C_6H_5$, \ / S | 160,22 |
| 733 | 42—43 | Thallin | $C_{10}H_{13}ON$ | $CH_3 \cdot O \cdot C_6H_3<\binom{CH_2 \cdot CH_2}{NH \cdot CH_2}$ | 163,21 |
| 734 | 42—44 | *l*-Menthol | $C_{10}H_{20}O$ | $H_2C \cdot CH_2 \cdot CH \cdot CH(CH_3)_2$ / $CH_3 \cdot HC \cdot CH_2 \cdot CH \cdot OH$ | 156,26 |
| 735 | 42,9 | 4-Chlorphenol | $C_6H_5OCl$ | $Cl \cdot C_6H_4 \cdot OH$ | 128,56 |
| 736 | 43 | Benzylrhodanid | $C_8H_7NS$ | $C_6H_5 \cdot CH_2 \cdot S \cdot CN$ | 149,20 |
| 737 | 43 | 4-Chlor-1,3-dinitrobenzol (*β*-Form) | $C_6H_3O_4N_2Cl$ | $Cl \cdot C_6H_3(NO_2)_2$ | 202,56 |
| 738 | 43 | 3,4-Dichlor-1-nitrobenzol | $C_6H_3O_2NCl_2$ | $Cl_2 \cdot C_6H_3NO_2$ | 192,01 |
| 739 | 43 | 3,4-Dimethoxybenzaldehyd (Veratrumaldehyd) | $C_9H_{10}O_3$ | $(CH_3 \cdot O \cdot)_2C_6H_3 \cdot CHO$ | 166,17 |

| Aggregatzustand Farbe | Spez. Gewicht | Siedepunkt °C | Beilstein-Zitat | Physikalische Konstanten und Eigenschaften | Löslichkeit | Reaktionen |
|---|---|---|---|---|---|---|
| 7 | 8 | 9 | 10 | 11 | 12 | 13 |
| Pyramiden | | Z. | III 137 | | wl. in W<br>∞ A, Ae | erhitzen → Äthylmercaptan, Cyansäure und Cyanursäure |
| gelbliche Krist. | 1,625$^{80°}$ | 261 | V 247 | kryoskop.Konst. 9,10 | l. in verd. A | |
| Blätter (Bzl.) | | 97-100 (13 bis 15 mm) | IX 178 | sehr flüchtig; riecht stechend; flüchtig mit Dampf | wl. in W<br>l. in A, Ae | |
| dicke Tafeln | 1,0347$^{20°}_{20°}$ | 260-262 | VII 364 | riecht nach Cumarin und Rhabarber | ll. in A, Ae, Bzl. | Oxim *Fp* 117°<br>Phenylhydrazon *Fp* 159° (+ HCl intensiv gelb)<br>Semicarbazon *Fp* 187 bis 188°, Nadeln od. Blättchen |
| Prismen (A) | 1,1989$^{15°}$ | 360 | IX 164 | | swl. in W<br>l. in A, Ae | |
| Nadeln (W) | 1,099$^{42°}$ | 243-245 | VII 360 | mit Dampf flüchtig; riecht phthalidartig; schmeckt bitter | unl. in W<br>ll. in A, Ae | Oxim *Fp* 146°, Nadeln<br>Azin *Fp* 164—165°, Nadeln oder Prismen<br>Semicarbazon *Fp* 233°, Tafeln |
| Prismen | 1,003$^{20°}$ | 62,5 (15mm) | IV 534 | hygroskopisch | ll. in W, A<br>wl. in Ae | |
| | | | XVII 66 | | | |
| Krist. (W) | | 283 (735mm) | XXI 61 | | wl. in W<br>ll. in A, Ae, Bzl. | + $FeCl_3$ → grün |
| Nadeln | 0,890$^{15°}_{15°}$ | 215,5 | VI 28 | ebullioskop. Konst. 6,15; kryoskop. Konst. 12,24; Geschmack würzig u. brennend, Geruch pfefferminzartig | 0,04 k. W<br>sll. in A, Ae, Essigsäure | Phenylurethan *Fp* 111 bis 112°, Nadeln<br>Lösen 2 mg Substanz und 2 mg Piperonal in 1 ml konz. $H_2SO_4$ gelb, bei Verdünnen mit A intensiv rotviolett bis blauviolett |
| Nadeln | 1,260$^{45°}$ | 217 | VI 186 | kryoskop.Konst. 42,9; riecht stärker als Phenol | 2,7 W 20°<br>ll. in A, Ae | + 10—20 mg Paraform + 1ml $H_2SO_4$ → gelb<br>wss. Lsg. + $Fe(NO_3)_3$ → intensiv violett + 1—2 Tropfen 0,3%ige $H_2O_2$-Lsg. → tiefgrün |
| Prismen | | 230-235 | VI 460 | riecht nach Kresse; schmeckt brennend | unl. in W<br>l. in A, Ae | |
| Krist. (Ae) | | 315 (Z. | V 263 | | unl. in W<br>wl. in k. W<br>ll. in Ae | |
| Nadeln (A) | 1,4514$^{80°}$ | 255-256 | V 246 | | unl. in W<br>wl. in k. A | |
| Nadeln (Ae) | | 281 | VIII 255 | riecht nach Vanille | unl. in k. W<br>ll. in A, Ae | |

| Lfd. Nr. | *Fp* | Name | Summenformel | Strukturformel | Mol.-Gewicht |
|---|---|---|---|---|---|
| 1 | 2 | 3 | 4 | 5 | 6 |
| 740 | **43** | Salicylsäurephenylester (Salol) | $C_{13}H_{10}O_3$ | $HO \cdot C_6H_4 \cdot CO \cdot OC_6H_5$ | 214,21 |
| 741 | **43** | Thialdin | $C_6H_{13}NS_2$ | 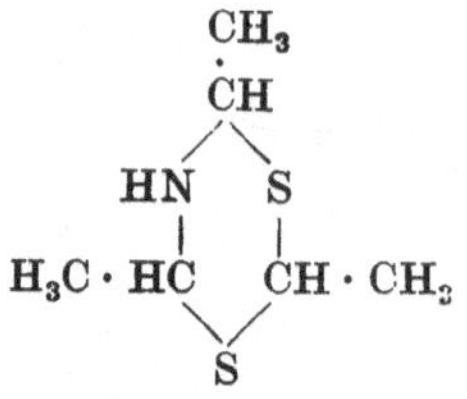 | 163,29 |
| 741a | **43,5** | 2-Nitrobenzaldehyd | $C_7H_5O_3N$ | $O_2N \cdot C_6H_4 \cdot CHO$ | 151,12 |
| 742 | **43—44** | Cyanamid | $CH_2N_2$ | $H_2N \cdot C \vdots N$ | 42,04 |
| 743 | **43—44** | dl-*α*-Oxybuttersäure | $C_4H_8O_3$ | $C_2H_5 \cdot CH(OH) \cdot COOH$ | 104,10 |
| 744 | **43—44** | p-Thiokresol | $C_7H_8S$ | $CH_3 \cdot C_6H_4 \cdot SH$ | 124,19 |
| 745 | **43—46** | 2,3,4-Tribromthiophen | $C_4HBr_3S$ | 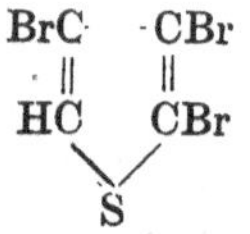 | 320,86 |
| 746 | **43—47** | Psicain (d-Pseudococain-bitartrat) | $C_{21}H_{27}O_{10}N$ | 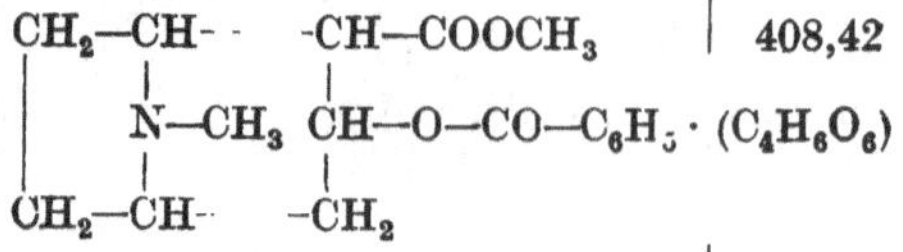 | 408,42 |
| 747 | **44** | Laurinsäure | $C_{12}H_{24}O_2$ | $CH_3 \cdot (CH_2)_{10} \cdot COOH$ | 200,31 |
| 748 | **44** | 1,2,4-Tribrombenzol | $C_6H_3Br_3$ | $C_6H_3Br_3$ | 314,83 |
| 749 | **44** | Zimtsäurecinnamylester | $C_{18}H_{16}O_2$ | $C_6H_5 \cdot CH:CH \cdot COO \cdot CH_2 \cdot CH:CH \cdot C_6H_5$ | 264,30 |
| 750 | **44—45** | 2,5-Dimethylthienyl-(3)-phenylketon | $C_{13}H_{12}OS$ | 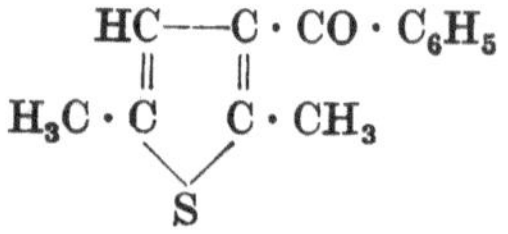 | 216,26 |
| 751 | **44—45** | 3,4,5-Trijod-2-thiotolen | $C_5H_3J_3S$ | 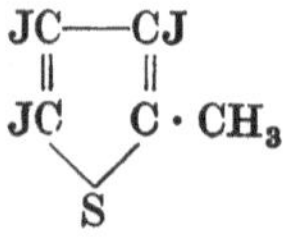 | 475,89 |

| Aggregat-zustand Farbe | Spez. Gewicht | Siede-punkt °C | Beilstein-Zitat | Physikalische Konstanten und Eigenschaften | Löslichkeit | Reaktionen |
|---|---|---|---|---|---|---|
| 7 | 8 | 9 | 10 | 11 | 12 | 13 |
| weiße Tafeln (Me) | | 172-173 (12 mm) | X 76 | Geruch u. Geschmack schwach würzig | 0,015 W 25°<br>53,8 A 25°<br>ll. in Ae<br>sll. in Bzl.<br>l. in Lauge | alkohol. Lsg. + $Fe(NO_3)_3$-Lsg. → violett<br>Eisen-$H_2SO_4$ → 15° → blaßgrün, beim Erwärmen stärker grün und braun |
| Tafeln (A + Ae) | 1,191$^{18°}$ | Z. | XXVII 461 | flüchtig mit Dampf | swl in W<br>ll. in A, Ae | |
| hellgelbe Nadeln | | 153 (23 mm) | VII 243 | stabile Form | 0,23 W 25° | Phenylhydrazon *Fp* 154° |
| Nadeln | 1,0729$^{48°}$ | 140 (19 mm) | III 74 | zerfließlich; mit Dampf flüchtig; zers. bei etwa 150° | sll. in W<br>A, Ae<br>wl. in $CS_2$ | Silbersalz hochgelb, amorph, ll. in verd. $HNO_3$, fast unl. in verd. $NH_3$ |
| zerfließl. Krist. | | 255-260 (Z.) | III 302 | sublimiert | | |
| Blättchen (verd. A oder Ae) | | 195 | VI 416 | mit Dampf flüchtig | unl. in W<br>l. in A<br>ll. in Ae | |
| | | | XVII 34 | | | |
| strahlige. prismat Krist. | | | | | | Chlorhydrat *Fp* 205°, Nadeln<br>wss. Lsg. + $Fe(NO_3)_3$-Lsg. intensiv zitronengelb |
| Nadeln (A) | 0,864$^{60°}$ | 225 (100 mm) | II 359 | kryoskop. Konst 4,4; Oberflächenspannung bei 78,3° 26,0 dyn/cm; mit Dampf flüchtig | unl. in W<br>ll. in A, Ae | Pb-Salz *Fp* 104,6—108°<br>Ag-Salz *Fp* 212—213°<br>p-Phenylphenacylester *Fp* 84°<br>Phenacylester *Fp* 48—49°, lange Nadeln |
| Nadeln (A + Ae) | | 275 | V 213 | sublimiert | ll. in sd. A, Ae<br>sll. in Bzl., $CS_2$ | |
| Nadeln | 1,157 | | IX 585 | | 5 k. W<br>23 sd. A<br>33 Ae | |

| Lfd. Nr. | *Fp* | Name | Summenformel | Strukturformel | Mol.-Gewicht |
|---|---|---|---|---|---|
| 1 | 2 | 3 | 4 | 5 | 6 |
| 752 | 44—46 | 5-Bromthiophen-2-sulfonsäurechlorid | $C_4H_2O_2ClBrS_2$ | 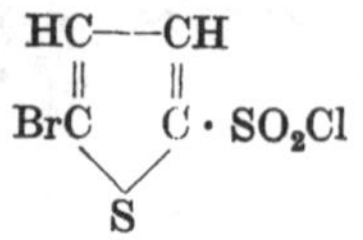 | 261,55 |
| 753 | 44—46 | Thiophen-2,5-disulfonsäurechlorid | $C_4H_2O_4Cl_2S_3$ | 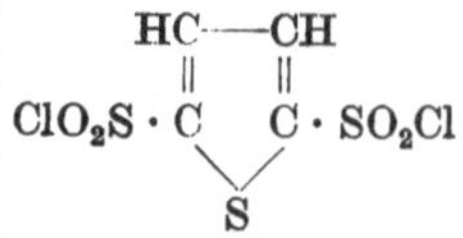 | 281,15 |
| 754 | 45 | α-Äthylcrotonsäure | $C_6H_{10}O_2$ | $CH_3 \cdot CH:C(C_2H_5) \cdot COOH$ | 114,14 |
| 755 | 45 | Angelicasäure | $C_5H_8O_2$ | $CH_3 \cdot CH:C(CH_3) \cdot COOH$ | 100,11 |
| 756 | 45 | Benzhydrylbromid | $C_{13}H_{11}Br$ | $(C_6H_5)_2CH \cdot Br$ | 247,13 |
| 757 | 45 | 2,4'-Diaminodiphenyl | $C_{12}H_{12}N_2$ | $H_2N \cdot C_6H_4 \cdot C_6H_4 \cdot NH_2$ | 184,23 |
| 758 | 45 | 3,5-Dibrom-2-acetothienon | $C_6H_4OBr_2S$ | 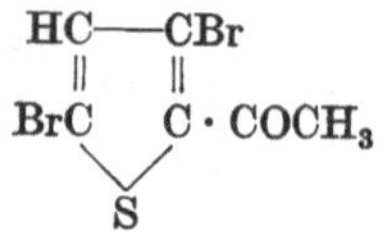 | 283,98 |
| 759 | 45 | α,α'-Dichloraceton | $C_3H_4OCl_2$ | $CH_2Cl \cdot CO \cdot CH_2Cl$ | 126,98 |
| 760 | 45 | 2,4-Dichlorphenol | $C_6H_4OCl_2$ | $Cl_2C_6H_3 \cdot OH$ | 163,01 |
| 761 | 45 | Elaidinsäure | $C_{18}H_{34}O_2$ | $CH_3 \cdot (CH_2)_7 \cdot CH:CH \cdot (CH_2)_7 \cdot COOH$ | 282,45 |
| 762 | 45 | 1-Phenylnaphthalin | $C_{16}H_{12}$ | $C_{10}H_7 \cdot C_6H_5$ | 204,25 |
| 763 | 45 | p-Toluidin | $C_7H_9N$ | $CH_3 \cdot C_6H_4 \cdot NH_2$ | 107,15 |
| 764 | 45 | n-Undecadiensäure-isobutylamid | $C_{15}H_{27}ON$ | $C_{10}H_{17} \cdot CO \cdot NH \cdot CH_2 \cdot CH(CH_3)_2$ | 309,43 |
| 765 | 45—46 | 2-Nitroselenophen | $C_4H_3O_2NSe$ | 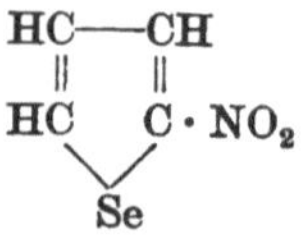 | 176,03 |
| 766 | 45—46 | n-Pentadecylalkohol | $C_{15}H_{32}O$ | $CH_3 \cdot (CH_2)_{13} \cdot CH_2OH$ | 228,41 |

| Aggregatzustand Farbe | Spez. Gewicht | Siedepunkt °C | Beilstein-Zitat | Physikalische Konstanten und Eigenschaften | Löslichkeit | Reaktionen |
|---|---|---|---|---|---|---|
| 7 | 8 | 9 | 10 | 11 | 12 | 13 |
| Prismen | | 209 | II 440 | | wl. in W<br>ll. in A, Ae | |
| monokline Nadeln | $0{,}954^{76°}$ | 185 | II 428 | riecht gewürzartig | wl. in k. W<br>ll. in h. W | Ca-Salz, Blättchen |
| Krist. (PAe) | $1{,}491^{13°}$ | 184 (20mm) | V 592 | | l. in A, Ae<br>sll. in Bzl. | |
| Nadeln (verd. A) | | 363 | XIII 211 | | swl. in W<br>ll. in A, Ae | N,N'-Diacetylderiv. *Fp* 202° |
| Tafeln oder Nadeln | $1{,}3826^{46°}$ | 172,5 | I 655 | wirkt blasenziehend; riecht ätzend; Dampf entzündet die Schleimhäute | l. in W<br>ll. in A, Ae | |
| Nadeln (Bzl.) | | 209-210 | VI 189 | riecht unangenehm | 0,45 W 20°<br>ll. in A, Ae | |
| Blättchen (A) | $0{,}851^{79°}$ | 288 (100mm) | II 469 | kryoskop.Konst. 3,9 | unl. in W<br>ll. in A, Ae | Oxydation mit $KMnO_4$ in alkohol. Lsg. → 9,10-Dioxystearinsäure, sternförmig angeordnete Plättchen, *Fp* 99—100° |
| wachsartig | | 324-325 | V 687 | | unl. in W<br>ll. in A, Ae | |
| Krist. | $0{,}9339^{79°}$ | 200,4 | XII 880 | $n_D^{59,1}$ 1,55324; $R_D^{59,1}$ 35,95cm; ebullioskop. Konst. 4,14; riecht weinartig; schmeckt brennend | 0,74 W 21°<br>240 A 22°<br>ll. in Ae | + $FeCl_3$ → hellgelb → rosenrot<br>+ Chromsäure → rotbraun<br>Chlorhydrat *Fp* 243°, Nadeln, Kp. 257,5°<br>Acetylderivat *Fp* 153°, prismatische Krist., subl. |
| weiße Nadeln | | | | | unl. in W, verd. Säuren, Alkalien<br>l. in A, Ae, $CS_2$, Bzl., Chlf., Aceton | |
| | | | | | | Phenylurethan *Fp* 72°<br>p-Joddiphenylylurethan *Fp* 141,3—141,5° |

| Lfd. Nr. | *Fp* | Name | Summenformel | Strukturformel | Mol.-Gewicht |
|---|---|---|---|---|---|
| 1 | 2 | 3 | 4 | 5 | 6 |
| 767 | **45—47** | 5-Nitrothiophen-2-sulfon-säurechlorid | $C_4H_2O_4NClS_2$ | 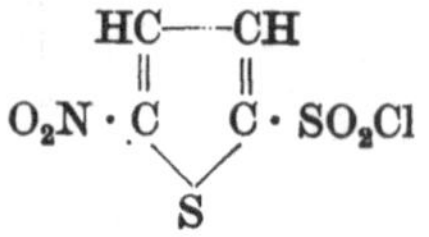 | 227,64 |
| 768 | **45,1** | 2-Nitrophenol | $C_6H_5O_3N$ | $O_2N \cdot C_6H_4 \cdot OH$ | 139,11 |
| 769 | **45,5** | 3-Methoxysalicylaldehyd | $C_8H_8O_3$ | $CH_3O \cdot C_6H_3(OH) \cdot CHO$ | 152,14 |
| 770 | **46** | Metacrolein | $C_9H_{12}O_3$ | $(C_3H_4O)_3$ | 168,18 |
| 771 | **46** | 4-Äthylphenol | $C_8H_{10}O$ | $C_2H_5 \cdot C_6H_4 \cdot OH$ | 122,16 |
| 772 | **46** | 4-Aminothiophenol | $C_6H_7NS$ | $H_2N \cdot C_6H_4 \cdot SH$ | 125,18 |
| 773 | **46** | Benzaldiacetat | $C_{11}H_{12}O_4$ | $C_6H_5 \cdot CH(O \cdot CO \cdot CH_3)_2$ | 208,20 |
| 774 | **46** | Chloralalkoholat | $C_4H_7O_2Cl_3$ | $CCl_3 \cdot CH(OH) \cdot O \cdot C_2H_5$ | 193,47 |
| 775 | **46** | 3-Chlor-1-nitrobenzol | $C_6H_4O_2NCl$ | $Cl \cdot C_6H_4 \cdot NO_2$ | 157,56 |
| 776 | **46** | Dimethyl-$\beta$-naphthylamin | $C_{12}H_{13}N$ | $C_{10}H_7 \cdot N(CH_3)_2$ | 171,23 |
| 777 | **46** | Essigsäure-$\alpha$-naphthylester | $C_{12}H_{10}O_2$ | $CH_3 \cdot CO \cdot OC_{10}H_7$ | 186,20 |
| 778 | **46** | p-Nitrobenzalchlorid | $C_7H_5O_2NCl_2$ | $O_2N \cdot C_6H_4 \cdot CHCl_2$ | 206,03 |
| 779 | **46** | Phenylnitramin | $C_6H_6O_2N_2$ | $C_6H_5 \cdot NH \cdot NO_2$ | 138,12 |
| 780 | **46** | Trilaurin | $C_{39}H_{74}O_6$ | $C_3H_5(O \cdot CO \cdot [CH_2]_{10} \cdot CH_3)_3$ | 638,37 |
| 781 | **46,5** | 2-Nitrothiophen | $C_4H_3O_2NS$ | 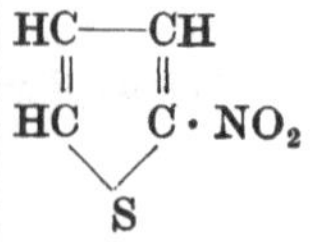 | 129,13 |
| 782 | **47** | Acetaldoxim | $C_2H_5ON$ | $CH_3 \cdot CH : N \cdot OH$ | 59,07 |
| 783 | **47** | *l*-Fenchylalkohol | $C_{10}H_{18}O$ | 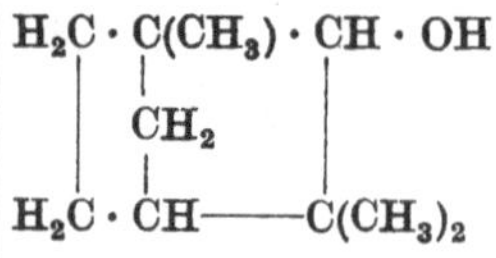 | 154,24 |
| 784 | **47** | Isocumarin | $C_9H_6O_2$ | 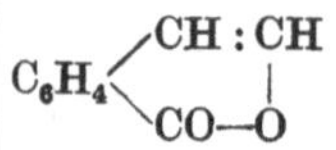 | 146,15 |
| 785 | **47** | Phenylcyanamid | $C_7H_6N_2$ | $C_6H_5 \cdot NH \cdot CN$ | 118,13 |
| 786 | **47** | m-Xylylenglykol | $C_8H_{10}O_2$ | $C_6H_4(CH_2 \cdot OH)_2$ | 138,16 |

| Aggregatzustand Farbe | Spez. Gewicht | Siedepunkt °C | Beilstein-Zitat | Physikalische Konstanten und Eigenschaften | Löslichkeit | Reaktionen |
|---|---|---|---|---|---|---|
| 7 | 8 | 9 | 10 | 11 | 12 | 13 |
| gelbe Nadeln (A oder Ae) | $1{,}2945^{45}$ | 214 | VI 213 | kryoskop.Konst. 7,44; mit Dampf flüchtig; riecht nach angebranntem Zucker | 0,32 W 18°<br>1,08 W 100°<br>24,5 A 15°<br>95 Ae 15° | |
| hellgelbe Nadeln | | 265-266 | VIII 24( | | wl. in k. W<br>ll. in A, Ae | |
| | | | I 727 | | unl. in W<br>ll. in A, Ae | |
| Nadeln | | 219 | VI 472 | | l. in W<br>ll. in A, Ae | |
| Krist. | | 140 (18 mm) | XVIII 553 | mit Dampf flüchtig | l. in W<br>ll. in A, Ae | |
| Krist. (A) | | 220 (Z.) | VII 210 | | sll. in A, Ae | |
| Nadeln | $1{,}3286^{66°}$ | 115-116 | I 621 | | l. in W, A | |
| gelbliche Prismen (A) | 1,543 | 235,6 | V 243 | kryoskop.Konst. 6,07 | unl. in W<br>l. in A<br>ll. in Ae | |
| Krist. | $1{,}0387^{70°}_{70°}$ | 305 | XII 1273 | | | |
| Nadeln od. Tafeln (A) | | | VI 608 | | ll. in A, Ae | durch heißes W. zers. |
| Prismen (A) | | | V 332 | | ll. in A, Ae | |
| Blättchen (Ligroin) | | | XVI 661 | | l. in W<br>sll. in A | erhitzen 97—98° 2- und 4-Nitroanilin |
| Nadeln (A) | $0{,}8944^{60°}$ | | VI 362 | | unl. in W<br>wl. in k. A<br>ll. in Ae | |
| Krist. | | 224-225 | XVII 35 | | unl. in W<br>l. in h. Alkali (braunrot) | |
| Nadeln | $0{,}9645^{20}$ | 114-115 | I 608 | | ∞ W, A, Ae | |
| Krist. | $0{,}933^{50°}$ | 200-205 (750mm) | VI 70 | mit Dampf flüchtig; riecht nach Schimmel | unl. in W<br>ll. in A, Ae, PAe | Oxalat *Fp* 92,5—93,5°<br>Phenylurethan *Fp* 82 bis 82,5°, Nadeln<br>Phthalestersäure *Fp* 146,5<br>p-Chlorbenzoat *Fp* 73—74°, Nadeln<br>p-Nitrobenzoat *Fp* 108 bis 109°, gelbe Nadeln |
| Tafeln (Bzl.) | | 285 (719mm) | XVII 333 | mit Dampf flüchtig | sll. in A, Ae | |
| Krist. 1½ $H_2O$ (A) | | | XII 368 | | wl. in W<br>sll. in A, Ae | + W → Phenylharnstoff |
| Krist. (Bzl.) | $1{,}135^{53°}$ | 156 (13mm) | VI 914 | | ll. in W<br>l. in Ae | |

| Lfd. Nr. | *Fp* | Name | Summenformel | Strukturformel | Mol.-Gewicht |
|---|---|---|---|---|---|
| 1 | 2 | 3 | 4 | 5 | 6 |
| 787 | 47—48 | Thiophen-3-sulfonsäure-chlorid | $C_4H_3O_2ClS_2$ | 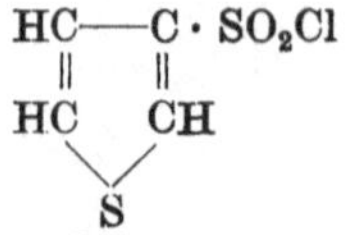 | 182,64 |
| 788 | 47,5 | α-Brom-d-campher-β-sulfonsäure | $C_{10}H_{15}O_4BrS$ | 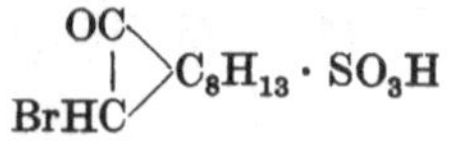 | 311,19 |
| 789 | 47,5 | 1,2,3,4-Tetrachlorbenzol | $C_6H_2Cl_4$ | $C_6H_2Cl_4$ | 215,90 |
| 790 | 48 | Benzophenon (stabil) | $C_{13}H_{10}O$ | $C_6H_5 \cdot CO \cdot C_6H_5$ | 182,21 |
| 791 | 48 | N-Benzoylpiperidin | $C_{12}H_{15}ON$ | $C_6H_5 \cdot CO \cdot NC_5H_{10}$ | 189,25 |
| 792 | 48 | Chinazolin | $C_8H_6N_2$ | 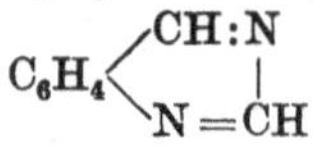 | 130,14 |
| 793 | 48 | 2-[Chloracetyl]-thiophen | $C_6H_5OClS$ | 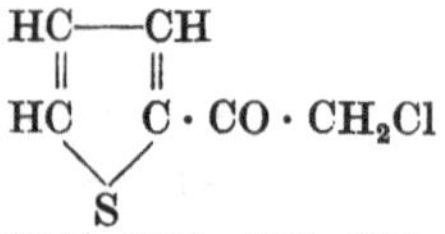 | 160,62 |
| 794 | 48 | trans-Dekahydrochinolin | $C_9H_{17}N$ | 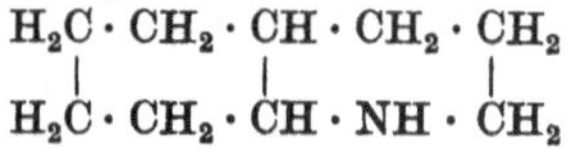 | 139,23 |
| 795 | 48 | Dibromessigsäure | $C_2H_2O_2Br_2$ | $CHBr_2 \cdot COOH$ | 217,87 |
| 796 | 48 | Stearolsäure | $C_{18}H_{32}O_2$ | $CH_3 \cdot (CH_2)_7 \cdot C \vdots C \cdot (CH_2)_7 \cdot COOH$ | 280,43 |
| 797 | 48 | Thymochinon | $C_{10}H_{12}O_2$ | $(CH_3)_2CH \cdot C_6H_2(:O)_2 \cdot CH_3$ | 164,19 |
| 798 | 48—49 | 3-Brom-2-nitrothiophen | $C_4H_2O_2NBrS$ | 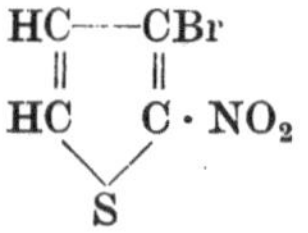 | 208,04 |
| 799 | 48—49 | 1,2-Dioxy-3-jodpropan (Alival) | $C_3H_7O_2J$ | $HOCH_2 \cdot CH(OH) \cdot CH_2J$ | 202,01 |
| 800 | 48—49 | α-Eläostearinsäure | $C_{18}H_{30}O_2$ | 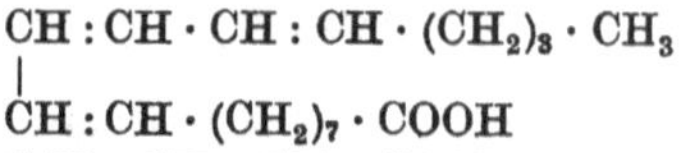 | 278,43 |
| 801 | 48—49 | Hydrozimtsäure (Benzylessigsäure) | $C_9H_{10}O_2$ | $C_6H_5 \cdot CH_2 \cdot CH_2 \cdot COOH$ | 150,17 |

| Aggregat-zustand Farbe | Spez. Gewicht | Siede-punkt °C | Beilstein-Zitat | Physikalische Konstanten und Eigenschaften | Löslichkeit | Reaktionen |
|---|---|---|---|---|---|---|
| 7 | 8 | 9 | 10 | 11 | 12 | 13 |
| | | | | | | |
| Prismen + 3 $H_2O$ (W) | | | XI 317 | | sll. in W<br>ll. in A, Ae | |
| Nadeln | | 254 | V 204 | | unl. in W<br>wl. in A<br>ll. in Ae, $CS_2$ | |
| rhomb. Prismen | $1{,}1108^{18°}$ | 305,4<br>224,2 (100mm) | VII 410 | $^{n}D^{53,5}$ 1,59570; $^{R}D^{53,5}$ 57,02cm; $^{n}F^{53,5}$ 286,3; kryoskop. Konst. 9,8; sublimierbar | unl. in W<br>16,95 A (97%) 18°<br>24,7 Ae 13° | Oxim *Fp* 143,5—144°, Nadeln<br>Phenylhydrazon *Fp* 137°, Nadeln<br>Semicarbazon *Fp* 167°, Nadeln |
| Krist. | | 320-321 | XX 46 | | l. in A | |
| Blättchen (PAe) | | 243 | XXIII 175 | wss. Lsg. reagiert neutral | ll. in W A, Ae | |
| | | | | | | |
| Prismen (Ligroin) | $0{,}9021^{56°}$ | 203 (735mm) | XX 156 | mit Dampf flüchtig; riecht betäubend; reagiert basisch | ll. in h. W, A, Ae | |
| zerfließl. Krist. | | 232 (Z.) | II 218 | | ll. in A, Ae | |
| Prismen (A) | | 260 | II 495 | | unl. in W<br>wl. in k. A<br>ll. in Ae | |
| gelbe Tafeln | | 232 | VII 662 | riecht durchdringend | swl. in W<br>ll. in A, Ae<br>l. in $H_2SO_4$ | Semicarbazon *Fp* 201 bis 202°, gelbe Nadeln<br>Oxim *Fp* 160—162°, Nadeln<br>+ Thymohydrochinon → schwarzviolette Nad. |
| | | | | | | |
| weiße Krist. | | | | schmeckt bitter, kühlend | | Lsg. + $AgNO_3$ → klar + Natriumacetat oder 1 Tropfen $NH_3$ → sofort AgJ |
| Blättchen (A) | | 235 (12mm) | II 497 | | ll. in Ae, $CS_2$ | Tetrabromid *Fp* 115° (in Eg. bei 5—10°) |
| Krist. (Ligroin) | $1{,}0712^{49°}_{0°}$ | 280 | IX 508 | mit Dampf flüchtig | 0,59 W 20°<br>ll. in A<br>l. in Ae | Amid *Fp* 105°, Nadeln<br>4-Nitrobenzylester *Fp* 36,3°<br>p-Phenylphenacylester *Fp* 95° |

| Lfd. Nr. | *Fp* | Name | Summenformel | Strukturformel | Mol.-Gewicht |
|---|---|---|---|---|---|
| 1 | 2 | 3 | 4 | 5 | 6 |
| 802 | **48—49** | o-Nitrobenzylchlorid | $C_7H_6O_2NCl$ | $O_2N \cdot C_6H_4 \cdot CH_2Cl$ | 171,58 |
| 803 | **48,8 bis 49** | Triphenylphosphat | $C_{18}H_{15}O_4P$ | $(C_6H_5O)_3PO$ | 326,28 |
| 804 | **48,8 bis 49,4** | 5,5'-Dimethyl-4,4'-diäthyl-2,2'-dithienyl | $C_{14}H_{18}S_2$ | 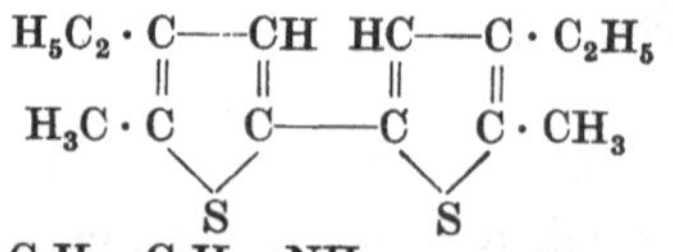 | 250,40 |
| 805 | **49** | 2-Aminodiphenyl | $C_{12}H_{11}N$ | $C_6H_5 \cdot C_6H_4 \cdot NH_2$ | 169,21 |
| 806 | **49** | Benzoylpseudotropin (Tropinbenzoat, Tropacocain) | $C_{15}H_{19}O_2N$ | 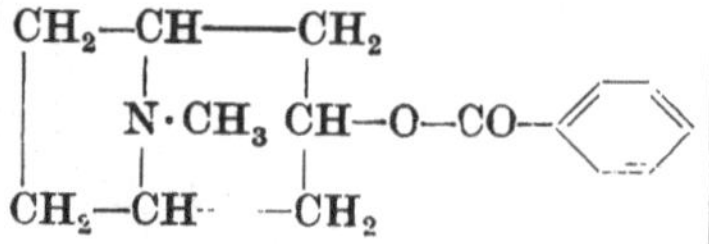 | 245,31 |
| 807 | **49** | 4-Chlorbenzaldehyd | $C_7H_5OCl$ | $Cl \cdot C_6H_4 \cdot CHO$ | 140,57 |
| 808 | **49** | Diacetylaceton | $C_7H_{10}O_3$ | $(CH_3 \cdot CO \cdot CH_2)_2CO$ | 142,15 |
| 809 | **49** | Dibenzylsulfid (Benzylsulfid) | $C_{14}H_{14}S$ | $(C_6H_5 \cdot CH_2)_2S$ | 214,31 |
| 810 | **49** | 1,6-Dichlornaphthalin | $C_{10}H_6Cl_2$ | $C_{10}H_6Cl_2$ | 117,06 |
| 811 | **49** | 3,4-Dimethylanilin (asym. o-Xylidin) | $C_8H_{11}N$ | $(CH_3)_2C_6H_3 \cdot NH_2$ | 121,17 |
| 812 | **49** | 2,6-Dimethylphenol (vic. m-Xylenol) | $C_8H_{10}O$ | $(CH_3)_2C_6H_3 \cdot OH$ | 122,16 |
| 813 | **49 bis 49,5** | Tri-[2-thienyl]-antimon | $C_{12}H_9S_3Sb$ | 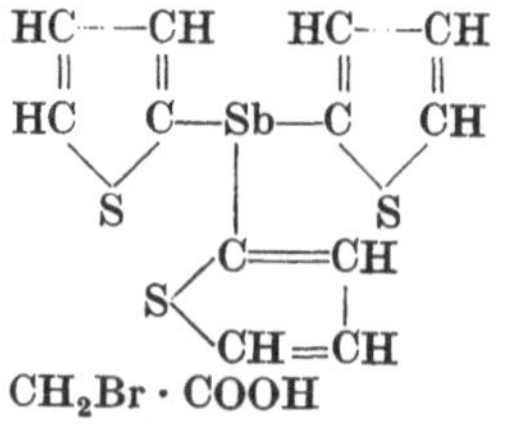 | 370,13 |
| 814 | **49—50** | Bromessigsäure | $C_2H_3O_2Br$ | $CH_2Br \cdot COOH$ | 138,96 |
| 815 | **49—50** | Hydrochinonmonoamyläther | $C_{11}H_{16}O_2$ | 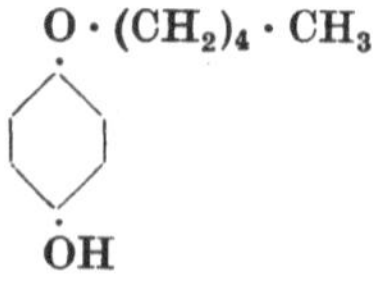 | 180,24 |

| Aggregat-zustand Farbe | Spez. Gewicht | Siede-punkt °C | Beilstein-Zitat | Physikalische Konstanten und Eigenschaften | Löslichkeit | Reaktionen |
|---|---|---|---|---|---|---|
| 7 | 8 | 9 | 10 | 11 | 12 | 13 |
| Krist. (PAe) | | | V 327 | Dampfdichte 5,9; brennt auf der Haut | unl. in W<br>ll. in h. A, h. Ae, k. Bzl. | |
| Krist. | $1{,}85_{4^\circ}^{20^\circ}$ | 260 (20 mm) | VI 179 | Viskosität nach Engler 70° C 1,7°; Verdampfungsverlust 2 Stdn. bei 100° 0,05% | 0,2 W 50° | |
| Krist. (verd. A) weiße Tafeln (Ae) | | 299 | XII 1317 | mit Dampf flüchtig optisch inaktiv; salziger Geschmack; geruchlos; anästhesierend | unl. in k. W<br>ll. in A, Ae<br>wl. in W<br>l. in A, Ae | Acetylderivat *Fp* 117,5°, Kp. 355°<br>+ 1 Tropfen Eisen-Phosphorsäure bis Verfärbung erhitzen + 0,5 ml konz. $H_2SO_4$ + 0,5 ml W + 1 Tropfen $CH_3OH$ → Geruch Benzoesäuremethylester<br>5 mg mit Glasstab auf Uhrglas mit 1 Tropfen 5%iger $K_2CrO_4$ → reichliche Fällung feiner Nadeln, die mit 1 Tropfen konz. HCl nicht harzig wird<br>Pikrat *Fp* 243—245° |
| Platten | | 213 (748 mm) | VII 235 | | wl. in k. A<br>ll. in A, Ae, Bzl., $CS_2$ | |
| Blättchen | $1{,}053_{80^\circ}^{80^\circ}$ | | I 808 | | ll. in h. A, Ae<br>l. in Alkali (gelb) | an der Luft → Dimethylpyren |
| Tafeln (Ae, Chlf.) | $1{,}0712_{50^\circ}^{50^\circ}$ | >185 Z. | VI 455 | | unl. in W<br>l. in A, Ae | |
| Nadeln (A) | | subl. | V 543 | mit Dampf flüchtig | unl. in W<br>l. in A, Ae | |
| Tafeln (Ligroin) | $1{,}076^{17^\circ}$ | 226 | XII 1103 | | wl. in k. W | Acetylderivat *Fp* 99° |
| Blättchen oder Nadeln | | 205 | VI 485 | | l. in W, A | Pikrat *Fp* 50—53°, orangegelbe Krist.<br>p-Diphenylylurethan *Fp* 198° |
| Krist. | $1{,}934_{50^\circ}^{50^\circ}$ | 196 | II 213 | erzeugt auf der Haut Blasen | sll. in W, A | |

| Lfd. Nr. | *Fp* | Name | Summenformel | Strukturformel | Mol.-Gewicht |
|---|---|---|---|---|---|
| 1 | 2 | 3 | 4 | 5 | 6 |
| 816 | **49—50** | Tetraäthylammonium-hydroxyd | $C_8H_{21}ON$ | $(C_2H_5)_4N \cdot OH$ | **147,25** |
| 817 | **49,5** | Cetylalkohol | $C_{16}H_{34}O$ | $CH_3 \cdot (CH_2)_{14} \cdot CH_2OH$ | **242,43** |
| 818 | **49,5** | 2-Jod-1-nitrobenzol | $C_6H_4O_2NJ$ | $J \cdot C_6H_4 \cdot NO_2$ | **249,02** |
| 819 | **49,5** | *l*-*β*-Oxybuttersäure | $C_4H_8O_3$ | $CH_3 \cdot CH(OH) \cdot CH_2 \cdot COOH$ | **104,10** |
| 820 | **49,6** | Carbaminsäureäthylester (Äthylurethan) | $C_3H_7O_2N$ | $H_2N \cdot CO \cdot OC_2H_5$ | **178,19** |
| 821 | **50** | Anthranilsäurenitril | $C_7H_6N_2$ | $H_2N \cdot C_6H_4 \cdot CN$ | **118,13** |
| 822 | **50** | dl-Camphen | $C_{10}H_{16}$ | 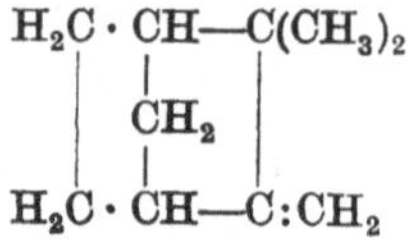 | **136,22** |
| 823 | **50** | Carbamidsäurechlorid | $CH_2ONCl$ | $H_2N \cdot COCl$ | **79,49** |
| 824 | **50** | 3,4-Dibrom-2,5-thioxen | $C_6H_6Br_2S$ | 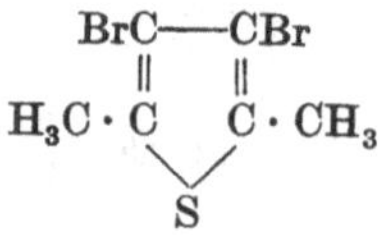 | **257,99** |
| 825 | **50** | 2,5-Dichloranilin | $C_6H_5NCl_2$ | $Cl_2C_6H_3 \cdot NH_2$ | **162,02** |
| 826 | **50** | Formanilid | $C_7H_7ON$ | $H \cdot CO \cdot NH \cdot C_6H_5$ | **121,13** |
| 827 | **50** | Methylphenyl-[2-thienyl]-carbinol | $C_{12}H_{12}OS$ | 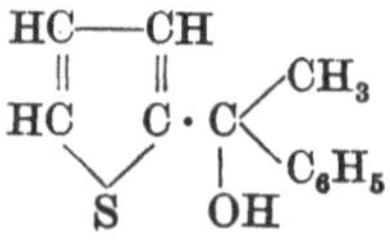 | **204,28** |
| 828 | **50** | *α*-Naphthylamin | $C_{10}H_9N$ | $C_{10}H_7 \cdot NH_2$ | **143,18** |
| 829 | **50** | Phenolsulfonsäure-(2) | $C_6H_6O_4S$ | $HO \cdot C_6H_4 \cdot SO_3H$ | **174,17** |
| 830 | **50—51** | Benzolsulfonsäure | $C_6H_6O_3S$ | $C_6H_5 \cdot SO_3H$ | **158,17** |

| Aggregatzustand Farbe | Spez. Gewicht | Siedepunkt °C | Beilstein-Zitat | Physikalische Konstanten und Eigenschaften | Löslichkeit | Reaktionen |
|---|---|---|---|---|---|---|
| 7 | 8 | 9 | 10 | 11 | 12 | 13 |
| Nadeln mit $4H_2O$ | | | IV 103 | | sll. in W | |
| Blättchen (A) | $0{,}817^{50°}$ | 189,5 (15mm) | I 429 | kryoskop.Konst. 6,0 | unl. in W<br>l. in A, Ae | p-Nitrophenylurethan *Fp* 117—118°<br>α-Naphthylurethan *Fp* 81 bis 82°, feine Nadeln |
| gelbe Nadeln | $1{,}810^{155°}$ | 288 (729mm) | V 252 | sublimiert | unl. in W<br>ll. in h. A<br>sll. in Ae | |
| hygroskop. Krist. | | Z. | III 307 | $[\alpha]_D^{16}$ —24,9°(W) | ll. in W, A, Ae<br>unl. in Bzl. | erhitzen → Crotonsäure + W |
| weiße Blättchen | $1{,}0482^{60°}$ | 184 | III 22 | Geschmack salzig, kühlend; hygroskopisch | 35,0 W 11°<br>380,7 W 40°<br>zll. A 22°<br>ll. in Bzl., Chlf.<br>swl. in Laugen | alkalische $HgJ_2$-Lsg. → weißer Nd., Erwärmen → orange<br>+ Jod und Lauge → $CHJ_3$<br>Methylendiurethan *Fp* 131°<br>Chloralurethan *Fp* 103°, blättrige Masse |
| Nadeln (PAe) | | 262 (751mm) | XIV 322 | | wl. in W<br>ll. in A, Ae | |
| Krist. (A) | $0{,}8223^{78°}$ | 160 | V 156 | eigentümlicher Geruch | unl. in W<br>l. in A<br>ll. in Ae | Chlorhydrat *Fp* 125—127°, riecht mentholartig<br>+Alkalien und Schütteln → Camphenhydrat, *Fp* 146—147° |
| Säulen | | 61—62 (Z.) | III 31 | riecht heftig | | + W → $CO_2$ + $NH_4Cl$<br>+ A → zers.<br>beim Aufbewahren → Cyanursäure und HCl |
| Nadeln (Ligroin) | | 251 | XII 625 | | swl. in W<br>ll. in A, Ae, $CS_2$ | Acetylderivat *Fp* 132° |
| Prismen (A, Ae) | $1{,}112^{60°}$ | 166 (14mm) | XII 230 | | l. in W<br>ll. in A<br>l. in Ae | |
| Nadeln (verd. A) | $1{,}108^{50°}$ | 300,8 | XII 1212 | mit Dampf flüchtig; sublimierbar; riecht unangenehm; schmeckt beißend bitter | 0,17 W<br>ll. in A, Ae | Acetylderivat *Fp* 159°, Nädelchen<br>Benzoylderivat *Fp* 161 bis 162°, Nadeln<br>Oxydationsmittel → blau → purpur |
| Krist. | | | XI 234 | | sll. in W | + h. $H_2SO_4$ → Phenolsulfonsäure-(4) |
| Nadeln | | 135-137 (Vakuum) | XI 26 | | sll. in W, A<br>unl. in Ae<br>wl. in Bzl. | |

| Lfd. Nr. | *Fp* | Name | Summenformel | Strukturformel | Mol.-Gewicht |
|---|---|---|---|---|---|
| 1 | 2 | 3 | 4 | 5 | 6 |
| 831 | 50—51 | 2,4,5-Trichlor-3-brom-thiophen | $C_4Cl_3BrS$ | 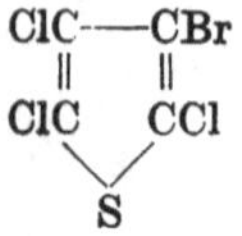 | 266,39 |
| 832 | 50—51 | 3,4,5-Trichlor-2-jod-thiophen | $C_4Cl_3JS$ | 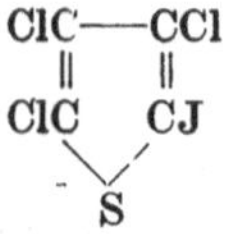 | 313, 39 |
| 833 | 50—51 | 4-Brom-2-chlorphenol | $C_6H_4OClBr$ | 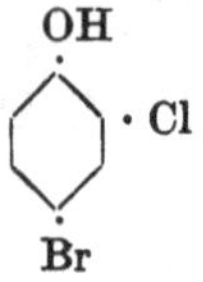 | 207,44 |
| 834 | 50—52 | Vitamin $K_1$ | $C_{31}H_{46}O_2$ | 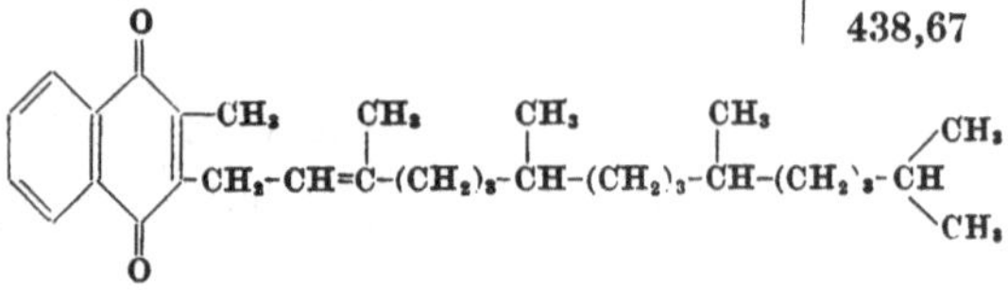 | 438,67 |
| 835 | 50,5 | Di-[2-thienyl]-tellur | $C_8H_6S_2Te$ | 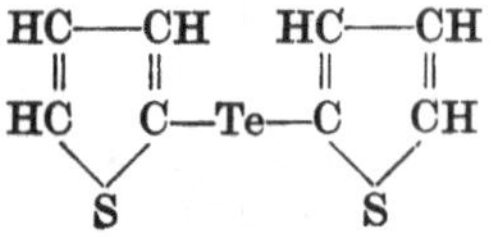 | 293,86 |
| 836 | 50,5 | 3,5-Dichloranilin | $C_6H_5NCl_2$ | $Cl_2C_6H_3 \cdot NH_2$ | 162,02 |
| 837 | 50,5 | 2,3,4-Trichlor-5-brom-thiophen | $C_4Cl_3BrS$ | 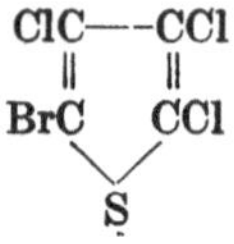 | 266,39 |
| 838 | 50,5 bis 51 | 2,3,5-Trichlor-4-brom-thiophen | $C_4Cl_3BrS$ | 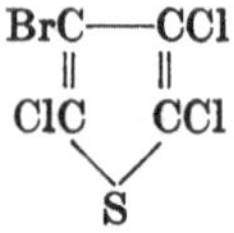 | 266,39 |
| 839 | 51 | ω-Bromacetophenon | $C_8H_7OBr$ | $C_6H_5 \cdot CO \cdot CH_2Br$ | 199,05 |
| 840 | 51 | 5-Methyl-2-phenylthiophen | $C_{11}H_{10}S$ | 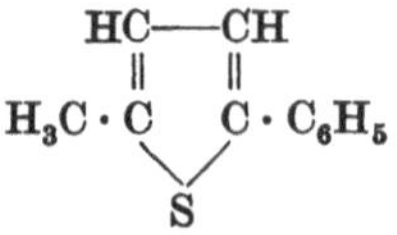 | 174,25 |
| 841 | 51 | 1,2,3,5-Tetrachlorbenzol | $C_6H_2Cl_4$ | $C_6H_2Cl_4$ | 215,90 |
| 842 | 51 | Tetramethyl-p-phenylen-diamin | $C_{10}H_{16}N_2$ | $(CH_3)_2N \cdot C_6H_4 \cdot N(CH_3)_2$ | 164,24 |

| Aggregat-zustand Farbe | Spez. Gewicht | Siede-punkt °C | Beilstein-Zitat | Physikalische Konstanten und Eigenschaften | Löslichkeit | Reaktionen |
|---|---|---|---|---|---|---|
| 7 | 8 | 9 | 10 | 11 | 12 | 13 |
| | | | | schwach blaue Lumineszenz | | |
| Nadeln (Ligroin) | | 233-234 | | | | |
| gelbe Krist. | | | | | | |
| Nadeln (W) | | 259-260 | XII 626 | | | |
| Prismen (verd. A) | $1{,}709^{15°}$ | 260 (Z.) 135 (12 mm) | VII 283 | Dampfdichte 6,8; reizt zu Tränen | ll. in A, Ae, Chlf., Bzl., Essigsäure unl. in W | |
| | | | XVII 67 | | | |
| Nadeln (A) | | 246 | V 204 | | wl. in k. A ll. in Bzl. sll. in $CS_2$ | |
| Blättchen (verd. A) | | 260 | XIII 74 | wss. Lsg. wird an der Luft violettblau; brennt auf der Haut | wl in k. W ll. in A, Ae | |

| Lfd. Nr. | *Fp* | Name | Summenformel | Strukturformel | Mol.-Gewicht |
|---|---|---|---|---|---|
| 1 | 2 | 3 | 4 | 5 | 6 |
| 843 | **51** | 2,4,5-Trichlor-3-jod-thiophen | $C_4Cl_3JS$ | 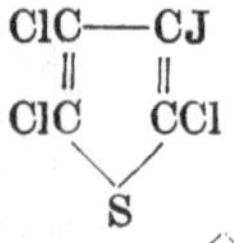 | 313,39 |
| 844 | **51** | 2-Chlorpyridin-5-sulfon-säurechlorid | $C_5H_3O_2NCl_2S$ | 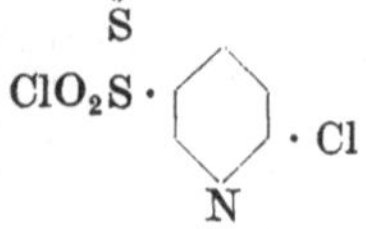 | 212,01 |
| 845 | 51—52 | α-Brom-α-isopropylbutyr-amid (Neodorm) | $C_7H_{14}ONBr$ | $CH_3 \cdot CH_2$ / $(CH_3)_2CH$ > $C(Br) \cdot CONH_2$ | 208,11 |
| 846 | 51—52 | 5-Jodthiophen-2-sulfon-säurechlorid | $C_4H_2O_2ClJS_2$ | 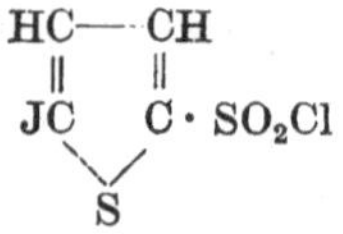 | 308,55 |
| 847 | **51,4** | 4-Nitrotoluol | $C_7H_7O_2N$ | $O_2N \cdot C_6H_4 \cdot CH_3$ | 137,13 |
| 848 | **51,5** | Chloralhydrat | $C_2H_3O_2Cl_3$ | $CCl_3 \cdot CH(OH)_2$ | 165,41 |
| 849 | **51,5** | Ricinelaidinsäure | $C_{18}H_{34}O_3$ | $CH_3 \cdot (CH_2)_5 \cdot CH(OH) \cdot CH_2 \cdot CH$ ‖ $HOOC \cdot (CH_2)_7 \cdot CH$ | 298,45 |
| 850 | **51,5** | Thymol | $C_{10}H_{14}O$ | 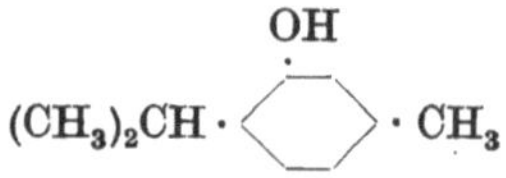 | 150,21 |
| 851 | **52** | 2-Aminodiphenylmethan | $C_{13}H_{13}N$ | $C_6H_5 \cdot CH_2 \cdot C_6H_4 \cdot NH_2$ | 183,24 |
| 852 | **52** | Benzalanilin | $C_{13}H_{11}N$ | $C_6H_5 \cdot N:CH \cdot C_6H_5$ | 181,22 |
| 853 | **52** | 7,8-Benzochinolin | $C_{13}H_9N$ | 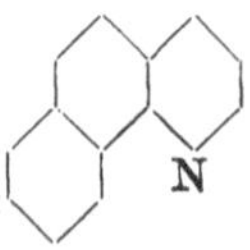 | 179,21 |

| Aggregat-zustand Farbe | Spez. Gewicht | Siede-punkt °C | Beilstein-Zitat | Physikalische Konstanten und Eigenschaften | Löslichkeit | Reaktionen |
|---|---|---|---|---|---|---|
| 7 | 8 | 9 | 10 | 11 | 12 | 13 |
| Nadeln (PAe) | | | | | | Sulfamid, *Fp* 159°, perlmutterglänzende Blättchen; nur in W lösl. |
| weißes Pulver | | | | Geruch nach Fettsäure; Geschmack mentholartig | swl. in W 15° | Lsg. in Paraform-$H_2SO_4$ beim Erwärmen orange und grüne Fluoreszenz |
| Krist. | $1,1392^{55°}_{55°}$ | 238 | V 323 | $^{n}D^{20,4}$ 1,54739; $^{R}D^{20,4}$ 37,41 cm | 0,044 W 30°<br>l. in A<br>ll. in Ae | |
| monokline prismat. Krist. | $1,908^{20°}$ | 96 | I 619 | ebullioskop. Konst. 2,28; eigentümlich riechend, schwach bitterer Geschmack | 474 W 17°<br>250 A 14° | Erwärmen mit Lauge → Chloroform, das mit Orcin oder Resorcin nachgewiesen wird<br>Subst. + einige Tropfen $Na_2S$-Lsg. → gelb bis rot<br>Erwärmen mit α-Naphthol und $H_2SO_4$ grüne bis blaue Lsg. |
| Nadeln (Ligroin) | | 241 (10mm) | III 388 | | ll. in A<br>wl. in k. PAe | |
| Tafeln (Eisessig) | $0,969^{24°}$ | 233,5 | VI 532 | $^{R}D^{9,6}$ 158,8; ebullioskop. Konst. 6,82; Geschmack brennend, Geruch würzig; flüchtig mit Dampf | 0,09 W 19°<br>0,14 W 40°<br>357 91 Vol.-% A 20°<br>385 Ae 20°<br>ll. in Alkali | gibt keine $FeCl_3$-Rk.<br>mit Selenigschwefelsäure → gelb, blau, purpur, grün<br>Phenylurethan *Fp* 107 bis 107,5°<br>3,5-Dinitrobenzoat *Fp* 103°, Nadeln |
| Prismen (Ae) | | 190 (22mm) | XII 1322 | mit Dampf flüchtig | ll. in A, Ae | Acetylderivat *Fp* 135° |
| Blättchen (verd. A) gelbe Nadeln ($CS_2$) | $1,038^{55°}$ | 300 | XII 195 | mit Dampf flüchtig | unl. in W<br>ll. in A, Ae | |
| Blättchen (A) | | 338 (719mm) | XX 463 | | unl. in W<br>ll. in A, Ae | Hydrochlorid *Fp* 213° |

| Lfd. Nr. | *Fp* | Name | Summenformel | Strukturformel | Mol.-Gewicht |
|---|---|---|---|---|---|
| 1 | 2 | 3 | 4 | 5 | 6 |
| 854 | **52** | Bromcyan | CNBr | Br · C ⁝ N oder C : N · Br | 105,92 |
| 855 | **52** | Carbanilsäureäthylester (Phenylurethan, Euphorin) | $C_9H_{11}O_2N$ | $C_6H_5 \cdot NH \cdot CO \cdot OC_2H_5$ | 165,18 |
| 856 | **52** | 5-Chlor-2-acetothienon | $C_6H_5OClS$ | 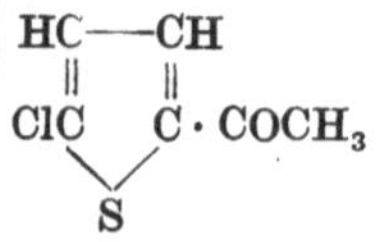 | 160,62 |
| 857 | 52 | 2,5-Dinitrotoluol | $C_7H_6O_4N_2$ | $(O_2N)_2C_6H_3 \cdot CH_3$ | 182,13 |
| 858 | 52—55 | Antipyrinmandelat (Tussol) | $C_{19}H_{20}O_4N_2$ | $C_{11}H_{12}ON_2 \cdot C_8H_8O_3$ | 340,37 |
| 859 | 52,2 | Dibenzyl | $C_{14}H_{14}$ | $C_6H_5 \cdot CH_2 \cdot CH_2 \cdot C_6H_5$ | 182,25 |
| 860 | 52,5 bis 53,5 | 3-Methyl-4,4,5,5-tetrachlortetrahydrothiophen-2-carbonsäuremethylester | $C_7H_8O_2Cl_4S$ | 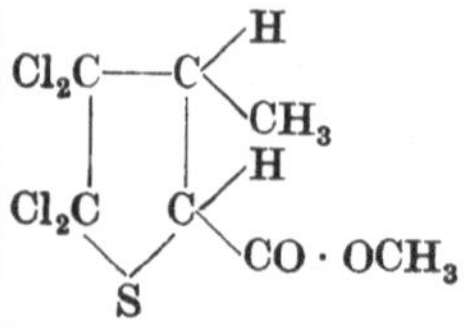 | 298,02 |
| 861 | 52,9 | Triäthylphosphinoxyd | $C_6H_{15}OP$ | $(C_2H_5)_3PO$ | 134,02 |
| 862 | 53 | 4-Aminodiphenyl | $C_{12}H_{11}N$ | $C_6H_5 \cdot C_6H_4 \cdot NH_2$ | 169,21 |
| 863 | 53 | tert.-Butylcarbinol (Neopentylalkohol) | $C_5H_{12}O$ | $(CH_3)_3C \cdot CH_2OH$ | 88,14 |
| 864 | 53 | trans-$\beta$-Dekalol | $C_{10}H_{18}O$ | 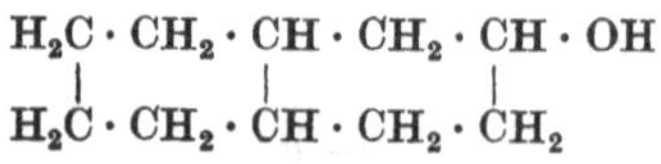 | 154,24 |
| 865 | 53 | p-Dichlorbenzol | $C_6H_4Cl_2$ | $C_6H_4Cl_2$ | 147,01 |

| Aggregat-zustand Farbe | Spez. Gewicht | Siede-punkt °C | Beilstein-Zitat | Physikalische Konstanten und Eigenschaften | Löslichkeit | Reaktionen |
|---|---|---|---|---|---|---|
| 7 | 8 | 9 | 10 | 11 | 12 | 13 |
| Farblose Nadeln oder Prismen | 1,92 | 61,6 | II 39 | Dampfdichte 3,7; Litergewicht d. Dampfes 4,40g; Dampfdruck 25° 119,5 mm; Flüchtigkeit bei 20° 296000 mg/m³; sehr flüchtig; riecht heftig; sehr giftig | wl. in W, $CS_2$, Aceton, Bzl., $CCl_4$ ll. in Ae | + A → zers. |
| Nadeln (W) | $1{,}106^{30°}$ | 237* | XII 320 | geruchlos; brennender Geschmack | swl. in k. W ll. in A, Ae | * beim Erhitzen über 237° zers. → Phenylisocyanat + Alkohol |
| Nadeln (A) weiße Krist. | $1{,}282^{111°}$ | | V 341 | salzig, schwach bitter | ll. in A, Bzl., $CS_2$ 15 W 3—4 A 25—26 Ac | Subst. + konz. $H_2SO_4$ → farblos, bei gelinder Erwärmung im sd. W-Bad intensiv braunorange Erhitzen mit α-Naphthol u. konz. $H_2SO_4$ → orangerot |
| Spieße (A) | $0{,}9682^{52°}$ | 284 | V 598 | kryoskop. Konst. 7,23; Oberflächenspannung 108,3° 27,86 dyn/cm; therm. Zers. → Toluol-Stilben, Phenanthren | l. in A ll. in Ae, $CS_2$ | |
| Nadeln | | 240 | IV 592 | | ∞ in W, A wl. in Ae unl. in KOH | |
| Blättchen (verd. A) | | 302 | XII 1318 | mit Dampf flüchtig | wl. in k. W ll. in h. W, A, Ae | Acetylderivat *Fp* 171° |
| Krist. | | 113 | I 406 | riecht pfefferminzartig; sehr flüchtig | | Phenylurethan *Fp* 114° |
| Prismen (PAe) | | 230 (746mm) | VI 67 | | | Phenylurethan *Fp* 99° |
| Blättchen (A) | $1{,}2675^{55°}_{55°}$ | 173,7 | V 203 | sublimiert | 0,008 W 30° ll. in h. A, Ae, Bzl | |

| Lfd. Nr. | *Fp* | Name | Summenformel | Strukturformel | Mol.-Gewicht |
|---|---|---|---|---|---|
| 1 | 2 | 3 | 4 | 5 | 6 |
| 866 | **53** | 2,5-Dimethoxybenz-aldehyd | $C_9H_{10}O_3$ | $(CH_3 \cdot O)_2C_6H_3 \cdot CHO$ | **166,17** |
| 867 | **53** | N,N'-Dimethyl-p-phenylendiamin | $C_8H_{12}N_2$ | $CH_3 \cdot NH \cdot C_6H_4 \cdot NH \cdot CH_3$ | **136,19** |
| 868 | **53** | Indol | $C_8H_7N$ | 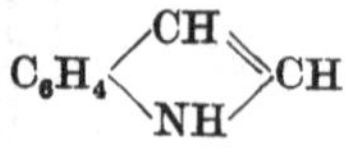 | **117,14** |
| 869 | **53** | Maleinsäureanhydrid | $C_4H_2O_3$ | 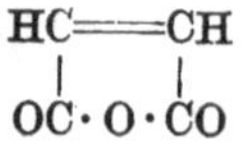 | **98,06** |
| 870 | **53** | 2-Nitro-m-toluidin | $C_7H_8O_2N_2$ | $CH_3 \cdot C_6H_3(NO_2) \cdot NH_2$ | **152,15** |
| 871 | **53** | Pentamethylbenzol | $C_{11}H_{16}$ | $C_6H(CH_3)_5$ | **148,23** |
| 872 | **53** | Piperonylalkohol | $C_8H_8O_3$ | 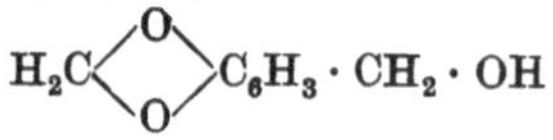 | **152,14** |
| 873 | **53—54** | Thionaphthen-3-carbon-säurechlorid | $C_9H_5OClS$ | 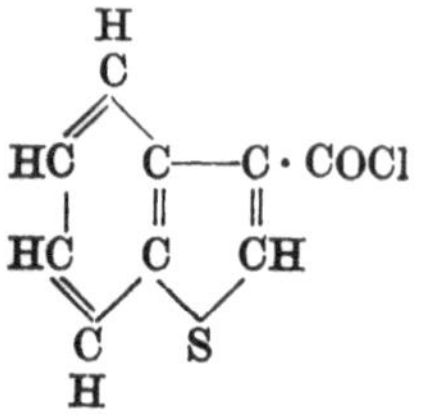 | **184,64** |
| 874 | **53—54** | 1,2,3-Trichlorbenzol | $C_6H_3Cl_3$ | $C_6H_3Cl_3$ | **181,45** |
| 875 | **53,4** | 4-Chlor-1,3-dinitrobenzol (α-Form) | $C_6H_3O_4N_2Cl$ | $Cl \cdot C_6H_3(NO_2)_2$ | **202,56** |
| 876 | **53,5** | Bromalhydrat | $C_2H_3O_2Br_3$ | $CBr_3 \cdot CH(OH)_2$ | **298,79** |
| 877 | **53,8** | Myristinsäure | $C_{14}H_{28}O_2$ | $CH_3 \cdot (CH_2)_{12} \cdot COOH$ | **228,36** |
| 878 | **54** | Carbamidsäuremethyl-ester | $C_2H_5O_2N$ | $H_2N \cdot CO \cdot OCH_3$ | **75,07** |
| 879 | **54** | Diphenylamin | $C_{12}H_{11}N$ | $(C_6H_5)_2NH$ | **169,21** |
| 880 | **54** | Glycerin-β-mononitrat | $C_3H_7O_5N$ | $HOCH_2 \cdot CH(O \cdot NO_2) \cdot CH_2OH$ | **137,09** |
| 881 | **54** | 4-Nitroanisol | $C_7H_7O_3N$ | $O_2N \cdot C_6H_4 \cdot OCH_3$ | **153,13** |

| Aggregat-zustand Farbe | Spez. Gewicht | Siede-punkt °C | Beilstein-Zitat | Physikalische Konstanten und Eigenschaften | Löslichkeit | Reaktionen |
|---|---|---|---|---|---|---|
| 7 | 8 | 9 | 10 | 11 | 12 | 13 |
| Nadeln (verd. A) | | 146 (10 mm) | VIII 245 | | wl in k. W<br>ll. in A, Ae | |
| Krist. (Ligroin) | | 149 (17 mm) | XIII 71 | brennt auf der Haut | wl. in W<br>ll. in A, Ae | |
| Blättchen (W) | | 253 | XX 304 | schwache Base, mit Dampf flüchtig | l. in h. W<br>ll. in A, Ae | Oxydation → Indigo<br>gibt rote Fichtenspanreaktion, sehr empfindlich; mit Nitroprussidnatrium + Lauge → violett<br>Pikrat, lange rote, stark glänzende Nadeln |
| Nadeln (Chlf. oder Ae) | 1,509 | 202 | XVII 432 | | ll. in Chlf.<br>~ 17 Xylol 30° | |
| gelbe Nadeln | | | XII 876 | | wl. in k. W<br>ll. in A | Acetylderivat *Fp* 136° |
| Prismen (verd. A) | $0{,}847^{107°}$ | 231 | V 443 | | unl. in W<br>ll. in A | |
| Nadeln | | Z.* | XIX 67 | | wl. in k. W<br>∞ in A, Ae | * Erhitzen → Piperonal;<br>Benzoat *Fp* 66° |
| Tafeln (A) | | 218-219 | V 203 | | swl. in A | |
| Nadeln (A) | | | V 264 | mit Dampf flüchtig | unl. in W<br>ll. in A, Ae | |
| Krist. + $H_2O$ (W) | $2{,}566^{40°}$ | Z.* | I 626 | | | * Erhitzen → Bromal + W |
| Blättchen | $0{,}8622^{54°}$ | 250,5 (100 mm) | II 365 | Oberflächenspannung bei 56,8° 28,6 dyn/cm | unl. in W<br>ll. in A, Ae, Bzl. | Lithiumsalz *Fp* 223,6 bis 224,2°, Schuppen<br>Ag-Salz *Fp* 211°, amorphes Pulver<br>Phenacylester *Fp* 56°, Platten |
| Tafeln | $1{,}136^{56°}$ | 177 | III 21 | | 217 W 11°<br>73 A 13° | |
| Blättchen (Ligroin) | $1{,}159^{20°}$ | 302 | XII 174 | kryoskop. Konst. 8,6; schmeckt brennend; riecht blumenartig | 0,03 W 25°<br>56 A 20°<br>ll. in Ae, Eisessig | + $Cl_2$ in alkohol. Lsg. → violett (E 1:65000)<br>Lsg. in konz. HCl + 1 Tropfen $HNO_3$ → tiefblau<br>Acetylderivat *Fp* 103°, Blättchen |
| Blättchen (W) | | 155-160 | I 515 | | ll. in W, A<br>l. in Ae | |
| Prismen (A) | $1{,}233^{20°}$ | 258-260 | VI 230 | mit Dampf flüchtig | 0,007 W 15°<br>0,059 W 30°<br>l. in A, Ae | |

| Lfd. Nr. | *Fp* | Name | Summenformel | Strukturformel | Mol.-Gewicht |
|---|---|---|---|---|---|
| 1 | 2 | 3 | 4 | 5 | 6 |
| 882 | 54 | Oxalsäuredimethylester | $C_4H_6O_4$ | $CH_3O \cdot OC \cdot CO \cdot OCH_3$ | 118,09 |
| 883 | 54 | 2-Phenyl-5-[2′-thienyl]-pyrazol-3-carbonsäure | $C_{14}H_{10}O_2N_2S$ | 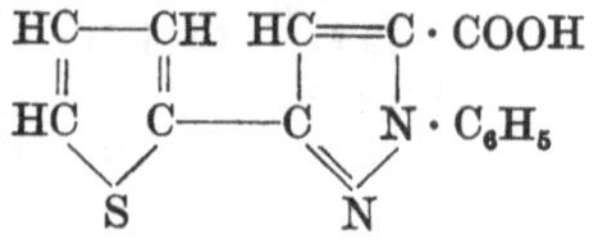 | 270,30 |
| 884 | 54 | Pyrazin | $C_4H_4N_2$ | 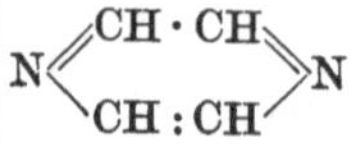 | 80,09 |
| 885 | 54—55 | Phloroglucintrimethyläther | $C_9H_{12}O_3$ | $C_6H_3(O \cdot CH_3)_3$ | 168,18 |
| 886 | 54—55 | o-Xylolsulfonsäure-(4) | $C_8H_{10}O_3S$ | $(CH_3)_2C_6H_3 \cdot SO_3H$ | 186,22 |
| 887 | 54—56 | Diphenylarsinbromid | $C_{12}H_{10}BrAs$ | $(C_6H_5)_2AsBr$ | 308,91 |
| 888 | 54,5 | m,m′-Azotoluol | $C_{14}H_{14}N_2$ | $CH_3 \cdot C_6H_4 \cdot N:N \cdot C_6H_4 \cdot CH_3$ | 210,27 |
| 889 | 54,5 | Bernsteinsäuredinitril | $C_4H_4N_2$ | $NC \cdot CH_2 \cdot CH_2 \cdot CN$ | 80,09 |
| 890 | 54,5 | 2,3-Dimethoxybenzaldehyd | $C_9H_{10}O_3$ | $(CH_3O)_2C_6H_3 \cdot CHO$ | 166,17 |
| 891 | 54,5 | 2-Jodnaphthalin | $C_{10}H_7J$ | $C_{10}H_7J$ | 254,07 |
| 892 | 54,6 | 2,5-Dichlor-1-nitrobenzol | $C_6H_3O_2NCl_2$ | $Cl_2C_6H_3 \cdot NO_2$ | 192,01 |
| 893 | 55 | o,o′-Azotoluol | $C_{14}H_{14}N_2$ | $CH_3 \cdot C_6H_4 \cdot N:N \cdot C_6H_4 \cdot CH_3$ | 210,27 |
| 894 | 55 | 4-Bromdimethylanilin | $C_8H_{10}NBr$ | $Br \cdot C_6H_4 \cdot N(CH_3)_2$ | 200,08 |
| 895 | 55 | 2,5-Dibrom-3-acetothienon | $C_6H_4OBr_2S$ | 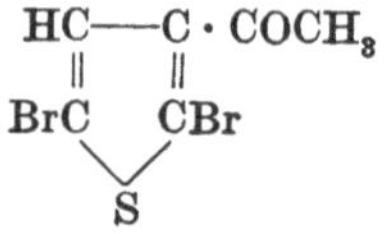 | 283,98 |
| 896 | 55 | o-Xylylenchlorid | $C_8H_8Cl_2$ | $C_6H_4(CH_2Cl)_2$ | 175,06 |
| 897 | 55—56 | 3-Brom-2,5-dijodthiophen | $C_4HBrJ_2S$ | 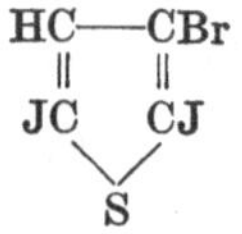 | 414,86 |
| 898 | 55—56 | 4,5-Dichlor-2,3-dinitrothiophen | $C_4O_4N_2Cl_2S$ | 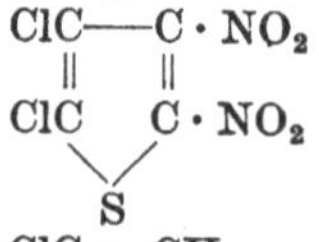 | 243,03 |
| 899 | 55—56 | 4,5-Dichlorthiophen-2-sulfonsäurechlorid | $C_4HO_2Cl_3S_2$ | 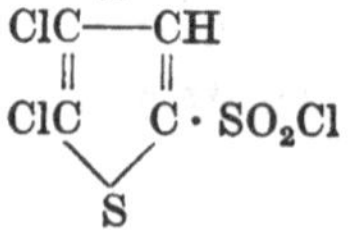 | 251,54 |

| Aggregatzustand Farbe | Spez. Gewicht | Siedepunkt °C | Beilstein-Zitat | Physikalische Konstanten und Eigenschaften | Löslichkeit | Reaktionen |
|---|---|---|---|---|---|---|
| 7 | 8 | 9 | 10 | 11 | 12 | 13 |
| Tafeln | 1,1479$^{54°}$ | 163 | II 534 | $^{R}D^{20}$ 1,385 cm; durch W. zers. | l. in A | |
| Prismen (W) Tafeln (Ae) | 1,031$^{61°}$ | 116 | XXIII 91 | flüchtig mit Dampf | ll. in W, A, Ae | Pikrat *Fp* 157° |
| Gelbgrüne Prismen | 0,885$^{20°}$ | 79,8 (14mm) | VI 1101 | | l. in A, Ae | |
| Tafeln | | | XI 121 | | | Amid *Fp* 144° |
| farblose Krist. | | 356 (Z.) | | | unl. in W<br>ll. in Bzl.<br>l. in A | |
| orangerote Krist. (A) | | | XVI 64 | | ll. in A, Ae | |
| Krist. | 0,9686$^{84°}$ | 265-267 | II 615 | | ll. in W, A<br>wl. in Ae, $CS_2$ | |
| Nadeln) (A oder Ae) | | 256 (745mm) | $E_1$ VIII 601 | mit Dampf flüchtig | wl. in k. W<br>ll. in A, Ae | |
| Blättchen | | 308-310 | V 552 | $^{n}D^{19,5}$ 1,70256; $^{R}D^{19,5}$ 56,54 cm; mit Dampf flüchtig | unl. in W<br>ll. in A, Ae | |
| Tafeln u. Prismen (A) | | 266 | V 245 | mit Dampf flüchtig | unl. in W<br>wl. in k. A<br>ll. in Bzl., Chlf. | |
| rote Krist. (A od. Ae) | | | XVI 61 | mit Dampf flüchtig | 6,03 A 15°<br>147,7 Ae 17° | |
| Blättchen (A) | | 264 | XII 637 | | l. in A, Ae | |
| Krist. (PAe) | 1,393$^{0°}$ | 239-241 | V 364 | Lösungen riechen stechend | unl. in W<br>ll. in A, Ae | |

| Lfd. Nr. | *Fp* | Name | Summenformel | Strukturformel | Mol.-Gewicht |
|---|---|---|---|---|---|
| 1 | 2 | 3 | 4 | 5 | 6 |
| 900 | 55—56 | γ-[2,5-Dimethylthienyl]-buttersäure | $C_{10}H_{14}O_2S$ | 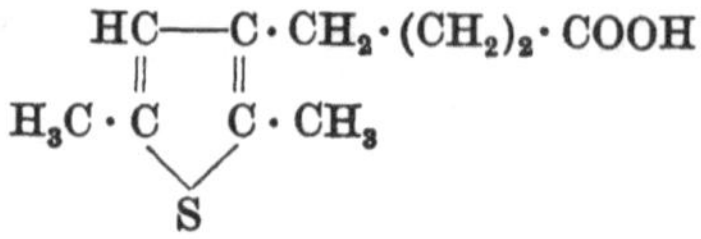 | 198,26 |
| 901 | 55—56 | 3,4,5-Trichlorthiophen-2-sulfonsäurechlorid | $C_4O_2Cl_4S_2$ | 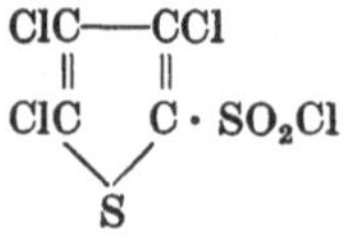 | 285,99 |
| 902 | 55—57 | Bis-[5-isoamylthienyl-(2)]-quecksilber | $C_{18}H_{26}S_2Hg$ | 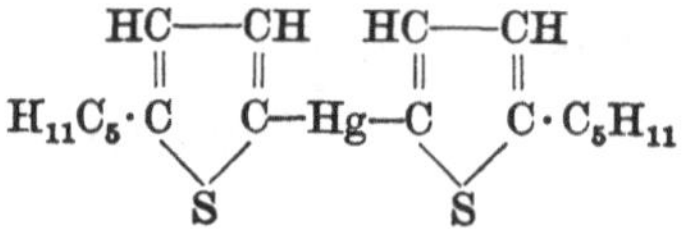 | 507,12 |
| 903 | 55,5 | Isoapiol | $C_{12}H_{14}O_4$ | 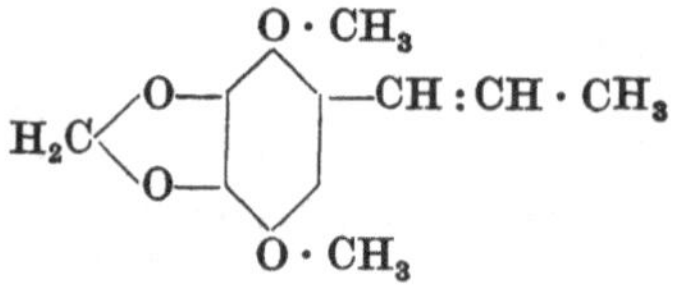 | 222,23 |
| 904 | 56 | 2-Aminopyridin | $C_5H_6N_2$ | $C_5H_4N \cdot NH_2$ | 94,11 |
| 905 | 56 | 3-Brom-1-nitrobenzol | $C_6H_4O_2NBr$ | $Br \cdot C_6H_4 \cdot NO_2$ | 202,02 |
| 906 | 56 | 3,4-Dichlor-2-aceto-thienon | $C_6H_4OCl_2S$ | 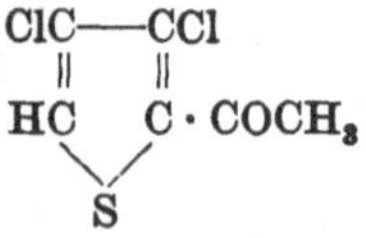 | 195,07 |
| 907 | 56 | 2,4-Dinitrothiophen | $C_4H_2O_4N_2S$ | 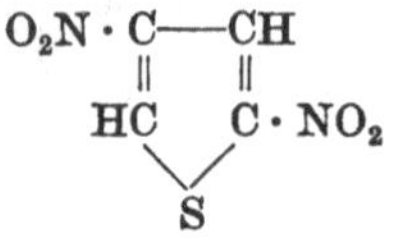 | 174,13 |
| 908 | 56 | Hydrochinondimethyläther | $C_8H_{10}O_2$ | $C_6H_4(\cdot O \cdot CH_3)_2$ | 138,16 |
| 909 | 56 | 6-Nitro-m-kresol (OH = 1) | $C_7H_7O_3N$ | $CH_3 \cdot C_6H_3(NO_2) \cdot OH$ | 153,13 |
| 910 | 56 | o-Phthalaldehyd | $C_8H_6O_2$ | $C_6H_4(CHO)_2$ | 134,13 |
| 911 | 56 | Thiopheno-3′,2′ : 2,3-thiophen | $C_6H_4S_2$ | 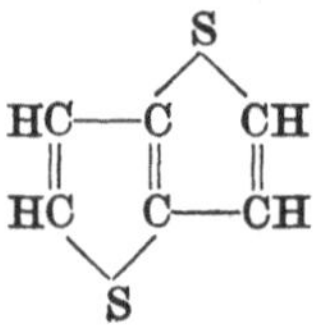 | 140,21 |
| 912 | 56 | 1,1,1-Trinitroäthan | $C_2H_3O_6N_3$ | $CH_3 \cdot C(NO_2)_3$ | 165,07 |

| Aggregat-zustand Farbe | Spez. Gewicht | Siede-punkt °C | Beilstein-Zitat | Physikalische Konstanten und Eigenschaften | Löslichkeit | Reaktionen |
|---|---|---|---|---|---|---|
| 7 | 8 | 9 | 10 | 11 | 12 | 13 |
| Blättchen (A) | | 303-304 | XIX 85 | | unl. in W<br>ll. in h. A, Ae<br>l. in $H_2SO_4$ rot | |
| Blättchen (Ligroin) | | 204 | XXII 428 | | ll. in W, A, Ae<br>wl in Lauge | |
| Krist. | $1{,}704^{20°}$ | 256,5 | V 248 | kryoskop.Konst. 8,75 | wl. in W<br>ll. in A | |
| | | | XVII 35 | | | |
| Blättchen | $1{,}0386^{100°}_{100°}$ | 212,6 | VI 843 | | ll. in A, Ae | |
| gelbe Tafeln (Ae) | | | VI 385 | mit Dampf flüchtig | wl. in W<br>ll. in A, Ae, Bzl. | |
| gelbe Nadeln (PAe) | | | VII 674 | | 0,6 h. W<br>l. in A, Ae | + konz. KOH → Phthalid |
| Würfel | | | I 103 | flüchtig mit Chloroform-dampf; riecht stark reizend | wl. in W<br>ll. in A, Ae | |

| Lfd. Nr. | *Fp* | Name | Summenformel | Strukturformel | Mol.-Gewicht |
|---|---|---|---|---|---|
| 1 | 2 | 3 | 4 | 5 | 6 |
| 913 | 56—57 | 2,6-Dibromphenol | $C_6H_4OBr_2$ | $Br_2C_6H_3 \cdot OH$ | 251,92 |
| 914 | 56—57 | Pentabromäthan | $C_2HBr_5$ | $CBr_3 \cdot CHBr_2$ | 424,61 |
| 915 | 56—58 | Guajacolbenzoesäureester (Benzosol) | $C_{14}H_{12}O_3$ | 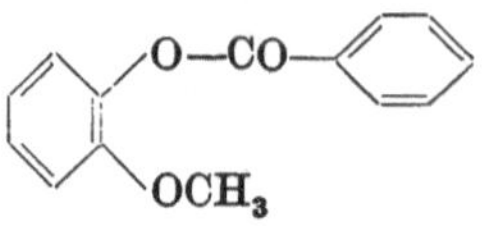 | 228,24 |
| 916 | 56—58 | Pentamethylentetrazol (Cardiazol) | $C_6H_{10}N_4$ | 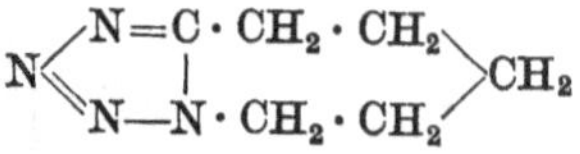 | 138,17 |
| 917 | 56,5 | Trimyristin | $C_{45}H_{86}O_6$ | $C_3H_5(O \cdot CO \cdot [CH_2]_{12} \cdot CH_3)_3$ | 723,12 |
| 918 | 56,5 bis 57,5 | 2,4-Dijod-3-thiotolen | $C_5H_4J_2S$ | 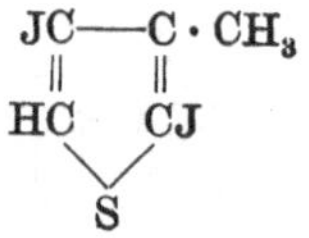 | 349,98 |
| 919 | 57 | β-Benzylhydroxylamin | $C_7H_9ON$ | $C_6H_5 \cdot CH_2 \cdot NH \cdot OH$ | 123,15 |
| 920 | 57 | 3,4-Dibromthenylbromid | $C_5H_3Br_3S$ | 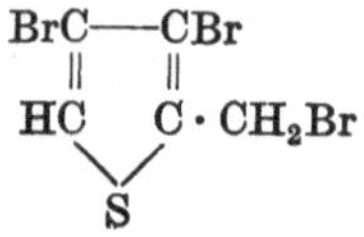 | 334,88 |
| 921 | 57 | 2,3-Dichlorphenol | $C_6H_4OCl_2$ | $Cl_2C_6H_3 \cdot OH$ | 163,01 |
| 922 | 57 | Dimethylnitramin | $C_2H_6O_2N_2$ | $(CH_3)_2N \cdot NO_2$ | 90,08 |
| 923 | 57 | 5-Propyl-2-thiophensäure | $C_8H_{10}O_2S$ | 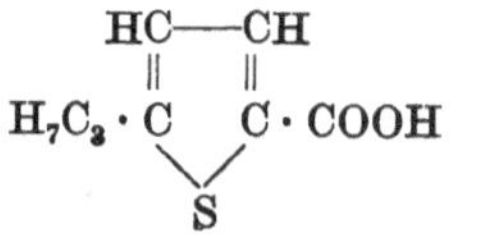 | 170,22 |
| 924 | 57 | Tetrabromäthylen | $C_2Br_4$ | $CBr_2 : CBr_2$ | 343,68 |
| 925 | 57 | Trichloressigsäure | $C_2HO_2Cl_3$ | $CCl_3 \cdot COOH$ | 163,40 |
| 926 | 57 | 2,4,5-Trichlorthiophen-3-sulfonsäurechlorid | $C_4O_2Cl_4S_2$ | 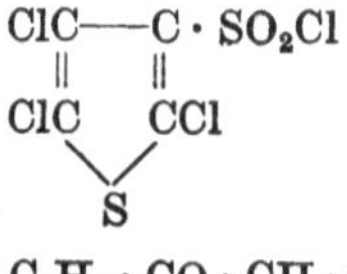 | 285,99 |
| 927 | 57—58 | Benzalacetophenon | $C_{15}H_{12}O$ | $C_6H_5 \cdot CO \cdot CH : CH \cdot C_6H_5$ | 208,25 |

| Aggregat- zustand Farbe | Spez. Gewicht | Siede- punkt °C | Beilstein- Zitat | Physikalische Konstanten und Eigenschaften | Löslichkeit | Reaktionen |
|---|---|---|---|---|---|---|
| 7 | 8 | 9 | 10 | 11 | 12 | 13 |
| Nadeln (W) | | 162,21 | VI 202 | mit Dampf flüchtig | wl. in k. W<br>ll. in A, Ae | |
| Prismen | 3,312 | 210 (300mm) | I 95 | | unl. in W<br>l. in A<br>ll. in Ae | |
| farblose Krist. | | | IX 130 | vgl. Nr. 975 | unl. in W<br>wl. in Eisessig<br>ll. in h. A, Ae, Chlf. | 0,1 g Subst. + 10%ige NaOH → Trübung, erstarrt zu gallertartiger Masse |
| farblose Krist. | | | | Geschmack kühlend bitter | ll. in W, A, Ae | $HgCl_2$-Lsg. gibt weiße Kriställchen, die sich bereits in wenigen Tropfen 2n-Salzsäure lösen |
| Blättchen (Ae) | $0,8848^{60°}$ | | II 367 | | unl. in W<br>ll. in A, Bzl., Chlf. | |
| Nadeln (PAe) | | | XV 17 | | l. in W | |
| Krist. (Benzin) | | | $E_1$ VI 102 | riecht durchdringend jodoformartig | | |
| Nadeln (Ae) | $1,109^{72°}$ | 187 | IV 85 | mit Dampf flüchtig | ll. in W, A, Ae | |
| Tafeln (verd. A) | | 226-227 | I 192 | mit Dampf flüchtig | | |
| zerfließl. Krist. | $1,630^{60°}_{60°}$ | 196,5 | II 206 | kryoskop.Konst. 12,1; ätzt und zerstört die Haut, Geruch an Johannisbrot erinnernd, wss. Lsg. reagiert sauer | 1201 W 25°<br>l. in A, Ae | Beim Kochen mit Lauge u. Resorcin → rotviolette Lsg.; mit Lauge u. Orcin → gelbe, grün fluoreszierende Lsg. |
| hellgelbe Prismen (PAe) | $1,071^{62°}$ | 345-348 | VII 478 | | unl. in W<br>l. in A<br>ll. in Ae | |

| Lfd. Nr. | Fp | Name | Summenformel | Strukturformel | Mol.-Gewicht |
|---|---|---|---|---|---|
| 1 | 2 | 3 | 4 | 5 | 6 |
| 928 | 57—58 | ω-Chloracetophenon | $C_8H_7OCl$ | $C_6H_5 \cdot CO \cdot CH_2Cl$ | 154,59 |
| 929 | 57—58 | Isonitroacetessigester | $C_6H_9O_4N$ | $CH_3 \cdot CO \cdot C(:N \cdot OH) \cdot CO \cdot OC_2H_5$ | 159,14 |
| 930 | 57—58 | Paraconsäure | $C_5H_6O_4$ | 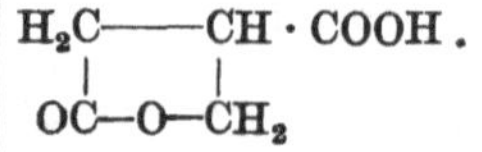 | 130,10 |
| 931 | 57—58 | Bis-[5-propylthienyl-(2)]-quecksilber | $C_{14}H_{18}S_2Hg$ | 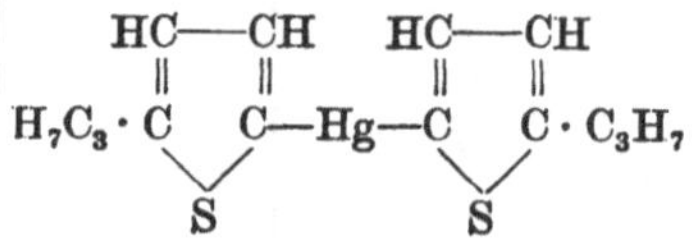 | 451,01 |
| 932 | 57,2 | p-Anisidin | $C_7H_9ON$ | $CH_3 \cdot O \cdot C_6H_4 \cdot NH_2$ | 123,15 |
| 933 | 57,5 | Behenolsäure | $C_{22}H_{40}O_2$ | $CH_3 \cdot (CH_2)_7 \cdot C \vdots C \cdot (CH_2)_{11} \cdot COOH$ | 336,53 |
| 934 | 58 | Atophanmethylester (Novatophan, 2-Phenylchinolin-4-carbonsäuremethylester) | $C_{17}H_{13}O_2N$ | 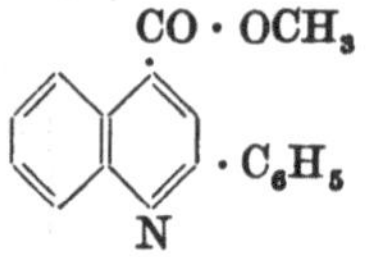 | 263,33 |
| 935 | 58 | 2,5-Dichlorphenol | $C_6H_4OCl_2$ | $Cl_2C_6H_3 \cdot OH$ | 163,01 |
| 936 | 58 | 3-Nitrobenzaldehyd | $C_7H_5O_3N$ | $O_2N \cdot C_6H_4 \cdot CHO$ | 151,12 |
| 937 | 58 | ω-Nitrostyrol | $C_8H_7O_2N$ | $C_6H_5 \cdot CH:CH \cdot NO_2$ | 149,14 |
| 938 | 58 | Thionaphthen-3-aldehyd | $C_9H_6OS$ | 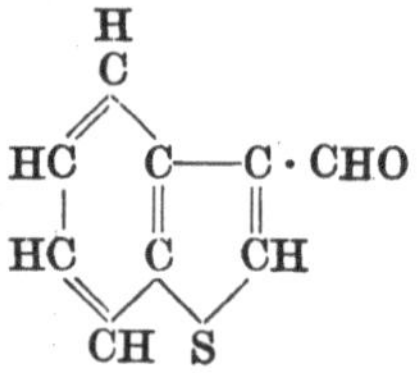 | 150,19 |
| 939 | 58—59 | Cinchotoxin | $C_{19}H_{22}ON_2$ | 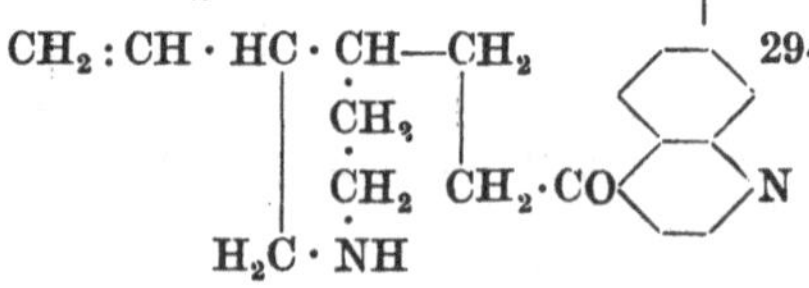 | 294,38 |

| Aggregat-zustand Farbe | Spez.-Gewicht | Siede-punkt °C | Beilstein-Zitat | Physikalische Konstanten und Eigenschaften | Löslichkeit | Reaktionen |
|---|---|---|---|---|---|---|
| 7 | 8 | 9 | 10 | 11 | 12 | 13 |
| farblose bis gelbliche Krist. oder rhomb. Blättchen | $1,321^{20}$ | 247 (Z.)<br>143 (25 mm)<br>139-141 (14 mm) | VII 282 | Litergewicht d. Dampfes 6,43 g; Dampfdruck 20° 0,0130 mm Hg; Flüchtigkeit 20° 105 mg/m³; Dampfdichte 5,3; spez. Wärme 0,264 cal; Geruch angenehm aromatisch; Dampf reizt Schleimhäute stark | unl. in W<br>ll. in A, $CS_2$, Ae, 40 Bzl.<br>l. 9,6 $COCl_2$, 63 CNCl, $S(C_2H_4)_2Cl$,<br>wl. in $SnCl_4$, $TiCl_4$ | 0,002 mg in 5 ml alkohol. m-Dinitrobenzol-Lsg. in Ggw. von NaOH → kirschrote Lsg. |
| Säulen (Chlf.)<br>zerfließl. Krist. | | 155 (15 mm) | III 744<br>XVIII 371 | | wl. in W<br>sll. in A, Ae | + metallisches Eisen → blaue Färbung |
| Tafeln (W) | $1,0605^{67°}$ | 243 | XIII 435 | | wl. in W<br>l. in A | Acetylderivat *Fp* 130 bis 132° |
| Nadeln | | | II 497 | | unl. in W<br>ll. in A, Ae | Amid *Fp* 92°<br>Methylester *Fp* 22°, lange Nadeln<br>Äthylester *Fp* 15—16°, Nadeln |
| gelbstichige Krist. | | | | | unl. in W und Laugen<br>l. in 2n-Säuren | + wss. Jodlsg. → blau<br>gelbe Lsg. in Paraform-$H_2SO_4$ beim Erhitzen → braun mit intensiv roter Fluoreszenz |
| Prismen (PAe) | | 211 (744mm) | VI 189 | | wl. in W<br>ll. in A, Ae | |
| Nadeln (W) | | 164 (23 mm) | VII 250 | | 0,16 W 25°<br>ll. in h. A<br>zll. in Ae | Phenylhydrazon *Fp* 121° |
| gelbliche Prismen (A) | | 250-260 | V 478 | riecht nach Zimt; reizt Haut und Schleimhäute | wl. in h. W<br>l. in A<br>ll. in Ae | |
| Prismen (Ae) | | | XXIV 203 | $[\alpha]_D^4$ +57,7 (abs. A); giftig | 0,18 W 18°<br>l. in A<br>~ 50 Ae<br>unl. in $CS_2$ | |

| Lfd. Nr. | *Fp* | Name | Summenformel | Strukturformel | Mol.-Gewicht |
|---|---|---|---|---|---|
| 1 | 2 | 3 | 4 | 5 | 6 |
| 940 | 58—59 | Glycerin-α-mononitrat | $C_3H_7O_5N$ | $HO \cdot CH_2 \cdot CH(OH) \cdot CH_2 \cdot O \cdot NO_2$ | 137,09 |
| 941 | 58,2 | Natriumacetat | $C_2H_3O_2Na$ | $CH_3 \cdot COONa + 3H_2O$ | 136,09 |
| 942 | 59 | Acetophenonoxim | $C_8H_9ON$ | $CH_3 \cdot C(:N \cdot OH) \cdot C_6H_5$ | 135,16 |
| 943 | 59 | Benzalacetessigester | $C_{13}H_{14}O_3$ | $C_6H_5 \cdot CH : C \cdot CO \cdot OC_2H_5$<br>$CO \cdot CH_3$ | 218,24 |
| 944 | 59 | 1-Benzylnaphthalin | $C_{17}H_{14}$ | $C_{10}H_7 \cdot CH_2 \cdot C_6H_5$ | 218,28 |
| 945 | 59 | 2-Bromnaphthalin | $C_{10}H_7Br$ | $C_{10}H_7Br$ | 207,07 |
| 946 | 59 | 5-Chlor-1,3-dinitrobenzol | $C_6H_3O_4N_2Cl$ | $Cl \cdot C_6H_3(NO_2)_2$ | 202,56 |
| 947 | 59 | Chromon | $C_9H_6O_2$ | 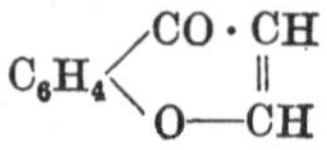 | 146,14 |
| 948 | 59 | 2,3-Dibrom-5-jodthiophen | $C_4HBr_2JS$ | 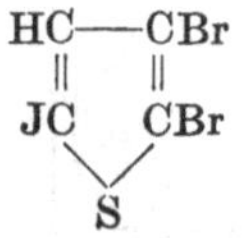 | 367,86 |
| 949 | 59 | 2-Fluornaphthalin | $C_{10}H_7F$ | $C_{10}H_7F$ | 146,15 |
| 950 | 59 | *l*-Scopolamin | $C_{17}H_{21}O_4N$ | 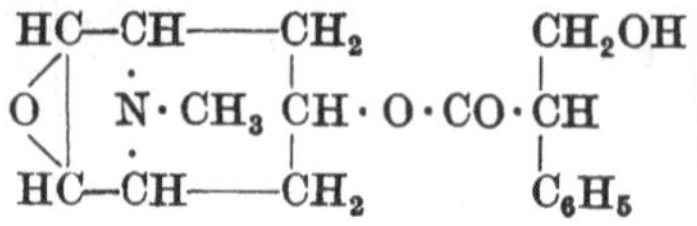 | 291,34 |
| 951 | 59 | o-Tolylhydrazin | $C_7H_{10}N_2$ | $CH_3 \cdot C_6H_4 \cdot NH \cdot NH_2$ | 122,16 |
| 952 | 59 | α-Thienalacetophenon | $C_{13}H_{10}OS$ | 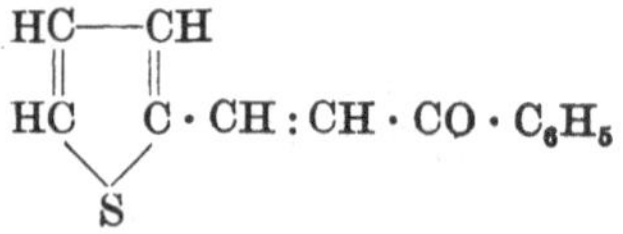 | 214,27 |
| 953 | 59—60 | β-Äthylhydroxylamin | $C_2H_7ON$ | $C_2H_5 \cdot NH \cdot OH$ | 61,08 |
| 954 | 59—60 | 2,2′-Dioxybenzophenon | $C_{13}H_{10}O_3$ | $HO \cdot C_6H_4 \cdot CO \cdot C_6H_4 \cdot OH$ | 214,21 |
| 955 | 59—60 | 4-Methylbenzophenon | $C_{14}H_{12}O$ | $CH_3 \cdot C_6H_4 \cdot CO \cdot C_6H_5$ | 149,20 |
| 956 | 59—60 | 5,6,7,8-Tetrahydro-naphthol-(2) | $C_{10}H_{12}O$ | 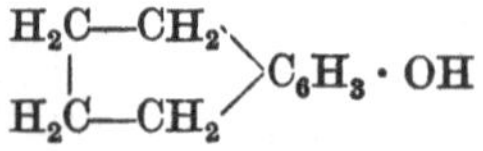 | 148,19 |
| 957 | 59—60 | Acetoxim | $C_3H_7ON$ | $(CH_3)_2C : N \cdot OH$ | 73,09 |

| Aggregatzustand Farbe | Spez. Gewicht | Siedepunkt °C | Beilstein-Zitat | Physikalische Konstanten und Eigenschaften | Löslichkeit | Reaktionen |
|---|---|---|---|---|---|---|
| 7 | 8 | 9 | 10 | 11 | 12 | 13 |
| Prismen (W, A od. Ae) | 1,40 | 155-160 | I 514 | nicht explosiv | ll. in W, A<br>swl. in Ae | |
| Krist. | $1{,}44^{25°}$ | 123 | II 107 | beim F. Wasserabspaltung | | |
| Nadeln (W) | | 245 (Z.) | VII 278 | mit Dampf flüchtig | sll. in A, Ae | + $H_2SO_4 \rightarrow$ Acetanilid |
| Tafeln (A oder Ae) | | 181 (17mm) | X 731 | | l. in A, Ae<br>ll. in Chlf.<br>l. in h. $H_2SO_4$ | in heißer $H_2SO_4 \rightarrow$ rot |
| Blättchen (A) | $1{,}166^{17°}$ | 350 | V 689 | kryoskop. Konst. 12,4 | unl. in W<br>1,66 A 15°<br>3,33 sd. A<br>50 k. Ae | |
| Blättchen (A) | $1{,}605^{0°}$ | 281-282 | V 548 | $n_D^{19,4}$ 1,65876;<br>$R_D^{19,4}$ 51,32cm;<br>$n_F^{19,4}$ 325,0 | unl. in W<br>6 92% A 20°<br>ll. in Ae, Bzl. | |
| Nadeln (A) | | | V 264 | mit Dampf flüchtig | unl. in W<br>ll. in A, Ae | |
| Nadeln (PAe) | | | XVII 327 | | ll. in A, Ae, Chlf., Bzl. | |
| Blättchen (A) | | 212,5 | V 541 | | ll. in A, Chlf., Bzl. | |
| weiße Krist. | | | XXVII 99 | $[\alpha]_D$ −28,0° (W) schmeckt bitter | swl. in W<br>ll. in org. Lsgm. | + alkalische Quecksilberjodidlösung bleibt bei Zimmertemperatur klar. Beim Erhitzen wird graues Quecksilber abgeschieden<br>Pikrat *Fp* 190—191° |
| Nadeln | | | XV 496 | | ll. in A, Ae, Chlf. | |
| Nadeln (Ligroin) | $0{,}9070^{20°}$ | | IV 535 | | ll. in W, A<br>wl. in Ae | |
| hellgelbe Prismen oder Blättchen (Ligroin) | | 330-340 (Z.) | VIII 313 | | unl. in W<br>ll. in A, Ae, Chlf. | Erhitzung > 330° $\rightarrow$ Xanthon + $H_2O$ |
| Krist. | | 326,5 | VII 440 | | swl. in W<br>l. in A<br>ll. in Ae | |
| Nadeln (Ligroin) | | 275-276 | VI 579 | | wl. in k. W<br>ll. in A, Ae<br>l. in $H_2SO_4$ | |
| Krist. | $0{,}97^{20°}_{20°}$ | 135 (728mm) | I 649 | | sll. in W, A, Ae | |

| Lfd. Nr. | *Fp* | Name | Summenformel | Strukturformel | Mol.-Gewicht |
|---|---|---|---|---|---|
| 1 | 2 | 3 | 4 | 5 | 6 |
| 958 | **59,4 bis 59,8** | Stearylalkohol | $C_{18}H_{38}O$ | $CH_3 \cdot (CH_2)_{16} \cdot CH_2OH$ | 270,48 |
| 959 | **60** | Benzoylaceton | $C_{10}H_{10}O_2$ | $C_6H_5 \cdot CO \cdot CH_2 \cdot CO \cdot CH_3$ | 162,18 |
| 960 | **60** | Chinotoxin | $C_{20}H_{24}O_2N_2$ | 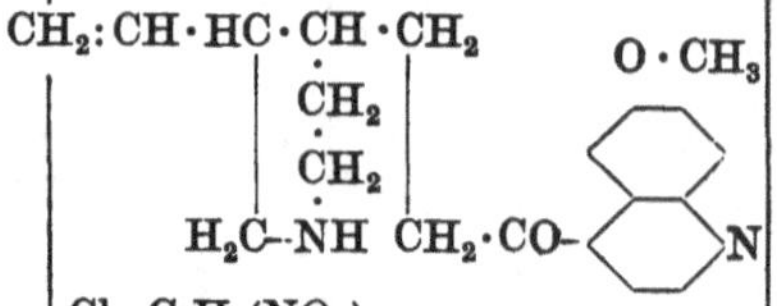 | 324,40 |
| 961 | **60** | 2-Chlor-1,4-dinitrobenzol | $C_6H_3O_4N_2Cl$ | $Cl \cdot C_6H_3(NO_2)_2$ | 202,56 |
| 962 | **60** | 2-Chlornaphthalin | $C_{10}H_7Cl$ | $C_{10}H_7Cl$ | 162,61 |
| 963 | **60** | Desoxybenzoin | $C_{14}H_{12}O$ | $C_6H_5 \cdot CO \cdot CH_2 \cdot C_6H_5$ | 196,23 |
| 964 | **60** | 3,4-Dibrom-2-jodthiophen | $C_4HBr_2JS$ | 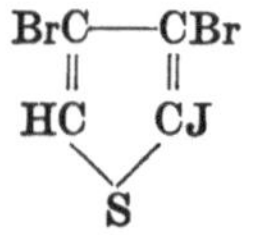 | 367,86 |
| 965 | **60** | 2,6-Dimethylchinolin | $C_{11}H_{11}N$ | $C_9H_5N(CH_3)_2$ | 157,20 |
| 966 | **60** | 3,4-Dinitrotoluol | $C_7H_6O_4N_2$ | $(O_2N)_2C_6H_3 \cdot CH_3$ | 182,13 |
| 967 | **60** | 2-Acetonylthiophen | $C_7H_8OS$ | 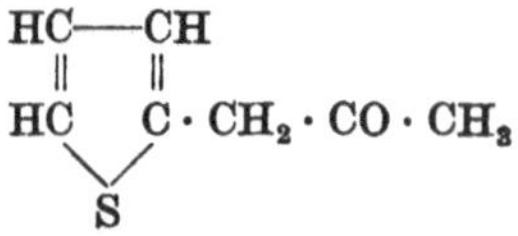 | 140,19 |
| 968 | **60** | 2-Methylindol | $C_9H_9N$ | 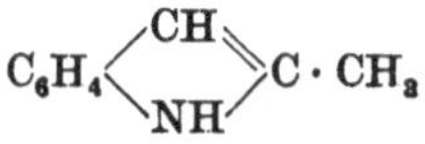 | 131,17 |
| 969 | **60** | 1-Oxynaphthaldehyd-(2) | $C_{11}H_8O_2$ | $HO \cdot C_{10}H_6 \cdot CHO$ | 172,17 |
| 970 | **60** | Thiophen-2,3-dicarbonsäuredimethylester | $C_8H_8O_4S$ | 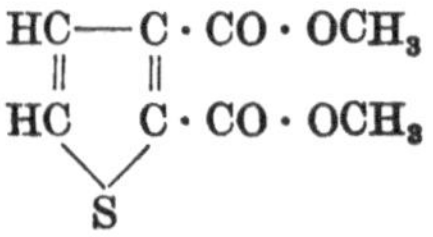 | 200,20 |
| 971 | **60** | Tolan | $C_{14}H_{10}$ | $C_6H_5 \cdot C \vdots C \cdot C_6H_5$ | 178,22 |
| 972 | **60** | Triphenylarsin | $C_{18}H_{15}As$ | $(C_6H_5)_3As$ | 306,21 |

| Aggregat-zustand Farbe | Spez. Gewicht | Siede-punkt °C | Beilstein-Zitat | Physikalische Konstanten und Eigenschaften | Löslichkeit | Reaktionen |
|---|---|---|---|---|---|---|
| 7 | 8 | 9 | 10 | 11 | 12 | 13 |
| Blättchen (Bzl. od. Aceton) | | 210 (15mm) | I 429 | | | Acetat *Fp* 33°<br>p-Joddiphenylylurethan *Fp* 137,2—137,5°<br>p-Nitrophenylurethan *Fp* 115°, Nadeln |
| Prismen | $1,090^{60°}_{60°}$ | 260-262 | VII 680 | mit Dampf flüchtig | wl. in k. W<br>sll. in A, Ae<br>ll. in NaOH | |
| amorph | | | XXV 39 | $[\alpha]_D^{15}$ +44° (Chlf.); schmeckt bitter; giftig | wl. in W<br>ll. in A, Ae, Chlf. | |
| Nadeln (A) | | | V 264 | | unl. in W<br>l. in A | |
| Blättchen (A) | $1,2656^{16°}$ | 265 (751mm) | V 541 | kryoskop.Konst. 9,76 | unl. in W<br>ll. in A, Ae | |
| Tafeln (A) | | 320-322 | VII 431 | | wl. in sd. W<br>ll. in A, Ae | Semicarbazon *Fp* 148°<br>Oxim *Fp* 98°, Nadeln<br>Phenylhydrazon *Fp* 116°, gelbliche Blättchen |
| Prismen (Ae) | | 266-267 | XX 408 | | wl. in h. W<br>ll. in A, Ae | |
| Nadeln ($CS_2$) | $1,259^{111°}$ | | V 341 | mit Dampf flüchtig | 2,19 $CS_2$ 17° | |
| Nadeln (W)<br>Blättchen (verd. A) | | 272 | XX 311 | | wl. in h. W<br>ll. in A, Ae | |
| grüngelbe Nadeln (verd. A) | | | VIII 148 | mit Dampf flüchtig; riecht zimtartig | wl. in k. W<br>ll. in A, Ae | |
| Blättchen oder Säulen (A) | $0,966^{99,8°}$ | 170 (19mm) | V 656 | | unl. in W<br>ll. in h. A, Ae | |
| Tafeln (Bzl.) | 1,306 | >360 | XVI 828 | | unl. in W<br>wl. in k. A<br>ll. in Ae | |

| Lfd. Nr. | *Fp* | Name | Summenformel | Strukturformel | Mol.-Gewicht |
|---|---|---|---|---|---|
| 1 | 2 | 3 | 4 | 5 | 6 |
| 973 | **60—61** | 9-Äthylanthracen | $C_{16}H_{14}$ | 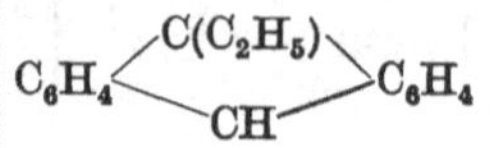 | **121,17** |
| 974 | **60—61** | 3,4-Dibrom-2-nitro-thiophen | $C_4HO_2NBr_2S$ | 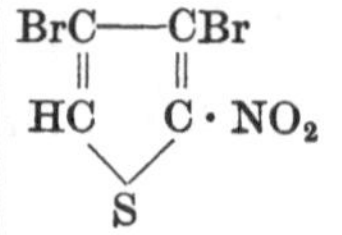 | **286,95** |
| 975 | **60—61** | Guajacolbenzoat | $C_{14}H_{12}O_3$ | 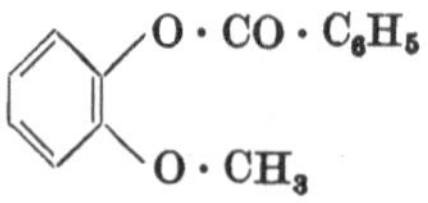 | **228,24** |
| 976 | **60—61** | 2-Jodanilin | $C_6H_6NJ$ | $J \cdot C_6H_4 \cdot NH_2$ | **219,03** |
| 977 | **60—61** | 3-Nitrodimethylanilin | $C_8H_{10}O_2N_2$ | $O_2N \cdot C_6H_4 \cdot N(CH_3)_2$ | **166,17** |
| 978 | **60—61** | Phenoxthin | $C_{12}H_8OS$ | 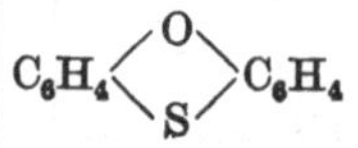 | **200,24** |
| 979 | **60—61** | 3,4,5-Tribrom-2-thenal-bromid | $C_5HBr_5S$ | 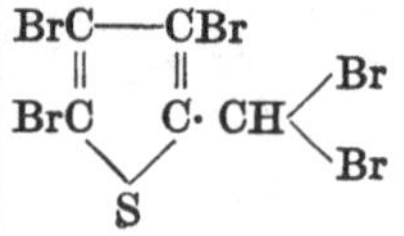 | **492,70** |
| 980 | **60—70** | o-Chinon (Benzochinon-1,2) | $C_6H_4O_2$ | 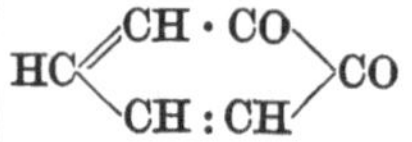 | **108,09** |
| 981 | **60,5** | Margarinsäure (n-Heptadecylsäure, Daturinsäure) | $C_{17}H_{34}O_2$ | $CH_3 \cdot (CH_2)_{15} \cdot COOH$ | **270,44** |
| 982 | **61** | β-Chlorisocrotonsäure | $C_4H_5O_2Cl$ | $CH_3 \cdot CCl : CH \cdot COOH$ | **120,54** |
| 983 | **61** | 2,3-Dichlor-1-nitrobenzol | $C_6H_3O_2NCl_2$ | $Cl_2C_6H_3 \cdot NO_2$ | **192,01** |
| 984 | **61** | Diphenyldisulfid | $C_{12}H_{10}S_2$ | $C_6H_5 \cdot S \cdot S \cdot C_6H_5$ | **218,32** |
| 985 | **61** | Erythrittetranitrat | $C_4H_6O_{12}N_4$ | $[O_2N \cdot O \cdot CH_2 \cdot CH(O \cdot NO_2)—]_2$ | **302,12** |
| 986 | **61** | Hydrindon-(2) | $C_9H_8O$ | 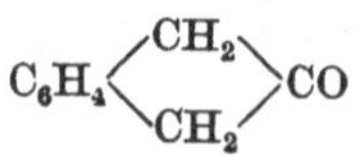 | **132,15** |
| 987 | **61** | β-Naphthaldehyd | $C_{11}H_8O$ | $C_{10}H_7 \cdot CHO$ | **156,17** |

| Aggregatzustand Farbe | Spez. Gewicht | Siedepunkt °C | Beilstein-Zitat | Physikalische Konstanten und Eigenschaften | Löslichkeit | Reaktionen |
|---|---|---|---|---|---|---|
| 7 | 8 | 9 | 10 | 11 | 12 | 13 |
| Blätter (A) | | | V 678 | | | Pikrat *Fp* 120° |
| weiße Krist. | | | IX 130 | kaum riechende und schmekkende Krist. vgl. Nr. 915 | unl. in W, Lauge und Säure wl. in Eisessig ll. in h. A, Ae, Chlf. | + Eisen-$H_2SO_4$ → graugrün → graublau; gelinde erwärmen → grauviolett; vorsichtig erhitzen bis braun — abkühlen → intensiv grün Subst. + 1 Tropfen Eisen-Phosphorsäure + 1 ml konz. $H_2SO_4$-Lsg. olivgrün → stahlblau → grün; erwärmen grauviolett → braungrün; abkühlen grau → olivgrün |
| Nadeln | | | XII 669 | mit Dampf flüchtig | wl. in k. W sll. in A, Ae | Acetylderivat *Fp* 110° |
| rote Krist. (Ae) | $1{,}313^{17°}$ | 280-285 | XII 701 | mit Dampf flüchtig | | |
| Nadeln (A) | | 183 (12mm) | XIX 45 | riecht geraniolartig | unl. in W ll. in A, Ae | |
| rote Tafeln (Ae) | | | VII 600 | färbt die Haut braun; nicht flüchtig; geruchlos; sehr zersetzlich | l. in W, A ll. in Ae | macht aus angesäuerter KJ-Lsg. sofort $J_2$ frei, liefert mit $SO_2$ oder $(NH_4)_2S$ in der Kälte Brenzcatechin |
| dünne Platten | | 227 (100mm) | II 376 | | | Zn-Salz *Fp* 126,6°, Nadeln Mg-Salz *Fp* 137-142° Methylester *Fp* 30°, Nadeln Äthylester *Fp* 27,5° |
| Prismen (W) | $1{,}197^{69°}$ | 194,8 | II 416 | | 1,91 W 19° ll. in A, Ae | erhitzen → β-Chlorcrotonsäure |
| Nadeln (PAe) | $1{,}4494^{80°}$ | 257-258 | V 245 | mit Dampf flüchtig | unl. in W ll. in A, Ae | |
| Nadeln (A) | | 310 | VI 323 | | unl. in W l. in A ll. in Ae | + konz. $H_2SO_4$ → Thianthren |
| Blättchen (A) | | | I 527 | detoniert durch Schlag | unl. in k. W l. in A | |
| Nadeln (A oder Ae) | $1{,}071^{67°}$ | 220-225 (Z.) | VII 363 | mit Dampf flüchtig | unl. in W ll. in A, Ae | Oxim *Fp* 155° |
| Blättchen (W) | $1{,}078^{98°}$ | | VII 401 | mit Dampf flüchtig | wl. in sd. W ll. in A, Ae | Semicarbazon *Fp* 245° |

| Lfd. Nr. | *Fp* | Name | Summenformel | Strukturformel | Mol.-Gewicht |
|---|---|---|---|---|---|
| 1 | 2 | 3 | 4 | 5 | 6 |
| 988 | **61** | 3-Nitrodiphenyl | $C_{12}H_9O_2N$ | $C_6H_5 \cdot C_6H_4 \cdot NO_2$ | 199,20 |
| 989 | **61** | 2,4,5-Trimethoxy-1-propenylbenzol (Asaron) | $C_{12}H_{16}O_3$ | $CH_3 \cdot CH : CH \cdot C_6H_2(O \cdot CH_3)$ | 208,24 |
| 990 | **61** | 1,2,4-Trinitrobenzol | $C_6H_3O_6N_3$ | $C_6H_3(NO_2)_3$ | 213,11 |
| 991 | **61—62** | Atophanäthylester (Acitrin) | $C_{18}H_{15}O_2N$ | 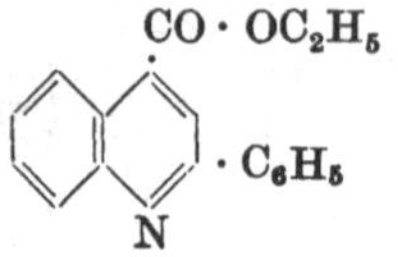 | 277,31 |
| 992 | **61,3** | Monochloressigsäure | $C_2H_3O_2Cl$ | $CH_2Cl \cdot COOH$ | 94,50 |
| 993 | **61,3** | d-Weinsäuredimethylester | $C_6H_{10}O_6$ | $CH_3O \cdot OC \cdot [CH(OH)]_2 \cdot CO \cdot OCH_3$ | 278,14 |
| 994 | **61,5** | 1,3-Dichlornaphthalin | $C_{10}H_6Cl_2$ | $C_{10}H_6Cl_2$ | 197,06 |
| 995 | **61,5** | 1-Nitronaphthalin | $C_{10}H_7O_2N$ | $C_{10}H_7 \cdot NO_2$ | 173,16 |
| 996 | **62** | Apoatropin | $C_{17}H_{21}O_2N$ | 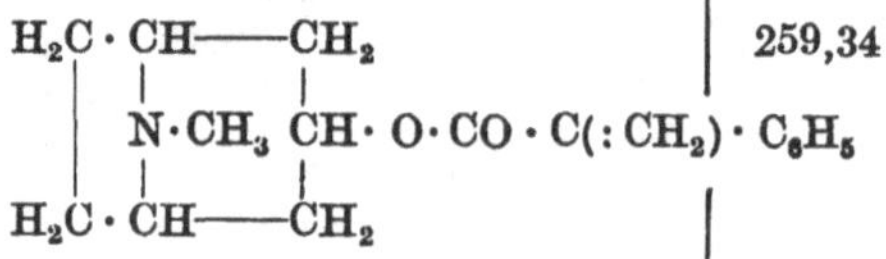 | 259,34 |
| 997 | **62** | Benzoinäthyläther | $C_{16}H_{16}O_2$ | $C_6H_5 \cdot CH(O \cdot C_2H_5) \cdot CO \cdot C_6H_5$ | 240,28 |
| 998 | **62** | N,N'-Dimethylthioharnstoff | $C_3H_8N_2S$ | $CH_3 \cdot NH \cdot CS \cdot NH \cdot CH_3$ | 104,17 |
| 999 | **62** | Phenyl-α-naphthylamin | $C_{16}H_{13}N$ | $C_{10}H_7 \cdot NH \cdot C_6H_5$ | 219,27 |
| 1000 | **62—63** | β-Brompropionsäure | $C_3H_5O_2Br$ | $CH_2Br \cdot CH_2 \cdot COOH$ | 152,99 |
| 1001 | **62—63** | Tetramethylammoniumhydroxyd | $C_4H_{13}ON$ | $(CH_3)_4N \cdot OH$ | 91,15 |
| 1002 | **62,5** | 3,4-Dimethylphenol (asymm.-o-Xylenol) | $C_8H_{10}O$ | $(CH_3)_2C_6H_3 \cdot OH$ | 122,16 |
| 1003 | **62,6** | Palmitinsäure | $C_{16}H_{32}O_2$ | $CH_3 \cdot (CH_2)_{14} \cdot COOH$ | 256,41 |

| Aggregatzustand Farbe | Spez. Gewicht | Siedepunkt °C | Beilstein-Zitat | Physikalische Konstanten und Eigenschaften | Löslichkeit | Reaktionen |
|---|---|---|---|---|---|---|
| 7 | 8 | 9 | 10 | 11 | 12 | 13 |
| gelbe Blättchen (A) | | | V 582 | | unl. in W<br>ll. in A, Eisessig, Lauge | |
| Nadeln u. Blättchen (W) | $1{,}165^{18°}$ | 296 | VI 1129 | sublimiert | wl. in sd. W<br>ll. in A, Ae, Chlf. | |
| Blättchen (Ae) | $1{,}73^{15°}$ | | V 271 | | 5,45 A 15°<br>7,13 Ae 15°<br>14,08 Bzl. 15° | |
| gelblich-weiße Krist. | | | | | swl. in W<br>ll. in A, Ae | |
| weiße, zerfließliche Krist. | $1{,}58^{20°}_{20°}$ | 189 | II 194 | kryoskop.Konst. 5,24; ätzt die Haut; $\beta$-Modifikation *Fp* 56,2°, $\gamma$-Modifikation *Fp* 50,0° | 614 W 30° | beim Eindampfen mit Lauge → Glykolsäure, *Fp* 80° |
| Krist. (Bzl.) | $1{,}340^{15°}$ | 280 | III 510 | | wl. in W, Ae | |
| Nadeln (A) | | 291 (775mm) | V 542 | | l. in A | |
| gelbe Nadeln (A) | $1{,}2226^{62°}$ | 304 | V 553 | kryoskop.Konst. 9,1 | unl. in W<br>l. in A, Ae<br>ll. in $CS_2$ | + $H_2SO_4$ → dunkelrot |
| Prismen (Chlf.) | | | XXI 20 | | wl. in W<br>sll. in A, Ae | |
| Nadeln (Ligroin) | | | VIII 174 | | ll. in A, Ae, Bzl. | |
| Tafeln | | | IV 70 | | sll. in W, A<br>wl. in Ae | |
| Nadeln (A) | | 335 (528mm) | XII 1224 | Lösungen fluoreszieren blau | ll. in A, Ae, Bzl. | |
| Prismen | $1{,}700^{20°}$ | 204 (Z.) | I 200 | | ll. in W, A | |
| Nadeln mit $5H_2O$ | | | IV 50 | | 220 W 15°<br>∞ W 63° | Destillation → $(CH_3)_3N$ + $CH_3OH$<br>Chlorplatinat *Fp* 278° (Z.)<br>Pikrat *Fp* 312—313°, monokline Prismen<br>$K_3Fe(CN)_6$ Rauten und Sechsecke (100—150 $\mu$) |
| Nadeln (W) | $1{,}023^{17°}_{15°}$ | 225 | VI 485 | | l. in W, A | Pikrat *Fp* 83,3°, chromgelbe Krist.<br>p-Diphenylylurethan *Fp* 183° |
| Perlmutterartige Krist. | $0{,}853^{62°}$ | 271,5 (100mm) | II 370 | kryoskop.Konst. 4,3; Oberflächenspannung 65,2° 26,8 dyn/cm | unl. in W<br>9,3 A 19°<br>l. in Ae | Lsg. in konz. $H_2SO_4$ schäumt beim Schütteln + Zusatz von Paraform beim Erwärmen orange und zeigt grüne Fluoreszenz |

| Lfd. Nr. | *Fp* | Name | Summenformel | Strukturformel | Mol.-Gewicht |
|---|---|---|---|---|---|
| 1 | 2 | 3 | 4 | 5 | 6 |
| 1004 | **62,8** | m-Phenylendiamin | $C_6H_8N_2$ | $H_2N \cdot C_6H_4 \cdot NH_2$ | 108,14 |
| 1005 | **63** | p-Aminobenzoyldiäthyl-aminoäthanol (Novocainbase) | $C_{13}H_{20}O_2N_2$ | 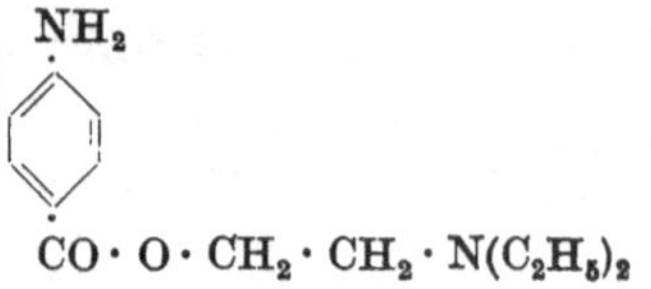 | 272,77 |
| 1006 | **63** | trans-α-Dekalol | $C_{10}H_{18}O$ | $H_2C \cdot CH_2 \cdot CH \cdot CH(OH) \cdot CH_2$<br>$H_2C \cdot CH_2 \cdot CH$—$CH_2$—$CH_2$ | 154,24 |
| 1007 | **63** | 2,4-Dichloranilin | $C_6H_5NCl_2$ | $Cl_2C_6H_3 \cdot NH_2$ | 162,02 |
| 1008 | **63** | 2,3-Dinitrotoluol | $C_7H_6O_4N_2$ | $(O_2N)_2C_6H_3 \cdot CH_3$ | 182,13 |
| 1009 | **63** | 1,3,5-Trichlorbenzol | $C_6H_3Cl_3$ | $C_6H_3Cl_3$ | 181,45 |
| 1010 | **63** | Tropin | $C_8H_{15}ON$ | $H_2C \cdot CH$———$CH_2$<br>$N \cdot CH_3$   $CH \cdot OH$<br>$H_2C \cdot CH$———$CH_2$ | 141,21 |
| 1011 | **63—67** | 2,4,5-Tribrom-3-thenyl-bromid | $C_5H_2Br_4S$ | BrC——$C \cdot CH_2 \cdot Br$<br>BrC   CBr<br>S | 413,79 |
| 1012 | **63,5** | Äthylanilin | $C_8H_{11}N$ | $C_6H_5 \cdot NH \cdot C_2H_5$ | 121,17 |
| 1013 | **63,5** | 4-Bromphenol | $C_6H_5OBr$ | $Br \cdot C_6H_4 \cdot OH$ | 173,02 |
| 1014 | **63—64** | 2,3-Diaminotoluol (o-Toluylendiamin) | $C_7H_{10}N_2$ | $CH_3 \cdot C_6H_3(NH_2)_2$ | 122,16 |
| 1015 | **63—64** | 1,7-Dichlornaphthalin | $C_{10}H_6Cl_2$ | $C_{10}H_6Cl_2$ | 197,06 |
| 1016 | **63—64** | Rongalit (Na-Salz der Formaldehydsulfoxyl-säure) | $CH_3O_3SNa$ | $HO \cdot CH_2 \cdot S(:O) \cdot ONa + 2H_2O$ | 153,23 |
| 1017 | **63—64** | m-Xylolsulfonsäure-(4) | $C_8H_{10}O_3S$ | $(CH_3)_2C_6H_3 \cdot SO_3H$ | 186,22 |
| 1018 | **63,5 bis 64** | 2-p-Tolylthiophen | $C_{11}H_{10}S$ | HC——CH<br>HC   $C \cdot C_6H_4 \cdot CH_3$<br>S | 174,25 |
| 1019 | **64** | p-Aminobenzoesäure-isobutylester (Cycloform) | $C_{11}H_{15}O_2N$ | $H_2N \cdot C_6H_4 \cdot COO \cdot CH_2 \cdot CH(CH_3)_2$ | 193,24 |

| Aggregat-zustand Farbe | Spez. Gewicht | Siede-punkt °C | Beilstein-Zitat | Physikalische Konstanten und Eigenschaften | Löslichkeit | Reaktionen |
|---|---|---|---|---|---|---|
| 7 | 8 | 9 | 10 | 11 | 12 | 13 |
| Krist. (A) | $1{,}1389_{15^0}^{15^0}$ | 282-284 | XIII 33 | | 26,9 W 24°<br>ll. in A<br>l. in Ae | Diacetylderivat *Fp* 191°, Prismen<br>Dibenzoylderivat *Fp* 240°, Nadeln |
| Tafeln (Ae) | | | XIV 424 ($E_1$ 568) | | | Chlorhydrat (Novocain) *Fp* 156°<br>Nitrat *Fp* 101°<br>Pikrat *Fp* 153—154° |
| Nadeln (PA) | | 130 (28mm) | VI 67 | flüchtig mit Dampf | wl. in W<br>ll. in A, Ae | Phenylurethan *Fp* 172° |
| Nadeln (W o. A) | $1{,}567^{20^0}$ | 239 | XII 621 | flüchtig mit Dampf | wl. in W<br>ll. in A, Ae | Acetylderivat *Fp* 146° |
| Nadeln (PAe) | $1{,}263^{111^0}$ | | V 339 | flüchtig mit Dampf | unl. in W | |
| Nadeln | | 208 | V 204 | | | |
| Tafeln (Ae) | $1{,}039^{36^0}$ | 233 | XXI 16 | hygroskopisch | ll. in W, A<br>wl. in Ae | Chloroplatinat *Fp* 198° (Z.) |
| Öl | $0{,}963^{20^0}$ | 206 | XII 159 | $^{n}D^{20}$ 1,5593;<br>$^{R}D^{20}$ 40,41 cm;<br>$^{n}F^{20}$ 224,5 | | Pikrat *Fp* 132—133°, hellgelbe Blättchen<br>p-Brombenzolsulfamid *Fp* 91°<br>Acetylderivat *Fp* 54,4°, rhombische Krist. |
| Krist. (Chlf. od. Ae) | $1{,}5875^{80^0}$ | 235-236 | VI 198 | | 1,42 W 15°<br>ll. in A, Ae, Eisessig | |
| Krist. | | 255 | XIII 123 | | l. in W, A, Ae | |
| Blättchen (verd. A) | | 286 | V 543 | | unl. in W<br>l. in A, Ae, Bzl. | |
| Nadeln (Eisessig) | | | | | | |
| Tafeln | | 125 (Z.) | I 577 | | 50 W<br>unl. in A, Ae | + NaOH → Formaldehyd<br>+ $NaHSO_3$ → reduz. Indigo<br>Amid *Fp* 137° |
| Blättchen (verd. $H_2SO_4$) | | | XI 123 | | | |
| weiße Krist. | | | $E_1$ XIV 567 | geruchlos, anästhesierend | swl. in W<br>ll. in A, Ae, Öl<br>l. in Säuren | amorphes Perjodid |

| Lfd. Nr. | Fp | Name | Summenformel | Strukturformel | Mol.-Gewicht |
|---|---|---|---|---|---|
| 1 | 2 | 3 | 4 | 5 | 6 |
| 1020 | **64** | Caryophyllenoxyd | $C_{15}H_{24}O$ | | 220,34 |
| 1021 | **64** | 2,5-Diaminotoluol (p-Toluylendiamin) | $C_7H_{10}N_2$ | $CH_3 \cdot C_6H_3(NH_2)_2$ | 122,16 |
| 1022 | **64** | $\alpha,\beta$-Dibrompropionsäure | $C_3H_4O_2Br_2$ | $CH_2Br \cdot CHBr \cdot COOH$ | 231,89 |
| 1023 | **64** | 2,6-Dinitrophenol | $C_6H_4O_5N_2$ | $(O_2N)_2C_6H_3 \cdot OH$ | 184,11 |
| 1024 | **64** | 4-Jodanilin | $C_6H_6NJ$ | $J \cdot C_6H_4 \cdot NH_2$ | 219,03 |
| 1025 | **64** | Nitrourethan | $C_3H_6O_4N_2$ | $O_2N \cdot NH \cdot CO \cdot OC_2H_5$ | 134,09 |
| 1026 | **64—65** | Carbamidsäuretrichloräthylester (Voluntal) | $C_3H_4O_2NCl_3$ | $H_2N \cdot CO \cdot OCH_2 \cdot CCl_3$ | 192,44 |
| 1027 | **64,5** | Antipyrinacetylsalicylat (Acetopyrin) | $C_{20}H_{20}O_5N_2$ | $C_{11}H_{12}ON_2 \cdot C_9H_8O_4$ | 378,37 |
| 1028 | **64,5** | Tiglinsäure | $C_5H_8O_2$ | $CH_3 \cdot CH : C(CH_3) \cdot COOH$ | 100,11 |
| 1029 | **64,5** | o-Xylylenglykol | $C_8H_{10}O_2$ | $C_6H_4(CH_2OH)_2$ | 138,16 |
| 1030 | **65** | 4-Aminobenzylalkohol | $C_7H_9ON$ | $H_2N \cdot C_6H_4 \cdot CH_2OH$ | 123,15 |
| 1031 | **65** | 3-Aminopyridin | $C_5H_6N_2$ | $C_5H_4N \cdot NH_2$ | 94,11 |
| 1032 | **65** | $\alpha$-Chloracrylsäure | $C_3H_3O_2Cl$ | $CH_2 : CCl \cdot COOH$ | 106,51 |
| 1033 | **65** | 2,5-Dichlor-3,4-dibromthiophen | $C_4Cl_2Br_2S$ | 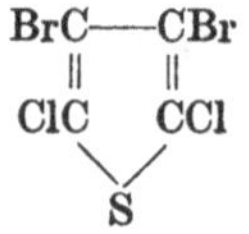 | 310,85 |
| 1034 | **65** | Dihydrocodein (Paracodin) | $C_{18}H_{23}O_3N$ | 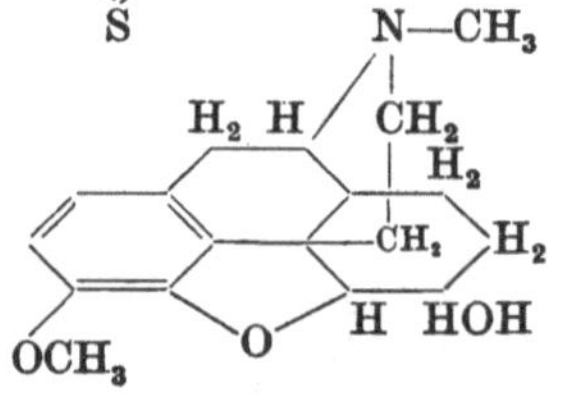 | 306,37 |
| 1035 | **65** | 3,5-Dimethylphenol (symm. m-Xylenol) | $C_8H_{10}O$ | $(CH_3)_2C_6H_3 \cdot OH$ | 122,16 |
| 1036 | **65** | 4-Methylbrenzcatechin | $C_7H_8O_2$ | $CH_3 \cdot C_6H_3(OH)_2$ | 124,13 |
| 1037 | **65** | m-Nitrobenzalchlorid | $C_7H_5O_2NCl_2$ | $O_2N \cdot C_6H_4 \cdot CHCl_2$ | 206,03 |
| 1038 | **65** bis **65,5** | 2-Thienylphenyldiketon | $C_{12}H_8O_2S$ | 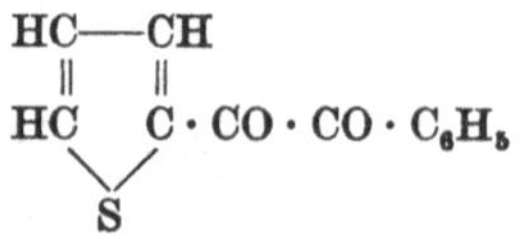 | 216,24 |

| Aggregat-zustand Farbe | Spez. Gewicht | Siede-punkt °C | Beilstein-Zitat | Physikalische Konstanten und Eigenschaften | Löslichkeit | Reaktionen |
|---|---|---|---|---|---|---|
| 7 | 8 | 9 | 10 | 11 | 12 | 13 |
| Prismen (Bzl.) | $0{,}9658^{20°}_{4°}$ | | | $[\alpha]^{25}_{D}$ —68°; $n_{D}^{20}$ 1,4958 | | |
| Tafeln (Bzl.) | | 273-274 | XIII 144 | | ll. in W, A, Ae | |
| Tafeln | | 160 (20mm) | II 258 | 2. Form — Prismen *Fp* 51° | 1945 W 11°<br>ll. in A<br>304 Ae 10° | |
| hellgelbe Nadeln (W) | 1,645 | subl. | VI 257 | | wl. in W<br>ll. in sd. A, Ae | |
| Nadeln (W) | | | XII 670 | flüchtig mit Dampf | ll. in A<br>l. in Ae | Acetylderivat *Fp* 184° |
| Blättchen (Ligroin) | | 140 (Z.) | III 125 | | ll. in W<br>sll. in A, Ae<br>wl. in Lauge | |
| Nadeln | | | $E_1$ III 9 | Geschmack etwas pelzig | wl. in W<br>ll. in A | |
| weiße Krist. | | | XXIV 32 | | l. in W | + $Fe(NO)_3$ → rot<br>Zers. — $CH_3COOH$-Abspaltung + $Fe(NO_3)_3$ → violett |
| Tafeln u. Säulen | $0{,}964^{76°}$ | 198,5 | II 430 | riecht wie Angelicasäure | wl. in k. W<br>l. in A, Ae | Ca-Salz Blättchen<br>Bromphenacylester *Fp* 67,9° |
| Tafeln (Ae) | | | VI 910 | | ll. in W, A<br>25 Ae 18° | |
| Blättchen (Bzl.) | | | XIII 620 | | sll. in W<br>l. in A, Ae | |
| Blättchen (Ligroin + Bzl.) | | 251 | XXII 431 | | ll. i W, A, Ae<br>unl. in Laugen | |
| Nadeln | | | II 401 | sehr flüchtig | | |
| Nadeln (A) | | | | | | Chlorhydrat *Fp* 246° |
| Nadeln (W) | | 219,5 | VI 492 | | wl. in W<br>l. in A | p-Diphenylylurethan *Fp* 150°<br>3,5-Dinitrobenzoesäureester *Fp* 195,4°, Stäbe |
| Prismen (Bzl.) | $1{,}129^{73°}$ | 251 | VI 878 | | ll. in W, A, Ae | |
| Krist. (A) | | | V 332 | | ll. in W, A, Ae | |
| farblos, schmilzt gelb | | | | | | Benzoin → smaragdgrüne Färbung |

| Lfd. Nr. | *Fp* | Name | Summenformel | Strukturformel | Mol.-Gewicht |
|---|---|---|---|---|---|
| 1 | 2 | 3 | 4 | 5 | 6 |
| 1039 | **65—66** | Brassidinsäure | $C_{22}H_{42}O_2$ | $CH_3\cdot(CH_2)_7\cdot CH{:}CH\cdot(CH_2)_{11}\cdot COOH$ | 338,55 |
| 1040 | **65—66** | 2,3-Dichlor-4,5-dibrom-thiophen | $C_4Cl_2Br_2S$ | 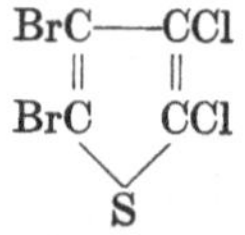 | 310,85 |
| 1041 | **65—66** | Phenylglyoxylsäure (Benzoylameisensäure) | $C_8H_6O_3$ | $C_6H_5\cdot CO\cdot COOH$ | 150,13 |
| 1042 | **65—66** | p-Tolylhydrazin | $C_7H_{10}N_2$ | $CH_3\cdot C_6H_4\cdot NH\cdot NH_2$ | 122,16 |
| 1043 | **65—67** | Isocamphan | $C_{10}H_{18}$ | 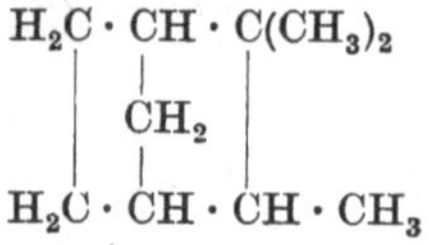 | 138,24 |
| 1044 | **65,1** | Tripalmitin | $C_{51}H_{98}O_6$ | $C_3H_5(O\cdot CO\cdot [CH_2]_{14}\cdot CH_3)_3$ | 807,27 |
| 1045 | **65,4** | 3,5-Dichlor-1-nitrobenzol | $C_6H_3O_2NCl_2$ | $Cl_2C_6H_3\cdot NO_2$ | 192,01 |
| 1046 | **65,6** | Cyanessigsäure | $C_3H_3O_2N$ | $NC\cdot CH_2\cdot COOH$ | 85,06 |
| 1047 | **66** | Acet-m-toluidid | $C_9H_{11}ON$ | $CH_3\cdot CO\cdot NH\cdot C_6H_4\cdot CH_3$ | 149,18 |
| 1048 | **66** | 2,6-Dinitrotoluol | $C_7H_6O_4N_2$ | $(O_2N)_2C_6H_3\cdot CH_3$ | 182,13 |
| 1049 | **66** | Isonitrosoaceton | $C_3H_5O_2N$ | $CH_3\cdot CO\cdot CH{:}N\cdot OH$ | 87,08 |
| 1050 | **66** | β-Naphthonitril | $C_{11}H_7N$ | $C_{10}H_7\cdot CN$ | 153,17 |
| 1051 | **66—67** | 4-Aminodiphenylamin | $C_{12}H_{12}N_2$ | $H_2N\cdot C_6H_4\cdot NH\cdot C_6H_5$ | 184,23 |
| 1052 | **66—67** | N-Methyl-3-jod-2-pyridon | $C_6H_6ONJ$ | 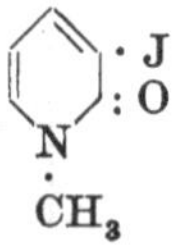 | 235,52 |
| 1053 | **66,1** | Triakontan | $C_{30}H_{62}$ | $CH_3\cdot(CH_2)_{28}\cdot CH_3$ | 422,78 |
| 1054 | **66,4** | 4-Bromanilin | $C_6H_6NBr$ | $Br\cdot C_6H_4\cdot NH_2$ | 172,03 |

| Aggregat-zustand Farbe | Spez. Gewicht | Siede-punkt °C | Beilstein-Zitat | Physikalische Konstanten und Eigenschaften | Löslichkeit | Reaktionen |
|---|---|---|---|---|---|---|
| 7 | 8 | 9 | 10 | 11 | 12 | 13 |
| Blättchen (A) | $0{,}8585^{57^0}$ | 282 (30 mm) | II 474 | | wl. in W<br>swl. in k. A<br>wl. in Ae | Amid *Fp* 94°<br>Na-Salz *Fp* 245—248°, Blättchen<br>Methylester *Fp* 34—35°, Blätter<br>Äthylester *Fp* 29—30°, Blätter |
| Prismen | | Z. | X 654 | | sll. in W<br>l. in A<br>ll. in Ae<br>unl. in $CS_2$ | Phenylhydrazon *Fp* 163° |
| Blättchen (A) | | 240-248 | VI 510 | | wl. in W<br>ll. in A, Ae | |
| farnkraut-ähnliche Krist. (Methanol) | $0{,}8276^{67^0}$ | 164 (713mm) | V 103 | kryoskop. Konst. 44,5 | unl. in W<br>ll. in A, Bzl. | |
| Nadeln (Ae) | $0{,}8657^{80^0}$ | | II 373 | | unl. in W<br>0,004 A 21°<br>ll. in Ae | |
| hellgelbe Blättchen (A) | $1{,}4278^{80^0}$ | | V 246 | | unl. in W<br>wl. in A | |
| zerfließl. Krist. | | 165 (Z.) | II 583 | | l. in W, A, Ae<br>wl. in Chlf., Bzl. | |
| Nadeln (W) | $1{,}041^{15^0}$ | 303 | XII 860 | | 0,44 W 13°<br>ll. in A, Ae<br>l. in Eisessig | |
| Nadeln (A) | $1{,}283^{111^0}$ | | V 341 | | l. in A | |
| Blättchen (Ae + PAe) | $1{,}0744^{67^0}$ | subl. | I 763 | mit Dampf flüchtig | ll. in W, A<br>l. in Alkali gelb | |
| Blättchen (Ligroin) | $1{,}091^{80^0}_{80^0}$ | 305 | IX 659 | | swl. in W<br>l. in A, Ae | |
| Blättchen oder Nadeln (verd. A) | | 354 (in $H_2$) | XIII 76 | | wl. in W<br>ll. in A, Ae | + $FeCl_3$ → rot → grün |
| weißes Krist.-Pulver | | | | | ll. in A, Ae, Chlf. | |
| Blättchen (Bzl.) | | 235 (1 mm) | I 176 | | unl. in W<br>wl. in A<br>l. in Ae | |
| Krist. | $1{,}799^{18^0}$ | Z. | XII 636 | $n_D^{20,4}$ 1.62604; $R_D^{20,4}$ 38,55cm; $n_F^{20,4}$ 265,0 | unl. in k. W<br>sll. in A, Ae | Acetylderivat *Fp* 167 bis 168° |

| Ldf. Nr. | *Fp* | Name | Summenformel | Strukturformel | Mol.-Gewicht |
|---|---|---|---|---|---|
| 1 | 2 | 3 | 4 | 5 | 6 |
| 1055 | **66,5** | Diäthylbromessigsäure-amid (Neuronal) | $C_6H_{12}ONBr$ | $(C_2H_5)_2C(Br) \cdot CO \cdot NH_2$ | 194,08 |
| 1056 | **66,5** | Naphthylendiamin-(1,8) | $C_{10}H_{10}N_2$ | $H_2N \cdot C_{10}H_6 \cdot NH_2$ | 158,19 |
| 1057 | **67** | Chloralhydrat-Antipyrin (Hypnal) | $C_{13}H_{15}O_3N_2Cl_3$ | $CCl_3 \cdot CH(OH)_2 \cdot C_{11}H_{12}ON_2$ | 353,64 |
| 1058 | **67** | 2,6-Dichlorphenol | $C_6H_4OCl_2$ | $Cl_2C_6H_3 \cdot OH$ | 163,01 |
| 1059 | **67** | 3-Oxybenzylalkohol | $C_7H_8O_2$ | 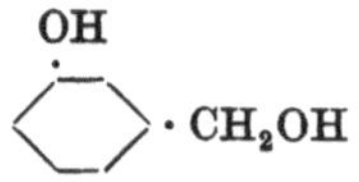 | 124,13 |
| 1060 | **67** | 5,5'-Dimethyl-2,2'-dithienyl | $C_{10}H_{10}S_2$ | 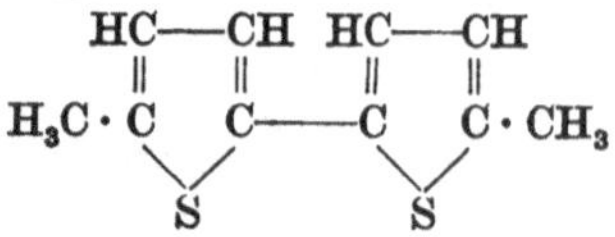 | 194,30 |
| 1061 | **67** | Diphenylnitrosamin (N-Nitroso-diphenyl-amin) | $C_{12}H_{10}ON_2$ | $(C_6H_5)_2N \cdot NO$ | 198,21 |
| 1062 | **67** | Phenylbenzylcarbinol | $C_{14}H_{14}O$ | $C_6H_5 \cdot CH_2 \cdot CH(OH) \cdot C_6H_5$ | 198,25 |
| 1063 | **67** | 2,4,6-Trichlorphenol | $C_6H_3OCl_3$ | $Cl_3C_6H_2 \cdot OH$ | 197,45 |
| 1064 | **67—68** | 3-Äthyl-2-chlormercuri-thiophen | $C_6H_7ClSHg$ | 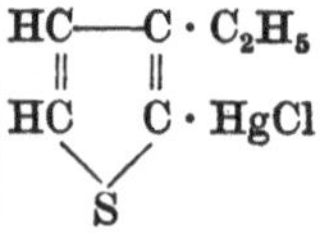 | 346,24 |
| 1065 | **67—68** | 1,4-Dichlornaphthalin | $C_{10}H_6Cl_2$ | $C_{10}H_6Cl_2$ | 197,06 |
| 1066 | **67,5** | Isophthalsäuredimethyl-ester | $C_{10}H_{10}O_4$ | $C_6H_4(CO \cdot OCH_3)_2$ | 194,18 |
| 1067 | **68** | 2-Äthylbenzoesäure | $C_9H_{10}O_2$ | $C_2H_5 \cdot C_6H_4 \cdot COOH$ | 150,17 |
| 1068 | **68** | Azobenzol | $C_{12}H_{10}N_2$ | $C_6H_5 \cdot N:N \cdot C_6H_5$ | 182,21 |
| 1069 | **68** | p-Chlorbenzolsulfonsäure | $C_6H_5O_3ClS$ | $Cl \cdot C_6H_4 \cdot SO_3H$ | 192,62 |
| 1070 | **68** | Bis-[3-äthylthienyl-2]-quecksilber | $C_{12}H_{14}S_2Hg$ | 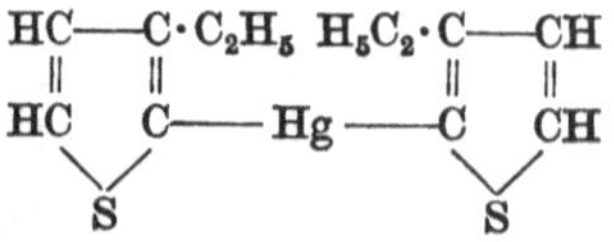 | 422,96 |

| Aggregat-<br>zustand<br>Farbe | Spez.<br>Gewicht | Siede-<br>punkt<br>°C | Beilstein-<br>Zitat | Physikalische<br>Konstanten und<br>Eigenschaften | Löslichkeit | Reaktionen |
|---|---|---|---|---|---|---|
| 7 | 8 | 9 | 10 | 11 | 12 | 13 |
| Krist. | | | II 334 | wirkt hypnotisch | 0,7 k. W<br>ll. in h. W, A, Ae, Bzl | bei 160—170° HBr-Abspaltung |
| Krist.<br>(verd. A) | | 205<br>(12mm) | XIII 205 | | l. in W<br>∞ in A, Ae | |
| weißes Krist.-Pulver | | | XXIV 31 | | wl. in W<br>l. in A | wss. Lsg + $FeCl_3$ → blutrot<br>Spur Subst. in W gelöst + 1 Tropfen rauch. $HNO_3$ → grün |
| Nadeln | | 218-220 | VI 190 | riecht durchdringend, anhaftend | ∞ in A, Ae | |
| Nadeln | | ca. 300<br>(Z.) | VI 896 | | ll. in A, Ae, h. W<br>wl. in Chlf. | wss. Lsg. + wenig $FeCl_3$ → veilchenblau |
| gelbe Tafeln<br>(Bzl.+A) | | | XII 580 | | wl. in k. A<br>ll. in h. A<br>sll. in h. Bzl. | |
| Nadeln<br>(verd. A) | | 167<br>(10mm) | VI 683 | | 0,06 sd. W<br>42 in 94% A 7°<br>ll. in Ae | Dest. → Stilben |
| farblose Nadeln | $1{,}49^{75°}$ | 244 | VI 190 | durchdringender Geruch | 0,085 W 25°<br>0,243 W 96°<br>sll. in A, Ae<br>l. in Lauge | gesättigte wss. Lsg + $Fe(NO_3)_3$-Lsg. → schwach graublau<br>+ $AgNO_3$ in Anwesenheit von 1 Tropfen 2n-$NH_3$ → eigelben, flockigen Niederschlag |
| Nadeln<br>(A) | | 286<br>(745mm) | V 542 | | unl. in W<br>wl. in A<br>ll. in Aceton | |
| Nadeln<br>(verd. A) | | | IX 834 | | | |
| Nadeln<br>(W) | | 259 | IX 526 | | swl. in k. W<br>ll. in A, Ae | |
| orangerote Blättchen<br>(A) | 1,203 | 293 | XVI 8 | | 0,03 W 20°<br>7,9 A 16°<br>l. in Ae<br>ll. in Lauge | |
| Nadeln | | 147-148<br>(Vakuum) | XV 54 | | l. in W, A<br>unl. in Ae | Chlorid *Fp* 53°<br>Amid *Fp* 143—144° |

| Lfd. Nr. | *Fp* | Name | Summenformel | Strukturformel | Mol.-Gewicht |
|---|---|---|---|---|---|
| 1 | 2 | 3 | 4 | 5 | 6 |
| 1071 | **68** | 4,5-Dichlor-2-aceto-thienon | $C_6H_4OCl_2S$ | 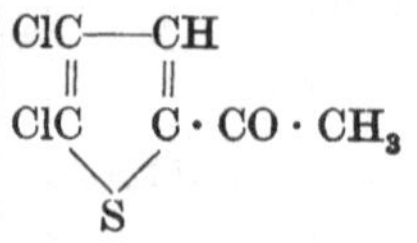 | 195,07 |
| 1072 | **68** | Emetin | $C_{29}H_{40}O_4N_2$ | | 508,64 |
| 1072a | **68** | 3,4-Dichlorphenol | $C_6H_4OCl_2$ | $Cl_2C_6H_3 \cdot OH$ | 163,01 |
| 1073 | **68** | 3,5-Dichlorphenol | $C_6H_4OCl_2$ | $Cl_2C_6H_3 \cdot OH$ | 163,01 |
| 1074 | **68** | Methylnitrolsäure | $CH_2O_3N_2$ | $O_2N \cdot CH:N \cdot OH$ | 90,04 |
| 1075 | **68** | α-Naphthalinsulfochlorid | $C_{10}H_7O_2ClS$ | $C_{10}H_7 \cdot SO_2Cl$ | 226,67 |
| 1076 | **68** | Nitrosobenzol | $C_6H_5ON$ | $C_6H_5 \cdot NO$ | 107,11 |
| 1077 | **68** | Pseudocumidin | $C_9H_{13}N$ | (2,4,5) $(CH_3)_3C_6H_2 \cdot NH_2$ (1) | 135,20 |
| 1078 | **68** | cis-Zimtsäure (allo) | $C_9H_8O_2$ | $HC \cdot C_6H_5$ <br> ‖ <br> $HC \cdot COOH$ | 148,15 |
| 1079 | **68—76** | Pyramidonsalicylat | $C_{20}H_{23}O_4N_3$ | $C_{13}H_{17}ON_3 \cdot C_7H_6O_3$ | 369,41 |
| 1080 | **69** | Benzhydrol | $C_{13}H_{12}O$ | $(C_6H_5)_2CH \cdot OH$ | 184,22 |
| 1081 | **69** | Chaulmoograsäure | $C_{18}H_{32}O_2$ | 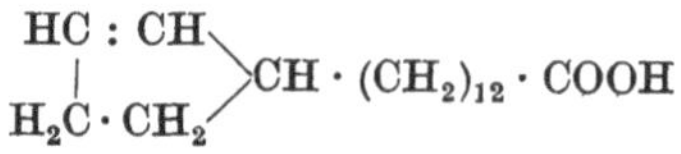 | 280,43 |
| 1082 | **69** | β,β-Dimethylacrylsäure | $C_5H_8O_2$ | $(CH_3)_2C:CH \cdot COOH$ | 100,11 |
| 1083 | **69** | 2,3-Dimethylchinolin | $C_{11}H_{11}N$ | $C_9H_5N(CH_3)_2$ | 157,20 |
| 1084 | **67** | Mesitol | $C_9H_{12}O$ | 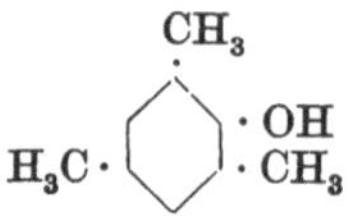 | 136,80 |
| 1085 | **69** | Phyllopyrrol | $C_9H_{15}N$ | 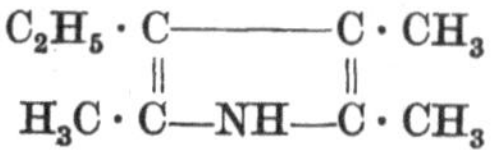 | 137,22 |
| 1086 | **69** | 5,6,7,8-Tetrahydro-naphthol-(1) | $C_{10}H_{12}O$ | 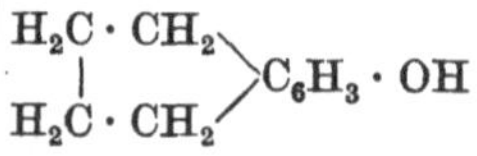 | 148,19 |

| Aggregat-zustand Farbe | Spez. Gewicht | Siede-punkt °C | Beilstein-Zitat | Physikalische Konstanten und Eigenschaften | Löslichkeit | Reaktionen |
|---|---|---|---|---|---|---|
| 7 | 8 | 9 | 10 | 11 | 12 | 13 |
| gelbliche Krist. | | | | | unl. in k. W<br>ll. in A, Ae, Chlf., Aceton, h. Bzl. | + 10—20 mg Paraform + 1 ml $H_2SO_4$ → grüngelb + $HNO_3 \cdot H_2SO_4$ → intensiv grüngelb → orangegelb<br>konz. HCl + Chlorwasser → orange |
| Nadeln | | 253 | VI 190 | riecht phenolartig | | |
| Krist. (PAe) | | 233 | VI 190 | riecht phenolartig | ll. in A | |
| Nadeln (Ae) | | explod. | II 92 | unbeständig | ll. in W, A, Ae<br>l. in Alkali → rot | |
| Blättchen (Ae) | | 194 (13 mm) | XI 157 | | unl. in W<br>18,18 A 18°<br>ll. in Ae | |
| Krist. (A + Ae) | | 57—59 (18 mm) | V 230 | Lsgg. sind grün, mit Dampf flüchtig, stechender Geruch | unl. in W<br>l. i A, Ae | |
| Nadeln (W) | | 234-235 | XII 1150 | | 0,12 W 19°<br>l. in A, Ae | |
| Krist. | | 95 (Vakuum) | IX 591 | Isozimtsäuren:<br>a) *Fp* 58° 0,76 W 18°<br>b) *Fp* 42° 0,19 W 18° | 0,69 W 18° | |
| weißes Krist.-Pulver | | | | wss. Lsg. sauer | 16 W<br>5—6 A | wss. Lsg + $FeCl_3$ → violettrot |
| Nadeln (Ligroin) | | 298 | VI 678 | zers. bei 300° | 0,05 W 20°<br>ll. in A, Ae, Chlf. | |
| Blättchen (A) | | 247-248 (20 mm) | IX 80 | $[\alpha]_D^{20}$ +62° (Chlf.) | unl. in W<br>wl. in A<br>ll. in Ae, Chlf. | |
| Prismen (W.) | $1{,}066^{24°}$ | 199 | II 432 | | wl. in k. W<br>ll. in A, Ae | |
| Krist. (Ligroin) | | 261 (729mm) | XX 406 | | wl. in W<br>ll. in A<br>l. in Ae | |
| Nadeln | | 219 | VI 518 | mit Dampf flüchtig | swl. in W<br>ll. in A, Ae | |
| Blättchen (PAe) | | 213 (725mm) | $E_1$ XX 51 | verharzt an der Luft | unl. in W<br>ll. in A, Ae<br>l. in verd. $H_2SO_4$ gelb | |
| Tafeln | | 265 (705mm) | VI 578 | | wl. in h. W<br>ll. in A, Ae | |

| Lfd. Nr. | *Fp* | Name | Summenformel | Strukturformel | Mol.-Gewicht |
|---|---|---|---|---|---|
| 1 | 2 | 3 | 4 | 5 | 6 |
| 1087 | **69** | Thienyl-2-[1-naphthyl]-keton | $C_{15}H_{10}OS$ | HC——CH<br>‖ ‖<br>HC C · CO · $C_{10}H_7$<br>\ /<br>S | 238,29 |
| 1088 | **69** | Toluchinon | $C_7H_6O_2$ | O : $C_6H_3(CH_3)$ : O | 122,12 |
| 1089 | **69** | p-Toluolsulfochlorid | $C_7H_7O_2ClS$ | $CH_3 \cdot C_6H_4 \cdot SO_2Cl$ | 190,64 |
| 1090 | **69,3** | Stearinsäure | $C_{18}H_{36}O_2$ | $CH_3 \cdot (CH_2)_{16} \cdot COOH$ | 284,46 |
| 1091 | **69,5** | Dipyridyl-(2,2′) | $C_{10}H_8N_2$ | CH · CH : CH CH : CH · CH<br>‖ \| \| \|<br>CH · N : C——C : N · CH | 156,18 |
| 1092 | **69,5** | 6-Nitro-o-kresol (OH = 1) | $C_7H_7O_3N$ | $CH_3 \cdot C_6H_3(NO_2) \cdot OH$ | 153,13 |
| 1093 | **69,5** | 2-Oxydiphenylamin | $C_{12}H_{11}ON$ | $C_6H_5 \cdot NH \cdot C_6H_4 \cdot OH$ | 185,21 |
| 1094 | **70** | Benzoesäurephenylester | $C_{13}H_{10}O_2$ | $C_6H_5 \cdot CO \cdot OC_6H_5$ | 198,21 |
| 1095 | **70** | Essigsäure-β-naphthylester | $C_{12}H_{10}O_2$ | $CH_3 \cdot CO \cdot OC_{10}H_7$ | 186,20 |
| 1096 | **70** | Thiosinaminjodäthylat (Jodamin) | $C_6H_{13}N_2JS$ | $H_2C : CH \cdot CH_2 \cdot NH \cdot C(: S)$<br>$NH_2 \cdot C_2H_5J$ | 271,17 |
| 1097 | **70** | 4-Oxydiphenylamin (Allegan) | $C_{12}H_{11}ON$ | $C_6H_5 \cdot NH \cdot C_6H_4 \cdot OH$ | 185,21 |
| 1098 | **70** | Pyrazol | $C_3H_4N_2$ | HC————CH<br>‖ ‖<br>HC—NH—N | 68,08 |
| 1099 | **70** | 2,4,5-Trichlor-3-nitrothiophen | $C_4O_2NCl_3S$ | ClC——C · $NO_2$<br>‖ ‖<br>ClC CCl<br>\ /<br>S | 232,48 |
| 1100 | **70—71** | 4-Aminobenzaldehyd | $C_7H_7ON$ | $H_2N \cdot C_6H_4 \cdot CHO$ | 121,13 |
| 1101 | **70—71** | 4-Chloranilin | $C_6H_6NCl$ | $Cl \cdot C_6H_4 \cdot NH_2$ | 127,57 |
| 1102 | **70—71** | 6-Chlor-2-nitrophenol | $C_6H_4O_3NCl$ | $O_2N \cdot C_6H_3(Cl) \cdot OH$ | 173,56 |

| Aggregatzustand Farbe | Spez. Gewicht | Siedepunkt °C | Beilstein-Zitat | Physikalische Konstanten und Eigenschaften | Löslichkeit | Reaktionen |
|---|---|---|---|---|---|---|
| 7 | 8 | 9 | 10 | 11 | 12 | 13 |
| | | 383 | | | | |
| gelbe Blättchen und Nadeln | | subl. | VII 645 | riecht wie Benzochinon; sehr flüchtig; sublimiert in Blättchen | wl. in k. W<br>ll. in A, Ae | wss. Lsg. + Alkalien → intensiv braunrot<br>Oxim *Fp* 165°,<br>Semicarbazon *Fp* 178 bis 179°, gelbe Nadeln |
| Tafeln (Ae) | | 146 (15 mm) | XI 103 | | l. in A, Ae | |
| Blättchen | $0{,}8286^{80°}$ | 291 (100 mm) | II 377 | Oberflächenspannung 70° 28,9 dyn/cm; kryoskop. Konst. 4,5 | swl. in W<br>2,5 k. W<br>19,7 A 40°<br>22 Bzl. 23° | Lsg. + konz. $H_2SO_4$ schäumt beim Schütteln + Paraform beim Erwärmen orange mit grüner Fluoreszenz<br>Pb-Salz *Fp* 125° |
| Krist. (verd. A) | | 272,5 | XXIII 199 | aromatisch riechend | 0,5 W<br>ll. in A, Ae, Bzl., Chlf. | mit $Fe^{\cdot\cdot}$-Ionen rote Komplexsalze |
| gelbe Prismen (verd. A) | | | VI 365 | | unl. in W<br>ll. in A, Ae | |
| Prismen (W) | | 185 (20 mm) | XIII 365 | | wl. in sd. W<br>ll. in A, Ae | |
| Prismen (A + Ae) | | 298-299 | IX 116 | | unl. in W<br>8,8 A 21°<br>ll. in Ae | |
| Nadeln (A) | | | VII 644 | | ll. in A, Ae, Chlf. | |
| weiße Krist. | | | | schwacher Geruch nach Allyldisulfid | | wss. Lsg + $Fe(NO_3)_3$ → langsam gelb und orange; beim Erhitzen Joddämpfe;<br>wss. Lsg. + 2n-Lauge + Nitroprussidnatrium → intensiv violettrot |
| Blättchen | | 330<br>198-200 (10 mm) | XIII 144 | | swl. in k. W<br>ll. in A, Ae, Chlf., Eg.<br>ll. in verd. Säuren u. Alkali | |
| Nadeln (Ligroin) | | 186-188 | XXIII 39 | reagiert neutral | ll. in W, A, Ae, Bzl. | Pikrat *Fp* 159-160° |
| Blättchen (W) | | | XIV 29 | | wl in W<br>l. in A, Ae | Oxim *Fp* 124° |
| Prismen | $1{,}427^{19°}$ | 230-231 | XII 607 | | l. in A, Ae | Acetylderivat *Fp* 174° |
| gelbe Nadeln (W) | | | VI 239 | riecht nach Safran; mit Dampf flüchtig | wl. in W<br>ll. in Chlf. | |

| Lfd. Nr. | *Fp* | Name | Summenformel | Strukturformel | Mol.-Gewicht |
|---|---|---|---|---|---|
| 1 | 2 | 3 | 4 | 5 | 6 |
| 1103 | 70—71 | 2,4-Dinitrotoluol | $C_7H_6O_4N_2$ | $(O_2N)_2C_6H_3 \cdot CH_3$ | 182,13 |
| 1104 | 70—72 | Thionaphthen-2,3-dicarbonsäuredichlorid | $C_{10}H_4O_2Cl_2S$ | 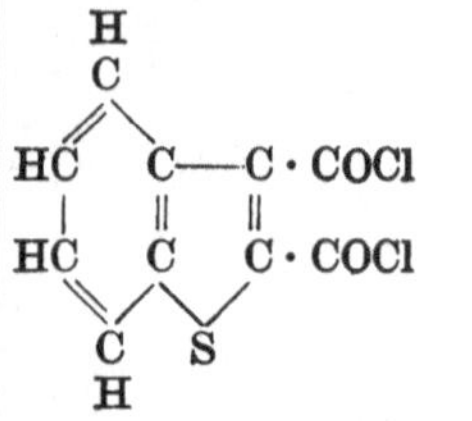 | 259,11 |
| 1105 | 70—73 | Thionaphthen-2,3-dicarbonsäuredimethylester | $C_{12}H_{10}O_4S$ | 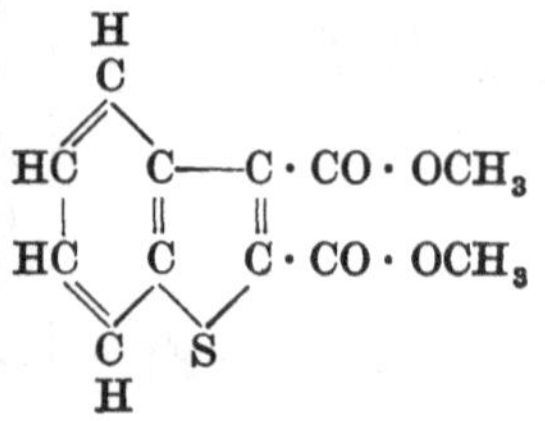 | 250,56 |
| 1106 | 70—80 | 2,4-Diaminophenol | $C_6H_8ON_2$ | $(H_2N)_2C_6H_3 \cdot OH$ | 124,14 |
| 1107 | 70,5 | Diphenyl | $C_{12}H_{10}$ | $C_6H_5 \cdot C_6H_5$ | 154,20 |
| 1108 | 71 | 5-Äthyl-2-thiophensäure | $C_7H_8O_2S$ | 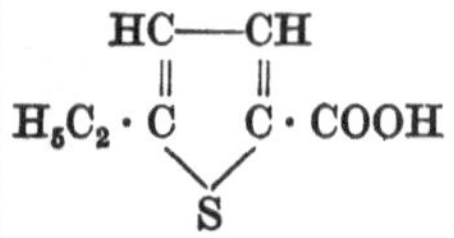 | 156,19 |
| 1109 | 71 | Cumarin | $C_9H_6O_2$ | 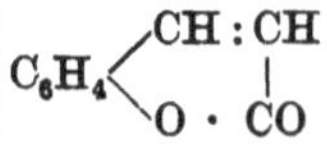 | 146,14 |
| 1110 | 71 | 2,4-Dimethoxybenzaldehyd | $C_9H_{10}O_3$ | $(CH_3O)_2C_6H_3 \cdot CHO$ | 166,17 |
| 1111 | 71 | β-Eläostearinsäure | $C_{18}H_{30}O_2$ | $CH:CH \cdot CH:CH \cdot (CH_2)_3 \cdot CH_3$<br>\|<br>$CH:CH \cdot (CH_2)_7 \cdot COOH$ | 278,43 |
| 1112 | 71 | p-Nitrobenzylchlorid | $C_7H_6O_2NCl$ | $O_2N \cdot C_6H_4 \cdot CH_2Cl$ | 171,58 |

| Aggregat-zustand Farbe | Spez. Gewicht | Siede-punkt °C | Beilstein-Zitat | Physikalische Konstanten und Eigenschaften | Löslichkeit | Reaktionen |
|---|---|---|---|---|---|---|
| 7 | 8 | 9 | 10 | 11 | 12 | 13 |
| Nadeln ($CS_2$) | $1{,}3208^{71°}$ | | V 339 | | 0,027 W 22° 3,04 A 15° 9,42 Ae 22° 76,8 Pyridin 15° | |
| Blättchen | | | XIII 549 | | l. in A wl. in Ae l. in Säuren, Alkali | |
| Blättchen (A) | $0{,}9919^{73°}$ | 254,9 | V 576 | Oberflächenspannung 129,2° 28,64 dyn/cm; ebullioskop. Konst. 7,06; kryoskop. Konst. 8,0; mit Dampf flüchtig | unl. in W l. in Ae 9,98 A 20° l. in Chlf., Bzl. | bildet kein Pikrat + $SbCl_5$ in $CCl_4$ → gelbrot → gelber Nd. 4,4′-Dibromdiphenyl *Fp* 164°, monoklin-prismatische Krist. |
| etwas durchscheinende Nadeln (A) | | 291 | XVII 328 | mit Dampf flüchtig; gewürzhaften Geruch; schmeckt bitter | unl. in k. W l. in h. W, A, Ae l. in h. Lauge → schwach gelb | Erhitzen gesättigter wss. Lsg. mit KJ + J → blauschwarze Krist., *Fp* 92–93° einige Körnchen Subst. mit $PCl_5$ überschichtet u. erwärmt → orangegelbe Schmelze |
| Nadeln (verd. A) | | 165 (10 mm) | VIII 242 | riecht heliotropartig; mit Dampf flüchtig | unl. in W ll. in A, Ae | |
| Blättchen | | | II 497 | | | |
| Blättchen oder Nadeln (A) | 1,34 | | V 324 | brennt auf der Haut | unl. in W 7,10 A 25° 23,1 Ae 25° | |

| Lfd. Nr. | *Fp* | Name | Summenformel | Strukturformel | Mol.-Gewicht |
|---|---|---|---|---|---|
| 1 | 2 | 3 | 4 | 5 | 6 |
| 1113 | 71 | 3-Oxythionaphthen (Thioindoxyl) | $C_8H_6OS$ | 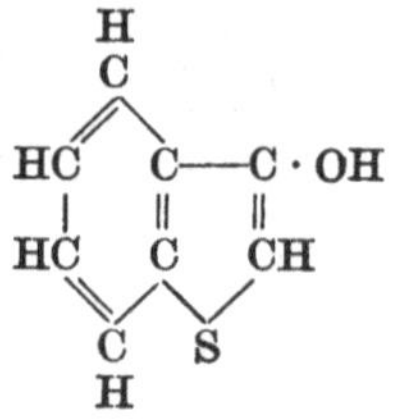 | 150,19 |
| 1114 | 71—72 | Dibenzylanilin | $C_{20}H_{19}N$ | $(C_6H_5 \cdot CH_2)_2N \cdot C_6H_5$ | 273,36 |
| 1115 | 71—72 | Dibenzyldisulfid | $C_{14}H_{14}S_2$ | $C_6H_5 \cdot CH_2 \cdot S \cdot S \cdot CH_2 \cdot C_6H_5$ | 246,37 |
| 1116 | 71—72 | Ricinstearolsäuredijodid (Dijodyl) | $C_{18}H_{32}O_3J_2$ | $CH_3(CH_2)_5 \cdot CH(OH) \cdot CH_2 \cdot CJ$ ‖ $HOOC \cdot (CH_2)_7 \cdot CJ$ | 550,28 |
| 1117 | 71—72 | Pseudocumenol | $C_9H_{12}O$ | 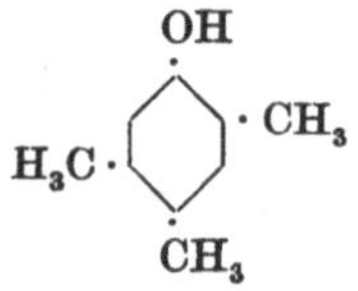 | 136,18 |
| 1118 | 71,5 | 2-Nitroanilin | $C_6H_6O_2N_2$ | $O_2N \cdot C_6H_4 \cdot NH_2$ | 138,12 |
| 1119 | 71,6 | Tristearin | $C_{57}H_{110}O_6$ | $C_3H_5(O \cdot CO \cdot [CH_2]_{16} \cdot CH_3)_3$ | 891,43 |
| 1120 | 72 | 5-Aminothionaphthen | $C_8H_7NS$ | 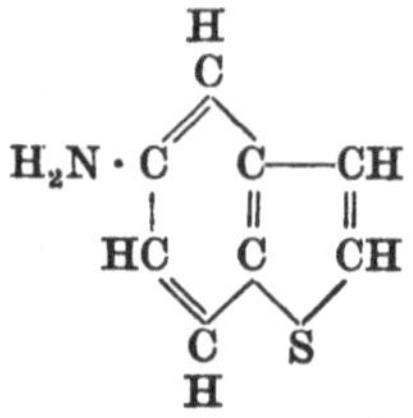 | 135,20 |
| 1121 | 72 | α-Crotonsäure | $C_4H_6O_2$ | $CH_3 \cdot CH:CH \cdot COOH$ | 86,09 |
| 1122 | 72 | 2,4-Dichlor-3,5-dibromthiophen | $C_4Cl_2Br_2S$ | 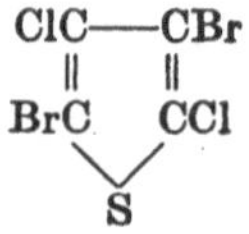 | 310,84 |
| 1123 | 72 | 2,3-Dichlor-4,5-dijodthiophen | $C_4Cl_2J_2S$ | 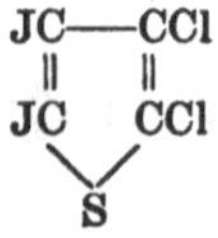 | 404,85 |

| Aggregat-zustand Farbe | Spez. Gewicht | Siede-punkt °C | Beilstein-Zitat | Physikalische Konstanten und Eigenschaften | Löslichkeit | Reaktionen |
|---|---|---|---|---|---|---|
| 7 | 8 | 9 | 10 | 11 | 12 | 13 |
| Nadeln (W) | | Z. | XVII 119 | riecht nach α-Naphthol; färbt sich an der Luft, schneller durch Alkali rot; mit Dampf flüchtig; bildet ein Sulfon; substituiert Br an 2. Stelle | wl. in k. W<br>ll. in A, Ae | Oxydation → Thioindigo |
| Prismen (A) | $1{,}0444^{80°}$ | >300 (Z.) | XII 1037 | | unl. in W<br>wl. in k. A<br>ll. in Ae | |
| Blättchen (A) | | >270 (Z.) | VI 465 | | swl. in W<br>wl. in k. A<br>ll. in sd. A, Ae, Bzl. | |
| weißes kristallines Pulver | | | | | unl. in W<br>l. in Laugen und $NH_3$ | Lsg. in 1 Tropfen 2n-Ammoniak + $AgNO_3$Lsg. → gallertartige Fällung, die beim Erhitzen intensiv gelb wird |
| Nadeln | | 234-235 | VI 509 | $n_D^{15,3}$ 1,50672; $R_D^{15,3}$ 40,62cm; $n_F^{15,3}$ 158,2; mit Dampf flüchtig | unl. in k. W<br>ll. in A, Ae | |
| gelbe Nadeln oder Blättchen (W) | $1{,}442^{15°}$ | | XII 687 | mit Dampf flüchtig | 0,126 W 25°<br>15,85 A 15°<br>sll. in Ae<br>ll. in Chlf. | Acetylderivat *Fp* 93° |
| Säulen (Ae) | $0{,}8621^{80°}$ | | II 383 | | unl. in W<br>swl. in k. A, Ae<br>l. in Bzl., Chlf. | |
| | | | XVIII 586 | | | |
| Nadeln (W) | $0{,}973^{72°}$ | 189 | II 408 | kryoskop.Konst. 6,5; riecht schwach buttersäureähnlich | 8,28 W 15°<br>swl. in k. Laugen | Amid *Fp* 159,5—160°, dünne Nadeln<br>Hydrazidchlorhydrat *Fp* 173°, Nadeln<br>+ Nitrit → 1-Nitroso-5-methylpyrazolidon *Fp* 131°, Blättchen |

| Lfd. Nr. | *Fp* | Name | Summenformel | Strukturformel | Mol.-Gewicht |
|---|---|---|---|---|---|
| 1 | 2 | 3 | 4 | 5 | 6 |
| 1124 | **72** | 2,4-Dinitrobenzaldehyd | $C_7H_4O_5N_2$ | $(O_2N)_2C_6H_3 \cdot CHO$ | 196,12 |
| 1125 | **72** | 5-Nitrochinolin | $C_9H_6O_2N_2$ | $C_9H_6N \cdot NO_2$ | 174,15 |
| 1126 | **72—73** | 5-Methyl-3-phenyl-thiophen | $C_{11}H_{10}S$ | 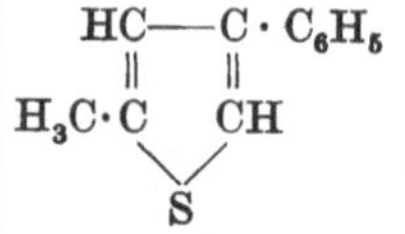 | 174,25 |
| 1127 | **72—73** | Thionaphthen-2-carbon-säuremethylester | $C_{10}H_8O_2S$ | 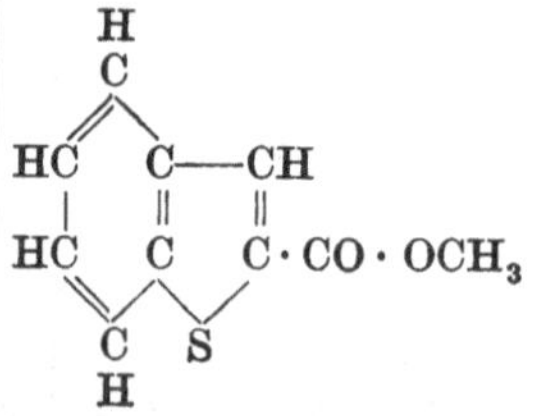 | 192,22 |
| 1128 | **72—74** | Anisalaceton | $C_{11}H_{12}O_2$ | $CH_3 \cdot O \cdot C_6H_4 \cdot CH : CH \cdot CO \cdot CH_3$ | 176,20 |
| 1129 | **72,5** | 2,6-Dichlor-1-nitrobenzol | $C_6H_3O_2NCl_2$ | $Cl_2C_6H_3 \cdot NO_2$ | 192,01 |
| 1130 | **73** | Diäthylallylacetamid (Novonal) | $C_9H_{17}ON$ | $CH_2 : CH \cdot CH_2 \cdot C(C_2H_5)_2 \cdot CONH_2$ | 155,31 |
| 1131 | **73** | trans-$\alpha,\beta$-Dijodäthylen | $C_2H_2J_2$ | $CHJ : CHJ$ | 279,88 |
| 1132 | **73** | 4-Chlorbenzylalkohol | $C_7H_7OCl$ | $Cl \cdot C_6H_4 \cdot CH_2 \cdot OH$ | 142,62 |
| 1133 | **73—74** | p-Aminobenzoesäure-n-propylester (Propäsin) | $C_{10}H_{13}O_2N$ | 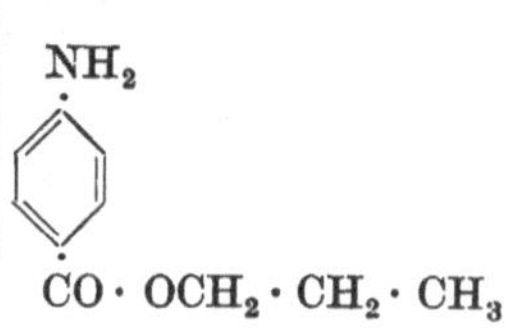 | 179,21 |
| 1134 | **73—74** | Coniferylalkohol | $C_{10}H_{12}O_3$ | 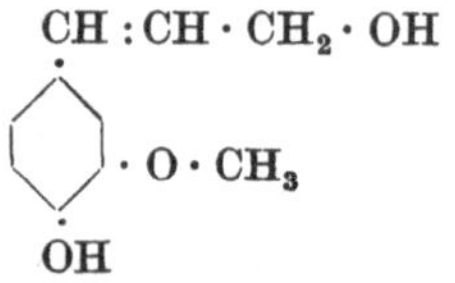 | 180,19 |
| 1135 | **73—74** | Diäthylsulfon | $C_4H_{10}O_2S$ | $(C_2H_5)_2SO_2$ | 122,18 |

| Aggregatzustand Farbe | Spez. Gewicht | Siedepunkt °C | Beilstein-Zitat | Physikalische Konstanten und Eigenschaften | Löslichkeit | Reaktionen |
|---|---|---|---|---|---|---|
| 7 | 8 | 9 | 10 | 11 | 12 | 13 |
| hellgelbe Tafeln (Bzl. + Ligroin) | | 190-210 (10 bis 20 mm) | VII 264 | | wl. in W<br>sll. in A, Ae, Bzl. | |
| Nadeln (W od. A) | | subl. | XX 371 | | wl. in sd. W<br>l. in h. A | |
| | | | XVII 67 | | | |
| Blättchen (Ae) | | | VIII 131 | | ll. in A, Ae, Bzl.<br>l. in HCl und $H_2SO_4$ gelb | |
| Nadeln (A) | $1{,}4094^{80°}$ | 130 (8 mm) | V 246 | | unl. in W<br>wl. in k. A | |
| weiße Krist. | | | | Geschmack pfefferminzartig | | Farblose Lsg. in Paraform-$H_2SO_4$, beim Erwärmen orange mit grüner Fluoreszenz<br>alkalische $HgJ_2$-Lsg. → weißer Nd., in Hitze gelblich |
| Prismen (A) | | 190,5 (Z.) | I 194 | sublimiert; mit Dampf flüchtig; riecht intensiv | | |
| Spieße (W) | | 235 | VI 444 | | sl. in h. W<br>ll. in A, Ae | |
| Nadeln | | | XIV 423 | | wl. in W<br>ll. in A, Bzl. | |
| Prismen | | | VI 1131 | | unl. in k. W<br>wl. in h. W<br>l. in A<br>ll. in Ae | |
| Tafeln | $1{,}057^{100°}$ | 248 | I 346 | | 15,6 W 16°<br>l. in A, Ae<br>sll. in Bzl. | |

| Lfd. Nr. | *Fp* | Name | Summenformel | Strukturformel | Mol.-Gewicht |
|---|---|---|---|---|---|
| 1 | 2 | 3 | 4 | 5 | 6 |
| 1136 | 73—74 | 3-Oxythionaphthen-2-carbonsäureäthylester | $C_{11}H_{10}O_3S$ | 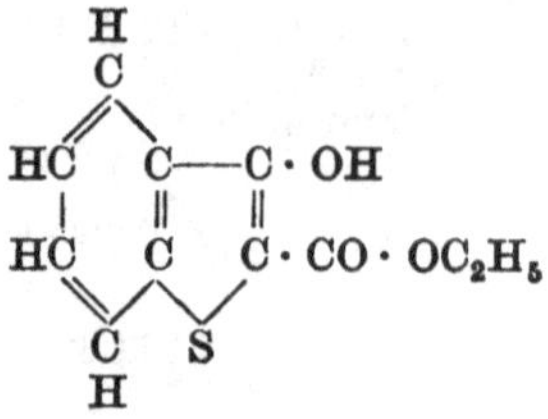 | 222,25 |
| 1137 | 73—76 | 3,4,5-Trichlor-2-nitro-thiophen | $C_4O_2NCl_3S$ | 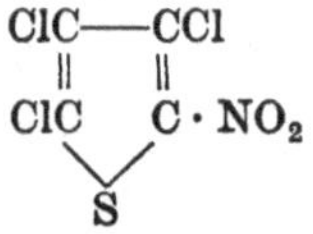 | 232,48 |
| 1138 | 73,5 | 3-Oxythionaphthengluko-sid (Thioindikan) | $C_{14}H_{16}O_6S$ | 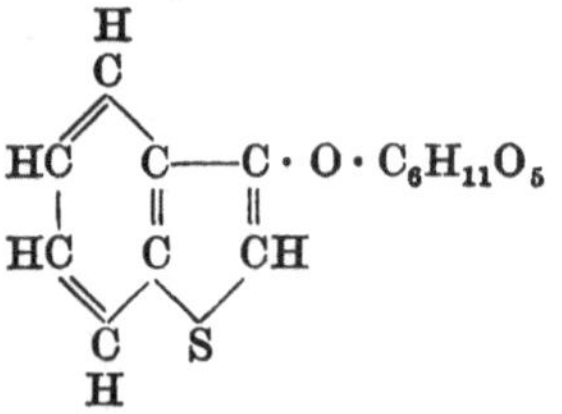 | 312,33 |
| 1139 | 74 | Carnaubasäure | $C_{24}H_{48}O_2$ | $C_{23}H_{47} \cdot COOH$ | 368,62 |
| 1140 | 74 | 3,5-Dimethylthiophen-2,4-disulfonsäure-chlorid | $C_6H_6O_4Cl_2S_3$ | 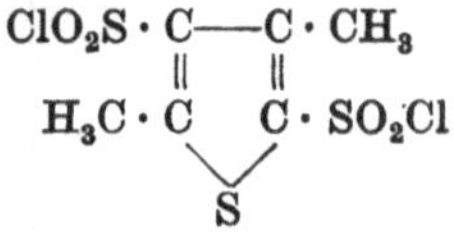 | 309,02 |
| 1141 | 74 | α-Methyl-trans-zimtsäure | $C_{10}H_{10}O_2$ | $C_6H_5 \cdot CH$ = $CH_3 \cdot C \cdot COOH$ | 162,18 |
| 1142 | 74 | 2-Nitrobenzylalkohol | $C_7H_7O_3N$ | $O_2N \cdot C_6H_4 \cdot CH_2OH$ | 153,13 |
| 1143 | 74 | 5-Nitro-m-xylol | $C_8H_9O_2N$ | $O_2N \cdot C_6H_3(CH_3)_2$ | 151,16 |
| 1144 | 74 | Styroldibromid | $C_8H_8Br_2$ | $C_6H_5 \cdot CHBr \cdot CH_2Br$ | 263,97 |
| 1145 | 74—75 | Dibenzothiophen-3-carbonsäuremethylester | $C_{14}H_{10}O_2S$ | 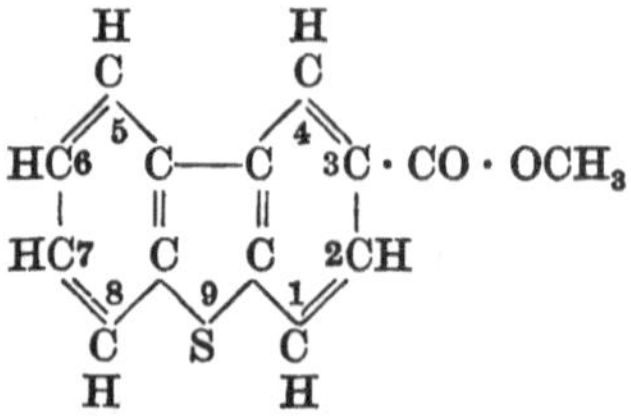 | 242,28 |
| 1146 | 74—75 | 4-Dimethylaminobenz-aldehyd | $C_9H_{11}ON$ | $(CH_3)_2N \cdot C_6H_4 \cdot CHO$ | 149,18 |

| Aggregat-zustand Farbe | Spez. Gewicht | Siede-punkt °C | Beilstein-Zitat | Physikalische Konstanten und Eigenschaften | Löslichkeit | Reaktionen |
|---|---|---|---|---|---|---|
| 7 | 8 | 9 | 10 | 11 | 12 | 13 |
| | | | | schwach rechts drehend | | |
| silberglänzende Blättchen (Eg.) | | | II 393 | | | Li-Salz *Fp* 215—216°,<br>Krist.-Pulver<br>Pb-Salz *Fp* 109—110°<br>Methylester *Fp* 54—55°<br>Äthylester *Fp* 49—50° |
| Nadeln (A oder W) | | 288 | IX 615 | vgl. Nr. 1249 | | |
| Nadeln (W) | | 270 (Z.) | VI 447 | | swl. in W<br>ll. in A, Ae | |
| Nadeln (A) | | 273 (739mm) | V 378 | | unl. in W<br>l. in A<br>ll. in Ae | |
| Blättchen oder Nadeln(A) | | 140 (15mm) | V 356 | | unl. in W<br>l. in A<br>ll. in Ae | |
| Blättchen (W) | | 176-177 (17mm) | XIV 31 | | l. in W, A, Ae | Phenylhydrazon *Fp* 148° |

| Lfd. Nr. | *Fp* | Name | Summenformel | Strukturformel | Mol.-Gewicht |
|---|---|---|---|---|---|
| 1 | 2 | 3 | 4 | 5 | 6 |
| 1147 | 74—76 | Diacetylaminoazotoluol (Pellidol) | $C_{18}H_{19}O_2N_3$ | 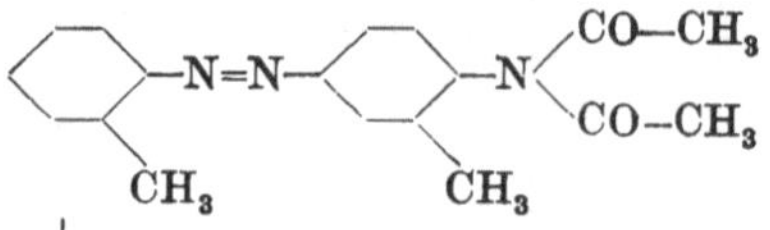 | 295,45 |
| 1148 | 75 | Blei(II)-acetat | $C_4H_6O_4Pb$ | $(CH_3COO)_2Pb + 3H_2O$ | 325,25 |
| 1149 | 75 | trans-β-Dekalol | $C_{10}H_{18}O$ | $H_2C \cdot CH_2 \cdot CH \cdot CH_2 \cdot CH \cdot OH$<br>\| \| \|<br>$H_2C \cdot CH_2 \cdot CH \cdot CH_2 \cdot CH_2$ | 154,24 |
| 1150 | 75 | 3,4-Dibrom-5-methyl-benzothienon | $C_{12}H_8OBr_2S$ | 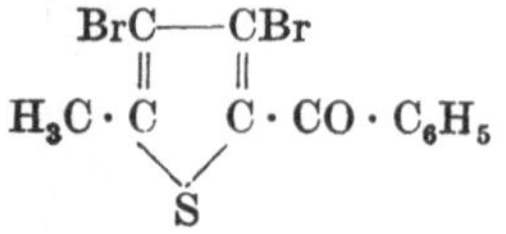 | 348,07 |
| 1151 | 75 | Dibromzimtsäurebornyl-ester (Adamon) | $C_{19}H_{24}O_2Br_2$ | $C_6H_5 \cdot CHBr \cdot CHBr \cdot CO \cdot O \cdot C_{10}H_{17}$ | 434,13 |
| 1152 | 75 | 3,4-Dichlor-2,5-dibrom-thiophen | $C_4Cl_2Br_2S$ | 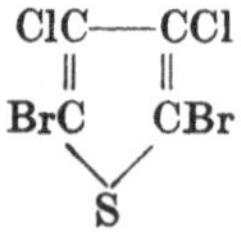 | 310,85 |
| 1153 | 75 | 2,3-Dimethylphenol | $C_8H_{10}O$ | $(CH_3)_2C_6H_3 \cdot OH$ | 122,16 |
| 1154 | 75 | 2,5-Dimethylphenol (p-Xylenol) | $C_8H_{10}O$ | $(CH_3)_2C_6H_3 \cdot OH$ | 122,16 |
| 1155 | 75 | 3,5-Dinitro-o-xylol | $C_8H_8O_4N_2$ | $(O_2N)_2C_6H_2(CH_3)_2$ | 196,16 |
| 1156 | 75 | Guajacolglycerinäther (Guajamar) | $C_{10}H_{14}O_4$ | $(HOCH_2)_2CH \cdot O \cdot C_6H_4 \cdot O \cdot CH_3$ | 198,21 |
| 1157 | 75 | Isobehensäure | $C_{22}H_{44}O_2$ | $C_{21}H_{43} \cdot COOH$ | 340,57 |
| 1158 | 75 | β-Naphtholmethyläther | $C_{11}H_{10}O$ | $C_{10}H_7 \cdot O \cdot CH_3$ | 158,19 |
| 1159 | 75 | Phthalid | $C_8H_6O_2$ | 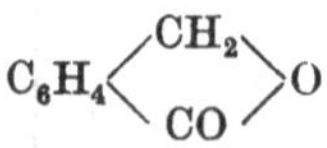 | 134,13 |

| Aggregat-zustand Farbe | Spez. Gewicht | Siede-punkt °C | Beilstein-Zitat | Physikalische Konstanten und Eigenschaften | Löslichkeit | Reaktionen |
|---|---|---|---|---|---|---|
| 7 | 8 | 9 | 10 | 11 | 12 | 13 |
| gelbrotes Pulver | | | $E_1$ XVI 322 | | swl. in W<br>ll. in A, Ae<br>l. in Säuren rot | + konz. $HNO_3$ → rot → Erwärmen → bräunlichgelb<br>alkohol.Lsg. + α-Naphthol + $NH_3$ → intensiv grün — dichroitisch rotbraun<br>mit Zn u. HCl entfärbte Lsg. + Chlorwasser → intensiv violettrot; bei anschließender Indophenolreaktion mit viel $NH_3$ → langsam grün |
| Krist. | 2,54 | | II 115 | schmeckt metallisch; giftig | 56 W 25° | |
| Prismen (PAe) | | 230 (746mm) | VI 67 | | | Phenylurethan *Fp* 165° |
| weißes Krist.-Pulver | | | | geschmacklos | unl. in W<br>ll. in h. A, Ae, Chlf. | |
| Nadeln (W) | | 218 | VI 480 | | wl. in W<br>l. in A | |
| Krist. (A + Ae) | $1{,}169^{15°}$ | 211,5 | VI 494 | mit Dampf flüchtig; sublimierbar | wl. in W<br>l. in A, Ae | Pikrat *Fp* 81—82°, orange Krist.<br>p-Diphenylylurethan *Fp* 162°<br>3,5-Dinitrobenzoat *Fp* 137,2°, Nadeln |
| Nadeln (A) | | | V 369 | | unl. in W<br>wl. in A<br>ll. in Chlf., Bzl. | |
| weiße Krist. | | | | bitterer Geschmack; geruchlos | l. in W | + Fe-$H_2SO_4$ → olivgrün → stahlblau, beim Erwärmen Lsg. reinblau → grün |
| perlmutterglänzende Blättchen (Eg oder PAe) | | | $E_1$ II 180 | | | Li-Salz *Fp* 210° (Z.)<br>Methylester *Fp* 54°, schimmernde Blättchen |
| Blättchen (Ae) | | 271 | VI 640 | mit Dampf flüchtig; riecht nach Orangenblüten | unl. in W<br>wl. in A<br>ll. in Ae | |
| Nadeln od. Tafeln (W) | | 290 | XVII 310 | | l. in sd. W<br>ll. in A, Ae | |

| Lfd. Nr. | *Fp* | Name | Summenformel | Strukturformel | Mol.-Gewicht |
|---|---|---|---|---|---|
| 1 | 2 | 3 | 4 | 5 | 6 |
| 1160 | 75 | d-Sorbit (wasserhaltig) (Compral; Sionon) | $C_6H_{14}O_6$ | $HOCH_2 \cdot (CHOH)_4 \cdot CH_2OH + \frac{1}{2}H_2O$ | 190,68 |
| 1161 | 75—76 | 2-Äthyl-3-mercapto-thiophen | $C_6H_8S_2$ | 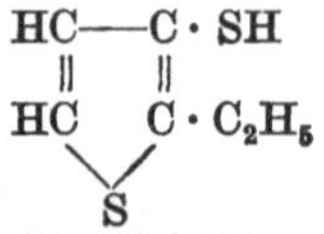 | 144,24 |
| 1162 | 75—76 | 8-Oxychinolin (Oxin) | $C_9H_7ON$ | $C_9H_6N \cdot OH$ | 145,15 |
| 1163 | 75—76 | Thienyl-2-p-tolylketon | $C_{12}H_{10}OS$ | 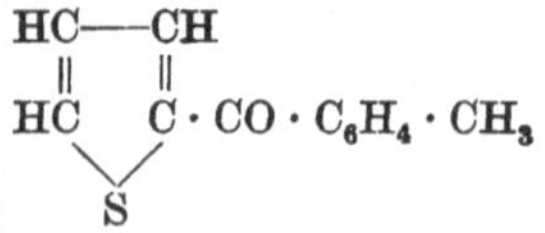 | 202,26 |
| 1164 | 75—76 | Thioacetanilid | $C_8H_9NS$ | $CH_3 \cdot CS \cdot NH \cdot C_6H_5$ | 151,22 |
| 1165 | 75—76 | Trichloräthylurethan + Trichlorisopropyl-alkohol (Voluntal + Isopral) | | 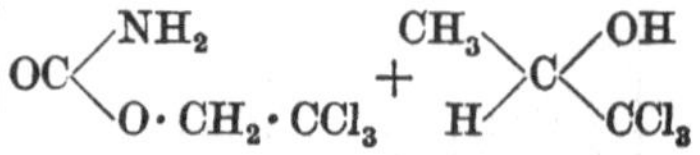 | 345,88 |
| 1166 | 75—76 | 2,4,5-Trijod-3-thiotolen | $C_5H_3J_3S$ | 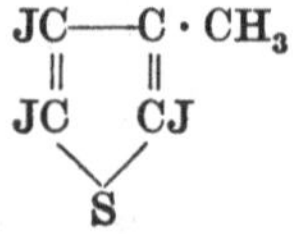 | 475,89 |
| 1167 | 75,5 bis 76 | 5-Brom-2-nitrothiophen | $C_4H_2O_2NBrS$ | 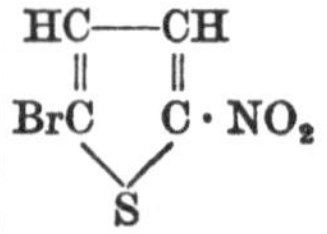 | 208,04 |
| 1168 | 76 | Benzylquecksilberbenzoat | $C_{14}H_{12}O_2Hg$ | $C_6H_5 \cdot COO \cdot Hg \cdot CH_2 \cdot C_6H_5$ | 412,85 |
| 1169 | 76 | Diacetylmonoxim | $C_4H_7O_2N$ | $CH_3 \cdot CO \cdot C(:N \cdot OH) \cdot CH_3$ | 101,10 |
| 1170 | 76 | 2,3′-Dithionaphthenyl | $C_{16}H_{10}S_2$ | 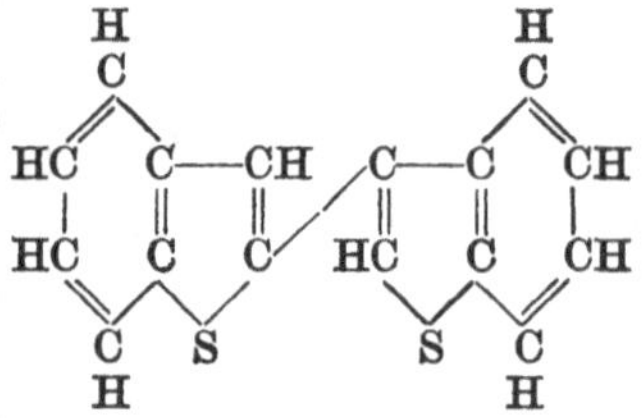 | 266,30 |
| 1171 | 76 | Di-[2-thienyl]-trichlor-äthan | $C_{10}H_7Cl_3S_2$ | 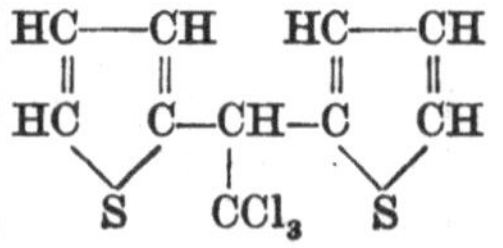 | 237,65 |

| Aggregat-zustand Farbe | Spez. Gewicht | Siede-punkt °C | Beilstein-Zitat | Physikalische Konstanten und Eigenschaften | Löslichkeit | Reaktionen |
|---|---|---|---|---|---|---|
| 7 | 8 | 9 | 10 | 11 | 12 | 13 |
| weiße Krist. | | | I 533 | süßer Geschmack | l. in W | wss. Lsg. + wenig $CuSO_4$-Lsg. + 2n-Lauge → blau, + einige Tropfen n/10 $KMnO_4$-Lsg. → tiefgrün → braun; bei gelindem Erhitzen → rotes Kupferoxydul |
| Prismen (verd. A) | | 266,6<br>188-195 (18mm) | XXI 91 | riecht phenolartig; wirkt antiseptisch | swl. in k. W<br>ll. in A<br>wl. in Ae<br>ll. in verd. Alkali | |
| Nadeln (W) | | Z. | XII 245 | | l. in NaOH | |
| weiße Krist. | | | | bitterer Geschmack | | heiß bereitete, abgekühlte wss. Lsg. + alkoholische $HgJ_2$-Lsg. → weiße Flocken<br>bei Erhitzen → Hg-Abscheidung |
| Blättchen<br>Blättchen (W) | | 185-186 | I 772 | | l. in W<br>ll. in A, Ae<br>l. in Alkali gelb | |

| Lfd. Nr. | *Fp* | Name | Summenformel | Strukturformel | Mol.-Gewicht |
|---|---|---|---|---|---|
| 1 | 2 | 3 | 4 | 5 | 6 |
| 1172 | **76** | **Methylpropylcarbinol-carbaminsäureester (Hedonal)** | $C_6H_{13}O_2N$ | 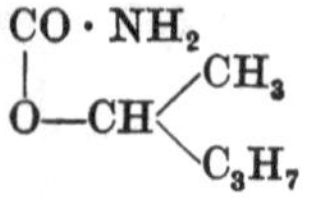 | 131,24 |
| 1173 | **76** | Pentabromaceton | $C_3HOBr_5$ | $CBr_3 \cdot CO \cdot CHBr_2$ | 452,62 |
| 1174 | **76** | Phenylessigsäure (α-Toluylsäure) | $C_8H_8O_2$ | $C_6H_5 \cdot CH_2 \cdot COOH$ | 136,14 |
| 1175 | **76** | Trional (Methylsulfonal) | $C_8H_{18}O_4S_2$ | 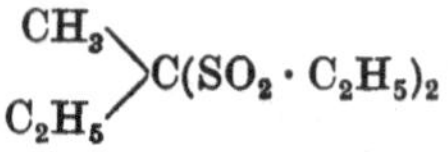 | 242,34 |
| 1176 | **76—77** | d-3(α)-Bromcampher | $C_{10}H_{15}OBr$ | 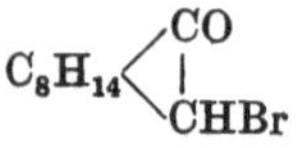 | 231,13 |
| 1177 | **76** bis **77,5** | 3-Nitrothiophen | $C_4H_3O_2NS$ | 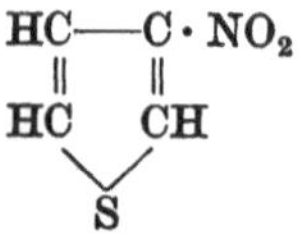 | 129,13 |
| 1178 | **76,5** | Tribenzoin | $C_{24}H_{20}O_6$ | $(C_6H_5 \cdot COO \cdot CH_2)_2CH \cdot O \cdot CO \cdot C_6H_5$ | 404,40 |
| 1179 | **77** | Arachinsäure | $C_{20}H_{40}O_2$ | $CH_3 \cdot (CH_2)_{18} \cdot COOH$ | 312,51 |
| 1180 | **77** | 3-Chlor-1,2-dinitrobenzol | $C_6H_3O_4N_2Cl$ | $Cl \cdot C_6H_3(NO_2)_2$ | 202,56 |
| 1181 | **77** | N,N'-Diäthylthioharnstoff | $C_5H_{12}N_2S$ | $C_2H_5 \cdot NH \cdot CS \cdot NH \cdot C_2H_5$ | 132,22 |
| 1182 | **77** | Tetrolsäure | $C_4H_4O_2$ | $CH_3 \cdot C⋮C \cdot COOH$ | 84,07 |
| 1183 | **77** | m-Xylylenbromid | $C_8H_8Br_2$ | $C_6H_4(CH_2Br)_2$ | 263,97 |
| 1184 | **77—78** | 3-Nitroselenophen | $C_4H_3O_2NSe$ | 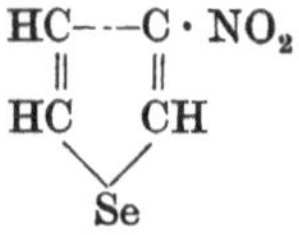 | 176,03 |
| 1185 | **77—78** | 4-Phenylpyridin | $C_{11}H_9N$ | $C_5H_4N \cdot C_6H_5$ | 155,19 |
| 1186 | **77—79** | 4,5-Dibrom-3-methyl-benzothienon | $C_{12}H_8OBr_2S$ | 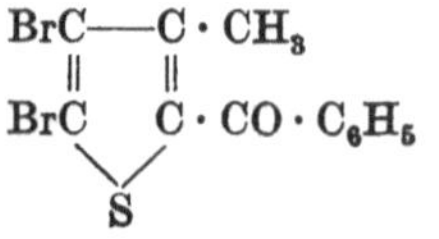 | 348,07 |

| Aggregatzustand Farbe | Spez. Gewicht | Siedepunkt °C | Beilstein-Zitat | Physikalische Konstanten und Eigenschaften. | Löslichkeit | Reaktionen |
|---|---|---|---|---|---|---|
| 7 | 8 | 9 | 10 | 11 | 12 | 13 |
| weiße Krist: | | | | Geschmack campherartig, fast geruchlos; beim Kochen mit 2n-HCl → campherartiger Geruch | wl. in W<br>l. in A, Ae | + konz. $H_2SO_4$ löst sich ohne Gasentwicklung (Unterschied vom Aponal); nach Zusatz von Paraform erwärmt → Lsg. orange bis braunrot und grüne Fluoreszenz |
| Nadeln (A) | | subl. | I 659 | mit Dampf flüchtig; riecht durchdringend | unl. in W<br>ll. in A, Ae | |
| weiße Schuppen | $1{,}0809^{80°}$ | 144 (12 mm) | IX 431 | kryoskop. Konst. 9,0; eigenartiger, schwacher Geruch | 1,80 W 25°<br>ll. in A, Ae | + Paraform-Schwefelsäure löst orangegelb; Lsg. wird rasch braunrot und zeigt intensive rotbraune Fluoreszenz |
| Tafeln (A) | | | I 671 | | 0,32 in k. W<br>5,7 A 15°<br>6,4 Ae | im Glührohr mit Holzkohle geglüht → Merkaptangeruch |
| weiße Prismen (A) | 1,452 | 274 (Z.) | VII 120 | $[\alpha]_D^{10}$ +139° (A); kryosk. Konst. 11,87; mit Dampf flüchtig | schwerl. in W Lauge und Säure<br>12 A 15°<br>130 A 50°<br>ll. in Ae<br>sll. in Chlf. | + Paraform-Schwefelsäure beim Erhitzen braunrot, fluoresziert grün<br>Lsg. in Eisen-Schwefelsäure beim Erhitzen → grüngelb → bräunlichviolett → violett |
| | | | XVII 35 | | | |
| Nadeln (Methanol) | $1{,}228^{12°}$ | Z. | IX 140 | | sll. in sd. A, Ae, Bzl. | |
| Blättchen | | 328 (Z.) | II 389 | | unl. in W<br>wl. in A<br>ll. in Ae | Äthylester *Fp* 50°<br>Amid *Fp* 108°<br>Phenacylester *Fp* 85—86°, Pulver |
| Krist. (Ae) | | | $E_1$ V 137 | | ll. in A, Ae | |
| Krist. | | | IV 118 | | l. in W, A | |
| Tafeln (Ae) | | 203 | II 479 | | ll. in W, A, Ae | zers. bei 211° |
| Nadeln (Chlf.) | $1{,}959^{0°}$ | 137 (20 mm) | V 374 | | unl. in W<br>l. in A<br>ll. in Ae | |
| Blättchen (W) | | 274-275 | XX 424 | | l. in h. W<br>ll. in A, Ae | |

| Lfd. Nr. | *Fp* | Name | Summenformel | Strukturformel | Mol.-Gewicht |
|---|---|---|---|---|---|
| 1 | 2 | 3 | 4 | 5 | 6 |
| 1187 | 77,5 | 3-Nitro-p-toluidin ($NH_2$ = 1) | $C_7H_8O_2N_2$ | $CH_3 \cdot C_6H_3(NO_2) \cdot NH_2$ | 152,15 |
| 1188 | 78 | 3-Chloracetanilid | $C_8H_8ONCl$ | $CH_3 \cdot CO \cdot NH \cdot C_6H_4 \cdot Cl$ | 169,61 |
| 1189 | 78 | 3-Diäthylaminophenol | $C_{10}H_{15}ON$ | $(C_2H_5)_2N \cdot C_6H_4 \cdot OH$ | 165,23 |
| 1190 | 78 | Dibenzoylmethan | $C_{15}H_{12}O_2$ | $C_6H_5 \cdot CO \cdot CH_2 \cdot CO \cdot C_6H_5$ | 224,24 |
| 1191 | 78 | Kohlensäurediphenylester | $C_{13}H_{10}O_3$ | $O : C(\cdot O \cdot C_6H_5)_2$ | 214,21 |
| 1192 | 78 | Tetrahydro-p-chinon | $C_6H_8O_2$ | 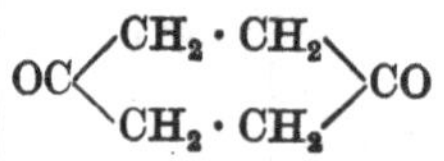 | 112,12 |
| 1193 | 78 | 2,4,6-Trichloranilin | $C_6H_4NCl_3$ | $Cl_3C_6H_2 \cdot NH_2$ | 196,47 |
| 1194 | 78 | Wismuttriphenyl | $C_{18}H_{15}Bi$ | $(C_6H_5)_3Bi$ | 440,30 |
| 1195 | 78 bis 78,5 | Cerotinsäure | $C_{26}H_{52}O_2$ | $C_{25}H_{51} \cdot COOH$ | 397,67 |
| 1196 | 78—79 | Glykolsäure | $C_2H_4O_3$ | $HO \cdot CH_2 \cdot COOH$ | 76,05 |
| 1197 | 78—80 | 5-Methylthiophen-2-sulfonsäureamid | $C_5H_7O_2NS_2$ | 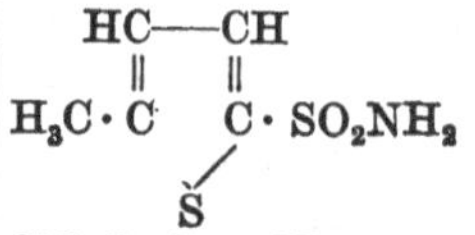 | 177,23 |
| 1198 | 78—80 | Thiophen-2,4-disulfonsäurechlorid | $C_4H_2O_4Cl_2S_3$ | 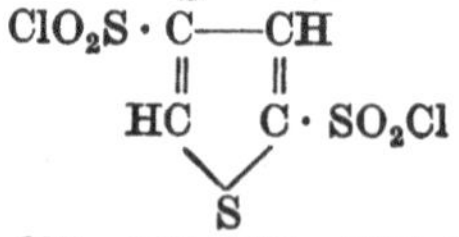 | 281,15 |
| 1199 | 78,4 | Allylthioharnstoff (Thiosinamin) | $C_4H_8N_2S$ | $CH_2 : CH \cdot CH_2 \cdot NH \cdot CS \cdot NH_2$ | 116,18 |

| Aggregatzustand Farbe | Spez. Gewicht | Siedepunkt °C | Beilstein-Zitat | Physikalische Konstanten und Eigenschaften | Löslichkeit | Reaktionen |
|---|---|---|---|---|---|---|
| 7 | 8 | 9 | 10 | 11 | 12 | 13 |
| gelbe Nadeln (W) | | | XII 996 | | wl. in k. W<br>ll. in h. A, Ae | Acetylderivat *Fp* 148,5° |
| Nadeln | | | XII 604 | | ll. in A, Bzl., $CS_2$ | |
| Krist. ($CS_2$ + Ligroin) | | 276-280 | | | | |
| Tafeln (A + Ae) | | 220 (18 mm) | VII 769 | | unl. in W<br>4,43 A 20°<br>ll. in Ae, NaOH | + $Fe(NO_3)_3$ in A → rotviolett<br>Cu-Salz *Fp* 325°, grüne Nadeln<br>Semicarbazon *Fp* 205°, Täfelchen |
| Nadeln (A) | $1{,}272^{14°}$ | 301-302 | VI 158 | | unl. in W<br>ll. in h. A, Ae, Eisessig | |
| Tafeln (W) | | subl. 100 | VII 556 | | ll. in W, A, Ae | |
| Nadeln (Ligroin) | | 262 | XII 627 | | ll. in A, Ae, $CS_2$ | Acetylderivat *Fp* 204° |
| Säulen (A) | $1{,}585^{20°}$ | 242 (14 mm) | XVI 898 | | wl. in k. A<br>l. in Ae<br>ll. in Chlf. | |
| Krist.-Nadeln (Ae) | $0{,}836^{79°}$ | | II 394 | | ll. in sd. A<br>~ 20 sd. Ae | Pb-Salz *Fp* 112,5—113,5°, Nadeln<br>Mg-Salz *Fp* 174—176°, Pulver<br>Methylester *Fp* 60°, perlmutterglänz. Blättchen |
| Nadeln (W)<br>Blättchen (A) | | | III 228 | | l. in W, A, Ae | wss. Lsg + $Fe(NO_3)_3$-Lsg. → zitronengelb<br>1 mg Subst. in Lsg. von 5 mg $\beta$-Naphthol in 1 ml $H_2SO_4$ beim Erhitzen in sd. W-Bad → rote, intensiv grün fluoreszierende Lsg.; mit $\alpha$-Naphthol → braunorange Lsg., gelbgrün fluoreszierend |
| Krist. | $1{,}110^{78°}$ | | IV 211 | bitterer Geschmack | 3 W 0°<br>ll. in h. W<br>l. in A<br>wl. in Ae | verd. Jodlsg. wird entfärbt; starke Jodlsg. fällt Perjodid<br>+ Paraform-$H_2SO_4$ beim Erwärmen → orange bis braun mit grüner Fluoreszenz<br>+ Nitroprussidnatrium in alkal. Lsg. → gelb |

| Lfd. Nr. | *Fp* | Name | Summenformel | Strukturformel | Mol.-Gewicht |
|---|---|---|---|---|---|
| 1 | 2 | 3 | 4 | 5 | 6 |
| 1200 | 79 | Diacetamid | $C_4H_7O_2N$ | $(CH_3 \cdot CO)_2NH$ | 101,10 |
| 1201 | 79 | Di-p-tolylamin | $C_{14}H_{15}N$ | $(CH_3 \cdot C_6H_4)_2NH$ | 197,27 |
| 1202 | 79 | Hexachlordimethyl-carbonat (Triphosgen) | $C_3O_3Cl_6$ | $O:C(\cdot O \cdot CCl_3)_2$ | 296,76 |
| 1203 | 79 | *β*-Naphthalinsulfochlorid | $C_{10}H_7O_2ClS$ | $C_{10}H_7 \cdot SO_2Cl$ | 226,67 |
| 1204 | 79 | 3-Nitro-p-kresol (OH = 1) | $C_7H_7O_3N$ | $CH_3 \cdot C_6H_3(NO_2) \cdot OH$ | 153,13 |
| 1205 | 79 | 2-Nitronaphthalin | $C_{10}H_7O_2N$ | $C_{10}H_7 \cdot NO_2$ | 173,16 |
| 1206 | 79 | *α*-Oxyisobuttersäure | $C_4H_8O_3$ | $(CH_3)_2C(OH) \cdot COOH$ | 104,10 |
| 1207 | 79 | Propionamid | $C_3H_7ON$ | $C_2H_5 \cdot CO \cdot NH_2$ | 73,09 |
| 1208 | 79 | Triphenylphosphin | $C_{18}H_{15}P$ | $(C_6H_5)_3P$ | 262,32 |
| 1209 | 79—80 | 2-Aminodiphenylamin | $C_{12}H_{12}N_2$ | $H_2N \cdot C_6H_4 \cdot NH \cdot C_6H_5$ | 184,23 |
| 1210 | 79—80 | 4,5-Dibrom-2-nitro-thiophen | $C_4HO_2NBr_2S$ | 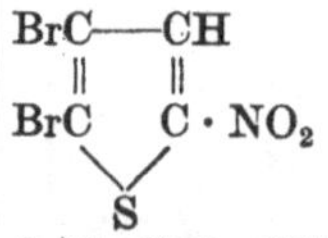  | 286,95 |
| 1211 | 79—80 | Nitroacetaldoxim | $C_2H_4O_3N_2$ | $O_2N \cdot CH_2 \cdot CH:N \cdot OH$ | 104,07 |
| 1212 | 80 | Ammoniumcyanat | $CH_4ON_2$ | $NH_4CNO$ | 60,06 |
| 1213 | 80 | Benzamidin | $C_7H_8N_2$ | $C_6H_5 \cdot C(:NH) \cdot NH_2$ | 120,15 |
| 1214 | 80 | Benzamidoxim | $C_7H_8ON_2$ | $C_6H_5 \cdot C(:NOH) \cdot NH_2$ | 136,15 |
| 1215 | 80 | Cephaelin | $C_{28}H_{38}O_4N_2$ | $C_{25}H_{28}N_2(OCH_3)_3(OH)$ | 439,38 |
| 1216 | 80 | 2,4-Dibromanilin | $C_6H_5NBr_2$ | $Br_2C_6H_3 \cdot NH_2$ | 250,94 |
| 1217 | 80 | 4,4′-Diaminodiphenyl-disulfid | $C_{12}H_{12}N_2S_2$ | $H_2N \cdot C_6H_4 \cdot S \cdot S \cdot C_6H_4 \cdot NH_2$ | 248,35 |
| 1218 | 80 | 4,5-Dibrom-2-benzo-thienon | $C_{11}H_6OBr_2S$ | 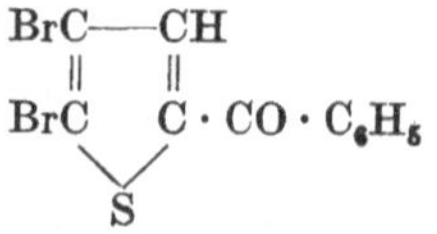  | 346,05 |

| Aggregatzustand Farbe | Spez. Gewicht | Siedepunkt °C | Beilstein-Zitat | Physikalische Konstanten und Eigenschaften | Löslichkeit | Reaktionen |
|---|---|---|---|---|---|---|
| 7 | 8 | 9 | 10 | 11 | 12 | 13 |
| Nadeln (Ae) | | 216-218 | II 181 | | ll. in W<br>l. in A, Ae | |
| Nadeln | | 330,5 | XII 907 | | | |
| weiße Krist.-Masse | 1,6° | 205<br>124 (50mm) | III 17 | leicht flüchtig; Phosgengeruch | ll. in A, Ae<br>unl. in W | |
| Blättchen (Bzl. + PAe) | | 201 (13mm) | XI 173 | | unl. in W<br>l. in Bzl., Chlf. | |
| gelbe Prismen (Ae) | | | VI 411 | | wl. in k. W<br>ll. A, Ae<br>l. in Bzl. | |
| Tafeln oder Nadeln (A) | | 182 (14mm) | V 555 | riecht zimtartig; flüchtig mit Dampf | unl. in W<br>ll. in A, Ae | |
| hygroskop. Prismen | | 212 | III 313 | mit Dampf flüchtig | ll. in W, A, Ae | |
| Tafeln (Bzl.) | 1,042° | 213 | II 243 | | ll. in W, A, Ae, Chlf. | |
| Tafeln oder Prismen (Ae) | 1,194° | >360 | XVI 759 | | unl. in W<br>l. in A<br>ll. in Ae<br>l. in $H_2SO_4$ | |
| Nadeln (W) | | | XIII 16 | | wl. in k. W<br>ll. in Bzl., Chlf. | |
| Tafeln (Chlf. od. Ae) | | | I 627 | wss. Lsg. reagiert stark sauer; zersetzt sich allmählich; explodiert bei 110° | ll. in W, A, Ae | |
| Nadeln | | | III 34 | | sll. in W | über 80° → Harnstoff |
| Krist. | | Z. | IX 280 | | zll. in W<br>ll. in A<br>wl. in Ae | beim Aufbewahren → Benzamid + $NH_3$ |
| Prismen (W) | | Z. 170 | IX 304 | | wl. in k. W<br>ll. in A, Ae, Bzl. | |
| weiße Nadeln | | | | $[\alpha]_D^{15}$ —21,2°; bitterer Geschmack, reagiert stark basisch | swl. in W<br>l. in Essigsäure, verd. HCl, verd. $H_2SO_4$<br>ll. in A, Chlf., Aceton<br>wl. in Ae | + $FeCl_3$ in alkohol. Lsg. → braun → blaugrün |
| Nadeln od. Blättchen (A) | $2,260^{20°}$ | 156 (24mm) | XII 655 | | l. in A, Laugen | Acetylderivat *Fp* 146° |
| Nadeln (verd. A) | | | XIII 536 | Lsgg. sind gelb | wl. in W<br>ll. in A, Ae | |

| Lfd. Nr. | *Fp* | Name | Summenformel | Strukturformel | Mol.-Gewicht |
|---|---|---|---|---|---|
| 1 | 2 | 3 | 4 | 5 | 6 |
| 1219 | 80 | 4,5-Dibromthiophen-2-sulfonsäurechlorid | $C_4HO_2ClBr_2S_2$ | 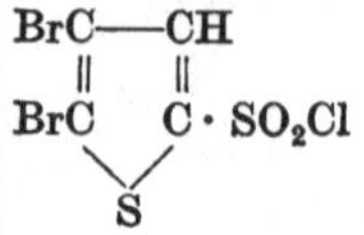 | 340,46 |
| 1220 | 80 | 3,4-Dichlor-2,5-di-[dichlormethyl]-thiophen | $C_6H_2Cl_6S$ | 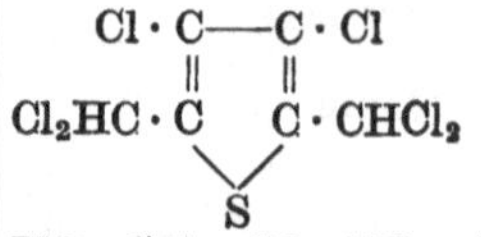 | 318,88 |
| 1221 | 80 | Dioxyaceton (α,γ-Dioxy-β-oxopropan) | $C_3H_6O_3$ | $HO \cdot CH_2 \cdot CO \cdot CH_2 \cdot OH$ | 90,08 |
| 1222 | 80 | r-Cocain | $C_{17}H_{21}O_4N$ | vgl. Nr. 1430 | 303,35 |
| 1223 | 80 | 1,2,4,5-Tetramethylbenzol (Durol) | $C_{10}H_{14}$ | $C_6H_2(CH_3)_4$ | 134,21 |
| 1224 | 80 | 2,4,5-Trichlor-3-acetothienon | $C_6H_3OCl_3S$ | 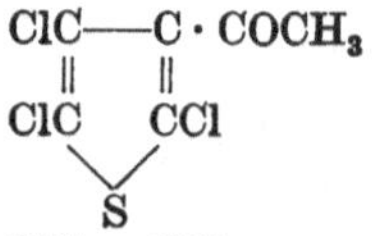 | 229,52 |
| 1225 | 80 | 3,4,5-Trichlor-2-acetothienon | $C_6H_3OCl_3S$ | 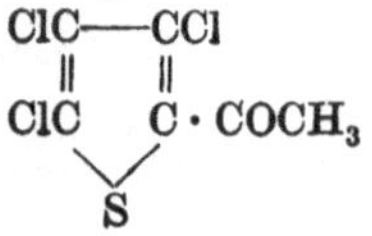 | 229,52 |
| 1226 | 80 | α-Truxillin | $C_{38}H_{46}O_8N_2$ | 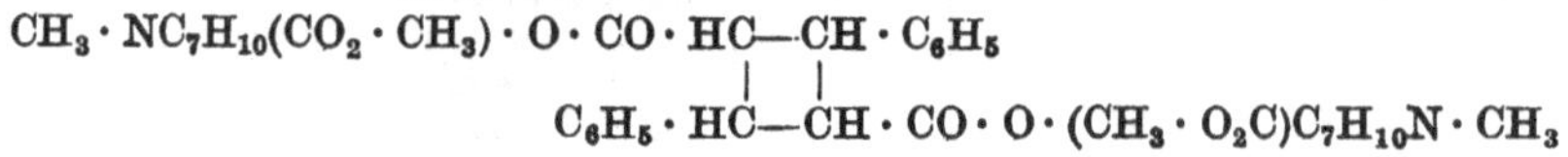 | 658,76 |
| 1227 | 80 bis 80,5 | Lignocerinsäure | $C_{24}H_{48}O_2$ | $C_{23}H_{47} \cdot COOH$ | 368,62 |
| 1228 | 80—81 | 4-Oxythionaphthen | $C_8H_6OS$ | 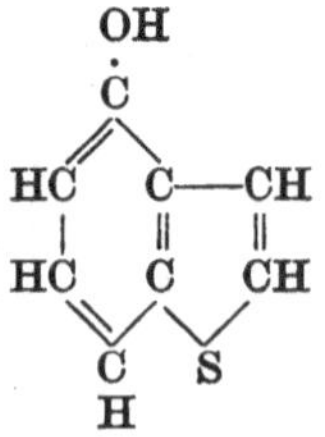 | 150,19 |
| 1229 | 80—82 | 2,5-Dinitrothiophen | $C_4H_2O_4N_2S$ | 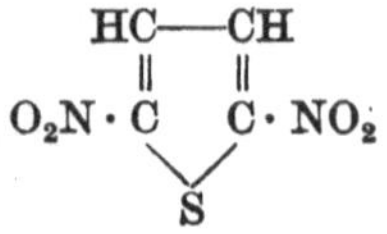 | 174,13 |
| 1230 | 80—90 | 4,5-Dijod-2-benzothienon | $C_{11}H_6OJ_2S$ | 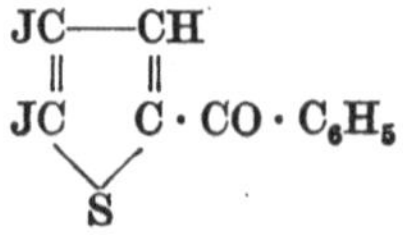 | 440,07 |

| Aggregatzustand Farbe | Spez. Gewicht | Siedepunkt °C | Beilstein-Zitat | Physikalische Konstanten und Eigenschaften | Löslichkeit | Reaktionen |
|---|---|---|---|---|---|---|
| 7 | 8 | 9 | 10 | 11 | 12 | 13 |
| Krist. (Aceton) | | | | schmeckt süß; kühlend | ll. in W<br>wl. in k. A<br>k. Ae | Methylphenylosazon *Fp* 145°, gelbliche Nadeln<br>2,4-Dinitrophenylhydrazon *Fp* 163—164, gelbe Nadeln<br>Chlorhydrat *Fp* 205°<br>Aurochlorat *Fp* 165° |
| monokline Blättchen | | | | | | |
| Blättchen | $0,833^{81°}$ | 192 | V 431 | mit Dampf flüchtig; riecht campherartig schwach bläulichweiße Lumineszenz | unl. in W<br>ll. in A, Ae | |
| | | | | leuchtend gelbe Lumineszenz | | |
| | | | XXII 202 | linksdrehend; bitterer Geschmack | swl. in W<br>Ligroin<br>ll. in A, Ae | |
| Nadeln (A oder Eg.) | | | II 393 | | | Li-Salz *Fp* 189—194°<br>Pb-Salz *Fp* 117°<br>Methylester *Fp* 57—57,5°<br>Aethylester *Fp* 56°<br>Phenacylester *Fp* 87 bis 88°, Pulver |
| | | | | riecht phenolartig | | |
| | | | XVII 35 | | | |

| Lfd. Nr. | *Fp* | Name | Summenformel | Strukturformel | Mol.-Gewicht |
|---|---|---|---|---|---|
| 1 | 2 | 3 | 4 | 5 | 6 |
| 1231 | 80—90 | Ipecamin | $C_{28}H_{36}O_4N_2$ | | 464,58 |
| 1232 | 80,4 | Naphthalin | $C_{10}H_8$ |  | 128,16 |
| 1233 | 80,8 | 2,4,6-Trinitrotoluol | $C_7H_5O_6N_3$ | $(O_2N)_3C_6H_2 \cdot CH_3$ | 227,13 |
| 1234 | 81 | Benzoylacetonitril | $C_9H_7ON$ | $C_6H_5 \cdot CO \cdot CH_2 \cdot CN$ | 145,15 |
| 1235 | 81 | 4,5-Diphenylthienyl-(2)-acetylchlorid | $C_{18}H_{13}OClS$ | $H_5C_6 \cdot C$— —$CH$ ‖ ‖ $H_5C_6 \cdot C$ $C \cdot CH_2 \cdot COCl$ \\ / S | 312,80 |
| 1236 | 81 | 3-Oxymethylen-d-campher | $C_{11}H_{16}O_2$ | $C_8H_{14}\langle$ CO \| C : CH · OH | 180,23 |
| 1237 | 81 | 10-Oxystearinsäure | $C_{18}H_{36}O_3$ | $CH_3 \cdot (CH_2)_7 \cdot CH \cdot (CH_2)_8 \cdot COOH$ (CH: OH) | 300,46 |
| 1238 | 81 | Thio-β-naphthol | $C_{10}H_8S$ | $C_{10}H_7 \cdot SH$ | 160,22 |
| 1239 | 81—82 | Äthylenjodid | $C_2H_4J_2$ | $CH_2J \cdot CH_2J$ | 281,89 |
| 1240 | 82 | Palmiton | $C_{31}H_{62}O$ | $C_{15}H_{31} \cdot CO \cdot C_{15}H_{31}$ | 450,81 |
| 1241 | 82 | Acetamid | $C_2H_5ON$ | $CH_3 \cdot CO \cdot NH_2$ | 59,07 |
| 1242 | 82 | 5,6-Benzochinaldin | $C_{14}H_{11}N$ | 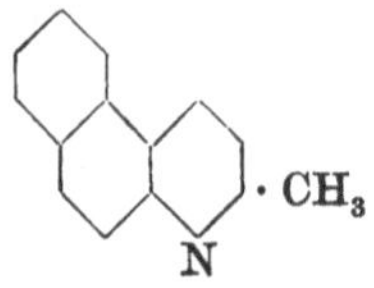 | 193,23 |
| 1243 | 82 | Benzylquecksilbersalicylat | $C_{14}H_{12}O_3Hg$ | $C_6H_5 \cdot CH_2 \cdot Hg \cdot O \cdot OC \cdot C_6H_4 \cdot OH$ | 428,85 |
| 1244 | 82 | Carbaminsäure-β,β'-dichlorisopropylester (Aleudrin) | $C_4H_7O_2NCl_2$ | $CO—NH_2$ \| $O—CH\langle^{CH_2Cl}_{CH_2Cl}$ | 172,02 |

| Aggregat-zustand Farbe | Spez. Gewicht | Siede-punkt °C | Beilstein-Zitat | Physikalische Konstanten und Eigenschaften | Löslichkeit | Reaktionen |
|---|---|---|---|---|---|---|
| 7 | 8 | 9 | 10 | 11 | 12 | 13 |
| weißes Krist.-Pulver | | | | $[\alpha]_D^{15}$ —22,5°; intensiv bitterer Geschmack | unl. in W<br>ll. in A, Ae, Bzl., Chlf. | + $H_2SO_4$ → gelblich |
| Tafeln (A) | $1{,}168^{22°}$ | 217,96 | V 531 | $n_D^{96,6}$ 1,58269; $n_R^{96,6}$ 44,37 cm; $n_F^{96,6}$ 286,9; Oberflächenspannung 80° 32,36 dyn/cm; ebullioskop. Konst. 5,80; kryosk. Konst. 6,9; mit Dampf flüchtig; subl. bei 80° | 0,003 W 25°<br>9,5 A 19,5°<br>80 A 60°<br>500 A 70°<br>ll. in Ae<br>59,25 Bzl. 21°<br>750 Bzl. 70° | beim Erwärmen mit frisch sublimiertem $AlCl_3$ → grünblau bis violett<br>Pikrat *Fp* 151,5°, monoklin-prismatische gelbe Prismen<br>α-Nitronaphthalin *Fp* 61°, gelbe Nadeln; + $H_2SO_4$ → dunkelrot |
| Krist. (A) | 1,654 | | V 347 | | 1,64 W 22°<br>10 A 88°<br>ll. in Ae | |
| Blättchen (W) | | | X 680 | | wl. in k. W<br>ll. in A, Ae<br>sll. in Chlf.<br>l. in Laugen | |
| farblos | | | | | | benzolische Lsg. + Metall → tiefrot |
| Prismen (PAe) | | 251 | VII 591 | mit Dampf flüchtig | wl. in W<br>ll. in A, Ae<br>l. in Alkali | + $Fe(NO_3)_3$ → rotviolette Färbung |
| Tafeln (A) | | | III 365 | | unl. in W<br>9,63 A 20°<br>2,35 Ae 20° | |
| Schuppen (A) | | 286 (Z.) | VI 657 | | wl. in W<br>ll. in A, Ae | |
| Tafeln (Ae) | $2{,}132^{10°}$ | | I 99 | zersetzt sich spontan | wl. in W<br>l. in A | |
| Blättchen (A) | | | I 719 | | | Oxim *Fp* 59° |
| Krist. | 1,159 | 221 | II 175 | kryoskop. Konst. 5,65 | 220 W 20°<br>850 W 60°<br>65 A 20°<br>370 A 60° | |
| Nadeln (verd. A)<br>Tafeln (Ae) | | $>300$ | XX 471 | | wl. in W<br>ll. in A, Ae | |
| Nadeln (Methyl-Alkohol) | | | | | | |
| weiße Krist. | | | III 29 | bitterer Geschmack, geruchlos | swl. in W<br>ll. in A, Ae, Aceton | |

| Lfd. Nr. | *Fp* | Name | Summenformel | Strukturformel | Mol.-Gewicht |
|---|---|---|---|---|---|
| 1 | 2 | 3 | 4 | 5 | 6 |
| 1245 | 82 | 2,6-Dinitro-p-kresol (OH = 1) | $C_7H_6O_5N_2$ | $CH_3 \cdot C_6H_2(NO_2)_2 \cdot OH$ | 198,13 |
| 1246 | 82 | 3,4-Dinitro-o-xylol | $C_8H_8O_4N_2$ | $(O_2N)_2C_6H_2(CH_3)_2$ | 196,16 |
| 1247 | 82 | ω,ω-Diphenylfulven | $C_{18}H_{14}$ | CH : CH \ C : C / $C_6H_5$<br>\| <br>CH : CH / \ $C_6H_5$ | 230,29 |
| 1248 | 82 | β-Jodpropionsäure | $C_3H_5O_2J$ | $CH_2J \cdot CH_2 \cdot COOH$ | 199,99 |
| 1249 | 82 | α-Methyl-trans-zimtsäure | $C_{10}H_{10}O_2$ | $C_6H_5 \cdot C \cdot H$<br>‖<br>$H_3C \cdot C \cdot COOH$ | 162,18 |
| 1250 | 82 | 3-Oxydiphenylamin | $C_{12}H_{11}ON$ | $C_6H_5 \cdot NH \cdot C_6H_4 \cdot OH$ | 185,21 |
| 1251 | 82 | 2-Oxynaphthaldehyd-(1) | $C_{11}H_8O_2$ | $HO \cdot C_{10}H_6 \cdot CHO$ | 172,17 |
| 1252 | 82 (Z.) | β-Phenylhydroxylamin | $C_6H_7ON$ | $C_6H_5 \cdot NH \cdot OH$ | 109,12 |
| 1253 | 82 | Vanillin | $C_8H_8O_3$ | 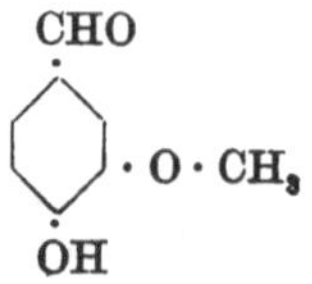 | 152,14 |
| 1254 | 82—83 | 4-Amino-1,2,4-triazol | $C_2H_4N_4$ | $HC$——$N \cdot NH_2$<br>‖ \| <br>$N \cdot N : CH$ | 84,08 |
| 1255 | 82—83 | Benzal-2-acetothienon | $C_{13}H_{10}OS$ | HC——CH<br>‖ ‖<br>HC C · CO · CH : CH · $C_6H_5$<br>\ /<br>S | 215,28 |
| 1256 | 82—83 | 2-Oxyhydrozimtsäure (Hydro-o-cumarsäure) | $C_9H_{10}O_3$ | $HO \cdot C_6H_4 \cdot CH_2 \cdot CH_2 \cdot COOH$ | 166,17 |
| 1257 | 82—84 | α,α,β-Trichlorbutyraldehyd + Pyramidon (Trigemin) | | $C_4H_5OCl_3 + C_{13}H_{17}ON_3$ | 422,74 |
| 1258 | 82—84 | Vitamin $D_3$ | $C_{27}H_{44}O$ | 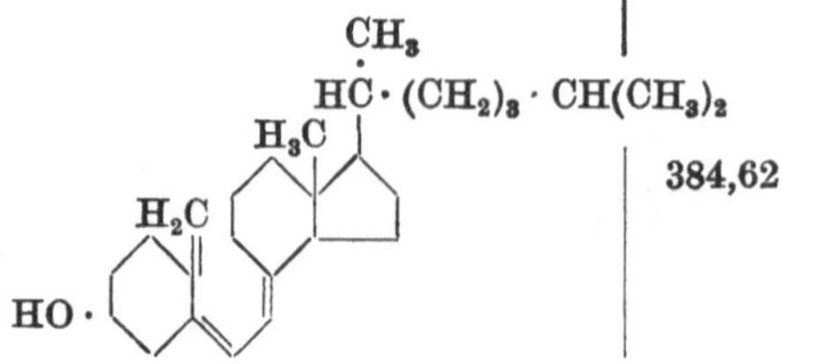 | 384,62 |

| Aggregatzustand Farbe | Spez. Gewicht | Siedepunkt °C | Beilstein-Zitat | Physikalische Konstanten und Eigenschaften | Löslichkeit | Reaktionen |
|---|---|---|---|---|---|---|
| 7 | 8 | 9 | 10 | 11 | 12 | 13 |
| gelbe Nadeln (verd. A) | | | VI 414 | | wl. in W<br>l. in A<br>ll. in Ae, Bzl. | |
| Nadeln (A) | | | V 369 | | unl. in W<br>wl. in A<br>ll. in Ae | |
| rote Tafeln oder Prismen (PAe) | | | V 696 | | unl. in W<br>l. in Eg. | |
| Blättchen (W) | | | II 261 | | 8,0 W 25°<br>ll. in A, Ae | |
| Tafeln (W, Ae) | | 288 | IX 615 | vgl. Nr. 1141 | 0,12 sd. W<br>ll. in A, Ae, Bzl. | |
| Blättchen (W) | | 340 | XIII 410 | | wl. in W<br>ll. in A, Ae | |
| Prismen (A) | | 192 (27 mm) | VIII 143 | | unl. in W<br>l. in A, Ae | |
| Nadeln (W) | | | XV 2 | | 2 k. W<br>10 h. W<br>ll. in A, Ae, Chlf.<br>l. in $H_2SO_4$ gelb oder blau | Erhitzen → Azoxybenzol, Anilin, W |
| weiße Nadeln (W) | | 285 (in $CO_2$)<br>170 (15 mm) | VIII 247 | eigenartiger Geruch und Geschmack; sublimierbar ab 115° | 1 W 14°<br>5 W 80°<br>ll. in A, Ae, Lauge | Acetat *Fp* 78°<br>Semicarbazon *Fp* 232°<br>+ $Fe(NO_3)_3$ → violettstichig blau<br>Lsg. von 1 mg β-Naphthol und 1 mg Vanillin in 1 ml konz. $H_2SO_4$ + ½ Menge Wasser im zerstreuten Tageslicht undurchsichtig grün, im Auflicht blauviolette Lsg. |
| Nadeln (A) | | | XXVI 16 | hygroskopisch | l. in W, A<br>wl. in Chlf. | Chlorhydrat *Fp* 153°, Blättchen (A) |
| Krist. (W) | | | X 241 | | 5 W 18°<br>109 W 40°<br>ll. in A, Ae | Erhitzen → Lacton |
| weiße Krist. (W) | | | XXV 453 | Geruch schwach chlorartig; unangenehm bitter | 65 W<br>2 A<br>10 Ae | + α-Naphthol + konz. $H_2SO_4$, erwärmen → gelb, grün fluoreszierend<br>+ Guajakolcarbonat + $H_2SO_4$ → graublau<br>+ $SbCl_3$ in Chlf. → blau |
| farblose Nadeln | | | | $[\alpha]_D^{20}$ +83,3 (Aceton); Absorptionsminimum 265 mμ | | |

| Lfd. Nr. | *Fp* | Name | Summenformel | Strukturformel | Mol.-Gewicht |
|---|---|---|---|---|---|
| 1 | 2 | 3 | 4 | 5 | 6 |
| 1259 | 82—85 | 4-Nitro-o-kresol (OH = 1) | $C_7H_7O_3N$ | $CH_3 \cdot C_6H_3(NO_2) \cdot OH$ | 153,13 |
| 1260 | 82,5 bis 83 | 2-Oxyazobenzol | $C_{12}H_{10}ON_2$ | $C_6H_5 \cdot N : N \cdot C_6H_4 \cdot OH$ | 198,21 |
| 1261 | 83 | 3-Aminotriphenylmethan | $C_{19}H_{17}N$ | $H_2N \cdot C_6H_4 \cdot CH(C_6H_5)_2$ | 259,33 |
| 1262 | 83 | 2,5-Dichlor-3,4-dijod-thiophen | $C_4Cl_2J_2S$ | 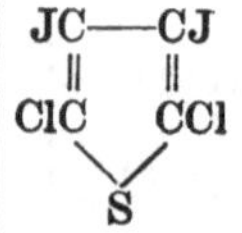 | 404,85 |
| 1263 | 83 | 3,4-Dijod-2,5-dimethyl-thiophen | $C_6H_6J_2S$ | 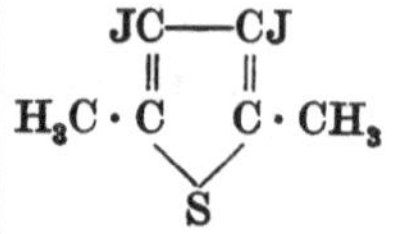 | 364,01 |
| 1264 | 83 | Jodessigsäure | $C_2H_3O_2J$ | $CH_2J \cdot COOH$ | 185,96 |
| 1265 | 83 | Pikrylchlorid | $C_6H_2O_6N_3Cl$ | $Cl \cdot C_6H_2(NO_2)_3$ | 247,56 |
| 1266 | 83—84 | Benzolsulfinsäure | $C_6H_6O_2S$ | $C_6H_5 \cdot SO_2H$ | 142,17 |
| 1267 | 83—84 | Diosphenol(Buccocampher) | $C_{10}H_{16}O_2$ | 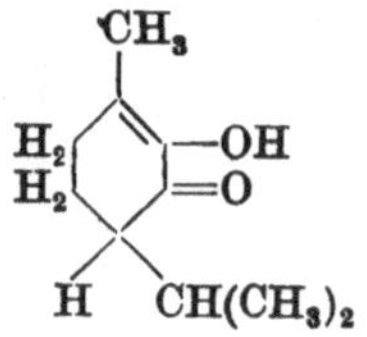 | 168,23 |
| 1268 | 83—86 | Aponal (Carbaminsäureester des tertiären Amylenhydrats) | $C_6H_{13}O_2N$ | 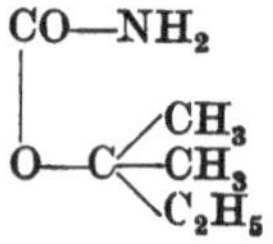 | 131,17 |
| 1269 | 83,5 | 2-[3′-Amino-2′,3′-dihydro-thionaphthenyl-(2′)]-thionaphthen | $C_{16}H_{13}NS_2$ | 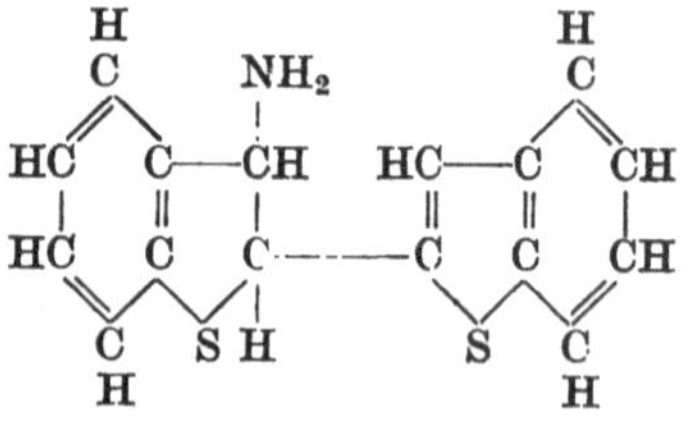 | 283,39 |
| 1270 | 83,5 | 4-Chlor-1-nitrobenzol | $C_6H_4O_2NCl$ | $Cl \cdot C_6H_4 \cdot NO_2$ | 157,56 |

| Aggregatzustand Farbe | Spez. Gewicht | Siedepunkt °C | Beilstein-Zitat | Physikalische Konstanten und Eigenschaften | Löslichkeit | Reaktionen |
|---|---|---|---|---|---|---|
| 7 | 8 | 9 | 10 | 11 | 12 | 13 |
| Nadeln (W) | | | VI 366 | | swl. in W<br>ll. in A, Ae | |
| orangerote blauschimmernde Nadeln (A) | | | XVI 90 | mit Dampf flüchtig | wl. in W<br>ll. in A, Ae<br>l. in Alkali | |
| Prismen (Ae) | | 248 (12mm) | XII 1342 | | | Acetylderivat *Fp* 168° |
| Tafeln (W) | | | II 222 | | | |
| Nadeln (A, Ae, Ligroin) | $1{,}797^{20°}$ | | V 273 | | swl. in W<br>ll. in sd. A<br>wl. in Ae | |
| Prismen (W) | | >100 (Z.) | XI 2 | | wl. in k. W<br>ll. in h. W, A, Ae | >100° → Benzolsulfonsäure und Diphenyldisulfoxyd |
| monokline Nadeln oder Prismen (A + Ae) | | | VII 566 | sublimierbar; riecht in der Wärme stechend u. mentholartig | l. in A, Ae | reduziert Fehlingsche Lsg.<br>mit $FeCl_3$ → dunkelgrün<br>Phenylurethan *Fp* 113°<br>bei zweistündigem Erhitzen mit HCl (konz.) auf 150—180° → fast quantitativ Thymol |
| weiße Krist. | | | | Geschmack schwach campherartig | unl. in W<br>l. in A, Ae | + $H_2SO_4$ → $CO_2$-Bildung<br>+ Paraform → langsame Gelbfärbung; gelinde erwärmen → orange-braunrot, grüne Fluoreszenz<br>+ alkohol. $HgJ_2$-Lsg. → gallertartige Flocken (langsam), schäumt beim Schütteln, beim Absitzen weiße feinpulvrige Trübg. |
| Krist. | $1{,}520^{18°}$ | 242 | V 243 | kryoskop. Konst. 10,9 | unl. in W<br>wl. in k. A<br>ll. in sd. A, Ae, $CS_2$ | |

| Lfd. Nr. | *Fp* | Name | Summenformel | Strukturformel | Mol.-Gewicht |
|---|---|---|---|---|---|
| 1 | 2 | 3 | 4 | 5 | 6 |
| 1271 | **83,5** | 2,4-Dinitro-m-xylol | $C_8H_8O_4N_2$ | $(O_2N)_2C_6H_2(CH_3)_2$ | 196,16 |
| 1272 | **83,5** | Histamin [4(5)-Aminoäthyl-imidazol; β-Imidazolyl-äthylamin] | $C_5H_9N_3$ | 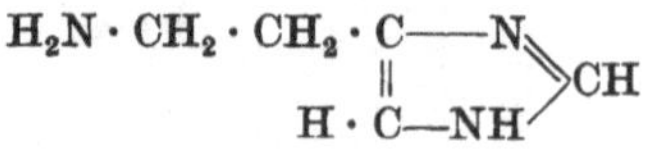 | 111,14 |
| 1273 | **83,5** | β-Phenylglycidsäure | $C_9H_8O_3$ | 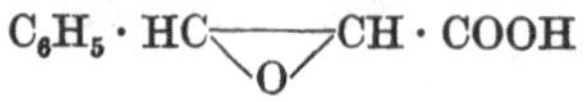 | 164,15 |
| 1274 | **83,5** | Terephthalylchlorid | $C_8H_4O_2Cl_2$ | $C_6H_4(COCl)_2$ | 203,03 |
| 1275 | 84 | 2-Aminobenzylalkohol | $C_7H_9ON$ | $H_2N \cdot C_6H_4 \cdot CH_2OH$ | 123,15 |
| 1276 | 84 | Behensäure | $C_{22}H_{44}O_2$ | $CH_3 \cdot (CH_2)_{20} \cdot COOH$ | 340,56 |
| 1277 | 84 | 4-Bromdibenzothiophen | $C_{12}H_7BrS$ | 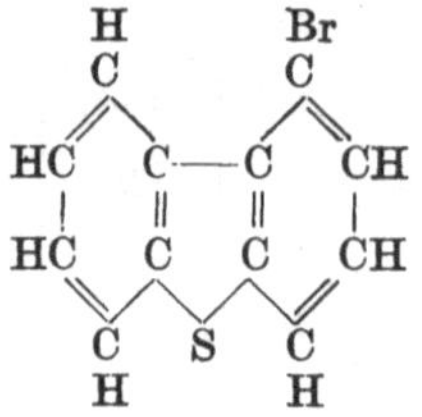 | 264,16 |
| 1278 | 84 | Fluorenon | $C_{13}H_8O$ | 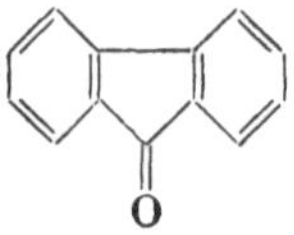 | 180,19 |
| 1279 | 84 | p-Nitrosodiäthylanilin | $C_{10}H_{14}ON_2$ | $ON \cdot C_6H_4 \cdot N(C_2H_5)_2$ | 178,23 |
| 1280 | 84 | 4-Oxydiphenylmethan | $C_{13}H_{12}O$ | $C_6H_5 \cdot CH_2 \cdot C_6H_4 \cdot OH$ | 184,22 |
| 1281 | 84—85 | β-Chloracrylsäure | $C_3H_3O_2Cl$ | CHCl : CH · COOH | 106,51 |
| 1282 | 84—86 | Sulfoessigsäure | $C_2H_4O_5S$ | $HO_3S \cdot CH_2 \cdot COOH$ | 140,11 |
| 1283 | 85 | Acetessigsäureanilid | $C_{10}H_{11}O_2N$ | $CH_3 \cdot CO \cdot CH_2 \cdot CO \cdot NH \cdot C_6H_5$ | 177,19 |
| 1284 | 85 | 2-Aminophenanthren | $C_{14}H_{11}N$ |  | 193,23 |
| 1285 | 85 | 4-Brom-2,5-dimethyl-3-benzothienon | $C_{13}H_{11}OBrS$ | 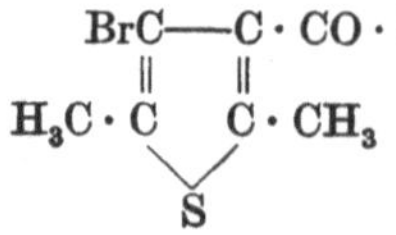 | 271,17 |

| Aggregatzustand Farbe | Spez. Gewicht | Siedepunkt °C | Beilstein-Zitat | Physikalische Konstanten und Eigenschaften | Löslichkeit | Reaktionen |
|---|---|---|---|---|---|---|
| 7 | 8 | 9 | 10 | 11 | 12 | 13 |
| Krist. (A)<br>Tafeln (Chlf.) | | 209 (18 mm) | V 379<br>XXV 315 | giftig; sehr zerfließlich | unl. in W<br>ll. in A, Ae<br>ll. in W, A<br>unl. in Ae<br>wl. in k. Chlf. | Chlorhydrat *Fp* 240°, feinfaserige Krist. |
| Prismen | | | XVIII 302 | | wl. in W | beim Erhitzen → Phenylacetaldehyd |
| Nadeln (Ligroin) | | 259 | IX 844 | | l. in Ae, Bzl. | durch W und A zers. |
| Nadeln (Bzl.) | | 275 | XIII 615 | | l. in W<br>ll. in A<br>l. in Ae | Pikrat *Fp* 110° |
| Nadeln | | 306 (60 mm) | II 391 | | swl. in W<br>0,10 A 17°<br>1,92 Ae 16° | Äthylester *Fp* 48—49°<br>Amid *Fp* 111°<br>Li-Salz *Fp* 192—196° |
| gelbe Krist.-Nadeln (A) | | 341,5 | VII 465 | langsam flüchtig mit Dampf | unl. in W<br>ll. in A, Ae | Oxim *Fp* 194°, hellgelbe Nadeln<br>Lösung in $H_2SO_4$ → hellviolett<br>Phenylhydrazon *Fp* 151 bis 153°, gelbe, gestreifte Prismen |
| grüne Prismen (Ae) | 1,24 | | XII 684 | | wl. in W<br>ll. in A, Ae | |
| Blättchen (Aceton)<br>Nadeln oder Blättchen (A) | | 320-322 | VI 675 | | wl. in h. W<br>l. in A, Ae, Chlf., Alkali, Eg. | |
| Blättchen | | | II 400 | | | |
| Krist. | | 245 (Z.) | IV 21 | | l. in W<br>ll. in A<br>unl. in Ae | |
| Blättchen | | | XII 518 | | wl. in W<br>l. in A, Ae, Chlf. | Dest. → N,N′-Diphenylharnstoff<br>Oxim *Fp* 125°<br>+ $Fe(NO_3)_3$ → violett |
| Krist. (Ligroin) | | | XII 1336 | | wl. in W<br>l. in A | |

| Lfd. Nr. | *Fp* | Name | Summenformel | Strukturformel | Mol.-Gewicht |
|---|---|---|---|---|---|
| 1 | 2 | 3 | 4 | 5 | 6 |
| 1286 | 85 | 3,4-Dibrom-2-aceto-thienon | $C_6H_4OBr_2S$ | 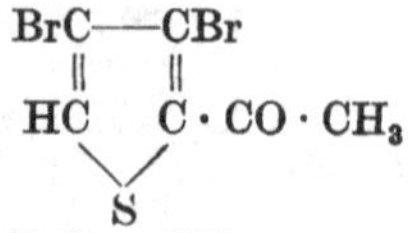 | 283,98 |
| 1287 | 85 | 4,5-Dibrom-2-aceto-thienon | $C_6H_4OBr_2S$ | 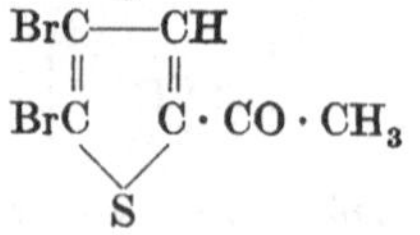 | 283,98 |
| 1288 | 85 | Bis-[4-äthyl-5-methyl-thienyl-(2)]-queck-silber | $C_{14}H_{18}S_2Hg$ | 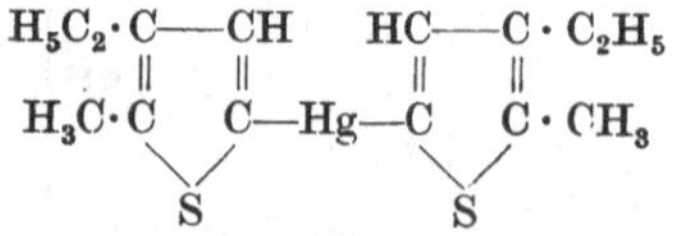 | 450,95 |
| 1289 | 85 | Diphenylenoxyd | $C_{12}H_8O$ | 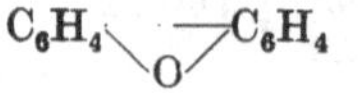 | 168,18 |
| 1290 | 85 | Indoxyl | $C_8H_7ON$ | 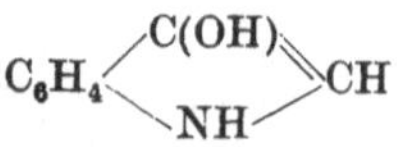 | 133,14 |
| 1291 | 85 | p-Nitrosodimethylanilin | $C_8H_{10}ON_2$ | $ON \cdot C_6H_4 \cdot N(CH_3)_2$ | 150,17 |
| 1292 | 85 | p-Toluolsulfinsäure | $C_7H_8O_2S$ | $CH_3 \cdot C_6H_4 \cdot SO_2H$ | 156,19 |
| 1292a | 85 | 4,4′,4″-Trianilino-triphenylcarbinol | $C_{37}H_{31}ON_3$ | $(C_6H_5 \cdot NH \cdot C_6H_4)_3C \cdot OH$ | 533,64 |
| 1293 | 85—86 | p-Diallyloxyäthenyl-diphenylamidin | $C_{20}H_{22}O_2N_2$ | 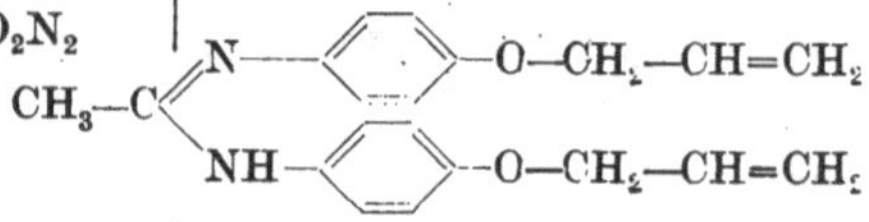 | 246,30 |
| 1294 | 85—86 | 5-Jod-5′-methyl-2,2′-dithienyl | $C_9H_7JS_2$ | 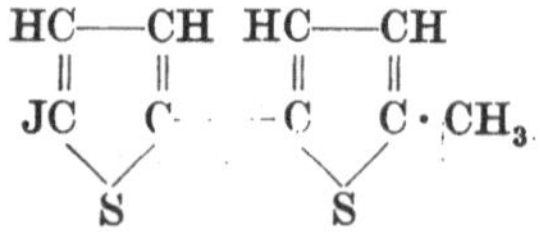 | 306,19 |
| 1295 | 85—86 | Pentachlorbenzol | $C_6HCl_5$ | $C_6HCl_5$ | 250,35 |
| 1296 | 85,8 | 4,6-Dinitro-o-kresol (OH = 1) | $C_7H_6O_5N_2$ | $CH_3 \cdot C_6H_2(NO_2)_2 \cdot OH$ | 198,13 |
| 1297 | 86 | Benzoylcarbinol (ω-Oxyacetophenon) | $C_8H_8O_2$ | $C_6H_5 \cdot CO \cdot CH_2OH$ | 136,14 |
| 1298 | 86 | *p*-Chinonchlorimid | $C_6H_4ONCl$ | $O{:}C_6H_4{:}N \cdot Cl$ | 141,56 |
| 1299 | 86 | 1-Methylanthracen | $C_{15}H_{12}$ | $C_6H_4\left\{\begin{matrix}CH\\CH\end{matrix}\right\}C_6H_3 \cdot CH_3$ | 192,24 |
| 1300 | 86 | Montansäure | $C_{28}H_{56}O_2$ | $C_{27}H_{55} \cdot COOH$ | 424,33 |

| Aggregatzustand Farbe | Spez. Gewicht | Siedepunkt °C | Beilstein-Zitat | Physikalische Konstanten und Eigenschaften | Löslichkeit | Reaktionen |
|---|---|---|---|---|---|---|
| 7 | 8 | 9 | 10 | 11 | 12 | 13 |
| Blättchen (A) | | 187 | XVII 70 | mit Dampf flüchtig | unl. in W<br>l. in A<br>ll. in Ae | |
| hellgelbe Prismen | | | XXI 69 | riecht fäkalartig | l. in W, A, Ae<br>ll. in Aceton | Oxydation in alkohol. Lsg. → Indigo |
| grüne Blättchen (A) | | | XII 677 | | unl. in W<br>l. in A, Ae | |
| Tafeln oder Nadeln(W) | | | XI 9 | | wl. in k. W<br>ll. in A, Ae | an der Luft → p-Toluolsulfonsäure |
| farblose Nadeln (Bzl.) | | | XIII 760 | | ll. in A, Ae | |
| farblose Krist. | | | | | swl. in W<br>sll. in A, Ae | Hydrochlorid (Diocain) *Fp* 152—153° |
| Nadeln (A) | $1{,}8342^{16°}$ | 275-277 | V 205 | | unl. in W<br>swl. in k. A<br>l. in sd. A<br>ll. in Ae, Bzl, $CS_2$ | |
| gelbe Prismen (A) | | | VI 368 | | wl. in W<br>12,2 A 15°<br>ll. in Ae, Aceton | |
| Tafeln (A oder Ae) | | 219 (11 m/m) | VIII 90 | | l. in W<br>sll. in A, Ae, Chlf. | |
| Gelbe Krist. (Ligroin) | | Z. | VII 619 | mit Dampf flüchtig | wl. in k. W<br>ll. in h. W, A, Ae<br>l. in $H_2SO_4$ | |
| Nadeln (Methanol) | $1{,}047^{99°}$ | | $E_1$ V 331 | | unl. in W<br>wl. in A, Ae<br>l. in Bzl. | Pikrat *Fp* 113—115° |
| Seidenglänzende Schuppen (Eg) | | | II 395 | | | Chlorid *Fp* 67,5—68,5° Blättchen<br>Amid *Fp* 112° kristall. Plv.<br>Methylester *Fp* 68,5°, Schuppen<br>Äthylester *Fp* 67°, Nadeln |

| Lfd. Nr. | *Fp* | Name | Summenformel | Strukturformel | Mol.-Gewicht |
|---|---|---|---|---|---|
| 1 | 2 | 3 | 4 | 5 | 6 |
| 1301 | **86** | 2-Oxybenzylalkohol (Saligenin) | $C_7H_8O_2$ | $HO \cdot C_6H_4 \cdot CH_2 \cdot OH$ | 124,13 |
| 1302 | **86** | 2-Phenylchinolin | $C_{15}H_{11}N$ | $C_9H_6N \cdot C_6H_5$ | 205,24 |
| 1303 | **86** | 3,4,5-Tribrom-2-thenyl-bromid | $C_5H_2Br_4S$ | 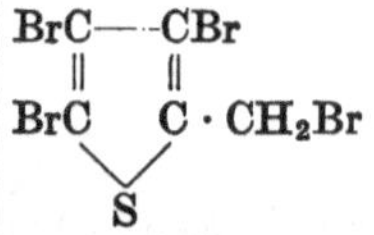 | 413,79 |
| 1304 | **86** | *p*-Xylolsulfonsäure-(2) | $C_8H_{10}O_3S$ | $(CH_3)_2C_6H_3 \cdot SO_3H$ | 186,22 |
| 1305 | **86—87** | Glykolid | $C_4H_4O_4$ | 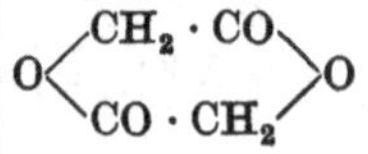 | 116,07 |
| 1306 | **86—87** | 2-Methylaminophenol | $C_7H_9ON$ | $CH_3 \cdot NH \cdot C_6H_4 \cdot OH$ | 123,15 |
| 1307 | **86—88** | Guajacolcarbonat (Duotal) | $C_{15}H_{14}O_5$ | $(CH_3 \cdot O \cdot C_6H_4 \cdot O)_2CO$ | 302,27 |
| 1308 | **86,9** | *p*-Dibrombenzol | $C_6H_4Br_2$ | $C_6H_4Br_2$ | 235,92 |
| 1309 | **87** (Z) | Äthylnitrolsäure | $C_2H_4O_3N_2$ | $CH_3 \cdot C(:N \cdot OH) \cdot NO_2$ | 104,07 |
| 1310 | **87** | 3-Aminobenzophenon | $C_{13}H_{11}ON$ | $C_6H_5 \cdot CO \cdot C_6H_4 \cdot NH_2$ | 197,22 |
| 1311 | **87** | 4-Chlor-2-nitrophenol | $C_6H_4O_3NCl$ | $O_2N \cdot C_6H_3(Cl) \cdot OH$ | 173,56 |
| 1312 | **87** | 3-Dimethylaminophenol | $C_8H_{11}ON$ | $(CH_3)_2N \cdot C_6H_4 \cdot OH$ | 137,17 |
| 1313 | **87** | 4-Methylaminophenol | $C_7H_9ON$ | $CH_3 \cdot NH \cdot C_6H_4 \cdot OH$ | 123,15 |
| 1314 | **87** | Penicillsäure | $C_8H_{10}O_4$ | 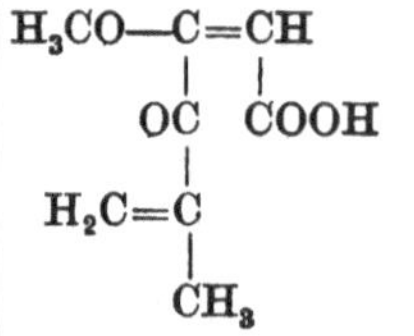 | 169,15 |
| 1315 | **87** | akt. Ribose | $C_5H_{10}O_5$ | 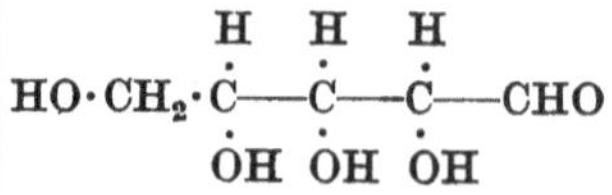 | 150,13 |

| Aggregatzustand Farbe | Spez. Gewicht | Siedepunkt °C | Beilstein-Zitat | Physikalische Konstanten und Eigenschaften | Löslichkeit | Reaktionen |
|---|---|---|---|---|---|---|
| 7 | 8 | 9 | 10 | 11 | 12 | 13 |
| Tafeln und Nadeln (W) | $1{,}161^{25°}$ | subl. | VI 891 | sublimiert leicht in Blättchen; verharzt über 100° | 6,7 W 22° sll. in sd. W, A, Ae 1,9 Bzl. 18° | + $FeCl_3$ → blau + $H_2SO_4$ → rot + 4 Tropfen 10%iges Nitrit + 4—5 Tr. 50%ige Essigsäure + 1 Tr. 1%ige $CuSO_4$-Lsg. auf dem W.-Bad → bis 1:10000 rot, bis 1:100000 gelb |
| Nadeln (verd. A) | | 363 | XX 481 | | wl. in W swl. in k. A ll. in h. A, Ae | |
| Blättchen (W) | | 149 (Vak.) | XI 127 | | | Amid *Fp* 147—148° |
| Blättchen (A) | | | XIX 153 | | ll. in A wl. in Ae | + sd. W → Glykolsäure |
| Blättchen (Bzl. + PAe) | | | XIII 362 | | | |
| weiße Krist. | | | VI 776 | geruchlos, geschmacklos | unl. in W, Säuren, Laugen wl. in org. Lsgm. | Fe-$H_2SO_4$, löst farblos beim Erwärmen wird Lsg. schwach violettrot |
| Tafeln (A. oder Ligroin) | $2{,}261^{17°}$ | 219 | V 211 | | 13,3 A 30° 61,3 Ae 20° | |
| Krist. (W. u. Ae.) | | | II 189 | rote explosible Salze | ll. in W, A, Ae | |
| gelbe Nadeln (W.) | | | XIV 81 | | wl. in W l. in A, Ae | Hydrochlorid *Fp* 187° |
| gelbe Krist. | | | VI 238 | mit Dampf flüchtig | unl. in W l. in A ll. in Ae | |
| Nadeln (Ligroin) | | 265-268 | XIII 405 | | wl in h. W ll. in A, Ae l. in verd. Säuren u. Alkali | |
| Nadeln (Bzl.) | | | XIII 441 | | l. in A, Ae | |
| | | | | | ll. in W | |
| Platten (A) | | | I 859 | | l. in W ll. in A | p-Bromphenylhydrazon *Fp* 164° Ribosamin $C_5H_{11}O_4N$ durch Auflösen in methylalkohol. $NH_3$ *Fp* 137—138° (Z.) |

| Lfd. Nr. | *Fp* | Name | Summenformel | Strukturformel | Mol.-Gewicht |
|---|---|---|---|---|---|
| 1 | 2 | 3 | 4 | 5 | 6 |
| 1316 | 87 | 2,3,5-Trijodthiophen | $C_4HJ_3S$ | 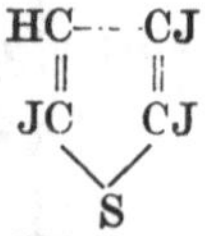 | 461,87 |
| 1317 | 87—88 | Acet-o-anisidid | $C_9H_{11}O_2N$ | $CH_3 \cdot CO \cdot NH \cdot C_6H_4 \cdot O \cdot CH_3$ | 165,18 |
| 1318 | 87—88 | α-Cocain | $C_{17}H_{21}O_4N$ | 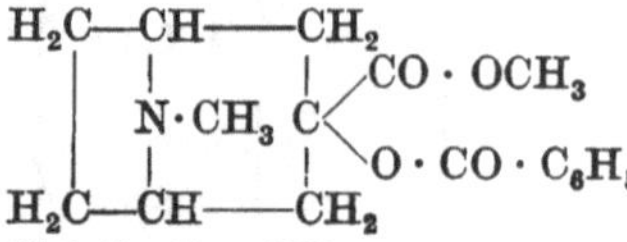 | 303,35 |
| 1319 | 87—88 | 5-Jodthiophen-2,4-disulfonsäurechlorid | $C_4HO_4Cl_2JS_3$ | 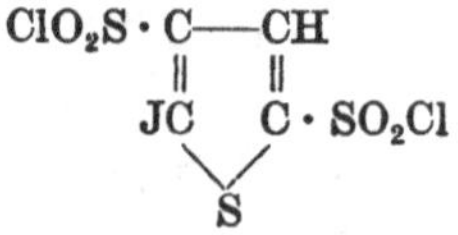 | 407,06 |
| 1320 | 87—88 | *l*-Talit | $C_6H_{14}O_6$ | $HOCH_2 \cdot (CHOH)_4 \cdot CH_2OH$ | 182,17 |
| 1321 | 87,5 | 3-Aminophenanthren | $C_{14}H_{11}N$ | $H_2N \cdot C_6H_3 \langle CH:CH \rangle C_6H_4$ | 193,23 |
| 1322 | 87,7 | 1,2,3-Tribrombenzol | $C_6H_3Br_3$ | $C_6H_3Br_3$ | 314,83 |
| 1323 | 88 | β-Benzalpropionsäure | $C_{10}H_{10}O_2$ | $C_6H_5 \cdot CH:CH \cdot CH_2 \cdot COOH$ | 162,18 |
| 1324 | 88 | Campheroxalsäure | $C_{12}H_{16}O_4$ | 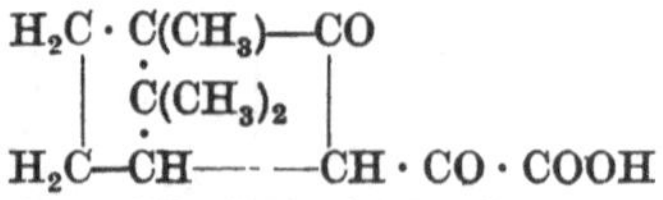 | 224,24 |
| 1325 | 88 | 2-Chloracetanilid | $C_8H_8ONCl$ | $CH_3 \cdot CO \cdot NH \cdot C_6H_4 \cdot Cl$ | 169,61 |
| 1326 | 88 | 2-Chlor-1,3-dinitrobenzol | $C_6H_3O_4N_2Cl$ | $Cl \cdot C_6H_3(NO_2)_2$ | 202,56 |
| 1327 | 88 | 1,8-Dichlornaphthalin | $C_{10}H_6Cl_2$ | 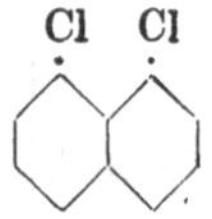 | 197,06 |
| 1328 | 88 | Stearon | $C_{35}H_{70}O$ | $(CH_3 \cdot [CH_2]_{16})_2CO$ | 506,90 |
| 1329 | 88—91 | 2,5-Dijod-3-nitrothiophen | $C_4HO_2NJ_2S$ | 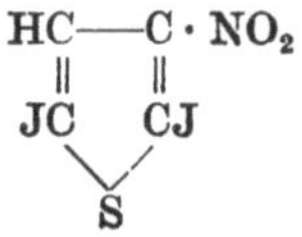 | 380,96 |
| 1330 | 88,5 | 3,4-Diaminotoluol (asymm.-o-Toluylendiamin) | $C_7H_{10}N_2$ | $CH_3 \cdot C_6H_3(NH_2)_2$ | 122,16 |
| 1331 | 89 | 4-Brom-2-nitrophenol | $C_6H_4O_3NBr$ | $O_2N \cdot C_6H_3(Br) \cdot OH$ | 218,02 |

| Aggregatzustand Farbe | Spez. Gewicht | Siedepunkt °C | Beilstein-Zitat | Physikalische Konstanten und Eigenschaften | Löslichkeit | Reaktionen |
|---|---|---|---|---|---|---|
| 7 | 8 | 9 | 10 | 11 | 12 | 13 |
| Krist. (W) | | 305 | XIII 371 | | sll. in h. W.<br>55 A 21°<br>l. in Ae | |
| Prismen | | | XXII 198 | | wl. in W<br>l. in A, Ae | Chlorhydrat *Fp* 180° (Z.)<br>Pikrat *Fp* 195° |
| Nadeln (A) | | | I 533 | $[\alpha]_D^{20}$ —2,9 (W); süßer Geschmack | | |
| Krist. (Ligroin) | | | XII 1337 | fluoresziert violett | wl. in W<br>ll. in A | |
| Tafeln (A) | 2,658 | | V 213 | | ll. in h. A | |
| Nadeln (W) | | 302 | IX 612 | | unl. in k. W<br>ll. in A, Ae<br>wl. in $CS_2$ | Amid *Fp* 130° |
| Prismen (Ae) | | | X 796 | | unl. in k. W<br>wl. in h. W, A<br>ll. in Ae, Bzl | Äthylester *Fp* 40,5° |
| Nadeln (Essigsäure) | | | XII 599 | | l. in A | |
| gelbe Nadeln (A) | | | V 263 | reizt Epidermis und Nasenschleimhaut | unl. in W<br>l. in A, Ae | |
| Krist. (A) | | | V 544 | | unl. in W<br>l. in A, Ae | |
| Blättchen (Ligroin) | $0{,}7979^{89°}$ | | I 720 | | unl. in W<br>wl. in sd. A, sd. Ae | |
| Blättchen (Ligroin) | | 265 | XIII 148 | oxydiert in wss. Lsg. an der Luft | l. in W | |
| gelbe Nadeln oder Blättchen (Ligroin) | | subl. | VI 243 | mit Dampf flüchtig | swl. in k. W<br>l. in A<br>ll. in Ae | |

| Lfd. Nr. | *Fp* | Name | Summenformel | Strukturformel | Mol.-Gewicht |
|---|---|---|---|---|---|
| 1 | 2 | 3 | 4 | 5 | 6 |
| 1332 | 89 | 2,4-Dinitroanisol | $C_7H_6O_5N_2$ | $(O_2N)_2C_6H_3 \cdot O \cdot CH_3$ | 197,13 |
| 1333 | 89 | Naphthol-(2)-sulfonsäure-(7) | $C_{10}H_8O_4S$ | $HO \cdot C_{10}H_6 \cdot SO_3H$ | 224,22 |
| 1334 | 89 | asymm.-Phthalylchlorid | $C_8H_4O_2Cl_2$ | $C_6H_4<$ $CCl_2$ / $CO$ $>O$ | 203,03 |
| 1335 | 89—90 | 3,6-Dinitro-o-xylol | $C_8H_8O_4N_2$ | $(O_2N)_2C_6H_2(CH_3)_2$ | 196,16 |
| 1336 | 89,5 | Isophthalaldehyd | $C_8H_6O_2$ | $C_6H_4(CHO)_2$ (1,3) | 134,13 |
| 1337 | 89,8 | m-Dinitrobenzol | $C_6H_4O_4N_2$ | $C_6H_4(NO_2)_2$ | 168,11 |
| 1338 | 90 | 2-Aminothiazol | $C_3H_4N_2S$ | $HC \cdot N$<br>‖ $>C \cdot NH_2$<br>$HC \cdot S$ | 100,14 |
| 1339 | 90 | Imidazol (Glyoxalin) | $C_3H_4N_2$ | HC——N<br>‖ >CH<br>HC—NH | 68,08 |
| 1340 | 90 | α-Naphthalinsulfonsäure | $C_{10}H_8O_3S$ | $C_{10}H_7 \cdot SO_3H$ | 208,22 |
| 1341 | 90 | Terpenylsäure | $C_8H_{12}O_4$ | $H_2C$——$CH \cdot CH_2 \cdot COOH$<br>$OC \cdot O \cdot C(CH_3)_2$ | 172,7 |
| 1342 | 90 | d-Weinsäuremonoäthylester | $C_6H_{10}O_6$ | $HOOC \cdot [CH(OH)]_2 \cdot CO \cdot OC_2H_5$ | 178,14 |
| 1343 | 90—91 | 4-Aminobenzoesäureäthylester (Anästhesin) | $C_9H_{11}O_2N$ | $H_2N \cdot C_6H_4 \cdot CO \cdot OC_2H_5$ | 165,18 |
| 1344 | 90—91 | 4-Methyldiazoaminobenzol | $C_{13}H_{13}N_3$ | $CH_3 \cdot C_6H_4 \cdot N : N \cdot NH \cdot C_6H_5$ | 211,26 |
| 1345 | 90—91 | 1-Methyl-α,α-trithienyl | $C_{13}H_{10}S_3$ | HC—CH HC—CH HC—CH<br>‖ ‖ ‖ ‖ ‖ ‖<br>HC C——C C——C $C \cdot CH_3$<br>S S S | 262,39 |
| 1346 | 90—91 | 5-Nitro-m-kresol (OH = 1) | $C_7H_7O_3N$ | $CH_3 \cdot C_6H_3(NO_2) \cdot OH$ | 153,13 |
| 1347 | 90—91 | Phthalazin | $C_8H_6N_2$ | $C_6H_4<$ $CH : N$ / $CH : N$ | 130,14 |
| 1348 | 91 | 4,4'-Bis-[dimethylamino]-diphenylmethan | $C_{17}H_{22}N_2$ | $[(CH_3)_2N \cdot C_6H_4]_2CH_2$ | 254,36 |

| Aggregatzustand Farbe | Spez. Gewicht | Siedepunkt °C | Beilstein-Zitat | Physikalische Konstanten und Eigenschaften | Löslichkeit | Reaktionen |
|---|---|---|---|---|---|---|
| 7 | 8 | 9 | 10 | 11 | 12 | 13 |
| Nadeln (A) | $1{,}341^{20°}$ | subl. | VI 254 | | 0,016 W 15°<br>2,7 A 25°<br>l. in Ae | |
| Nadeln (konz. HCl) | | Z. 150 | XI 285 | Lsgg. der Salze fluoreszieren blau | ll. in W, A<br>unl. in Ae, Bzl. | + $FeCl_3$ → dunkelblau<br>+ Nitroso-β-naphthol-7-sulfonsäure — Natriumsalz goldgelbe Nadeln |
| Prismen (Bzl.) | $1{,}4668^{20°}$ | | XVII 162 | | l. in Ae | dest. → Phthalylchlorid |
| Krist. (A) | | | V 369 | | unl. in W<br>l. in A<br>ll. in Ae | |
| Nadeln | | | VII 675 | mit Dampf flüchtig | wl. in W, Ae<br>l. in A | |
| Tafeln | $1{,}575^{18°}$ | 297 | V 258 | mit Dampf flüchtig | 0,065 W 30°<br>0,32 sd. W<br>3,5 A 20°<br>32,4 Chlf. 18°<br>39,4 Bzl. 18° | |
| gelbe Krist. (A) | | Z. | XXVII 155 | | ll. in h. W<br>wl. in A, Ae | |
| Prismen (Bzl.) | | 256 | XXIII 45 | schwache Base | ll. in W, A<br>wl. in Ae<br>l. in Chlf. | |
| Säulen | | | XI 155 | | ll. in W, A<br>wl. in Ae | Chlorid *Fp* 68°, Blättchen<br>Methylester *Fp* 78°, Tafeln<br>Phenylester *Fp* 75°<br>Anilid *Fp* 112°, Nadeln |
| Blättchen oder Prismen (W) | | subl. 130-140 | XVIII 384 | | zll. in k. W<br>sll. in h. W | |
| Prismen (zerfließl.) | | | III 512 | durch sd. W zersetzt | ll. in W, A<br>unl. in Ae | |
| weiße Krist. (A oder Ae) | | ~310 | XIV 422 | Geschmack schwach bitter; geruchlos; langsam anästhesierend | wl. in W<br>ll. in A, Ae, Säuren | Pikrat *Fp* 129—130°<br>+ HCl-haltiges W + einige Tropfen $NaNO_2$-Lsg. + etwas alkalkalische β-Naphthol-Lsg. → kirschrot mit Stich ins Blaue, nach Ansäuern mit HCl → orange |
| gelbe Blättchen | | | XVI 705 | | unl. in W<br>l. in Bzl. | |
| gelbe Krist. | | | VI 385 | | wl. in W<br>sll. in A, Ae<br>l. in Bzl. | |
| hellgelbe Nadeln (Ae) | | 316 (Z.) | XXIII 174 | | ll. in W<br>l. in A<br>wl. in Ae | Pikrat *Fp* 208—210° |
| Blättchen oder Tafeln (A od. Ligroin) | | 390 | XIII 239 | | wl. in k. W<br>ll. in Ae, Bzl., $CS_2$ | + Ozon in A → violette Farbe |

| Lfd. Nr. | *Fp* | Name | Summenformel | Strukturformel | Mol.-Gewicht |
|---|---|---|---|---|---|
| 1 | 2 | 3 | 4 | 5 | 6 |
| 1349 | **91** | 3-Chlor-2,4,5-tribrom-thiophen | $C_4ClBr_3S$ | 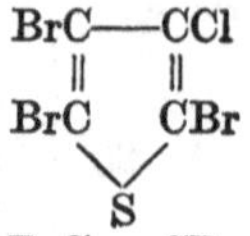 | **355,31** |
| 1350 | **91** | 2-Chlor-3,4,5-tribrom-thiophen | $C_4ClBr_3S$ | 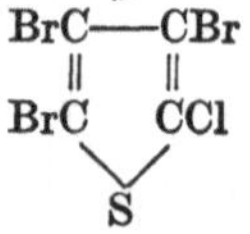 | **355,31** |
| 1351 | **91** Z. | Citraconsäure | $C_5H_6O_4$ | 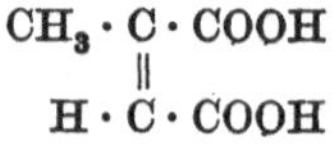 | **130,10** |
| 1352 | **91** | 2,5-Diphenylfuran | $C_{16}H_{12}O$ | 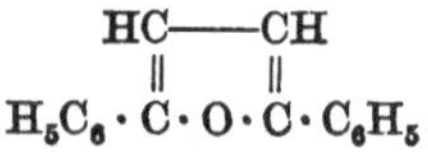 | **220,25** |
| 1353 | **91** | β-Naphthalinsulfonsäure | $C_{10}H_8O_3S$ | $C_{10}H_7 \cdot SO_3H$ | **208,22** |
| 1354 | **91** | Phenylglyoxal | $C_8H_6O_2$ | $C_6H_5 \cdot CO \cdot CHO$ | **134,13** |
| 1355 | **91** | α-Stilbazol | $C_{13}H_{11}N$ | $C_5H_4N \cdot CH : CH \cdot C_6H_5$ | **181,22** |
| 1356 | **91** | 3,4,5-Tribrom-2-thiotolen | $C_5H_3Br_3S$ | 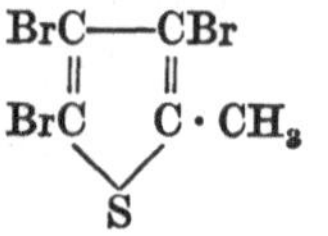 | **334,88** |
| 1357 | **91—92** | Antipyrinsalicylat (Salipyrin) | $C_{18}H_{18}O_4N_2$ | $C_{11}H_{12}ON_2 \cdot C_7H_6O_3$ | **342,34** |
| 1358 | **91—92** | α-Methyl-cis-zimtsäure | $C_{10}H_{10}O_2$ | 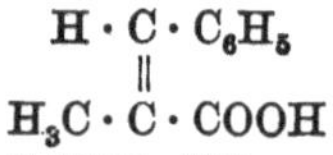 | **162,18** |
| 1359 | **91—92** | 8-Nitrochinolin | $C_9H_6O_2N_2$ | $C_9H_6N \cdot NO_2$ | **174,15** |
| 1360 | **91—93** | 4-Methylthienyl-2-phenyl-keton | $C_{12}H_{10}OS$ | 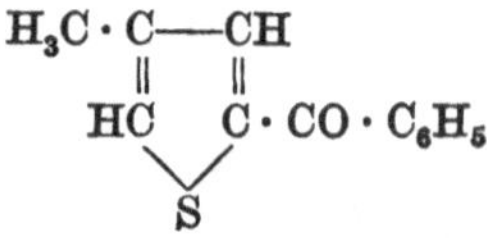 | **202,26** |
| 1361 | **91,4** bis **92** | 3-Phenylthiophen | $C_{10}H_8S$ | 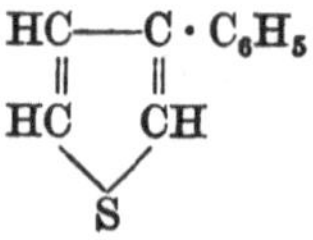 | **160,22** |

| Aggregat-zustand Farbe | Spez. Gewicht | Siede-punkt °C | Beilstein-Zitat | Physikalische Konstanten und Eigenschaften | Löslichkeit | Reaktionen |
|---|---|---|---|---|---|---|
| 7 | 8 | 9 | 10 | 11 | 12 | 13 |
| Nadeln (Ae + Li-groin) | 1.617 | | II 768 | hygroskopisch; mit Dampf flüchtig | 360 W 25° wl. in Chlf. swl. in $CS_2$ | Erhitzen → Citraconsäure-anhydrid + $H_2O$; bei 120° → Itaconsäure Phenacylester *Fp* 108,5° bei 180° → Mesaconsäure Diamid *Fp* 185—187° |
| Blättchen oder Nadeln (verd. A) | | 343-345 | XVII 81 | | unl. in W ll. in A, Ae l. in $H_2SO_4$ grün | |
| Krist. | | | XI 171 | | sll. in A, Ae | Chlorid *Fp* 79°, Blättchen Methylester *Fp* 56°, Tafeln Phenylester *Fp* 98—99° |
| Krist. + 1 $H_2O$ (W) | | 142 (125mm) | VII 670 | Dämpfe reizen zum Niesen | 2,8 W 20° ll. in A, Ae | + NaOH → Mandelsäure |
| Krist. (A) | | 325 | XX 441 | | unl. in W l. in A ll. in Ae | |
| weiße Krist. sechs-eckige Tafeln | | | XXIV 33 | schmeckt süß-lich | wl. in k. W l. in sd. W l. in A wl. in Ae | 3 mg in 1 ml W warm ge-löst u. abgekühlt + wenig $Fe(NO_3)_3$-Lsg. → violett + mehr $Fe(NO_3)_3$ → rot wssg. Lsg. + Gerbsäure-Lsg. + einige Tropfen rauch. $HNO_3$ → grün |
| Krist. (PAe) | | | $E_1$ IX 255 | | 0,76 PAe 18° l. in $H_2SO_4$ dunkelviolett | |
| Prismen (A) | | | XX 373 | | wl. in k. W l. in A, Ae ll. in Bzl., verd. Säure | |
| | | | XVII 66 | | | |

| Lfd. Nr. | *Fp* | Name | Summenformel | Strukturformel | Mol.-Gewicht |
|---|---|---|---|---|---|
| 1 | 2 | 3 | 4 | 5 | 6 |
| 1362 | **91,5** | 3-Nitro-o-toluidin ($NH_2 = 1$) | $C_7H_8O_2N_2$ | $CH_3 \cdot C_6H_3(NO_2) \cdot NH_2$ | 152,15 |
| 1363 | **91,5** | 1,2,4-Trijodbenzol | $C_6H_3J_3$ | $C_6H_3J_3$ | 455,84 |
| 1364 | **92** | Äthylharnstoff | $C_3H_8ON_2$ | $C_2H_5 \cdot NH \cdot CO \cdot NH_2$ | 88,11 |
| 1365 | **92** | Isobrenzschleimsäure | $C_5H_4O_3$ | HC · CH : C · OH<br>‖ \| <br>HC—O—CO | 112,08 |
| 1366 | **92** | 4-Jodphenol | $C_6H_5OJ$ | $J \cdot C_6H_4 \cdot OH$ | 220,02 |
| 1367 | **92** | Tribenzylamin | $C_{21}H_{21}N$ | $(C_6H_5 \cdot CH_2)_3N$ | 287,39 |
| 1368 | **92,5** | Tetrabromkohlenstoff | $CBr_4$ | $CBr_4$ | 331,67 |
| 1369 | **92,6** | 3,5-Dinitrotoluol | $C_7H_6O_4N_2$ | $(O_2N)_2C_6H_3 \cdot CH_3$ | 182,13 |
| 1370 | **93** | Benzalazin | $C_{14}H_{12}N_2$ | $C_6H_5 \cdot CH : N \cdot N : CH \cdot C_6H_5$ | 208,25 |
| 1371 | **93** | cis-α-Dekalol | $C_{10}H_{18}O$ | $H_2C \cdot CH_2 \cdot CH \cdot CH(OH) \cdot CH_2$<br>\| \| \|<br>$H_2C \cdot CH_2 \cdot CH—CH_2—CH_2$ | 154,24 |
| 1372 | **93** | 2,2′-Diaminodiphenyl-disulfid | $C_{12}H_{12}N_2S_2$ | $H_2N \cdot C_6H_4 \cdot S \cdot S \cdot C_6H_4 \cdot NH_2$ | 248,35 |
| 1373 | **93** | 4,4′-Diaminodiphenyl-methan | $C_{13}H_{14}N_2$ | $CH_2(C_6H_4 \cdot NH_2)_2$ | 198,26 |
| 1374 | **93** | Di-β-naphthylmethan | $C_{21}H_{16}$ | $(C_{10}H_7)_2CH_2$ | 268,33 |
| 1375 | **93** | 2,3-Dinitro-p-xylol | $C_8H_8O_4N_2$ | $(O_2N)_2C_6H_2(CH_3)_2$ | 196,16 |
| 1376 | **93** | 2-Nitroacetanilid | $C_8H_8O_3N_2$ | $CH_3 \cdot CO \cdot NH \cdot C_6H_4 \cdot NO_2$ | 180,16 |
| 1377 | **93** | 4-Nitrobenzylalkohol | $C_7H_7O_3N$ | $O_2N \cdot C_6H_4 \cdot CH_2OH$ | 153,13 |
| 1378 | **93** | 4-Propenylphenol | $C_9H_{10}O$ | $CH_3 \cdot CH : CH \cdot C_6H_4 \cdot OH$ | 134,17 |
| 1379 | **93** | Bis-[3,4-diäthylthienyl-(2)]-quecksilber | $C_{16}H_{22}S_2Hg$ | 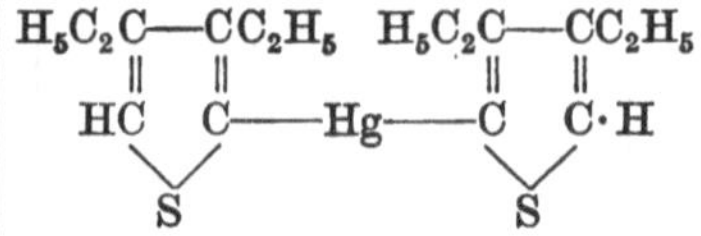 | 479,07 |

| Aggregat-zustand Farbe | Spez. Gewicht | Siede-punkt °C | Beilstein-Zitat | Physikalische Konstanten und Eigenschaften | Löslichkeit | Reaktionen |
|---|---|---|---|---|---|---|
| 7 | 8 | 9 | 10 | 11 | 12 | 13 |
| gelbe Nadeln (W) | $1{,}378^{15°}$ | 305 (Z.) | XII 848 | | 1,3 sd. W<br>ll. in A, Ae | Acetylderivat *Fp* 158° |
| Nadeln (A) | | subl. | V 228 | | unl. in W<br>l. in A, Chlf. | |
| Nadeln (A + Ae) | $1{,}213^{18°}$ | Z. | IV 115 | | sll. in W, A<br>unl. in Ae | |
| Blättchen (Chlf. od. Bzl.) | | 140 (65 mm) | XVII 438 | | 4,5 W 0°<br>sll. in h. W, A | |
| Nadeln (W) | $1{,}1857^{112°}$ | Z. | VI 208 | | wl. in W<br>ll. in A, Ae | |
| Blättchen (Ae) | $0{,}991^{95°}$ | 380-390 | XII 1038 | | swl. in W<br>wl. in k. A<br>ll. in h. A, Ae | Pikrat *Fp* 190° |
| Krist. | $2{,}9609^{100°}$ | 189,5 | I 68 | | 0,024 W 30°<br>l. in A, Ae, Chlf. | |
| Nadeln (Eisessig) | $1{,}277^{111°}$ | subl. | V 341 | mit Dampf flüchtig | wl. in W<br>l. in A<br>ll. in Ae | |
| hellgelbe Prismen | | Z. | VII 225 | | unl. in k. W<br>zll. in h. A, Ae, Bzl., Chlf. | |
| Nadeln (PAe) | | | VI 67 | | | Phenylurethan *Fp* 118° |
| gelbe Tafeln oder Nadeln (verd. A) | | | XIII 400 | | unl. in W<br>ll. in sd. A | |
| Blättchen od. Nadeln (W) | | 257 (18 mm) | XIII 238 | | wl. in k. W<br>ll. in A, Ae, Bzl. | Hydrochlorid *Fp* 288° |
| Nadeln (A) | | | V 729 | | unl. in W<br>l. in A, Ae | |
| Krist. (A) | | | V 387 | | unl. in W<br>ll. in A | |
| Blättchen (verd. A) | $1{,}419^{15°}$ | | XII 691 | | 0,22 k. W<br>ll. in sd. W, KOH | |
| Nadeln (W) | | 185 (12 mm) | VI 450 | | ll. in h, W<br>wl. in k. W<br>ll. in Ae | |
| Blättchen (W) | | 250 (Z.) | VI 566 | schmeckt süß und brennend | wl. in sd. W<br>ll. in A, Ae<br>l. in KOH | |

| Lfd. Nr. | *Fp* | Name | Summenformel | Strukturformel | Mol.-Gewicht |
|---|---|---|---|---|---|
| 1 | 2 | 3 | 4 | 5 | 6 |
| 1380 | **93** | Triphenylmethan (Tritan) | $C_{19}H_{16}$ | $(C_6H_5)_3CH$ | **244,31** |
| 1381 | **93—94** | 3(α)-Chlor-d-campher | $C_{10}H_{15}OCl$ | 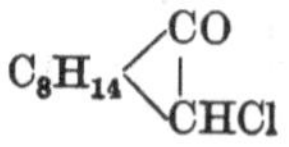 | **186,67** |
| 1382 | **93—96** | N-Methyl-5-isopropyl-5-β-bromallyl-barbitursäure (Eunarcon) | $C_{11}H_{15}O_3N_2Br$ | 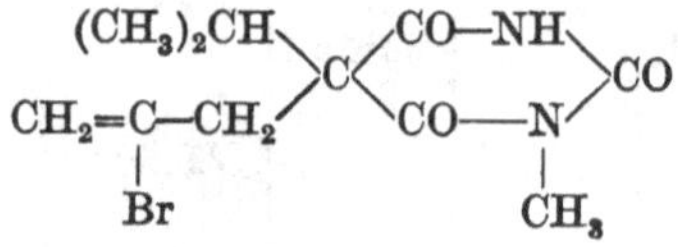 | **224,25** |
| 1383 | **93,5** | 5,6-Benzochinolin | $C_{13}H_9N$ | 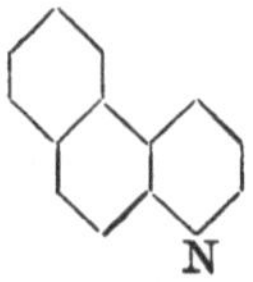 | **179,21** |
| 1384 | **94** | p-Acetaminophenolallyl-äther (Allylphenacetin) | $C_{11}H_{13}O_2N$ | 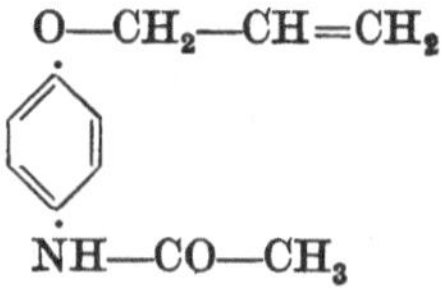 | **181,22** |
| 1385 | **94** | 5-Brom-2-acetothienon | $C_6H_5OBrS$ | 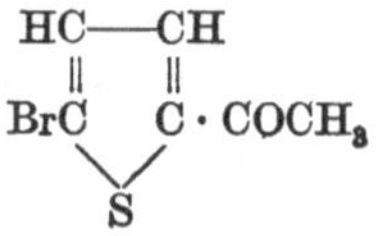 | **205,08** |
| 1386 | **94** | β-Chlorcrotonsäure | $C_4H_5O_2Cl$ | $CH_3 \cdot CCl : CH \cdot COOH$ | **120,54** |
| 1387 | **94** | 2,4′-Dinitrodiphenyl | $C_{12}H_8O_4N_2$ | $O_2N \cdot C_6H_4 \cdot C_6H_4 \cdot NO_2$ | **244,20** |

| Aggregat-zustand Farbe | Spez. Gewicht | Siede-punkt °C | Beilstein-Zitat | Physikalische Konstanten und Eigenschaften | Löslichkeit | Reaktionen |
|---|---|---|---|---|---|---|
| 7 | 8 | 9 | 10 | 11 | 12 | 13 |
| rhomb. Krist. (A) | $1{,}014^{99°}$ | 359 | V 698 | kryoskop.Konst. 12,45 | unl. in W<br>wl. in k. A<br>ll. in h. A, Ae, Chlf. | mit $SbCl_3$ in $CCl_4$ → grün Trinitrophenylcarbinol *Fp* 172°; mit sauren Red.-mitteln fuchsinrot |
| Tafeln (A + Ae) | | 244-247 (Z.) | VII 117 | $[\alpha]^{20}$ +96,2° (A); mit Dampf flüchtig | wl. in h. W<br>1,6 A 20°<br>ll. in h. A, Ae | |
| weiße Krist. | | | | bitterer Geschmack | swl. in W<br>l. in Lauge | 1. 1 mg Subst. + 10 mg α-Naphthol in 1 ml $H_2SO_4$ in sd. W-Bad → hellbraun; bei vorsichtiger Erhitzung über freier Flamme tiefbraun → intensiv olivgrün u. gleiche Fluoreszenz<br>2. 2 mg Subst. in 1 ml W + 2—3 Tropfen 2n-Lauge + 2—3 Tropfen n/10 $KMnO_4$ → blau u. grün<br>3. 2—3 mg Subst. in 1 ml methylalkoh. $Co(NO_3)_2$-Lsg. + 20 mg Piperazin → rotviolett<br>4. 2 mg Subst. in 1 ml 1—2%iger Pyridinlsg. in Hitze gelöst. Zur wss. Lsg. tropfenweise 0,4%ige $CuSO_4$-Lsg. → blaßviolette Krist.<br>5. + 10—20 mg Paraform + 1 ml $H_2SO_4$ + Fe-$H_3PO_4$ warm → intensiv orangegrün fluoreszierend |
| Blättchen (W) | | 350 (721mm) | XX 464 | | swl. in W<br>ll. in A, Ae | Pikrat *Fp* 251—252° |
| glänzende Blättchen | | | $E_1$ XIII 161 | | l. in W<br>ll. in A, Ae, Aceton | |
| Krist. ($CS_2$) | | 206-211 | II 415 | | 2,25 W 13°<br>ll. in A, Ae | |
| Spieße | 1,474 | | V 584 | | unl. in W<br>ll. in h. A | |

| Lfd. Nr. | *Fp* | Name | Summenformel | Strukturformel | Mol.-Gewicht |
|---|---|---|---|---|---|
| 1 | 2 | 3 | 4 | 5 | 6 |
| 1388 | **94** | 4,6-Dinitro-m-xylol | $C_8H_8O_4N_2$ | $(O_2N)_2C_6H_2(CH_3)_2$ | 196,16 |
| 1389 | **94** | β-Phenylhydracrylsäure | $C_9H_{10}O_3$ | $C_6H_5 \cdot CH(OH) \cdot CH_2 \cdot COOH$ | 166,17 |
| 1390 | **94—95** | dl-Atrolactinsäure | $C_9H_{10}O_3$ | $C_6H_5 \cdot C(CH_3)(OH) \cdot COOH$ | 166,17 |
| 1391 | **94,9** | o-Xylylenbromid | $C_8H_8Br_2$ | $C_6H_4(CH_2Br)_2$ | 263,97 |
| 1392 | **95** | Acenaphthen | $C_{12}H_{10}$ | 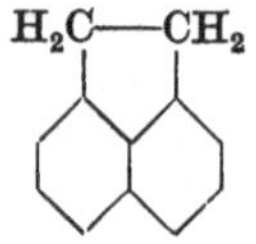 | 154,20 |
| 1393 | **95** | Benzil | $C_{14}H_{10}O_2$ | $C_6H_5 \cdot CO \cdot CO \cdot C_6H_5$ | 210,22 |
| 1394 | **95** | Chinin-O-carbonsäure-äthylester (Euchinin) | $C_{23}H_{28}O_4N_2$ | 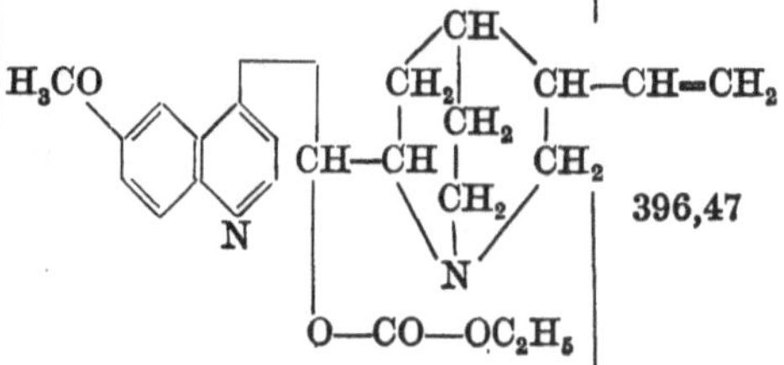 | 396,47 |
| 1395 | **95** | 1-Dibenzothiophencarbonsäuremethylester | $C_{14}H_{10}O_2S$ | 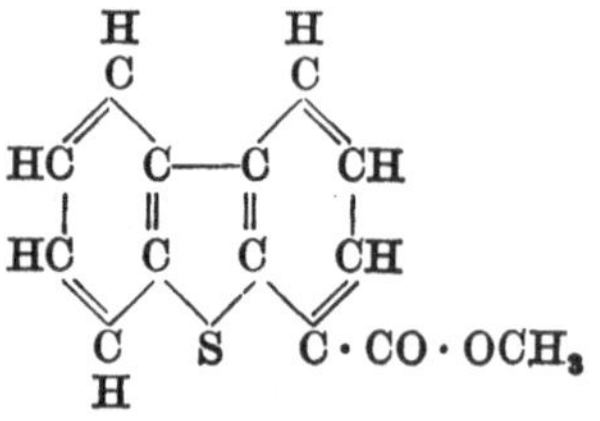 | 242,28 |
| 1396 | **95** | 4,4'-Dimethylbenzophenon | $C_{14}H_{10}O_2S$ | $(CH_3 \cdot C_6H_4)_2CO$ | 216,26 |
| 1397 | **95** | Glycin-p-phenetidid (Aminophenacetin, Phenokoll) | $C_{10}H_{14}O_2N_2$ | 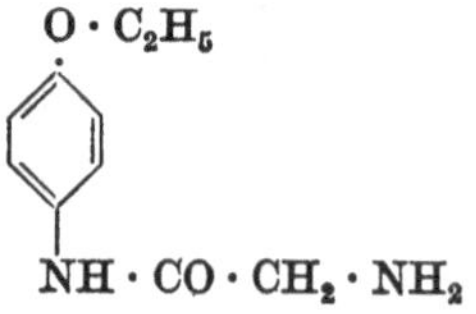 | 224,69 |
| 1398 | **95** | Methylarsenmonoxyd | $CH_3OAs$ | $CH_3 \cdot As : O$ | 105,94 |
| 1399 | **95** | 3-Methylindol (Skatol) | $C_9H_9N$ | 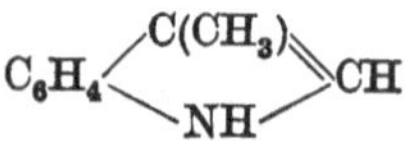 | 131,17 |

| Aggregat-zustand Farbe | Spez. Gewicht | Siede-punkt °C | Beilstein-Zitat | Physikalische Konstanten und Eigenschaften | Löslichkeit | Reaktionen |
|---|---|---|---|---|---|---|
| 7 | 8 | 9 | 10 | 11 | 12 | 13 |
| Prismen (A) | | | V 380 | | unl. in W<br>wl. in k. A<br>l. in Ae | |
| Prismen (W) | | 180 (Z.) | X 249 | | 3,7 W 20°<br>ll. in h. W<br>swl. in Bzl. | Erhitzen über 180° → Zimtsäure |
| Nadeln und Tafeln + ½$H_2O$ (W) | | | X 259 | | 2,2 W 25° | |
| Krist. (Chlf.) | $1{,}988^{0°}$ | (Z.) | V 366 | | unl. in W<br>ll. in A<br>20 Ae | |
| Nadeln (A) | $1{,}024^{99°}$ | 277,9 | V 586 | | 4 A 20°<br>40,5 A 70°<br>33 Chlf. 20° | Mit Tetranitromethan → blutrot<br>Pikrat *Fp* 162°, orangerote Prismen |
| Prismen (Ae) | $1{,}084^{102°}$ | 346-348 (geringe Z.) | VII 747 | ebullioskop. Konst. 10,5 | unl. in W<br>ll. in A, Ae | kochen mit $C_2H_5ONa$ →purpurrot→Entfärbg.<br>2,4-Dinitrophenylhydrazon *Fp* 185°, orange Krist.<br>Disemicarbazon *Fp* 243 bis 244°, Blättchen<br>syn. Dioxim *Fp* 237°, rhomb. Blättchen |
| weiße Krist.-Nadeln | | | XXIII 531 | | wl. in W<br>ll. in A, Ae, Chlf. | |
| Krist. (A) | | 333 (725mm) | VII 451 | | unl. in W<br>ll. in A, Ae, $CS_2$ | |
| Krist. +1$H_2O$ | | | XIII 506 | | | |
| Würfel ($CS_2$) | | Z. | IV 610 | | | |
| Blättchen (W oder Lauge) | | 266 | XX 315 | riecht fäkalartig; mit Dampf flüchtig | 0,05 W 16°<br>l. in A | + h. $H_2SO_4$ rosa Färbung<br>Fichtenspanreaktion → kirschrot → violett<br>Pikrat *Fp* 172—174°, dunkelrote Nadeln |

| Lfd. Nr. | *Fp* | Name | Summenformel | Strukturformel | Mol.-Gewicht |
|---|---|---|---|---|---|
| 1 | 2 | 3 | 4 | 5 | 6 |
| 1400 | **95** | 4-Nitrobenzolsulfonsäure | $C_6H_5O_5NS$ | $O_2N \cdot C_6H_4 \cdot SO_3H$ | 203,17 |
| 1401 | **95** | Salicylsäure-β-naphthyl-ester (Betol) | $C_{17}H_{12}O_3$ | $HO \cdot C_6H_4 \cdot COO \cdot C_{10}H_7$ | 264,26 |
| 1402 | **95** | α,α-Trithienyl | $C_{12}H_8S_3$ | 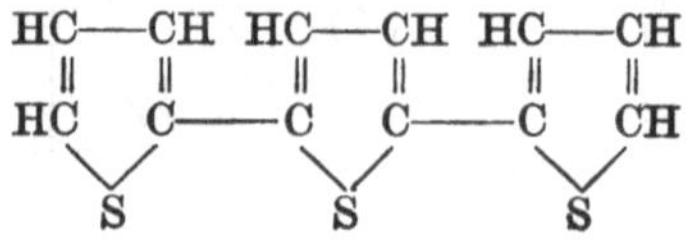 | 248,42 |
| 1403 | **95—96** | p-Oxybenzoesäurepropyl-ester (Nipasol) | $C_{10}H_{12}O_3$ | $HO \cdot C_6H_4 \cdot COO \cdot CH_2 \cdot CH_2 \cdot CH_3$ | 180,20 |
| 1404 | **95—96** | dl-Talit | $C_6H_{14}O_6$ | $C_6H_{14}O_6$ | 182,17 |
| 1405 | **95—96** | 2,4,6-Tribromphenol | $C_6H_3OBr_3$ | $C_6H_2Br_3 \cdot OH$ | 330,83 |
| 1406 | **95—96** (Z.) | 8-Aminonaphthol-(1) | $C_{10}H_9ON$ | $H_2N \cdot C_{10}H_6 \cdot OH$ | 159,18 |
| 1407 | **96** | 3-Aminoacetophenon | $C_8H_9ON$ | $H_2N \cdot C_6H_4 \cdot CO \cdot CH_3$ | 135,16 |
| 1408 | **96** | 4,4′-Bisdimethylamino-benzhydrol | $C_{17}H_{22}ON_2$ | $[(CH_3)_2N \cdot C_6H_4]_2CH \cdot OH$ | 270,36 |
| 1409 | **96** | Önanthsäureamid | $C_7H_{15}ON$ | $CH_3 \cdot (CH_2)_5 \cdot CO \cdot NH_2$ | 129,20 |
| 1410 | **96** | Phenylquecksilberbenzoat | $C_{13}H_{10}O_2Hg$ | $C_6H_5 \cdot Hg \cdot O \cdot CO \cdot C_6H_5$ | 398,82 |
| 1411 | **96** | Semicarbazid | $CH_5ON_3$ | $H_2N \cdot NH \cdot CO \cdot NH_2$ | 75,07 |
| 1412 | **96—97** | 5-Äthyl-2-jodmercuri-thiophen | $C_6H_7JSHg$ | 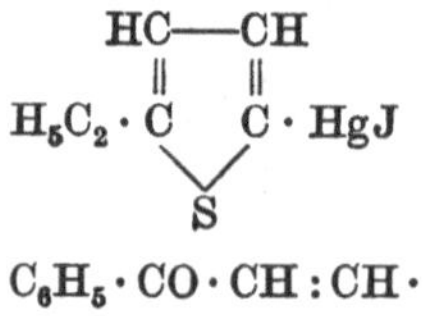 | 438,71 |
| 1413 | **96—97** | β-Benzoylacrylsäure | $C_{10}H_8O_3$ | $C_6H_5 \cdot CO \cdot CH:CH \cdot COOH$ | 176,16 |
| 1414 | **96—97** | 3,3′-Dibrom-2,2′-dithienyl | $C_8H_4Br_2S_2$ | 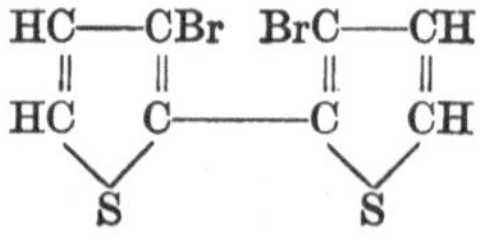 | 324,06 |
| 1415 | **96—97** | 2,7-Dimethylnaphthalin | $C_{12}H_{12}$ | $C_{10}H_6(CH_3)_2$ | 156,21 |

| Aggregatzustand Farbe | Spez. Gewicht | Siedepunkt °C | Beilstein-Zitat | Physikalische Konstanten und Eigenschaften | Löslichkeit | Reaktionen |
|---|---|---|---|---|---|---|
| 7 | 8 | 9 | 10 | 11 | 12 | 13 |
| Krist. | | | XI 71 | hygroskopisch | | Chlorid *Fp* 60°<br>Amid *Fp* 179—180° |
| Krist. (A) | | | X 80 | | unl. in W.<br>l. in A | |
| | | | XIX 396 | | | |
| weiße Krist. | | | | | unl. in k. W<br>l. in h. W<br>ll. in A | Ls. + $Fe(NO_3)_3$ → Violettfärbung<br>+ Paraform-$H_2SO_4$ erwärmt → rotbraun<br>+ 2 Tropfen Eisen-$H_3PO_4$ → braun + 1 ml $H_2SO_4$ → grün + Paraform → violettrot<br>+ $H_2O_2$ → grün |
| Prismen | | | I 533 | | | |
| gelbliche bis rötliche Nadeln | $2{,}50_{50°}^{50°}$ | subl. | VI 203 | phenolartiger Geruch; wirkt antiseptisch | (0,007 W 15°)<br>unl. in W<br>l. in Lauge<br>ll. in A, Ae | 3 mg in A + 1 Tropfen 2n $NH_3$ + $AgNO_3$ → tieforange gefärbte Gallerte |
| Nadeln (Bzl.) | | | XIII 671 | | ll. in h. W, HCl, Alkali | Lsgg. in A und Eg. sind blau |
| Blättchen (verd. A) | | 289-290 | XIV 45 | | | |
| Prismen (Bzl.) | | | XIII 698 | | unl. in W<br>ll. in h. A, Ae, Bzl., h. Eg. | |
| Blättchen (W)<br>Nadeln (A) | $0{,}8499^{112°}$ | 250-258 | II 340 | | | |
| Blättchen (Propyl-A) | | | | | ll. in Ae, Bzl., Dioxan, Aceton | |
| Prismen (A) | | | III 98 | durch Feuchtigkeit zersetzt | ll. in W, A<br>unl. in Ae | Chlorhydrat *Fp* 175°, Prismen<br>Sulfat *Fp* 145°, Prismen<br>Pikrat *Fp* 166°, gelbe Nadeln |
| Blättchen (W) | | | X 726 | | wl. in k. W<br>ll. in A, Ae | Oxim *Fp* 168° (Z.) |
| Blättchen (A) | | 262 | $E_1$ V 268 | | unl. in W<br>wl. in k. A<br>ll. in Bzl. | |

| Lfd. Nr. | *Fp* | Name | Summenformel | Strukturformel | Mol.-Gewicht |
|---|---|---|---|---|---|
| 1 | 2 | 3 | 4 | 5 | 6 |
| 1416 | **96—97** | Glykolaldehyd | $C_2H_4O_2$ | $HO \cdot CH_2 \cdot CHO$ | **60,05** |
| 1417 | **96—98** | 2,5-Dibrom-3-nitro-thiophen | $C_4HO_2NBr_2S$ | 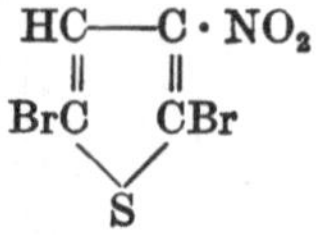 | **286,95** |
| 1418 | **96—98** | Tropinmandelsäureester (Homatropin) | $C_{16}H_{21}O_3N$ | 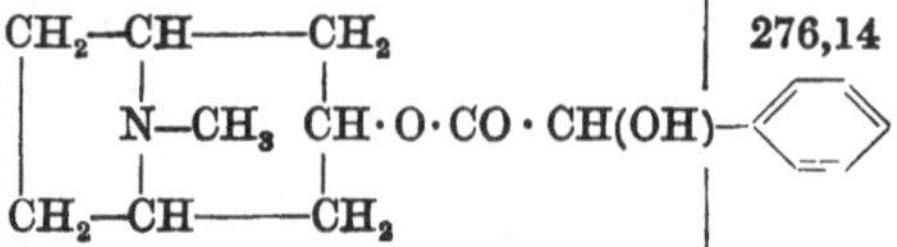 | **276,14** |
| 1419 | **96,1** | α-Naphthol | $C_{10}H_8O$ | $C_{10}H_7 \cdot OH$ | **144,16** |
| 1420 | **96,5 bis 97,5** | 5,5′-Ditolyl-2,2′-dithienyl | $C_{22}H_{18}S_2$ | 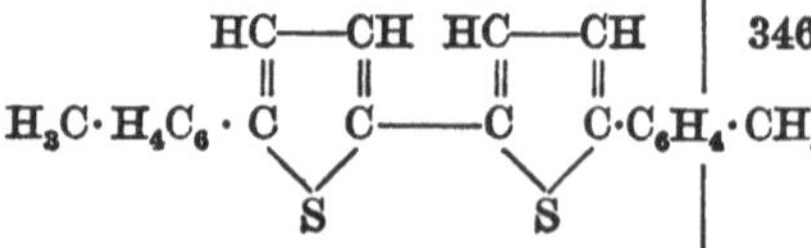 | **346,48** |
| 1421 | **97** | Aldehydammoniak | $C_6H_{21}O_3N_3$ | $[C_2H_7ON]_3$ | **183,25** |

| Aggregat-zustand Farbe | Spez. Gewicht | Siede-punkt °C | Beilstein-Zitat | Physikalische Konstanten und Eigenschaften | Löslichkeit | Reaktionen |
|---|---|---|---|---|---|---|
| 7 | 8 | 9 | 10 | 11 | 12 | 13 |
| Platten | $1{,}366^{100^\circ}$ | | I 817 | schmeckt süß | ll. in W, h. A<br>wl. in Ae | Phenylhydrazon *Fp* 162°, Schuppen<br>p-Nitrophenylhydrazon *Fp* 177°, braunrote Nadeln |
| weiße Krist. | | | XXI 23 | bitterer Geschmack | l. in A, Ae, Chlf. | erhitzen mit 1 Tropfen Fe-$H_2SO_4$ → Honiggeruch → Benzaldehydgeruch<br>1. Subst. + 1 Tropfen $HNO_3 \cdot H_2SO_4$ vorsichtig im W-Bad erhitzt → blau bis blaugrün<br>2. Subst. + $H_2SO_4$ in sd. W-Bad → schwach gelb + α-Naphthol → violettrot<br>3. Subst. + Paraform-$H_2SO_4$ gelinde erwärmt → grünstichig gelb, fluoresziert rötlich<br>4. Subst. + alkal. $HgJ_2$-Lsg. bei Zimmertemperatur klar — bei Kochen eigelbe Färbung<br>Bromhydrat *Fp* 214—215° |
| weißrosa Krist. | $1{,}0954^{99^\circ}$<br>$1{,}224^{20^\circ}$ | 278-280 | VI 596 | $_nD^{98,7}$ 1,62064; $_RD^{98,7}$ 46 25cm; $_nF^{98,7}$ 323,9; mit Dampf flüchtig; schmeckt brennend; Staub reizt zum Niesen; giftig; rauchartiger Geruch; sublimiert in Nadeln | unl. in W<br>wl. in h. W<br>ll. in A, Ae<br>l. in Lauge<br>l. in $CCl_4$ (Trennung von β-Naphthol) | 1. Subst. + $Fe(NO_3)_3$ → weiß, langsam violetroter Nd.<br>2. Subst. + Fe-$H_2SO_4$ → intensiv grün<br>3. Lsg. in Lauge + $CHCl_3$ — erwärmen grün + HCHO → grün → blau<br>4. 2 mg Subst. + 1 ml W + 2 Tropfen Formollsg. + 2—3 Tropfen 2 n-HCl — alkalisch machen mit Lauge → intensiv stahlblaue Lsg. beim Schütteln (Gegensatz zu β-Naphthol) |
| Krist. | | | XXVI 7 | | ∞ in W<br>l. in A<br>wl. in Ae | |

| Lfd. Nr. | *Fp* | Name | Summenformel | Strukturformel | Mol.-Gewicht |
|---|---|---|---|---|---|
| 1 | 2 | 3 | 4 | 5 | 6 |
| 1422 | **97** | Dibenzothiophen | $C_{12}H_8S$ | 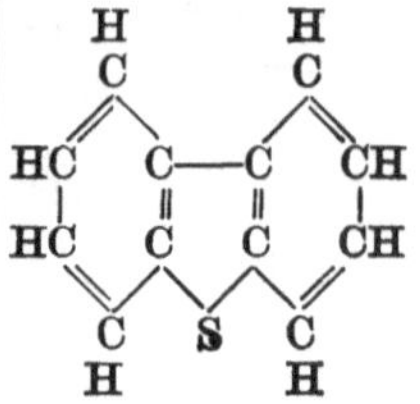 | **184,24** |
| 1423 | **97** | 3-Nitrophenol | $C_6H_5O_3N$ | $O_2N \cdot C_6H_4 \cdot OH$ | **139,11** |
| 1424 | **97** | 6-Nitro-o-toluidin ($NH_2 = 1$) | $C_7H_8O_2N_2$ | $CH_3 \cdot C_6H_3(NO_2) \cdot NH_2$ | **152,15** |
| 1425 | **97** | Percain (Nupercain, *α*-Butoxycinchoninsäurediäthylaminoäthylamidhydrochlorid) | $C_{20}H_{30}O_2N_3Cl$ | 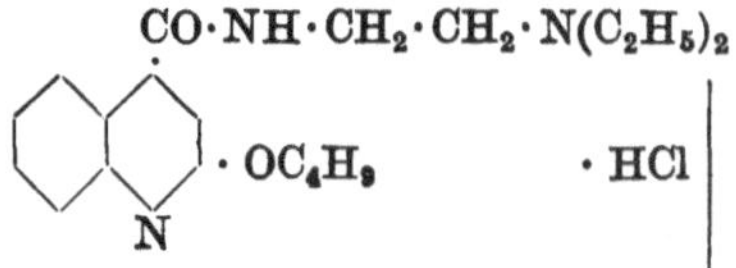 | **396,93** |
| 1426 | **97** | Phthalaldehydsäure | $C_8H_6O_3$ | $OHC \cdot C_6H_4 \cdot COOH$ | **150,13** |
| 1427 | **97** | *β,β,β*-Trichlor-tert.-butylalkohol | $C_4H_7OCl_3$ | $(CH_3)_2C(OH) \cdot CCl_3$ | **177,47** |
| 1428 | **97—98** | Furfurolphenylhydrazon | $C_{11}H_{10}ON_2$ | $C_4H_3O \cdot CH:N \cdot NH \cdot C_6H_5$ | **186,20** |
| 1429 | **97—98** | Glutarsäure | $C_5H_8O_4$ | $CH_2(CH_2 \cdot COOH)_2$ | **132,11** |
| 1430 | **98** | *l*-Cocain | $C_{17}H_{21}O_4N$ | $H_2C \cdot CH—CH \cdot CO \cdot OCH_3$ / $NCH_3CH \cdot O \cdot CO \cdot C_6H_5$ / $H_2C \cdot CH—CH_2$ | **303,34** |
| 1431 | **98** | Diazoaminobenzol | $C_{12}H_{11}N_3$ | $C_6H_5 \cdot N:N \cdot NH \cdot C_6H_5$ | **197,23** |
| 1432 | **98** | Dichloracetamid | $C_2H_3ONCl_2$ | $Cl_2CH \cdot CO \cdot NH_2$ | **127,97** |

| Aggregat-zustand Farbe | Spez. Gewicht | Siede-punkt °C | Beilstein-Zitat | Physikalische Konstanten und Eigenschaften | Löslichkeit | Reaktionen |
|---|---|---|---|---|---|---|
| 7 | 8 | 9 | 10 | 11 | 12 | 13 |
| | | 332-333 | XVII 72 | | sll. in Ae, Bzl., h. A | $CrO_3$ oxydiert zum Sulfon *Fp* 230° |
| Krist. (Ae) | 1,485[20°] | 194 (70mm) | VI 222 | | 1,35 W 25°<br>13,3 W 90°<br>221 A 17°<br>143,7 Ae 16° | |
| orange Prismen (verd. A) | 1,190 | | XII 843 | | wl. in W<br>ll. in A, Ae | Acetylderivat *Fp* 158° |
| weiße Blättchen | | | | sehr stark anästhesierend | | 5 mg Subst. in 1 ml W + 1 Tropfen $Fe(NO_3)_3$-Lsg. und einige Kriställchen Ferroammonsulfat sowie 5—6 Tropfen 0,06%ige $H_2O_2$-Lsg. → langsam olivgrün |
| Blättchen (W) | 1,404 | | X 666 | | ll. in W, A, Ae | Äthylester *Fp* 64°, Nadeln<br>Benzoylhydrazon *Fp* 189°, Prismen<br>Semicarbazon *Fp* 202°, Nadeln |
| Krist. | | 166,4 | I 382 | mit Dampf flüchtig; riecht campherartig; wirkt antiseptisch und anästhesierend | unl. in k. W<br>l. in h. W<br>ll. in A, Ae | |
| Blättchen | | | XVII 282 | | unl. in W<br>ll. in A, Ae | |
| Prismen (W oder Bzl.) | 1,429 | 302-304 | II 631 | | 83,3 W 14°<br>ll. in A, Ae | Diamid *Fp* 176°, Blättchen<br>Imid *Fp* 151—152°, Schuppen<br>p-Phenylphenacylester *Fp* 152° |
| Prismen (A) | | | XXII 198 | $[\alpha]_D^{20}$ —16,3° (Chlf.); wirkt anästhesierend; schmeckt schwach bitter; verursacht taubes Gefühl auf der Zunge | 0,18 W 20°<br>20 A 25°<br>12 Ae 20°<br>31,9 $CCl_4$ 20° | Verreibt man mit Glasstab auf einem Uhrglas 3 mg Subst. mit 1 Teil 5%iger $K_2CrO_4$-Lsg., so entstehen Kristalle; + 1 Tropfen konz. HCl verwandelt sie in ein orange gefärbtes Harz. Beim Verreiben mit 1 Tropfen n/10-$KMnO_4$-Lsg. entstehen gut ausgebildete Kristalle des Cocainpermanganat<br>Pikrat *Fp* 165—166° |
| gelbe Blättchen (A) | | Z. | XVI 687 | | swl. in W<br>l. in h. A<br>ll. in Ae | |
| Krist. | | 233 (745mm) | II 205 | | swl. in h. W, A, Ae | |

| Lfd. Nr. | *Fp* | Name | Summenformel | Strukturformel | Mol.-Gewicht |
|---|---|---|---|---|---|
| 1 | 2 | 3 | 4 | 5 | 6 |
| 1433 | 98 | Guajacolphosphat (Phosphorsäure-triguajacolester) | $C_{21}H_{21}O_7P$ | $(CH_3 \cdot O \cdot C_6H_4 \cdot O)_3PO$ | 416,36 |
| 1434 | 98 | Nicotinsäuremethylester-chlormethylat (Pyridin-3-carbonsäure-methylesterchlormethylat, Cesol) | $C_8H_{10}O_2NCl$ | 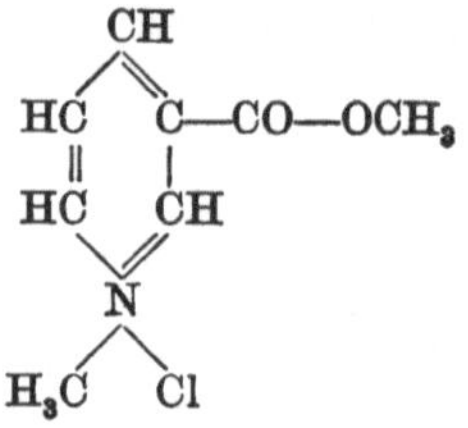 | 187,63 |
| 1435 | 98 | 5-Nitro-m-toluidin | $C_7H_8O_2N_2$ | $CH_3 \cdot C_6H_3(NO_2) \cdot NH_2$ | 152,15 |
| 1436 | 98 | 2-Oxy-4,6-dimethoxy-benzophenon | $C_{15}H_{14}O_4$ | $C_6H_5 \cdot CO \cdot C_6H_2(O \cdot CH_3)_2 \cdot OH$ | 258,26 |
| 1437 | 98 | Phenylquecksilbermethyl-salicylat | $C_{14}H_{12}O_3Hg$ | $C_{14}H_{12}O_3Hg$ | 428,85 |
| 1438 | 98—99 | 3-Benzalphthalid | $C_{15}H_{10}O_2$ | 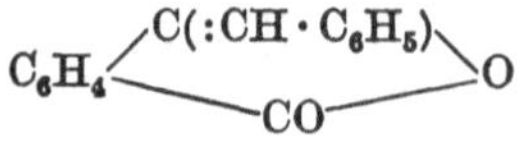 | 222,23 |
| 1439 | 98—99 | 3-Jod-2-nitrothiophen | $C_4H_2O_2NJS$ | 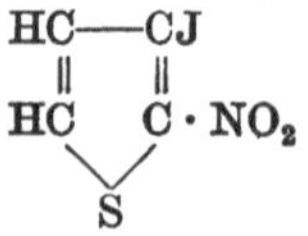 | 255,04 |
| 1440 | 98—99 | Phenoxyessigsäure | $C_8H_8O_3$ | $C_6H_5 \cdot O \cdot CH_2 \cdot COOH$ | 152,14 |
| 1441 | 98-101 | Acetaldehydphenylhydrazon | $C_8H_{10}N_2$ | $CH_3 \cdot CH : N \cdot NH \cdot C_6H_5$ | 134,17 |
| 1442 | 98 bis 101 | 5-Bromthiophen-2,4-disulfonsäurechlorid | $C_4HO_4Cl_2BrS_3$ | 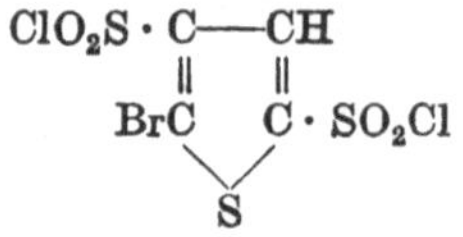 | 360,06 |
| 1443 | 98,5 | Benztriazol | $C_6H_5N_3$ | 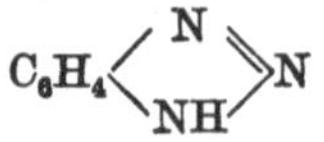 | 119,12 |
| 1444 | 98,5 | β-Methyl-trans-zimtsäure | $C_{10}H_{10}O_2$ | $C_6H_5 \cdot C(CH_3) : CH \cdot COOH$ | 162,18 |
| 1445 | 98,5 | Naphthylendiamin-(1,2) | $C_{10}H_{10}N_2$ | $H_2N \cdot C_{10}H_6 \cdot NH_2$ | 158,19 |
| 1446 | 99 | 2,4-Diaminotoluol (asymm.-m-Toluylen-diamin) | $C_7H_{10}N_2$ | $CH_3 \cdot C_6H_3(NH_2)_2$ | 122,16 |
| 1447 | 99 | 2,5-Dioxybenzaldehyd | $C_7H_6O_3$ | $(HO)_2C_6H_3 \cdot CHO$ | 138,12 |
| 1448 | 99 | Flavon | $C_{15}H_{10}O_2$ | 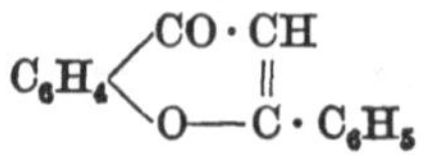 | 222,23 |

| Aggregat-zustand Farbe | Spez. Gewicht | Siede-punkt °C | Beilstein-Zitat | Physikalische Konstanten und Eigenschaften | Löslichkeit | Reaktionen |
|---|---|---|---|---|---|---|
| 7 | 8 | 9 | 10 | 11 | 12 | 13 |
| | | | VI 782 | | l. in A, Chlf., Aceton | |
| weiße hygroskop. Krist. | | | XXII 39 | | ll. in W | |
| gelbrote Nadeln | | | XII 419 | | swl. in k. W<br>l. in A<br>ll. in Ae | |
| hellgelbe Nadeln (verd. A) | | | VIII 877 | | wl. in sd. W<br>l. in A<br>ll. in Ae<br>sll. in Chlf.<br>l. in Alkali gelb | |
| Blättchen (Methylalkohol) | | | | | ll. in A, Bzl.<br>swl. in Ae | |
| Prismen (A) | | | XVII 376 | | unl. in W<br>wl. in k. A<br>ll. in h. A | |
| | | | XVII 35 | | | |
| Nadeln (W) | | 285 (Z.) | VI 161 | wirkt antiseptisch | 1,24 W 10°<br>ll. in A, Ae | |
| | 1,18 | 236 (20 mm) | XV 127 | | l. in A | |
| Nadeln (Chlf.) | | | XXVI 38 | | unl. in W<br>l. in A, Bzl. | |
| Nadeln ($CS_2$) | | 171-174 (15 mm) | IX 614 | | unl. in W<br>ll. in A, Ae<br>19,2 Bzl. 21°<br>2,08 PAe 21° | Amid *Fp* 119° |
| Blättchen (W) | | 150 (0,5 mm) | XIII 196 | | wl. in W<br>ll. in A, Ae | |
| Nadeln (W) | | 280 | XIII 124 | | ll. in sd. W, A, Ae | |
| gelbe Nadeln (Bzl.) | | | VIII 244 | | ll. in W, A, Ae | |
| Nadeln (Lg.) | | | XVII 373 | | unl. in W<br>ll. in A, Ae | Lsgg. in $H_2SO_4$ fluoreszieren violettblau |

| Lfd. Nr. | *Fp* | Name | Summenformel | Strukturformel | Mol.-Gewicht |
|---|---|---|---|---|---|
| 1 | 2 | 3 | 4 | 5 | 6 |
| 1449 | **99** | Reten | $C_{18}H_{18}$ | 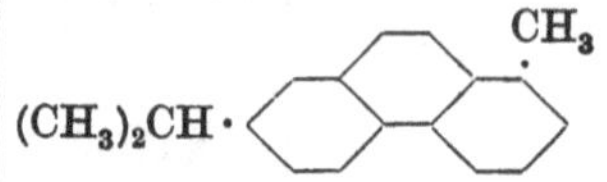 | **234,32** |
| 1450 | **99** | symm.-Tetrazin | $C_2H_2N_4$ | 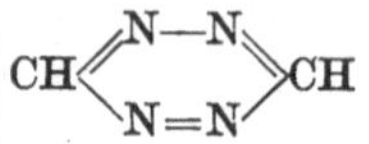 | 82,07 |
| 1451 | **99** bis **100** | Bis-[4-methyl-5-äthyl-thienyl-(2)]-queck-silber | $C_{14}H_{18}S_2Hg$ | 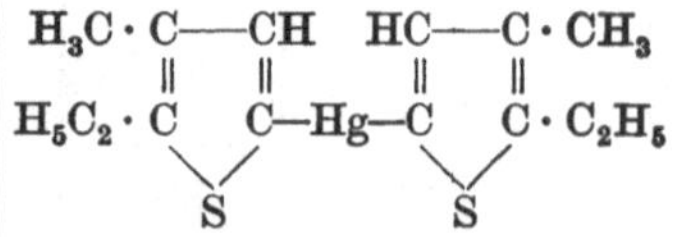 | **250,40** |
| 1452 | **99,5** | *α*-Chlorcrotonsäure | $C_4H_5O_2Cl$ | $CH_3 \cdot CH:CCl \cdot COOH$ | **120,54** |
| 1453 | **100** | *l*-Äpfelsäure | $C_4H_6O_5$ | $HOOC \cdot CH_2 \cdot CH(OH) \cdot COOH$ | **134,09** |
| 1454 | **100** | 2,2′-Arsenothiophen | $C_8H_6S_2As_2$ | 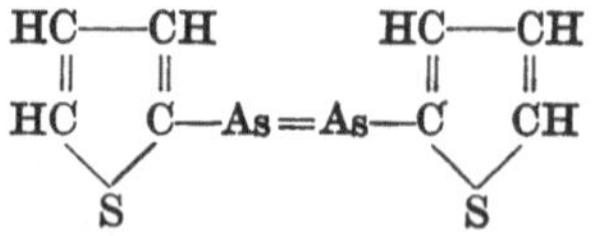 | **316,07** |
| 1455 | **100** (Z.) | Benzoltrisulfonsäure-(1,3,5) | $C_6H_6O_9S_3$ | $C_6H_3(SO_3H)_3$ | **318,29** |
| 1456 | **100** | Phenanthren | $C_{14}H_{10}$ | 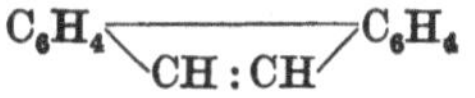 | **178,22** |
| 1457 | **100** (Z.) | Phenol-2,4-disulfonsäure | $C_6H_6O_7S_2$ | $HO \cdot C_6H_3(SO_3H)_2$ | **254,23** |
| 1458 | **100** | Phloroglucincarbonsäure | $C_7H_6O_5$ | $(HO)_3C_6H_2 \cdot COOH$ | **170,12** |
| 1459 | **100** | 1,2,4-Triaminobenzol | $C_6H_9N_3$ | $C_6H_3(NH_2)_3$ | **123,15** |
| 1460 | **100** | p-Xylylenchlorid | $C_8H_8Cl_2$ | $C_6H_4(CH_2Cl)_2$ | **175,06** |

| Aggregat-zustand Farbe | Spez. Gewicht | Siede-punkt °C | Beilstein-Zitat | Physikalische Konstanten und Eigenschaften | Löslichkeit | Reaktionen |
|---|---|---|---|---|---|---|
| 7 | 8 | 9 | 10 | 11 | 12 | 13 |
| Blättchen (A) | 1,13 | 390 | V 683 | kryoskop.Konst. 12,16; sublimiert unter Siedepunkt; etwas mit Wasserdampf flüchtig | unl. in W<br>3 k. A<br>69 sd. A<br>ll. in h. Ae, Bzl.<br>sll. ib sd. Eg. | Schmelzen mit Mellitsäureanhydrid → karminrot<br>Pikrat *Fp* 123—124°, orangegelbe Nadeln<br>mit 1,3,5-Trinitrobenzol *Fp* 139—140°, gelbe Nadeln |
| rote Säulen | | subl. | XXVI 353 | | l. in W, A, Ae | |
| Nadeln (W) | | 212 | II 414 | | 2,01 W 13°<br>ll. in A, Ae | |
| zerfließliche Nadeln | 1,595[20°] | Z. | III 419 | | sll. in W, A<br>8,4 Ae 15° | wss. Lsg. + $Fe(NO_3)_3$-Lsg. zitronengelb<br>1 mg Subst. in eine Lsg. von 5 mg β-Naphthol in 1 ml konz. $H_2SO_4$ eingetragen beim Erhitzen im sd. W-Bad → gelb mit intensiv grüner Fluoreszens<br>Phenacylester *Fp* 106°<br>Bisphenylhydrazid *Fp* 220 bis 223° |
| Nadeln | | | XI 227 | | l. in W | Trichlorid *Fp* 184° |
| Tafeln (A) | 1,063[101°] | 340 | V 667 | kryoskop.Konst. 12,0; subl. in Blättchen; zeigt auch in Lsg. blaue Fluoreszenz | unl. in W<br>2,62 A 16°<br>10,08 sd. A<br>8,93 Ae 15,5°<br>16,72 Bzl. 15,5°<br>33 Toluol 16° | Mit Mellitsäureanhydrid → rote Schmelze<br>mit 0,5%iger Ammoniummolybdat-Lsg. in $H_2SO_4$ gibt 1 Tropfen alkohol. Phenanthren-Lsg. → intensiv Blaufärbung, beim Erwärmen braunrot + NaOH orangerot<br>Pikrat *Fp* 145°, goldgelbe Nadeln |
| zerfließliche Nadeln | | | XI 250 | | ll. in W, A<br>unl. in Ae | |
| Krist. + 1 $H_2O$ | | | X 468 | | wl in k. W<br>l. in A<br>ll. in Ae<br>unl. in Bzl. | + sd. W → Phloroglucin |
| Blättchen (Chlf.) | | ~340 | XIII 294 | | ll. in w. A<br>swl. in Ae | |
| Blättchen (A) | 1,417[0°] | 240-245 (Z.) | V 384 | | unl. in W<br>l. in A | |

| Lfd. Nr. | *Fp* | Name | Summenformel | Strukturformel | Mol.-Gewicht |
|---|---|---|---|---|---|
| 1 | 2 | 3 | 4 | 5 | 6 |
| 1461 | **100** | d-Zuckersäure | $C_6H_{10}O_8$ | $HOOC \cdot [CH(OH)]_4 \cdot COOH$ | 210,14 |
| 1461a | **100** bis **101** | 2,5-Bis-[5'-methylthienyl-(2')]-thiophen | $C_{14}H_{12}S_3$ | 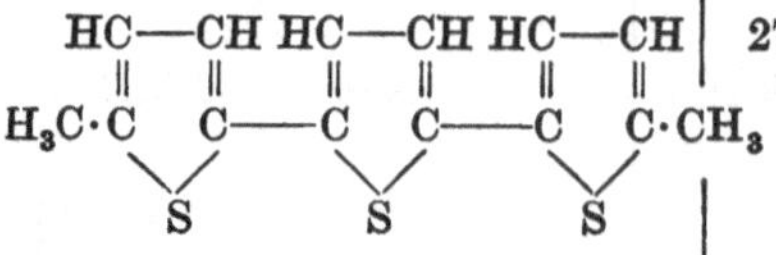 | 276,42 |
| 1461b | **100** bis **101** | 2-Methoxybenzoesäure | $C_8H_8O_3$ | $CH_3 \cdot O \cdot C_6H_4 \cdot COOH$ | 152,14 |
| 1461c | **100** bis **120** | Hämatoxylin | $C_{16}H_{14}O_6$ | 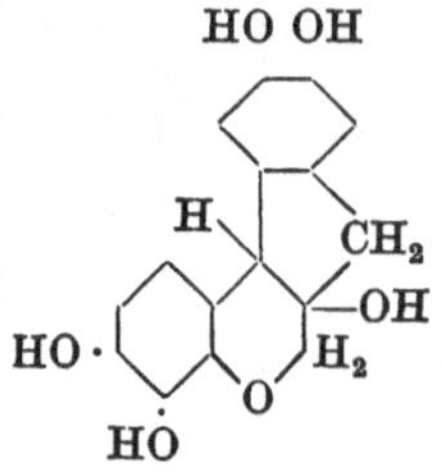 | 302,27 |
| 1461d | **100,5** | Xanthen | $C_{13}H_{10}O$ | 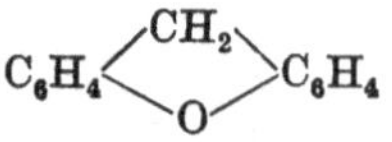 | 182,21 |
| 1461e | **101** | Capronamid | $C_6H_{13}ON$ | $CH_3 \cdot (CH_2)_4 \cdot CO \cdot NH_2$ | 115,17 |
| 1461f | **101** | 2,5-Dinitro-m-xylol | $C_8H_8O_4N_2$ | $(O_2N)_2C_6H_2(CH_3)_2$ | 196,16 |
| 1461g | **101** | Novocainnitrat (p-Aminobenzoesäure-ester des Diäthyl-äthanolaminnitrats) | $C_{13}H_{21}O_5N_3$ | $C_6H_4\langle^{NH_2}_{CO_2 \cdot C_2H_4 \cdot N(C_2H_5)_2}$ ; $HNO_3$ | 275,30 |
| 1462 | **101** bis **102** | Acetyldiphenylamin | $C_{14}H_{13}ON$ | $CH_3 \cdot CO \cdot N(C_6H_5)_2$ | 211,25 |
| 1463 | **101** bis **102** | Di-[2-thienyl]-tribrom-äthan | $C_{10}H_7Br_3S_2$ | 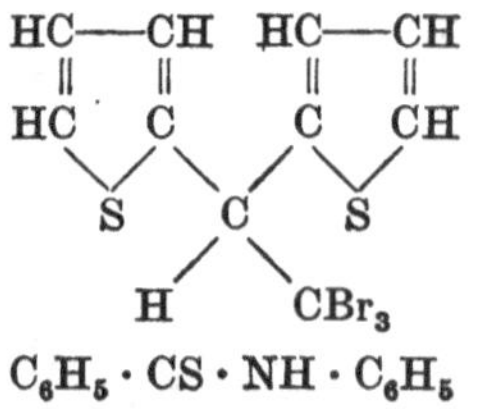 | 431,02 |
| 1464 | **101** bis **102** | Thiobenzanilid | $C_{13}H_{11}NS$ | $C_6H_5 \cdot CS \cdot NH \cdot C_6H_5$ | 213,28 |
| 1465 | **102** | o-Aminoazotoluol (o-Toluol-azo-o-toluidin) | $C_{14}H_{15}N_3$ | 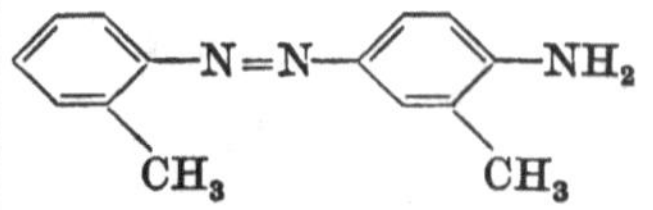 | 225,29 |
| 1466 | **102** | *l*-Arabit | $C_5H_{12}O_5$ | $HO \cdot CH_2 \cdot [CH(OH)]_3 \cdot CH_2 \cdot OH$ | 152,14 |

| Aggregatzustand Farbe | Spez. Gewicht | Siedepunkt °C | Beilstein-Zitat | Physikalische Konstanten und Eigenschaften | Löslichkeit | Reaktionen |
|---|---|---|---|---|---|---|
| 7 | 8 | 9 | 10 | 11 | 12 | 13 |
| Sirup | | | III 577 | | l. in W, A<br>wl. in Ae | Ag-Salz, lichtempfindliche Nadeln<br>Chininsalz *Fp* 174°, langgestreckte Nadeln<br>Benzolverbindung *Fp* 215°, sehr schwer löslich |
| Tafeln (W) | | 200 (Z.) | X 64 | | 0,5 W 30°<br>ll. in A, Ae | |
| weiße, meist gelbe oder rosa Krist. + $3H_2O$ (verd. $H_2SO_3$) | | Z. | XVII 219 | | wl. in k. W<br>l. in A, Ae<br>l. in $NH_4OH$ und $Na_2CO_3$-Lsg. violettrot<br>in Lauge violettblau | 1 mg Subst. in 5 ml A<br>1. + 2 ml W + Barytwasser → blauer Nd.<br>2. + Mg-Salz + $NH_3$ → weiße, rasch violettstichig blau werdende Trübung |
| Blättchen (A) | | 315 | XVII 73 | | swl. in W<br>wl. in k. A<br>l. in A, Bzl., Chlf.<br>l. in $H_2SO_4$ gelb | |
| Tafeln (A) | 0,999 | | II 324 | | l. in h. W, A, Ae | |
| Krist. (A) | | | V 380 | | unl. in W<br>ll. in A, Ae | |
| weiße Krist. | | | $E_1$ XIV 568 | Geschmack bitter; anästhesierend; geruchlos | l. in W, A | 0,1 g Subst. in 1 ml konz. $H_2SO_4$ überschichten mit $FeSO_4$-Lsg., an Berührungsfläche → brauner Ring |
| Blättchen (W) | | subl. | XII 247 | | wl. in W, Ae | |
| gelbe Tafeln (A) | | | XII 269 | | swl. in sd. W<br>ll. in A, NaOH<br>sll. in Ae | Dest. → 2-Phenylbenzthiazol |
| rötlichbraunes Plv. | | | | | unl. in W<br>ll. in A, Ae | Chlorhydrat orangegelbe Tafeln<br>Diacetylverbindung (Pellidol) *Fp* 75°, blaßrotgelbes Plv. |
| Krist. | | | I 531 | in W inaktiv<br>in Boraxlsg. linksdrehend | sll. in W<br>2,18 90% A 12° | |

| Lfd. Nr. | *Fp* | Name | Summenformel | Strukturformel | Mol.-Gewicht |
|---|---|---|---|---|---|
| 1 | 2 | 3 | 4 | 5 | 6 |
| 1467 | **102** | 4,4'-Bis-dimethylamino-triphenylmethan (Leukomalachitgrün) | $C_{23}H_{26}N_2$ | $C_6H_5 \cdot CH[C_6H_4 \cdot N(CH_3)_2]_2$ | 330,45 |
| 1468 | **102** | cis-Chinit | $C_6H_{12}O_2$ | 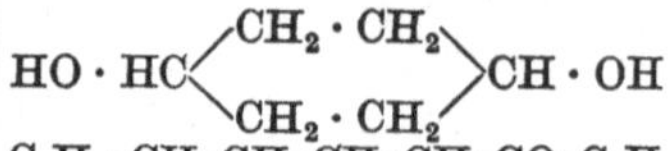 | 116,15 |
| 1469 | **102** | Cinnamalacetophenon | $C_{17}H_{14}O$ | $C_6H_5 \cdot CH:CH \cdot CH:CH \cdot CO \cdot C_6H_5$ | 234,28 |
| 1470 | **102** | Cumaranon | $C_8H_6O_2$ | 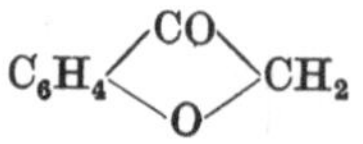 | 134,13 |
| 1471 | **102** | 2,4-Dibrom-3,5-dinitro-thiophen | $C_4O_4N_2Br_2S$ | 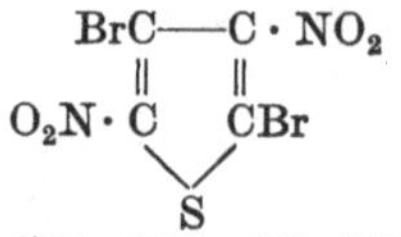 | 331,95 |
| 1472 | **102** | Methylharnstoff | $C_2H_6ON_2$ | $CH_3 \cdot NH \cdot CO \cdot NH_2$ | 74,08 |
| 1473 | **102** | 3-Nitro-d-campher | $C_{10}H_{15}O_3N$ | 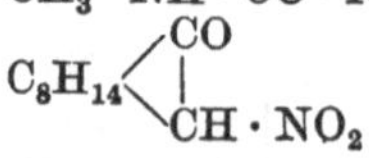 | 197,23 |
| 1474 | **102** | 2-Phenylnaphthalin | $C_{16}H_{12}$ | $C_{10}H_7 \cdot C_6H_5$ | 204,25 |
| 1475 | **102** bis **103** | p-Brombenzolsulfonsäure | $C_6H_5O_3BrS$ | $Br \cdot C_6H_4 \cdot SO_3H$ | 237,08 |
| 1476 | **102** bis **103** | 5,5'-Dimethyl-3-oxy-2,3'-dithienyl-4,4'-dicarbonsäurediäthylester | $C_{16}H_{18}O_5S_2$ | 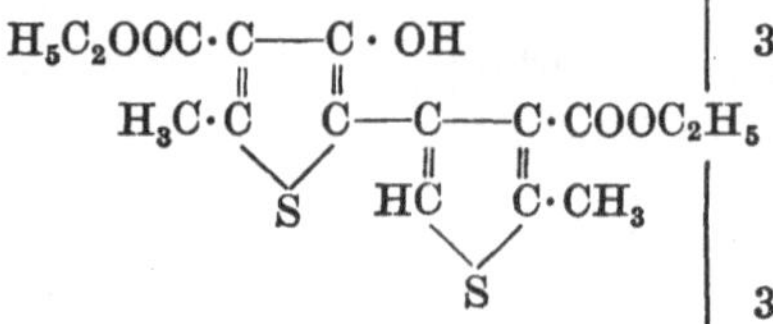 | 354,42 |
| 1477 | **102** bis **103** | Maltose | $C_{12}H_{22}O_{11}$ | 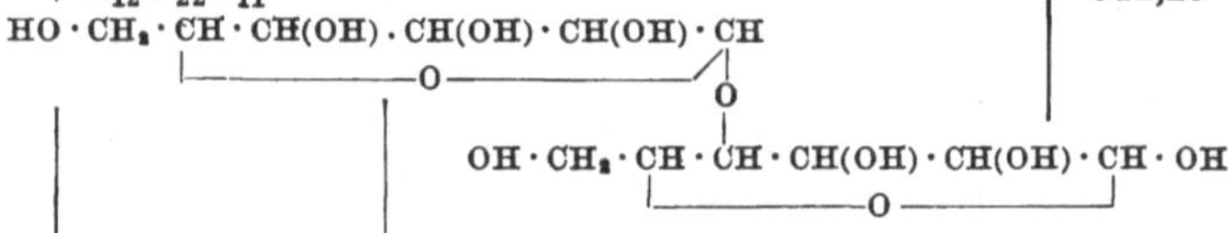 | 342,29 |
| 1478 | **102** bis **104** | Fructose (Lävulose) | $C_6H_{12}O_6$ | 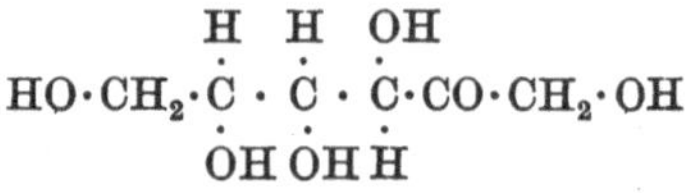 | 180,15 |
| 1479 | **102** bis **104** | N-Methylacetanilid | $C_9H_{11}ON$ | $C_6H_5 \cdot N(CH_3) \cdot CO \cdot CH_3$ | 149,18 |
| 1480 | **102,5** | N,N'-Dimethylharnstoff | $C_3H_8ON_2$ | $CH_3 \cdot NH \cdot CO \cdot NH \cdot CH_3$ | 88,11 |
| 1481 | **102,5** | Mekonin | $C_{10}H_{10}O_4$ | 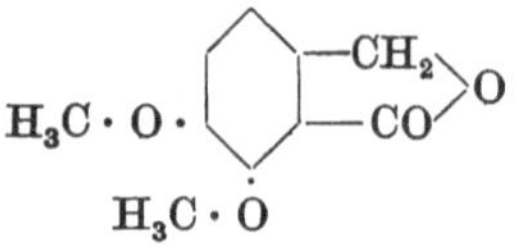 | 194,18 |

| Aggregat-zustand Farbe | Spez. Gewicht | Siede-punkt °C | Beilstein-Zitat | Physikalische Konstanten und Eigenschaften | Löslichkeit | Reaktionen |
|---|---|---|---|---|---|---|
| 7 | 8 | 9 | 10 | 11 | 12 | 13 |
| Nadeln (Bzl.) | | | XIII 275 | | unl. in W<br>l. in A<br>ll. in Ae, Bzl.<br>wl. in Lauge | |
| Prismen (Aceton) | | subl. | VI 741 | | ll. in W, A<br>swl. in Ae, Chlf. | |
| gelbe Nadeln (A) | | | VII 499 | | unl. in W<br>l. in A, Ae<br>+ $H_2SO_4$ → rot | |
| Nadeln (A) | | 152-154 (16mm) | XVII 118 | riecht nach Hyazinthen | wl. in W<br>ll. in A, Ae<br>l. in NaOH | |
| Prismen (W od. A) | 1,204 | Z. | IV 64 | | ll. in W, A<br>unl. in Ae | |
| Prismen (Bzl.) | | | VII 128 | | unl. in W<br>l. in A, Ae<br>ll. in Bzl., Chlf. | |
| Blättchen (A) | | 345-346 | V 687 | mit Dampf flüchtig | unl. in W<br>l. in A, Ae<br>ll. in Bzl. | |
| Nadeln | | 155 (Vak.) | XI 57 | | | |
| | | | | | | Chlorid *Fp* 75—76°<br>Amid *Fp* 165° |
| Nadeln (W) | 1,540 | | | Spaltung → Glukose; süßer Geschmack | 79 W 21°<br>140 W 50°<br>569 W 96°<br>wl. in A, Ae | reduziert Fehlingsche Lsg.<br>Phenylosazon *Fp* 208°, hellgelbe Nadeln |
| weiße Nadeln + ½$H_2O$ (W) | $1{,}669^{18°}$ | | I 918 | $[\alpha]_D^{20}$ —133,5; süßer Geschmack | 355 W 20°<br>8,3 A 18°<br>l. in Ae | wss. Lsg. + Lauge beim Erhitzen → gelb<br>ammoniakal. Silbernitratlsg. wird reduziert<br>50 mg Subst. in 1 ml W. + 0,5 ml. 20%ige HCl 5 Min. in W-Bad erhitzen → stark blau |
| Blättchen (Lg.) | $0{,}977^{120°}$ | 245 | XII 245 | | wl. in W<br>l. in A | |
| Prismen (Chlf.+Ae) | 1,142 | 268-270 | IV 65 | | ll. in W, A<br>swl. in Ae | |
| Nadeln (W) | | subl. | XVIII 89 | | 0,14 W 15°<br>4,5 sd. W<br>l. in A, Ae<br>$H_2SO_4$ rot | |

| Lfd. Nr. | *Fp* | Name | Summenformel | Strukturformel | Mol.-Gewicht |
|---|---|---|---|---|---|
| 1 | 2 | 3 | 4 | 5 | 6 |
| 1482 | 103 | Chloralurethan | $C_5H_8O_3NCl_3$ | $CCl_3 \cdot CH(OH) \cdot NH \cdot CO_2 \cdot C_2H_5$ | 236,52 |
| 1483 | 103 | 3,4-Dibrom-2,5-di-[dichlormethyl]-thiophen | $C_6H_2Cl_4Br_2S$ | 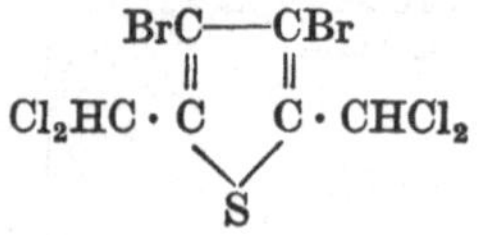 | 407,80 |
| 1484 | 103 | 1-Nitronaphthol-(2) | $C_{10}H_7O_3N$ | $O_2N \cdot C_{10}H_6 \cdot OH$ | 189,16 |
| 1485 | 103 | 5-Oxythionaphthen | $C_8H_6OS$ | 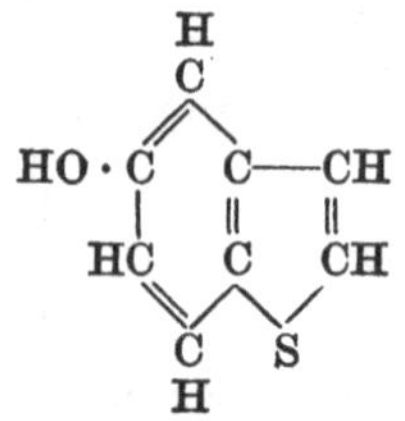 | 150,19 |
| 1486 | 103 | 2-Phenylbenzoxazol | $C_{13}H_9ON$ | 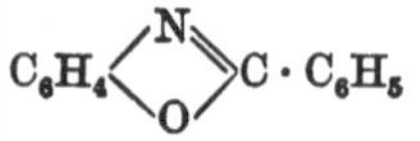 | 195,21 |
| 1487 | 103 | 1,2,3-Triaminobenzol | $C_6H_9N_3$ | $C_6H_3(NH_2)_3$ | 123,15 |
| 1488 | 103 | 3,5,5′-Trichlor-2,2′-dithienyl | $C_8H_3Cl_3S_2$ | 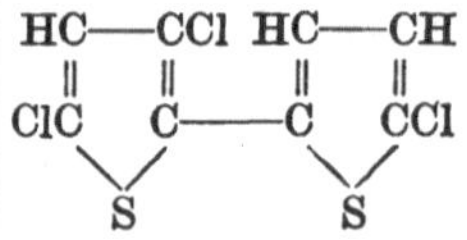 | 269,60 |
| 1489 | 103 bis 104 | Benzoylessigsäure | $C_9H_8O_3$ | $C_6H_5 \cdot CO \cdot CH_2 \cdot COOH$ | 164,15 |
| 1490 | 103 bis 104 | 1,2-Dioxynaphthalin | $C_{10}H_8O_2$ | $C_{10}H_6(OH)_2$ | 160,16 |
| 1491 | 103,8 | o-Phenylendiamin | $C_6H_8N_2$ | $H_2N \cdot C_6H_4 \cdot NH_2$ | 108,14 |
| 1492 | 104 | Äthandisulfonsäure-(1,2) | $C_2H_6O_6S_2$ | $HO_3S \cdot CH_2 \cdot CH_2 \cdot SO_3H$ | 190,19 |
| 1493 | 104 | Atophanguajacolester (Guphen) | $C_{23}H_{17}O_3N$ | 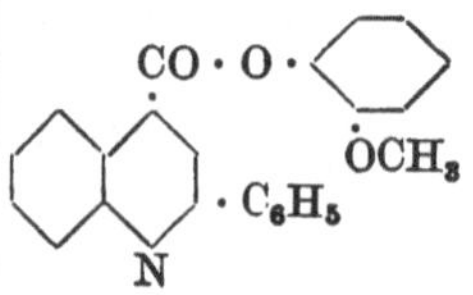 | 355,36 |

| Aggregat-zustand Farbe | Spez. Gewicht | Siede-punkt °C | Beilstein-Zitat | Physikalische Konstanten und Eigenschaften | Löslichkeit | Reaktionen |
|---|---|---|---|---|---|---|
| 7 | 8 | 9 | 10 | 11 | 12 | 13 |
| weiße Krist. | | | III 24 | geruch- und geschmacklos | wl. in W | + starke Säure — erhitzen → Geruch nach Chloralhydrat<br>+ $AgNO_3$ — erhitzen + 1 Tropfen 2n-$NH_3$ → scheidet Ag ab<br>alkohol. $HgJ_2$-Lsg. beim Erhitzen → rotbraunen Nd. |
| gelbe Nadeln od. Blättchen (A) | | | VI 653<br>XVII 119 | | l. in A | |
| Nadeln (verd. A) | | | XXVII 72 | mit Dampf flüchtig | unl. in k. W<br>l. in A, Ae | |
| Krist. | | 336 | XIII 294 | | sll. in W, A, Ae | |
| Nadeln (Bzl. + PAe) | | | X 672 | | l. in h. W<br>ll. in A, Ae | Erhitzen über *Fp* 104° → $CO_2$ + Acetophenon<br>+ $Fe(NO_3)_3$ → violett |
| Nadeln ($CS_2$) | | | VI 975 | | wl. in W<br>l. in A, Ae<br>l. in Alkalien gelb, an der Luft grün | Diacetat *Fp* 104—106° |
| Blättchen (Chlf.) | | 256-258 | XIII 6 | sublimierbar | 4,22 W 35°<br>ll. in A, Ae, Chlf. | + $FeCl_3$ + HCl → rote Nadeln (Hydrochlorid des 2,3-Diaminophenazins)<br>Diacetylderivat *Fp* 185 bis 186°, Nadeln |
| Nadeln (Eg.) | | | IV 11 | | ll. in A | |
| weiße Krist. | | | | geruch- und geschmacklos | unl. in W, Säure, Laugen<br>l. in A | in wenig A unter Erwärmen gelöst + verd. HCl bleibt Lsg. klar + 1n-Jodlsg. → braunes amorphes Perjodid |

| Lfd. Nr. | *Fp* | Name | Summenformel | Strukturformel | Mol.-Gewicht |
|---|---|---|---|---|---|
| 1 | 2 | 3 | 4 | 5 | 6 |
| 1494 | **104** | 2,3-Dimethylnaphthalin (Guajen) | $C_{12}H_{12}$ | $C_{10}H_6(CH_3)_2$ | **156,21** |
| 1495 | **104** | Phenanthridin | $C_{13}H_9N$ | $C_6H_4 \langle \overline{CH:N} \rangle C_6H_4$ | **179,21** |
| 1496 | **104** | Piperazin | $C_4H_{10}N_2$ | $NH\langle^{CH_2 \cdot CH_2}_{CH_2 \cdot CH_2}\rangle NH$ | **83,13** |
| 1497 | **104** | 2,4,5-Trinitrotoluol | $C_7H_5O_6N_3$ | $(O_2N)_3C_6H_2 \cdot CH_3$ | **227,13** |
| 1498 | **104 bis 105** | Benzoylperoxyd | $C_{14}H_{10}O_4$ | $C_6H_5 \cdot CO \cdot O \cdot O \cdot CO \cdot C_6H_5$ | **242,22** |
| 1499 | **104 bis 105** | 4-Methylresorcin | $C_7H_8O_2$ | $CH_3 \cdot C_6H_3(OH)_2$ | **124,13** |
| 1500 | **105** | Acetophenonphenyl-hydrazon | $C_{14}H_{14}N_2$ | $CH_3 \cdot C(:N \cdot NH \cdot C_6H_5) \cdot C_6H_5$ | **210,27** |
| 1501 | **105** | 4-Aminophenanthren | $C_{14}H_{11}N$ | $H_2N \cdot C_6H_3 \langle \overline{CH:CH} \rangle C_6H_4$ | **193,23** |
| 1502 | **105** | Brenzcatechin | $C_6H_6O_2$ | 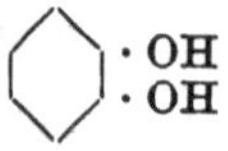 | **110,11** |
| 1503 | **105** | cis-β-Dekalol | $C_{10}H_{18}O$ | $H_2C \cdot CH_2 \cdot CH \cdot CH_2 \cdot CH \cdot OH$ / $H_2C \cdot CH_2 \cdot CH \cdot CH_2 \cdot CH_2$ (verbunden) | **154,24** |
| 1504 | **105** | 2,6-Diaminotoluol (vic.-m-Toluylendiamin) | $C_7H_{10}N_2$ | $CH_3 \cdot C_6H_3(NH_2)_2$ | **122,16** |
| 1505 | **105** | Dicyandiamidin | $C_2H_6ON_4$ | $H_2N \cdot C(:NH) \cdot NH \cdot CO \cdot NH_2$ | **102,10** |
| 1506 | **105** | Dihydroresorcin | $C_6H_8O_2$ | $H_2C \cdot CH_2 \cdot CO$ / $H_2C \cdot CO \cdot CH_2$ oder $H_2C \cdot CH_2 \cdot C \cdot OH$ / $H_2C \cdot CO \cdot CH$ | **112,12** |
| 1507 | **105** | β-Methylglucosid | $C_7H_{14}O_6$ | $HO \cdot CH_2 \cdot C \cdot C \cdot C \cdot C \cdot C$ (oben: H H OH H O—$CH_3$; unten: OH H OH H; Ring über —O—) | **194,18** |

| Aggregatzustand Farbe | Spez. Gewicht | Siedepunkt °C | Beilstein-Zitat | Physikalische Konstanten und Eigenschaften | Löslichkeit | Reaktionen |
|---|---|---|---|---|---|---|
| 7 | 8 | 9 | 10 | 11 | 12 | 13 |
| Blättchen (A) | | | V 571 | mit Dampf flüchtig | unl. in W<br>wl. in A<br>l. in Ae | Pikrat *Fp* 123° |
| Nadeln (verd. A) | | > 360 | XX 466 | schmeckt pfefferartig; Dampf reizt zum Niesen | 0,03 k. W<br>ll. in A, Ae | |
| Blättchen (A) | | 145-146 | XXIII 4 | hygroskopisch; stark alkalisch | ll. in W, A<br>unl. in Ae | Jodlsg. fällt gelbes Perjodid, das sich in einigen Tropfen 2n-Säure löst |
| gelbe Tafeln (Aceton) | | 290 (Z.) | V 347 | | wl. in k. A<br>ll. in Ae | |
| Krist. | | | IX 179 | verpufft beim Erhitzen | swl. in W<br>wl. in k. A<br>l. in Ae<br>2,53 $CS_2$ 15° | |
| Krist. (Bzl. + PAe) | | 267-270 | VI 872 | | ll. in W, A, Ae<br>wl. in Bzl. | |
| Nadeln (A) | | | XV 139 | | wl. in W, k. A<br>ll. in Ae | |
| graue Krist. (Lg.) | | | $E_1$ XII 555 | | unl. in W<br>ll. in A, Ae | |
| weiße bis blaßblauviolette Nadeln (W), Blättchen (Bzl.) | 1,344 | 240 | VI 759 | kryoskop.Konst. 7,13; mit Dampf flüchtig; giftig; bitterer Geschmack, geruchlos; sublimierbar | 45,14 W 20°<br>l. in A, Ae | wss. Lsg. + Lauge (durchschütteln) → grün, bei Ruhe → braun, wieder schütteln → grün<br>mit $Na_2CO_3$ geschüttelte Lsg. → grün + sehr verd. $Fe(NO_3)_3$-Lsg. → intensiv grün + Hexamethylentetramin → blauviolett<br>Phenylurethan *Fp* 165°, Nadeln |
| Nadeln (PAe) | | 243 (746mm) | VI 67 | | | Phenylurethan *Fp* 134°<br>Benzoat *Fp* 57—58° |
| Prismen (W) | | | XIII 148 | | ll. in h. W, A | |
| Prismen (A) | | 160 Z. | III 89 | | ll. in W<br>wl. in k. A<br>unl. in Ae | Cu-Salz + $2H_2O$ → rosenrote Nädelchen<br>Ni-Salz + $2H_2O$ → gelber kristalliner Nd.<br>Pikrat *Fp* 265° |
| Prismen (Bzl.) | | | VII 554 | | ll. in W, A<br>swl. in Ae, $CS_2$ | + $Fe(NO_3)_3$ → violettrot |
| Tafeln (A) | | | I 899 | $[\alpha]_D$ —32° (W) | 58 W 17°<br>1,5 A<br>4,2 90% A 17°<br>unl. in Ae | |

| Lfd. Nr. | *Fp* | Name | Summenformel | Strukturformel | Mol.-Gewicht |
|---|---|---|---|---|---|
| 1 | 2 | 3 | 4 | 5 | 6 |
| 1508 | **105** | Physostigmin (Eserin) | $C_{15}H_{21}O_2N_3$ | 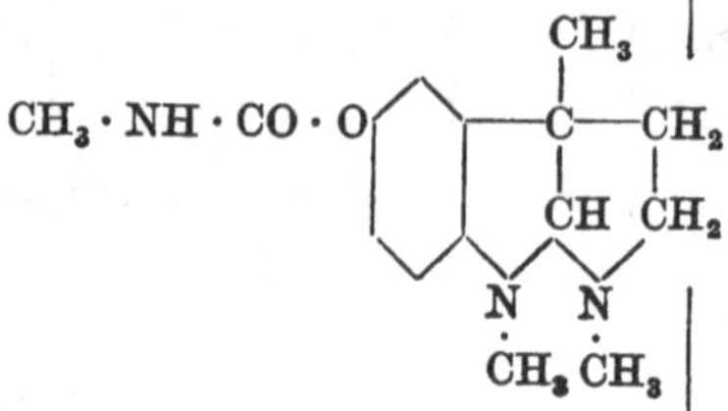 | **275,37** |
| 1509 | **105** | Pimelinsäure | $C_7H_{12}O_4$ | $HOOC \cdot (CH_2)_5 \cdot COOH$ | **160,16** |
| 1510 | **105** | Propionanilid | $C_9H_{11}ON$ | $C_2H_5 \cdot CO \cdot NH \cdot C_6H_5$ | **149,18** |
| 1511 | **105** | cis-Terpin | $C_{10}H_{20}O_2$ | $CH_3 \cdot (OH)C\langle{}^{CH_2 \cdot CH_2}_{CH_2 \cdot CH_2}\rangle CH \cdot C(CH_3)_2 \cdot OH$ | **172,26** |
| 1512 | **105** | o-Toluylsäure | $C_8H_8O_2$ | $CH_3 \cdot C_6H_4 \cdot COOH$ | **136,14** |
| 1513 | **105 bis 106** | 2-Aminobenzophenon | $C_{13}H_{11}ON$ | $C_6H_5 \cdot CO \cdot C_6H_4 \cdot NH_2$ | **197,22** |
| 1514 | **105 bis 106** | Dichlordiphenyltrichloräthan (DDT, Gesarol, Gesapon, Neocid, Duolit) | $C_{14}H_9Cl_5$ | 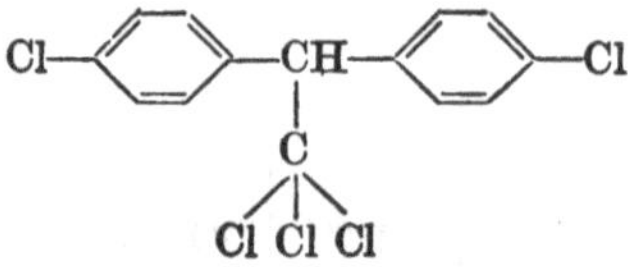 | **389,94** |
| 1514a | **106** | 4-Aminoacetophenon | $C_8H_9ON$ | $H_2N \cdot C_6H_4 \cdot CO \cdot CH_3$ | **135,16** |
| 1515 | **106** | d-Campholsäure | $C_{10}H_{18}O_2$ | $H_2C \cdot C(CH_3)(COOH)$ ⟩ $C(CH_3)_2$ <br> $H_2C$ —— $CH(CH_3)$ | **170,24** |
| 1516 | **106** | 3,4-Dichlor-2,5-dijodthiophen | $C_4Cl_2J_2S$ | 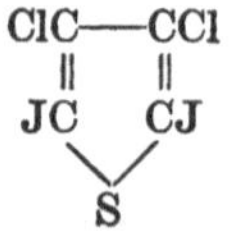 | **404,85** |
| 1517 | **106** | 4-Nitrobenzaldehyd | $C_7H_5O_3N$ | $O_2N \cdot C_6H_4 \cdot CHO$ | **151,12** |

| Aggregat-zustand Farbe | Spez.-Gewicht | Siede-punkt °C | Beilstein-Zitat | Physikalische Konstanten und Eigenschaften | Löslichkeit | Reaktionen |
|---|---|---|---|---|---|---|
| 7 | 8 | 9 | 10 | 11 | 12 | 13 |
| Krist. (Bzl.) | | | | hygroskopisch | wl. in W<br>ll. in A, Ae, Chlf.<br>l. in $H_2SO_4$ gelb | + selenige Säure + $H_2SO_4$ (0,5:100) in der Kälte bräunlichgelb, in der Hitze braunrot<br>+ Dimethylaminobenzaldehyd + $H_2SO_4$ (2:6) bei stärkerem Erhitzen → laubgrün<br>+ Ferrichlorid + Ferricyankalium wird reduziert → Berliner Blau<br>+ Titansäure-$H_2SO_4$ erwärmen gelbbraun → stärkere Erhitzung rotbraun; bei Erkalten farblos, neue Erwärmung → obige Farbänderung |
| monokline Tafeln (W) | $1{,}329^{15^\circ}$ | 272 (100mm) | II 670 | | 2,5 W 13°<br>4,2 W 20°<br>ll. in A, Ae | Dihydrazid *Fp* 182°<br>Dipikrat *Fp* 166°<br>Phenacylester *Fp* 72,4°<br>p-Phenylphenacylester *Fp* 145—148° |
| Blättchen (verd. A) | 1,175 | | XII 250 | | 0,42 W 24°<br>ll. in A, Ae | |
| Krist. | | 258 | VI 745 | an der Luft → Terpinhydrat | | |
| Spieße (W) | $1{,}062^{115^\circ}$ | 259 | IX 462 | mit Dampf leicht flüchtig | 0,12 W 25°<br>ll. in A | 4-Nitrobenzylester *Fp* 90,7°<br>Amid *Fp* 147°, Blättchen<br>p-Phenylphenacylester *Fp* 94,5° |
| hellgelbe Blättchen (A) | | | XIV 76 | | l. in A | Hydrochlorid *Fp* 179 bis 180° (Z.)<br>Benzoylderivat *Fp* 80,5° |
| weiße verfilzte Krist. Nadeln | | | | geruchlos | unl. in W<br>ll. in $CCl_4$<br>40,9 Ae 21°<br>77,0 Bzl. 21°<br>54,0 Chlf. 21°<br>89,9 Toluol 21°<br>64,2 Aceton 21°<br>1,8 A (94%) 21°<br>2,6 Methanol 21°<br>l. in $CS_2$<br>wl. in Eg. | |
| Krist. (verd. A) | | 293-295 | XIV 46 | mit Dampf nicht flüchtig | ll. in sd. W, A, Ae | |
| Prismen (A) | | 253-255 | IX 34 | $[\alpha]_D^{15}$ +49,8 (A) | 0,02 W 19°<br>64,5 80%igen A 15° | |
| Prismen (W) | | subl. | VII 256 | | wl. in k. W<br>ll. in A<br>zwl. in Ae | Phenylhydrazon *Fp* 159° |

| Lfd. Nr. | *Fp* | Name | Summenformel | Strukturformel | Mol.-Gewicht |
|---|---|---|---|---|---|
| 1 | 2 | 3 | 4 | 5 | 6 |
| 1518 | **106** | 3-Oxybenzaldehyd (m-Oxybenzaldehyd) | $C_7H_6O_2$ | $HO \cdot C_6H_4 \cdot CHO$ | 122,12 |
| 1519 | **106** | 3,4,5-Tribrom-2-nitro-thiophen | $C_4O_2NBr_3S$ | 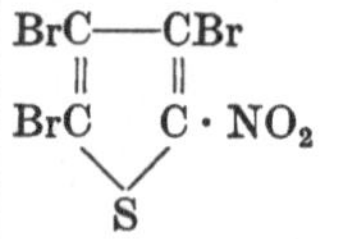 | 365,86 |
| 1520 | **106** | Valeriansäureamid | $C_5H_{11}ON$ | $CH_3 \cdot (CH_2)_3 \cdot CO \cdot NH_2$ | 101,14 |
| 1521 | **106** bis **107** | Atropasäure | $C_9H_8O_2$ | $C_6H_5 \cdot C(:CH_2) \cdot COOH$ | 148,15 |
| 1522 | **106** bis **107** | d-Lyxose | $C_5H_{10}O_5$ | H OH OH<br>$HO \cdot CH_2 \cdot$ C—C—C—CHO<br>OH H H | 150,13 |
| 1523 | **106** bis **107** | 1-Naphthol-8-sulfonsäure | $C_{10}H_8O_4S$ | $HO \cdot C_{10}H_6 \cdot SO_3H$ | 224,22 |
| 1524 | **106,5** | Azelainsäure | $C_9H_{16}O_4$ | $HOOC \cdot (CH_2)_7 \cdot COOH$ | 188,21 |
| 1525 | **107** | 4,4'-Bis-dimethylamino-triphenylcarbinol | $C_{23}H_{26}ON_2$ | $C_6H_5 \cdot C(OH)[C_6H_4 \cdot N(CH_3)_2]_2$ | 346,45 |
| 1526 | **107** | 4-Bromphenylhydrazin | $C_6H_7N_2Br$ | $Br \cdot C_6H_4 \cdot NH \cdot NH_2$ | 187,05 |
| 1527 | **107** | 1,5-Dichlornaphthalin | $C_{10}H_6Cl_2$ | 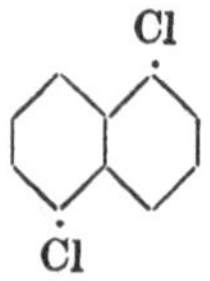 | 197,06 |
| 1528 | **107** | 5-Nitro-o-toluidin ($NH_2 = 1$) | $C_7H_8O_2N_2$ | $CH_3 \cdot C_6H_3(NO_2) \cdot NH_2$ | 152,15 |
| 1529 | **107** | 2-Oxypyridin (α-Pyridon) | $C_5H_5ON$ | $C_5H_4N \cdot OH$ | 95,10 |
| 1530 | **107** bis **108** | 3,4-Dibrom-2-benzo-thienon | $C_{11}H_6OBr_2S$ | 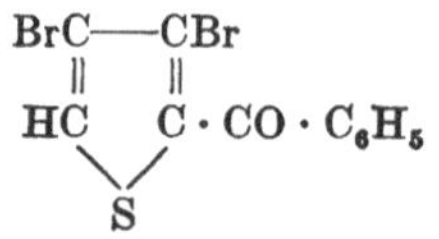 | 346,05 |
| 1531 | **107** bis **108** | 2,4-Dichlornaphthol | $C_{10}H_6OCl_2$ | $Cl_2C_{10}H_5 \cdot OH$ | 213,06 |

| Aggregatzustand Farbe | Spez. Gewicht | Siedepunkt °C | Beilstein-Zitat | Physikalische Konstanten und Eigenschaften | Löslichkeit | Reaktionen |
|---|---|---|---|---|---|---|
| 7 | 8 | 9 | 10 | 11 | 12 | 13 |
| Nadeln (W) | | 240 | VIII 58 | mit Dampf nicht flüchtig | 2,8 W 43°<br>ll. in A, Ae<br>67 Bzl. 61° | Phenylurethan *Fp* 158 bis 160°, Nadeln<br>Phenylhydrazon *Fp* 147°, farblose Krist.<br>+ $FeCl_3$ → schwach violett |
| Tafeln (A) | 1,023 | | II 301 | | ll. in W, A, Ae | |
| Nadeln (W) | | 267 (Z.) | IX 610 | mit Dampf flüchtig | 0,13 k. W<br>l. in A | |
| monokline Krist. | | | I 868 | sehr hygroskopisch; sehr süßer Geschmack | | p-Bromphenylhydrazon, *Fp* 161,5°<br>p-Nitrophenylhydrazon, *Fp* 172°, gelbe Krist.<br>Phenylbenzylhydrazon *Fp* 116°, Nadeln |
| Krist. | | | XI 275 | bei 180° wasserfrei | sll. in W | + $FeCl_3$ → dunkelgrün → gelb → rot |
| Blättchen oder Nadeln | $1{,}029^{111°}$ | 286,5 (100mm) | II 707 | | 0,21 W 22°<br>1,65 W 55°<br>∞ sd. W<br>ll. in A<br>2,68 Ae 15° | Ammoniumsalz Blättchen<br>Diamid *Fp* 175—176°, Prismen<br>Phenacylester *Fp* 69,7°<br>p-Phenylphenacylester *Fp* 141°<br>p-Bromphenacylester *Fp* 130,6° |
| farblose Krist. (Ae oder Bzl.) | | 200 (Z.) | XIII 743 | | l. in A, Ae | |
| Nadeln (W oder A) | | | XV 434 | | l. in A, Ae | |
| Blättchen (A) | | subl. | V 543 | | unl. in W<br>l. in A, Ae | |
| gelbe Prismen (A) | $1{,}365^{15°}$ | | XII 844 | | wl. in W<br>l. in A, Ae | Acetylderivat *Fp* 150° |
| Nadeln (Bzl.) | | 280-281 | XXI 43 | | ll. in W, A<br>l. in Ae, Bzl. | + $Fe(NO_3)_3$ → rot |
| | | | VI 872 | | | |
| Nadeln (verd. A) | | 180 (Z.) | VI 612 | mit Dampf flüchtig | unl. in W<br>ll. in A, Ae | |

| Lfd. Nr. | *Fp* | Name | Summenformel | Strukturformel | Mol.-Gewicht |
|---|---|---|---|---|---|
| 1 | 2 | 3 | 4 | 5 | 6 |
| 1532 | 107 bis 108 | 5-Methylresorcin (Orcin) | $C_7H_8O_2$ | $CH_3 \cdot C_6H_3(OH)_2$ | 124,13 |
| 1533 | 107,5 bis 108,5 | Thioacetamid | $C_2H_5NS$ | $CH_3 \cdot CS \cdot NH_2$ | 75,13 |
| 1534 | 108 | Acetbromamid | $C_2H_4ONBr$ | $CH_3 \cdot CO \cdot NHBr$ | 93,52 |
| 1535 | 108 | Benzoesäure-β-naphthylester | $C_{17}H_{12}O_2$ | $C_{10}H_7 \cdot O \cdot CO \cdot C_6H_5$ | 248,27 |
| 1536 | 108 | 4,4′-Diaminodiphenylsulfid | $C_{12}H_{12}N_2S$ | $(H_2N \cdot C_6H_4)_2S$ | 216,29 |
| 1537 | 108 | 9,10-Dihydroanthracen | $C_{14}H_{12}$ | 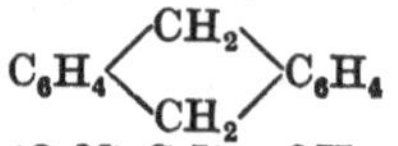 | 180,23 |
| 1538 | 108 | 2,5-Dinitrophenol | $C_6H_4O_5N_2$ | $(O_2N)_2C_6H_3 \cdot OH$ | 184,11 |
| 1539 | 108 | 2,3-Dioxybenzaldehyd | $C_7H_6O_3$ | $(HO)_2C_6H_3 \cdot CHO$ | 138,12 |
| 1540 | 108 | 4-Oxyacetophenon | $C_8H_8O_2$ | $HO \cdot C_6H_4 \cdot CO \cdot CH_3$ | 136,14 |
| 1541 | 108 | Phenyl-β-naphthylamin | $C_{16}H_{13}N$ | $C_{10}H_7 \cdot NH \cdot C_6H_5$ | 219,27 |
| 1542 | 108 | Pyramidon (1-Phenyl-2,3-dimethyl-4-dimethylamino-pyrazolon-5) | $C_{13}H_{17}ON_3$ | 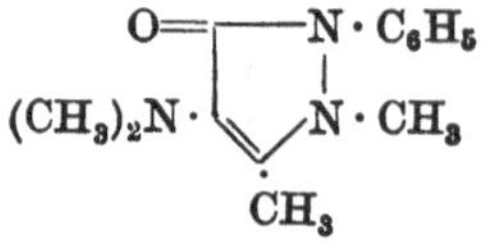 | 231,29 |
| 1543 | 108 | Thiocarbamidsäure-S-äthylester (Thiourethan) | $C_3H_7ONS$ | $H_2N \cdot CO \cdot S \cdot C_2H_5$ | 105,15 |
| 1544 | 108 | 3,4,5-Tribrom-2-äthylthiophen | $C_6H_5Br_3S$ | 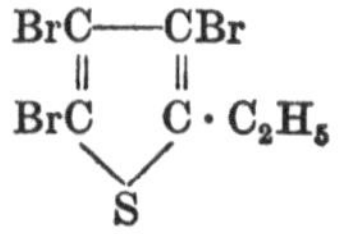 | 348,91 |
| 1545 | 108 bis 109 | 2,2′-Dimethylbenzidin (m-Tolidin) | $C_{14}H_{16}N_2$ | $H_2N \cdot C_6H_3(CH_3) \cdot C_6H_3(CH_3) \cdot NH_2$ | 212,28 |
| 1546 | 108 bis 109 | 5-Methylbrenzschleimsäure | $C_6H_6O_3$ | 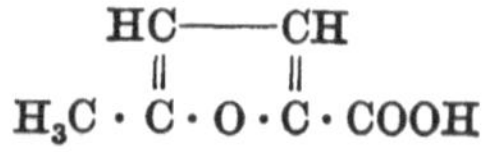 | 126,11 |
| 1547 | 108,5 bis 109 | 1,8-Dibromnaphthalin | $C_{10}H_6Br_2$ | 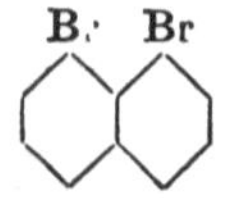 | 285,97 |

| Aggregatzustand Farbe | Spez. Gewicht | Siedepunkt °C | Beilstein-Zitat | Physikalische Konstanten und Eigenschaften | Löslichkeit | Reaktionen |
|---|---|---|---|---|---|---|
| 7 | 8 | 9 | 10 | 11 | 12 | 13 |
| Blättchen (Chlf.) | (Hydrat) 1,289 | 287-290 | VI 882 | schmeckt süß | ll. in W, A, Ae | 1 mg Subst. + 1 Tropfen $Fe(NO_3)_3$-Lsg. blaßblauviolett + 3 Tropfen 2n HCl entfärbt + 1 Tropfen Nitritlsg. blaßgrün oder gelb + $NH_4OH$ tiefgrün |
| Krist. | | | II 232 | | sll: in W<br>ll. in A<br>l. in Ae | |
| Blättchen (Bzl.) | | | II 181 | | sll. in W, Ae | |
| sehr leichtes weißes Pulver | | | VIII 207 | | unl. in W<br>l. in A | 1 g Subst. mit 2 g CaO erhitzen, Dämpfe in W leiten, Geruch nach Bzl.<br>+ verd. $FeCl_3$ → schwach grün<br>+ $NH_3$ → bläuliche Fluoreszenz |
| Nadeln (W) | | Z. | XIII 535 | | wl. in h. W<br>ll. in A, Ae | >108° → Anilin + $H_2S$ |
| Tafeln (A) | | 305 | V 641 | mit Dampf flüchtig | unl. in W<br>ll. in A, Ae, Bzl | |
| gelbliche Nadeln (W) | | | VI 256 | mit Dampf flüchtig | wl. in W, k. A<br>ll. in h. A, Ae | |
| gelbe Nadeln | | 235 (Z.) | VIII 240 | reizt die Schleimhäute | wl. in W<br>ll. in A<br>l. in Alkali rot | |
| Nadeln (Ae od. A) | $1,109^{109°}$ | 147-148 (3 mm) | VIII 87 | | 1 W 22°<br>ll. in A, Ae | |
| Nadeln (Methanol) | | 395 | XII 1275 | | wl. in k. A, Ae | Lsgg. fluoreszieren blau |
| Blättchen (Lg.) | | | XXV 452 | wirkt antipyretisch und schmerzstillend; bitter | 5 W 15°<br>ll. in A, Bzl.<br>wl. in Ae | + $Fe(NO_3)_3$ → blau → blauviolett; bei Erwärmen blumiger Geruch |
| Tafeln | | subl. | III 138 | | unl. in k. W<br>l. in h. W<br>ll. im A, Ae | |
| Prismen (W) | | | XIII 255 | | l. in h. W<br>ll. in A, Ae | N,N'-Diacetylderivat *Fp* 281° |
| Tafeln oder Nadeln (W) | | subl. | XVIII 294 | | 1,89 W 20°<br>ll. in W, A, Ae | |
| Schuppen (Eg.) | | | V 549 | | | |

| Lfd. Nr. | *Fp* | Name | Summenformel | Strukturformel | Mol.-Gewicht |
|---|---|---|---|---|---|
| 1 | 2 | 3 | 4 | 5 | 6 |
| 1548 | **108,5** | Hyoscyamin | $C_{17}H_{23}O_3N$ | 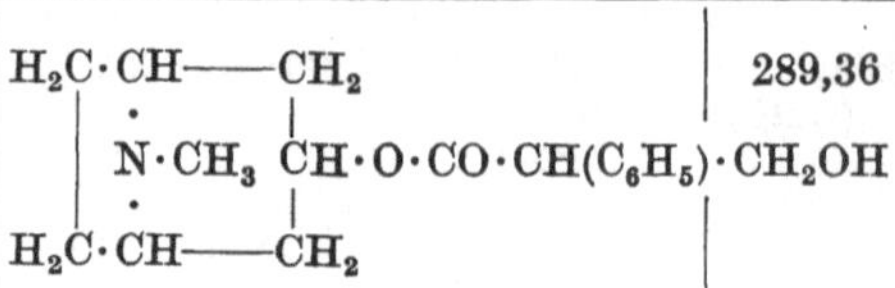 | 289,36 |
| 1549 | **108,5** bis **110** | 3,4-Dijod-2-nitrothiophen | $C_4HO_2NJ_2S$ | 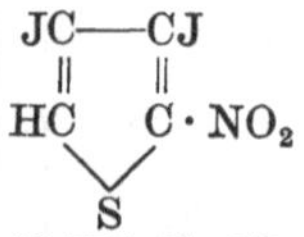 | 380,96 |
| 1550 | **109** | Acetylbromdiäthylacetyl-harnstoff (Abasin) | $C_9H_{15}O_3N_2Br$ | 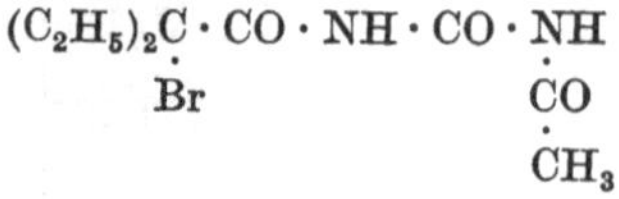 | 279,14 |
| 1551 | **109** | Äthylaminhydrochlorid | $C_2H_8NCl$ | $C_2H_5\cdot NH_2 + HCl$ | 81,55 |
| 1552 | **109** | Dehydracetsäure | $C_8H_8O_4$ | 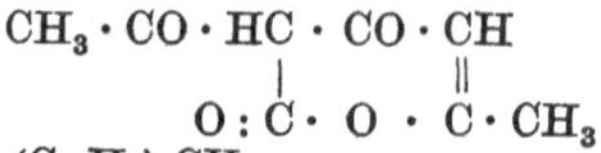 | 168,14 |
| 1553 | **109** | Di-α-naphthylmethan | $C_{21}H_{16}$ | $(C_{10}H_7)_2CH_2$ | 268,33 |
| 1554 | **109** | o,o′-Diphenol | $C_{12}H_{10}O_2$ | $HO\cdot C_6H_4\cdot C_6H_4\cdot OH$ | 186,20 |
| 1555 | **109** | 5-Nitro-2,2′-dithienyl | $C_8H_5O_2NS_2$ | 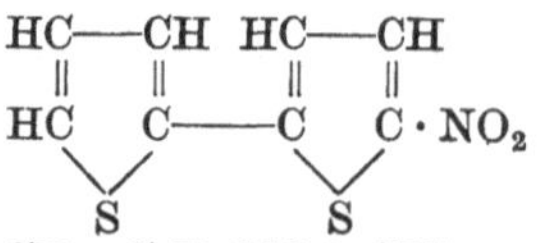 | 211,25 |
| 1556 | **109** | 6-Nitro-m-toluidin ($NH_2 = 1$) | $C_7H_8O_2N_2$ | $CH_3\cdot C_6H_3(NO_2)\cdot NH_2$ | 152,15 |
| 1557 | **109** | Thionaphthen-3-essigsäure | $C_{10}H_8O_2S$ | 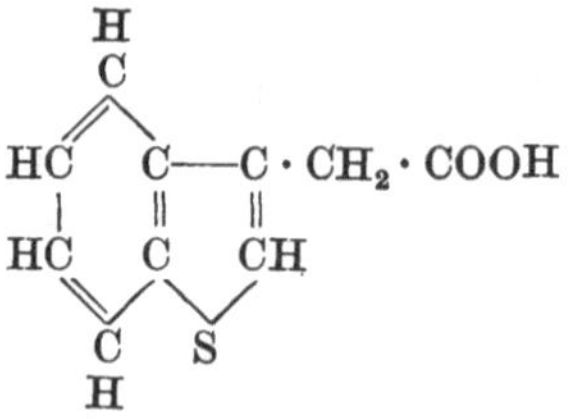 | 192,22 |
| 1558 | **109** bis **110** | o-Phenylen-2,3-thienylen-keton | $C_{11}H_6OS$ | 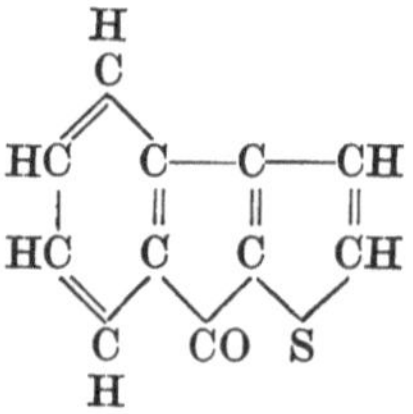 | 186,22 |

| Aggregatzustand Farbe | Spez.-Gewicht | Siedepunkt °C | Beilstein-Zitat | Physikalische Konstanten und Eigenschaften | Löslichkeit | Reaktionen |
|---|---|---|---|---|---|---|
| 7 | 8 | 9 | 10 | 11 | 12 | 13 |
| Nadeln (verd. A) | | | XXI 24 | $[\alpha]_D^{15} = -20{,}3^0$ (abs. A); $-22{,}0^0$ (50%iger A) | 1,89 W 20° ll. in h. W A, Chlf. wl. in Ae, Bzl. | wenige mg Subst. in Porzellanschale mit $HNO_3$ (rauch.) auf W-Bad eindampfen + wenig alkohol. KOH → rotviolett Chloraurat *Fp* 160—162° |
| weißes Krist.-Pulver | | | | | swl. in W ll. in A, Ae, Chlf., Aceton, Essigester | 1. + alkalische $HgJ_2$-Lsg. → gelb → langsam orange 2. 10 mg Subst. in 1 ml 50%iger $H_2SO_4$ erhitzen Fettsäuregeruch + 1 Tropfen A nochmals erhitzt Geruch nach Essigsäureäthylester |
| zerfließliche Krist. (A + Ae) | | 270 (Z.) | IV 91 | | 279,9 W 25° ll. in A unl. in Ae 0,17 Chlf. 25° | |
| Nadeln od. Tafeln (W) | | 270 | XVII 559 | | l. W 60° ll. in h. W, Ae wl. in k. A | |
| Prismen (A) | | 270 (14 mm) | V 728 | | unl. in W 0,83 k. A 6,67 sd. A ll. in Ae | |
| Blättchen (W) | 1,342 | 326 | VI 989 | | wl. in W ll. in A, Ae l. in Soda-Lsg. | + $FeCl_3$ → rotviolett Diacetat *Fp* 95° |
| gelbe Blättchen (A) | | | XII 876 | | wl. in W ll. in A, Ae | Acetylderivat *Fp* 86—87° |
| tieforange-gelb | | | | | | |

| Lfd. Nr. | *Fp* | Name | Summenformel | Strukturformel | Mol.-Gewicht |
|---|---|---|---|---|---|
| 1 | 2 | 3 | 4 | 5 | 6 |
| 1559 | 109 bis 111 | 5,5'-Dimethyl-3,3'-diaceto-2,2'-dithienyl | $C_{14}H_{14}O_2S_2$ | 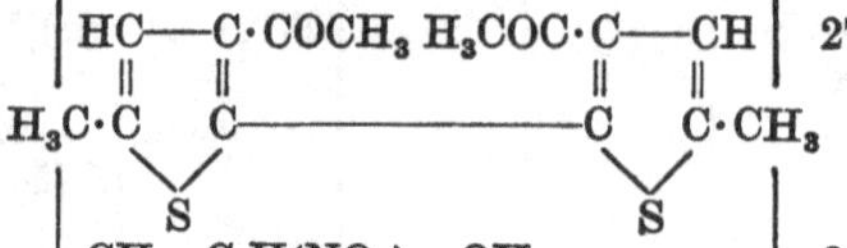 | 278,37 |
| 1560 | 109,5 | 2,4,6-Trinitro-m-kresol | $C_7H_5O_7N_3$ | $CH_3 \cdot C_6H(NO_2)_3 \cdot OH$ | 243,13 |
| 1561 | 110 | Acetchloramid | $C_2H_4ONCl$ | $CH_3 \cdot CO \cdot NHCl$ | 93,52 |
| 1562 | 110 | Acet-o-toluidid | $C_9H_{11}ON$ | $CH_3 \cdot CO \cdot NH \cdot C_6H_4 \cdot CH_3$ | 149,18 |
| 1563 | 110 | Acridin | $C_{13}H_9N$ | 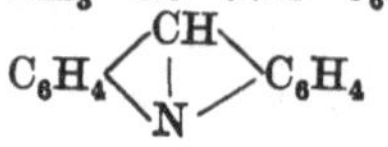 | 179,21 |
| 1564 | 110 | 3-Aminocampher | $C_{10}H_{17}ON$ | 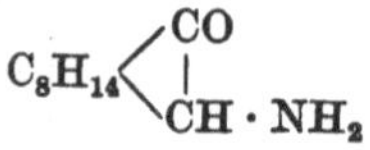 | 167,24 |
| 1565 | 110 | 1-Aminodibenzothiophen | $C_{12}H_9NS$ | 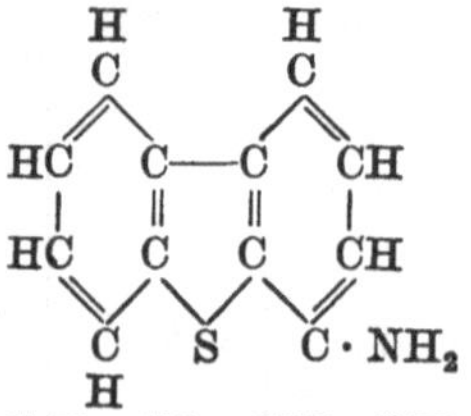 | 199,26 |
| 1566 | 110 | Benzolsulfanilid | $C_{12}H_{11}O_2NS$ | $C_6H_5 \cdot SO_2 \cdot NH \cdot C_6H_5$ | 233,27 |
| 1567 | 110 | Caprylsäureamid | $C_8H_{17}ON$ | $CH_3 \cdot (CH_2)_6 \cdot CO \cdot NH_2$ | 143,22 |
| 1568 | 110 | Dibenzhydryläther (Benzhydroläther) | $C_{26}H_{22}O$ | $[(C_6H_5)_2CH]_2O$ | 350,43 |
| 1569 | 110 | Fluoranthen (Idryl) | $C_{16}H_{10}$ | 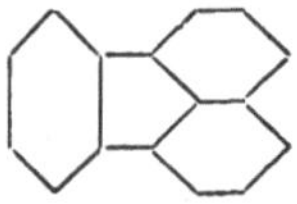 | 202,24 |
| 1570 | 110 (Z.) | d-Glucosamin | $C_6H_{13}O_5N$ | $HO \cdot CH_2 \cdot [CH(OH)]_3 \cdot CH(CHO) \cdot NH_2$ | 179,17 |
| 1571 | 110 | Hydrobenzamid | $C_{21}H_{18}N_2$ | $C_6H_5 \cdot CH(N:CH \cdot C_6H_5)_2$ | 298,37 |
| 1572 | 110 | 3-Methoxybenzoesäure | $C_8H_8O_3$ | $CH_3 \cdot O \cdot C_6H_4 \cdot COOH$ | 152,14 |
| 1573 | 110 | 2-Nitrobenzonitril | $C_7H_4O_2N_2$ | $O_2N \cdot C_6H_4 \cdot CN$ | 148,12 |
| 1574 | ~110 | d-Sorbit (Sionon) | $C_6H_{14}O_6$ | $HO \cdot CH_2 \cdot [CH(OH)]_4 \cdot CH_2 \cdot OH$ | 182,17 |

| Aggregat-zustand Farbe | Spez. Gewicht | Siede-punkt °C | Beilstein-Zitat | Physikalische Konstanten und Eigenschaften | Löslichkeit | Reaktionen |
|---|---|---|---|---|---|---|
| 7 | 8 | 9 | 10 | 11 | 12 | 13 |
| gelbe Nadeln (A + W) | | explodiert 150° | VI 387 | | 0,22 W 20°<br>0,81 sd. W<br>ll. in A, Ae, Bzl. | |
| Blättchen (Bzl.) | | | II 181 | | sll. in W, A | |
| Nadeln | $1{,}168^{15°}$ | 296 | XII 792 | | 0,86 W 19°<br>l. in A, Eg. | |
| Säulen (verd. A) | | 345-346 | XX 459 | subl. bei 100°; reizt Schleimhäute u. Epidermis; mit Dampf flüchtig | wl. in sd. W<br>ll. in A, Ae, $CS_2$ | Pikrat *Fp* 208°, gelbe Nadeln<br>Quecksilbersalz *Fp* 325°, Nadeln |
| Wachs | | 243-245 | XIV 10 | mit Dampf flüchtig; riecht fischartig | unl. in W<br>l. in A, Ae | Hydrochlorid *Fp* 226 bis 228° (Z.)<br>Phenylhydrazon *Fp* 107° |
| Prismen (A) | | | XII 565 | | wl. in W<br>ll. in A, Ae | |
| Blättchen | | >200 (Z.) | II 349 | | 0,45 sd. W<br>ll. in A, Ae | |
| Krist. (Bzl.) | | 267 (15 mm) | VI 679 | | wl. in sd. W<br>ll. in Bzl. | Zers. bei 300° |
| Nadeln (A) | | 217 (30 mm)<br>250-251 (60 mm) | V 685 | subl. in flachen Nadeln | unl. in W<br>wl. in k. A<br>ll. in Ae, Bzl., Eg.<br>l. in h. $H_2SO_4$ blau | mit Mellitsäureanhydrid braunrote Schmelze<br>Pikrat *Fp* 183°, rötlich-gelbe Nadeln<br>Chinon *Fp* 188°, rote Nadeln |
| Nadeln (Methanol) | | | IV 328 | | ll. in W<br>wl. in A<br>unl. in Ae | Oxalat *Fp* 153° (Z.), Nadeln<br>Oxim *Fp* 127°, prismatische Kristalle<br>Semicarbazon *Fp* 165°, Nadeln |
| Krist (A oder Ae) | | | VII 215 | | unl. in W<br>ll. in A, Ae | bei 120° → Amarin *Fp* 133° |
| Nadeln (W) | | 170-172 (10 mm) | X 137 | | wl. in k. W<br>ll. in h. W, A, Ae | |
| Nadeln (W) | | | IX 374 | | ll. in sd. W, A, Eg. | |
| Nadeln | | | I 533 | $[\alpha]_D$ −1,7° (W), +1,4° (Boraxlösung); süßer Geschmack | sll. in W<br>swl. in k. A<br>ll. in h. A | mit wenig $CuSO_4$-Lsg. versetzte wss. Lsg. + 2n-Lauge → blau; + einige Tropfen n/10-$KMnO_4$-Lsg. → tiefgrün → Braunfärbung; bei gelindem Erwärmen → rotes Kupferoxydul |

| Lfd. Nr. | *Fp* | Name | Summenformel | Strukturformel | Mol.-Gewicht |
|---|---|---|---|---|---|
| 1 | 2 | 3 | 4 | 5 | 6 |
| 1575 | ~110 | 5-Sulfosalicylsäure (p-Phenolsulfon-o-carbonsäure) | $C_7H_6O_6S$ | $HO \cdot C_6H_3(COOH) \cdot SO_3H$ | 218,18 |
| 1576 | 110 | 3,3′,4,4′-Tetrabrom-2,2′-dithienyl | $C_8H_2Br_4S_2$ | 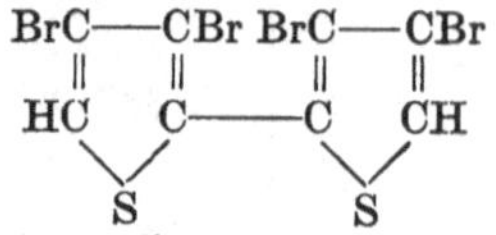 | 481,88 |
| 1577 | 110 | m-Toluylsäure | $C_8H_8O_2$ | $CH_3 \cdot C_6H_4 \cdot COOH$ | 136,14 |
| 1578 | 110 bis 110,5 | 2-Propiothienon | $C_7H_8OS$ | 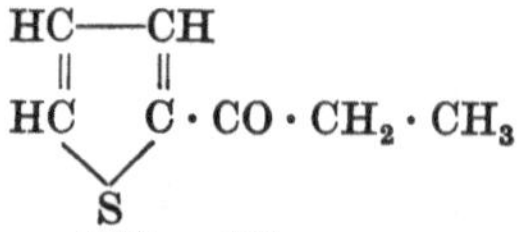 | 140,19 |
| 1579 | 110 bis 111 | 3-Brom-2,5-dinitro-thiophen | $C_4HO_4N_2BrS$ | 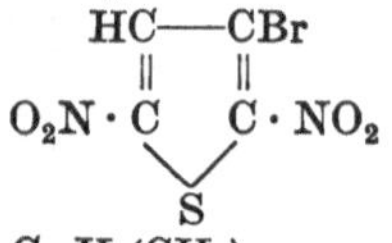 | 253,04 |
| 1580 | 110 bis 111 | 2,6-Dimethylnaphthalin | $C_{12}H_{12}$ | $C_{10}H_6(CH_3)_2$ | 156,21 |
| 1581 | 110 bis 111 | 6-Phenylchinolin | $C_{15}H_{11}N$ | $C_9H_6N \cdot C_6H_5$ | 205,24 |
| 1582 | 110 bis 112 | 1-Phenyl-2,3-dimethyl-pyrazolon-(5) (Antipyrin) | $C_{11}H_{12}ON_2$ | 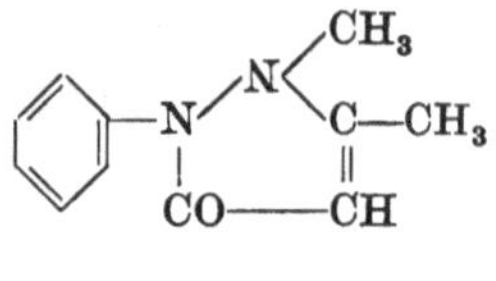 | 188,22 |
| 1583 | 110 bis 120 | α-Naphthol-5-sulfonsäure (L-Säure) | $C_{10}H_8O_4S$ | $HO \cdot C_{10}H_6 \cdot SO_3H$ | 224,22 |
| 1584 | 110,7 | Resorcin (1,3-Dioxy-benzol) | $C_6H_6O_2$ |  | 110,11 |

| Aggregatzustand Farbe | Spez. Gewicht | Siedepunkt °C | Beilstein-Zitat | Physikalische Konstanten und Eigenschaften | Löslichkeit | Reaktionen |
|---|---|---|---|---|---|---|
| 7 | 8 | 9 | 10 | 11 | 12 | 13 |
| Nadeln + $2H_2O$ (W) | | | XI 411 | saurer Geschmack | ∞ in W<br>A, Ae | + $Fe(NO_3)_3$-Lsg. → violettrot |
| Prismen (W) | $1{,}054^{112°}$ | 263 | IX 475 | sublimierbar; mit Dampf leicht flüchtig | 0,085 W 15°<br>1,7 W 100°<br>ll. in A, Ae | 4-Nitrobenzylester *Fp* 86,6°<br>Amid *Fp* 97°, Nadeln<br>p-Phenylphenacylester *Fp* 136,5° |
| Blättchen (A) | | 261-262 | V 570 | mit Dampf flüchtig | unl. in W<br>wl. in A | Pikrat *Fp* 142° |
| Tafeln (A) | $1{,}195^{20°}$ | 260 (77 mm) | XX 483 | | swl. in W<br>ll. in A<br>wl. in Ae | |
| weiße tafelförmige Krist. | | 211-212 (10 mm)<br>319 (174 mm) | XXIV 27 | schwach bitter; kühlend; wirkt antipyretisch | 34 W 20°<br>74 A 20°<br>2 Ae 20°<br>l. in Chlf. | wss. Lsg. + 1 Tropfen $Fe(NO_3)_3$-Lsg. → orange<br>+ 4—5 Tropfen $Fe(NO_3)_3$-Lsg. → intensiv orange<br>Subst. + 2 Tropfen konz. $HNO_3$ → farblos; 5 bis 10 Sek. Erhitzen im W-Bad → rot + $H_2O$ → violettrot |
| zerfließliche Krist. | | | XI 273 | | l. in W | Zinksalz lanzettförmige Nadeln<br>2-Nitroso-α-naphthol-5-sulfonsäure gelbe Nadeln |
| weiße Tafeln oder Säulen (W, A, Ae) | $1{,}2717^{15°}$ | 280,8 | VI 796 | kryoskop.Konst. 6,5; schmeckt sehr süß; fast geruchlos | 147 W 12°<br>229 W 30°<br>144 A 9°<br>ll. in Ae<br>wl. in Chlf. | Lsg. + Lauge → farblos; erhitzen → grün, + Chlf. u. erhitzen → violettrot<br>1 mg Subst. + 1 Tropfen Eisennitratlsg. → blaßblauviolett + 3 Tropfen 2n HCl → entfärbt<br>+ 1 Tropfen Nitritlösung langsam blaßgrün oder gelb, + $NH_3$ nach 1 Min. → tiefgrün<br>+ Formaldehyd (3 Tropfen in 3 ml HCl) amorpher Nd., erwärmen → rot (1 : 100000)<br>Phenylurethan *Fp* 164°, Tafeln |

| Lfd. Nr. | *Fp* | Name | Summenformel | Strukturformel | Mol.-Gewicht |
|---|---|---|---|---|---|
| 1 | 2 | 3 | 4 | 5 | 6 |
| 1585 | 111 | 2-Chlor-4-nitrophenol | $C_6H_4O_3NCl$ | $O_2N \cdot C_6H_3Cl \cdot OH$ | 173,56 |
| 1586 | 111 | Hexahydrosalicylsäure | $C_7H_{12}O_3$ | 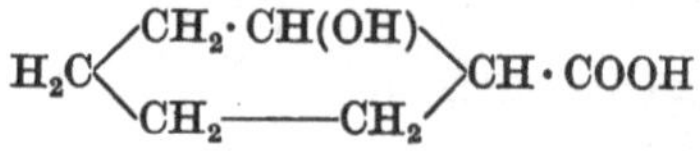 | 144,16 |
| 1587 | 111 | Patulin (Anhydro-3-oxy-methylen-tetrahydro-γ-pyron-2-carbon-säure) | $C_7H_6O_4$ | 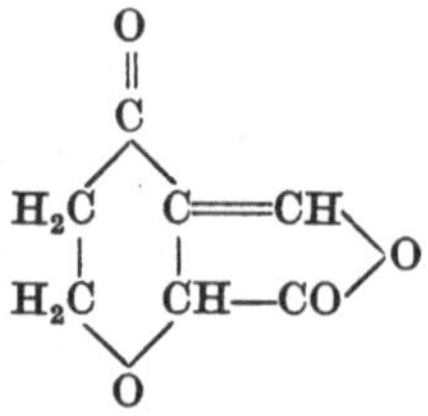 | 154,12 |
| 1588 | 111 bis 112 | 3-Acetodibenzothiophen | $C_{14}H_{10}OS$ | 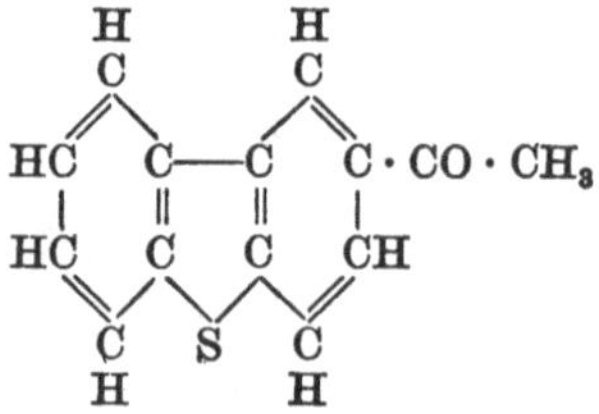 | 226,28 |
| 1589 | 111 bis 112 | 1,4-Diäthylendisulfid (Dithian) | $C_4H_8S_2$ | 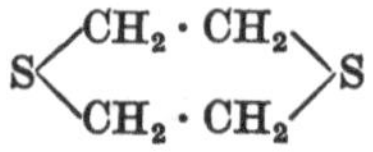 | 120,22 |
| 1590 | 111 bis 112 | 2,5-Dimethylthenoyl-3-β-propionsäure | $C_{10}H_{12}O_3S$ | 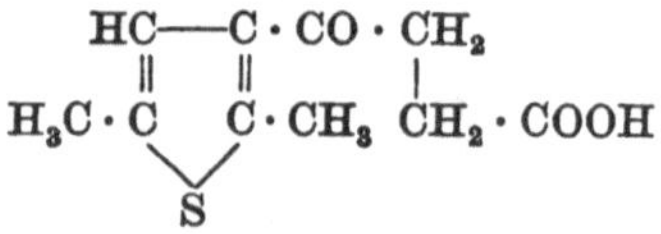 | 212,26 |
| 1591 | 111 bis 112 | Dipyridyl-(4,4′) | $C_{10}H_8N_2$ |  | 156,18 |
| 1592 | 111 bis 112 | 5-Methyl-2-jodmercuri-thiophen | $C_5H_5JSHg$ | 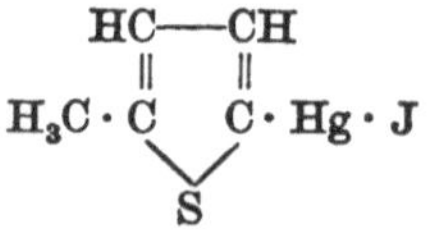 | 424,68 |
| 1593 | 111 bis 112 | 3,3′,4,4′,5-Pentachlor-5′-methyl-2,2′-dithienyl | $C_9H_3Cl_5S_2$ | 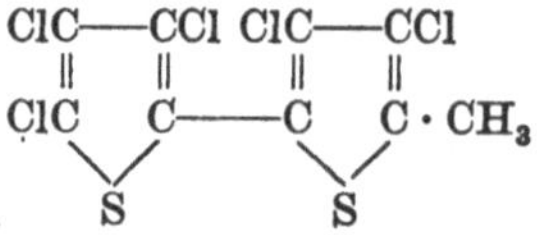 | 352,52 |
| 1594 | 111 bis 112 | 2,3,5-Tribrom-4-jod-thiophen | $C_4Br_3JS$ | 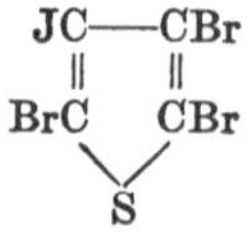 | 446,77 |
| 1595 | 111,1 bis 111,2 | 3-p-Tolylthiophen | $C_{11}H_{10}S$ | 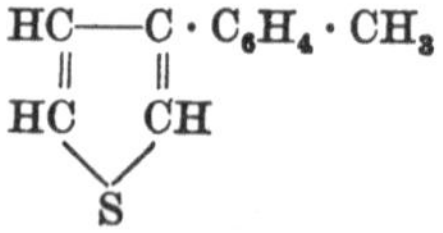 | 174,25 |

| Aggregatzustand Farbe | Spez. Gewicht | Siedepunkt °C | Beilstein-Zitat | Physikalische Konstanten und Eigenschaften | Löslichkeit | Reaktionen |
|---|---|---|---|---|---|---|
| 7 | 8 | 9 | 10 | 11 | 12 | 13 |
| Nadeln (W) | | | VI 240 | | wl. in W<br>ll. in A, Ae | |
| Prismen (Ae) | | | X 5 | | ll. in W, A, Ae<br>wl. in Bzl. | |
| farblos | | | | optisch inaktiv | ll. in W | |
| Prismen ($CS_2$) | | 200 | XIX 3 | mit Dampf flüchtig<br>bei 200° W-Abspaltung | wl. in W<br>l in A, Ae, $CS_2$ | |
| Nadeln (W) | | 304,8 | XXIII 200 | schmeckt bitter | wl. in W<br>sll. in A<br>ll. in Ae, Bzl., Chlf. | |

| Lfd. Nr. | *Fp* | Name | Summenformel | Strukturformel | Mol.-Gewicht |
|---|---|---|---|---|---|
| 1 | 2 | 3 | 4 | 5 | 6 |
| 1596 | 111,5 | Äthylmalonsäure | $C_5H_8O_4$ | $C_2H_5 \cdot CH(COOH)_2$ | 132,11 |
| 1597 | 112 | dl-Brenzweinsäure | $C_5H_8O_4$ | $HOOC \cdot CH(CH_3) \cdot CH_2 \cdot COOH$ | 132,11 |
| 1598 | 112 | N,N'-Diäthylharnstoff | $C_5H_{12}ON_2$ | $C_2H_5 \cdot NH \cdot CO \cdot NH \cdot C_2H_5$ | 86,13 |
| 1599 | 112 | Dibenzalaceton | $C_{17}H_{14}O$ | $(C_6H_5 \cdot CH:CH)_2CO$ | 234,38 |
| 1600 | 112 | 3,4-Dichlor-2,5-di-[dibrom-methyl]-thiophen | $C_6H_2Cl_2Br_4S$ | 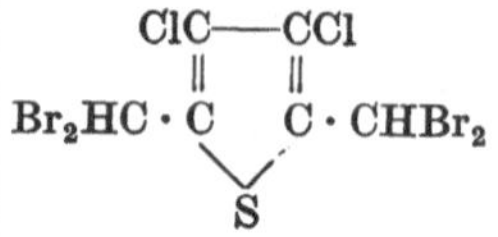 | 496,11 |
| 1601 | 112 | 1-Methylnaphthol-(2) | $C_{11}H_{10}O$ | $CH_3 \cdot C_{10}H_6 \cdot OH$ | 158,19 |
| 1602 | 112 | *β*-Naphthylamin | $C_{10}H_9N$ | $C_{10}H_7 \cdot NH_2$ | 143,18 |
| 1603 | 112 | 1-Nitrosonaphthol-(2) | $C_{10}H_7O_2N$ | $HO \cdot C_{10}H_6 \cdot NO$ | 173,16 |
| 1604 | 112 | N-Phenylbenzamidin | $C_{13}H_{12}N_2$ | $C_6H_5 \cdot NH \cdot C(:NH) \cdot C_6H_5$ oder $C_6H_5 \cdot N:C(NH_2) \cdot C_6H_5$ | 196,24 |
| 1605 | 112 | Sulfanilid | $C_{12}H_{12}O_2N_2S$ | $(C_6H_5 \cdot NH)_2SO_2$ | 248,29 |
| 1606 | 112 | 2,3,4-Trinitrotoluol | $C_7H_5O_6N_3$ | $(O_2N)_3C_6H_2 \cdot CH_3$ | 227,13 |
| 1607 | 112 | Triphenylchlormethan | $C_{19}H_{15}Cl$ | $(C_6H_5)_3C \cdot Cl$ | 278,76 |
| 1608 | 112 bis 113 | *γ*-Benzolhexachlorid (*γ*-Hexachlorcyclohexan, Hexanchloran, Gammexan, 666-Wirkstoff) | $C_6H_6Cl_6$ | $C_6H_6Cl_6$ | 290,85 |
| 1609 | 112 bis 113 | Mannithexanitrat | $C_6H_8O_{18}N_6$ | $O_2N \cdot O \cdot CH_2 \cdot [CH(O \cdot NO_2)]_4 \cdot CH_2 \cdot O \cdot NO_2$ | 452,17 |
| 1610 | 112 bis 113 | 1,2,5-Trinitronaphthalin | $C_{10}H_5O_6N_3$ | $C_{10}H_5(NO_2)_3$ | 263,16 |

| Aggregat-zustand Farbe | Spez. Gewicht | Siede-punkt °C | Beilstein-Zitat | Physikalische Konstanten und Eigenschaften | Löslichkeit | Reaktionen |
|---|---|---|---|---|---|---|
| 7 | 8 | 9 | 10 | 11 | 12 | 13 |
| Prismen (W) | | 160 Z. | II 643 | | ll. in W, A Ae | bei 160° → Buttersäure<br>Diamid *Fp* 216°<br>Dipikrat *Fp* 187°<br>Dihydrazid *Fp* 168° |
| Krist. | 1,411° | 200 (Z.) | II 637 | bei 200° W-Abspaltung | 66,7 W 20°<br>ll. in A, Ae<br>0,35 Chlf. 18° | Diamid *Fp* 225°<br>Phenacylester *Fp* 101,5° |
| Nadeln (A) | 1,042° | 263 | I 679 | | ll. in W, A, Ae | |
| gelbe Blättchen (A) | | Z. | VII 500 | Lsgg. fluoreszieren blaugrün | unl. in W<br>swl. in k. A<br>wl. in Ae | Lsg. in konz. $H_2SO_4$ → rot<br>Oxim *Fp* 142—144°, Nadeln<br>Phenylhydrazon *Fp* 146,5° bis 147,5°, orangegelbe Nadeln<br>p-Nitrophenylhydrazon *Fp* 173°, gelbrote Blättchen |
| Nadeln (W) | | subl. | VI 664 | | wl. in W<br>ll. in A, Ae<br>l. in $H_2SO_4$ rotgelb | |
| Blättchen (W) | $1{,}061^{98°}$ | 306,1 | XII 1265 | geruchlos; mit Dampf flüchtig; Lsg. fluoresziert stark blau; sublimierbar | ll. in h. W, A, Ae | Acetylderivat *Fp* 134 bis 136°, Blättchen<br>Benzoylderivat *Fp* 162 bis 163°, Nadeln<br>Pikrat *Fp* 195°, gelbe Nadeln |
| orange Blättchen oder Prismen (A, Ae oder Bzl.) | | | VII 712 | mit Dampf flüchtig | 0,02 W 20°<br>2,4 A 13°<br>ll. in h. A, Ae | |
| Nadeln (A) | | Z. | XII 264 | | wl. in W<br>sll. in A, Ae | Erhitzen → Anilin + Benzonitril |
| Nadeln (W) | | Z. ~ 170 | XII 579 | schmeckt unangenehm beißend | 0,7 sd. W<br>ll. in A, Ae | |
| Prismen (A) | | 290 Z. | V 349 | | wl. in k. A<br>ll. in Ae | |
| Krist. (Bzl.) | | 230-235 (20mm) | V 700 | | ll. in Ae, Bzl., Chlf.<br>l. in fl. $SO_2$ gelb | + W → HCl + Triphenylcarbinol |
| breite Nadeln (Ae) | | | $E_1$ V 8 | mit Dampf flüchtig | unl. in W<br>l. in Ae, Aceton, A, Chlf., Dioxan, Eg. | + alkohol. KOH → 1,2,4-Trichlorbenzol, 1,3,5-Trichlorbenzol, wenig 1,2,3-Trichlorbenzol und HCl |
| Nadeln | $1{,}604^{0°}$ | | I 543 | verpufft bei starkem Erhitzen | unl. in W<br>l. in h. A, Ae | |
| Nadeln (A) | | | V 563 | | l. in A | |

| Lfd. Nr. | *Fp* | Name | Summenformel | Strukturformel | Mol.-Gewicht |
|---|---|---|---|---|---|
| 1 | 2 | 3 | 4 | 5 | 6 |
| 1611 | 112 bis 113 | p-Xylylenglykol | $C_8H_{10}O_2$ | $C_6H_4(CH_2 \cdot OH)_2$ | 138,16 |
| 1612 | 112 bis 114 | Trasentin (Chlorhydrat d. Diphenylessigsäureesters d. Diäthylamino-äthanols) | $C_{20}H_{26}O_2NCl$ | $(C_6H_5)_2CH \cdot CO \cdot OCH_2CH_2N(C_2H_5)_2 \cdot HCl$ | 347,87 |
| 1613 | 112,5 | Benzhydrazid (Benzoyl-hydrazin) | $C_7H_8ON_2$ | $C_6H_5 \cdot CO \cdot NH \cdot NH_2$ | 136,15 |
| 1614 | 113 | Ammoniumacetat | $C_2H_7O_2N$ | $CH_3 \cdot COO \cdot NH_4$ | 77,08 |
| 1615 | 113 | Syringaaldehyd | $C_9H_{10}O_4$ | 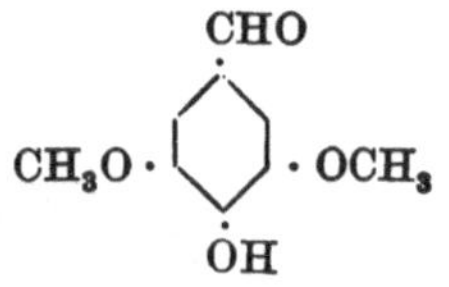 | 182,09 |
| 1616 | 113 | *l*-Bornylen | $C_{10}H_{16}$ | 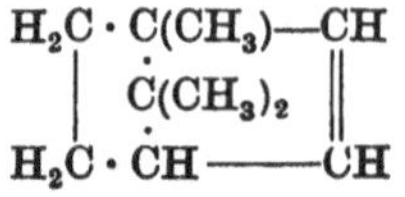 | 136,22 |
| 1617 | 113 | 4-Nitrodiphenyl | $C_{12}H_9O_2N$ | $C_6H_5 \cdot C_6H_4 \cdot NO_2$ | 199,20 |
| 1618 | 113 | Pentaacetyl-α-d-glucose | $C_{16}H_{22}O_{11}$ | $C_6H_7O(O \cdot CO \cdot CH_3)_5$ | 390,33 |
| 1619 | 113 | 2-Phenoxybenzoesäure | $C_{13}H_{10}O_3$ | $C_6H_5 \cdot O \cdot C_6H_4 \cdot COOH$ | 214,21 |
| 1620 | 113 bis 114 | β-Benzilmonoxim | $C_{14}H_{11}O_2N$ | $C_6H_5 \cdot CO \cdot C(:N \cdot OH) \cdot C_6H_5$ | 225,23 |
| 1621 | 113 bis 114 | 2-Brom-4-nitrophenol | $C_6H_4O_3NBr$ | $O_2N \cdot C_6H_3Br \cdot OH$ | 218,02 |
| 1622 | 113 bis 116 | Bikhaconitin | $C_{36}H_{51}O_{11}N$ | $C_{36}H_{51}O_{11}N \cdot H_2O$ | 673,58 |
| 1623 | 113,6 | 4-Nitrophenol | $C_6H_5O_3N$ | $O_2N \cdot C_6H_4 \cdot OH$ | 139,11 |
| 1624 | 114 | Acetanilid (Antifebrin) | $C_8H_9ON$ | $CH_3 \cdot CO \cdot NH \cdot C_6H_5$ | 135,16 |

| Aggregat-zustand Farbe | Spez. Gewicht | Siede-punkt °C | Beilstein-Zitat | Physikalische Konstanten und Eigenschaften | Löslichkeit | Reaktionen |
|---|---|---|---|---|---|---|
| 7 | 8 | 9 | 10 | 11 | 12 | 13 |
| Nadeln | | | VI 919 | | ll. in W, A, Ae | Diacetat *Fp* 47° |
| weiße Krist. | | | | Geschmack bitter; anästhesierend, geruchlos | | 1 mg + 10—20 mg Paraform + 1 ml konz. $H_2SO_4$ → gelb → violettrot + Fe-Phosphorsäure → braun-violettrot + Salpeter-Schwefelsäure → olivstichig-hellbraun |
| Tafeln (W) | | | IX 319 | | zll. in W, A<br>wl. in Ae | |
| hygroskop. Nadeln | $1{,}771^{25°}$ | | II 107 | | ll. in W<br>l. in A | |
| bräunliche Krist. | | | VIII 391 | riecht nach Vanille | sl. in W<br>ll. in A | Erhitzen mit Acetanhydrid u. Na-Acetat → Sinapinsäure, *Fp* 192°, u. Acetylsinapinsäure, *Fp* 181° |
| Krist. (Methanol) | | 146 (750mm) | V 155 | $[\alpha]_D^{20}$ —22,3 (Chlf.); sehr flüchtig | l. in A, Bzl. | |
| Nadeln (A) | 1,328 | 340 | V 583 | | unl. in W<br>wl. in k. A<br>ll. in Ae, Chlf. | |
| Nadeln (A) | | subl. | II 159 | | 0,15 W 18,5°<br>~1,3 A 19°<br>2,7 Ae 15° | |
| Blättchen (verd. A) | | 355 (Z.) | X 65 | | unl. in k. W<br>wl. in sd. W<br>ll. in A, Ae | |
| Nadeln (Bzl.) | | Z. | VII 758 | | swl. in W<br>ll. in A, Ae<br>wl. in Lauge | über *Fp* 113—114° → Benzoesäure + Benzonitril |
| Nadeln (verd. A) | | | VI 244 | | 2,2 sd. W<br>ll. in A, Ae | |
| Krist. (A) | | | | | unl. in W, PAe<br>ll. in A, Ae, Chlf. | |
| gelbliche Prismen | $1{,}2809^{114°}$ | | VI 226 | | 1,52 W 25°<br>29,1 W 90°<br>150,9 A 14°<br>130,4 Ae 14° | |
| Blättchen (W) | $1{,}211^{4°}$ | 305 | XII 237 | Kryoskop.Konst. 6,93; geruchlos; schwach brennender Geschmack | 0,54 W 25°<br>3,5 W 80°<br>21,3 A 20° | 0,2 g Subst. + 25 bis 30 Tropfen HCl 2 Min. kochen, + 1 Tropfen fl. Phenol + 1—2 ml Chlorkalklsg. → schmutziggrauviolett + $NH_3$ → indigoblau |

| Nr. Nr. | *Fp* | Name | Summenformel | Strukturformel | Mol.-Gewicht |
|---|---|---|---|---|---|
| 1 | 2 | 3 | 4 | 5 | 6 |
| 1625 | **114** | 2-Benzylbenzoesäure | $C_{14}H_{12}O_2$ | $C_6H_5 \cdot CH_2 \cdot C_6H_4 \cdot COOH$ | 212,23 |
| 1626 | **114** | Biliverdinsäure | $C_8H_9O_4N$ | HOOC · $CH_2$ · $CH_2$ · C═══C · $CH_3$ <br> OC · NH · CO (ring: C–OC, C–CO) | 183,16 |
| 1627 | **114** | 2,7-Dichlornaphthalin | $C_{10}H_6Cl_2$ | 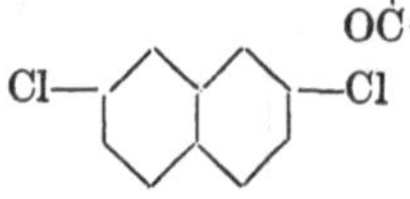 | 197,06 |
| 1628 | **114** | 2,4-Dinitrophenol | $C_6H_4O_5N_2$ | $(O_2N)_2C_6H_3 \cdot OH$ | 184,11 |
| 1629 | **114** | Diphenyl-2-carbonsäure | $C_{13}H_{10}O_2$ | $C_6H_5 \cdot C_6H_4 \cdot COOH$ | 198,21 |
| 1630 | **114** | 3-Nitroanilin | $C_6H_6O_2N_2$ | $O_2N \cdot C_6H_4 \cdot NH_2$ | 138,12 |
| 1631 | **114** | 2-Phenylbenzothiazol | $C_{13}H_9NS$ | $C_6H_4$<(N)(S)>C · $C_6H_5$ | 211,27 |
| 1632 | **114** | 2,3,4,5-Tetramethylpyrrol | $C_8H_{13}N$ | $H_3C \cdot C$———$C \cdot CH_3$ <br> ‖ ‖ <br> $H_3C \cdot C \cdot NH \cdot C \cdot CH_3$ | 123,19 |
| 1633 | **114** bis **115** | Acetophenon-2-carbon-säure | $C_9H_8O_3$ | $CH_3 \cdot CO \cdot C_6H_4 \cdot COOH$ | 164,15 |
| 1634 | **114** bis **115** | Chloralformamid | $C_3H_4O_2NCl_3$ | $Cl_3C \cdot CH \cdot NH \cdot CHO$ <br> · <br> OH | 192,44 |
| 1635 | **114** bis **115** | 3,4-Dibrom-5-methyl-2-acetothienon | $C_7H_6OBr_2S$ | BrC——CBr <br> ‖ ‖ <br> $H_3C \cdot C$ $C \cdot CO \cdot CH_3$ <br> \ / <br> S | 298,01 |
| 1636 | **114** bis **115** | cis-2,5-Dimethylpiperazin | $C_6H_{14}N_2$ | HN<($CH_2 \cdot CH(CH_3)$)($CH(CH_3) \cdot CH_2$)>NH | 114,19 |
| 1637 | **114** bis **115** | Dioxyweinsäure | $C_4H_6O_8$ | $HOOC \cdot C(OH)_2 \cdot C(OH)_2 \cdot COOH$ | 182,09 |

| Aggregat-zustand Farbe | Spez. Gewicht | Siede-punkt °C | Beilstein-Zitat | Physikalische Konstanten und Eigenschaften | Löslichkeit | Reaktionen |
|---|---|---|---|---|---|---|
| 7 | 8 | 9 | 10 | 11 | 12 | 13 |
| Nadeln (verd. A) | | subl. | IX 676 | | wl. in k. W<br>l. in A, Ae, Chlf. | |
| Nadeln (W) | | Z. | XXII 333 | bei Zers. → $CO_2$-Abspaltung | 4 k. W<br>ll. in h. W, h. A<br>6 Ae | |
| Tafeln | | | V 544 | | unl. in W<br>ll. in sd. A | |
| Tafeln oder Nadeln (W. A, Ae) | $1{,}683^{20°}$ | | VI 251 | mit Dampf flüchtig; giftig; Dampf greift Schleimhäute an | 0,50 W 18°<br>4,76 sd. W<br>3,95 A 20°<br>3,07 Ae 15° | |
| Krist. (W) | 1,458 | 343-344 | IX 669 | | unl. k. W<br>wl. in h. W<br>ll. in A, Bzl., Eg. | |
| gelbe Nadeln (W) | $1{,}398^{18°}$ | >285 | XII 698 | mit Dampf flüchtig | 0,114 W 20°<br>7,5 A 20°<br>7,89 Ae 20°<br>2,45 Bzl. 20° | Acetylderivat → *Fp* 154 bis 156° |
| Nadeln (A) | | >360 | XXVII 74 | riecht beim Erwärmen nach Teerosen und Geranien | unl. in W<br>l. in A, Ae | |
| Krist. | | | $E_1$ XX 49 | mit Dampf flüchtig; riecht fäkalartig; zersetzt sich an d. Luft und im Licht | ll. in A, Ae, Bzl. | |
| Krist. (W) | | | X 690 | schmeckt süß | l. in h. W | |
| weiße glänzende Krist. | | | II 27 | Geschmack schwach bitter | l. in W | 1. beim Erwärmen mit Lauge und Orcin bzw. Resorcin → schwach gelbe, grün fluoreszierende oder violettrote Lösung<br>2. mit α-Naphthol + konz. $H_2SO_4$ → beim Erwärmen eine grüne bis blaue Lösung<br>3. beim Erwärmen mit $Na_2S$-Lsg. → gelbe bis braune Lsg. |
| Tafeln oder Prismen (Chlf.) | | 162 | XXIII 21 | | ll. in W, A<br>swl. in Ae | |
| Krist. | | | III 830 | | ll. in W | + h. W → Tartronsäure + $CO_2$<br>Osazon → orangegelbes Pulver *Fp* >200° |

| Lfd. Nr. | *Fp* | Name | Summenformel | Strukturformel | Mol.-Gewicht |
|---|---|---|---|---|---|
| 1 | 2 | 3 | 4 | 5 | 6 |
| 1638 | **114 bis 115** | Linolsäuretetrabromid | $C_{18}H_{32}O_2Br_4$ | 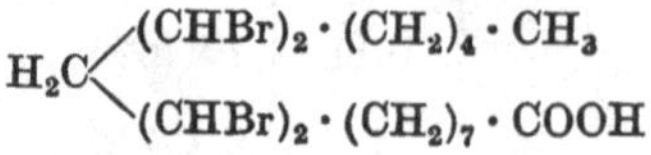 | 600,09 |
| 1639 | **114 bis 117** | 3-Oxyazobenzol | $C_{12}H_{10}ON_2$ | $C_6H_5 \cdot N:N \cdot C_6H_4 \cdot OH$ | 198,21 |
| 1640 | **114,5 bis 115,5** | 5-Aceto-2,2′-dithienyl | $C_{10}H_8OS_2$ | 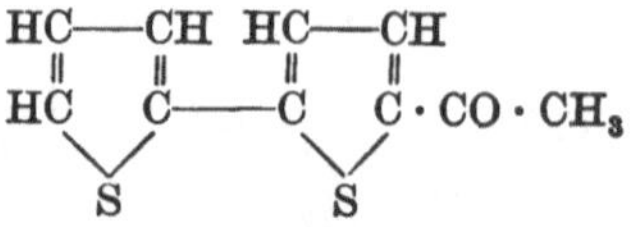 | 296,30 |
| 1641 | **115** | Atropin | $C_{17}H_{23}O_3N$ | 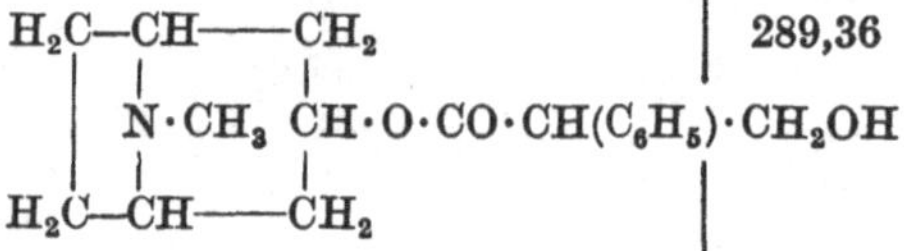 | 289,36 |
| 1642 | **115** | Di-α-naphthylamin | $C_{20}H_{15}N$ | $(C_{10}H_7)_2NH$ | 269,33 |
| 1643 | **115** | 3,3-Diphenylphthalid | $C_{20}H_{14}O_2$ | 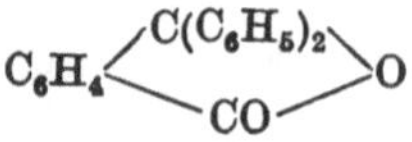 | 286,31 |
| 1644 | **115** | Fluoren | $C_{13}H_{10}$ | 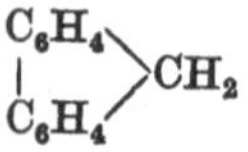 | 166,21 |
| 1645 | **115** | Oxamidsäureäthylester | $C_4H_7O_3N$ | $H_2N \cdot CO \cdot COO \cdot C_2H_5$ | 117,10 |
| 1646 | **115 bis 116** | 3,5-Dibrom-2-nitro-thiophen | $C_4HO_2NBr_2S$ | 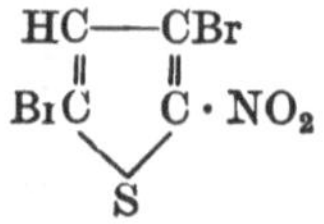 | 286,95 |
| 1647 | **115 bis 116** | α-Bromdiäthylacetylharnstoff (Adalin) | $C_7H_{13}O_2N_2Br$ | 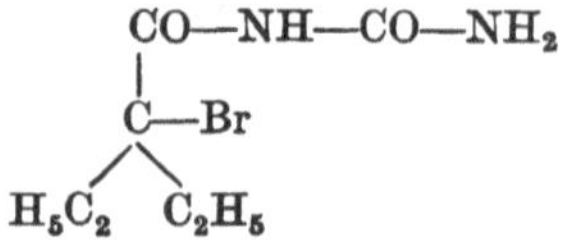 | 237,10 |

| Aggregatzustand Farbe | Spez. Gewicht | Siedepunkt °C | Beilstein-Zitat | Physikalische Konstanten und Eigenschaften | Löslichkeit | Reaktionen |
|---|---|---|---|---|---|---|
| 7 | 8 | 9 | 10 | 11 | 12 | 13 |
| Blättchen (Eg.) | | | II 386 | | unl. in W<br>ll. in A, Ae, Chlf. | |
| gelbe Stäbchen (Bzl.) | | | XVI 94 | | 0,002 W 25°<br>l. in A, Ae | |
| Nadeln (verd. A) | | subl. | XX 27 | starkes Gift; wirkt mydriatisch | 0,16 W 18°<br>ll. in A<br>2,2 Ae 20°<br>68 Chlf. 20° | Chloroaurat *Fp* 138°<br>Pikrat *Fp* 176°<br>1. + Vanadinschwefelsäure löst rot → hellrot<br>2. + p-Dimethylaminobenzaldehyd in $H_2SO_4$ bei schwachem Erwärmen → rot → kirschrot → violettrot<br>3. + etwas rauchende $HNO_3$, auf W-Bad eintrocknen lassen + 1 Tropfen alkohol KOH → violettrot → rot |
| Blättchen (A) | | 312 (15 mm) | XII 1226 | | unl. in W<br>l. in A<br>ll. in Ae | |
| Blättchen (A) | | 419-428 Z. | XVII 391 | | unl. in W<br>l. in A<br>l. in $H_2SO_4$ grüngelb | |
| Blättchen (A) | | 293-295 | V 625 | leicht sublimierbar | unl. in W<br>wl. in k. A<br>ll. in Ae<br>l. in $H_2SO_4$ blau | löst sich in $H_2SO_4$ beim Erwärmen → blau<br>Pikrat *Fp* 84°, rote bis braunrote Prismen<br>2,7-Dinitrofluoren *Fp* 199 bis 201°, Nadeln<br>Fluorennatrium (mit Natriumamid oder Na u. $NH_3$) → braungelbe kristalline Masse<br>(Unterschied von Phenanthrenchinon u. Anthrachinon) |
| Blättchen (A) | | | II 544 | | l. in W, A, Ae<br>swl. in Bzl. | |
| weiße Krist. (verd. A) | | | $E_1$ III 29 | geruchlos; geschmacklos | swl. in W<br>ll. in A, Aceton, Lauge<br>wl. in PAe, k. Lg. | 1. + alkal. $HgJ_2$-Lsg. → gelben, langsam orange werdenden Nd.<br>2. 10 mg Subst. in 1 ml 50%iger $H_2SO_4$ beim Schütteln Fettsäuregeruch |

| Lfd. Nr. | *Fp* | Name | Summenformel | Strukturformel | Mol.-Gewicht |
|---|---|---|---|---|---|
| 1 | 2 | 3 | 4 | 5 | 6 |
| 1648 | **115 bis 116** | Buttersäureamid | $C_4H_9ON$ | $C_2H_5 \cdot CH_2 \cdot CO \cdot NH_2$ | 87,12 |
| 1649 | **115 bis 116** | 4,5-Dinitro-o-xylol | $C_8H_8O_4N_2$ | $(O_2N)_2C_6H_2(CH_3)_2$ | 196,16 |
| 1650 | **115 bis 116** | 2-Thienylarsinoxyd | $C_4H_3OSAs$ | 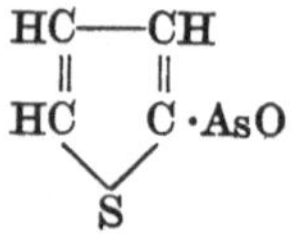 | 174,03 |
| 1651 | **115 bis 116** | Thiobenzamid | $C_7H_7NS$ | $C_6H_5 \cdot CS \cdot NH_2$ | 137,20 |
| 1652 | **115 bis 117** | 2-Methyl-3-thiophensäure | $C_6H_6O_2S$ | 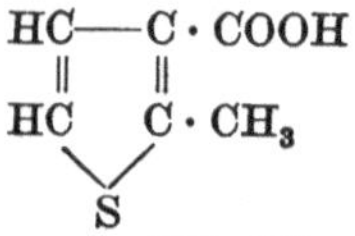 | 142,17 |
| 1653 | **115 bis 120**(Z.) | 1,2-Naphthochinon | $C_{10}H_6O_2$ | 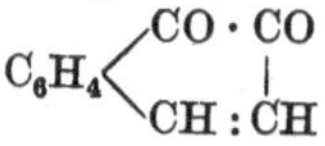 | 158,15 |
| 1654 | **115,7** | p-Chinon (Benzochinon-1,4) | $C_6H_4O_2$ | 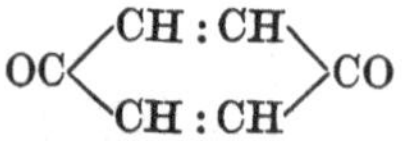 | 108,09 |
| 1655 | **116** | 4-Aminotriphenylcarbinol | $C_{19}H_{17}ON$ | $H_2N \cdot C_6H_4 \cdot C(C_6H_5)_2 \cdot OH$ | 275,33 |
| 1656 | **116** | β-Benzoylpropionsäure | $C_{10}H_{10}O_3$ | $C_6H_5 \cdot CO \cdot CH_2 \cdot CH_2 \cdot COOH$ | 178,18 |
| 1657 | **116** | 2,6-Dimethylbenzoesäure | $C_9H_{10}O_2$ | $(CH_3)_2C_6H_3 \cdot COOH$ | 150,17 |
| 1658 | **116** | Fumigatin (3-Oxy-4-methoxy-2,5-toluchinon) | $C_8H_8O_4$ | 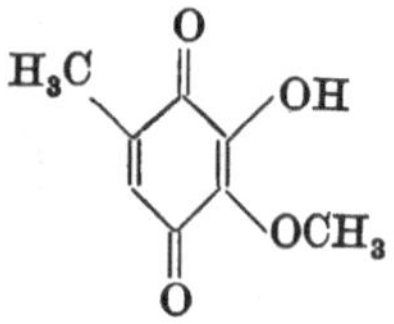 | 168,14 |
| 1659 | **116** | 2-Nitro-p-toluidin ($NH_2 = 1$) | $C_7H_8O_2N_2$ | $CH_3 \cdot C_6H_3(NO_2) \cdot NH_2$ | 152,15 |
| 1660 | **116** | 4-Oxybenzaldehyd (p-Oxybenzaldehyd) | $C_7H_6O_2$ | $HO \cdot C_6H_4 \cdot CHO$ | 122,12 |
| 1661 | **116** | Terephthalaldehyd | $C_8H_6O_2$ | 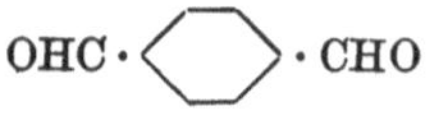 | 134,13 |

| Aggregat-zustand Farbe | Spez. Gewicht | Siede-punkt °C | Beilstein-Zitat | Physikalische Konstanten und Eigenschaften | Löslichkeit | Reaktionen |
|---|---|---|---|---|---|---|
| 7 | 8 | 9 | 10 | 11 | 12 | 13 |
| Blättchen (Bzl.) | 1,032 | 216 | II 275 | | ll. in W<br>l. in A | |
| Nadeln (A) | | | V 369 | | wl. in h. W., k. A<br>ll. in Ae | |
| | | | XVIII603 | | | |
| Nadeln (W) | | | IX 424 | | l. in A | |
| rote Nadeln (Ae) | | | VII 709 | mit Dampf nicht flüchtig | wl. in Ae, Bzl.<br>l. in $H_2SO_4$ grün | Lsg in $H_2SO_4$ → grün<br>Semicarbazon *Fp* 184°, goldgelbe Blättchen |
| gelbe Prismen (W) | 1,318 | subl. | VII 609 | mit Dampf flüchtig; riecht chlorähnlich; Dämpfe reizen Schleimhaut; färbt die Haut braun | wl. in k. W<br>ll. in A, Ae | + Jodjodkalium u. wenig Lauge → kirschrot<br>+ schwefelsaure $FeSO_4$- u. $NH_4CNS$-Lsg. → intensiv rot<br>Monoxim *Fp* 144°, Nadeln<br>Monosemicarbazon *Fp* 165 bis 166°, gelbe Nadeln |
| Krist. (Ae + Lg.) | | | XIII 740 | | l. in A, Ae | |
| Nadeln oder Blättchen (W) | | | X 696 | | wl. in k. W<br>ll. in h. W, A, Ae, Bzl., Chlf. | |
| Nadeln (Lg.) | | | IX 531 | | l. in A, Ae | |
| | | | | | l. in W, Chlf. | |
| rote Blättchen (verd. A) | $1,312^{17°}$ | | XII 1000 | mit Dampf flüchtig | swl. in h. W<br>ll. in A, Ae | Acetylderivat *Fp* 93° |
| Nadeln (W) | $1,129^{130°}$ | subl. | VIII 64 | subl. unzersetzt; mit Dampf nicht flüchtig | wl. in k. W<br>1,3 W 30°<br>ll. in A, Ae<br>3,8 Bzl. 65° | Phenylurethan *Fp* 136°, Nadeln<br>Phenylhydrazon *Fp* 177 bis 178°, Nadeln<br>Oxim *Fp* 72° |
| Nadeln (W) | | 245 | VII 675 | riecht nach Flieder | 1,7 sd. W<br>l. in Alkali<br>ll. in A, Ae | |

| Lfd. Nr. | *Fp* | Name | Summenformel | Strukturformel | Mol.-Gewicht |
|---|---|---|---|---|---|
| 1 | 2 | 3 | 4 | 5 | 6 |
| 1662 | **116** | 1,2,3-Trijodbenzol | $C_6H_3J_3$ | $C_6H_3J_3$ | 455,84 |
| 1663 | **116** | 2,3,4-Trijodthiophen | $C_4HJ_3S$ | 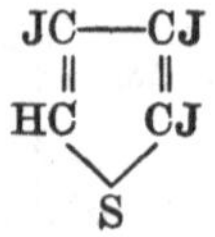 | 461,87 |
| 1664 | **116** bis **117** | Cuminsäure | $C_{10}H_{12}O_2$ | $(CH_3)_2CH \cdot C_6H_4 \cdot COOH$ | 164,19 |
| 1665 | **116** bis **117** | Hydrastinin | $C_{11}H_{13}O_3N$ | 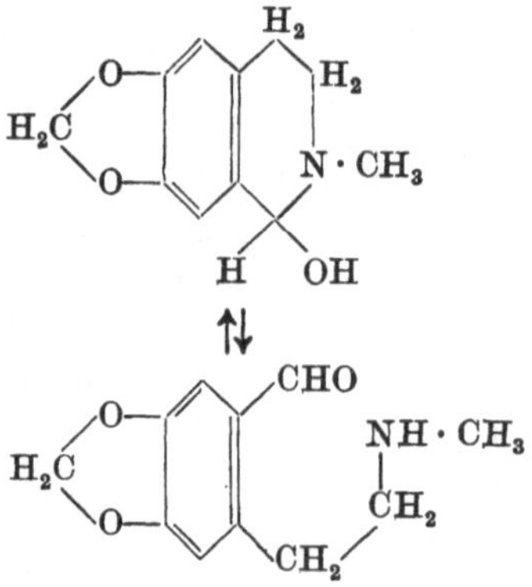 | 207,22 |
| 1666 | **116** bis **117** | Isovanillin | $C_8H_8O_3$ | 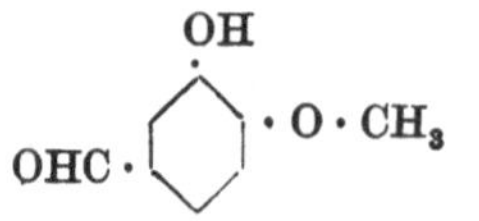 | 152,14 |
| 1667 | **116** bis **117** | α-Naphthylhydrazin | $C_{10}H_{10}N_2$ | $C_{10}H_7 \cdot NH \cdot NH_2$ | 158,19 |
| 1668 | **116** bis **117** | Vitamin $D_2$ (Calciferol) | $C_{28}H_{44}O$ | 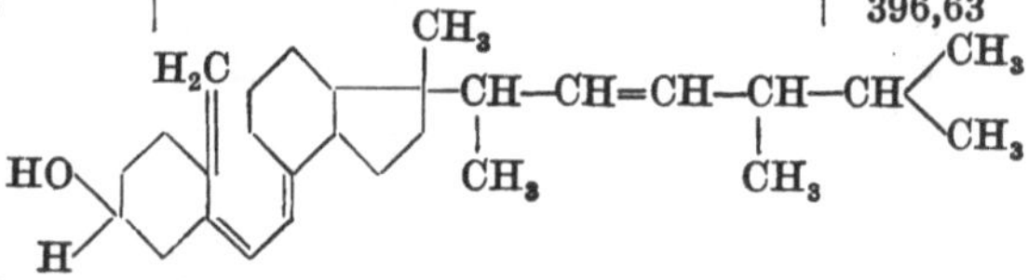 | 396,63 |
| 1669 | **117** | 4-Dimethylaminoazobenzol | $C_{14}H_{15}N_3$ | $C_6H_5 \cdot N:N \cdot C_6H_4 \cdot N(CH_3)_2$ | 225,28 |
| 1670 | **117** | 2-Jodmercurithiophen | $C_4H_3JSHg$ | 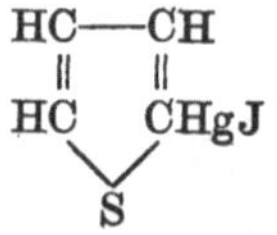 | 410,65 |
| 1671 | **117** | Pyromekonsäure | $C_5H_4O_3$ | 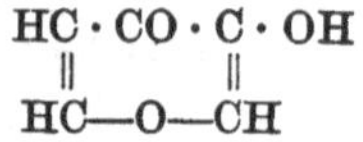 | 112,08 |
| 1671a | **117** bis **118** | 2,5-Dimethyl-3-thiophensäure | $C_7H_8O_2S$ | 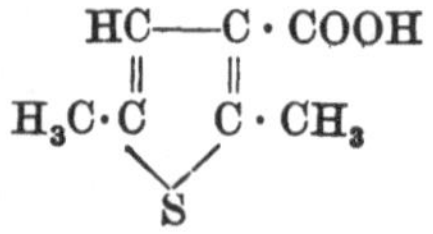 | 156,19 |

| Aggregat-zustand Farbe | Spez. Gewicht | Siede-punkt °C | Beilstein-Zitat | Physikalische Konstanten und Eigenschaften | Löslichkeit | Reaktionen |
|---|---|---|---|---|---|---|
| 7 | 8 | 9 | 10 | 11 | 12 | 13 |
| Nadeln (A) | | subl. | V 228 | | unl. in W<br>ll. in A, Ae | |
| Tafeln (A) | 1,162 | | IX 546 | | swl. in k. W<br>ll. in A, Ae | |
| Nadeln (Lg.) | | | XXVII 465 | wirkt blutdrucksteigernd; schmeckt sehr bitter | wl. in W<br>ll. in A, Ae | Oxim *Fp* 145—150°<br>Chlorhydrat *Fp* 210° (Z.)<br>Pikrat *Fp* 170—172°<br>1. $H_2SO_4$-Lsg. fluoresziert blaugrün<br>2. + HCl + Neßlers Reagenz sofort schwarzer Nd.<br>3. Subst. mit $K_3[Fe(CN)_6]$ verreiben + etwas Wasser → rotgrüne Fällung<br>4. Subst. mit $K_4[Fe(CN)_6]$ verreiben + etwas Wasser → permutterartige Kristallfärbung<br>5. Lsg. in $H_2SO_4$ + 1 Tropfen $HNO_3 \cdot H_2SO_4$ → violettrot → leuchtend orange |
| Säulen oder Tafeln (W) | | | | | | |
| Blättchen (W) | | 203 (20mm) | XV 561 | | swl. in k. W<br>wl. in Ae<br>ll. in h. A | |
| farblose Nadeln oder Prismen | | | | $[\alpha]_D^{21}$ +103° C (0,33% in A); Absorptionsmaximum 260—265 mμ | | + $SbCl_3$ in Chlf. → blau |
| gelbe Blättchen (A) | | | XVI 312 | | l. in A | |
| Prismen (W od. A) | | 227-228 | XVII 435 | | ll. in W, A<br>wl. in Ae | + $Fe(NO_3)_3$ → rot |

| Lfd. Nr. | *Fp* | Name | Summenformel | Strukturformel | Mol.-Gewicht |
|---|---|---|---|---|---|
| 1 | 2 | 3 | 4 | 5 | 6 |
| 1672 | 117 bis 118 | p-Lactylphenetidin (Lactophenin) | $C_{11}H_{15}O_3N$ | 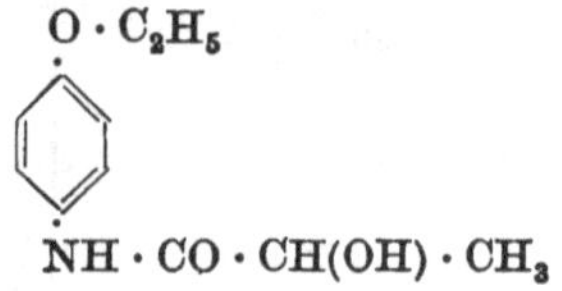 | 209,24 |
| 1673 | 117 bis 118 | 3-Nitrobenzonitril | $C_7H_4O_2N_2$ | $O_2N \cdot C_6H_4 \cdot CN$ | 148,12 |
| 1674 | 117 bis 118 | Tetrabromthiophen | $C_4Br_4S$ | 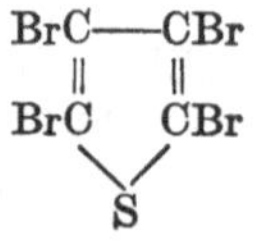 | 399,76 |
| 1675 | 117 bis 118 | dl-Tropasäure | $C_9H_{10}O_3$ | $HO \cdot CH_2 \cdot CH(C_6H_5) \cdot COOH$ | 166,17 |
| 1676 | 117,5 | Chrysoidin | $C_{12}H_{12}N_4$ | $C_6H_5 \cdot N : N \cdot C_6H_3(NH_2)_2{}^{(2,4)}$ | 212,25 |
| 1677 | 117,5 | 4,6-Dibrom-2-nitrophenol | $C_6H_3O_3NBr_2$ | $O_2N \cdot C_6H_2Br_2 \cdot OH$ | 296,92 |
| 1678 | 118 | 3,4-Diäthyl-2-chlor-mercurithiophen | $C_8H_{11}ClSHg$ | 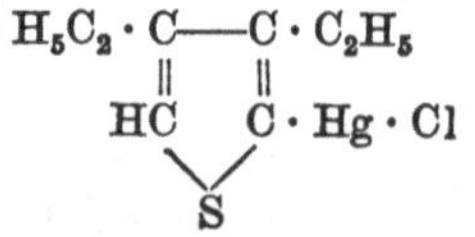 | 375,30 |
| 1679 | 118 | 3,4-Dibrom-2-thiophen-säure | $C_5H_2O_2Br_2S$ | 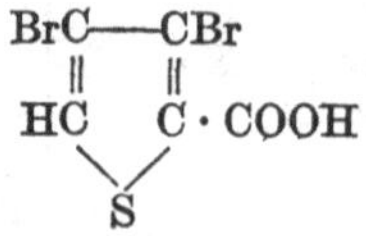 | 285,96 |
| 1680 | 118 | 3,4-Dibromthiophen-2-sulfonsäurechlorid | $C_4HO_2ClBr_2S_2$ | 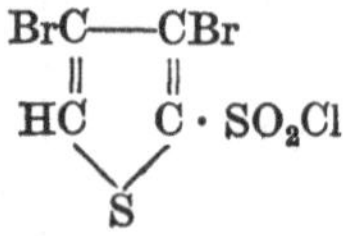 | 340,46 |
| 1681 | 118 | o-Dinitrobenzol | $C_6H_4O_4N_2$ | $C_6H_4(NO_2)_2$ | 168,11 |
| 1681a | 118 | Hordenin ($\beta$-[p-Oxyphenyl]-$\alpha$-dimethylaminoäthan) | $C_{10}H_{15}ON$ | $HO \cdot C_6H_4 \cdot CH_2 \cdot CH_2 \cdot N(CH_3)_2$ | 165,23 |
| 1682 | 118 | 5-Nitro-o-kresol (OH = 1) | $C_7H_7O_3N$ | $CH_3 \cdot C_6H_3(NO_2) \cdot OH$ | 153,13 |
| 1683 | 118 bis 119 | trans-2,5-Dimethyl-piperazin | $C_6H_{14}N_2$ | 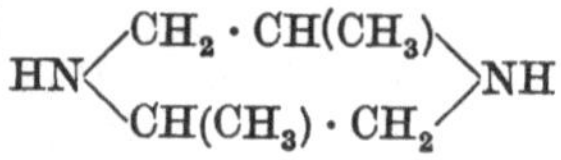 | 114,19 |

| Aggregatzustand Farbe | Spez. Gewicht | Siedepunkt °C | Beilstein-Zitat | Physikalische Konstanten und Eigenschaften | Löslichkeit | Reaktionen |
|---|---|---|---|---|---|---|
| 7 | 8 | 9 | 10 | 11 | 12 | 13 |
| farblose Nadeln | | | XIII 491 | geruchlos; schwach bitter | l. in k. W 1:330<br>l. in h. W 1:55<br>l. in A 1:8,5 | 0,1 g Subst. mit 1—2 ml konz. HCl kochen + 10 ml W, filtrieren; zu Filtrat 3 Tropfen Chromsäurelsg. (3:100) → rubinrot |
| Nadeln (W) | | subl. | IX 385 | | l. in h. W, A<br>ll. in Ae | |
| Nadeln (A) | | 326<br>170-173 (13mm) | XVII 34 | | unl. in W | |
| Tafeln (W) | | 160 (Z.) | X 261 | | 1,98 W 20°<br>ll. in h. W<br>l. in A, Ae<br>wl. in k. Bzl. | |
| gelbe Nadeln (W) | | | XVI 383 | Salze rot | wl. in sd. W<br>ll. in A, Ae, Bzl., Chlf. | |
| gelbe Prismen (A, Ae) | 2,433 | subl. | VI 346 | mit Dampf flüchtig | swl. in W<br>wl. in A, Ae | |
| Nadeln (W)<br>Tafeln (A) | $1{,}565^{17°}$ | 319 (773mm) | V 257 | mit Dampf flüchtig | 0,01 k. W<br>0,38 sd. W<br>3,8 A 25°<br>33 sd. A<br>27,1 Chlf. 18°<br>5,66 Bzl. 18° | |
| Prismen (A) | | 173 (11mm) | XIII 626 | | l. in W<br>ll. in A, Ae | |
| gelbe Nadeln (Lg.) | | | VI 365 | | wl. in k. W<br>ll. in A, Ae, Bzl. | |
| Tafeln (Bzl.)<br>Prismen (Chlf.) | | 162 | XXIII 19 | | ll. in W, A<br>wl. in Ae | |

| Lfd. Nr. | *Fp* | Name | Summenformel | Strukturformel | Mol.-Gewicht |
|---|---|---|---|---|---|
| 1 | 2 | 3 | 4 | 5 | 6 |
| 1684 | **118** bis **119** | 4-Methyl-2-thiophensäure | $C_6H_6O_2S$ | 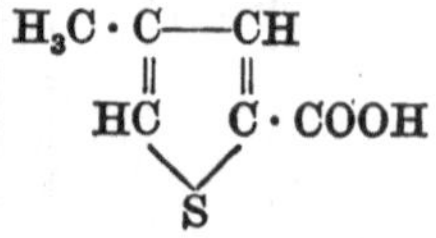 | 142,17 |
| 1685 | 118,5 | Cyanacetamid | $C_3H_4ON_2$ | $NC \cdot CH_2 \cdot CO \cdot NH_2$ | 84,08 |
| 1686 | 118,5 | Phenothiophen | $C_{10}H_6S_2$ | 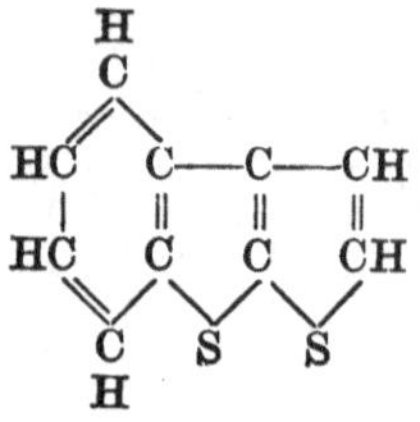 oder 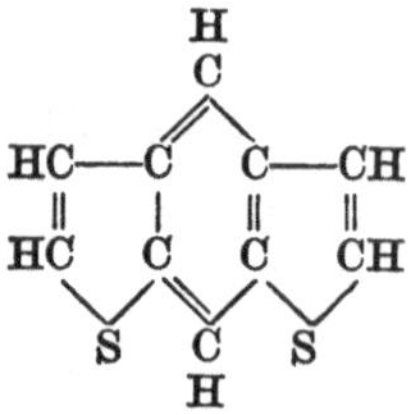 | 190,27 |
| 1686a | 119 | 5-Brom-2-jodmercuri-thiophen | $C_4H_2BrJSHg$ | 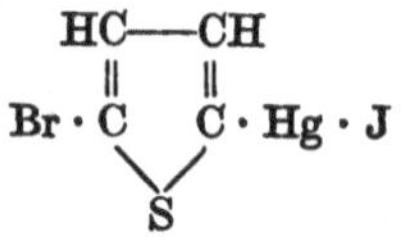 | 489,56 |
| 1687 | 119 | d-Campheroxim | $C_{10}H_{17}ON$ | 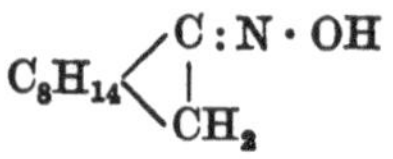 | 167,24 |
| 1688 | 119 | dl-Citramalsäure | $C_5H_8O_5$ | 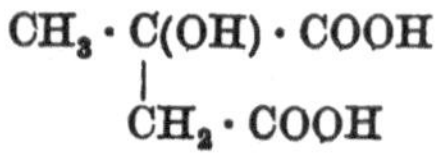 | 148,11 |
| 1689 | 119 | Jodoform | $CHJ_3$ | $CHJ_3$ | 393,78 |
| 1690 | 119 | Methylthioharnstoff | $C_2H_6N_2S$ | $CH_3 \cdot NH \cdot CS \cdot NH_2$ | 90,14 |
| 1691 | 119 | Phenanthrol-(3) | $C_{14}H_{10}O$ | 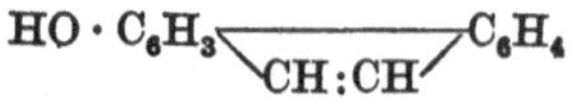 | 194,22 |
| 1692 | 119 | 5-Phenyl-2,2′-dithienyl | $C_{14}H_{10}S_2$ | 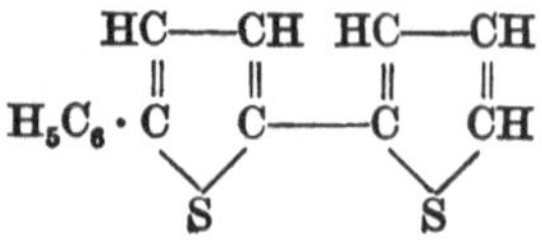 | 242,25 |

| Aggregatzustand Farbe | Spez. Gewicht | Siedepunkt °C | Beilstein-Zitat | Physikalische Konstanten und Eigenschaften | Löslichkeit | Reaktionen |
|---|---|---|---|---|---|---|
| 7 | 8 | 9 | 10 | 11 | 12 | 13 |
| **Nadeln (A)** | | Z. | II 589 | | 15,4 k. W<br>1,8 k. A | |
| rubinfarbene Krist. | | 345 | | | | Tetrabromidverbindung — orangerot<br>Tetranitroverbindung — gelborange |
| Nadeln (verd. A) | $1{,}011^{116°}$ | 249—254 (geringe Z.) | VII 112 | $[\alpha]_D^{20}$ —42,4 (A) | unl. in W<br>ll. in A, Ae | |
| zerfließliche Krist. (Essigester) | | Z. | III 444 | | ll. in A, Aceton<br>unl. in Bzl. | erhitzen → Citraconsäureanhydrid |
| gelbe Tafeln (Aceton) | $4{,}008^{17°}$ | | I 73 | mit Dampf flüchtig; durch Licht zersetzt; Geruch durchdringend, safranartig süßlich | unl. in W<br>1,5 90%iger A 18°<br>11 sd. A<br>18,5 Ae<br>l. in Eg. | Subst. (1—3 Tropfen alkohol. Lsg.) mit geringer Menge Phenol und NaOH vorsichtig über kleiner Flamme erwärmen. Nach Vertreiben des A bildet sich roter Beschlag, der in wenig verd. A karminrot löslich ist |
| Prismen | | | IV 70 | | ll. in W, A<br>wl. in Ae | |
| Nadeln (verd. A) | | | VI 705 | | wl. in W<br>ll. in A, Ae | Pikrat *Fp* 159° |
| grünlichgelbe Krist. | | | | | | |

| Lfd. Nr. | *Fp* | Name | Summenformel | Strukturformel | Mol.-Gewicht |
|---|---|---|---|---|---|
| 1 | 2 | 3 | 4 | 5 | 6 |
| 1693 | 119 | α-Septithienyl | $C_{28}H_{16}S_7$ | 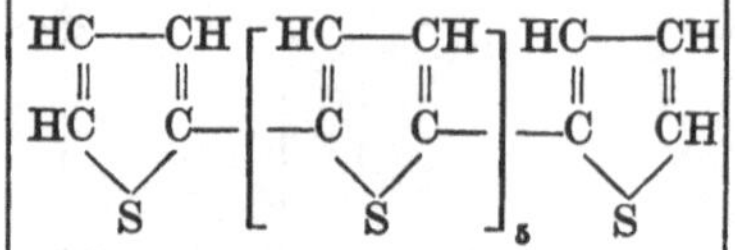 | 576,83 |
| 1694 | 119 bis 120 | 5,5′-Dichlor-2,2′-dithienyl | $C_8H_4Cl_2S_2$ | 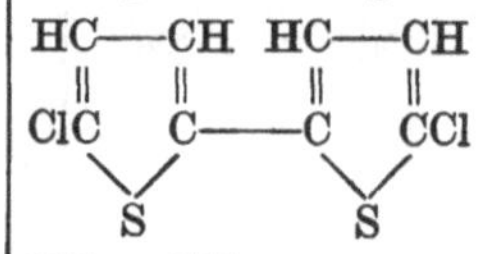 | 235,15 |
| 1695 | 119 bis 120 | Di-[2-thienyl]-aceton | $C_{11}H_{10}OS_2$ | 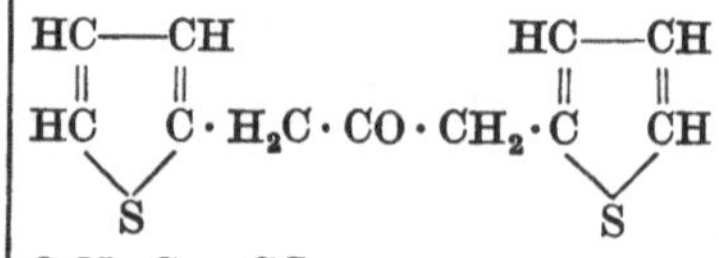 | 222,31 |
| 1696 | 119 bis 120 | 3-Jod-2,4-dinitrothiophen | $C_4HO_4N_2JS$ | 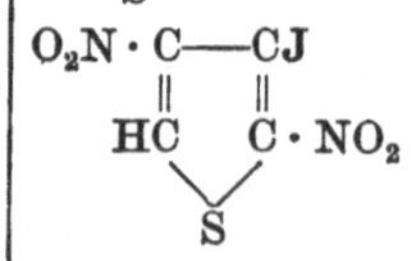 | 300,04 |
| 1697 | 119 bis 120 | 3,3′,4,4′-Tetrachlor-5,5′-di-[dichlormethyl]-2,2′-dithienyl | $C_{10}H_2Cl_8S_2$ | 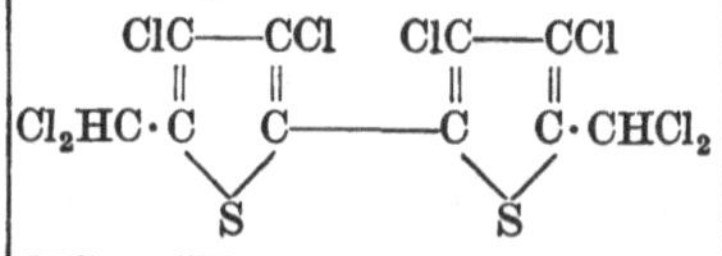 | 469,89 |
| 1698 | 119 bis 120 | β-[2-Thenoyl]-propionsäure | $C_8H_8O_3S$ | 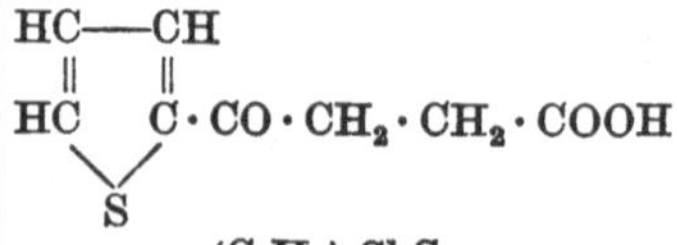 | 172,19 |
| 1699 | 119 bis 120 | Triphenylstibinsulfid (Sulfoform) | $C_{18}H_{15}SSb$ | $(C_6H_5)_3SbS$ | 385,12 |
| 1700 | 119 bis 124 | 2,4-Diphenylthiophen | $C_{16}H_{12}S$ | 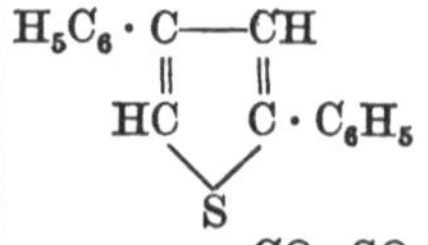 | 236,32 |
| 1701 | 120 | 1,7-Anthrachinondisulfonsäure | $C_{14}H_8O_8S_2$ | 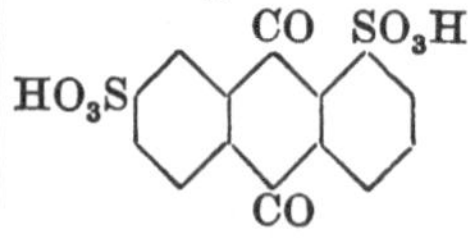 | 368,90 |
| 1702 | 120 | Bernsteinsäureanhydrid | $C_4H_4O_3$ | 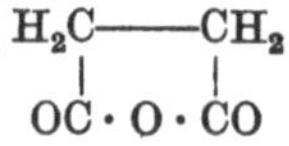 | 100,07 |
| 1703 | 120 | Conhydrin | $C_8H_{17}ON$ | 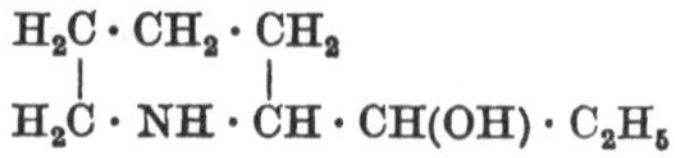 | 143,22 |
| 1704 | 120 | Cyclohexen-(1)-dicarbonsäure-(1,2) | $C_8H_{10}O_4$ | 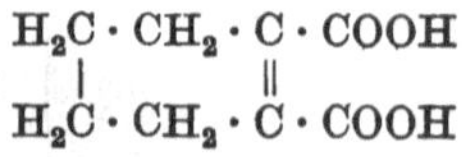 | 170,16 |
| 1705 | 120 | 2,3-Dichlornaphthalin | $C_{10}H_6Cl_2$ | $C_{10}H_6Cl_2$ | 197,06 |

| Aggregat-zustand Farbe | Spez. Gewicht | Siede-punkt °C | Beilstein-Zitat | Physikalische Konstanten und Eigenschaften | Löslichkeit | Reaktionen |
|---|---|---|---|---|---|---|
| 7 | 8 | 9 | 10 | 11 | 12 | 13 |
| weinrote Krist. | | | | | | |
| weiße Krist. | | | XVI 894 | färbt die Flamme fahlblau | unl. in W, Lauge, Säure | + Paraform-$H_2SO_4$ + Fe-$H_3PO_4$ beim Erwärmen langsam rötlichbraun mit brauner Fluoreszenz |
| gelbes Krist.-Plv. (Eg.) | | | XI 340 | hygroskopisch ohne zu zerfließen | ll. in W, A, Eg. | Dichlorid *Fp* 231—232°, Tafeln<br>Dianilid *Fp* 237—238°, Prismen<br>Natriumsalz, gelbe Nadeln |
| Nadeln (A) | 1,503 | 261 | XVII 407 | kryoskop. Konst. 6,3 | wl. in A<br>swl. in Ae<br>l. in Chlf. | |
| Blättchen (Ae) | | 226 | XXI 5 | $[\alpha]_D$ +10,0 (A) | l. in W<br>ll. in A, Ae | Chloroaurat *Fp* 133—134° |
| Blättchen (W) | | | IX 770 | | ll. in W | >120° → Anhydrid *Fp* 74° |
| Blättchen | | | V 544 | | unl. in W<br>wl. in A<br>ll. in Ae | |

| Lfd. Nr. | *Fp* | Name | Summenformel | Strukturformel | Mol.-Gewicht |
|---|---|---|---|---|---|
| 1 | 2 | 3 | 4 | 5 | 6 |
| 1706 | 120 | Erythrit | $C_4H_{10}O_4$ | $HO \cdot CH_2 \cdot (CHOH)_2 \cdot CH_2 \cdot OH$ | 122,12 |
| 1707 | 120 | 3-Methyl-1-phenyl-4,5 : 2′,3′-thionaphthenopyrazol | $C_{16}H_{12}N_2S$ | 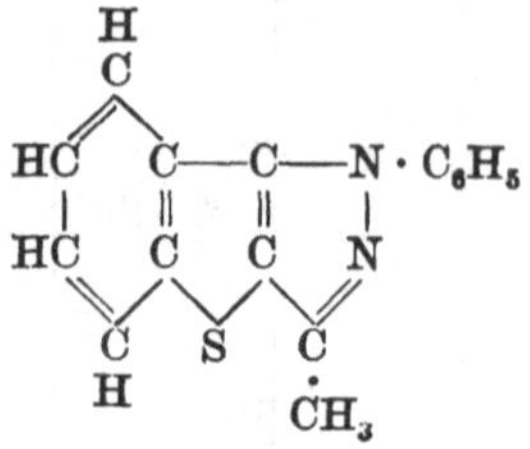 | 264,33 |
| 1708 | 120 | Naphthylendiamin-(1,4) | $C_{10}H_{10}N_2$ | $H_2N \cdot C_{10}H_6 \cdot NH_2$ | 158,19 |
| 1709 | 120 | cis-Terpinhydrat | $C_{10}H_{20}O_2 + H_2O$ | vgl. Nr. 1511 | 190,28 |
| 1710 | 120 | 2,4,6-Tribromanilin | $C_6H_4NBr_3$ | $Br_3C_6H_2 \cdot NH_2$ | 329,85 |
| 1711 | 120 | 1,3,5-Tribrombenzol | $C_6H_3Br_3$ | 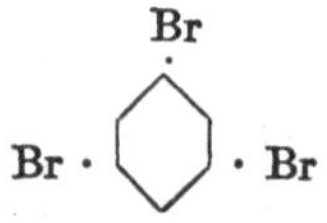 | 314,83 |
| 1712 | 120 bis 121 | cis-α-Bromzimtsäure | $C_9H_7O_2Br$ | $C_6H_5 \cdot CH : CBr \cdot COOH$ | 227,06 |
| 1713 | 120 bis 121 | Thiophen-2,4-dicarbonsäuredimethylester | $C_8H_8O_4S$ | 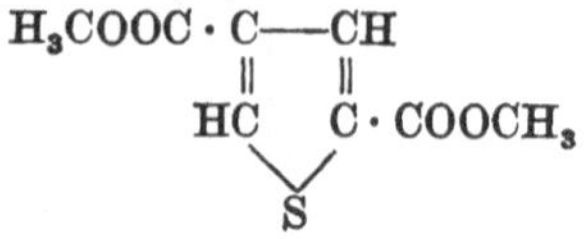 | 200,20 |
| 1714 | 120 bis 122 | p-Amino-m-oxybenzoesäuremethylester | $C_8H_9O_3N$ | 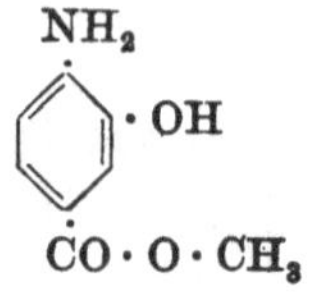 | 167,16 |
| 1715 | 120,5 | dl-Mandelsäure | $C_8H_8O_3$ | $C_6H_5 \cdot CH(OH) \cdot COOH$ | 152,14 |

| Aggregatzustand Farbe | Spez. Gewicht | Siedepunkt °C | Beilstein-Zitat | Physikalische Konstanten und Eigenschaften | Löslichkeit | Reaktionen |
|---|---|---|---|---|---|---|
| 7 | 8 | 9 | 10 | 11 | 12 | 13 |
| Prismen | 1,451 | 329-331 | I 525 | schmeckt süß | 61 W 20°<br>wl. in A<br>unl. in Ae | Diformalerythrit *Fp* 97 bis 98°, Nadeln<br>Tetranitrat *Fp* 61°, große Blätter |
| Nadeln (W) | | | XIII 201 | | wl. in W<br>ll. in A, Ae | |
| weiße Krist. | | 258 | VI 745 | Geschmack würzig; etwas bitter; subl. in feinen Nadeln | 0,4 W 15°<br>3,1 sd. W<br>10 A 20°<br>50 sd. A<br>wl. in Ae | beim Erhitzen mit verd. Säuren → angenehm fliederartiger Geruch<br>Subst. + konz. $H_2SO_4$ → gelb + W → Fliedergeruch |
| Nadeln (Bzl.) | $2{,}35_{20°}^{20°}$ | 300 | XII 663 | | unl. in W<br>wl. in k. A<br>ll. in h. A, Ae | Acetylderivat *Fp* 232° |
| Nadeln (A) | | 271 | V 213 | | unl. in W<br>wl. in sd. A | |
| Blättchen (W) | | | IX 600 | | ll. in sd. W, A<br>6,9 Bzl. 19° | Amid *Fp* 129° |
| Nadeln | | | XIV 577 | | wl. in W<br>ll. in A, Ae | |
| Tafeln (W) | 1,361 | Z. | X 197 | Geruch nach bitteren Mandeln | 15,97 W 20°<br>20,85 W 24°<br>ll. in A, Ae | 1. + $H_2SO_4$ → violett<br>2. + $Fe(NO_3)_3$-Lsg. → zitronengelb + einige Krist. Ferroammonsulfat u. einige Tropfen 0,06%iger $H_2O_2$-Lsg. → olivgrün<br>3. + Paraform-$H_2SO_4$ → gelb → braun<br>4. 1 mg Subst. + Lsg. von 5 mg β-Naphthol in 1 ml konz. $H_2SO_4$ beim Erhitzen in sd. W-Bad → violette Lsg. mit α-Naphthol → orangerot |

| Lfd. Nr. | *Fp* | Name | Summenformel | Strukturformel | Mol.-Gewicht |
|---|---|---|---|---|---|
| 1 | 2 | 3 | 4 | 5 | 6 |
| 1716 | **120,5 bis 123** | 3-Brom-2-chlormercuri-thiophen | $C_4H_2ClBrSHg$ | 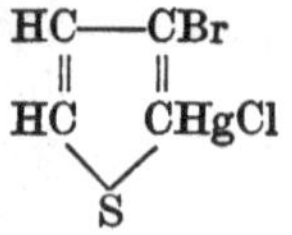 | 318,18 |
| 1717 | 121 | Chloracetamid | $C_2H_4ONCl$ | $CH_2Cl \cdot CO \cdot NH_2$ | 93,52 |
| 1718 | 121 | 3-Chlor-2,4,5-trijod-thiophen | $C_4ClJ_3S$ | 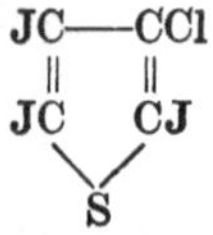 | 496,22 |
| 1719 | 121 | Cinnamylcocain | $C_{19}H_{23}O_4N$ | 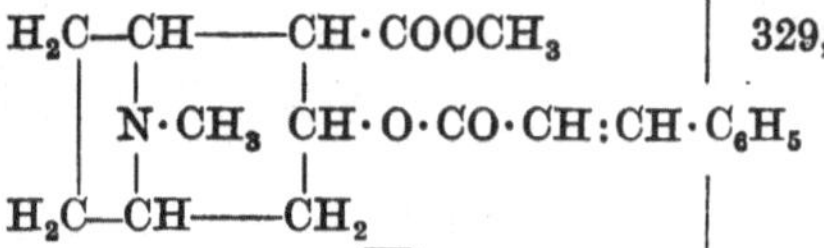 | 329,37 |
| 1720 | 121 | N,N'-Di-[p-äthoxy-phenyl]-acetamidin (Holocain) | $C_{18}H_{22}O_2N_2$ | 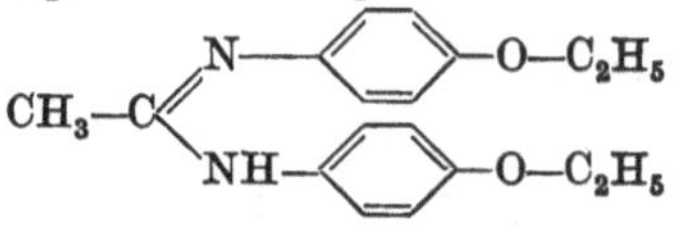 | 222,28 |
| 1721 | 121 | 2,6-Dichlorchinon | $C_6H_2O_2Cl_2$ | $O : C_6H_2Cl_2 : O$ | 176,99 |
| 1722 | 121 | 2,4-Dinitroacetanilid | $C_8H_7O_5N_3$ | $CH_3 \cdot CO \cdot NH \cdot C_6H_3(NO_2)_2$ | 225,16 |
| 1723 | 121 | Isohydrobenzoin | $C_{14}H_{14}O_2$ | 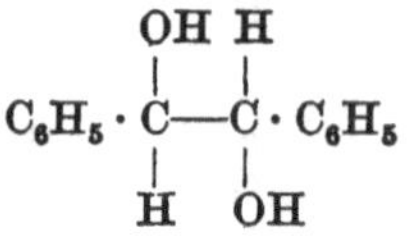 | 214,25 |
| 1724 | 121 | Mesoxalsäure | $C_3H_2O_5$ | $HOOC \cdot CO \cdot COOH$ | 118,05 |
| 1725 | 121 | β-Progesteron | $C_{21}H_{30}O_2$ | 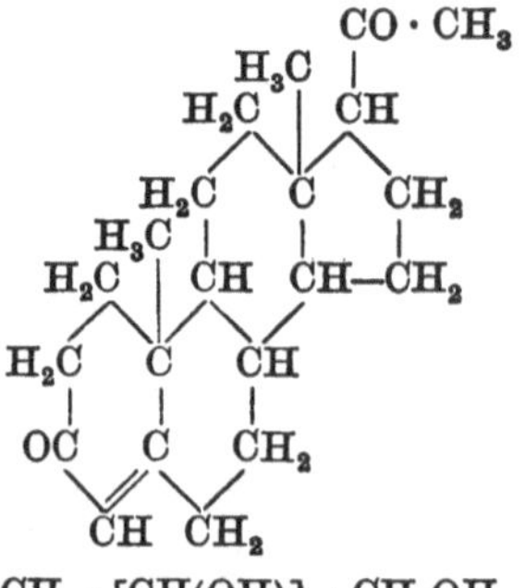 | 314,44 |
| 1726 | 121 | Rhamnit | $C_6H_{14}O_5$ | $CH_3 \cdot [CH(OH)]_4 \cdot CH_2OH$ | 166,17 |
| 1727 | 121 | Thionaphthenchinon | $C_8H_4O_2S$ | 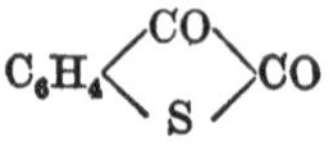 | 164,17 |

| Aggregat-zustand Farbe | Spez. Gewicht | Siede-punkt °C | Beilstein-Zitat | Physikalische Konstanten und Eigenschaften | Löslichkeit | Reaktionen |
|---|---|---|---|---|---|---|
| 7 | 8 | 9 | 10 | 11 | 12 | 13 |
| Krist. | | 224 (743mm) | II 199 | | 10 W 24°<br>9,5 A 24°<br>swl. in Ae | |
| Nadeln (Bzl.-Lg.) | | | | $[\alpha]_D^{15}$ −4,7 (Chlf.) | wl. in W<br>ll. in A, Ae, Bzl. | |
| weiße Nadeln | | | XIII 468 | | unl. in W<br>ll. in A, Ae, Bzl.<br>wl. in Ligroin | |
| gelbe Prismen (A) | | subl. $<120°$ | VII 633 | mit Dampf flüchtig | wl. in sd. W, k. A<br>ll. in h. W<br>l. in Chlf. | |
| Nadeln (A) | | | XII 754 | | unl. in k. W<br>sll. in sd. A | |
| Krist. (W) | | 133 (0,02 mm) | VI 1004 | | 0,19 W 15°<br>1,25 sd. W<br>ll. in A, Ae | |
| zerfließliche Krist. | | | III 766 | | ll. in W<br>l. in A, Ae | + KOH bei 150° → Oxalsäure, Ameisensäure<br>Phenylhydrazon *Fp* 164° (Z.), hellgelbe Nadeln<br>Ag-Salz, gelbliche Nadeln |
| Krist. | | | | | l. in A, Ae | Dioxim *Fp* 243° |
| Prismen (Aceton) | | | I 532 | $[\alpha]_D^{20}$ +10,7° (W); schmeckt süß | ll. in W, A<br>unl. in Ae | |
| gelbe Nadeln (W) | | ~247 | XVII 467 | | wl. in W<br>ll. in A, Eg.<br>l. in verd. NaOH orangegelb | |

| Lfd. Nr. | *Fp* | Name | Summenformel | Strukturformel | Mol.-Gewicht |
|---|---|---|---|---|---|
| 1 | 2 | 3 | 4 | 5 | 6 |
| 1728 | **121** | 1,2,4-Triazol | $C_2H_3N_3$ | 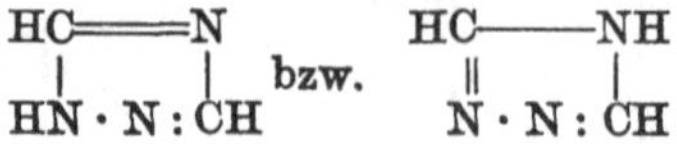 | 69,07 |
| 1729 | **121 bis 122** | Magnesiumpalmitat | $C_{32}H_{62}O_4Mg$ | $(CH_3 \cdot [CH_2]_{14} \cdot COO)_2Mg$ | 535,11 |
| 1730 | **121,5** | 2-Aminotriphenylcarbinol | $C_{19}H_{17}ON$ | $H_2N \cdot C_6H_4 \cdot C(C_6H_5)_2OH$ | 275,33 |
| 1731 | **121,7** | Benzoesäure | $C_7H_6O_2$ | $C_6H_5 \cdot COOH$ | 122,12 |
| 1732 | **121,8** | Quecksilberdiphenyl | $C_{12}H_{10}Hg$ | $(C_6H_5)_2Hg$ | 354,81 |
| 1733 | **122** | 4,6-Dichlor-2-nitrophenol | $C_6H_3O_3NCl_2$ | $O_2N \cdot C_6H_2Cl_2 \cdot OH$ | 208,01 |
| 1734 | **122** | 2,4-Dimethylfurancarbonsäure-(3) | $C_7H_8O_3$ | 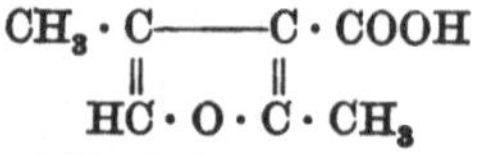 | 140,13 |
| 1735 | **122** | 3,5-Dinitrophenol | $C_6H_4O_5N_2$ | $(O_2N)_2C_6H_3 \cdot OH$ | 184,11 |
| 1736 | **122** | p,p′-Ditolyl | $C_{14}H_{14}$ | $CH_3 \cdot C_6H_4 \cdot C_6H_4 \cdot CH_3$ | 182,25 |
| 1737 | **122** | Nicotinsäureamid (Niacinamid, β-Pyridin-carbonsäureamid) | $C_6H_6ON_2$ | 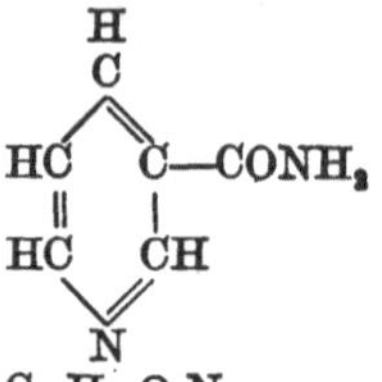 | 122,12 |
| 1738 | **122** | Psychotrin | $C_{28}H_{36}O_4N_2$ | $C_{28}H_{36}O_4N_2$ | 464,58 |
| 1739 | **122** | 1,3,5-Trinitronaphthalin | $C_{10}H_5O_6N_3$ | $C_{10}H_5(NO_2)_3$ | 263,16 |
| 1740 | **122 bis 123** | 3-Aminophenol | $C_6H_7ON$ | $H_2N \cdot C_6H_4 \cdot OH$ | 109,12 |
| 1741 | **122 bis 123** | Furancarbonsäure-(3) | $C_5H_4O_3$ | 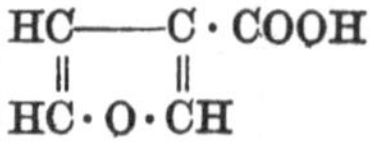 | 112,08 |
| 1742 | **122 bis 123** | Indoxylsäure | $C_9H_7O_3N$ | 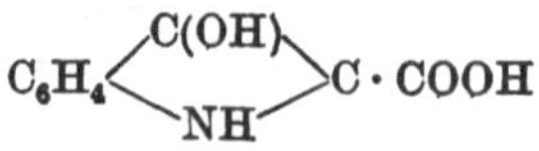 | 177,15 |

| Aggregat-zustand Farbe | Spez. Gewicht | Siede-punkt °C | Beilstein-Zitat | Physikalische Konstanten und Eigenschaften | Löslichkeit | Reaktionen |
|---|---|---|---|---|---|---|
| 7 | 8 | 9 | 10 | 11 | 12 | 13 |
| Krist. (W oder A) | | 260 | XXVI 13 | | l. in W, A<br>wl. in Ae | |
| Krist. | | | II 372 | | unl. in W<br>0,487 A 20° | |
| Tafeln (Ae) | | | XIII 738 | | ll. in A<br>l. in Ae | erhitzen → 9-Phenyl-acridin |
| Nadeln oder Blätter | $1{,}2659^{15°}$ | 249 | IX 92 | kryoskop.Konst. 8,79; Geschmack schwachsauer; subl. bei 100°; geruchlos | 0,16 W 0°<br>0,27 W 17°<br>2,19 W 75°<br>46,71 A 15°<br>31,34 Ae 15° | 3—5 mg in 0,5 ml. W + 1 Tropfen $Fe(NO_3)_3$ → weiße → blaßrötliche Trübung; + 1 ml $H_2O$, erhitzen auf 30—40° + 1—2 Tropfen 0,06%ige $H_2O_2$-Lsg. → schwach violett (Salicylsäure) → braun<br>Äthylester *Fp* 211,3-211,5°<br>Phenacylester *Fp* 119° |
| Nadeln (Bzl.) | 2,318 | >300 (Z.) | XIV 946 | | unl. in W<br>wl. in k. A<br>l. in Ae<br>ll. in Bzl., Chlf. | |
| gelbe Blättchen (A) | $1{,}822^{19°}$ | subl. <100 | VI 241 | | wl. in W<br>ll. in A, Ae | |
| Nadeln (W) | | subl. | XVIII 296 | | ll. in h. W, A, Ae | |
| Blättchen | 1,702 | | VI 258 | | ll. in A, Ae | |
| Krist. (Ae) | 1,102 | 295 | V 610 | | unl. in W<br>l. in A, Ae | |
| farblose Nadeln | | | XXII 40 | | l. in W | |
| gelbe Krist. (h. A) | | | | $[\alpha]_D^{15}$ +69,3°; schmeckt stark bitter | ll. in Chlf.-A, Aceton<br>unl. in Ae<br>l. in $H_2SO_4$ (farblos) | alkohol. Lsg. + wenig $FeCl_3$ → braunrot → blauschwarze Fällung<br>Chlorkalk-Lsg. → gelb |
| Krist. (Chlf.) | | | V 563 | | unl. in W<br>ll. in A, Eg. | |
| Prismen (Toluol) | | | XIII 401 | | ll. in h. W, A, Ae | |
| Blättchen (W) | | 80 (0,3 mm) | $E_1$ XVIII 439 | mit Dampf flüchtig | wl. in k. W<br>ll. in h. W, A | |
| Krist. | | | XXII 226 | | wl. in W | Oxydation → Isatin oder Indigo |

| Lfd. Nr. | *Fp* | Name | Summenformel | Strukturformel | Mol.-Gewicht |
|---|---|---|---|---|---|
| 1 | 2 | 3 | 4 | 5 | 6 |
| 1743 | **122 bis 126** | *l*-Rhamnose | $C_6H_{12}O_5$ | 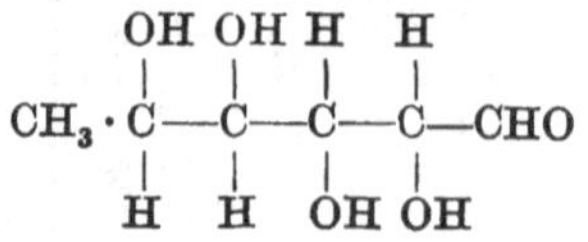 | 164,15 |
| 1744 | **122,5** | Pikrinsäure (2,4,6-Trinitrophenol) | $C_6H_3O_7N_3$ | 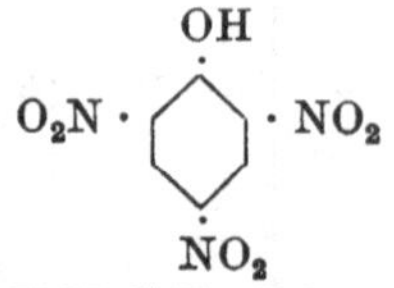 | 229,11 |
| 1745 | **123** | 2,2′-Diaminostilben | $C_{14}H_{14}N_2$ | $H_2N \cdot C_6H_4 \cdot CH = CH \cdot C_6H_4 \cdot NH_2$ | 210,27 |
| 1746 | **123** | *β*-Naphthol | $C_{10}H_8O$ | $C_{10}H_7 \cdot OH$ | 144,16 |
| 1747 | **123** | 1,3,5-Trinitrobenzol | $C_6H_3O_6N_3$ | $C_6H_3(NO_2)_3$ | 213,11 |
| 1748 | **123** (Z.) | Xanthydrol | $C_{13}H_{10}O_2$ | 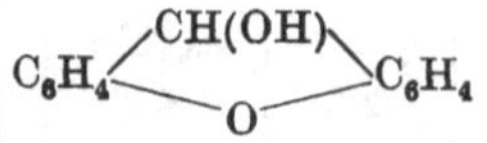 | 198,21 |
| 1749 | **123 bis 124** | m,m′-Diphenol | $C_{12}H_{10}O_2$ | $HO \cdot C_6H_4 \cdot C_6H_4 \cdot OH$ | 186,20 |
| 1750 | **124** | 4-Aminobenzophenon | $C_{13}H_{11}ON$ | $C_6H_5 \cdot CO \cdot C_6H_4 \cdot NH_2$ | 197,22 |
| 1751 | **124** | 2,6-Dinitro-p-xylol | $C_8H_8O_4N_2$ | $(O_2N)_2C_6H_2(CH_3)_2$ | 196,16 |
| 1752 | **124** | 1,3-Dioxynaphthalin | $C_{10}H_8O_2$ | $C_{10}H_6(OH)_2$ | 160,16 |
| 1753 | **124** | 3-Fluorbenzoesäure | $C_7H_5O_2F$ | $F \cdot C_6H_4 \cdot COOH$ | 140,11 |
| 1754 | **124** (Z.) | 4-Nitrosophenol | $C_6H_5O_2N$ | $ON \cdot C_6H_4 \cdot OH$ | 123,11 |
| 1755 | **124** | Pikrolonsäure | $C_{10}H_8O_5N_4$ | 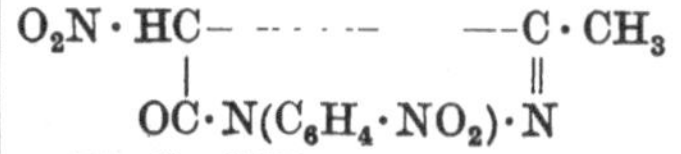 | 264,19 |
| 1756 | **124** | Stilben (*α*,*β*-Diphenyläthylen) | $C_{14}H_{12}$ | 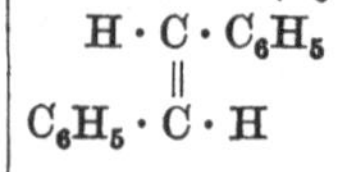 | 180,23 |
| 1757 | **124** | *β*,*β*,*β*-Trichlormilchsäure | $C_3H_3O_3Cl_3$ | $CCl_3 \cdot CH(OH) \cdot COOH$ | 193,42 |

| Aggregatzustand Farbe | Spez. Gewicht | Siedepunkt °C | Beilstein-Zitat | Physikalische Konstanten und Eigenschaften | Löslichkeit | Reaktionen |
|---|---|---|---|---|---|---|
| 7 | 8 | 9 | 10 | 11 | 12 | 13 |
| Säulen $+ 1 H_2O$ (W od. A) | 1,471$^{20°}$ | subl. | I 870 | $[\alpha]_D^{20}$ —7,7° bis +8,9°; schmeckt anfangs sehr süß, dann bitter | 57 W 19°<br>109 W 40°<br>l. in A<br>wl. in Ae | β-Naphthylhydrazon *Fp* 192—193°, Täfelchen<br>p-Nitrophenylhydrazon *Fp* 190—191°, orangegelbe Krist.<br>Phenylhydrazon *Fp* 160°, Blättchen |
| gelbe Blättchen (W) | 1,767$^{19°}$ | subl. | VI 265 | explodiert bei raschem Erhitzen; schmeckt bitter | 1,2 W 20°<br>7,2 sd. W<br>6,23 A 20°<br>66,2 sd. A<br>2,1 Ae 20° | + KCN + NaOH → rot<br>Nitronpikrat zitronengelbe Nadeln (E 1:250000) |
| rote Nadeln (W) | | | XIII 267 | vgl. Nr. 2413 | | |
| Tafeln | 1,217 | 285-286 | VI 627 | kryoskop.Konst. 11,25; schmeckt brennend; Staub reizt zum Niesen; subl. in Blättchen; alkalische Lsg. fluoresziert violett | 0,075 W 25°<br>ll. in A, Ae<br>l. in Lauge<br>swl. in $CCl_4$ | Acetat *Fp* 70°<br>+ $Fe(NO_3)_3$ → Grünfärbung → weiße Flocken; Lsg. in Lauge wird beim Kochen mit Chlf. → grün bis blau<br>Phenylurethan *Fp* 155°, Blätter<br>3,5-Dinitrobenzoat *Fp* 210°, Nadeln |
| Blättchen (W) | 1,4775$^{152°}$ | subl. | V 271 | | 0,04 k. W<br>1,9 A 16°<br>1,5 Ae 17°<br>6,2 Bzl. 16° | |
| Nadeln (verd. A) | | | XVII 129 | | l. in $H_2SO_4$ gelb | Oxydation → Xanthon |
| Nadeln (W) | | 247 (18 mm) | VI 991 | | unl. in k. W<br>l. in h. W, Alkali<br>ll. in A, Ae | Diacetat *Fp* 82,5°<br>+ $FeCl_3$ → blaue Färbung |
| Blättchen (verd. A) | | | XIV 81 | | wl. in k. W<br>ll. in h. W<br>sll. in A, Ae, Eg. | Benzoylderivat *Fp* 152° |
| Nadeln (A) | | | V 388 | | unl. in W<br>wl. in k. A | |
| Blättchen | | | VI 978 | | ll. in W, A, Ae | Diacetat *Fp* 56° |
| Blättchen (W) | 1,474$^{25°}$ | | IX 333 | | 0,15 W 25° | |
| Nadeln (W) | | | VII 622 | | l. in W<br>ll. in A, Ae<br>l. in Alkali, rotbraun | |
| gelbe Nadeln (A) | | | XXIV 51 | | 0,9 W 17°<br>4,8 A 17°<br>0,5 Ae 17° | |
| Blättchen (A) | 0,954$^{125°}$ | 306-307 | V 630 | kryoskop.Konst. 8,38; mit Dampf flüchtig; sublimierbar | unl. in W<br>0,88 A 17°<br>7,88 Ae 14°<br>ll. in Bzl. | Dibromid *Fp* 237°, Nadeln<br>Nitrosit *Fp* 195—197°, Kristallmehl<br>Pikrat *Fp* 94—95°, braungelbe Nadeln |
| Prismen | | 160 (45 mm) | III 286 | | ll. in W, A, Ae | |

| Lfd. Nr. | *Fp* | Name | Summenformel | Strukturformel | Mol.-Gewicht |
|---|---|---|---|---|---|
| 1 | 2 | 3 | 4 | 5 | 6 |
| 1758 | 124 bis 125 | 2-Methylhydrochinon | $C_7H_8O_2$ | $CH_3 \cdot C_6H_3(OH)_2$ | 124,13 |
| 1759 | 124 bis 125 | β-Naphthylhydrazin | $C_{10}H_{10}N_2$ | $C_{10}H_7 \cdot NH \cdot NH_2$ | 158,19 |
| 1760 | 125 | Diäthylmalonsäure | $C_7H_{12}O_4$ | $HOOC \cdot C(C_2H_5)_2 \cdot COOH$ | 160,17 |
| 1761 | 125 | N-Dibrompropyl-C,C-diäthylbarbitursäure (Diogenal) | $C_{11}H_{16}O_3N_2Br_2$ | 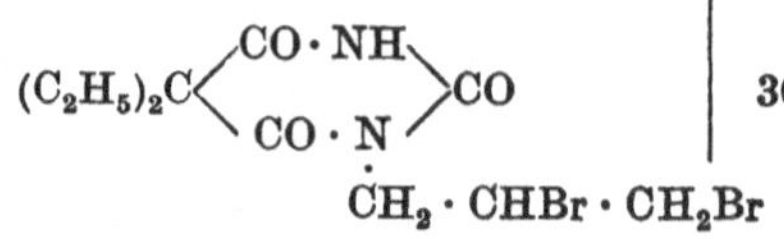 | 367,05 |
| 1762 | 125 | 2,6-Dichlor-4-nitrophenol | $C_6H_3O_3NCl_2$ | $O_2N \cdot C_6H_2Cl_2 \cdot OH$ | 208,01 |
| 1763 | 125 | 4,6-Dimethylresorcin | $C_8H_{10}O_2$ | $(CH_3)_2C_6H_2(OH)_2$ | 138,16 |
| 1764 | 125 | 2,2'-Dinitrodiphenyl | $C_{12}H_8O_4N_2$ | $O_2N \cdot C_6H_4 \cdot C_6H_4 \cdot NO_2$ | 244,20 |
| 1765 | 125 | 2,5-Dioxybenzophenon | $C_{13}H_{10}O_3$ | $C_6H_5 \cdot CO \cdot C_6H_3(OH)_2$ | 214,21 |
| 1766 | 125 | Diphenyl-[2-thienyl]-carbinol | $C_{17}H_{14}OS$ | 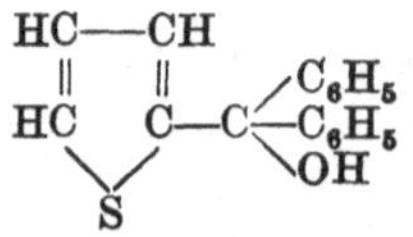 | 266,34 |
| 1767 | 125 | Lactid | $C_6H_8O_4$ | 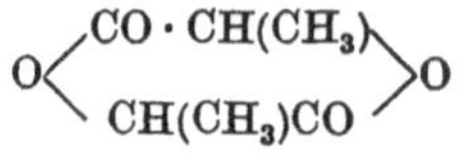 | 144,12 |
| 1768 | 125 | Naphthol-(2)-sulfonsäure-(6) | $C_{10}H_8O_4S$ | $HO \cdot C_{10}H_6 \cdot SO_3H$ | 224,22 |
| 1769 | 125 | 4-Oxybenzylalkohol | $C_7H_8O_2$ | $HO \cdot C_6H_4 \cdot CH_2 \cdot OH$ | 124,13 |
| 1770 | 125 | p-Xylochinon | $C_8H_8O_2$ | $O : C_6H_2(CH_3)_2 : O$ | 136,14 |
| 1771 | 126 | 4-Aminoazobenzol | $C_{12}H_{11}N_3$ | $C_6H_5 \cdot N : N \cdot C_6H_4 \cdot NH_2$ | 197,23 |
| 1772 | 126 | Benzhydroxamsäure | $C_7H_7O_2N$ | $C_6H_5 \cdot CO \cdot NH \cdot OH$ bzw. $C_6H_5 \cdot C(:N \cdot OH) \cdot OH$ | 137,13 |
| 1773 | 126 | p-Chinon-bis-chlorimid | $C_6H_4N_2Cl_2$ | $Cl \cdot N : C_6H_4 : N \cdot Cl$ | 175,02 |
| 1774 | 126 | 2-Chlor-3,4,5-trijodthiophen | $C_4ClJ_3S$ | 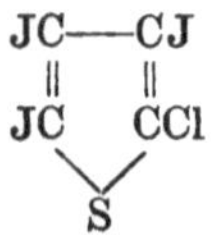 | 496,32 |

| Aggregat-zustand Farbe | Spez. Gewicht | Siede-punkt °C | Beilstein-Zitat | Physikalische Konstanten und Eigenschaften | Löslichkeit | Reaktionen |
|---|---|---|---|---|---|---|
| 7 | 8 | 9 | 10 | 11 | 12 | 13 |
| Blättchen (Bzl.) | | 163 | VI 875 | | ll. in W, A, Ae | |
| Blättchen (W) | | Z. | XV 568 | | wl. in h. W<br>ll. in h. A<br>wl. in Ae | |
| Prismen (W) | | | II 686 | | | Diamid *Fp* 224°, lange Nadeln<br>p-Nitrobenzylester *Fp* 91,2° |
| weiße Krist. | | | | | unl. in W<br>l. in Lauge | $AgNO_3$-Lsg. fällt beim Erwärmen AgBr<br>+ 1 Tropfen 2n $NH_3$ → Gallerte |
| Nadeln (W) | | | VI 241 | | swl. in W<br>wl. in k. A<br>ll. in Ae, Chlf. | |
| Platten (W) | | 276-279 | VI 912 | | ll. in W, A, Ae | |
| gelbe Nadeln (A) | 1,45 | | V 583 | | unl. in W<br>l. in k. A, Ae<br>ll. in sd. A | |
| gelbe Nadeln (verd. A) | | | VIII 312 | | unl. in k. W<br>ll. in A, Ae, Bzl. | |
| Krist. (A) | | 255 | XIX 154 | | swl. in A<br>wl. in Ae | + W → Milchsäure |
| Blättchen | | | XI 282 | wss. Lsg. der Salze fluoresziert schwach blau | ll. in W, A | + $FeCl_3$ → schwach grüne Färbung<br>Ammoniumsalz, lange Prismen |
| Nadeln (W) | | | VI 897 | | ll. in W, A, Ae<br>wl. in Bzl. | |
| gelbe Nadeln (A) | | subl. | VII 658 | | wl. in h. W, k. A<br>ll. in h. A, Ae, Bzl. | |
| gelbe Nadeln (A) | | >360 | XVI 307 | | swl. in h. W<br>l. in h. A, Ae | |
| Blättchen | | Z. | IX 301 | | 2,25 W 6°<br>ll. in h. W<br>sll. in A<br>wl. in Ae | + $FeCl_3$ → roter Niederschlag |
| Nadeln (W) | | | VII 621 | | wl. in k. W<br>ll. in h. A, Ae<br>l. in $H_2SO_4$ | |

| Lfd. Nr. | *Fp* | Name | Summenformel | Strukturformel | Mol.-Gewicht |
|---|---|---|---|---|---|
| 1 | 2 | 3 | 4 | 5 | 6 |
| 1775 | **126** | 2,4-Dimethylbenzoesäure | $C_9H_{10}O_2$ | $(CH_3)_2C_6H_3 \cdot COOH$ | 150,17 |
| 1776 | **126** | 2,3'-Dioxybenzophenon | $C_{13}H_{10}O_3$ | $HO \cdot C_6H_4 \cdot CO \cdot C_6H_4 \cdot OH$ | 214,21 |
| 1777 | **126** | 2-Fluorbenzoesäure | $C_7H_5O_2F$ | $F \cdot C_6H_4 \cdot COOH$ | 140,11 |
| 1778 | **126** | Isatin-α-anil | $C_{14}H_{10}ON_2$ | 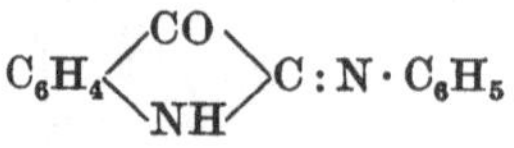 | 222,23 |
| 1779 | **126** | ω-Isonitrosoacetophenon | $C_8H_7O_2N$ | $C_6H_5 \cdot CO \cdot CH : N \cdot OH$ | 149,14 |
| 1780 | **126** | 1,4-Naphthochinon (α-Napthochinon) | $C_{10}H_6O_2$ | 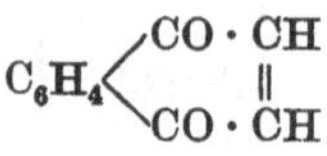 | 158,15 |
| 1781 | **126** | Oxindol | $C_8H_7ON$ | 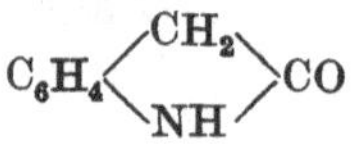 | 133,14 |
| 1782 | **126** | 3-Oxypyridin | $C_5H_5ON$ | $C_5H_4N \cdot OH$ | 95,10 |
| 1783 | **126** | 4-Phenyl-2,6-di-[2'-thienyl]-pyridin | $C_{19}H_{13}NS_2$ | 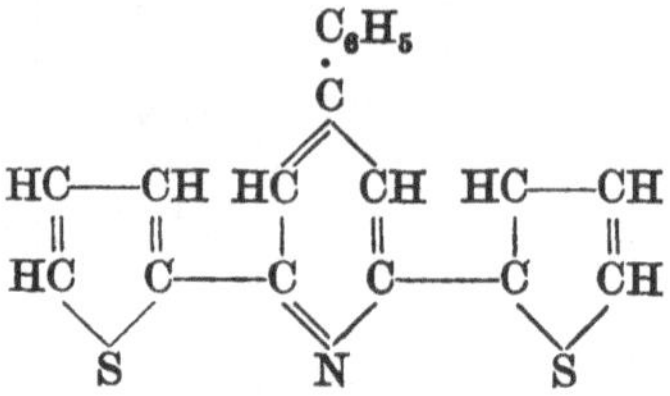 | 319,42 |
| 1784 | **126** | Succinimid | $C_4H_5O_2N$ | 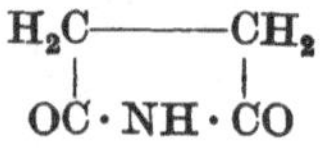 | 99,09 |
| 1785 | **126** | 2,3,4-Tribrom-5-jod-thiophen | $C_4Br_3JS$ | 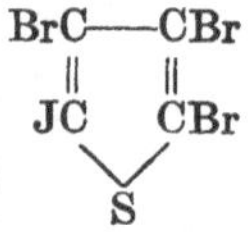 | 446,77 |
| 1786 | **126** | 2,4,5-Tribromthiophen-3-sulfonsäurechlorid | $C_4O_2ClBr_3S_2$ | 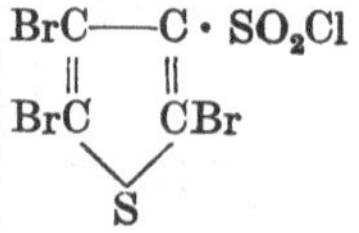 | 419,37 |
| 1787 | **126 bis 127** | 4-Brom-1-nitrobenzol | $C_6H_4O_2NBr$ | $Br \cdot C_6H_4 \cdot NO_2$ | 202,02 |
| 1788 | **126 bis 127** | N,N'-Diphenylhydrazin (Hydrazobenzol) | $C_{12}H_{12}N_2$ | $C_6H_5 \cdot NH \cdot NH \cdot C_6H_5$ | 184,23 |

| Aggregat-zustand Farbe | Spez. Gewicht | Siede-punkt °C | Beilstein-Zitat | Physikalische Konstanten und Eigenschaften | Löslichkeit | Reaktionen |
|---|---|---|---|---|---|---|
| 7 | 8 | 9 | 10 | 11 | 12 | 13 |
| Nadeln (W) | | 267 (727mm) | IX 531 | | swl. in k. W<br>wl. in h. W<br>l. in Bzl., Chlf.<br>ll. in h. A | |
| gelbliche Krist. (Ae + Bzl.) | | | VIII 315 | | | |
| Krist. (W) | $1{,}460^{25°}$ | | IX 333 | | 0,72 W 25°<br>ll. in A, Ae | |
| violette Nadeln (Bzl.)<br>orangerote Blättchen (A) | | | XXI 439 | | unl. in W<br>ll. in A gelb-braun-<br>Bzl.; $CS_2$ rot | |
| Prismen (verd. A) | | Z. | VII 671 | | wl. in k. W<br>l. in A, Ae,<br>Alkali gelb | |
| gelbe Nadeln (A) | | subl. | VII 724 | mit Dampf flüchtig; subl. unter 100° | swl. in k. W<br>l. in A<br>ll. in Ae | Semicarbazon *Fp* 247°, grüngelbe Krist.<br>Guanylhydrazon *Fp* 233° (Nitrat), gelbe Nadeln |
| Nadeln (W) | | 227 (73mm) | XXI 282 | | ll. in h. W<br>l. in A, Ae, $H_2SO_4$<br>ll. in Alkali | |
| Nadeln (Bzl.) | | subl. | XXI 46 | | ll. in W, A<br>wl. in Ae, Bzl. | + $FeCl_3 \rightarrow$ rote Färbung |
| Tafeln (A) | | 287 (Z.) | XXI 369 | | 24,3 W 21°<br>5,4 A 24° | |
| Prismen | $1{,}563^{182°}$ | 255-256 | V 248 | kryoskop.Konst. 11,53 | 1,75 k. A | |
| Tafeln (A + Ae) | $1{,}158^{16°}$ | | XV 123 | | swl. in W<br>5,3 A 16° | |

| Lfd. Nr. | *Fp* | Name | Summenformel | Strukturformel | Mol.-Gewicht |
|---|---|---|---|---|---|
| 1 | 2 | 3 | 4 | 5 | 6 |
| 1789 | **126** bis **127** | Guajacolcamphorat (Guacamphol) | $C_{24}H_{28}O_6$ | 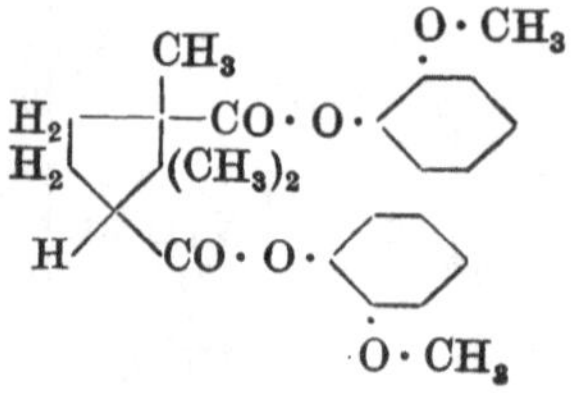 | **412,46** |
| 1790 | **126** bis **127** | 1-Nitronaphthylamin-(2) | $C_{10}H_8O_2N_2$ | $O_2N \cdot C_{10}H_6 \cdot NH_2$ | **188,18** |
| 1791 | **126** bis **127** | p-Oxybenzoesäuremethylester (Nipagin) | $C_8H_8O_3$ | $HO \cdot C_6H_4 \cdot CO \cdot O \cdot CH_3$ | **152,14** |
| 1792 | **127** | 1-Aminoanthracen | $C_{14}H_{11}N$ | $C_6H_4\left\{\begin{matrix}CH\\CH\end{matrix}\right\}C_6H_3 \cdot NH_2$ | **193,23** |
| 1793 | **127** | Benzidin | $C_{12}H_{12}N_2$ | $NH_2 \cdot C_6H_4 \cdot C_6H_4 \cdot NH_2$ | **184,23** |
| 1794 | **127** | 2-Benzoylbenzoesäure | $C_{14}H_{10}O_3$ | $C_6H_5 \cdot CO \cdot C_6H_4 \cdot COOH$ | **226,22** |
| 1795 | **127** | 3-Bromdibenzothiophen | $C_{12}H_7BrS$ | 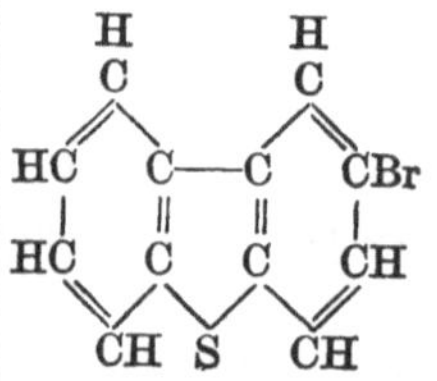 | **263,15** |
| 1796 | **127** | N-Phenylglycin | $C_8H_9O_2N$ | $C_6H_5 \cdot NH \cdot CH_2 \cdot COOH$ | **156,16** |

| Aggregat-zustand Farbe | Spez. Gewicht | Siede-punkt °C | Beilstein-Zitat | Physikalische Konstanten und Eigenschaften | Löslichkeit | Reaktionen |
|---|---|---|---|---|---|---|
| 7 | 8 | 9 | 10 | 11 | 12 | 13 |
| weiße Krist. | | | IX 753 | riecht schwach nach Campher; Geschmack bitter; mit Wasserdampf nicht flüchtig | unl. in W<br>l. in $H_2SO_4$ grün | Lsg. in $H_2SO_4$ + 1 Tropfen Eisen-Phosphorsäure → grüne Fluoreszenz<br>Subst. + 1 Tropfen Fe-$H_3PO_4$ → grauviolett → olivgrün → stahlblau; vorsichtig erwärmen → graugrün, intensiv grüne Fluoreszenz |
| orange Nadeln (A) | | | XII 1313 | | l. in sd. W<br>ll. in A | |
| weiße Krist. | | | $E_1$ X 73 | ohne Geruch; kratzender Geschmack | swl. in W<br>l. in Lauge<br>ll. in A | + $Fe(NO_3)_3$ → Violettfärbung<br>Lsg. + Paraform-$H_2SO_4$ erwärmt → intensiv rotbraun<br>Lsg. + Eisen-Phosphorsäure + 1 ml $H_2SO_4$ → schwach grün + Paraform<br>+ $H_2O_2$ → Grünfärbung (Brenzcatechinderivat) |
| gelbe Nadeln (A) | | | XII 1335 | | l. in A gelbbraun grün fluoreszierend<br>l. in Ae | Acetylderivat *Fp* 212°<br>Chromat tiefblaue Nadeln<br>Pikrat *Fp* 190° |
| perlmutterglänzende Blättchen | 1,251 | 400-401 (740mm) | XIII 214 | | wl. in k. W<br>~ 1 in sd. W<br>l. in A<br>2,2 Ae | + Bromwasser und $CS_2$ in wss. Schicht → blau, dann dunkelgrün → farblos; $CS_2$-Schicht → dunkelrot<br>Subst. + konz. $HNO_3$ → gelb<br>Subst. + $Fe(NO_3)_3$ → gelbgrün → braungrün → hellblau<br>Acetatderiv. + $AgNO_3$ weiße Blättchen, Lsg. langsam grün<br>alkohol. Lsg. + 10 mg α-Naphthol 1. + konz. $NH_3$ → violett → 2. + KOH → orange → lachsrot |
| Prismen (W) | | | X 747 | | l. in h. W, A, Bzl. | erhitzen → Anthrachinon<br>Methylester *Fp* 52°, Tafeln<br>Amid *Fp* 165°, Nadeln |
| Krist. | | Z. | XII 468 | | l. in A, Ae<br>swl. in Bzl. | Kalischmelze → Indigo |

| Lfd. Nr. | *Fp* | Name | Summenformel | Strukturformel | Mol.-Gewicht |
|---|---|---|---|---|---|
| 1 | 2 | 3 | 4 | 5 | 6 |
| 1797 | **127** | 1-Phenyl-3-methyl-pyrazolon-(5) | $C_{10}H_{10}ON_2$ | 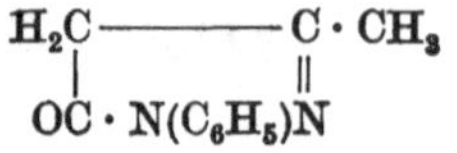 | 174,15 |
| 1798 | **127** | γ-Stilbazol | $C_{13}H_{11}N$ | $C_5H_4N \cdot CH:CH \cdot C_6H_5$ | 181,22 |
| 1799 | **127** | o-Thymotinsäure | $C_{11}H_{14}O_3$ | 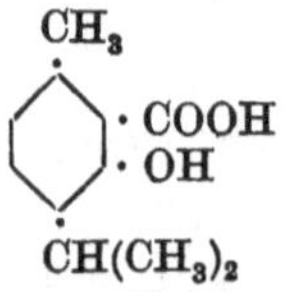 | 194,22 |
| 1800 | **127** | Triphenylamin | $C_{18}H_{15}N$ | $(C_6H_5)_3N$ | 245,31 |
| 1801 | **127** | 2,3,5-Triphenylthiophen | $C_{22}H_{16}S$ | 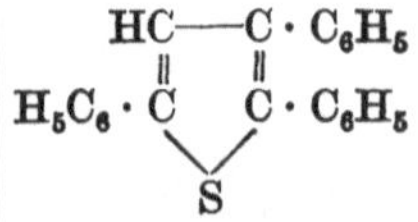 | 313,42 |
| 1802 | **127** bis **128** | d-Camphocarbonsäure | $C_{11}H_{16}O_3$ | 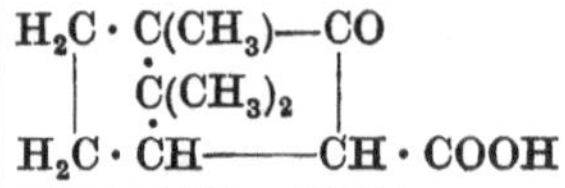 | 196,23 |
| 1803 | **127** bis **128** | Diäthylsulfondimethyl-methan (Sulfonal) | $C_7H_{16}O_4S_2$ | $(CH_3)_2C(SO_2 \cdot C_2H_5)_2$ | 228,31 |
| 1804 | **127** bis **129** | sek.-Butyl-β-bromallyl-barbitursäure (Pernocton) | $C_{11}H_{15}O_3N_2Br$ | 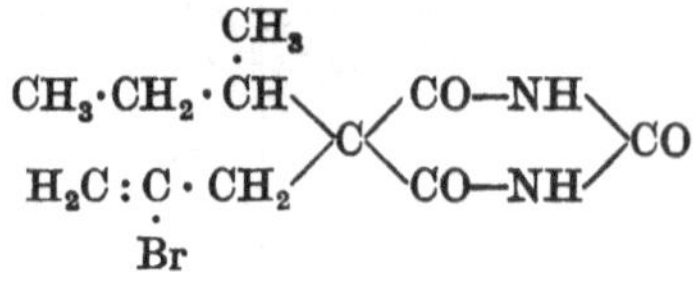 | 303,17 |
| 1805 | **127,5** | 1,2,3-Trinitrobenzol | $C_6H_3O_6N_3$ | $C_6H_3(NO_2)_3$ | 213,11 |
| 1806 | **128** | Benzamid | $C_7H_7ON$ | $C_6H_5 \cdot CO \cdot NH_2$ | 121,13 |

| Aggregat-zustand Farbe | Spez. Gewicht | Siede-punkt °C | Beilstein-Zitat | Physikalische Konstanten und Eigenschaften | Löslichkeit | Reaktionen |
|---|---|---|---|---|---|---|
| 7 | 8 | 9 | 10 | 11 | 12 | 13 |
| Prismen (W) | | 287 (265mm) | XXIV 20 | | swl. in k. W<br>l. in h. W, Säuren u. Alkali<br>ll. in A<br>swl. in Ae | |
| Blättchen (A) | | | XX 442 | | unl. inW<br>l. in A, Ae | |
| Nadeln (W) | | | X 280 | mit Dampf flüchtig | 0,01 k. W<br>l. in A, Ae, Bzl. | |
| Krist. (Ae) | | 347-348 | XII 181<br>XVII 91 | | wl. in k. A<br>ll. in Ae, Bzl. | |
| Prismen (W oder Ae oder verd. A) | | | X 642 | | wl. in k. W<br>ll. in A, Ae, Chlf.<br>wl. in k. Bzl. | beim Schmelzpunkt $CO_2$-Abspaltung |
| Prismen (A), farnblätterartige Krist. | | 300 | I 662 | geruch- und geschmacklos | 0,2 W 15°<br>6,7 sd. W<br>1,54 A 15°<br>50 sd. A<br>0,75 Ae 15° | kochen mit alkal. $HgJ_2$-Lsg → gelbstichiger Nd.<br>im trockenen Probierrohr mit Holzkohle geglüht → Mercaptangeruch |
| weiße Krist. | | | | bitterer Geschmack | swl. in W<br>l. in Lauge | 2 mg Subst. in 1 ml W und 2—3 Tropfen 2n-Lauge + 2—3 Tropfen n/10-$KMnO_4$ → langsam blau und grün<br>2—3 mg Subst. in 1 ml methylalkohol. $Co(NO_3)_2$-Lsg. + 20 mg Piperazin rotviolett<br>2 mg Subst. in 1 ml 1- bis 2%iger Pyridinlsg. in Hitze gelöst, tropfenweise 0,4%ige $CuSO_4$-Lsg. → blaßviolette Krist. (siedende Lsg.)<br>1 mg Subst. + 10 mg $\alpha$-Naphthol in 1 ml $H_2SO_4$ in sd. W-Bad → schwach violettrot<br>Subst. + 10—20 mg Paraform + 1 ml $H_2SO_4$ + F-e$H_3PO_4$ warm → intensiv orange, grüne Fluoreszenz |
| grünliche Prismen(A) | | | $E_1$ V 140 | | wl. in sd. A | |
| Tafeln und Nadeln (W) | 1,341 | | IX 195 | | 1,35 W 25°<br>17,04 A 25°<br>wl. in Ae<br>ll. in sd. Bzl. | |

| Lfd. Nr. | *Fp* | Name | Summenformel | Strukturformel | Mol.-Gewicht |
|---|---|---|---|---|---|
| 1 | 2 | 3 | 4 | 5 | 6 |
| 1807 | **128** | 3,4-Dibrom-2,5-dinitro-thiophen | $C_4O_4N_2Br_2S$ | 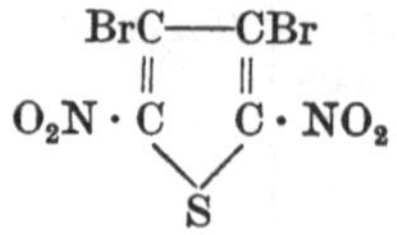 | 331,95 |
| 1808 | **128** | 2-Nitronaphthol-(1) | $C_{10}H_7O_3N$ | $O_2N \cdot C_{10}H_6 \cdot OH$ | 189,16 |
| 1809 | **128** | 4-Phenylsemicarbazid | $C_7H_9ON_3$ | $C_6H_5 \cdot NH \cdot CO \cdot NH \cdot NH_2$ | 151,16 |
| 1810 | **128** | Succinylobernsteinsäure-diäthylester | $C_{12}H_{16}O_6$ | 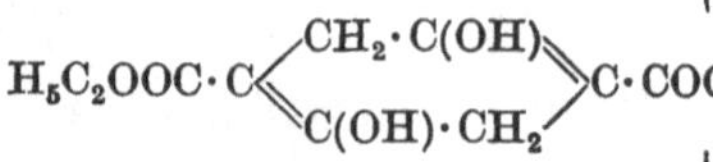 | 256,24 |
| 1811 | **128** | Thioxanthen | $C_{13}H_{10}S$ | 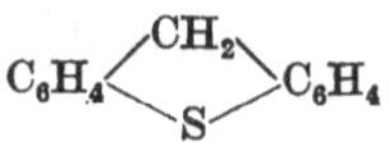 | 198,27 |
| 1812 | **128 bis 129** | Diphenylsulfon | $C_{12}H_{10}O_2S$ | $(C_6H_5)_2SO_2$ | 218,26 |
| 1813 | **128 bis 129** | 3-Methyl-2-chlormercuri-thiophen | $C_5H_5ClSHg$ | 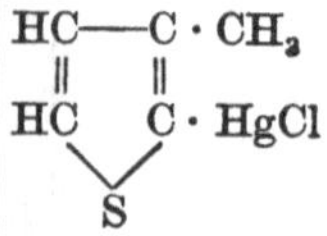 | 333,22 |
| 1814 | **128 bis 130** | *β*-Benzaldoxim | $C_7H_7ON$ | $C_6H_5 \cdot CH : N \cdot OH$ | 121,13 |
| 1815 | **129** | *β*-Acetylphenylhydrazin | $C_8H_{10}ON_2$ | $C_6H_5 \cdot NH \cdot NH \cdot CO \cdot CH_3$ | 150,17 |
| 1816 | **129** | 2-Aminochinolin | $C_9H_8N_2$ | $C_9H_6N \cdot NH_2$ | 144,17 |
| 1817 | **129** | 3-Amino-o-kresol (OH = 1) | $C_7H_9ON$ | $CH_3 \cdot C_6H_3(OH) \cdot NH_2$ | 123,15 |
| 1818 | **129** | p-Dijodbenzol | $C_6H_4J_2$ | $C_6H_4J_2$ | 329,93 |
| 1819 | **129** | 3,3'-Dimethylbenzidin (o-Tolidin) | $C_{14}H_{16}N_2$ | $H_2N \cdot C_6H_3(CH_3) \cdot C_6H_3(CH_3) \cdot NH_2$ | 212,28 |
| 1820 | **129** | dl-*α*,*α*'-Dimethylbernsteinsäure | $C_6H_{10}O_4$ | $HOOC \cdot CH(CH_3) \cdot (CH_3)CH \cdot COOH$ | 146,14 |
| 1821 | **129** | Hexaäthylbenzol | $C_{18}H_{30}$ | $C_6(C_2H_5)_6$ | 246,37 |
| 1822 | **129** | 4-Nitro-m-kresol (OH = 1) | $C_7H_7O_3N$ | $CH_3 \cdot C_6H_3(NO_2) \cdot OH$ | 153,13 |
| 1823 | **129** | 4-Oxyhydrozimtsäure | $C_9H_{10}O_3$ | $HO \cdot C_6H_4 \cdot CH_2 \cdot CH_2 \cdot COOH$ | 166,17 |

| Aggregatzustand Farbe | Spez. Gewicht | Siedepunkt °C | Beilstein-Zitat | Physikalische Konstanten und Eigenschaften | Löslichkeit | Reaktionen |
|---|---|---|---|---|---|---|
| 7 | 8 | 9 | 10 | 11 | 12 | 13 |
| gelbe Blätter (A) | | | VI 615 | mit Dampf flüchtig | swl. in W<br>wl. in A | Acetat *Fp* 118° |
| Blättchen (W) | | 140 Z. | XII 378 | | wl. in h. W<br>ll. in A<br>unl. in Ae | |
| Nadeln (Ae) | 1,4 | | X 894 | | unl. in k. W<br>swl. in h. W<br>ll. in h. A<br>1,7 Ae 20° | |
| Nadeln oder Säulen (A + Chlf.) | | 340 (730mm) | XVII 74 | | unl. in W<br>wl. in k. A<br>l. in Ae<br>sll. in Chlf.<br>l. in $H_2SO_4$ gelb | |
| Blättchen (A)<br>Nadeln (W) | | 379 | VI 300 | | unl. in k. W<br>wl. in sd. W, k. A<br>ll. in h. A | |
| Tafeln oder Nadeln (Ae) | $1{,}114^{128°}$ | | VII 221 | | wl. in k. W, k. Bzl. | |
| Prismen | | | XV 241 | | wl. in k. W<br>ll. in h. W, A<br>wl. in Ae | |
| Blättchen (W) | | subl. | XXII 443 | | ll. in h. W, A, Ae, Chlf.<br>wl. in Laugen | |
| Nadeln | | | XIII 579 | | wl. in k. W, Ae | |
| Blättchen (A) | | subl. 285 | V 227 | | ll. in A, Ae | |
| Blättchen | | | XIII 256 | | wl. in W<br>ll. in A, Ae | Monoacetylderivat *Fp* 103°<br>N,N'-Diacetylderivat *Fp* 306°<br>Diformylderivat *Fp* 254° |
| Prismen (W) | 1,349 | Z. | II 667 | bei Zers. $H_2O$-Abspaltung | 3 W 14°<br>ll. in A, Ae | |
| Prismen (A) | $0{,}8305^{130°}$ | 298 | V 471 | | unl. in W<br>wl. in k. A<br>l. in sd. A<br>ll. in Ae, Bzl. | |
| Nadeln (W) | | | VI 386 | | swl. in k. W<br>ll. in A, Ae, Chlf. | |
| Säulen (Ae) | | | X 244 | | wl. in k. W<br>ll. in h. W, A, Ae<br>unl. in $CS_2$ | |

| Lfd. Nr. | *Fp* | Name | Summenformel | Strukturformel | Mol.-Gewicht |
|---|---|---|---|---|---|
| 1 | 2 | 3 | 4 | 5 | 6 |
| 1824 | **129** | 2-Thiophensäure | $C_5H_4O_2S$ | 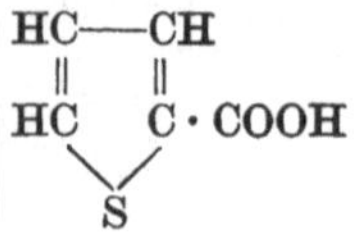 | 128,14 |
| 1825 | **129** bis **130** | 1-Acetodibenzothiophen | $C_{14}H_{10}OS$ | 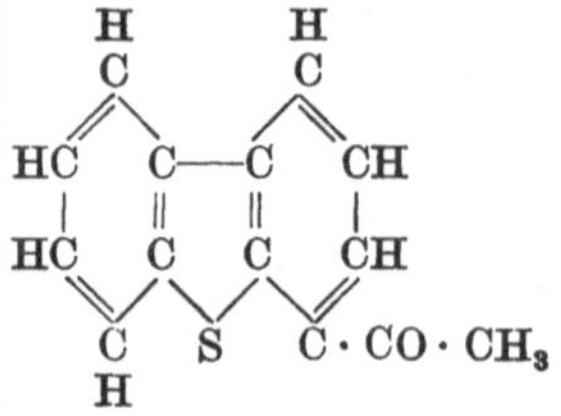 | 226,28 |
| 1826 | **129** bis **130** | 5-Jod-2-acetothienon | $C_6H_5OJS$ | 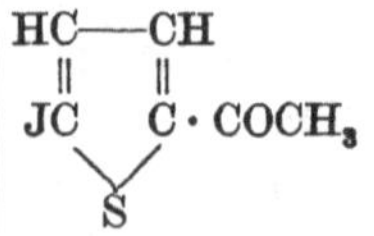 | 252,08 |
| 1827 | **129** bis **130** | 5-Jod-2-benzothienon | $C_{11}H_7OJS$ | 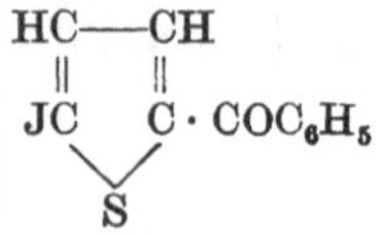 | 314,13 |
| 1828 | **129** bis **132** | δ-Benzolhexachlorid | $C_6H_6Cl_6$ | $C_6H_6Cl_6$ | 290,85 |
| 1829 | **129,5** | 2-Butyrothienon | $C_8H_{10}OS$ | 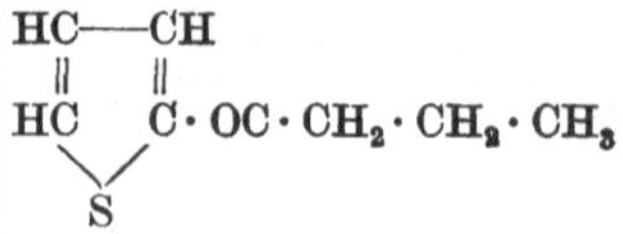 | 154,22 |
| 1830 | **129,5** | Piperin | $C_{17}H_{19}O_3N$ | 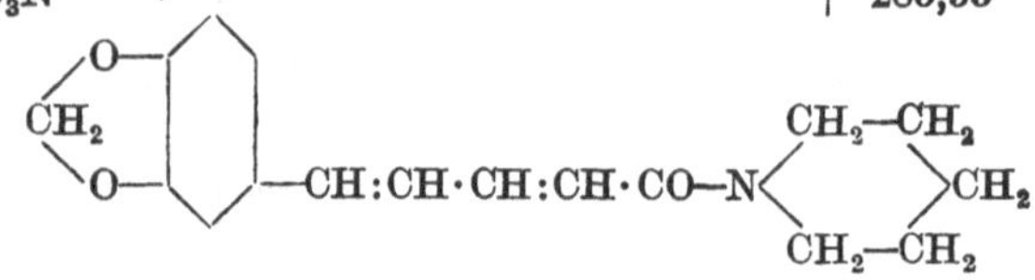 | 285,33 |
| 1831 | **130** | Biguanid | $C_2H_7N_5$ | $[H_2N \cdot C(:NH)]_2 \cdot NH$ | 101,11 |
| 1832 | **>130** | Brasilin | $C_{16}H_{14}O_5$ | 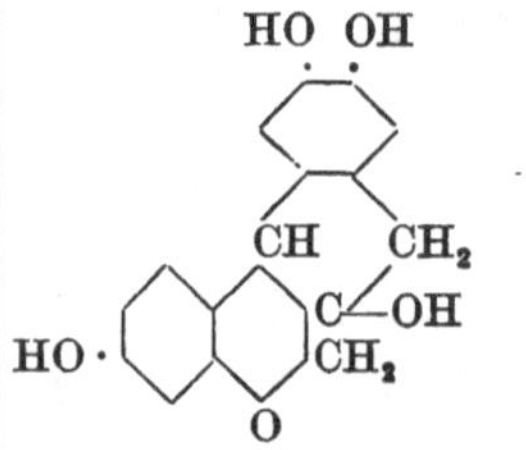 | 286,27 |

| Aggregatzustand Farbe | Spez. Gewicht | Siedepunkt °C | Beilstein-Zitat | Physikalische Konstanten und Eigenschaften | Löslichkeit | Reaktionen |
|---|---|---|---|---|---|---|
| 7 | 8 | 9 | 10 | 11 | 12 | 13 |
| Nadeln (W) | | 260 | XVIII 289 | | 0,75 W 25° ll. in h. W, A, Ae | |
| Krist. (A) | | | $E_1$ V 8 | | unl. in W<br>l. in A<br>ll. in Ae | |
| Säulen (A)<br>(A) oder Prismen (A) | | | XX 79 | geschmacklos; alkohol. Lsg. schmeckt brennend, pfefferartig | unl. in k. W<br>ll. in A<br>wl. in Ae | + $H_2SO_4$ → rotbraun →braunschwarz→grünl.<br>+ $HNO_3$ konz. → harzartig + KOH → blutrot<br>+ Furfurol-$H_2SO_4$ → hellgrün→meergrün→blaugrün → indigoblau<br>+ $HgCl_2$ in wss. Lsg. gelbe Krist. $(C_{17}H_{19}O_3NHCl)_2 \cdot HgCl_2$<br>Chloroplatinat $(C_{17}H_{19}O_3N \cdot HCl)_2PtCl_4$ rote rhombische Krist. |
| Prismen (A) | | | III 93 | | sll. in W<br>ll. in A, Ae | |
| gelbe Krist. (W) | | | XVII 194 | | l. in W, A, Ae | |

| Lfd. Nr. | *Fp* | Name | Summenformel | Strukturformel | Mol.-Gewicht |
|---|---|---|---|---|---|
| 1 | 2 | 3 | 4 | 5 | 6 |
| 1833 | 130 | 2,6-Dioxy-4-methoxy-benzophenon | $C_{14}H_{12}O_4$ | $C_6H_5 \cdot CO \cdot C_6H_2(OH)_2 \cdot O \cdot CH_3$ | 244,23 |
| 1834 | 130 | 2-Oxyphenoxyessigsäure (Guajacetinsäure) | $C_8H_8O_4$ | 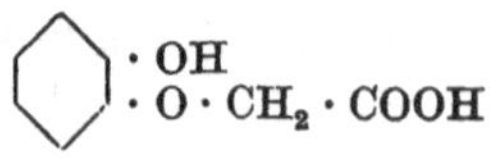 | 168,14 |
| 1835 | 130 | Maleinsäure | $C_4H_4O_4$ | $H \cdot C \cdot COOH$ ‖ $H \cdot C \cdot COOH$ | 116,07 |
| 1836 | 130 | 4 Nitro-o-toluidin ($NH_2 = 1$) | $C_7H_8O_2N_2$ | $CH_3 \cdot C_6H_3(NO_2) \cdot NH_2$ | 152,15 |
| 1837 | 130 | Tetryl | $C_7H_5O_8N_5$ | $^{2,4,6}(O_2N)_3C_6H_2 \cdot N(NO_2) \cdot CH_3$ | 287,15 |
| 1838 | 130 bis 131 | dl-Äpfelsäure | $C_4H_6O_5$ | $HOOC \cdot CH_2 \cdot CH(OH) \cdot COOH$ | 134,09 |
| 1839 | 130 bis 132 | 2-Isovalerothienon | $C_9H_{12}OS$ | 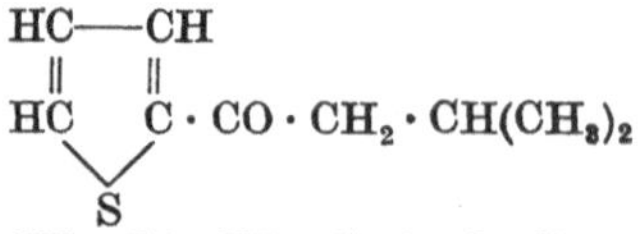 | 169,25 |
| 1840 | 130 bis 132 | Acet-p-anisidid | $C_9H_{11}O_2N$ | $CH_3 \cdot CO \cdot NH \cdot C_6H_4 \cdot O \cdot CH_3$ | 165,18 |
| 1841 | 131 | 1,2-Dioxyanthracen | $C_{14}H_{10}O_2$ | $C_6H_4\left\{\begin{matrix}CH\\CH\end{matrix}\right\}C_6H_2(OH)_2$ | 210,22 |
| 1842 | 131 | Hämopyrrolcarbonsäure | $C_9H_{13}O_2N$ | $HOOC \cdot CH_2 \cdot CH_2 \cdot C$——$C \cdot CH_3$ ‖ ‖ $HC \cdot NH \cdot C \cdot CH_3$ | 167,20 |
| 1843 | 131 | 2-Nitro-4-aminophenol | $C_6H_6O_3N_2$ | $H_2N \cdot C_6H_3(NO_2) \cdot OH$ | 154,12 |
| 1844 | 131 | Pinolhydrat | $C_{10}H_{18}O_2$ | 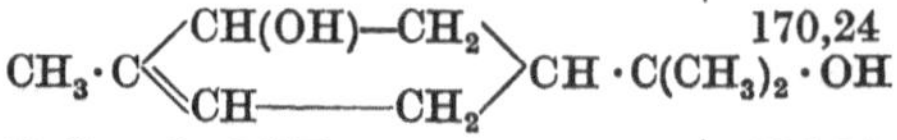 | 170,24 |
| 1845 | 131 | 2,4,5-Tribrom-3-methoxy-thiophen | $C_5H_3OBr_3S$ | 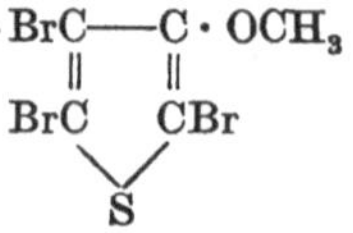 | 334,88 |
| 1846 | 131 | 3,4,5-Tribrom-2-aceto-thienon | $C_6H_3OBr_3S$ | 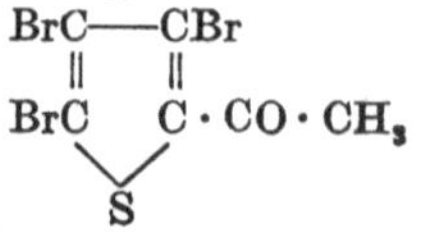 | 334,88 |

| Aggregatzustand Farbe | Spez. Gewicht | Siedepunkt °C | Beilstein-Zitat | Physikalische Konstanten und Eigenschaften | Löslichkeit | Reaktionen |
|---|---|---|---|---|---|---|
| 7 | 8 | 9 | 10 | 11 | 12 | 13 |
| hellgelbe Nadeln oder Blätter(W) | | | VIII 419 | | wl. in k W<br>ll. in A, Ae, h. Bzl. | |
| weiße Krist. | | | VI 778 | säuerlicher Geschmack; geruchlos | l. in Alkali | wss. Lsg. + 2n-Lauge beim Durchschütteln schwach violettrot<br>wss. Lsg. + $Fe(NO_3)_3$-Lsg. → tiefblau, anschließend erhitzt → braun u. trüb<br>+ $Fe$-$H_2SO_4$ kalt grauviolett, heiß braun |
| Prismen (W oder A) | 1,590 | 160 (Z.) | II 748 | | 78,8 W 25°<br>392,6 W 97,5°<br>69,9 95%ig. A 30°<br>8,2 Ae 25° | bei Belichten oder >135° → Fumarsäure *Fp* 286–287°; bei 160° $H_2O$-Abspaltung<br>Phenacylester *Fp* 128-129°<br>p-Nitrobenzylester *Fp* 89,3°<br>p-Phenylphenacylester *Fp* 168° |
| helle Krist. (W od. A) | $1{,}366^{15°}$ | | XII 846 | | swl. in h. W<br>ll. in A | Acetylderivat *Fp* 196-197° |
| gelbe Krist. (A) | $1{,}57^{19°}$ | 186 (Z.) | XII 770 | | 0,007 W 15°<br>0,162 W 97°<br>wl. in k. A<br>l. in Bzl. | |
| rhomb. Krist. | $1{,}601^{20°}$ | Z. | III 435 | | 144,8 W 26°<br>411,5 W 79° | |
| Tafeln (W) | | | XIII 461 | | 0,19 W 15°<br>12,7 A 21° | |
| grüngelbe Blätter | | | VI 1032 | | unl. in W<br>l. in A, Ae<br>l. in NaOH rot | Diacetat *Fp* 145° |
| Nadeln (W) | | 223 (20 mm) | $E_1$ XXII 499 | | l. in W, Ae<br>ll. in A | |
| rote Tafeln od. Nadeln (W od. A) | | | XIII 520 | | | |
| Tafeln oder Nadeln | 1,131 | 270-271 | VI 752 | | 3,3 W 15°<br>ll. in A, Ae | |
| | | | | | | schwach violettrosa Lumineszenz |
| | | | | | | leuchtend gelbe Lumineszenz |

| Lfd. Nr. | *Fp* | Name | Summenformel | Strukturformel | Mol.-Gewicht |
|---|---|---|---|---|---|
| 1 | 2 | 3 | 4 | 5 | 6 |
| 1847 | **131** | N,N,N'-Triphenyl-guanidin | $C_{19}H_{17}N_3$ | $(C_6H_5)_2N \cdot C(:NH) \cdot NH \cdot C_6H_5$ oder $(C_6H_5)_2N \cdot C(:N \cdot C_6H_5) \cdot NH_2$ | 287,35 |
| 1848 | **131** bis **132** | trans-α-Bromzimtsäure | $C_9H_7O_2Br$ | $C_6H_5 \cdot CH : CBr \cdot COOH$ | 227,06 |
| 1849 | **131** bis **132** | 5-Methyl-3-thiophensäure | $C_6H_6O_2S$ | 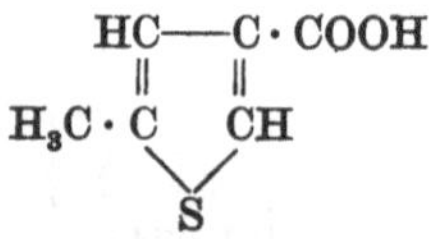 | 142,17 |
| 1850 | **131** bis **133** | Benzylmorphin (Base von Peronin) | $C_{24}H_{25}O_3N$ | 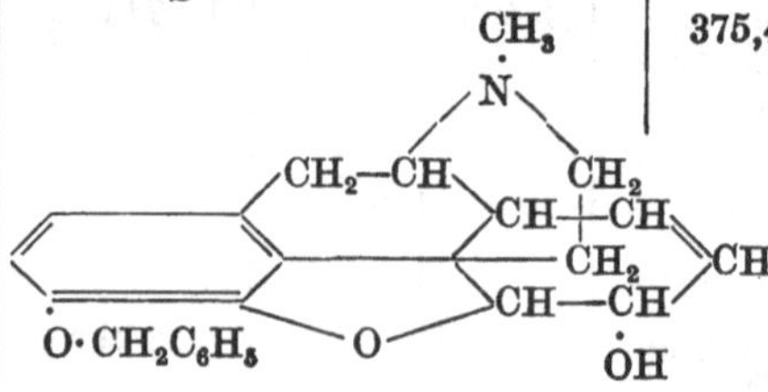 | 375,45 |
| 1851 | **131** bis **134** | 2,4,5-Tribrom-3-nitro-thiophen | $C_4O_2NBr_3S$ | 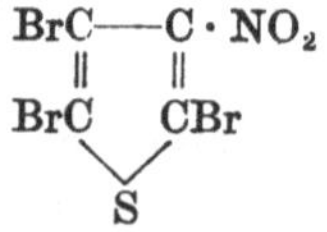 | 365,86 |
| 1852 | **131,5** | β-Methyl-cis-zimtsäure | $C_{10}H_{10}O_2$ | $C_6H_5 \cdot C(CH_3) : CH \cdot COOH$ | 162,18 |
| 1853 | **131,6** | Phthalsäureanhydrid | $C_8H_4O_3$ | 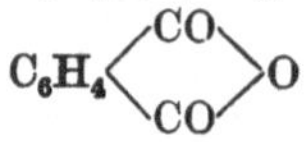 | 148,11 |
| 1854 | **132** | Benzoyldisulfid | $C_{14}H_{10}O_2S_2$ | $C_6H_5 \cdot CO \cdot S—S \cdot OC \cdot C_6H_5$ | 274,36 |
| 1855 | **132** | Bornylchlorid | $C_{10}H_{17}Cl$ | 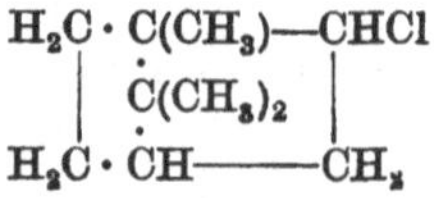 | 172,69 |
| 1856 | **132** | 2,5-Dimethylbenzoesäure | $C_9H_{10}O_2$ | $(CH_3)_2C_6H_3 \cdot COOH$ | 150,17 |
| 1857 | **132** | 4,5-Dinitro-m-xylol | $C_8H_8O_4N_2$ | $(O_2N)_2C_6H_2(CH_3)_2$ | 196,16 |
| 1858 | **132** | N,N'-Diphenylacetamidin | $C_{14}H_{14}N_2$ | $CH_3 \cdot C(:N \cdot C_6H_5) \cdot NH \cdot C_6H_5$ | 210,27 |

| Aggregat-zustand Farbe | Spez. Gewicht | Siede-punkt °C | Beilstein-Zitat | Physikalische Konstanten und Eigenschaften | Löslichkeit | Reaktionen |
|---|---|---|---|---|---|---|
| 7 | 8 | 9 | 10 | 11 | 12 | 13 |
| Tafeln | | | XII 430 | | ll. in A, Ae<br>wl. in Bzl. | |
| Nadeln (W) | | | IX 594 | | swl. in W<br>∞ in A<br>l. in Ae<br>5,2 Bzl. 20° | + Alkali → HBr-Abspaltung<br>Amid *Fp* 119° |
| weiße Nadeln (W) | | | | bitterer Geschmack | wl. in W, A, Chlf.<br>l. in Methanol | 1. Subst. + 1 ml $H_2SO_4$<br>+ Fe-$H_2SO_4$ → hellbraun<br>+ Paraform → intensiv braun → violettrot<br>+ $HNO_3$-$H_2SO_4$ → intensiv violettrot → braunoliv<br>2. Subst. + 10—20 mg Paraform<br>+ 1 ml $H_2SO_4$ → intensiv violettrot<br>+ Fe-$H_3PO_4$ → intensiv blauviolett<br>+ $HNO_3$-$H_2SO_4$ → grau → violettrot → langsam intensiv braun |
| Platten ($CS_2$) | | 170-172 (14 mm) | IX 614 | | 7,85 Bzl. 21°<br>0,89 PAe 20° | Amid *Fp* 94—95° |
| Nadeln (A) | 1,527 | 285,1 | XVII 469 | | l. in W, A | |
| Tafeln (A) | | Z. | IX 424 | | unl. in W<br>wl. in sd. A, sd. Ae<br>ll. in sd. $CS_2$ | |
| Blättchen | | 207-208 | V 94 | $[\alpha]_D$ ±34° (Aceton); sehr flüchtig; riecht wie Campher; schmeckt gewürzhaft | unl. in W<br>ll. in A<br>l. in Ae | |
| Nadeln (A) | | 268 | IX 534 | | swl. in h. W<br>sll. in A | |
| Krist. (A) | | | V 380 | | unl. in W<br>l. in A, Ae | |
| Nadeln (A) | | | XII 248 | | wl. in k. A<br>ll. in h. A<br>l. in Ae | |

| Lfd. Nr. | *Fp* | Name | Summenformel | Strukturformel | Mol.-Gewicht |
|---|---|---|---|---|---|
| 1 | 2 | 3 | 4 | 5 | 6 |
| 1859 | **132** | 3,3′-Dithienyl | $C_8H_6S_2$ | 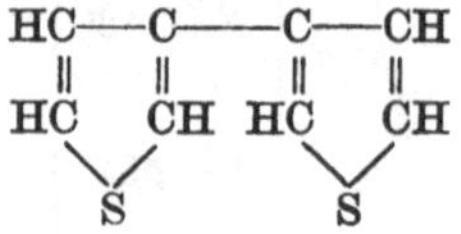 | 166,25 |
| 1860 | **132** | Hydrastin | $C_{21}H_{21}O_6N$ | 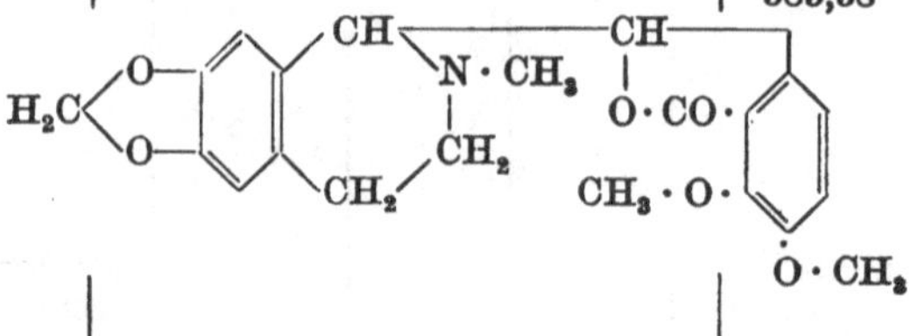 | 383,38 |
| 1861 | **132** | Kaliumstearat | $C_{18}H_{35}O_2K$ | $CH_3 \cdot (CH_2)_{16} \cdot COOK$ | 322,55 |
| 1862 | **132** | d-Mannose | $C_6H_{12}O_6$ | 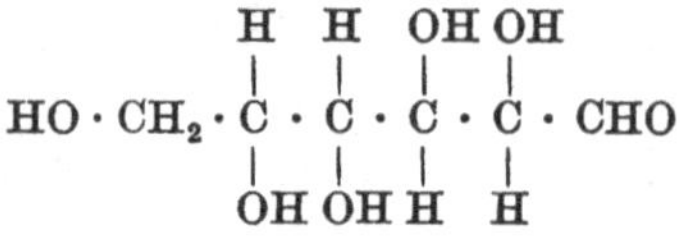 | 180,15 |
| 1863 | **132** | 5-Methyl-2-thienylarsinsäure | $C_5H_7O_3SAs$ | 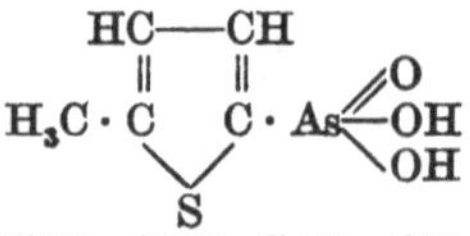 | 222,07 |
| 1864 | **132 bis 133** | 4-Butylaminobenzoesäure-β-dimethylaminoäthylesternitrat (Pantocainnitrat) | $C_{15}H_{25}O_5N_3$ | $C_4H_9 \cdot NH \cdot C_6H_4 \cdot CO \cdot O$ / $(CH_3)_2N \cdot CH_2 \cdot CH_2$ $\cdot HNO_3$ | 327,37 |
| 1865 | **132 bis 133** | 7-Nitrochinolin | $C_9H_6O_2N_2$ | $C_9H_6N \cdot NO_2$ | 174,15 |
| 1866 | **132 bis 134** | Triacetylgallussäureäthylester (Etelen) | $C_{15}H_{16}O_8$ | 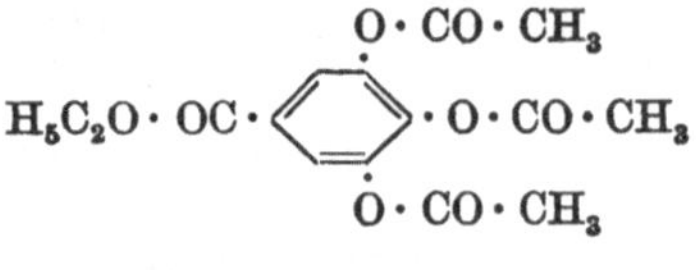 | 324,28 |
| 1867 | **132,1** | 2,6-Dimethylpyron-(4) | $C_7H_8O_2$ | 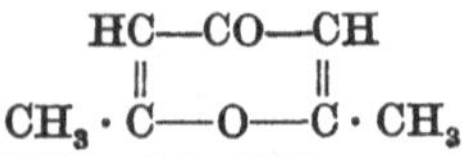 | 124,13 |
| 1868 | **132,7** | Harnstoff (Carbamid) | $CH_4ON_2$ | $H_2N \cdot CO \cdot NH_2$ | 60,06 |

| Aggregat-zustand Farbe | Spez. Gewicht | Siede-punkt °C | Beilstein-Zitat | Physikalische Konstanten und Eigenschaften | Löslichkeit | Reaktionen |
|---|---|---|---|---|---|---|
| 7 | 8 | 9 | 10 | 11 | 12 | 13 |
| Blättchen (Ligroin) | | | XIX 33 | mit Dampf flüchtig | wl. in k. A<br>ll. in Ae | |
| Prismen | | | XXVII 544 | $[\alpha]_D$ —67,8° (Chlf.) | swl. in W<br>0,8 A 15°<br>0,8 Ae 18°<br>l. in Chlf. | Subst. + Vanadin-$H_2SO_4$ → orangerot<br>Subst. + Molybdän-$H_2SO_4$ → grün → allmählich braun<br>+ $HNO_3$ → orangegelb<br>Subst. in verd. $H_2SO_4$ + einige Tropfen $KMnO_4$ → violette Farbe wird sofort zerstört, Flüssigkeit nimmt intensiv blaue Fluoreszenz an |
| Blättchen | | | II 379 | fühlt sich fettig an | ∞10 W 100°<br>0,43 k. A<br>10 93%iger A 66° | |
| Prismen | $1{,}539^{20°}$ | | I 905 | $[\alpha]_D^{20}$ —16,5° (+14,5°W)<br>$[\alpha]_D^{30}$ +14,7° (+48,1°W) | 248 W 17°<br>wl in A<br>unl. in Ae | alkalische $HgJ_2$-Lsg. oder ammoniakalische$AgNO_3$-Lsg. werden reduziert<br>wss. Lsg. gibt mit basischem Bleiacetat allmählich eine weiße Trübung<br>Phenylhydrazon *Fp* 199°, Prismen |
| weiße Krist. | | | | bitterer Geschmack; geruchlos; anästhesierend | l. in W | |
| Tafeln oder Nadeln (W od. A) | | | XX 372 | | swl. in k. W, k. A<br>ll. in Ae, Chlf. | |
| weiße Krist. | | | | geruchlos, geschmacklos | unl. in W<br>wl. in k. A, Toluol<br>ll. in h. A | |
| Nadeln | $0{,}995^{137°}$ | 248-250 | XVII 291 | | ll. in W, A<br>l. in Ae | |
| Prismen (W od. A) | 1,33 | | III 42 | kryoskop.Konst. 5,14; Geschmack kühlend, salpeterähnlich | 77,9 W 5°<br>109,4 W 21°<br>5,32 A 20°<br>7,24 A 40°<br>swl. in Ae | 5 mg Subst. im Rohr erhitzen → $NH_3$-Geruch, Rückstand + 2 ml W<br>1. + $AgNO_3$ → weißer flockiger Nd.<br>2. + 1 Tropfen $CuSO_4$-Lsg. + Lauge → violette Färbung — Biuret-Rk. |

| Lfd. Nr. | *Fp* | Name | Summenformel | Strukturformel | Mol.-Gewicht |
|---|---|---|---|---|---|
| 1 | 2 | 3 | 4 | 5 | 6 |
| 1869 | **133** | Amarin | $C_{21}H_{18}N_2$ | 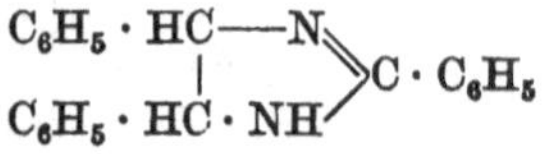 | 298,37 |
| 1870 | **133** | 3-Aminodibenzothiophen | $C_{12}H_9NS$ | 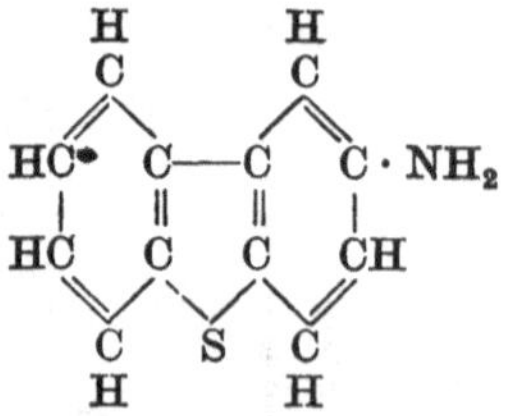 | 199,26 |
| 1871 | **133** | Benzoin | $C_{14}H_{12}O_2$ | $C_6H_5 \cdot CH(OH) \cdot CO \cdot C_6H_5$ | 212,23 |
| 1872 | **133** (Z.) | Cotarnin | $C_{12}H_{15}O_4N$ | 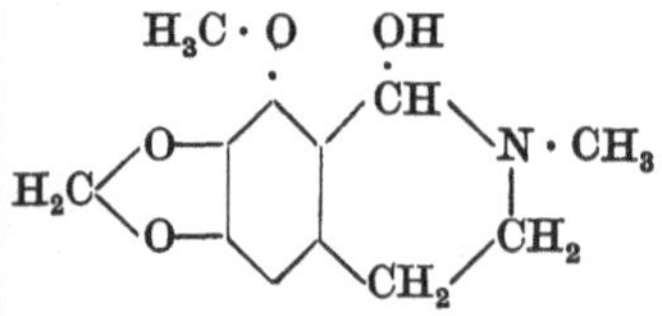 | 237,25 |
| 1873 | **133** | hochschm. ϑ,ι-Dioxystearinsäure | $C_{18}H_{36}O_4$ | 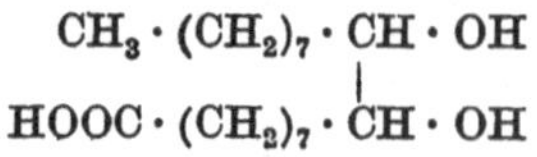 | 316,46 |
| 1874 | **133** | o-Cumaraldehyd | $C_9H_8O_2$ | 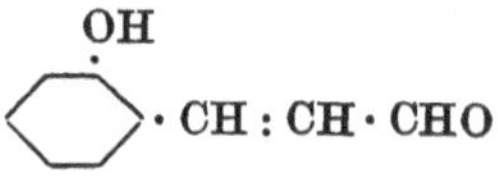 | 148,15 |
| 1875 | **133** | 5-Methyl-2-acetoxymercurithiophen | $C_7H_8O_2SHg$ | 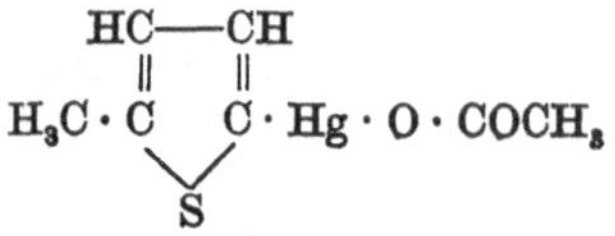 | 356,80 |
| 1876 | **133** | 4-Nitrodiphenylamin | $C_{12}H_{10}O_2N_2$ | $C_6H_5 \cdot NH \cdot C_6H_4 \cdot NO_2$ | 214,21 |
| 1877 | **133** | Pyocyanin | $C_{26}H_{20}O_2N_4$ | | 420,45 |
| 1878 | **133** bis **134** | Brenzschleimsäure | $C_5H_4O_3$ | 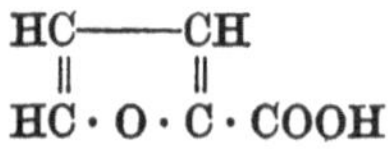 | 112,08 |

| Aggregat-zustand Farbe | Spez. Gewicht | Siede-punkt °C | Beilstein-Zitat | Physikalische Konstanten und Eigenschaften | Löslichkeit | Reaktionen |
|---|---|---|---|---|---|---|
| 7 | 8 | 9 | 10 | 11 | 12 | 13 |
| Prismen | | | XXIII 304 | | swl. in W<br>ll. in A, Ae | |
| Säulen (A) | $1{,}079^{134°}$ | 343 (768mm) | VIII 167 | | 0,03 W 25°<br>l. in sd. A<br>wl. in Ae | alkohol. Lsg. + wss. KOH → violett, beim Kochen tief purpur<br>Methyläther *Fp* 49—50°, Nadeln<br>Acetat *Fp* 83°, Prismen<br>Phenylurethan *Fp* 163°, Blättchen |
| Nadeln (Bzl.) | | | XXVII 475 | wirkt blutstillend | wl. in W<br>ll. in A, Ae | |
| Blättchen (A) | | | III 406 | | 0,59 A 19°<br>0,19 Ae 18° | |
| Nadeln | | | VIII 129 | | ll. in A, Ae<br>wl. in k. W | wss. Lsg. + $FeCl_3$ → schmutzig roter Nd. |
| gelbe Nadeln | | | XII 715 | | unl. in W<br>ll. in A, Eg.<br>l. in $H_2SO_4$ violett | |
| Blättchen (W) | | 230-232 | XVIII 272 | sublimierbar in Nadeln | 2,7 W 0°<br>8,85 W 15°<br>25 sd. W<br>l. in A<br>ll. in Ae | + $FeCl_3$ → rotgelber Nd.<br>Amid 142—143°, Krist.-Warzen<br>Anilid *Fp* 123,5°, Blätter oder Nadeln<br>Chlorhydrat *Fp* 178°, Tafeln<br>Acetylderivat *Fp* 153,5°, Blättchen |

| Lfd. Nr. | *Fp* | Name | Summenformel | Strukturformel | Mol.-Gewicht |
|---|---|---|---|---|---|
| 1 | 2 | 3 | 4 | 5 | 6 |
| 1879 | **133** bis **134** | 5-Jod-2-thiophensäure | $C_5H_3O_2JS$ | 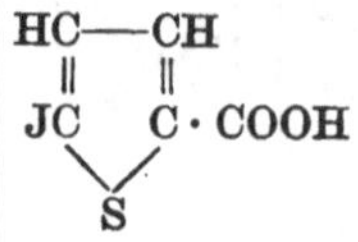 | 254,05 |
| 1880 | **133** bis **134** | Pyrogallol | $C_6H_6O_3$ | 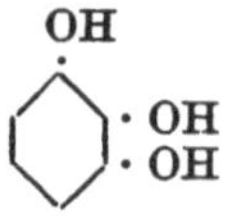 | 126,11 |
| 1881 | **134** | Acetyl-β-naphthylamin | $C_{12}H_{11}ON$ | $C_{10}H_7 \cdot NH \cdot CO \cdot CH_3$ | 185,21 |
| 1882 | **134** | Aluminiumäthylat | $C_6H_{15}O_3Al$ | $(C_2H_5O)_3Al$ | 162,15 |
| 1883 | **134** | 5-Amino-2-thienylarsinsäure | $C_4H_6O_3NSAs$ | 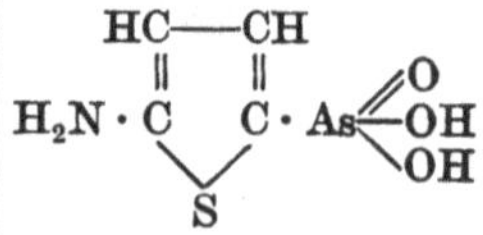 | 221,06 |
| 1884 | **134** | p,p'-Azoxyanisol | $C_{14}H_{14}O_3N_2$ | $ON_2(C_6H_4 \cdot O \cdot CH_3)_2$ | 258,27 |
| 1885 | **134** | 2,2'-Diaminoazobenzol | $C_{12}H_{12}N_4$ | $H_2N \cdot C_6H_4 \cdot N:N \cdot C_6H_4 \cdot NH_2$ | 212,25 |
| 1886 | **134** | Dibenzylsulfoxyd | $C_{14}H_{14}OS$ | $(C_6H_5 \cdot CH_2)_2SO$ | 230,31 |
| 1887 | **134** | 3,4-Dinitrophenol | $C_6H_4O_5N_2$ | $(O_2N)_2C_6H_3 \cdot OH$ | 184,11 |
| 1888 | **134** | 2,4-Dioxybenzophenon-2'-carbonsäureäthylester (Resaldol) | $C_{16}H_{14}O_5$ | 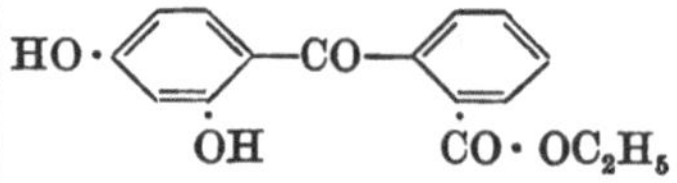 | 286,27 |
| 1889 | **134** | Pentaacetyl-β-d-glucose | $C_{16}H_{22}O_{11}$ | $C_6H_7O(O \cdot CO \cdot CH_3)_5$ | 390,33 |
| 1890 | **134** | Sebacinsäure | $C_{10}H_{18}O_4$ | $HOOC \cdot (CH_2)_8 \cdot COOH$ | 202,24 |
| 1891 | **134** bis **135** | Acetyl-*l*-äpfelsäure | $C_6H_8O_6$ | $CH_3 \cdot CO \cdot O \cdot CH(CH_2 \cdot COOH) \cdot COOH$ | 176,12 |

| Aggregatzustand Farbe | Spez. Gewicht | Siedepunkt °C | Beilstein-Zitat | Physikalische Konstanten und Eigenschaften | Löslichkeit | Reaktionen |
|---|---|---|---|---|---|---|
| 7 | 8 | 9 | 10 | 11 | 12 | 13 |
| weiße Blättchen und Nadeln | 1,453 | 309 | VI 1071 | schmeckt bitter, geruchlos; Blutgift; unzersetzt sublimierbar | 44 W 13°<br>ll. in A, Ae<br>wl. in Chlf., Bzl., $CS_2$ | wss. Lsg. + Lauge an Luft → orangebraun;<br>+ $FeCl_3$ → blau → grünbraun + $(CH_2)_6N_4$ → intensiv blauviolett<br>+ Formaldehyd und HCl schwach erwärmen → rubinrot<br>Phenylurethan *Fp* 173°, Nadeln<br>Diphenylurethan *Fp* 211,5 bis 212,5° |
| Blättchen (W od. A) | | | XII 1284 | | wl. in k. W, k. A | |
| | $1{,}1423^{20°}_{0°}$ | 320 | I 313 | | swl. in A<br>wl. in Ae<br>l. in Bzl. | + $H_2O$ zers. |
| gelbe Säulen (A) | $1{,}17^{115°}$ | | XVI 637 | | | |
| rote Blättchen (A) oder Bzl.) | | | XVI 303 | | swl. in W<br>l. in A<br>ll. in Ae, Aceton | |
| Blättchen (W od. A) | | 210 (Z.) | VI 456 | | unl. in k. W<br>l. in h. W<br>wl in k. A, k. Ae | |
| Nadeln (W) | 1,672 | | VI 257 | mit Dampf nicht flüchtig | ll. in A, Ae | |
| leicht gelbliche Krist. | | | | geruchlos, geschmacklos | swl. in W<br>l. in h. W (1:480) | |
| Nadeln (A) | | subl. | II 160 | | 0,09 W 18,5°<br>0.82 A 19°<br>2,1 Ae 15°<br>∞ in Chlf. | |
| Blättchen | | 295 (100mm) | II 718 | sublimierbar | 0,1 W 17°<br>2 W 100°<br>ll. in A, Ae | Dimethylester *Fp* 38°, Nadeln oder Tafeln<br>Diamid *Fp* 210°, Prismen oder Blättchen<br>Dihydrazid *Fp* 184—185°, Blätter<br>Phenacylester *Fp* 80,4° |
| Krist. | | | III 429 | | | + $H_2O$ → zers. |

| Lfd. Nr. | *Fp* | Name | Summenformel | Strukturformel | Mol.-Gewicht |
|---|---|---|---|---|---|
| 1 | 2 | 3 | 4 | 5 | 6 |
| 1892 | **134 bis 135** | 5-Brom-2-acetoxymercurithiophen | $C_6H_5O_2BrSHg$ | 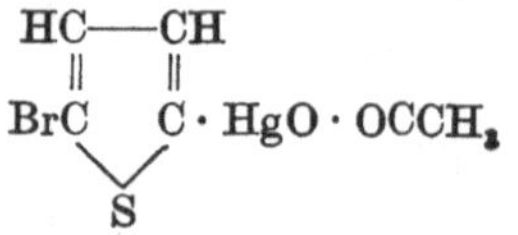 | 421,64 |
| 1893 | **134 bis 135** | 2,2'-Diaminobenzophenon | $C_{13}H_{12}ON_2$ | $CO(C_6H_4 \cdot NH_2)_2$ | 212,24 |
| 1894 | **134,5** | Sorbinsäure | $C_6H_8O_2$ | $CH_3 \cdot CH : CH \cdot CH : CH \cdot COOH$ | 112,12 |
| 1895 | **135** (Z.) | Acetondicarbonsäure | $C_5H_6O_5$ | $CO(CH_2 \cdot COOH)_2$ | 146,10 |
| 1896 | **135** | 2-Amino-p-kresol (OH = 1) | $C_7H_9ON$ | $CH_3 \cdot C_6H_3(OH) \cdot NH_2$ | 123,15 |
| 1897 | **135** | 4,4'-Bisdimethylaminobenzhydrylamin | $C_{17}H_{23}N_3$ | $[(CH_3)_2N \cdot C_6H_4]_2 \cdot CH \cdot NH_2$ | 296,37 |
| 1898 | **135** | trans-β-Bromzimtsäure | $C_9H_7O_2Br$ | $C_6H_5 \cdot CBr : CH \cdot COOH$ | 227,06 |
| 1899 | **135** | d-Corydalin | $C_{22}H_{27}O_4N$ | 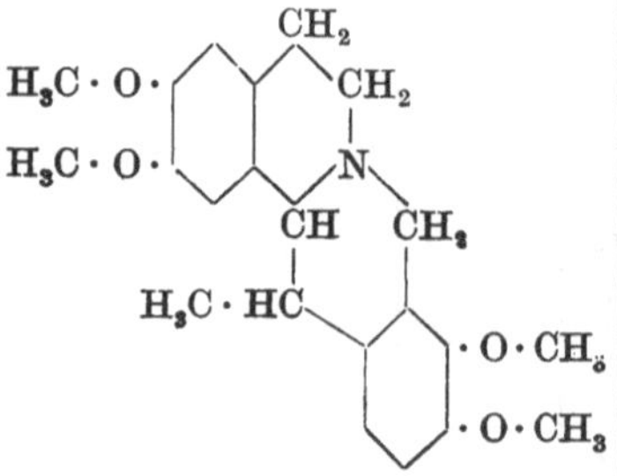 | 369,44 |
| 1900 | **135** | Cyanursäuretrimethylester | $C_6H_9O_3N_3$ | 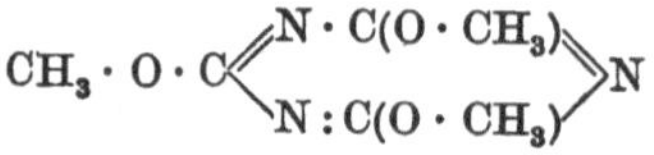 | 171,15 |
| 1901 | **135** | 2,5-Dimethylfurancarbonsäure-(3) | $C_7H_8O_3$ | 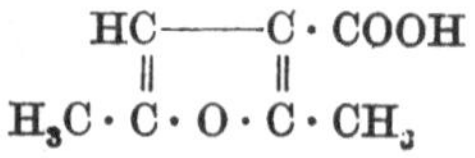 | 140,13 |
| 1902 | **135** | 2,4-Dioxybenzaldehyd | $C_7H_6O_3$ | $(HO)_2C_6H_3 \cdot CHO$ | 138,12 |
| 1903 | **135** | Furoin | $C_{10}H_8O_4$ | 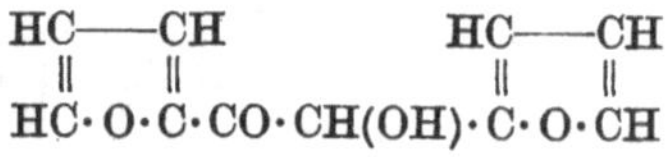 | 192,16 |
| 1904 | **135** | Isovaleriansäureamid | $C_5H_{11}ON$ | $(CH_3)_2CH \cdot CH_2 \cdot CO \cdot NH_2$ | 101,14 |
| 1905 | **135** (Z.) | Methylmalonsäure (Isobernsteinsäure) | $C_4H_6O_4$ | $CH_3 \cdot CH(COOH)_2$ | 118,09 |
| 1906 | **135** | 4-Nitro-m-toluidin ($NH_2$ = 1) | $C_7H_8O_2N_2$ | $CH_3 \cdot C_6H_3(NO_2) \cdot NH_2$ | 152,15 |

| Aggregatzustand Farbe | Spez. Gewicht | Siedepunkt °C | Beilstein-Zitat | Physikalische Konstanten und Eigenschaften | Löslichkeit | Reaktionen |
|---|---|---|---|---|---|---|
| 7 | 8 | 9 | 10 | 11 | 12 | 13 |
| hellgelbe Blättchen (verd. A) | | | XIV 87 | | unl. in W<br>l. in A | |
| Nadeln (verd. A) | | 228 (Z.) | II 483 | | swl. in k. W<br>l. in h. W<br>ll. in A, Ae | |
| Nadeln (Essigester) | | | III 789 | beim Schmelzen zersetzt es sich in $CO_2$ und Aceton | ll. in W, A<br>wl. in Ae | |
| Blättchen (Bzl. od. Ae) | | subl. | XIII 601 | | swl. in k. W<br>ll. in A, Ae, Chlf. | N-Acetylderivat *Fp* 159 bis 160°<br>Benzoylderivat *Fp* 191°<br>HCl-Lsg + $FeCl_3$ → rot |
| Krist. (A) | | | XIII 307 | | swl. in W<br>wl. in A | |
| Nadeln oder Blättchen (W) | | | IX 597 | | wl. in h. W<br>ll. in A<br>1,6 Bzl. 14° | |
| Prismen (A) | | | XXI 217 | $[\alpha]_D^{20}$ +311° (A) | unl. in k. W<br>swl. in sd. W<br>l. in A<br>ll. in Ae | Chloroplatinat *Fp* 227° |
| | | | | | | |
| Prismen (Ae) | | 265 | XXVI 126 | | l. in W, A | durch Kochen bildet sich Isocyanursäuretrimethylester |
| Nadeln (W) | | subl. | XVIII 297 | mit Dampf flüchtig | unl. in k. W<br>0,25 sd. W<br>l. in A<br>ll. in Ae<br>l. in $H_2SO_4$ | |
| Nadeln (Ae + Lg.) | | | VIII 241 | | ll. in W, A, Ae | |
| Prismen (Toluol + A) | | | XIX 204 | | wl. in h. W<br>l. in h. A<br>wl. in Ae | Oxydation → Furil *Fp* 165° |
| Blättchen (A) | 0,965 | | II 315 | | | |
| Nadeln (Essigester) | 1,455 | | II 627 | | 66,7 W 15°<br>ll. in A, Ae<br>swl. in sd. Bzl. | Diamid *Fp* 216—217°<br>Dihydrazid *Fp* 172—173°, Nadeln |
| gelbe Nadeln (W) | | | XII 877 | | wl. in k. W<br>ll. in A, Ae | Acetylderivat *Fp* 103° |

| Lfd. Nr. | *Fp* | Name | Summenformel | Strukturformel | Mol.-Gewicht |
|---|---|---|---|---|---|
| 1 | 2 | 3 | 4 | 5 | 6 |
| 1907 | **135** | 4-Oxybenzophenon | $C_{13}H_{10}O_2$ | $C_6H_5 \cdot CO \cdot C_6H_4 \cdot OH$ | 198,21 |
| 1908 | **135** | Phenacetin | $C_{10}H_{13}O_2N$ | $CH_3 \cdot CO \cdot NH \cdot C_6H_4 \cdot O \cdot C_2H_5$ | 179,21 |
| 1909 | **135** | 2-Piperonylchinolin-4-carbonsäuremethylester (Synthalin) | $C_{18}H_{13}O_4N$ | 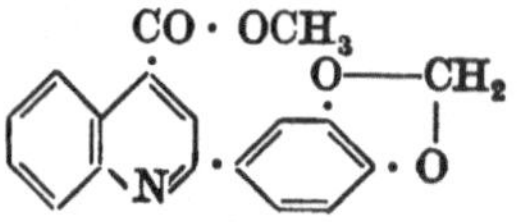 | 307,29 |
| 1910 | **135** | Tribromessigsäure | $C_2HO_2Br_3$ | $CBr_3 \cdot COOH$ | 296,78 |
| 1911 | **135** bis **136** | (trans-)Zimtsäure | $C_9H_8O_2$ | $C_6H_5 \cdot C \cdot H$ ‖ $H \cdot C \cdot COOH$ | 148,15 |
| 1912 | **135,5** | Tetra-[2-thienyl]-silicium | $C_{16}H_{12}S_4Si$ | 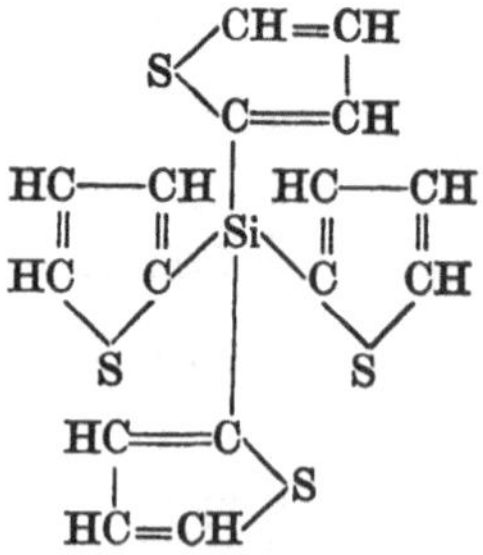 | 360,56 |
| 1913 | **135,5** | 2-Thienylarsinsäure | $C_4H_5O_3SAs$ | 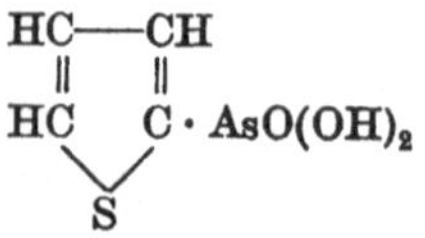 | 208,01 |

| Aggregat-zustand Farbe | Spez. Gewicht | Siede-punkt °C | Beilstein-Zitat | Physikalische Konstanten und Eigenschaften | Löslichkeit | Reaktionen |
|---|---|---|---|---|---|---|
| 7 | 8 | 9 | 10 | 11 | 12 | 13 |
| Blättchen (verd. A) | | | VIII 158 | | wl. in k. W<br>ll. in A, Ae | Kalischmelze → Bzl. und 4-Oxybenzoesäure<br>Oxime *Fp* 81° bzw. 152° |
| Tafeln (verd. A) | | | XIII 461 | | 0,05 W 14°<br>0,11 W 25°<br>6,64 A 25°<br>1,57 Ae 25° | Subst. mit 2 ml konz. HCl kochen + 20 ml W + einige Tropfen Chromsäure-Lsg. → rubinrot<br>Subst. kochen mit verd. $HNO_3$ → gelb bis orangerot, nach Erkalten → Nitrophenacetin *Fp* 103°, gelbe Nadeln |
| grünlich-gelbes Krist.-Plv. | | | | | unl. in W<br>l. in Ae, Bzl.<br>ll. in Methanol<br>unl. in Alkali<br>swl. in Ae | |
| | | [245 (Z.) | II 220 | | ll. in W, A, Ae<br>wl. in k. Ligroin | |
| Blättchen (stabil)<br>Nadeln (metastabil) (A) | 1,2475 | 300 | IX 573 | geruchlos, geschmacklos; mit Dampf flüchtig; Dämpfe riechen zimtartig | 0,04 W 18°<br>23,8 A 20°<br>sll. in Ae<br>5,9 Chlf. 17° | 1. + $AgNO_3$ + 1 Tropfen 2n-$NH_3$ → weiße Flocken, lösl. in $H_2SO_4$; erhitzen mit 2—3 Tropfen n/10-$KMnO_4$-Lsg. → Benzaldehydgeruch<br>2. neutralisierte wss. Lsg. + $Fe(NO_3)_3$-Lsg. → eigelber Nd.<br>3. mit α-Naphthol u. konz. $H_2SO_4$ erhitzte Subst. → gelbe, grün fluoreszierende Lsg. |
| | | | XVIII 603 | | | |

| Lfd. Nr. | *Fp* | Name | Summenformel | Strukturformel | Mol.-Gewicht |
|---|---|---|---|---|---|
| 1 | 2 | 3 | 4 | 5 | 6 |
| 1914 | **135,6** | Malonsäure (Methandicarbonsäure) | $C_3H_4O_4$ | $HOOC \cdot CH_2 \cdot COOH$ | 104,06 |
| 1915 | **136** | Auramin | $C_{17}H_{21}N_3$ | $[(CH_3)_2N \cdot C_6H_4]_2C : NH$ | 267,36 |
| 1916 | **136** | Bortriphenyl | $C_{18}H_{15}B$ | $(C_6H_5)_3B$ | 242,12 |
| 1917 | **136** (Z.) | Carminsäure | $C_{22}H_{20}O_{13}$ | 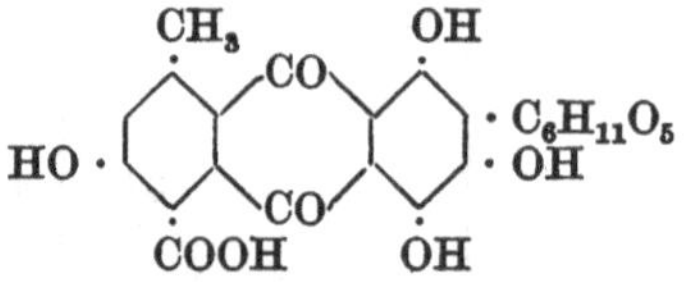 | 492,38 |
| 1918 | **136** | 2,6-Dichlornaphthalin | $C_{10}H_6Cl_2$ | 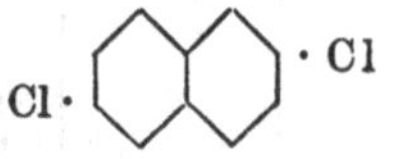 | 197,06 |
| 1919 | **136** | Zimtsäureanhydrid | $C_{18}H_{14}O_3$ | $(C_6H_5 \cdot CH : CH \cdot CO)_2O$ | 278,29 |
| 1920 | **136** bis **137** | Acetylsalicylsäure (Aspirin) | $C_9H_8O_4$ | $CH_3CO \cdot O \cdot C_6H_4 \cdot COOH$ | 180,15 |
| 1921 | **136** bis **137** | 4,4′,4″-Tris-[diäthylamino]-triphenylcarbinol | $C_{31}H_{43}ON_3$ | $[(C_2H_5)_2N \cdot C_6H_4]_3C \cdot OH$ | 473,67 |
| 1922 | **136,5** bis **138,5** | 4-Methyl-3-thiophensäure | $C_6H_6O_2S$ | 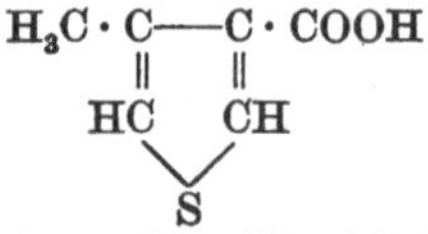 | 142,26 |
| 1923 | **137** | Benzalmilchsäure | $C_{10}H_{10}O_3$ | $C_6H_5 \cdot CH : CH \cdot CH(OH) \cdot COOH$ | 178,19 |
| 1924 | **137** | Benzophenonphenylhydrazon | $C_{19}H_{16}N_2$ | $(C_6H_5)_2C : N \cdot NH \cdot C_6H_5$ | 272,33 |
| 1925 | **137** | o-Dianisidin | $C_{14}H_{16}O_2N_2$ | $[^{(3)}CH_3 \cdot O \cdot C_6H_3(NH_2)^{(4)}—]_2$ | 244,28 |
| 1926 | **137** | Phenylpropiolsäure | $C_9H_6O_2$ | $C_6H_5 \cdot C \vdots C \cdot COOH$ | 146,14 |

| Aggregatzustand Farbe | Spez. Gewicht | Siedepunkt °C | Beilstein-Zitat | Physikalische Konstanten und Eigenschaften | Löslichkeit | Reaktionen |
|---|---|---|---|---|---|---|
| 7 | 8 | 9 | 10 | 11 | 12 | 13 |
| Nadeln (weiß) | $1{,}631^{15°}$ | subl. im Vakuum (8 bis 10 mm) | II 566 | bei 140—150° $CO_2$-Abspaltung; Geschmack sauer; geruchlos | 139,4 W 15°<br>l. in A<br>8,7 Ae 15° | mit $Fe(NO_3)_3$ nicht verändert<br>wss. Lsg. mit $AgNO_3$-Lsg. → klar + 1 Tropfen 2n-$NH_3$ → pulvriger Nd. → feine Nadeln<br>hochverdünnte $J_2$-Lsg. wird entfärbt + KJ wird Jod wieder abgeschieden<br>kochen mit Essigsäureanhydrid → gelbe, intensiv grün fluoreszierende Lsg.<br>Bis-[β-phenylhydrazid] *Fp* 187°<br>p-Phenylphenacylester *Fp* 175° |
| Blättchen (A) | | | XIV 91 | | 7,2 in 96%ig. A 20°<br>3,2 in Ae 20° | Chlorhydrat *Fp* 267°, Blättchen |
| Säulen (Ae) | | 203 (75mm) | | raucht an der Luft; leicht oxydierbar | l. in Ae<br>ll. in Bzl. | |
| rote Prismen | | | V 689 | | ll. in W<br>l. in A<br>swl. in Ae<br>l. in $H_2SO_4$, Alkali | |
| Nadeln (A) Tafeln (Ae) | | 285 | V 544 | | unl. in W<br>wl. in A<br>ll. in Ae, Bzl. | |
| Nadeln (Bzl. oder A) | | | IX 586 | | unl. in W<br>swl. in k. A<br>ll. in h. Bzl. | |
| weiße Nadeln (W) | | | X 67 | geruchlos, säuerlicher Geschmack | 0,25 W 15°<br>5 Ae 18°<br>swl. in Bzl. | neutralisierte Lsg. + $Fe(NO_3)_3$-Lsg. → gelblicher fleischfarbener Nd., lösl. in 2n-$HNO_3$, erhitzen violett |
| Krist. (Ligroin) | | | XIII 759 | | | |
| Nadeln | | | XV 134 | | wl. in k. W, Ae<br>unl. in Bzl. | |
| Nadeln (A) | | | XV 148 | | swl. in k. A<br>ll. in Ae, Bzl. | |
| Blättchen | | | XIII 807 | | ll. in A, Ae, Bzl.<br>l. in Eg. | N,N'-Diacetylderiv. *Fp* 242—243°<br>N,N'-Dibenzoylderiv. *Fp* 236° |
| Nadeln (W) | | subl. | IX 633 | | wl. in W<br>ll. in A, Ae | |

| Lfd. Nr. | *Fp* | Name | Summenformel | Strukturformel | Mol.-Gewicht |
|---|---|---|---|---|---|
| 1 | 2 | 3 | 4 | 5 | 6 |
| 1927 | **137** | Pyridincarbonsäure-(2) (Picolinsäure) | $C_6H_5O_2N$ | 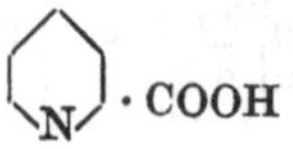 | **123,11** |
| 1928 | **137** bis **138** | 3-Chlor-2-chlormercuri-thiophen | $C_4H_2Cl_2SHg$ | 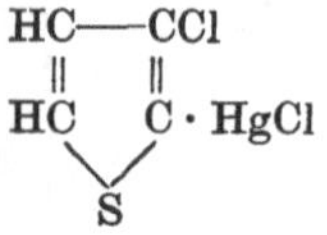 | **353,64** |
| 1929 | **137** bis **138** | Benzfuroin | $C_{12}H_{10}O_3$ | 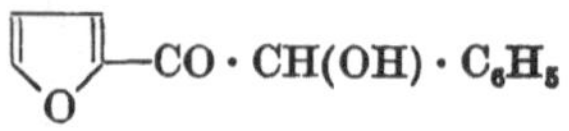 | **202,20** |
| 1930 | **137** bis **138** | 2,2′,5,5′-Tetrabrom-3,3′-dithienyl | $C_8H_2Br_4S_2$ | 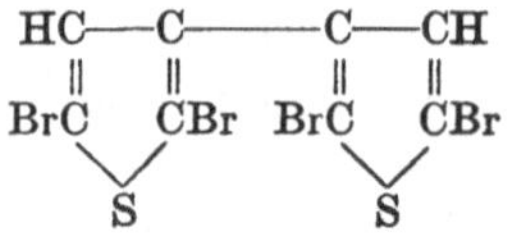 | **482,88** |
| 1931 | **137** bis **138** | 3,4-Dimethyl-2-chlor-mercurithiophen | $C_6H_7ClSHg$ | 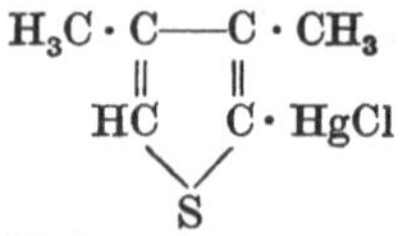 | **347,24** |
| 1932 | **137** bis **138** | 9-Aminophenanthren | $C_{14}H_{11}N$ | 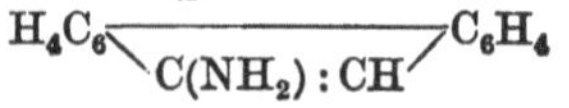 | **193,23** |
| 1933 | **137** bis **138** | α-Benzilmonoxim | $C_{14}H_{11}O_2N$ | $C_6H_5 \cdot CO \cdot C(:N \cdot OH) \cdot C_6H_5$ | **225,23** |
| 1934 | **137** bis **138** | 1,6-Dioxynaphthalin | $C_{10}H_8O_2$ | $C_{10}H_6(OH)_2$ | **160,16** |
| 1935 | **137** bis **138** | α-Phenyl-cis-zimtsäure | $C_{15}H_{12}O_2$ | 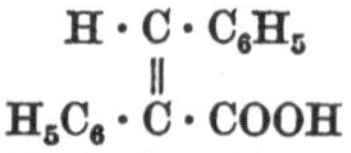 | **224,24** |
| 1936 | **137** bis **139** | 4,5-Dimethylthiophen-2-sulfonsäureamid | $C_6H_9O_2NS_2$ | 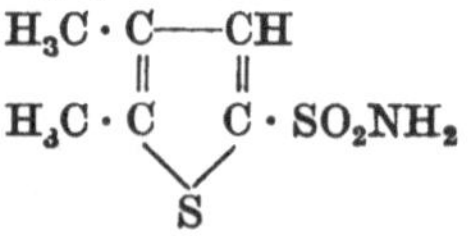 | **159,20** |
| 1937 | **137** bis **139** | 3,5-Dimethyl-2-jod-mercurithiophen | $C_6H_7JSHg$ | 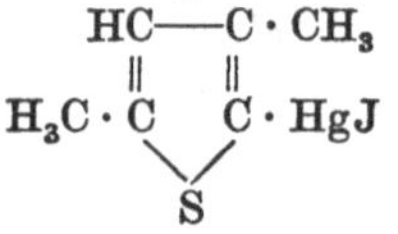 | **438,71** |
| 1938 | **137,5** | p-Toluolsulfamid | $C_7H_9O_2NS$ | $CH_3 \cdot C_6H_4 \cdot SO_2 \cdot NH_2$ | **171,21** |
| 1939 | **137,5** | Tri-[2-thienyl]-wismut | $C_{12}H_9S_3Bi$ | 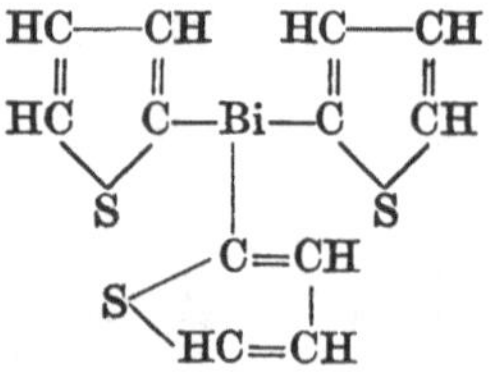 | **458,37** |

| Aggregat-zustand Farbe | Spez. Gewicht | Siede-punkt °C | Beilstein-Zitat | Physikalische Konstanten und Eigenschaften | Löslichkeit | Reaktionen |
|---|---|---|---|---|---|---|
| 7 | 8 | 9 | 10 | 11 | 12 | 13 |
| Nadeln (W od. A) | | subl. | XXII 33 | subl. in glänzenden Nadeln; geruchlos; fader saurer Geschmack | ll. in W<br>9,5 A 20°<br>swl. in Ae | Amid *Fp* 107°, Säulen oder Täfelchen<br>+ $FeCl_3$ → rotgelb<br>Chlorhydrat *Fp* 214 bis 216°, rhomb. Krist. |
| Prismen (A) | | | XVIII 43 | | ll. in h. A, Chlf. u. Bzl.<br>wl. in W u. Ligroin | |
| gelbe Prismen (Ae) | | subl. | XII 1338 | | wl. in W<br>ll. in Ae | |
| Blättchen (verd. A) | | Z. >200 | VII 757 | | ll. in A, Ae, Chlf.<br>swl. in Ligroin | erhitzen über 200° → Benzoesäure und Benzonitril<br>bildet mit Metallen Komplexsalze |
| Prismen (Bzl.) | | subl. | VI 981 | | wl. in W, k. A<br>ll. in Ae | Diacetat *Fp* 73° |
| Blättchen (Eg.) | | | IX 693 | | l. in W<br>0,05 PAe 15° | Amid *Fp* 167—168° |
| Blättchen (W od. A) | | | XI 104 | | 0,32 W 25°<br>7,4 A 5° | |

| Lfd. Nr. | *Fp* | Name | Summenformel | Strukturformel | Mol.-Gewicht |
|---|---|---|---|---|---|
| 1 | 2 | 3 | 4 | 5 | 6 |
| 1940 | **138** | 2,6-Dinitroanilin | $C_6H_5O_4N_3$ | $(O_2N)_2C_6H_3 \cdot NH_2$ | 183,12 |
| 1941 | **138** | 2,4-Dinitronaphthol-(1) | $C_{10}H_6O_5N_2$ | $(O_2N)_2C_{10}H_5 \cdot OH$ | 234,16 |
| 1942 | **138** | N,N′-Diphenylformamidin | $C_{13}H_{12}N_2$ | $C_6H_5 \cdot N : CH \cdot NH \cdot C_6H_5$ | 196,24 |
| 1943 | **138** | Glutaconsäure | $C_5H_6O_4$ | $HOOC \cdot CH_2 \cdot CH : CH \cdot COOH$ | 130,10 |
| 1944 | **138** | Glycerinaldehyd (α,β-Dioxypropion-aldehyd) | $C_3H_6O_3$ | $HO \cdot CH_2 \cdot CH(OH) \cdot CHO$ | 90,08 |
| 1945 | **138** | Hydrobenzoin | $C_{14}H_{14}O_2$ | 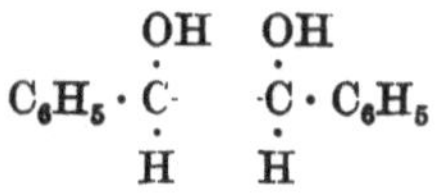 | 214,25 |
| 1946 | **138 bis 139** | 3,5-Dimethyl-2-chlor-mercurithiophen | $C_6H_7ClSHg$ | 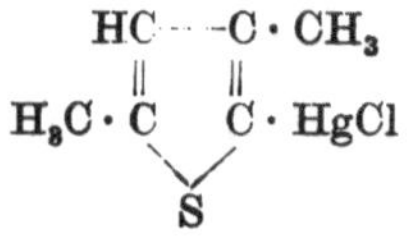 | 347,24 |
| 1947 | **138 bis 139** | 3-Jod-2-chlormercuri-thiophen | $C_4H_2ClJSHg$ | 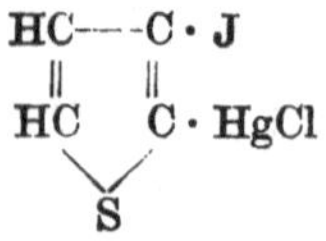 | 244,49 |
| 1948 | **138 bis 139** | 2-Methylthiophen-3,4-disulfonsäurechlorid | $C_5H_4O_4Cl_2S_3$ | 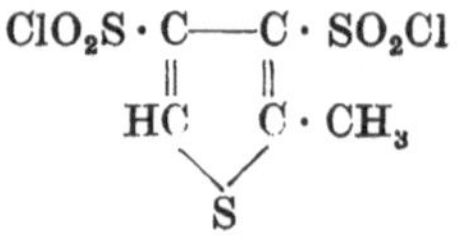 | 221,06 |
| 1949 | **138,4** | 3-Thiophensäure | $C_5H_4O_2S$ | 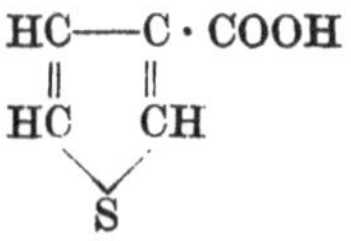 | 128,14 |
| 1950 | **139** | trans-Chinit | $C_6H_{12}O_2$ | 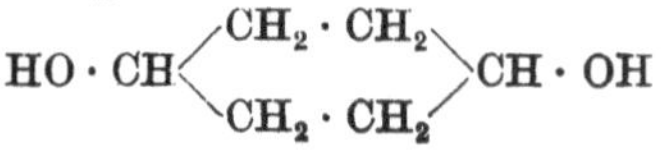 | 116,15 |
| 1951 | **139** | 4,4′-Diaminotriphenyl-methan | $C_{19}H_{18}N_2$ | $C_6H_5 \cdot CH(C_6H_4 \cdot NH_2)_2$ | 274,35 |
| 1952 | **139** (Z.) | Mesoxalsäureoxim | $C_3H_3O_5N$ | 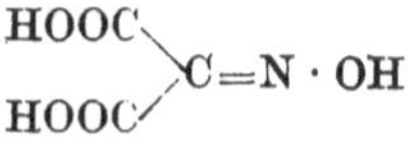 | 133 |
| 1953 | **139** | 1,2,4,5-Tetrachlorbenzol | $C_6H_2Cl_4$ | 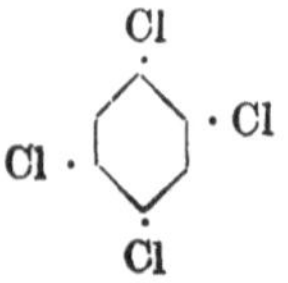 | 215,90 |

| Aggregat-zustand Farbe | Spez. Gewicht | Siede-punkt °C | Beilstein-Zitat | Physikalische Konstanten und Eigenschaften | Löslichkeit | Reaktionen |
|---|---|---|---|---|---|---|
| 7 | 8 | 9 | 10 | 11 | 12 | 13 |
| gelbe Nadeln (A) | | | XII 758 | | unl. in W<br>0,52 A 21°<br>l. in h. Bzl. | |
| gelbe Nadeln (A) | | | VI 617 | | unl. in W<br>wl. in A, Ae | |
| Nadeln (Bzl.) | | ~250 | XII 236 | | wl. in k. A<br>ll. in Ae<br>sll. in Chlf. | |
| Nadeln (Ae) | | | II 758 | | ll. in W, A, Ae | Ag-Salz Krist.<br>Zn-Salz in heißem W schwerer löslich als im kalten |
| Nadeln (verd. A) | | | I 845 | geschmacklos | l. in W<br>wl. in A, Ae | Methylphenylhydrazon *Fp* 120°, Nadeln<br>Diphenylhydrazon *Fp* 133°, prismatische Nadeln<br>p-Nitrophenylosazon *Fp* 311°, Nadeln |
| Blättchen (W) | $0,927^{134°}$ | >300 | VI 1003 | | 0,25 W 15°<br>1,25 sd. W<br>ll. in h. A | |
| Nadeln (W) | | subl. | XVIII 292 | mit Dampf flüchtig | 0,43 W 25° | |
| Tafeln (Aceton) | | | VI 741 | | ll. in W, A<br>swl. in Ae, Chlf. | |
| Krist. (Ae) | | | XIII 274 | | swl. in W<br>ll. in A, Ae | |
| Nadeln | | | III 767 | | ll. in W | |
| Nadeln (Ae, Bzl.) | $1,734^{10°}$ | 243-246 | V 205 | | unl. in k. A<br>wl. in sd. A<br>l. in Ae, $CS_2$, Bzl. | |

| Lfd. Nr. | *Fp* | Name | Summenformel | Strukturformel | Mol.-Gewicht |
|---|---|---|---|---|---|
| 1 | 2 | 3 | 4 | 5 | 6 |
| 1954 | **139** bis **140** | Allylisobutylbarbitursäure (Sandoptal) | $C_{11}H_{16}O_3N_2$ | 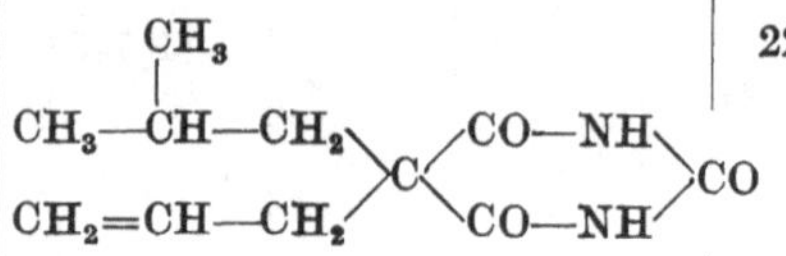 | 224,25 |
| 1955 | **139** bis **140** | 2,5-Dibrom-3,4-dinitro-thiophen | $C_4O_4N_2Br_2S$ | 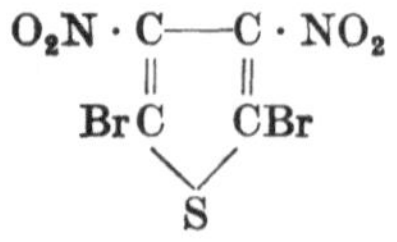 | 331,95 |
| 1956 | **139** bis **140** | Milchsäurephenylurethan | $C_{10}H_{11}O_4N$ | $HOOC \cdot CH(CH_3) \cdot O \cdot CO \cdot NH \cdot C_6H_5$ | 209,18 |
| 1957 | **139** bis **140** | 3,3′,5,5′-Tetrabrom-2,2′-dithienyl | $C_8H_2Br_4S_2$ | 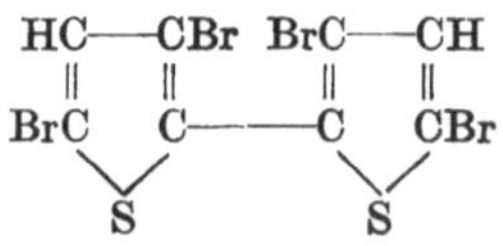 | 481,88 |
| 1958 | **139** bis **140** | 2,3,5-Trinitro-p-xylol | $C_8H_7O_6N_3$ | $(O_2N)_3C_6H(CH_3)_2$ | 241,16 |
| 1959 | **139** bis **141** | Allylisopropylbarbitursäure (Numal) | $C_{10}H_{14}O_3N_2$ | 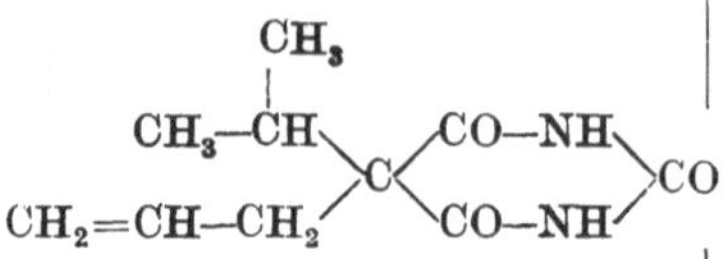 | 210,23 |
| 1960 | **139** bis **141** | Colchicein | $C_{21}H_{23}O_6N$ | $C_{16}H_{11}O_2N(CO \cdot CH_3)(OCH_3)_3 + \frac{1}{2}H_2O$ | 394,41 |

| Aggregat-zustand Farbe | Spez. Gewicht | Siede-punkt °C | Beilstein-Zitat | Physikalische Konstanten und Eigenschaften | Löslichkeit | Reaktionen |
|---|---|---|---|---|---|---|
| 7 | 8 | 9 | 10 | 11 | 12 | 13 |
| weiße Krist. | | | | bitterer Geschmack | swl. in W<br>ll. in Lauge | Lsg. in Paraform-$H_2SO_4$ beim Erwärmen → orange mit grüner Fluoreszenz<br>Lsg. in verd. NaOH + 2 bis 3 Tropfen n/10-$KMnO_4$ → sofort intensiv grün<br>2—3 mg Substanz in 1 ml methylalkoholischer $Co(NO_3)_2$-Lsg. + 20 mg Piperazin → rotviolett<br>2 mg Subst. in 1 ml 1 bis 2%iger Pyridin-Lsg. in Hitze gelöst. Zur sd. Lsg. tropfenweise 0,4%ige $CuSO_4$-Lsg. → blaßviolettrote Krist. |
| Nadeln (Chlf.) | | | XII 340 | | sll. in A, Ae<br>swl. in k. W, Chlf. | |
| Nadeln (A) | $1{,}59^{19°}$ | | V 389 | | | |
| weiße Krist. | | | | bitterer Geschmack | swl. in W<br>ll. in A, Lauge<br>sll. in Ae | Lsg. in Paraform-$H_2SO_4$ beim Erwärmen → orange mit grüner Fluoreszenz<br>Lsg. in verd. NaOH + 2 bis 3 Tropfen n/10-$KMnO_4$ → sofort intensiv grün<br>2—3 mg Subst. in 1 ml methylalkoholischer $Co(NO_3)_2$-Lsg. + 20 mg Piperazin → rotviolett<br>2 mg Subst. in 1 ml 1 bis 2%iger Pyridin-Lsg. in Hitze gelöst. Zur sd. Lsg. tropfenweise 0,4%ige $CuSO_4$-Lsg. → blaßviolette Krist. |
| glänzende Nadeln | | | $E_1$ XIV 519 | | wl. in k. W<br>l. in h. W<br>sll. in A, Chlf.<br>unl. in Ae, Bzl.<br>l. in Alkalien, $NH_3$ u. Alkalikarbonaten u. Säuren gelb | + rauch. $HNO_3$ und $FeCl_3$ → schmutzig schwarzgrüne Färbung<br>wss. Lsg. + Bleiacetat und Kupferacetat → weißer → gelbgrüner Nd. |

| Lfd. Nr. | *Fp* | Name | Summenformel | Strukturformel | Mol.-Gewicht |
|---|---|---|---|---|---|
| 1 | 2 | 3 | 4 | 5 | 6 |
| 1961 | **139,7** | p-Phenylendiamin | $C_6H_8N_2$ | $H_2N \cdot C_6H_4 \cdot NH_2$ | 108,14 |
| 1962 | **140** | Brommaleinsäure | $C_4H_3O_4Br$ | $HOOC \cdot CH : CBr \cdot COOH$ | 194,98 |
| 1963 | **140** | 2-Chlorbenzoesäure | $C_7H_5O_2Cl$ | $Cl \cdot C_6H_4 \cdot COOH$ | 156,57 |
| 1964 | **140** | cis-Cyclopentandicarbon-säure-(1,2) | $C_7H_{10}O_4$ | $H_2C\langle{}^{CH_2 \cdot CH \cdot COOH}_{CH_2 \cdot CH \cdot COOH}$ | 158,15 |
| 1965 | **140** | Cyclopropandicarbon-säure-(1,1) | $C_5H_6O_4$ | $H_2C$ / $H_2C$ $\rangle C(COOH)_2$ | 130,10 |
| 1966 | **140** | 2,4-Diaminobenzoesäure | $C_7H_8O_2N_2$ | $(H_2N)_2C_6H_3 \cdot COOH$ | 152,15 |
| 1967 | **140** | 1,8-Dioxynaphthalin | $C_{10}H_8O_2$ | $C_{10}H_6(OH)_2$ | 160,16 |
| 1968 | **140** | Korksäure | $C_8H_{14}O_4$ | $HOOC \cdot (CH_2)_6 \cdot COOH$ | 174,19 |
| 1969 | **140** | Lapachol | $C_{15}H_{14}O_3$ | $C_6H_4\langle{}^{CO \cdot C \cdot CH_2 \cdot CH : C(CH_3)_2}_{CO \cdot C \cdot OH}$ | 242,26 |
| 1970 | **140** | Mesoweinsäure | $C_4H_6O_6$ | $HOOC \cdot CH(OH) \cdot CH(OH) \cdot COOH$ | 150,09 |
| 1971 | **140** | Ornithin | $C_5H_{12}O_2N_2$ | $H_2N \cdot (CH_2)_3 \cdot CH(NH_2) \cdot COOH$ | 132,16 |
| 1972 | **140** | Salicylamid | $C_7H_7O_2N$ | $HO \cdot C_6H_4 \cdot CO \cdot NH_2$ | 137,13 |
| 1973 | **140** | Sparteinsulfat | $C_{15}H_{28}O_4N_2S$ | $C_{15}H_{26}N_2 \cdot H_2SO_4$ | 306,25 |
| 1974 | **140** | 1-[3',4'-Dioxyphenyl]-2-methylaminoäthan-1-olhydrochlorid (Suprareninchlorhydrat) | $C_9H_{14}O_3NCl$ | 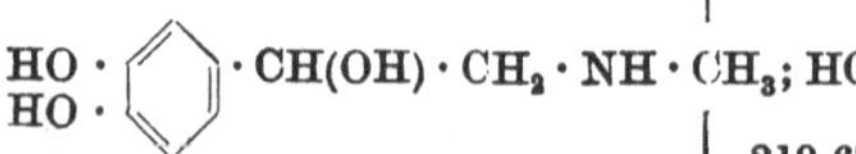 | 219,67 |

| Aggregat-zustand Farbe | Spez. Gewicht | Siede-punkt °C | Beilstein-Zitat | Physikalische Konstanten und Eigenschaften | Löslichkeit | Reaktionen |
|---|---|---|---|---|---|---|
| 7 | 8 | 9 | 10 | 11 | 12 | 13 |
| Tafeln (Ae) | | 267 | XIII 61 | giftig; sublimierbar | 3,85 W 24° ll. in A, Ae | auf Holz → rote Färbung + Spur Anilinchlorhydrat + $FeCl_3$ → intensiv blaugrün Diacetylderivat *Fp* 302°, Oktaeder |
| Nadeln oder Prismen | | Z. | II 754 | | ll. in W, A, Ae | über 140° Z., $H_2O$-Abspaltung |
| Prismen (W) | $1,544^{20°}$ | subl. | IX 334 | | 0,21 W 25° ll. in h. W, A, Ae | |
| Nadeln (W) | | | IX 728 | | ll. in W | bei 150° → Anhydrid |
| Nadeln (Chlf.) Prismen (Ae) | | Z. | IX 721 | | ll. in W, Ae l. in Chlf. | über 140° → Cyclopropancarbonsäure und Butyrolacton |
| Krist. | | | XIV 448 | | ll. in h. W sll. in A | |
| Nadeln od. Blätter (W) | | | VI 981 | | wl. in W ll. in Ae | Diacetat *Fp* 147—148° |
| Nadeln (W) | | 279 (100mm) | II 691 | | 0,14 W 15° 0,81 Ae 15° | Silbersalz, pulveriger Nd. Diamid *Fp* 216—217° Phenacylester *Fp* 102,4° |
| gelbe Prismen (Ae) | | | VIII 326 | | unl. in W ll. in sd. A l. in Ae l. in Alkali → rot | |
| Tafeln + ½ $H_2O$ (W) | $1,666^{20°}$ | | III 528 | | l. in A | bei 250° → teilweise d,l-Weinsäure fällt Gips-Lsg. nicht (Unterschied von Traubensäure und dl-Weinsäure) Dimethylester *Fp* 114° |
| Krist.-Plv. | | | IV 419 | spermaähnlicher Geruch | | Monopikrat *Fp* 208°, orangegelbe Nadeln Dipikrat *Fp* 208°, gelbe, rhombische Prismen Monosulfat *Fp* 234° (Z.) Acetat *Fp* 161—162° |
| Blättchen (W) | | 270 (Z.) | X 87 | | wl. in k. W l. in A, Ae | |
| weiße Krist. | | | | geruchlos; Geschmack bitter, brennend | l. in W | wss. Lsg. + Lauge → ölige Base, schwacher eigentümlicher Geruch; wasserdampfflüchtig Subst. + alkalische $HgJ_2$-Lsg. → gelber Nd., der beim Erhitzen orange wird |
| | | | XIII 830 | | ll. in W | |

| Lfd. Nr. | *Fp* | Name | Summenformel | Strukturformel | Mol.-Gewicht |
|---|---|---|---|---|---|
| 1 | 2 | 3 | 4 | 5 | 6 |
| 1975 | **140 (Z.)** | Tetrajodkohlenstoff | $CJ_4$ | $CJ_4$ | 519,69 |
| 1976 | **140** | Thymohydrochinon | $C_{10}H_{14}O_2$ | $(CH_3)_2CH \cdot C_6H_2(OH)_2 \cdot CH_3$ | 166,21 |
| 1977 | **140 bis 141** | d-Galaktonsäure | $C_6H_{12}O_7$ | $HO \cdot CH_2 \cdot [CH(OH)]_4 \cdot COOH$ | 196,15 |
| 1978 | **140 bis 141** | d-Glucosephenylhydrazon (β-Form) | $C_{12}H_{18}O_5N_2$ | $C_6H_{12}O_5 : N \cdot NH \cdot C_6H_5$ | 270,28 |
| 1979 | **140 bis 141** | 3-Nitrobenzoesäure (m-Nitrobenzoesäure) | $C_7H_5O_4N$ | $O_2N \cdot C_6H_4 \cdot COOH$ | 167,12 |
| 1980 | **140 bis 141** | 2,3,4-Trioxybenzophenon | $C_{13}H_{10}O_4$ | $C_6H_5 \cdot CO \cdot C_6H_2(OH)_3$ | 230,21 |
| 1981 | **140 bis 142** | Agaricinsäure (Cetyl-citronensäure) | $C_{22}H_{40}O_7$ | 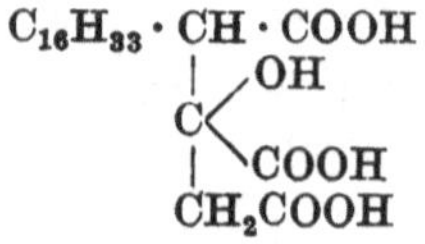 | 432,54 |
| 1982 | **140 bis 150** | 2,4-Dinitronaphthol-(1)-sulfonsäure-(7) | $C_{10}H_6O_8N_2S$ | $HO \cdot C_{10}H_4(NO_2)_2 \cdot SO_3H$ | 314,22 |
| 1983 | **140 bis 150 (Z.)** | 2,3,4,5-Tetrajodpyrrol | $C_4HNJ_4$ | 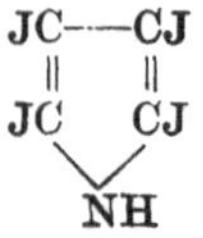 | 570,74 |
| 1984 | **140,8** | Terephthalsäuredimethylester | $C_{10}H_{10}O_4$ | $C_6H_4(CO \cdot O \cdot CH_3)_2$ | 194,18 |
| 1985 | **141** | 3,4-Dioxyphenyläthanolaminchlorhydrat (Arterenolchlorhydrat) | $C_8H_{12}O_3NCl$ | $(OH)_2C_6H_3 \cdot CHOH \cdot CH_2 \cdot NH_2; HCl$ | 202,63 |
| 1986 | **141** | β-[Furyl-(2)]-acrylsäure | $C_7H_6O_3$ | 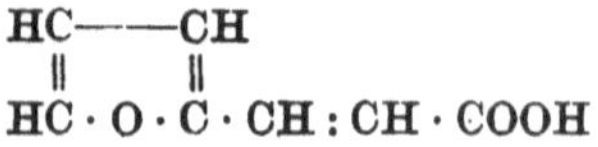 | 138,12 |
| 1987 | **141** | Oxyhydrochinon | $C_6H_6O_3$ | $C_6H_3(OH)_3^{(1,2,4)}$ | 126,11 |

| Aggregatzustand Farbe | Spez. Gewicht | Siedepunkt °C | Beilstein-Zitat | Physikalische Konstanten und Eigenschaften | Löslichkeit | Reaktionen |
|---|---|---|---|---|---|---|
| 7 | 8 | 9 | 10 | 11 | 12 | 13 |
| dunkelrote Krist. | $4{,}32^{20°}$ | subl. 96-100 Vak. | I 74 | | unl. in W | erhitzen → $CHJ_3$, HJ, $H_2$ |
| Prismen | | 290 | VI 945 | | swl. in k. W<br>ll. in A, Ae | |
| Nadeln | | | III 549 | | l. in W | in h. wss. Lsg. → d-Galaktonsäure-γ-lacton |
| Nadeln | | | XV 222 | | wl. in k. W, k. A<br>swl. in Ae | |
| Blättchen (W) | 1,494 | | IX 376 | | 0,31 W 20°<br>3,14 A 12°<br>2,52 Ae 10°<br>0,57 Chlf. 10°<br>swl. in Bzl. | |
| gelbe Nadeln (W) | | | VIII 417 | | wl. in k. W<br>ll. in A, Ae<br>wl. in Bzl.<br>l. in $H_2SO_4$ und Alkali gelb | |
| weißes lockeres Pulver oder perlmutterartige Blättchen | | | | | swl. in k. W<br>l. in Lauge (schäumend) | quillt beim Erhitzen mit Wasser gallertartig<br>erwärmen mit konz. $H_2SO_4$ → Gasentwicklung<br>+ Paraform → Lösung orange mit grüner Fluoreszenz |
| hellgelbe Nadeln + $3H_2O$ (W) | | | IX 275 | | ll. in W, A | |
| gelbe Nadeln od. Blätter (A) | | | XX 168 | | 0,02 W<br>5,8 90%igen A 15°<br>50 Ae<br>ll. in Eg., Chlf. | |
| Tafeln oder Prismen (A) | | subl. | IX 843 | mit Dampf flüchtig | 0,33 h. W<br>wl. in k. A<br>l. in Ae | |
| weißes feinkörniges Kristallmehl | | | | schwach anästhesierender Geschmack | ll. in W | 0,05 g Subst. in 2 ml W + $FeCl_3$ → smaragdgrün + etwas $NH_4OH$ → karminrot |
| Nadeln (W) | | 255-265 | XVIII 300 | mit Dampf flüchtig | 0,2 k. W<br>l. in A<br>ll. in Ae<br>l. in konz. HCl → grün | |
| Blättchen (Ae) | | | VI 1087 | sublimierbar | ll. in W, A, Ae<br>swl. in Bzl., Chlf. | + konz. $H_2SO_4$ → grün → violett<br>+ sehr verd. $FeCl_3$ → bräunlich + $Na_2CO_3$ → blau → rot<br>Triacetat *Fp* 96,5—97°, Nadeln |

| Lfd. Nr. | *Fp* | Name | Summenformel | Strukturformel | Mol.-Gewicht |
|---|---|---|---|---|---|
| 1 | 2 | 3 | 4 | 5 | 6 |
| 1988 | 141 | Salicylsäurechininester (Salochin, Salochinin) | $C_{27}H_{28}O_4N_2$ | 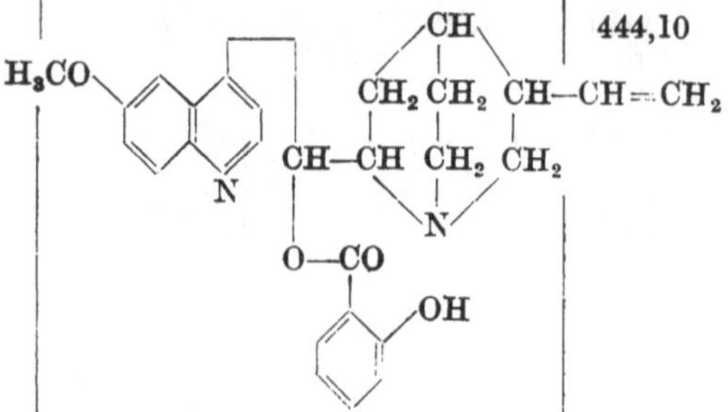 | 444,10 |
| 1989 | 141 | o-Sulfobenzoesäure | $C_7H_6O_5S$ | $HO_3S \cdot C_6H_4 \cdot COOH$ | 202,18 |
| 1990 | 141 | m-Sulfobenzoesäure | $C_7H_6O_5S$ | $HO_3S \cdot C_6H_4 \cdot COOH$ | 202,18 |
| 1991 | 141 | Tetronsäure | $C_4H_4O_3$ | 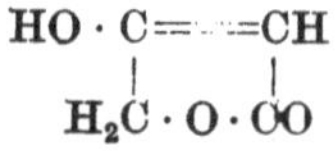 | 100,07 |
| 1992 | 141 | Thiophen-2-sulfonsäureamid | $C_4H_5O_2NS_2$ | 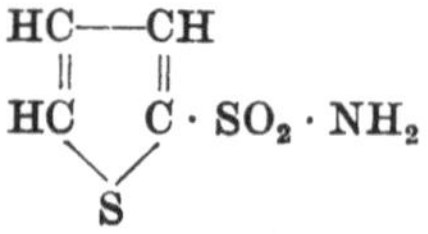 | 163,20 |
| 1993 | 141 | Trichloracetamid | $C_2H_2ONCl_3$ | $CCl_3 \cdot CO \cdot NH_2$ | 162,42 |
| 1994 | 141 bis 142 | 5-Brom-2-thiophensäure | $C_5H_3O_2BrS$ | 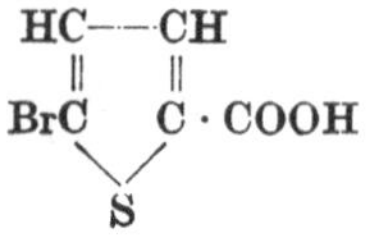 | 207,05 |
| 1995 | 141 bis 142 | 2,5-Dibrom-3,4-dijodthiophen | $C_4Br_2J_2S$ | 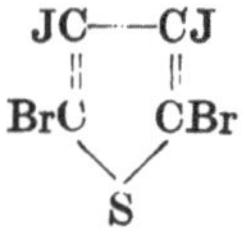 | 493,77 |
| 1996 | 141 bis 142 | 2-Nitrophenolsulfonsäure-(4) | $C_6H_5O_6NS$ | $HO \cdot C_6H_3(NO_2) \cdot SO_3H$ | 219,17 |
| 1997 | 141 bis 143 | m-Amino-p-oxybenzoesäuremethylester (Orthoform Neu) | $C_8H_9O_3N$ | 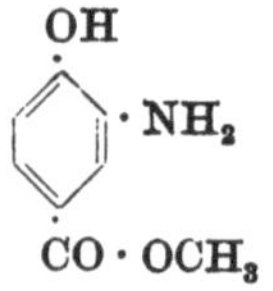 | 167,16 |

| Aggregat-<br>zustand<br>Farbe | Spez.<br>Gewicht | Siede-<br>punkt<br>°C | Beilstein-<br>Zitat | Physikalische<br>Konstanten und<br>Eigenschaften | Löslichkeit | Reaktionen |
|---|---|---|---|---|---|---|
| 7 | 8 | 9 | 10 | 11 | 12 | 13 |
| farblose<br>Krist. | | | XXIII<br>533 | | unl. in W, Benzin<br>ll. in A, Ae, Bzl., Chlf. | salicylsaures Salochin = Rheumatin *Fp* 183 bis 184° |
| Nadeln<br>(W) | | | XI 369 | | sll. in W, A<br>unl. in Ae | Anhydrid *Fp* 128°, Nadeln und Rhomben<br>o-Sulfbenzamid *Fp* 193 bis 194°, Prismen |
| Krist.<br>(W) | | | XI 384 | | ll. in W, A<br>(wasserfrei ll. in Ae)<br>unl. in Bzl. | |
| Tafeln (A<br>+ Ligroin) | | | XVII 403 | starke einbasische Säure | ll. in W, h. A<br>wl. in Ae | + $FeCl_3$ → rot |
| Tafeln<br>(W) | | 239 | II 211 | würziger Geruch | swl. in W<br>ll. in A, Ae | |
| Nadeln<br>+ $3H_2O$<br>(W) | | | XI 245 | | ll. in W<br>sll. in A | |
| weiße Krist. | | | XIV 594 | anästhesierend; geruchlos | wl. in W, A, Ae<br>ll. in Laugen und Säuren | + $Fe(NO_3)_3$ → violettrot → grün und trübe<br>+ $H_2SO_4$ keine Farbrk.<br>+ konz. $HNO_3$ → tiefblau → rot<br>+ Alkohol + α-Naphthol + $NH_3$ → intensiv violettrot<br>+ Eisen-Phosphorsäure → sofort tief grün<br>+ alkalische $HgJ_2$-Lsg. in der Wärme → schokoladenbrauner Nd. |

| Lfd. Nr. | *Fp* | Name | Summenformel | Strukturformel | Mol.-Gewicht |
|---|---|---|---|---|---|
| 1 | 2 | 3 | 4 | 5 | 6 |
| 1998 | 142 | 5-Brom-4-methylthiophen-2-sulfonsäureamid | $C_5H_6O_2NBrS_2$ | 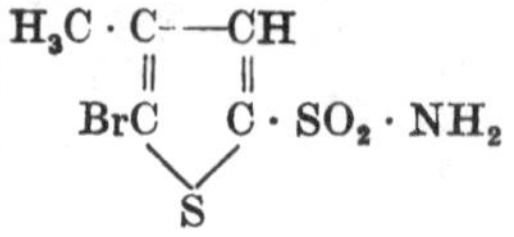 | 256,14 |
| 1999 | 142 bis 143,5 | 7-Dehydrocholesterin (Provitamin $D_3$) | $C_{27}H_{44}O$ | 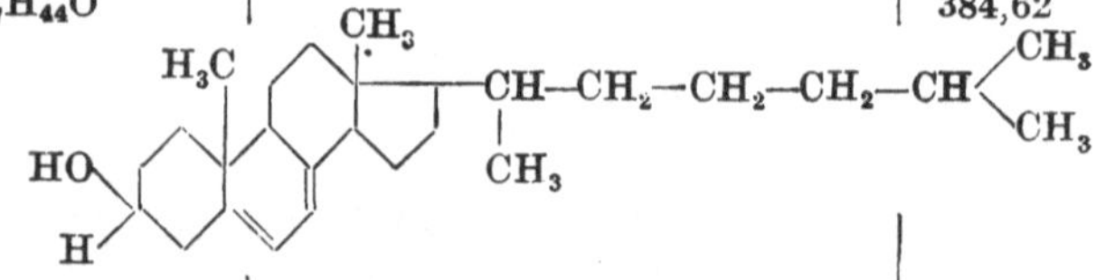 | 384,62 |
| 2000 | 142 | 2,3-Dibrom-4,5-dijod-thiophen | $C_4Br_2J_2S$ | 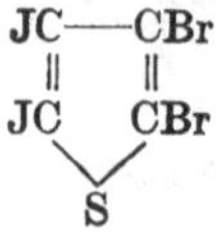 | 493,77 |
| 2000a | 142 | 5-Methyl-2-thiophensäure | $C_6H_6O_2S$ | 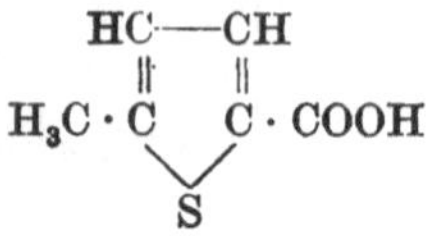 | 142,17 |
| 2001 | 142 | 3,4-Dibrom-2-methyl-5-brommethylthiophen | $C_6H_5Br_3S$ | 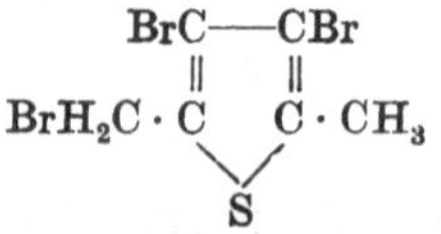 | 348,91 |
| 2002 | 142 | α,α-Dimethylbernsteinsäure | $C_6H_{10}O_4$ | $HOOC \cdot C(CH_3)_2 \cdot CH_2 \cdot COOH$ | 146,14 |
| 2003 | 142 | 3,4-Dimethyl-2-jod-mercurithiophen | $C_6H_7JSHg$ | 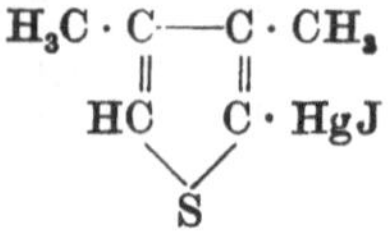 | 441,67 |
| 2004 | 142 | Guajacolcinnamat (Styracol) | $C_{16}H_{14}O_3$ | $CH_3O \cdot C_6H_4 \cdot OCO \cdot CH{=}CH \cdot C_6H_5$ | 254,27 |
| 2005 | 142 | Hexanitroäthan | $C_2O_{12}N_6$ | $(NO_2)_3C \cdot C(NO_2)_3$ | 300,07 |
| 2006 | 142 bis 143 | 4-Nitro-2-aminophenol | $C_6H_6O_3N_2$ | $H_2N \cdot C_6H_3(NO_2) \cdot OH$ | 154,12 |
| 2007 | 142 bis 144 | Disulfanilmethylamid (Neouliron, Diseptal B) | $C_{13}H_{15}O_4N_3S_2$ |  | 341,39 |

| Aggregat-zustand Farbe | Spez. Gewicht | Siede-punkt °C | Beilstein-Zitat | Physikalische Konstanten und Eigenschaften | Löslichkeit | Reaktionen |
|---|---|---|---|---|---|---|
| 7 | 8 | 9 | 10 | 11 | 12 | 13 |
| Täfelchen | | | | $[\alpha]_D^{19}$ —113,6° (2,5% in Chlf.) | | |
| Krist. | 1,323 | | II 661 | | 7,52 W 14° ll. in h. W, A swl. in Ae | |
| weiße Krist. | | | IX 585 | geruchlos; geschmacklos | unl. in W, Lauge und Säuren | + Fe-$H_2SO_4$ → sofort gelb → graugrün → grauviolett → Erwärmen: braun → Abkühlen: grün Subst. + 1 Tropfen Eisen-Phosphorsäure + 1 ml konz. $H_2SO_4$ → Lsg. intensivgrün → Erwärmen: graugrün-braun; Abkühlen: grün |
| Krist. (Ae) | | | $E_1$ I 33 | | unl. in W wl. in k. A ll. in Ae | |
| orange Prismen $+1H_2O$ | | | XIII 388 | | wl. in k. W ll. in A, Ae | |
| weiße Krist. | | | | geruchlos, bitterer Geschmack | swl. in k. W l. in Lauge, Säuren | Perjodid in saurer Lsg. (Unterschied von Prontalbin) Indophend-Rk. in 50%igem A. |

| Lfd. Nr. | *Fp* | Name | Summenformel | Strukturformel | Mol.-Gewicht |
|---|---|---|---|---|---|
| 1 | 2 | 3 | 4 | 5 | 6 |
| 2008 | **142 bis 144** | p-Oxydiphenylmethan-carbaminsäureester (Butolan) | $C_{14}H_{13}O_2N$ | 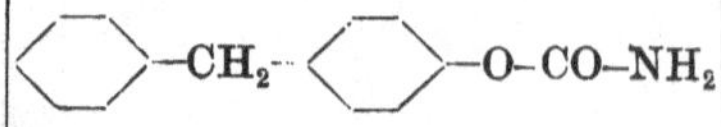 | 227,25 |
| 2009 | **143** | Acetondiessigsäure | $C_7H_{10}O_5$ | $CO(CH_2 \cdot CH_2 \cdot COOH)_2$ | 174,15 |
| 2010 | **143** | Anhydroformaldehydanilin | $C_{21}H_{21}N_3$ | 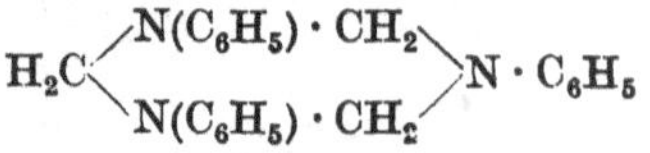 | 315,40 |
| 2011 | **143** | 5,5'-Dibrom-2,2'-dithienyl | $C_8H_4Br_2S_2$ | 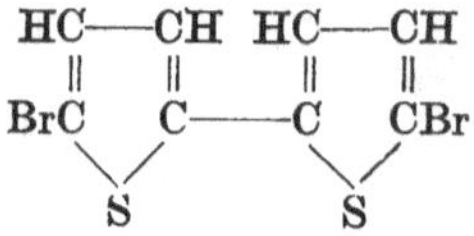 | 324,06 |
| 2012 | **143** | 3,4-Dioxyphenanthren | $C_{14}H_{10}O_2$ | 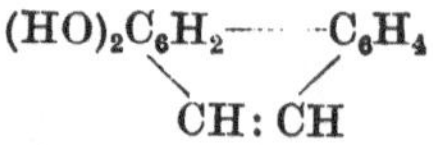 | 210,22 |
| 2013 | **143** | 4-Nitrosodiphenylamin | $C_{12}H_{10}ON_2$ | $C_6H_5 \cdot NH \cdot C_6H_4 \cdot NO$ | 198,21 |
| 2014 | **143,5** | p-Xylylenbromid | $C_8H_8Br_2$ | $C_6H_4(CH_2Br)_2$ | 263,97 |
| 2015 | **143,5 bis 144,5** | Benzophenonoxim | $C_{13}H_{11}ON$ | $(C_6H_5)_2C:N \cdot OH$ | 197,22 |
| 2016 | **143,7** | 2,6-Dichlorbenzoesäure | $C_7H_4O_2Cl_2$ | $Cl_2C_6H_3 \cdot COOH$ | 191,02 |
| 2017 | **144** | 5-Bromthiophen-2-sulfon-säureamid | $C_4H_4O_2NBrS_2$ | 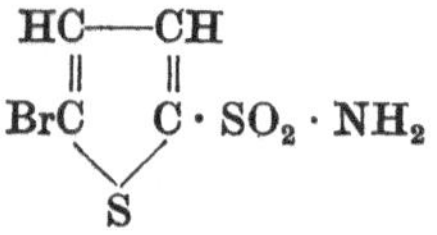 | 242,12 |
| 2018 | **144** | 2,6-Dibrom-4-nitrophenol | $C_6H_3O_3NBr_2$ | $O_2N \cdot C_6H_2Br_2 \cdot OH$ | 296,92 |
| 2019 | **144** | 2,3-Dimethylbenzoesäure | $C_9H_{10}O_2$ | $(CH_3)_2C_6H_3 \cdot COOH$ | 150,17 |
| 2020 | **144** | 1,3-Dinitronaphthalin | $C_{10}H_6O_4N_2$ | $C_{10}H_6(NO_2)_2$ | 218,16 |
| 2021 | **144** | 2,3-Dinitrophenol | $C_6H_4O_5N_2$ | $(O_2N)_2C_6H_3 \cdot OH$ | 184,11 |
| 2022 | **144** | 2,4-Dioxybenzophenon | $C_{13}H_{10}O_3$ | $C_6H_5 \cdot CO \cdot C_6H_3(OH)_2$ | 214,21 |
| 2023 | **144** | 3,4-Diphenylthiophen | $C_{16}H_{12}S$ | 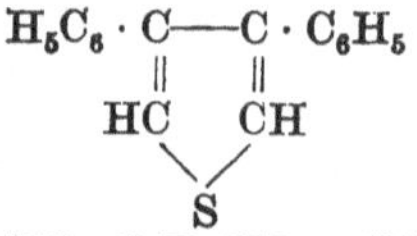 | 234,30 |
| 2024 | **144** | 3-Nitrosalicylsäure | $C_7H_5O_5N$ | $HO \cdot C_6H_3(NO_2) \cdot COOH$ | 183,12 |

| Aggregat-zustand Farbe | Spez. Gewicht | Siede-punkt °C | Beilstein-Zitat | Physikalische Konstanten und Eigenschaften | Löslichkeit | Reaktionen |
|---|---|---|---|---|---|---|
| 7 | 8 | 9 | 10 | 11 | 12 | 13 |
| weiße Krist. | | | | geruchlos, geschmacklos | wl. in k. W<br>Lauge u. Säure<br>l. in h. Lauge<br>ll. in h. A, Bzl., Essigester | Lsg. + h. Lauge + alkalische $HgJ_2$-Lsg. → gelbe, allmählich orange Trübung |
| Tafeln | | | III 804 | | l. in h. W, A<br>wl. in Ae | Anhydrid *Fp* 69° |
| Prismen (Ae) | | | XXVI 3 | | swl. in W, A<br>wl. in Ae<br>ll. in Chlf. | |
| Nadeln | | subl. | VI 1034 | leicht oxydabel | l. in A, Ae | |
| grüne Tafeln (Bzl.)<br>blaue Prismen (Ae + W) | | | XII 207 | | unl. in W<br>l. in A, Ae, Bzl., Chlf.<br>l. in $H_2SO_4$ → rot<br>in k. $H_2SO_4$ → violett<br>l. in NaOH | |
| Krist. (Bzl.) | 2,012 | 245 | V 385 | | unl. in W<br>l. in A<br>2,65 Ae 20° | |
| Krist. (Ligroin) | | | VII 416 | zersetzt sich beim Aufbewahren | swl. in k. W<br>l. in A, Alkali<br>ll. in Ae | |
| Nadeln (A) | | subl. | IX 343 | mit Dampf flüchtig | ll. in sd. W | |
| Blättchen (A) | | >144 Z. | VI 247 | mit Dampf flüchtig | swl. in W<br>ll. in h. A, Ae | |
| Prismen (A) | | | IX 531 | mit Dampf flüchtig | swl. in h. W<br>l. in A, Ae | |
| gelbe Nadeln (A) | | subl. | V 557 | | unl. in W<br>l. in A | |
| gelbe Nadeln (W) | $1,681^{20°}$ | | VI 251 | | wl. in k. W<br>ll. in h. A, Ae | |
| Nadeln (W) | | | VIII 312 | | unl. in k. W<br>ll. in A, Ae<br>wl. in k. Bzl. | |
| | | | XVII 81 | | | |
| Nadeln (W) | | | X 114 | | 0,13 W 16°<br>ll. in A, Ae, Bzl., Chlf. | |

| Lfd. Nr. | *Fp* | Name | Summenformel | Strukturformel | Mol.-Gewicht |
|---|---|---|---|---|---|
| 1 | 2 | 3 | 4 | 5 | 6 |
| 2025 | **144** | Rhodeose | $C_6H_{12}O_5$ | $CH_3 \cdot [CH(OH)]_4 \cdot CHO$ | 164,16 |
| 2026 | **144** | α,α,α,β-Tetraphenyläthan | $C_{26}H_{22}$ | $(C_6H_5)_3C \cdot CH_2 \cdot C_6H_5$ | 334,43 |
| 2027 | **144** | 2,4,5-Trimethoxybenzoesäure (Asaronsäure) | $C_{10}H_{12}O_5$ | $(CH_3 \cdot O)_3C_6H_2 \cdot COOH$ | 212,19 |
| 2028 | **144** | N,N′,N″-Triphenylguanidin | $C_{19}H_{17}N_3$ | $C_6H_5 \cdot N : C(NH \cdot C_6H_5)_2$ | 287,35 |
| 2029 | **144 bis 145** | 2-Aminobenzoesäure (Anthranilsäure) | $C_7H_7O_2N$ | $^{(2)}H_2N \cdot C_6H_4 \cdot COOH$ | 137,13 |
| 2030 | **145** | 3-Acetothienon | $C_6H_6OS$ | 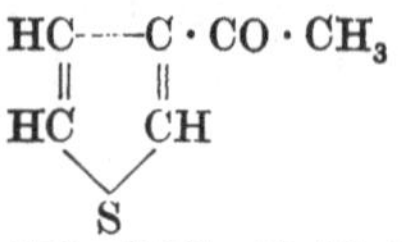 | 126,16 |
| 2031 | **145** | p,p′-Azotoluol | $C_{14}H_{14}N_2$ | $CH_3 \cdot C_6H_4 \cdot N : N \cdot C_6H_4 \cdot CH_3$ | 210,27 |
| 2032 | **145** | Berberin | $C_{20}H_{19}O_5N$ | 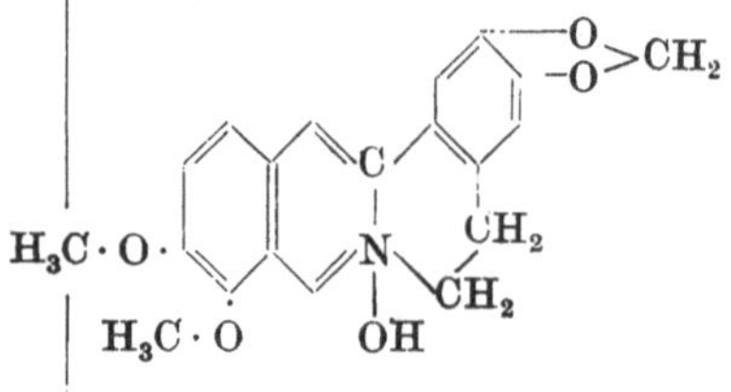 | 353,36 |

| Aggregat-zustand Farbe | Spez. Gewicht | Siede-punkt °C | Beilstein-Zitat | Physikalische Konstanten und Eigenschaften | Löslichkeit | Reaktionen |
|---|---|---|---|---|---|---|
| 7 | 8 | 9 | 10 | 11 | 12 | 13 |
| Nadeln | | | I 875 | süßer Geschmack | | p-Bromphenylhydrazon *Fp* 144° Acetylphenylhydrazon *Fp* 193° Diphenylhydrazon *Fp* 198°, Nadeln Oxim *Fp* 188—189° |
| Krist. (Ae + PAe) | | 277 (21 mm) | V 740 | | unl. in W wl. in A, Ae | |
| Nadeln (A) | | ~300 | X 468 | | wl. in k. W l. in h. W, A, Bzl., Lauge | |
| Prismen (A) | $1{,}163^{15°}$ | Z. | XII 451 | | swl. in sd. W 6,23 A 25° | |
| weiße Blättchen (A) | 1,412 | subl. | XIV 310 | geruchlos, saurer Geschmack; wss. Lsg. fluoresziert schwach blau | 0,35 W 14° 10,7 A (90%) 9,6° 16 Ae 7° | Chlorhydrat *Fp* 191° Sulfat *Fp* 188° N-Acetylderivat *Fp* 185° Benzoylderivat *Fp* 177° Anilid *Fp* 126° + $Fe(NO_3)_3$ → violettrot → braun; beim Erwärmen entstehen dunkle Flocken in schmutzig violetter Lsg. + konz. $HNO_3$ → gelb → grün → warm: rot + α-Naphthol und $NH_3$ → intensiv orangerot violettrot |
| orangegelbe Nadeln (Ligroin) | | | XVI 66 | | unl. in W ll. in h. A, Ae | |
| gelbe Nadeln (Ae) trikline Tafeln (Chlf.) | | | XXVII 496 | optisch inaktiv; Geschmack stark bitter; zersetzt sich >150° | wl. in W swl. in Ae wl. in Chlf. 4,5 W 21° ll. in h. W, h. A | + konz. $H_2SO_4$ → olivgrün → gelb konz. $HNO_3$ → rotbraun fl. $H_3PO_4$ → intensiv braun + Paraform → intensiv olivgrün + $HNO_3 \cdot H_2SO_4$ → braun → intensiv rot → rosa Erdmanns Reagens → olivgrün → gelbbraun rauchende HCl + $H_2O_2$ → violettrot m-Dinitrobenzoesäure → Nadeln (E 1:1000) $KMnO_4$ → dunkelviolette Nadeln (1:1000) Pikrinsäure → hellgelber Nd. Phosphorwolframsäure → gelber Nd. Goldchlorid → orangeroter Nd. |

| Lfd. Nr. | *Fp* | Name | Summenformel | Strukturformel | Mol.-Gewicht |
|---|---|---|---|---|---|
| 1 | 2 | 3 | 4 | 5 | 6 |
| 2033 | **145** | 3,4-Dibrom-2,5-dijod-thiophen | $C_4Br_2J_2S$ | 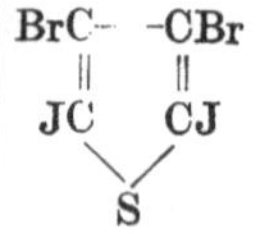 | **493,77** |
| 2034 | **145** | 5-Methylhydantoin (Lactylharnstoff) | $C_4H_6O_2N_2$ | 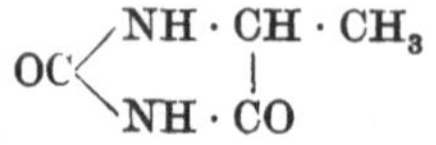 | 114,08 |
| 2035 | **145** | Dimethylparabansäure | $C_5H_6O_3N_2$ | 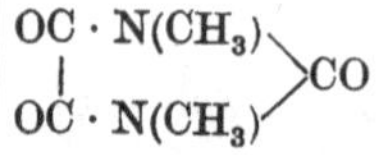 | 142,11 |
| 2036 | **145** | 3,4-Dioxybenzophenon | $C_{13}H_{10}O_3$ | $C_6H_5 \cdot CO \cdot C_6H_3(OH)_2$ | 214,21 |
| 2037 | **145** | 5,5-Dipropylbarbitursäure (Proponal) | $C_{10}H_{16}O_3N_2$ | 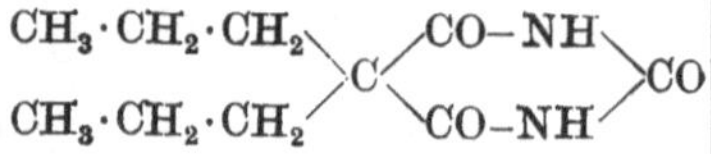 | 212,24 |
| 2038 | **145** | 2,4-Di-[p-tolyl]-thiophen | $C_{18}H_{16}S$ | 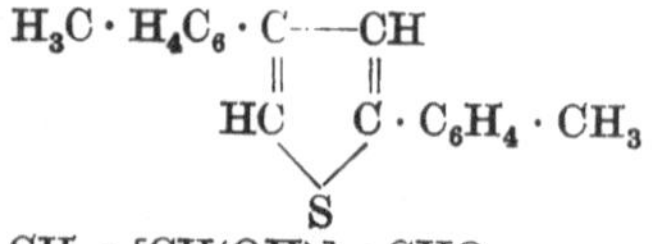 | 264,37 |
| 2039 | **145** | Fucose | $C_6H_{12}O_5$ | $CH_3 \cdot [CH(OH)]_4 \cdot CHO$ | 164,16 |
| 2040 | **145** (Z.) | Fulminursäure | $C_3H_3O_3N_3$ | $NC \cdot CH(NO_2) \cdot CO \cdot NH_2$ | 129,08 |
| 2041 | **145** | N-Methyl-C-cyclohexenyl-methylbarbitursäure (Evipan) | $C_{12}H_{16}O_3N_2$ | 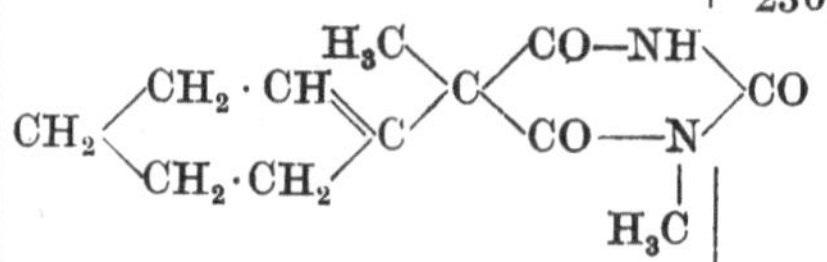 | 236,26 |

| Aggregatzustand Farbe | Spez. Gewicht | Siedepunkt °C | Beilstein-Zitat | Physikalische Konstanten und Eigenschaften | Löslichkeit | Reaktionen |
|---|---|---|---|---|---|---|
| 7 | 8 | 9 | 10 | 11 | 12 | 13 |
| Prismen (mit 1 $H_2O$) oder Nadeln (W) | | | XXIV 279 | | ll. in Aceton, A, W<br>wl. in Ae | |
| Blättchen (W) | | ~275 bis 277 | XXIV 453 | | wl. in k. W<br>sll. in h. W<br>l. in A, Ae | |
| Prismen (W) | | | VIII 315 | | swl. in k.W<br>ll. in A | + $FeCl_3$ in A → grün |
| weiße Krist. (W) | | | XXIV 492 | bitterer Geschmack; geruchlos | 0,06 W 20°<br>0,7 sd. W.<br>ll. in A, Ae, Chlf.<br>l. in Alkali | 1. 2—3 mg Subst. in 1 ml methylalkohol. $Co(NO_3)_2$-Lsg. + 20 mg Piperazin → rotviolett<br>2. 2 mg Subst. in 1 ml 1—2%iger Pyridin-Lsg. in Hitze gelöst. Zur sd.-heißen Lsg. tropfenweise 0,4%ige $CuSO_4$-Lsg → blaßviolette Krist. |
| Nadeln (abs. A) | | | I 875 | | | p-Nitrophenylhydrazon *Fp* 211°, braungelbe Tafeln<br>Phenylosazon *Fp* 177,5°, bräunliche Krist.<br>p-Bromphenylosazon *Fp* 204°, gelbe Krist.<br>Diphenylhydrazon *Fp* 198°, Nädelchen<br>Oxim *Fp* 188—189° |
| Prismen (A) | | | II 598 | | ll. in W, A<br>swl. in Ae<br>unl. in Bzl. | |
| weiße Nadeln | | | | bitterer Geschmack | swl. in W.<br>ll. in Laugen<br>l. in Säuren | + $H_2SO_4$ → farblos; erhitzen in sd. W-Bad → orange<br>+ α-Naphthol + konz. $H_2SO_4$ → intensiv rot mit grüner Fluoreszenz<br>2—3 mg Subst. in 1 ml methylalkohol. $Co(NO_3)_2$-Lsg. + 20 mg Piperazin → rotviolett<br>+ $H_2SO_4$ + 10—20 mg Paraform + Fe-$H_3PO_4$ (warm) → intensiv orange mit grüner Fluoreszenz |

| Lfd. Nr. | *Fp* | Name | Summenformel | Strukturformel | Mol.-Gewicht |
|---|---|---|---|---|---|
| 1 | 2 | 3 | 4 | 5 | 6 |
| 2042 | **145** | 3-Nitro-o-kresol (OH = 1) | $C_7H_7O_3N$ | $CH_3 \cdot C_6H_3(NO_2) \cdot OH$ | 153,13 |
| 2043 | **145** | Phthalonsäure | $C_9H_6O_5$ | $HOOC \cdot C_6H_4 \cdot CO \cdot COOH$ | 194,14 |
| 2044 | **145** | d-Xylose | $C_5H_{10}O_5$ | 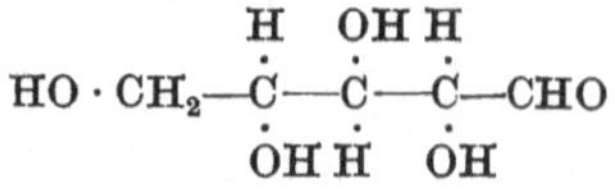 | 150,13 |
| 2045 | **145 bis 146** | 3-Oxy-o-toluylsäure | $C_8H_8O_3$ | $HO \cdot C_6H_3(CH_3) \cdot COOH$ | 152,14 |
| 2046 | **145 bis 147** | Triphenylmethyl | $C_{19}H_{15}$ | $(C_6H_5)_3C$— | 243,31 |
| 2047 | **145 bis 150** | 9-Aminoanthracen | $C_{14}H_{11}N$ | 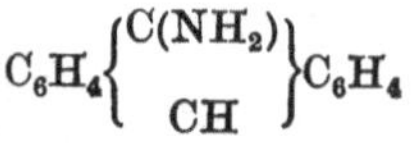 | 193,23 |
| 2048 | **146** | Cyanurchlorid | $C_3N_3Cl_3$ | 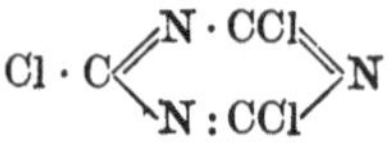 | 184,43 |
| 2049 | **146** | 2,5-Dimethylthiophen-3,4-disulfonsäurechlorid | $C_6H_6O_4Cl_2S_3$ | 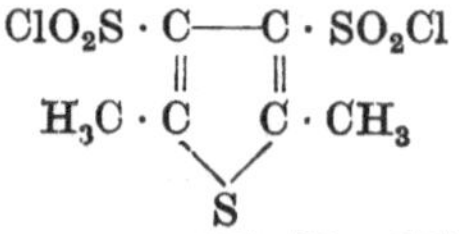 | 308,20 |
| 2050 | **146** | d-Glucose (Dextrose, Traubenzucker) | $C_6H_{12}O_6$ | 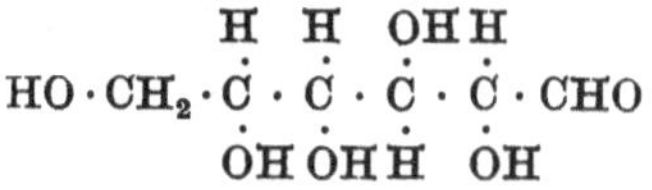 | 180,15 |
| 2051 | **146** | 9-Nitroanthracen | $C_{14}H_9O_2N$ | 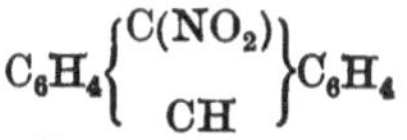 | 223,22 |
| 2052 | **146 bis 147** | 5-Chlor-2-thiophensäure | $C_5H_3O_2ClS$ | 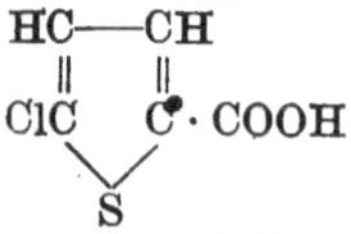 | 162,59 |
| 2053 | **146 bis 147** | Thiophen-2,5-dicarbonsäuredimethylester | $C_8H_8O_4S$ | 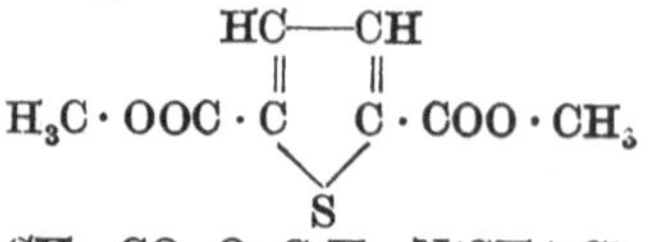 | 200,20 |
| 2054 | **146 bis 148** | Acetylcholinchlorid | $C_7H_{16}O_2NCl$ | $CH_3 \cdot CO \cdot O \cdot C_2H_4 \cdot N(CH_3)_3Cl$ | 181,66 |
| 2055 | **146 bis 148** | 1-Jod-$\alpha,\alpha$-trithienyl | $C_{12}H_7JS_3$ | 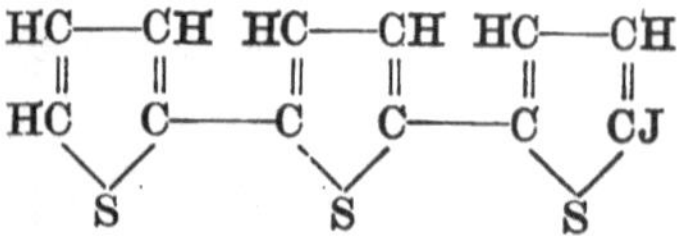 | 372,26 |

| Aggregatzustand Farbe | Spez.-Gewicht | Siedepunkt °C | Beilstein-Zitat | Physikalische Konstanten und Eigenschaften | Löslichkeit | Reaktionen |
|---|---|---|---|---|---|---|
| 7 | 8 | 9 | 10 | 11 | 12 | 13 |
| Nadeln (W)<br>Prismen (Bzl. + A) | | | VI 366<br>X 856 | schmeckt sehr süß | swl. in k. W<br>ll. in A, Ae<br>115 W 15°<br>ll. in A, Ae, Bzl.<br>wl. in Chlf. | |
| Nadeln | 1,525 | | I 865 | $[\alpha]_D^{20}$ +92° 19° C; sehr süßer Geschmack | 117 W 20° | m-Nitrophenylhydrazon *Fp* 163°, gelbe Nädelchen<br>Phenylosazon *Fp* 163°, zitronengelbe Nädelchen |
| Krist. (W) | | | X 214 | | l. in W<br>ll. in A, Ae | Äthylester *Fp* 69° |
| farblose Krist. | | Z. | V 715 | | swl. in A<br>ll. in Chlf., $CS_2$ | |
| gelbe Blättchen (verd. A) | | | VII 474 | | ll. in A, Ae, Bzl. | |
| Krist. (Ae) | 1,32 | 190 | XXVI 3[illegible] | | l. in A, Ae | + W → Cyanursäure |
| monokline Tafeln (W) | $1{,}544^{25}$ | >200 (Z.) | I 879 | $[\alpha]_D$ +52,5° (W); Geschmack süß | 54,32 W 0,5°<br>120,5 W 30°<br>243,8 W 50°<br>l. in A<br>unl. in Ae | wss. Lsg. mit Lauge erwärmt → gelb<br>alkalische $HgJ_2$-Lsg. oder ammoniakalische $AgNO_3$-Lsg. werden reduziert<br>Phenylosazon *Fp* 210°, lichtgelbe Nadeln<br>p-Nitrophenylhydrazon *Fp* 190°, orangegelbe Krist. |
| gelbe Nadeln (A) | | >300 | V 666 | | wl. in A<br>sll. in Bzl., $CS_2$ | |
| weiße Krist. | | | $E_1$ IV 728 | hygroskopisch | | Erhitzen mit Lauge → Trimethylamin |

| Lfd. Nr. | *Fp* | Name | Summenformel | Strukturformel | Mol.-Gewicht |
|---|---|---|---|---|---|
| 1 | 2 | 3 | 4 | 5 | 6 |
| 2056 | **146,5** | Jodcyan | CNJ | J · C ⋮ N | 152,94 |
| 2057 | **146,5** bis **147** | 2,5-Dibromthiophen-3-sulfonsäureamid | $C_4H_3O_2NBr_2S_2$ | 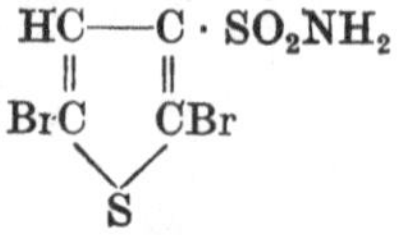 | 321,02 |
| 2058 | **147** | Benzylharnstoff | $C_8H_{10}ON_2$ | $C_6H_5 \cdot CH_2 \cdot NH \cdot CO \cdot NH_2$ | 150,17 |
| 2059 | **147** | 2,4-Dioxyacetophenon | $C_8H_8O_3$ | $(HO)_2C_6H_3 \cdot CO \cdot CH_3$ | 152,14 |
| 2060 | **147** | N,N′-Diphenylguanidin | $C_{13}H_{13}N_3$ | $HN : C(NH \cdot C_6H_5)_2$ oder $C_6H_5 \cdot N : C(NH_2) \cdot NH \cdot C_6H_5$ | 211,26 |
| 2061 | **147** | 2-Oxyphenylessigsäure | $C_8H_8O_3$ | $HO \cdot C_6H_4 \cdot CH_2 \cdot COOH$ | 152,14 |
| 2062 | **147** | Papaverin | $C_{20}H_{21}O_4N$ | 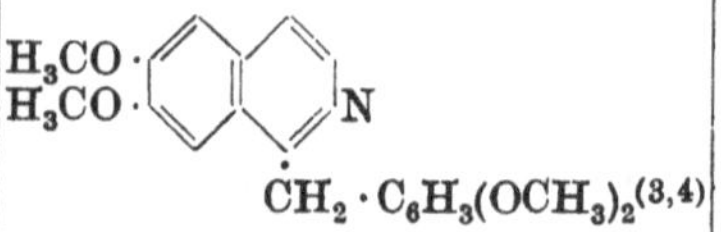 | 339,37 |
| 2063 | **147** | Phenylharnstoff | $C_7H_8ON_2$ | $C_6H_5 \cdot NH \cdot CO \cdot NH_2$ | 136,15 |
| 2064 | **147** | Salicylosalicylsäure (Diplosal) | $C_{14}H_{10}O_5$ | 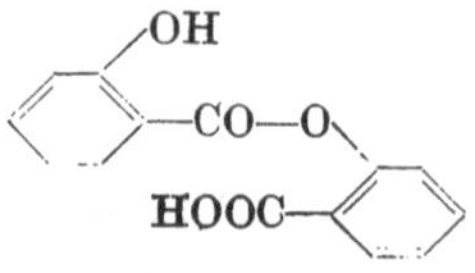 | 258,22 |
| 2065 | **147** bis **148** | 2,4-Dinitroresorcin | $C_6H_4O_6N_2$ | $(O_2N)_2C_6H_2(OH)_2$ | 200,11 |
| 2066 | **147** bis **148** | 2,5-Dinitro-p-xylol | $C_8H_8O_4N_2$ | $(O_2N)_2C_6H_2(CH_3)_2$ | 196,16 |

| Aggregat-zustand Farbe | Spez. Gewicht | Siede-punkt °C | Beilstein-Zitat | Physikalische Konstanten und Eigenschaften | Löslichkeit | Reaktionen |
|---|---|---|---|---|---|---|
| 7 | 8 | 9 | 10 | 11 | 12 | 13 |
| weiße Prismen oder Tafeln (Ae) | | subl. | III 41 | Dampfdichte 5,3; riecht stechend; sehr giftig; *Fp* im geschlossenen Rohr | wl. in k. W<br>ll. in h. W, A, Ae | + HJ → HCN + $J_2$ |
| Nadeln (A) | | 200 (Z.) | XII 1050 | | 1,7 W 45°<br>0,05 Ae 22°<br>0,05 Bzl. 44° | |
| Blättchen oder Nadeln | $1{,}180^{114°}$ | Z. | VIII 266 | | wl. in W | + $FeCl_3$ → rote Färbung |
| Nadeln (A) | | 170 (Z) | XII 369 | | wl. in k. W<br>9,1 90%igen A 21°<br>wl. in Ae | |
| Nadeln (Ae oder Chlf.) | | 240-243 | X 187 | | l. in W<br>ll. in Ae<br>wl. in Chlf. | erhitzen → Lacton |
| Prismen (A + Ae) | 1,33 | | XXI 220 | optisch inaktiv | swl. in sd. W<br>1,16 A 15°<br>0,39 Ae 10°<br>ll. in Bzl., h. A, Chlf. | Hydrochlorid *Fp* 210-211°<br>+ konz. $HNO_3$ → dunkelrot<br>+ Vanadin-$H_2SO_4$ → blaugrün → blau<br>Erdmanns Reagens → grünblau → dunkelrot<br>+ Paraform-$H_2SO_4$ → weinrot → gelb → schmutzig braunrot → tieforange<br>+ $H_2O_2$ + $H_2SO_4$ → orangerot → purpurrot<br>+ Jodjodkalium aus salzsaurer Lsg. → Perjodid-Nd. $C_{20}H_{21}O_4N \cdot HJ \cdot J_2$ charakteristische Krist., purpurrot |
| Tafeln (A) Nadeln od. Blätter (W) | 1,302 | 160 (Z.) | XII 346 | | wl. in k. W, Ae<br>l. in sd. W<br>ll. in A | |
| weiße Nadeln | | | X 84 | geruchlos; schwach bitter | unl. in W<br>l. in Laugen<br>ll. in A, Ae | heiß bereitete Lsg. + $Fe(NO_3)_3$ → schwach violett |
| gelbe Blättchen | | subl. | VI 827 | | wl. in W<br>l. in A, Ae | |
| gelbe Nadeln (A) | | | V 388 | | unl. in W<br>wl. in k. A, k. Ae | |

| Lfd. Nr. | *Fp* | Name | Summenformel | Strukturformel | Mol.-Gewicht |
|---|---|---|---|---|---|
| 1 | 2 | 3 | 4 | 5 | 6 |
| 2067 | 147 bis 148 | 9,10-Dioxyphenanthren | $C_{14}H_{10}O_2$ | 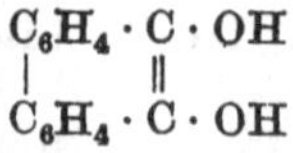 | 210,22 |
| 2068 | 147 bis 148 | 9-Phenylfluoren | $C_{19}H_{14}$ | 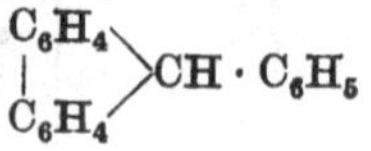 | 242,30 |
| 2069 | 147 bis 149 | α-Bromisovalerianyl-harnstoff (Bromural) | $C_6H_{11}O_2N_2Br$ | 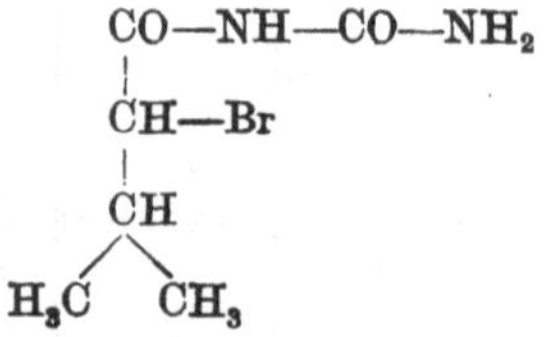 | 223,08 |
| 2070 | 147,5 | 4-Nitroanilin | $C_6H_6O_2N_2$ | $O_2N \cdot C_6H_4 \cdot NH_2$ | 138,12 |
| 2071 | 148 | trans-Cyclohexandicarbon-säure-(1,3) | $C_8H_{12}O_4$ | 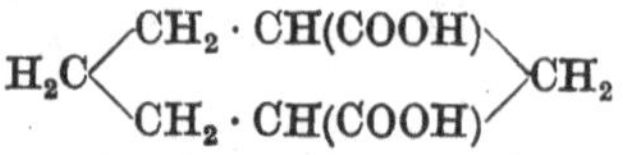 | 172,17 |
| 2072 | 148 | Dibenzamid | $C_{14}H_{11}O_2N$ | $(C_6H_5 \cdot CO)_2NH$ | 225,23 |
| 2073 | 148 | 2,5-Dioxyphenylessigsäure (Homogentisinsäure) | $C_8H_8O_4$ | $(HO)_2C_6H_3 \cdot CH_2 \cdot COOH$ | 168,14 |
| 2074 | 148 | Diphenylessigsäure | $C_{14}H_{12}O_2$ | $(C_6H_5)_2CH \cdot COOH$ | 212,23 |
| 2075 | 148 | Indazol | $C_7H_6N_2$ | 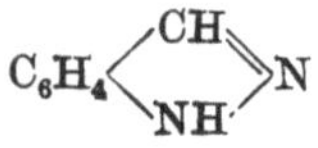 | 118,13 |
| 2076 | 148 | 2-Jod-3,5-dinitrothiophen | $C_4HO_4N_2JS$ | 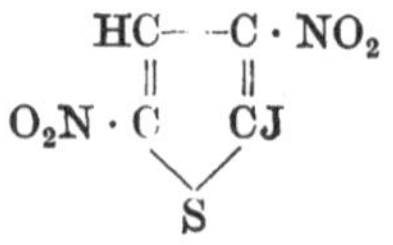 | 300,04 |
| 2077 | 148 | 3-Methyl-2-thiophensäure | $C_6H_6O_2S$ | 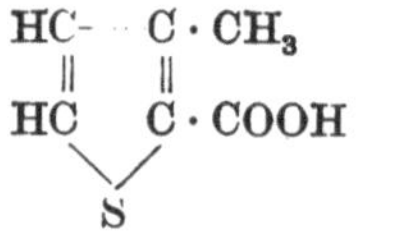 | 142,17 |
| 2078 | 148 | 2-Nitrobenzoesäure (o-Nitrobenzoesäure) | $C_7H_5O_4N$ | $O_2N \cdot C_6H_4 \cdot COOH$ | 167,12 |
| 2079 | 148 | 4-Oxyphenylessigsäure | $C_8H_8O_3$ | $HO \cdot C_6H_4 \cdot CH_2 \cdot COOH$ | 152,14 |

| Aggregatzustand Farbe | Spez. Gewicht | Siedepunkt °C | Beilstein-Zitat | Physikalische Konstanten und Eigenschaften | Löslichkeit | Reaktionen |
|---|---|---|---|---|---|---|
| 7 | 8 | 9 | 10 | 11 | 12 | 13 |
| Nadeln | | | VI 1035 | | l. in h. W<br>ll. in A, Ae | |
| Nadeln (A) | | | V 720 | | unl. in W<br>wl. in k. A, Ae | |
| weiße Nadeln (Toluol) | | subl. | III 63 | bitterer Geschmack | swl. in k. W<br>ll. in Lauge<br>ll. in h. W, A, Ae | + alkohol. $HgJ_2$-Lsg. bei Zimmertempatur klar, bei Erwärmen braunorange Nd.<br>2 mg Subst. + 3 Tropfen konz. $H_2SO_4$ bis zur schwachen Verfärbung + 0,5 ml W baldrianähnlicher Geruch, + 1 Tropfen Alkohol erhitzt → Geruch apfelartig |
| gelbe Nadeln (W) | 1,424 | | XII 711 | mit Dampf nicht flüchtig | 0,077 W 20°<br>2,2 W 100°<br>5,84 A 20°<br>6,10 Ae 20°<br>1,98 Bzl. 20° | Acetylderivat *Fp* 214° |
| Nadeln (W) | | | IX 733 | | ll. in h. W | |
| Krist. (Bzl. oder Chlf.) | | Z. | IX 213 | | 0,12 W 15°<br>wl. in sd. W<br>ll. in A, Ae | >148° → Benzonitril und Benzoesäure |
| Prismen (W)<br>Blättchen (A+Chlf.) | | | X 407 | | ll. in W, A, Ae<br>unl. in Bzl., Chlf. | |
| Nadeln (W)<br>Blättchen (A) | | | IX 673 | | ll. in h. W, A, Ae | |
| Nadeln (W) | | 270 (473mm) | XXIII 122 | mit Dampf flüchtig | wl. in k. W<br>ll. in h. W, A, Ae | |
| gelblich-weiße Nadeln (W) | 1,575 | | IX 370 | schmeckt sehr süß | 0,65 W 20°<br>2,82 A 11°<br>2,16 Ae 11°<br>0,05 Chlf. 11°<br>swl. in Bzl. | |
| Nadeln (W) | | subl. | X 190 | | l. in W<br>ll. in h. W, A, Ae | |

| Lfd. Nr. | *Fp* | Name | Summenformel | Strukturformel | Mol.-Gewicht |
|---|---|---|---|---|---|
| 1 | 2 | 3 | 4 | 5 | 6 |
| 2080 | **148** | Thionaphthen-2,3-dicarbonsäuredinitril | $C_{10}H_4N_2S$ | 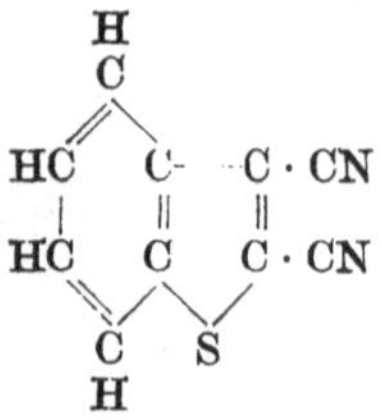 | 184,21 |
| 2081 | **148** bis **149** | 3-Acetaminophenol | $C_8H_9O_2N$ | $CH_3 \cdot CO \cdot NH \cdot C_6H_4 \cdot OH$ | 151,16 |
| 2082 | **148** bis **149** | 2-Nitrothiophen-3,4-disulfonsäurechlorid | $C_4HO_6NCl_2S_3$ | 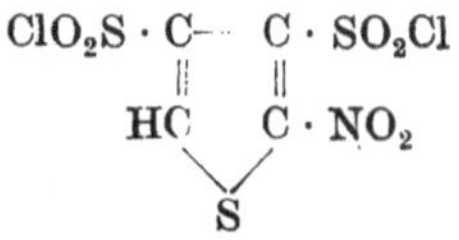 | 325,15 |
| 2083 | **148** bis **149** | Zimtsäureamid | $C_9H_9ON$ | $C_6H_5 \cdot CH : CH \cdot CO \cdot NH_2$ | 147,17 |
| 2084 | **148** bis **151** | 3,4-Dijod-2,5-dinitrothiophen | $C_4O_4N_2J_2S$ | 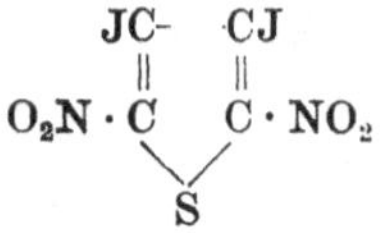 | 425,96 |
| 2085 | **148** bis **167** | 2,6-Dioxybenzoesäure ($\gamma$-Resorcylsäure) | $C_7H_6O_4$ | $(HO)_2C_6H_3 \cdot COOH$ | 154,12 |
| 2086 | **148,5** | 4-Oxypyridin ($\gamma$-Pyridon) | $C_5H_5ON$ | $C_5H_4N \cdot OH$ | 95,10 |
| 2087 | **148,5** | Phthalamidsäure | $C_8H_7O_3N$ | $HOOC \cdot C_6H_4 \cdot CO \cdot NH_2$ | 165,14 |
| 2088 | **149** | Cholesterin | $C_{27}H_{46}O$ | 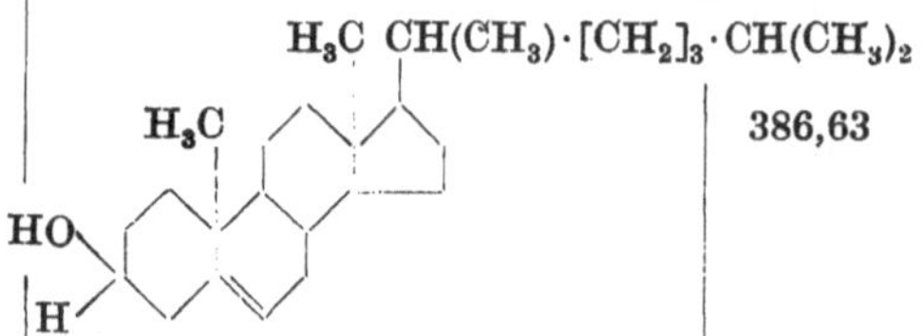 | 386,63 |
| 2089 | **149** | 4-Nitrobenzonitril | $C_7H_4O_2N_2$ | $O_2N \cdot C_6H_4 \cdot CN$ | 148,12 |
| 2090 | **149** bis **150** | 2,3-Dibrombenzoesäure | $C_7H_4O_2Br_2$ | $Br_2C_6H_3 \cdot COOH$ | 279,93 |
| 2091 | **149** bis **150** | Pantocainchlorhydrat | $C_{15}H_{25}O_2N_2Cl$ | vgl. Nr. 1864 | 300,82 |
| 2092 | **149** bis **150** | Pyren | $C_{16}H_{10}$ | 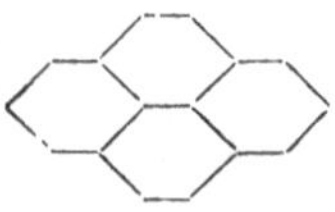 | 202,24 |

| Aggregatzustand Farbe | Spez. Gewicht | Siedepunkt °C | Beilstein-Zitat | Physikalische Konstanten und Eigenschaften | Löslichkeit | Reaktionen |
|---|---|---|---|---|---|---|
| 7 | 8 | 9 | 10 | 11 | 12 | 13 |
| Nadeln (W) | | | XIII 415 | | ll. in W, A<br>wl. in Ae | |
| Nadeln (Bzl.) | | | IX 587 | | swl. in k. W<br>wl. in sd. W<br>ll. in A, Ae | |
| Nadeln (W) | | | X 388 | | ll. in h. W, A, Ae | beim Erhitzen → Resorcin + $CO_2$ |
| Nadeln (A)<br>Tafeln (W) | | >350 (Z.) | XXI 48 | | ~100 W 15°<br>ll. in A<br>unl. in Ae, Bzl. | + $FeCl_3$ → gelb |
| Prismen | | | IX 809 | | l. in k. W<br>wl. in Ae<br>unl. in Laugen | + sd. W → phthalsaures Ammonium<br>bei 155° → Phthalimid |
| Spieße (verd. A)<br>Blättchen | 1,067[20°] | 360 (Z.) | | geruchlos; geschmacklos | 0,26 W 20°<br>1,08 A 17°<br>11 sd. A<br>18 Ae | Acetat *Fp* 114°<br>+ konz. $H_2SO_4$ → rot<br>Spuren Subst. lösen in 1 ml Essigsäureanhydrid + tropfenweise mit konz. $H_2SO_4$ → violett → blau → grün |
| gelbe Blättchen (A) | | subl. | IX 397 | mit Dampf flüchtig | wl. in W, k. A<br>ll. in h. A, Eg. | |
| Nadeln (W) | | | IX 357 | | wl. in h. W<br>swl. in Lauge | |
| weiße Krist. | | | | schmeckt schwach bitter; geruchlos; anästhesierend | l. in W | |
| hellgelbe Tafeln | | >360 | V 693 | Lösungen fluoreszieren blau | unl. in W<br>1,37 A 16°<br>3,08 sd. A<br>ll. in Ae<br>16,54 Toluol 18° | mit Tetranitromethan dunkelviolettrote Blättchen: Pikrat *Fp* 222°, lange rote Nadeln |

| Lfd. Nr. | *Fp* | Name | Summenformel | Strukturformel | Mol.-Gewicht |
|---|---|---|---|---|---|
| 1 | 2 | 3 | 4 | 5 | 6 |
| 2093 | **149,5** | Oxanilsäure | $C_8H_7O_3N$ | $HOOC \cdot CO \cdot NH \cdot C_6H_5$ | 165,14 |
| 2094 | **150** | Benzilsäure | $C_{14}H_{12}O_3$ | $(C_6H_5)_2C(OH) \cdot COOH$ | 228,23 |
| 2095 | **150** | Benzolsulfamid | $C_6H_7O_2NS$ | $C_6H_5 \cdot SO_2 \cdot NH_2$ | 157,18 |
| 2096 | **150** | 2-Brombenzoesäure | $C_7H_5O_2Br$ | $Br \cdot C_6H_4 \cdot COOH$ | 201,03 |
| 2097 | **150** | 4-Chlorphthalsäure | $C_8H_5O_4Cl$ | $Cl \cdot C_6H_3(COOH)_2$ | 200,58 |
| 2098 | **150** | Opiansäure | $C_{10}H_{10}O_5$ | 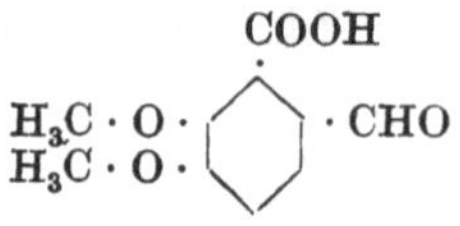 | 210,18 |
| 2099 | **150** | Phthalimidin | $C_8H_7ON$ | 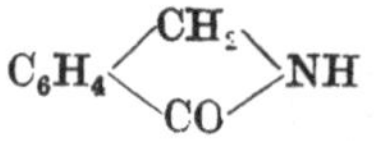 | 133,14 |
| 2100 | **150** | 2,4,5-Trimethylbenzoesäure | $C_{10}H_{12}O_2$ | $(CH_3)_3C_6H_2 \cdot COOH$ | 164,19 |
| 2101 | **150 bis 151** | 4-Äthyl-5-methyl-2-chlormercurithiophen | $C_7H_9ClSHg$ | 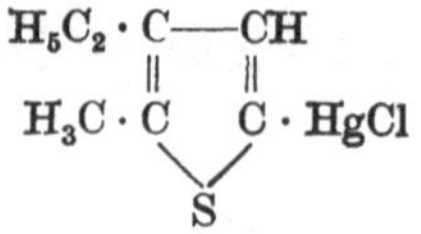 | 361,27 |
| 2102 | **150 bis 151** | 4-Brom-5-methylthiophen-2-sulfonsäureamid | $C_5H_6O_2NBrS_2$ | 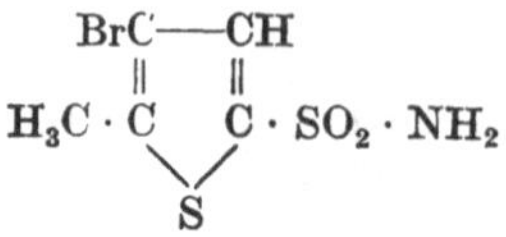 | 243,13 |
| 2103 | **150 bis 151** | 2,4'-Dioxybenzophenon | $C_{13}H_{10}O_3$ | $HO \cdot C_6H_4 \cdot CO \cdot C_6H_4 \cdot OH$ | 214,21 |
| 2104 | **150 bis 151** | Mekonsäure (*β*-Oxypyron-*α*,*α*'-dicarbonsäure) | $C_7H_4O_7$ | 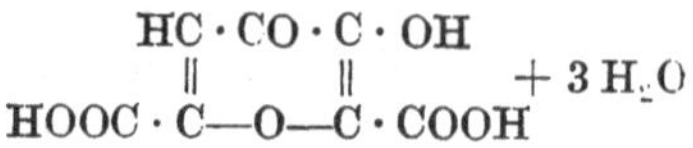 | 200,10 |
| 2105 | **150 bis 151** | „Novaspirin" (Methylencitrylsalicylsäure, Anhydromethylencitronensäure-disalicylester) | $C_{21}H_{16}O_{11}$ | 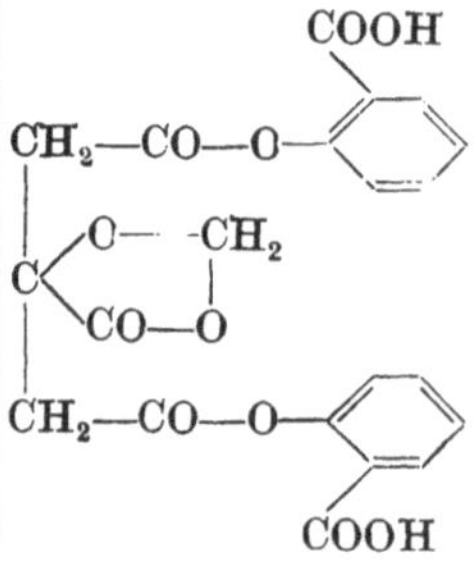 | 444,34 |

| Aggregat-zustand Farbe | Spez. Gewicht | Siede-punkt °C | Beilstein-Zitat | Physikalische Konstanten und Eigenschaften | Löslichkeit | Reaktionen |
|---|---|---|---|---|---|---|
| 7 | 8 | 9 | 10 | 11 | 12 | 13 |
| Nadeln (W) | | | XII 281 | | l. in h. W<br>ll. in A, Ae | |
| Nadeln (W) | | 180 (Z.) | X 342 | schmeckt bitter | wl. in k. W<br>ll. in h. W, A, Ae<br>l. in $H_2SO_4$ rot | + $H_2SO_4$ → rot |
| Nadeln (W)<br>Blättchen (A) | | | XVI 39 | | 0,43 W 16°<br>ll. in h. A, Ae | |
| Nadeln (W) | $1{,}929^{20°}$ | subl. | IX 347 | | wl. in k. W<br>l. in h. W<br>ll. in A, Ae, Chlf. | |
| Nadeln (A) | | | IX 816 | | l. in W, A | |
| Nadeln (W) | | 160 (Z.) | X 990 | Geschmack schwachsauer, zusammenziehend, geruchlos | 0,25 k. W<br>1,7 h. W<br>l. in A, Ae | Methylester *Fp* 82—84°, Nadeln<br>Benzoylhydrazon *Fp* 227°, Krist.<br>Semicarbazon *Fp* 187°<br>Phenacylester *Fp* 112° |
| Nadeln (W) | | 336 | XXI 285 | | l. in W<br>ll. in A, Ae, Chlf. | |
| Nadeln (Bzl.) | | | IX 554 | | swl. in sd. W<br>ll. in A, Ae | |
| hellgelbe Blättchen (W) | | | VIII 315 | | wl. in h. W<br>ll. in h. A, Ae, Bzl.<br>l. in Alkali | Kalischmelze → Phenol + Oxybenzoesäure |
| weiße Krist. | | | XVIII 503 | geruchlos, saurer Geschmack | | wss. Lsg. + $Fe(NO_3)_3$-Lsg. → violettrot<br>wss. Lsg. + einige Tropfen 2n-Lauge → gelb |
| weißes geruchloses Plv. | | | | | unl. in W<br>ll. in A, Aceton, Essigester<br>wl. in Ae, Bzl., Chlf. | |

| Lfd. Nr. | *Fp* | Name | Summenformel | Strukturformel | Mol.-Gewicht |
|---|---|---|---|---|---|
| 1 | 2 | 3 | 4 | 5 | 6 |
| 2106 | **150** bis **151** | 4,5,7-Triacetoxythio-naphthen | $C_{14}H_{12}O_6S$ | 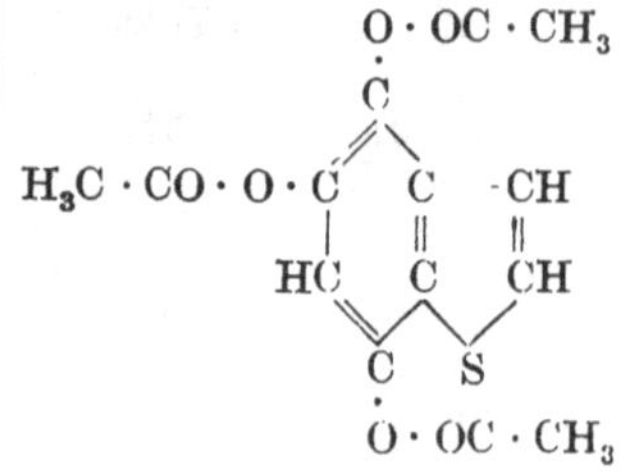 | 296,29 |
| 2107 | **150** bis **152** | 4-Brom-3-thiophensäure | $C_5H_3O_2BrS$ | 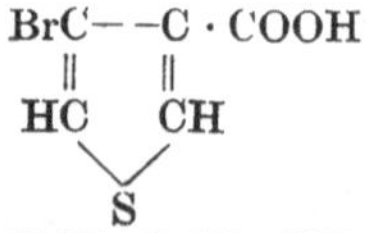 | 207,05 |
| 2108 | **150** bis **152** | 1-Nitrosonaphthyl-amin-(2) | $C_{10}H_8ON_2$ | $H_2N \cdot C_{10}H_6 \cdot NO$ | 172,18 |
| 2109 | **150** bis **153** | 1-Oxyanthracen | $C_{14}H_{10}O$ | $C_6H_4\left\{\begin{matrix}CH\\CH\end{matrix}\right\}C_6H_3 \cdot OH$ | 194,22 |
| 2110 | **150** bis **155** | Benzophenondicarbon-säure-(2,2′) | $C_{15}H_{10}O_5$ | $CO(C_6H_4 \cdot COOH)_2$ | 270,23 |
| 2111 | **150,5** | 2,6-Dibrombenzoesäure | $C_7H_4O_2Br_2$ | $Br_2C_6H_3 \cdot COOH$ | 279,93 |
| 2112 | **151** | Adipinsäure | $C_6H_{10}O_4$ | $HOOC \cdot (CH_2)_4 \cdot COOH$ | 146,14 |
| 2113 | **151** | Dibenzylsulfon | $C_{14}H_{14}O_2S$ | $(C_6H_5 \cdot CH_2)_2SO_2$ | 246,31 |
| 2114 | **151** | Hydroxylaminchlorhydrat | $H_4ONCl$ | $NH_2OH \cdot HCl$ | 69,50 |
| 2115 | **151** | 6-Oxy-m-toluylsäure | $C_8H_8O_3$ | $HO \cdot C_6H_3(CH_3) \cdot COOH$ | 152,14 |
| 2116 | **152** | Anthranol | $C_{14}H_{10}O$ | $C_6H_4\left\{\begin{matrix}C(OH)\\CH\end{matrix}\right\}C_6H_4$ | 194,22 |
| 2117 | **152** | Carbohydrazid | $CH_6ON_4$ | $H_2N \cdot NH \cdot CO \cdot NH \cdot NH_2$ | 90,09 |
| 2118 | **152** | 4-Oxyazobenzol | $C_{12}H_{10}ON_2$ | $C_6H_5 \cdot N : N \cdot C_6H_4 \cdot OH$ | 198,21 |
| 2119 | **152** | 2,4,6-Trimethylbenzoe-säure | $C_{10}H_{12}O_2$ | $(CH_3)_3C_6H_2 \cdot COOH$ | 164,19 |
| 2120 | **152** | Triphenylbrommethan | $C_{19}H_{15}Br$ | $(C_6H_5)_3C \cdot Br$ | 323,22 |
| 2121 | **152** bis **153** | N,N′-Di-[p-allyloxy-phenyl]-acetamidin-chlorhydrat (Diocain) | $C_{20}H_{23}O_2N_2Cl$ | 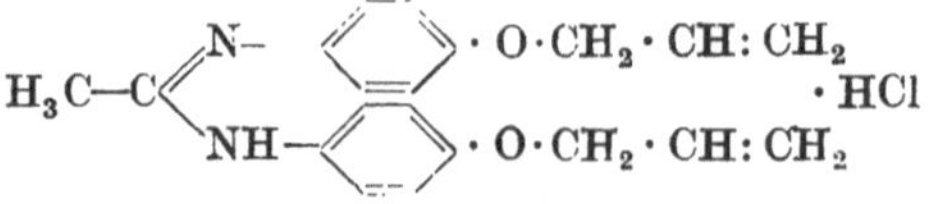 | 357,85 |

| Aggregatzustand Farbe | Spez. Gewicht | Siedepunkt °C | Beilstein-Zitat | Physikalische Konstanten und Eigenschaften | Löslichkeit | Reaktionen |
|---|---|---|---|---|---|---|
| 7 | 8 | 9 | 10 | 11 | 12 | 13 |
| grüne Nadeln (Bzl.) | | | VII 717 | | wl. in h. W<br>ll. in A<br>l. in Ae<br>l. in Alkali rot | |
| braune Nadeln od. Blättchen (A) | | | VI 702 | | unl. in W<br>sll. in A, Ae<br>l. in $H_2SO_4$ | |
| Krist. | | | X 881 | | wl. in k. W<br>l. in A, Ae | |
| Nadeln (W) | | 209-210 (16mm) | IX 358 | mit Dampf flüchtig | l. in h. W<br>ll. in A, Ae, Chlf. | |
| Blättchen (Essigester) | | 265 (100mm) | II 649 | | 1,44 W 15°<br>ll. in A<br>0,63 Ae 19° | Ag-Salz, Blättchen<br>Diamid *Fp* 220°, Krist.-Pulver<br>Phenylester *Fp* 87,6° |
| Nadeln (A + Bzl.) | | 290 (Z.) | VI 456 | | unl. in W<br>wl. in A<br>l. in Eg. | |
| durchsichtge Krist. | | | | wssg. Lsg. reagiert sauer | | + $CuSO_4$ und Lauge → gelbes CuOH |
| Nadeln (W) | | | X 227 | mit Dampf flüchtig | wl. in k. W.<br>ll. in A, Ae | + $FeCl_3$ → blau<br>Äthylester Kp. 251° |
| gelbrote Blättchen (verd. A) | | | $E_1$ VII 256 | geht beim Aufbewahren in Anthron über *Fp* 154—155° | ll. in A, Ae mit blauer Fluoreszenz<br>l. in Alkali | Lsg. in wenig rauch. $HNO_3$ beim Verdünnen → orange Nd.<br>alkohol. Lsg. + Lauge → prachtvoll violett |
| Nadeln (verd. A.) | | | III 121 | | unl. in Bzl., Ae, Chlf. | |
| orange Prismen (A) | | 220-230 (20mm) | XVI 96 | | 0,002 W 25°<br>l. in A, Ae | |
| Krist. | | | IX 553 | | ll. in A, Ae, Chlf. | |
| hellgelbe Krist. ($CS_2$) | | 230 (15mm) | V 704 | | l. in flüss. $SO_2$ gelb | + sd. W. → Triphenylcarbinol + HBr |
| Krist. | | | | | swl. in W<br>ll. in A<br>unl. in Ae | |

| Lfd. Nr. | *Fp* | Name | Summenformel | Strukturformel | Mol.-Gewicht |
|---|---|---|---|---|---|
| 1 | 2 | 3 | 4 | 5 | 6 |
| 2122 | **152** bis **153** | Dihydroergosterin (Provitamin $D_4$) | $C_{28}H_{46}O$ | $C_{28}H_{46}O$ | 398,47 |
| 2123 | **152** bis **153** | Phenanthrol-(9) | $C_{14}H_{10}O$ | $H_4C_6 \langle C(OH):CH \rangle C_6H_4$ | 194,22 |
| 2124 | **152** bis **153** | 9-Phenylanthracen | $C_{20}H_{14}$ | $C_6H_4\left\{\begin{matrix} C(C_6H_5) \\ CH \end{matrix}\right\}C_6H_4$ | 254,31 |
| 2125 | **153** | Acet-p-toluidid | $C_9H_{11}ON$ | $CH_3 \cdot CO \cdot NH \cdot C_6H_4 \cdot CH_3$ | 149,18 |
| 2126 | **153** | Citronensäure | $C_6H_8O_7$ | $HO \cdot C(CH_2 \cdot COOH)_2 \cdot COOH$ | 192,12 |
| 2127 | **153** | 2,5-Dibrombenzoesäure | $C_7H_4O_2Br_2$ | $Br_2C_6H_3 \cdot COOH$ | 279,93 |
| 2128 | **153** | 2,5-Diphenylthiophen | $C_{16}H_{12}S$ | 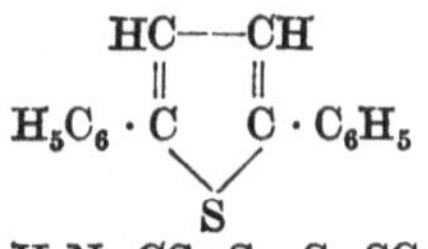 | 236,32 |
| 2129 | **153** (Z.) | Thiuramdisulfid | $C_2H_4N_2S_4$ | $H_2N \cdot CS \cdot S—S \cdot SC \cdot NH_2$ | 184,31 |
| 2130 | **153** bis **154** | 3,4-Dioxybenzaldehyd (Protocatechualdehyd) | $C_7H_6O_3$ | $(HO)_2C_6H_3 \cdot CHO$ | 138,12 |
| 2131 | **153** bis **154** | 6-Nitrochinolin | $C_9H_6O_2N_2$ | $C_9H_6N \cdot NO_2$ | 174,15 |
| 2132 | **153** bis **155** | 3-Benzylthiophen | $C_{11}H_{10}S$ | 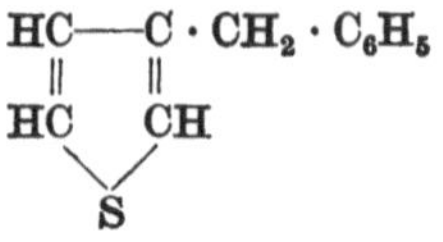 | 174,25 |

| Aggregat-zustand Farbe | Spez. Gewicht | Siede-punkt °C | Beilstein-Zitat | Physikalische Konstanten und Eigenschaften | Löslichkeit | Reaktionen |
|---|---|---|---|---|---|---|
| 7 | 8 | 9 | 10 | 11 | 12 | 13 |
| Nadeln | | | | $[\alpha]_D^{18}$ —109° (1,5% in Chlf.) | | |
| Nadeln (Bzl.) | | | VI 706 | | unl. in W<br>ll. in A, Ae<br>l. in Alkali grün<br>l. in $H_2SO_4$ orangerot | Pikrat *Fp* 185°<br>Acetat *Fp* 77° |
| Blättchen (A) | | 417 | V 725 | | ll. in h. A, h. Ae, h. Bzl. | |
| Krist. (A) | 1,212$^{15°}$ | 306 | XII 920 | | 0,12 W 25°<br>11 sd. W<br>10,2 A 25°<br>l. in Ae, Eg. | |
| rhomb. Krist. + 1 $H_2O$ (W) | 1,542 | | III 556 | wirkt bakterizid | 73,3 W 20°<br>75,91 A 15°<br>2,26 Ae 15° | + $Fe(NO_3)_3$ → zitronengelb<br>erhitzen mit Essigsäure-anhydrid → violettrot<br>3 mg Subst. + 2 Tropfen konz. $H_2SO_4$ 20 Sek. in sd. W-Bad, abkühlen + 1 ml W + 2 ml $NH_3$ + 1 Krist. Nitroprussid-natrium — durchschütteln → violett → intensiv blau → grün und graublau<br>Phenacylester *Fp* 104—105° |
| Nadeln (A oder W) | | | IX 358<br>XVII 81 | mit Dampf flüchtig | wl. in k. W<br>ll. in A, Ae | |
| Blättchen (Aceton + Chlf.) | | | III 219 | | unl. in W<br>l. in sd. A (Z.)<br>unl. in Ae | |
| Krist. (W) | | Z. | VIII 246 | | 5 k. W<br>33 sd. W<br>126 sd. A<br>ll. in Ae | + $FeCl_3$ → grün<br>+ $Na_2CO_3$ → violett → rot<br>5 ml einer 5%igen Lsg. + 2 ml 2%ig. Isopropyl-alkohol + 10 ml konz. $H_2SO_4$ → grün, + Wasser → blau<br>an Stelle Isopropylalkohol — Aceton → rot; verd. purpur → grün<br>Oxim *Fp* 157°, gelbl. Nadeln<br>Phenylhydrazon *Fp* 175 bis 176°, Nadeln |
| Nadeln (W od. A) | | | XX 372 | | wl. in k. W, Ae<br>ll. in h. W, A<br>ll. in Bzl. | |

| Lfd. Nr. | *Fp* | Name | Summenformel | Strukturformel | Mol.-Gewicht |
|---|---|---|---|---|---|
| 1 | 2 | 3 | 4 | 5 | 6 |
| 2133 | **154** | 4-Aminochinolin | $C_9H_8N_2$ | $C_9H_6N \cdot NH_2$ | 144,17 |
| 2134 | **154** (Z.) | N-Benzylphthalaminsäure (Akineton) | $C_{15}H_{13}O_3N$ | 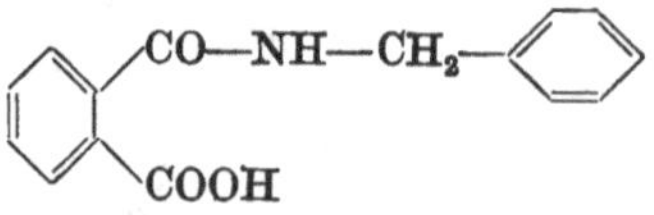 | 255,28 |
| 2135 | **154** | Bis-[3-brom-2-thienyl]-quecksilber | $C_8H_4Br_2S_2Hg$ | 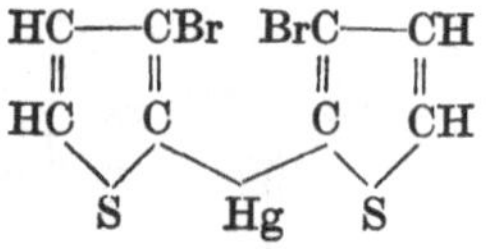 | 524,07 |
| 2136 | **154** | 3-Nitro-4-aminophenol | $C_6H_6O_3N_2$ | $H_2N \cdot C_6H_3(NO_2) \cdot OH$ | 154,12 |
| 2137 | **154** | 5-Oxynaphthochinon-(1,4) (Juglon) | $C_{10}H_6O_3$ | 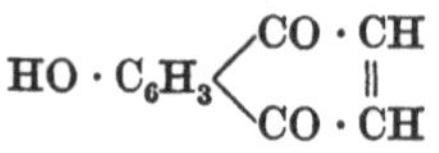 | 174,15 |
| 2138 | **154** | Phenylthioharnstoff | $C_7H_8N_2S$ | $C_6H_5 \cdot NH \cdot CS \cdot NH_2$ | 152,21 |
| 2139 | **154** | 1,4,5-Trinitronaphthalin | $C_{10}H_5O_6N_3$ | $C_{10}H_5(NO_2)_3$ | 263,16 |
| 2140 | **154** bis **155** | Anthron | $C_{14}H_{10}O$ | 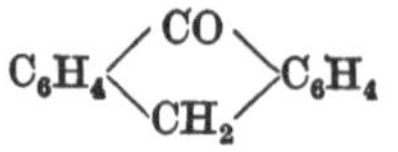 | 194,22 |
| 2141 | **154** bis **155** | N,N′-Diphenylthioharnstoff | $C_{13}H_{12}N_2S$ | $C_6H_5 \cdot NH \cdot CS \cdot NH \cdot C_6H_5$ | 228,30 |
| 2142 | **154** bis **155** | Gallussäureäthylester | $C_9H_{10}O_5$ | $(HO)_3C_6H_2 \cdot CO \cdot OC_2H_5$ | 198,17 |
| 2143 | **154** bis **155** | Indolothiotolen | $C_{11}H_9NS$ | 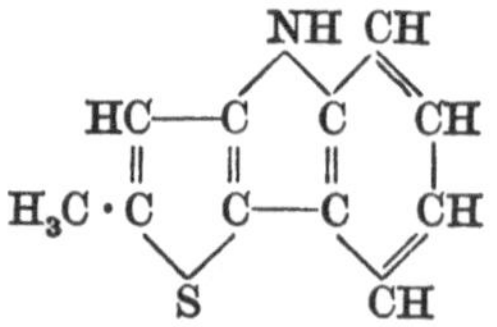 | 187,25 |
| 2144 | **154** bis **155** | Phenylbrenztraubensäure | $C_9H_8O_3$ | $C_6H_5 \cdot CH_2 \cdot CO \cdot COOH$ | 164,15 |
| 2145 | **154** bis **156** | 3-Nitroacetanilid | $C_8H_8O_3N_2$ | $CH_3 \cdot CO \cdot NH \cdot C_6H_4 \cdot NO_2$ | 180,16 |

| Aggregatzustand Farbe | Spez. Gewicht | Siedepunkt °C | Beilstein-Zitat | Physikalische Konstanten und Eigenschaften | Löslichkeit | Reaktionen |
|---|---|---|---|---|---|---|
| 7 | 8 | 9 | 10 | 11 | 12 | 13 |
| Nadeln $+ 1 H_2O$ (W od. A) | | | XXII 444 | | l. in W<br>ll. in A, Ae, Chlf.<br>swl. in Laugen | |
| Nadeln (30%ig. A) | | | | | | |
| rote, grünschimmernde Prismen (Ae) | | | XIII 521 | | l. in W, A orange<br>l. in Ae<br>l. in Alkali violett | |
| gelbrote Nadeln (Chlf.) | | Z. | VIII 308 | | unl. in W<br>wl. in k. A, Ae<br>ll. in h. Eg. | |
| Nadeln (W)<br>Prismen (A) | 1,33 | Z. | XII 388 | | 0,26 W 18°<br>5,93 sd. W<br>3,6 A 25°<br>l. in Alkali | |
| Krist. (Chlf.) | | | V 563 | | unl. in W<br>0,11 90%ig. A 18°<br>0,38 Ae 18°<br>1 Bzl. 18° | |
| Nadeln (Bzl. + Benzin) | | | VII 473 | | l. in A, Bzl.<br>unl. in Alkali | geht beim Schmelzen und in sd. NaOH in Anthranol über, *Fp* 152°<br>Lsg. in rauch. $HNO_3$ bei Verd. → oranger Nd. + A + Lauge → violett |
| Blättchen (A) | 1,321 | Z. | XII 394 | schmeckt bitter | swl. in W<br>ll. in A, Ae<br>l. in Alkali, $CS_2$ | Erhitzen Z. → N, N′, N″-Triphenylguanidin |
| Prismen $+2\frac{1}{2} H_2O$ (W) | | subl. | X 484 | | wl. in k. W<br>ll. in h. W, A, Ae<br>wl. in sd. Chlf. | |
| Blättchen (Chlf.) | | | X 682 | | wl. in sd. W<br>ll. in A, Ae, h. Bzl., h. Chlf. | Erhitzen > 155° → $CO_2$-Abspaltung |
| Blättchen (A) | | | XII 703 | | l. in Chlf.<br>unl. in KOH | |

| Lfd. Nr. | *Fp* | Name | Summenformel | Strukturformel | Mol.-Gewicht |
|---|---|---|---|---|---|
| 1 | 2 | 3 | 4 | 5 | 6 |
| 2146 | **154,5** | Cytisin | $C_{11}H_{14}ON_2$ | 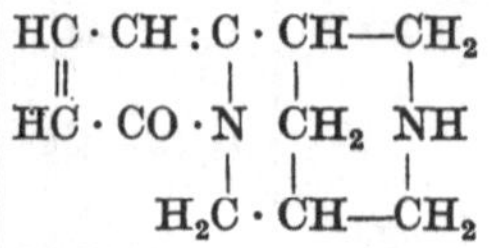 | 190,24 |
| 2147 | **154,5** | 2,5-Dichlorbenzoesäure | $C_7H_4O_2Cl_2$ | $Cl_2C_6H_3 \cdot COOH$ | 191,02 |
| 2148 | **155** | Benzalphenylhydrazin | $C_{13}H_{12}N_2$ | $C_6H_5 \cdot CH : N \cdot NH \cdot C_6H_5$ | 196,24 |
| 2149 | **155** | 3-Brombenzoesäure | $C_7H_5O_2Br$ | $Br \cdot C_6H_4 \cdot COOH$ | 201,03 |
| 2150 | **155** | Codein | $C_{18}H_{21}O_3N$ | 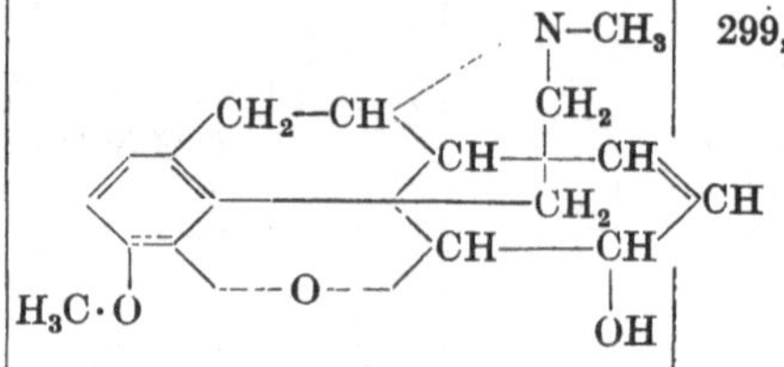 | 299,35 |
| 2151 | **155** | Colchicin | $C_{22}H_{25}O_6N$ | | 399,42 |
| 2152 | **155** | Bis-[5-chlor-2-thienyl]-quecksilber | $C_8H_4Cl_2S_2Hg$ | 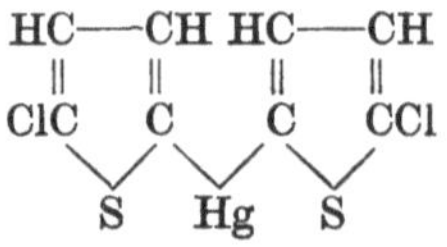 | 435,76 |
| 2153 | **155** | Testosteron | $C_{19}H_{28}O_2$ | | 288,41 |
| 2154 | **155** | 5-Propyl-2-chlormercuri-thiophen | $C_7H_9ClSHg$ | 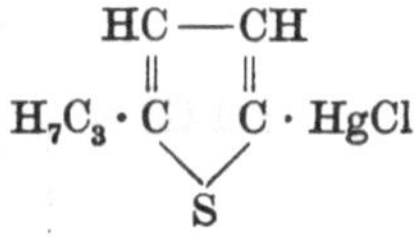 | 360,27 |

| Aggregatzustand Farbe | Spez.-Gewicht | Siedepunkt °C | Beilstein-Zitat | Physikalische Konstanten und Eigenschaften | Löslichkeit | Reaktionen |
|---|---|---|---|---|---|---|
| 7 | 8 | 9 | 10 | 11 | 12 | 13 |
| Krist. (A) | | 218 (2 mm) | XXIV 134 | $[\alpha]_D^{17°}$ −119,57° (1,99%ige Lsg.) sehr giftig | 78,1 W 16°<br>30,1 A 8°<br>47,7 Chlf. 15°<br>ll. in Bzl. | + $FeCl_3$ → rot<br>+ konz. $HNO_3$ → rotgelb<br>+ Kaliumwismutjodid → braunroter Nd. |
| Nadeln (W) | | 301 | IX 342 | | 0,084 W 11° | |
| Nadeln | | | XV 134 | | ll. in h. A<br>wl. in Ae<br>ll. in Bzl. | über 200° Z. |
| Nadeln | $1{,}845^{20°}$ | >280 | IX 344 | | wl. in W<br>l. in A, Ae | |
| weiße Krist. + $1 H_2O$ | $1{,}315^{14°}$ | | XXVII 131 | $[\alpha]_D$ −137,75° (A); geruchlos; schmeckt bitter | 0,84 W 20°<br>1,7 W 80°<br>63,7 92%ig. A 25°<br>8 Ae 25°<br>1,328 $CCl_4$ | 1. + Fe-$H_2SO_4$ beim Erwärmen → blau<br>+ Paraform → graublau → graugrün<br>+ $HNO_3$-$H_2SO_4$ → violettrot → orangerot<br>2. + 10—20 mg Paraform + 1 ml $H_2SO_4$ → orange → violettrot → intensiv blauviolett<br>+ Fe-$H_3PO_4$ → intensiv blau<br>+ $HNO_3$-$H_2SO_4$ → intensiv grün → langsam gelbgrün und hellbraun<br>3. konz. $HNO_3$ → braunrot<br>4. $FeCl_3$ + $H_2SO_4$ → blau → tiefrot bei Zusatz von 1 Tropfen $HNO_3$ wenn erkaltet<br>5. Benzaldehyd-$H_2SO_4$ → gelb bis blutrot<br>6. p-Dimethylaminobenzaldehyd-$H_2SO_4$ → hellrot |
| Nadeln (Essigester) | | | $E_1$ XIV 520 | Geruch schwach aromatisch; Geschmack sehr bitter | ll. in W, A<br>sll. in Ae<br>l. in $H_2SO_4$ → rot | konz. $H_2SO_4$ + Spur $HNO_3$ → gelbgrün → grün → blaugrün → blau → violett → weinrot → gelb<br>+ konz. $HNO_3$ → violett |
| Krystalldrusen (verd. A) | | | | $[\alpha]$ + 109° (A) | l. in A, Ae<br>unl. in W | Propionat *Fp* 123° |

| Lfd. Nr. | *Fp* | Name | Summenformel | Strukturformel | Mol.-Gewicht |
|---|---|---|---|---|---|
| 1 | 2 | 3 | 4 | 5 | 6 |
| 2155 | **155** bis **156** | 1,8-Dibrom-α,α-trithienyl | $C_{12}H_6Br_2S_3$ | 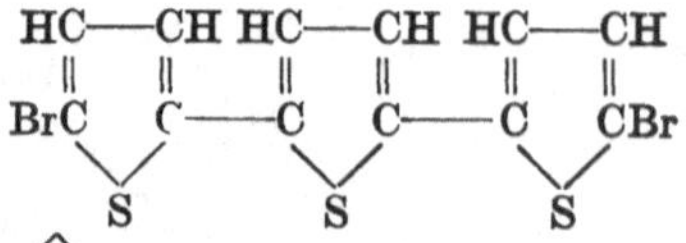 | 388,12 |
| 2156 | **155** bis **156** | Salicylsäure | $C_7H_6O_3$ | 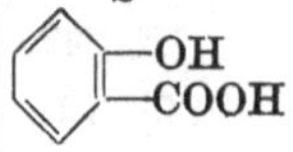 | 138,12 |
| 2157 | **155** bis **156** | Thiophen-3-sulfonsäure-amid | $C_4H_5O_2NS_2$ | 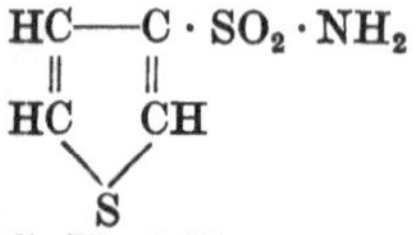 | 163,21 |
| 2158 | **155** bis **157** | Ergocristin | $C_{35}H_{39}O_5N_5$ | $C_{35}H_{39}O_5N_5$ | 609,70 |
| 2159 | **156** | p-Aminobenzoyldiäthyl-aminoäthanolchlor-hydrat (Novocain) | $C_{13}H_{21}O_2N_2Cl$ | 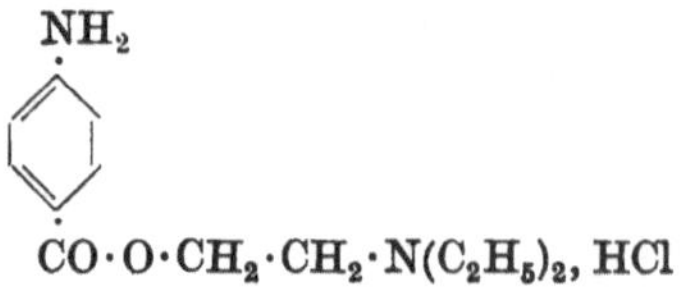 | 272,77 |
| 2161 | **156** | 3,3'-Diaminoazobenzol | $C_{12}H_{12}N_4$ | $H_2N \cdot C_6H_4 \cdot N:N \cdot C_6H_4 \cdot NH_2$ | 212,25 |
| 2162 | **156** | Fluorenol | $C_{13}H_{10}O$ | 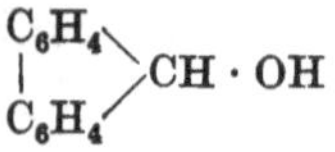 | 182,21 |
| 2163 | **156** | Phenazon | $C_{12}H_8N_2$ | 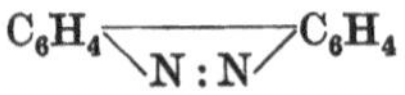 | 180,60 |
| 2164 | **156** | Phenoxazin | $C_{12}H_9ON$ | 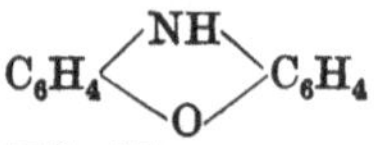 | 183,20 |
| 2165 | **156** | Tetrazol | $CH_2N_4$ | 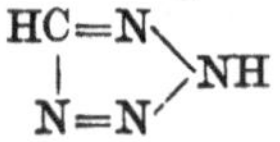 | 70,06 |
| 2166 | **156** | o-Toluolsulfamid | $C_7H_9O_2NS$ | $CH_3 \cdot C_6H_4 \cdot SO_2 \cdot NH_2$ | 171,21 |
| 2167 | **156** | Triphenylphosphinoxyd | $C_{18}H_{15}OP$ | $(C_6H_5)_3P:O$ | 278,32 |
| 2168 | **156** bis **157** | 3-Brom-2,4,5-trijod-thiophen | $C_4BrJ_3S$ | 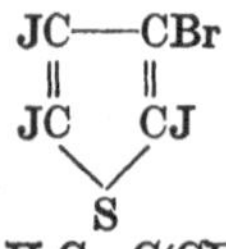 | 540,78 |
| 2169 | **156** bis **157** | Camphan | $C_{10}H_{18}$ | 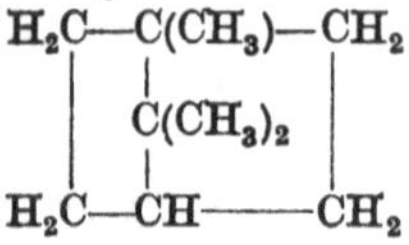 | 138,24 |

| Aggregatzustand Farbe | Spez. Gewicht | Siedepunkt °C | Beilstein-Zitat | Physikalische Konstanten und Eigenschaften | Löslichkeit | Reaktionen |
|---|---|---|---|---|---|---|
| 7 | 8 | 9 | 10 | 11 | 12 | 13 |
| weiße Nadeln (W) | 1,443 | 75(Vak.) subl. | X 43 | Geschmack süßlich-sauer und kratzend; geruchlos; subl. unterhalb des *Fp*; mit Dampf flüchtig | 0,18 W 20°<br>1,32 W 70°<br>49,6 A 15°<br>50,5 Ae 15°<br>ll. in Chlf. | bei 200° Z.<br>+ $FeCl_3$ → violettblau<br>+ Paraform-$H_2SO_4$ in der Wärme → violett<br>Phenacylester *Fp* 110°<br>p-Nitrobenzylester *Fp* 96,3°<br>+ Millons Reagens wird beim Erwärmen rot |
| | | | | $[\alpha]_D^{20}$ —183° | unl. in W, PAe<br>l. in A, Ae | |
| Nadeln (A) | | | XIV 424 | Geschmack schwach bitter; geruchlos; anästhesierend | 1 W<br>12,5 A<br>swl. in Ae | wss. Lsg. + Pikrinsäure → gelber Nd.<br>0,1 g Subst. in 5 ml W + 2 Tropfen verd. HCl + 2 Tropfen $NaNO_2$-Lsg. in alkal. β-Naphthol-Lsg. → scharlachroter Nd. |
| orangerote Krist. (verd. A) | | | XVI 305 | | wl in W<br>l. in A, Bzl. | |
| Nadeln (W) | | | VI 691 | | wl. in W<br>l. in A, Ae<br>ll. in Bzl. | an der Luft → Fluorenon<br>Acetat *Fp* 75° |
| grüngelbe Nadeln (verd. A) | | $>360$ | XXIII 222 | | swl. in W<br>ll. in A, Ae, Chlf. | Pikrat *Fp* 194° |
| Blättchen (Bzl.) | | subl. | XXVII 62 | | ll. in A, Ae | N-Acetylderivat *Fp* 142° |
| Blättchen (A) | | subl. | XXVI 346 | | ll. in W, A<br>wl. in Ae | |
| Prismen (A) | | | XI 86 | | 0,16 W 25°<br>3,6 A 5° | Oxydation in neutraler Lsg. → Saccharin |
| Prismen + $1 H_2O$ (Bzl. + PAe) | $1,212^{22°}$ | $>360$ | XVI 783 | | wl. in h. W<br>ll. in A<br>wl. in Ae | |
| Tafeln (A) | | ~160° | V 93 | kryoskop. Konst. 29,5; mit Dampf flüchtig; subl. | unl. in W<br>l. in A<br>ll. in Ae | |

| Lfd. Nr. | *Fp* | Name | Summenformel | Strukturformel | Mol.-Gewicht |
|---|---|---|---|---|---|
| 1 | 2 | 3 | 4 | 5 | 6 |
| 2170 | **156** bis **157** | 2,5-Dimethyl-3-chlor-mercurithiophen | $C_6H_7ClSHg$ | 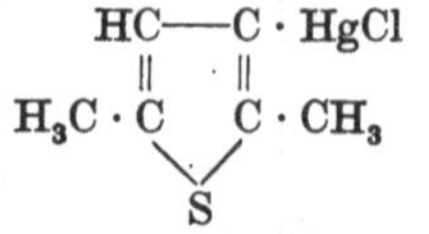 | 347,24 |
| 2171 | **156** bis **157** | 4-Methyl-5-äthyl-2-jod-mercurithiophen | $C_7H_9JSHg$ | 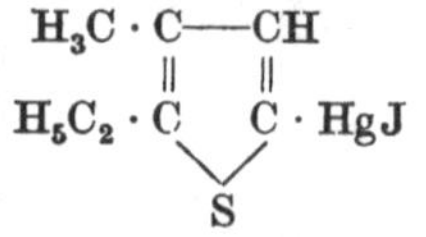 | 452,73 |
| 2172 | **156** bis **157** (Z.) | 2-Oxynaphthoesäure-(1) | $C_{11}H_8O_3$ | $HO \cdot C_{10}H_6 \cdot COOH$ | 188,17 |
| 2173 | **156,5** bis **158** | 4-Jod-3-methylthiophen-2,5-dicarbonsäure | $C_7H_5O_4JS$ | 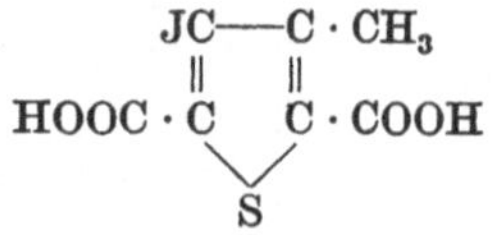 | 312,09 |
| 2174 | **157** | 3-Amino-p-kresol (OH = 1) | $C_7H_9ON$ | $CH_3 \cdot C_6H_3(OH) \cdot NH_2$ | 123,15 |
| 2175 | **157** (Z.) | δ-Aminovaleriansäure | $C_5H_{11}O_2N$ | $H_2N \cdot (CH_2)_4 \cdot COOH$ | 117,14 |
| 2176 | **157** | α-Benzolhexachlorid | $C_6H_6Cl_6$ | 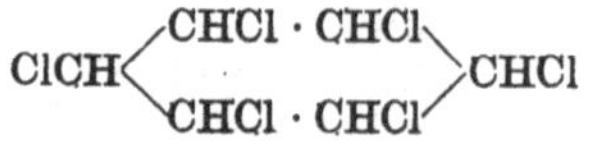 | 290,85 |
| 2177 | **157** | Chinolincarbonsäure-(2) (Chinaldinsäure) | $C_{10}H_7O_2N$ | $C_9H_6N \cdot COOH$ | 173,16 |
| 2178 | **157** | 3,5-Dibromthiophen-2,4-disulfonsäurechlorid | $C_4O_4Cl_2Br_2S_3$ | 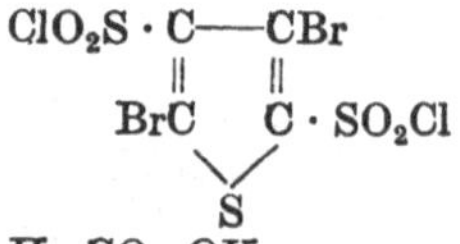 | 438,97 |
| 2179 | **157** | Kaliumformiat | $CHO_2K$ | $H \cdot CO \cdot OK$ | 84,11 |
| 2180 | **157** (Z.) | 4-Nitrophenylhydrazin | $C_6H_7O_2N_3$ | $O_2N \cdot C_6H_4 \cdot NH \cdot NH_2$ | 153,14 |
| 2181 | **157** (Z.) | 2-Nitrophenylpropiolsäure | $C_9H_5O_4N$ | $O_2N \cdot C_6H_4 \cdot C \vdots C \cdot COOH$ | 191,14 |
| 2182 | **157** | Succinamidsäure | $C_4H_7O_3N$ | $HOOC \cdot CH_2 \cdot CH_2 \cdot CO \cdot NH_2$ | 117,10 |
| 2183 | **157** bis **158** | 4-Benzylbenzoesäure | $C_{14}H_{12}O_2$ | $C_6H_5 \cdot CH_2 \cdot C_6H_4 \cdot COOH$ | 212,23 |

| Aggregatzustand Farbe | Spez. Gewicht | Siedepunkt °C | Beilstein-Zitat | Physikalische Konstanten und Eigenschaften | Löslichkeit | Reaktionen |
|---|---|---|---|---|---|---|
| 7 | 8 | 9 | 10 | 11 | 12 | 13 |
| Nadeln (verd. A) | | | X 328 | | swl. in W<br>ll. in A, Ae, Bzl., Chlf. | beim Erhitzen → β-Naphthol + $CO_2$<br>Methylester *Fp* 80°; Subst. in alkohol. Lsg. + $FeCl_3$ → dunkelblau<br>Methoxynaphthoesäure *Fp* 176°, Prismen |
| Krist. (W od. Ae) | | subl. | XIII 598 | | wl. in k. W | |
| Blättchen | | | IV 418 | | ∞ in W<br>swl. in A<br>unl. in Ae | erhitzen Z. → Piperidon-(2) + $H_2O$ |
| Krist. | $1{,}87^{20°}$ | 218 (348mm) | V 23 | | unl. in W<br>l. in A, Ae<br>4,38 Chlf. 15°<br>6,5 Bzl. 18° | + alkohol. KOH → 1,2,4-Trichlorbenzol, etwas 1,2,3- und 1,3,5-Trichlorbenzol und KCl |
| Nadeln + $2H_2O$ (W) | | Z. | XXII 71 | | wl. in k. W<br>ll. in h. W, h. Bzl. | Amid *Fp* 133°, silberglänzende Nadeln<br>+ $FeSO_4$ → rotgelb<br>Methylester *Fp* 78°, Nädelchen |
| Säulen | 1,908 | | II 14 | | 331 W 18°<br>657 W 90°<br>l. in A<br>unl. in Ae | |
| orangerote Blättchen od. Nadeln (A) | | | XV 468 | | l. in h. W<br>ll. in h. A, Ae | |
| Nadeln oder Blättchen (W) | | | IX 636 | | l. in k. W<br>ll. in h. W<br>swl. in Chlf. | durch $H_2O$ Zers. |
| Tafeln und Nadeln (W) | | 200 (Z.) | II 613 | | l. in W<br>swl. in A<br>unl. in Bzl. | erhitzen $H_2O$-Abspaltung |
| Nadeln (W) | | subl. | IX 677 | | wl. in k. W<br>l. in A, Ae, Chlf. | |

| Lfd. Nr. | *Fp* | Name | Summenformel | Strukturformel | Mol.-Gewicht |
|---|---|---|---|---|---|
| 1 | 2 | 3 | 4 | 5 | 6 |
| 2184 | 157 bis 159 | 6-Amino-m-kresol (OH = 1) | $C_7H_9ON$ | $CH_3 \cdot C_6H_3(OH) \cdot NH_2$ | 123,15 |
| 2185 | 157,5 bis 158 | 4-Äthyl-5-methyl-2-jod-mercurithiophen | $C_7H_9JSHg$ | 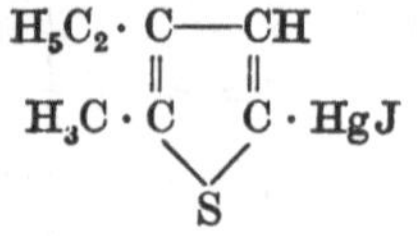 | 452,73 |
| 2186 | 158 | 4-Aminopyridin | $C_5H_6N_2$ | $C_5H_4N \cdot NH_2$ | 94,11 |
| 2187 | 158 | *l*-Camphoronsäure | $C_9H_{14}O_6$ | 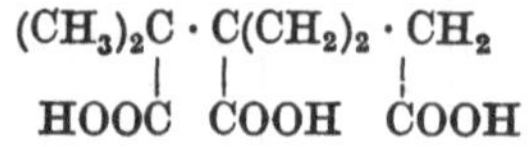 | 218,20 |
| 2188 | 158 | Chinuclidin | $C_7H_{13}N$ | 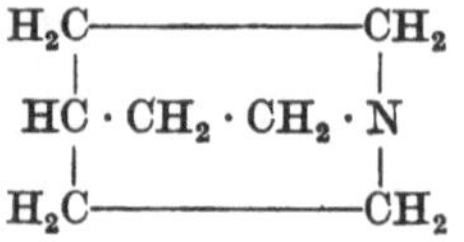 | 111,18 |
| 2189 | 158 | 3-Chlorbenzoesäure | $C_7H_5O_2Cl$ | $Cl \cdot C_6H_4 \cdot COOH$ | 156,57 |
| 2190 | 158 | 4,4'-Diaminodiphenylamin | $C_{12}H_{13}N_3$ | $H_2N \cdot C_6H_4 \cdot NH \cdot C_6H_4 \cdot NH_2$ | 199,25 |
| 2191 | 158 | 4,4'-Dioxydiphenylmethan | $C_{13}H_{12}O_2$ | $CH_2(C_6H_4OH)_2$ | 200,22 |
| 2192 | 158 | 1-[3',4'-Methylendioxy-benzyl]-3-methyl-6,7-methylendioxyiso-chinolinchlorhydrat (Eupaverinchlorhydrat) | $C_{19}H_{16}O_4NCl$ | 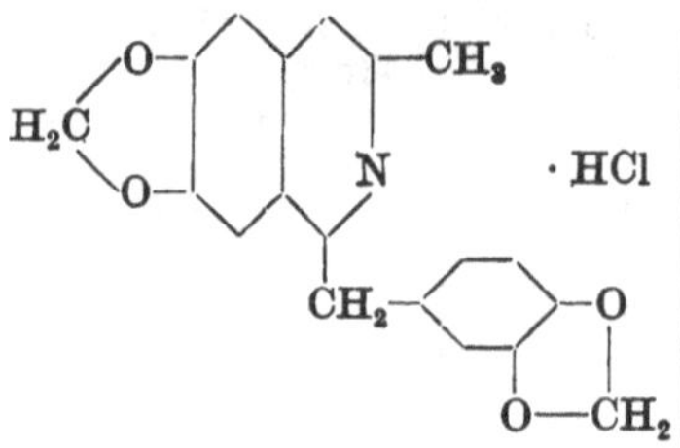 | 357,66 |
| 2193 | 158 | 2,4,6-Trijodphenol | $C_6H_3OJ_3$ | $J_3C_6H_2 \cdot OH$ | 471,84 |
| 2194 | 158 bis 159 | 2-Aminozimtsäure | $C_9H_9O_2N$ | $H_2N \cdot C_6H_4 \cdot CH:CH \cdot COOH$ | 163,17 |
| 2195 | 158 bis 160 | Chininhydrochlorid | $C_{20}H_{25}O_2N_2Cl + 2H_2O$ | vgl. Nr. 2398 | 396,90 |
| 2196 | 158,6 (Z.) | Nitroharnstoff | $CH_3O_3N_3$ | $O_2N \cdot NH \cdot CO \cdot NH_2$ | 105,06 |

| Aggregatzustand Farbe | Spez. Gewicht | Siedepunkt °C | Beilstein-Zitat | Physikalische Konstanten und Eigenschaften | Löslichkeit | Reaktionen |
|---|---|---|---|---|---|---|
| 7 | 8 | 9 | 10 | 11 | 12 | 13 |
| Nadeln (Bzl.) | | | XIII 590 | | wl. in W<br>ll. in A, Ae | |
| Nadeln (Bzl.) | | | XXII 433 | | ll. in W, A<br>wl. in Ae | |
| Nadeln (W) | | 195-210 (13 mm) | II 837 | $[\alpha]_D^{19}$ —26,9° W | 12,5 W 16°<br>75,8 A 16°<br>7,4 Ae 16°<br>wl. in Chlf.<br>unl. in Bzl. | |
| Krist. | | | XX 144 | | ll. in W, A, Ae | Pikrat *Fp* 275—276° |
| Prismen | $1{,}496^{25°}$ | | IX 337 | mit Dampf flüchtig | 0,04 W 0°<br>ll. in h. W, A, Ae | |
| Blätter (W) | | Z. | XIII 110 | | swl. in W | |
| Blättchen oder Nadeln | | | VI 995 | | l. in A<br>ll. in Ae | |
| weiße filzige Nadeln | | | | geschmacklos | wl. in W | 1. + 1 ml konz. $H_2SO_4$ → grauviolett → grünblau → langsam zart grün<br>+ Fe-$H_3PO_4$ → intensiv grün → langsam intensiv blau<br>+ Paraform → graugrün oder graublau<br>+ $HNO_3$-$H_2SO_4$ → braun → violettrot<br>2. + 10—20 mg Paraform + 1 ml. $H_2SO_4$ → intensiv blauviolett<br>+ Fe-$H_3PO_4$ → langsam intensiv blau<br>+ $HNO_3$-$H_2SO_4$ → graublau → grauviolett → langsam braun |
| Nadeln (verd. A) | | Z. | VI 211 | riecht unangenehm; anhaftend | unl. in W<br>2 in 95%ig. A<br>l. in Ae | |
| gelbe Nadeln | | | XIV 517 | | wl. in k. W<br>l. in h. W; A, Ae | Äthylester *Fp* 77—78° |
| Nadeln | | | XXIII 521 | $[\alpha]_D^{15}$ —142,7° (W) | 2,5 W 10°<br>0,1 Ae<br>ll. in Chlf. | |
| Krist. (Ae u. Bzl.) | | | III 125 | | wl. in k. W<br>ll. in A, Ae | |

| Lfd. Nr. | *Fp* | Name | Summenformel | Strukturformel | Mol.-Gewicht |
|---|---|---|---|---|---|
| 1 | 2 | 3 | 4 | 5 | 6 |
| 2197 | **159** | Acetyl-α-naphthylamin | $C_{12}H_{11}ON$ | $C_{10}H_7 \cdot NH \cdot CO \cdot CH_3$ | **185,21** |
| 2198 | **159** | *l*-Arabinose | $C_5H_{10}O_5$ | 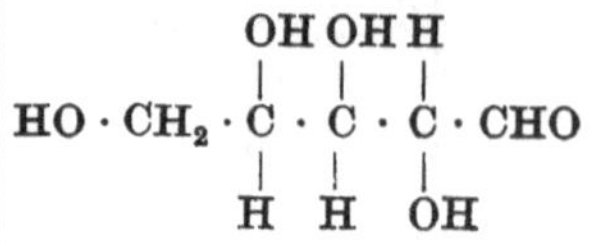 | **150,13** |
| 2199 | **159** | 2,4-Dinitrodiphenylamin | $C_{12}H_9O_4N_3$ | $C_6H_5 \cdot NH \cdot C_6H_3(NO_2)_2$ | **259,21** |
| 2200 | **159** | d-Galakturonsäure | $C_6H_{10}O_7$ | $OHC \cdot [CH(OH)]_4 \cdot COOH$ | **194,14** |
| 2201 | **159** | Maltol | $C_6H_6O_3$ | 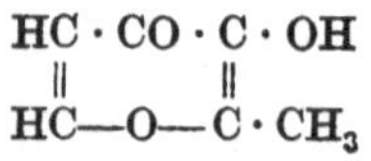 | **126,11** |
| 2202 | **159** | 3-Oxydibenzothiophen | $C_{12}H_8OS$ | 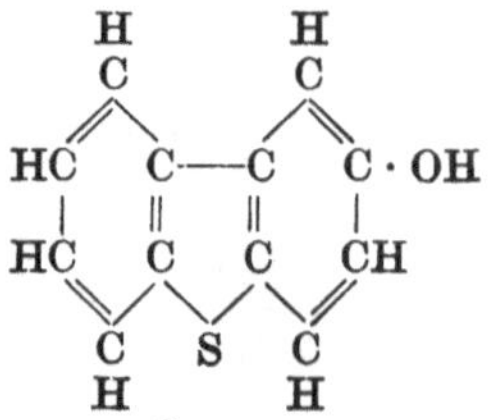 | **200,24** |
| 2203 | **159** | Thianthren | $C_{12}H_8S_2$ | 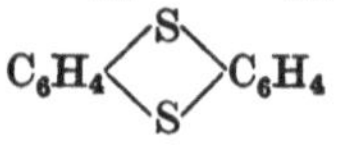 | **216,30** |
| 2204 | **159** bis **160** | cis-β-Bromzimtsäure | $C_9H_7O_2Br$ | $C_6H_5 \cdot CBr : CH \cdot COOH$ | **227,06** |
| 2205 | **159** bis **160** | Pentabrombenzol | $C_6HBr_5$ | $C_6HBr_5$ | **472,65** |
| 2206 | **159** bis **161** | 5-Amino-o-kresol (OH = 1) | $C_7H_9ON$ | $CH_3 \cdot C_6H_3(OH) \cdot NH_2$ | **123,15** |
| 2207 | **159** bis **161** | *l*-Sorbose | $C_6H_{12}O_6$ | 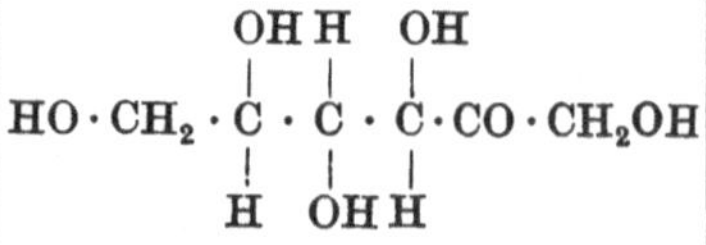 | **180,15** |
| 2208 | **159,5** | Äthylaminhydrobromid | $C_2H_8NBr$ | $C_2H_5 \cdot NH_2 + HBr$ | **126,01** |
| 2209 | **160** | Antipyrinkakodylat | $C_{13}H_{19}O_3N_2As$ | $C_{11}H_{12}ON_2 \cdot C_2H_7O_2As$ | **323,19** |

| Aggregat-zustand Farbe | Spez. Gewicht | Siede-punkt °C | Beilstein-Zitat | Physikalische Konstanten und Eigenschaften | Löslichkeit | Reaktionen |
|---|---|---|---|---|---|---|
| 7 | 8 | 9 | 10 | 11 | 12 | 13 |
| Krist. (A) | | | XII 1230 | | l. in h. W<br>4,02 A 25°<br>wl. in Ae | |
| Nadeln | 1,60 | | I 860 | $[\alpha]_D$ +191 bis 105,5° (W) | 59,4 W 10°<br>0,42 in 90%ig. A 9°<br>unl. in Ae | p-Bromphenylhydrazon *Fp* 162°, Nädelchen<br>Diphenylhydrazon *Fp* 204—205°, Nädelchen<br>o-Nitrophenylhydrazon *Fp* 183°, orangerote Nadeln<br>Phenylhydrazon *Fp* 152 bis 153°, Nädelchen |
| gelbrote Nadeln(A) | | | XII 751 | | wl. in A<br>4 Aceton 22° | |
| Nadeln | | | $E_1$ III 306 | $[\alpha]_D$ +53,4° | | |
| Krist. (Chlf.) | | | XVII 444 | | ll. in h. W<br>l. in A<br>wl. in Ae<br>l. in NaOH | + $FeCl_3$ → rotviolett |
| Prismen oder Tafeln (A) | 1,706[18°] | 353 (Z.) | XIX 45 | | unl. in W<br>wl. in k. A<br>ll. in Ae, Chlf., Bzl.<br>l. in $H_2SO_4$ → violett | |
| Tafeln (A) | | | IX 598 | | wl. in h. W, k. A<br>0,86 Bzl. 14° | |
| Nadeln (A, Eg.) | | | V 215 | | unl. in W<br>wl. in A, Ae<br>l. in Chlf., Bzl. | |
| Blättchen od. Nadeln (W) | | subl. | XIII 574 | | wl. in k. W<br>l. in h. W<br>ll. in A, Ae | |
| rhomb. Krist. | 1,612[17°] | | I 927 | $[\alpha]_D^{18}$ —43° (W); süßer Geschmack wie Rohrzucker | 83 W 17°<br>swl. in A<br>unl. in Ae | erwärmen mit 10%igem Diphenylamin → blau<br>Phenylosazon *Fp* 164° |
| Krist. | | | IV 91 | | ll. in W, A<br>0,11 Chlf. 14° | |
| weiße Krist.-Pulver | | | | schwach bitter; widerlicher Geruch; Flammenfärbung: fahlblau | | |

| Lfd. Nr. | *Fp* | Name | Summenformel | Strukturformel | Mol.-Gewicht |
|---|---|---|---|---|---|
| 1 | 2 | 3 | 4 | 5 | 6 |
| 2210 | **160** | p,p'-Azophenetol | $C_{16}H_{18}O_2N_2$ | $N \cdot C_6H_4 \cdot O \cdot C_2H_5$ ‖ $N \cdot C_6H_4 \cdot O \cdot C_2H_5$ | 270,32 |
| 2211 | **160** | 2-Bromacetothienon | $C_6H_5OBrS$ | 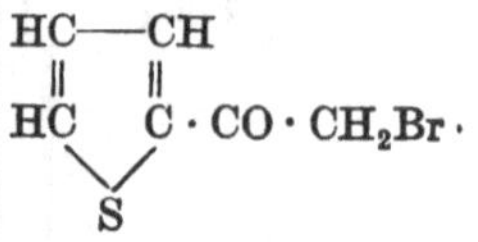 | 205,08 |
| 2212 | **160** | d-Glucosephenylhydrazon (α-Form) | $C_{12}H_{18}O_5N_2$ | $C_6H_{12}O_5 : N \cdot NH \cdot C_6H_5$ | 270,28 |
| 2213 | **160** | [6,7-Dioxycumarin]-[β-d-glucopyranosid]-(6) (Aesculin, Polychrom, Aesculinsäure) | $C_{15}H_{16}O_9$ + 1½ $H_2O$ | 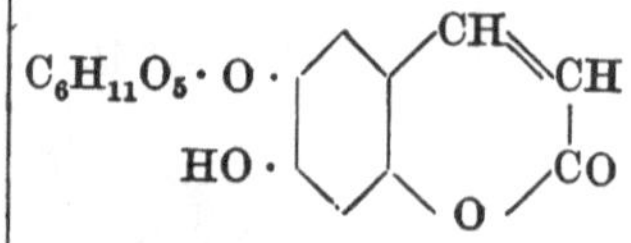 | 340,28 |
| 2214 | **160** | Jodantipyrin (Jodopyrin) | $C_{11}H_{11}ON_2J$ | 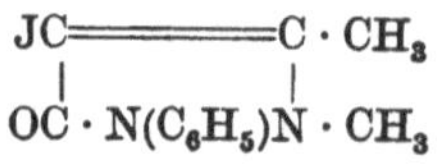 | 314,13 |
| 2215 | **160** | Phenylarsonsäure | $C_6H_7O_3As$ | $C_6H_5 \cdot AsO(OH)_2$ | 202,02 |
| 2216 | **160** (Z.) | Tannin (Gallusgerbsäure) | | | |
| 2217 | **160** | Äthylallylbarbitursäure (Dormin) | $C_9H_{12}O_3N_2$ | 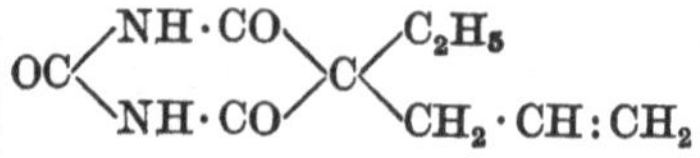 | 196,09 |
| 2218 | **160 bis 161** | dl-Brombernsteinsäure | $C_4H_5O_4Br$ | $HOOC \cdot CH_2 \cdot CHBr \cdot COOH$ | 197,00 |
| 2219 | **160 bis 161** | 2,3-Dioxynaphthalin | $C_{10}H_8O_2$ | $C_{10}H_6(OH)_2$ | 160,16 |
| 2220 | **160 bis 161** | Methanarsonsäure (Methylarsinsäure) | $CH_5O_3As$ | $CH_3 \cdot As \cdot O(OH)_2$ | 139,96 |

| Aggregat-zustand Farbe | Spez. Gewicht | Siede-punkt °C | Beilstein-Zitat | Physikalische Konstanten und Eigenschaften | Löslichkeit | Reaktionen |
|---|---|---|---|---|---|---|
| 7 | 8 | 9 | 10 | 11 | 12 | 13 |
| gelbe Blättchen, rote Krist. | | | XVI 112 | | l. in h. A<br>ll. in Ae | |
| Blättchen | | | XV 221 | | ll. in W<br>swl. in A, Ae | |
| weiße bis schwach hellgelbe Krist. | | | XXXI 246 | geruchlos, schwach bitter | wl. in k. W, k. A<br>ll. in h. W, h. A | wss. Lsg. fluoresziert blau; Lauge verstärkt Fluoreszenz → leicht gelbfarbig<br>+ $Fe(NO_3)_3$ → schwach blaugrün<br>Lsg. in konz. $H_2SO_4$ → schwach blau fluoreszierend<br>+ α-Naphthol gelinde erwärmen → intensiv violettrot |
| weiße Krist. | | | XXIV 34 | | swl. in W | + $2nH_2SO_4$ + Zinkstaub beim Kochen → Joddämpfe<br>Filtrat + $AgNO_3$ → gelbes AgJ, die darüberstehende Flüssigkeit + 1 Tropfen Nitrit-Lsg. → grün |
| Säulen (W) | 1,76 | | XVI 868 | | 3,25 W 28°<br>24 W 84°<br>15,5 in 95%ig. A 26°<br>55,4 in 95%ig. A 68° | Erhitzen → Anhydrid |
| gelbliche Krist. | | | | geruchlos; Geschmack herb zusammenziehend | ll. in W<br>wl. in A<br>unl. in Ae | wss. Lsg. + Lauge + Luftzutritt → kirschrot, dann braunrot<br>Lsg. mit $Na_2CO_3$ und Luft geschüttelt → grünstichig gelb dann braun<br>+ $FeCl_3$ → blauschwarz<br>+ $H_2SO_4$ → gelbbrauner Nd. |
| Krist. | 2,073 | | II 621 | | | |
| Blättchen (W) | | | VI 982 | | wl. in W<br>ll. in A, Ae | |
| Tafeln (A) | | | IV 613 | starke Säure | ll in W<br>l. in A | |

| Lfd. Nr. | *Fp* | Name | Summenformel | Strukturformel | Mol.-Gewicht |
|---|---|---|---|---|---|
| 1 | 2 | 3 | 4 | 5 | 6 |
| 2221 | **160 bis 161** | Naphthylendiamin-(2,7) | $C_{10}H_{10}N_2$ | $H_2N \cdot C_{10}H_6 \cdot NH_2$ | **158,19** |
| 2222 | **160 bis 161** | Teraconsäure | $C_7H_{10}O_4$ | $(CH_3)_2C:C(COOH) \cdot CH_2 \cdot COOH$ | 158,19 |
| 2223 | **160,5** | 6-Acetoxyveratrumsäure | $C_{11}H_{12}O_6$ | $(CH_3O)_2C_6H_2(O \cdot COCH_3) \cdot COOH$ | 240,21 |
| 2224 | **160,5** | Dinaphthyl-(1,1′) | $C_{20}H_{14}$ | $C_{10}H_7 \cdot C_{10}H_7$ | **254,31** |
| 2225 | **160,5 bis 161** | N-Benzoylguanidin | $C_8H_9ON_3$ | $H_2N \cdot C \cdot NH \cdot CO \cdot C_6H_5$<br>‖<br>NH | 163,15 |
| 2226 | **161** | Benzanilid | $C_{13}H_{11}ON$ | $C_6H_5 \cdot CO \cdot NH \cdot C_6H_5$ | 197,22 |
| 2227 | **161** | trans-Cyclopentan-dicarbonsäure-(1,2) | $C_7H_{10}O_4$ | $CH_2 \cdot CH \cdot COOH$<br>$H_2C<$ \|<br>$CH_2 \cdot CH \cdot COOH$ | 158,15 |
| 2228 | **161** | Dibenzhydroxamsäure | $C_{14}H_{11}O_3N$ | $C_6H_5 \cdot CO \cdot NH \cdot O \cdot CO \cdot C_6H_5$ | **241,24** |
| 2229 | **161** | α-Naphthoesäure | $C_{11}H_8O_2$ | $C_{10}H_7 \cdot COOH$ | 172,17 |
| 2230 | **161** (Z.) | 3-Oxyphthalsäure | $C_8H_6O_5$ | $HO \cdot C_6H_3(COOH)_2$ | 182,13 |
| 2231 | **161** | Tyramin | $C_8H_{11}ON$ | $(^4)HO \cdot C_6H_4 \cdot CH_2 \cdot CH_2 \cdot NH_2$ | 137,17 |
| 2232 | **161 bis 162** | cis-Cyclohexandicarbon-säure-(1,4) | $C_8H_{12}O_4$ | $CH_2 \cdot CH_2$<br>$HOOC \cdot HC<$ $>CH \cdot COOH$<br>$CH_2 \cdot CH_2$ | 172,17 |
| 2233 | **161 bis 162** | Diphenylcarbonsäure-(3) | $C_{13}H_{10}O_2$ | $C_6H_5 \cdot C_6H_4 \cdot COOH$ | 198,21 |
| 2234 | **161 bis 162** | Itaconsäure | $C_5H_6O_4$ | $CH_2:C(COOH) \cdot CH_2 \cdot COOH$ | 130,10 |
| 2235 | **161,6** | Chinasäure | $C_7H_{12}O_6$ | $HO \cdot HC$—$CH_2$—$C(OH) \cdot COOH$<br>\| \|<br>$HO \cdot HC \cdot CH(OH) \cdot CH_2$ | 192,16 |
| 2236 | **162** | 4-Aminoacetanilid | $C_8H_{10}ON_2$ | $H_2N \cdot C_6H_4 \cdot NH \cdot CO \cdot CH_3$ | 150,17 |

| Aggregat-zustand Farbe | Spez. Gewicht | Siede-punkt °C | Beilstein-Zitat | Physikalische Konstanten und Eigenschaften | Löslichkeit | Reaktionen |
|---|---|---|---|---|---|---|
| 7 | 8 | 9 | 10 | 11 | 12 | 13 |
| Blättchen (W) | | | XIII 208 | | | |
| Krist. Ae | | Z. | II 786 | | l. in W, Ae<br>ll. in h. A<br>wl. in Bzl. | |
| Krist. (Aceton + Bzl.) | | | | | | |
| Blättchen (A) | | >360 (244° bei 12 mm) | V 725 | | unl. in W<br>wl. in k. A<br>l. in h. A<br>ll. in Ae | |
| Krist. (A) | | | $E_1$ IX 106 | | | Hydrochlorid *Fp* 207°, Nadeln |
| Blättchen (A) | 1,321 | 118 (10 mm) | XII 262 | kryoskop.Konst. 9,65 | unl. in W<br>4 A 30° | |
| Krist. (W) | | | IX 728 | | l. in W<br>ll. in A<br>wl. in Ae | |
| Nadeln | | Z. | IX 303 | | swl. in W<br>wl. in k. A<br>swl. in Ae | |
| Nadeln (verd. A) | | | IX 647 | | swl. in k. W<br>ll. in h. A | Amid *Fp* 205°, Nadeln oder Tafeln<br>Hydrazid *Fp* 166°, Nadeln<br>Hydroxamsäure *Fp* 186 bis 187°, Blätter |
| Nadeln (W) | | | X 498 | | ll. in W, A, Ae | erhitzen → Anhydrid |
| Blättchen oder Nadeln (Bzl.) | | 210 (55 mm) | XIII 625 | riecht süßlich; schmeckt bitter | 1,05 W 15°<br>10 sd. A | |
| Blättchen (W) | | | IX 733 | | sll. in h. W<br>ll. in A, Ae, Chlf. | |
| Blättchen (A) | | | IX 671 | | wl. in W<br>ll. in A, Ae, Bzl., Eg. | |
| rhombische Krist. | 1,6 | Z. | II 760 | | 8,3 W 20°<br>l. in A<br>wl. in Ae | erhitzen → Citraconsäure-anhydrid<br>Diamid *Fp* 192°<br>Phenacylester *Fp* 79,5° |
| Prismen (W) | 1,637 | 200 (Z.) | X 535 | $[\alpha]_D$ —44° (W) | 40 W 9°<br>l. in Eg. | erhitzen → $H_2O$-Abspaltung<br>+ Fe-$H_2SO_4$ beim Erwärmen im sd. W-Bad → grün → blau |
| Nadeln (W) | | | XIII 94 | | 6,95 W 57°<br>ll. in A, Ae | |

| Lfd. Nr. | *Fp* | Name | Summenformel | Strukturformel | Mol.-Gewicht |
|---|---|---|---|---|---|
| 1 | 2 | 3 | 4 | 5 | 6 |
| 2237 | **162** | 2-Benzhydrylbenzoesäure | $C_{20}H_{16}O_2$ | $(C_6H_5)_2CH \cdot C_6H_4 \cdot COOH$ | 288,32 |
| 2238 | **162** | 3-Benzoylbenzoesäure | $C_{14}H_{10}O_3$ | $C_6H_5 \cdot CO \cdot C_6H_4 \cdot COOH$ | 226,22 |
| 2239 | **162** | 1-Chloranthrachinon | $C_{14}H_7O_2Cl$ | 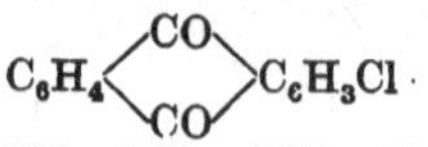 | 242,65 |
| 2240 | **162** | o,p′-Diphenol | $C_{12}H_{10}O_2$ | $HO \cdot C_6H_4 \cdot C_6H_4 \cdot OH$ | 186,20 |
| 2241 | **162** | Isophthalonitril | $C_8H_4N_2$ | $C_6H_4(CN)_2$ | 128,13 |
| 2242 | **162** | 2-Jodbenzoesäure | $C_7H_5O_2J$ | $J \cdot C_6H_4 \cdot COOH$ | 248,03 |
| 2243 | **162** | Phenolblau | $C_{14}H_{14}ON_2$ | $(CH_3)_2N \cdot C_6H_4 \cdot N : C_6H_4 : O$ | 226,27 |
| 2244 | **162** | Pyroxanthin [1,3-Difurfuryliden-cyclopentanon-(2)] | $C_{15}H_{12}O_3$ | 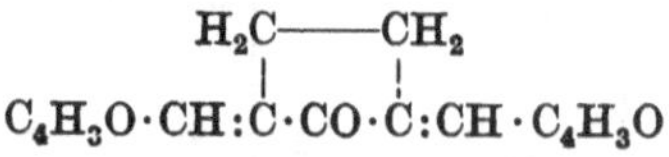 | 240,24 |
| 2245 | **162** | 2-[2′-Thienyl]-indol | $C_{12}H_9NS$ | 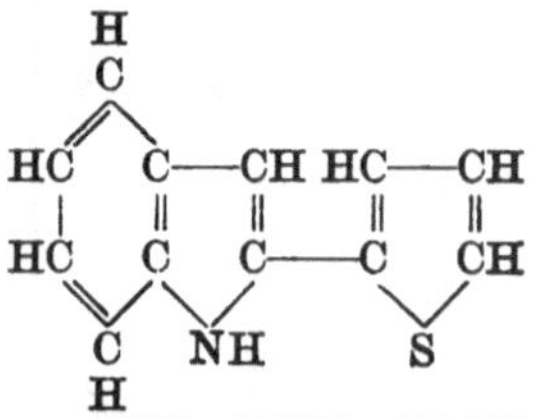 | 199,26 |
| 2246 | **162** bis **163** | Alloxansäure | $C_4H_4O_5N_2$ | 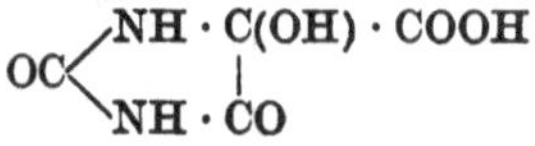 | 160,09 |
| 2247 | **162** bis **163** | sek.-Amyl-β-bromallyl-barbitursäure (Rectidon) | $C_{12}H_{17}O_3N_2Br$ | 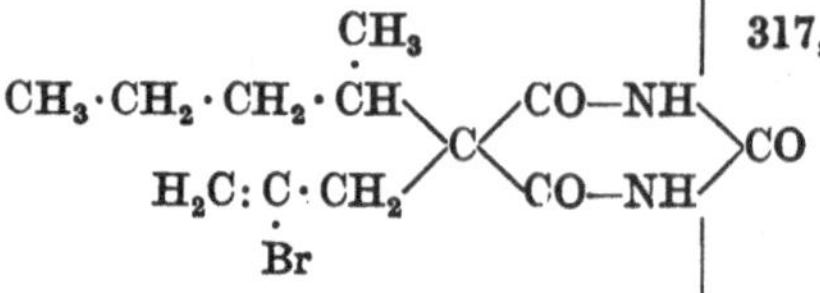 | 317,23 |
| 2248 | **162** bis **163** | cis-Cyclohexan-1,3-dicarbonsäure | $C_8H_{12}O_4$ | 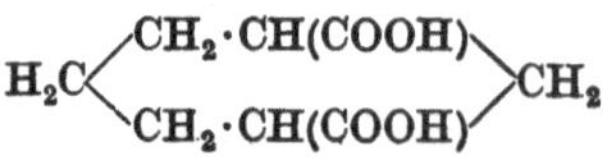 | 172,17 |
| 2249 | **162** bis **163** | Ergometrin | $C_{19}H_{23}O_2N_3$ | 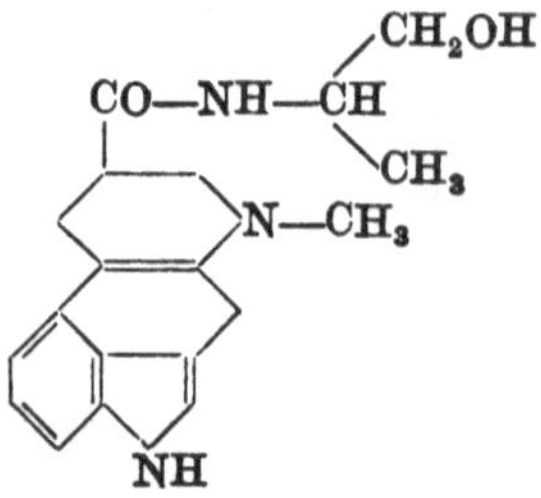 | 325,40 |

| Aggregatzustand Farbe | Spez. Gewicht | Siedepunkt °C | Beilstein-Zitat | Physikalische Konstanten und Eigenschaften | Löslichkeit | Reaktionen |
|---|---|---|---|---|---|---|
| 7 | 8 | 9 | 10 | 11 | 12 | 13 |
| Nadeln (A) | | subl. | IX 714 | | unl. in W<br>l. in A, Ae | |
| Nadeln (W) | | subl. | X 752 | | swl. in k. W<br>ll. in A, Ae | Methylester *Fp* 62° |
| Blättchen (verd. A) | | | | | | |
| gelbe Nadeln(A) | | | VII 787 | | wl. in A<br>ll. in Bzl., Eg. | |
| Nadeln | | 342 | VI 990 | | wl. in sd. W<br>ll. in A, Ae | Diacetat *Fp* 94° |
| Nadeln (Essigester + PAe) | | subl. | IX 836 | | l. in W<br>ll. in h. A, Ae, Chlf. | |
| Nadeln (W) | $2{,}249^{20°}$ | | IX 363 | | swl. in k. W<br>ll. in A, Ae | |
| blaue Nadeln (A) | | | XIII 88 | | wl. in k. W, k. A | |
| gelbe Nadeln (A) | | | XIX 140 | | unl. in W<br>swl. in k. A<br>ll. in sd. A<br>zwl. in Ae<br>l. in $H_2SO_4$ blau, konz. HCl rot | |
| | | | | | | alkohol. Lsg. färbt mit HCl befeuchteten Fichtenspan → blauviolett |
| Prismen (Ae) | | | III 772 | | ll. in W<br>20 A<br>0,4 sd. Ae | zers. durch sd. W |
| weiße Krist. | | | | bitterer Geschmack | swl. in W<br>l. in Lauge | 1 mg Subst. + 10 mg α-Naphthol in 1 ml $H_2SO_4$ erwärmen in sd. W-Bad → braun; bei vorsichtigem Erhitzen auf freier Flamme → tiefbraun mit intensiv grüner Fluoreszenz, bei weiterem Erhitzen → olivgrün<br>+ 10 mg Paraform + 1 ml $H_2SO_4$ + $Fe \cdot H_3PO_4$ warm → intensiv orange, grün fluoreszierend |
| Nadeln | | | IX 732 | | ll. in h. W, A<br>l. in Ae<br>wl. in Ligroin | |
| | | | | $[\alpha]_D^{20}$ —16° (Chlf.) | l. in W, A, Ae<br>unl. in PAe | |

| Lfd. Nr. | *Fp* | Name | Summenformel | Strukturformel | Mol.-Gewicht |
|---|---|---|---|---|---|
| 1 | 2 | 3 | 4 | 5 | 6 |
| 2250 | **162 bis 164** | 2-Nitrosonaphthol-(1) | $C_{10}H_7O_2N$ | $HO \cdot C_{10}H_6 \cdot NO$ | 173,16 |
| 2251 | **162,5** | Triphenylcarbinol | $C_{19}H_{16}O$ | $(C_6H_5)_3C \cdot OH$ | 260,31 |
| 2252 | **163** | Acetaldehydsemicarbazon | $C_3H_7ON_3$ | $CH_3 \cdot CH : N \cdot NH \cdot CO \cdot NH_2$ | 101,11 |
| 2253 | **163** | d-Bornylamin | $C_{10}H_{19}N$ | 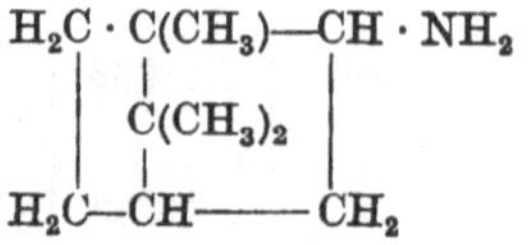  | 153,26 |
| 2254 | **163** | 2,4-Dimethylphloroglucin | $C_8H_{10}O_3$ | $(CH_3)_2C_6H(OH)_3$ | 154,16 |
| 2255 | **163** | 2,5-Dimethylresorcin | $C_8H_{10}O_2$ | $(CH_3)_2C_6H_2(OH)_2$ | 138,16 |
| 2256 | **163** | Ergosterin (Provitamin $D_2$) | $C_{28}H_{44}O$ | 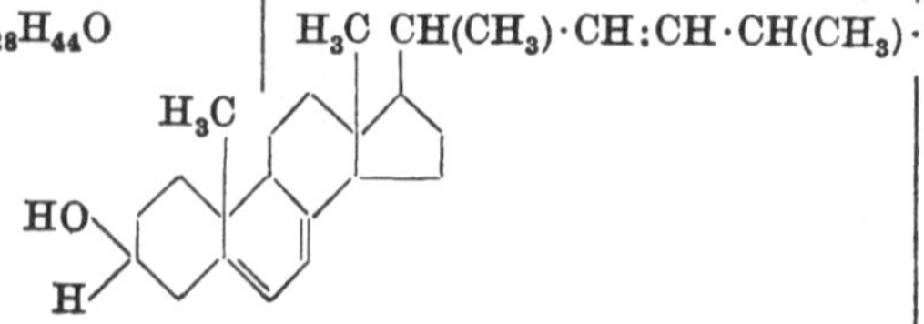  | 396,53 |
| 2257 | **163** | Hydrocarbostyril | $C_9H_9ON$ | 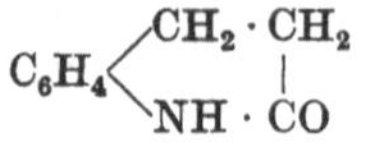  | 147,17 |
| 2258 | **163** | Methylatropiniumnitrat (Eumydrin) | $C_{18}H_{26}O_6N_2$ | 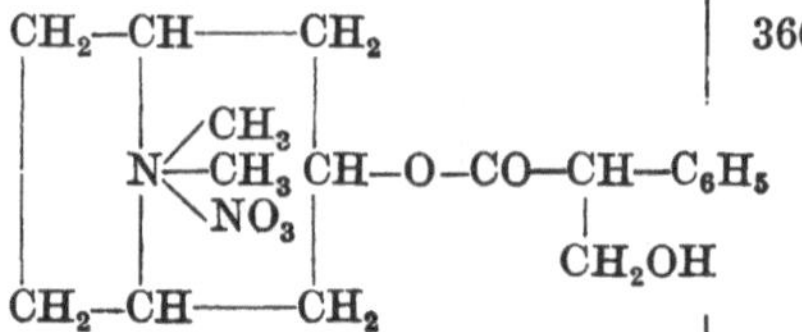  | 366,40 |
| 2259 | **163** | 4-Nitrodimethylanilin | $C_8H_{10}O_2N_2$ | $O_2N \cdot C_6H_4 \cdot N(CH_3)_2$ | 166,17 |
| 2260 | **163** | 2,3,5-Trichlorbenzoesäure | $C_7H_3O_2Cl_3$ | $Cl_3C_6H_2 \cdot COOH$ | 225,46 |
| 2261 | **163** | 2,4,5-Trichlorbenzoesäure | $C_7H_3O_2Cl_3$ | $Cl_3C_6H_2 \cdot COOH$ | 225,46 |
| 2262 | **163 bis 164** | Abietinsäure | $C_{20}H_{30}O_2$ | $C_{19}H_{29}COCH$ | 302,43 |
| 2263 | **163 bis 164** | 3-Bromthiophen-2-sulfonsäureamid | $C_4H_4O_2NBrS_2$ | 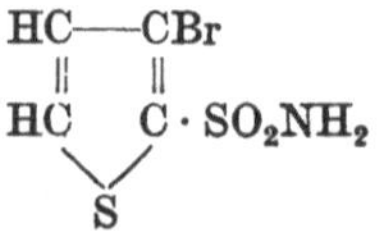  | 242,12 |

| Aggregat-zustand Farbe | Spez. Gewicht | Siede-punkt °C | Beilstein-Zitat | Physikalische Konstanten und Eigenschaften | Löslichkeit | Reaktionen |
|---|---|---|---|---|---|---|
| 7 | 8 | 9 | 10 | 11 | 12 | 13 |
| gelbe Nadeln (W) | | | VII 715 | | swl. in k. W<br>ll. in A, Ae<br>l. in $H_2SO_4$ rot | |
| Tafeln (A) | 1,188 | 380 | VI 713 | | unl. in W<br>ll. in A, Ae, Bzl.<br>l. in $H_2SO_4$ gelb | |
| Nadeln (W od. A) | | | III 101 | | 3 W 17° | |
| Krist. | | subl. | XII 45 | $[\alpha]_D$ +47,2 (A) | unl. in W<br>ll. in A, Ae | |
| Prismen (Chlf.) | | | VI 1116 | | l. in W, A<br>ll. in Ae | |
| Säulen (W) | | 277-280 | VI 918 | | ll. in h. W, A, Ae | |
| Nadeln (Bzl.) | | | | | | |
| Krist.-Nadeln | | | | $[\alpha]^D_{20}$ —132° (1—2% in Chlf.) | unl. in W<br>l. in A, Ae, Chlf. | Acetat *Fp* 181°<br>Subst. in Chlf. gelöst + $H_2SO_4$ unterschichten Säureschicht tiefschmutzigrot, Chlf. farblos<br>+ $SbCl_3$ in Chlf. → rot<br>Subst. in Chlf. (10 ml) + 5 ml. Olivenöl, + 1 ml Eg. + 2,5 ml 10%ige Bromlösung in Chlf. Nach Umschütteln → grün nach 10 Min.<br>Empfindlichkeit 0,5—1 mg |
| Prismen (A oder Ae) | | | XXI 288 | | swl. in W, sd. NaOH<br>ll. in A, Ae | |
| weiße Krist. | | | | geruchlos; bitterer Geschmack | ll. in W, A<br>swl. in Ae, Aceton, Chlf. | wss. Lsg. → öliges Perjodid<br>alkohol. $HgJ_2$-Lsg. → gelblicher, käsiger Nd., bei Erhitzen gelöst, bei Erkalten → Nd. |
| gelbe Nadeln (A) | | | XII 714 | | unl. in W<br>l. in h. A | |
| Nadeln (W) | | | IX 345 | | wl. in k. W<br>ll. in A, Ae | |
| Nadeln (W) | | subl. | IX 345 | | unl. in k. W<br>ll. in A | |
| gelb, amorph | | | | | unl. in W<br>ll. in A, Ae<br>l. in Eg., Bzl. | |

| Lfd. Nr. | *Fp* | Name | Summenformel | Strukturformel | Mol.-Gewicht |
|---|---|---|---|---|---|
| 1 | 2 | 3 | 4 | 5 | 6 |
| 2264 | **163 bis 164** | 5-Jod-2-nitrothiophen | $C_4H_2O_2NJS$ | 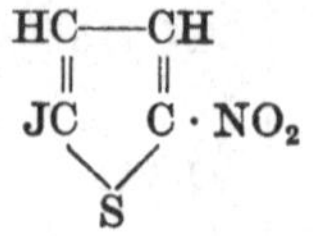 | 255,04 |
| 2265 | **163 bis 164** | 2-Oxy-m-toluylsäure | $C_8H_8O_3$ | $HO \cdot C_6H_3(CH_3) \cdot COOH$ | 152,14 |
| 2266 | **164** | Aconsäure | $C_5H_4O_4$ | 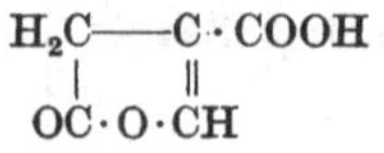 | 128,08 |
| 2267 | **164** | 2,4-Dichlorbenzoesäure | $C_7H_4O_2Cl_2$ | $Cl_2C_6H_3 \cdot COOH$ | 191,02 |
| 2268 | **164** | 5,5′-Dijod-2,2′-dithienyl | $C_8H_4J_2S_2$ | 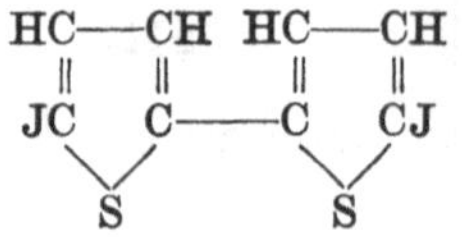 | 418,07 |
| 2269 | **164** | 4-Nitronaphthol-(1) | $C_{10}H_7O_3N$ | $O_2N \cdot C_{10}H_6 \cdot OH$ | 189,16 |
| 2270 | **164** | 2,4,6-Trichlorbenzoesäure | $C_7H_3O_2Cl_3$ | $Cl_3C_6H_2 \cdot COOH$ | 225,46 |
| 2271 | **164 bis 165** | γ-Benzildioxim | $C_{14}H_{12}O_2N_2$ | $C_6H_5 \cdot C(:N \cdot OH)–(HO \cdot N:)C \cdot C_6H_5$ | 240,25 |
| 2272 | **164 bis 165** | Thiosalicylsäure | $C_7H_6O_2S$ | $HS \cdot C_6H_4 \cdot COOH$ | 154,18 |
| 2273 | **164 bis 165** | Rotenon | $C_{23}H_{22}O_6$ | 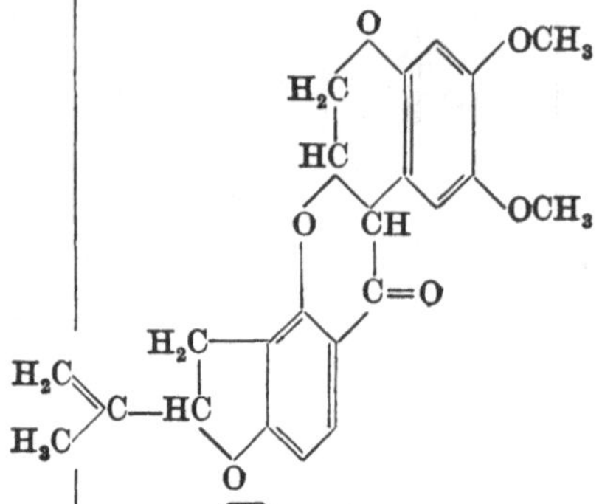 | 394,41 |
| 2274 | **165** | p-Aminophenylsulfonamid (Protosil album, Sulfanilamid, Prontalbin, Diseptyl) | $C_6H_8O_2N_2S$ | 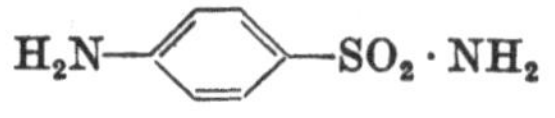 | 172,20 |
| 2275 | **165** | Bis-[3-jod-2-thienyl]-quecksilber | $C_8H_4J_2S_2Hg$ | 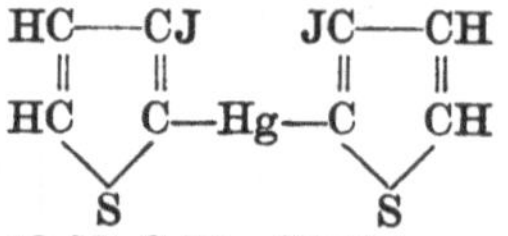 | 418,68 |
| 2276 | **165** | 3,4-Dinitrobenzoesäure | $C_7H_4O_6N_2$ | $(O_2N)_2C_6H_3 \cdot COOH$ | 212,12 |
| 2277 | **165** | N,N′-Di-o-tolylthioharnstoff | $C_{15}H_{16}N_2S$ | $(CH_3 \cdot C_6H_4 \cdot NH)_2CS$ | 256,35 |

| Aggregatzustand Farbe | Spez. Gewicht | Siedepunkt °C | Beilstein-Zitat | Physikalische Konstanten und Eigenschaften | Löslichkeit | Reaktionen |
|---|---|---|---|---|---|---|
| 7 | 8 | 9 | 10 | 11 | 12 | 13 |
| Nadeln (W) | | | X 220 | | wl. in k. W<br>ll. in A, Ae | Äthylester Kp. 242° |
| Blättchen (Ae) | | | XVIII 395 | | 18 W 15°<br>l. in A, Ae | |
| Nadeln (W oder Bzl.) | | subl. | IX 342 | | ll. in sd. W, A, Ae | |
| Nadeln (W) | | | VI 615 | mit Dampf nicht flüchtig | l. in sd. W<br>ll. in A, Eg. | |
| Krist. (W) | | | IX 345 | | ll. in A, Ae, Chlf. | |
| Nadeln (A) | | | VII 763 | | unl. in W, Lg.<br>sll. in A, Ae<br>l. in konz. NaOH | bei *Fp* → β-Dioxim |
| gelbe Nadeln oder Tafeln (A) | | subl. | X 125 | oxydiert an der Luft | wl. in h. W<br>ll. in A, Eg. | |
| hellgelbes krist. Plv. | | | | | l. in A, Aceton | |
| weiße Krist. | | | | geruchlos, geschmacklos | swl. in k. W<br>l. in Lauge, Säure<br>ll. in A | gibt Rkk. der Sulfanilsäure alkalische $HgJ_2$-Lsg. gibt blaßgelben, nach dem Erhitzen zitronengelben, flockigen Nd. |
| Nadeln | 1,674 | subl. | IX 413 | | 0,67 W 25°<br>ll. in A, Ae | |
| Nadeln (A) | | 216-218 | XII 807 | mit Dampf flüchtig | unl. in W<br>ll. in h. A<br>unl. in Ae | |

| Lfd. Nr. | *Fp* | Name | Summenformel | Strukturformel | Mol.-Gewicht |
|---|---|---|---|---|---|
| 1 | 2 | 3 | 4 | 5 | 6 |
| 2278 | **165** | Furil | $C_{10}H_6O_4$ | 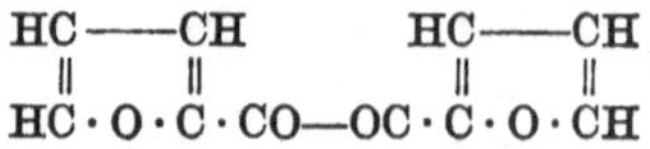 | 190,15 |
| 2279 | **165** | d-Galaktose | $C_6H_{12}O_6$ | 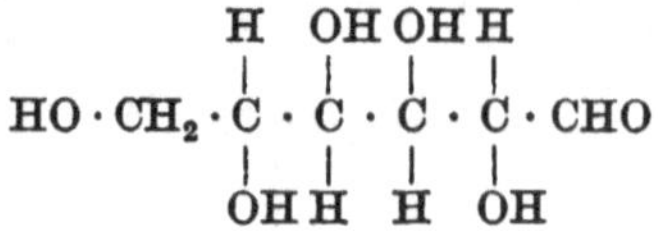 | 180,19 |
| 2280 | **165** | 5-Jod-2-jodmercuri-thiophen | $C_4H_2J_2SHg$ | 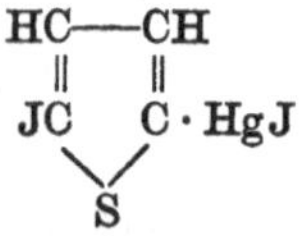 | 536,57 |
| 2281 | **165** | 4-Nitrophthalsäure | $C_8H_5O_6N$ | $O_2N \cdot C_6H_3(COOH)_2$ | 211,13 |
| 2282 | **165** | Pyrogalloltriacetat (Lenigallol) | $C_{12}H_{12}O_6$ | $C_6H_3(O \cdot CO \cdot CH_3)_3$ | 251,21 |
| 2283 | **165** | Pyrazolon | $C_3H_4ON_2$ | 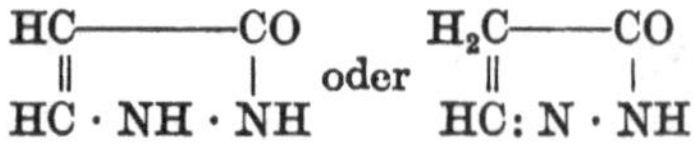 | 84,08 |
| 2284 | **165** | N,N,N',N'-Tetraäthyl-rhodamin | $C_{28}H_{30}O_3N_2$ | 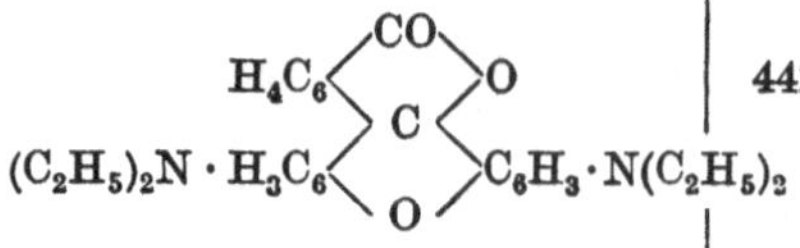 | 442,53 |
| 2285 | **165** | 1,2,3,5-Tetraoxybenzol | $C_6H_6O_4$ | $C_6H_2(OH)_4$ | 142,11 |
| 2286 | **165** | 2,4,6-Trioxybenzophenon | $C_{13}H_{10}O_4$ | $C_6H_5 \cdot CO \cdot C_6H_2(OH)_3$ | 230,21 |
| 2287 | **165** bis **166** | 3-Phenylazo-2-oxythio-naphthen | $C_{14}H_{10}ON_2S$ | 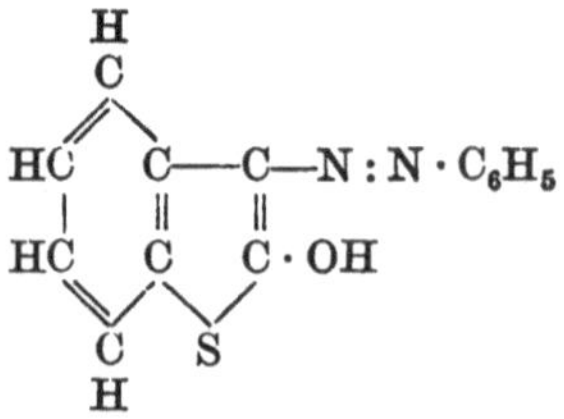 | 254,30 |
| 2288 | **165** bis **166** | 4-Brom-5-chlormercuri-2-thiotolen | $C_5H_4ClBrSHg$ | 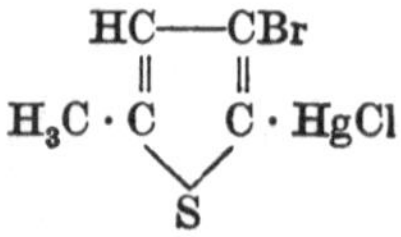 | 412,13 |

| Aggregat-zustand Farbe | Spez. Gewicht | Siede-punkt °C | Beilstein-Zitat | Physikalische Konstanten und Eigenschaften | Löslichkeit | Reaktionen |
|---|---|---|---|---|---|---|
| 7 | 8 | 9 | 10 | 11 | 12 | 13 |
| gelbe Nadeln | | | XIX 166 | | unl. in W<br>wl. in k. A, Ae<br>ll. in Chlf. | |
| Prismen $+ 1 H_2O$ (W)<br>Tafeln (A) | | | I 909 | $[\alpha]_D^{20}$ α-Form +140 → +80,5° (W); süß schmeckend | 10,3 W 0°<br>68 W 25° | wss. Lsg. + Lauge → gelb beim Erwärmen<br>Oxim *Fp* 175—176°<br>p-Tolylhydrazon *Fp* 168°, Stäbchen<br>Phenylhydrazon *Fp* 158°, Nadeln<br>m-Nitrophenylhydrazon *Fp* 181°, orangegelbe Tafeln |
| gelbliche Nadeln (Ae) | | | IX 828 | | ll. in W, A<br>wl. in Ae<br>unl. in Chlf., Bzl. | |
| weiße Krist.-Plv. | | | VI 1083 | geruchlos, geschmacklos | unl. in W, Lauge. Säure<br>l. in A, Ae | mit Lauge erhitzte Suspension rasch braun<br>Lsg. in 1 ml A + 1 Tropfen Jodlösung + 5 Tropfen 2n-Lauge → leuchtend violettrot |
| Nadeln (W) | | subl. (Z.) | XXIV 13 | | l. in W, A<br>swl. in Ae | |
| grüne Blättchen $+ 4 H_2O$ (W)<br>farblose Prismen (A) | | | XIX 344 | | l. in W, A rot, grün fluoreszierend<br>l. in Ae | |
| Nadeln (W) | | | VI 1154 | | ll. in W, A<br>unl. in Chlf., Bzl. | |
| gelbliche Nadeln $+ 1 H_2O$ (W) | | | $E_1$ VIII 701 | | 0,3 W 22°<br>40 sd. W<br>ll. in A, Ae<br>l. in Alkali → rot | |

| Lfd. Nr. | *Fp* | Name | Summenformel | Strukturformel | Mol.-Gewicht |
|---|---|---|---|---|---|
| 1 | 2 | 3 | 4 | 5 | 6 |
| 2289 | **165 bis 167** | Benzoesäure-o-sulfamid | $C_7H_7O_4NS$ | $H_2N \cdot SO_2 \cdot C_6H_4 \cdot COOH$ | 201,19 |
| 2290 | **165,5 bis 166,5** | 4-Äthyl-5-methyl-2-brom-mercurithiophen | $C_7H_9BrSHg$ | 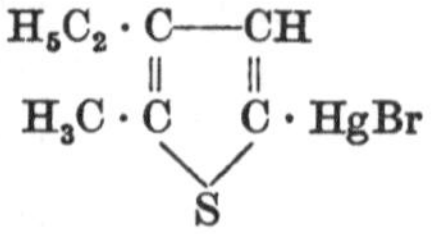 | 405,73 |
| 2291 | **166** | Cinnamalessigsäure | $C_{11}H_{10}O_2$ | $C_6H_5 \cdot CH:CH \cdot CH:CH \cdot COOH$ | 174,19 |
| 2292 | **166** | 2,3-Dichlorbenzoesäure | $C_7H_4O_2Cl_2$ | $Cl_2C_6H_3 \cdot COOH$ | 191,02 |
| 2293 | **166** | 3,4-Dimethylbenzoesäure | $C_9H_{10}O_2$ | $(CH_3)_2C_6H_3 \cdot COOH$ | 150,17 |
| 2294 | **166** | 3,5-Dimethylbenzoesäure | $C_9H_{10}O_2$ | $(CH_3)_2C_6H_3 \cdot COOH$ | 150,17 |
| 2295 | **166** | 2,5-Di-[p-tolyl]-thiophen | $C_{18}H_{16}S$ | 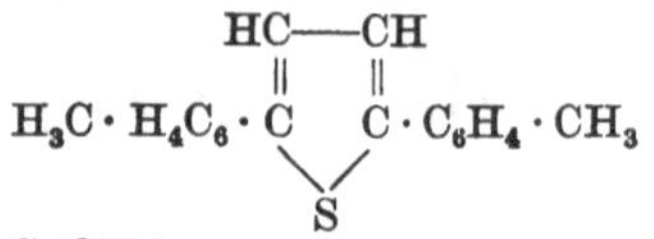 | 264,37 |
| 2296 | **166** | Hexamethylbenzol | $C_{12}H_{18}$ | $C_6(CH_3)_6$ | 162,26 |
| 2297 | **166,0** | d-Mannit | $C_6H_{14}O_6$ | $HO \cdot CH_2 \cdot [CH(OH)]_4 \cdot CH_2 \cdot OH$ | 182,17 |
| 2298 | **166** | α-Methylglucosid | $C_7H_{14}O_6$ | 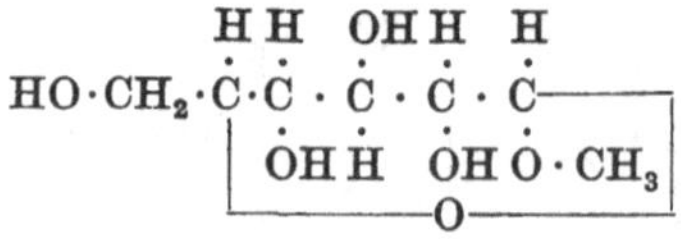 | 194,18 |
| 2299 | **166** | Tricarballylsäure | $C_6H_8O_6$ | 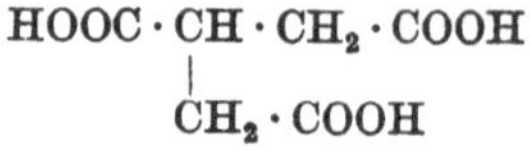 | 176,12 |
| 2300 | **166 bis 167** | dl-Dibrombernsteinsäure | $C_4H_4O_4Br_2$ | $HOOC \cdot (CHBr)_2 \cdot COOH$ | 275,90 |
| 2301 | **166 bis 167** | 1,6-Dinitronaphthalin | $C_{10}H_6O_4N_2$ | $C_{10}H_6(NO_2)_2$ | 218,16 |
| 2302 | **167** | 1-Oxydibenzothiophen | $C_{12}H_8OS$ | 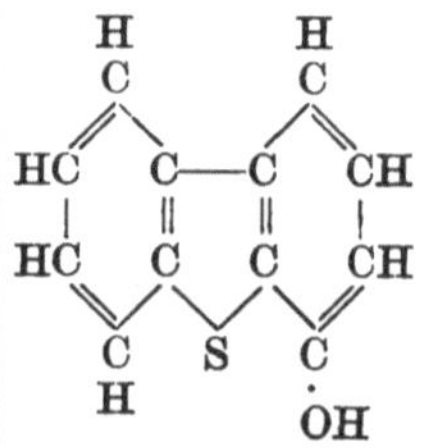 | 200,24 |

| Aggregatzustand Farbe | Spez. Gewicht | Siedepunkt °C | Beilstein-Zitat | Physikalische Konstanten und Eigenschaften | Löslichkeit | Reaktionen |
|---|---|---|---|---|---|---|
| 7 | 8 | 9 | 10 | 11 | 12 | 13 |
| Tafeln (W) Nadeln (W) | | | XI 376 | | ll. in W, A, Ae | |
| Tafeln (A) | | subl. | IX 638 | | ll. in A wl. in Ae | |
| Nadeln | | | IX 342 | | | |
| Prismen (A) | | subl. | IX 535 | | swl. in h. W ll. in A | |
| Nadeln (W) | | subl. | IX 536 | mit Dampf flüchtig | swl. in h. W ll. in A | |
| Tafeln (A) | | 265 | V 450 | | unl. in W 0,2 A 0° ll. in Bzl. | |
| Nadeln | 1,489 | 290 (3 mm) | I 534 | $[\alpha]_D^{25}$ —0,49° (W); bei Gegenwart von Borax rechtsdrehend; süß schmeckend | 15,6 W 18° 0,07 A 14° unl. in Ae | Hexaacetylmannit *Fp* 120° (W) Triformalmannit *Fp* 237°, Nadeln |
| Krist. (W) | | 200 (0,2mm) | I 898 | $[\alpha]_D^{20}$ +158,9° (W) | 63 W 17° 0,5 A 1,6 in 90%ig. A 17° unl. in Ae | |
| Prismen (W od. Ae) | | subl. | II 895 | | 40,52 W 14° l. in A 1 Ae 18° | Triamid *Fp* 205—207°, Prismen p-Chlorphenacylester *Fp* 125,6° p-Bromphenacylester *Fp* 186° Trihydrazid *Fp* 195—196° |
| Krist. (W) | | 180 (Z.) | II 625 | | ll. in W | durch sd. W Z. >189° Kp. → Bromfumarsäure + HBr |
| Krist. (Eg.) | | | V 559 | | | |

| Lfd. Nr. | *Fp* | Name | Summenformel | Strukturformel | Mol.-Gewicht |
|---|---|---|---|---|---|
| 1 | 2 | 3 | 4 | 5 | 6 |
| 2303 | **167** | Phenylbernsteinsäure | $C_{10}H_{10}O_4$ | $HOOC \cdot CH_2 \cdot CH(C_6H_5) \cdot COOH$ | 194,18 |
| 2304 | **167** bis **168** (Z.) | 3,4-Diaminophenol | $C_6H_8ON_2$ | $(H_2N)_2C_6H_3 \cdot OH$ | 124,14 |
| 2305 | **167** bis **168** | Septurit (Mol.-Verb. des Sulfanilsäureamids mit Hexamethylentetramin) | $C_{12}H_{20}O_2N_6S$ | $C_6H_8O_2N_2S + (CH_2)_6N_4$ | 312,39 |
| 2306 | **168** | 1,2-Benzoanthrachinon | $C_{18}H_{10}O_2$ | 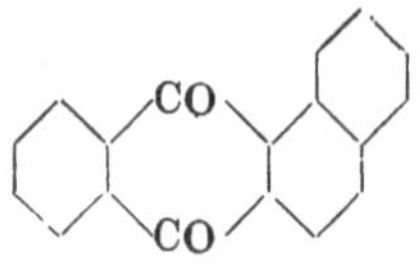  | 258,26 |
| 2307 | **168** | Fuchson | $C_{18}H_{14}O$ | 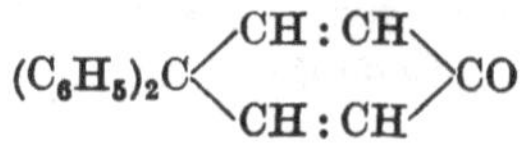  | 258,30 |
| 2308 | **168** | 6-Oxy-o-toluylsäure | $C_8H_8O_3$ | $HO \cdot C_6H_3(CH_3) \cdot COOH$ | 152,14 |
| 2309 | **168** bis **169** | 4-Acetaminophenol | $C_8H_9O_2N$ | $CH_3 \cdot CO \cdot NH \cdot C_6H_4 \cdot OH$ | 151,16 |
| 2310 | **168** bis **170** | Furfurylisopropyl-barbitursäure (Dormovit) | $C_{12}H_{14}O_4N_2$ | 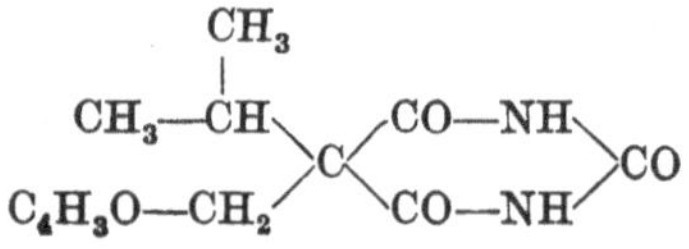  | 250,25 |

| Aggregat-zustand Farbe | Spez. Gewicht | Siede-punkt °C | Beilstein-Zitat | Physikalische Konstanten und Eigenschaften | Löslichkeit | Reaktionen |
|---|---|---|---|---|---|---|
| 7 | 8 | 9 | 10 | 11 | 12 | 13 |
| Nadeln (W) | | | IX 865 | | swl. in k. W<br>l. in h. W<br>ll. in A, Ae, Eg.<br>unl. in Bzl. | |
| Krist. | | | XIII 564 | | | |
| weiße Krist. | | | | geruchlos; Geschmack schwach bitter | swl. in W<br>l. in Lauge, Säure | gibt Rkk. der beiden Komponenten<br>→ helles Perjodid und pulv. Silbersalz in neutraler Lsg. — Hexamethylentetramin<br>→ fleckiges Silbersalz in Ggw. von $NH_3$ — Prontalbin<br>+ Fe-$H_3PO_4$ → intensiv violett und braun |
| gelbe Prismen | | subl. | VII 826 | | unl. in W<br>wl. in A, Ae<br>ll. in Bzl., Chlf. | |
| orange, violett schimmernde Nadeln (Bzl.+Ae) | | | VII 520 | | unl. in W<br>swl. in Ae<br>ll. in Chlf., Eg. | |
| Nadeln (W) | | | X 217 | mit Dampf flüchtig | 0,14 W 25°<br>ll. in h. W, A, Ae | |
| Krist. (W oder A) | $1{,}293^{21°}$ | | XIII 460 | | swl. in k. W<br>sll. in h. W, A | |
| weiße Krist. | | | | bitterer Geschmack | swl. in W<br>ll. in Lauge, A<br>l. in Säure | + $H_2SO_4$ → gelb, beim Erwärmen → orangerot bis braunrot<br>+ β-Naphthol + konz. $H_2SO_4$ gelinde erwärmt → rötlichgelb mit grüner Fluoreszenz, erhitzen → braun → intensiv violett<br>+ α-Naphthol → rot mit intensiv grüner Fluoreszenz<br>2—3 mg Substanz in 1 ml 1—2%iger Pyridinlsg. in Hitze gelöst. Zur sd. Lsg. tropfenweise 0,4%ige $CuSO_4$-Lsg. → blaßviolette Krist.<br>+ Paraform → intensiv orange, grün fluoresz.<br>+ $HNO_3$-$H_2SO_4$ → orange, grün fluoreszierend |

| Lfd. Nr. | *Fp* | Name | Summenformel | Strukturformel | Mol.-Gewicht |
|---|---|---|---|---|---|
| 1 | 2 | 3 | 4 | 5 | 6 |
| 2311 | 168 bis 171 | Chinasaures Piperazin (Sidonal) | $C_{11}H_{22}O_6N_2$ | $C_7H_{12}O_6 \cdot C_4H_{10}N_2$ | 278,30 |
| 2312 | 169 | 9,10-Dihydroacridin | $C_{13}H_{11}N$ | $C_6H_4<$ ($CH_2$, NH) $>C_6H_4$ | 181,22 |
| 2313 | 169 | 4,6-Dinitro-2-aminophenol | $C_6H_5O_5N_3$ | $H_2N \cdot C_6H_2(NO_2)_2 \cdot OH$ | 199,12 |
| 2314 | 169 | Ferulasäure | $C_{10}H_{10}O_4$ | (4) HO, (3) $H_3CO$ $>C_6H_3 \cdot CH : CH \cdot COOH$ | 194,18 |
| 2315 | 169 | 8-Oxynaphthoesäure-(1) | $C_{11}H_8O_3$ | $HO \cdot C_{10}H_6 \cdot COOH$ | 188,17 |
| 2316 | 169 | Phenanthrol-(2) | $C_{14}H_{10}O$ | $HO \cdot C_6H_3$—$C_6H_4$ (über $CH : CH$) | 194,22 |
| 2317 | 169 | Phthalanilsäure | $C_{14}H_{11}O_3N$ | $HOOC \cdot C_6H_4 \cdot CO \cdot NH \cdot C_6H_5$ | 241,23 |
| 2318 | 169 | Benzoesäure-[α,α-bis-(dimethylamino-methyl)-n-propyl]-esterchlorhydrat (Alypin) | $C_{16}H_{27}O_2N_2Cl$ | $CH_2$—$N(CH_3)_2$<br>\|<br>$C_2H_5$—C—O—CO—$C_6H_5$, HCl<br>\|<br>$CH_2$—$N(CH_3)_2$ | 314,85 |
| 2319 | 169 bis 170 | 2-Brommercurithiophen | $C_4H_3BrSHg$ | HC—CH<br>‖ ‖<br>HC C—HgBr<br>S | 363,65 |
| 2320 | 169 bis 170 | α,β-4,4′-Dinitrotetra-phenylthiophen | $C_{28}H_{18}O_4N_2S$ | $H_5C_6 \cdot C$—$C \cdot C_6H_4NO_2$<br>‖ ‖<br>$H_5C_6 \cdot C$ $C \cdot C_6H_4NO_2$<br>S | 382,42 |
| 2321 | 169 bis 170 | 4-Jod-3-thiophensäure | $C_5H_3O_2JS$ | JC—C · COOH<br>‖ ‖<br>HC CH<br>S | 254,05 |
| 2322 | 169 bis 170 | Trichlorchinon | $C_6HO_2Cl_3$ | $O : C_6HCl_3 : O$ | 211,44 |

| Aggregat-zustand Farbe | Spez.-Gewicht | Siede-punkt °C | Beilstein-Zitat | Physikalische Konstanten und Eigenschaften | Löslichkeit | Reaktionen |
|---|---|---|---|---|---|---|
| 7 | 8 | 9 | 10 | 11 | 12 | 13 |
| weiße Krist. | | | | Geschmack salzig, geruchlos | | wssg. Lsg. + $Fe(NO_3)_3$ → zitronengelb |
| Säulen (A) | | subl. | XX 443 | | unl. in W<br>ll. in h. A, Ae | |
| rote Nadeln (A) | | | XIII 394 | giftig | 0,14 W 22°<br>l. in A<br>wl. in Ae<br>l. in Anilin | |
| Nadeln (W) | | | X 436 | | unl. in k. W<br>l. in sd. W<br>ll. in A, Alkali (gelb)<br>l. in Ae, $H_2SO_4$<br>wl. in Bzl. | |
| Nadeln (Ae) | | | X 331 | | ll. in h. W, A, Ae | + $FeCl_3$ → violetter Nd.<br>Lacton *Fp* 108°, Nadeln<br>Chlorlacton *Fp* 184—185°, gelbliche Nadeln |
| Blättchen (verd. A) | | | VI 704 | | wl. in W<br>ll. in A, Ae | Pikrat *Fp* 156° |
| Prismen (A) | | | XII 311 | | wl. in h. W, k. A<br>unl. in Ae | + $FeCl_3$ → rotviolett |
| weiße Krist. | | | IX 175 | bitterer Geschmack, geruchlos, anästhesierend | | Nitrat *Fp* 159°<br>5 mg Subst. auf Uhrglas mit Glasstab mit 1 Tropfen n/10 $KMnO_4$-Lsg. → schimmernde Blättchen; nach einiger Zeit scheidet sich $MnO_2$ ab<br>Pikrat *Fp* 195—197° |
| gelbe Blättchen (A) | | subl. | VII 634 | | unl. in k. W<br>ll. in h. A, Ae | |

| Lfd. Nr. | *Fp* | Name | Summenformel | Strukturformel | Mol.-Gewicht |
|---|---|---|---|---|---|
| 1 | 2 | 3 | 4 | 5 | 6 |
| 2323 | 169 bis 170 | 3,4,5-Trimethoxybenzoesäure | $C_{10}H_{12}O_5$ | $(CH_3 \cdot O)_3C_6H_2 \cdot COOH$ | 212,19 |
| 2324 | 169,5 | Sarkosinhydrochlorid | $C_3H_8O_2NCl$ | $CH_3 \cdot NH \cdot CH_2 \cdot COOH + HCl$ | 125,56 |
| 2325 | 170 | Äthylmorphinchlorhydrat (Dionin) | $C_{19}H_{24}O_3NCl$ | 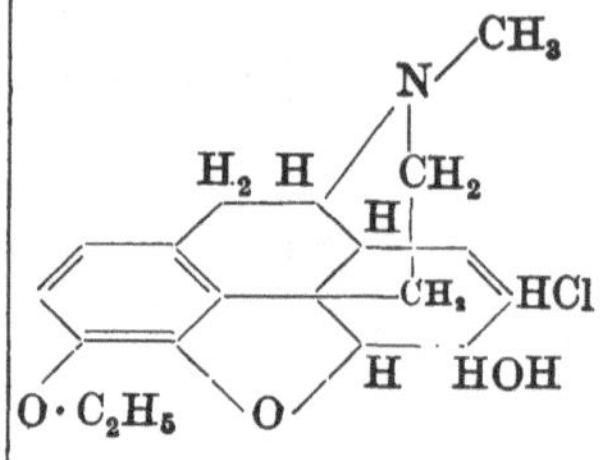 | 349,85 |
| 2326 | 170 (Z.) | 5-Aminonaphthol-(1) | $C_{10}H_9ON$ | $H_2N \cdot C_{10}H_6 \cdot OH$ | 159,18 |
| 2327 | 170 | 2-Aminophenol | $C_6H_7ON$ | $H_2N \cdot C_6H_4 \cdot OH$ | 109,12 |
| 2328 | 170 | Benzanthron | $C_{17}H_{10}O$ | 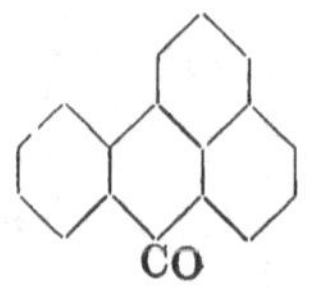 | 230,25 |
| 2329 | 170 (Z.) | Benzidindicarbonsäure-(2,2′) | $C_{14}H_{12}O_4N_2$ | $[H_2N \cdot C_6H_3(COOH)-]_2$ | 272,25 |
| 2330 | 170 (Z.) | Benzidindisulfonsäure-(2,2′) | $C_{12}H_{12}O_6N_2S_2$ | $[H_2N \cdot C_6H_3(SO_3H)-]_2$ | 344,35 |
| 2331 | 170 | Benzimidazol | $C_7H_6N_2$ | 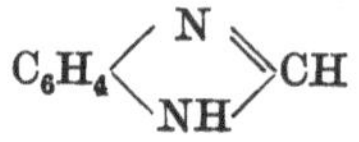 | 118,13 |
| 2332 | 170 | 2-Brom-3,4,5-trijodthiophen | $C_4BrJ_3S$ | 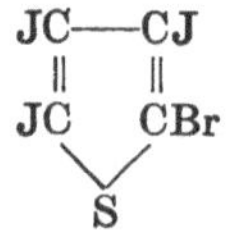 | 540,78 |
| 2333 | 170 | Dioxindol | $C_8H_7O_2N$ | 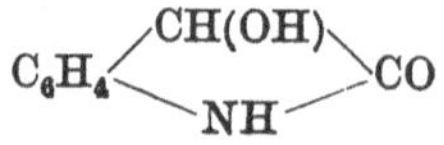 | 149,14 |
| 2334 | 170 | 3,3′-Dioxybenzophenon | $C_{13}H_{10}O_3$ | $HO \cdot C_6H_4 \cdot CO \cdot C_6H_4 \cdot OH$ | 214,21 |
| 2335 | 170 | Isocamphoronsäure | $C_9H_{14}O_6$ | $(CH_3)_2 \cdot C(COOH) \cdot CH(CH_2 \cdot COOH)_2$ | 218,20 |

| Aggregat-zustand Farbe | Spez. Gewicht | Siede-punkt °C | Beilstein-Zitat | Physikalische Konstanten und Eigenschaften | Löslichkeit | Reaktionen |
|---|---|---|---|---|---|---|
| 7 | 8 | 9 | 10 | 11 | 12 | 13 |
| Nadeln (W) | | 225-227 (10mm) | X 481 | | swl. in W<br>ll. in A, Ae, Chlf. | |
| Nadeln (A) | | | IV 345 | | ll. in W<br>wl. in A, Ae | |
| weiße Nadeln | | | | bitterer Geschmack | l. in W, A<br>unl. in Ae, Chlf. | 1. + Fe-$H_3PO_4$ → blau<br>+ Paraform → graublau, graugrün<br>+ $HNO_3$-$H_2SO_4$ → violettrot, orangerot<br>2. +10—20 mg Paraform + 1 ml $H_2SO_4$ → orange → violettrot → intensiv blaurot<br>+ Fe-$H_3PO_4$ → blau → intensiv grün<br>+ $HNO_3$·$H_2SO_4$ → gelbgrau → hellbraun |
| Krist. | | | XIII 670 | | | |
| Tafeln oder Nadeln | | subl. | XIII 354 | | 1,7 W 0°<br>4,4 A 0°<br>ll. in Ae | |
| gelbe Nadeln (A) | | | VII 518 | | l. in $H_2SO_4$ orangerot, grün fluoreszierend | |
| Nadeln $+1\frac{1}{2}H_2O$ (W) | | | XIV 567 | | wl. in W, A<br>swl. in Ae | |
| Prismen $+3H_2O$ (W) | | | XIV 794 | | 0,08 W 25°<br>swl. in A, Ae | |
| Krist. (A) | | >360 | XXIII 131 | | wl. in k. W<br>sll. in A<br>wl. in Ae | Kupferbenzimidazol → ziegelrot |
| Krist. (A) | | 195 (Z.) | XXI 578 | | 2 W 25°<br>10 sd. A<br>l. in Ae, konz. HCl | |
| Nadeln (W) | | | VIII 315 | | l. in W, A | |
| Prismen (W) | | | II 835 | | l. in W<br>ll. in h. A, Ae | |

| Lfd. Nr. | *Fp* | Name | Summenformel | Strukturformel | Mol.-Gewicht |
|---|---|---|---|---|---|
| 1 | 2 | 3 | 4 | 5 | 6 |
| 2336 | 170 | Malonamid | $C_3H_6O_2N_2$ | $CH_2(CO \cdot NH_2)_2$ | 102,09 |
| 2337 | 170 (Z.) | Naphthol-(1)-sulfon-säure-(4) | $C_{10}H_8O_4S$ | $HO \cdot C_{10}H_6 \cdot SO_3H$ | 224,22 |
| 2338 | 170 | Narcein (Trihydrat) | $C_{23}H_{27}O_8N$ | 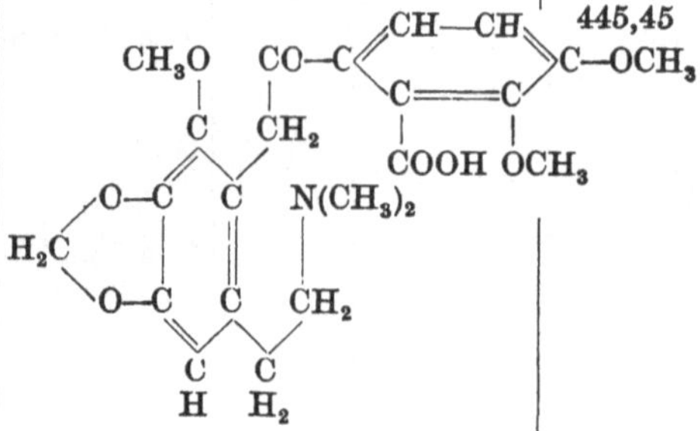 | 445,45 |
| 2339 | 170 (Z.) | Nitranilsäure | $C_6H_2O_8N_2$ | $OC\langle{C(NO_2):C(OH) \atop C(OH):C(NO_2)}\rangle CO$ | 230,09 |
| 2340 | 170 (Z.) | Phloridzin | $C_{21}H_{24}O_{10}$ | 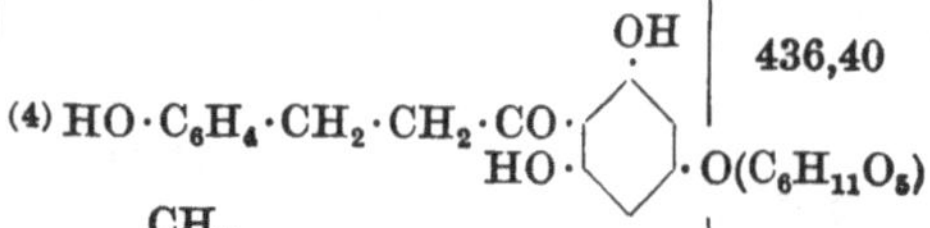 | 436,40 |
| 2341 | 170 | Santonin | $C_{15}H_{18}O_3$ | 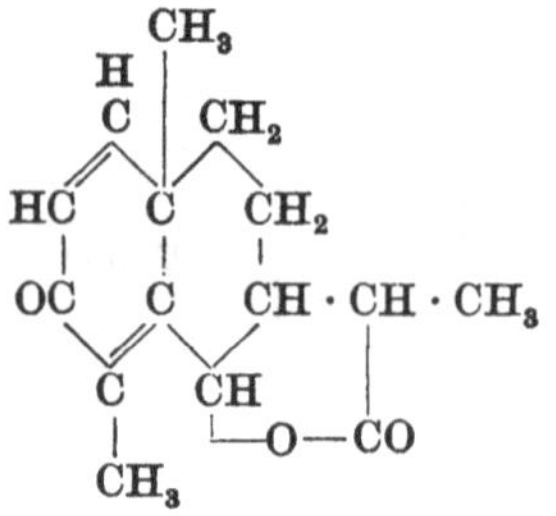 | 246,29 |
| 2342 | 170 | k-Strophanthin | $C_{36}H_{54}O_{15}$ | | 726,79 |
| 2343 | 170 | d-Weinsäure | $C_4H_6O_6$ | HOOC·CH(OH)·CH(OH)·COOH | 150,09 |
| 2344 | 170 | *l*-Weinsäure | $C_4H_6O_6$ | HOOC·CH(OH)·CH(OH)·COOH | 150,09 |

| Aggregat-zustand Farbe | Spez. Gewicht | Siede-punkt °C | Beilstein-Zitat | Physikalische Konstanten und Eigenschaften | Löslichkeit | Reaktionen |
|---|---|---|---|---|---|---|
| 7 | 8 | 9 | 10 | 11 | 12 | 13 |
| Prismen (W) | | | II 582 | | 8,3 W 8° unl. in A, Ae | |
| Tafeln (W) | | | XI 271 | | ll. in W | |
| feine Nadeln oder Prismen (W + A) | | | XIX 370 | | 0,08 W 13° wl. in A, Chlf. unl. in Ae, Bzl ll. in h. W, h. A 0,011 $CCl_4$ | konz. $H_2SO_4$ → graubraun → blutrot + Chlorwasser, + $NH_3$ → tiefrot Ammoniumpersulfat + $H_2SO_4$ → violett $(CH_2)_6N_4 \cdot H_2SO_4$ → safrangelb Paraform-$H_2SO_4$ → gelb → rotbraun → orange |
| gelbe Tafeln | | | VIII 384 | | ll. in W, A unl. in Ae | |
| Nadeln | | | | | 1,58 W 60° 4,58 W 100° 25 A swl. in Ae | |
| Krist. (W, A, Ae) | $1{,}187^{26°}$ | | XVII 499 | Geschmack schwach bitter, geruchlos | 0,02 W 17° 0,4 W 100° 1,6 A 24° 2,4 sd. Ae | Lsg. in 1 ml Fe-$H_2SO_4$ gibt bei vorsichtigem Überschichten mit $H_2O$ oben violetten, unten grünen Ring, beim Durchschütteln rotviolett ein Plätzchen KOH oder NaOH mit A befeuchten, Kriställchen Subst. darauf setzen → roter Fleck |
| weiße Krist. | | | | geruchlos, Geschmack sehr bitter | ll. in W, verd. A unl. in Ae, Chlf., Bzl | erhitzen mit α-Naphthol in konz. $H_2SO_4$ → violettrot, intensiv grün fluoreszierend |
| Säulen | $1{,}759^{18°}$ | Z. | III 481 | $[\alpha]_D^{20}$ +15° (Wp. = 20) | 139,4 W 20° 343,4 W 100° 25,6 A 15° 0,39 Ae 15° | wss. Lsg. + $Fe(NO_3)_3$ → zitronengelb 1 mg Subst. in eine Lsg. von 5 mg β-Naphthol in 1 ml $H_2SO_4$ eingetragen, beim Erhitzen im sd. W-Bad grün, bei starker Beleuchtung blau fluoreszierende Fl. |
| monokline Säulen (W) | $1{,}759^{18°}$ | Z. | III 520 | | | + $FeSO_4$ + $H_2O_2$ + Lauge → violett (Dioxymaleinsäure) Phenacylester *Fp* 130° p-Phenylphenacylester *Fp* 203—204° |

| Lfd. Nr. | *Fp* | Name | Summenformel | Strukturformel | Mol.-Gewicht |
|---|---|---|---|---|---|
| 1 | 2 | 3 | 4 | 5 | 6 |
| 2345 | **170,3** | Hydrochinon (1,4-Dioxybenzol) | $C_6H_6O_2$ |  | 110,11 |
| 2346 | **170,5** | Arecolinbromhydrat | $C_8H_{14}O_2NBr$ | $H_2C—CH═C \cdot CO \cdot OCH_3$ <br> $H_2C \cdot N(CH_3) \cdot CH_2$ $\cdot Br$ | 236,12 |
| 2347 | **170,5** | 5,5-Diallylbarbitursäure (Dial, Curral) | $C_{10}H_{12}O_3N_2$ | $CH_2{=}CH—CH_2$ $CH_2{=}CH—CH_2$ >C< CO—NH CO—NH >CO | 208,21 |

| Aggregatzustand Farbe | Spez. Gewicht | Siedepunkt °C | Beilstein-Zitat | Physikalische Konstanten und Eigenschaften | Löslichkeit | Reaktionen |
|---|---|---|---|---|---|---|
| 7 | 8 | 9 | 10 | 11 | 12 | 13 |
| weiße seidige Nadeln (W) | 1,33 | 285 (730mm) | VI 836 | geruchlos; schwach süßlicher Geschmack; sublimierbar (10°) | 6,16 W 15° ll. in A, Ae 0,02 Bzl. | wss. Lsg. mit Luft und Lauge rasch rot u. braun $Fe(NO_3)_3$ → kurz hellgrün, Lsg. erwärmt chlorähnlicher Geruch von Chinon in Wärme 10 mg Subst. in 0,5 ml W abkühlen + 1 Tropfen $Fe(NO_3)_3$ → rötlichbraun → Abscheidung feiner dunkler Nadeln mit grünem Glanz (Chinhydron) Fe-$H_2SO_4$ löst intensiv gelb, beim Erwärmen orange mit violetter Fluoreszenz, stärker erhitzen gelb mit grüner Fluoreszenz Subst. + einige Tropfen konz. $H_2SO_4$ vorsichtig erhitzt, tiefgrüne Lsg. + W + Lauge → intensiv blauviolette Fluoreszenz Phenylurethan *Fp* 205 bis 207°, Prismen |
| weiße Krist. | | | XXII 15 | Geschmack salzig bitter; geruchlos | wl. in W l. in A, Ae | wss. Lsg. + Lauge → klar; beim Erwärmen schwacher eigentümlicher Geruch. Nach dem Erkalten + einige Tropfen n/10-$KMnO_4$-Lsg. → reduziert zu grünem Manganat |
| weiße Krist. Blättchen (W) | | | $E_1$ XXIV 422 | bitterer Geschmack | swl. in W (k.) l. in A, Ae ll. in Aceton, Essigester, Lauge, h. W wl. in Bzl. | 1. erwärmen mit konz. $H_2SO_4$ → gelbstichig blauviol. fluoreszierend. + Paraform-$H_2SO_4$ beim Erwärmen im sd. W-Bad → orange, grün fluoreszierend 2. Lsg. in. verd. Lauge + 2—3 Tropfen n/10-$KMnO_4$-Lsg. intensiv grün 3. 2—3 mg Subst. in 1 ml methylalkohol. $Co(NO_3)_2$-Lsg. + 20 mg Piperazin → rotviolett 4. 2 mg Subst. in 1 ml 1—2%iger Pyridinlsg. in Hitze gelöst. Zur sd. Lsg. tropfenweise 0,4%ige $CuSO_4$-Lsg. → blaßviolette Krist. 5. + 10—20 mg Paraform + 1 ml $H_2SO_4$ + Fe-$H_3PO_4$ warm → intensiv orange, grün fluoreszierend |

| Lfd. Nr. | *Fp* | Name | Summenformel | Strukturformel | Mol.-Gewicht |
|---|---|---|---|---|---|
| 1 | 2 | 3 | 4 | 5 | 6 |
| 2348 | 170,5 | Di-β-naphthylamin | $C_{20}H_{15}N$ | $(C_{10}H_7)_2NH$ | 296,33 |
| 2349 | 171 | 2-Benzyl-4,5-imidazolin-chlorhydrat (Priscol) | $C_{10}H_{13}N_2Cl$ | 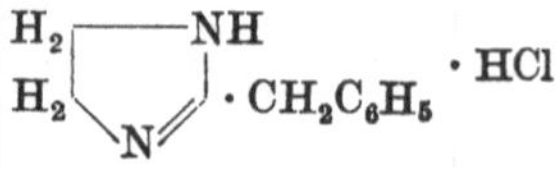 | 194,66 |
| 2350 | 171 | Chinhydron | $C_{12}H_{10}O_4$ | $C_6H_4O_2 \cdot C_6H_4(OH)_2$ | 218,20 |
| 2351 | 171 | Dimethylaminhydro-chlorid | $C_2H_8NCl$ | $(CH_3)_2NH + HCl$ | 81,55 |
| 2352 | 171 | Phenazin | $C_{12}H_8N_2$ | 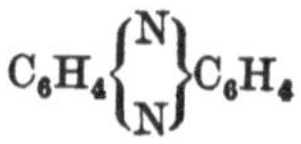 | 180,20 |
| 2353 | 171 | Thionaphthen-2,3-dicar-bonsäureanhydrid | $C_{10}H_4O_3S$ | 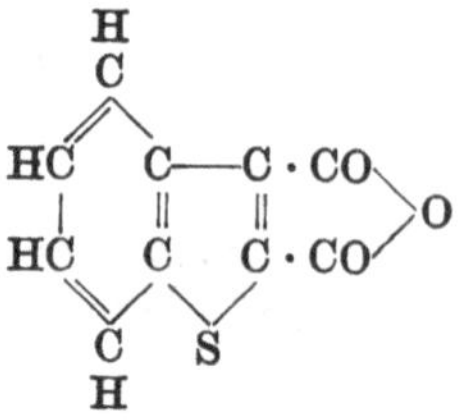 | 204,19 |
| 2354 | 171 bis 172 | 3,5-Dimethyl-2-thiophen-säure | $C_7H_8O_2S$ | 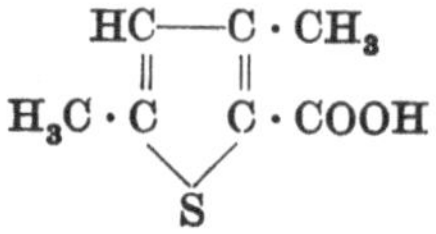 | 156,19 |
| 2355 | 171 bis 172 | 5-Nitro-2-thienylarsin-oxyd | $C_4H_2O_3NSAs$ | 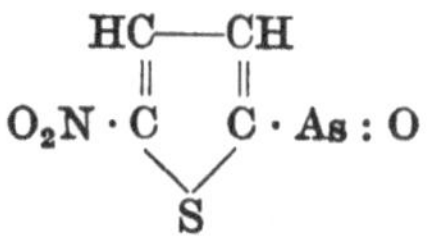 | 219,03 |
| 2356 | 171 bis 173 | Hydantoinsäure | $C_3H_6O_3N_2$ | $H_2N \cdot CO \cdot NH \cdot CH_2 \cdot COOH$ | 118,09 |
| 2357 | 171,5 bis 172 | 5-Isoamyl-2-chlormercuri-thiophen | $C_9H_{13}ClSHg$ | 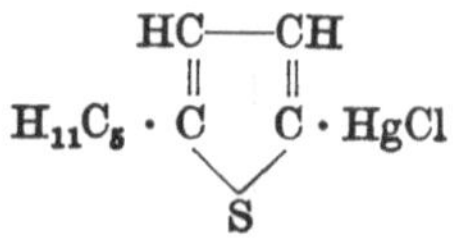 | 389,32 |

| Aggregatzustand Farbe | Spez. Gewicht | Siedepunkt °C | Beilstein-Zitat | Physikalische Konstanten und Eigenschaften | Löslichkeit | Reaktionen |
|---|---|---|---|---|---|---|
| 7 | 8 | 9 | 10 | 11 | 12 | 13 |
| Blättchen (Bzl.) | | 471 | XII 1278 | | unl. in W<br>wl. in h. A<br>ll. in sd. Eg.<br>1,07 Bzl. 15° | Lsg. fluoresziert blau |
| weiße Krist. | | | | geruchlos, bitterer Geschmack | | Lsg. in Chlorwasser → langsam trübe, erwärmt man gelinde, setzt Phenol und $NH_3$ zu und erwärmt nochmals → grüne, bald stahlblaue Lsg. |
| rotbraune Nadeln | $1{,}401^{20°}$ | subl. | VII 617 | | wl. in k. W<br>ll. in h. W., A, Ae gelb<br>l. in $NH_4OH$ grün | |
| Nadeln und Tafeln (A) | | | IV 41 | | 208 W<br>ll. in A<br>unl. in Ae<br>27 Chlf. 19° | |
| hellgelbe Nadeln (A) | | >360 | XXIII 223 | | swl. in W<br>2 k. A<br>wl. in Ae, Bzl.<br>l. in $H_2SO_4$ rot | Pikrat *Fp* 181° |
| Krist. | | | IV 359 | | 3 W 20°<br>0,5 A 20°<br>swl. in Ae | |

| Lfd. Nr. | *Fp* | Name | Summenformel | Strukturformel | Mol.-Gewicht |
|---|---|---|---|---|---|
| 1 | 2 | 3 | 4 | 5 | 6 |
| 2358 | 172 | Chinamin | $C_{19}H_{24}O_2N_2$ | | 312,40 |
| 2359 | 172 | 5-Chlorsalicylsäure | $C_7H_5O_3Cl$ | $HO \cdot C_6H_3Cl \cdot COOH$ | 172,59 |
| 2360 | 172 | p-Dinitrobenzol | $C_6H_4O_4N_2$ | $C_6H_4(NO_2)_2$ | 168,11 |
| 2361 | 172 | 1,8-Dinitronaphthalin | $C_{10}H_6O_4N_2$ | $C_{10}H_6(NO_2)_2$ | 218,16 |
| 2362 | 172 | Di-(2-thienyl)-arsinsäure | $C_8H_7O_2S_2As$ | 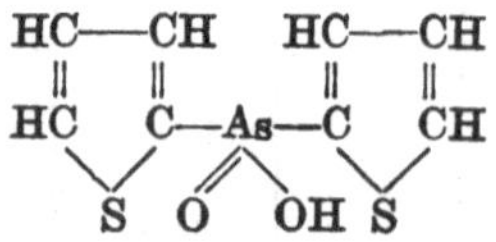 | 274,11 |
| 2363 | 172 | Hydrochinin | $C_{20}H_{26}O_2N_2$ | 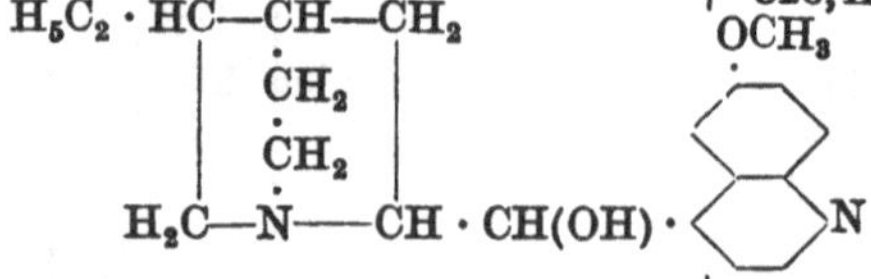 | 326,42 |
| 2364 | 172 | Methergin | $C_{20}H_{25}O_2N_3$ | | 339,42 |
| 2365 | 172 | Paraform | $[CH_2O]_x$ | | |
| 2366 | 172 | 1-Phenylsemicarbazid | $C_7H_9ON_3$ | $C_6H_5 \cdot NH \cdot NH \cdot CO \cdot NH_2$ | 151,16 |
| 2367 | 172 | α-Phenyl-trans-zimtsäure | $C_{15}H_{12}O_2$ | $C_6H_5 \cdot C \cdot H$<br>‖<br>$C_6H_5 \cdot C \cdot COOH$ | 224 24 |
| 2368 | 172 | 1,3,5-Triphenylbenzol | $C_{24}H_{18}$ | $C_6H_3(C_6H_5)_3$ | 306,38 |
| 2369 | 172 bis 173 | 2-Benzylthiophen | $C_{11}H_{10}S$ | 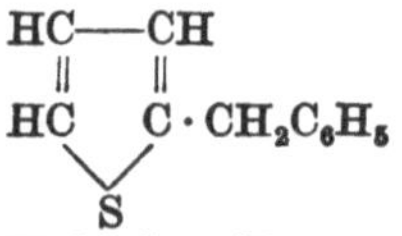 | 174,25 |
| 2370 | 172 bis 173 | 5-Jod-4-methyl-2-thiophensäure | $C_6H_5O_2JS$ | 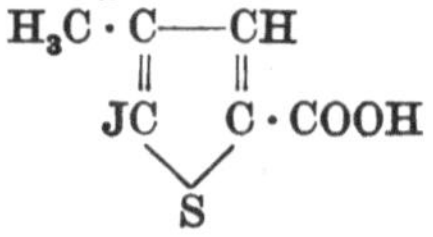 | 268,08 |
| 2371 | 172,5 | Chinidin (Conchinin) | $C_{20}H_{24}O_2N_2$ | 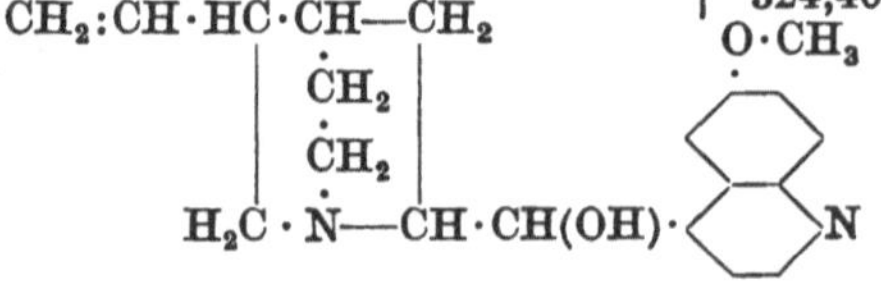 | 324,40 |

| Aggregat-zustand Farbe | Spez. Gewicht | Siede-punkt °C | Beilstein-Zitat | Physikalische Konstanten und Eigenschaften | Löslichkeit | Reaktionen |
|---|---|---|---|---|---|---|
| 7 | 8 | 9 | 10 | 11 | 12 | 13 |
| lange Prismen (h. A) | | | | $[\alpha]_D^{15}$ +93,4° (2%ige Chlf.-Lsg.) | wl. in W<br>ll. in Ae | fluoresziert nicht in $H_2SO_4$-Lsg.<br>$AuCl_3$ in salzsaurer Lsg. → purpurrot |
| Nadeln (W od. A) | | | X 102 | | 0,09 W 20°<br>1,2 W 100°<br>ll. in A, Ae, Chlf., Bzl. | |
| Nadeln (A) | 1,625$^{18°}$ | 299 (777mm) | V 261 | sublimiert; mit Dampf flüchtig | 0,08 W (k.)<br>0,18 sd. W<br>0,4 A 20°<br>1,82 Chlf. 18°<br>2,56 Bzl. 18° | |
| Tafeln (Chlf.) | | | V 559 | | unl. in W<br>0,189 80%ig. A<br>0,72 Bzl. 19° | |
| Nadeln (Ae) | | | XXIII 494 | | wl. in W<br>ll. in A, Ae, Chlf. | fluoresziert in $H_2SO_4$-Lsg. blau<br>Thalleiochin-Rk. positiv |
| | | | | $[\alpha]_D^{20}$ —45° (A) | l. in W, A, Ae | |
| weißes Plv. | | | I 566 | geschmacklos, nach Formaldehyd riechend | unl. in W<br>l. in Lauge | |
| Blättchen (W) | | | XV 287 | | ll. in h. W; A<br>wl. in Ae | |
| Nadelm (verd. A) | | subl. | IX 691 | | wl. in k. W<br>ll. in A, Ae<br>0,02 PAe 15° | Amid *Fp* 127° |
| Tafeln (A) | 1,205 | | V 737 | | l. in A, Ae<br>ll. in Bzl. | |
| Nadeln (Eg.) | | 257-262 | | | | |
| Blättchen + aq. (W)<br>Krist. (Bzl.) | | | XXIII 506 | $[\alpha]_D^{17}$ +275° (A + Chlf.) | 0,02 W 20°<br>2,8 A 25°<br>0,78 Ae 20°<br>ll. in Chlf. | fluoresziert in $H_2SO_4$ → blau<br>Kalischmelze grasgrün<br>$H_2O_2$ + $CuSO_4$ + $H_2SO_4$-Lsg. v. Subst. → intensiv himbeerrot → blauviolett → blau → grün (E 1:10000) |

| Lfd. Nr. | *Fp* | Name | Summenformel | Strukturformel | Mol.-Gewicht |
|---|---|---|---|---|---|
| 1 | 2 | 3 | 4 | 5 | 6 |
| 2372 | 172,5 | *l*-Isocamphersäure | $C_{10}H_{16}O_4$ | 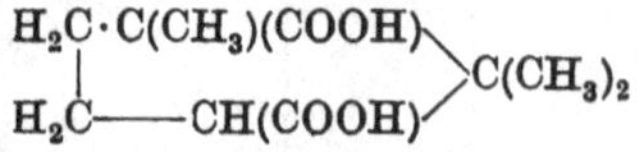 | 200,22 |
| 2373 | 173 | $\Delta^{1,2}$-Cyclohexenyläthyl-barbitursäure (Phanodorm) | $C_{12}H_{16}O_3N_2$ | 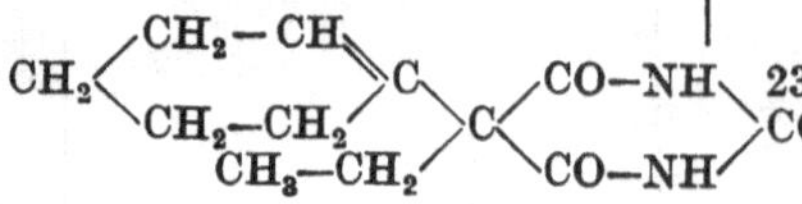 | 236,26 |
| 2374 | 173 | 2,4-Dibrombenzoesäure | $C_7H_4O_2Br_2$ | $Br_2C_6H_3 \cdot COOH$ | 279,93 |
| 2375 | 173 | 3,5-Dinitrosalicylsäure | $C_7H_4O_7N_2$ | $HO \cdot C_6H_2(NO_2)_2 \cdot COOH$ | 228,12 |
| 2375a | 173 | Heroin (Diacetylmorphin) | $C_{21}H_{23}O_5N$ | vgl. Nr. 3084 | 369,40 |
| 2376 | 173 | 5-Jod-2-rhodanmercuri-thiophen | $C_5H_2NJS_2Hg$ | 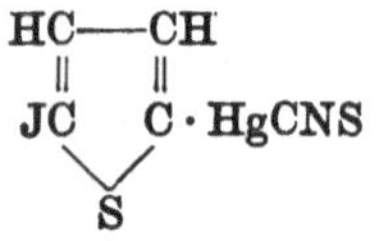 | 467,72 |
| 2377 | 173 | 4-Oxy-m-toluylsäure | $C_8H_8O_3$ | $HO \cdot C_6H_3(CH_3) \cdot COOH$ | 152,14 |
| 2378 | 173 | 2,3,4-Trioxyacetophenon | $C_8H_8O_4$ | $(HO)_3C_6H_2 \cdot CO \cdot CH_3$ | 168,14 |
| 2379 | 173 bis 174 | 4-Äthoxyphenylharnstoff (Dulcin) | $C_9H_{12}O_2N_2$ | $H_2N \cdot CO \cdot NH \cdot C_6H_4 \cdot O \cdot C_2H_5$ | 180,20 |
| 2380 | 173 bis 174 | 4-Nitrosoanilin | $C_6H_6ON_2$ | $ON \cdot C_6H_4 \cdot NH_2$ | 122,12 |

| Aggregatzustand Farbe | Spez. Gewicht | Siedepunkt °C | Beilstein-Zitat | Physikalische Konstanten und Eigenschaften | Löslichkeit | Reaktionen |
|---|---|---|---|---|---|---|
| 7 | 8 | 9 | 10 | 11 | 12 | 13 |
| Krist. (verd. A) | 1,243 | | IX 762 | | 0,34 W 20°<br>47,5 A 20° | |
| weiße Blättchen (W) | | | | | swl. in W<br>ll. in A, Ae, Lauge<br>l. in Säure | 1. + α-Naphthol + konz. $H_2SO_4$ → intensiv rot, grün fluoreszierend<br>2. 2 mg Subst. in 1 ml methylalkohol. $Co(NO_3)_2$-Lsg. + 20 mg Piperazin → rotviolett<br>3. + $H_2SO_4$ → rötlichgelb → orangegelb<br>+ Fe-$H_3PO_4$ → rötlich<br>+ Paraform → gelb mit grüner Fluoreszenz<br>+ $HNO_3$ + $H_2SO_4$ → orangegelb, grün fluoreszierend |
| Blättchen (W) | | subl. | IX 358 | mit Dampf flüchtig | wl. in h. W | |
| Tafeln, Nadeln (+ 1 $H_2O$) (W) | | | X 122 | | ll. in W, A, Ae | |
| weißes Krist.-Plv.; Prismen (Essigester) | | | | geruchlos; bitterer Geschmack; alkal. Rk. | unl. in W<br>ll. in verd. Säuren<br>l. in A, Methanol<br>ll. in Bzl., Chlf. | Jodjodkaliumlsg. ruft mit 0,000001 g Subst. Trübung hervor<br>+ $HNO_3$ → gelb, beim Erwärmen → rot<br>+ Bromalhydrat → hellgelbgrün → violett<br>+ Furfurol-$H_2SO_4$ → rot, beim Erwärmen violett<br>Chlorhydrat *Fp* 230—231° |
| Nadeln (+½ $H_2O$) (W) | | | X 225 | | wl. in k. W<br>ll. in h. W, A, Ae | Äthylester *Fp* 98—99° |
| Nadeln, Blättchen (W) | | | VIII 393 | | ll. in h. W, A | |
| Blättchen (verd. A) | | | XIII 480 | schmeckt sehr süß | 0,125 W 15°<br>2 sd. W<br>4 k. 90%ig. A<br>l. in Ae | |
| blaue Nadeln (Bzl.) | | | VII 625 | | l. in W grün<br>l. in A | |

| Lfd. Nr. | *Fp* | Name | Summenformel | Strukturformel | Mol.-Gewicht |
|---|---|---|---|---|---|
| 1 | 2 | 3 | 4 | 5 | 6 |
| 2381 | 173 bis 174 | 5,5-Phenyläthylbarbitursäure (Luminal) | $C_{12}H_{12}O_3N_2$ | 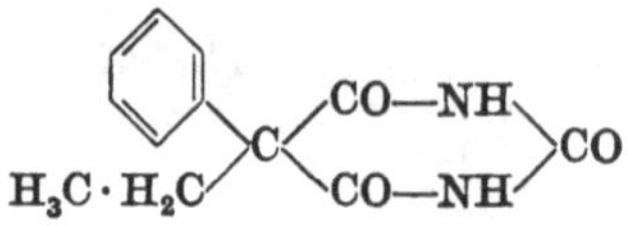 | 232,23 |
| 2382 | 173 bis 175 | 4,4'-Diaminotriphenylcarbinol | $C_{19}H_{18}ON_2$ | $C_6H_5 \cdot C(OH)(C_6H_4 \cdot NH_2)_2$ | 290,35 |
| 2383 | 173 bis 175 | 3,5-Dimethyl-2-rhodanmercurithiophen | $C_7H_7NS_2Hg$ | 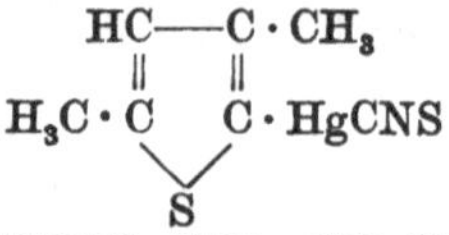 | 369,86 |
| 2384 | 173 bis 175 | Zimtsäure-o-carbonsäure | $C_{10}H_8O_4$ | $HOOC \cdot C_6H_4 \cdot CH : CH \cdot COOH$ | 192,16 |
| 2385 | 173,5 | 3-Aminobenzoesäure | $C_7H_7O_2N$ | $H_2N \cdot C_6H_4 \cdot COOH$ | 137,13 |
| 2386 | 174 | 4,4'-Bis-dimethylaminobenzophenon | $C_{17}H_{20}ON_2$ | $[(CH_3)_2N \cdot C_6H_4]_2CO$ | 268,34 |
| 2387 | 174 | 5-Brom-2-methylthiophen-3,4-disulfonsäurechlorid | $C_5H_3O_4Cl_2BrS_3$ | 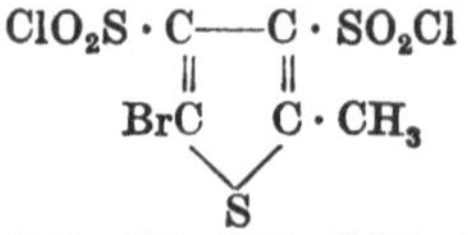 | 374,08 |
| 2388 | 174 | 4-Chloracetanilid | $C_8H_8ONCl$ | $CH_3 \cdot CO \cdot NH \cdot C_6H_4 \cdot Cl$ | 169,61 |
| 2389 | 174 | 3,4-Dichlor-3,4-dimethyltetrahydrothiophen | $C_6H_{10}Cl_2S$ | 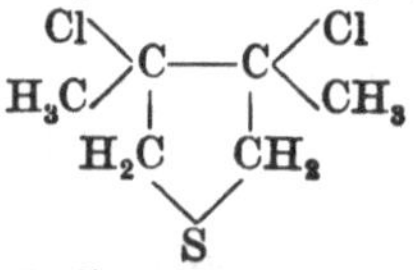 | 185,11 |
| 2390 | 174 | 4-Jod-1-nitrobenzol | $C_6H_4O_2NJ$ | $J \cdot C_6H_4 \cdot NO_2$ | 249,02 |
| 2391 | 174 | Xanthon | $C_{13}H_8O_2$ | 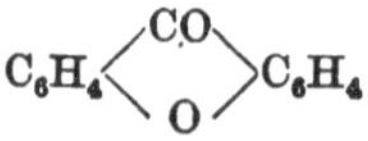 | 196,19 |
| 2392 | 174 bis 175 | 4-Amino-o-kresol (OH = 1) | $C_7H_9ON$ | $CH_3 \cdot C_6H_3(OH) \cdot NH_2$ | 123,15 |

| Aggregatzustand Farbe | Spez. Gewicht | Siedepunkt °C | Beilstein-Zitat | Physikalische Konstanten und Eigenschaften | Löslichkeit | Reaktionen |
|---|---|---|---|---|---|---|
| 7 | 8 | 9 | 10 | 11 | 12 | 13 |
| weiße Krist.-Blättchen | | | $E_1$ XXIV 423 | bitterer Geschmack | swl. in k. W<br>wl. in h. W; Ae<br>ll. in A, Aceton, Essigester<br>swl. in Bzl., Chlf.<br>ll. in Lauge | 1. 2—3 mg Subst. in 1 ml methylalkohol. $Co(NO_3)_2$-Lsg. + 20 mg Piperazin → rotviolett<br>2. 2 mg Subst. in 1 ml 1—2%iger Pyridinlsg. in Hitze gelöst. Zur sd. Lsg. tropfenweise 0,4%ige $CuSO_4$-Lsg. → blaßviolette Krist.<br>3. + 10—20 mg Paraform + 1 ml $H_2SO_4$ + Fe-$H_3PO_4$ → intensiv violettrot, rote Fluoresz. |
| farblose Prismen (wss. Prydin)<br>Tafeln (A + Aceton) | | | XIII 742 | | wl. in h. W, Ae<br>l. in A | |
| Nadeln (Ae) | | | IX 898 | | swl. in W, Ae<br>ll. in A<br>unl. in Bzl. | Diamid *Fp* 200—201° |
| Nadeln (W) | 1,511 | subl. | XIV 383 | wss. Lsg. färbt sich an der Luft bräunlich | 0,59 W 15°<br>2,2 A 10°<br>1,8 Ae 7°<br>unl. in Bzl. | Acetylderivat *Fp* 248°<br>Anilid *Fp* 129°<br>Sulfat *Fp* 225° |
| Blättchen (A) | | >360 (Z.) | XIV 89 | | 0,04 W 20°<br>l. in A<br>wl. in Ae<br>ll. in h. Bzl. | |
| Nadeln (Essigsäure) | $1{,}385^{22°}$ | | XII 611 | | ll. in A, Ae, $CS_2$ | |
| gelbe Nadeln | $1{,}809^{155°}$ | subl. 289 (772mm) | V 253 | | unl. in W<br>ll. in h. A<br>sll. in Ae | |
| Nadeln (A) | | 350 (730mm) | XVII 354 | | wl. in h. W<br>0,7 k. A<br>8,5 sd. A<br>wl. in Ae<br>l. in $H_2SO_4$ | Lsg. in $H_2SO_4$ gelb, hellblau fluoreszierend |
| Blätter (Bzl.) | | subl. | XIII 576 | | wl. in W<br>ll. in A, Ae<br>wl. in Bzl. | |

| Lfd. Nr. | *Fp* | Name | Summenformel | Strukturformel | Mol.-Gewicht |
|---|---|---|---|---|---|
| 1 | 2 | 3 | 4 | 5 | 6 |
| 2393 | **174 bis 175** | d-Catechin | $C_{15}H_{14}O_6$ | 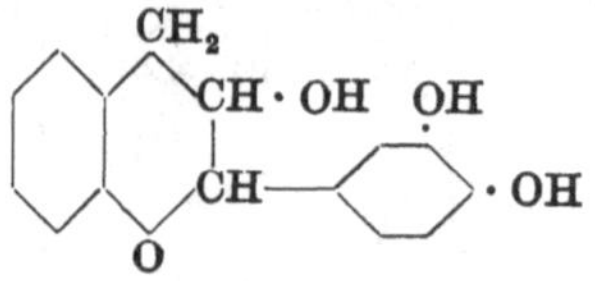 | **290,26** |
| 2394 | **174 bis 175** | Bis-[3-chlorthienyl-(2)]-quecksilber | $C_8H_4Cl_2S_2Hg$ | 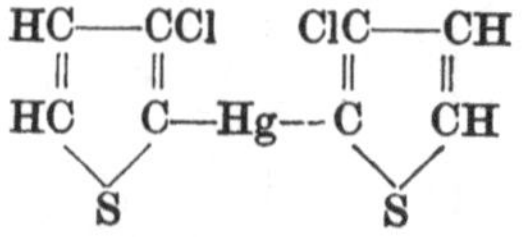 | **435,76** |
| 2395 | **174 bis 175** | Thionaphthen-3-carbonsäure | $C_9H_6O_2S$ | 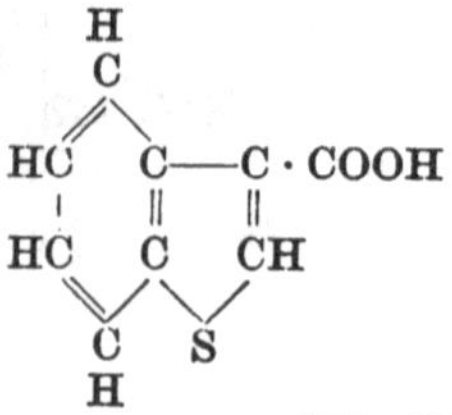 | **178,20** |
| 2396 | **175** | p-Aminoephetonin (Ephetonal) | $C_{10}H_{16}ON_2$ | 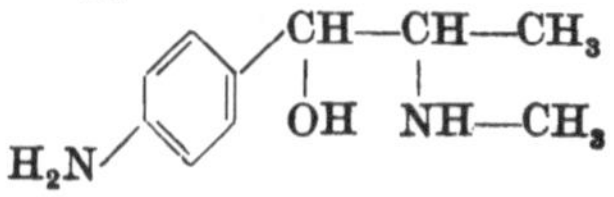 | **164,22** |
| 2397 | **175** | Blei(IV)-acetat | $C_8H_{12}O_8Pb$ | $(CH_3COO)_4Pb$ | **443,48** |
| 2398 | **175** | Chinin | $C_{20}H_{24}O_2N_2$ | 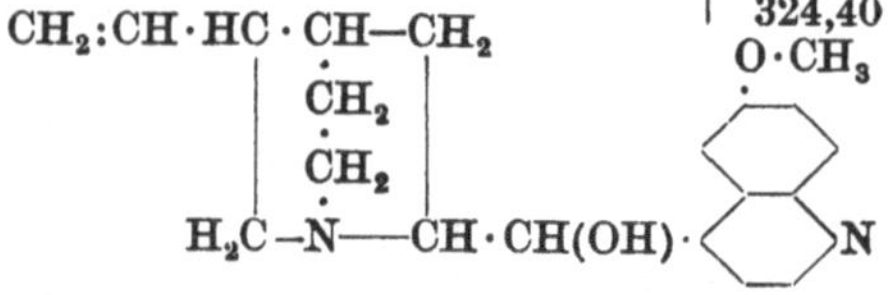 | **324,40** |

| Aggregat-zustand Farbe | Spez. Gewicht | Siede-punkt °C | Beilstein-Zitat | Physikalische Konstanten und Eigenschaften | Löslichkeit | Reaktionen |
|---|---|---|---|---|---|---|
| 7 | 8 | 9 | 10 | 11 | 12 | 13 |
| Nadeln (W) | | >205 (Z.) | XVII 210 | $[\alpha]_{578}$ +17,1° (50% Aceton); in 96%igem A inaktiv | wl. in k. W<br>ll. in h. W, A<br>wl. in Ae<br>unl. in Bzl. | + $FeCl_3$ → grün |
| weiße schwach rötlich-gelbe Krist. | | | | | l. in W | 1. + konz. $HNO_3$ → violettrot<br>2. + Fe-$H_3PO_4$ → violettrot<br>3. + 1 Tropfen $HNO_3$-$H_2SO_4$ gelinde erwärmt → braunorange → grün<br>+ 1 ml konz. $H_2SO_4$ → gelb<br>+ Paraform → violettrot |
| Krist. | 2,228[17°] | | II 117 | | ll. in h. Eg., W, A | |
| Krist. (A) seidenglänzende Nadeln | | subl. | XXIII 551 | $[\alpha]_D^{17}$ —167° (A); schmeckt sehr bitter | 0,05 W 15°<br>0,1 sd W<br>62 A 17°<br>~3 Ae 20°<br>21,7 sd. Bzl.<br>ll. in Chlf., $CS_2$ | in $H_2SO_4$-Lsg. blau fluoreszierend<br>+ Chromsäure 1 : 100 → gelben Nd.<br>+ Furfurol-$H_2SO_4$ → dunkelgrünbraun, beim Erwärmen → grün → braun<br>Jod fällt braunrot<br>wss. Lsg. von Chinin + Chlorwasser + $NH_3$ → smaragdgrüne Lsg. oder dunkelgrüner Nd. (Thalleiochin)<br>zu 10 ml Chininlsg. von 0,05% setzt man 1 ml Bromwass., überschichtet vorsichtig mit $NH_4OH$, → an Berührungsstelle grüner Ring, darunter roter Ring, Lsg. bleibt gelb (E 1 : 20000)<br>+ Perhydrol-$H_2SO_4$ zu kleinsten Mengen Chinin → zitronen-kanariengelb |

| Lfd. Nr. | *Fp* | Name | Summenformel | Strukturformel | Mol.-Gewicht |
|---|---|---|---|---|---|
| 1 | 2 | 3 | 4 | 5 | 6 |
| 2399 | 175 | 5-Chlor-7-jod-8-oxy-chinolin (Vioform) | $C_9H_5ONClJ$ | 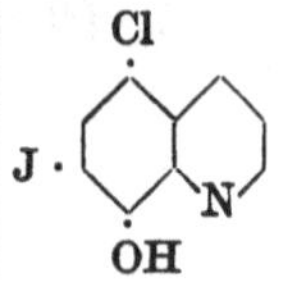 | 305,52 |
| 2400 | 175 | Benzoyl-2-dimethylamino-methylbutanol-(2)-chlorhydrat (Stovain) | $C_{14}H_{22}O_2NCl$ | $CH_2—N(CH_3)_2$ / $C_2H_5—C(CH_3)—O—CO—C_6H_5$, HCl | 271,78 |
| 2401 | 175 | 2,5-Dimethyl-3-jod-mercurithiophen | $C_6H_7JSHg$ | 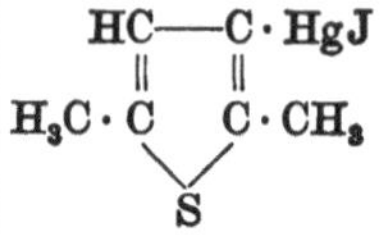 | 438,71 |
| 2402 | 175 | 4,5-Dioxyphthalsäure | $C_8H_6O_6$ | $(HO)_2C_6H_2(COOH)_2$ | 198,13 |
| 2403 | 175 | 1,5-Diphenylcarbo-hydrazid | $C_{13}H_{14}ON_4$ | $(C_6H_5 \cdot NH \cdot NH)_2CO$ | 242,27 |
| 2404 | 175 | Naphthalindicarbon-säure-(1,2) | $C_{12}H_8O_4$ | $C_{10}H_6(COOH)_2$ | 216,18 |
| 2405 | 175 | Semicarbazidhydrochlorid | $CH_6ON_3Cl$ | $H_2N \cdot NH \cdot CO \cdot NH_2 + HCl$ | 111,54 |
| 2406 | 175 | Styphninsäure | $C_6H_3O_8N_3$ | 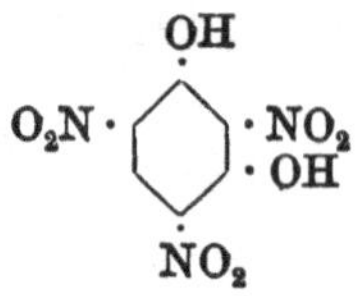 | 245,11 |
| 2407 | 175 | Terebinsäure | $C_7H_{10}O_4$ | $H_2C—CH \cdot COOH$ / $OC—O—C(CH_3)_2$ | 158,15 |
| 2408 | 175 | Tetraphenylfuran | $C_{28}H_{20}O$ | $C_6H_5 \cdot C = C \cdot C_6H_5$ / $C_6H_5 \cdot C \cdot O \cdot C \cdot C_6H_5$ | 372,44 |
| 2409 | 175 | 4,4',4''-Tris-[dimethylamino]-triphenylmethan (Leukokristallviolett) | $C_{25}H_{31}N_3$ | $[(CH_3)_2N \cdot C_6H_4]_3CH$ | 373,52 |
| 2410 | 175 bis 176 | 4-Aminozimtsäure | $C_9H_9O_2N$ | $H_2N \cdot C_6H_4 \cdot CH:CH \cdot COOH$ | 163,17 |
| 2411 | 175 bis 176 | 3-Chlor-2-thiophensäure | $C_5H_3O_2ClS$ | 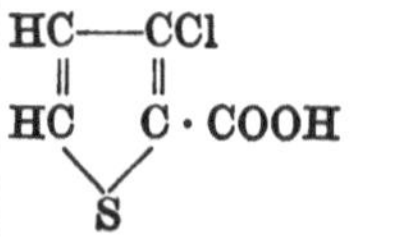 | 162,59 |

| Aggregat-zustand Farbe | Spez. Gewicht | Siede-punkt °C | Beilstein-Zitat | Physikalische Konstanten und Eigenschaften | Löslichkeit | Reaktionen |
|---|---|---|---|---|---|---|
| 7 | 8 | 9 | 10 | 11 | 12 | 13 |
| graues Pulver | | | | geschmacklos; geruchlos | unl. in W<br>l. in Lauge gelb | + 2n $HNO_3$ + Jodlösung kochen → Geruch nach Jod<br>alkohol. Lsg. erwärmt + $Fe(NO_3)_3$ → intensiv grün<br>alkohol. Lsg. + $AgNO_3$ → eigelber Nd.<br>Lsg. in Lauge + $NH_3$ + $CuSO_4$-Lsg. → eigelber Nd. |
| sehr feine Nadeln oder glänzende Blättchen (abs. A) | | | $E_1$ IX 91 | | sll. in W<br>ll. in Methanol<br>swl. in k. Aceton | Pikrat *Fp* 115—116,5° |
| Prismen (W) | | | X 552 | | ll. in W, A<br>wl. in Ae | |
| Krist. (A) | | | XV 292 | | wl. in h. W<br>ll. in h. A, Eg.<br>unl. in Ae | |
| Krist. | | | IX 917 | | l. in h. W<br>ll. in A, Ae, Eg.<br>wl. in Chlf. | Anhydrid *Fp* 168—169°, Nädelchen<br>Diamid *Fp* 265°, Tafeln<br>Dimethylester *Fp* 80° |
| Prismen (verd. A) | | | III 100 | | ll. in W<br>unl. in A, Ae | |
| gelbe Krist. (verd. A) | 1,829 | | VI 830 | Salze verpuffen beim Erhitzen | 0,64 W 14°<br>1,14 W 88°<br>ll. in A, Ae | |
| Krist. (A) | | Z. | XVIII 377 | | wl. in k. W<br>ll. in h. A<br>1,7 Ae 10° | |
| Nadel, Blättchen (A) | | 220 | XVII 99 | | unl. in W<br>0,59 sd. A<br>1,92 Ae 17° | |
| Blättchen (A) | | | XIII 325 | | unl. in k. W<br>wl. in k. A<br>ll. in Ae | |
| gelbe Nadeln | | | XIV 521 | leicht zersetzlich | wl. in k. W<br>ll. in h. W; A, Ae | Äthylester *Fp* 68—69° |

| Lfd. Nr. | *Fp* | Name | Summenformel | Strukturformel | Mol.-Gewicht |
|---|---|---|---|---|---|
| 1 | 2 | 3 | 4 | 5 | 6 |
| 2412 | 175 bis 178 | Diacetyl-1,2,7-trioxy-anthrachinon (Purgatin) | $C_{18}H_{12}O_7$ | $(O:)_2C_{14}H_5(OH)(O \cdot CO \cdot CH_3)_2$ | 340,27 |
| 2413 | 176 | 2,2'-Diaminostilben (hochschm. Form) | $C_{14}H_{14}N_2$ | $H_2N \cdot C_6H_4 \cdot CH:CH \cdot C_6H_4 \cdot NH_2$ | 210,27 |
| 2414 | 176 | Dianisylmonophenetyl-guanidinchlorhydrat | $C_{23}H_{26}O_3N_3Cl$ | 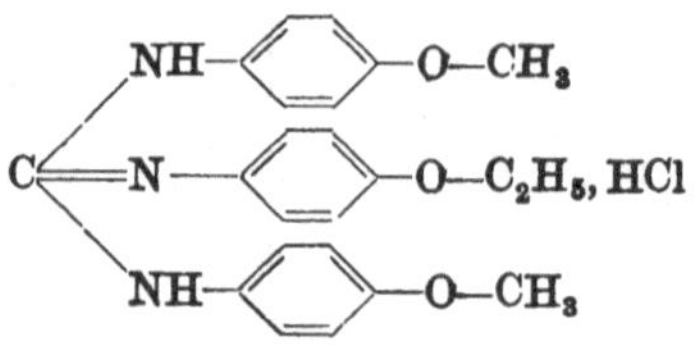 | 428,21 |
| 2415 | 176 (Z.) | Dilitursäure | $C_4H_3O_5N_3$ | 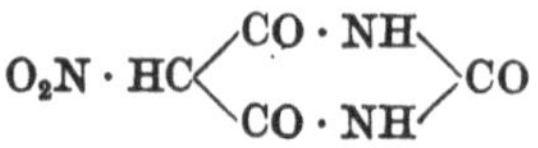 | 173,09 |
| 2416 | 176 | 2,4-Dinitroanilin | $C_6H_5O_4N_3$ | $(O_2N)_2C_6H_3 \cdot NH_2$ | 183,12 |
| 2417 | 176 | N,N'-Di-p-tolylthioharnstoff | $C_{15}H_{16}N_2S$ | $(CH_3 \cdot C_6H_4 \cdot NH)_2CS$ | 256,35 |
| 2418 | 176 | Isocyanursäuretrimethylester | $C_6H_9O_3N_3$ | 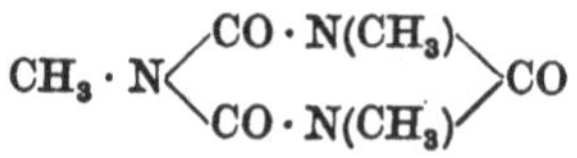 | 171,15 |
| 2419 | 176 | N-Methylphenyläthyl-barbitursäure (Prominal) | $C_{13}H_{14}O_3N_2$ | 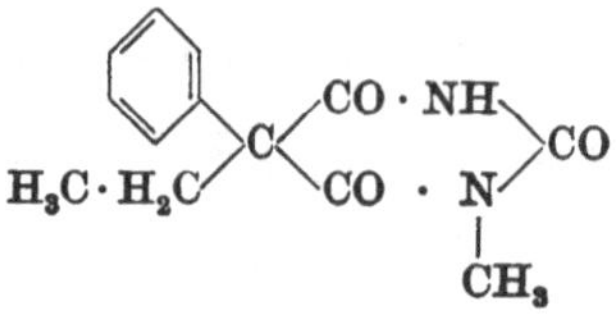 | 251,26 |
| 2420 | 176 | Narcotin | $C_{22}H_{23}O_7N$ | 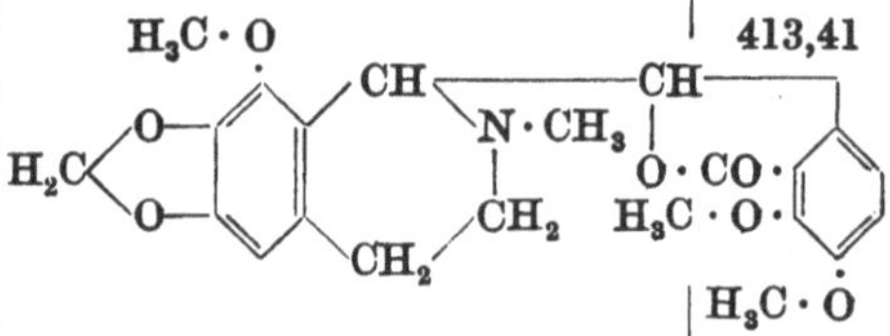 | 413,41 |

| Aggregatzustand Farbe | Spez. Gewicht | Siedepunkt °C | Beilstein-Zitat | Physikalische Konstanten und Eigenschaften | Löslichkeit | Reaktionen |
|---|---|---|---|---|---|---|
| 7 | 8 | 9 | 10 | 11 | 12 | 13 |
| grüngelbe glänzende Schüppchen | | | VIII 517 | | wl. in A<br>ll. in h. Eg. | |
| goldgelbe Prismen (A, Ae od. Bzl.) | | | XIII 267 | vgl. Nr. 1745 | l. in A, Ae | |
| farbl. Krist. | | | | | l. in W | |
| Prismen od. Blättchen $+ 3H_2O$ (W) | | | XXIV 474 | | 0,09 W 26°<br>ll. in h. W<br>l. in A<br>unl. in Ae | |
| gelbe Nadeln | $1{,}615^{14°}$ | | XII 747 | | unl. in k. W<br>swl. in sd. W<br>0,76 A 21°<br>wl. in h. HCl | Acetylderivat *Fp* 121° |
| Säulen | | | XII 948 | | unl. in W<br>swl. in k. A | |
| Krist. (W oder A) | | 274 | XXVI 249 | | unl. in k. W<br>wl. in h. W<br>l. in A | |
| weiße Krist. | | | | bitterer Geschmack | swl. in W<br>l. in A<br>ll. in Lauge | 1, 2—3 mg Subst. in 1 ml methylalkohol. $Co(NO_3)_2$-Lsg. + 20mg Piperazin → rotviolett<br>2. 2 mg. Subst. in 1 ml 1—2%iger Pyridinlsg. in Hitze gelöst. Zur sd. Lsg. tropfenweise 0.4%ige $CuSO_4$-Lsg. → blaßviolette Krist.<br>3. 1 ml $H_2SO_4$ + Paraform warm → blaßgelb → intensiv violettrot → rot + $HNO_3$-$H_2SO_4$ → orange |
| Nadeln (A) | 1,374 | (Z) | XXVII 547 | $[\alpha]_D$ —200° (Chlf.) | swl. in W<br>wl. in k. A<br>ll. in sd. A<br>0,6 Ae 16°<br>ll. in Chlf. | + konz. $H_2SO_4$ → grünlichgelb → rotgelb → kirschrot<br>+ $(CH_2)_6N_4$ in $H_2SO_4$ (5%ig) → goldgelb<br>+ Formaldehyd-$H_2SO_4$ → blauviolett, → violett → sepia → gelb → blutrot<br>+ konz. $HNO_3$ → gelbgrün<br>+ Perhydrol-$H_2SO_4$ → orangerot → purpurrot → farblos |

| Lfd. Nr. | *Fp* | Name | Summenformel | Strukturformel | Mol.-Gewicht |
|---|---|---|---|---|---|
| 1 | 2 | 3 | 4 | 5 | 6 |
| 2421 | 176 (Z.) | Orsellinsäure | $C_8H_8O_4$ | 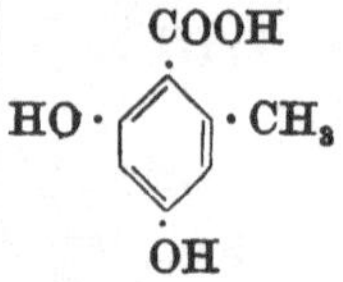 | 168,14 |
| 2422 | 176 bis 177 | α-Campheramidsäure | $C_{10}H_{17}O_3N$ | 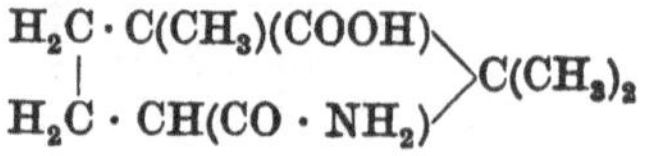 | 194,24 |
| 2423 | 176 bis 177 | 4-Dibenzothiophensäure | $C_{13}H_8O_2S$ | 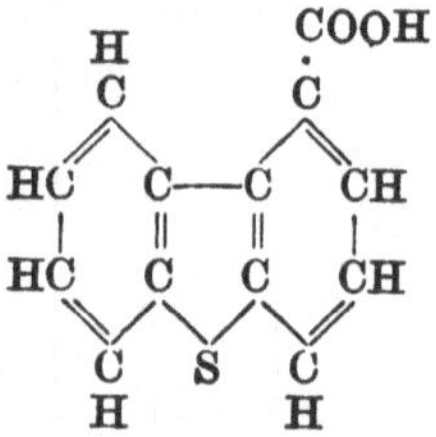 | 228,25 |
| 2424 | 176 bis 177 | Dichinolyl-(2,3′) | $C_{18}H_{12}N_2$ | $C_9H_6N \cdot C_9H_6N$ | 256,29 |
| 2425 | 176 bis 177 | 2,3,5-Trichlor-4-thiophensäure | $C_5HO_2Cl_3S$ | 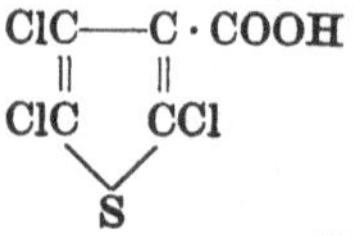 | 231,49 |
| 2426 | 176 bis 180 | Succinylsalicylsäure (Diaspirin) | $C_{18}H_{14}O_8$ | 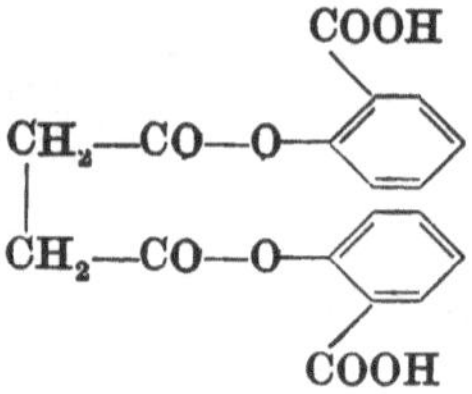 | 358,29 |
| 2427 | 177 | 9-Methyl-2,6,8-trichlorpurin | $C_6H_3N_4Cl_3$ | 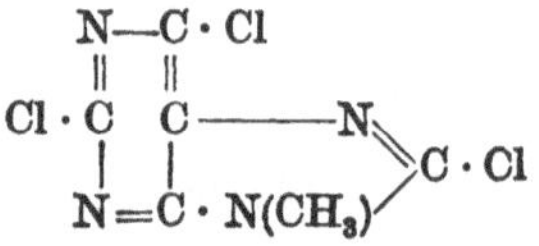 | 223,44 |
| 2428 | 177 | 2,5-Dinitrobenzoesäure | $C_7H_4O_6N_2$ | $(O_2N)_2C_6H_3 \cdot COOH$ | 212,12 |
| 2429 | 177 | 2-Methylanthrachinon | $C_{15}H_{10}O_2$ | 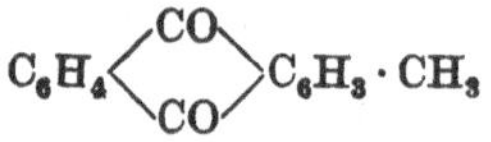 | 222,23 |
| 2430 | 177 | 2-Oxy-p-toluylsäure | $C_8H_8O_3$ | $HO \cdot C_6H_3(CH_3) \cdot COOH$ | 152,14 |
| 2431 | 177 | 2-Thienyl-isoxazolcarbonsäure | $C_8H_5O_3NS$ | 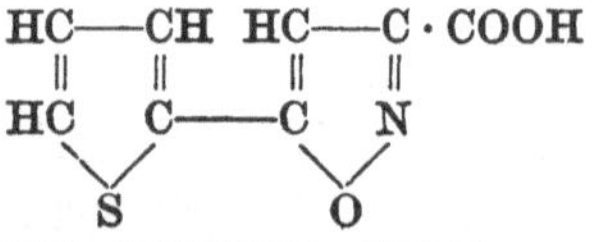 | 195,19 |
| 2432 | 177 bis 178 | 4-Oxy-o-toluylsäure | $C_8H_8O_3$ | $HO \cdot C_6H_3(CH_3) \cdot COOH$ | 152,14 |

| Aggregat-zustand Farbe | Spez.-Gewicht | Siede-punkt °C | Beilstein-Zitat | Physikalische Konstanten und Eigenschaften | Löslichkeit | Reaktionen |
|---|---|---|---|---|---|---|
| 7 | 8 | 9 | 10 | 11 | 12 | 13 |
| Nadeln + 1 $H_2O$ (Essig-säure) | | | X 412 | | ll. in A<br>22,2 Ae 20° | |
| Blättchen (W) | | | IX 755 | [α]D +45° (A) | l. in W, A<br>swl. in Ae | |
| Blättchen (A) | | >400 | XXIII 293 | | unl. in W<br>ll. in h. A<br>l. in Ae, Bzl., Chlf. | |
| weiße Nadeln | | | | geruchlos, ge-schmacklos | swl. in W<br>wl. in k. A,<br>k. Essigester | |
| Krist. (A) | | XXVI 357 | | | sl. in Aceton u. h. W | |
| Krist. (W) | | | IX 412 | | wl. in k. W<br>ll. in A, Ae | |
| Nadeln (A) | | | VII 809 | | wl. in A, Ae<br>ll. in Bzl., Eg. | |
| Nadeln (W) | | subl. | X 233 | | l. in W<br>ll. in A, Ae | + $FeCl_3$ → violett<br>Äthylester Kp. 254° |
| Nadeln + ½ $H_2O$ (W) | | | X 214 | | wl. in k. W<br>ll. in A, Ae | Äthylester *Fp* 98° |

| Lfd. Nr. | *Fp* | Name | Summenformel | Strukturformel | Mol.-Gewicht |
|---|---|---|---|---|---|
| 1 | 2 | 3 | 4 | 5 | 6 |
| 2433 | 177 bis 178 | 3,4,5-Trioxybenzophenon | $C_{13}H_{10}O_4$ | $C_6H_5 \cdot CO \cdot C_6H_2(OH)_3$ | 230,21 |
| 2434 | 177,5 | 2,5-Dimethyl-3-rhodan-mercurithiophen | $C_7H_7NS_2Hg$ | 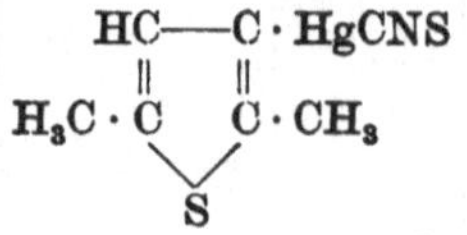 | 347,24 |
| 2435 | 178 | Androsteron | $C_{19}H_{30}O_2$ | 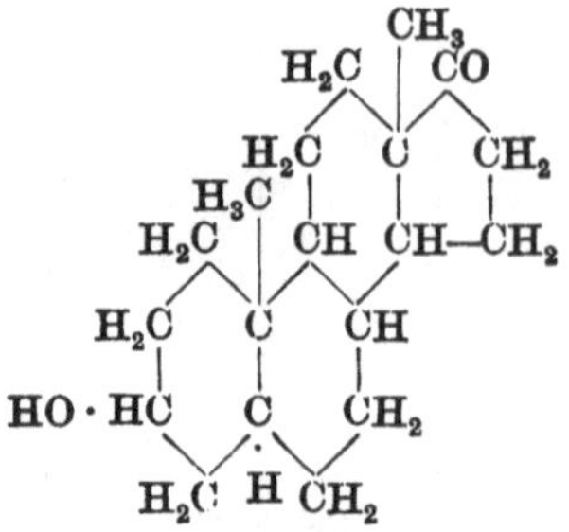 | 290,42 |
| 2436 | 178 | Brucin | $C_{23}H_{26}O_4N_2$ | 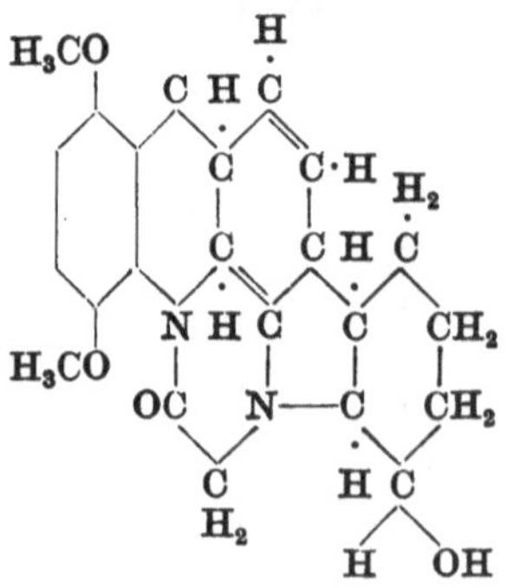 | 394,45 |
| 2437 | 178 | γ-Carotin | $C_{40}H_{56}$ | 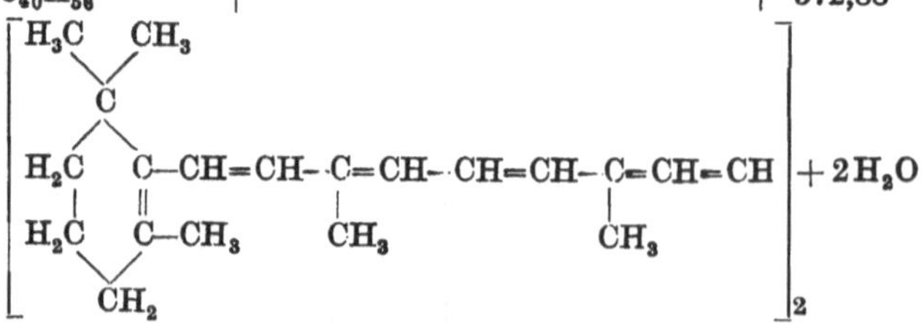 | 572,88 |
| 2438 | 178 | 1,7-Dioxynaphthalin | $C_{10}H_8O_2$ | $C_{10}H_6(OH)_2$ | 160,16 |

| Aggregat-zustand Farbe | Spez. Gewicht | Siede-punkt °C | Beilstein-Zitat | Physikalische Konstanten und Eigenschaften | Löslichkeit | Reaktionen |
|---|---|---|---|---|---|---|
| 7 | 8 | 9 | 10 | 11 | 12 | 13 |
| Blättchen $+1H_2O$ (W) | | | VIII 422 | | wl. in k. W ll. in h. W; A, Ae | |
| Krist. | | | | $[\alpha]_D$ +96° | l. in Chlf. | Oxim *Fp* 215° |
| weiße Prismen (A) | | | | $[\alpha]_D$ —119 bis —127° (Chlf.); stark bitter; sehr giftig | 0,1 W 20° 0,67 sd. W 82,4 A 25° 0,8 Ae 20° 13,1 Chlf. 25° l. in Säuren | + verd. $HNO_3$ → blaßviolettrot, kurzes Erhitzen → orange → gelb 1. + 1 ml $H_2SO_4$ → rosa + Fe-$H_3PO_4$ → zart violettrot + $HNO_3 \cdot H_2SO_4$ → intensiv orange → sehr langsam gelb 2. + 10—20 mg Paraform + 1 ml $H_2SO_4$ → rosa + Fe-$H_3PO_4$ → zart violettrot + $HNO_3 \cdot H_2SO_4$ → intensiv orange → langsam heller + Bromwasser → violett + Bromw. → gelber Nd. + Jodjodkalium → Nd. E 1:50000 + $AuCl_3$ → Nd. 1:20000 Subst. in $H_2SO_4$-$H_2O$(1:9) + stark verd. $K_2Cr_2O_7$-Lsg. → himbeerrot → orangerot → braunrot (E 1:10000) |
| rote Blättchen | | | | optisch inaktiv | | + $SbCl_3$ in Chlf. → blau |
| Nadeln (W) | | | VI 981 | | ll. in h. W, A, Ae | Diacetat *Fp* 108° |

| Lfd. Nr. | *Fp* | Name | Summenformel | Strukturformel | Mol.-Gewicht |
|---|---|---|---|---|---|
| 1 | 2 | 3 | 4 | 5 | 6 |
| 2439 | 178 | 1-[3',4'-Dioxyphenyl]-2-aminopropanol-(1)-chlorhydrat (Corbasil) | $C_9H_{14}O_3NCl$ | 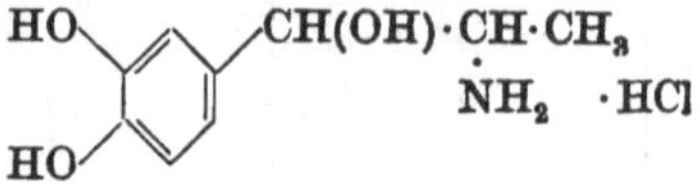 | 189,64 |
| 2440 | 178 | 3,4-Dioxythiophen-2,5-dicarbonsäuredimethylester | $C_8H_8O_6S$ | 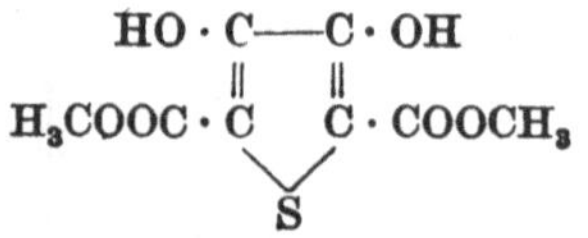 | 232,20 |
| 2441 | 178 | Glyoxim | $C_2H_4O_2N_2$ | HO · N : CH · CH : N · OH | 88,07 |
| 2442 | 178 | Inulin | $C_{12}H_{20}O_{10}$ | | 324,28 |
| 2443 | 178 | Isopropyl-β-bromallyl-barbitursäure (Noctal) | $C_{10}H_{13}O_3N_2Br$ | 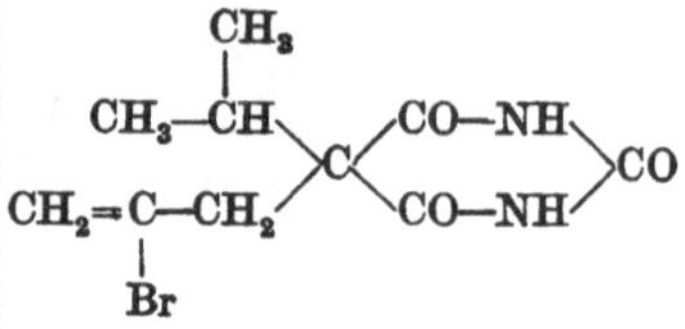 | 289,14 |
| 2444 | 178 | Lobelinchlorhydrat | $C_{22}H_{28}O_2NCl$ | $C_{22}H_{27}O_2N$ + HCl | 373,7 |

| Aggregatzustand Farbe | Spez. Gewicht | Siedepunkt °C | Beilstein-Zitat | Physikalische Konstanten und Eigenschaften | Löslichkeit | Reaktionen |
|---|---|---|---|---|---|---|
| 7 | 8 | 9 | 10 | 11 | 12 | 13 |
| weiße Krist. | | | | geruchlos; bitterer Geschmack | | wss. Lsg. beim Schütteln mit Lauge → rötlichgelb bis orange<br>1—2 mg Subst. in 1 ml W lösen + 0,5 ml verd. $Fe(NO_3)_3$-Lsg. → grün<br>+ Hexamethylentetramin → intensiv blauviolett |
| Tafeln (W) | | subl. | I 761 | | ll. in h. W, A, Ae | |
| hygroskop. Krist. 1 $H_2O$ | $1{,}35^{20°}$ | | | $[\alpha]_D$ —40° | 0,01 W 0°<br>0,02 A 16° | Hydrolyse → Fructose |
| weiße Krist. | | | | | swl. in W<br>l. in Lauge | 1. + 1 ml W + 2—3 Tropfen 2n-Lauge + 2 bis 3 Tropfen n/10-$KMnO_4$-Lsg. → blau bis grün<br>+ 2n $HNO_3$ → klar und farblos<br>+ $AgNO_3$ → AgBr<br>2. 1 mg Subst. + 10 mg $\alpha$-Naphthol in 1 ml konz. $H_2SO_4$ im sd. W-Bad → schwach grün, bei Erhitzen über freier Flamme → intensiv grün<br>3. 2—3 mg Subst. in 1 ml methylalkoholischer $Co(NO_3)_2$-Lsg. + 20 mg Piperazin → rotviolett<br>4. 2 mg Subst. in 1 ml 1—2%iger Pyridinlsg. in Hitze gelöst. Zur sd. Lsg. tropfenweise 0,4%ige $CuSO_4$-Lsg. → blaßviolette Krist. |
| weißes Krist.-Plv. | | | | $[\alpha]_D^{20}$ —42,51° (W); bitterer Geschmack | 40 W<br>10 A<br>ll. in Chlf. | beim Kochen der wss. Lsg. → Geruch nach Acetophenon<br>1. + 1 ml konz. $H_2SO_4$ + Fe-$H_3PO_4$ → rosa, warm violettrot<br>+ Paraform → violettrot und grau<br>+ $HNO_3$-$H_2SO_4$ → braun und violettrot, Fluoreszenz<br>2. 0,01 g Subst. in 1 ml $H_2SO_4$ lösen (HCl-Entwicklung) + 1 Tropfen Formaldehyd-$H_2SO_4$ → kirschrot |

| Lfd. Nr. | *Fp* | Name | Summenformel | Strukturformel | Mol.-Gewicht |
|---|---|---|---|---|---|
| 1 | 2 | 3 | 4 | 5 | 6 |
| 2445 | 178 bis 179 | 4-Amino-m-kresol (OH = 1) | $C_7H_9ON$ | $CH_3 \cdot C_6H_3(OH) \cdot NH_2$ | 123,15 |
| 2446 | 178 bis 179 | 3,4-Dimethyl-2-rhodan-mercurithiophen | $C_7H_7NS_2Hg$ | 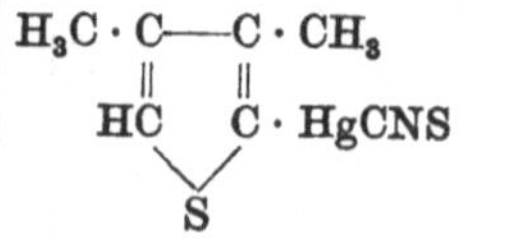 | 369,86 |
| 2447 | 178 bis 179,5 | 5-Jod-3-methyl-2-thiophensäure | $C_6H_5O_2JS$ | 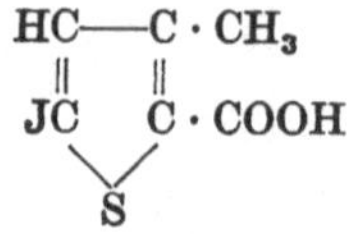 | 268,08 |
| 2448 | 178 bis 180 | 3,4-Dijod-2-chlormercuri-thiophen | $C_4HClJ_2SHg$ | 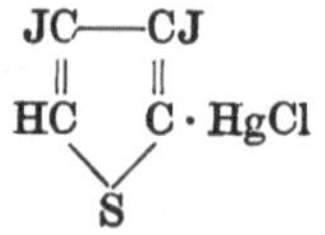 | 370,41 |
| 2449 | 178 bis 180 | 1,8-Dioxyanthranol (Cignolin) | $C_{14}H_{10}O_3$ | 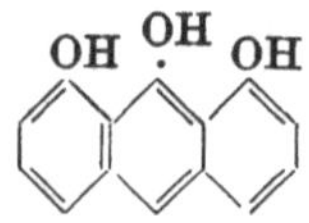 | 226,22 |
| 2450 | 178,5 bis 179 | 2,5-Dibrom-4-methyl-3-thiophensäure | $C_6H_4O_2Br_2S$ | 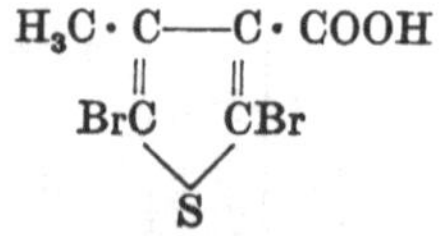 | 299,98 |
| 2451 | 178,5 | d-Campher | $C_{10}H_{16}O$ | 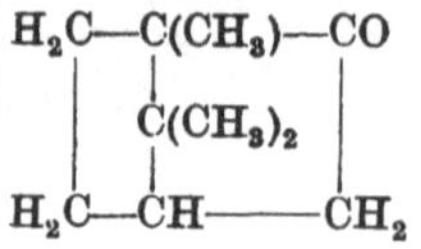 | 152,22 |
| 2452 | 179 | 1-Acetyl-5-äthyl-5-phenyl-hydantoin (Acetyl-nirvanol) | $C_{13}H_{14}O_2N_2$ | 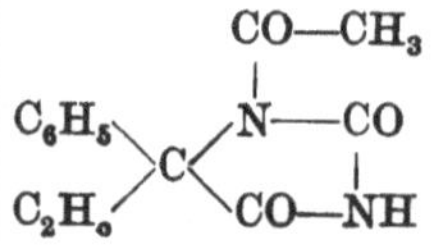 | 246,26 |
| 2453 | 179 | Acetylendicarbonsäure | $C_4H_2O_4$ | $HOOC \cdot C \vdots C \cdot COOH$ | 114,06 |
| 2454 | 179 | N-Methylanthranilsäure | $C_8H_9O_2N$ | $CH_3 \cdot NH \cdot C_6H_4 \cdot COOH$ | 151,16 |
| 2455 | 179 | 3,3',4,4'-Tetrachlor-2,2'-dithienyl-5,5'-dialdehyd | $C_{10}H_2O_2Cl_4S_2$ | 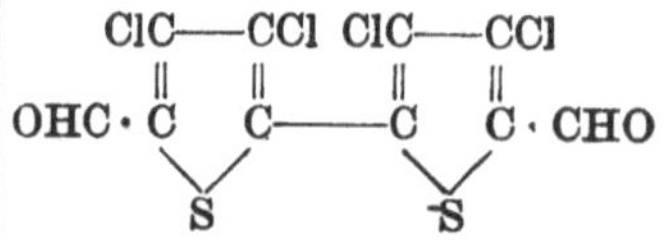 | 360,06 |

| Aggregat-zustand Farbe | Spez. Gewicht | Siede-punkt °C | Beilstein-Zitat | Physikalische Konstanten und Eigenschaften | Löslichkeit | Reaktionen |
|---|---|---|---|---|---|---|
| 7 | 8 | 9 | 10 | 11 | 12 | 13 |
| Warzen (Bzl.) | | | XIII 593 | | | |
| | | | $E_1$ VIII 647 | | | |
| Tafeln (A) | 1,000[0°] 0,9999[9°] | subl 209,1 | VII 101 | $[\alpha]_D^{20}$ +44,3° (A); ebulliosk. Konst. 6,09; kryoskop. Konst. 40,0; riecht durchdringend; schmeckt scharf, etwas bitter, kühlend; mit Wasserdampf flüchtig | 0,15 k. W 120 A 12° ll. in Ae, Bzl. | Lsg. in Paraform-$H_2SO_4$ beim Erwärmen → orangerot, intensiv grüne Fluoreszenz Oxim *Fp* 120°, Nadeln p-Bromphenylhydrazon *Fp* 104°, gelbe Blättchen Camphersemicarbazon *Fp* 247—248°, Nadeln Camphersäure *Fp* 187° (synthetische Säure *Fp* 203—205°) |
| farblose Krist. | | | | | l. in W ll. in A, Ae | |
| Krist. + $H_2O$ (wss. Ae) | | | II 801 | | sll. in W, A, Ae | |
| Blättchen (A) | | | XIV 323 | | 0,2 k. W 0,4 sd. W ll. in A, Ae | |

| Lfd. Nr. | *Fp* | Name | Summenformel | Strukturformel | Mol.-Gewicht |
|---|---|---|---|---|---|
| 1 | 2 | 3 | 4 | 5 | 6 |
| 2456 | **179 bis 180** | Thiophenanthron | $C_{15}H_8OS$ | 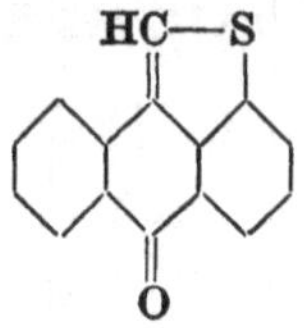 | **236,27** |
| 2457 | **179 bis 180** | 5-Methyl-2-brommercuri-thiophen | $C_5H_5BrSHg$ | 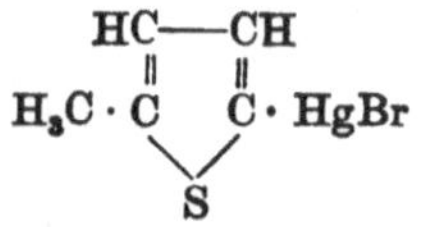 | 377,67 |
| 2458 | **179 bis 180** | 2-Rhodanmercurithiophen | $C_5H_3NS_2Hg$ | 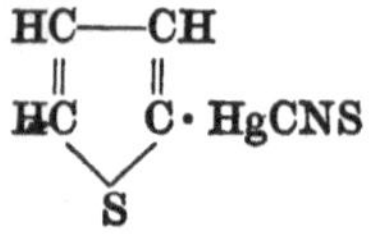 | 341,81 |
| 2459 | **179 bis 181** | Marbadal (Badionalsaures Marfanil) | $C_{14}H_{19}O_4N_5S_3$ | 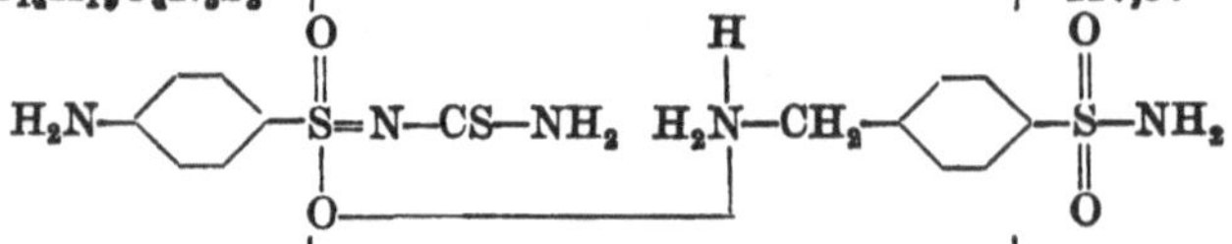 | 417,57 |
| 2460 | 180 | Fluoran | $C_{20}H_{12}O_3$ | 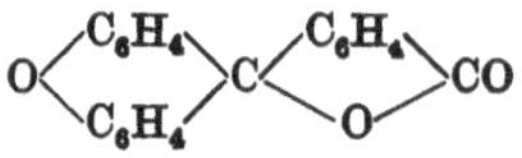 | 300,29 |
| 2461 | 180 | Indican (Pflanzenindican) | $C_{14}H_{17}O_6N$ | 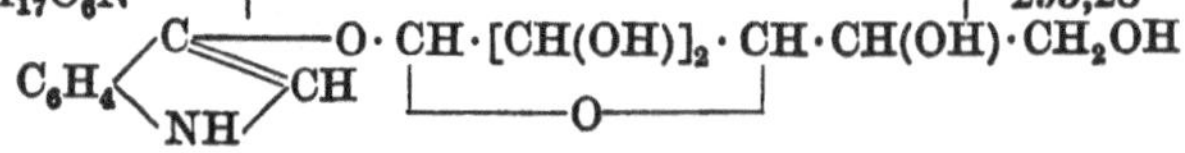 | 295,28 |
| 2462 | 180 (Z.) | α-Isatinchlorid | $C_8H_4ONCl$ | 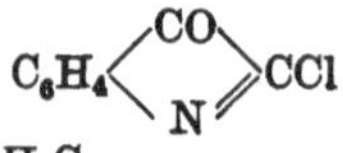 | 165,58 |
| 2463 | 180 | α-Jodisovalerianylharnstoff (Jodival) | $C_6H_{11}O_2N_2J$ | 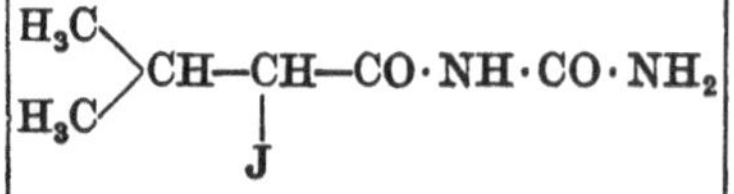 | 270,14 |

| Aggregat-zustand Farbe | Spez. Gewicht | Siede-punkt °C | Beilstein-Zitat | Physikalische Konstanten und Eigenschaften | Löslichkeit | Reaktionen |
|---|---|---|---|---|---|---|
| 7 | 8 | 9 | 10 | 11 | 12 | 13 |
| farblos | | | | | 0,78 W<br>ll. in verd. HCl<br>l. in verd. NaOH, $NH_3$<br>wl. in A, Aceton<br>unl. in Ae | + Br-W → gelblichweiß.Nd.<br>+ p-Dimethylaminobenzaldehyd in verd. HCl → orange<br>Subst. in alkoh. Lsg. + 1 Tropfen HCl auf Zeitungspapier → braunrot<br>Subst. in alkoh. Lsg. + $HNO_3$ + $AgNO_3$ → weißer Nd. + $NH_3$ → schwarz<br>+ $FeCl_3$-Lsg. → schmutziggrünlichbrauner Nd.<br>+ Jodjodkalium → blaßgelb-gelbbrauner Nd.<br>Subst. in $NH_3$ + ammoniakal. $AgNO_3$-Lsg. schwarzer Nd. |
| Nadeln + $2C_2H_5OH$ (A)<br>braune Krist. + $3H_2O$ | | | XIX 146 | | unl. in W<br>l. in A<br>l. in $H_2SO_4$, gelb<br>ll. in W, A<br>l. in Ae | |
| braune Nadeln | | | XXI 302 | | unl. in W<br>ll. in A, Ae, Eg. | Lsgg. sind blau, Reduktion → Indigo |
| weiße Krist. | | | | Geschmack schwach bitter | wl. in W<br>ll. in Lauge | Lsg. in konz. $H_2SO_4$ farblos + tropfenweise $HNO_3 \cdot H_2SO_4$ → vorübergehend violettrot<br>+ 1 ml $H_2SO_4$ + $HNO_3 \cdot H_2SO_4$ → violettrot → braunorange → farblos<br>+ alkal. $HgJ_2$-Lsg. bei Zimmertemperatur klar, beim Erwärmen braunoranger Nd. → |

| Lfd. Nr. | *Fp* | Name | Summenformel | Strukturformel | Mol.-Gewicht |
|---|---|---|---|---|---|
| 1 | 2 | 3 | 4 | 5 | 6 |
| 2464 | 180 | N-Methyl-N'-acetyl-harnstoff | $C_4H_8O_2N_2$ | $CH_3 \cdot NH \cdot CO \cdot NH \cdot CO \cdot CH_3$ | 116,12 |
| 2465 | 180 | Homatropinmethylbromid (Novatropin) | $C_{17}H_{24}O_3NBr$ | $C_{16}H_{21}O_3N \cdot CH_3Br$ | 370,29 |
| 2466 | 180 | Benzyläther-3,3'-di-carbonsäure | $C_{16}H_{15}O_5$ | $O(\cdot CH_2 \cdot C_6H_4 \cdot COOH)_2$ | 292,16 |
| 2467 | 180 | Phenthiazin | $C_{12}H_9NS$ |  | 199,26 |
| 2468 | 180 | p-Toluylsäure | $C_8H_8O_2$ | $CH_3 \cdot C_6H_4 \cdot COOH$ | 136,14 |
| 2469 | 180 | Thioharnstoff | $CH_4N_2S$ | $H_2N \cdot CS \cdot NH_2$ | 76,12 |
| 2470 | 180 bis 181 | Linolensäurehexabromid | $C_{18}H_{30}O_2Br_6$ | $CH_2<$ $(CHBr)_2 \cdot CH_2 \cdot (CHBr)_2 \cdot C_2H_5$ / $(CHBr)_2 \cdot (CH_2)_7 \cdot COOH$ | 757,91 |
| 2471 | 180 bis 188 | 3,5-Dibrom-2-thiophen-säure | $C_5H_2O_2Br_2S$ | 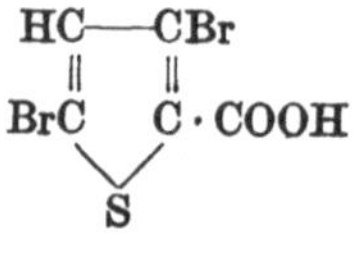 | 285,96 |

| Aggregatzustand Farbe | Spez. Gewicht | Siedepunkt °C | Beilstein-Zitat | Physikalische Konstanten und Eigenschaften | Löslichkeit | Reaktionen |
|---|---|---|---|---|---|---|
| 7 | 8 | 9 | 10 | 11 | 12 | 13 |
| Krist. (W) | | Z. | IV 66 | | ll. in W<br>l. in A<br>wl. in Ae | |
| weiße Krist. | | | | bitter | | + 1 Tropfen $HNO_3 \cdot H_2SO_4$ vorsichtig auf W-Bad erhitzt → blau → blaugrün<br>+ $H_2SO_4$ in W-Bad → schwach gelb<br>+ α-Naphthol → violettrot<br>+ Paraform-$H_2SO_4$ gelinde erwärmt → grünstichig gelb mit rötlicher Färbung<br>+ alkal. $HgJ_2$-Lsg. → gelblicher, käsiger Nd. |
| | | | X 232 | | sl. in Ae, Chlf., Bzl. | |
| gelbe Blättchen (A) | | 370 | XXVII 63 | | swl. in W<br>wl. in A, Ae<br>l. in Bzl. | |
| Krist. (W) | | 274-275 | IX 483 | sublimierbar; mit Dampf flüchtig | 0,04 W 25°<br>ll. in A, Ae | Phenylester *Fp* 83°, Blättchen<br>4-Nitrobenzylester *Fp* 148,5°<br>Amid *Fp* 165°, Nadeln oder Tafeln |
| Krist. (A) | 1,405 | | VI 180 | | 9 k. W<br>swl. in k. A<br>wl. in Ae | bei 160° → Ammoniumrhodanid<br>wss. Lsg. + $AgNO_3$ → weiße Flocken, die sich braun verfärben<br>+ $NH_3$ → $Ag_2S$<br>verd. Jodlösung wird entfärbt<br>+ alkalische $HgJ_2$-Lsg. gelben → orangen, beim Erwärmen schwarzen Nd.<br>1 Krist. Thioharnstoff in gelinde erwärmter Lsg. aus 1 ml $H_2O$, 2 Tropfen $K_3Fe(CN)_6$ + 2 Tropfen 2n-Essigsäure → rasch blau und trüb<br>+ Nitroprussidnatrium in alkalischer Lsg. → gelb |
| Nadeln (Bzl.) | | | II 387 | | swl. in A, Chlf., Eg. | |

| Lfd. Nr. | *Fp* | Name | Summenformel | Strukturformel | Mol.-Gewicht |
|---|---|---|---|---|---|
| 1 | 2 | 3 | 4 | 5 | 6 |
| 2472 | 180 bis 190 | 4,5-Dimethoxyphthalsäure | $C_{10}H_{10}O_6$ | $(CH_3O)_2C_6H_2(COOH)_2$ | 226,18 |
| 2473 | 180 bis 200 | Azodicarbonamid | $C_2H_4O_2N_4$ | $H_2N \cdot CO \cdot N:N \cdot CO \cdot NH_2$ | 116,08 |
| 2474 | 181 | 4-Oxymethylbenzoesäure | $C_8H_8O_3$ | 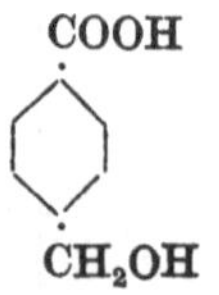 | 152,14 |
| 2475 | 181 | 2-Benzaminobenzoesäure | $C_{14}H_{11}O_3N$ | $C_6H_5 \cdot CO \cdot NH \cdot C_6H_4 \cdot COOH$ | 241,23 |
| 2476 | 181 | Dichinolyl-(6,6′) | $C_{18}H_{12}N_2$ | $C_9H_6N \cdot C_9H_6N$ | 256,29 |
| 2477 | 181 | Homophthalsäure | $C_9H_8O_4$ | $HOOC \cdot C_6H_4 \cdot CH_2 \cdot COOH$ | 180,15 |
| 2478 | 181 | 4-Nitrophenylpropiolsäure | $C_9H_5O_4N$ | $O_2N \cdot C_6H_4 \cdot C \vdots C \cdot COOH$ | 191,14 |
| 2479 | 181 | 4-Oxynaphthaldehyd | $C_{11}H_8O_2$ | $HO \cdot C_{10}H_6 \cdot CHO$ | 172,17 |
| 2480 | 181 | 9-Phenylacridin | $C_{19}H_{13}N$ | 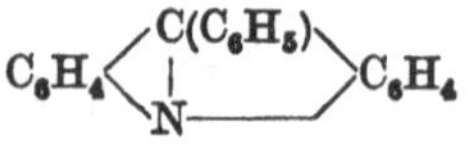 | 255,30 |
| 2481 | 181 | 4,4′, 5,5′-Tetrabrom-2,2′-dithienyl | $C_8H_2Br_4S_2$ | 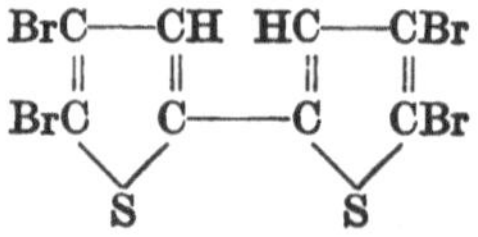 | 481,88 |
| 2482 | 181 | Veratrumsäure | $C_9H_{10}O_4$ | 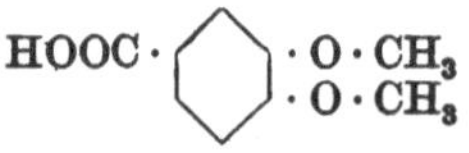 | 182,17 |
| 2483 | 181 bis 182,5 | Androstan-3-on-17-trans-ol (Dihydrotestosteron) | $C_{19}H_{30}O_2$ | | 290,43 |
| 2484 | 181 bis 183 | 2,5-Dijod-4-methyl-3-thiophensäure | $C_6H_4O_2J_2S$ | 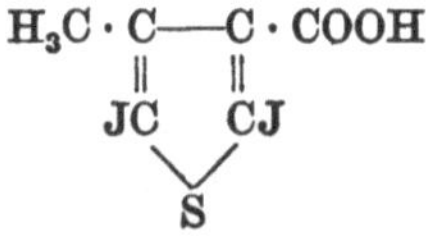 | 393,99 |
| 2485 | 181 bis 183 | Thiosemicarbazid | $CH_5N_3S$ | $H_2N \cdot NH \cdot CS \cdot NH_2$ | 91,13 |
| 2486 | 182 | 3-Aminozimtsäure | $C_9H_9O_2N$ | $H_2N \cdot C_6H_4 \cdot CH:CH \cdot COOH$ | 163,17 |

| Aggregat-zustand Farbe | Spez. Gewicht | Siede-punkt °C | Beilstein-Zitat | Physikalische Konstanten und Eigenschaften | Löslichkeit | Reaktionen |
|---|---|---|---|---|---|---|
| 7 | 8 | 9 | 10 | 11 | 12 | 13 |
| Prismen + $H_2O$ (W) | | | X 552 | | wl. in W | 190° → Anhydrid *Fp* 175° |
| orange Krist. | | | III 123 | | swl. in h. W<br>unl. in A | zersetzt sich beim Erhitzen in Cyanursäure und $NH_3$ |
| Blättchen oder Nadeln | | | | | sll. in Ä., h. W | |
| Nadeln (A oder Bzl.) | | | XIV 340 | | unl. in W<br>ll. in A, Ae | |
| Blättchen (A) | | | XXIII 295 | | unl. in W<br>l. in A, Ae<br>ll. in Bzl. | |
| Nadeln (verd. A) | | | | | | |
| Blättchen oder Prismen (W) | | | IX 857 | | l. in h. W<br>ll. in A<br>wl. in Ae<br>unl. in Chlf., Bzl. | beim Erhitzen → Anhydrid |
| Nadeln (A oder Ae) | | | IX 637 | | wl. in W<br>ll. in h. A; Ae<br>wl in Chlf. | durch sd. W zers. |
| gelbe Nadeln (W) | | | VIII 146 | | unl. in k. W<br>l. in A, Ae | |
| gelbe Prismen (A) | | 403-404 | XX 514 | | | |
| Krist. (W) | | subl. | X 393 | | 0,05 W 14°<br>0,6 sd. W<br>ll. in A, Ae | |
| Nadeln (W) | | | III 195 | | | Hydrochlorid *Fp* 186 bis 190° |
| gelbe Nadeln (W) | | | XIV 520 | | wl. in k. W<br>ll. in A, Ae | Äthylester *Fp* 63—64° |

| Lfd. Nr. | *Fp* | Name | Summenformel | Strukturformel | Mol.-Gewicht |
|---|---|---|---|---|---|
| 1 | 2 | 3 | 4 | 5 | 6 |
| 2487 | **182** | β-Benzpinakolin (ω,ω,ω-Triphenyl-acetophenon) | $C_{26}H_{20}O$ | $(C_6H_5)_3C \cdot CO \cdot C_6H_5$ | **348,42** |
| 2488 | **182** | Cocainchlorhydrat | $C_{17}H_{22}O_4NCl$ | 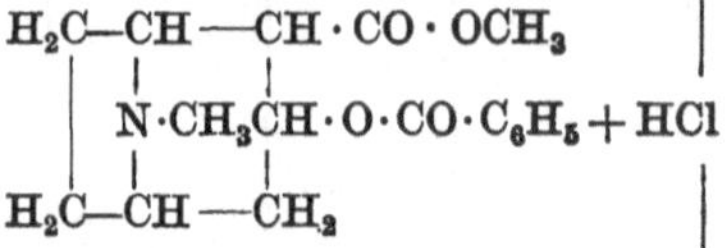 | **339,81** |
| 2489 | **182** | **2,5-Dibrom-4-jod-3-thiophensäure** | $C_5HO_2Br_2JS$ | 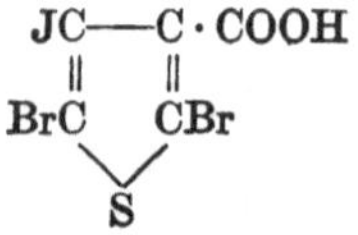 | **411,87** |
| 2490 | **182** | **N,N-Dimethylharnstoff** | $C_3H_8ON_2$ | $(CH_3)_2N \cdot CO \cdot NH_2$ | **88,11** |
| 2491 | **182** | **3,4-Diphenylthiophen-sulfon** | $C_{16}H_{12}O_2S$ | 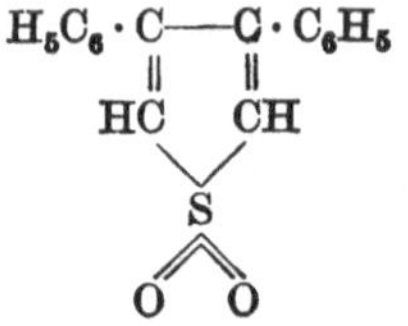 | **268,32** |
| 2492 | **182** | **2,4,6-Trinitro-m-xylol** | $C_8H_7O_6N_3$ | $(O_2N)_3C_6H(CH_3)_2$ | **241,16** |
| 2493 | **182 bis 183** | **2 Chlormercurithiophen** | $C_4H_3ClSHg$ | 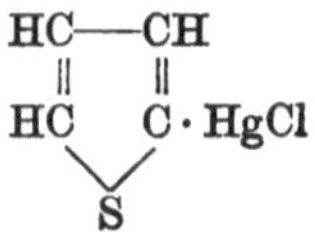 | **319,19** |
| 2494 | **182 bis 183** | **2,4-Dinitrobenzoesäure** | $C_7H_4O_6N_2$ | $(O_2N)_2C_6H_3 \cdot COOH$ | **212,12** |
| 2495 | **182 bis 183** | **4-Oxynaphthoesäure-(2)** | $C_{11}H_8O_3$ | 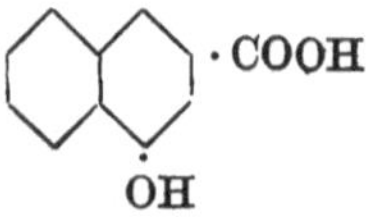 | **188,17** |

| Aggregat-zustand Farbe | Spez. Gewicht | Siede-punkt °C | Beilstein-Zitat | Physikalische Konstanten und Eigenschaften | Löslichkeit | Reaktionen |
|---|---|---|---|---|---|---|
| 7 | 8 | 9 | 10 | 11 | 12 | 13 |
| Nadeln (A) | | Z. | VII 544 | | unl. in W<br>wl. in k. A<br>1,2 sd. 95%ig. A<br>l. in Ae<br>ll. in Bzl., Chlf. | |
| weiße glänzende Blättchen (A) | | | XXII 200 | $[\alpha]_D$ —71,9 (W); schwach bitter; anästhesierend | 250 W 25°<br>38,4 A 25°<br>unl. in Ae | + 1 Tropfen Fe-$H_3PO_4$ erhitzt → Geruch von Benzoesäuremethylester<br>3 mg Substanz mit 1 Tropfen 5%iger $K_2Cr_2O_7$-Lsg. auf Uhrglas mit Glasstab verreiben → gelbe Krist., + 1 Tropfen konz. HCl → orange gefärbtes Harz, das hart wird oder in feinen Nadeln kristallisiert<br>beim Verreiben mit 1 Tropfen n/10-$KMnO_4$-Lsg. → Krist. von Cocainpermanganat<br>+ Harnstoff + $H_2SO_4$ → beim Erwärmen blau<br>+ Jodlösung → brauner Nd. |
| Säulen (A) | 1,255 | | IV 73 | | l. in W<br>wl. in k. A<br>swl. in Ae | |
| schwach-gelbe Nadeln | | | | | | |
| gelbe Blättchen (Bzl. + A) | $1{,}604^{19°}$ | | V 381 | | 0,04 A 20° | |
| Nadeln oder Tafeln (W) | 1,672 | subl. | IX 411 | | 1,85 W 25°<br>l. in A<br>0,71 Bzl. 30° | |
| Büschel kleiner Nadeln (W) | | | X 328 | | l. in W, A | mit $FeCl_3$ gibt die wss. alkohol. Lsg. goldgelbe Trübung<br>Acetylderivat *Fp* 167 bis 168°, Nadeln |

| Lfd. Nr. | *Fp* | Name | Summenformel | Strukturformel | Mol.-Gewicht |
|---|---|---|---|---|---|
| 1 | 2 | 3 | 4 | 5 | 6 |
| 2496 | 182,6 | 4-Fluorbenzoesäure | $C_7H_5O_2F$ | $F \cdot C_6H_4 \cdot COOH$ | 140,11 |
| 2497 | 183 | Curcumin | $C_{21}H_{20}O_6$ | $[(CH_3 \cdot O)^{(3)} \cdot (HO)^{(4)} \cdot C_6H_3 \cdot CH:CH \cdot CO]_2CH_2$ | 368,37 |
| 2498 | 183 | Bis-[5-bromthienyl-(2)]-quecksilber | $C_8H_4Br_2S_2Hg$ | 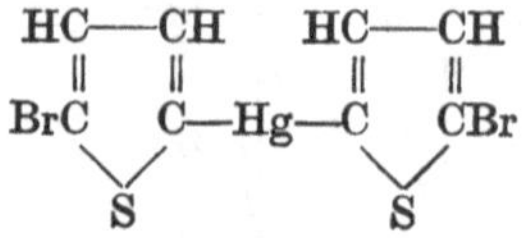 | 524,67 |
| 2499 | 183 | Euphthalmin (Mandelsäureester des N,α,α',α'-Tetramethyl-γ-oxyhexahydropyridin-chlorhydrats) | $C_{17}H_{26}O_3NCl$ | 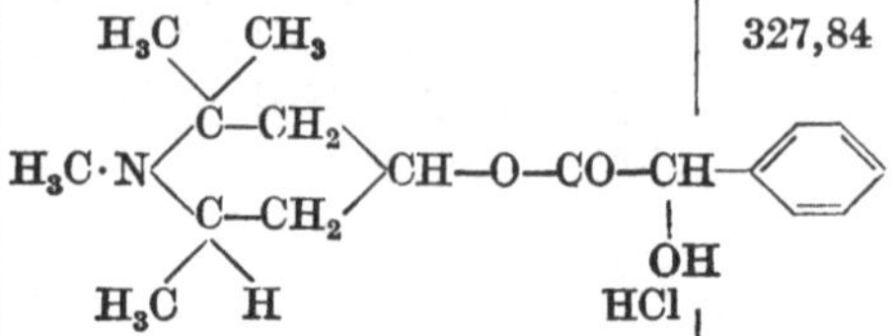 | 327,84 |
| 2500 | 183 | 2,4,4',5,5'-Pentabrom-3,3'-dithienyl | $C_8HBr_5S_2$ | 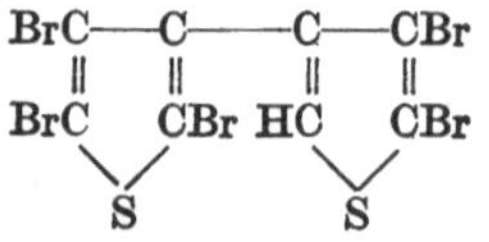 | 561,80 |
| 2501 | 183 | Tetraphenylharnstoff | $C_{25}H_{20}ON_2$ | $(C_6H_5)_2N \cdot CO \cdot N(C_6H_5)_2$ | 364,42 |
| 2502 | 183 bis 184 (Z.) | 4-Oxynaphthoesäure-(1) | $C_{11}H_8O_3$ | $HO \cdot C_{10}H_6 \cdot COOH$ | 188,17 |
| 2503 | 183 bis 184 | 5-Oxy-o-toluylsäure | $C_8H_8O_3$ | $HO \cdot C_6H_3(CH_3) \cdot COOH$ | 152,14 |
| 2504 | 183 bis 184 | 2-o-Tolylthiophen | $C_{11}H_{10}S$ | 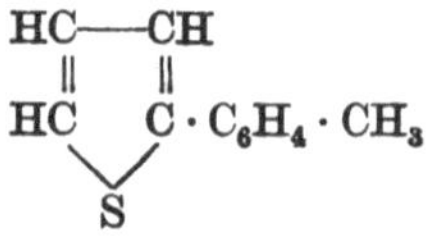 | 174,25 |
| 2505 | 183 bis 185 | Thebainchlorhydrat | $C_{19}H_{22}O_3NCl$ | 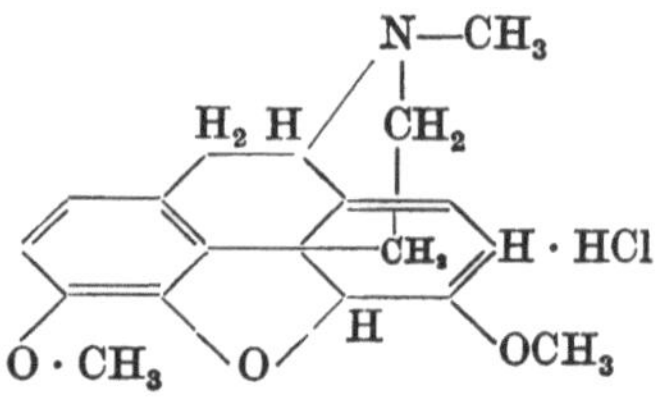 | 343,83 |

| Aggregatzustand Farbe | Spez. Gewicht | Siedepunkt °C | Beilstein-Zitat | Physikalische Konstanten und Eigenschaften | Löslichkeit | Reaktionen |
|---|---|---|---|---|---|---|
| 7 | 8 | 9 | 10 | 11 | 12 | 13 |
| Prismen (W) | $1{,}479^{25°}$ | | IX 333 | mit Dampf flüchtig; schmeckt eigentümlich süß | 0,12 W 25° l. in A, Ae | |
| rote Nadeln oder ziegelrote Prismen (Methylalkohol) | | | VIII 554 | in Ae grüne Fluoreszenz | unl. in W wl. in A, Ae 0,05 Bzl. l. in Alkali rotbraun | |
| weiße Krist. | | | | salzig-bitterer Geschmack | l. in A | + alkal. $HgJ_2$-Lsg. → gelber Nd. kochen → orange bis braunorange Nd. |
| Krist. | 1,222 | subl. | XII 429 | | ll. in sd. A | |
| gelbe Nadeln (A + Ligroin) | | | $E_1$ X 144 | | ll. in A, Ae wl. in Chlf., Bzl. | + sd. W → $CO_2$-Abspaltg. + $FeCl_3$ in wss. Lsg. schokoladenfarbenen Nd. Äthylester *Fp* 134°, farblose Krist. |
| Nadeln (W) | | subl. | X 215 | mit Dampf flüchtig | l. in W ll. in A, Ae | Äthylester *Fp* 67° |
| weiße Krist. + $H_2O$ (Prismen) | | | | | wl. in W l. in A | + konz. HCl → intensiv orange 1. + 1 ml konz. $H_2SO_4$ → intensiv orangerot + $HNO_3$-$H_2SO_4$ → intensiv orange 2. 10—20 mg Paraform + 1 ml $H_2SO_4$ → intensiv orangerot + $HNO_3$-$H_2SO_4$ → intensiv rotbraun → grün → oliv → braun |

| Lfd. Nr. | *Fp* | Name | Summenformel | Strukturformel | Mol.-Gewicht |
|---|---|---|---|---|---|
| 1 | 2 | 3 | 4 | 5 | 6 |
| 2506 | 183,5 | β-Carotin | $C_{40}H_{56} + 2H_2O$ | 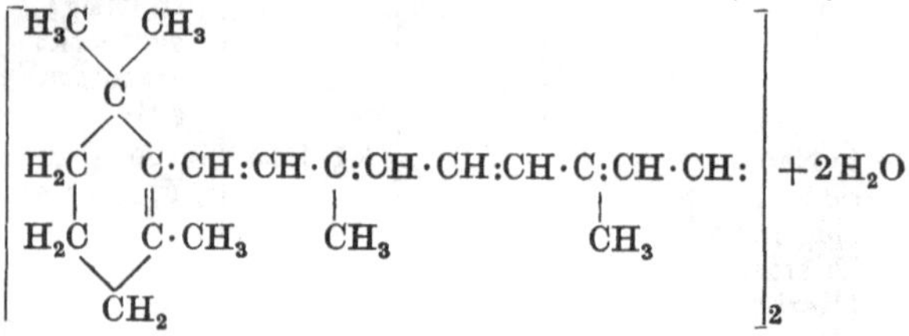 | 572,88 |
| 2507 | 184 | 4-Jodacetanilid | $C_8H_8ONJ$ | $CH_3 \cdot CO \cdot NH \cdot C_6H_4 \cdot J$ | 261 07 |
| 2508 | 184 | N-Phenylanthranilsäure | $C_{13}H_{11}O_2N$ | $C_6H_5 \cdot NH \cdot C_6H_4 \cdot COOH$ | 213,22 |
| 2509 | 184 | Tartronsäure | $C_3H_4O_5$ | $HO \cdot CH(COOH)_2$ | 120,06 |
| 2510 | 184 | Tetraphenylthiophen (Thionessal) | $C_{28}H_{20}S$ | 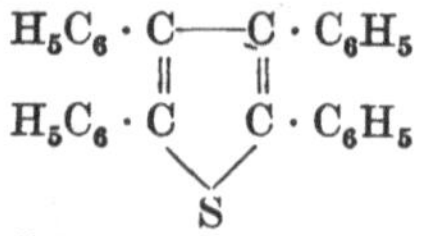 | 388,50 |
| 2511 | 184 | 1,3,5-Trijodbenzol | $C_6H_3J_3$ | $C_6H_3J_3$ | 455,84 |
| 2512 | 184 | 2,4,6-Trimethylphloroglucin | $C_9H_{12}O_3$ | $(CH_3)_3C_6(OH)_3$ | 168,18 |
| 2513 | 184 bis 184,5 | 4,5-Dimethyl-2-jodmercurithiophen | $C_6H_7JSHg$ | 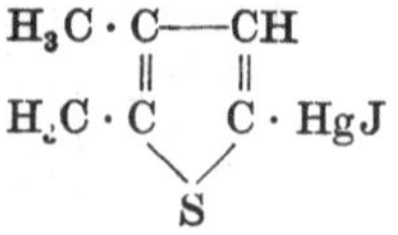 | 438,71 |
| 2514 | 184 bis 185 | 1,10-Dimethyl-α,α,α-quaterthienyl | $C_{18}H_{14}S_4$ | 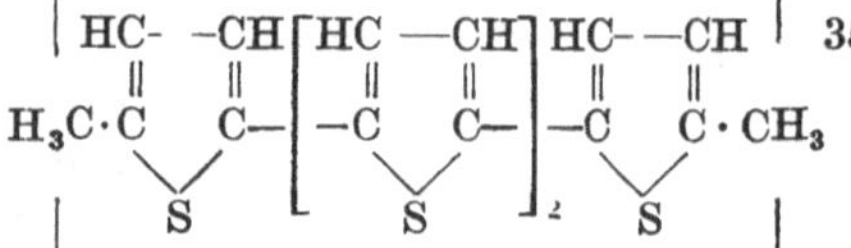 | 358,53 |
| 2515 | 184 bis 185 | 5-Phenyl-2-thiophensäure | $C_{11}H_8O_2S$ | 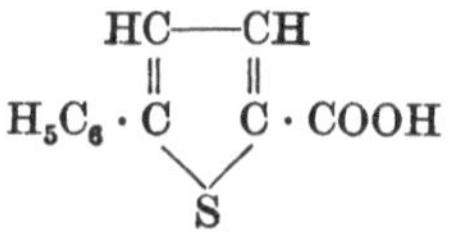 | 204,23 |
| 2516 | 184 bis 186 | Biebricher Scharlach-R | $C_{24}H_{20}ON_4$ | 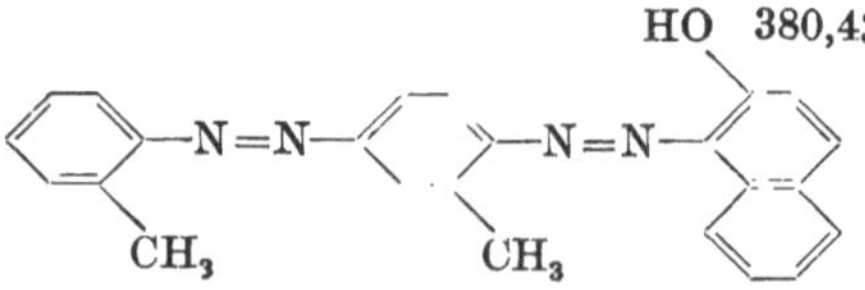 | 380,43 |
| 2517 | 184 bis 186 | Ustin | $C_{19}H_{15}O_5Cl_3$ | | 429,68 |

| Aggregatzustand Farbe | Spez. Gewicht | Siedepunkt °C | Beilstein-Zitat | Physikalische Konstanten und Eigenschaften | Löslichkeit | Reaktionen |
|---|---|---|---|---|---|---|
| 7 | 8 | 9 | 10 | 11 | 12 | 13 |
| rote Tafeln | | | | optisch inaktiv; Absorption in $CS_2$ bei 520, 484, 452 mμ | | + $SbCl_3$ in Chlf. → blau |
| Tafeln (W) | 1,989^{18°} | | XII 671 | | wl. in k. W<br>6,4 A 20,5° | |
| Nadeln (A) | | | XIV 327 | | swl. in k. W<br>l. in h. A<br>swl. in Ae | + $H_2SO_4$ → Acridon |
| Prismen + ½ $H_2O$ (W) | | subl. 110 | III 415 | | ll. in W, A<br>wl. in Ae | |
| Nadeln (A) | | ~460 | XVII 100 | | unl. in W<br>swl. in A<br>l. in Ae | + $H_2SO_4$ → rot |
| Nadeln (Eisessig) | | subl. | V 228 | | unl. in W<br>wl. in k. A. Ae<br>l. in sd. Eg. | |
| Nadeln (Eisessig) | | | VI 1125 | | ll. in sd. W; A<br>swl. in Bzl. | |
| Vierseitige tiefrote Prismen mit intensiv grünem Metallglanz oder rotbraunes Plv. | | | | | unl. in W<br>wl. in Bzl., A, Aceton<br>ll. in Chlf. | |
| Krist. (Toluol) | | | | | l. in Ae, Eg., Toluol | Monomethylderivat *Fp* 174°<br>Dimethylderivat *Fp* 147°<br>Acetylderivat *Fp* 212° |

| Lfd. Nr. | *Fp* | Name | Summenformel | Strukturformel | Mol.-Gewicht |
|---|---|---|---|---|---|
| 1 | 2 | 3 | 4 | 5 | 6 |
| 2518 | **181 bis 187** | 3,5-Dibrom-2-chlor-mercurithiophen | $C_4HClBr_2SHg$ | 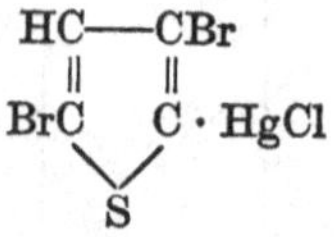 | 477,01 |
| 2519 | **184,2** | 4-Methoxybenzoesäure (Anissäure) | $C_8H_8O_3$ | $^{(4)}CH_3 \cdot O \cdot C_6H_4 \cdot COOH$ | 152,14 |
| 2520 | 184,5 | 2-Nitroanthrachinon | $C_{14}H_7O_4N$ | 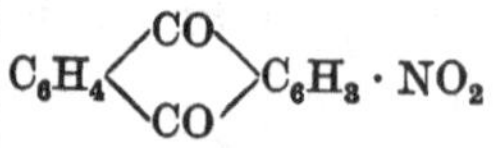 | 253,20 |
| 2521 | **185** | 2-Acetaminobenzoesäure | $C_9H_9O_3N$ | $CH_3 \cdot CO \cdot NH \cdot C_6H_4 \cdot COOH$ | 179,17 |
| 2522 | **185** | Bernsteinsäure | $C_4H_6O_4$ | $HOOC \cdot CH_2 \cdot CH_2 \cdot COOH$ | 118,09 |
| 2523 | **185** | d-Glutamin | $C_5H_{10}O_3N_2$ | $H_2N \cdot CO \cdot (CH_2)_2 \cdot CH \cdot NH_2$<br>$COOH$ | 146,14 |
| 2524 | **185** | Isozuckersäure | $C_6H_8O_7$ | 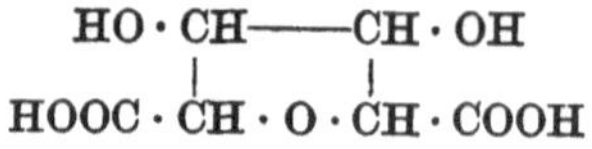 | 192,12 |
| 2526 | **185** | $\beta$-Naphthoesäure | $C_{11}H_8O_2$ | $C_{10}H_7 \cdot COOH$ | 172,17 |
| 2527 | **185** | 5-Octylthiophen-2,4-dicarbonsäure | $C_{14}H_{20}O_4S$ | 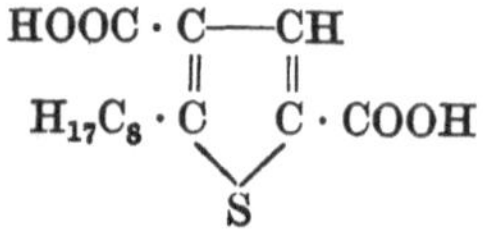 | 284,36 |
| 2528 | **185** | Saccharose | $C_{12}H_{22}O_{11}$ | 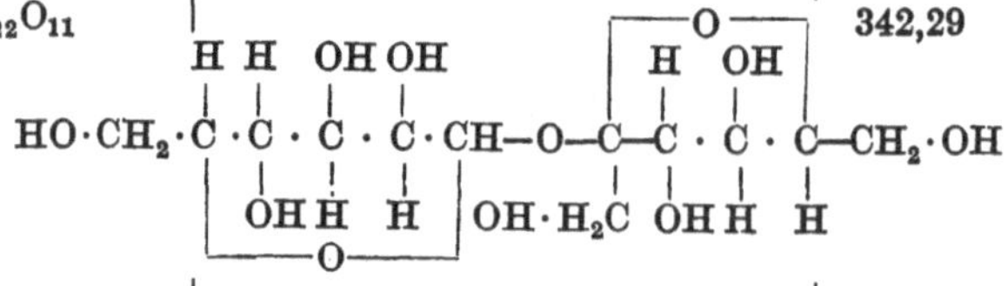 | 342,29 |
| 2529 | **185 bis 186** | Bromfumarsäure | $C_4H_3O_4Br$ | $HOOC \cdot CH : CBr \cdot COOH$ | 194,98 |
| 2530 | **185 bis 186** | N,N′-Diacetyl-o-phenylen-diamin | $C_{10}H_{12}O_2N_2$ | $C_6H_4(NH \cdot CO \cdot CH_3)_2$ | 192,21 |
| 2531 | **185 bis 186** | 2-Methoxyzimtsäure | $C_{10}H_{10}O_3$ | $CH_3O \cdot C_6H_4 \cdot CH : CH \cdot COOH$ | 178,18 |

| Aggregatzustand Farbe | Spez. Gewicht | Siedepunkt °C | Beilstein-Zitat | Physikalische Konstanten und Eigenschaften | Löslichkeit | Reaktionen |
|---|---|---|---|---|---|---|
| 7 | 8 | 9 | 10 | 11 | 12 | 13 |
| Nadeln (W) | 1,385 | 275-280 | X 154 | schwacher Geruch; geschmacklos | 0,04 W 18°<br>ll. in W 100°<br>ll. in A, Ae, Lauge | erhitzen mit 2 Tropfen Fe-$H_3PO_4$ bis zur leichten Verfärbung tritt Geruch nach Anis auf. Die nach Erkalten mit Paraform und konz. $H_2SO_4$ aufgenommene Lsg. wird violettrot |
| gelbe Nadeln (A) | | | VII 792 | | unl. in W<br>wl. in A, Ae | |
| Nadeln (Eisessig) | | | XIV 337 | | wl. in k. W<br>ll. in h. W, A, Ae | |
| Prismen | $1{,}564^{15°}$ | 235 | II 601 | Geschmack sauer; geruchlos; subl. bei 120° | 6,84 W 20°<br>60,37 W 75°<br>7,54 A 15°<br>0,35 Ae 15° | > 235° Anhydridbildung<br>wss. Lsg. + $Fe(NO_3)_2$-Lsg. → blaßrötlichgelb<br>p-Phenylphenacylester *Fp* 208° |
| Nadeln (W) | | | IV 491 | | 3,61 W 18°<br>swl. in A<br>unl. in Ae | |
| Rhomben | | | XVIII 364 | $[\alpha]_D^{20}$ +46° (W) | ll. in W, A<br>wl. in Ae | |
| Nadeln (Ligroin) | | >300 | IX 656 | | wl. in h. W<br>ll. in A, Ae | |
| monokline Krist. | $1{,}5860^{30°}$ | | | $[\alpha]_D^{20}$ +66,5°; süßer Geschmack | 204 W 20°<br>487 W 100°<br>0,9 A<br>unl. in Ae | Spaltung → Glucose + Fructose<br>wss. Lsg. beim Erhitzen mit Lauge nicht gelb<br>+ konz. $H_2SO_4$ → langsam gelb<br>Fehlingsche Lsg. wird nach Inversion reduziert |
| Blättchen (W) | | Z. | II 745 | | l. in W, A | |
| Nadeln (W) | | Z. | XIII 20 | | ll. in sd. W; A<br>swl. in Ae | >186° → Zers. → 2-Methylbenzimidazol |
| Prismen (A) | | | X 289 | polymerisiert beim Aufbewahren | l. in A | |

| Lfd Nr. | *Fp* | Name | Summenformel | Strukturformel | Mol.-Gewicht |
|---|---|---|---|---|---|
| 1 | 2 | 3 | 4 | 5 | 6 |
| 2532 | **185 bis 186** | 7-Oxy-4-methylcumarin (β-Methylumbelliferon) | $C_{10}H_8O_3$ | $OH \cdot C_6H_3 \langle {C(CH_3) : CH \atop O — CO} \rangle$ | 176,16 |
| 2533 | **185 bis 186** | Salvarsan | $C_{12}H_{14}O_2N_2Cl_2As_2$ | $As \cdot C_6H_3(OH) \cdot NH_2$ ‖ $As \cdot C_6H_3(OH) \cdot NH_2$ $+ 2HCl$ | 338,98 |
| 2534 | **186** | 5-Aminonaphthol-(2) | $C_{10}H_9ON$ | $H_2N \cdot C_{10}H_6 \cdot OH$ | 159,18 |
| 2535 | **186** | 4-Aminophenol | $C_6H_7ON$ | $H_2N \cdot C_6H_4 \cdot OH$ | 109,12 |
| 2536 | **186** | 3-Chlorphthalsäure | $C_8H_5O_4Cl$ | $Cl \cdot C_6H_3(COOH)_2$ | 200,58 |
| 2537 | **186** | 3-Nitrodibenzothiophen | $C_{12}H_7O_2NS$ | 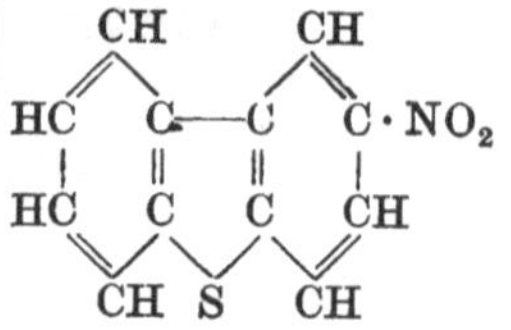 | 229,24 |
| 2538 | **186** (Z.) | 4,4′,4″-Triamino-3-methyltriphenylcarbinol | $C_{20}H_{21}ON_3$ | $(H_2N \cdot C_6H_4)_2C \cdot OH$ — $C_6H_3(CH_3)NH_2$ | 319,39 |
| 2539 | **186 bis 187** | 4-Aminobenzoesäure (Vitamin H′) | $C_7H_7O_2N$ | $H_2N \cdot C_6H_4 \cdot COOH$ | 137,13 |
| 2540 | **186 bis 188** | 3,4-Dimethoxyphthalsäure (Hemipinsäure) | $C_{10}H_{10}O_6$ | $(CH_3O)_2C_6H_2(COOH)_2$ | 226,18 |
| 2541 | **186 bis 188** | 3-Jod-5-methyl-2-thiophensäure | $C_6H_5O_2JS$ | 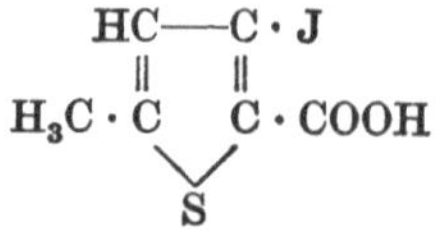 | 268,08 |
| 2542 | **186 bis 188** | 1-Oxynaphthoesäure-(2) | $C_{11}H_8O_3$ | $HO \cdot C_{10}H_6 \cdot COOH$ | 188,17 |
| 2543 | **186,7** | 2,3,4-Trichlorbenzoesäure | $C_7H_3O_2Cl_3$ | $Cl_3 \cdot C_6H_2 \cdot COOH$ | 225,46 |
| 2544 | 187 | d-Camphersäure | $C_{10}H_{16}O_4$ | $H_2C \cdot C(CH_3)(COOH)$ / $H_2C — CH(COOH)$ $\rangle C(CH_3)_2$ | 200,22 |

| Aggregatzustand Farbe | Spez. Gewicht | Siedepunkt °C | Beilstein-Zitat | Physikalische Konstanten und Eigenschaften | Löslichkeit | Reaktionen |
|---|---|---|---|---|---|---|
| 7 | 8 | 9 | 10 | 11 | 12 | 13 |
| weiße Krist. | | | XVII 493 | geruchlos; geschmacklos | swl. in W | + Lauge → violettblaue Fluoreszenz, beim Kochen → rötlichgelb → + Chlf. nochmals erhitzt → violettrot |
| gelbe Krist. | | | $E_1$ XVI 507 | | ll. in W<br>wl. in A<br>swl. in Ae | |
| Nadeln (W) | | | XIII 682 | | ll. in A, Ae | |
| Blättchen | | subl. | XIII 427 | | 1,1 W 0°<br>4,5 A 0° | Chlorhydrat *Fp* 183°<br>alkal. Lsg. an der Luft → violett<br>+ Chromsäure → p-Chinon |
| Nadeln (W) | | | IX 816 | | 2,16 W 14°<br>ll. in A, Ae | |
| farblose Nadeln oder Tafeln (W) | | | XIII 763 | | swl. in W<br>wl. in A<br>unl. in Ae | |
| Krist. | | | XIV 418 | | 0,34 W 13°<br>11,3 A 10°<br>8,2 Ae 6°<br>0,06 Bzl. 11° | Acetylderivat *Fp* 250,5°<br>Benzoylderivat *Fp* 278°<br>+ rauch. $HNO_3$ → Pikrinsäure *Fp* 122° |
| Krist. + $H_2O$ (W) | | | X 543 | | wl. in k. W<br>l. in A<br>0,69 Ae<br>0,05 Bzl. | → 180° → Anhydrid *Fp* 189° |
| Nadeln (A od. Ae) | | | X 331 | | swl. in h. W<br>ll. in A, Ae, Bzl. | + $FeCl_3$ → grünlichblau<br>Methylester *Fp* 78°, Tafeln<br>Chlorid *Fp* 85—86°, gelbe Nadeln<br>Amid *Fp* 202°, Nadeln |
| Nadeln | | | IX 345 | | wl. in k. W<br>ll. in A, Ae | |
| Blättchen (W) | 1,186 | | IX 745 | $[\alpha]_D^{20}$ +47,7° (A) | 0,62 W 12°<br>3,2 W 80°<br>ll. in A, Ae<br>l. in Aceton<br>unl. in Chlf. | heiß bereitete, abgekühlte wss. Lsg. + $Fe(NO_3)_3$ langsam gelbliche Gallerte<br>Lsg. in Paraform-$H_2SO_4$ bei gelindem Erwärmen → orange bis rot mit intensiver grüner Fluoreszenz<br>Diamid *Fp* 192—193°, Prismen |

| Lfd. Nr. | *Fp* | Name | Summenformel | Strukturformel | Mol.-Gewicht |
|---|---|---|---|---|---|
| 1 | 2 | 3 | 4 | 5 | 6 |
| 2545 | 187 | α-Carotin | $C_{40}H_{56}$ | 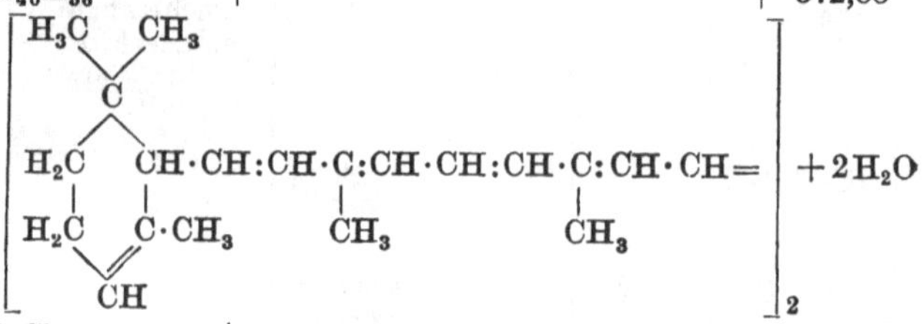 | 572,88 |
| 2546 | 187 | Hexachloräthan | $C_2Cl_6$ | $CCl_3 \cdot CCl_3$ | 236,76 |
| 2547 | 187 | 2-Phenylindol | $C_{14}H_{11}N$ | 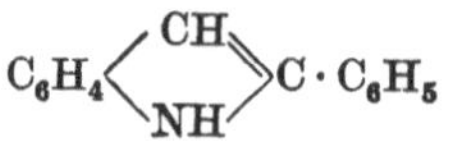 | 193,23 |
| 2548 | 187 | Tetrajodäthylen | $C_2J_4$ | $CJ_2 : CJ_2$ | 531,70 |
| 2549 | 187 (Z.) | Tetraphenyläthylenglykol (Benzpinakon) | $C_{26}H_{22}O_2$ | $(C_6H_5)_2C(OH)—(OH)C \cdot (C_6H_5)_2$ | 366,43 |
| 2550 | 187 bis 188 | 5-Brom-2-rhodanmercuri-thiophen | $C_5H_2NBrS_2Hg$ | 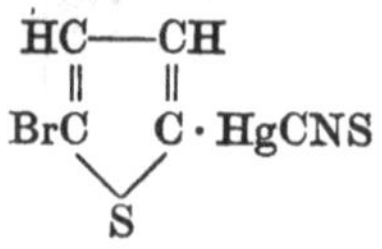 | 422,72 |
| 2551 | 187 bis 188 | 5-Chlor-2-rhodanmercuri-thiophen | $C_5H_2NClS_2Hg$ | 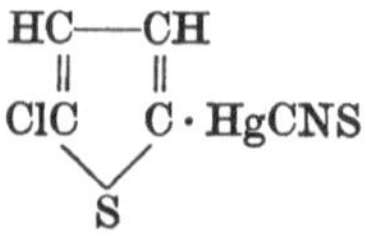 | 378,28 |
| 2552 | 187 bis 188 | 3-Jodbenzoesäure | $C_7H_5O_2J$ | $J \cdot C_6H_4 \cdot COOH$ | 248,03 |
| 2553 | 187 bis 188 | 3-Jod-2,5-dinitrothiophen | $C_4HO_4N_2JS$ | 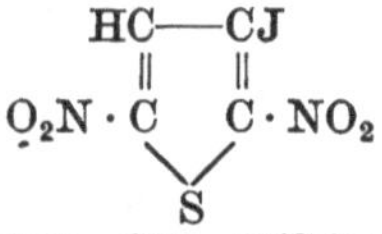 | 300,04 |
| 2554 | 187 bis 188 | 1-Methyl-4-phenylpiperi-din-4-carbonsäureäthyl-ester-chlorhydrat (Dolantin) | $C_{15}H_{22}O_2NCl$ | 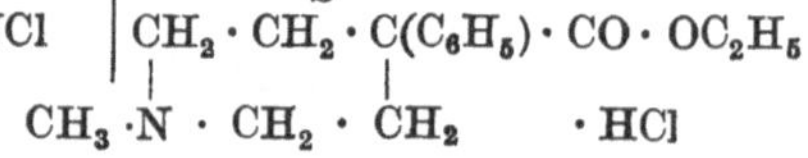 | 283,79 |
| 2556 | 187 bis 188 | g-Strophanthin (Ouabain) | $C_{30}H_{46}O_{12}$ + $9H_2O$ | | 760,50 |

| Aggregat-zustand Farbe | Spez. Gewicht | Siede-punkt °C | Beilstein-Zitat | Physikalische Konstanten und Eigenschaften | Löslichkeit | Reaktionen |
|---|---|---|---|---|---|---|
| 7 | 8 | 9 | 10 | 11 | 12 | 13 |
| rote Tafeln | | | | $[\alpha]_D$ +380° (Bzl.); Absorption in $CS_2$ bei 511, 478, 446 mμ | | + $SbCl_3$ in Chlf. → blau |
| Tafeln (A + Ae) | 2,091 | 185,5 (777mm) | I 87 | *Fp* im geschlossenen Rohr; subl. Umwandlung: rhomb. $\xrightarrow{46^\circ}$, triklin. $\xrightarrow{71^\circ}$ regulär | unl. in W<br>l. in A, Ae | |
| Blättchen (A oder Bzl.) | | >360 | XX 467 | | wl. in h. W<br>2,6 in 94%ig. A 14°<br>ll. in Ae<br>2,1 Bzl. 14°<br>l. in konz. Säuren | |
| gelbe Blättchen (Eg.) | 2,983$^{20^\circ}$ | subl. | I 195 | | unl. in W<br>wl. in k. A<br>ll. in $CS_2$ | |
| Prismen | | | VI 1058 | | 2,5 sd. 95,5%ig. A<br>ll. in Ae | |
| Krist. (Aceton) | 2,171$^{20^\circ}$ | subl. | IX 365 | | wl. in W<br>ll. in A | |
| weiße Krist. | | | | geruchlos; Geschmack bitter; anästhesierend | | |
| weiße Krist. | | | | $[\alpha]_D^{20}$ −30° (W); geruchlos; sehr bitterer Geschmack | l. in k. W<br>ll. in h. W<br>wl. in Ae, Chlf. | erhitzen mit α-Naphthol in konz. $H_2SO_4$ → violettrote, intensiv grün fluoreszierende Lösung<br>+ 5 ml NaOH + 3 ml alkal. Kupfertartratlsg. → roter Nd. |

| Lfd. Nr. | *Fp* | Name | Summenformel | Strukturformel | Mol.-Gewicht |
|---|---|---|---|---|---|
| 1 | 2 | 3 | 4 | 5 | 6 |
| 2557 | 187,5 bis 188,5 | 4-Brom-3-methyl-2-thiophensäure | $C_6H_5O_2BrS$ | 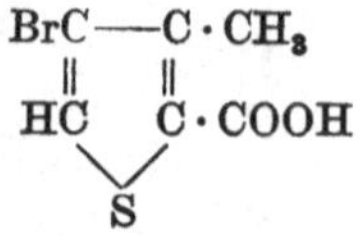 | 221,08 |
| 2558 | 187,8 | Dinaphthyl-(2,2′) | $C_{20}H_{14}$ | $C_{10}H_7 \cdot C_{10}H_7$ | 254,31 |
| 2559 | 188 | 1-Bromanthrachinon | $C_{14}H_7O_2Br$ | 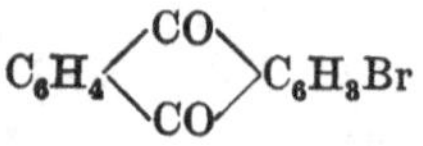 | 287,11 |
| 2560 | 188 | 3,5-Dichlorbenzoesäure | $C_7H_4O_2Cl_2$ | $Cl_2 \cdot C_6H_3 \cdot COOH$ | 191,02 |
| 2561 | 188 | d-Manno-α-heptit | $C_7H_{16}O_7$ | $HO \cdot CH_2 \cdot [CH(OH)]_5 \cdot CH_2 \cdot OH$ | 212,19 |
| 2562 | 188 | 4-Methoxyzimtsäure | $C_{10}H_{10}O_3$ | $CH_3O \cdot C_6H_4 \cdot CH:CH \cdot COOH$ | 178,18 |
| 2563 | 188 | 2,4,6-Trinitroanilin | $C_6H_4O_6N_4$ | $(O_2N)_3C_6H_2 \cdot NH_2$ | 228,12 |
| 2564 | 188 | 6,7,3′,4′-Tetraäthoxy-1-benzylisochinolin-chlorhydrat (Perparin) | $C_{24}H_{30}O_4NCl$ | 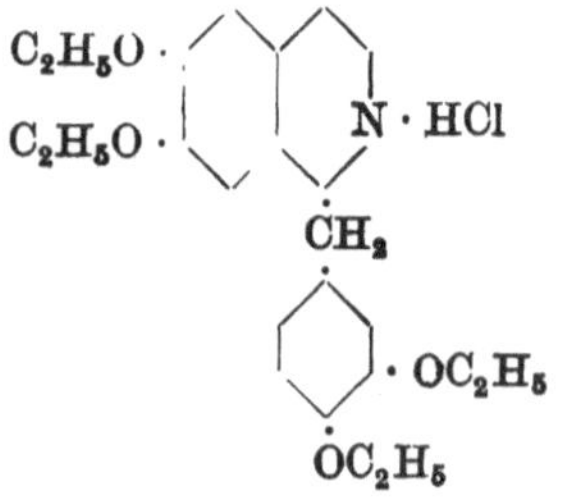 | 431,95 |
| 2565 | 188 bis 189 | 4-Brom-2,5-dimethyl-3-thiophensäure | $C_7H_7O_2BrS$ | 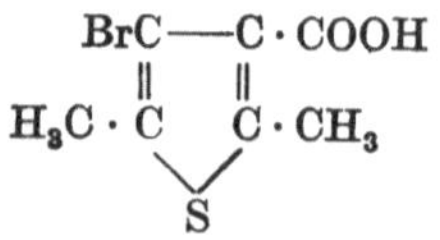 | 235,10 |
| 2566 | 188 bis 190 | N-Methyl-β-[3,4-dioxy-phenyl]-äthylamin (Epinin) | $C_9H_{13}O_2N$ | 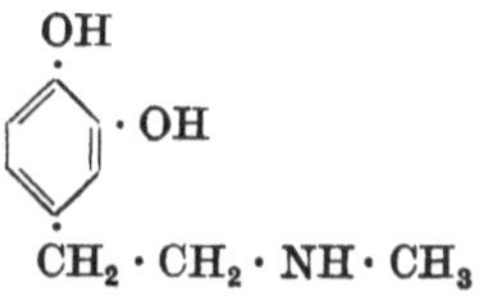 | 167,20 |

| Aggregatzustand Farbe | Spez. Gewicht | Siedepunkt °C | Beilstein-Zitat | Physikalische Konstanten und Eigenschaften | Löslichkeit | Reaktionen |
|---|---|---|---|---|---|---|
| 7 | 8 | 9 | 10 | 11 | 12 | 13 |
| Tafeln | | 452 (753mm) | V 727 | | unl. in W<br>wl. in k. A, Ae<br>ll. in sd. Bzl. | |
| gelbe Nadeln (Bzl.) | | subl. | VII 789 | | | |
| Nadeln (A) | | subl. | IX 344 | | swl. in k. W<br>ll. in A | |
| Nadeln | | | I 548 | $[\alpha]_D^{20}$ +4,5° (wss. Borax-Lsg.) | 5,4 W 18°<br>swl. in k. A | |
| Nadeln (A) | | | X 298 | | swl. in k. W<br>l. in h. W, A, h. Eg. | |
| gelbe Tafeln (Eg.) | $1{,}762^{14°}$ | | XII 763 | | wl. in A, Ae<br>ll. in Bzl. | |
| zitronengelbe Krist. | | | | geruchlos, geschmacklos | wl. in W | Lsg. in Fe-$H_2SO_4$ → bei Zimmertemp. langsam blaßgrün oder blaßblau; beim Erwärmen im W-Bad rasch violettstichig grün<br>1. + 1 ml $H_2SO_4$<br>+ Fe-$H_3PO_4$ → blaßgrün<br>+ Paraform → zart blau<br>+ $HNO_3$-$H_2SO_4$ → blauviolett → rotviolett → violettrot und braun<br>2. 10—20 mg Paraform + 1 ml $H_2SO_4$ → gelb → farblos → langsam violett<br>+ Fe-$H_3PO_4$ → langsam blau → graublau → graugrün<br>+ $HNO_3$-$H_2SO_4$ → blauviolett → violettrot und braun |
| farblose Krist. | | | | | | |

| Lfd. Nr. | *Fp* | Name | Summenformel | Strukturformel | Mol.-Gewicht |
|---|---|---|---|---|---|
| 1 | 2 | 3 | 4 | 5 | 6 |
| 2567 | **188** bis **190** | N-Methyl-β-oxy-β-[p-oxy-phenyl]-äthylamin-tartrat (Sympathol) | $C_{13}H_{19}O_8N$ | 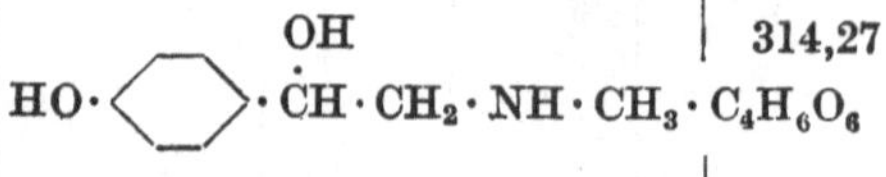 | 314,27 |
| 2568 | **188** bis **192** | Ascorbinsäure (Vitamin C, Cebion, Redoxon) | $C_6H_8O_6$ | 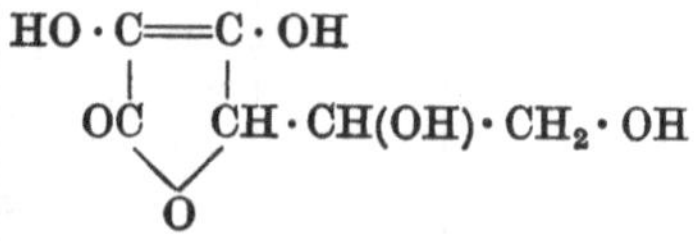 | 176,12 |
| 2569 | **188** bis **192** | Narceinchlorhydrat | $C_{23}H_{28}O_8NCl$ | 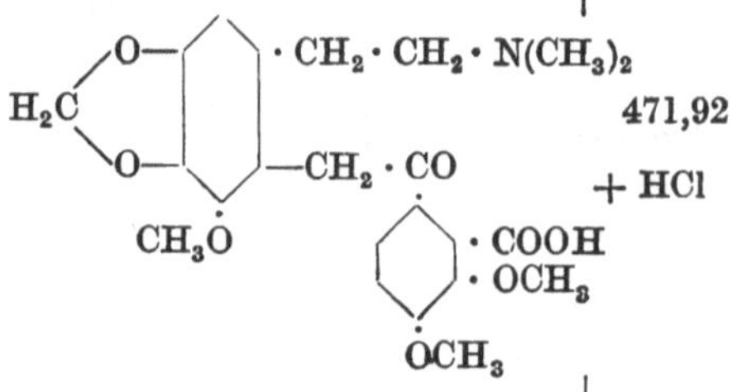 | 471,92 |
| 2570 | **188,5** | Dulcit | $C_6H_{14}O_6$ | $HO \cdot CH_2 \cdot [CH(OH)]_4 \cdot CH_2 \cdot OH$ | 182,17 |
| 2571 | **189** | p-Aminobenzolsulfon-guanidin (Sulfaguanidin, Resulfon, Ruocid) | $C_7H_{10}O_2N_4S$ | 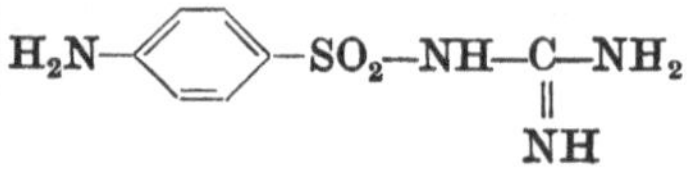 | 214,24 |
| 2572 | **189** | Dichinincarbonat (Aristochin) | $C_{41}H_{46}O_5N_4$ | 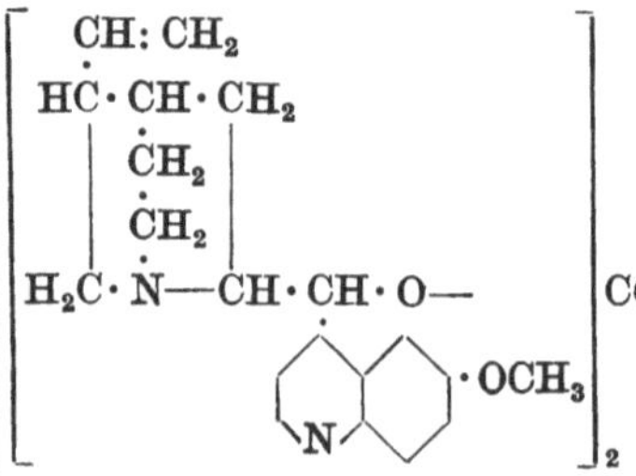 | 674,81 |

| Aggregatzustand Farbe | Spez. Gewicht | Siedepunkt °C | Beilstein-Zitat | Physikalische Konstanten und Eigenschaften | Löslichkeit | Reaktionen |
|---|---|---|---|---|---|---|
| 7 | 8 | 9 | 10 | 11 | 12 | 13 |
| weißes Krist.-Plv. | | | | geruchlos; bitterer Geschmack | l. in W | + Eisennitrat → zitronengelb, $H_2O_2$ oxydiert z. racem. Adrenalin<br>1 mg Subst. + 2 Tropfen Fe-$H_3PO_4$ bis zur Grünfärbung erhitzt und nach Erkalten 1 ml konz. $H_2SO_4$ zugesetzt → blaßgrüne Lsg, + Paraform erhitzt → intensiv grün |
| weiße Krist. (Plättchen) (Dioxan) | | | | $[\alpha]_D^{20}$ +23° (W); saurer Geschmack; geruchlos | ll. in W, A<br>unl. in PAe | wss. Lsg. red. Ferrisalzlsgg., verd. Jodlsg. wird entfärbt, die mit Lauge versetzte wss. Lösung beim Erwärmen violettrot<br>eine mit Methylrot angefärbte wss. Lsg. beim Erhitzen fast farblos |
| weiße Krist. +5½$H_2O$ (W) | | | | bitterer Geschmack | unl. in W<br>l. in Säuren und Laugen | 1. + 1 ml $H_2SO_4$ → braunorange → orangegelb → grüngelb<br>+ Fe-$H_3PO_4$ → oliv → grüngelb<br>+ Paraform → intensiv orangerot → rosa<br>+ $HNO_3$-$H_2SO_4$ → intensiv braunorange → langsam orange<br>2. 10—20 mg Paraform + 1 ml $H_2SO_4$ → intensiv orange → rosa<br>+ $HNO_3$-$H_2SO_4$ → braun → rot |
| Prismen | 1,466$^{15°}$ | 290 (3mm) | I 544 | schmeckt schwach süß | 3,2 W 15°<br>59 sd. W<br>0,073 A 15°<br>unl. in Ae | Dibenzaldulcit *Fp* 215 bis 220°, Nadeln<br>Diacetondulcit *Fp* 98°<br>Hexaphenylurethan *Fp* 315°, unl. mikr. Nadeln |
| farblos bis schwach gelblich | | | | | wl. in A, h. W, Aceton<br>unl. in Ae<br>swl. in NaOH, $NH_3$<br>ll. in verd. HCl, $HNO_3$ | salzsaure Lsg. + salzsaure Lsg. von Dimethylaminobenzaldehyd → orange Nd.<br>erhitzen $NH_3$-Entwicklung, rotlila → dunkellila |
| weißes Krist.-Plv. | | | $E_1$ XXIII 171 | | unl. in W<br>l. in A, Chlf.<br>wl. in PAe, Ae | |

| Lfd. Nr. | *Fp* | Name | Summenformel | Strukturformel | Mol.-Gewicht |
|---|---|---|---|---|---|
| 1 | 2 | 3 | 4 | 5 | 6 |
| 2573 | **189** (Z.) | Nitron | $C_{20}H_{16}N_4$ | 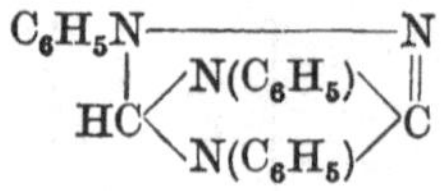 | 312,32 |
| 2574 | **189** bis **191** | 5-Tolyl-2-chlormercuri-thiophen | $C_{11}H_9ClSHg$ | 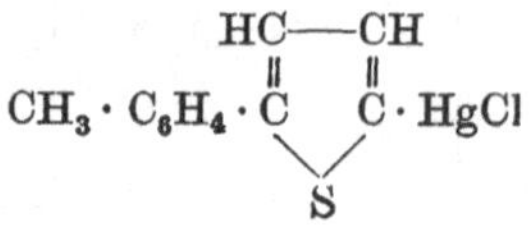 | 409,31 |
| 2575 | **189,5** | Naphthylen-1,5-diamin | $C_{10}H_{10}N_2$ | $H_2N \cdot C_{10}H_6 \cdot NH_2$ | 158,19 |
| 2576 | **189,5** | Oxalsäure | $C_2H_2O_4$ | HOOC · COOH | 90,04 |
| 2577 | **190** | 1,1'-Azonaphthalin | $C_{20}H_{14}N_2$ | $C_{10}H_7 \cdot N : N \cdot C_{10}H_7$ | 282,33 |
| 2578 | **190** | 1,2,3-Benzoltricarbon-säure (Hemimellit-säure) | $C_9H_6O_6$ | $C_6H_3(COOH)_3$ | 210,14 |
| 2579 | **190** (Z.) | Bleiformiat | $C_2H_2O_4Pb$ | $(H \cdot CO \cdot O)_2Pb$ | 297,25 |
| 2580 | **190** | 3-Brom-2-thiophensäure | $C_5H_3O_2BrS$ | 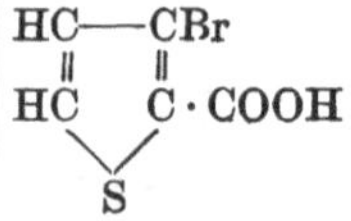 | 207,05 |
| 2581 | **190** (Z.) | Dimethylmalonsäure | $C_5H_8O_4$ | $(CH_3)_2C(COOH)_2$ | 132,14 |
| 2582 | **190** | 2,7-Dioxynaphthalin | $C_{10}H_8O_2$ | $C_{10}H_6(OH)_2$ | 160,16 |

| Aggregatzustand Farbe | Spez. Gewicht | Siedepunkt °C | Beilstein-Zitat | Physikalische Konstanten und Eigenschaften | Löslichkeit | Reaktionen |
|---|---|---|---|---|---|---|
| 7 | 8 | 9 | 10 | 11 | 12 | 13 |
| gelbe Tafeln | | | XXVI 349 | | unl. in W<br>wl. in k. A; Ae<br>ll. in Chlf. | Pikrat *Fp* 259°<br>Nitrat *Fp* > 260°, swl. in W<br>$HNO_3$-Nachweis |
| Prismen (Ae) | | subl. | XIII 203 | | swl. in k. W<br>ll. in h. A; Ae | |
| monokline Krist. (W) | $1,653^{18°}$ | subl. | II 502 | | 9,5 W 20°<br>120 W 90°<br>23,7 A 15°<br>23,6 Ae<br>l. in starker Säure | wird in wss. Lsg. durch Luftsauerstoff oxydiert<br>5 ml mit etwas Resorcin erwärmen. Nach Lösen und Erkalten + 5 ml konz. $H_2SO_4$ unterschichten → blauer Ring<br>Phenylhydrazinsalz *Fp* 184°, naphthalinähnliche Blätter<br>Phenylphenacylester *Fp* 165,5°<br>p-Nitrobenzylester *Fp* 204,5° |
| rote grünlich schimmernde Nadeln (Eg.) | | subl. | XVI 78 | | wl. in A<br>ll. in Bzl. | |
| Tafeln $+2H_2O$ (W) | | | IX 976 | Krist.-W. entweicht bei 100° | 3,15 W 19°<br>ll. in h. W<br>l. in Ae | > *Fp* → Anhydrid *Fp* 196°<br>Dimethylester *Fp* 148 bis 150°, Nadeln<br>Trimethylester *Fp* 101 bis 102°, Nadeln<br>Triäthylester *Fp* 39° |
| Säulen oder Nadeln | 4,57 | | II 17 | | 1,6 W 16°<br>18,2 sd. W<br>unl. in A | |
| Prismen (Bzl. + PAe) | | subl. 120 | II 647 | | 10 W 13°<br>~33 W 100°<br>ll. in A, Ae<br>wl. in Chlf. | beim Erhitzen → Isobuttersäure<br>Diamid *Fp* 269°<br>Dihydrazid *Fp* 208°, Prismen<br>p-Nitrobenzylester *Fp* 83,6° |
| Nadeln (W) | | subl. (Z.) | VI 985 | | l. in h. W<br>ll. in A, Ae | Diacetat *Fp* 136° |

| Lfd. Nr. | *Fp* | Name | Summenformel | Strukturformel | Mol.-Gewicht |
|---|---|---|---|---|---|
| 1 | 2 | 3 | 4 | 5 | 6 |
| 2583 | 190 | Hippursäure (Benzoylglycin) | $C_9H_9O_3N$ | $C_6H_5 \cdot CO \cdot NH \cdot CH_2 \cdot COOH$ | 179,17 |
| 2584 | ~190 | d,l-Hyoscyaminsulfat (Atropinsulfat) | $C_{34}H_{48}O_{10}N_2S$ | 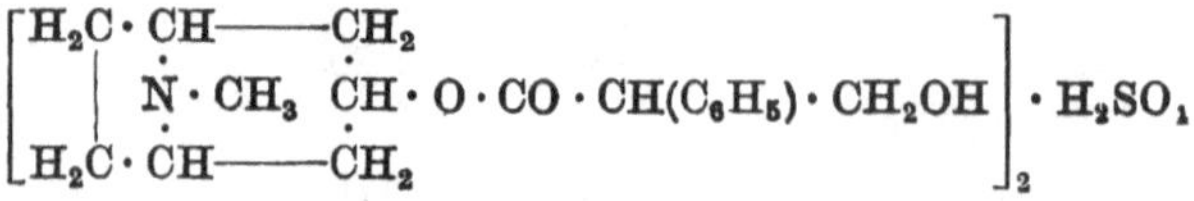 | 576,70 |
| 2585 | 190 (Z.) | 5-Jod-2-brommercurithiophen | $C_4H_2BrJSHg$ | 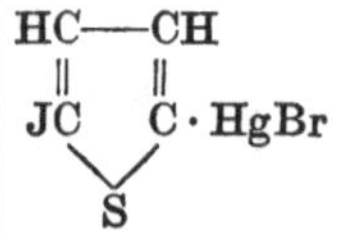 | 489,56 |
| 2586 | 190 (Z.) | 2-Oxynaphthochinon-(1,4) | $C_{10}H_6O_3$ | 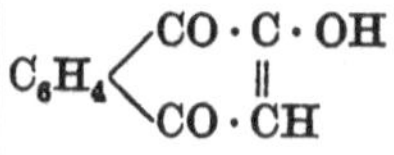 | 174,15 |
| 2587 | ~190 (Z.) | α-Oxy-β-[2-oxy-3-carboxybenzyl]-naphthalin (Epicarin) | $C_{18}H_{14}O_4$ | 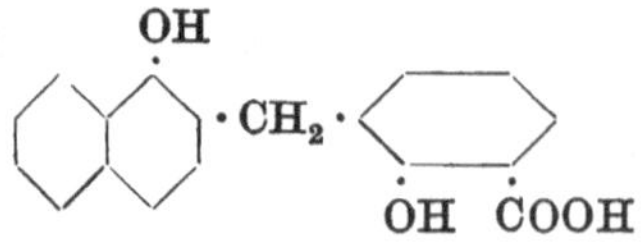 | 294,29 |
| 2588 | 190 bis 191 | Acetonsemicarbacon | $C_4H_9ON_3$ | $(CH_3)_2C:N \cdot NH \cdot CO \cdot NH_2$ | 115,13 |
| 2589 | 190 bis 191 | Cotarninchlorid (Stypticin, Hydrochlorid des 6,7-Methylendioxy-8-methoxy-3,4-dihydro-isochinoliniummethylchlorids) | $C_{12}H_{15}O_3NCl_2$ | 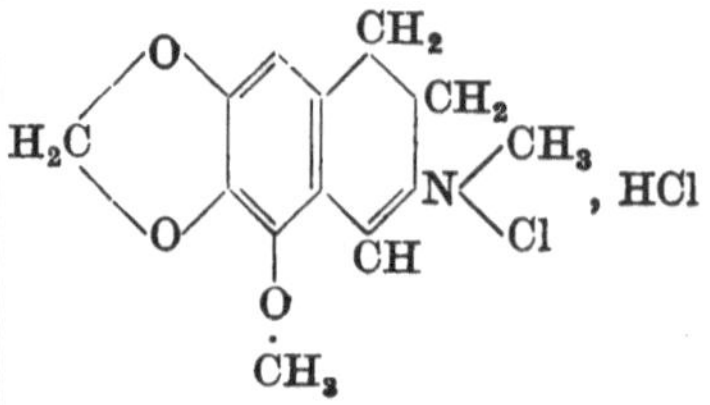 | 315,18 |

| Aggregatzustand Farbe | Spez. Gewicht | Siedepunkt °C | Beilstein-Zitat | Physikalische Konstanten und Eigenschaften | Löslichkeit | Reaktionen |
|---|---|---|---|---|---|---|
| 7 | 8 | 9 | 10 | 11 | 12 | 13 |
| Prismen (W oder A) | 1,308 | | IX 225 | | 0,39 W 20°<br>ll. in h. W, h. A<br>0,35 Ae 18°<br>swl in Bezl.<br>unl. in $CS_2$ | neutralisierte wss. Lsg. + $Fe(NO_3)_3$-Lsg. → schwach rötlichgelben Nd.<br>+ Paraform-$H_2SO_4$ beim Erhitzen → intensiv braun mit intensiv rotbrauner Fluoreszenz |
| weiße Nadeln + $2H_2O$ | | | XXI 24 | Geschmack bitter, kratzend | | + $H_2SO_4$ + Fe-$H_3PO_4$ + Paraform → erwärmt 50° → rötlichbraun → olivbraun und braune Fluoreszenz<br>+ 1 Tropfen $HNO_3$ + A + KOH → violettrot<br>+ 1 Tropfen Fe-$H_3PO_4$ → Jasmin-Honiggeruch<br>+ alkal. $HgJ_2$-Lsg. bei Zimmertemp. klar, beim Kochen → eigelber Nd. → langsam graues Hg |
| rote Krist. oder gelbe Nadeln (Eg) | | subl. | VIII 300 | | swl. in k. W<br>ll. in A, Ae<br>starke Säuren | |
| sehr leichte schwach rötlich gefärbte filzige Krist. | | | | geruchlos; geschmacklos | unl. in W<br>l. in Lauge | wss. Suspension + $Fe(NO_3)_3$-Lsg. → merklich violett<br>mit konz. $H_2SO_4$ g erhitzt bis zur intensiven Braunfärbung → intensiv grüne Fluoreszenz<br>Lsg. in Lauge + Jodlösung → gelbe amorphe Flocken |
| Nadeln (W oder Aceton) | | | III 101 | | l. in W<br>wl. in A<br>unl. in Ae | |
| gelbes lockeres Plv. | | | XXVII 476 | schwach bitterer Geschmack | ll. in W, A | 1. + 1 ml $H_2SO_4$ → blaßgrüngelb + Fe-$H_3PO_4$ → rötlichgelb + $HNO_3$-$H_2SO_4$ → orangerot → orange<br>2. 10—20 mg Paraform + 1 ml $H_2SO_4$ → rötlichgelb + $HNO_3$-$H_2SO_4$ → intensiv violettrot → intensiv orange Erhitzen im W-Bad → langsam karminrot |

| Lfd. Nr. | *Fp* | Name | Summenformel | Strukturformel | Mol.-Gewicht |
|---|---|---|---|---|---|
| 1 | 2 | 3 | 4 | 5 | 6 |
| 2590 | **190** bis **191** (korr.) | 5,5-Diäthylbarbitursäure (Veronal) | $C_8H_{12}O_3N_2$ | 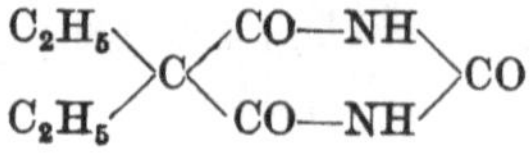 | 184,19 |
| 2591 | **190** bis **191** | 2,3-Diaminobenzoesäure | $C_7H_8O_2N_2$ | $(H_2N)_2C_6H_3 \cdot COOH$ | 152,15 |
| 2592 | **190** bis **191** | Pentachlorphenol | $C_6HOCl_5$ | $C_6Cl_5 \cdot OH$ | 266,35 |
| 2593 | **190** bis **195** (Z) | Pyridindicarbonsäure-(2,3) (Chinolinsäure) | $C_7H_5O_4N$ | $C_5H_3N(COOH)_2$ | 167,12 |
| 2594 | **190** bis **200** | Ergotoxin | $C_{35}H_{41}O_6N_5$ (?) | | 627,71 |
| 2595 | **191** | p-Aminobenzoyl-N,N-diäthylleucinolchlorhydrat (Supracain) | $C_{17}H_{29}O_2N_2Cl$ | 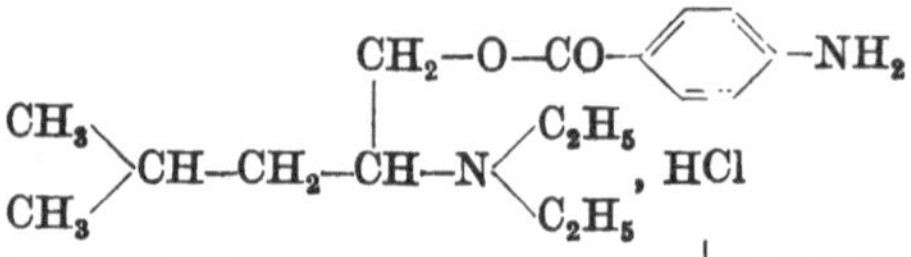 | 312,88 |
| 2596 | **191** | 5-Brom-2-thienylarsinoxyd | $C_4H_2OBrSAs$ | 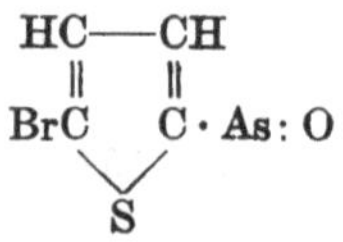 | 252,94 |
| 2597 | **191** | 5-Chlor-2-brommercurithiophen | $C_4H_2ClBrSHg$ | 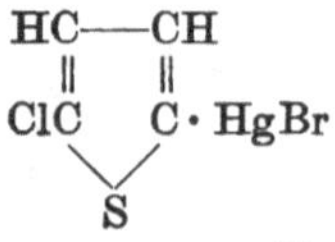 | 398,10 |
| 2598 | **191** | Dehydrothiotoluidin | $C_{14}H_{12}N_2S$ | 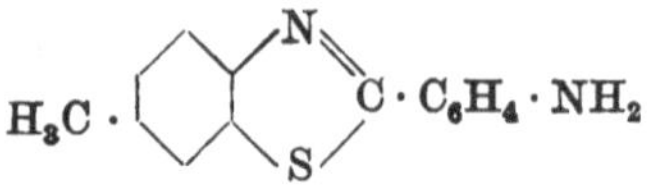 | 240,31 |
| 2599 | **191** | 3,4-Dibrom-2-chlormercurithiophen | $C_4HClBr_2SHg$ | 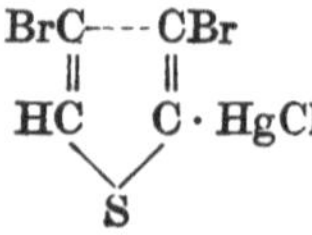 | 477,01 |

| Aggregat-zustand Farbe | Spez. Gewicht | Siede-punkt °C | Beilstein-Zitat | Physikalische Konstanten und Eigenschaften | Löslichkeit | Reaktionen |
|---|---|---|---|---|---|---|
| 7 | 8 | 9 | 10 | 11 | 12 | 13 |
| spießige weiße Krist. (W) | | subl. ohne Rückstand | XXIV 485 | schwach bitterer Geschmack, geruchlos | wl. in W<br>ll. in Ae, h. A, Aceton, Essigester, Lauge<br>wl. in Chlf, Eg | 1. 2—3 mg Subst. in 1 ml methylalkoholischer $Co(NO_3)_3$-Lsg. + 20 mg Piperazin → rotviolett (Blindprobe oder negativer Befund → blaugrüne Trübung)<br>2. 2 mg Subst. in 1 ml 1—2%iger Pyridinlsg. in Hitze gelöst. Zur sd.-heißen Lsg. tropfenweise verd. $CuSO_4$-Lsg. (0,4%ig) → blaßviolette Krist. |
| Nadeln | | Z. | XIV 447 | | | erhitzen → $CO_2$-Abspaltung |
| Krist. (Bzl.) | $1,978^{22°}$ | 310 (Z.) | VI 194 | | unl. in W<br>ll. in A, Ae | |
| Prismen (W) | | | XXII 150 | | 0,55 W 7°<br>swl. in A<br>0,03 Ae | erhitzen → Pyridincarbonsäure-(3)<br>Anhydrid *Fp* 134,5°, Prismen<br>Dimethylester *Fp* 53 bis 54°, Blätter |
| Krist. (Bzl.) | | | | | swl. in W<br>ll. in A<br>wl. in Ae<br>unl. in PAe<br>l. in NaOH | |
| weiße Blättchen | | | | | ll. in W<br>wl. in k. A<br>unl. in Ae | |
| gelbe Krist. | | 431 | XXVII 376 | | 0,005 sd. W<br>l. in A<br>wl. in Ae | Lsgg. fluoreszieren blau |

| Lfd. Nr. | *Fp* | Name | Summenformel | Strukturformel | Mol.-Gewicht |
|---|---|---|---|---|---|
| 1 | 2 | 3 | 4 | 5 | 6 |
| 2600 | **191** | 1,8-Dioxyanthrachinon (Isticin, Chrysazin) | $C_{14}H_8O_4$ | $HO \cdot C_6H_3\langle{}^{CO}_{CO}\rangle C_6H_3 \cdot OH$ | 240,20 |
| 2601 | **191** | Phthalsäure | $C_8H_6O_4$ | $C_6H_4(COOH)_2$ | 166,13 |
| 2602 | **191** bis **193** | 2-Sulfanilamidopyridin (Sulfapyridin, Dagenan, Eubasin) | $C_{11}H_{11}O_2N_3S$ | 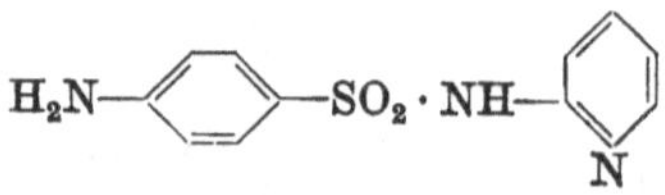 | 249,28 |
| 2603 | **192** | Chlorfumarsäure | $C_4H_3O_4Cl$ | $HOOC \cdot CH : CCl \cdot COOH$ | 150,52 |
| 2604 | **192** | cis-Cyclohexandicarbon-säure-(1,2) | $C_8H_{12}O_4$ | $H_2C \cdot CH_2 \cdot CH \cdot COOH$<br>\| \|<br>$H_2C \cdot CH_2 \cdot CH \cdot COOH$ | 172,17 |
| 2605 | **192** | 1,4-Dioxynaphthalin | $C_{10}H_8O_2$ | $C_{10}H_6(OH)_2$ | 160,16 |
| 2606 | **192** | Äthylenjodhydrinal-lophansäureester (Aljodan) | $C_4H_7O_3N_2J$ | $NH_2 \cdot CO \cdot NH \cdot COO \cdot CH_2 \cdot CH_2J$ | 258,12 |
| 2607 | **192** | Muskeladenylsäure | $C_{10}H_{14}O_7N_5P$ | | 347,23 |
| 2608 • | **192** bis **193** | Cumaroncarbonsäure-(2) (Cumarilsäure) | $C_9H_6O_3$ | $C_6H_4\langle{}^{CH}_{O}\rangle C \cdot COOH$ | 162,14 |
| 2609 | **192** bis **195** | 3-Jodsalicylsäure | $C_7H_5O_3J$ |  | 264,03 |
| 2610 | **192,5** (Z) | Pyrrolcarbonsäure-(2) | $C_5H_5O_2N$ | HC———CH<br>\| ‖<br>$HC \cdot NH \cdot C \cdot COOH$ | 111,10 |

| Aggregatzustand Farbe | Spez. Gewicht | Siedepunkt °C | Beilstein-Zitat | Physikalische Konstanten und Eigenschaften | Löslichkeit | Reaktionen |
|---|---|---|---|---|---|---|
| 7 | 8 | 9 | 10 | 11 | 12 | 13 |
| gelbrote Nadeln od. gelbe Blättchen (A) | | | VIII 458 | sublimierbar mit überhitztem Wasserdampf | wl. in A, Ae<br>l. in $H_2SO_4$ rot<br>l. in Alkali<br>unl. in $NH_4OH$ | Diacetat *Fp* 227—232°, gelbe Nadeln<br>+ $H_2SO_4$ → rotgelb<br>+ Borsäure → rot<br>Dimethyläther *Fp* 219°, goldgelbe Blättchen<br>Monobromessigester hellrote Krist. |
| Tafeln (W) | 1,59 | | IX 791 | *Fp* im geschlossenen Rohr | 0,54 W 14°<br>18 W 99°<br>11,7 A 18°<br>0,68 Ae 15°<br>unl. in Chlf. | erhitzen → Phthalsäureanhydrid<br>Phenacylester *Fp* 154,4°<br>p-Nitrobenzylester *Fp* 155,5° |
| weiße Krist. | | | | geschmacklos; geruchlos | swl. in k. W.<br>l. in Laugen, Säuren | Silbersalz flockig in wss. Lsg., + $NH_3$ tropfenweise bis nahezu gelöst in 10 Min. feine weiße Nädelchen<br>100 mg Subst. in 5 ml W + 1 ml. 0,5%ige Lösung von Na-β-naphthochinon-4-sulfonat → nach 5 Min. rot<br>konz. HCl erhitzen → Pyridingeruch |
| Tafeln (Eg) | | subl. | II 744 | | ll. in W, A, Ae | |
| Prismen (W)<br>Tafeln (A) | | | IX 730 | | l. in W | > 192° → Anhydrid |
| Krist. (Toluol) | | | VI 979 | | l. in sd. W<br>ll. in A, Ae | Diacetat *Fp* 128—130° |
| nahezu weiße Blättchen | | | | geruchlos; geschmacklos | unl. in W<br>l. in Lauge | alkalische $HgJ_2$-Lsg. in der Wärme → orangebrauner Nd.<br>+ konz. $H_2SO_4$ → farblos, beim Erwärmen → violettrot<br>+ 1 ml. $H_2SO_4$ + Fe-$H_3PO_4$ (warm) → violettrot<br>+ $HNO_3$-$H_2SO_4$ → gelb → violettrot → braunorange → farblos |
| weißes Plv. | | | | Geschmack säuerlich, adstringierend | wl. in W | wssg. Lsg. + Fe-$H_3PO_4$ + 10 mg Guajacolcarbonat (nach 3 Min.) → intensiv blau |
| Nadeln (W) | | 310-315 | XVIII 307 | | l. in sd. W<br>ll. in A<br>wl. in Chlf. | Kalischmelze → Essigsäure + Salicylsäure<br>Äthylester *Fp* 27° |
| grauweißes bis gelbliches Krist.-Plv. | | | X 112 | | unl. in W<br>l. in A, Ae | |
| Blättchen (W) | | | XII 22 | | l. in W, A, Ae | erhitzen → $CO_2$-Abspaltung |

| Lfd. Nr. | *Fp* | Name | Summenformel | Strukturformel | Mol.-Gewicht |
|---|---|---|---|---|---|
| 1 | 2 | 3 | 4 | 5 | 6 |
| 2611 | **193** | Biuret | $C_2H_5O_2N_3$ | $H_2N \cdot CO \cdot NH \cdot CO \cdot NH_2$ | 103,08 |
| 2612 | **193** | 1-Oxyanthrachinon | $C_{14}H_8O_3$ | $C_6H_4<\substack{CO \\ CO}>C_6H_3 \cdot OH$ | 224,20 |
| 2613 | **193** | 6-Oxychinolin | $C_9H_7ON$ | $C_9H_6N \cdot OH$ | 145,15 |
| 2614 | **193** | 3-Oxyzimtsäure | $C_9H_8O_3$ | $HO \cdot C_6H_4 \cdot CH:CH \cdot COOH$ | 164,15 |
| 2615 | **193** | Thebain | $C_{19}H_{21}O_3N$ | | 311,37 |
| 2616 | **193** bis **194** | Allophansäureäthylester | $C_4H_8O_3N_2$ | $H_2N \cdot CO \cdot NH \cdot COO \cdot C_2H_5$ | 132,12 |
| 2617 | **193** bis **194** | dl-$\beta$-Aminobuttersäure | $C_4H_9O_2N$ | $CH_3 \cdot CH(NH_2) \cdot CH_2 \cdot COOH$ | 103,12 |
| 2618 | **193** bis **194** | Dihydrocodeinon (Dicodid) | $C_{18}H_{21}O_3N$ | 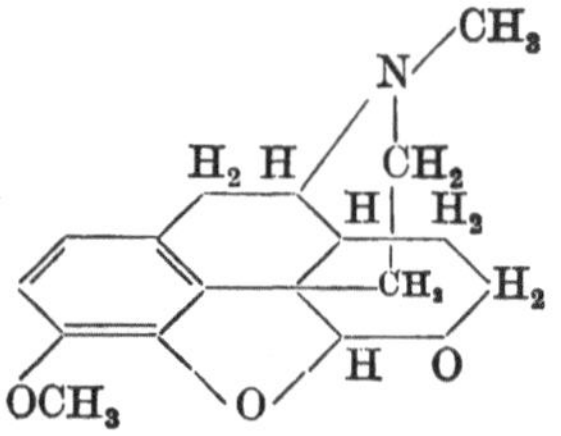 | 299,36 |
| 2619 | **193** bis **196** | 4-(4'-Aminobenzolsulfonamido)-benzolsulfonsäuredimethylamid (Disulfanildimethylamid, Uliron, Diseptal A) | $C_{14}H_{17}O_4N_3S_2$ | 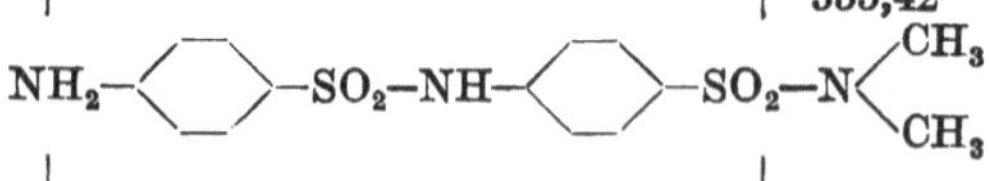 | 355,42 |

| Aggregatzustand Farbe | Spez. Gewicht | Siedepunkt °C | Beilstein-Zitat | Physikalische Konstanten und Eigenschaften | Löslichkeit | Reaktionen |
|---|---|---|---|---|---|---|
| 7 | 8 | 9 | 10 | 11 | 12 | 13 |
| Nadeln<br>+ $H_2O$<br>(W)<br>Blättchen(A) | | | III 70 | | 1,5 W 15°<br>45 sd. W | + einige Tropfen $CuSO_4$<br>+ überschüssige NaOH<br>→ zinnoberrot<br>(Biuret-Rk.) |
| orangerote Krist.-Nadeln<br>(A) | | subl. | VIII 338 | sublimierbar in Nadeln | swl. in W<br>l. in A, Ae<br>l. in h. $NH_4OH$ | + konz. $H_2SO_4$ → gelb<br>+ Borsäure → rot<br>Methyläther *Fp* 169,5°, gelbe Krist.<br>Acetat *Fp* 172°, gelbe Nadeln |
| Prismen<br>(A, Ae) | | >360 | XXI 85 | | swl. in k. W<br>wl. in A<br>swl. in Ae<br>ll. in Säuren, Laugen | + $FeCl_3$ → gelb |
| Prismen<br>(W) | | | X 294 | | wl. in k. W<br>ll. in h. W, A, Ae, Bzl. | Methylester *Fp* 87—88° |
| silberglänzende Blättchen<br>(A) | | | | $[\alpha]_D^{15}$ —218,64°<br>(A) | unl. in W<br>ll. in Ae, A, Bzl., Chlf.<br>unl. in Alkalien | + konz. $H_2SO_4$ → blutrot<br>→ gelblich<br>Formaldehyd-$H_2SO_4$<br>→ kalt orangerot, bei 100° rotbraun<br>konz. $HNO_3$ → gelb |
| Nadeln<br>(W) | | Z. | III 69 | | swl. in k. W<br>211 sd. W.<br>0,6 A 21°<br>0,1 Ae 20° | erhitzen → Cyanursäure<br>+ A |
| Krist. | | | IV 412 | | 100 W<br>wl. in A, Ae | |
| weiße Krist. | | | | geruchlos; bitterer Geschmack | | Chlorhydrat *Fp* 82°<br>Bitartrat *Fp* 146—148°<br>+ Fe-$H_2SO_4$ in der Wärme unverändert (Unterschied von Codein u. Eukodal)<br>1. + $H_2SO_4$ + Fe-$H_3PO_4$<br>→ violettblau<br>+ Paraform → graugrün bis graublau<br>+ $HNO_3$-$H_2SO_4$ → violett → olivgrün<br>→ hellbraun<br>2. 10—20 mg Paraform<br>→ gelb → langsam violett<br>+ Fe-$H_3PO_4$ → langsam blau bis graublau<br>+ $HNO_3$-$H_2SO_4$ → violett → olivgrün<br>→ hellbraun |
| weiße Krist. | | | | bitterer Geschmack, geruchlos | swl. in k. W.<br>l. in Säuren, Laugen | Perjodid in saurer Rk. (Unterschied von Prontalbin)<br>Indophenol-Rk. in 50%ig. A<br>100 mg Subst. in 5 ml W<br>+ 1 ml 0,5%ige Lsg. von Na-$\beta$-naphthochinon-4-sulfonat → nach 5 Min. rot |

| Lfd. Nr. | *Fp* | Name | Summenformel | Strukturformel | Mol.-Gewicht |
|---|---|---|---|---|---|
| 1 | 2 | 3 | 4 | 5 | 6 |
| 2620 | **193,5** | Tetramethylbenzidin | $C_{16}H_{20}N_2$ | $(CH_3)_2N \cdot C_6H_4 \cdot C_6H_4 \cdot N(CH_3)_2$ | 240,33 |
| 2621 | **194** | Allylisopropylacetylharnstoff (Sedormid) | $C_9H_{16}O_2N_2$ | $CH_2 : CH \cdot CH_2(CH(CH_3)_2)CH-CO-NH-CO-NH_2$ | 184,23 |
| 2622 | **194** | Arbutin | $C_{12}H_{16}O_7$ | $^{(4)}HO \cdot C_6H_4 \cdot O \cdot C_6H_{11}O_5^{(1)}$ | 272,24 |
| 2623 | **194** | 4-Benzoylbenzoesäure | $C_{14}H_{10}O_3$ | $C_6H_5 \cdot CO \cdot C_6H_4 \cdot COOH$ | 226,22 |
| 2624 | **194** | 5-Nitro-2-thienylarsinsäure | $C_4H_4O_5NSAs$ | 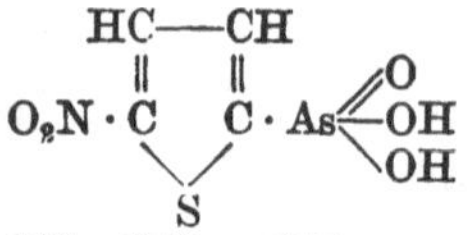 | 253,04 |
| 2625 | **194** | 2,4,5,6-Tetrabrom-m-kresol | $C_7H_4OBr_4$ | $CH_3 \cdot C_6Br_4 \cdot OH$ | 423,77 |
| 2626 | **194 bis 195** | Aconitsäure | $C_6H_6O_6$ | $HOOC \cdot CH_2 \cdot C(COOH) : CH \cdot COOH$ | 174,11 |
| 2627 | **194 bis 195** | N,N'-Di-[p-äthoxy-phenyl]-acetamidin-chlorhydrat (Holocainchlorhydrat) | $C_{18}H_{23}O_2N_2Cl$ | $CH_3 \cdot C(=N \cdot C_6H_4 \cdot OC_2H_5)(NH \cdot C_6H_4 \cdot OC_2H_5)$ HCl | 334,84 |
| 2628 | **194 bis 195** | 1,3,5,8-Tetranitronaphthalin | $C_{10}H_4O_8N_4$ | $C_{10}H_4(NO_2)_4$ | 308,16 |
| 2629 | **195** | Apomorphin | $C_{17}H_{17}O_2N$ | 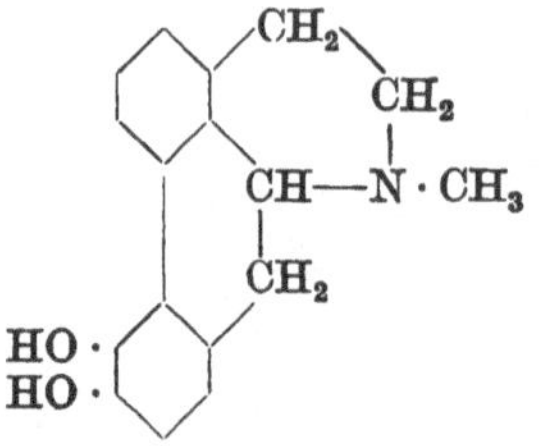 | 267,31 |

| Aggregat-zustand Farbe | Spez. Gewicht | Siede-punkt °C | Beilstein-Zitat | Physikalische Konstanten und Eigenschaften | Löslichkeit | Reaktionen |
|---|---|---|---|---|---|---|
| 7 | 8 | 9 | 10 | 11 | 12 | 13 |
| Krist.<br>(A oder Lg.) | | >360 | XIII 221 | | swl. in W<br>wl. in A<br>sll. in Chlf.<br>ll. in h. Bzl. | |
| weiße Krist. | | | | | swl. in W<br>wl. in Lauge | Beim Erhitzen mit 50%iger $H_2SO_4$ schwach pfefferminzartiger, würz. Geruch<br>erwärmen mit Lauge + alkal. $HgJ_2$-Lsg → weißer Nd.; bei längerem Erhitzen → graugrün |
| Nadeln | | | | | ll. in sd. W<br>wl. in A<br>unl. in Ae | |
| Blättchen<br>(W) | | subl. | X 753 | | swl. in k. W<br>ll. in A, Ae<br>wl. in Chlf., Bzl. | Methylester *Fp* 107° |
| Nadeln<br>(Chlf.) | | | VI 383 | | unl. in W<br>l. in A | |
| Blättchen<br>(W) | | | II 849 | | 33 W 15°<br>50 in 80%ig. A 12°<br>wl. in Ae | zu Essigsäureanhydrid Spur Subst. → Rosafärbung, bei Erhitzen → tiefrot, fuchsinrot → blaugrün → braun<br>Phenacylester *Fp* 90° |
| farblose Krist. | | | | | l. in W | wss. Lsg. + $AgNO_3$ → AgCl-Nd.<br>wss. Lsg. + $NH_3$ → Holocain |
| hellgelbe Krist.<br>(Aceton) | | | V 564 | | wl. in A, Chlf., Eg. | |
| Tafeln<br>(A + PAe) | | | XXI 187 | $[\alpha]_D$ —46,3 (A); färbt sich beim Liegen an der Luft grün; Lsgg. in Alkalien schwärzen sich an der Luft | wl. in W<br>ll. in A<br>wl. in Ae<br>swl. in Ligroin<br>l. in Alkalien | + konz. $HNO_3$ → blutrot<br>+ KOH → bräunt rasch (noch wahrnehmbar bei 0,00015 g), Unterschied von Morphin<br>+ Furfurol-$H_2SO_4$ → erwärmen rot → grünlich<br>Lsg. von 0,01 g Subst. in 1 ml W oder 1—2 ml 15- bis 20%iger NaOH + 4 Tropfen 0,3%ige $K_2Cr_2O_7$-Lsg. → trübe, graugrüne Mischung<br>1. mit Benzol geschüttelt → rotviolett<br>2. mit Amylalkohol geschüttelt → indigoblau<br>zu einer neutralen wss. Lsg. vorsichtig Jodlösung zutropfen → smaragdgrüne Färbung, schüttelt mit Äther, ätherische Lsg. → rot; wss. Lsg. → grün |

| Lfd. Nr. | *Fp* | Name | Summenformel | Strukturformel | Mol.-Gewicht |
|---|---|---|---|---|---|
| 1 | 2 | 3 | 4 | 5 | 6 |
| 2630 | **195** | Acetylsalicyltheobromin (Theacylon) | $C_{16}H_{14}O_5N_4$ | 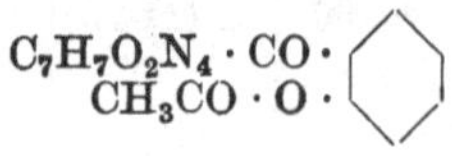 | 342,28 |
| 2631 | **195** | Cholsäure | $C_{24}H_{40}O_5$ | 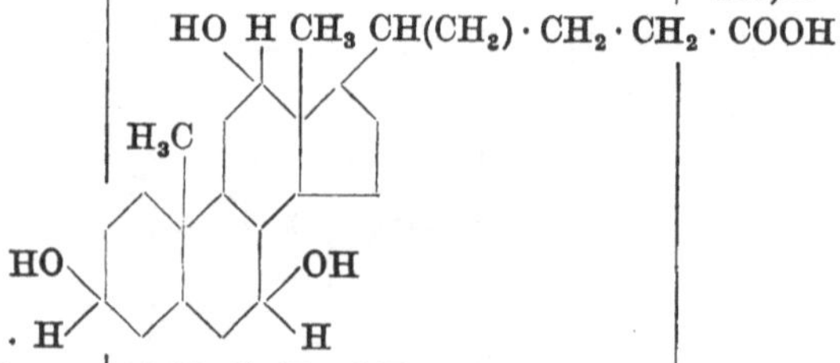 | 408,55 |
| 2632 | **195** (Z.) | 1,6-Dinitronaphthol-(2) | $C_{10}H_6O_5N_2$ | $(O_2N)_2C_{10}H_5 \cdot OH$ | 234,16 |
| 2633 | **195** (Z.) | 3,4-Dioxyzimtsäure (Kaffeesäure) | $C_9H_8O_4$ | $(HO)_2C_6H_3 \cdot CH : CH \cdot COOH$ | 180,15 |
| 2634 | **195** | 4-Nitronaphthylamin-(1) | $C_{10}H_8O_2N_2$ | $O_2N \cdot C_{10}H_6 \cdot NH_2$ | 188,18 |
| 2635 | **195** | Phenarsazinchlorid (10-Chlor-9,10-dihydro-phenarsazin, Adamsit) | $C_{12}H_9NClAs$ | 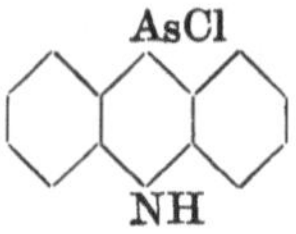 | 277,60 |
| 2636 | **195** bis **196** | Benzalmalonsäure | $C_{10}H_8O_4$ | $C_6H_5 \cdot CH : C(COOH)_2$ | 192,16 |
| 2637 | **195** bis **196** | α-Brom-d-campher-π-sulfonsäure | $C_{10}H_{15}O_4BrS$ | 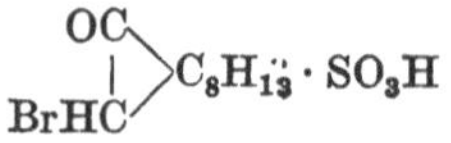 | 311,19 |
| 2638 | **195** bis **197** | 3,3'-Dibrom-5,5'-dibenzoyl-2,2'-dithienyl | $C_{22}H_{12}O_2Br_2S_2$ | 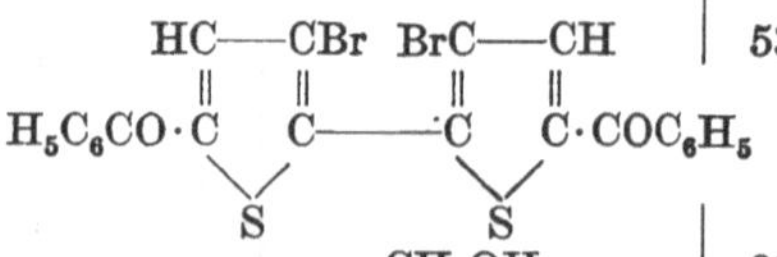 | 532,27 |
| 2639 | **195** bis **197** | Ergometrinin | $C_{19}H_{23}O_2N_3$ | 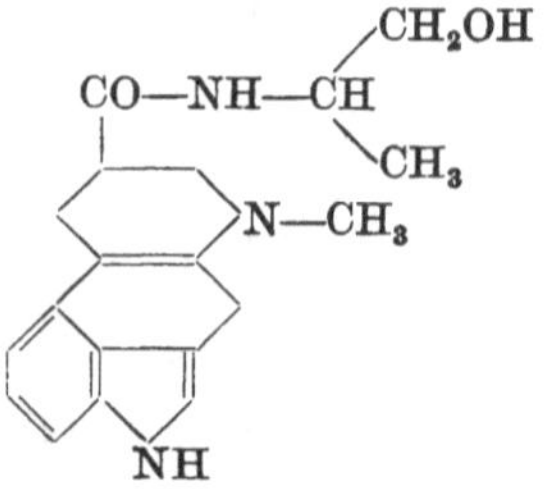 | 325,40 |

| Aggregatzustand Farbe | Spez. Gewicht | Siedepunkt °C | Beilstein-Zitat | Physikalische Konstanten und Eigenschaften | Löslichkeit | Reaktionen |
|---|---|---|---|---|---|---|
| 7 | 8 | 9 | 10 | 11 | 12 | 13 |
| weiße Krist. | | | $E_1$ XXVI 140 | | | NaOH löst unter Verseifung → Theobrominnatrium, Natriumsalicylat und Natriumacetat + $HNO_3$ neutralisierte Lsg. + $Fe(NO_3)_3$-Lsg. → violett |
| Krist. + $H_2O$ (W) | | | | $[\alpha]_D^{20}$ +31 bis +33° (A 5%); Geschmack süßlich bitter, geruchlos | 0,025 W<br>4,27 in 70%ig. A<br>1,4 Ae<br>l. in Eg, Alkali | wss. Lsg + einige Tropfen 2n-Lauge + $Fe(NO_3)_3$-Lsg. → hellgelber, flockiger Nd.<br>Subst. in 1 Tropfen 2n-$NH_3$-Lsg. gelöst + $AgNO_3$-Lsg. weißer gallertartiger Nd., der sich beim Erhitzen löst |
| gelbe Nadeln | | | VI 655 | | swl. in sd. W<br>l. in A<br>ll. in Ae | |
| gelbe Blätter (W) | | | X 436 | | wl. in k. W<br>ll. in h. W<br>wl. in Ae<br>l. in Alkali gelb | + $FeCl_3$ → grün |
| orange Nadeln (A) | | | | | wl. in W<br>ll. in A | |
| gelbe Nadeln oder Plv. | 1,648 | 408-410 (Z.) | $E_1$ XXVII 672 | Dampfdruck 20,0° $2 \cdot 10^{-13}$<br>Flüchtigkeit 20° 0,000003 mg/m$_3$<br>Dampfdichte 9,6 | unl. in W<br>wl. in k. Bzl., Xylol, Toluol, $CCl_4$, Eg.<br>ll. in h. Xylol, h. Toluol<br>l. in konz. $H_2SO_4$ und Ameisensäure rotviolett | |
| Prismen (W) | | | IX 891 | | wl. in k. W<br>ll. in h. W, A<br>l. in Ae | |
| Pyramiden (W) | | | XI 319 | | sll. in W, A | |
| | | | | $[\alpha]_D^{20}$ +41,4° (Chlf.) | l. in W, A, Ae | |

| Lfd. Nr. | *Fp* | Name | Summenformel | Strukturformel | Mol.-Gewicht |
|---|---|---|---|---|---|
| 1 | 2 | 3 | 4 | 5 | 6 |
| 2640 | **195 bis 200** | Bis-[3,5-dibromthienyl-(2)]-quecksilber | $C_8H_2Br_4S_2Hg$ | 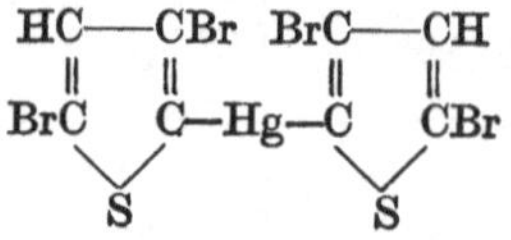 | 682,49 |
| 2641 | **196** | Cinchoninsulfat | $C_{38}H_{46}O_6N_4S + 2H_2O$ | $2C_{19}H_{22}ON_2 + H_2SO_4 + 2H_2O$ vgl. Nr. 3144 | 722,86 |
| 2642 | **196** | 4,5-Dioxy-2-methyl-anthrachinon (Chrysophansäure) | $C_{15}H_{10}O_4$ | $HO \cdot C_6H_3\langle{}^{CO}_{CO}\rangle C_6H_2(CH_3)OH$ | 254,23 |
| 2643 | **196 bis 197** | p-Aminobenzoesäureester des 2,2-Dimethyl-3-diäthylaminopropanol-chlorhydrats (Larocain) | $C_{16}H_{27}O_2N_2Cl$ | $O \cdot CH_2 \cdot C(CH_3)_2 \cdot CH_2 \cdot N(C_2H_5)_2$ <br> $CO \cdot C_6H_4 \cdot NH_2 \quad + HCl$ | 314,85 |
| 2644 | **196 bis 197** | 4,5-Dichlor-2-thiophensäure | $C_5H_2O_2Cl_2S$ | 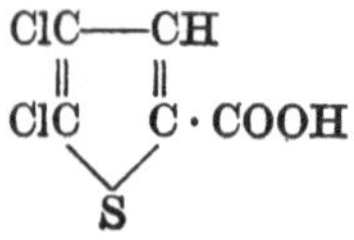 | 197,04 |
| 2645 | **196 bis 200** | Aluminiumtriphenyl | $C_{18}H_{15}Al$ | $(C_6H_5)_3Al$ | 258,27 |
| 2646 | **197** | Guanidincarbonat | $C_3H_{12}O_3N_6$ | $2CH_5N_3 + H_2CO_3$ | 180,17 |
| 2647 | **197 bis 197,5** | Retenchinon | $C_{18}H_{16}O_2$ | 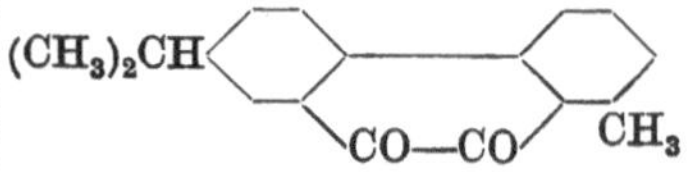 | 264,30 |
| 2648 | **197 bis 198** | Aconitin | $C_{34}H_{47}O_{11}N$ | $C_{20}H_{21}\begin{cases} N \cdot CH_3 \\ (OH)_3 \\ (OCH_3)_4 \\ O \cdot CO \cdot CH_3 \\ O \cdot CO \cdot C_6H_5 \end{cases}$ | 645,72 |

| Aggregatzustand Farbe | Spez. Gewicht | Siedepunkt °C | Beilstein-Zitat | Physikalische Konstanten und Eigenschaften | Löslichkeit | Reaktionen |
|---|---|---|---|---|---|---|
| 7 | 8 | 9 | 10 | 11 | 12 | 13 |
| Prismen (W) | | | XXIII 429 | | 1,35 W 20°<br>7,7 sd. W<br>17 in 80%ig. A 11°<br>wl. in Ae | |
| gelbe Blätter (A) | | subl. | VIII 470 | subl. in Nadeln | swl. in k. W<br>ll. in h. A<br>wl. in Ae<br>l. in $H_2SO_4$ → rot | + Lauge → dunkelrot<br>+ $H_2SO_4$ → unzersetzlich tiefrot<br>Dimethyläther *Fp* 191°, gelbe Krist.<br>Diacetat *Fp* 208°, blaßgelbe Blättchen |
| weiße Krist. | | | | bitterer Geschmack, geruchlos, anästhesierend | l. in W | amorphes Perjodid |
| Krist. | | | $E_1$ XVI 548 | wenig beständig | l. in Bzl. | + $H_2O$ → Zers. |
| Säulen | 1,24 | | III 86 | | ll. in W<br>unl. in A | |
| orangefarbene Nadeln (A) | | | | subl. zum Teil unzersetzt | l. in A | erwärmen mit A und KOH → bordeauxrote Färbung, die beim Schütteln mit Luft verschwindet und beim Erwärmen zurückkehrt<br>Chinoxalin (mit o-Phenylendiamin) *Fp* 164°, weiße Nadeln<br>Monoimid *Fp* 109—111°, goldgelbe Prismen<br>Semicarbazon *Fp* 200°, gelbe Nadeln<br>Oxim *Fp* 130—131°, goldgelbe Nadeln |
| rhombische Prismen oder Tafeln (A) | | | | $[\alpha]_D^{23}$ +11° (3%ige alkoh. Lsg.) | unl. in W, $CS_2$, PAe<br>swl. in abs. A, Bzl.<br>ll. in Ae, Chlf.<br>unl. in Ligroin | $H_2SO_4$ und $HNO_3$ färben nicht<br>Furfurol-$H_2SO_4$ → braun<br>Krist. $K_2Cr_2O_7$ + $H_2SO_4$ + Spuren Subst. → dunkelgrün<br>+ Ammoniumpersulfat → blau → blaugrün<br>Phosphormolybdänsäure → Nd. + $NH_3$ → blau |

| Lfd. Nr. | *Fp* | Name | Summenformel | Strukturformel | Mol.-Gewicht |
|---|---|---|---|---|---|
| 1 | 2 | 3 | 4 | 5 | 6 |
| 2649 | **197** bis **198** | 4-Brom-5-methyl-2-thiophensäure | $C_6H_5O_2BrS$ | 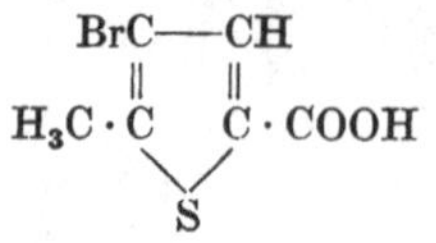 | 221,08 |
| 2650 | **197** bis **198** | Bromochinal (Chinindibromsalicylat) | $C_{34}H_{32}O_8N_2Br_4$ | $C_{20}H_{24}O_2N_2 \cdot 2\,C_6H_2Br_2(OH) \cdot COOH$ | 916,23 |
| 2651 | **197** bis **201** | d-Mannosephenylhydrazon | $C_{12}H_{18}O_5N_2$ | $C_6H_{12}O_5 : N \cdot NH \cdot C_6H_5$ | 270,28 |
| 2652 | **198** | Cuprein | $C_{19}H_{22}O_2N_2$ | 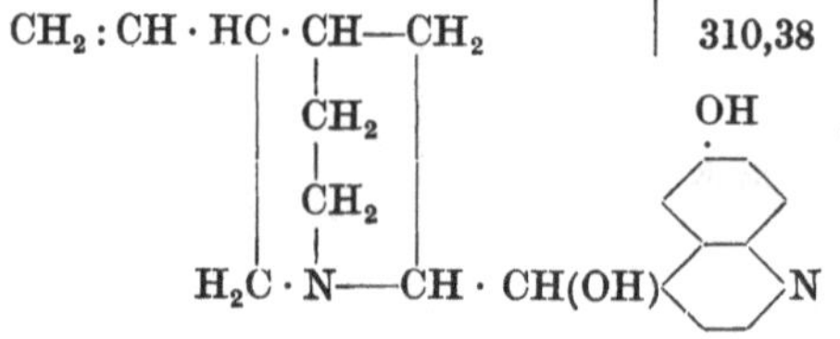 | 310,38 |
| 2653 | **198** (Z.) | 2,4-Dinitrophenylhydrazin | $C_6H_6O_4N_4$ | $(O_2N)_2C_6H_3 \cdot NH \cdot NH_2$ | 198,14 |
| 2654 | **198** (Z.) | 4-Nitrosonaphthol-(1) (bzw. Naphthochinonoxim) | $C_{10}H_7O_2N$ | $HO \cdot C_{10}H_6 \cdot NO$ | 173,16 |
| 2655 | **198** bis **199** | 1,8-Dijod-*α*,*α*-trithienyl | $C_{12}H_6J_2S_3$ | 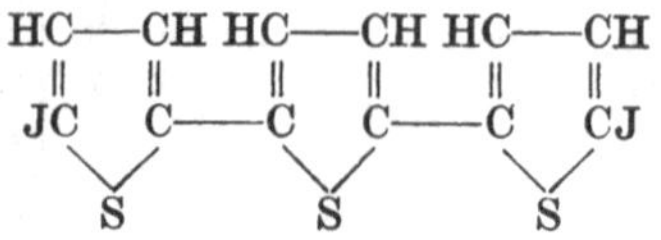 | 499,19 |
| 2656 | **198** bis **199** | Quecksilberdithienyl | $C_8H_6S_2Hg$ | 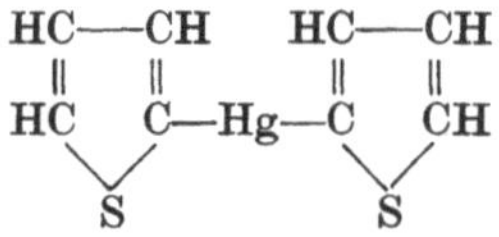 | 366,86 |
| 2657 | **198** bis **199** | Rosindulin (Anhydrobase) | $C_{22}H_{15}N_3$ | 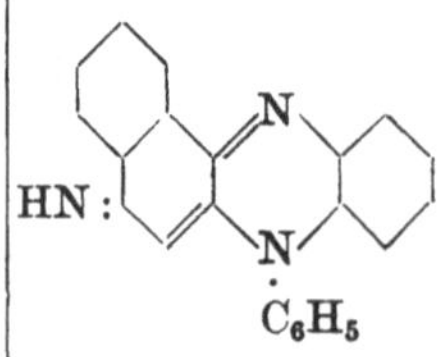 | 321,36 |
| 2658 | **198** bis **199** | 2,3,5,6-Tetrabrom-p-kresol | $C_7H_4OBr_4$ | $CH_3 \cdot C_6Br_4 \cdot OH$ | 423,77 |
| 2659 | **199** | Anilinhydrochlorid | $C_6H_8NCl$ | $C_6H_7 \cdot NH_2 + HCl$ | 129,59 |

| Aggregatzustand Farbe | Spez. Gewicht | Siedepunkt °C | Beilstein-Zitat | Physikalische Konstanten und Eigenschaften | Löslichkeit | Reaktionen |
|---|---|---|---|---|---|---|
| 7 | 8 | 9 | 10 | 11 | 12 | 13 |
| gelbliche Krist. | | | | | | |
| Nadeln (A) | | | XV 223 | | swl. in W<br>swl. in A<br>unl. in Ae | |
| Prismen $+ 2H_2O$ (Ae) | | | XXIII 510 | $[\alpha]_D^{17}$ —175,5° (A) | unl. in W<br>l. in A<br>wl. in Ae, Chlf. | |
| violettrote Krist. (A) | | | XV 489 | | unl. in W<br>swl. in A<br>unl. in Ae<br>ll. in Anilin | |
| gelbe Nadeln (Bzl.) | | | VII 727 | | wl. in W<br>ll. in A, Ae | |
| rotbraune Blättchen (Ae) | | | XXV 348 | | unl. in W<br>ll. in A, Ae, Bzl.<br>l. in $H_2SO_4$ → grün | |
| Nadeln (A) | | | VI 409 | | unl. in W<br>l. in A<br>ll. in Ae, Bzl. | |
| Nadeln | 1,222 | 245 | XII 116 | | 107 W 25°<br>ll. in A<br>unl. in Ae | |

| Lfd. Nr. | *Fp* | Name | Summenformel | Strukturformel | Mol.-Gewicht |
|---|---|---|---|---|---|
| 1 | 2 | 3 | 4 | 5 | 6 |
| 2660 | 199 | d-Campherchinon | $C_{10}H_{14}O_2$ | 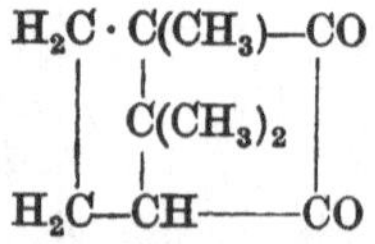 | 166,21 |
| 2661 | 199 | 3,4-Dioxybenzoesäure (Protocatechusäure) | $C_7H_6O_4$ | $(HO)_2C_6H_3 \cdot COOH$ | 154,12 |
| 2662 | 199 | 4-Jod-2,5-dimethyl-3-thiophensäure | $C_7H_7O_2JS$ | 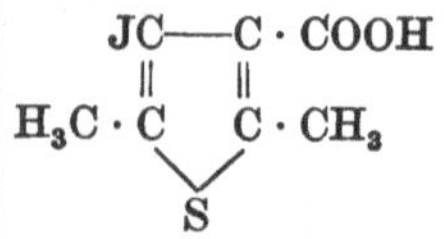 | 282,11 |
| 2663 | 199 | Tetrajodthiophen | $C_4J_4S$ | 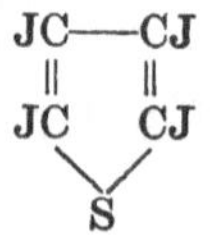 | 578,78 |
| 2664 | 199 bis 200 | 5-Isoamyl-2-rhodanmercurithiophen | $C_{10}H_{13}NS_2Hg$ | 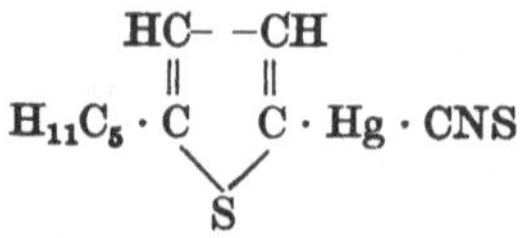 | 411,94 |
| 2665 | 199 bis 200 | 2-Oxychinolin (Carbostyril) | $C_9H_7ON$ | $C_9H_6N \cdot OH$ | 145,15 |
| 2666 | 199 bis 200 | 5-Phenyl-5-äthylhydantoin (Nirvanol) | $C_{11}H_{12}O_2N_2$ | 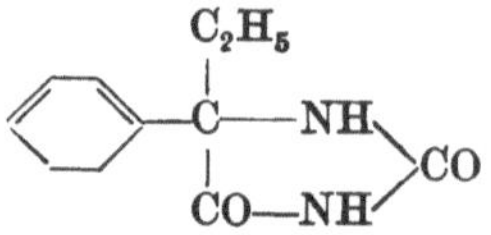 | 204,23 |
| 2667 | 200 | Aconitinnitrat | $C_{34}H_{48}O_{14}N_2$ | $C_{34}H_{47}O_{11}N \cdot HNO_3$ | 708,74 |
| 2668 | 200 (Z.) | β-Alanin | $C_3H_7O_2N$ | $H_2N \cdot CH_2 \cdot CH_2 \cdot COOH$ | 89,09 |
| 2669 | 200 (Z.) | 2,5-Diaminobenzoesäure | $C_7H_8O_2N_2$ | $(H_2N)_2C_6H_3 \cdot COOH$ | 152,15 |
| 2670 | 200 (Z.) | Aluminiumacetat | $C_6H_9O_6Al$ | $(CH_3COO)_3Al$ | 204,10 |
| 2671 | 200 | 3,3′-Dinitrodiphenyl | $C_{12}H_8O_4N_2$ | $O_2N \cdot C_6H_4 \cdot C_6H_4 \cdot NO_2$ | 244,20 |
| 2672 | 200 | 2,5-Dioxybenzoesäure (Gentisinsäure) | $C_7H_6O_4$ | $(HO)_2C_6H_3 \cdot COOH$ | 154,12 |

| Aggregat-zustand Farbe | Spez. Gewicht | Siede-punkt °C | Beilstein-Zitat | Physikalische Konstanten und Eigenschaften | Löslichkeit | Reaktionen |
|---|---|---|---|---|---|---|
| 7 | 8 | 9 | 10 | 11 | 12 | 13 |
| gelbe Nadeln (W oder verd. A) | | subl. | VII 581 | mit Dampf flüchtig | wl. in k. W<br>ll. in A | |
| Nadeln $+ H_2O$ (W)<br>Tafeln (A) | 1,542 | Z. | X 389 | zerfällt bei höherer Temperatur; geruchlos; Geschmack säuerlich, zusammenziehend | 1,85 W 14°<br>10 W 60°<br>27,8 W 80°<br>ll. in A<br>l. in Ae | erhitzen → Brenzcatechin $+ CO_2$<br>$+ FeCl_3$ → grün + sehr verd. $NH_3$ → blau → violett → rot<br>Methylester *Fp* 134,5°, Nadeln<br>Phenylester *Fp* 189°<br>Chlorid *Fp* 70°, Kp. 275°<br>Amid *Fp* 212° |
| Prismen (A) | | subl. | XXI 77 | | swl. in W<br>ll. in A, Ae | |
| weiße Krist.-Nädelchen (A) | | | | | swl. in W<br>ll. in Alkalien, A<br>l. in A | alkohol. Lsg. + $Co(NO_3)_2$ und Piperazin → violettrot<br>+ 1%ige Pyridinlsg. + verd. $CuSO_4$-Lsg. → kein Cu-Salz<br>$+ H_2SO_4$ + Paraform warm → braun → rosa<br>$+ HNO_3$-$H_2SO_4$ → braun → orange |
| farblose Krist. | | | | $[\alpha]_D^{20}$ —35,8° (2%ige wss. Lsg.) | l. in W, A | |
| Krist. (W) | | | IV 401 | | ll. in W<br>swl. in A<br>unl. in Ae | |
| Prismen (W) | | | XIV 448 | | swl. in sd. W, A, Ae | |
| amorph | | | II 114 | | ll. in W | |
| gelbe Nadeln (A) | | | V 584 | | unl. in W<br>wl. in A<br>ll. in Bzl. | |
| Nadeln oder Prismen (W) | | Z. | X 384 | | l. in W<br>ll. in A, Ae<br>unl. in Bzl. | erhitzen → Hydrochinon $+ CO_2$ |

| Lfd. Nr. | *Fp* | Name | Summenformel | Strukturformel | Mol.-Gewicht |
|---|---|---|---|---|---|
| 1 | 2 | 3 | 4 | 5 | 6 |
| 2673 | **200** | β-Disalicylid | $C_{14}H_8O_4$ | $C_6H_4\langle{}^{O \cdot CO}_{CO \cdot O}\rangle C_6H_4$ | 240,20 |
| 2674 | **200** | Hexabromäthan | $C_2Br_6$ | $CBr_3 \cdot CBr_3$ | 503,52 |
| 2675 | **200** (Z.) | Hexaoxybenzol | $C_6H_6O_6$ | $C_6(OH)_6$ | 174,11 |
| 2676 | **200** | Kakodylsäure | $C_2H_7O_2As$ | $(CH_3)_2AsO \cdot OH$ | 137,98 |
| 2677 | **200** (Z.) | Morphinhydrochlorid | $C_{17}H_{20}O_3NCl + H_2O$ | vgl. Nr. 3084 | 339,81 |
| 2678 | ~200 | 2,4,6,3′,4′-Pentaoxybenzophenon (Maclurin) | $C_{13}H_{10}O_6$ | $(HO)_2C_6H_3 \cdot CO \cdot C_6H_2(OH)_3$ | 262,61 |
| 2679 | **200** (Z.) | 1-Phenylthiosemicarbazid | $C_7H_9N_3S$ | $C_6H_5 \cdot NH \cdot NH \cdot CS \cdot NH_2$ | 167,22 |
| 2680 | ~200 | Pilocarpinchlorhydrat | $C_{11}H_{17}O_2N_2Cl$ | $C_{11}H_{16}O_2N_2 + HCl$ vgl. Nr. 652 | 244,60 |
| 2681 | >200 (Z.) | Strontiumoxalat | $C_2O_4Sr + H_2O$ | | 193,67 |
| 2682 | ~200 | Triacetyldiphenolisatin | $C_{26}H_{21}O_6N$ | | 443,42 |
| 2682a | **200** bis **201** | 3-Nitrozimtsäure | $C_9H_7O_4N$ | $O_2N \cdot C_6H_4 \cdot CH : CH \cdot COOH$ | 193,15 |
| 2683 | **200** bis **201** | 3-Oxybenzoesäure | $C_7H_6O_3$ | $HO \cdot C_6H_4 \cdot COOH$ | 138,12 |

| Aggregat-zustand Farbe | Spez. Gewicht | Siede-punkt °C | Beilstein-Zitat | Physikalische Konstanten und Eigenschaften | Löslichkeit | Reaktionen |
|---|---|---|---|---|---|---|
| 7 | 8 | 9 | 10 | 11 | 12 | 13 |
| Nadeln (Methyl-alkohol) | | | XIX 171 | | unl. in W<br>swl. in A<br>5,56 Chlf. 6° | erhitzen im Vakuum → α-Disalicylid |
| Prismen | 3,823 | | I 96 | | unl. in W<br>wl. in sd. A; Ae<br>ll. in $CS_2$ | |
| Nadeln (verd. HCl) | | | VI 1198 | leicht oxydierbar | wl. in k. W, A, Ae, Bzl. | Hexaacetat *Fp* 203° |
| Säulen | | | IV 610 | | 83 W 22°<br>l. in A<br>unl. in Ae | |
| Nadeln (W) | | | | $[\alpha]_D$ —111° (W); geruchlos; bitterer Geschmack | 4 W<br>2 A<br>unl. in Ae | wss. Lsg + $Fe(NO_3)_3$-Lsg. → grünstichig-blau<br>stark verdünnte Ferricyanidlsg. → blau<br>+ 10 mg Paraform + 1 ml. $H_2SO_4$ → intensiv rotviolett<br>+ Fe-$H_3PO_4$ → intensiv blau<br>+ $HNO_3$-$H_2SO_4$ → braun + violettrot → hellbraun<br>+ Furfurol-$H_2SO_4$ → rotbraun → erhitzen violettrot |
| gelbe Prismen + $H_2O$ | | >270 (Z.) | VIII 538 | | 0,5 W 14°<br>ll. in A, Ae | |
| Prismen (A) | | | XV 294 | | wl. in W<br>ll. in A<br>unl. in Ae | |
| durchscheinende Krist. | | | XXVII 633 | Geschmack schwach bitter; hygroskopisch | ll. in W, A<br>wl. in Ae, Chlf. | + alkohol. $HgJ_2$-Lsg. → weißer Nd.<br>wss. Lsg. + $K_2Cr_2O_7$ + $H_2O_2$ → blaues Chromperoxyd und einen durch Bzl. oder Chlf. ausschüttbaren blauen Farbstoff |
| Nadeln | | | II 515 | | 0,0046 W 18°<br>0,0062 W 87° | |
| amorphes Pulver | | | | geruchlos; geschmacklos | unl. in W<br>l. in Säuren, Alkalien | 1 mg Subst. + 1 Tropfen $HNO_3$-$H_2SO_4$ innerhalb 1 Minute → violettrot |
| Nadeln (A) | | | IX 605 | | 1,0 A 25° | Äthylester *Fp* 78—79° |
| Nadeln (W)<br>Tafeln (A) | 1,473 | | X 134 | sublimierbar; schmeckt süß | 0,9 W 18°<br>10,99 W 78°<br>l. in h. A; Ae<br>0,01 Bzl. 25° | Amid *Fp* 170,5°, Blättchen<br>3-Nitrobenzoyl-m-oxybenzoesäure *Fp* 241°, Nadeln<br>p-Nitrobenzylester *Fp* 106,1°<br>Methylester *Fp* 71,5°, Nadeln |

| Lfd. Nr. | *Fp* | Name | Summenformel | Strukturformel | Mol.-Gewicht |
|---|---|---|---|---|---|
| 1 | 2 | 3 | 4 | 5 | 6 |
| 2684 | **200 bis 202** | Bulbocapnin | $C_{19}H_{19}O_4N$ | | 325,25 |
| 2685 | **200 bis 202** | 4,5-Dimethyl-2-rhodan-mercurithiophen | $C_7H_7NS_2Hg$ | 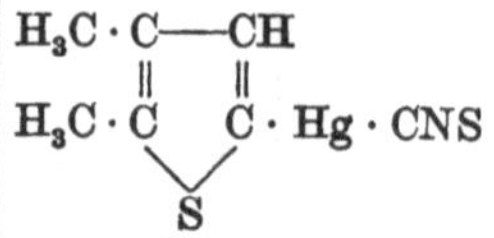 | 369,86 |
| 2686 | **200 bis 202** | 1,4-Dioxyanthrachinon (Chinizarin) | $C_{14}H_8O_4$ | 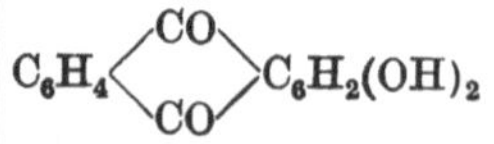 | 240,20 |
| 2687 | **200 bis 202** | 2,4,5-Trioxyacetophenon | $C_8H_8O_4$ | $(HO)_3C_6H_2 \cdot CO \cdot CH_3$ | 168,14 |
| 2688 | **200 bis 202** | 2-Sulfanilamidothiazol (Sulfathiazol, Cibazol, Eleudron) | $C_9H_9O_2N_3S_2$ | 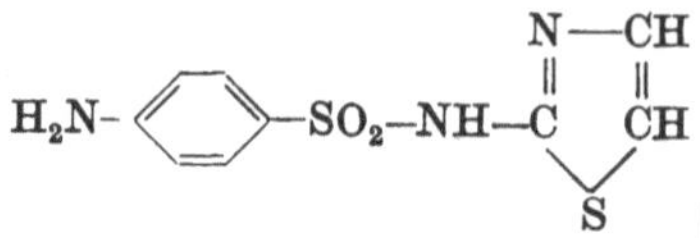 | 255,30 |
| 2689 | **201** | 7-Aminonaphthol-(2) | $C_{10}H_9ON$ | $H_2N \cdot C_{10}H_6 \cdot OH$ | 159,18 |
| 2690 | **201** | Camphansäure | $C_{10}H_{14}O_4$ | 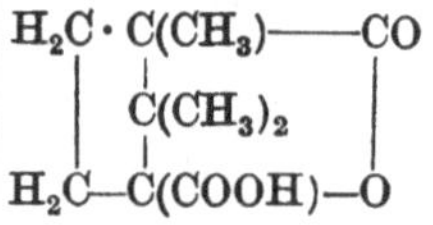 | 198,21 |
| 2691 | **201** | 4-Oxychinolin (Kynurin) | $C_9H_7ON$ | $C_9H_6N \cdot OH$ | 145,15 |
| 2692 | **201** | 3,3′,4,4′-Tetrachlor-5,5′-dimethyl-2,2′-dithienyl | $C_{10}H_6Cl_4S_2$ | 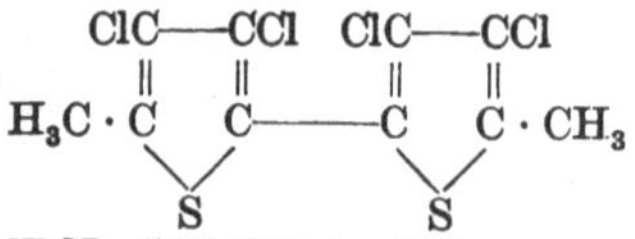 | 332,10 |
| 2693 | **201 bis 202** | 5-Nitro-2-aminophenol | $C_6H_6O_3N_2$ | $H_2N \cdot C_6H_3(NO_2) \cdot OH$ | 154,12 |

| Aggregat-zustand Farbe | Spez. Gewicht | Siede-punkt °C | Beilstein-Zitat | Physikalische Konstanten und Eigenschaften | Löslichkeit | Reaktionen |
|---|---|---|---|---|---|---|
| 7 | 8 | 9 | 10 | 11 | 12 | 13 |
| weißes Pulver | | | XXVII 488 | geruchlos; schwach bitterer Geschmack; anästhesierend | wl. in W | wss. Lsg. + $Fe(NO_3)_3$-Lsg. → schwach violettrot, heiß intensiv violettrot<br>Lsg. in konz. $H_2SO_4$ → gelb beim Erwärmen → orange, graugrün und blaugrau<br>nach Abkühlen + 1 Tropfen $HNO_3$-$H_2SO_4$ → intensiv violett<br>Lsg. in konz. $H_2SO_4$ + 5 mg α-Naphthol gelinde erwärmt → violettrot — grüne Fluoreszenz (Oxymethylengruppe) |
| rote Nadeln (A) | | subl. (Z.) | VIII 450 | subl. in rubinroten Nadeln | l. in A, Ae, $H_2SO_4$, Alkali | Diacetat *Fp* 200°<br>Dimethyläther *Fp* 143°, gelbe Nadeln<br>Lsg. in $H_2SO_4$ → violett, grüngelbe Fluoreszenz<br>Lsg. in Alkali → blauviolett |
| rote Nadeln (W) | | | $E_1$ VIII 686 | | l. in sd. W, A, Ae<br>l. in NaOH | Lsg. in Alkalien → gelbgrün<br>100 mg Subst. in 5 ml W + 1 ml 0,5%ige Lsg. β-naphthochinon-4-sulfonsaures Natrium nach 5 Min. → purpurbraun |
| weiße Krist. | | | | geruchlos; geschmacklos | swl. in k. W<br>l. in Alkalien, Säuren | + $H_2SO_4$ + $HNO_3$ → rot<br>Lsg. mit einigen Tropfen 2n HCl in der Kälte + 1 Tropfen Nitritlsg. → gelb bis orange + einige Tropfen konz. $NH_3$ → intensiv gelb |
| Nadeln (A) | | | XIII 684 | | wl. in W<br>ll. in A, Ae | |
| Nadeln + $H_2O$ | | Z. | XVIII 401 | | ll. in A, Ae | Äthylester *Fp* 63°; Kp. 195—196° |
| Nadeln + $3H_2O$ (W) | | | $E_1$ VIII 686 | | l. in sd. W, A, Ae<br>l. in NaOH | Lsg. in NaOH → gelbgrün |
| braune Nadeln (W od. A) | | | XIII 390 | | l. in Eg. | |

| Lfd. Nr. | *Fp* | Name | Summenformel | Strukturformel | Mol.-Gewicht |
|---|---|---|---|---|---|
| 1 | 2 | 3 | 4 | 5 | 6 |
| 2694 | **201,5** | Ricinin | $C_8H_8O_2N_2$ | 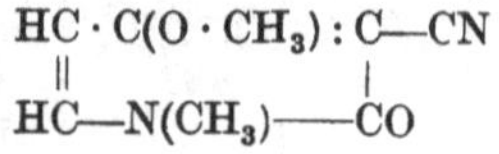 | 164,16 |
| 2695 | **201,5** bis **203** | 3-Jod-5-methyl-2-chlor-mercurithiophen | $C_5H_4ClJSHg$ | 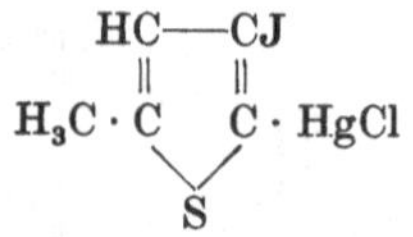 | 459,13 |
| 2696 | **201,6** | Lactose | $C_{12}H_{22}O_{11}$ | 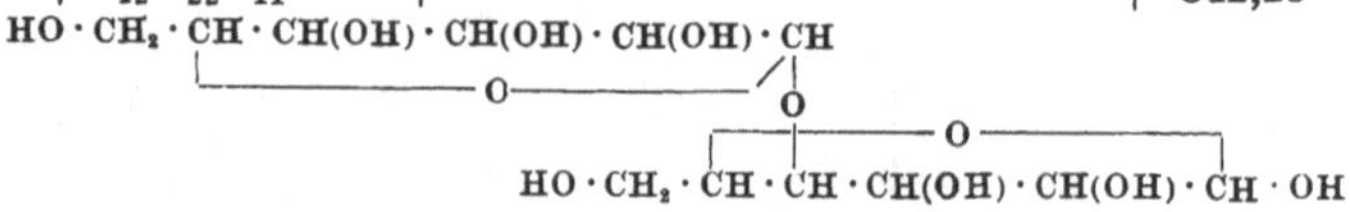 | 342,29 |
| 2697 | **201,6** | Salicin | $C_{13}H_{18}O_7$ | $C_6H_{11}O_5 \cdot O \cdot C_6H_4 \cdot CH_2OH$ | 285,27 |
| 2698 | **202** | 1,1′-Dinaphthylen-2,2′-sulfid | $C_{20}H_{12}S$ | 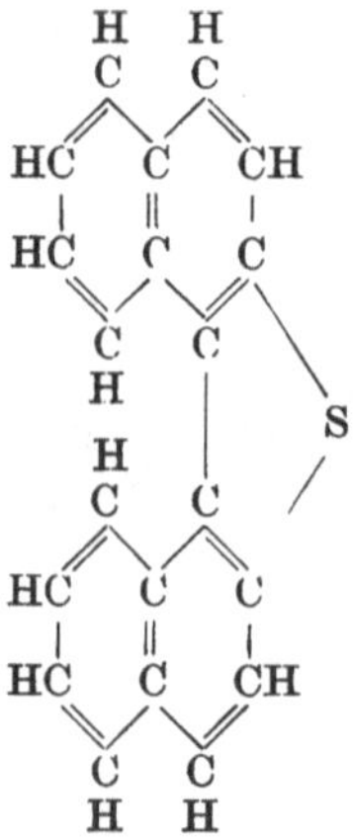 | 284,36 |
| 2699 | **202** | 2,6-Dinitrobenzoesäure | $C_7H_4O_6N_2$ | $(O_2N)_2C_6H_3 \cdot COOH$ | 212,12 |
| 2700 | **202** | 2,5-Dioxyacetophenon | $C_8H_8O_3$ | $(HO)_2C_6H_3 \cdot CO \cdot CH_3$ | 152,14 |
| 2701 | **202** (Z.) | Di-[2-thienyl]-bleichlorid | $C_8H_6Cl_2S_2Pb$ | 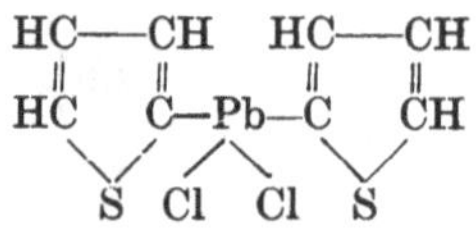 | 447,37 |
| 2702 | **202** | Gallussäuremethylester | $C_8H_6O_5$ | $(HO)_3C_6H_2 \cdot COO \cdot CH_3$ | 182,13 |
| 2703 | **202** | Mesaconsäure | $C_5H_6O_4$ | 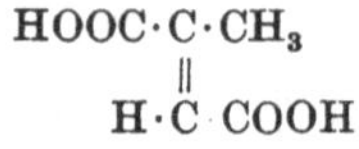 | 130,10 |

| Aggregatzustand Farbe | Spez.-Gewicht | Siedepunkt °C | Beilstein-Zitat | Physikalische Konstanten und Eigenschaften | Löslichkeit | Reaktionen |
|---|---|---|---|---|---|---|
| 7 | 8 | 9 | 10 | 11 | 12 | 13 |
| Blättchen oder Prismen (W od. A) | | subl. | XXII 371 | | 0,27 W 10°<br>0,16 A 10°<br>ll. in h. Chlf.<br>l. in h. NaOH | |
| Krist. | $1{,}525^{20°}$ | | | kaum süß schmeckend | 16,9 W 15°<br>24 h. W.<br>0,09 A 20°<br>unl. in Ae | wss. Lsg. + Lauge erwärmt → gelb<br>alkal. $HgCl_2$-Lsg, ammoniak. $AgNO_3$-Lsg. und alkal. Kupfertartratlsg. werden reduziert, dagegen nicht Kupferacetatlsg. (Barföd-Reagens) |
| weißes Krist.-Plv. | | | | geruchlos, sehr bitterer Geschmack | | 1 mg Subst. + 5 mg α-Naphthol in 1 ml konz. $H_2SO_4$ → olivbraun<br>beim Erhitzen → violettrot |
| Nadeln (W) | | Z. | IX 412 | | ll. in sd. W | bei Erhitzung $CO_2$-Abspaltung |
| grüngelbe Krist. (W) | | subl. | VIII 271 | | swl. in k. W<br>ll. in A<br>wl. in Ae | + $FeCl_3$ → blau |
| Krist. (W od. Methylalkohol) | | | X 483 | | 1,07 W 23°<br>ll. in A | |
| Nadeln (A)<br>Tafeln (Ae) | 1,466 | 250 (Z.) | VII 38 | | 2,7 W 18°<br>117,9 sd. W<br>30,6 90%iger A 17°<br>95,7 sd. 90%ig. A<br>swl. in $CS_2$, Chlf. | bei 250° Z. → Citraconsäureanhydrid<br>Diamid *Fp* 177—177,5°, Platten<br>Dihydrazid *Fp* 217—218°, Stäbchen<br>p-Nitrobenzylester *Fp* 184°, Stäbe und Platten |

| Lfd. Nr. | *Fp* | Name | Summenformel | Strukturformel | Mol.-Gewicht |
|---|---|---|---|---|---|
| 1 | 2 | 3 | 4 | 5 | 6 |
| 2704 | **202** bis **203** | Carbaminoylcholinchlorid (Doryl) | $C_6H_{15}O_2N_2Cl$ | $H_2N \cdot CO \cdot OCH_2 \cdot CH_2 \cdot N(CH_3)_3Cl$ | 182,65 |
| 2705 | **202** bis **203** | Cinchonidin | $C_{19}H_{22}ON_2$ | 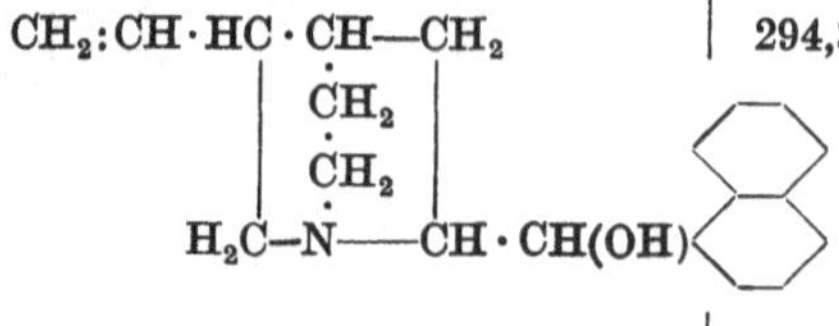 | 294,38 |
| 2706 | **202** bis **204** | 5-Methyl-2-rhodan-mercurithiophen | $C_6H_5NS_2Hg$ | 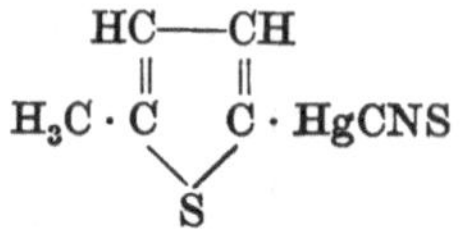 | 355,84 |
| 2707 | **203** | 2-Acetaminophenol | $C_8H_9O_2N$ | $CH_3 \cdot CO \cdot NH \cdot C_6H_4 \cdot OH$ | 151,16 |
| 2708 | **203** (Z.) | $\gamma$-Aminobuttersäure | $C_4H_9O_2N$ | $H_2N \cdot CH_2 \cdot (CH_2)_2 \cdot COOH$ | 103,12 |
| 2709 | **203** | Brommethylat des Methylhexahydro-nicotinsäuremethyl-esters (Neu-Cesol) | $C_9H_{18}O_2NBr$ | 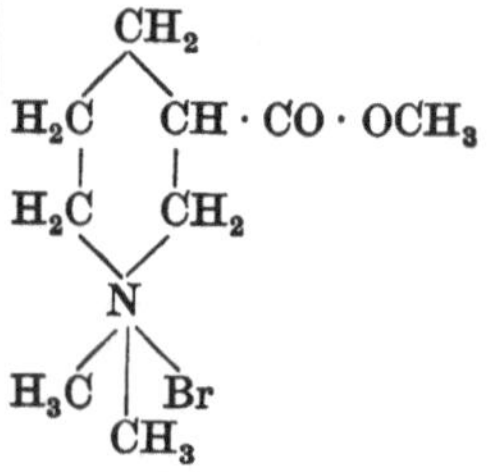 | 252,16 |
| 2710 | **203** | 1,3,6,8-Tetranitro-naphthalin | $C_{10}H_4O_8N_4$ | $C_{10}H_4(NO_2)_4$ | 308,16 |
| 2711 | **203** | 3,4,5-Trichlorbenzoesäure | $C_7H_3O_2Cl_3$ | $Cl_3C_6H_2 \cdot COOH$ | 225,46 |
| 2712 | **203** bis **204** | 4,5-Dijod-2-nitrothiophen | $C_4HO_2NJ_2S$ | 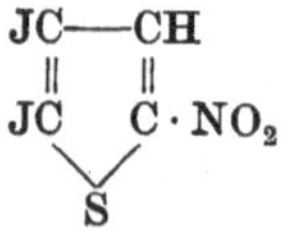 | 380,98 |
| 2713 | **203** bis **204** | dl-Weinsäure | $C_4H_6O_6$ | $HOOC \cdot CH(OH) \cdot CH(OH) \cdot COOH$ | 150,09 |
| 2714 | **203** bis **204** | inakt. Zimtsäuredibromid | $C_9H_8O_2Br_2$ | $C_6H_5 \cdot CHBr \cdot CHBr \cdot COOH$ | 307,96 |

| Aggregatzustand Farbe | Spez. Gewicht | Siedepunkt °C | Beilstein-Zitat | Physikalische Konstanten und Eigenschaften | Löslichkeit | Reaktionen |
|---|---|---|---|---|---|---|
| 7 | 8 | 9 | 10 | 11 | 12 | 13 |
| weiße Krist. | | | | | | wss. Lsg. + $Fe(NO_3)_3$ → unverändert + $HgCl_2$ (alkalisch) → gelber Nd. |
| Prismen (A) | | subl. | XXIII 437 | $[\alpha]_D$ —107,9° | 0,025 W 20°<br>4,74 A 17°<br>0,26 Ae 32° | Kalischmelze → blaugrün<br>Chromsäure → gelber Nd. in salzsaurer Lsg.<br>$CuSO_4$-Lsg. → smaragdgrün<br>+ Lsg. von Ammoniummolybdat → tiefblau beim Erwärmen mit einigen Tropfen HCl |
| Blättchen (verd. A) | | | XIII 370 | | ll. in h. W; A | |
| Nadeln (verd. A) | | | IV 413 | | ll. in W<br>unl. in A, Ae | |
| weiße Krist. | | | | | ll. in W<br>wl. in A<br>unl. in Ae, Bzl. | alkalische $HgJ_2$-Lsg. → gelber, käsiger Nd. |
| Nadeln (A) | | expl. | V 564 | | wl. in A | |
| Nadeln (verd. A) | | subl. | IX 346 | | unl. in k. W<br>ll. in A, Ae, Bzl. | |
| Krist. + $H_2O$ (W) | $1{,}697^{20°}$ | | III 522 | | 20,6 W 20°<br>184,6 W 100°<br>2,08 A 15°<br>1,08 Ae 15° | wss. Lsg. + $Fe(NO_3)_3$-Lsg. → zitronengelb<br>1 mg Subst. in Lsg. von 5 mg β-Naphthol in 1 ml konz. $H_2SO_4$ eingetragen beim Erhitzen im sd. W-Bad → grün, bei starker Beleuchtung blaue Fluoreszenz. Bei längerem Erhitzen und darauffolgender Abkühlung → Fluoreszenz violett<br>Dimethylester *Fp* 85°, monokline Kristalle |
| Krist. (Chlf.) | | | IX 518 | | ll. in A, Ae<br>swl. in $CS_2$ | durch sd. W Zers. |

| Lfd. Nr. | *Fp* | Name | Summenformel | Strukturformel | Mol.-Gewicht |
|---|---|---|---|---|---|
| 1 | 2 | 3 | 4 | 5 | 6 |
| 2715 | **203** bis **205** | Narcotinchlorhydrat | $C_{27}H_{24}O_7NCl$ | vgl. Nr. 2420 | **509,93** |
| 2716 | **203** bis **205** | p-Oxyphenyl-(α-oxy-β-methylamino)-propan-chlorhydrat (Suprifen) | $C_{10}H_{16}O_2NCl$ | 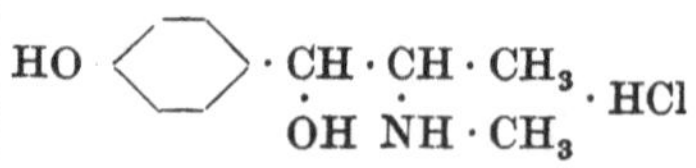 | **217,68** |
| 2717 | **203,5** | Isatin | $C_8H_5O_2N$ | 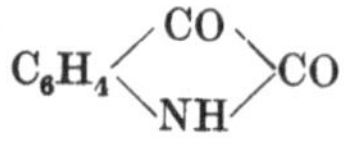 | **147,13** |
| 2718 | **203,5** bis **204,5** | Japaconitin | $C_{34}H_{47}O_{11}N$ | | **645,72** |
| 2719 | **204** (Z.) | 3-Nitroanthranilsäure | $C_7H_6O_4N_2$ | $H_2N \cdot C_6H_3(NO_2) \cdot COOH$ | **182,12** |
| 2720 | **204** | 2,3-Dioxybenzoesäure | $C_7H_6O_4$ | $(HO)_2C_6H_3 \cdot COOH$ | **154,12** |
| 2721 | **204** | 5-Methyl-2-chlormercuri-thiophen | $C_5H_5ClSHg$ | 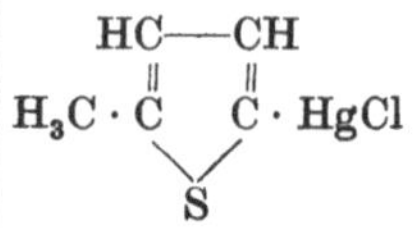 | **333,22** |
| 2722 | **204** bis **205** | 3,5-Dinitrobenzoesäure | $C_7H_4O_6N_2$ | $(O_2N)_2C_6H_3 \cdot COOH$ | **212,12** |
| 2723 | **204** bis **205** | 4-Oxyphthalsäure | $C_8H_6O_5$ | $HO \cdot C_6H_3(COOH)_2$ | **182,13** |
| 2724 | **204** bis **205** | Thionaphthen-2,3-dicarbonsäurediamid | $C_{10}H_8O_2N_2S$ | 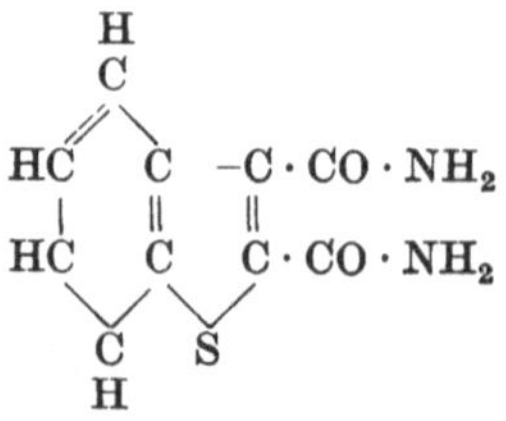 | **220,24** |

| Aggregatzustand Farbe | Spez. Gewicht | Siedepunkt °C | Beilstein-Zitat | Physikalische Konstanten und Eigenschaften | Löslichkeit | Reaktionen |
|---|---|---|---|---|---|---|
| 7 | 8 | 9 | 10 | 11 | 12 | 13 |
| weiße Krist. | | | | bitterer Geschmack; geruchlos | | 1. + 1 ml $H_2SO_4$ → gelb<br>+ Paraform (20 mg) intensiv violett<br>+ $HNO_3$-$H_2SO_4$ → intensiv orange → rosa → braunorange<br>2. + 10—20 mg Paraform + 1 ml. $H_2SO_4$ → intensiv blauviolett<br>+ $HNO_3$-$H_2SO_4$ → violett → intensiv braunorange |
| weiße Krist. | | | | geruchlos; Geschmack bitter | l. in W | wss. Lsg. + $Fe(NO_3)_3$-Lsg. → blauviolettstichig<br>$H_2O_2$-Lsg. oxydiert zu Methylsuprarenin<br>1 mg Subst. + 2 Tropfen Fe-$H_3PO_4$ bis zur ersten Bräunung erhitzt, nach Erkalten + 1 ml konz. $H_2SO_4$ → intensiv violettrot |
| gelbrote Prismen (A) | | | XXI 432 | | wl. in k. W<br>l. in sd. W<br>ll. in sd. A<br>wl. in Ae<br>l. in konz. KOH | Lsg. in Alkalien → violettrot |
| farblose Rosetten od. Nadeln (A, Ae od. Chlf.) | | | | $[\alpha]_D^{18,5}$ + 23,6° (A)<br>$[\alpha]_D^{19,5}$ + 19,41° (Chlf.) | wl. in W<br>ll. in A, Ae, Chl. | |
| gelbeNadeln (W) | $1{,}558^{15°}$ | | XIV 373 | | ll. in A, Ae | |
| Nadeln + $2H_2O$ (W) | | | X 375 | | 0,062 W 25°<br>0,56 W 75°<br>l. in W, A, Ae | |
| Krist. (W oder A) | 1,683 | subl. | IX 413 | | 1,32 W 25°<br>1,9 sd. W<br>ll. in A<br>wl. in Bzl., Ae, $CS_2$ | |
| Krist. (W) | | | X 499 | | ll. in A, Ae | erhitzen → Anhydrid |

| Lfd. Nr. | *Fp* | Name | Summenformel | Strukturformel | Mol.-Gewicht |
|---|---|---|---|---|---|
| 1 | 2 | 3 | 4 | 5 | 6 |
| 2725 | **204 bis 206** | dl-Cineolsäure | $C_{10}H_{16}O_5$ | 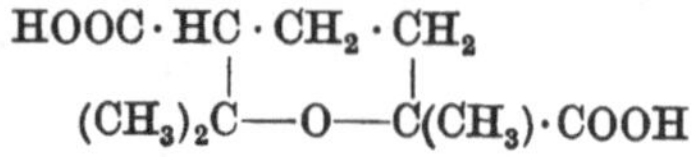 | 216,22 |
| 2726 | **204 bis 206** | Erysimolacton | $C_{24}H_{36}O_8$ | | 452,53 |
| 2727 | **204,1** | 3,4-Dichlorbenzoesäure | $C_7H_4O_2Cl_2$ | $Cl_2C_6H_3 \cdot COOH$ | 191,02 |
| 2728 | **205** | Acetophenoncarbon-säure-(4) | $C_9H_8O_3$ | $CH_3 \cdot CO \cdot C_6H_4 \cdot COOH$ | 164,15 |
| 2729 | **205** | Dijodtyrosin (Jodgorgo-säure, Dityrin, Jodoglobin) | $C_9H_9O_2NJ_2$ | 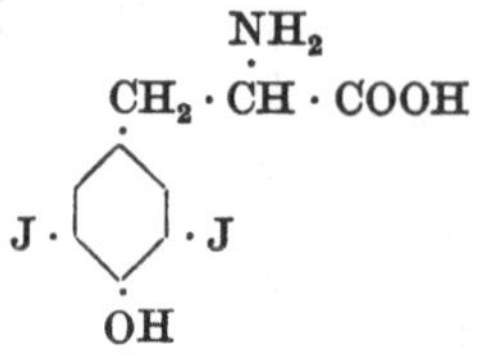 | 417,01 |
| 2730 | **205** | *l*-Ekgonin | $C_9H_{15}O_3N$ | 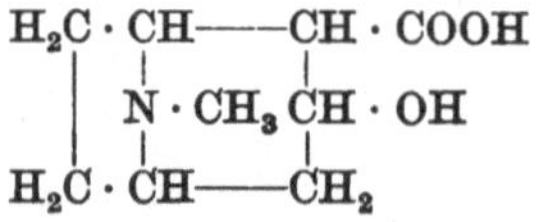 | 185,21 |
| 2731 | **205 (Z.)** | Oxalursäure | $C_3H_4O_4N_2$ | $H_2N \cdot CO \cdot NH \cdot CO \cdot COOH$ | 132,08 |
| 2732 | **205 (Z.)** | 4,4′,4″-Triaminotriphenyl-carbinol | $C_{19}H_{19}ON_3$ | $(H_2N \cdot C_6H_4)_3C \cdot OH$ | 305,06 |
| 2733 | **205** | Veratrin | $C_{32}H_{49}O_9N$ | | 591,72 |
| 2734 | **205 bis 206** | Äthylnarceinchlorhydrat (Narcyl) | $C_{25}H_{32}O_8NCl$ | vgl. Nr. 2569 | 509,97 |

| Aggregatzustand Farbe | Spez. Gewicht | Siedepunkt °C | Beilstein-Zitat | Physikalische Konstanten und Eigenschaften | Löslichkeit | Reaktionen |
|---|---|---|---|---|---|---|
| 7 | 8 | 9 | 10 | 11 | 12 | 13 |
| Krist. (W) | | | XVIII 322 | | 0,75 W 8°<br>6,6 sd. W<br>ll. in h. A; Ae | Dimethylester *Fp* 31° |
| | | | | $[\alpha]_D$ +555°<br>$\alpha_D$ +0,71° | ll. in A, Aceton, Chlf., Pyridin, Eg.<br>wl. in W<br>unl. in Ae, Bzl., PAe, Xylol | + Phenyldiazonium-Lsg. → blau<br>+ Lauge → Isoverbindung *Fp* 212—216° |
| Nadeln (W) | | | IX 343 | mit Dampf flüchtig | l. in h. W<br>ll. in A | |
| Nadeln (W) | | subl. | X 694 | | wl. in k. W<br>l. in h. W<br>wl in A, Ae | Methylester *Fp* 92° |
| gelbe Krist. | | | | geruchlos, geschmacklos | swl. in W<br>l. in A, Ae, Säure, Lauge | gegen Phenolphthalein neutralisierte Lsg.<br>+ $Fe(NO_3)_3$-Lsg. → gallertigen violetten Nd.<br>+ 10—20 mg Paraform + 1 ml $H_2SO_4$ → violettrot<br>+ Fe-$H_3PO_4$ → bräunlich<br>+ $HNO_3$-$H_2SO_4$ → braun, rötlich gelb |
| Prismen (A) | | | XXII 196 | | 21,74 W 17°<br>2 95%ig. A 17°<br>swl. in Ae<br>unl. in Chlf. | |
| Krist. | | | III 64 | | swl. in W | sd. W → Oxalsäure + Harnstoff |
| farblose Blättchen | | | XIII 750 | | swl. in W<br>ll. in A<br>unl. in Ae | |
| rhombische Prismen (A) | | | | optisch inaktiv | unl. in W<br>ll. in h. A; Ae<br>l. in Chlf. | + $H_2SO_4$ → (kalt) gelb; (warm) violett bis blutrot<br>+ alkohol. KOH → braunrot<br>+ HCl (1,19) in der Wärme kirschrot<br>+ p-Dimethylbenzaldehyd · $H_2SO_4$, bei schwachem Erwärmen → tiefgrün → sepiabraun<br>+ wss. KOH → kirschrot → braungelb → schmutzig violett |
| weiße, seidig glänzende Nadeln | | | | Geschmack bitter | | + 1 ml $H_2SO_4$ → intensiv gelb → grüngelb → langsam hellbraun<br>+ Fe-$H_3PO_4$ → oliv → braun → grün<br>+ Paraform → intensiv violettrot → braun<br>+ $HNO_3$-$H_2SO_4$ undurchsichtig → graugrün → intensiv orangerot |

| Lfd. Nr. | *Fp* | Name | Summenformel | Strukturformel | Mol.-Gewicht |
|---|---|---|---|---|---|
| 1 | 2 | 3 | 4 | 5 | 6 |
| 2735 | **205 bis 206** | 3,4'-Dioxybenzophenon | $C_{13}H_{10}O_3$ | $HO \cdot C_6H_4 \cdot CO \cdot C_6H_4 \cdot OH$ | 214,21 |
| 2736 | **205 bis 207** | 8-Aminonaphthol-(2) | $C_{10}H_9ON$ | $H_2N \cdot C_{10}H_6 \cdot OH$ | 159,18 |
| 2737 | **205 bis 210** | syn-Benzilosazon | $C_{26}H_{22}N_4$ | 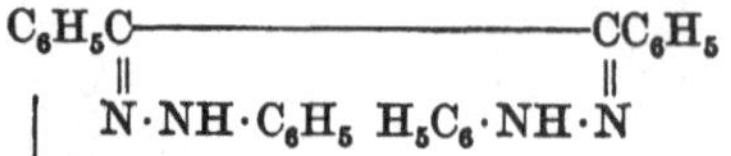 | 390,46 |
| 2738 | **205 bis 210** | Pyron-(2)-carbonsäure-(5) (Cumalinsäure) | $C_6H_4O_4$ | 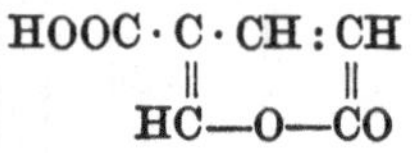 | 140,09 |
| 2739 | **206** | Acetylglycin | $C_4H_7O_3N$ | $CH_3 \cdot CO \cdot NH \cdot CH_2 \cdot COOH$ | 117,10 |
| 2740 | **206** | 4,5,9(oder 10)-Trioxy-2-methylanthracen | $C_{15}H_{12}O_3$ | $HO \cdot C_6H_3\left\{\begin{matrix} C(OH) \\ CH \end{matrix}\right\}C_6H_2(CH_3) \cdot OH$ | 240,24 |
| 2741 | **206 bis 207** | *β*-Benzildioxim | $C_{14}H_{12}O_2N_2$ | $[C_6H_5 \cdot C(:N \cdot OH)-]_2$ | 240,25 |
| 2742 | **206 bis 207** | 3,4-Dichlor-2-chlor-mercurithiophen | $C_4HCl_3SHg$ | 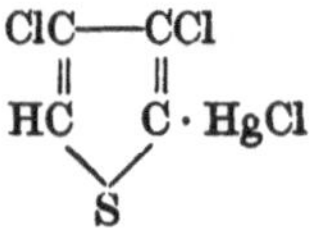 | 388,09 |
| 2743 | **206 bis 207** | *β*-Truxinsäure | $C_{18}H_{16}O_4$ | 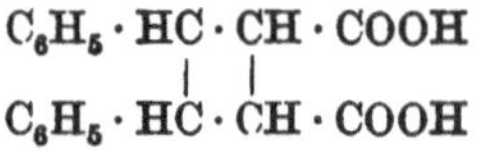 | 296,30 |
| 2744 | **206 bis 207** | 3-Oxy-p-toluylsäure | $C_8H_8O_3$ | $HO \cdot C_6H_3(CH_3) \cdot COOH$ | 152,14 |
| 2745 | **206 bis 207** | 3,4,5,6-Tetrabrom-o-kresol | $C_7H_4OBr_4$ | $CH_3 \cdot C_6Br_4 \cdot OH$ | 423,77 |
| 2746 | **206 bis 208** | dl-Oxybiotin | $C_{10}H_{16}O_4N_2$ | 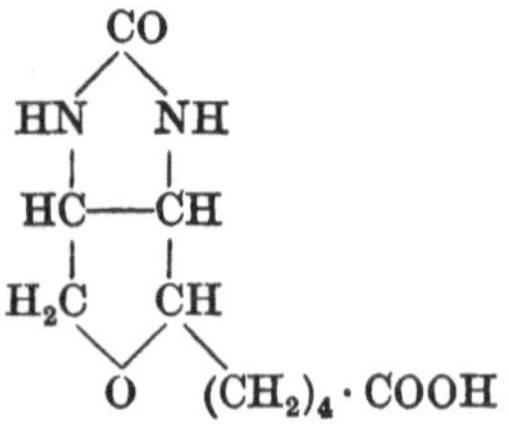 | 228,24 |
| 2747 | **207** | d-Arginin | $C_6H_{14}O_2N_4$ | $H_2N \cdot C(:NH) \cdot NH \cdot (CH_2)_3 \cdot CH(COOH) \cdot NH_2$ | 174,20 |
| 2748 | **207** | 2-Bromanthrachinon | $C_{14}H_7O_2Br$ | 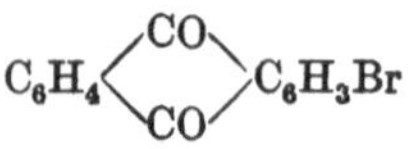 | 287,11 |
| 2749 | **207 (Z.)** | 2,5-Dioxyzimtsäure | $C_9H_8O_4$ | $(HO)_2C_6H_3 \cdot CH:CH \cdot COOH$ | 180,15 |

| Aggregatzustand Farbe | Spez. Gewicht | Siedepunkt °C | Beilstein-Zitat | Physikalische Konstanten und Eigenschaften | Löslichkeit | Reaktionen |
|---|---|---|---|---|---|---|
| 7 | 8 | 9 | 10 | 11 | 12 | 13 |
| Nadeln (W) | | | VIII 316 | | | |
| Nadeln (W oder Ae) | | subl. | XIII 685 | | ll. in h. W; A<br>l. in Ae | |
| gelbe Nadel (A + Bzl.) | | | XV 173 | | wl. in k. A<br>l. in Ae<br>ll. in Bzl. | |
| Prismen (Methanol) | | 218 (120mm) | XVIII 405 | | wl. in k. W<br>l. in A<br>wl. in Ae<br>unl. in Bzl., Chlf. | Äthylester *Fp* 36° |
| Nadeln (W) | | | IV 354 | | 2,7 W 15°<br>l. in A<br>unl. in Ae | + $FeCl_3$ → rot |
| gelbe Blättchen (Bzl.) | | | | | wl. in k. A<br>ll. in Chlf.<br>l. in Alkali | |
| Nadeln (A) | | | VII 761 | | wl. in h. W<br>15,26 A 17°<br>ll. in Eg, Ae<br>l. in NaOH | |
| Krist. (A) | | Z. | IX 951 | | l. in A | erhitzen → Zimtsäure und Stilben |
| Nadeln (W) | | subl. | X 237 | | wl. in k. W<br>ll. in A, Ae | Äthylester *Fp* 74—75° |
| Nadeln (Eg. oder Chlf.) | | | VI 362 | | unl. in W<br>l. in A. Bzl.<br>ll. in Ae | |
| Nadeln (W) | | | | | wl. in W<br>l. in A | |
| Tafeln | | | IV 420 | | ll. in W<br>swl. in A | Cu-Salz *Fp* 226°<br>+ α-Naphthol in NaOH u. Hypochlorit → rot<br>Chlorhydrat *Fp* 220°<br>Pikrat *Fp* 217—218°, Nadeln |
| gelbe Krist. (Eg.) | | | VII 789 | | | |
| Krist. (W.) | | | X 435 | | wl. in k. W | |

| Lfd. Nr. | *Fp* | Name | Summenformel | Strukturformel | Mol.-Gewicht |
|---|---|---|---|---|---|
| 1 | 2 | 3 | 4 | 5 | 6 |
| 2750 | **207** | 2-Methylanthracen | $C_{15}H_{12}$ | 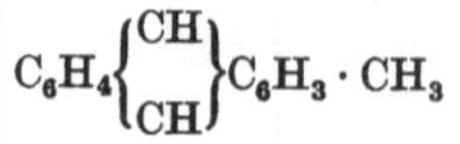 | 192,24 |
| 2751 | **207** | Phenanthrachinon | $C_{14}H_8O_2$ | 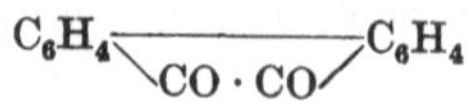 | 208,20 |
| 2752 | **207** | Chlcrsalioylsäure | $C_7H_5O_3Cl$ | $HO\cdot C_6H_3Cl\cdot COOH$ | 172,59 |
| 2753 | **207** | 4,4′,4″-Triaminotriphenylmethan | $C_{19}H_{19}N_3$ | $(H_2N\cdot C_6H_4)_3CH$ | 289,36 |
| 2754 | **207** | 2,4,5-Trichlor-3-brommercurithiophen | $C_4Cl_3BrSHg$ | 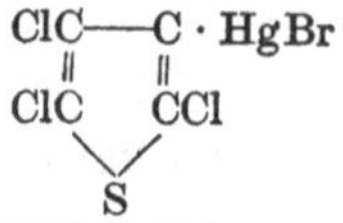 | 467,00 |
| 2755 | **207** | 3,4,5-Trichlor-2-brommeı curithiophen | $C_4Cl_3BrSHg$ | 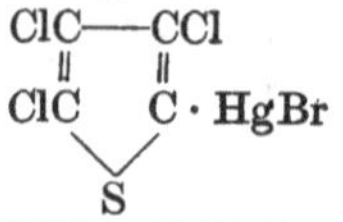 | 467,00 |
| 2756 | **207** | Vanillinsäure | $C_8H_8O_4$ | $^{(4)}HO\cdot C_6H_3(O\cdot CH_3)^{(3)}\cdot COOH^{(1)}$ | 168,14 |
| 2757 | **207 bis 208** | 3,4,5-Trimethyl-2-thiophensäure | $C_8H_{10}O_2S$ | 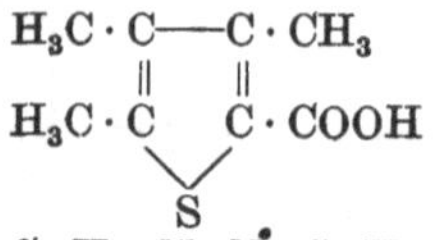 | 170,22 |
| 2758 | **208** | 2,2′-Azonaphthalin | $C_{20}H_{14}N_2$ | $C_{10}H_7\cdot N:N\cdot C_{10}H_7$ | 282,33 |
| 2759 | **208** | α-Benzpinakolin | $C_{26}H_{20}O$ | 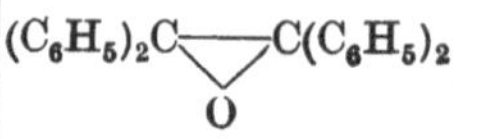 | 348,42 |
| 2760 | **208** | d-Borneol | $C_{10}H_{18}O$ | 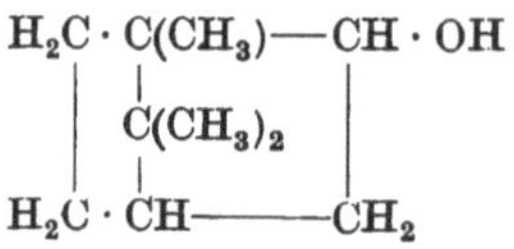 | 154,24 |
| 2761 | **208** | Phthalanil | $C_{14}H_9O_2N$ | 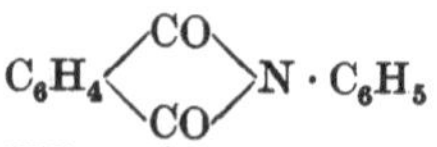 | 223,22 |
| 2762 | **208** | Triphenyl-[2-thienyl]-blei | $C_{22}H_{18}SPb$ | 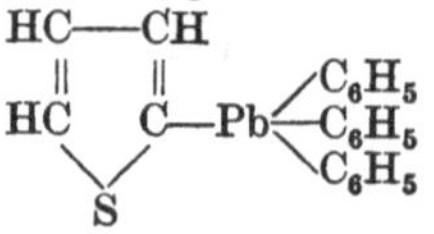 | 521,63 |

| Aggregat-zustand Farbe | Spez. Gewicht | Siede-punkt °C | Beilstein-Zitat | Physikalische Konstanten und Eigenschaften | Löslichkeit | Reaktionen |
|---|---|---|---|---|---|---|
| 7 | 8 | 9 | 10 | 11 | 12 | 13 |
| Blättchen | | subl. | V 674 | | unl. in W<br>wl. in A Ae<br>sll. in Bzl. CS. | |
| orange Nadeln (A) | 1,405 | >360 | VII 797 | | swl. in k. W<br>wl. in h. W<br>l. in Ae<br>0,54 Bzl. 20°<br>ll. in Eg. | + $H_2SO_4$ → grün<br>+ $SbCl_5$ → tiefrot<br>Chinhydron *Fp* 167—169°, lange schwarze Nadeln<br>Monoimid *Fp* 158—159°, goldgelbe Nadeln<br>Semicarbazon *Fp* 220°, goldgelbe Nadeln |
| Nadeln (W) | | | X 101 | | sl. in W<br>ll. in A, Bzl., Chlf. | wss. Lsg. + $FeCl_3$ → violett |
| Blättchen (W, A od. Bzl.) | | | XIII 313 | | wl. in W, A | |
| Nadeln (W) | | subl. | X 392 | | 0,15 W 14°<br>2,56 W 100°<br>ll. in A<br>l. in Ae | |
| rote Blättchen (Bzl.) | | subl. | XVI 80 | | swl. in A, Ae<br>l. in h. Bzl. | |
| Nadeln (Chlf. + A) | | Z. | XVII 94 | | unl. in W; k. A<br>l. in Ae<br>ll. in Bzl. | >208° → 4-Benzoyl-triphenylmethan u. a. |
| Tafeln (PAe) | 1,011 | subl. 212 | VI 73 | $[\alpha]_D^{37}$ +37° (A); kryoskop. Konst. 35 8; riecht wie Campher; schmeckt brennend; subl. schon bei Zimmertemperatur | swl. in W<br>ll. in A, Ae<br>25 Bzl. 20° | Acetat *Fp* 29°<br>Phenylurethan *Fp* 137 bis 138°<br>α-Naphthylurethan *Fp* 132°, Prismen<br>Chloralverbindung *Fp* 55 bis 56°, harte Prismen |
| Nadeln (A) | | subl. | XXI 464 | | unl. in W<br>l. in A, Ae | |

| Lfd. Nr. | *Fp* | Name | Summenformel | Strukturformel | Mol.-Gewicht |
|---|---|---|---|---|---|
| 1 | 2 | 3 | 4 | 5 | 6 |
| 2763 | **208 bis 209** | 4,5-Dibrom-2-chlor-mercuri-3-thiotolen | $C_5H_3ClBr_2SHg$ | 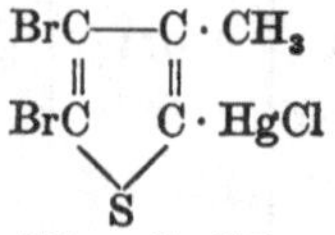 | 491,03 |
| 2764 | **208 bis 209** | 4-Jod-3-methyl-2-thiophensäure | $C_6H_5O_2JS$ | 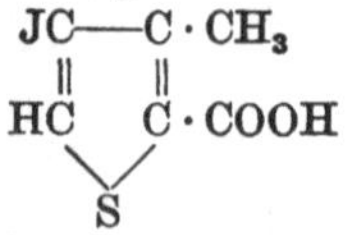 | 268,08 |
| 2765 | **208 bis 209** | 5-Jod-2-chlormercuri-4-thiotolen | $C_5H_4ClJSHg$ | 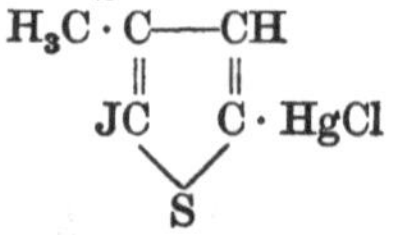 | 459,13 |
| 2766 | **208 bis 209** | 6-Oxynaphthoesäure-(1) | $C_{11}H_8O_3$ | $HO \cdot C_{10}H_6 \cdot COOH$ | 188,17 |
| 2767 | **208 bis 213** | α-Phenyl-γ-chinolincarbon-säure (Atophan) | $C_{16}H_{11}O_2N$ | 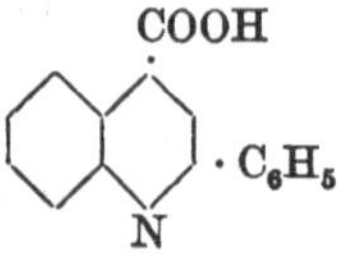 | 249,25 |
| 2768 | **209** | Dicyandiamid | $C_2H_4N_4$ | $H_2N \cdot C(:NH) \cdot NH \cdot CN$ | 84,08 |
| 2769 | **209** | Thioxanthon | $C_{13}H_8OS$ | 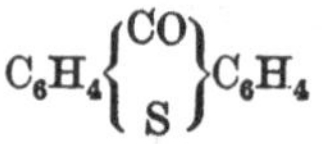 | 212,25 |
| 2770 | **209 bis 210** | 9,10-Dichloranthracen | $C_{14}H_8Cl_2$ | 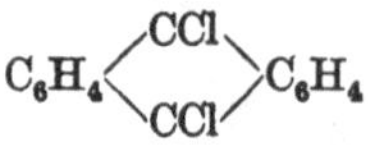 | 247,12 |
| 2771 | **209 bis 210** | Bis-[5-tolylthienyl-(2)]-quecksilber | $C_{22}H_{18}S_2Hg$ | 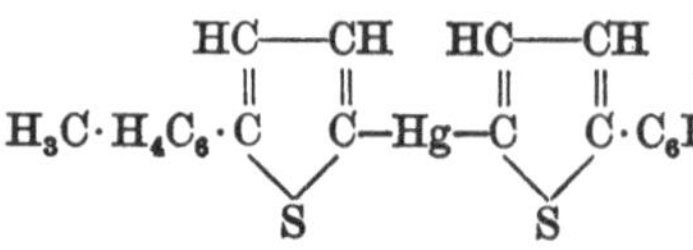 | 547,09 |
| 2772 | **210** | Apochinin | $C_{19}H_{22}O_2N_2$ | 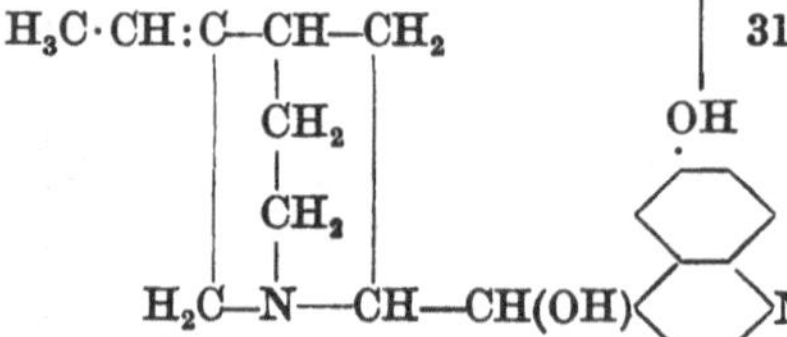 | 310,38 |
| 2773 | **210** | 2-Chloranthrachinon | $C_{14}H_7O_2Cl$ | 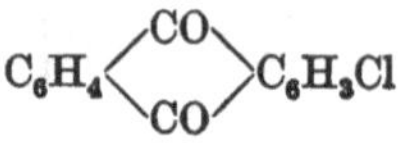 | 242,65 |

| Aggregatzustand Farbe | Spez. Gewicht | Siedepunkt °C | Beilstein-Zitat | Physikalische Konstanten und Eigenschaften | Löslichkeit | Reaktionen |
|---|---|---|---|---|---|---|
| 7 | 8 | 9 | 10 | 11 | 12 | 13 |
| Nadeln (W) | | | X 330 | | swl. in k. W<br>ll. in sd. W<br>l. in A, Ae<br>wl. in Bzl., Chlf. | + $FeCl_3$ → braun<br>Acetylderivat *Fp* 209 bis 210°, Nadeln<br>Anilid *Fp* 193—194°, Nadeln |
| schwachgelbe Nadeln (A) | | | XXII 103 | geruchlos; schmeckt bitter | unl. in W<br>5 sd. A<br>0,4 sd. Bzl.<br>l. in Alkalien, Säuren | Lsg. in Säure + 1 Tropfen Jodlsg. → braunes Perjodid<br>gelbe Lsg. in Paraform-$H_2SO_4$ beim Erhitzen → rotbraun<br>2 mg Subst. lösen in 1 Tropfen 2n-$NH_3$ und 1 ml $H_2O$ + $AgNO_3$ → weißer, flockiger Nd. |
| Blättchen (W) | $1{,}404^{14°}$ | | III 91 | | 2,26 W 13°<br>1,26 A 13°<br>0,01 Ae 13°<br>ll. in h. W<br>sehr schwer lösl. in $HNO_3$ | Diacetyl in alkal. Lsg. → rosa, in konz. Lsg. violettrot<br>Silbersalz $C_2H_4N_4 \cdot AgNO_3$, glänzende Nadeln |
| gelbe Nadeln (Chlf.) | | 372 (175mm) | XVII 357 | | unl. in W<br>wl. in A<br>ll. in Bzl., Chlf. | l. in $H_2SO_4$ → grüne Fluoreszenz |
| gelbe Nadeln | | | V 664 | | wl. in A, Ae<br>ll. in Bzl. | |
| Nadeln (Ae) | | | XXIII 504 | | ll. in A, Bzl., Chlf.<br>l. in Ae<br>ll. in NaOH | |
| gelbe Nadeln (A) | | subl. | VII 787 | | wl. in sd. A<br>ll. in sd. Eg. | |

| Lfd. Nr. | *Fp* | Name | Summenformel | Strukturformel | Mol.-Gewicht |
|---|---|---|---|---|---|
| 1 | 2 | 3 | 4 | 5 | 6 |
| 2774 | 210 (Z.) | 3,4-Diaminobenzoesäure | $C_7H_8O_2N_2$ | $(H_2N)_2C_6H_3 \cdot COOH$ | 152,15 |
| 2775 | 210 | 4,4′-Dioxybenzophenon | $C_{13}H_{10}O_3$ | $HO \cdot C_6H_4 \cdot CO \cdot C_6H_4 \cdot OH$ | 214,21 |
| 2776 | 210 | *l*-Ephedrinchlorhydrat (1-Phenyl-1-oxy-2-methylamino-propanchlorhydrat) | $C_{10}H_{16}ONCl$ | 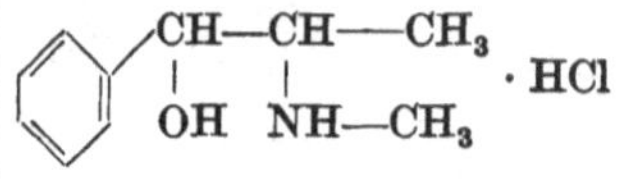 | 202,70 |
| 2777 | 210 | Hydrastininchlorid (2-Methyl-6,7-methylendioxy-3,4-dihydro-isochinoliniumchlorid) | $C_{11}H_{12}O_2NCl$ | 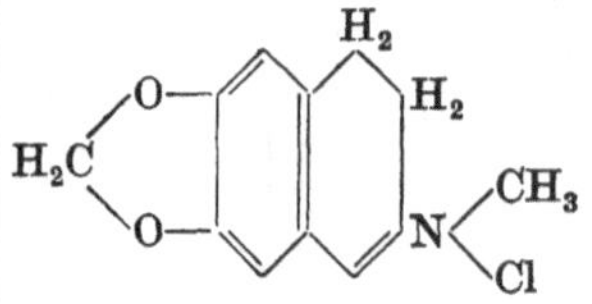 | 237,68 |
| 2778 | 210 (Z.) | Oxamidsäure | $C_2H_3O_3N$ | $H_2N \cdot CO \cdot COOH$ | 89,05 |
| 2779 | 210 | o-Carboxyoxanilsäure (Kynursäure) | $C_9H_7O_5N$ | $HOOC \cdot CO \cdot NH \cdot C_6H_4 \cdot COOH$ | 209,15 |
| 2780 | 210 | 5-Oxy-m-toluylsäure | $C_8H_8O_3$ | $HO \cdot C_6H_3(CH_3) \cdot COOH$ | 152,14 |
| 2781 | 210 bis 211 | 5-Oxynaphthoesäure-2 | $C_{11}H_8O_3$ | 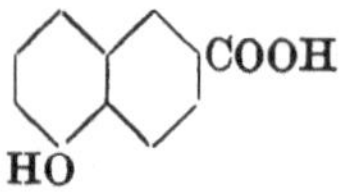 | 188,17 |
| 2782 | 210 bis 211 | α,α,α-Quaterthienyl | $C_{16}H_{10}S_4$ | 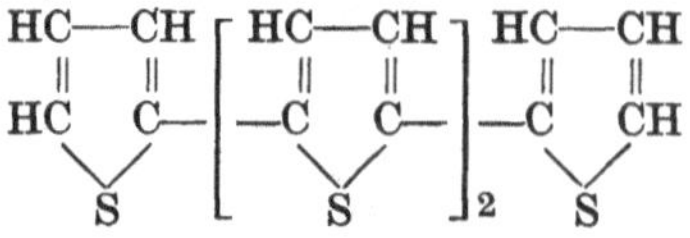 | 330,48 |
| 2783 | 210 bis 212 | 3,4-Dioxyphthalsäure | $C_8H_6O_6$ | $(HO)_2C_6H_2(COOH)_2$ | 198,13 |
| 2784 | 210 bis 212 | Pseudoakonitin | $C_{36}H_{51}O_{12}N$ | | 689,78 |
| 2785 | 210 bis 213 | 4-Oxyzimtsäure | $C_9H_8O_3$ | $HO \cdot C_6H_4 \cdot CH : CH \cdot COOH$ | 164,15 |
| 2786 | 210 bis 215 (Z.) | Dehydroindigo | $C_{16}H_8O_2N_2$ | 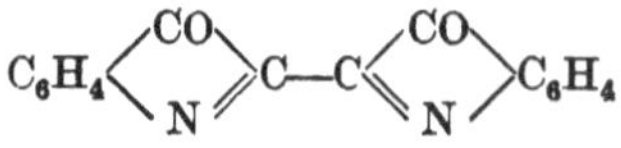 | 260,24 |

| Aggregatzustand Farbe | Spez. Gewicht | Siedepunkt °C | Beilstein-Zitat | Physikalische Konstanten und Eigenschaften | Löslichkeit | Reaktionen |
|---|---|---|---|---|---|---|
| 7 | 8 | 9 | 10 | 11 | 12 | 13 |
| Blättchen | | Z. | XIV 450 | | wl. in k. W<br>l. in h. W | erhitzen → $CO_2$-Abspaltung |
| Krist.<br>(W) | | | VIII 316 | | wl. in k. W<br>ll. in A, Ae<br>unl. in Bzl.<br>l. in Alkali | Kalischmelze → Phenol + $CO_2$ |
| weiße Krist. | | | | geruchlos; Geschmack salzig bitter | ll. in W, A<br>wl. in Chlf. | die mit Lauge und 1 Tropfen verd. $CuSO_4$-Lsg. versetzte Lsg. → blauviolett |
| schwachgelbe Nadeln | | | | bitterer Geschmack | l. in Lauge, | wss. Lsg. fluoresziert blau<br>+ 1 ml $H_2SO_4$ → grünstichig gelb<br>+ Fe-$H_3PO_4$ → rötlich gelb<br>+ Paraform → langsam rotviolett<br>+ $HNO_3$-$H_2SO_4$ → blau, blauviolett |
| Krist.<br>(W) | | | II 543 | | wl. in W<br>swl. in A, Ae | |
| Nadeln<br>(W) | | | XIV 342 | | 0,1 W 10°<br>ll. in A, Ae | + $FeCl_3$ → rot |
| Nadeln<br>(W) | | subl. | X 227 | mit Dampf nicht flüchtig | l. in W<br>ll. in A, Ae | |
| Nadeln<br>(W) | | | X 328 | | l. in W, A | wss. alkohol. Lsg. + $FeCl_3$ → schmutzigroter Nd. → violett → schwarz<br>Acetylderivat *Fp* 214 bis 215°, Nadeln<br>Äthylester *Fp* 150—151°, Nadeln<br>Anilid *Fp* 163—164°, Nadelbüschel |
| chromgelb | | | | | | |
| Tafeln, Säulen<br>(W) | | | X 543 | | | bei 212° Zers. → Anhydrid *Fp* 238° |
| Krist.<br>(Ae) | | | | brennender Geschmack | unl. in W<br>swl. in Ae<br>ll. in A | Hydrobromid *Fp* 191°<br>Nitrat *Fp* 185—186°<br>Lsg. in $H_2SO_4$ + Vanadinschwefelsäure in der Wärme → rotviolett (Unterschied von Aconitin)<br>+$H_3PO_4$ → beim Erwärmen keine Färbung (Unterschied von Aconitin) |
| Nadeln<br>(W) | | | X 297 | | swl. in k. W<br>ll. in h. W<br>sll. in h. A; Ae | |
| rotgelbe Tafeln | | | XXIV 435 | | unl. in W<br>swl. in Ae<br>ll. in A, Chlf., Nitrobenzol | bei *Fp* Zers. → Indigo |

| Lfd. Nr. | *Fp* | Name | Summenformel | Strukturformel | Mol.-Gewicht |
|---|---|---|---|---|---|
| 1 | 2 | 3 | 4 | 5 | 6 |
| 2787 | 210 bis 215 | Sarkosin | $C_3H_7O_2N$ | $CH_3 \cdot NH \cdot CH_2 \cdot COOH$ | 89,09 |
| 2788 | 210 bis 220 | Papaverinchlorhydrat | $C_{20}H_{22}O_4NCl$ | 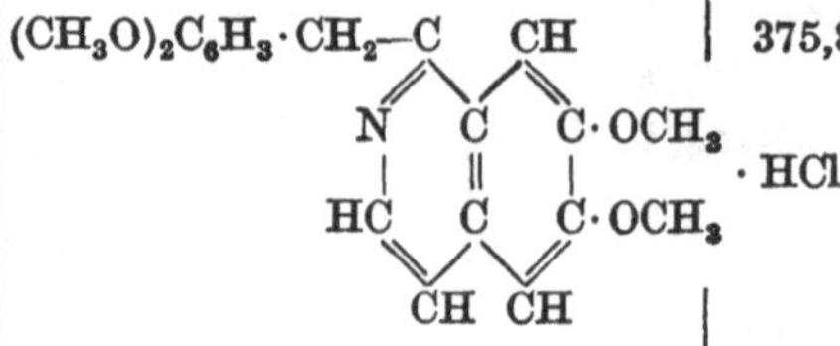 | 375,85 |
| 2789 | 211 | Coniinbromhydrat | $C_8H_{18}NBr$ | 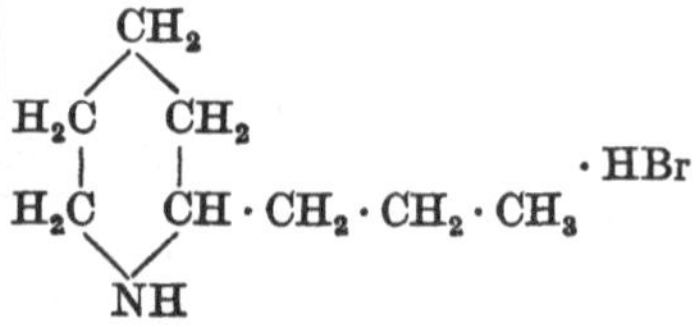 | 208,15 |
| 2790 | 211 | α,α,β,β-Tetraphenyläthan | $C_{26}H_{22}$ | $(C_6H_5)_2CH \cdot CH(C_6H_5)_2$ | 334,43 |
| 2791 | 211 | 3,4,5-Trichlor-2-chlor-mercurithiophen | $C_4Cl_4SHg$ | 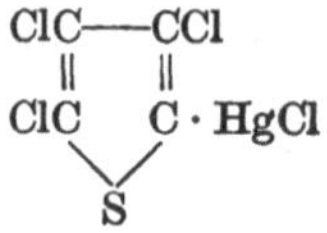 | 422,54 |
| 2792 | 211 bis 212 | 2,4,5-Trichlor-3-chlor-mercurithiophen | $C_4Cl_4SHg$ | 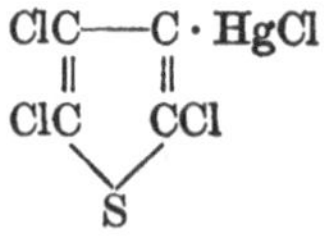 | 422,54 |
| 2793 | 211,5 bis 212,5 | 3,3′,4,4′,5,5′-Hexachlor-2,2′-dithienyl | $C_8Cl_6S_2$ | 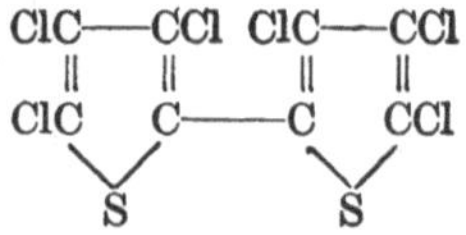 | 372,94 |
| 2794 | 211,5 bis 212,5 | Benzothiophanthren-chinon (Phthaloyl-2,3-thio-naphthen) | $C_{16}H_8O_2S$ | 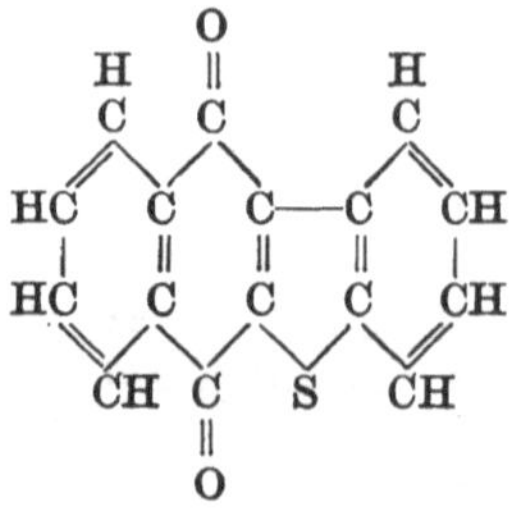 | 264,28 |

| Aggregat-zustand Farbe | Spez. Gewicht | Siede-punkt °C | Beilstein-Zitat | Physikalische Konstanten und Eigenschaften | Löslichkeit | Reaktionen |
|---|---|---|---|---|---|---|
| 7 | 8 | 9 | 10 | 11 | 12 | 13 |
| Säulen (verd. A) | | | IV 345 | | ll. in W<br>wl. in A<br>unl. in Ae | |
| rhomb. Prismen (W oder A) | | | | Geschmack sehr schwach bitter | wl. in W<br>ll. in h. A; Ae | 1. $H_2SO_4$ + Fe-$H_3PO_4$ → blaßgrün<br>+ $HNO_3$-$H_2SO_4$ → blauviolett → rotviolett → braun → violettrot<br>2. 10—20 mg Paraform + 1 ml $H_2SO_4$ → sehr blaßgrün oder gelb → farblos → langsam violett<br>+ Fe-$H_3PO_4$ → langsam blauviolett<br>+ $HNO_3$-$H_2SO_4$ → blauviolett → violettrot → braun |
| derbe Krist. | | | | | wl. in W<br>l. in A, Ae | + alkal. $HgJ_2$-Lsg. gibt einen weißen Nd., der sich beim Erwärmen löst |
| Nadeln (Eg.) | 1,182 | 379-383 | V 739 | | 0,78 sd. A<br>14,3 sd. Bzl.<br>l. in Eg. | |
| | | | | | | leuchtend violette Lumineszenz |
| | | | | | | schwach violette Lumineszenz |

| Lfd. Nr. | *Fp* | Name | Summenformel | Strukturformel | Mol.-Gewicht |
|---|---|---|---|---|---|
| 1 | 2 | 3 | 4 | 5 | 6 |
| 2795 | **211,5 bis 212,5** | 3,3′,5,5′-Tetrachlor-4,4′-dibrom-2,2′-dithienyl | $C_8Cl_4Br_2S_2$ | 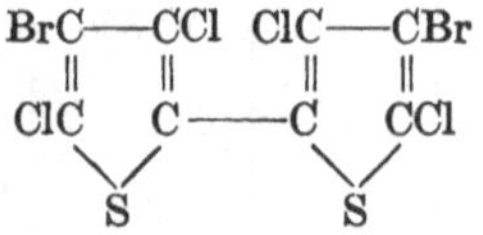 | **461,86** |
| 2796 | **212** | Arsenobenzol | $C_{12}H_{10}As_2$ | $C_6H_5 \cdot As : As \cdot C_6H_5$ | **304,02** |
| 2797 | **212** | Isoborneol | $C_{10}H_{18}O$ | 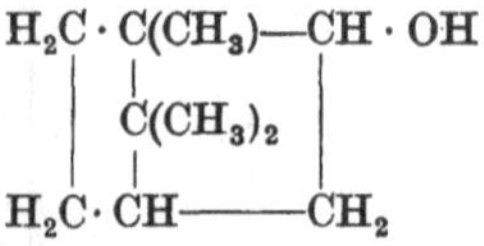 | **154,24** |
| 2798 | **212 bis 213** | 1,4-Diphenylbenzol | $C_{18}H_{14}$ | $C_6H_4(C_6H_5)_2$ | **230,29** |
| 2799 | **213** (Z.) | 2,4-Dioxybenzoesäure (β-Resorcylsäure) | $C_7H_6O_4$ | $(HO)_2C_6H_3 \cdot COOH$ | **154,12** |
| 2800 | **213** | Methylhydrastininchlorid | $C_{12}H_{14}O_2NCl$ | vgl. Nr. 2777 | **239,70** |
| 2801 | **213** | α-Disalicylid | $C_{14}H_8O_4$ | 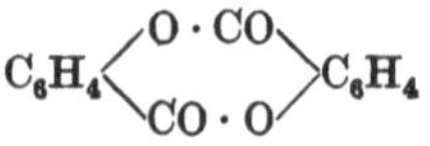 | **240,20** |
| 2802 | **213** (Z.) | Schleimsäure | $C_6H_{10}O_8$ | $HOOC \cdot [CH(OH)]_4 \cdot COOH$ | **210,14** |
| 2803 | **213** | 4,4,6,7-Tetrachlor-5-keto-4,5-dihydrothionaphthen-2-carbonsäure | $C_9H_2O_3Cl_4S$ | 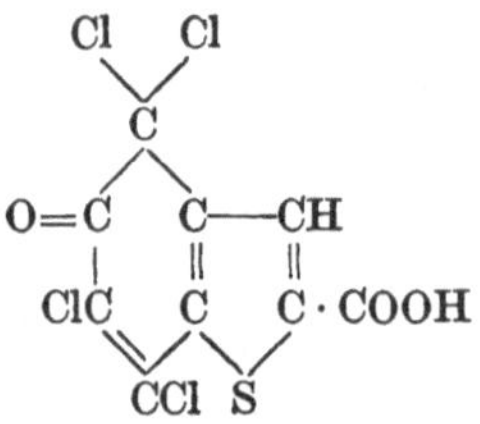 | **331,99** |
| 2804 | **213 bis 214** | 4,5-Dimethyl-2-chlor-mercurithiophen | $C_6H_7ClSHg$ | 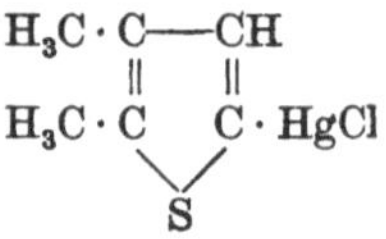 | **347,24** |
| 2805 | **213 bis 214** | Ergotamin | $C_{33}H_{35}O_5N_5$ | | **581,65** |
| 2806 | **213 bis 214** | Hordeninsulfat | $C_{10}H_{15}ON \cdot H_2SO_4$ | vgl. Nr. 1681 a | **263,30** |

| Aggregatzustand Farbe | Spez. Gewicht | Siedepunkt °C | Beilstein-Zitat | Physikalische Konstanten und Eigenschaften | Löslichkeit | Reaktionen |
|---|---|---|---|---|---|---|
| 7 | 8 | 9 | 10 | 11 | 12 | 13 |
| Nadeln (Bzl.) | | | XVI 887 | | unl. in W, Ae<br>swl. in A<br>l. in Bzl., Chlf., $CS_2$ | |
| Tafeln (PAe) | | subl. | VI 86 | | unl. in W<br>ll. in A, Ae, Chlf.<br>40 Ligroin 20° | Oxydation → Campher |
| Blättchen (A)<br>Nadeln (Bzl.) | $1,234^{0^\circ}$ | subl.<br>220-230 (12mm) | V 695 | | swl. in sd. A<br>l. in sd. Ae<br>ll. in sd. Bzl. | |
| Nadeln (Ae) | | | X 377 | | 0,26 W 17°<br>ll. in h. W; A, Ae | bei 213° → Resorcin + $CO_2$ |
| gelbe Krist. | | | | bitterer Geschmack | l. in W<br>ll. in A, Säuren, Alkalien | wss. Lsg schwach gelb, blau fluoreszierend, Fluoreszenz verschwindet in der Hitze<br>Lsg. in Alkalien goldgelb |
| Krist. (Chlf.) | | | $E_1$ XIX 685 | | unl. in W<br>wl. in A, Ae<br>0,69 Chlf. 16° | + verd. Alkali → Salicylate |
| Prismen (W) | | | III 581 | | 0,33 W 14°<br>1,67 W 100°<br>unl. in A | Dimethylester *Fp* 205°, Nadeln oder Prismen<br>Diäthylester *Fp* 192°, Blättchen<br>Phenylhydrazid *Fp* 238° |
| gelb | | | | | | |
| | | | | $[\alpha]_D^{20}$ —155 (Chlf.) | unl. in W, PAe<br>l. in A, Ae | |
| farbl. Krist. | | | | | ll. in W<br>swl. in A<br>unl. in Ae | |

| Lfd. Nr. | *Fp* | Name | Summenformel | Strukturformel | Mol.-Gewicht |
|---|---|---|---|---|---|
| 1 | 2 | 3 | 4 | 5 | 6 |
| 2807 | 213 bis 215 | p-Aminobenzoesäure-α,β-dimethyl-γ-dimethyl-aminopropylesterchlor-hydrat (Tutocainchlorhydrat) | $C_{14}H_{23}O_2N_2Cl$ | 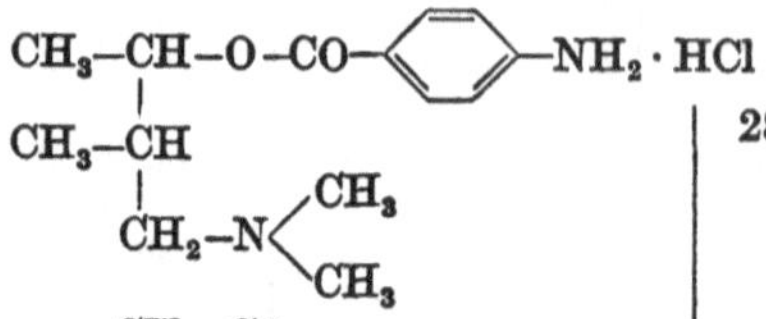 | 286,80 |
| 2808 | 213 bis 215 | Filicinsäure | $C_8H_{10}O_3$ | 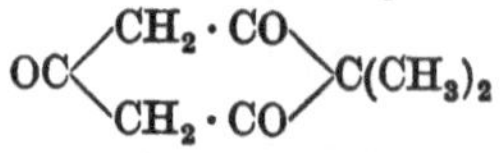 | 154,16 |
| 2809 | 214 | γ-Aminovaleriansäure | $C_5H_{11}O_2N$ | $CH_3 \cdot CH(NH_2) \cdot CH_2 \cdot CH_2 \cdot COOH$ | 117,14 |
| 2810 | 214 | Anthrachinonsulfon-säure-(1) | $C_{14}H_8O_5S$ | 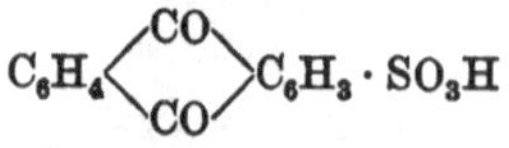 | 288,26 |
| 2811 | 214 | 5-Bromthiophen-2,4-di-sulfonsäureamid | $C_4H_5O_4N_2BrS_3$ | 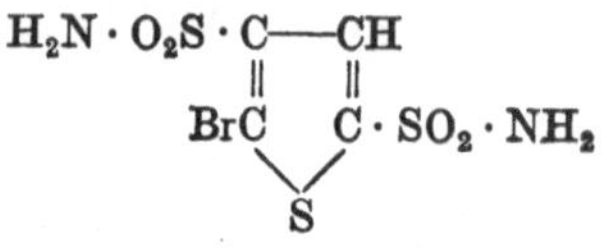 | 321,19 |
| 2812 | 214 (Z.) | Dialursäure | $C_4H_4O_4N_2$ | 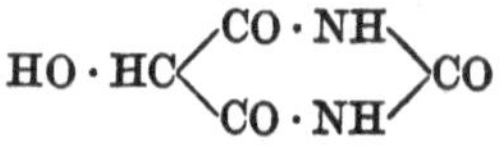 | 144,09 |
| 2813 | 214 | Ergocristinin | $C_{35}H_{39}O_5N_5$ | | 609,70 |
| 2814 | 214 | 4-Nitroacetanilid | $C_8H_8O_3N_2$ | $CH_3 \cdot CO \cdot NH \cdot C_6H_4 \cdot NO_2$ | 180,16 |
| 2815 | 214 (Z.) | 2-Nitrosobenzoesäure | $C_7H_5O_3N$ | $ON \cdot C_6H_4 \cdot COOH$ | 151,12 |
| 2816 | 214 | trans-2-Oxyzimtsäure (Cumarsäure) | $C_9H_8O_3$ | $HO \cdot C_6H_4 \cdot CH:CH \cdot COOH$ | 164,12 |
| 2817 | 214 | Phenylquecksilberphthalat | $C_{20}H_{14}O_4Hg_2$ | $C_6H_4(\cdot CO \cdot O \cdot HgC_6H_5)_2$ | 518,92 |
| 2818 | 214 | 2,4,6-Trioxytoluol | $C_7H_8O_3$ | $CH_3 \cdot C_6H_2(OH)_3$ | 140,13 |
| 2819 | 214 bis 215 | 4-Oxybenzoesäure | $C_7H_6O_3$ | $HO \cdot C_6H_4 \cdot COOH$ | 138,12 |
| 2820 | 214 bis 215 | 3,5,5'-Trichlor-4,3',4'-tri-brom-2,2'-dithienyl | $C_8Cl_3Br_3S_2$ | 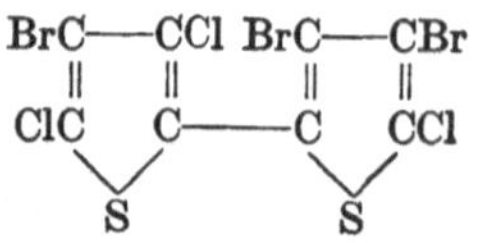 | 506,32 |

| Aggregatzustand Farbe | Spez.-Gewicht | Siedepunkt °C | Beilstein-Zitat | Physikalische Konstanten und Eigenschaften | Löslichkeit | Reaktionen |
|---|---|---|---|---|---|---|
| 7 | 8 | 9 | 10 | 11 | 12 | 13 |
| weiße Krist. | | | | geruchlos; schwach bitterer Geschmack; anästhesierend | l. in W | Perjodid → amorph |
| Würfel | | subl. | VII 856 | | 1,4 sd. W<br>10 sd. A<br>wl. in Ae | + $FeCl_3$ → rot |
| Krist. | | Z. | IV 418 | | ll. in W<br>swl. in A<br>unl. in Ae | erhitzen → 2-Methyl-pyrrolidon-(5) + $H_2O$ |
| Blättchen (Eg.) | | | XI 335 | | ll. in sd. Eg., W | Chlorid *Fp* 218°, gelbe Nadeln<br>Methylester *Fp* 192—193°, hellorange Krist.<br>Anilid *Fp* 216°, goldgelbe Nadeln |
| Prismen + $H_2O$ | | | XXV 25 | | wl. in k. W<br>ll. in sd. W | in Wasser → Alloxanthin<br>beim Erhitzen → Hydurilsäure |
| | | | | $[\alpha]_D^{20}$ +371° | unl. in W, PAe<br>l. in A, Ae | |
| Prismen | | | XII 719 | | 0,22 k. W<br>l. in KOH | |
| Krist. (A oder Eg.) | | | IX 368 | | l. in A<br>swl. in Ae, Bzl. | Lsgg. in A, Eg. und $NH_3$ → grün |
| Nadeln (W) | | subl. | X 288 | | wl. in k. W<br>ll. in A<br>swl. in Ae<br>unl. in Chlf.<br>l. in Alkali → gelb | Äthylester *Fp* 87° |
| Nadeln | | | | | | |
| Tafeln (W) | | subl. | VI 1009 | | ll. in W, A, Ae | |
| Tafeln (W oder verd. A) | 1,497$^{20°}$ | | X 149 | | 0,49 W 20°<br>2,74 W 55°<br>ll. in A<br>l. in Ae<br>0,02 Bzl. 11°<br>0,06 Bzl. 80°<br>swl. in Chlf.<br>unl. in $CS_2$ | + $FeCl_3$ → gelber Nd., lösl. im Überschuß des Reagens<br>Methylester *Fp* 131°, Nadeln<br>Äthylester *Fp* 116°<br>Phenylester *Fp* 176°, Tafeln<br>Amid *Fp* 162°, Nadeln<br>p-Phenylphenacylester *Fp* 240° |

| Lfd. Nr. | *Fp* | Name | Summenformel | Strukturformel | Mol.-Gewicht |
|---|---|---|---|---|---|
| 1 | 2 | 3 | 4 | 5 | 6 |
| 2821 | **214 bis 216** | Amygdalin | $C_{20}H_{17}O_{11}N$ | $C_6H_5 \cdot CH(CN) \cdot O \cdot C_{12}H_{11}O_{10}$ | **447,34** |
| 2822 | **215** | Homatropinbromhydrat | $C_{16}H_{22}O_3NBr + 3\,H_2O$ | $C_{16}H_{21}O_3N \cdot HBr + 3H_2O$ | **410,31** |
| 2823 | **215** | Oktachlortetrahydro-thiophen | $C_4Cl_8S$ | 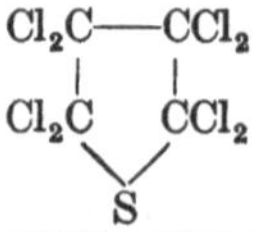 | **363,76** |
| 2824 | **215 bis 217** | Diäthylaminhydrochlorid | $C_4H_{12}NCl$ | $(C_2H_5)_2NH + HCl$ | **109,60** |
| 2825 | **215 bis 218** | 3-Jod-4-methyl-2-thio-phensäure | $C_6H_5O_2JS$ | 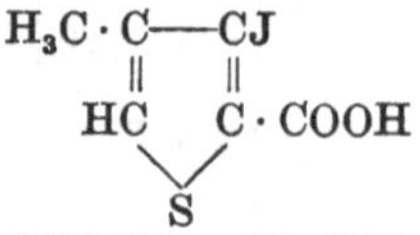 | **268,08** |
| 2826 | **215 bis 220** (Z.) | Glycylglycin | $C_4H_8O_3N_2$ | $H_2N \cdot CH_2 \cdot CO \cdot NH \cdot CH_2 \cdot COOH$ | **132,12** |
| 2827 | **215 bis 220** | 1,2,4,5-Tetraoxybenzol | $C_6H_6O_4$ | $C_6H_2(OH)_4$ | **142,11** |
| 2828 | **216** (Z.) | Adrenalin (Suprarenin, 3,4-Dioxyphenyl-äthanolmethylamin) | $C_9H_{13}O_3N$ | 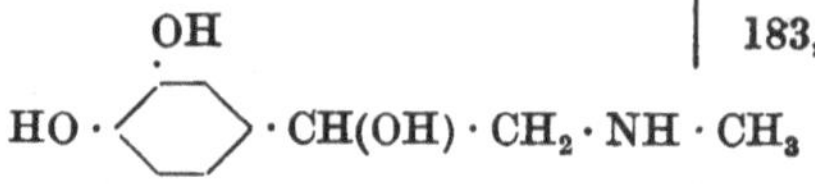 | **183,20** |
| 2829 | **216** | Apocinchonin | $C_{19}H_{22}ON_2$ | 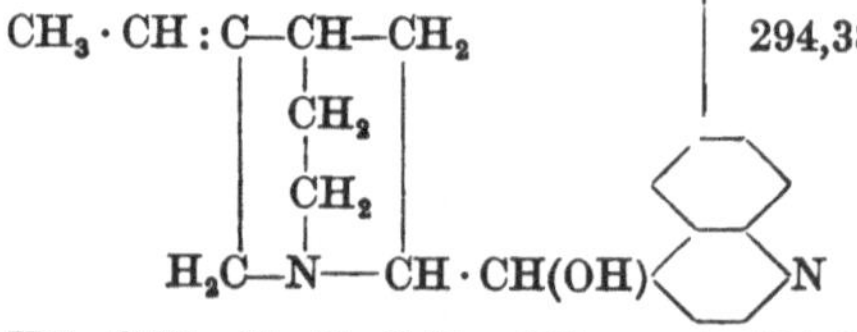 | **294,38** |
| 2830 | **216** (Z.). | p,p'-Azophenol | $C_{12}H_{10}O_2N_2$ | $HO \cdot C_6H_4 \cdot N : N \cdot C_6H_4 \cdot OH$ | **214,21** |

| Aggregatzustand Farbe | Spez. Gewicht | Siedepunkt °C | Beilstein-Zitat | Physikalische Konstanten und Eigenschaften | Löslichkeit | Reaktionen |
|---|---|---|---|---|---|---|
| 7 | 8 | 9 | 10 | 11 | 12 | 13 |
| Krist. (W) | | | | geruchlos; Geschmack schwach bitter | 8,5 W 10° ∞ W 100° 0,11 A 10° 9 A 78° unl. in Ae | Spaltung → Benzaldehyd, Glucose, HCN Lsg. in konz. $H_2SO_4$ → rosa, nach 5—10 Min. → blaue Fluoreszenz, beim Erwärmen violett mit α-Naphthol und konz. $H_2SO_4$ beim Erwärmen → intensiv violettrot alkalische $HgJ_2$-Lsg. beim Erwärmen → rotbrauner Nd. |
| weiße Krist. | | | | bitterer Geschmack | ll. in W l. in A 9° wl. in A abs. | + 1 Tropfen $HNO_3$-$H_2SO_4$ vorsichtig in sd. Wbad erhitzt → blau bis blaugrün + $H_2SO_4$ in sd. W-Bad → schwach gelb + α-Naphthol → violettrot + Paraform-$H_2SO_4$ gelinde erwärmt → grünstichig gelb |
| Blättchen (A + Ae) | $1,048^{21°}$ | 320-330 | IV 97 | | 2,32 W 25° l. in A unl. in Ae 29,5 Chlf. 25° | |
| Blättchen (verd. A) | | | IV 371 | | ll. in h. W wl. in A unl. in Ae | |
| Blättchen (Eg.) | | | VI 1155 | leicht oxydierbar | ll. in W, A, Ae | Tetraacetat *Fp* 226—227° |
| grauweiße Krist. (Lamellen) | | | XIII 830 | $[\alpha]_D^{20}$ —51,4° (in HCl-Lsg.) | 0,09 W 20° swl. in A unl. in Ae l. in Alkalien sll. in Eg. | Chlorhydrat *Fp* 161° 1—2 mg Subst. in 1 ml $H_2O$ + 0,5 ml $Fe(NO_2)_3$-Lsg. → grün + $NH_3$ → karminrot + Hexamethylentetramin → blau → blauviolett |
| Prismen (A) | | | XXIII 417 | $[\alpha]_D$ +167° (A abs.) | unl. in W 3,85 A 20° swl. in Ae, Bzl. | |
| gelbbraune Tafeln | | | XV 110 | | swl. in W ll. in A, Ae wl. in Bzl. | |

| Lfd. Nr. | *Fp* | Name | Summenformel | Strukturformel | Mol.-Gewicht |
|---|---|---|---|---|---|
| 1 | 2 | 3 | 4 | 5 | 6 |
| 2831 | 216 | 4,4′-Dinitrodiphenylamin | $C_{12}H_9O_4N_3$ | $O_2N \cdot C_6H_4 \cdot NH \cdot C_6H_4 \cdot NO_2$ | 259,21 |
| 2832 | 216 | 6-Methyl-2-phenylchinolin-4-carbonsäure (Paratophan) | $C_{17}H_{13}O_2N$ | 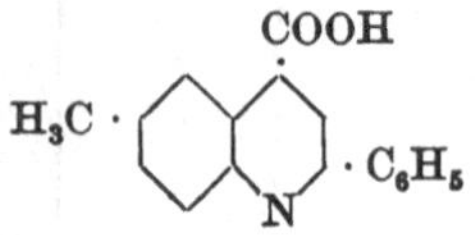 | 263,28 |
| 2833 | 216 | 3-Oxynaphthoesäure-(2) | $C_{11}H_8O_3$ | $HO \cdot C_{10}H_6 \cdot COOH$ | 188,17 |
| 2834 | 216 | Phenylbordihydroxyd | $C_6H_7O_2B$ | $C_6H_5 \cdot B(OH)_2$ | 121,93 |
| 2835 | 216 bis 217 | 3,5-Dibrom-4-methyl-2-thiophensäure | $C_6H_4O_2Br_2S$ | $H_3C \cdot C$—CBr<br>‖ ‖<br>BrC C · COOH<br>\\ /<br>S | 299,98 |
| 2836 | 216 bis 217 | Piperinsäure | $C_{12}H_{10}O_4$ | $H_2C\langle{}^{O}_{O}\rangle C_6H_3 \cdot CH:CH \cdot CH:CH \cdot COOH$ | 218,20 |
| 2837 | 216 bis 217 | Purin | $C_5H_4N_4$ | N═CH<br>\| \|<br>HC C—NH\\<br>‖ ‖ >CH<br>N—C—N/ | 120,11 |
| 2838 | 216 bis 218 | Piperidyläthylbarbitursäure (Eldoral) | $C_{11}H_{17}O_3N_3$ | $H_5C_2$\\ /CO—NH\\<br>C >CO<br>$C_5H_{10}N$/ \\CO—NH/ | 239,27 |
| 2839 | 216,5 bis 218 | 3,4-Dijod-5-chlormercuri-2-thiotolen | $C_5H_3ClJ_2SHg$ | JC—CJ<br>‖ ‖<br>$H_3C \cdot C$ C · HgCl<br>\\ /<br>S | 585,04 |
| 2840 | 217 | β-Aminoisovaleriansäure | $C_5H_{11}O_2N$ | $(CH_3)_2C(NH_2) \cdot CH_2 \cdot COOH$ | 117,14 |
| 2841 | 217 | Anthracen | $C_{14}H_{10}$ |  | 178,22 |

| Aggregat-zustand Farbe | Spez. Gewicht | Siede-punkt °C | Beilstein-Zitat | Physikalische Konstanten und Eigenschaften | Löslichkeit | Reaktionen |
|---|---|---|---|---|---|---|
| 7 | 8 | 9 | 10 | 11 | 12 | 13 |
| gelbe Nadeln (A)<br>gelbliche Nadeln | | | XII 716 | | swl. in W<br>wl. in A, Bzl. | + NaOH → violett |
| gelbe Blättchen (W) | | | X 333 | | unl. in k. W<br>wl. in h. W<br>ll. in A, Ae<br>l. in Bzl., Chlf. | + $FeCl_3$ → blau<br>Methylester *Fp* 73—74°, gelbe Nadeln<br>Phenylester *Fp* 128—129°, Blätter |
| Nadeln (W) | | Z. | XVI 920 | | wl. in k. W<br>ll. in h. W<br>l. in A, Ae | erhitzen → Phenylboroxyd *Fp* 190° + $H_2O$ |
| Nadeln (A) | | subl. | XIX 281 | | swl. in W<br>2 sd. W<br>wl. in Ae | + $H_2SO_4$ → blutrot |
| Nadeln (A) | | Z. | XXVI 354 | | ll. in W, h. A<br>swl. in Ae | Pikrat → *Fp* ~208° |
| weiße Krist. | | | | | swl. in W<br>l. in Säure<br>li. in Alkalien | 2—3 mg Subst. in 1 ml methylalkoholischer $Co(NO_3)_2$-Lsg. + 20 mg Piperazin → rotviolett |
| Nadeln (A + Ae) | | subl. | IV 426 | | ll. in W<br>wl. in A<br>unl. in Ae | |
| Tafeln (A) | 1,242 | 351 | V 657 | kryoskop. Konst. 11,65; reines Anthracen fluoresziert (auch in alkohol. oder benzolischer Lsg.) violett; verunreinigtes gar nicht oder gelbgrünlich | unl. in W<br>0,076 A 16°<br>0,83 sd. A<br>0,70 Ae 15°<br>1,04 Bzl. 15° | β-Methylanthracen *Fp* 290 bis 292°, Flocken<br>beim Schmelzen mit Mellitsäureanhydrid → blauviolett<br>mit $SbCl_5$ in $CCl_4$ → grüner Nd.<br>mit Tetranitromethan → rosenrot<br>2,7-Dinitroanthrachinon *Fp* 263—264°, violette Blättchen<br>Pikrat *Fp* 138°, rubinrote Nadeln |

| Lfd. Nr. | *Fp* | Name | Summenformel | Strukturformel | Mol.-Gewicht |
|---|---|---|---|---|---|
| 1 | 2 | 3 | 4 | 5 | 6 |
| 2842 | 217 (Z.) | Anthracencarbonsäure-(9) | $C_{15}H_{10}O_2$ | 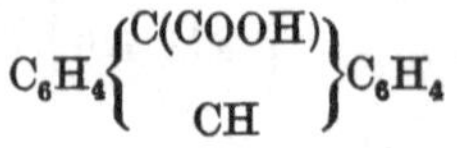 | 222,23 |
| 2843 | 217 | Cyclohexen-(2)-dicarbonsäure-(1,2) | $C_8H_{10}O_4$ | 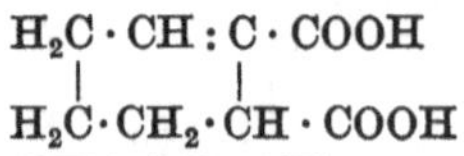 | 170,16 |
| 2844 | 217 | 2,5-Dimethylhydrochinon | $C_8H_{10}O_2$ | $(CH_3)_2C_6H_2(OH)_2$ | 138,16 |
| 2845 | 217 | 2,2′-Dithienyl-5,5′-bis-[essigsäure] | $C_{12}H_{10}O_4S_2$ | 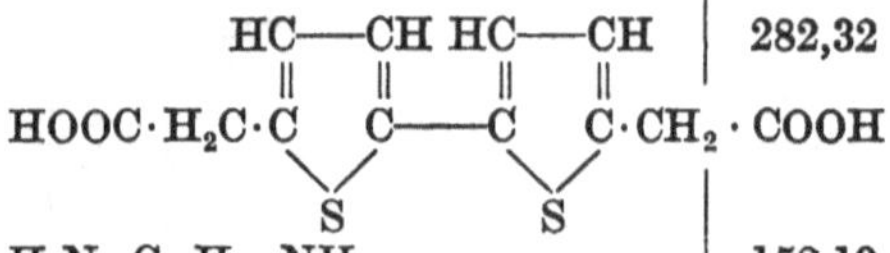 | 282,32 |
| 2846 | 217 | Naphthylendiamin-(2,6) | $C_{10}H_{10}N_2$ | $H_2N \cdot C_{10}H_6 \cdot NH_2$ | 158,19 |
| 2847 | 217 | Tri-[2-thienyl]-antimonoxyd | $C_{12}H_9OS_3Sb$ | 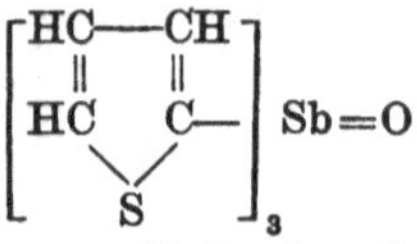 | 387,13 |
| 2848 | 217 bis 218 | α,α′-4,4′-Dinitrotetraphenylthiophen | $C_{28}H_{18}O_4N_2S$ | 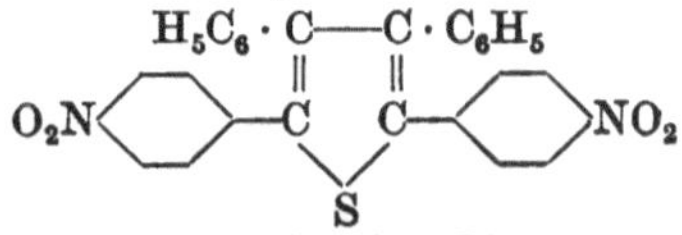 | 474,47 |
| 2849 | 217 bis 218 | 3,5,7-Trioxyflavon (Galangin) | $C_{15}H_{10}O_5$ | 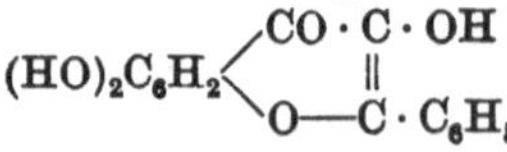 | 270,23 |
| 2850 | 217 bis 219 | Phloroglucin | $C_6H_6O_3$ | 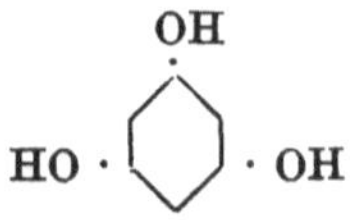 | 126,11 |
| 2851 | 217 bis 222 | 5-Brom-2-chlormercuri-3-thiotolen | $C_5H_4ClBrSHg$ | 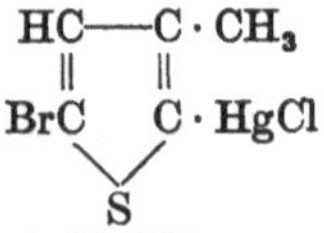 | 412,12 |
| 2852 | 217,5 | 1,5-Dinitronaphthalin | $C_{10}H_6O_4N_2$ | $C_{10}H_6(NO_2)_2$ | 218,16 |
| 2853 | 218 | Cantharidin | $C_{10}H_{12}O_4$ | 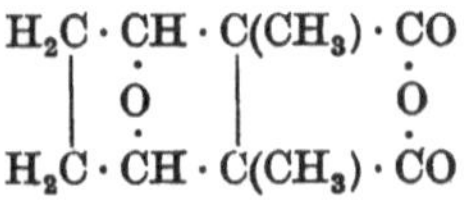 | 196,19 |

| Aggregatzustand Farbe | Spez. Gewicht | Siedepunkt °C | Beilstein-Zitat | Physikalische Konstanten und Eigenschaften | Löslichkeit | Reaktionen |
|---|---|---|---|---|---|---|
| 7 | 8 | 9 | 10 | 11 | 12 | 13 |
| gelbe Nadeln (A) Prismen | | | IX 770 | | unl. in k. W wl. in h. W l. in A 0,88 W 10° | bei Erhitzung $CO_2$-Abspaltung bei 220° → Anhydrid |
| Blättchen (W) | | subl. | VI 915 | | l. in h. W ll. in A, Ae | |
| Nadeln oder Blättchen (W) | | | XIII 208 | | swl. in h. W wl. in A, Ae | |
| hellgelbe Tafeln (A) | | subl. | XVIII 184 | | unl. in W, A ll. in Ae l. in Alkali, $H_2SO_4$ | + $FeCl_3$ → grün |
| schwach gelbliche Tafeln und Blättchen | | subl. (Z.) | VI 1092 | geruchlos; schmeckt süß. subl. zum Teil unzersetzt | 1,07 W 20° ll. in A, Ae | Triacetat *Fp* 104—106°, Prismen 1. 1 mg Subst. + 1 Tropfen $Fe(NO_3)_3$-Lsg. → blaß blauviolett + 3 Tropfen 2n-HCl → entfärbt + 1Tropfen Nitritlsg. → langsam blaßgrün + $NH_3$ → tiefgrün 2. mit konz. HCl Holz oder holzhaltiges Papier angefeuchtet + Phloroglucin → kirschrot |
| Nadeln (Eg.) | | subl. | V 558 | | unl. in W wl in A, k. Bzl. | |
| Krist. (Aceton) | | subl. | XIX 161 | zieht auf der Haut Blasen | 0,003 k. W 0,030 in 92%ig. A 18° 0,11 Ae 18° l. in Eg.; konz. $H_2SO_4$ | |

| Lfd. Nr. | *Fp* | Name | Summenformel | Strukturformel | Mol.-Gewicht |
|---|---|---|---|---|---|
| 1 | 2 | 3 | 4 | 5 | 6 |
| 2854 | 218 | 2,6-Dioxynaphthalin | $C_{10}H_8O_2$ | $C_{10}H_6(OH)_2$ | 160,16 |
| 2855 | 218 | 2,2'-Dioxydinaphthyl-(1,1') | $C_{20}H_{14}O_2$ | $HO \cdot C_{10}H_6 \cdot C_{10}H_6 \cdot OH$ | 286,31 |
| 2856 | 218 | Trigonellin | $C_7H_7O_2N$ | 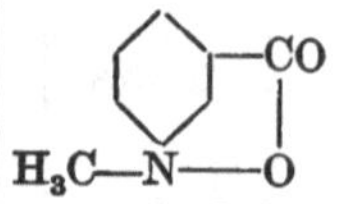 | 137,13 |
| 2857 | 218 | Trimethylentrisulfid | $C_3H_6S_3$ | 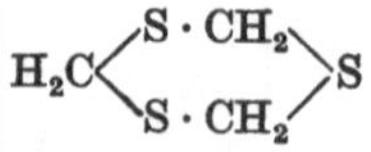 | 138,26 |
| 2858 | 218 | 1,3,8-Trinitronaphthalin | $C_{10}H_5O_6N_3$ | $C_{10}H_5(NO_2)_3$ | 263,16 |
| 2859 | 218 | 2,4,6-Trioxyacetophenon | $C_8H_8O_4$ | $(HO)_3 \cdot C_6H_2 \cdot CO \cdot CH_3$ | 168,14 |
| 2860 | 218 bis 219 | Acetylharnstoff | $C_3H_6O_2N_2$ | $CH_3 \cdot CO \cdot NH \cdot CO \cdot NH_2$ | 102,09 |
| 2861 | 218 bis 219 | Benzamaron | $C_{35}H_{28}O_2$ | $C_6H_5 \cdot CH[CH(C_6H_5) \cdot CO \cdot C_6H_5]_2$ | 480,57 |
| 2862 | 218 bis 219 | 5-Chlor-2-chlormercuri-thiophen | $C_4H_2Cl_2SHg$ | 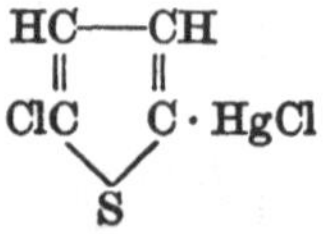 | 353,64 |
| 2863 | 218 bis 220 | Phenylglycin-o-carbon-säure | $C_9H_9O_4N$ | $HOOC \cdot C_6H_4 \cdot NH \cdot CH_2 \cdot COOH$ | 195,17 |
| 2864 | 219 | 3,5-Dibrombenzoesäure | $C_7H_4O_2Br_2$ | $Br_2C_6H_3 \cdot COOH$ | 279,93 |
| 2865 | 219 | 3,5-Dichlorsalicylsäure | $C_7H_4O_3Cl_2$ | $HO \cdot C_6H_2Cl_2 \cdot COOH$ | 207,02 |
| 2866 | 219 | Dihydrooxykodeinon | $C_{18}H_{21}O_4N$ | 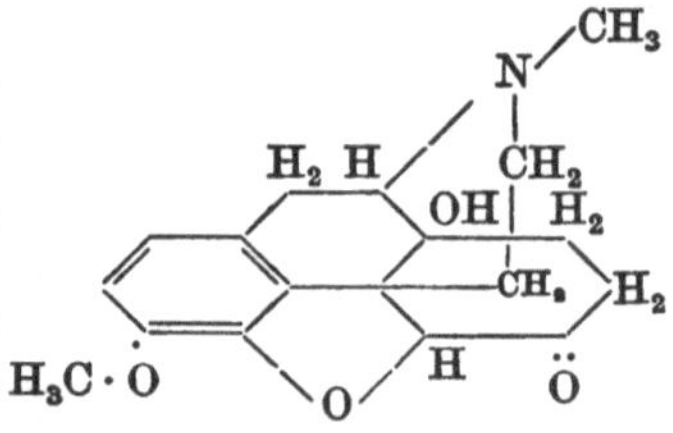 | 286,34 |
| 2867 | 219 | Phthalamid | $C_8H_8O_2N_2$ | $C_6H_4(CO \cdot NH_2)_2$ | 164,16 |
| 2868 | 219 | Thiophen-2,4-disulfon-säureamid | $C_4H_6O_4N_2S_3$ | 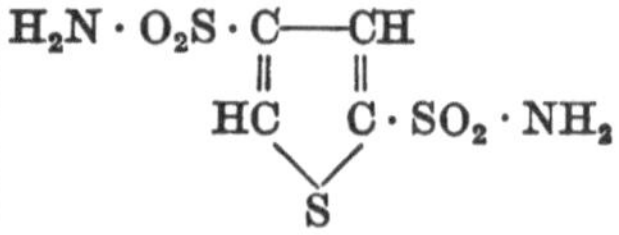 | 242,28 |
| 2869 | 219 | 4,4',4''-Tris-[dimethyl-amino]-triphenyl-carbinol | $C_{25}H_{31}ON_3$ | $[(CH_3)_2N \cdot C_6H_4]_3C \cdot OH$ | 389,52 |

| Aggregat-zustand Farbe | Spez. Gewicht | Siede-punkt °C | Beilstein-Zitat | Physikalische Konstanten und Eigenschaften | Löslichkeit | Reaktionen |
|---|---|---|---|---|---|---|
| 7 | 8 | 9 | 10 | 11 | 12 | 13 |
| Tafeln (W) | | subl. | VI 984 | | 0,108 W 14° ll. in A, Ae | Diacetat *Fp* 175° |
| Nadeln (A) | | subl. | VI 1051 | | unl. in W unl. in A, Alkali | Diacetat *Fp* 109° |
| Blättchen (Toluol) | | | | | ll. in Ae | |
| Nadeln (W) | | | | | l. in W, A | Chlorhydrat *Fp* 248°, Säulen oder Tafeln Goldsalz *Fp* 198°, Blättchen oder Prismen |
| Prismen (Chlf.) | | subl. | XIX 382 | | unl. in W wl. in A, Ae ll. in Bzl. | |
| Krist. (A) | | | V 563 | | unl. in W 0,05 in 88%ig. A | |
| Nadeln (W) | | | $E_1$ VIII 687 | | swl. in k. W ll. in A, Ae | |
| Nadeln (A) | | | III 61 | | 1,3 W 15° 1 k. A 10 sd. A | Erhitzen → Acetamid + Cyanursäure |
| Krist. | | | VII 849 | zers. sich bei Vak.-Destillation | wl. in W, A 116 Bzl. 12° | |
| Nadeln (Methanol) | | | | | l. in A, Ae swl. in Bzl. | Kalischmelze → Indigo |
| Nadeln (W) | | subl. | IX 359 | | wl. in W ll. in A | |
| Blättchen (A) | | | | | | |
| Säulen oder Nadeln (verd. A) | | subl. | X 104 | | swl. in h. W ll. in A, Ae | |
| weiße Krist. | | | | bitterer Geschmack | unl. in W ll. in Chlf. | + $H_2SO_4$ + Fe-$H_3PO_4$ in der Wärme gelb + Paraform → graugrün bis graublau + $HNO_3$-$H_2SO_4$ → violett → hellbraun |
| Krist. | | | IX 814 | | swl. in k. W, A | |
| farblose Prismen (Bzl.) | | | XIII 755 | | unl. in W wl. in A l. in Ae, Chlf. | |

| Lfd. Nr. | *Fp* | Name | Summenformel | Strukturformel | Mol.-Gewicht |
|---|---|---|---|---|---|
| 1 | 2 | 3 | 4 | 5 | 6 |
| 2870 | 219 bis 220 | 2,5-Dibromthiophen-3,4-disulfonsäurechlorid | $C_4O_4Cl_2Br_2S_3$ | 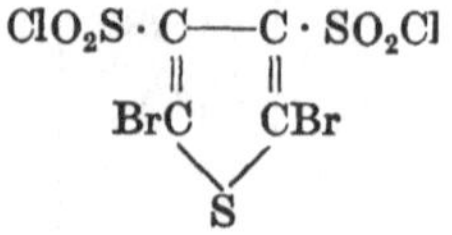 | 438,97 |
| 2871 | 220 (Z.) | 4-Aminosalicylsäure | $C_7H_7O_3N$ | $H_2N \cdot C_6H_3(OH) \cdot COOH$ | 153,13 |
| 2872 | 220 (Z.) | 3,6-Dioxyphthalsäure | $C_8H_6O_6$ | $(HO)_2C_6H_2(COOH)_2$ | 198,13 |
| 2873 | 220 | Hydantoin | $C_3H_4O_2N_2$ | 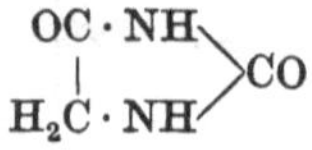 | 100,08 |
| 2874 | 220 | 3-Nitro-2,5-diacetoxy-mercurithiophen | $C_8H_7O_6NSHg_2$ | 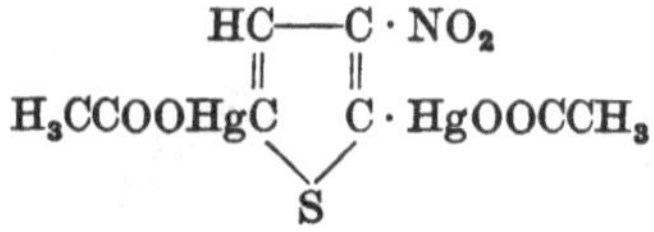 | 646,42 |
| 2875 | 220 | Pyrogallolcarbonsäure-(4) | $C_7H_6O_5$ | $(HO)_3C_6H_2 \cdot COOH$ | 170,12 |
| 2876 | 220 bis 221 | 3,4-Dichlor-5-oxymethyl-2-thiophensäure | $C_6H_4O_3Cl_2S$ | 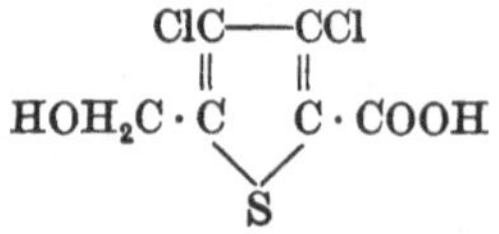 | 228,07 |
| 2877 | 220 bis 222 (Z.) | *l*-Prolin (Pyrrolidin-*α*-carbonsäure) | $C_5H_9O_2N$ | 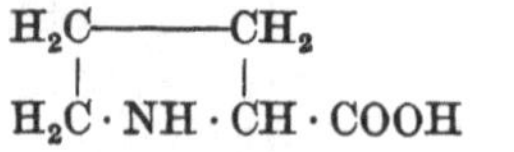 | 115,13 |
| 2878 | 220 bis 225 | Antipyrin-Eisenchlorid (Ferripyrin) | | 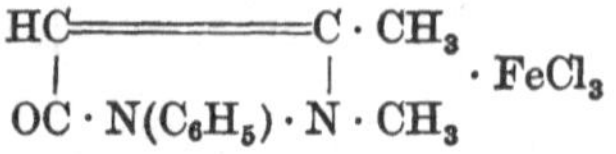 | 350,47 |
| 2879 | 220 bis 225 | d-Benzoylpseudotropin-carbonsäurepropylester-chlorhydrat (Psicain-Neu) | $C_{19}H_{26}O_4NCl$ | 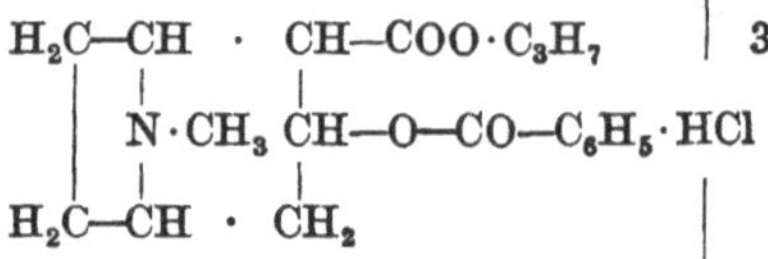 | 340,86 |
| 2880 | 220 bis 236 | 4,4′-Dinitrodiazoamino-benzol | $C_{12}H_9O_4N_5$ | $O_2N \cdot C_6H_4 \cdot N{:}N \cdot NH \cdot C_6H_4 \cdot NO_2$ | 287,23 |

| Aggregatzustand Farbe | Spez. Gewicht | Siedepunkt °C | Beilstein-Zitat | Physikalische Konstanten und Eigenschaften | Löslichkeit | Reaktionen |
|---|---|---|---|---|---|---|
| 7 | 8 | 9 | 10 | 11 | 12 | 13 |
| Krist. (A + Ae) | | | XIV 579 | | ll. in W, A<br>wl. in Ae | |
| Krist. (verd. $H_2SO_3$) | | | X 551 | | wl. in k. W | |
| Blättchen (W) | | | XXIV 242 | | 40 h. W<br>1,6 sd. A<br>unl. in Ae | |
| Nadeln (W) | | subl. | X 464 | | 0,13 W 12°<br>l. in A<br>wl. in Ae | + verd. $FeCl_3$ → violett<br>+ W → $CO_2$-Abspaltung |
| Nadeln (A + Ae) | | | XXII 2 | schmeckt süß | ll. in W, A<br>unl. in Ae | Pikrat *Fp* 153°, gelbe Krist.<br>Kupfersalz, dunkelblaue tafelähnliche Krist.<br>Chloraurat *Fp* 160—162°, Blättchen |
| feines intensiv orange Plv. | | | XXIV 31 | säuerlicher, zusammenziehender Geschmack | l. in W | wss. Lsg. → orangegelb<br>+ einige Tropfen $Fe(NO_3)_3$ → intensiv rot<br>+ Jodlsg. → Antipyrinperjodid |
| weiße Krist. | | | | $[\alpha]_D^{20}$ +43°; bitterer Geschmack; anästhesierend | | + Fe-$H_3PO_4$ erhitzen → Geruch nach Fettsäure<br>+ 0,5 ml konz. $H_2SO_4$ + 0,5 ml W + 1 Tropfen $CH_3OH$ — erhitzen → Geruch Benzoesäuremethylester<br>5 mg Subst. + 1 Tropfen n/10-$KMnO_4$ auf Uhrglas mit Glasstab → sehr feine Trübung ($MnO_2$)<br>5 mg + 1 Tropfen $K_2Cr_2O_7$ → schmierige Abscheidung + 1 Tropfen konz. HCl → hart → klebrig |
| gelbe Nadeln (A) | | | XVI 700 | Salze explosiv | unl. in W<br>wl. in h. W<br>l. in h. Alkali | Lsgg. in Alkali → rot |

| Lfd. Nr. | *Fp* | Name | Summenformel | Strukturformel | Mol.-Gewicht |
|---|---|---|---|---|---|
| 1 | 2 | 3 | 4 | 5 | 6 |
| 2881 | 221 | Benzoltricarbon-säure-(1,2,4) (Trimellitsäure) | $C_9H_6O_6$ | $C_6H_3(COOH)_3$ | 210,14 |
| 2882 | 221 | d-Camphersäureanhydrid | $C_{10}H_{14}O_3$ | 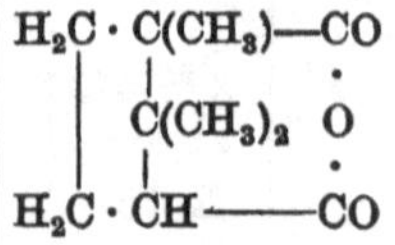 | 182,21 |
| 2883 | 221 | d-Coniinhydrochlorid | $C_8H_{18}NCl$ | vgl. Nr. 2789 | 163,69 |
| 2884 | 221 | trans-Cyclohexandicarbon-säure-(1,2) | $C_8H_{12}O_4$ | 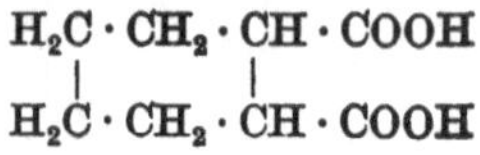 | 172,17 |
| 2885 | 221 bis 222 | 9,10-Dibromanthracen | $C_{14}H_8Br_2$ | 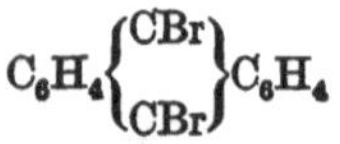 | 336,03 |
| 2886 | 221 bis 222 | 5,5′-Dichlor-3,3′,4,4′-tetra-brom-2,2′-dithienyl | $C_8Cl_2Br_4S_2$ | 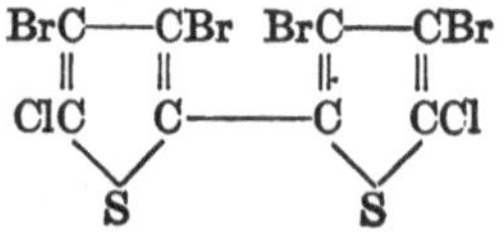 | 550,78 |
| 2887 | 221 bis 222 | 2,5-Diphenyl-3-chlor-mercurithiophen | $C_{16}H_{11}ClSHg$ | 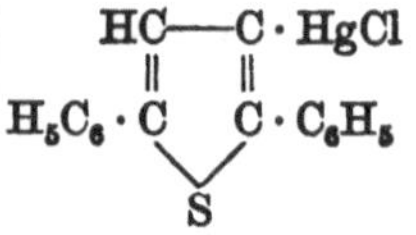 | 471,38 |
| 2887a | 222 | 3-Nitrophthalsäure | $C_8H_5O_6N$ | $O_2N \cdot C_6H_3(COOH)_2$ | 211,13 |
| 2887b | 222 bis 223 | 2,4′-Dinitrodiphenylamin | $C_{12}H_9O_4N_3$ | $O_2N \cdot C_6H_4 \cdot NH \cdot C_6H_4 \cdot NO_2$ | 259,21 |
| 2888 | 222 bis 223 | Methylatropiniumbromid | $C_{18}H_{26}O_3NBr$ | $C_{17}H_{23}O_3N \cdot CH_3Br$ (vgl. Nr. 1641) | 384,31 |
| 2889 | 223 | 3,5-Diphenyl-2-chlor-mercurithiophen | $C_{16}H_{11}ClSHg$ | 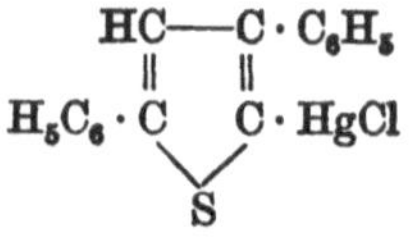 | 471,38 |
| 2890 | 223,7 | 2-Oxy-4-methylchinolin (4-Methylcarbostyril) | $C_{10}H_9ON$ | $C_9H_5N(CH_3) \cdot OH$ | 159,18 |

| Aggregat-zustand Farbe | Spez. Gewicht | Siede-punkt °C | Beilstein-Zitat | Physikalische Konstanten und Eigenschaften | Löslichkeit | Reaktionen |
|---|---|---|---|---|---|---|
| 7 | 8 | 9 | 10 | 11 | 12 | 13 |
| Nadeln (W) | | | IX 977 | | l. in W, Ae, Eg. | über 221° → Anhydrid *Fp* 158° Imidcarbonsäure *Fp* 266 bis 268° |
| Tafeln (Ae) | $1{,}194^{21°}$ | >270 | XVII 455 | $[\alpha]_D$ —7° (Bzl.) | wl. in W<br>0,81 in 95%ig. A 14°<br>1,5 Ae 14°<br>5,9 Bzl. 14° | |
| Krist. (A) | | | XX 111 | | 25 W 15°<br>19,3 A 15°<br>0,2 Ae 15° | |
| Blättchen (W) Nadeln (Aceton) | | | IX 731 | | 0,23 W | |
| gelbe Nadeln (Toluol) | | subl. | V 665 | | swl. in A, Ae<br>l. in h. Bzl. | |
| hellgelbe Prismen oder Tafeln (W) | | | IX 823 | *Fp* in geschlossenem Rohr | 205 W 25°<br>ll. in sd. W<br>l. in A<br>wl. in Ae<br>unl. in Bzl.<br>7,5 Eg. 25° | |
| rote Nadeln (Eg.) | | | XII 715 | | unl. in W<br>wl. in A, Ae | |
| weiße Krist. | | | | bitterer Geschmack | l. in W | wss. Lsg. öliges Perjodid<br>alkal. $HgJ_2$-Lsg. → gelblichen, käsigen Nd., der sich unter Erwärmen löst, beim Erkalten wieder bildet |
| Nadeln (W) Blättchen (A) | | 270 (17 mm) | XXI 107 | | wl. in h. W<br>ll. in h. A<br>swl. in Ae, Chlf. | Pikrat *Fp* 165—167° |

| Lfd. Nr. | *Fp* | Name | Summenformel | Strukturformel | Mol.-Gewicht |
|---|---|---|---|---|---|
| 1 | 2 | 3 | 4 | 5 | 6 |
| 2891 | **224** | 3,4-Dibrom-5-methyl-2-thiophensäure | $C_6H_4O_2Br_2S$ | 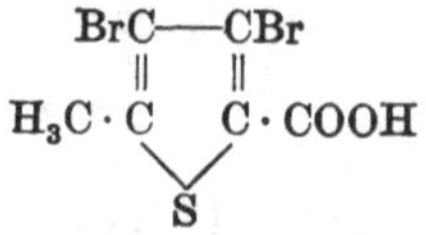 | 299,98 |
| 2892 | **224** | Diphenylcarbonsäure-(4) | $C_{13}H_{10}O_2$ | $C_6H_5 \cdot C_6H_4 \cdot COOH$ | 198,21 |
| 2893 | **224** (Z.) | 5-Oxychinolin | $C_9H_7ON$ | $C_9H_6N \cdot OH$ | 145,15 |
| 2894 | **224** | 3,4,5-Trichlor-2-thiophensäure | $C_5HO_2Cl_3S$ | 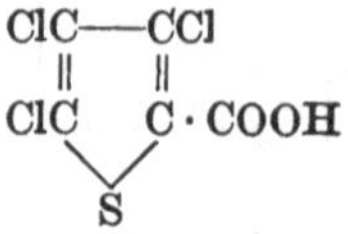 | 231.49 |
| 2895 | **224 bis 225** | d-Glutaminsäure | $C_5H_9O_4N$ | $HOOC \cdot (CH_2)_2 \cdot CH(COOH) \cdot NH_2$ | 147,13 |
| 2896 | **224,5 bis 225,5** | 1,8-Dioxy-3-oxymethyl-anthrachinon (Aloeemodin) | $C_{15}H_{10}O_5$ | 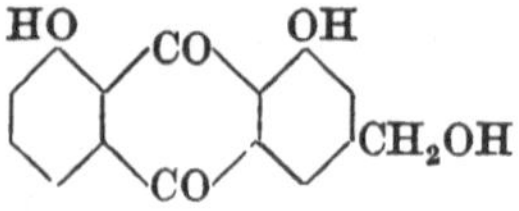 | 270,23 |
| 2897 | **225** | anti-Benzilosazon | $C_{26}H_{22}N_4$ | $C_6H_5 \cdot C(=N \cdot NH \cdot C_6H_5)—C(=N \cdot NH \cdot C_6H_5) \cdot C_6H_5$ | 390,46 |
| 2898 | **225** | 5-Brom-2-chlormercuri-thiophen | $C_4H_2ClBrSHg$ | HC=CH—CH=; $BrC—S—C \cdot HgCl$ (HC——CH / ‖ ‖ / BrC—S—C·HgCl) | 398,10 |
| 2899 | 225 | Cellobiose | $C_{12}H_{22}O_{11}$ | $HO \cdot CH_2 \cdot CH \cdot [CH(OH)]_3 \cdot CH \cdot O \cdot CH \cdot [CH(OH)]_2 \cdot CH \cdot OH$ (Ring-O zwischen erstem CH und CH; CH—O— zum letzten CH; $CH_2 \cdot OH$) | 342,29 |
| 2900 | **225** (Z.) | 1,8-Dioxyanthracen | $C_{14}H_{10}O_2$ | $HO \cdot C_6H_3\{CH, CH\}C_6H_3 \cdot OH$ | 210,22 |
| 2901 | **225** | Quercit (d-Cyclohexanpentol) | $C_6H_{12}O_5$ | 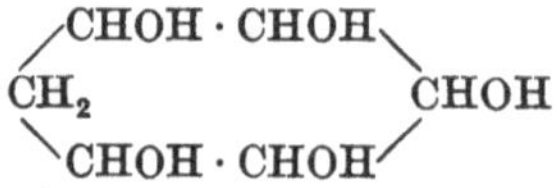 | 164,15 |
| 2902 | **225** (Z.) | Iminodiessigsäure | $C_4H_7O_4N$ | $HN(CH_2 \cdot COOH)_2$ | 133,10 |

| Aggregatzustand Farbe | Spez. Gewicht | Siedepunkt °C | Beilstein-Zitat | Physikalische Konstanten und Eigenschaften | Löslichkeit | Reaktionen |
|---|---|---|---|---|---|---|
| 7 | 8 | 9 | 10 | 11 | 12 | 13 |
| Nadeln (A) | | subl. | IX 671 | | unl. in k. W<br>swl. in sd. W<br>ll. in A, Ae | |
| Nadeln (A) | | subl. | XXI 84 | | l. in h. W<br>ll. in A<br>wl. in Ae | |
| Krist.-Blättchen (W) | $1{,}538^{20°}$ | | IV 488 | schmeckt schwach sauer | 1 W 16°<br>0,066 in 80%ig. A 15°<br>0,07 A 25°<br>unl. in Ae | Chlorhydrat *Fp* 202° (Z.), rhomb. Tafeln<br>dl-Benzoylglutaminsäure *Fp* 155—157°, Blättchen<br>Ninhydrinreaktion, dient zur Unterscheidung von Pyrrolidoncarbonsäure<br>Cu-Salz, kleine blaue Nadelkugeln |
| orangegelbe Nadeln (Eg.) | | subl. | VIII 524 | subl. im $CO_2$-Strom | wl. in W<br>l. in A, Ae, Eg., Chlf., Bzl., Toluol, $NH_3$ $H_2SO_4$ | $+ NH_4OH$ $+ H_2SO_4$ } → kirschrot<br>Trimethyläther *Fp* 163°, rotgelbe Nadeln<br>Triacetat *Fp* 165—175°, hellgelbliche Nadeln<br>Tribenzoat *Fp* 232° |
| Nadeln (Bzl.) | | Z. | XV 174 | | wl. in A, Ae<br>ll. in Bzl., h. Chlf. | |
| Nadeln (W) | | | | $[\alpha]_D$ +22,4 bis +35,2° (W) | ll. in W<br>swl. in A | Spaltung → Glucose |
| gelbe Nadeln (verd. A) | | | VI 1033 | | unl. in W<br>l. in A, Ae<br>l. in Alkalien | Diacetat *Fp* 184°<br>l. in NaOH → grün |
| Prismen (W) | $1{,}584^{13°}$ | Z. | VI 1186 | vgl. Nr. 2961 | l. in W<br>wl. in A<br>unl. in Ae | |
| Prismen | | | IV 365 | | 2,43 W 5°<br>unl. in A, Ae | |

| Lfd. Nr. | *Fp* | Name | Summenformel | Strukturformel | Mol.-Gewicht |
|---|---|---|---|---|---|
| 1 | 2 | 3 | 4 | 5 | 6 |
| 2903 | 225 | inakt. Inosit | $C_6H_{12}O_6$ | 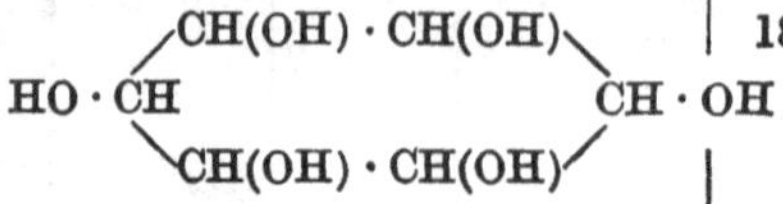 | 180,15 |
| 2904 | 225 | 5-Jod-2-chlormercuri-thiophen | $C_4H_2ClJSHg$ | 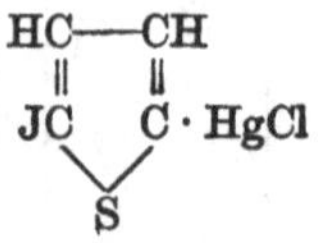 | 445,10 |
| 2905 | 225 | 5-Methyl-5′-chlormercuri-2,2′-dithienyl | $C_9H_7ClS_2Hg$ | 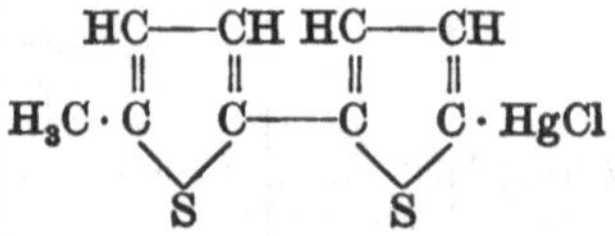 | 415,33 |
| 2906 | 225 | Phenolphthalin | $C_{20}H_{16}O_4$ | $(HO \cdot C_6H_4)_2CH \cdot C_6H_4 \cdot COOH$(2) | 320,32 |
| 2907 | 225 bis 225,5 | 3-Brom-4-methyl-2-thiophensäure | $C_6H_5O_2BrS$ | 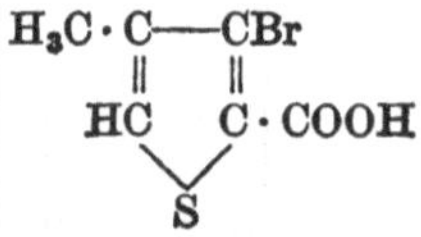 | 221,07 |
| 2908 | 225 bis 226 | Zinntetraphenyl | $C_{24}H_{20}Sn$ | $(C_6H_5)_4Sn$ | 427,10 |
| 2909 | 226 | 2,4-Diaminoazobenzol-4′-sulfonsäureamid (Prontosil rubrum, Sulfamidochrysoidin) | $C_{12}H_{13}O_2N_5S$ | 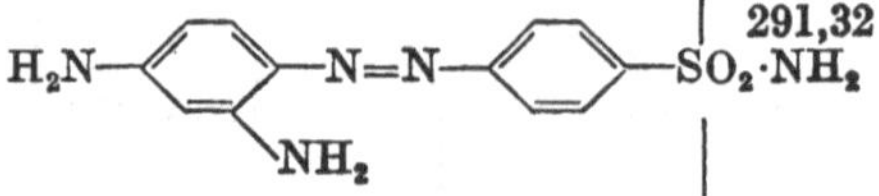 | 291,32 |
| 2910 | 226 bis 227 | *l*-Asparagin | $C_4H_8O_3N_2$ | $HOOC \cdot CH \cdot CH_2 \cdot CO \cdot NH_2$<br>$NH_2$ (an CH) | 132,12 |
| 2911 | 227 | Berberinsulfat | $C_{20}H_{19}O_5N \cdot H_2SO_4$ | vgl. Nr. 2032 | 451,44 |

| Aggregat-zustand Farbe | Spez. Gewicht | Siede-punkt °C | Beilstein-Zitat | Physikalische Konstanten und Eigenschaften | Löslichkeit | Reaktionen |
|---|---|---|---|---|---|---|
| 7 | 8 | 9 | 10 | 11 | 12 | 13 |
| Krist.<br>(W) | $1{,}752^{15°}$ | 319<br>(15 mm) | VI 1194 | schmeckt stark süß | 16,3 W 19°<br>unl. in A, Ae | Spur Subst. in 1—2 Tropfen $HNO_3$(1,2) + 1 Tropfen 10%ig. $CaCl_2$ + 1 Tropfen 1—2%ig. $PtCl_4$, vorsichtig verdampfen → rosa bis ziegelrot, an feuchter Luft orange<br>Hexabenzoat *Fp* 258°, Nadeln |
| Nadeln<br>(W) | | | X 455 | | 0,0175 W 20° | Oxydation → Phenolphthalein<br>Reagens auf HCN |
| Prismen<br>(Chlf.)<br>Nadeln<br>(Pyridin) | | >420 | XVI 914 | | unl. in W<br>swl. in A, Ae<br>ll. in sd. Bzl., sd. Chlf., sd. Pyridin | |
| rotbraunes Plv. | | | | | l. in Alkalien, Säuren | mit Nitrit, α-Naphthol und $NH_3$ → violettroter Azofarbstoff<br>mit Zn und HCl entfärbte Lsg. wird mit Chlorwasser → rot und gibt Indophenolreaktion |
| Krist. | $1{,}543^{15°}$ | | IV 476 | $[\alpha]_D^{20}$ —5,4° (W); geruchlos; Geschmack süß | 2,1 W 17°<br>52,5 W 98°<br>swl. in A<br>unl. in Ae | wss. Lsg. + $Fe(NO_3)_3$-Lsg. → rötlichgelb bis olivbraun<br>alkohol. $HgJ_2$-Lsg. gibt beim Erwärmen eigelben Nd. (Unterschied von Alanin und Glykokoll) |
| intensiv gelbes Plv. | | | | Geschmack stark bitter | wl. in k. W<br>ll. in h. W, A | + $H_2SO_4$ → olivgrün → gelb<br>+ $HNO_3$ → rotbraun<br>+ $HgCl_2$ → gelber Nd.<br>1—2 mg Subst. + 10 mg Paraform + 1 ml $H_2SO_4$ → intensiv oliv → braun<br>+ Fe-$H_3PO_4$ → braun<br>+ $HNO_3$-$H_2SO_4$ → intensiv rot → rosa |

| Lfd. Nr. | Fp | Name | Summenformel | Strukturformel | Mol.-Gewicht |
|---|---|---|---|---|---|
| 1 | 2 | 3 | 4 | 5 | 6 |
| 2912 | 227 | 4,4'-Diaminostilben | $C_{14}H_{14}N_2$ | $H_2N \cdot C_6H_4 \cdot CH{=}CH \cdot C_6H_4 \cdot NH_2$ | 210,27 |
| 2913 | 227 | Pyridintricarbonsäure-(2,4,6) (Trimesitinsäure) | $C_8H_5O_6N$ | $C_5H_2N(COOH)_3$ | 211,13 |
| 2914 | 227 | Tetraphenyläthylen | $C_{26}H_{20}$ | $(C_6H_5)_2C:C(C_6H_5)_2$ | 332,42 |
| 2915 | 227 (Z.) | 2-Thiohydantoin | $C_3H_4ON_2S$ | 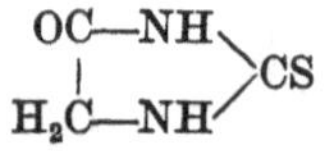 | 116,14 |
| 2916 | 227 bis 228 (Z.) | Betainchlorhydrat (Acidol) | $C_5H_{12}O_2NCl$ | $HOOC \cdot CH_2 \cdot N(CH_3)_3$ · Cl | 153,61 |
| 2917 | 227 bis 228 | 4,5-Dibrom-2-thiophensäure | $C_5H_2O_2Br_2S$ | 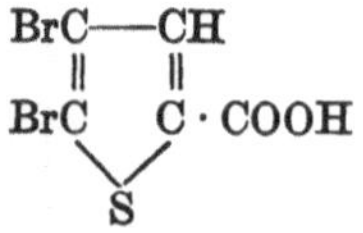 | 285,96 |
| 2918 | 227 bis 228 | Methylaminhydrochlorid | $CH_6NCl$ | $CH_3 \cdot NH_2 \cdot HCl$ | 67,52 |
| 2919 | 227 bis 228 | Pyron-(2)-carbonsäure-(6) | $C_6H_4O_4$ | 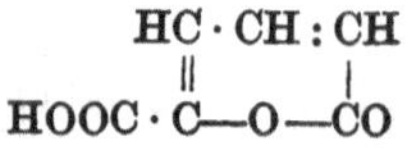 | 140,09 |
| 2920 | 227,6 | Hexachlorbenzol | $C_6Cl_6$ | 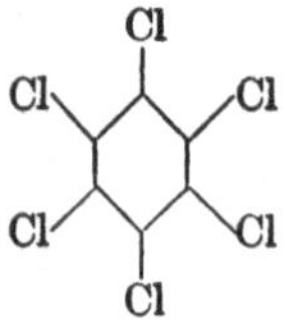 | 284,80 |
| 2921 | 227,7 | Bleitetraphenyl | $C_{24}H_{20}Pb$ | $(C_6H_5)_4Pb$ | 515,61 |
| 2922 | 228 (Z.) | 4,5-Dijod-2-chlormercurithiophen | $C_4HClJ_2SHg$ | 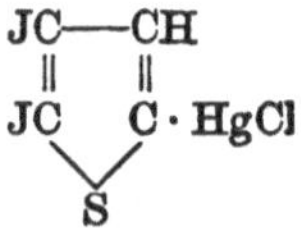 | 571,02 |
| 2923 | 228 | Diphensäure | $C_{14}H_{10}O_4$ | $^{(2)}HOOC \cdot C_6H_4 \cdot C_6H_4 \cdot COOH^{(2')}$ | 242,22 |
| 2924 | 228 | Ergosin | $C_{30}H_{35}O_5N_5$ | | 547,34 |
| 2925 | 228 | Ergosinin | $C_{30}H_{35}O_5N_5$ | | 545,62 |

| Aggregatzustand Farbe | Spez. Gewicht | Siedepunkt °C | Beilstein-Zitat | Physikalische Konstanten und Eigenschaften | Löslichkeit | Reaktionen |
|---|---|---|---|---|---|---|
| 7 | 8 | 9 | 10 | 11 | 12 | 13 |
| gelbe Blättchen oder Nadeln (A) | | subl. | XIII 267 | | wl. in W<br>l. in A, Ae | N,N'-Diacetylderivat *Fp* 312° (Z.) |
| Nadeln (W) | | Z. | XXII 185 | | wl. in k. W, A, Ae | erhitzen → Pyridincarbonsäure-(4) |
| Spieße (Bzl.) | | 415-415 | V 743 | | unl. in W<br>swl. in A, Ae<br>ll. in h. Bzl. | |
| gelbe Prismen | | | XXIV 26 | | ll. in h. W, h. A | |
| farblose monokline Tafeln od. Prismen | | | | | ll. in W | |
| Tafeln (A) | | 225-230 (15 mm) | IV 36 | | ll. in W<br>23,01 sd. A<br>unl. in Ae, Chlf. | |
| Nadeln oder Platten (konz. HCl) | | | XVIII 404 | | wl. in h. W, A<br>unl. in Bzl. Chlf. | Äthylester *Fp* 59—60° |
| Prismen (Bzl. + A) | 2,044$^{23°}$ | 322 | V 205 | kryoskop. Konst. 20,75 | unl. in W; k. A<br>swl. in sd. A<br>ll. in h. Ae | |
| Nadeln (Bzl.) | 1,530$^{20°}$ | 270 (Z.) | XVI 917 | | unl. in W<br>0,1 A 30°<br>1,7 Bzl. 30°<br>1,7 Chlf. 50° | |
| Blättchen (W) | | subl. | IX 922 | subl. in Nadeln | wl. in W<br>ll. in A, Ae | Anhydrid *Fp* 217°, lange Nadeln oder Säulen<br>Dimethylester *Fp* 73—74°, harte Prismen oder Tafeln<br>Diäthylester *Fp* 42°, Würfel |
| | | | | $[\alpha]_D^{20}$ —161° (Chlf.) | unl. in W, PAe<br>l. in A, Ae | |
| | | | | $[\alpha]_D^{20}$ +420° | unl. in W, PAe<br>l. in A, Ae | |

| Lfd. Nr. | *Fp* | Name | Summenformel | Strukturformel | Mol.-Gewicht |
|---|---|---|---|---|---|
| 1 | 2 | 3 | 4 | 5 | 6 |
| 2926 | **228** | Isoferulasäure | $C_{10}H_{10}O_4$ | $^{(4)}H_3CO$, $^{(3)}HO$ > $C_6H_3 \cdot CH:CH \cdot COOH$ | 194,18 |
| 2927 | **228** | Saccharin | $C_7H_5O_3NS$ | $C_6H_4$ < CO, $SO_2$ > NH | 183,18 |
| 2928 | **228** | Umbelliferon | $C_9H_6O_3$ | $(^7)HO \cdot C_6H_3$ < CH : CH, O — CO (ring) | 162,14 |
| 2929 | **228 bis 229** | 4,5-Dibrom-3-methyl-2-thiophensäure | $C_6H_4O_2Br_2S$ | BrC—C · $CH_3$ ‖ ‖ BrC C · COOH, \\ / S | 299,98 |
| 2930 | **228 bis 229** | 2,4-Dijod-5-chlormercuri-3-thiotolen | $C_5H_3ClJ_2SHg$ | $H_3C$ · C—CJ ‖ ‖ JC C · HgCl, \\ / S | 585,04 |
| 2931 | **228 bis 229** | 5-Nitrosalicylsäure | $C_7H_5O_5N$ | $HO \cdot C_6H_3(NO_2) \cdot COOH$ | 182,12 |
| 2932 | **228 bis 229** | 8-Oxynaphthoesäure-2 | $C_{11}H_8O_3$ | 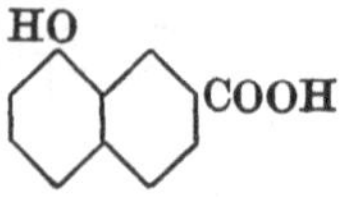 | 188,17 |
| 2933 | **228,7** | 2,4,6-Trinitrobenzoesäure | $C_7H_3O_8N_3$ | $(O_2N)_3C_6H_2 \cdot COOH$ | 257,07 |
| 2934 | **230** | Diacetylmorphinchlorhydrat (Heroinchlorhydrat) | $C_{21}H_{24}O_5NCl$ | $C_{17}H_{17}ON(O \cdot COCH_3)_2 \cdot HCl$ (vgl. Nr. 3084) | 405,87 |
| 2935 | **229** | Piperonylsäure | $C_8H_6O_4$ | $H_2C$ < O, O > $C_6H_3 \cdot COOH$ | 166,13 |
| 2936 | **230** | 1-Nitroanthrachinon | $C_{14}H_7O_4N$ | $C_6H_4$ < CO, CO > $C_6H_3 \cdot NO_2$ | 253,20 |

| Aggregatzustand Farbe | Spez. Gewicht | Siedepunkt °C | Beilstein-Zitat | Physikalische Konstanten und Eigenschaften | Löslichkeit | Reaktionen |
|---|---|---|---|---|---|---|
| 7 | 8 | 9 | 10 | 11 | 12 | 13 |
| Nadeln | | | X 437 | | wl. in k. W<br>ll. in A, Ae<br>wl. in Bzl. | |
| Krist. (A) | 0,828 | subl. | XXVII 168 | Geschmack sehr süß | 0,43 W 25°<br>2 A 20°<br>wl. in Ae<br>l. in Alkali | |
| Nadeln (W) | | subl. | XVIII 27 | | swl. in k. W<br>l. sd. W<br>ll. in A<br>wl. in Ae | Lsgg. in W, Alkali und $H_2SO_4$ fluoreszieren blau |
| Nadeln (W) | $1{,}650^{20°}$ | | X 116 | | 0,07 W 16°<br>0,18 W 22°<br>ll. in A, Ae | |
| Nadeln (W) | | | X 328 | alkalische Lsgg. fluoreszieren stark grün | l. in W | + $FeCl_3$ → schmutzig rot → violett → schwarz<br>Acetylderivat *Fp* 176 bis 177°, Nadelbüschel<br>Äthylester *Fp* 135—137°, Nadelbüschel<br>Anilid *Fp* 239—240°, Nadeln |
| Krist. (W) | | | IX 417 | | 2,05 W 23°<br>4,18 W 50°<br>26,59 A 25°<br>14,71 Ae 25° | |
| Krist. | | | | geruchlos; bitterer Geschmack | l. in A, $CH_3OH$, Chlf.<br>unl. in Bzl. | 1. + $H_2SO_4$ + Fe-$H_3PO_4$ → blau<br>+ Paraform → blaugrün → grün<br>+ $HNO_3$-$H_2SO_4$ → violett → braun<br>2. + 10—20 mg Paraform + 1 ml $H_2SO_4$ → intensiv rotviolett<br>+ Fe-$H_3PO_4$ → intensiv blau<br>+ $HNO_3$-$H_2SO_4$ → braun → violettrot |
| Nadeln (A) | | subl. | XIX 269 | | swl. in W<br>wl. in k. A; Ae | |
| Nadeln (Eg.) | | 270 (7 mm) | VII 791 | | unl. in W<br>swl. in A, Ae | |

| Lfd. Nr. | *Fp* | Name | Summenformel | Strukturformel | Mol.-Gewicht |
|---|---|---|---|---|---|
| 1 | 2 | 3 | 4 | 5 | 6 |
| 2937 | 230 (Z.) | Nitroguanidin | $CH_4O_2N_4$ | $H_2N \cdot C(:NH) \cdot NH \cdot NO_2$ oder $(H_2N)_2C:N \cdot NO_2$ | 104,07 |
| 2938 | 230 | Terephthalsäure | $C_8H_6O_4$ | 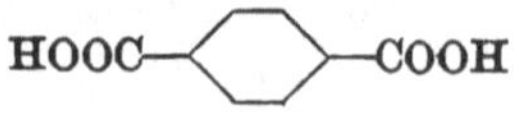 | 166,13 |
| 2939 | 230 bis 231 | Gramicidin | $C_{146}H_{202}O_{26}N_{30}$ | | 2800,32 |
| 2940 | 230,5 bis 231 | 4,5-Dichlor-2-chlormercuri-3-thiotolen | $C_5H_3Cl_3SHg$ | 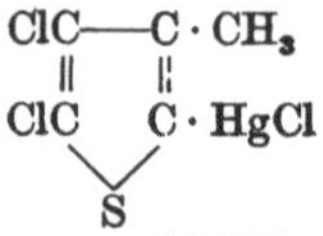 | 402,12 |
| 2941 | 231 | Phthalsäure | $C_8H_6O_4$ | 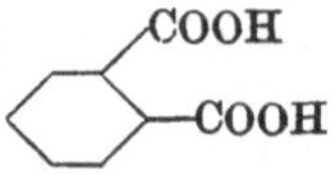 | 166,13 |
| 2942 | 231 (Z.) | dl-Thyroxin | $C_{15}H_{11}O_4NJ_4$ | 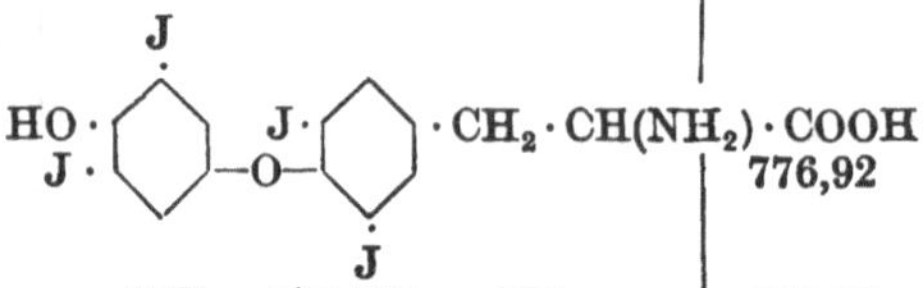 | 776,92 |
| 2943 | 231 bis 232 | 5,5′-Diaceto-2,2′-dithienyl | $C_{12}H_{10}O_2S_2$ | 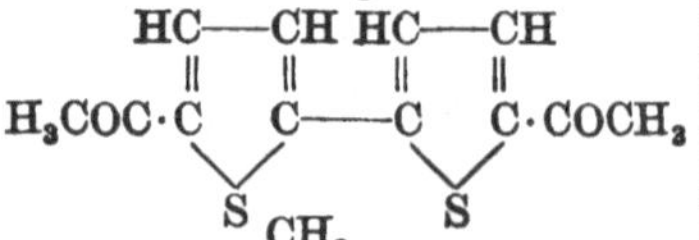 | 250,32 |
| 2944 | 231 bis 233 (Z.) | 1-Phenyl-2,3-dimethyl-pyrazolon-4-amino-methansulfonsaures Natrium (Melubrin) | $C_{12}H_{14}O_4N_3SNa$ | 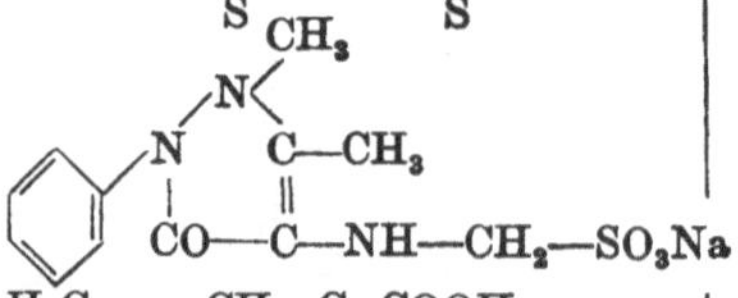 | 319,31 |
| 2945 | 232 | Arecaidin | $C_7H_{11}O_2N$ | 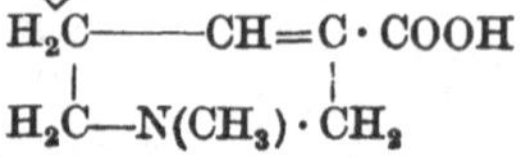 | 141,66 |
| 2946 | 232 bis 234 | Hydrochinonphthalein | $C_{20}H_{12}O_5$ | 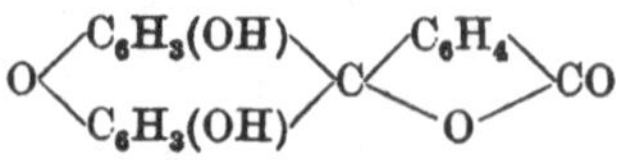 | 332,29 |

| Aggregat-zustand Farbe | Spez. Gewicht | Siede-punkt °C | Beilstein-Zitat | Physikalische Konstanten und Eigenschaften | Löslichkeit | Reaktionen |
|---|---|---|---|---|---|---|
| 7 | 8 | 9 | 10 | 11 | 12 | 13 |
| Nadeln (W) | | | III 126 | | 0,27 W 19°<br>9 sd. W<br>swl. in A<br>unl. in Ae<br>ll. in Alkali | |
| Nadeln | | | IX 841 | subl. in mikroskopischen Nadeln | unl. in W<br>wl. in A | reagiert nicht mit Thionylchlorid<br>gibt kein Anilid beim Kochen mit Anilin<br>Dichlorid *Fp* 79—80°, Nadeln<br>Phenacylester *Fp* 192°<br>Diphenylester *Fp* 191°, Nadeln<br>Diäthylester *Fp* 44°, Prism. |
| | | | | | unl. in W | |
| monokline Tafeln | 1,59 | | IX 791 | *Fp* im geschlossenen Rohr *Fp* 191° | 0,54 W 14°<br>18 W 99°<br>11,7 A 18°<br>0,68 Ae 15°<br>unl. in Chlf. | erhitzen → Phthalsäureanhydrid<br>Phenacylester *Fp* 154,4°<br>p-Nitrobenzylester *Fp* 155,5°<br>Fluorescein-Rk. 0,1 g Resorcin, 0,1 g Phthalsäure, 1 Tropfen $H_2SO_4$ 3 Min. auf 160° erhitzen + 2 ml 10%ig. NaOH, in ½ l W gießen → starke grüne Fluoreszenz |
| gelbe Krist. | | | $E_1$ XIV 671 | geruchlos | swl. in W<br>unl. in A, Ae<br>l. in Alkalien (gelb) | wss. Suspensionen + 1 Tropfen 2n-$HN_3$ + $AgNO_3$ nach Abkühlem gallertartige Flocken |
| weißes Krist.-Plv. | | | $E_1$ XXIV 300 | | ll. in W<br>l. in A | |
| Tafeln (verd. A) | | | XXII I5 | | ll. in W<br>swl. in A<br>unl. in Ae, Bzl. | |
| Nadeln (Ae) | | | XIX 219 | | swl. in h. W<br>ll. in A, Ae<br>l. in Alkalien und $NH_4OH$ → violett | |

| Lfd. Nr. | *Fp* | Name | Summenformel | Strukturformel | Mol.-Gewicht |
|---|---|---|---|---|---|
| 1 | 2 | 3 | 4 | 5 | 6 |
| 2947 | **232** bis **235** | Ölsäure-Na-Salz (Natriumoleat) | $C_{18}H_{33}O_2Na$ | vgl. Nr. 508 | 304,43 |
| 2948 | **232** bis **236** (Z.) | Glycin (Aminoessigsäure, Glykokoll) | $C_2H_5O_2N$ | $H_2N \cdot CH_2 \cdot COOH$ | 75,07 |
| 2949 | **233** | Acedicon (Enolacetat des Dihydrocodeinon-chlorhydrats) | $C_{20}H_{24}O_4NCl$ | | 377,87 |
| 2950 | **233** | 3-Oxy-4-methylthiophen-2,5-dicarbonsäuremonoäthylester | $C_9H_{10}O_5S$ | 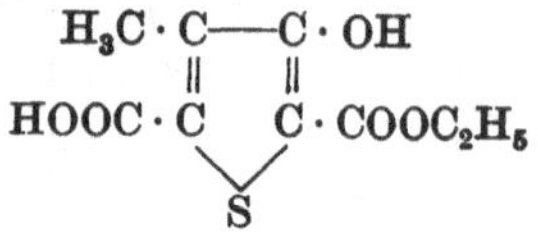 | 230,23 |
| 2951 | **233** | Insulin | $C_{45}H_{69}O_{14}N_{11}S + 3H_2O$ | | 1084,99 |
| 2952 | **233** bis **234** | 5-Jod-2-thienylarsinoxyd | $C_4H_2OJSAs$ | 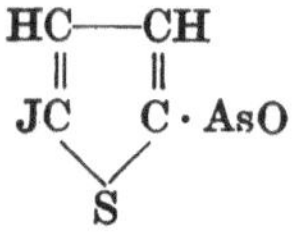 | 299,95 |
| 2953 | **234** | Dimethylglyoxim | $C_4H_8O_2N_2$ | 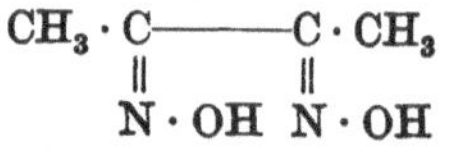 | 116,12 |
| 2954 | **234** (Z.) | saures Natriumtartrat | $C_4H_5O_6Na + H_2O$ | $HOOC \cdot (CHOH)_2 \cdot COONa + H_2O$ | 190,09 |
| 2955 | **234** | 5-Phenyl-2-chlormercurithiophen | $C_{10}H_7ClSHg$ | 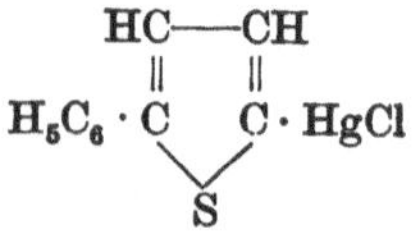 | 395,28 |
| 2956 | **234** bis **236** | 3,5-Dijodsalicylsäure | $C_7H_4O_3J_2$ | $J_2C_6H_2(OH) \cdot COOH$ | 389,94 |
| 2957 | **235** (Z.) | 3-Aminosalicylsäure | $C_7H_7O_3N$ | $H_2N \cdot C_6H_3(OH) \cdot COOH$ | 153,13 |
| 2958 | **235** (Z.) | Anhydroekgonin | $C_9H_{13}O_2N$ | 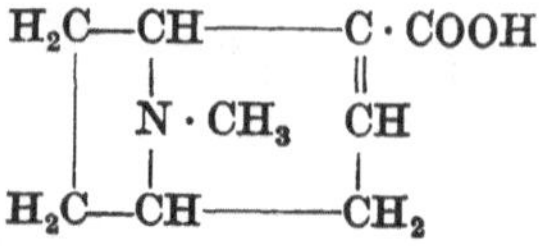 | 167,20 |

| Aggregatzustand Farbe | Spez. Gewicht | Siedepunkt °C | Beilstein-Zitat | Physikalische Konstanten und Eigenschaften | Löslichkeit | Reaktionen |
|---|---|---|---|---|---|---|
| 7 | 8 | 9 | 10 | 11 | 12 | 13 |
| Krist. (abs. A) | | | II 465 | | 10 W 12°<br>4,8 A 13°<br>10 A 32°<br>1 sd. Ae | |
| monokline Tafeln | 1,61 | | IV 333 | schmeckt süß; geruchlos | 23,3 W (k.)<br>unl. in A, Ae | wss. Lsg. + $FeCl_3$ → rot<br>+ o-Phthalaldehyd und konz. HCl → intensiv violett<br>Pikrat *Fp* 190°, gelbliche Blättchen |
| weiße Krist. | | | | geruchlos; bitterer Geschmack | | Fe-$H_2SO_4$ bleibt in der Wärme unverändert (Unterschied von Codein und Eukodal)<br>10—20 mg + 10—20 mg Paraform + 1 ml $H_2SO_4$ → gelb → langsam violett<br>+ Fe-$H_3PO_4$ → langsam blau bis graublau<br>+ $HNO_3$-$H_2SO_4$ → violett → olivgrün → hellbraun |
| Krist. (verd. A) | | subl. | I 772 | | unl. in W<br>ll. in A, Ae | + Nickelsalze → roter Nd. |
| Säulen | | | III 493 | | 6,63 W 18° | |
| weißlich-gelbe Krist. | | | | schmeckt süß; geruchlos | wl. in W<br>l. in Laugen<br>ll. in A, Ae | heiß bereitete und abgekühlte Lsg. + $Fe(NO_3)_3$ → violettblau und trübe |
| Krist. | | | XIV 577 | | l. in W<br>unl. in A | Methylester *Fp* 90° |
| Krist. | | | XXII 31 | $[\alpha]_D^{15}$ —62,7° | swl. in W<br>wl. in A<br>swl. in Ae | |

| Lfd. Nr. | *Fp* | Name | Summenformel | Strukturformel | Mol.-Gewicht |
|---|---|---|---|---|---|
| 1 | 2 | 3 | 4 | 5 | 6 |
| 2959 | **235** (Z.) | Codeinphosphat | $C_{18}H_{24}O_7NP + 2H_2O$ | vgl. Nr. 2150 | 397,39 |
| 2960 | **235** | Rubijervin | $C_{26}H_{43}O_2N + H_2O$ | | 419,65 |
| 2961 | **235** | Quercit | $C_6H_{12}O_5$ | 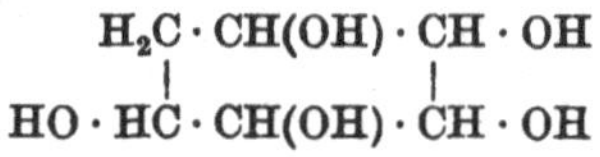 | 164,15 |
| 2962 | **235** | Yohimbin | $C_{21}H_{26}O_3N_2$ | | 354,42 |
| 2963 | **235** | 3,4,5-Trijod-2-chlor-mercurithiophen | $C_4ClJ_3SHg$ | 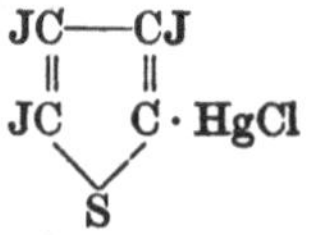 | 696,93 |
| 2964 | **235** | 2,4,6-Trinitrosomesitylen | $C_9H_9O_6N_3$ | $(O_2N)_3C_6(CH_3)_3$ | 255,18 |
| 2965 | **235** bis **236** | 5-Oxynaphthoesäure-(1) | $C_{11}H_8O_3$ | $HO \cdot C_{10}H_6 \cdot COOH$ | 188,17 |
| 2966 | **235** bis **237** | Coffein (1,3,7-Trimethyl-2,6-dioxypurin) | $C_8H_{10}O_2N_4$ | 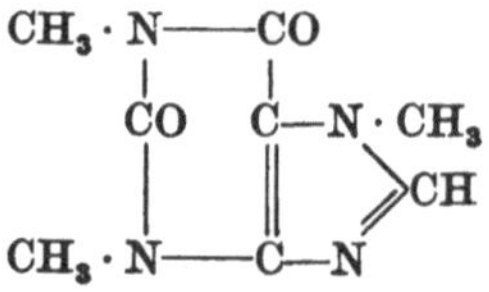 | 194,19 |
| 2967 | **236** | 3,4-Dijod-5-methyl-2-thiophensäure | $C_6H_4O_2J_2S$ | 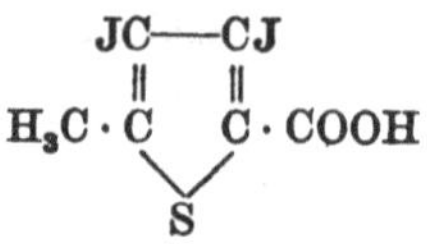 | 394,35 |

| Aggregat-zustand Farbe | Spez. Gewicht | Siede-punkt °C | Beilstein-Zitat | Physikalische Konstanten und Eigenschaften | Löslichkeit | Reaktionen |
|---|---|---|---|---|---|---|
| 7 | 8 | 9 | 10 | 11 | 12 | 13 |
| weiße Nadeln | | | | bitterer Geschmack | 44,9 W 25°<br>227 W 80°<br>0,38 92%ig. A 25°<br>0,07 Ae 25° | + $HNO_3$ → braunrot<br>+ $H_2SO_4$ + $FeCl_3$ → blau<br>+ $HNO_3$ → tiefrot<br>+ Paraform-$H_2SO_4$ → blauviolett<br>+ p-Dimethylaminobenzaldehyd-$H_2SO_4$ → hellrot |
| Prismen (h. A) | | | | | | Aurochlorat unl. gelber Nd.<br>+ $H_2SO_4$ → goldgelb → orangerot → dunkelrot |
| Prismen (W) | $1{,}584^{13°}$ | Z. | VI 1186 | vgl. Nr. 2901 | l. in W<br>wl. in A<br>unl. in Ae | |
| weiße Nadeln | | | | $[\alpha]_D$ +1,5° (1%ige wss. Lsg.) | ll. in A, Ae, Chlf., Aceton, Essigester<br>unl. in Bzl.<br>swl. in W | + konz. $HNO_3$ → farblos → intensiv gelb<br>+ NaOH → orangerot |
| Nadeln (A) | | | V 412 | | unl. in W<br>swl. in h. A, Ae | |
| Nadeln (W) | | subl. | X 330 | sublimierbar | l. in sd. W<br>wl. in k. A<br>ll. in h. A, Eg., Ae | + $FeCl_3$ in wss. Lsg. violetter Nd.<br>Äthylester *Fp* 73°<br>Methoxynaphthoesäure *Fp* 227—228,5°, Tafeln |
| Nadeln (A) | $1{,}23^{19°}$ | 180° subl. | XXVI 461 | geruchlos; bitterer Geschmack; subl. leicht | 1,46 W 20°<br>19,23 W 80°<br>2,3 85%ig. A 16°<br>0,044 Ae 16°<br>13 Chlf. 16°<br>l. in Bzl., $CS_2$ | + konz. $HNO_3$ → farblos, eindampfen → gelber Fleck<br>+ $NH_3$ → purpurrot (Murexid-Rk.)<br>kleine Mengen + Perhydrol-Salzsäure (+ etwas kolloider Pt Lsg.) auf W-Bad verdampft → zwiebelroter Nd.<br>+ $NH_3$ → purpurrot<br>Kaliumferricyanid in $HNO_3$ gelöst + Subst. → Berliner Blau<br>beim Eindampfen mit $KClO_3$ und konz. HCl entstehender rötlicher Rückstand<br>+ 1 Tropfen $NH_3$ → rot |

| Lfd. Nr. | *Fp* | Name | Summenformel | Strukturformel | Mol.-Gewicht |
|---|---|---|---|---|---|
| 1 | 2 | 3 | 4 | 5 | 6 |
| 2968 | **236** | 1,2-Dioxyphenazin-N,N'-dioxyd (Jodinin) | $C_{12}H_8O_4N_2$ | 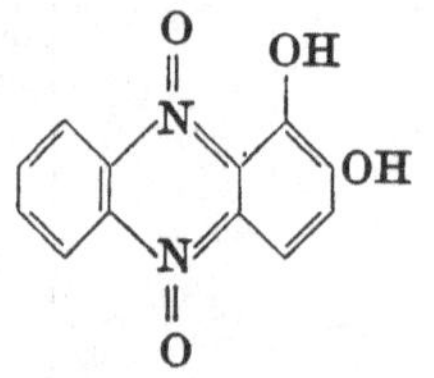 | 244,20 |
| 2969 | **236** | Tetrachlorhydrochinon | $C_6H_2O_2Cl_4$ | $HO \cdot C_6Cl_4 \cdot OH$ | 247,90 |
| 2970 | **236** | Thionaphthen-2-carbonsäure | $C_9H_6O_2S$ | 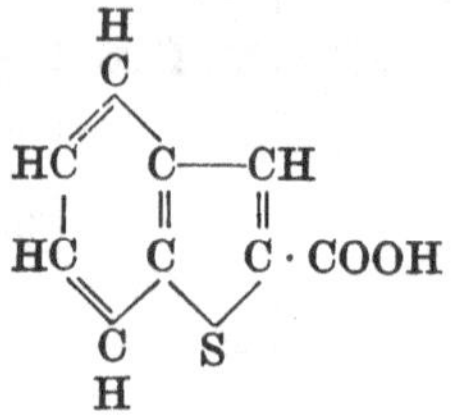 | 178,20 |
| 2971 | **236** | 3,4,5-Tribrom-2-chlormercurithiophen | $C_4ClBr_3SHg$ | 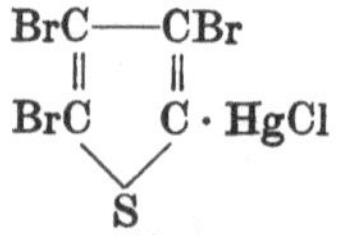 | 555,92 |
| 2972 | **236** bis **237** | 2-Aminoanthracen | $C_{14}H_{11}N$ | $C_6H_4\left\{\begin{matrix}CH\\CH\end{matrix}\right\}C_6H_3 \cdot NH_2$ | 193,23 |
| 2973 | **236** bis **237** | Thionaphthen-2,3-dicarbonsäureimid | $C_{10}H_5O_2NS$ | 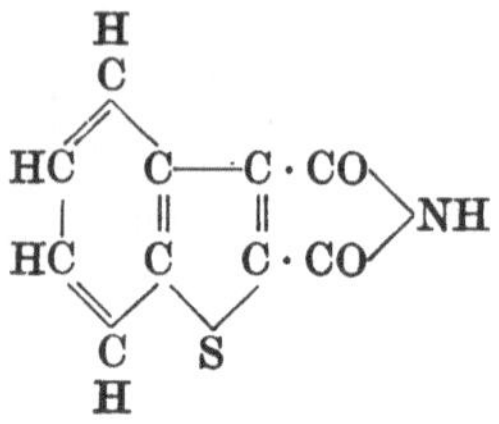 | 207,21 |
| 2974 | **237** (Z.) | α-Benzildioxim | $C_{14}H_{12}O_2N_2$ | $[C_6H_5 \cdot C(:N \cdot OH)-]_2$ | 240,25 |
| 2975 | **237** | 4,4'-Dinitrodiphenyl | $C_{12}H_8O_4N_2$ | $O_2N \cdot C_6H_4 \cdot C_6H_4 \cdot NO_2$ | 244,20 |
| 2976 | **237** | 5-Nitrothionaphthen-2-carbonsäure | $C_9H_5O_4NS$ | 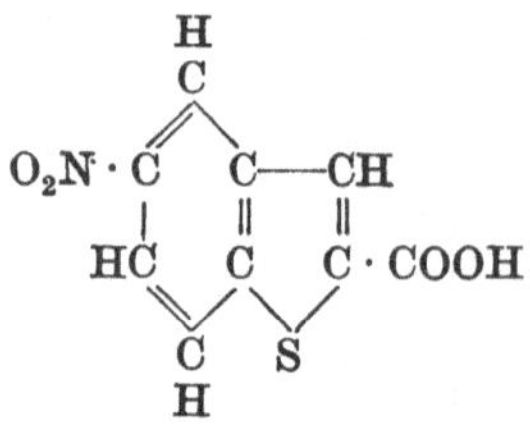 | 223,30 |
| 2977 | **237** | Pyridincarbonsäure-(3) (Nicotinsäure, Niacin) | $C_6H_5O_2N$ | $C_5H_4N \cdot COOH$ | 123,11 |

| Aggregatzustand Farbe | Spez. Gewicht | Siedepunkt °C | Beilstein-Zitat | Physikalische Konstanten und Eigenschaften | Löslichkeit | Reaktionen |
|---|---|---|---|---|---|---|
| 7 | 8 | 9 | 10 | 11 | 12 | 13 |
| tiefpurpurn, Kupferglanz | | | | | unl. in W, Säuren<br>l. in Alkali | |
| Säulen (Bzl.) | | subl.<br>(Z.) | | | unl. in W<br>ll. in A, Ae<br>l. in KOH | Oxydation → Chloranil |
| gelbe Blätter (A) | | subl. | XII 1335 | | swl. in W<br>wl. in A, Ae | Acetylderivat *Fp* 240° |
| Blättchen (Aceton) | | | VII 760 | Komplexsalze mit Schwermetallen | unl. in W<br>0,05 A 17°<br>swl. in Ae<br>l. in konz. NaOH | |
| Nadeln (A oder Eg.) | 1,445 | | V 584 | | unl. in W<br>swl. in k. A<br>l. in Bzl. | |
| Nadel (W oder A) | | subl. | XXII 38 | subl. unzersetzt | ll. in h. W; h. A<br>swl. in Ae | Amid *Fp* 122°, Nadeln<br>Chlorhydrat *Fp* 240°, Nadeln<br>Phenylester *Fp* 72° |

| Lfd. Nr. | *Fp* | Name | Summenformel | Strukturformel | Mol.-Gewicht |
|---|---|---|---|---|---|
| 1 | 2 | 3 | 4 | 5 | 6 |
| 2978 | **237** | Pyridindicarbonsäure-(2,6) (Dipicolinsäure) | $C_7H_5O_4N$ | $C_5H_3N \cdot (COOH)_2$ | 167,12 |
| 2979 | **237** bis **239** | 3-Brom-5-chlormercuri-2-thiotolen | $C_5H_4ClBrSHg$ | 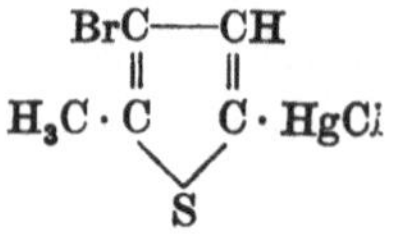 | 412,13 |
| 2980 | **237** bis **240** | 4,5-Dimethyl-2,3-diacetoxymercurithiophen | $C_{10}H_{12}O_4SHg_2$ | 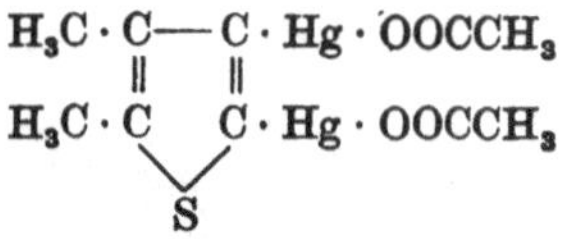 | 629,48 |
| 2981 | **237** bis **240** | 3,5-Dioxybenzoesäure (α-Resorcylsäure) | $C_7H_6O_4$ | $(HO)_2C_6H_3 \cdot COOH$ | 154,12 |
| 2982 | **238** (Z.) | Allantoin | $C_4H_6O_3N_4$ | 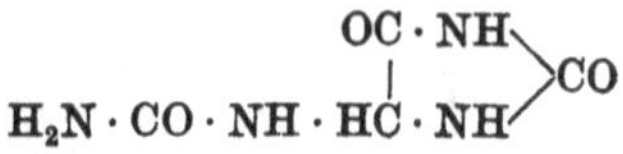 | 158,12 |
| 2983 | **238** | 2-Sulfanilamido-4-methylthiazol (Sulfamethylthiazol, Ultraseptyl) | $C_{10}H_{11}O_2N_3S_2$ | 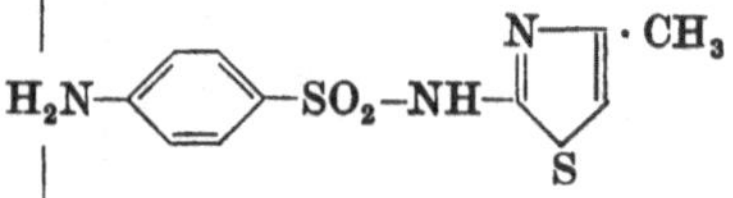 | 269,32 |
| 2984 | **238** | Benzolpentacarbonsäure | $C_{11}H_6O_{10}$ | $C_6H(COOH)_5$ | 298,16 |
| 2985 | **238** | Carbazol | $C_{12}H_9N$ |  | |
| 2986 | **238** (Z.) | 3,3′-Diamino-2,2′-dithionaphthenyl | $C_{16}H_{12}N_2S_2$ | 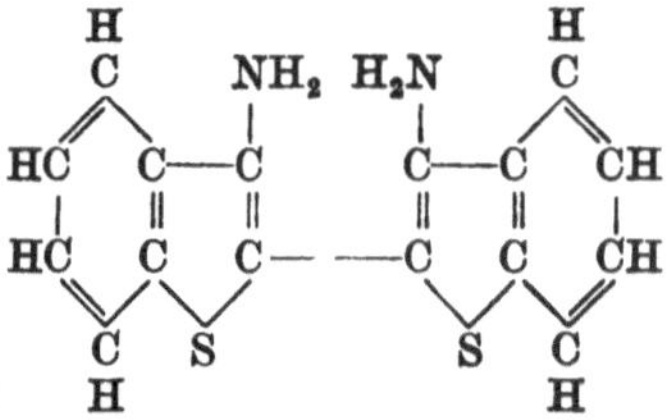 | 296,39 |
| 2987 | **238** | N,N′-Dibenzoylhydrazin | $C_{14}H_{12}O_2N_2$ | $C_6H_5 \cdot CO \cdot NH—HN \cdot CO \cdot C_6H_5$ | 240,25 |

| Aggregatzustand Farbe | Spez. Gewicht | Siedepunkt °C | Beilstein-Zitat | Physikalische Konstanten und Eigenschaften | Löslichkeit | Reaktionen |
|---|---|---|---|---|---|---|
| 7 | 8 | 9 | 10 | 11 | 12 | 13 |
| Prismen, Nadeln (W) | | | XXII 154 | | wl. in W, k. A<br>ll. in sd. A<br>wl. in Ae | erhitzen → Pyridin<br>+ $FeSO_4$ → gelbrot<br>Dimethylester *Fp* 121°, rhomboedr. Krist. |
| Prismen (W) | | | X 404 | | l. in k. W<br>ll. in h. W; A, Ae | |
| Krist. (W) | | | XXV 474 | | 0,53 W 25°<br>10 sd. W<br>unl. in A, Ae<br>l. in Alkali | |
| weiße Krist. | | | | geruchlos; geschmacklos | swl. in k. W<br>l. in Alkalien, Säuren | + Fe-$H_3PO_4$ → violett → braun<br>mit einigen Tropfen 2n-HCl in der Kälte gelöst + 1 Tropfen Nitritlsg. → gelborange + einige Tropfen konz. $NH_3$ → orangeroter Nd. und Lsg. |
| Nadeln + $5H_2O$ | | | IX 1006 | zers. bei 240 bis 250°; gibt bei 270—300° Pyromellitsäure | ll. in h. W<br>l. in A<br>wl. in Ae | Pentamethylester *Fp* 150,5°; Kp.$_{0,1}$ 205°<br>Trikaliumsalz mit $4H_2O$, Tafeln |
| Blättchen (Xylol) | | 354-355 | XX 433 | kryoskop.Konst. 12,3; subl. | unl. in W<br>0,92 A 14°<br>3,88 sd. A<br>2,5 Ae 16°<br>1,7 Bzl. 16°<br>5 Bzl. 50° | + $H_2SO_4$ → goldgelb + Spur $HNO_3$ → blaugrün<br>mit Glucose und $H_2SO_4$ → violettrot<br>+ $SbCl_3$ in $CCl_4$ → grüner Nd.<br>+ Formaldehyd-$H_2SO_4$ → blau<br>Pikrat *Fp* 186°, rote Säulen<br>Acetylderivat *Fp* 69°, Nadeln |
| Nadeln (A oder Eg) | | | IX 324 | | swl. in k. W; Ae<br>0,1 h. W<br>0,63 A 25° | bei 250° → 2,5-Diphenyl-1,3,4-oxdiazol |

| Lfd. Nr. | *Fp* | Name | Summenformel | Strukturformel | Mol.-Gewicht |
|---|---|---|---|---|---|
| 1 | 2 | 3 | 4 | 5 | 6 |
| 2988 | **238** | Phthalimid | $C_8H_5O_2N$ | 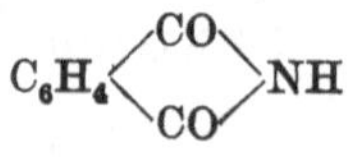 | 147,13 |
| 2989 | **238** | Bis-[2,5-dichlor-4-jod-thienyl-(3)]-quecksilber | $C_8Cl_4J_2S_2Hg$ | 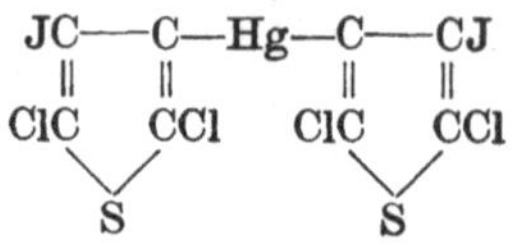 | 756,48 |
| 2990 | **238** bis **239** (Z.) | Atropinschwefelsäureester (Atrinal) | $C_{17}H_{23}O_6NS$ | 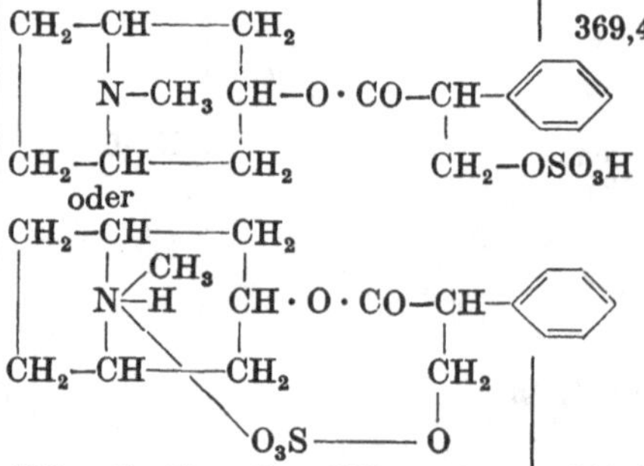 | 369,42 |
| 2991 | **238** bis **239** | Bis-[4,5-dichlor-2-brom-thienyl-(3)]-quecksilber | $C_8Cl_4Br_2S_2Hg$ | 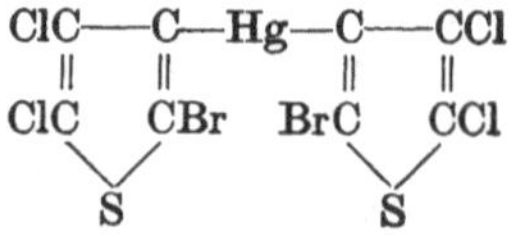 | 662,47 |
| 2992 | **239** | N,N'-Diphenylharnstoff | $C_{13}H_{12}ON_2$ | $C_6H_5 \cdot NH \cdot CO \cdot NH \cdot C_6H_5$ | 212,24 |
| 2993 | **239** (Z.) | d-Ergotinin | $C_{35}H_{39}O_5N_5$ | | 609,69 |
| 2994 | **239** bis **240** | Gallussäure | $C_7H_6O_5$ | 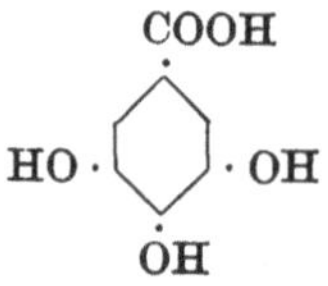 | 170,12 |

| Aggregat-zustand Farbe | Spez. Gewicht | Siede-punkt °C | Beilstein-Zitat | Physikalische Konstanten und Eigenschaften | Löslichkeit | Reaktionen |
|---|---|---|---|---|---|---|
| 7 | 8 | 9 | 10 | 11 | 12 | 13 |
| Nadeln (W) | | subl. | XXI 458 | | 0,06 W 20°<br>0,4 sd. W<br>5 sd. A<br>l. in sd. Eg.<br>ll. in KOH | |
| weiße Prismen (W) | | | | | l. in Alkalien und Säuren<br>unl. in A<br>0,5 W 15°<br>1 W 30° | $SO_4''$-Nachweis nach dem Kochen mit HCl |
| Prismen (A) | 1,239 | 260 | XII 352 | | 0,015 W 25°<br>wl. in A<br>l. in Ae | |
| Prismen, Nadeln (verd. A) | | | | $[\alpha]_D$ +334 bis 336° (A); lichtempfindlich | unl. in W<br>wl. in A, Ae<br>l. in sd. A<br>ll. in Bzl., Chlf. | alkohol. Lsg. an der Luft → grün → braun<br>saure Lsg. → rot, violette Fluoreszenz<br>Subst. + Essigester + $H_2SO_4$ → orangerot → violett → blau |
| weiße Nadeln | 1,694 | Z. | X 470 | Geschmack zusammenziehend, sauer | 1,2 W 20°<br>33 sd. W<br>22,2 A 15°<br>2,5 Ae 15°<br>unl. in Bzl., Chlf. | p-Phenylphenacylester *Fp* 195—198°<br>+ KCN-Lsg. → rot<br>erhitzen $CO_2$-Abspaltung<br>absorbiert in alkalischer Lsg. $O_2$ → gelb → Rotfärbung → braun<br>Lsg. + $Na_2CO_3$ beim Durchschütteln mit Luft intensiv grün<br>sehr verd. $Fe(NO_3)_3$-Lsg. färbt wss. Lsg. intens. blau + $(CH_2)_6N_4$ → intensiv violett<br>1 mg Subst. + 10 mg $(CH_2)_6N_4$ + 1 Tropfen Fe-$H_3PO_4$ schütteln + 1 ml konz. $H_2SO_4$ → grün; nach Erwärmen → intensiv blau |

| Lfd. Nr. | *Fp* | Name | Summenformel | Strukturformel | Mol.-Gewicht |
|---|---|---|---|---|---|
| 1 | 2 | 3 | 4 | 5 | 6 |
| 2995 | **239 bis 240** | Oxychrysazin (1,2,8-Trioxyanthrachinon) | $C_{14}H_8O_5$ | 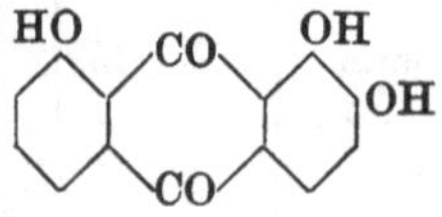 | 256,20 |
| 2996 | **239 bis 241** | Naphthalin-2,3-dicarbonsäure | $C_{12}H_8O_4$ | 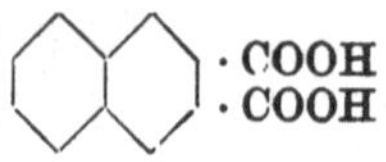 | 216,18 |
| 2997 | **239,5** | Chrysochinon-(1,2) | $C_{18}H_{10}O_2$ | 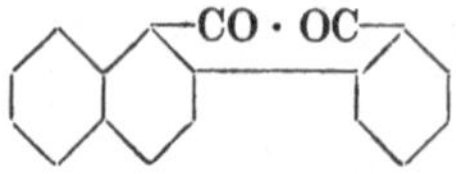 | 258,26 |
| 2998 | **240** | Ninhydrin | $C_9H_6O_4$ | 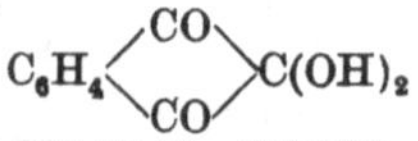 | 178,13 |
| 2999 | **240** (Z.) | p,p′-Azoxybenzoesäure | $C_{14}H_{10}O_5N_2$ | $ON_2(C_6H_4 \cdot COOH)_2$ | 286,23 |
| 3000 | **240** (Z.) | p-Chinondioxim | $C_6H_6O_2N_2$ | $HO \cdot N : C_6H_4 : N \cdot OH$ | 138,12 |
| 3001 | **240** | 3,5-Diaminobenzoesäure | $C_7H_8O_2N_2$ | $(H_2N)_2C_6H_3 \cdot COOH$ | 152,15 |
| 3002 | **240** | 2,7-Dimethylanthracen | $C_{16}H_{14}$ | $CH_3 \cdot C_6H_3\left\{\begin{matrix}CH\\CH\end{matrix}\right\}C_6H_3 \cdot CH_3$ | 206,27 |
| 3003 | **240** (Z.) | 2,4-Dioxyzimtsäure (Umbellsäure) | $C_9H_8O_4$ | $(HO)_2C_6H_3 \cdot CH : CH \cdot COOH$ | 180,15 |
| 3004 | **240** | Euxanthon | $C_{13}H_8O_4$ | 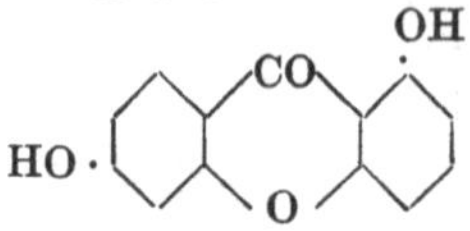 | 228,19 |
| 3005 | **240** | 4-Nitrobenzoesäure (p-Nitrobenzoesäure) | $C_7H_5O_4N$ | $O_2N \cdot C_6H_4 \cdot COOH$ | 167,12 |
| 3006 | **240** | 2-Nitrozimtsäure | $C_9H_7O_4N$ | $O_2N \cdot C_6H_4 \cdot CH : CH \cdot COOH$ | 193,15 |
| 3007 | **240** | Phenylhydrazinchlorhydrat | $C_6H_9N_2Cl$ | $C_6H_5 \cdot NH \cdot NH_2 \cdot HCl$ | 144,60 |

| Aggregat-zustand Farbe | Spez. Gewicht | Siede-punkt °C | Beilstein-zitat | Physikalische Konstanten und Eigenschaften | Löslichkeit | Reaktionen |
|---|---|---|---|---|---|---|
| 7 | 8 | 9 | 10 | 11 | 12 | 13 |
| orange Nadeln (Eg.) | | | | subl. in roten Nadeln | unl. in W<br>l. in A, Ae, Eg.<br>l. in Alkalien, $H_2SO_4$, Borsäure | +Alkalien → violett b. blau<br>+ $H_2SO_4$ → karmoisinrot<br>+ Borsäure → violett<br>Trimethyläther *Fp* 157°, hellgelbe Nadeln<br>Triacetat *Fp* 223—224°, hellgelbe Nädelchen |
| Spieße (W) | | | IX 917 | | ll. in W, Eg. | Cu-Salz, grüne Spieße<br>Anhydrid *Fp* 246°, Täfelchen (Eg.)<br>Imid *Fp* 275°, mikroskop. kleine Nädelchen<br>Phenylimid *Fp* 277–278°, silberglänzende Täfelchen |
| orange Nadeln (Bzl.) | | 350-400 subl. | VII 827 | | unl. in W<br>wl. in A<br>swl. in Ae | konz. $H_2SO_4$ löst langsam m. violettstich. blauer Farbe<br>Monoxim *Fp* 160—161°, orangegelb |
| Prismen (W) | | | $E_1$ VII 475 | stark giftig | ll. in h. W<br>sll. in Ae | mit 10%ig. wss. Pyridin → gelb |
| gelb amorph | | | XVI 647 | | unl. in W<br>swl. in A, Ae | Dimethylester *Fp* 207° |
| Krist. (W) | | | VII 627 | | l. in W, A, Ae<br>unl. in $NH_4OH$ | |
| Nadeln (W) | | Z. | XIV 453 | | 1,1 W 8°<br>ll. in A, Ae | erhitzen → $CO_2$-Abspaltung |
| grünliche Blätter (Toluol) | | | V 679 | | unl. in W<br>wl. in A<br>ll. in sd. Bzl. | |
| gelbliches Plv. | | | X 434 | | l. in h. W; A<br>unl. in Ae, Bzl. | |
| gelbe Nadeln od. Blättchen (A) | | subl. (Z.) | XVIII 113 | | wl. in W<br>ll. in h. A<br>wl. in Ae<br>l. in KOH | |
| gelblich-weiße Blättchen (W) | $1{,}610^{20}$ | subl. | IX 389 | | 0,02 W 15°<br>0,3 sd. W<br>0,09 A 10°<br>0,23 Ae 13°<br>0,007 Chlf. 11° | |
| Nadeln (A) | | subl. | IX 604 | | unl. in W<br>0,21 A 25°<br>0,03 Bzl. 18° | Äthylester *Fp* 42°<br>Amid *Fp* 185° |
| Blättchen (A) | | subl. | XV 108 | | ll. in W<br>l. in A<br>unl. in Ae | wss. Lsg. + 1 Tropfen $HNO_3$ → orangegelb → erwärmen → intens. rot<br>wss. Lsg. + A + α-Naphthol + konz. $NH_3$ → intensiv violettrot<br>wss. Lsg. + Chlorw. + Phenol + $NH_3$ → intens. gelb<br>wss. Lsg. + einige mg Glucose + Natriumacetat → abkühlen → orangegelbe Blättchen<br>wss. Lsg. + Nitroprussidnatr. + Lauge + Formaldehyd → intensiv blau |

| Lfd. Nr. | *Fp* | Name | Summenformel | Strukturformel | Mol.-Gewicht |
|---|---|---|---|---|---|
| 1 | 2 | 3 | 4 | 5 | 6 |
| 3008 | **240** | Taurin | $C_2H_7O_3NS$ | $H_2N \cdot CH_2 \cdot CH_2 \cdot SO_3H$ | **125,14** |
| 3009 | **240** | Thiophen-2,5-disulfon-säureamid | $C_4H_6O_4N_2S_3$ | 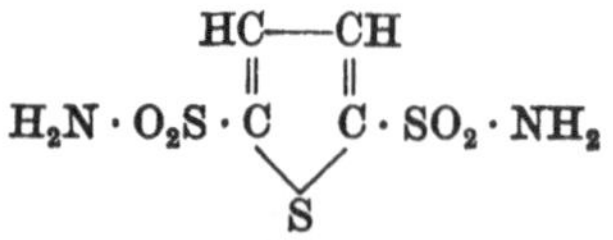 | **242,28** |
| 3010 | **240** bis **245** | 1,5-Naphthalindisulfon-säure | $C_{10}H_8O_6S_2$ | 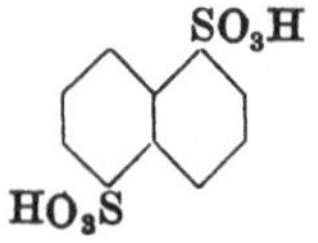 | **288,00** |
| 3011 | **240,5** bis **242** | 3,5-Dijod-4-methyl-2-thiophensäure | $C_6H_4O_2J_2S$ | 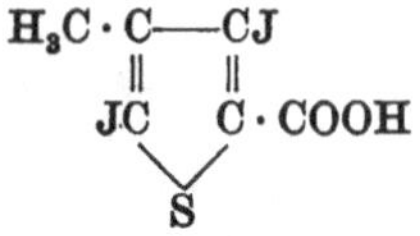 | **393,99** |
| 3012 | **241** | Benzol-1,2,3,4-tetra-carbonsäure (Mellophansäure) | $C_{10}H_6O_8$ | $C_6H_2(COOH)_4$ | **254,15** |
| 3013 | **241** | Chinophthalon | $C_{18}H_{11}O_2N$ | 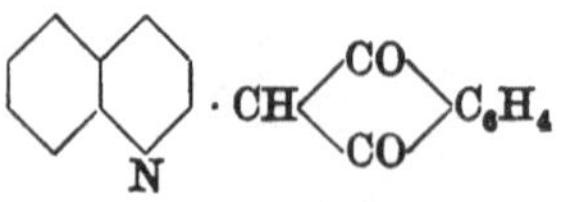 | **273,27** |
| 3014 | **241** | 4,4′-Diaminobenzophenon | $C_{13}H_{12}ON_2$ | $CO(C_6H_4 \cdot NH_2)_2$ | **212,24** |
| 3015 | **241** | Jervin | $C_{26}H_{37}O_3N + 2H_2O$ | | **447,60** |
| 3016 | **241** | 4-Oxy-2-methylchinolin | $C_{10}H_9ON$ | $C_9H_5N(CH_3) \cdot OH$ | **159,18** |
| 3017 | **241,5** | 4-Chlorbenzoesäure | $C_7H_5O_2Cl$ | $Cl \cdot C_6H_4 \cdot COOH$ | **156,57** |
| 3018 | **242** | O,O-Diacetyl-bis-[p-oxy-phenyl]-isatin (Isacen) | $C_{24}H_{19}O_5N$ | 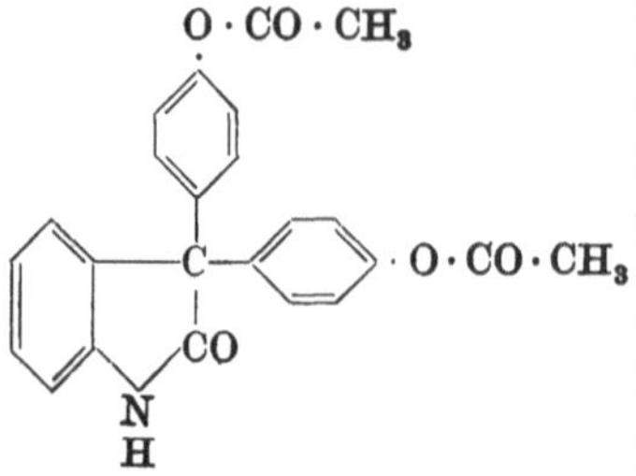 | **401,40** |

| Aggregatzustand Farbe | Spez. Gewicht | Siedepunkt °C | Beilstein-Zitat | Physikalische Konstanten und Eigenschaften | Löslichkeit | Reaktionen |
|---|---|---|---|---|---|---|
| 7 | 8 | 9 | 10 | 11 | 12 | 13 |
| Säulen | | >240 | IV 528 | | 8,78 W 20°<br>33,05 W 70°<br>0,004 95%ig. A 17°<br>unl. in abs. A, Ae | mit Phenol und Hypochlorit → intensive Blaufärbung, gibt intensive Ninhydrinreaktion<br>Phenylisocyanattaurin *Fp* 175°, Nadeln |
| perlmutterglänzende Tafeln | | | XI 212 | eigentümlicher, bitterlich-adstringierender Geschmack | | Dichlorid *Fp* 183°, Prismen<br>Amid, Nadeln<br>Anilid *Fp* 248—249° |
| Prismen (verd. A) | | | IX 997 | | ll. in W<br>wl. in A, Ae<br>ll. in Aceton | Tetramethylester *Fp* 133 bis 135°, Nadeln<br>Calciumsalz — in der Hitze flockiger Nd., der sich beim Erkalten wieder löst<br>Dianhydrid *Fp* 238° |
| gelbe Nadeln (A) | | subl. | XXI 542 | | unl. in W<br>swl. in A, Ae<br>ll. in Chlf.<br>l. in konz. HCl<br>$H_2SO_4$ → rot | |
| Nadeln (verd. A) | | | XIV 88 | | unl. in k. W<br>wl. in h. W<br>ll. in A | durch sd. W Zers. |
| nadelförmige Prismen (A) | | | | | ll. in A, Chlf., Aceton<br>swl. in Ae<br>unl. in Bzl., PAe | + konz. $H_2SO_4$ → gelb → grün → schmutziggrün<br>+ Bromwasser → gelber Nd. |
| Krist. (W) | | >360 (Z.) | XXI 109 | | 1 in k. W<br>10 in sd. W<br>ll. in A<br>swl. in Ae | + $FeCl_3$ → rot |
| Tafeln und Prismen (A + Ae) | $1{,}541^{24°}$ | subl. | IX 340 | | 0,0077 W 25°<br>ll. in A, Ae | |
| weißes, lockeres Plv. | | | | geruchlos; geschmacklos | unl. in W, Alkalien, Säuren<br>swl. in org. Lsgm. | + Fe-$H_2SO_4$ — gelinde erwärmt → violettrot<br>+ 1 Tropfen $HNO_3$-$H_2SO_4$ auf 1 mg Subst. innerhalb 1 Min. → gelb → orange |

| Lfd. Nr. | *Fp* | Name | Summenformel | Strukturformel | Mol.-Gewicht |
|---|---|---|---|---|---|
| 1 | 2 | 3 | 4 | 5 | 6 |
| 3019 | **242 bis 243** | 2,2′,3,3′,4,4′-Hexachlor-5,5′-mercuridithienyl | $C_8Cl_6S_2Hg$ | 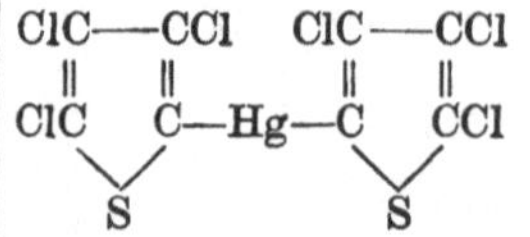 | 573,55 |
| 3020 | **242 bis 243** | 2,2′,3,3′,5,5′-Hexachlor-4,4′-mercuridithienyl | $C_8Cl_6S_2Hg$ | 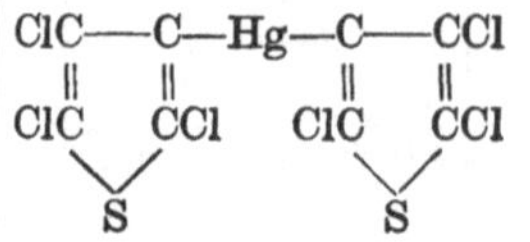 | 573,35 |
| 3021 | **242 bis 244** | Parabansäure | $C_3H_2O_3N_2$ | 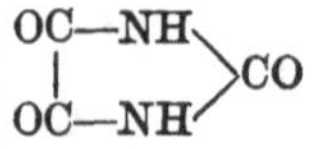 | 114,06 |
| 3022 | **243** | Pyridintricarbonsäure-(2,4,5) (Berberonsäure) | $C_8H_5O_6N$ | $C_5H_2N(COOH)_3$ | 211,13 |
| 3023 | **244** | 2,6-Dimethylanthracen | $C_{16}H_{14}$ | 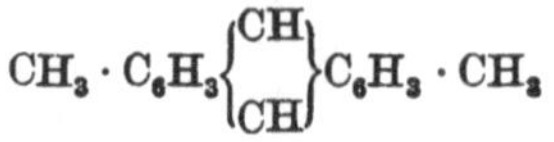 | 206,27 |
| 3024 | **244** (Z.) | 3-Nitroalizarin | $C_{14}H_7O_6N$ | 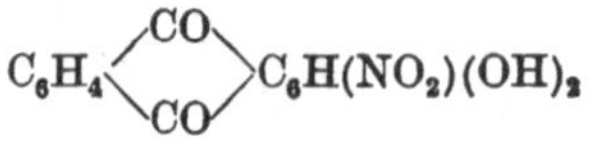 | 285,20 |
| 3025 | **244** | 2-Oxyisophthalsäure | $C_8H_6O_5$ | $HO \cdot C_6H_3(COOH)_2$ | 182,13 |
| 3026 | **244** | Urazol | $C_2H_3O_2N_3$ | 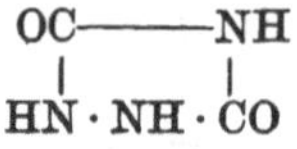 | 101,07 |
| 3027 | **245** | 1-Aminoanthrachinon | $C_{14}H_9O_2N$ | 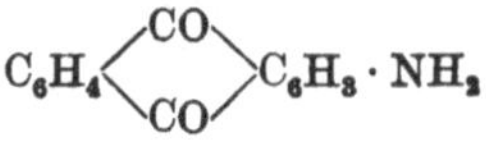 | 223,22 |
| 3028 | **245** | Anthracencarbonsäure-(1) | $C_{15}H_{10}O_2$ | 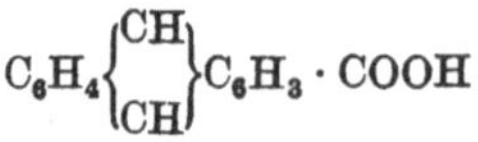 | 222,23 |
| 3029 | **245** | o,o′-Azobenzoesäure | $C_{14}H_{10}O_4N_2$ | $HOOC \cdot C_6H_4N : NC_6H_4 \cdot COOH$ | 270,23 |
| 3030 | **245** | Barbitursäure | $C_4H_4O_3N_2$ | 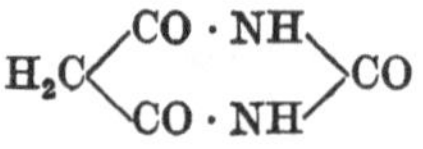 | 128,09 |
| 3031 | **245** | 2,2′-Dijod-5,5′-mercuridithienyl | $C_8H_4J_2S_2Hg$ | 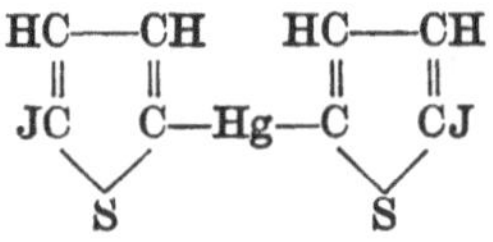 | 418,07 |
| 3032 | **245** (Z.) | 2,4,6,2′,4′,6′-Hexanitrodiphenylamin | $C_{12}H_5O_{12}N_7$ | $(O_2N)_3C_6H_2 \cdot NH \cdot C_6H_2(NO_2)_3$ | 439,22 |

| Aggregatzustand Farbe | Spez. Gewicht | Siedepunkt °C | Beilstein-Zitat | Physikalische Konstanten und Eigenschaften | Löslichkeit | Reaktionen |
|---|---|---|---|---|---|---|
| 7 | 8 | 9 | 10 | 11 | 12 | 13 |
| | | | | | | stark violette Lumineszenz |
| | | | | | | schwach violette Lumineszenz |
| Nadeln (W) | | | XXIV 449 | | 4,7 W 8° ll. in h. A 0,7 sd. Ae | |
| Prismen $+ 2H_2O$ (verd. HCl) | | Z. | XXII 185 | | wl. in k. W swl. in sd. A unl. in Ae | erhitzen → Pyridincarbonsäure-(3) und -(4) |
| Blättchen (A) | | | V 678 | | unl. in W wl. in A l. in Bzl. | |
| orangegelbe Blätter (Bzl.) | | subl. (Z.) | VIII 447 | | wl. in W l. in A l. in verd. Alkali (rot) | Diacetat *Fp* 218° |
| Nadeln $+ 1H_2O$ (W) | | Z. | X 501 | | 0,14 W 24° 2,5 W 100° ll. in A, Ae | erhitzen → Salicylsäure $+ CO_2$ |
| Blättchen (W) | | | XXVI 192 | reagiert sauer | ll. in W wl. in A swl. in Ae | |
| rote Nadeln (A) | | subl. | XIV 177 | | unl. in W l. in A, Ae, Bzl. | Acetylderivat *Fp* 215° |
| gelbe Nadeln | | subl. | IX 704 | | unl. in W l. in A, Ae wl. in Bzl. | |
| gelbe Nadeln (A) | | | XVI 228 | | swl. in h. W l. in k. A sll. in h. A | Dimethylester *Fp* 101° |
| Prismen $+ 2H_2O$ (W) | | | XXIV 467 | | wl. in k. W l. in HCl, $HNO_3$ | + sd. KOH → Malonsäure |
| gelbe Krist. | | | XII 766 | verursacht Hautentzündung; greift Schleimhäute an | unl. in W, A, Ae | |

| Lfd. Nr. | *Fp* | Name | Summenformel | Strukturformel | Mol.-Gewicht |
|---|---|---|---|---|---|
| 1 | 2 | 3 | 4 | 5 | 6 |
| 3033 | **245** | 6-Oxynaphthoesäure-(2) | $C_{11}H_8O_3$ | 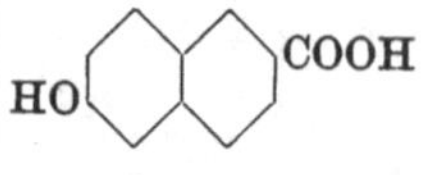 | 188,17 |
| 3034 | **245** bis **247** | 3-Jod-2,5-dichlormercuri-thiophen | $C_4HCl_2JSHg_2$ | 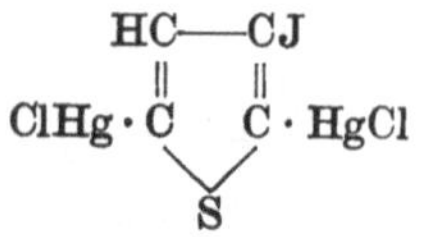 | 680,16 |
| 3035 | **246** | Azophenin | $C_{30}H_{24}N_4$ | 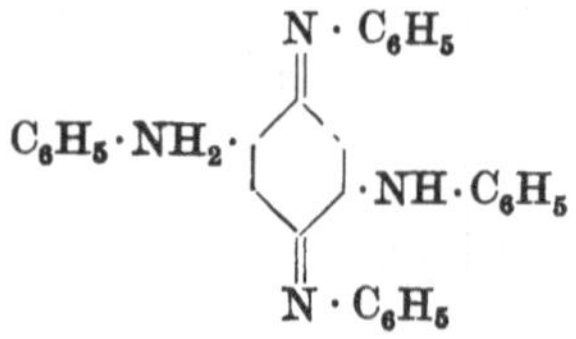 | 440,52 |
| 3036 | **246** | Dihydrocodeinchlorhydrat (Paracodinchlorhydrat) | $C_{18}H_{24}O_3NCl$ | 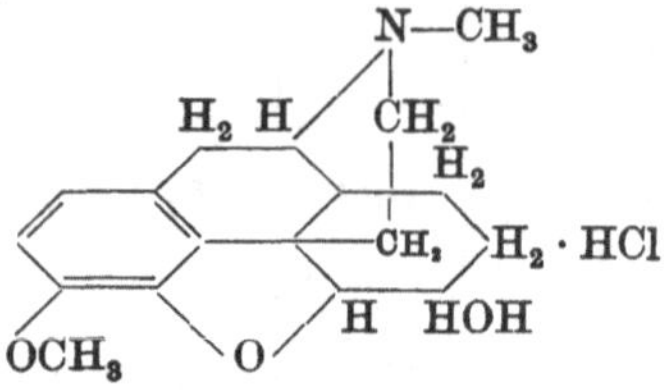 | 337,84 |
| 3037 | **246** (Z.) | dl-Serin | $C_3H_7O_3N$ | $HO \cdot CH_2 \cdot CH(NH_2) \cdot COOH$ | 105,09 |
| 3038 | **246** | 1,4,5,8-Tetraoxyanthra-chinon | $C_{14}H_8O_6$ | 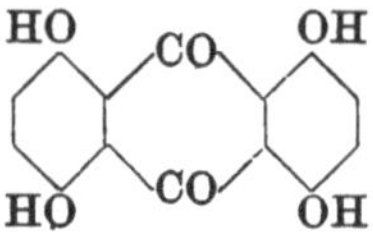 | 272,20 |
| 3039 | **246** (Z.) | Diglycylglycin | $C_6H_{11}O_4N_3$ | $CH_2 \cdot NH \cdot CO \cdot CH_2 \cdot NH_2$<br>\|<br>$CO \cdot NH \cdot CH_2 \cdot COOH$ | 189,16 |

| Aggregatzustand Farbe | Spez. Gewicht | Siedepunkt °C | Beilstein-Zitat | Physikalische Konstanten und Eigenschaften | Löslichkeit | Reaktionen |
|---|---|---|---|---|---|---|
| 7 | 8 | 9 | 10 | 11 | 12 | 13 |
| Nadeln (W) | | | X 328 | alkalisch-wss. Lsg. fluoresziert purpurn bis blau | l. in W, A, Eg. | + $FeCl_3$ → orangebraun bis braun<br>Acetylderivat *Fp* 221 bis 223°, Nadelbüschel<br>Äthylester *Fp* 111—112°, Nadeln<br>Anilid *Fp* 197—198°, Nadelbüschel |
| rote Blättchen od. Nadeln (Bzl.) | | 360 (Z.) | XIV 140 | | unl. in W, A, Ae<br>l. in Chlf. | 1. Lsg. in 1 ml konz. $H_2SO_4$<br>+ Fe-$H_2PO_4$ → gelb<br>+ Paraform → rötlich gelb → blau<br>+ $HNO_3$-$H_2SO_4$ → intensiv grün → braunrot<br>2. 10—20 mg Paraform + 1 ml $H_2SO_4$ → orange → intensiv lila<br>+ Fe-$H_3PO_4$ → intensiv blauviolett → intensiv blau<br>+ $HNO_3$-$H_2SO_4$ → grünblau → hellgrün → hellbraun |
| weiße Krist. | | | | bitterer Geschmack | sll. in W | |
| Blättchen (W) | | | IV 511 | schmeckt stark süß | 4,32 W 20°<br>17,1 W 70°<br>unl. in A, Ae | β-Naphthylsulfoserin *Fp* 214, Nadeln<br>Pikrolonat *Fp* 265° (Z.)<br>Chloracetylserin *Fp* 122 bis 123° |
| bronzefarbige Nadeln (Bzl.) | | | VIII 548 | Lsgg. in Xylol zeigen verdünnt feurigrote Fluoreszenz | l. in A, Bzl., Xylol, Toluol, $H_2SO_4$, Alkalien | + $H_2SO_4$ → blau mit roter Fluoreszenz<br>+ Alkalien → kornblumenblau<br>Tetramethyläther *Fp* 317°, orange Blättchen<br>Tetraacetat *Fp* 250°, hellgelbe Nadeln |
| Nadeln (A + W) | | | IV 374 | | ll. in h. W<br>unl. in A, Ae | Äthylesterchlorhydrat *Fp* 214—219°, seideglänzende Nadeln |

| Lfd. Nr. | *Fp* | Name | Summenformel | Strukturformel | Mol.-Gewicht |
|---|---|---|---|---|---|
| 1 | 2 | 3 | 4 | 5 | 6 |
| 3040 | **246 bis 247** | Thymolphthalein | $C_{28}H_{30}O_4$ | $C_6H_4 \cdot C[C_6H_2(OH)(CH_3)CH(CH_3)_2]_2$ (CO—O) | 430,51 |
| 3041 | **247** | Amaron | $C_{28}H_{20}N_2$ | 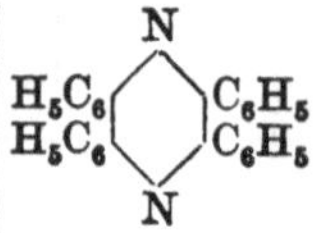 | 384,15 |
| 3042 | **247** | 5,5′-Diphenyl-2,2′-dithienyl | $C_{20}H_{14}S_2$ | 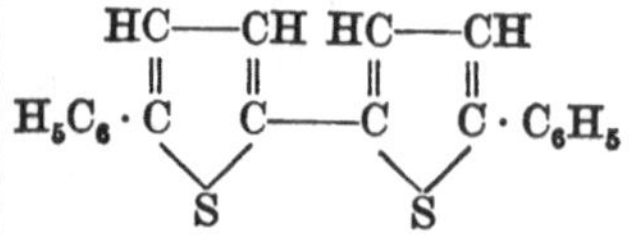 | 318,43 |
| 3043 | **247** | Oxanilid | $C_{14}H_{12}O_2N_2$ | $C_6H_5 \cdot NH \cdot CO \cdot CO \cdot NH \cdot C_6H_5$ | 240,25 |
| 3044 | **247 bis 248** | Tetrophan | $C_{18}H_{13}O_2N$ | 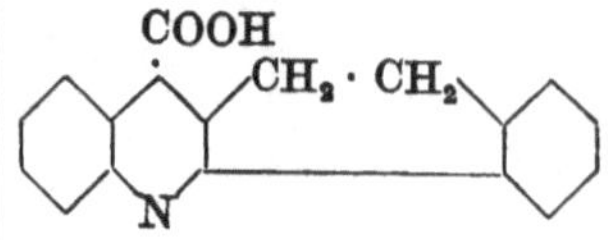 | 275,29 |
| 3045 | **248** | 3-Acetaminobenzoesäure | $C_9H_9O_3N$ | $CH_3 \cdot CO \cdot NH \cdot C_6H_4 \cdot COOH$ | 179,17 |
| 3046 | **248** | dl-Isoserin | $C_3H_7O_3N$ | $H_2N \cdot CH_2 \cdot CH(OH) \cdot COOH$ | 105,09 |
| 3047 | **248 bis 249** | Aposafranon | $C_{18}H_{12}ON_2$ | 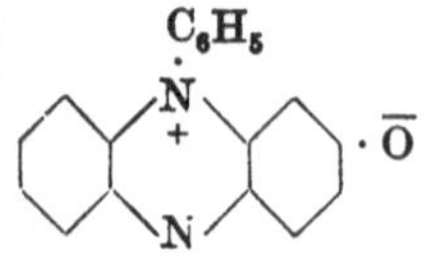 | 272,29 |
| 3048 | **248 bis 249** | 3-Oxynaphthoesäure-(1) | $C_{11}H_8O_3$ | 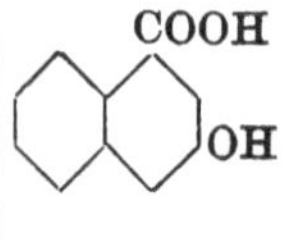 | 188,17 |
| 3049 | **248 bis 250** | 4-Methyl-5-äthyl-2,3-diacetoxymercuri-thiophen | $C_{11}H_{14}O_4SHg_2$ | 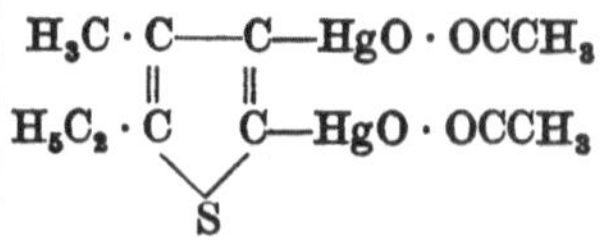 | 643,50 |
| 3050 | **248 bis 250** | Pyridindicarbonsäure-(2,4) (Lutidinsäure) | $C_7H_5O_4N$ | $C_5H_3N(COOH)_2$ | 167,12 |

| Aggregatzustand Farbe | Spez. Gewicht | Siedepunkt °C | Beilstein-Zitat | Physikalische Konstanten und Eigenschaften | Löslichkeit | Reaktionen |
|---|---|---|---|---|---|---|
| 7 | 8 | 9 | 10 | 11 | 12 | 13 |
| Prismen (A) | | | $E_1$ XVIII 381 | | l. in A, Ae, Alkali | |
| Nadeln (A) | | | XXIII 343 | | unl. in W<br>wl. in A, Ae<br>ll. in Bzl., Chlf. | + $H_2SO_4$ → rot |
| zitronengelbe Krist. | | | | | | |
| Schuppen (Bzl.) | | >360 | XII 284 | | unl. in W, Ae<br>wl. in sd. A<br>l. in Bzl. | |
| gelbliche Krist. | | | | | swl. in W<br>l. in Alkalien | + $HNO_3$ → blaß gelb<br>+ wenig Jod-Lsg. → blau<br>+ mehr Jod-Lsg. → rotbraunes Perjodid<br>Lsg. in Paraform-$H_2SO_4$ erwärmen → braun |
| Nadeln (A) | | subl. | XIV 396 | | swl. in W<br>l. in sd. A<br>swl. in Ae | |
| Krist. | | | IV 503 | | 1,53 W 20°<br>ll. in h. W | |
| braune, grünglänzende Krist. (A) | | | XXIII 413 | Lösungen sind fuchsinrot | wl. in h. W<br>ll. in A | |
| Nadeln (verd. A) | | | X 328 | verd. wss. Lsg. des Na-Salzes fluoresziert purpurrot; wss. Lsg. der Subst. fluoresziert blau | | Acetylderivat *Fp* 169 bis 170°, Nadeln<br>Benzoylderivat *Fp* 222 bis 223°<br>Amid *Fp* 209–211°, Prismen<br>Anilid *Fp* 112–113°, Nadeln<br>Methylester *Fp* 91–92°, Nadelbüschel |
| Blättchen + $H_2O$ (W) | | | XXII 153 | schmeckt stark bitter und widerlich | 0,45 W 25°<br>ll. in h. W<br>l. in A<br>swl. in Ae | erhitzen → Pyridincarbonsäure-(4)<br>+ Ferrosulfat in wss. Lsg. gelbrot, in alkohol. Lsg. violettrot<br>Dimethylester *Fp* 58°, Nadeln<br>Diphenylester *Fp* 136°, Nadeln<br>Diamid *Fp* 254—255°, Nadeln |

| Lfd. Nr. | *Fp* | Name | Summenformel | Strukturformel | Mol.-Gewicht |
|---|---|---|---|---|---|
| 1 | 2 | 3 | 4 | 5 | 6 |
| 3051 | **248 bis 250** | Solanin t | $C_{45}H_{73}O_{15}N$ | | 868,03 |
| 3052 | **249 (Z.)** | Pyridintricarbonsäure-(2,3,4) (α-Carbocinchomeronsäure) | $C_8H_5O_6N$ | $C_5H_2N(COOH)_3$ | 211,13 |
| 3053 | **249 bis 250** | 1,4-Dioxyanthrachinoncarbonsäure-(2) | $C_{15}H_8O_6$ | 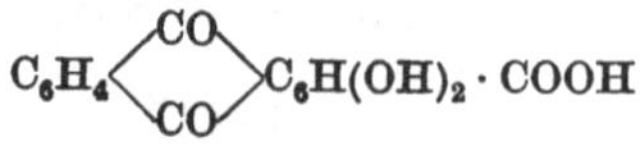 | 284,21 |
| 3054 | **250 (Z.)** | Aneurinchlorhydrat (Vitamin $B_1$, Thiamin, Torulin, Oryzanin) | $C_{12}H_{18}ON_4Cl_2S$ | 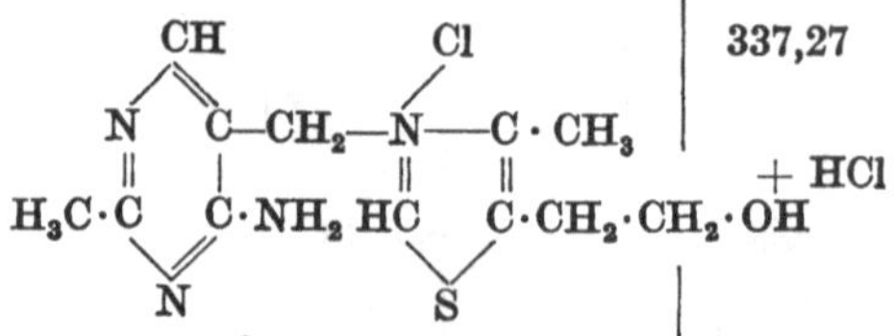 | 337,27 |
| 3055 | **250** | Isovanillinsäure | $C_8H_8O_4$ | 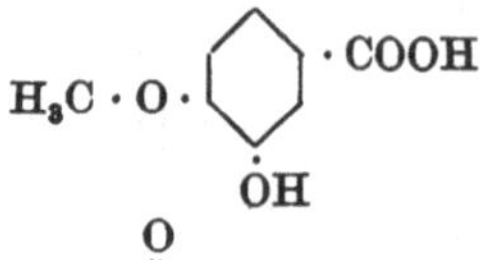 | 168,14 |
| 3056 | **250 (Z.)** | Mesobenzdianthron (Helianthron) | $C_{28}H_{16}O_2$ | 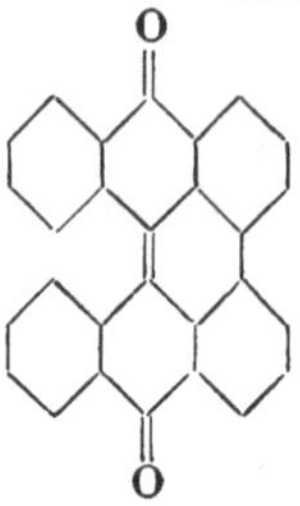 | 382,41 |
| 3057 | **>250** | Naphthol-(1)-sulfonsäure-(2) | $C_{10}H_8O_4S$ | $HO \cdot C_{10}H_6 \cdot SO_3H$ | 224,22 |
| 3058 | **250 (Z.)** | Pyron-(4)-carbonsäure-(2) | $C_6H_4O_4$ | 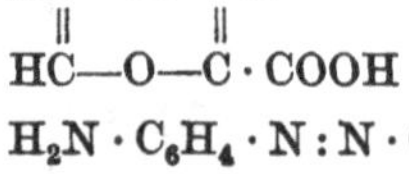 | 140,09 |
| 3059 | **250 bis 251** | 4,4′-Diaminoazobenzol | $C_{12}H_{12}N_4$ | $H_2N \cdot C_6H_4 \cdot N:N \cdot C_6H_4 \cdot NH_2$ | 212,25 |
| 3060 | **250 bis 251** | Thionaphthen-2,3-dicarbonsäure | $C_{10}H_6O_4S$ | 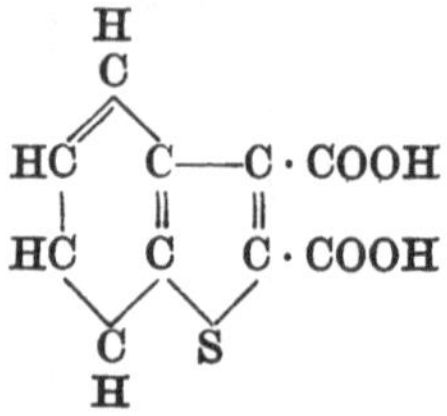 | 222,21 |

| Aggregatzustand Farbe | Spez. Gewicht | Siedepunkt °C | Beilstein-Zitat | Physikalische Konstanten und Eigenschaften | Löslichkeit | Reaktionen |
|---|---|---|---|---|---|---|
| 7 | 8 | 9 | 10 | 11 | 12 | 13 |
| Krist. | | | | bitterer, brennender Geschmack | ll. in 85%igem h. A<br>l. in abs. A, Ae<br>unl. in Bzl., Chlf., PAe, Essigester<br>l. in 2n-Säure<br>unl. in W und Alkalien | + $H_2SO_4$ → braun → am Rand rotviolett<br>+ alkohol KOH → gelb → blau → rotviolett<br>+ $H_2SO_4$ + A → hellgrüne Subst. in rosa Lsg.<br>+ $H_2SO_4$ + Furfuro → ockergelb<br>0,5 mg Subst. + 5 mg α-Naphthol + 1 ml konz. $H_2SO_4$ → erwärmen intensiv violettrot |
| Blättchen + 1½$H_2O$ (verd. $H_2SO_4$) | | | XXII 182 | | 1,2 W 15°<br>ll. in h. W<br>wl. in A<br>swl. in Ae, Bzl. | |
| rote Nadeln | | | $E_1$ X 509 | | wl. in A, Ae<br>l. in h. Eg., Azeton | Lsgg. orangerot<br>+ $H_2SO_4$ → blaurot |
| Krist.-Nadeln | | | | Absorptionsmaximum 240 bis 260 mμ (wss. Lsg.) | l. in W, verd. A<br>unl. in Ae<br>l. in Eg. | Chloroaurat *Fp* 198° (Z.) |
| Prismen (W) | | subl. | X 393 | | 0,06 W 14°<br>0,6 W 100°<br>ll. in A, Ae | |
| blaue Nadeln (Xylol) | | | $E_1$ VII 460 | Lsgg. in A, Ae → gelb, mit grüner Fluoreszenz | unl. in W<br>swl. in A, Ae | |
| Tafeln (W) | | | XI 269 | | wl. in k. W<br>l. in A<br>unl. in Ae | |
| Prismen | | | XVIII 405 | | wl. in k. W | erhitzen → $CO_2$-Abspaltung<br>Methylester *Fp* 103° |
| gelbe Nadeln (verd. A) | | | XVI 334 | | wl. in W, Bzl.<br>l. in A | |

| Lfd. Nr. | Fp | Name | Summenformel | Strukturformel | Mol.-Gewicht |
|---|---|---|---|---|---|
| 1 | 2 | 3 | 4 | 5 | 6 |
| 3061 | 250 bis 252 | 5,5'-Dibenzoyl-2,2'-dithienyl | $C_{22}H_{14}O_2S_2$ | 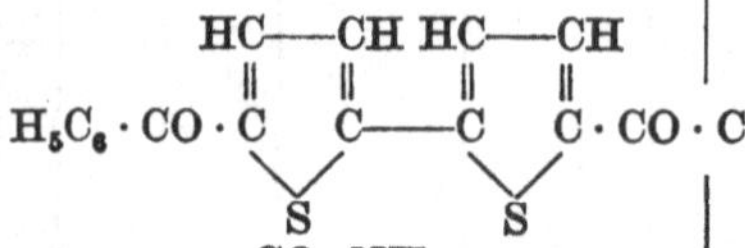 | 374,45 |
| 3062 | 250 bis 252 | Violursäure | $C_4H_3O_4N_3$ | 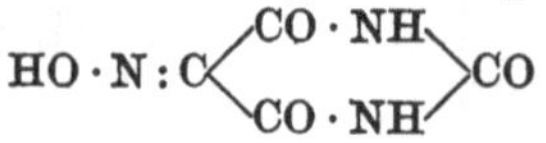 | 157,09 |
| 3063 | 250 bis 255 | 2-Methylthiophen-3,4-disulfonsäureamid | $C_5H_8O_4N_2S_3$ | 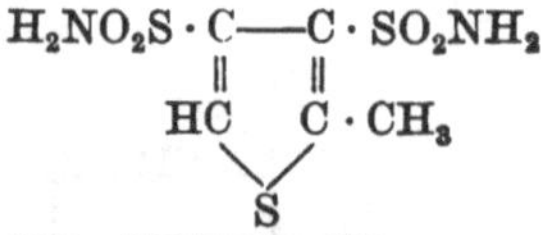 | 256,31 |
| 3064 | 250 bis 260 (Z.) | Lactylmilchsäure | $C_6H_{10}O_5$ | 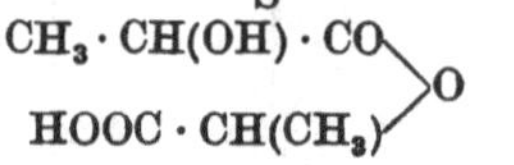 | 162,14 |
| 3065 | 250 bis 260 (Z.) | 4-Methylaminophenol-sulfat | $C_{14}H_{20}O_6N_2S$ | $2C_7H_9ON + H_2SO_4$ | 344,37 |
| 3066 | 251 | 2-Brom-5-chlormercuri-3-thiotolen | $C_5H_4ClBrSHg$ | 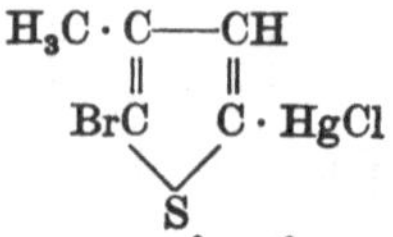 | 412,13 |
| 3067 | 251 | Chrysen | $C_{18}H_{12}$ | 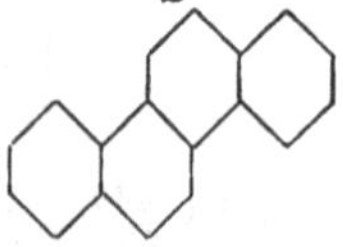 | 228,27 |
| 3068 | 251 | 1,10-Dibrom-α,α,α-quaterthienyl | $C_{16}H_8Br_2S_4$ | 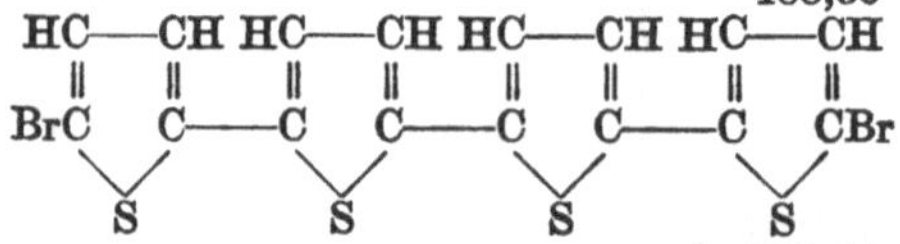 | 488,30 |
| 3069 | 251 | Guajakolbenzein | $C_{26}H_{22}O_4$ | | 398,44 |
| 3070 | 251 | Phenylquecksilberchlorid | $C_6H_5ClHg$ | $C_6H_5 \cdot HgCl$ | 313,17 |
| 3071 | 252 | Benzoltetracarbonsäure-(1,2,3,5) (Prehnitsäure) | $C_{10}H_6O_8$ | $C_6H_2(COOH)_4$ | 254,15 |

| Aggregat-zustand Farbe | Spez. Gewicht | Siede-punkt °C | Beilstein-Zitat | Physikalische Konstanten und Eigenschaften | Löslichkeit | Reaktionen |
|---|---|---|---|---|---|---|
| 7 | 8 | 9 | 10 | 11 | 12 | 13 |
| Krist. + 1 $H_2O$ (W) | | | XXIV 506 | | l. in W (violett)<br>l. in A (farblos) | Lsg. + $FeSO_4$ → blau<br>Salze rotviolett |
| gelbes Plv. | | | III 282 | | swl. in W<br>l. in A, Ae | + sd. W → Milchsäure |
| Nadeln (W) | | | XIII 442 | | 4 W 25°<br>16,7 sd. W | |
| Tafeln (Bzl.) | | 448 | V 718 | fluoresziert rotviolett; $CS_2$ zur Trennung von Pyren; sublimierbar | unl. in W<br>0,097 A 16°<br>0,17 sd. A<br>wl. in k. Ae<br>unl. in $CS_2$ | mit Mellitsäureanhydrid bordeauxrote Schmelze<br>Pikrat orangegelbe bis rote Nadeln<br>mit 2,7-Dinitroanthrachinon *Fp* 294°, rote Nadeln<br>mit 1,3,5-Trinitrobenzol *Fp* 186°, gelbe Nadeln<br>Dibromchrysen *Fp* 275°, Nadeln<br>Nitrochrysen *Fp* 209°, chromrote dicke Krist. |
| violettbraunes Plv. | | | | schwach riechend | swl. in W<br>l. in Alkalien | Lsgg. in Alkalien tiefviolett + Säuren → violettrot |
| Tafeln (Bzl.) | | subl. | XVI 953 | | unl. in W<br>swl. in k. A<br>l. in Ae | |
| Prismen + $H_2O$ (W) | | | IX 997 | | l. in W, Ae | Tetramethylester *Fp* 108 bis 109°, Nadeln<br>Ba-Salz, Nadeln oder Prismen (schwer löslich)<br>Dimethylester *Fp* 176—177°<br>Triäthylester *Fp* 108 bis 110°, Nadelbüschel |

| Lfd. Nr. | *Fp* | Name | Summenformel | Strukturformel | Mol.-Gewicht |
|---|---|---|---|---|---|
| 1 | 2 | 3 | 4 | 5 | 6 |
| 3072 | **252** | Ergotaminin | $C_{33}H_{35}O_5N_5$ | | 581,65 |
| 3073 | **252** | Tricarballylsäuretrianilid | $C_{24}H_{23}O_3N_3$ | $CH_2 \cdot CO \cdot NH \cdot C_6H_5$<br>\|<br>$CH \cdot CO \cdot NH \cdot C_6H_5$<br>\|<br>$CH_2 \cdot CO \cdot NH \cdot C_6H_5$ | 401,42 |
| 3074 | **252** bis **253** | Thionaphthindol | $C_{14}H_9NS$ | 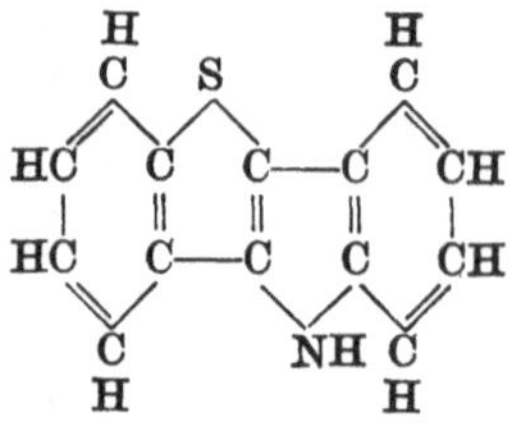 | 223,27 |
| 3075 | **253** | Dibenzothiophen-3-carbonsäure | $C_{13}H_8O_2S$ | 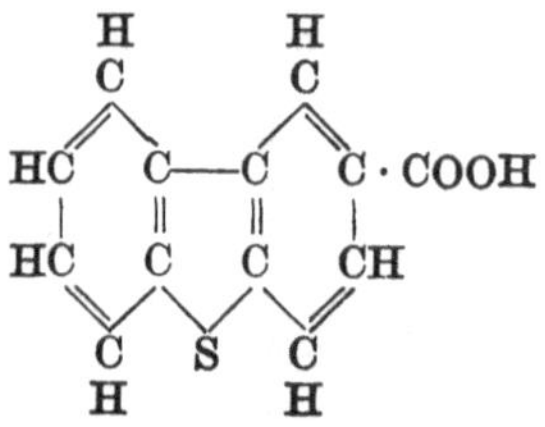 | 228,25 |
| 3076 | **253** | Pentaerythrit | $C_5H_{12}O_4$ | $C(CH_2 \cdot OH)_4$ | 136,14 |
| 3077 | **253** | α-Quinquithienyl | $C_{20}H_{12}S_5$ | 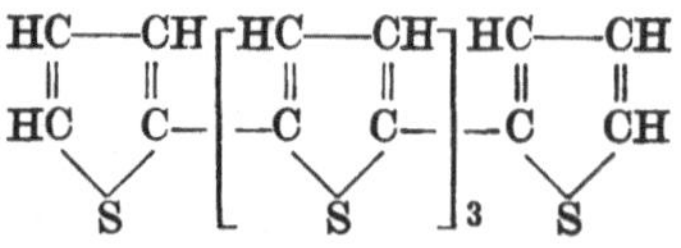 | 412,60 |
| 3078 | **253** bis **254** | Chinolincarbonsäure-(4) (Cinchoninsäure) | $C_{10}H_7O_2N$ | $C_9H_6N \cdot COOH$ | 173,16 |
| 3079 | **252** bis **254** | 1,4-Dioxybenzothio-phanthren-5,11-chinon | $C_{16}H_8O_4S$ | 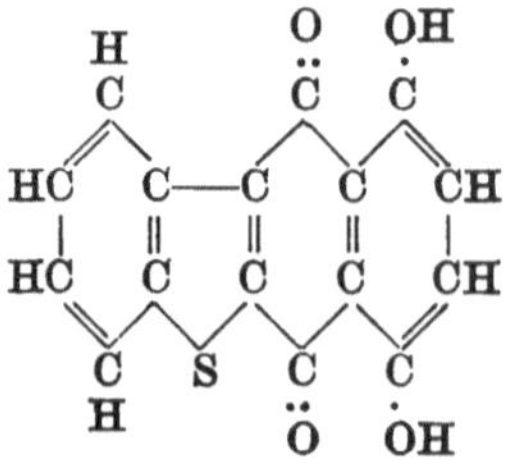 | 296,29 |

| Aggregat-zustand Farbe | Spez. Gewicht | Siede-punkt °C | Beilstein-Zitat | Physikalische Konstanten und Eigenschaften | Löslichkeit | Reaktionen |
|---|---|---|---|---|---|---|
| 7 | 8 | 9 | 10 | 11 | 12 | 13 |
| | | | | $[\alpha]_D^{20}$ +385° (Chlf.) | unl. in W, PAe<br>l. in A, Ae | |
| Nadeln (Nitrobenzol) | | | XII 317 | | unl. in den gewöhnl. Lösungsmm. | |
| tetragonale Krist. (W) | | | I 528 | | 5,56 W 18° | Tetranitrat *Fp* 138—140°<br>reduziert nicht Fehlingsche Lsg. (Unterschied von Erythrit)<br>Dibenzalpentaerythrit *Fp* 160° |
| orange Krist. | | | | | | |
| Krist. (W) | | | XXII 74 | | swl. in W, A<br>unl. in Ae | Amid *Fp* 181°, feine Nadeln<br>Golddoppelsalz *Fp* 242°, matte, goldgelbe Drusen<br>Phenylester *Fp* 112°, glänzende Blättchen |

| Lfd. Nr. | *Fp* | Name | Summenformel | Strukturformel | Mol.-Gewicht |
|---|---|---|---|---|---|
| 1 | 2 | 3 | 4 | 5 | 6 |
| 3080 | 253 bis 254 | 7-Oxynaphthoesäure-(1) | $C_{11}H_8O_3$ | $HO \cdot C_{10}H_6 \cdot COOH$ | 188,17 |
| 3081 | 253 bis 254 | Triäthylaminchlorhydrat | $C_6H_{16}NCl$ | $(C_2H_5)_3N + HCl$ | 137,65 |
| 3082 | 254 (Z.) | o,o'-Azoxybenzoesäure | $C_{14}H_{10}O_5N_2$ | $ON_2(C_6H_4 \cdot COOH)_2$ | 286,23 |
| 3083 | 254 | 4-Brombenzoesäure | $C_7H_5O_2Br$ | $Br \cdot C_6H_4 \cdot COOH$ | 201,03 |
| 3084 | 254 | Morphin | $C_{17}H_{19}O_3N$ | 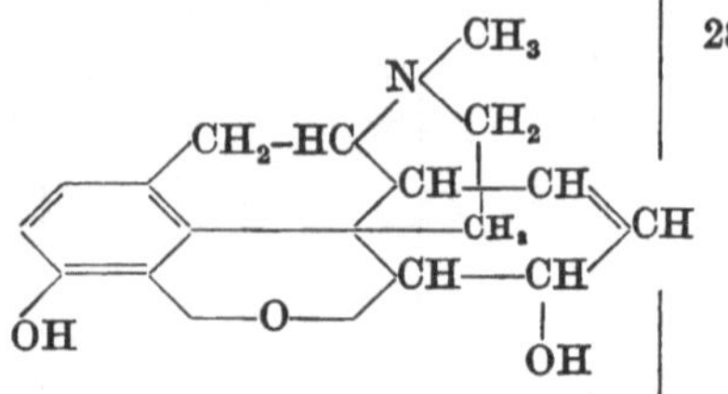 | 285,33 |
| 3085 | 254 | Phenolphthalein | $C_{20}H_{14}O_4$ | 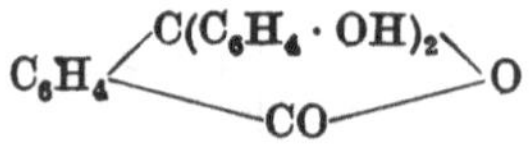 | 318,31 |
| 3086 | 254 (Z.) | Pyridindicarbonsäure-(2,5) (Isocinchomeronsäure) | $C_7H_5O_4N$ | $C_5H_3N(COOH)_2$ | 167,12 |
| 3087 | 254 bis 258 | 2-Oxyanthracen | $C_{14}H_{10}O$ | 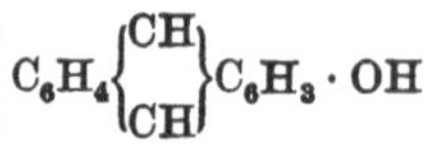 | 194,22 |
| 3088 | 255 (Z.) | Mesodibrombernsteinsäure | $C_4H_4O_4Br_2$ | $HOOC \cdot [CHBr]_2 \cdot COOH$ | 275,90 |
| 3089 | 255 | 3,3',4,4',5,5'-Hexabrom-2,2'-dithienyl | $C_8Br_6S_2$ | 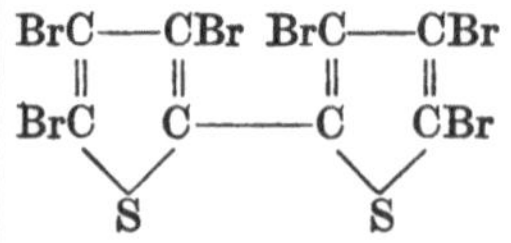 | 639,70 |
| 3090 | 255 | Natriumformiat | $CHO_2Na$ | $H \cdot CO \cdot ONa$ | 68,02 |
| 3091 | 255 | 5-Nitroisophthalsäure | $C_8H_5O_6N$ | $O_2N \cdot C_6H_3(COOH)_2$ | 211,13 |

| Aggregat-zustand Farbe | Spez. Gewicht | Siede-punkt °C | Beilstein-Zitat | Physikalische Konstanten und Eigenschaften | Löslichkeit | Reaktionen |
|---|---|---|---|---|---|---|
| 7 | 8 | 9 | 10 | 11 | 12 | 13 |
| Nadeln (W) | | | X 330 | | swl. in k. W<br>l. in A, Ae | + $FeCl_3$ → braun<br>Acetylderivat *Fp* 221 bis 222°, Nadeln<br>Anilid *Fp* 209—210°, kleine Nadeln |
| Krist. (A) | $1{,}0689^{21°}$ | subl. | IV 101 | | 137 W 25°<br>l. in A<br>unl. in Ae<br>17,37 Chlf. 25° | |
| Krist. (A) | | | XVI 644 | | wl. in sd. W; Ae<br>l. in h. A<br>ll. in Pyridin | Dimethylester *Fp* 116 bis 117° |
| Blättchen (W) | $1{,}894^{20°}$ | | IX 351 | | swl. in k. W<br>l. in A, Ae | |
| weiße Krist. + $H_2O$ (A) | 1,317 | 192 (Vak.) | XXVII 131 | $[\alpha]_D$ —130,9° (Methylalkohol); bitterer Geschmack | 0,025 W 20°<br>0,25 h. W<br>0,60 A 25°<br>0,01 Ae 20°<br>l. in Alkalien, Säuren | wss. Lsg. + $Fe(NO_3)_3$-Lsg. → grünstichig blau<br>1. + $H_2SO_4$ + Fe-$H_3PO_4$ → (warm) blau<br>+Paraform→blaugrün, grün<br>+ $HNO_3$-$H_2SO_4$ → violettrot und braun<br>2. 5—10 mg Subst. + 2 bis 10 mg Hydrazin + $H_2SO_4$ → violett<br>3. Subst. + je 1 Tropfen $SnCl_2$-Lsg. und $H_2SO_4$ → violett bis purpurrot |
| weißes Krist.-Plv. | | subl. | XVIII 143 | geruchlos, geschmacklos | 0,0175 W 20°<br>20,9 A 20°<br>5,29 Ae 20° | + Alkali → intensiv rot |
| Blättchen oder Prismen (W) | | | XXII 153 | | unl. in k. W, k. A, Ae<br>wl. in sd. W | erhitzen→ Pyridincarbonsäure-(3)<br>+ Ferrosalz → rötlichgelb<br>Dimethylester *Fp* 164°, farnkrautähnliche Krist. |
| braune Nadeln oder Blättchen (verd. A) | | | VI 702 | | unl. in W, $NH_3$<br>ll. in A, Ae<br>l. in KOH | |
| Krist. | | | II 623 | *Fp* im geschlossenen Rohr | 2,04 W 17°<br>ll. in h. W; A, Ae | bei Zers. HBr-Abspaltung |
| Krist. | 1,919 | | II 14 | | 70,6 W 15°<br>160 W 100°<br>wl. in A<br>unl. in Ae | |
| Blättchen + 1 $H_2O$ (W) | | | IX 840 | | 0,16 W 25°<br>ll. in h. W; A, Ae | |

| Lfd. Nr. | *Fp* | Name | Summenformel | Strukturformel | Mol.-Gewicht |
|---|---|---|---|---|---|
| 1 | 2 | 3 | 4 | 5 | 6 |
| 3092 | **255** | Oestron (Follikelhormon) | $C_{18}H_{22}O_2$ | 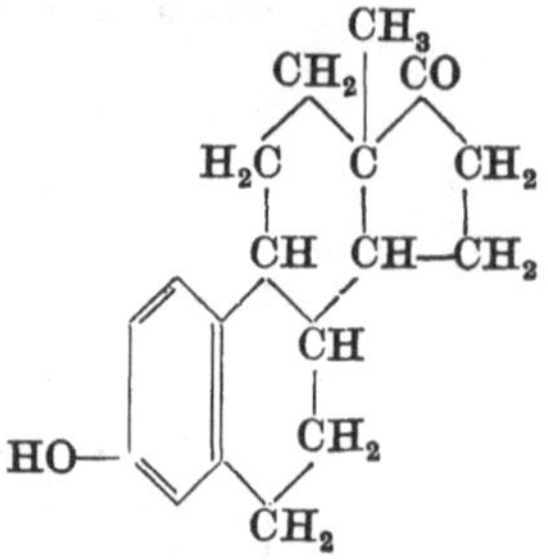 | 270,35 |
| 3093 | **255** | 3,3′,4,4′-Tetrabrom-5,5′-dimethyl-2,2′-dithienyl | $C_{10}H_6Br_4S_2$ | 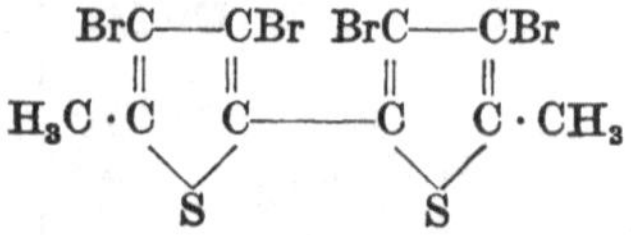 | 509,93 |
| 3094 | **255** bis **256** | 7,8-Dioxycumarin (Daphnetin) | $C_9H_6O_4$ | 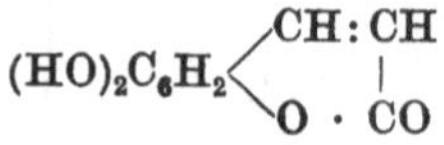 | 178,14 |
| 3095 | **256** (Z.) | Alloxan | $C_4H_2O_4N_2$ | 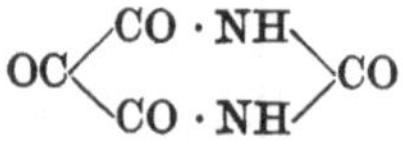 | 142,07 |
| 3096 | **256** | Terephthalaldehydsäure | $C_8H_6O_3$ | $OHC \cdot C_6H_4 \cdot COOH$ | 150,13 |
| 3097 | **256** | Tetrachlorphthalsäure-anhydrid | $C_8O_3Cl_4$ | 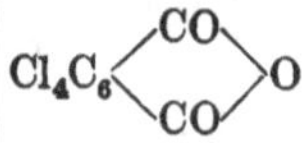 | 285,91 |
| 3098 | **256** | 1,2,4-Trioxyanthrachinon (Purpurin) | $C_{14}H_8O_5$ | 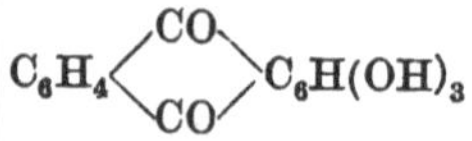 | 256,20 |
| 3099 | **256** bis **258** | 1,3,4,7,8,10-Hexabrom-α,α,α-quaterthienyl | $C_{16}H_4Br_6S_4$ | 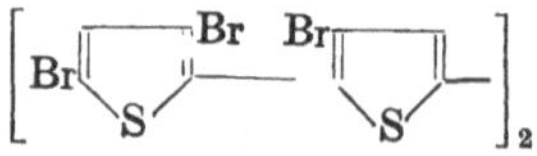 | 803,93 |
| 3100 | **256,5** | 4-Acetaminobenzoesäure | $C_9H_9O_3N$ | $CH_3 \cdot CO \cdot NH \cdot C_6H_4 \cdot COOH$ | 179,17 |
| 3101 | **258** | *l*-Cystin | $C_6H_{12}O_4N_2S$ | 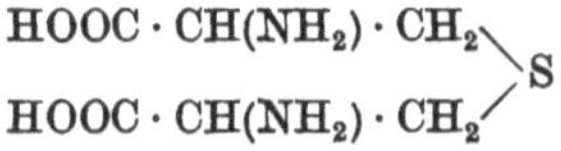 | 240,29 |
| 3102 | **258** | 1,5-Dioxynaphthalin | $C_{10}H_8O_2$ | $C_{10}H_6(OH)_2$ | 160,16 |

| Aggregat-zustand Farbe | Spez. Gewicht | Siede-punkt °C | Beilstein-Zitat | Physikalische Konstanten und Eigenschaften | Löslichkeit | Reaktionen |
|---|---|---|---|---|---|---|
| 7 | 8 | 9 | 10 | 11 | 12 | 13 |
| Krist. (verd. A) | | 130-160 (0,02 mm) | | $[\alpha]_D$ +156°; Absorptions-maximum 280 m$\mu$ | l. in A, Ae, Bzl. | Oxim *Fp* 233° Acetat *Fp* 126° |
| gelbliche Nadeln (A) | | | XVIII 100 | | l. in sd. W ll. in h. verd. A swl. in Ae | |
| gelbe Krist. (Eg. oder Aceton) | | subl. | XXIV 500 | färbt die Haut rot; giftig; aus Harnsäure durch Oxydation | ll. in W l. in A unl. in Ae wl. in Chlf. | + $Fe(NO_3)_3$ (in schwach alkalischer Lsg.) blau |
| Nadeln (W) | | subl. | X 671 | *Fp* im geschlossenem mit $CO_2$ gefülltem Rohr | wl. in h. W, h. A, Ae, Chlf. | |
| Nadeln | | subl. | XVII 484 | | unl. in k. W wl. in Ae | |
| orangerote Nadeln (verd. A) | | subl. (Z.) | VIII 509 | subl. von 150° an | l. in W, Ae ll. in A l. in Alkali $H_2SO_4$ | + $H_2SO_4$ → rosarot + Alkalien → hochrot Triacetat *Fp* 198—200°, gelbe Stäbchen 2-Methyläther *Fp* 240°, orangerote Krist. |
| Nadeln | | | XIV 432 | | wl. in W l. in A | |
| Tafeln (verd. HCl) | | | IV 507 | | 0,011 W 19° 0,045 W 70° unl. in A, Ae ll. in Alkali | erwärmen mit alkal. Bleilösung → schwarz Hydantoin *Fp* 117° (quantitativ) kolorometrisch mit $\beta$-Naphthochinon) Cu-Salz hellgraublaue Nadeln |
| Prismen (W) | | | VI 980 | | wl. in W l. in A ll. in Ae | Diacetat *Fp* 159—160° |

| Lfd. Nr. | *Fp* | Name | Summenformel | Strukturformel | Mol.-Gewicht |
|---|---|---|---|---|---|
| 1 | 2 | 3 | 4 | 5 | 6 |
| 3103 | **258** bis **259** | Pyridindicarbonsäure-(3,4) (Cinchomeronsäure) | $C_7H_5O_4N$ | $C_5H_3N(COOH)_2$ | 167,12 |
| 3104 | **259** | 4,5,7-Trioxy-2-methyl-anthrachinon (Emodin, Frangulaemodin) | $C_{15}H_{10}O_5$ | $(HO)_2C_6H_2\langle{}^{CO}_{CO}\rangle C_6H_2(CH_3)\cdot OH$ | 270,23 |
| 3105 | **259** bis **260** | Dihydromorphinon (Dilaudid) | $C_{17}H_{19}O_3N$ | 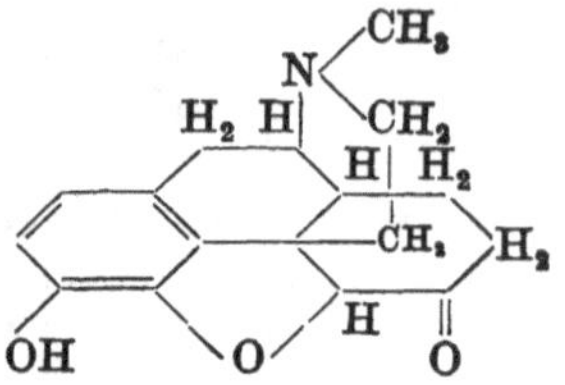 | 285,33 |
| 3106 | **259** bis **260** | p-Sulfobenzoesäure | $C_7H_6O_5S$ | $HO_3S\cdot C_6H_4\cdot COOH$ | 202,18 |
| 3107 | **260** | Äthylaminoacetobrenz-catechinchlorhydrat (Homorenonchlor-hydrat) | $C_{10}H_{14}O_3NCl$ | $(OH)_2\cdot C_6H_3\cdot CO\cdot CH_2\cdot NH(C_2H_5)$; HCl | 232,69 |
| 3108 | >**260** | 2,3-Dioxyanthrachinon (Hystazarin) | $C_{14}H_8O_4$ | $C_6H_4\langle{}^{CO}_{CO}\rangle C_6H_2(OH)_2$ | 240,20 |
| 3109 | **260** | 2,5-Diphenyl-3,4-phen-anthrenothiophen | $C_{28}H_{18}S$ | 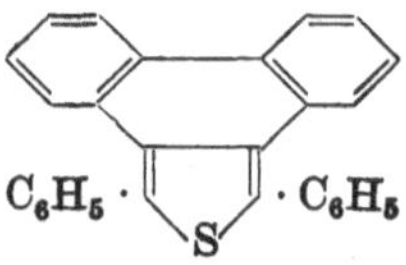 | 386,47 |
| 3110 | **260** | Succinamid | $C_4H_8O_2N_2$ | $H_2N\cdot CO\cdot CH_2\cdot CH_2\cdot CO\cdot NH_2$ | 116,12 |
| 3111 | **260** | 3,4,5-Tribrom-2-thiophen-säure | $C_5HO_2Br_3S$ | 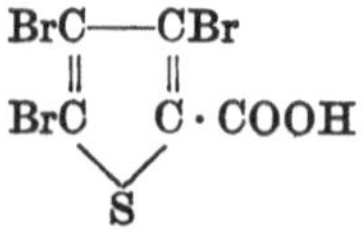 | 364,87 |

| Aggregatzustand Farbe | Spez. Gewicht | Siedepunkt °C | Beilstein-Zitat | Physikalische Konstanten und Eigenschaften | Löslichkeit | Reaktionen |
|---|---|---|---|---|---|---|
| 7 | 8 | 9 | 10 | 11 | 12 | 13 |
| Nadeln oder Blättchen (W) | | | XXII 155 | | swl. in sd. W<br>wl. in A<br>unl. in Ae | erhitzen → Pyridincarbonsäure-(3) und -(4)<br>Anhydrid *Fp* 78°, Tafeln oder Prismen<br>Diamid *Fp* 175—176°, würfelähnliche Krist.<br>Imid *Fp* 229—230°, Nadeln<br>Dianilid *Fp* 199—206°, Nädelchen |
| orangerote Nadeln (Eg.) | | subl. | VIII 520 | leicht sublimierbar im Vakuum | unl. in W<br>l. in A, Ae<br>l. in $H_2SO_4$, Alkalien rot | Lsg. in A orangerot + $Fe(NO_3)_3$-Lsg. → intensiv rot; Barytwasser → dunkelviolette Flocken und violette Färbung<br>+ $H_2SO_4$ → rot<br>Trimethyläther *Fp* 226 bis 227°, hellgelbe Nadeln<br>Triacetat *Fp* 197—198°, hellgelbe Nadeln |
| weiße Krist. | | | | geruchlos; bitterer Geschmack | l. in W, A<br>unl. in Ae<br>l. in Alkalien, Säuren | wss. Lsg. + $Fe(NO_3)_3$ → blaugrün<br>Fe-$H_2SO_4$ wird in der Wärme nicht blau (Unterschied von Morphin) |
| Nadeln (W) | | | XI 389 | | ll. in W, A | |
| farblose Krist.-Nadeln | | | | geruchlos; bitterer Geschmack | ll. in W<br>l. in A | 0,05 g Subst. in 2 ml W + $FeCl_3$ → smaragdgrün + $NH_4OH$ → karminrot |
| gelbbraune Nadeln (Eg.) | | | VIII 462 | | swl. in h. A, Ae<br>unl. in Bzl. | + $H_2SO_4$ → blutrot<br>+ Alkali → blau<br>+ $NH_3$ → violett<br>Dimethyläther *Fp* 241 bis 242°, gelbliche Nadeln<br>Diäthyläther *Fp* 160 bis 163°, hellgelbe Nadeln<br>Diacetat *Fp* 213°, gelbe Nädelchen |
| gelbliche Krist. | | | | | | |
| Nadeln (W) | | | II 614 | | 3 W 15°<br>6,7 sd. W<br>l. in A | |

| Lfd. Nr. | *Fp* | Name | Summenformel | Strukturformel | Mol.-Gewicht |
|---|---|---|---|---|---|
| 1 | 2 | 3 | 4 | 5 | 6 |
| 3112 | **260** bis **261** | 2,2',5,5'-Tetraphenyl-3,3'-mercuridithienyl | $C_{32}H_{22}S_2Hg$ | 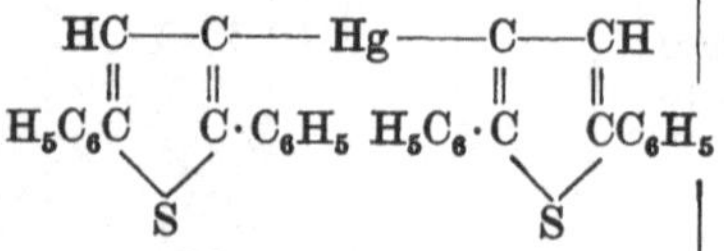 | 671,23 |
| 3113 | **261** | Acenaphthenchinon | $C_{12}H_6O_2$ | 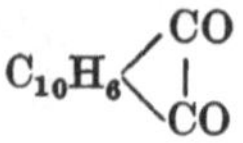 | 182,17 |
| 3114 | **261** | Codeinbrommethylat (Eucodin) | $C_{19}H_{24}O_3NBr$ | 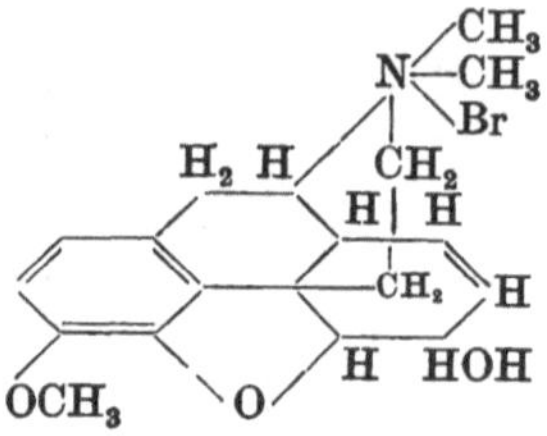 | 382,30 |
| 3115 | **261** | Pyridintricarbonsäure-(3,4,5) (β-Carbocinchomeronsäure) | $C_8H_5O_6N$ | $C_5H_2N(COOH)_3$ | 211,13 |
| 3116 | **261** bis **262** | Rosindon | $C_{22}H_{14}ON_2$ | 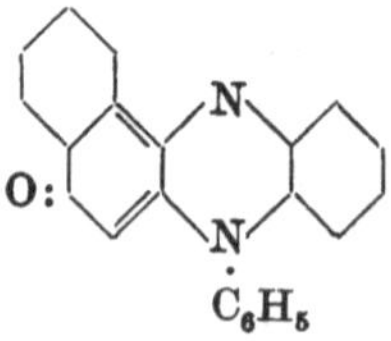 | 322,35 |
| 3117 | **262** | Banisterin (Harmin) | $C_{13}H_{12}ON_2$ | 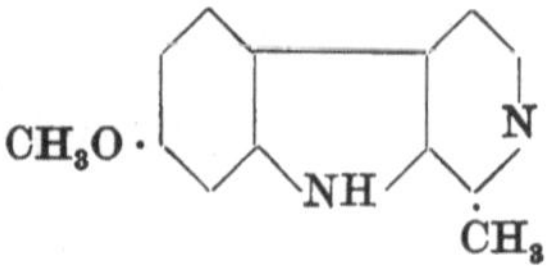 | 212,24 |
| 3118 | **262** | Chelidonsäure | $C_7H_4O_6$ | 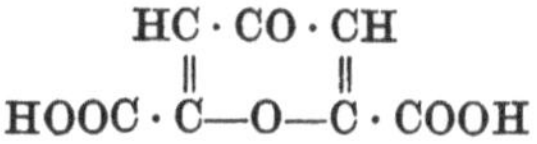 | 184,10 |
| 3119 | **262** | 1,8-Diaminoanthrachinon | $C_{14}H_{10}O_2N_2$ | 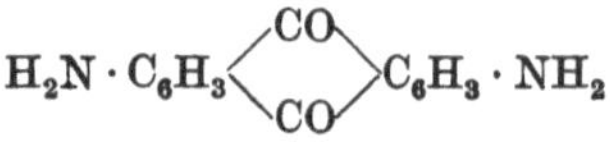 | 238,23 |
| 3120 | **264** | 1,3-Dioxyanthrachinon (Xanthopurpurin, Purpuroxanthin) | $C_{14}H_8O_4$ | 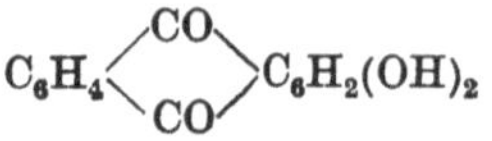 | 240,20 |

| Aggregatzustand Farbe | Spez. Gewicht | Siedepunkt °C | Beilstein-Zitat | Physikalische Konstanten und Eigenschaften | Löslichkeit | Reaktionen |
|---|---|---|---|---|---|---|
| 7 | 8 | 9 | 10 | 11 | 12 | 13 |
| gelbe Nadeln (Eg.) | | subl. | VII 744 | | swl. in A<br>l. in h. Bzl.<br>0,15 Eg. 15° | Monoxim *Fp* 230°, Prismen<br>Semicarbazon *Fp* 192 bis 193°, Prismen<br>Monophenylhydrazon *Fp* 178°, orange Nädelchen |
| Krist.-Plv. | | | | | ll. in W<br>wl. in A, Ae, Chlf. | |
| Blättchen $+3H_2O$ | | | XXII 186 | | swl. in A<br>l. in h. Bzl.<br>0,15 Eg. 15°<br>wl. in k. W | |
| rote Tafeln (A) | | | XXIII 453 | | unl. in W<br>wl. in h. A<br>ll. in Eg.<br>unl. in wss. Alkali | $+ H_2SO_4 \rightarrow$ schmutziggrün |
| weiße Krist. | | | | bitterer Geschmack; wss. Lsg. blauviolett Fluoreszenz | l. in W | Subst. + 1 ml konz. $H_2SO_4$ $\rightarrow$ intensiv gelb intensiv grün fluoreszierend $\rightarrow$ farblos<br>+ Paraform $\rightarrow$ lila $\rightarrow$ orangerot<br>$+ HNO_3$-$H_2SO_4 \rightarrow$ grün $\rightarrow$ oliv $\rightarrow$ braun |
| weiße Nadeln $+1H_2O$ (W) | | (Z.) | XVIII 490 | geruchlos; geschmacklos | 0,98 W 13°<br>3,8 sd. W<br>wl. in A | Dest. $\rightarrow$ Pyron-(4)<br>wss. Lsg. + 1—2 Tropfen 0,06%ige $H_2O_2$-Lsg. $\rightarrow$ violettstichig rot $\rightarrow$ braun |
| rote Krist. (A) | | | XIV 212 | | ll. in A<br>wl. in Ae<br>ll. in Pyridin | |
| gelbe Blättchen (Bzl.) | | subl. | VIII 448 | subl. in gelben Nadeln | l. in A<br>ll. in h. Eg<br>l. in Alkali (rot) | Diacetat *Fp* 183—184°, hellgelbe Nadeln<br>Dimethyläther *Fp* 187°, gelbe Nadeln<br>Diäthyläther *Fp* 170°, gelbe Nadeln<br>Subst. + konz. $H_2SO_4$ $\rightarrow$ gelb<br>+ Borsäure $\rightarrow$ gelb<br>+ Alkalien $\rightarrow$ rot |

| Lfd. Nr. | *Fp* | Name | Summenformel | Strukturformel | Mol.-Gewicht |
|---|---|---|---|---|---|
| 1 | 2 | 3 | 4 | 5 | 6 |
| 3121 | **264** | 2′,3,3′,4,4′-Pentabrom-2-chlormethyl-5,5′-dithienyl | $C_9H_2ClBr_5S_2$ | 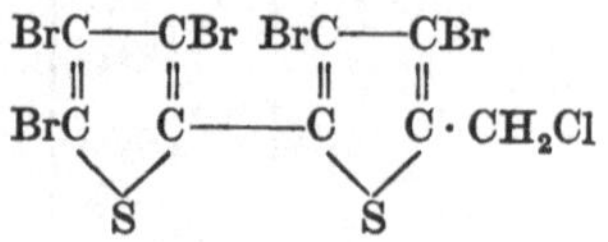 | 609,22 |
| 3122 | **264** bis **265** | Perylen | $C_{20}H_{12}$ | 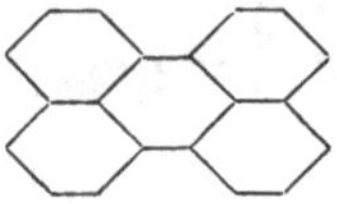 | 252,29 |
| 3123 | **264** bis **271** | Phloretin | $C_{15}H_{14}O_5$ | 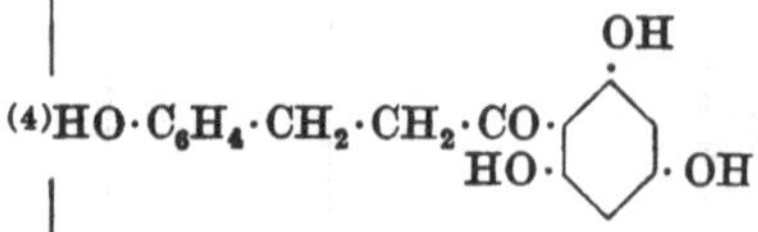 | 274,26 |
| 3124 | **264,5** | 4,5-Dijod-3-methyl-2-thiophensäure | $C_6H_4O_2J_2S$ | 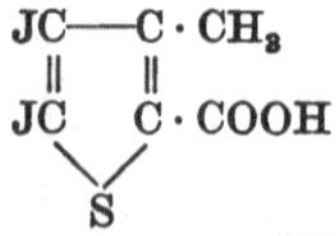 | 393,99 |
| 3125 | **265** (Z.) | Morphinbrommethylat (Morphosan) | $C_{18}H_{22}O_3NBr$ | 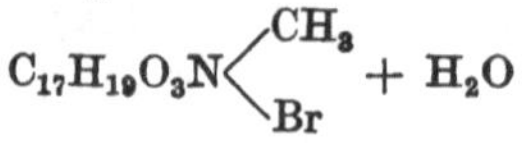 | 380,26 |
| 3126 | ~**265** (Z.) | 1,5-Dioxyanthracen | $C_{14}H_{10}O_2$ | 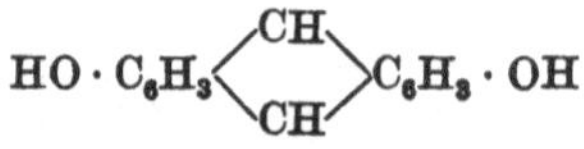 | 210,22 |
| 3127 | **265** | Naphthalin-1,7-dicarbonsäure | $C_{12}H_8O_4$ | 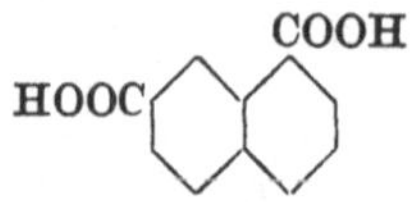 | 216,18 |
| 3128 | **265** | 5-Phenyl-2-jodmercurithiophen | $C_{10}H_7JSHg$ | 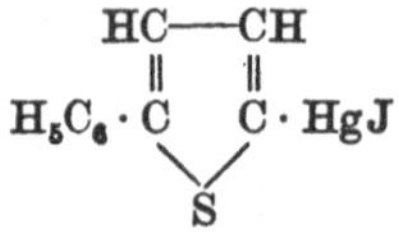 | 486,75 |
| 3129 | **265** | Protoveratridin | $C_{31}H_{49}O_9N$ | | 579,71 |
| 3130 | **265** | Thionessalsulfon | $C_{28}H_{20}O_2S$ | 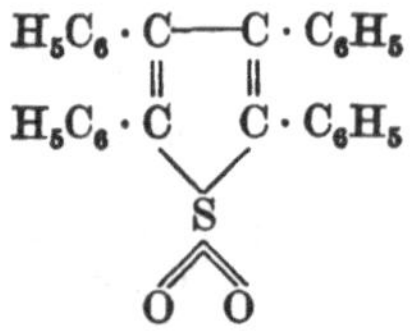 | 420,50 |
| 3131 | **266** | Anthrachinon | $C_{14}H_8O_2$ | 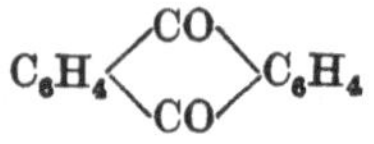 | 208,20 |

| Aggregatzustand Farbe | Spez. Gewicht | Siedepunkt °C | Beilstein-Zitat | Physikalische Konstanten und Eigenschaften | Löslichkeit | Reaktionen |
|---|---|---|---|---|---|---|
| 7 | 8 | 9 | 10 | 11 | 12 | 13 |
| bronzeglänzende Blättchen (Bzl.) | | subl. 350-400 | $E_1$ V 363 | kryoskop.Konst. 25,7; konz. Lsgg. sind rotgelb; verd. Lsgg. fluoreszieren stark blau | unl. in W<br>swl. in A, Ae<br>ll. in Chlf., $CS_2$ | + $H_2SO_4$ rotviolett, beim Verdünnen gelbe Flocken von Perylen<br>Dibenzoylperylen *Fp* 280 bis 285°, gelbe Krist., Lsgg. fluoreszieren prachtvoll grün |
| Nadeln (verd. A) | | | VIII 498 | | wl. in h. W<br>l. in A<br>0,81 Ae 21°<br>sll. in Aceton | |
| Nadeln (W) | | | | | | |
| gelbe Nadeln (verd. A) | | | VI 1032 | | unl. in W<br>l. in A, Ae | + NaOH → hellgrün<br>Diacetat *Fp* 196—198° |
| Flocken (W) | | | IX 917 | | l. in W<br>ll. in A, Ae, Eg. | |
| vierseitige kleine farblose Platten | | | | | swl. in org. Lsgg. | + konz. $H_2SO_4$ → violett → kirschrot → blutrot → karminrot<br>+ konz. HCl — erwärmen → hellrot |
| gelbe Prismen | | | | | | |
| Krist. (A + Bzl.) | 1,419 | 377 | VII 781 | kryoskop.Konst. 14,8; subl. in gelben Nadeln; Lsgg. fluoreszieren nicht | unl. in W<br>0,05 A 18°<br>0,44 A 25°<br>2,25 sd. A<br>0,10 Ae 25° | Spur. Subst. + 2 Tropfen Lauge + Zn-Plv. + etwas W beim Kochen → rot<br>+ Natriumamalgam und abs. A → grün<br>+ $SbCl_3$ in $CS_2$ → gelb → zinnoberroter Nd. |

| Lfd. Nr. | *Fp* | Name | Summenformel | Strukturformel | Mol.-Gewicht |
|---|---|---|---|---|---|
| 1 | 2 | 3 | 4 | 5 | 6 |
| 3132 | **266** | 2,2′-Dimethyl-3,3′-dibrom-5,5′-mercuridithienyl | $C_{10}H_8Br_2S_2Hg$ | 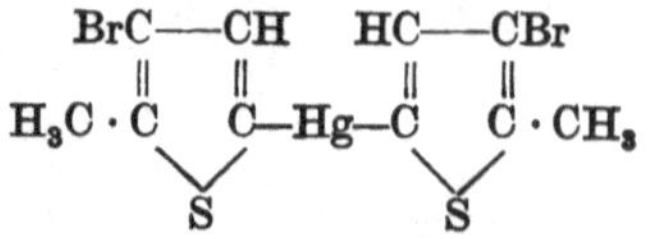 | 521,67 |
| 3133 | **267** | Gentisin | $C_{14}H_{10}O_5$ | 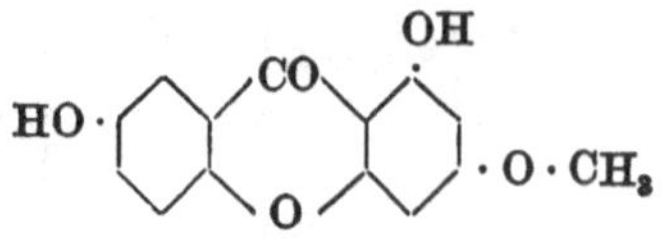 | 258,22 |
| 3134 | **267** | 4-Jodbenzoesäure | $C_7H_5O_2J$ | $J \cdot C_6H_4 \cdot COOH$ | 248,03 |
| 3135 | **267** | Triphenylessigsäure | $C_{20}H_{16}O_2$ | $(C_6H_5)_3C \cdot COOH$ | 288,32 |
| 3136 | **267** bis **268** | 4,5-Dibrom-3-jod-2-thiophensäure | $C_5HO_2Br_2JS$ | 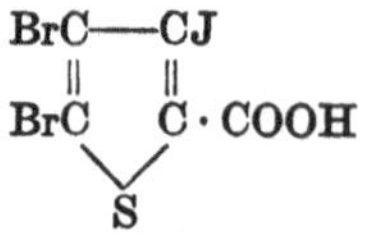 | 411,87 |
| 3137 | **267** bis **270** | Chrysanilin | $C_{19}H_{15}N_3$ | 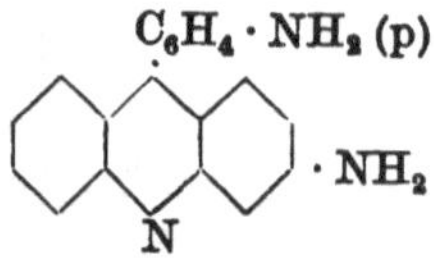 | 285,33 |
| 3138 | **268** | 1,4-Diaminoanthrachinon | $C_{14}H_{10}O_2N_2$ | 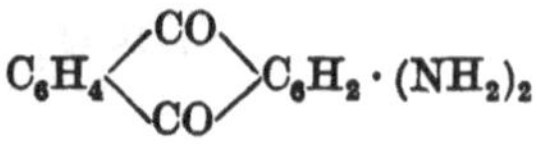 | 238,23 |
| 3139 | **268** | Strychnin | $C_{21}H_{22}O_2N_2$ | 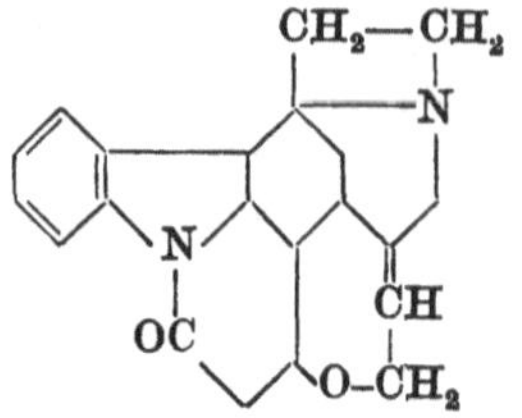 | 334,40 |
| 3140 | **268** | Theophyllin (1,3-Dimethylxanthin, 1,3-Dimethyl-2,6-dioxypurin, Theocin) | $C_7H_8O_2N_4$ | 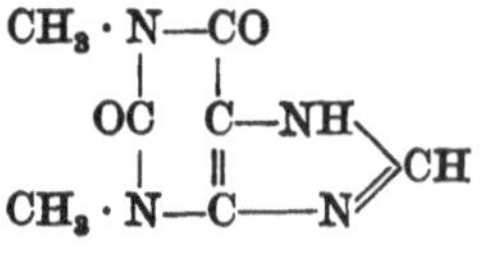 | 180,16 |

| Aggregat-zustand Farbe | Spez. Gewicht | Siede-punkt °C | Beilstein-Zitat | Physikalische Konstanten und Eigenschaften | Löslichkeit | Reaktionen |
|---|---|---|---|---|---|---|
| 7 | 8 | 9 | 10 | 11 | 12 | 13 |
| gelbe Nadeln | | subl. 300-340 (Z.) | XVIII 173 | | 0,03 W 16°<br>wl. in A<br>0,05 Ae<br>l. in Alkali (goldgelb) | |
| Blättchen | $2{,}184^{20°}$ | subl. | IX 366 | | wl. in W<br>l. in A | |
| Prismen (A) | | | IX 712 | | l. in A<br>wl. in Chlf. | |
| gelbe Nadeln $+ 2\,H_2O$ (verd. A) | | | XXII 491 | | swl. in W<br>wl. in A | $HNO_3 \rightarrow$ rote Nadeln |
| violette Nadeln (wss. Pyridin) | | | XIV 197 | | wl. in h. W<br>l. in A<br>ll. in Pyridin<br>sll. in Bzl. | |
| Prismen (A) | $1{,}359^{18°}$ | 270 (5 mm) | | $[\alpha]_D$ —132 bis 136° (A); sehr giftig; erregt Starrkrampf; unangenehm bitterer, metallischer Geschmack | 0,016 W 25°<br>0,7 A 25°<br>7,88 Ae 25° | wss. Lsg. + 3 Tropfen 2n $HNO_3$ erhitzen $\rightarrow$ orange bis violett<br>farblose Lsg. in konz. $H_2SO_4$ + Spur $K_2Cr_2O_7 \rightarrow$ blauviolett und rotviolett<br>1 mg Subst. + 1 Tropfen konz. $HNO_3$, 3 Min. im sd. W-Bad erhitzen + einige ml A + 3 bis 4 Plätzchen KOH $\rightarrow$ weinrot (neben $KNO_3$) |
| Tafeln $+ 1\,H_2O$ (W) | | | XXVI 455 | geruchlos; sublimierbar; schwach bitter | 0,44 W 15°<br>1,3 W 37°<br>1,25 A<br>unl. in Ae<br>l. in Alkali, $NH_4OH$ | mit Chlorwasser versetzte Lsg. eindampfen, scharlachroter Rückstand + $NH_3 \rightarrow$ violett<br>2—3 mg Subst. in 1 ml methylalkoh. $Co(NO_3)_2$-Lsg. + 20 mg Piperazin $\rightarrow$ violettrot<br>wss. Lsg. + Jod-Lsg. $\rightarrow$ klar + 2n HCl $\rightarrow$ dunkles Perjodid<br>wss. Lsg. + einige Krist. $KClO_3$ + 10 Tropfen konz. HCl eindampfen, Rückstand + 1 Tropfen $NH_3 \rightarrow$ violettrot |

| Lfd. Nr. | *Fp* | Name | Summenformel | Strukturformel | Mol.-Gewicht |
|---|---|---|---|---|---|
| 1 | 2 | 3 | 4 | 5 | 6 |
| 3141 | 268 bis 269 | Oktabrom-α,α-trithienyl | $C_{12}Br_8S_3$ | 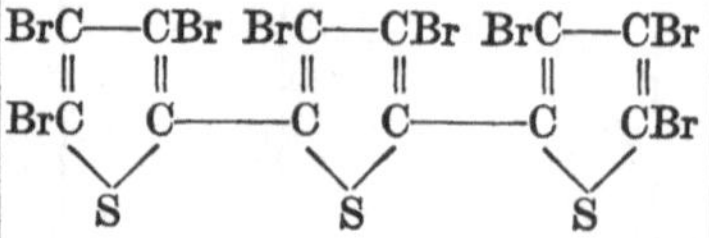 | 879,63 |
| 3142 | 268 bis 270 | Dihydrooxykodeinon-chlorhydrat (Eukodal) | $C_{18}H_{22}O_4NCl$ | vgl. Nr. 2866 | 351,82 |
| 3143 | 268 bis 270 | 6,7-Dioxycumarin (Aesculetin) | $C_9H_6O_4$ | 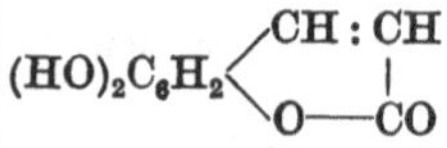 | 178,14 |
| 3144 | 268,8 | Cinchonin | $C_{19}H_{22}ON_2$ | 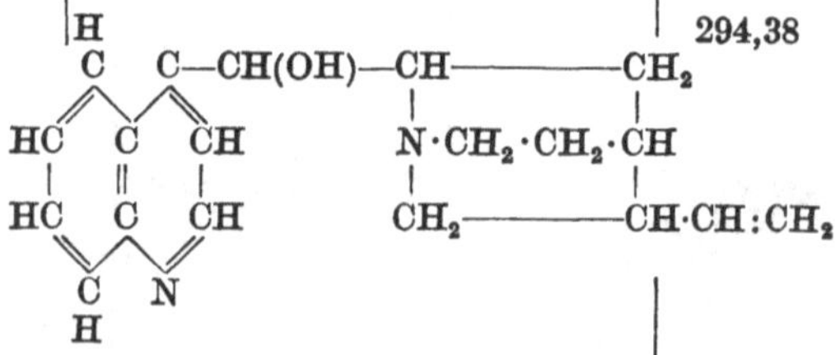 | 294,38 |
| 3145 | 269 bis 270 | 4,5-Dichlor-2-chlormercuri-thiophen | $C_4HCl_3SHg$ | 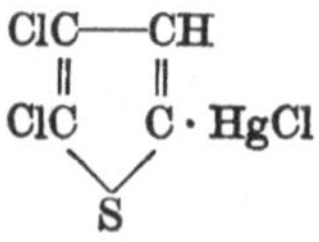 | 388,09 |
| 3146 | 269 bis 270 | 7-Oxynaphthoesäure-2 | $C_{11}H_8O_3$ |  | 188,17 |
| 3147 | 270 | Aceanthrenchinon | $C_{16}H_8O_2$ | 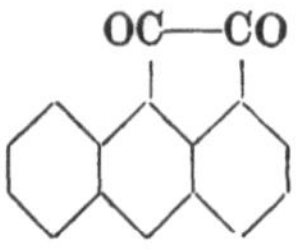 | 232,22 |
| 3148 | 270 | Alizarinblau | $C_{17}H_9O_4N$ | 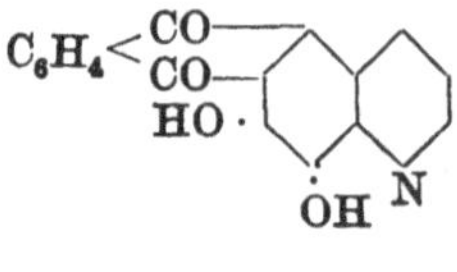 | 291,25 |
| 3149 | 270 | *l*-Asparaginsäure | $C_4H_7O_4N$ | $HOOC \cdot CH(NH_2) \cdot CH_2 \cdot COOH$ | 133,10 |
| 3150 | 270 | 2,5-Dibromthiophen-3,4-disulfonsäureamid | $C_4H_4O_4N_2Br_2S_3$ | 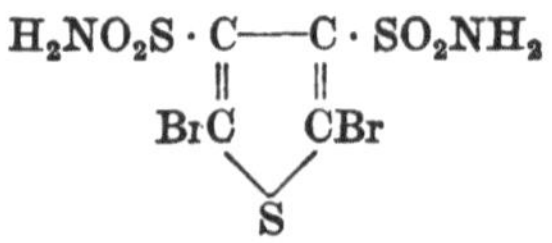 | 399,10 |

| Aggregatzustand Farbe | Spez.-Gewicht | Siedepunkt °C | Beilstein-Zitat | Physikalische Konstanten und Eigenschaften | Löslichkeit | Reaktionen |
|---|---|---|---|---|---|---|
| 7 | 8 | 9 | 10 | 11 | 12 | 13 |
| gelblich-weißes Krist.-Plv. | | | | | l. in W | freie Base *Fp* 222° |
| Prismen (Eg.) Nadeln (W) | | | XVIII 98 | wss. Lsg. schwache blaue Fluoreszenz | wl. in sd. W<br>ll. in h. A<br>wl. in Ae | + $FeCl_3$ → grün |
| Prismen oder Nadeln (A) | | subl. (220°) | XXIII 424 | $[\alpha]_D^{20}$ +224,5° (A) | 0,027 W 20°<br>0,87 A 25°<br>0,56 Ae 25°<br>l. in $H_2SO_4$ | Cinchonin wird in wss. Furfurol-Lsg. beim Überschichten über konz. $H_2SO_4$ → braun, diese Färbung ruht auf einem kirschroten Ring |
| Nadelbüschel (A) | | | X 328 | | l. in W, A | + $FeCl_3$ → orange<br>Acetylderivat *Fp* 209 bis 210°, Nadeln<br>Anilid *Fp* 219—220°, Nadelbüschel |
| rote Prismen (Bzl.) | | | $E_1$ VIII 436 | | swl. in A | Monooxim *Fp* 251° (Z.)<br>Monophenylhydrazon *Fp* 203° |
| braunviolette Nadeln (Bzl.) | | subl. | XXI 632 | | unl. in W<br>swl. in A, Ae<br>l. in Eg. | + $H_2SO_4$ → rot<br>+ $NH_4OH$ → blau |
| Blättchen oder Säulen | $1{,}6613^{12°}_{12°}$ | | IV 472 | $[\alpha]_D^{20}$ +4,4 (W); schmeckt stark sauer | 0,61 W 20°<br>5,37 W 97° | + salpetrige Säure → Äpfelsäure<br>Cu-Salz → hellblaue Nadeln<br>Ag-Salz *Fp* 216—217° (Z.) |

| Lfd. Nr. | *Fp* | Name | Summenformel | Strukturformel | Mol.-Gewicht |
|---|---|---|---|---|---|
| 1 | 2 | 3 | 4 | 5 | 6 |
| 3151 | 270 | Diharnstoff | $C_2H_4O_2N_4$ | 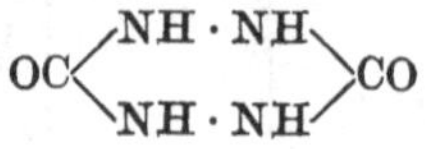 | 116,08 |
| 3152 | 270 (Z.) | 5-Nitromethylthienyl-2-arsinsäure | $C_5H_6O_5NSAs$ | 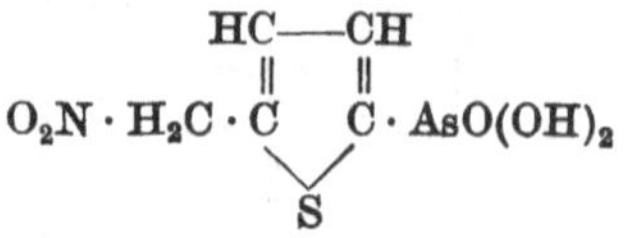 | 250,07 |
| 3153 | 270 | Natriumpalmitat | $C_{16}H_{31}O_2Na$ | $CH_3 \cdot (CH_2)_{14} \cdot CO \cdot ONa$ | 278,40 |
| 3154 | 270 | Nitroterephthalsäure | $C_8H_5O_6N$ | $O_2NC_6H_3 \cdot (COOH)_2$ | 211,13 |
| 3155 | 270 | 3,4-Phenanthrenothiophen-2,5-dicarbonsäure | $C_{18}H_{10}O_4S$ | 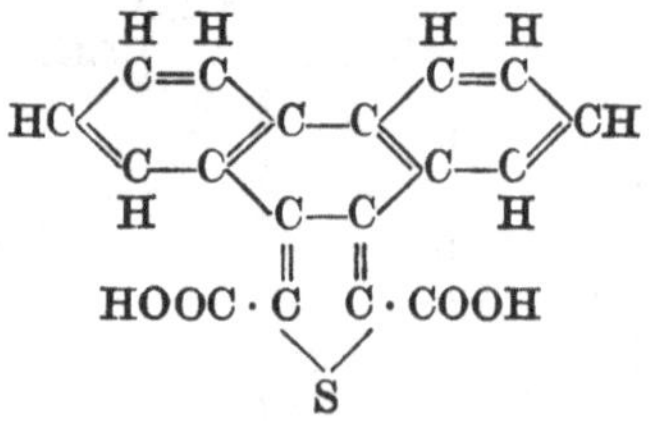 | 322,32 |
| 3156 | 270 | 1,2,5,8-Tetranitronaphthalin | $C_{10}H_4O_8N_4$ | $C_{10}H_4(NO_2)_4$ | 308,16 |
| 3157 | 270 | Thiophen-2,3-dicarbonsäure | $C_6H_4O_4S$ | 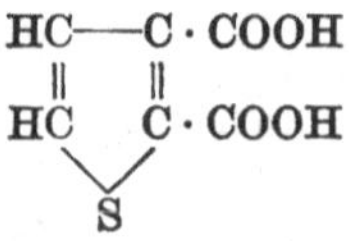 | 172,15 |
| 3158 | 270 | 2,4,5-Tribrom-3-chlormercurithiophen | $C_4ClBr_3SHg$ | 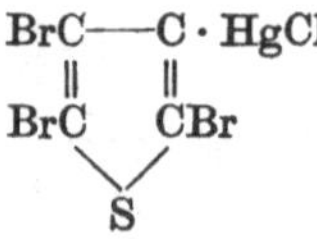 | 555,92 |
| 3159 | 270 bis 272 | p-Oxy-β-phenyläthylaminchlorhydrat (Tyraminchlorhydrat) | $C_8H_{12}ONCl$ | 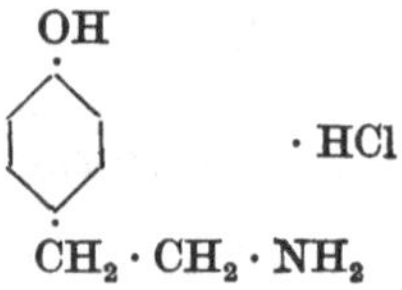 | 173,64 |
| 3160 | 271 (Z.) | Tropacocainchlorhydrat (Chlorhydrat des Tropinbenzoates) | $C_{15}H_{20}O_2NCl$ | 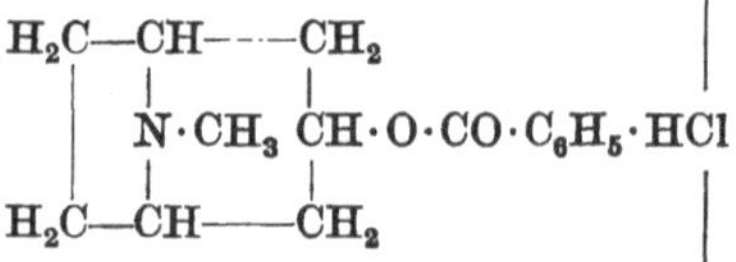 | 262,32 |
| 3161 | 271 bis 273 | dl-Phenylalanin | $C_9H_{11}O_2N$ | $C_6H_5 \cdot CH_2 \cdot CH(NH_2) \cdot COOH$ | 165,18 |
| 3162 | 272 (Z.) | Naphthylamin-(1)-sulfonsäure-(2) | $C_{10}H_9O_3NS$ | $H_2N \cdot C_{10}H_6 \cdot SO_3H$ | 223,24 |

| Aggregatzustand Farbe | Spez. Gewicht | Siedepunkt °C | Beilstein-Zitat | Physikalische Konstanten und Eigenschaften | Löslichkeit | Reaktionen |
|---|---|---|---|---|---|---|
| 7 | 8 | 9 | 10 | 11 | 12 | 13 |
| Blättchen (A) | | | II 372 | | l. in W, A | |
| Nadeln (W) | | | IX 851 | | ll. in h. W, h. A, Ae<br>l. in $H_2SO_4$ | |
| Prismen ($HNO_3$) | | | V 564 | | swl. in W, A, Chlf., Eg. | |
| lange Nadeln | | | | | ll. in W, A, Methanol<br>zll. in Chlf.<br>unl. in Bzl., Ae | |
| weiße rhomb. Krist. oder Nadeln | | | | geruchlos; Geschmack salzig; stark anästhesierend | l. in W<br>ll. in A, Ae | 5 mg Subst. mit 1 Tropfen n/10-$KMnO_4$-Lsg. mit Glasstab auf Uhrglas verreiben → dunkle Krist.<br>+ $AuCl_3$ + NaBr → bräunlich-gelbe Dendrite (1 : 10000) |
| Blättchen (verd. A) | | subl. | XIV 498 | | swl. ink. W, sd. A<br>unl. in Ae | |
| Nadeln (W) | | | XIV 757 | | 0,91 W 20°<br>3,19 W 100° | |

| Lfd. Nr. | *Fp* | Name | Summenformel | Strukturformel | Mol.-Gewicht |
|---|---|---|---|---|---|
| 1 | 2 | 3 | 4 | 5 | 6 |
| 3163 | 273 | 1,8-Diphenyl-α-trithienyl | $C_{24}H_{16}S_3$ | 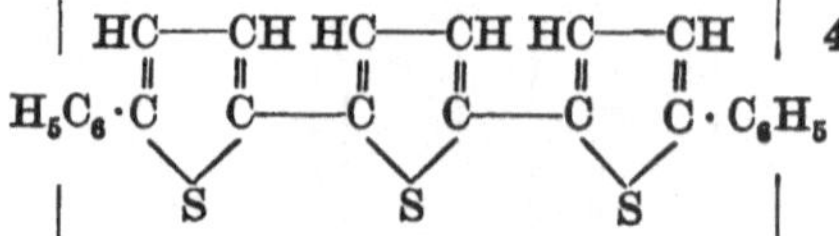 | 400,55 |
| 3164 | 273 | α,β; α',β'-Thiopheno-bis-[thiochromon] | $C_{18}H_8O_2S_3$ | 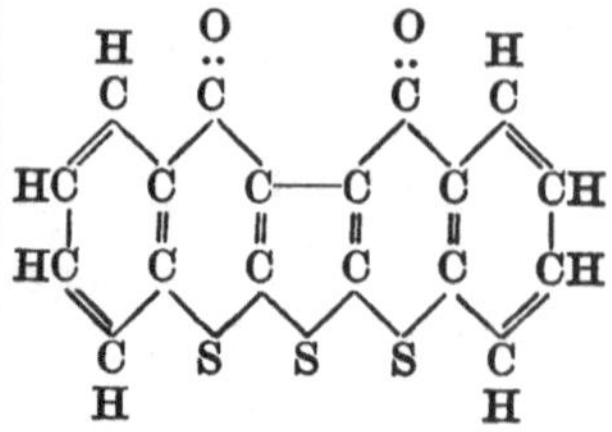 | 352,42 |
| 3165 | 274 | Naphthalsäureanhydrid | $C_{12}H_6O_3$ | 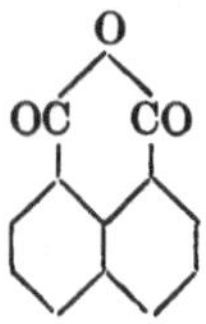 | 198,17 |
| 3166 | 274 bis 275 | p,p'-Diphenol | $C_{12}H_{10}O_2$ | $HO \cdot C_6H_4 \cdot C_6H_4 \cdot OH$ | 186,20 |
| 3167 | 274 bis 276 | 5,5'-Dimethyl-3-oxy-2,3'-dithienyl-4,4'-dicarbonsäure | $C_{12}H_{10}O_5S_2$ | 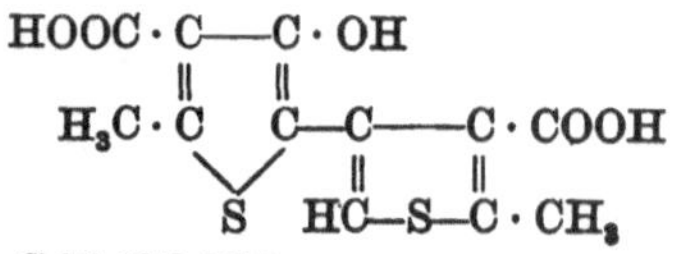 | 298,32 |
| 3168 | 275 | Benzoltetracarbonsäure-(1,2,4,5) (Pyromellitsäure) | $C_{10}H_6O_8$ | $C_6H_2(COOH)_4$ | 254,15 |
| 3169 | 275 (Z) | 3-Chlor-2,5-dichlormercurithiophen | $C_4HCl_3SHg_2$ | 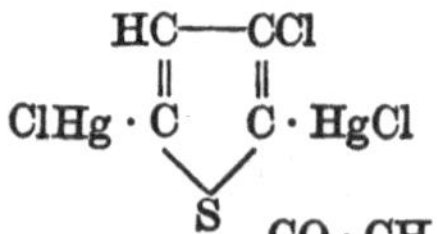 | 553,24 |
| 3170 | 275 | 5,7-Dioxyflavon (Chrysin) | $C_{15}H_{10}O_4$ | 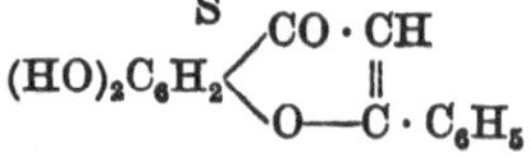 | 254,23 |
| 3171 | 275 | Hexamethyldiaminoisopropanoldijodid (Endojodin) | $C_9H_{24}ON_2J_2$ | $[(CH_3)_3N(J)CH_2]_2CH \cdot OH$ | 426,11 |
| 3172 | 275 | Lophin | $C_{21}H_{16}N_2$ | 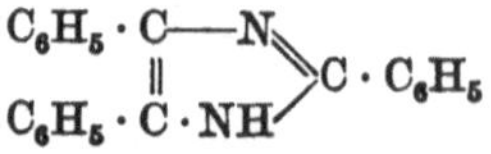 | 296,35 |

| Aggregatzustand Farbe | Spez. Gewicht | Siedepunkt °C | Beilstein-Zitat | Physikalische Konstanten und Eigenschaften | Löslichkeit | Reaktionen |
|---|---|---|---|---|---|---|
| 7 | 8 | 9 | 10 | 11 | 12 | 13 |
| Nadeln (A) | | | XVII 521 | | wl. in A<br>swl. in Ae | + $H_2SO_4$ → gelb, blaue Fluoreszenz |
| Blättchen oder Nadeln | 1,25 | subl. | VI 991 | | wl. in W<br>ll. in A, Ae | + $FeCl_3$ keine Färbung<br>Diacetat *Fp* 159—160°<br>konz. $H_2SO_4$ → intensiv gelbgrüne Fluoreszenz |
| Tafeln + $2H_2O$ (W) | | | IX 997 | | 1,42 W 16°<br>ll. in A | >275° → Dianhydrid *Fp* 286°; wird mit Dimethylanilin → rot; mit Anthracen → dunkelrot<br>Tetramethylester *Fp* 143°, Blätter<br>Tetraäthylester *Fp* 53°, platte Nadeln<br>Tetraphenylester *Fp* 179,5°, Nadeln |
| hellgelbe Tafeln | | subl. | XVIII 124 | | unl. in W<br>0,55 k. A<br>2 h. A<br>wl. in Ae<br>l. in Alkali | Diacetat *Fp* 185° |
| weiße Krist. | | | | verfärbt sich bei 240°; geruchlos; Geschmack bitter | l. in W | wss. Lsg. + $Fe(NO_3)_3$-Lsg. → gelb bis orange → trübe (Perjodid) |
| Nadeln (A) | | subl. | XXIII 318 | | wl. in W<br>0,9 A 21°<br>2,75 sd. A<br>0,32 Ae 21° | |

| Lfd. Nr. | *Fp* | Name | Summenformel | Strukturformel | Mol.-Gewicht |
|---|---|---|---|---|---|
| 1 | 2 | 3 | 4 | 5 | 6 |
| 3173 | **275 bis 276** | Indolo-thiotolencarbonsäure | $C_{12}H_9O_2NS$ | 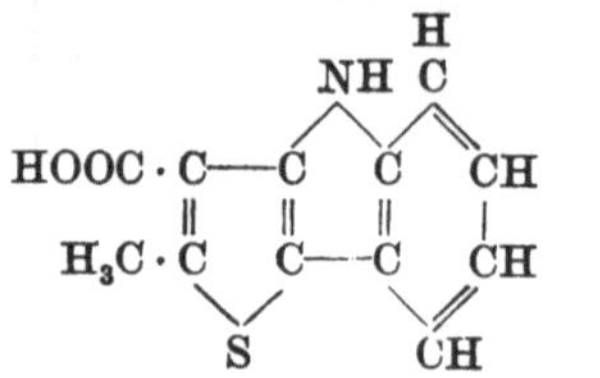 | 243,27 |
| 3174 | **275,5** | Muscarufin | $C_{25}H_{16}O_9$ | 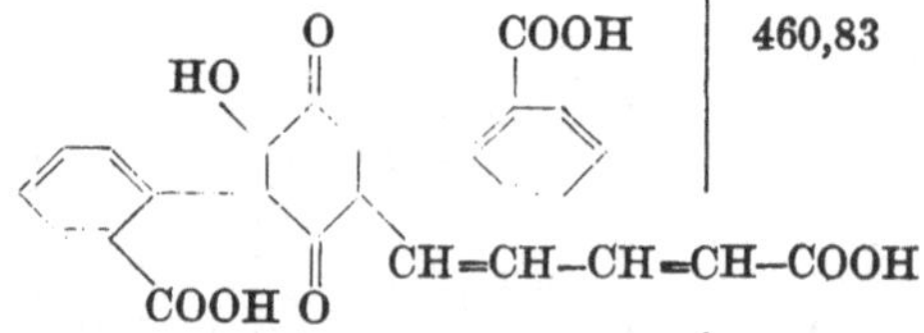 | 460,83 |
| 3175 | **276** | 1,6-Dioxyanthrachinon | $C_{14}H_8O_4$ | 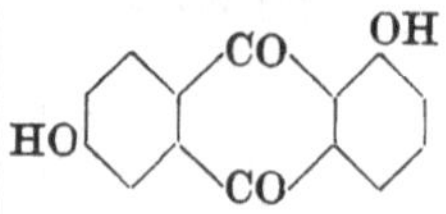 | 240,20 |
| 3176 | **276** | 3,5,7,4′-Tetraoxyflavon (Kämpferol) | $C_{15}H_{10}O_6$ | 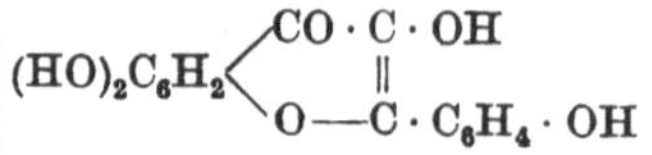 | 286,23 |
| 3177 | **276 bis 278** | Oxindigo | $C_{16}H_8O_4$ | 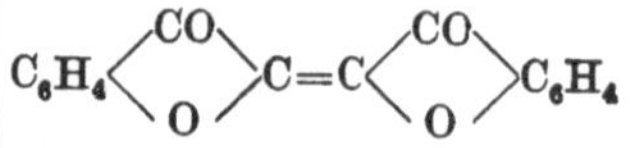 | 264,22 |
| 3178 | **276 bis 278** (Z.) | Pinacyanol | $C_{25}H_{25}N_2J$ | 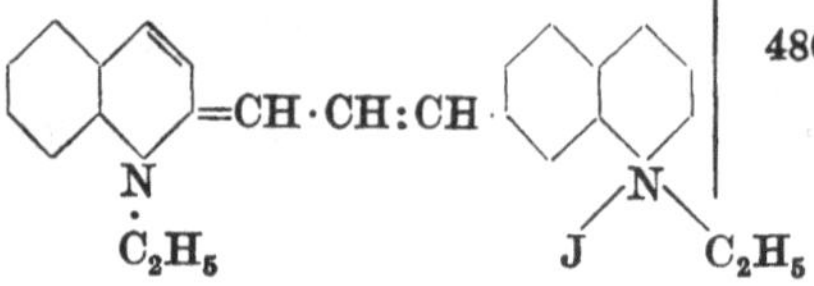 | 480,39 |
| 3179 | **277 bis 278** (Z.) | Trimethylaminchlorhydrat | $C_3H_{10}NCl$ | $(CH_3)_3N \cdot HCl$ | 95,57 |
| 3180 | **278** (Z.) | 5-Aminothionaphthen-2-carbonsäure | $C_9H_7O_2NS$ | 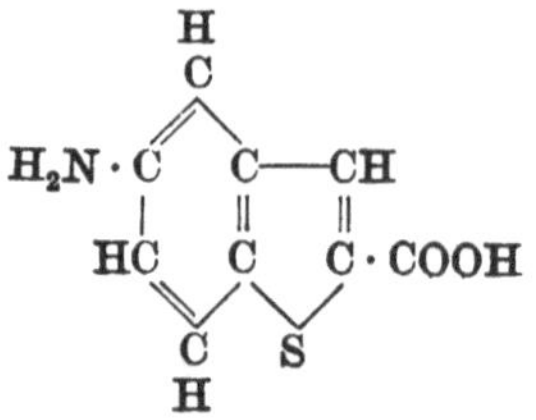 | 179,21 |
| 3181 | **278** (Z.) | Codeinsulfat | $C_{36}H_{44}O_{10}N_2S$ | vgl. Nr. 2150 | 696,78 |
| 3182 | **278** | Di-peri-naphthylenthiophen | $C_{24}H_{12}S$ | 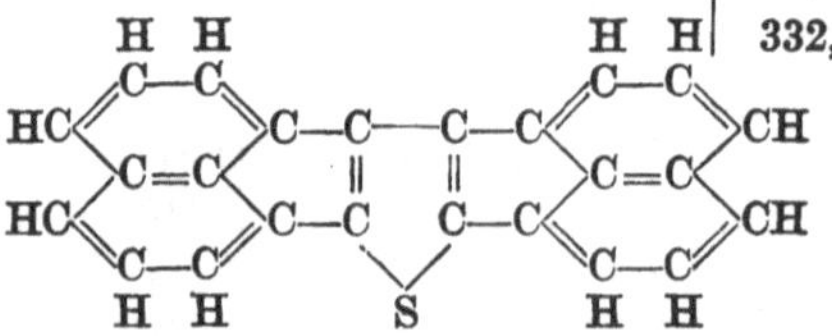 | 332,40 |

| Aggregat-zustand Farbe | Spez. Gewicht | Siede-punkt °C | Beilstein-Zitat | Physikalische Konstanten und Eigenschaften | Löslichkeit | Reaktionen |
|---|---|---|---|---|---|---|
| 7 | 8 | 9 | 10 | 11 | 12 | 13 |
| orangerote rhomb. Krist. (W) Nadeln (A) | | | | opt. inaktiv | l. in W, A, h. Eg unl. in Ae, Bzl., Chlf. | Na-Salz tiefrot + $H_2SO_4$ purpurrot |
| gelbe Nadeln (Eg.) | | | VIII 439 | | wl. in W ll. in A, Ae l. in Alkalien | in verd. Alkalien → gelbrot Dimethyläther *Fp* 185°, gelbliche Blättchen Diacetylderivat *Fp* 205 bis 206°, gelbe Nadeln |
| gelbe Nadeln + 1 $H_2O$ (A) | | | XVIII 214 | | unl. in W ll. in A, Ae l. in Alkali gelb, konz. $HNO_3$ rot | |
| gelbe Prismen (Eg.) | | subl. | XIX 177 | | unl. in W swl. in A, Ae l. in KOH, $H_2SO_4$ rot | |
| grünglänzende Krist. (Methanol) | | | XXIII 320 | | wl. in W l. in A, Pyridin (blau) | |
| zerfließliche Krist. (A) | | | IV 46 | | ll. in W, A unl. in Ae | |
| Krist. + 5 $H_2O$ | | | | | 3,3 W 25° 0,1 in 92%ig. A 25° | |
| rote Nadeln | | | | | | |

| Lfd. Nr. | *Fp* | Name | Summenformel | Strukturformel | Mol.-Gewicht |
|---|---|---|---|---|---|
| 1 | 2 | 3 | 4 | 5 | 6 |
| 3183 | 278 | Hydrocinchonin | $C_{19}H_{24}ON_2$ | 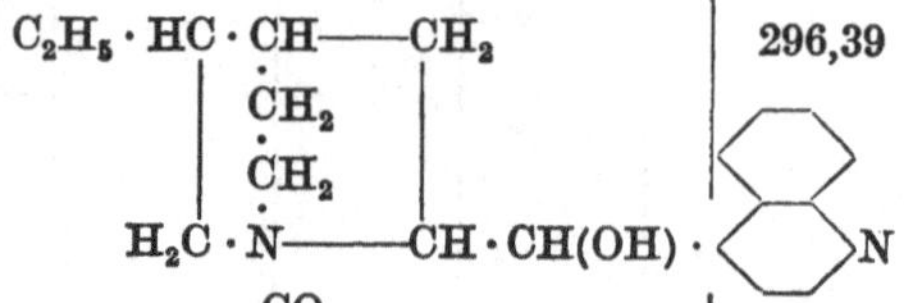 | 296,39 |
| 3184 | 278 | 1,2,5-Trioxyanthrachinon (Oxyanthrarufin) | $C_{14}H_8O_5$ | $HO \cdot C_6H_3\langle\begin{smallmatrix}CO\\CO\end{smallmatrix}\rangle C_6H_2(OH)_2$ | 256,20 |
| 3185 | 278 bis 279 | 3,8-Di-[2-thenoyl]-pyren | $C_{26}H_{14}O_2S_2$ | 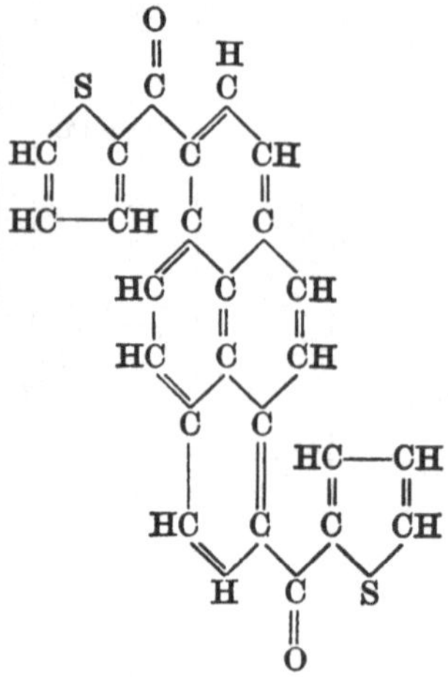 | 434,44 |
| 3186 | 280 (Z.) | Anilinsulfonsäure-(4) (Sulfanilsäure) | $C_6H_7O_3NS$ | $H_2N \cdot C_6H_4 \cdot SO_3H$ | 173,18 |
| 3187 | 280 | Anthracen-2-carbonsäure | $C_{15}H_{10}O_2$ | $C_6H_4\left\{\begin{smallmatrix}CH\\CH\end{smallmatrix}\right\}C_6H_3 \cdot COOH$ | 222,23 |
| 3188 | 280 (Z) | Benzoesäure-p-sulfamid | $C_7H_7O_4NS$ | $H_2N \cdot SO_2 \cdot C_6H_4 \cdot COOH$ | 201,19 |
| 3189 | 280 | 2,7-Dinitroanthrachinon | $C_{14}H_6O_6N_2$ | $O_2N \cdot C_6H_3\langle\begin{smallmatrix}CO\\CO\end{smallmatrix}\rangle C_6H_3 \cdot NO_2$ | 298,20 |
| 3190 | 280 | 1,5 Dioxyanthrachinon (Anthrarufin) | $C_{14}H_8O_4$ | $HO \cdot C_6H_3\langle\begin{smallmatrix}CO\\CO\end{smallmatrix}\rangle C_6H_3 \cdot OH$ | 240,20 |
| 3191 | 280 | 2,3-Dioxynaphtho-chinon-(1,4) (Isonaphthazarin) | $C_{10}H_6O_4$ | $C_6H_4\langle\begin{smallmatrix}CO \cdot C \cdot OH\\ \Vert \\CO \cdot C \cdot OH\end{smallmatrix}$ | 190,15 |

| Aggregatzustand Farbe | Spez. Gewicht | Siedepunkt °C | Beilstein-Zitat | Physikalische Konstanten und Eigenschaften | Löslichkeit | Reaktionen |
|---|---|---|---|---|---|---|
| 7 | 8 | 9 | 10 | 11 | 12 | 13 |
| Prismen (A) | | | XXIII 404 | $[\alpha]_D^{15}$ +205,5 (abs. A) | 0,07 W 16°<br>0,7 A 20°<br>0,19 Ae 16° | |
| rote Nadeln (Eg.) | | subl. | VIII 512 | subl. in roten Nädelchen | l. in $H_2SO_4$<br>l. in alkohol. KOH | + $H_2SO_4$ → rotviolett<br>+ Borsäure → blau<br>+alkohol. KOH → violettblau<br>Triacetat *Fp* 229°, gelbe Nadeln<br>Trimethyläther *Fp* 203 bis 204°, goldgelbe Blättchen |
| gelbe Blättchen | | | | | | |
| Tafeln + 1 $H_2O$ (W) | | | XIV 695 | | 1,1 W 20°<br>6,7 W 100°<br>unl. in A, Ae | |
| gelbe Blättchen (A) | | subl. | IX 705 | | unl. in W<br>wl. in A | |
| Prismen (W) | | | XI 390 | | unl. in k. W<br>wl. in h. W<br>ll. in A<br>swl. in Bzl. | |
| Nadeln (Eg.) | | subl. | VII 795 | | wl. in A, Ae<br>l. in sd. Eg. | |
| hellgelbe Blättchen (Eg.) | | subl. | VIII 453 | subl. in hellgelben, gezackten Blättern | unl. in W, $NH_4OH$<br>wl. in Eg.<br>ll. in Bzl.<br>l. in $H_2SO_4$, KOH | + $H_2SO_4$ → karmoisinrot<br>+ Borsäure → rotviolett<br>+ KOH → rötlich gelb<br>Dimethyläther *Fp* 236°, gelbe Nadeln<br>Diäthyläther *Fp* 178°, gelbe Nädelchen<br>Diacetat *Fp* 244—245°, gelbe Nadeln |
| rote Nadeln (Toluol) | | subl. | VIII 411 | | wl. in h. W, A<br>swl. in Ae<br>ll. in Aceton<br>l. in NaOH | + NaOH → blau |

| Lfd. Nr. | *Fp* | Name | Summenformel | Strukturformel | Mol.-Gewicht |
|---|---|---|---|---|---|
| 1 | 2 | 3 | 4 | 5 | 6 |
| 3192 | 280 | akt. 3,4-Dioxyphenylalanin (akt. Dopa) | $C_9H_{11}O_4N$ | 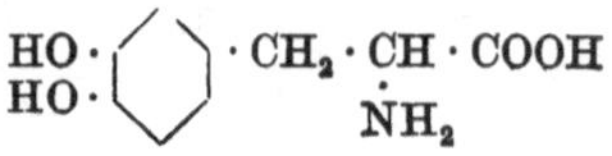 | 197,18 |
| 3193 | 280 | d-Isoleucin | $C_6H_{13}O_2N$ | $C_2H_5 \cdot CH(CH_3) \cdot CH \cdot NH_2$<br>$COOH$ | 131,17 |
| 3194 | 280 | Thioindigo | $C_{16}H_8O_2S_2$ | 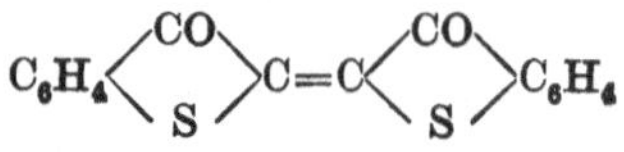 | 296,34 |
| 3195 | 280 (Z.) | Thiophen-3,4-disulfonsäureamid | $C_4H_6O_4N_2S_3$ | 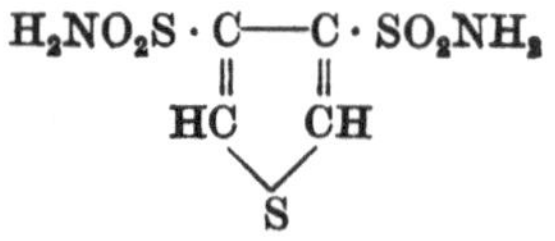 | 252,28 |
| 3196 | 282 (Z.) | Pyrenchinon | $C_{16}H_8O_2$ | 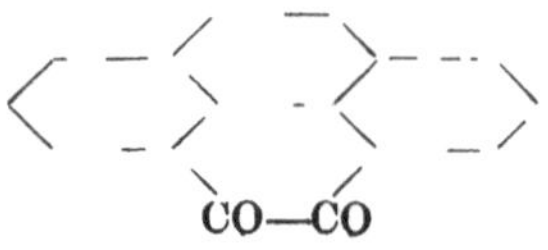 | 232,22 |
| 3197 | 282 bis 283 | 2-[3′-Carboxythionaphthenyl-(2′)]-chinolin-4-carbonsäure | $C_{19}H_{11}O_4NS$ | 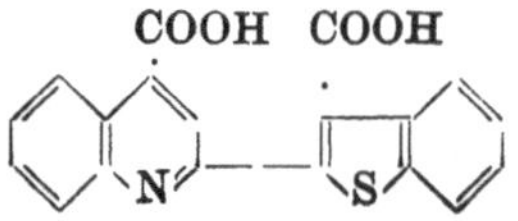 | 346,34 |
| 3198 | 283 | 5-Aminosalicylsäure | $C_7H_7O_3N$ | $H_2N \cdot C_6H_3(OH) \cdot COOH$ | 153,13 |
| 3199 | 283 (Z.) | Methionin | $C_5H_{11}O_2NS$ | $CH_3 \cdot S \cdot CH_2 \cdot CH_2 \cdot CH \cdot NH_2$<br>$COOH$ | 149,20 |
| 3200 | 283 (Z.) | *l*-Phenylalanin | $C_9H_{11}O_2N$ | $C_6H_5 \cdot CH_2 \cdot CH(NH_2) \cdot COOH$ | 165,18 |
| 3201 | 283 bis 284 | Chloranilsäure | $C_6H_2O_4Cl_2$ | 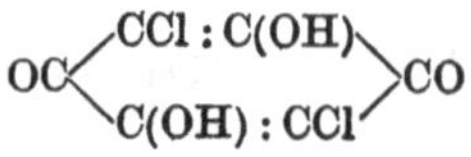 | 208,99 |

| Aggregatzustand Farbe | Spez. Gewicht | Siedepunkt °C | Beilstein-Zitat | Physikalische Konstanten und Eigenschaften | Löslichkeit | Reaktionen |
|---|---|---|---|---|---|---|
| 7 | 8 | 9 | 10 | 11 | 12 | 13 |
| weiße Krist. | | | | geruchlos; Geschmack schwach süß | wl. in W<br>l. in Säuren, Alkalien, A, Ae | gelbe alkal. Lsg. schütteln mit Luft → violettrot → orange<br>Lsg. + $Fe(NO_3)_3$-Lsg. → grün → gelbgrün<br>1—2 mg Subst. in 0,5 ml W + 1 ml. verd. $Fe(NO_3)_3$-Lsg. → grün + $(CH_2)_6N_4$ → intensiv blauviolett<br>Subst. beim Eintragen in schwach angesäuerte Nitritlsg. → Entwicklung von $N_2$ → orange Lsg. + Lauge → kirschrot |
| Tafeln (A) | | subl. | IV 454 | *Fp* im geschlossenen Rohr | 3,87 W 15,5°<br>l. in h. A<br>unl. in Ae | |
| rote Krist. (Bzl.) | | subl. | XIX 177 | | unl. in W<br>swl. in sd. A<br>ll. in Nitrobenzol<br>l. in $H_2SO_4$ | + $H_2SO_4$ → blaugrün |
| hellziegelrote Nadeln (Eg.) | | | | | | Chinhydron mit Hydrochinon Nadeln, 200 $\mu$, ausgezeichnet durch auffallenden Dichroismus, axial blaßgrün, basal ziegelrot |
| Nadeln (W) | | Z. | XIV 579 | | wl. in h. W<br>unl. in A | zers. sich in 4-Aminophenol<br>Methylester *Fp* 96° |
| Platten | | | | | l. in k. W<br>unl. in Ae | |
| Blättchen, Nadeln (W) | | subl. | XIV 495 | $[\alpha]_D^{20}$ —35° (W) | 2,74 W 20°<br>6,11 W 70°<br>wl. in A | |
| rote Blättchen + $2 H_2O$ (W) | | | VIII 379 | | 0,19 W 14°<br>1,4 W 99° | |

| Lfd. Nr. | *Fp* | Name | Summenformel | Strukturformel | Mol.-Gewicht |
|---|---|---|---|---|---|
| 1 | 2 | 3 | 4 | 5 | 6 |
| 3202 | **283 bis 284** | 2-(4'-Oxy-3'-carboxy-phenyl)-chinolin-4-carbonsäure | $C_{17}H_{11}O_5N$ | 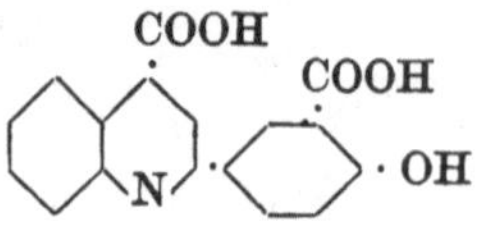 | 309,27 |
| 3203 | **284 bis 285** | 2,2',3,3',4,4'-Hexajod-5,5'-dithienyl | $C_8J_6S_2$ | 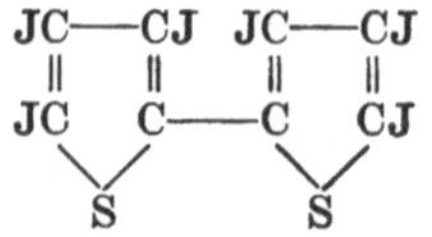 | 921,72 |
| 3204 | **285** | Thionaphtheno-[2,3:2',3']-anthrachinon | $C_{20}H_{10}O_2S$ | 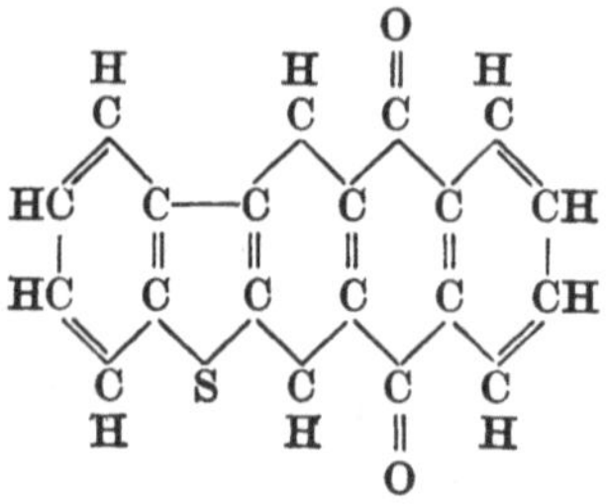 | 314,34 |
| 3205 | **285** | Tetraphenylmethan | $C_{25}H_{20}$ | $(C_6H_5)_4C$ | 320,41 |
| 3206 | **285** | *α*-Truxillsäure | $C_{18}H_{16}O_4$ | $C_6H_5 \cdot HC \cdot CH \cdot COOH$ / $HOOC—HC \cdot CH \cdot C_6H_5$ | 296,30 |
| 3207 | **285 bis 286** | Fluortyrosin (Pardinon) | $C_9H_{10}O_3NF$ | $HO \cdot C_6H_3F \cdot CH_2 \cdot CH(COOH) \cdot NH_2$ | 200,19 |
| 3208 | **285 bis 290** | Yohimbinchlorhydrat | $C_{21}H_{27}O_3N_2Cl$ | $C_{21}H_{26}O_3N_2 \cdot HCl$ | 390,97 |
| 3209 | **286** | *l*-Histidin | $C_6H_9O_2N_3$ | 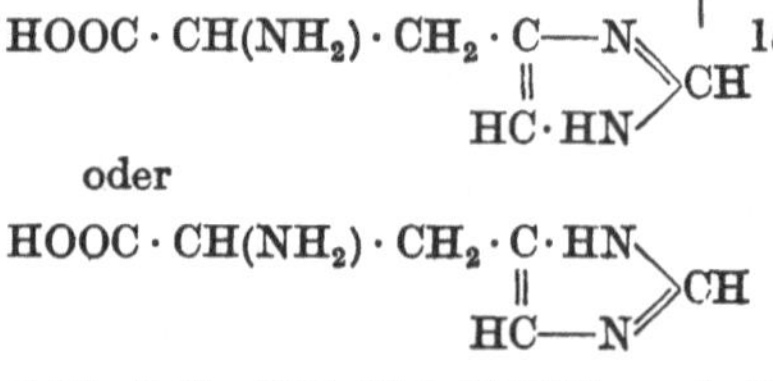 | 155,15 |
| 3210 | **286** | 4-Nitrozimtsäure | $C_9H_7O_4N$ | $O_2N \cdot C_6H_4 \cdot CH:CH \cdot COOH$ | 193,15 |

| Aggregat-zustand Farbe | Spez. Gewicht | Siede-punkt °C | Beilstein-Zitat | Physikalische Konstanten und Eigenschaften | Löslichkeit | Reaktionen |
|---|---|---|---|---|---|---|
| 7 | 8 | 9 | 10 | 11 | 12 | 13 |
| ockergelbes Pulver | | | | | unl. in W, Ligroin<br>wl. in A, Methanol, Essigester | |
| Krist. (Bzl.) | | 431 | V 738 | | unl. in W, A, Ae<br>l. in h. Bzl. | |
| Nadeln (verd. A) | | subl. | IX 952 | $[\alpha]_D$ —39,7° (W) | swl. in sd. W, Ae<br>l. in h. A, h. Eg. | |
| weiße Krist. | | | | geruchlos; geschmacklos | wl. in W<br>l. in Säuren, Alkalien | wss. Lsg. + $Fe(NO_3)_3$ → olivstichig violett<br>Lsg. in 2n-$HNO_3$ erwärmt → tiefgelb<br>+ $NH_3$ Farbe verstärkt |
| weiße Krist. | | | | $[\alpha]_D^{20}$ +103 bis 104°; bitterer Geschmack, schwach anästhesierend | l. in k. W<br>ll. in h. W, A | 1 mg Subst. + 10 mg $(CH_2)_6N_4$ + 1 ml konz. $H_2SO_4$ gelinde erwärmen, durchschütteln → intensiv violett → grauviolett<br>abgekühlte Lsg. + $HNO_3$-$H_2SO_4$ → grün → olivbraun<br>wss. Lsg. + 1 Körnchen $K_2Cr_2O_7$ → violett → schieferblau → schmutzig grün |
| Blättchen (verd. A oder W) | | | XXV 513 | | l. in W<br>swl. in A<br>unl. in Ae, Chlf. | mit p-Diazobenzolsulfonsäure → rot<br>+ Bromwasser bis Gelbfärbung, erhitzen → Entfärbung → dunkelweinrot → schwarze Flocken |
| gelbliche Prismen (A) | | | IX 606 | | swl. in W<br>0,1 A 25°<br>swl. in Ae | Äthylester *Fp* 141—142°<br>Amid *Fp* 155—160° |

| Lfd. Nr. | *Fp* | Name | Summenformel | Strukturformel | Mol.-Gewicht |
|---|---|---|---|---|---|
| 1 | 2 | 3 | 4 | 5 | 6 |
| 3211 | **286 bis 287** | Fumarsäure | $C_4H_4O_4$ | HOOC · C · H<br>‖<br>H · C · COOH | 116,07 |
| 3212 | **287 (Z.)** | Di-[5-nitro-2-thienyl]-arsinsäure | $C_8H_5O_6N_2S_2As$ | 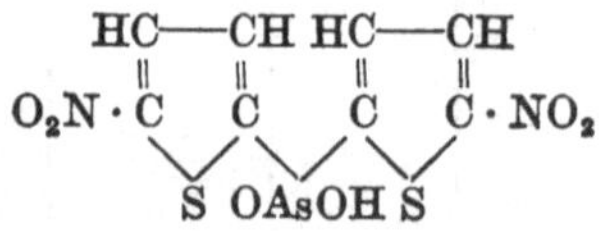 | 364,12 |
| 3213 | **287** | 2-Phenylbenzimidazol | $C_{13}H_{10}N_2$ | 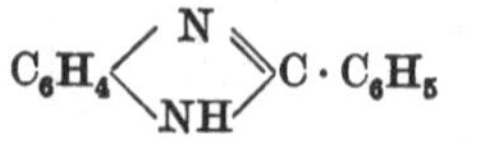 | 194,22 |
| 3214 | **288** | Benzolhexacarbonsäure (Mellitsäure) | $C_{12}H_6O_{12}$ | $C_6(COOH)_6$ | 342,17 |
| 3215 | **288** | 5-Oxyisophthalsäure | $C_8H_6O_5$ | $HO \cdot C_6H_3(COOH)_2$ | 182,13 |
| 3216 | **289 (Z.)** | 4-Nitroalizarin | $C_{14}H_7O_6N$ | 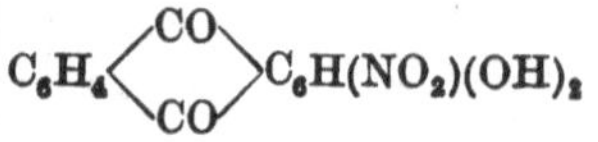 | 285,20 |
| 3217 | **289** | *l*-Tryptophan | $C_{11}H_{12}O_2N_2$ | 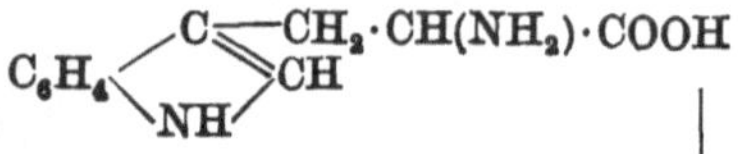 | 204,22 |
| 3218 | **289 bis 290** | 1,2-Dioxyanthrachinon (Alizarin) | $C_{14}H_8O_4$ | 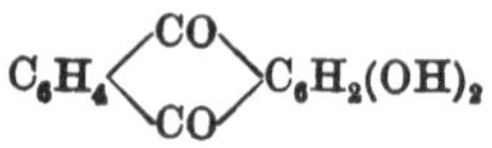 | 240,20 |
| 3219 | **290** | Chloranil (Tetrachlorchinon) | $C_6O_2Cl_4$ | $O : C_6Cl_4 : O$ | 245,89 |
| 3220 | **290** | 2,7-Dinitrodiphenylensulfon | $C_{12}H_6O_6N_2S$ | 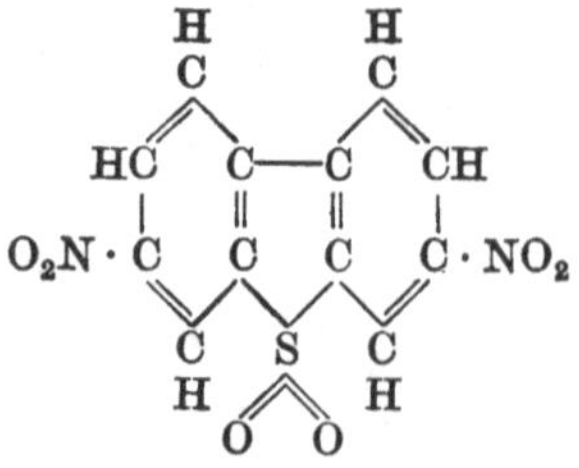 | 306,24 |

| Aggregat-zustand Farbe | Spez. Gewicht | Siede-punkt °C | Beilstein-Zitat | Physikalische Konstanten und Eigenschaften | Löslichkeit | Reaktionen |
|---|---|---|---|---|---|---|
| 7 | 8 | 9 | 10 | 11 | 12 | 13 |
| Nadeln oder Blättchen | 1,625 | subl. | II 737 | | swl. in W<br>0,1 in A 25°<br>swl. in Ae, Chlf. | p-Nitrobenzylester *Fp* 150,8°<br>Phenacylester *Fp* 204–205° |
| Tafeln (Eg.)<br>Nadeln (W) | | | XXIII 230 | | wl. in W<br>l. in A<br>wl. in Bzl. | |
| Nadeln (Ae) | | Z. | IX 1008 | *Fp* im geschlossenen Rohr | l. in W<br>l. in A<br>wl. in $HNO_3$ | vor Kp. (Z.) → Dianhydrid der Benzoltetracarbonsäure-(1,2,4,5)<br>Chlorid *Fp* 190°, prismat. Krist.<br>Hexamethylester *Fp* 187 bis 188°, Nadeln<br>Hexaäthylester *Fp* 72,5 bis 73°, Rauten |
| Nadeln + $2H_2O$ (W) | | subl. | X 504 | | 0,06 W 15°<br>18,5 W 99°<br>ll. in A, Ae, Bzl. | |
| gelbe Nadeln (A) | | | VIII 447 | | swl. in W<br>wl. in A<br>l. in KOH (blauviolett) | Diacetat *Fp* 194—195° |
| Tafeln (verd. A) | | | XXII 546 | | 1,06 W 20°<br>2,51 W 70°<br>ll. in sd. W<br>wl. in A<br>unl. in Chlf. | + Chlorwasser → violettrot, + Pyridin → blau<br>+ p-Dimethylaminobenzaldehyd u. HCl → kirschrot<br>+ HCl + Nitrit + Formaldehyd → violett<br>+ verd. Glyoxylsäurelsg. + konz. $H_2SO_4$ → violett (E 1 : 200000) |
| orangerote Nadeln (A) | | 430 | VIII 439 | sublimierbar | 0,034 W 100°<br>l. in A, Ae<br>l. in Alkali (blauviolett) | + konz. $H_2SO_4$ → weinrot + Borsäure → violett<br>Diacetat *Fp* 186—187°, blaßgelbe Nadeln<br>Dimethyläther *Fp* 215°, gelbe Nadeln<br>Diäthyläther *Fp* 162°, gelbe Nadeln |
| gelbe Blättchen (Eg.) | | subl. | VII 636 | *Fp*. im geschlossenen Rohr subl. unzersetzt | unl. in W<br>wl. in h. A<br>l. in Ae | + Phenylhydrazin *Fp* 229 bis 230°, hellbraune Nadeln<br>+ Hexamethylbenzol *Fp* 198—202°, violettbraune Nadeln |

| Lfd. Nr. | Fp | Name | Summenformel | Strukturformel | Mol.-Gewicht |
|---|---|---|---|---|---|
| 1 | 2 | 3 | 4 | 5 | 6 |
| 3221 | **290** (Z.) | 4-Oxychinolincarbon-säure-(2) (Kynurensäure) | $C_{10}H_7O_3N$ | $C_9H_5N(OH) \cdot COOH$ | 189,16 |
| 3222 | **290** (Z.) | 3,5,7,2′,4′-Pentaoxyflavon (Morin) | $C_{15}H_{10}O_7$ | 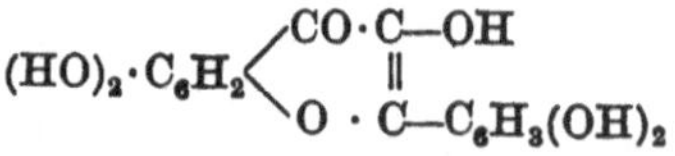 | 302,23 |
| 3223 | **290** | dl-Tyrosin | $C_9H_{11}O_3N$ | (4)$HO \cdot C_6H_4 \cdot CH_2 \cdot CH \cdot NH_2$<br>$COOH$ | 181,18 |
| 3224 | **290** | *l*-Tyrosin (β-[p-Oxyphenyl]-α-aminopropionsäure) | $C_9H_{11}O_3N$ | (4)$HO \cdot C_6H_4 \cdot CH_2 \cdot CH \cdot NH_2$<br>$COOH$ | 181,18 |
| 3224a | **290** | 2,2′,3,3′-Tetrajod-4,4′-dimethyl-5,5′-mercuridithienyl | $C_{10}H_6J_4S_2Hg$ | 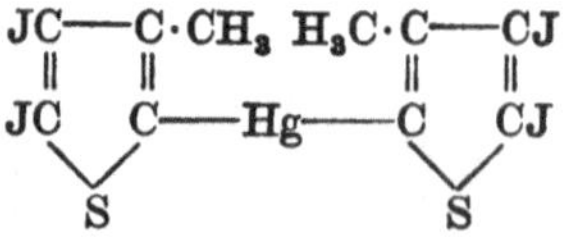 | 898,56 |
| 3225 | **290** bis **291** | 5-Methylisophthalsäure | $C_9H_8O_4$ | $CH_3 \cdot C_6H_3(COOH)_2$ | 180,15 |
| 3226 | **290** bis **292** | Anthrachinoncarbon-säure-(2) | $C_{15}H_8O_4$ | 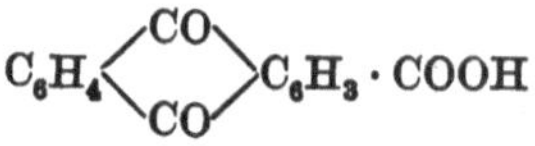 | 252,21 |
| 3227 | **291** | 2,2′,3,3′,4,4′-Hexabrom-5,5′-mercuridithienyl | $C_8Br_6S_2Hg$ | 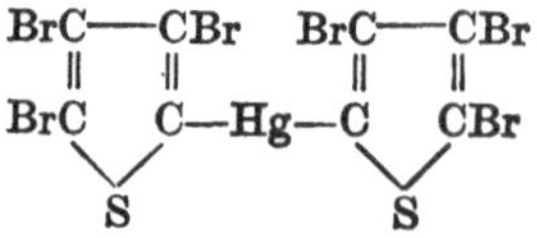 | 840,31 |
| 3228 | **291,5** | α-Aminovaleiiansäure | $C_5H_{11}O_2N$ | $C_2H_5 \cdot CH_2 \cdot CH(NH_2) \cdot COOH$ | 117,14 |
| 3229 | **292** | Lactoflavin (Wachstumsvitamin $B_2$, Vitamin $B_2$, 6,7-Dimethyl-9-d-ribo-flavin) | $C_{17}H_{20}O_6N_4$ | 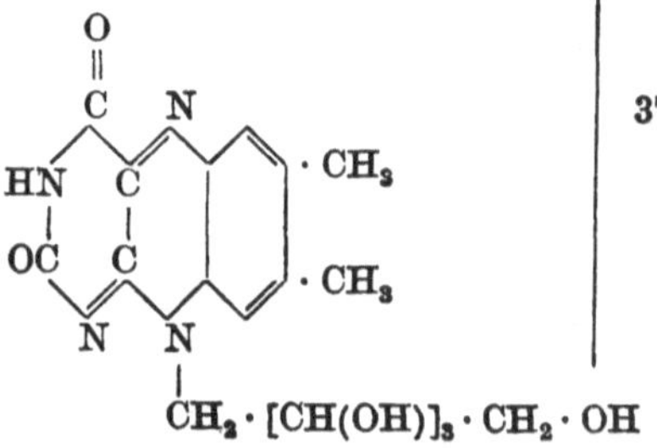 | 376,36 |

| Aggregatzustand Farbe | Spez. Gewicht | Siedepunkt °C | Beilstein-Zitat | Physikalische Konstanten und Eigenschaften | Löslichkeit | Reaktionen |
|---|---|---|---|---|---|---|
| 7 | 8 | 9 | 10 | 11 | 12 | 13 |
| Nadeln (verd. Essigsäure) | | | XXII 230 | | 0,09 sd. W<br>wl. in A, Ae<br>ll. in NaOH | |
| Nadeln $+ 1 H_2O$ (A) | | | XVIII 239 | | 0,025 W 20°<br>ll. in A<br>wl. in Ae<br>l. in Alkali (gelb) | |
| Blättchen (W) | | | XIV 621 | | 0,041 W 20°<br>0,05 W 100°<br>swl. in h. A<br>unl in Ae | |
| Nadeln (W) | | | XIV 605 | $[\alpha]_D$ —8,64° (in 21%iger HCl); geruchlos; geschmacklos | 0,04 W 17°<br>0,01 95%ig. A 17°<br>unl. in Ae<br>0,19 sd. Eg.<br>l. in Alkalien, Säuren, $NH_4OH$ | + $Hg(NO_3)_2$ in Gegenwart von salpetriger Säure → rot<br>kochen mit Formaldehyd + $H_2SO_4$ → grün<br>α-Naphthylurethan *Fp* 205 bis 206°, Nadeln<br>Pikrolonat *Fp* 260° (Z.), Stäbchen<br>Kupfersalz dunkelrote Prismen oder Nadeln<br>+ $Fe(NO_3)_3$-Lsg. → olivstichig gelb<br>Lsg. in $HNO_3$ — erwärmen tiefgelb |
| Nadeln (W) | | subl. | IX 864 | | swl. in sd. W<br>ll. in A, Ae | |
| gelbliche Nadeln (A) | | | X 835 | | swl. in A<br>unl. in Ae, Bzl., Chlf.<br>ll. in Aceton | Äthylester *Fp* 147° |
| Nadeln oder Blättchen (A od. W) | | subl. | IV 416 | | 10,7 W 15°<br>wl. in A<br>unl. in Ae | |
| gelbe Nadeln | | | | $[\alpha]_D$ —115° (NaOH) | ll. in W | wss. Lsg. grüne Fluoreszenz |

| Lfd. Nr. | *Fp* | Name | Summenformel | Strukturformel | Mol.-Gewicht |
|---|---|---|---|---|---|
| 1 | 2 | 3 | 4 | 5 | 6 |
| 3230 | **292** bis **293** | 1,7-Dioxyanthrachinon | $C_{14}H_8O_4$ | 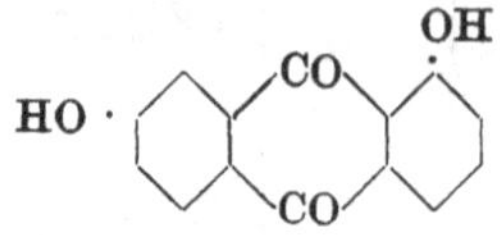 | 240,20 |
| 3231 | **293** | Betain | $C_5H_{11}O_2N$ | $(CH_3)_3N—CH_2$ / O—CO (ring) | 117,14 |
| 3232 | **293** bis **294** | Anthrachinoncarbon-säure-(1) | $C_{15}H_8O_4$ | $C_6H_4<(CO)(CO)>C_6H_3 \cdot COOH$ | 252,21 |
| 3233 | **293** bis **294** (Z.) | 1,8-Anthrachinondisulfon-säure | $C_{14}H_8O_8S_2$ | 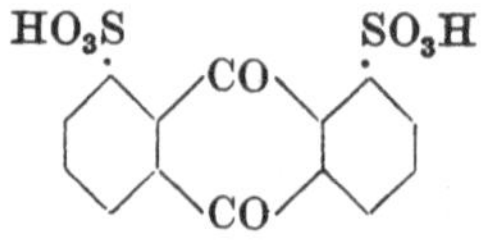 | 368,90 |
| 3234 | **294** | dl-Leucin | $C_6H_{13}O_2N$ | $(CH_3)_2CH \cdot CH_2 \cdot CH(NH_2) \cdot COOH$ | 131,17 |
| 3235 | **294** | *l*-Leucin | $C_6H_{13}O_2N$ | $(CH_3)_2CH \cdot CH_2 \cdot CH(NH_2) \cdot COOH$ | 131,17 |
| 3236 | **295** | dl-Alanin | $C_3H_7O_2N$ | $CH_3 \cdot CH(NH_2) \cdot COOH$ | 89,09 |
| 3237 | **295** | Kaliumacetat | $C_2H_3O_2K$ | $CH_3 \cdot COOK$ | 98,14 |
| 3238 | **295** bis **297** (Z.) | 3-Äthyl-2,5-dichlor-mercurithiophen | $C_6H_6Cl_2SHg_2$ | 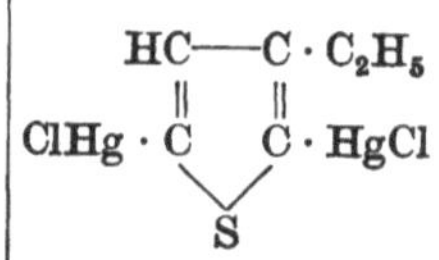 | 582,30 |
| 3239 | **297** (Z.) | d-Alanin (α-Aminopropionsäure) | $C_3H_7O_2N$ | $CH_3 \cdot CH(NH_2) \cdot COOH$ | 89,09 |
| 3240 | **297** | β-Benzolhexachlorid | $C_6H_6Cl_6$ | vgl. Nr. 2176 | 290,85 |

| Aggregat-zustand Farbe | Spez. Gewicht | Siede-punkt °C | Beilstein-Zitat | Physikalische Konstanten und Eigenschaften | Löslichkeit | Reaktionen |
|---|---|---|---|---|---|---|
| 7 | 8 | 9 | 10 | 11 | 12 | 13 |
| gelbe Nadeln (A) | | | X 328 | subl. in gelben Nadeln | wl. in W<br>ll. in A, Ae, Eg.<br>l. in Alkalien, in $H_2SO_4$ | in verd. Alkalien → gelb<br>in konz. $H_2SO_4$ → braungelb<br>Dimethyläther *Fp* 191°, gelbe Nadeln<br>Diacetylderivat *Fp* 199°, hellgelbe Nadeln<br>Natriumsalz orangerote Nad.; unl. in konz. NaOH |
| Blättchen oder Prismen (A) | | | IV 346 | schmeckt süß mit bitterem Nachgeschmack | 157 W 19°<br>8,59 A 18°<br>swl. in Ae | bei 300° → teilweise Dimethylaminoessigsäuremethylester<br>Chlorhydrat *Fp* 250°, Tafeln (W)<br>Pikrat *Fp* 181°, hellgelbe Prismen oder Nadeln |
| hellgelbe Nadeln (W) | | | X 834 | | wl. in W, sd. A<br>swl. in Ae<br>ll. in Aceton | Äthylester *Fp* 170° |
| hellgelbe Nadeln (HCl) | | | | | l. in W, A, HCl | Dichlorid *Fp* 222—223°, gelbe Prismen<br>Dimethylanilinsalz *Fp* 278°, Platten<br>Dianilid *Fp* 237—238°, Krist.-Plv.<br>Kaliumsalz, gelbe Nadeln<br>Bariumsalz, farbl. Nadeln |
| Blättchen (W) | | subl. | IV 447 | *Fp* im geschlossenen Rohr; fader Geschmack, schwach bitter | 0,97 W 15°<br>swl. in A<br>unl. in Ae | } Ninhydrinreaktion E 1 : 25000<br>Pikrolonat *Fp* 145—150°<br>dl-Benzolsulfoleucin *Fp* 146°, Prismen<br>dl-Benzoylleucin *Fp* 137—141°, Platten |
| Blättchen (verd. A) | | | IV 447 | *Fp* im geschlossenen Rohr | 2,2 W 20°<br>6,6 h. W<br>wl. in A<br>unl. in Ae | |
| Krist. (W) | | | IV 387 | subl. bei 200° | 22 W 17°<br>unl. in Ae | |
| Säulen (W) | | | II 108 | | 228 W 14°<br>33 k. A<br>50 h. A<br>unl. in Ae | |
| Krist.-Nadeln (W) | | | IV 381 | $[\alpha]_D^{20}$ +10,3° (W); süß mit fadem Nachgeschmack | 20,5 W 45° | wenig Subst. mit 3—4 ml 10%ig. $Na_2CO_3$ zum Sieden erhitzen + etwas p-Nitrobenzoylchlorid → dunkelblaurot<br>p-Nitrobenzylester *Fp* 228—230° |
| Krist. | $1{,}89^{19°}$ | subl. | V 23 | | unl. in W<br>wl. in A<br>0,13 Chlf.<br>l. in Bzl. | |

| Lfd. Nr. | *Fp* | Name | Summenformel | Strukturformel | Mol.-Gewicht |
|---|---|---|---|---|---|
| 1 | 2 | 3 | 4 | 5 | 6 |
| 3241 | 297 | 4-Jod-3-methyl-2,5-di-chlormercurithiophen | $C_5H_3Cl_2JSHg_2$ | 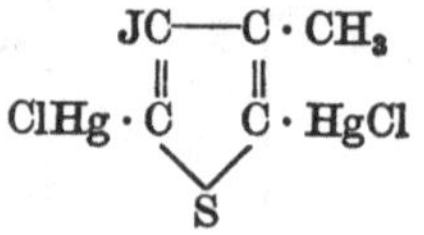 | 694,19 |
| 3242 | 298 (Z.) | Muconsäure | $C_6H_6O_4$ | $HOOC \cdot CH:CH \cdot CH:CH \cdot COOH$ | 142,11 |
| 3243 | 298 (Z.) | dl-Valin | $C_5H_{11}O_2N$ | $(CH_3)_2CH \cdot CH(NH_2) \cdot COOH$ | 117,14 |
| 3244 | 300 (Z.) | Benzidindicarbon-säure-(3,3′) | $C_{14}H_{12}O_4N_2$ | $[NH_2 \cdot C_6H_3(COOH)-]_2$ | 272,25 |
| 3245 | 300 | 5,5′-Bis-[2-carboxy-benzoyl]-2,2′-dithienyl | $C_{24}H_{14}O_6S_2$ | 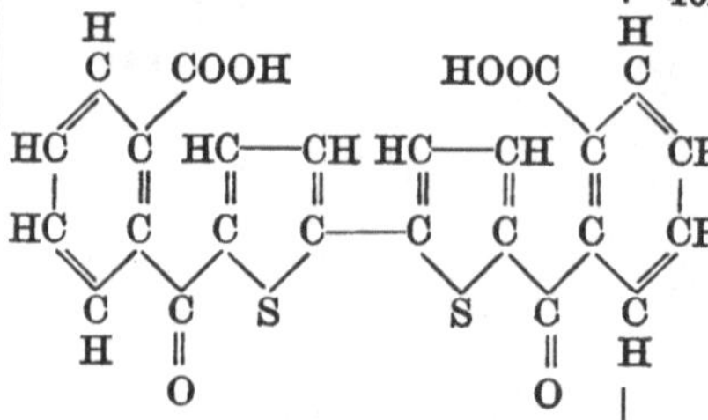 | 462,47 |
| 3246 | 300 (Z.) | 5-Brom-2-methylthiophen-3,4-disulfonsäureamid | $C_5H_7O_4N_2BrS_3$ | 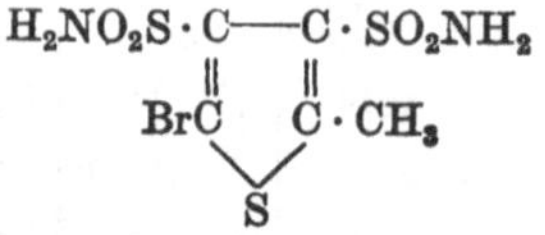 | 334,22 |
| 3247 | 300 | Cyclohexen-(1)-dicarbon-säure-(1,4) | $C_8H_{10}O_4$ | 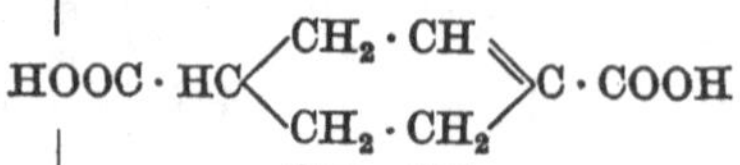 | 170,16 |
| 3248 | 300 | trans-Cyclohexan-dicarbonsäure-(1,4) | $C_8H_{12}O_4$ | 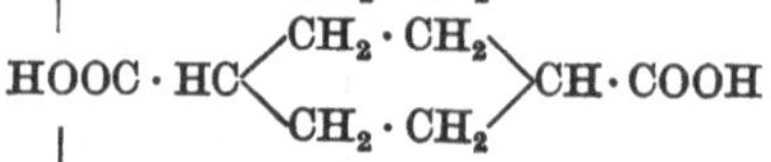 | 172,17 |
| 3249 | 300 | Dianthron | $C_{28}H_{16}O_2$ | 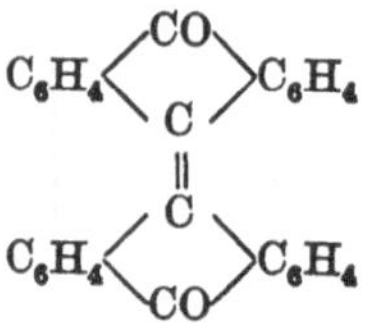 | 384,40 |
| 3250 | 300 | 4,5-Dibrom-2,3-dichlor-mercurithiophen | $C_4Cl_2Br_2SHg_2$ | 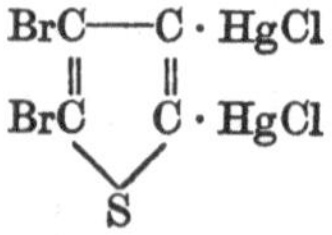 | 721,07 |
| 3251 | 300 | 4,4′-Dioxydinaphthyl-(1,1′) | $C_{20}H_{14}O_2$ | $HO \cdot C_{10}H_6 \cdot C_{10}H_6 \cdot OH$ | 286,31 |
| 3252 | 300 | 3,4-Diphenylthiophen-2,5-dicarbonsäure | $C_{18}H_{12}O_4S$ | 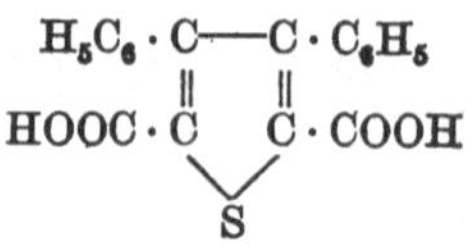 | 324,34 |

| Aggregatzustand Farbe | Spez. Gewicht | Siedepunkt °C | Beilstein-Zitat | Physikalische Konstanten und Eigenschaften | Löslichkeit | Reaktionen |
|---|---|---|---|---|---|---|
| 7 | 8 | 9 | 10 | 11 | 12 | 13 |
| Nadeln (W) | | | II 803 | | 0,02 k. W<br>1 k. A<br>l. in Eg. | Dimethylester *Fp* 157°, lange Nadeln<br>Diäthylester *Fp* 63—64°, Tafeln |
| Blättchen (A) | | subl. | IV 430 | *Fp* im geschlossenen Rohr | 7 W 25°<br>swl. in k. A<br>unl. in Ae | |
| Nadeln | | | XIV 568 | | wl. in A, Ae | bei 300° → Benzidin |
| Prismen (W) | | | IX 773 | | 0,02 k. W | |
| Prismen (W)<br>Tafeln (Aceton) | | | IX 734 | | 0,087 W 17°<br>1,33 sd. W<br>ll. in A<br>wl. in Ae<br>unl. in Chlf. | |
| gelbe Krist. | | | VII 848 | | unl. in W<br>wl. in A, Ae<br>l. in $H_2SO_4$ rot | |
| Tafeln (A) | | | VI 1053 | | unl. in W<br>l. in A<br>ll. in Ae | |

| Lfd. Nr. | *Fp* | Name | Summenformel | Strukturformel | Mol.-Gewicht |
|---|---|---|---|---|---|
| 1 | 2 | 3 | 4 | 5 | 6 |
| 3253 | **300** | Tetrabromchinon | $C_6O_2Br_4$ | $O:C_6Br_4:O$ | 423,72 |
| 3254 | **300** bis **305** | 2,5-Dibrom-3,4-dichlor-mercurithiophen | $C_4Cl_2Br_2SHg_2$ | 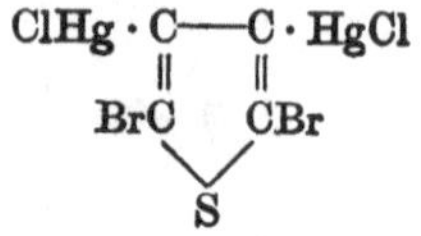 | 712,07 |
| 3255 | **301** bis **303** | 2,7-Dinitrophenanthren-chinon | $C_{14}H_6O_6N_2$ | $O_2N\cdot C_6H_3\cdot CO$ / $O_2N\cdot C_6H_3\cdot CO$ | 298,20 |
| 3256 | **302** | 2-Aminoanthrachinon | $C_{14}H_9O_2N$ | $C_6H_4<(CO)(CO)>C_6H_3\cdot NH_2$ | 223,22 |
| 3257 | **302** | 2-Oxyanthrachinon | $C_{14}H_8O_3$ | $C_6H_4<(CO)(CO)>C_6H_3\cdot OH$ | 224,20 |
| 3258 | **302** | Tetranitrothionessal | $C_{28}H_{16}O_8N_4S$ | 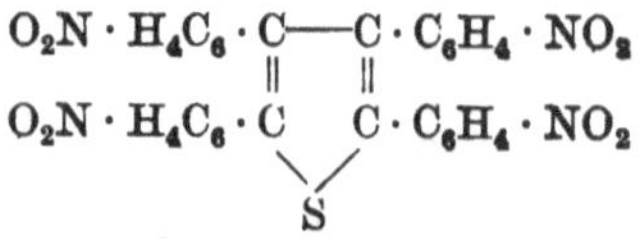 | 568,50 |
| 3259 | **303** bis **304** | 1,2-Diaminoanthrachinon | $C_{14}H_{10}O_2N_2$ | $C_6H_4<(CO)(CO)>C_6H_2(NH_2)_2$ | 238,23 |
| 3260 | **304** | Dodekabrom-*a,a,a,a*-quinquithienyl | $C_{20}Br_{12}S_5$ | 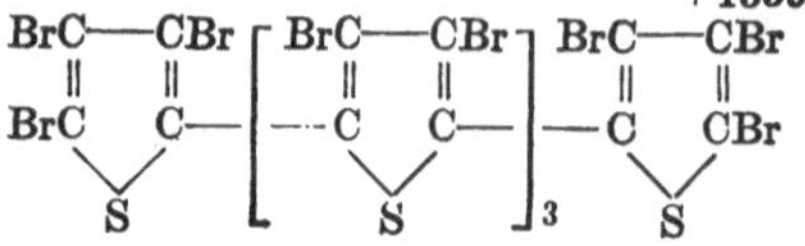 | 1359,49 |
| 3261 | **304** | Pseudojervin | $C_{29}H_{43}O_7N$ | | 517,64 |
| 3262 | **306** | Rubicen | $C_{26}H_{14}$ | 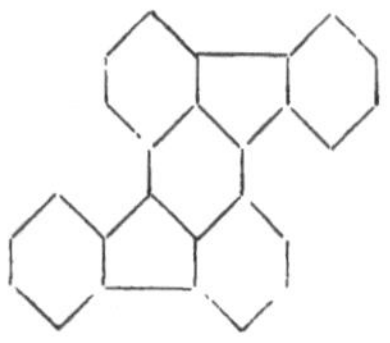 | 326,37 |
| 3263 | **307** (Z.) | dl-*a*-Aminobuttersäure | $C_4H_9O_2N$ | $C_2H_5\cdot CH(NH_2)\cdot COOH$ | 103,12 |
| 3264 | **310** | Benzimidazolon | $C_7H_6ON_2$ | $C_6H_4<(NH)(NH)>CO$ | 134,13 |
| 3265 | **310** | Caryophyllin | $C_{30}H_{48}O_3$ | | 456,67 |

| Aggregat-zustand Farbe | Spez. Gewicht | Siede-punkt °C | Beilstein-Zitat | Physikalische Konstanten und Eigenschaften | Löslichkeit | Reaktionen |
|---|---|---|---|---|---|---|
| 7 | 8 | 9 | 10 | 11 | 12 | 13 |
| gelbe Blättchen (Eg.) | | subl. | VII 642 | | unl. in W<br>wl. in k. A, Ae | |
| gelbe Krist. (Eg.) | | | VII 807 | | unl. in W<br>wl. in A, Eg. | |
| rote Nadeln | | subl. | XIV 191 | | unl. in W<br>l. in A, Bzl. | Acetylderivat *Fp* 257° |
| gelbe Nadeln (A) | | subl. | VIII 342 | sublimierbar in gelben Blättchen | swl. in W<br>ll. in A, Ae | + konz. $H_2SO_4$ → rotgelb<br>Methyläther *Fp* 195 bis 196°, hellgelbe Nadeln<br>Acetat *Fp* 159°, gelbliche Nadeln |
| | | | | | l. in wss. $NH_3$ | |
| violette Nadeln (Nitrobenzol) | | | XIV 197 | | swl. in A, Ae<br>l. in Anilin, Pyridin | |
| Tafeln (A) | | | | | ll. in Chlf.<br>wl. in A, Bzl.<br>unl. in Ae, Toluol | + $H_2SO_4$ → gelb → grün |
| rote Krist. (A) (Bzl.) | | | $E_1$ V 385 | | unl. in W, A<br>swl. in Ae<br>ll. in h. Nitrobenzol | |
| Blättchen (verd. A) | | subl. | IV 408 | schmeckt süß | 29 k. W<br>0,18 sd. A<br>unl. in Ae | |
| Blättchen (W od. A) | | | XXIV 116 | | wl. in W<br>ll. in A, NaOH<br>unl. in verd. Säure | |
| Nadeln + $2H_2O$ (A) | | | | | unl. in W<br>0,9 A 20°<br>3 sd. A<br>1,6 Ae | |

| Lfd. Nr. | *Fp* | Name | Summenformel | Strukturformel | Mol.-Gewicht |
|---|---|---|---|---|---|
| 1 | 2 | 3 | 4 | 5 | 6 |
| 3266 | **310** | Naphthalin-1,6-dicarbon-säure | $C_{12}H_8O_4$ | 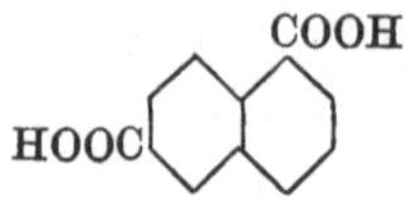 | 216,18 |
| 3267 | **310** | 4-Oxyisophthalsäure | $C_8H_6O_5$ | $HO \cdot C_6H_3(COOH)_2$ | 182,13 |
| 3268 | **310** | 3,3′,5,5′-Tetraoxydiphenyl | $C_{12}H_{10}O_4$ | $(OH)_2C_6H_3 \cdot C_6H_3(OH)_2$ | 218,20 |
| 3269 | **310 bis 311** | 1,5-Anthrachinondisulfon-säure | $C_{14}H_8O_8S_2$ | 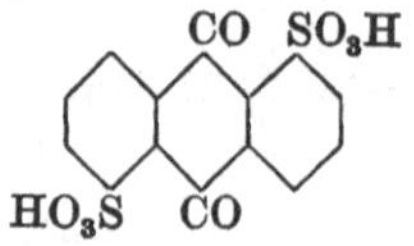 | 368,90 |
| 3270 | **310 bis 312** | Dithionaphthenylen-chinon | $C_{18}H_8O_2S_2$ | 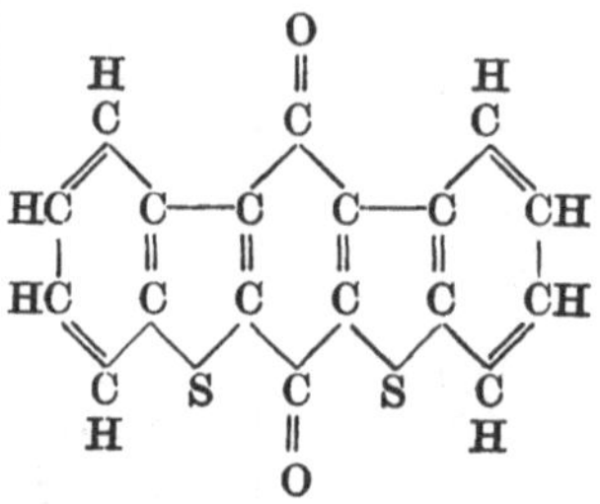 | 320,30 |
| 3271 | **310 bis 320** (Z.) | 2,6-Diaminoanthrachinon | $C_{14}H_{10}O_2N_2$ | $H_2N \cdot C_6H_3\langle{CO \atop CO}\rangle C_6H_3 \cdot NH_2$ | 238,23 |
| 3272 | **310 bis 320** | Uramil | $C_4H_5O_3N_3$ | $H_2N \cdot HC\langle{CO \cdot NH \atop CO \cdot NH}\rangle CO$ | 143,11 |
| 3273 | **311 bis 312** | 2,5-Dioxopiperazin (Glycinanhydrid) | $C_4H_6O_2N_2$ | $HN\langle{CH_2 \cdot CO \atop CO \cdot CH_2}\rangle NH$ | 114,10 |
| 3274 | **312** | 2,7-Dibromdiphenylen-sulfon | $C_{12}H_6O_2Br_2S$ | 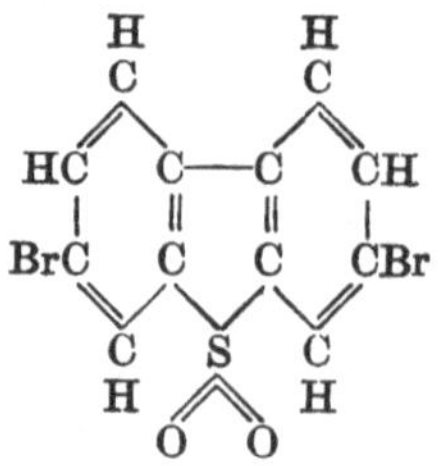 | 342,00 |
| 3275 | **312** | 1,8-Dinitroanthrachinon | $C_{14}H_6O_6N_2$ | $O_2N \cdot C_6H_3\langle{CO \atop CO}\rangle C_6H_3 \cdot NO_2$ | 298,20 |

| Aggregatzustand Farbe | Spez. Gewicht | Siedepunkt °C | Beilstein-Zitat | Physikalische Konstanten und Eigenschaften | Löslichkeit | Reaktionen |
|---|---|---|---|---|---|---|
| 7 | 8 | 9 | 10 | 11 | 12 | 13 |
| Nadeln (A) | | | | | ll. in A, Eg. | Dimethylester *Fp* 99°, nadelförmige Rosetten |
| Nadeln (W) Blättchen (verd. A) | | | X 502 | | 0,02 W 10° 0,65 W 100° ll. in A, Ae unl. in Chlf. | |
| Nadeln + $2H_2O$ (W) | | | VI 1164 | | wl. in k. W ll. in h. W | |
| Tafeln (verd. Ameisensäure) | | | | nicht hygroskopisch | wl. in W l. in verd. Essigsäure, verd. Ameisensäure | Dichlorid *Fp* 265—270°, gelbe Nadeln Diamid *Fp* >350° Pyridinsalz *Fp* 245—246° gelbliche Blättchen Dianilid *Fp* 269—270°, rötlichgelbe Prismen |
| rote Nadeln | | | | | | |
| rotbraune Prismen (wss. Pyridin) | | | XIV 215 | | wl. in W, A l. in Anilin | |
| Nadeln oder Blättchen (W) | | | XXV 492 | | unl. in k. W, Ae, Chlf. wl in sd. W l. in verd. KOH u. $NH_4OH$ | färbt sich an der Luft rot |
| Tafeln (W) | | subl. | XXIV 264 | | swl. in k. W, sd. A | |
| gelbe Prismen (Acetanilid) | | | VII 795 | | | |

| Lfd. Nr. | *Fp* | Name | Summenformel | Strukturformel | Mol.-Gewicht |
|---|---|---|---|---|---|
| 1 | 2 | 3 | 4 | 5 | 6 |
| 3276 | **312** bis **313** | 1,2,3-Trioxyanthrachinon (Anthragallol) | $C_{14}H_8O_5$ | 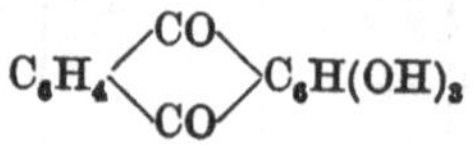 | 256,20 |
| 3277 | **313** bis **314** | 3,5,7,3',4'-Pentaoxyflavon (Quercetin) | $C_{15}H_{10}O_7$ | 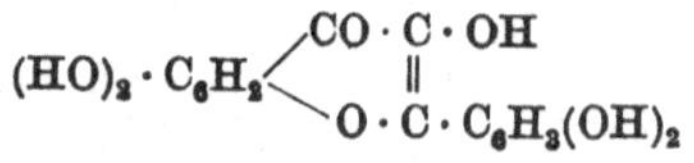 | 302,23 |
| 3278 | **314** bis **315** | 2,5-Dichlor-3,4-dichlor-mercurithiophen | $C_4Cl_4SHg_2$ | 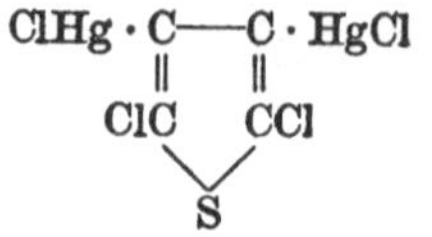 | 623,15 |
| 3279 | **314** bis **315** | 3,4-Dichlorthiophen-2,5-dicarbonsäure | $C_6H_2O_4Cl_2S$ | 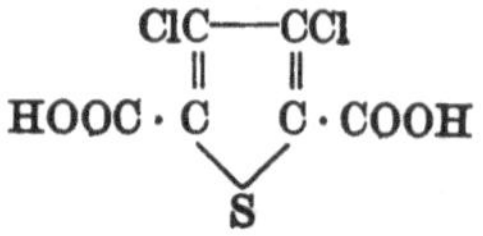 | 241,05 |
| 3280 | **314** bis **316** | Fluorescein (Resorcinphthalein) | $C_{20}H_{12}O_5$ | 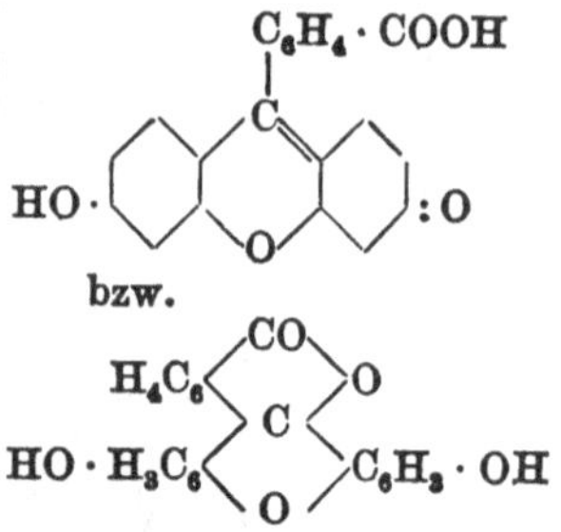 | 332,29 |
| 3281 | **315** | d-Valin | $C_5H_{11}O_2N$ | $(CH_3)_2CH \cdot CH(NH_2) \cdot COOH$ | 117,14 |
| 3282 | **316** | Hexabrombenzol | $C_6Br_6$ | 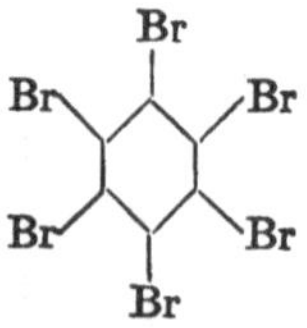 | 551,96 |
| 3283 | **317** | 3,4-Dibrom-2,5-dichlor-mercurithiophen | $C_4Cl_2Br_2SHg_2$ | 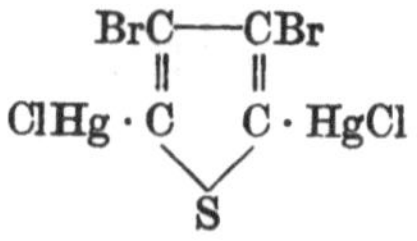 | 712,07 |

| Aggregat-zustand Farbe | Spez. Gewicht | Siede-punkt °C | Beilstein-Zitat | Physikalische Konstanten und Eigenschaften | Löslichkeit | Reaktionen |
|---|---|---|---|---|---|---|
| 7 | 8 | 9 | 10 | 11 | 12 | 13 |
| orange Nadeln (A + Eg.) | | subl. | VIII 505 | subl. bei etwa 290° in orangefarbenen Nadeln | swl. in W<br>l. in A, Ae<br>l. in $H_2SO_4$, h. konz. $NH_4OH$ (blau) | Triacetat *Fp* 181—182°, hellgelbe Nadeln<br>+ konz. $H_2SO_4$ → braunrot<br>+Borsäure→violettbraun<br>+ Laugen → grün; h. $NH_4OH$ → blau<br>Trimethyläther *Fp* 168°, zitronengelbe Nadeln<br>2,3-Diacetylderivat *Fp* 188 bis 189°, hellgelbe Nadeln |
| gelbe Nadeln + $2H_2O$ (verd. A) | | | XVIII 242 | | swl. in h. W<br>0,44 k. A<br>5,5 sd. A<br>swl. in Ae<br>ll. in verd. Alkalien, konz. $H_2SO_4$ | |
| rote Krist. (A) | | subl. | XIX 222 | | 0,005 W 20°<br>wl. in A<br>swl. in Ae<br>l. in $H_2SO_4$ | + $H_2SO_4$ → rot<br>wss. Lsg —gelb, alkohol. Lsg. — gelbrot } grüne Fluoreszenz<br>Lsg. in verd. Alkali fluoresziert gelbgrün |
| Blättchen (verd. A) | | subl. (Z.) | IV 427 | *Fp* im geschlossenen Rohr; schmeckt schwach süß und gleichzeitig bitter | l. in W<br>wl. in A<br>unl. in Ae | Phenylharnstoffderiv. *Fp* 147°, Prismen<br>Pikrolonat *Fp* 170—180° |
| Nadeln (Bzl.) | | subl. | V 215 | | unl. in W, A, Ae<br>l. in sd. Bzl. | |

| Lfd. Nr. | *Fp* | Name | Summenformel | Strukturformel | Mol.-Gewicht |
|---|---|---|---|---|---|
| 1 | 2 | 3 | 4 | 5 | 6 |
| 3284 | 317 | 1,10-Diphenyl-α-quaterthienyl | $C_{28}H_{18}S_4$ | 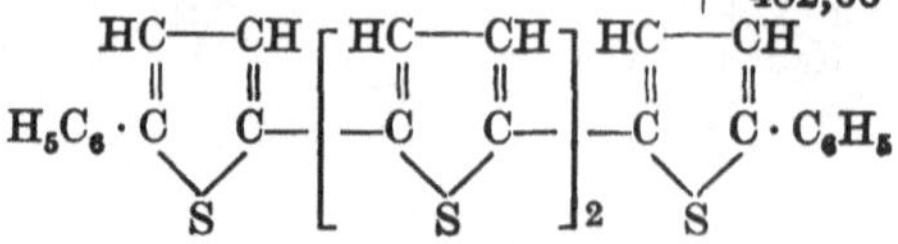 | 482,66 |
| 3285 | 317 | Pyridincarbonsäure-(4) (Isonicotinsäure) | $C_6H_5O_2N$ | $C_5H_4N \cdot COOH$ | 123,11 |
| 3286 | 317 | Tetrachlorphenolphthalein | $C_{20}H_{10}O_4Cl_4$ | 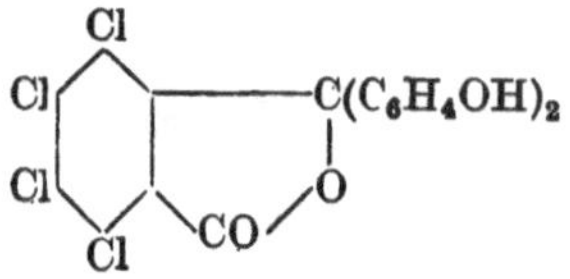 | 456,28 |
| 3287 | 319 | 1,5-Diaminoanthrachinon | $C_{14}H_{10}O_2N_2$ | 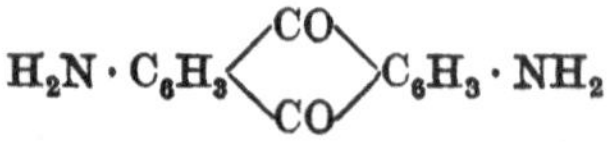 | 238,23 |
| 3288 | 320 | m,m'-Azoxybenzoesäure | $C_{14}H_{10}O_5N_2$ | $ON_2(C_6H_4 \cdot COOH)_2$ | 286,23 |
| 3289 | 320 | 4,4'-Diphenyldiphenyl | $C_{24}H_{18}$ | $C_6H_5 \cdot C_6H_4 \cdot C_6H_4 \cdot C_6H_5$ | 306,38 |
| 3290 | 320 | Natriumacetat | $C_2H_3O_2Na$ | $CH_3 \cdot COONa$ | 82,06 |
| 3291 | 320 bis 322 (Z.) | Bis-[thiopheno-α,β-thiochromylen] | $C_{22}H_{12}S_4$ | 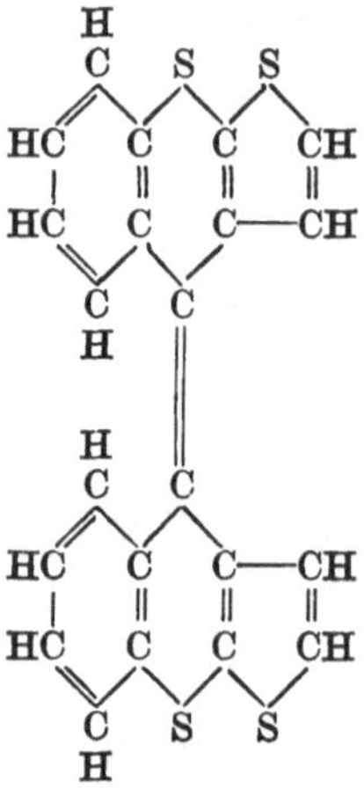 | 404,56 |
| 3292 | 320 bis 325 | Cytosin | $C_4H_5ON_3$ | 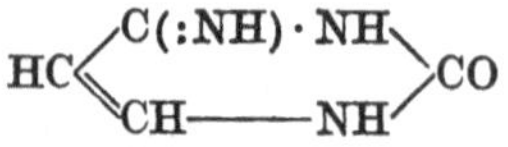 | 111,10 |
| 3293 | 321 | Anthracendicarbonsäure-(1,4) | $C_{16}H_{10}O_4$ | 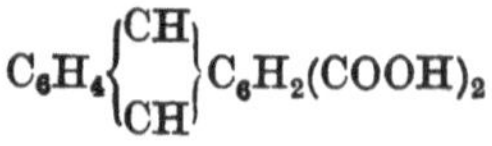 | 266,24 |

| Aggregat-zustand Farbe | Spez. Gewicht | Siede-punkt °C | Beilstein-Zitat | Physikalische Konstanten und Eigenschaften | Löslichkeit | Reaktionen |
|---|---|---|---|---|---|---|
| 7 | 8 | 9 | 10 | 11 | 12 | 13 |
| rotorange Krist. | | | | | | |
| Nadeln (W) | | subl. (Z.) | XXII 45 | *Fp* im geschlossenen Rohr; sublimierbar; schmeckt angenehm sauer | wl. in k. W<br>swl. in sd. A<br>wl. in Ae, Bzl. | Amid *Fp* 155°<br>Chlorhydrat *Fp* 270°, Nadeln<br>Phenylester *Fp* 70°, Blättchen |
| Platten (Methanol) | | | XVIII 148 | | l. in A, Aceton, Ae, Eisessig<br>wl. in Chlf., Bzl. | violettrote alkal. Lsgg. werden durch Säuren sofort entfärbt |
| rote Nadeln (A + Eg.) | | subl. | XIV 203 | | swl. in W<br>wl. in A, Ae, Bzl. | |
| Krist. (Eg.) | | | XVI 646 | | unl. in W<br>wl. in A, Ae | Dimethylester *Fp* 136° |
| Blättchen (Bzl.) | | 310-320 (50 mm) | V 736 | | unl. in W, A, Ae<br>ll. in Nitrobenzol | |
| Blättchen (W) | 1,529 | | II 107 | | 123 W 20°<br>170 W 100°<br>2,3 A 19° | |
| Platten + 1 $H_2O$ (W) | | | XXIV 314 | | 0,78 W 25°<br>swl. in A<br>unl. in Ae | |
| hellbraunes Krist.-Plv. (A) | | | IX 959 | | swl. in sd. W, A, Ae<br>sll. in W | |

| Lfd. Nr. | *Fp* | Name | Summenformel | Strukturformel | Mol.-Gewicht |
|---|---|---|---|---|---|
| 1 | 2 | 3 | 4 | 5 | 6 |
| 3294 | **321** (Z.) | Thymin | $C_5H_6O_2N_2$ | $CH_3 \cdot C \langle{}^{CO \cdot NH}_{CH \cdot NH} \rangle CO$ | 126,11 |
| 3295 | **321** bis **321,5** | 1,8-Dioxyanthrachinon-3-carbonsäure (Rhein) | $C_{15}H_8O_6$ | 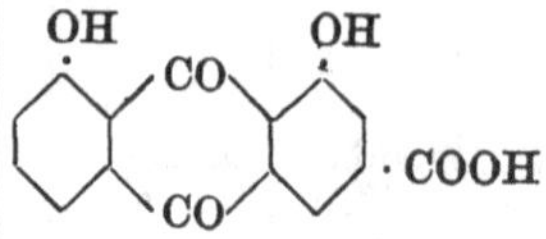 | 284,21 |
| 3296 | **323** (Z.) | Pyridindicarbonsäure-(3,5) (Dinicotinsäure) | $C_7H_5O_4N$ | $C_5H_3N(COOH)_2$ | 167,12 |
| 3297 | **326** | Dekabrom-*α,α,α*-quaterthienyl | $C_{16}Br_{10}S_4$ | 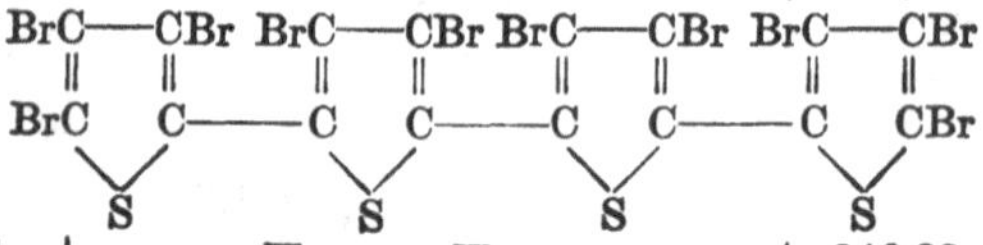 | 1119,56 |
| 3298 | **327** | 2,7-Diaminodiphenylensulfon | $C_{12}H_{10}O_2N_2S$ | 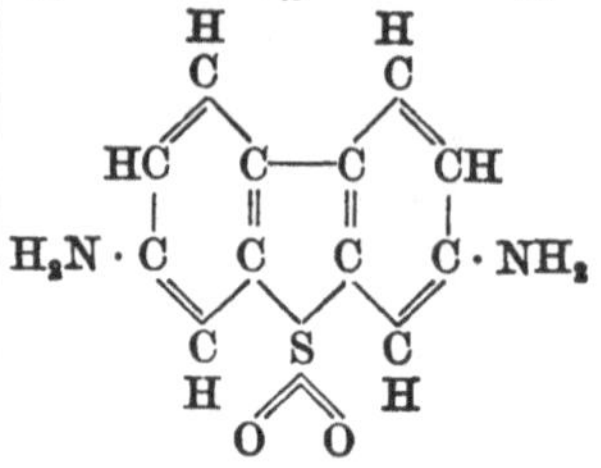 | 246,28 |
| 3299 | **328** bis **329** | 5,7,3',4'-Tetraoxyflavon (Luteolin) | $C_{15}H_{10}O_6$ | $(HO)_2C_6H_2 \langle{}^{CO \cdot CH}_{O - C \cdot C_6H_3(OH)_2}$ | 286,23 |
| 3300 | **329** | Naphthalin-1,4-dicarbonsäure | $C_{12}H_8O_4$ | 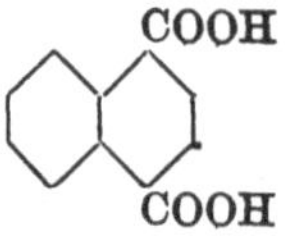 | 216,18 |
| 3301 | **330** | p,p'-Azobenzoesäure | $C_{14}H_{10}O_4N_2$ | $HOOC \cdot C_6H_4 \cdot N : N \cdot C_6H_4 \cdot COOH$ | 270,23 |
| 3302 | >**330** | 2,6-Dioxyanthrachinon (Anthraflavinsäure) | $C_{14}H_8O_4$ | $HO \cdot C_6H_3 \langle{}^{CO}_{CO} \rangle C_6H_3 \cdot OH$ | 240,20 |

| Aggregat-zustand Farbe | Spez. Gewicht | Siede-punkt °C | Beilstein-Zitat | Physikalische Konstanten und Eigenschaften | Löslichkeit | Reaktionen |
|---|---|---|---|---|---|---|
| 7 | 8 | 9 | 10 | 11 | 12 | 13 |
| Tafeln<br>(W) | | subl. | XXIV<br>353 | | 0,4 W 25°<br>wl. in A<br>swl. in Ae | |
| gelbe<br>Nadeln<br>(Methanol) | | | X 1033 | sublimierbar | wl. in W, A<br>l. in h. Pyridin<br>l. in $NH_4OH$,<br>Alkalien | + $NH_4OH$ → violett-stichig rot<br>+ Alkali-Lsg. → rot<br>+ $FeCl_3$ in alkohol. Lsg. → braunrot<br>Dimethyläther *Fp* 283 bis 284°, hellbraune Nadeln<br>Methylester *Fp* 174°, orange Nadeln<br>Phenylester *Fp* 215°, gelbe Nadeln |
| Krist.<br>(verd. HCl) | | subl. | XXII 160 | | swl. in W, Ae, Eg. | erhitzen → Pyridincarbon-säure-(3)<br>Dimethylester *Fp* 84 bis 85°, Nadeln<br>Dihydrazid (Acetonverbin-dung) *Fp* 230—232°, Nadeln |
| gelbe<br>Nadeln<br>+ 1 $H_2O$<br>(verd. A) | | subl. | XVIII<br>211 | | 0,02 sd. W<br>2,7 A<br>0,15 Ae<br>l. in Alkali gelb | |
| Stäbchen<br>(Eg.) | | | | alkohol. Lsg. fluoresziert blau | l. in A, Ae<br>ll. in Eg. | Dichlorid *Fp* 90—92°<br>Dimethylester *Fp* 64°, Spieße |
| rote<br>Nadeln<br>(Eg.) | | | XVI 236 | | swl. in W, A, Ae | Dimethylester *Fp* 242° |
| gelbe<br>Nadeln<br>(A) | | | VIII 463 | lösl. in heißem Barytwasser | 1,4 A 17°<br>unl. in Ae, Bzl.<br>wl. in Eg.<br>l. in $H_2SO_4$<br>l. in Alkali (gelbrot) | lösl. in $H_2SO_4$ → rot; in verd. Alkali → gelbrot<br>Diäthyläther *Fp* 232°, gelbe Nadeln<br>Dimethyläther *Fp* 250°, gelbe Nadeln<br>Diacetylderivat *Fp* 228 bis 229°, blaßgelbe Krist. |

| Lfd. Nr. | *Fp* | Name | Summenformel | Strukturformel | Mol.-Gewicht |
|---|---|---|---|---|---|
| 1 | 2 | 3 | 4 | 5 | 6 |
| 3303 | >**330** | 2,7-Dioxyanthrachinon (Isoanthraflavinsäure) | $C_{14}H_8O_4$ | $HO \cdot C_6H_3\langle{}^{CO}_{CO}\rangle C_6H_3 \cdot OH$ | 240,20 |
| 3304 | **330** | Oxyterephthalsäure | $C_8H_6O_5$ | $HO \cdot C_6H_3(COOH)_2$ | 182,13 |
| 3305 | **330** | 3,7,3′,4′-Tetraoxyflavon (Fisetin) | $C_{15}H_{10}O_6$ | $HO \cdot C_6H_3\langle{}^{CO \cdot C \cdot OH}_{O—C \cdot C_6H_3(OH)_2}$ (C=C) | 286,23 |
| 3306 | **330** | 5,6,7,4′-Tetraoxyflavon (Scutellarein) | $C_{15}H_{10}O_6$ | $(HO)_3C_6H\langle{}^{CO \cdot CH}_{O—C \cdot C_6H_4 \cdot OH}$ (CH=C) | 286,23 |
| 3307 | >**330** | 1,2,6-Trioxyanthrachinon (Flavopurpurin) | $C_{14}H_8O_5$ | $HO \cdot C_6H_3\langle{}^{CO}_{CO}\rangle C_6H_2(OH)_2$ | 256,20 |
| 3308 | **333** | Resorcinbenzein | $C_{19}H_{12}O_3$ | 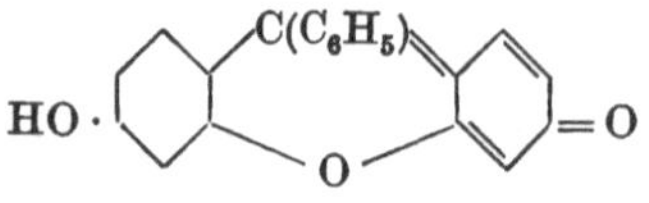 | 228,28 |
| 3309 | **334** bis **350** | Diphthalyl | $C_{16}H_8O_4$ | $C_6H_4\langle{}^{C}_{CO}\rangle O \quad O\langle{}^{C}_{CO}\rangle C_6H_4$ (C=C) | 264,22 |
| 3310 | **335** (Z.) | Uracil | $C_4H_4O_2N_2$ | $HC\langle{}^{CO \cdot NH}_{CH \cdot NH}\rangle CO$ | 112,09 |
| 3311 | **338** bis **340** | Chinolincarbonsäure-(5) | $C_{10}H_7O_2N$ | $C_9H_6N \cdot COOH$ | 173,16 |
| 3312 | **340** (Z.) | m,m′-Azobenzoesäure | $C_{14}H_{10}O_4N_2$ | $HOOC \cdot C_6H_4 \cdot N:N \cdot C_6H_4 \cdot COOH$ | 270,23 |
| 3313 | **347** | 5,7,4′-Trioxyflavon (Apigenin) | $C_{15}H_{10}O_5$ | $(HO)_2C_6H_2\langle{}^{CO \cdot CH}_{O—C \cdot C_6H_4 \cdot OH}$ (CH=C) | 270,23 |

| Aggregatzustand Farbe | Spez. Gewicht | Siedepunkt °C | Beilstein-Zitat | Physikalische Konstanten und Eigenschaften | Löslichkeit | Reaktionen |
|---|---|---|---|---|---|---|
| 7 | 8 | 9 | 10 | 11 | 12 | 13 |
| gelbe Nadeln (verd. A) | | subl. | VIII 466 | subl. in glänzenden Blättchen oder Nadeln | l. in A<br>swl. in Ae<br>wl. in Eg.<br>l. in $H_2SO_4$ (blaurot), Alkali (rot) | + $H_2SO_4$ → blaustichig rot, in der Hitze tiefrot<br>+ Alkalien → tiefrot<br>Dimethyläther *Fp* 215°, gelbe Nadeln<br>Diäthyläther *Fp* 193 bis 194°, hellgelbe Nadeln<br>Diacetylderivat *Fp* 191°, farblose Blättchen |
| Krist. (W) | | subl. | X 505 | | wl. in W<br>ll. in A<br>l. in Ae | |
| gelbe Nadeln + 1 $H_2O$ (verd. A) | | | XVIII 221 | | unl. in W<br>ll. in A<br>wl. in Ae | |
| gelbe Blättchen (Methanol) | | | $E_1$ XVIII 411 | | swl. in W<br>l. in A<br>wl. in Ae<br>l. in KOH (rotgelb), in $Ba(OH)_2$ (grün) | |
| gelbe Nadeln (A) | | 459 (Z.) | VIII 513 | subl. von 160° an in langen Nadeln | wl. in sd. W<br>ll. in A, Bzl.<br>wl. in Ae<br>l. in $H_2SO_4$ (rotviolett)<br>l. in KOH (purpur) | Triacetat *Fp* 202—203°, gelbe Nadeln<br>Trimethyläther *Fp* 225 bis 226°, gelbe Nädelchen<br>+ $NH_4OH$ u. $Na_2CO_3$ → gelbrot<br>+ Lauge → purpurrot<br>+ $H_2SO_4$ → rotviolett |
| rote Nadeln (Nitrobenzol)<br>gelbes Plv. (Alkali) | | | XVIII 68 | | unl. in W<br>ll. in A<br>swl. in Ae<br>l. in $H_2SO_4$ (gelb) | |
| Nadeln (Eg.) | | subl. | XIX 176 | | unl. in W<br>swl. in A, Ae<br>l. in sd. Eg., $H_2SO_4$ | |
| Nadeln (W) | | | XXIV 312 | | wl. in k. W<br>ll. in h. W<br>unl. in A, Ae<br>ll. in $NH_4OH$ | |
| Krist. | | subl. | XXII 78 | | swl. in W, A<br>unl. in Ae<br>ll. in Säuren, Alkali | |
| gelbe Nadeln (Eg.) | | | XVI 233 | | 0,24 sd. 88%ig. A | Dimethylester *Fp* 163° |
| Blättchen (A) | | | XVIII 181 | | unl. in W<br>l. in A<br>ll. in NaOH, in $H_2SO_4$ (gelb) | |

| Lfd. Nr. | *Fp* | Name | Summenformel | Strukturformel | Mol.-Gewicht |
|---|---|---|---|---|---|
| 1 | 2 | 3 | 4 | 5 | 6 |
| 3314 | **347** bis **349** | 3,4-Dichlor-2,5-dichlormercurithiophen | $C_4Cl_4SHg_2$ | 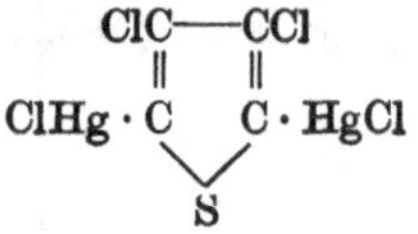 | 623,15 |
| 3315 | **348,5** | Isophthalsäure | $C_8H_6O_4$ | $C_6H_4(COOH)_2$ (1,3) | 166,13 |
| 3316 | **351** | Theobromin (3,7-Dimethyl-2,6-dioxypurin) | $C_7H_8O_2N_4$ | 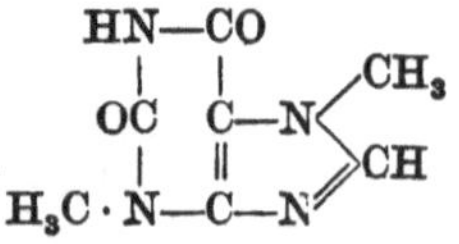 | 180,16 |
| 3317 | **354** | Acridon | $C_{13}H_9ON$ | 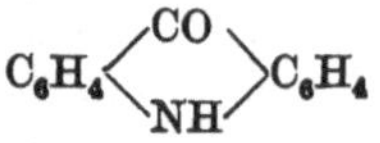 | 195,21 |
| 3318 | **355** | 2,4-Dioxychinolin | $C_9H_7O_2N$ | $C_9H_5N(OH)_2$ | 161,15 |
| 3319 | **359** bis **360** | $\beta,\alpha;\alpha',\beta'$-Thiophenobis-[thiochromon] | $C_{18}H_8O_2S_3$ | 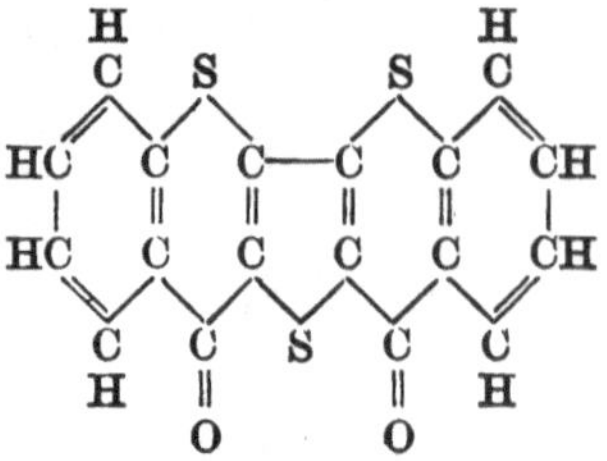 | 352,42 |
| 3320 | **360** | Benzophenondicarbonsäure-(4,4′) | $C_{15}H_{10}O_5$ | 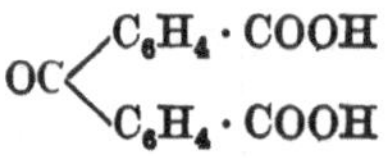 | 270,23 |
| 3321 | >**360** | 1,3,5,7-Tetraoxyanthrachinon (Anthrachryson) | $C_{14}H_8O_6$ | 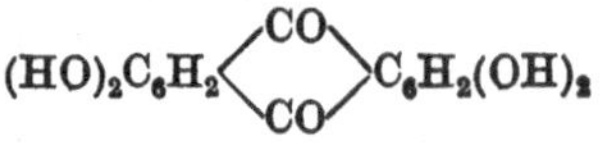 | 272,20 |
| 3322 | **360** bis **365** | Adenin (6-Aminopurin) | $C_5H_5N_5$ | 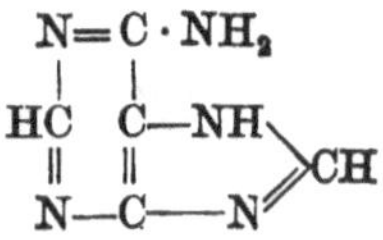 | 135,13 |

| Aggregat-zustand Farbe | Spez. Gewicht | Siede-punkt °C | Beilstein-Zitat | Physikalische Konstanten und Eigenschaften | Löslichkeit | Reaktionen |
|---|---|---|---|---|---|---|
| 7 | 8 | 9 | 10 | 11 | 12 | 13 |
| Nadeln (W od. A) | | subl. | IX 832 | subl. in glänzenden Prismen; beim Erhitzen kein Anhydrid | 0,013 W 25° 0,22 sd. W ll. in A l. in Eg. unl. in Bzl. | p-Nitrobenzylester *Fp* 202,5° Diamid *Fp* >300°, Blättchen Dimethylester *Fp* 67 bis 68°, Nadeln Diphenylester *Fp* 120°, Nadeln Phenacylester *Fp* 191° |
| weiße Prismen (W) | | 290-295 subl. | XXVI 457 | *Fp* im geschlossenen Rohr, schmeckt bitter | 0,03 W 18° 0,67 W 100° 0,023 A 17° wl. in Ae | der beim Eindampfen mit einigen Kristallen $KClO_3$ und 10 Tropfen konz. HCl bleibende rötliche Rückstand + $NH_3$-Dampf (oder 9 Tropfen $NH_3$) wird violettrot |
| gelbe Nadeln (A) | | | XXI 335 | | unl. in W ll. in h. A, Eg. swl. in Ae, Bzl. l. in alkohol. KOH | |
| Krist. (A) | | subl. | XXI 171 | | wl. in sd. A unl. in Ae ll. in alkohol. HCl | |
| Nadeln (A) | | | X 883 | | unl. in W swl. in A, Ae l. in Eg. | |
| gelbe Nadeln + $2H_2O$ (A) | | subl. (Z.) | VIII 551 | subl. unter teilweiser Verkohlung in gelben Blättchen | unl. in W l. in A swl. in Ae l. in Alkalien, in $H_2SO_4$ | Tetraacetat *Fp* 253°, Nadeln Tetramethyläther *Fp* 294°, goldgelbe Prismen + Alkalien → gelbrot + $H_2SO_4$ → rot |
| Krist. + $2H_2O$ (W) | | subl. | XXVI 420 | subl. bei 220° in Nadeln | 0,09 k. W wl. in A unl. in Ae l. in Alkali u. Säuren | gesättigte wss. Lsg. + $Fe(NO_3)_3$-Lsg. → gelbrot + Chlorwasser + 2n $NH_3$ → gelb Pikrat *Fp* 279-281°, hellgelbe Prismen Chloroaurat *Fp* 215—216°, orange Würfel Benzoyladenin *Fp* 234 bis 235°, Nadeln |

| Lfd. Nr. | *Fp* | Name | Summenformel | Strukturformel | Mol.-Gewicht |
|---|---|---|---|---|---|
| 1 | 2 | 3 | 4 | 5 | 6 |
| 3323 | **364** | Picen | $C_{22}H_{14}$ | 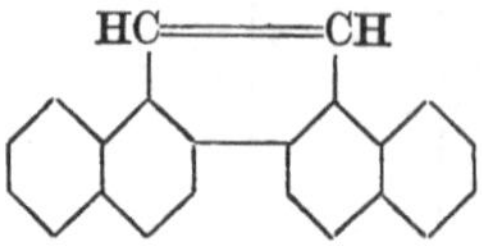 | 278,33 |
| 3324 | **368** bis **379** | Perbrom-α-sexithienyl | $C_{24}Br_{14}S_6$ | 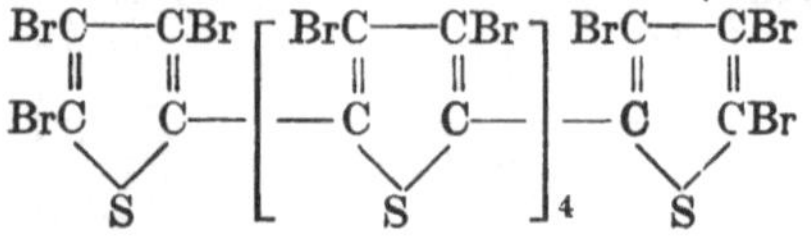 | 1599,42 |
| 3325 | **369** | 1,2,7-Trioxyanthrachinon (Anthrapurpurin) | $C_{14}H_8O_5$ | $HO \cdot C_6H_3\langle{}^{CO}_{CO}\rangle C_6H_2(OH)_2$ | 256,20 |
| 3326 | **380** | Benzoltricarbon-säure-(1,3,5) (Trimesinsäure) | $C_9H_6O_6$ | $C_6H_3(COOH)_3$ | 210,14 |
| 3327 | **390** bis **391** (Z.) | Indigo | $C_{16}H_{10}O_2N_2$ | $C_6H_4\langle{}^{CO}_{NH}\rangle C{=}C\langle{}^{CO}_{NH}\rangle C_6H_4$ | 262,25 |
| 3328 | **391** bis **392** | Flavophen | $C_{28}H_{14}S$ | 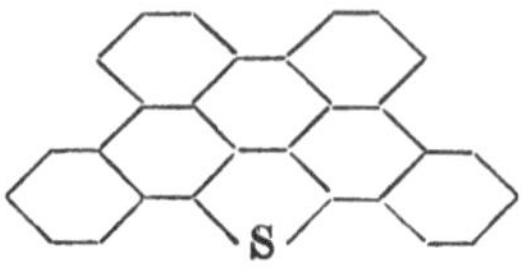 | 348,45 |
| 3329 | **400** (Z.) | Harnsäure | $C_5H_4O_3N_4$ | 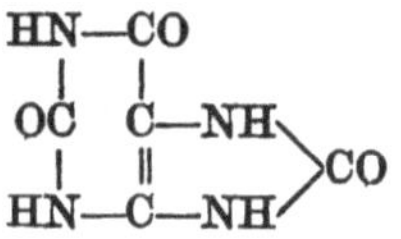 | 168,11 |
| 3330 | **418** (Z.) | Oxamid | $C_2H_4O_2N_2$ | $H_2N \cdot CO \cdot CO \cdot NH_2$ | 88,07 |
| 3331 | **422** | 1,5-Dinitroanthrachinon | $C_{14}H_6O_6N_2$ | $O_2N \cdot C_6H_3\langle{}^{CO}_{CO}\rangle C_6H_3 \cdot NO_2$ | 298,20 |

| Aggregatzustand Farbe | Spez. Gewicht | Siedepunkt °C | Beilstein-Zitat | Physikalische Konstanten und Eigenschaften | Löslichkeit | Reaktionen |
|---|---|---|---|---|---|---|
| 7 | 8 | 9 | 10 | 11 | 12 | 13 |
| Blättchen | | 518-520 | V 735 | | unl. in W<br>swl. in A, Ae<br>wl. in sd. Bzl. | |
| orange Nadeln (A) | | 462 (Z.) | VIII 516 | | wl. in sd. W<br>ll. in sd. A<br>wl. in Ae<br>l. in $H_2SO_4$<br>l. in KOH | + $H_2SO_4$ → rotbraun<br>+ KOH → violett<br>Trimethyläther *Fp* 201°, gelbe Nadeln<br>Triacetat *Fp* 226—228°, hellgelbe Schuppen |
| Prismen (W) | | subl. | IX 978 | sublimierbar | 0,38 W 16°<br>2,69 W 23°<br>ll. in A<br>l. in Ae | Trimethylester *Fp* 144°, seidenglänzende Nadeln<br>Triäthylester *Fp* 133,5 bis 134,5°, Prismen oder Nadeln<br>Trisbenzalhydrazid *Fp* 224° |
| blaue, kupferrot glänzende Krist. (Anilin) | 1,35 | subl. | XXIV 417 | *Fp*. im geschlossenen Rohr | unl. in W<br>wl. in sd. A, Ae, Chlf.<br>l. in h. Eg, h. Anilin | leitet man in die kalte Eisessiglsg. Salzsäuregas, so wird durch Ae das Chlorhydrat in dunkelblaue Flittern, analog das Monosulfat in blauen Nadeln erhalten<br>Lsg. in Anilin blau, in Petroleum oder Paraffin fuchsinrot<br>+ Pikrinsäure → rote Schmelze (Hexanitroderivat)<br>in org. Lsgm. blaue Fluoreszenz |
| Tafeln (W) | 1,893 | | XXVI 513 | | 0,0002 W 0°<br>0,0088 W 30°<br>0,625 W 100°<br>unl. in A, Ae<br>l. in $H_2SO_4$ | Murexidreaktion. Mit verd. $HNO_3$ eindampfen, Rückstand in $NH_3$ lösen → purpurrot, mit Lauge tiefblau<br>mit Phosphormolybdänsäure und Lauge dunkelblauer Nd. |
| Nadeln (W) | 1,667 | | II 545 | *Fp* im geschlossenen Rohr | 0,037 W 70°<br>0,6 sd. W<br>swl. in A | |
| gelbe Nadeln (Xylol) | | | VII 793 | | unl. in W, A, Ae<br>ll. in sd. Nitrobenzol<br>l. in $H_2SO_4$ | + $H_2SO_4$ → rot |

| Lfd. Nr. | *Fp* | Name | Summenformel | Strukturformel | Mol.-Gewicht |
|---|---|---|---|---|---|
| 1 | 2 | 3 | 4 | 5 | 6 |
| 3332 | 450 bis 480 (Z.) | Ellagsäure (Alizaringelb) | $C_{14}H_6O_8$ | 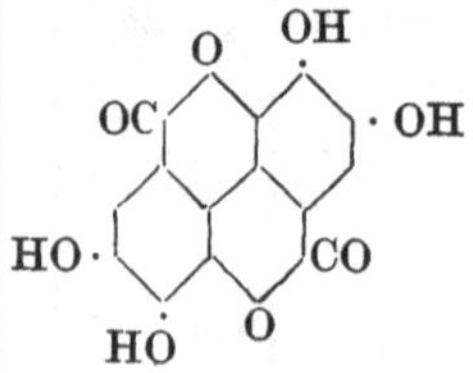 | 302,19 |
| 3333 | 470 | Indanthren | $C_{28}H_{14}O_4N_2$ | 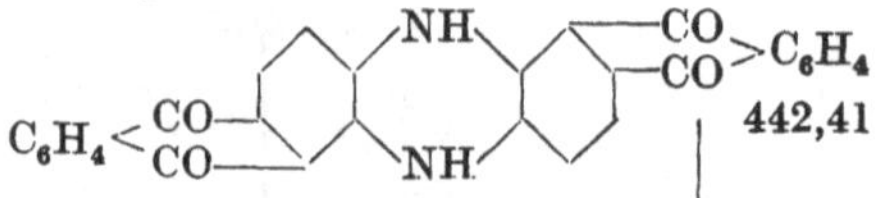 | 442,41 |
| 3334 | 507 | Bis-[5,6-benzo-4,7-diketodihydrothio-naphthenyl-(2)] | $C_{24}H_{10}O_4S_2$ | 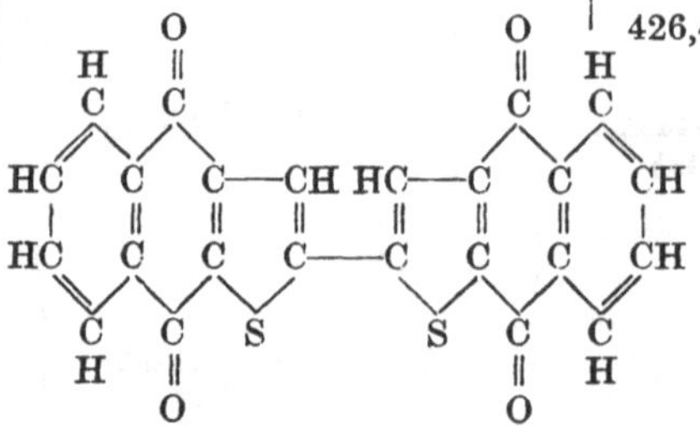 | 426,44 |

| Aggregatzustand Farbe | Spez. Gewicht | Siedepunkt °C | Beilstein-Zitat | Physikalische Konstanten und Eigenschaften | Löslichkeit | Reaktionen |
|---|---|---|---|---|---|---|
| 7 | 8 | 9 | 10 | 11 | 12 | 13 |
| gelbe Prismen $+ 2H_2O$ (A) | | | XIX 261 | | unl. in W<br>wl. in A<br>unl. in Ae | |
| blaue, kupferglänzende Nadeln (Nitrobenzol od. Chinolin) | | subl. | XXIV 522 | | unl. in W, A, Ae<br>0,2 sd. Chinolin (blau)<br>0,02 sd. Nitrobenzol (grünblau) | |
| leuchtendroter Körper | | | | | | |

# REGISTER

Die Anordnung der Verbindungen in dem Trivialnamen- und Formelregister entspricht den Gepflogenheiten des Chemischen Zentralblattes, jedoch sind Äthyl- und Methylester von Carbonsäuren sowie Salze (Na-Salz, Hydrochlorid usw.) unter ihrer Gesamtformel registriert. Das Formelregister enthält alle organischen Verbindungen, deren *Fp* angegeben ist. Ein Stern hinter der Nummer der Verbindung bedeutet, daß diese in Spalte 13 vorkommt, wo sie zur Charakterisierung oder als Umsetzungsprodukt der Hauptverbindung aufgeführt wurde.

Das Trivialnamenregister soll das leichtere Auffinden von Naturprodukten, Arzneimitteln und dergl. ermöglichen und unter Zuhilfenahme der Zusammenstellung der Element- und Radikalbezeichnungen (vgl. S. IX) die Ausrechnung der Summenformeln der Derivate erleichtern.

## TRIVIALNAMENREGISTER

# FORMELREGISTER

### $C_1$-Gruppe



### $C_2$-Gruppe

## $C_3$-Gruppe



## $C_4$-Gruppe

## $C_7$-Gruppe

$C_7H_3O_2Cl_3$ 2.3.4-Trichlorbenzoesäure 2543.
2.3.5-Trichlorbenzoesäure 2260.
2.4.5-Trichlorbenzoesäure 2261.
2.4.6-Trichlorbenzoesäure 2270.
3.4.5-Trichlorbenzoesäure 2711.
$C_7H_3O_3N$ Pyridindicarbonsäure-(2.3)-anhydrid 2593*.
Pyridindicarbonsäure-(3.4)-anhydrid 3103*.
$C_7H_3O_8N_3$ 2.4.6-Trinitrobenzoesäure 2933.
$C_7H_4OBr_4$ 3.4.5.6-Tetrabrom-o-kresol 2745.
2.4.5.6-Tetrabrom-m-kresol 2625.
2.3.5.6-Tetrabrom-p-kresol 2658.
$C_7H_4O_2N_2$ 2-Nitrobenzonitril 1573.
3-Nitrobenzonitril 1673.
4-Nitrobenzonitril 2089.
Pyridindicarbonsäure-(3.4)-imid 3103*
$C_7H_4O_2Cl_2$ 2.3-Dichlorbenzoesäure 2292.
2.4-Dichlorbenzoesäure 2267.
2.5-Dichlorbenzoesäure 2147.
2.6-Dichlorbenzoesäure 2016.
3.4-Dichlorbenzoesäure 2727.
3.5-Dichlorbenzoesäure 2560.
$C_7H_4O_2Br_2$ 2.3-Dibrombenzoesäure 2090.
2.4-Dibrombenzoesäure 2374.
2.5 Dibrombenzoesäure 2127
2.6-Dibrombenzoesäure 2111.
3.5-Dibrombenzoesäure 2864.
$C_7H_4O_3Cl_2$ 3.5-Dichlorsalicylsäure 2865.
$C_7H_4O_3J_2$ 3.5-Dijodsalicylsäure 2956.
$C_7H_4O_4S$ o-Sulfobenzoesäureanhydrid 1989*.
$C_7H_4O_5N_2$ 2.4-Dinitrobenzaldehyd 1124.
$C_7H_4O_6N_2$ 2.4-Dinitrobenzoesäure 2494.
2.5-Dinitrobenzoesäure 2428.
2.6-Dinitrobenzoesäure 2699.
3.4-Dinitrobenzoesäure 2276.
3.5-Dinitrobenzoesäure 2722.
$C_7H_4O_7N_2$ 3.5-Dinitrosalicylsäure 2375.
$C_7H_5ON$ Benzoxazol 617.
Anthranil 335.
$C_7H_5ON_3$ Benzazid 626.
$C_7H_5OCl$ 2-Chlorbenzaldehyd 492.
3-Chlorbenzaldehyd 537.
4-Chlorbenzaldehyd 807.
Benzoylchlorid 426
$C_7H_5O_2Cl$ 2-Chlorbenzoesäure 1963.
3-Chlorbenzoesäure 2189.
4-Chlorbenzoesäure 3017.
$C_7H_5O_2Br$ 2-Brombenzoesäure 2096.
3-Brombenzoesäure 2149.
4-Brombenzoesäure 3083.
$C_7H_5O_2Br_3$ Tribromguajacol 605*.
$C_7H_5O_2J$ 2-Jodbenzoesäure 2242.
3-Jodbenzoesäure 2552.
4-Jodbenzoesäure 3134.
$C_7H_5O_2F$ 2-Fluorbenzoesäure 1777.
3-Fluorbenzoesäure 1753.
4-Fluorbenzoesäure 2496.
$C_7H_5O_3N$ 2-Nitrobenzaldehyd 719, 741a.
3-Nitrobenzaldehyd 936.
4-Nitrobenzaldehyd 1517.
2-Nitrosobenzoesäure 2815.
$C_7H_5O_3Cl$ 4-Chlorsalicylsäure 2752.
5-Chlorsalicylsäure 2359.
3.4-Dioxybenzoesäurechlorid 2661*.
$C_7H_5O_3J$ 3-Jodsalicylsäure 2609.
$C_7H_5O_4N$ 2-Nitrobenzoesäure 2078.
3-Nitrobenzoesäure 1979.
4-Nitrobenzoesäure 3005.
Pyridindicarbonsäure-(2.3) (Chinolinsäure) 2593.
Pyridindicarbonsäure-(2.4) (Lutidinsäure) 3050.
Pyridindicarbonsäure-(2.5) (Isocinchomeronsäure) 3086.
Pyridindicarbonsäure-(2.6) Dipicolinsäure) 2978.
Pyridindicarbonsäure-(3.4) (Cinchomeronsäure) 3103.
Pyridindicarbonsäure-(3.5) (Dinicotinsäure) 3296.
$C_7H_5O_5N$ 3-Nitrosalicylsäure 2024.
5-Nitrosalicylsäure 2931.
$C_7H_5O_6N_3$ 2.3.4-Trinitrotoluol 1606.
2.4.5-Trinitrotoluol 1497.
2.4.6-Trinitrotoluol 1233.
$C_7H_5O_7N_3$ 2.4.6-Trinitro-m-kresol 1560.
$C_7H_5O_8N_5$ Tetryl 1837.
$C_7H_5NCl_2$ Phenylcarbylaminchlorid (Phenyliminphosgen) 331.
$C_7H_5NS$ Phenylsenföl (Phenylisocyanat) 321, 855*.
$C_7H_6ON_2$ Benzimidazolon 3264.
$C_7H_6OS$ Thiobenzoesäure 569.
$C_7H_6O_2S$ Thiosalicylsäure 2272.
$C_7H_6O_4N_2$ 2.3-Dinitrotoluol 1008.
2.4-Dinitrotoluol 1103.
2.5-Dinitrotoluol 857.
2.6-Dinitrotoluol 1048.
3.4-Dinitrotoluol 966.
3.5-Dinitrotoluol 1369.
3-Nitroanthranilsäure 2719.
$C_7H_6O_5N_2$ 4.6-Dinitro-o-kresol 1296.
2.6-Dinitro-p-kresol 1245.
2.4-Dinitroanisol 1332.
$C_7H_6O_5S$ o-Sulfobenzoesäure 1989.
m-Sulfobenzoesäure 1990.
p-Sulfobenzoesäure 3106.
$C_7H_6O_6S$ 5-Sulfosalicylsäure (p-Phenolsulfon-o-carbonsäure) 1575.
$C_7H_7ON$ 2-Aminobenzaldehyd 706.
4-Aminobenzaldehyd 1100.
α-Benzaldoxim 660.
β-Benzaldoxim 1814.
Benzamid 1806, 1213*.
Formanilid 826.
$C_7H_7OCl$ 4-Chlorbenzylalkohol 1132.
$C_7H_7OBr$ 4-Bromanisol 490.
$C_7H_7O_2N$ 2-Nitrotoluol 385, 419.
3-Nitrotoluol 525.
4-Nitrotoluol 847.
4-Oxybenzaldoxim 1660*.
Toluchinonoxim 1088*.
2-Aminobenzoesäure (Anthranilsäure) 2029.
3-Aminobenzoesäure 2385.
4-Aminobenzoesäure (Vitamin H') 2539.
Salicylamid 1972.
3-Oxybenzoesäureamid 2683*.
4-Oxybenzoesäureamid 2819*.
Benzhydroxamsäure 1772.
Trigonellin 2856.
$C_7H_7O_2N_3$ p-Chinonmonosemicarbazon 1654*.
Pyridindicarbonsäure-(3.4)-diamid 3103*.
$C_7H_7O_3N$ 2-Nitrobenzylalkohol 1142.
3-Nitrobenzylalkohol 595.
4-Nitrobenzylalkohol 1377.
3-Nitro-o-kresol 2042.
4-Nitro-o-kresol 1259.
5-Nitro-o-kresol 1682.
6-Nitro-o-kresol 1092.
4-Nitro-m-kresol 1822.
5-Nitro-m-kresol 1346.
6-Nitro-m-kresol 909.
2-Nitro-p-kresol 629.
3-Nitro-p-kresol 1204.
2-Nitroanisol 481.
4-Nitroanisol 881.
3.4-Dioxybenzaldoxim 2130*.
3-Aminosalicylsäure 2957.
4-Aminosalicylsäure 2871.
5-Aminosalicylsäure 3198.
3.4-Dioxybenzoesäureamid 2661*.
$C_7H_7NS$ Thiobenzamid 1651.
$C_7H_8ON_2$ Methylphenylnitrosamin 500.
Phenylharnstoff 2063, 785*.
2-Aminobenzaldehydoxim 706*.
4-Aminobenzaldehydoxim 1100*.
Benzamidoxim 1214.
3-Aminobenzoesäureanilid 2385*.
Benzhydrazid (Benzoylhydrazin) 1613.
$C_7H_8OS$ 2-Propiothienon 1578.
2-Acetonylthiophen 967.
5-Methyl-2-acetothienon 597.
$C_7H_8O_2N_2$ 3-Nitro-o-toluidin 1362.
4-Nitro-o-toluidin 1836.
5-Nitro-o-toluidin 1528.
6-Nitro-o-toluidin 1424.
2-Nitro-m-toluidin 870.
4-Nitro-m-toluidin 1906.
5-Nitro-m-toluidin 1435.
6-Nitro-m-toluidin 1556.
2-Nitro-p-toluidin 1659.
3-Nitro-p-toluidin 1187.
2.3-Diaminobenzoesäure 2591.
2.4-Diaminobenzoesäure 1966.
2.5-Diaminobenzoesäure 2669.
3.4-Diaminobenzoesäure 2774.
3.5-Diaminobenzoesäure 3001.
$C_7H_8O_2N_4$ Theophyllin (1.3-Dimethylxanthin, 1.3-Dimethyl-2.6-dioxypurin, Theocin) 3140.
Theobromin (3.7-Dimethyl-2.6-dioxypurin) 3316.
$C_7H_8O_2S$ 5-Äthyl-2-thiophensäure 1108.
3.5-Dimethyl-2-thiophensäure 2354.
2.5-Dimethyl-3-thiophensäure 1671a.
p-Toluolsulfinsäure 1292.
$C_7H_8O_3S$ p-Toluolsulfonsäure 698, 1292*.
$C_7H_8N_2S$ Phenylthioharnstoff 2138.
$C_7H_9ON$ 2-Aminobenzylalkohol 1275.
4-Aminobenzylalkohol 1030.
3-Amino-o-kresol 1817.
4-Amino-o-kresol 2392.
5-Amino-o-kresol 2206.
4-Amino-m-kresol 2445.
6-Amino-m-kresol 2184.
2-Amino-p-kresol 1896.
3-Amino-p-kresol 2174.
2-Methylaminophenol 1306.
4-Methylaminophenol 1313.
o-Anisidin 452.
p-Anisidin 932.
β-Benzylhydroxylamin 919.
$C_7H_9ON_3$ 1-Phenylsemicarbazid 2366.
4-Phenylsemicarbazid 1809.
$C_7H_9N_3S$ 1-Phenylthiosemicarbazid 2679.
$C_7H_{10}OS$ Dimethyl-[2-thienyl]-carbinol 644.
$C_7H_{11}O_2N$ Arecaidin 2945.
$C_7H_{13}ON_3$ Mesityloxydsemicarbazon 182*.
$C_7H_{13}O_3N_3$ Acetessigestersemicarbazon 226*.
$C_7H_{14}O_2N_2$ Diäthylmalonsäurediamid 1760*.
$C_7H_{14}O_4N_2$ Methyldiurethan 820*.
$C_7H_{15}ON$ Önanthaldoxim 234*.
Önanthsäureamid 1409.
$C_7H_{15}ON_3$ Methybutylketonsemicarbazon 187*.
Methylisobutylketonsemicarbazon 133*.
$C_7H_{16}O_2N_4$ Pimelinsäuredihydrazid 1509*.
$C_7H_{16}O_4S_2$ Diäthylsulfondimethylmethan (Sulfonal) 1803.
$C_7H_{16}O_5N_4$ d-Glucosaminsemicarbazon 1570*.

$C_7H_4O_3NCl$ 3-Nitrobenzoylchlorid 665.
$C_7H_5O_2NCl_2$ o-Nitrobenzalchlorid 594.
m-Nitrobenzalchlorid 1037.
p-Nitrobenzalchlorid 778.
$C_7H_5O_3NS$ Saccharin 2927, 2166*.
$C_7H_5O_4JS$ 4-Jod-3-methylthiophen-2.5-dicarbonsäure 2173.
$C_7H_6OBr_2S$ 3.4-Dibrom-5-methyl-2-acetothienon 1635.
$C_7H_6O_2NCl$ o-Nitrobenzylchlorid 802.
p-Nitrobenzylchlorid 1112.
$C_7H_7O_2ClS$ o-Toluolsulfochlorid 484.
p-Toluolsulfochlorid 1089.
$C_7H_7O_2BrS$ 4-Brom-2.5-dimethyl-3-thiophensäure 2565.
$C_7H_7O_2JS$ 4-Jod-2.5-dimethyl-3-thiophensäure 2662.
$C_7H_7O_4NS$ Benzoesäure-o-sulfamid 2289.
Benzoesäure-p-sulfamid 3188.
o-Sulfbenzamid 1989*.
$C_7H_7NS_2Hg$ 3.4-Dimethyl-2-rhodanmercurithiophen 2446.
3.5-Dimethyl-2-rhodanmercurithiophen 2383.
4.5-Dimethyl-2-rhodanmercurithiophen 2685.
2.5-Dimethyl-3-rhodanmercurithiophen 2434.
$C_7H_8O_2Cl_4S$ 3-Methyl-4.4.5.5-tetrachlortetrahydrothiophen-2-carbonsäuremethylester 860.
$C_7H_8O_2SHg$ 5-Methyl-2-acetoxymercurithiophen 1875.

5-Methylisophthalsäure 3225.
Acetylsalicylsäure (Aspirin) 1920; Verb. mit Antipyrin (Acetopyrin) 1027.
$C_9H_8N_2$ 2-Aminochinolin 1816.
4-Aminochinolin 2133.
$C_9H_8Br_2$ Indendibromid 423*.
$C_9H_9N$ 2-Methylindol 968.
3-Methylindol (Skatol) 1399.
$C_9H_{10}O$ Zimtalkohol 647.
4-Propenylphenol 1378.
4-Allylphenol 301.
Methylbenzylketon 593.
Propiophenon 556.
4-Methylacetophenon 603.
$C_9H_{10}O_2$ 2-Methoxyacetophenon 693.
Hydratropasäure 323.
Hydrozimtsäure (Benzylessigsäure) 801.
2-Äthylbenzoesäure 1067.
2.3-Dimethylbenzoesäure 2019.
2.4-Dimethylbenzoesäure 1775.
2.5-Dimethylbenzoesäure 1856.
2.6-Dimethylbenzoesäure 1657.
3.4-Dimethylbenzoesäure 2293.
3.5-Dimethylbenzoesäure 2294.
Essigsäurebenzylester 205.
o-Kresolacetat 619*.
m-Kresolacetat 489*.
p-Kresolacetat 649*.
Benzoesäureäthylester 264, 1731*.
$C_9H_{10}O_3$ 2.3-Dimethoxybenzaldehyd 890.
2.4-Dimethoxybenzaldehyd 1110.
2.5-Dimethoxybenzaldehyd 866.
3.4-Dimethoxybenzaldehyd (Veratrumaldehyd) 739.
$\beta$-Phenylhydracrylsäure 1389.
dl-Tropasäure 1675.
dl-Atrolactinsäure 1390.
2-Oxyhydrozimtsäure (Hydro-o-cumarsäure) 1256.
4-Oxyhydrozimtsäure 1823.
dl-Milchsäurephenylester 543*.
Salicylsäureäthylester 437.
4-Oxybenzoesäureäthylester 2819*.
$C_9H_{10}O_4$ Syringaaldehyd 1615.
Veratrumsäure 2482.
$C_9H_{10}O_5$ Gallussäureäthylester 2142.
$C_9H_{11}N$ 1.2.3.4-Tetrahydrochinolin 552.
1.2.3.4-Tetrahydroisochinolin 359.
$C_9H_{12}O$ Pseudocumenol 1117.
Mesitol 1084.
$C_9H_{12}O_3$ 2.4.6-Trimethylphloroglucin 2512.
Phloroglucintrimethyläther 885.
Metacrolein 770.
$C_9H_{12}N_2$ Actonphenylhydrazon 588.
$C_9H_{13}N$ Pseudocumidin 1077.
Mesidin 358.
Dimethyl-o-toluidin 179.
$C_9H_{14}O$ Phoron 604.
dl-Camphenilon 690.
$C_9H_{14}O_6$ Triformalmannit 2297*.
$l$-Camphoronsäure 2187.
Isocamphoronsäure 2335.
$C_9H_{15}N$ Phyllopyrrol 1085.
$C_9H_{16}O_4$ Azelainsäure 1524.
Glutarsäurediäthylester 310.
$C_9H_{17}N$ cis-Dekahydrochinolin 239.
trans-Dekahydrochinolin 794.
$C_9H_{18}O$ Methylheptylketon 389.
Dibutylketon 406.
$C_9H_{18}O_2$ Pelargonsäure 496.
$C_9H_{20}O$ Nonylalkohol 409.
Methylheptylcarbinol 260.
$C_9H_{21}N$ Tripropylamin 105.

$C_9H_3Cl_5S_2$ 3.3',4.4'.5-Pentachlor-5'-methyl-2.2'-dithienyl 1593.
$C_9H_5O_4N$ 2-Nitrophenylpropiolsäure 2181.
4-Nitrophenylpropiolsäure 2478.
Benzoltricarbonsäure-(1.2.4)-imid 2881*.
$C_9H_6OS$ Thionaphthen-3-aldehyd 938.
$C_9H_6O_2N_2$ 5-Nitrochinolin 1125.
6-Nitrochinolin 2131.
7-Nitrochinolin 1865.
8-Nitrochinolin 1359.
$C_9H_6O_2S$ Thionaphthen-2-carbonsäure 2970.
Thionaphthen-3-carbonsäure 2395.
$C_9H_6O_4N_2$ 3-Nitromethylphthalimid 110*.
$C_9H_6NCl$ 2-Chlorchinolin 691.
$C_9H_7ON$ 2-Oxychinolin (Carbostyril) 2665.
4-Oxychinolin (Kynurin) 2691.
5-Oxychinolin 2893.
6-Oxychinolin 2613.
8-Oxychinolin (Oxin) 1162.
Benzoylacetonitril 1234.
$C_9H_7OCl$ Zimtsäurechlorid (Cinnamoylchlorid) 679.
$C_9H_7O_2N$ 2.4-Dioxychinolin 3318.
$C_9H_7O_2Br$ cis-$\alpha$-Bromzimtsäure 1712.
trans-$\alpha$-Bromzimtsäure 1848.
cis-$\beta$-Bromzimtsäure 2204.
trans-$\beta$-Bromzimtsäure 1898.
$C_9H_7O_3N$ Indoxylsäure 1742.
$C_9H_7O_3Cl$ Ameisensäure-p-chlorphenacylester 474*.
$C_9H_7O_4N$ 2-Nitrozimtsäure 3006.
3-Nitrozimtsäure 2682a.
4-Nitrozimtsäure 3210.
$C_9H_7O_5N$ o-Carboxyoxanilsäure (Kynursäure) 2779.
$C_9H_7NBr_4$ Isochinolintetrajodid 573*.
$C_9H_7JS_2$ 5-Jod-5'-methyl-2.2'-dithienyl 1294.
$C_9H_8O_2Br_2$ inakt. Zimtsäuredibromid 2714.
$C_9H_8O_3N_2$ 4-Nitrozimtsäureamid 3210*.
$C_9H_8O_4N_2$ Mexoxalsäurephenylhydrazon 1724*.
$C_9H_9ON$ Hydrocarbostyril 2257.
Hydrindon-(1)-oxim 730*.
Hydrindon-(2)-oxim 986*.
Zimtsäureamid 2083.
$C_9H_9O_2N$ 2-Aminozimtsäure 2194.
3-Aminozimtsäure 2486.
4-Aminozimtsäure 2410.
$C_9H_9O_3N$ Hippursäure (Benzoylglycin) 2583.
2-Acetaminobenzoesäure 2521, 2029*.
3-Acetaminobenzoesäure 3045, 2385*.
4-Acetaminobenzoesäure 3100, 155*, 2539*.
$C_9H_9O_3N_3$ Piperonalsemicarbazon 686*.
Phthalaldehydsäuresemicarbazon 1426*.
Isocyanursäuretrimethylester 2418.
$C_9H_9O_4N$ Phenylglycin-o-carbonsäure 2863.
Pyridindicarbonsäure-(2.3)-dimethylester 2593*.
Pyridindicarbonsäure-(2.4)-dimethylester 3050*.
Pyridindicarbonsäure-(2.5)-dimethylester 3086*.
Pyridindicarbonsäure-(2.6)-dimethylester 2978*.
Pyridindicarbonsäure-(3.5)-dimethylester 3296*.
$C_9H_9O_6N_3$ 2.4.6-Trinitromesitylen 2964.
$C_9H_{10}O_2N_2$ Brenztraubensäurephenylhydrazon 506.
$C_9H_{10}O_3N_2$ 3-Nitro-o-acettoluidid 1362*.
4-Nitro-o-acettoluidid 1836*.
5-Nitro-o-acettoluidid 1528*.
6-Nitro-o-acettoluidid 1424*.
2-Nitro-m-acettoluidid 870*.
4-Nitro-m-acettoluidid 1906*.
6-Nitro-m-acettoluidid 1556*.
2-Nitro-p-acettoluidid 1659*.
3-Nitro-p-acettoluidid 1187*.
$C_9H_{10}O_5S$ 3-Oxy-4-methylthiophen-2.5-dicarbonsäuremonoäthylester 2950.
$C_9H_{11}ON$ 4-Dimethylaminobenzaldehyd 1146.
Propiophenonoxim 556*.
Hydrozimtsäureamid 801*.
Propionanilid 1510.
N-Acetylbenzylamin 674*.
Acet-o-toluidid 1562.
Acet-m-toluidid 1047, 228*.
Acet-p-toluidid 2125, 763*
N-Methylacetanilid 1479.
$C_9H_{11}ON_3$ Phenylacetaldehydsemicarbazon 384*.
Acetophenonsemicarbazon 549*.
$C_9H_{11}O_2N$ 2-Methoxyacetophenonoxim 693*.
$l$-Phenylalanin 3200.
dl-Phenylalanin 3161.
Anthranilsäureäthylester 499.
4-Aminobenzoesäureäthylester (Anästhesin) 1343.
N-Methylanthranilsäuremethylester 546.
Carbanilsäureäthylester (Phenylurethan, Euphorin) 855.
2-Acetamino-p-kresol 1896*.
Acet-o-anisidid 1317.
Acet-p-anisidid 1840, 932*.
$C_9H_{11}O_2N_3$ Propionaldehyd-p-nitrophenylhydrazon 138*.
Anisaldehydsemicarbazon 429*.
$C_9H_{11}O_3N$ $l$-Tyrosin ($\beta$-[p-Oxyphenyl]-$\alpha$-aminopropionsäure) 3224.
dl-Tyrosin 3223.
$C_9H_{11}O_3N_3$ Vanillinsemicarbazon 1253*.
$C_9H_{11}O_4N$ akt. 3.4-Dioxyphenylalanin (akt. Dopa) 3192.
$C_9H_{12}ON_2$ Acetolphenylhydrazon 339*.
$C_9H_{12}OS$ 2-Isovalerothienon 1839.
$C_9H_{12}O_2N_2$ 4-Äthoxyphenylharnstoff (Dulcin) 2379.
Dioxyaceton-2.4-dinitrophenylhydrazon 1221*.
$C_9H_{13}O_2N$ N-Methyl-$\beta$-[3.4-dioxyphenyl]-äthylamin (Epinin) 2566.
Anhydroekgonin 2958.
Hämopyrrolcarbonsäure 1842.
$C_9H_{13}O_3N$ Adrenalin (Suprarenin, 3.4-Dioxyphenyläthanolmethylamin) 2828, 2567*.
$C_9H_{15}ON$ Pseudopelletierin 715.
$C_9H_{15}O_3N$ $l$-Ekgonin 2730.
$C_9H_{16}O_2N_2$ Allylisopropylacetylharnstoff (Sedormid) 2621.
$C_9H_{17}ON$ Triacetonamin 659.
Diäthylallylacetamid (Novonal) 1130.
$C_9H_{17}ON_3$ Methylheptenonsemicarbazon 167*.
$C_9H_{18}O_2N_2$ Azelainsäurediamid 1524*.
$C_9H_{19}ON$ Pelargonsäureamid 496*.
$C_9H_{19}ON_3$ Methylhexylketonsemicarbazon 350*.

$C_9H_2O_3Cl_4S$ 4.4.6.7-Tetrachlor-5-keto-4.5-dihydrothionaphthen-2-carbonsäure 2803.
$C_9H_3ClBr_5S_2$ 2.3.3'.4.4'-Pentabrom-2-chlormethyl-5.5'-dithienyl 3121.
$C_9H_3O_2NCl_2$ 2.6-Dichlor-1-nitrobenzol 1129.
$C_9H_5OClS$ Thionaphthen-3-carbonsäurechlorid 873.
$C_9H_5O_4NS$ 5-Nitrothionaphthen-2-carbonsäure 2976.
$C_9H_7O_2NS$ 5-Aminothionaphthen-2-carbonsäure 3180.
$C_9H_7ClS_2Hg$ 5-Methyl-5'-chlormercuri-2.2'-dithienyl 2905.
$C_9H_8ONBr$ cis-$\alpha$-Bromzimtsäureamid 1712*.
trans-$\alpha$-Bromzimtsäureamid 1848*.
$C_9H_9O_3NJ_2$ Dijodtyrosin (Jodgorgosäure, Dityrin, Jodoglobin) 2729.
$C_9H_9O_2N_3S_2$ 2-Sulfanilamidothiazol (Sulfathiazol, Cibazol, Eleudron) 2688.
$C_9H_{10}O_3NF$ Fluortyrosin (Pardinon) 3207.
$C_9H_{12}O_4N_2S$ Phenylisocyanattaurin 3008*.
$C_9H_{13}ClSHg$ 5-Isoamyl-2-chlormercurithiophen 2357.
$C_9H_{14}O_3NCl$ 1-[3.'4'-Dioxyphenyl]-2-aminopropanol-(1)-chlorhydrat (Corbasil) 2439.
1-[3'.4'-Dioxyphenyl]-2-methylaminoäthan-1-olhydrochlorid (Suprareninchlorhydrat) 1974.
$C_9H_{15}O_3N_2Br$ Acetylbromdiäthylacetylharnstoff (Abasin) 1550.
$C_9H_{18}O_2NBr$ Brommethylat d. Methylhexahydronicotinsäuremethylesters (Neu-Cesol) 2709.
$C_9H_{24}ON_2J_2$ Hexamethyldiaminoisopropanoldijodid (Endojodin) 3171.

$C_9H_5ONClJ$ 5-Chlor-7-jod-8-oxychinolin (Vioform) 2399.

## $C_{12}$-Gruppe

### $C_{13}$-Gruppe

## $C_{14}$-Gruppe

## $C_{15}$-Gruppe

*Um Beachtung nachfolgender Verlags-Anzeigen wird gebeten*

FSC
www.fsc.org
MIX
Papier | Fördert gute Waldnutzung
FSC® C083411

Kolibri 360 GmbH
Ferdinand-Jühlke-Straße 7
99095 Erfurt, Deutschland
produktsicherheit@kolibri360.de